Helena Curtis N. Sue Barnes
Adriana Schnek Alicia Massarini

Il nuovo Invito alla biologia.blu

Biologia molecolare, genetica, corpo umano

A cura di Laura Gandola,
Roberto Odone e Lorenzo Lancellotti

PER IL COMPUTER E PER IL TABLET

L'eBook multimediale

1 REGÌSTRATI A MYZANICHELLI

Vai su **my.zanichelli.it** e regìstrati come studente

2 SCARICA BOOKTAB

- Scarica **Booktab** e installalo
- Lancia l'applicazione e fai login

3 ATTIVA IL TUO LIBRO

- Clicca su **Attiva il tuo libro**
- Inserisci il **codice di attivazione** che trovi sul **bollino argentato adesivo** in questa pagina

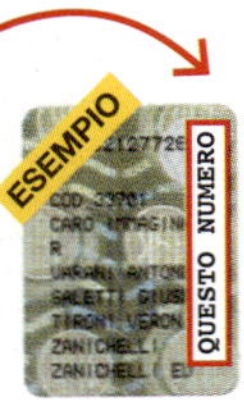

4 CLICCA SULLA COPERTINA

Scarica il tuo libro per usarlo offline

PER LO SMARTPHONE

LOSAI? Ripassa con lo smartphone prima della verifica

1 SCARICA LA APP DA:

Scarica su App Store — DISPONIBILE SU Google Play

2 AGGIUNGI IL LIBRO

con le tue credenziali **myZanichelli** e con la **chiave di attivazione**

3 CLICCA SUL CAPITOLO

che vuoi ripassare

4 SCEGLI LA TEORIA O IL TEST

Trovi:
- **sintesi di capitolo** per rivedere la teoria
- **test** per metterti alla prova

SCIENZE ZANICHELLI

The original Spanish language title: *Invitación a la Biología*, 7a Edición de Helena Curtis, N. Sue Barnes, Adriana Schnek y Alicia Massarini
First published in Argentina by Editorial Médica Panamericana. © 2016 Editorial Médica Panamericana. All rights reserved
Titolo originale in inglese: *Invitation to Biology*, Fifth Edition © 1994, 1985, 1981, 1977, 1972 by Worth Publishers, Inc. – All rights reserved
Il progetto didattico e culturale dell'opera deriva da *Invito alla biologia*, sesta edizione italiana, a cura di Laura Gandola e Roberto Odone.

Realizzazione editoriale:
- Redazione: Elena Bacchilega, Sara Urbani, Claudio Dutto
- Segreteria di redazione: Deborah Lorenzini, Rossella Frezzato
- Revisione esecutiva: Rosa D'Imperio, Les Mots Libres (Bologna)
- Progetto grafico e impaginazione: Chialab, Bologna
- Ricerca iconografica: Claudio Dutto, Rosa D'Imperio
- Collaborazione alla ricerca iconografica: Claudia Patella, Chiara Presepi
- Indice analitico: Tiziano Cornegliani

Le fonti iconografiche si trovano sul sito online.zanichelli.it/curtisnuovoinvitoblu

Contributi:
- Nuovi disegni: Elisa Botton, Luca Tible, Thomas Trojer
- Rilettura critica: Luciano Cozzi, Mauro Mandrioli, Emma Sanzari
- Stesura degli esercizi *In 1 ora*: Chiara Velli
- Stesura delle sintesi di fine capitolo: Selvaggia Santin
- Stesura delle linee del tempo: Marco Boscolo
- Stesura dei moduli CLIL: Marco Arcioni
- Revisione dei moduli CLIL: Sara Chiappara, Jackie Leeder

Copertina:
- Progetto grafico: Miguel Sal & C., Bologna
- Ideazione: Studio 8vo, Bologna
- Realizzazione: Roberto Marchetti e Francesca Ponti
- Immagine di copertina: Photodigitaal.nl/Shutterstock

Prima edizione: febbraio 2017

Ristampa:

8 7 6 2022 2023 2024

Garanzie relative alle risorse digitali
Le risorse digitali di questo volume sono riservate a chi acquista un volume nuovo. Zanichelli garantisce direttamente all'acquirente la piena funzionalità di tali risorse. In caso di malfunzionamento rivolgersi a www.zanichelli.it/contatti/assistenza
La garanzia di aggiornamento è limitata alla correzione degli errori e alla eliminazione di malfunzionamenti presenti al momento della creazione dell'opera. Zanichelli garantisce inoltre che le risorse digitali di questo volume sotto il suo controllo saranno accessibili, a partire dall'acquisto, per tutta la durata della normale utilizzazione didattica dell'opera. Passato questo periodo, alcune o tutte le risorse potrebbero non essere più accessibili o disponibili: per maggiori informazioni, leggi my.zanichelli.it/fuoricatalogo

File per sintesi vocale
L'editore mette a disposizione degli studenti non vedenti, ipovedenti, disabili motori o con disturbi specifici di apprendimento i file pdf in cui sono memorizzate le pagine di questo libro. Il formato del file permette l'ingrandimento dei caratteri del testo e la lettura mediante software screen reader.
Le informazioni su come ottenere i file sono su www.zanichelli.it/scuola/bisogni-educativi-speciali

Grazie a chi ci segnala gli errori
Segnalate gli errori e le proposte di correzione su **www.zanichelli.it/correzioni.**
Controlleremo e inseriremo le eventuali correzioni nelle ristampe del libro.
Nello stesso sito troverete anche l'errata corrige, con l'elenco degli errori e delle correzioni.

Zanichelli editore S.p.A. opera con sistema qualità
certificato CertiCarGraf n. 477
secondo la norma UNI EN ISO 9001:2015

Questo libro è stampato su carta che rispetta le foreste.
www.zanichelli.it/chi-siamo/sostenibilita

Stampa: Grafica Ragno
Via Lombardia 25, 40064 Tolara di Sotto, Ozzano Emilia (Bologna)
per conto di Zanichelli editore S.p.A.
Via Irnerio 34, 40126 Bologna

Capitolo

B1

Gli sviluppi della genetica

Nell'ebook

Linea del tempo interattiva

LO SAI? RIPASSA CON LO SMARTPHONE

ESERCIZI INTERATTIVI SU ZTE

Capitolo

B2

Struttura e funzione del DNA

Nell'ebook

Video ***La biologia in 3D***
- *La duplicazione del DNA*
- *DNA replication*

Video ***Un minuto di biologia***
- *La duplicazione del DNA*

Approfondimento ***Per saperne di più***
- *Gli organismi modello eucariotici*
- *Le famiglie geniche*

LO SAI? RIPASSA CON LO SMARTPHONE

ESERCIZI INTERATTIVI SU ZTE

Capitolo

B3

L'espressione genica e la sua regolazione

Nell'ebook

Video ***La biologia in 3D***
- *La trascrizione*
- *Transcription*
- *La sintesi delle proteine*
- *Protein synthesis*
- *L'operone lac*
- *The lac operon*

Video ***Un minuto di biologia***
- *La trascrizione*
- *L'operone lac*
- *La traduzione*
- *L'operone trp*

LO SAI? RIPASSA CON LO SMARTPHONE

ESERCIZI INTERATTIVI SU ZTE

Capitolo

B4 Le mutazioni e le tecniche per studiare il DNA

Nell'ebook

Video ***La biologia in 3D***
- *Anemia falciforme: un esempio di mutazione*
- *Sickle-cell anemia: an example of mutations*

LO SAI? RIPASSA CON LO SMARTPHONE

ESERCIZI INTERATTIVI SU ZTE

Capitolo

B5 La genetica e lo studio dei processi evolutivi

Nell'ebook

Video ***Un minuto di biologia***
- *La selezione stabilizzante, direzionale e divergente*

LO SAI? RIPASSA CON LO SMARTPHONE

ESERCIZI INTERATTIVI SU ZTE

Capitolo

B6 Origine delle specie e modelli evolutivi

Nell'ebook

Video ***Un minuto di biologia***
- *La speciazione simpatrica e allopatica*

Approfondimento ***Per saperne di più***
- *Il sesto dito del panda*

LO SAI? RIPASSA CON LO SMARTPHONE

ESERCIZI INTERATTIVI SU ZTE

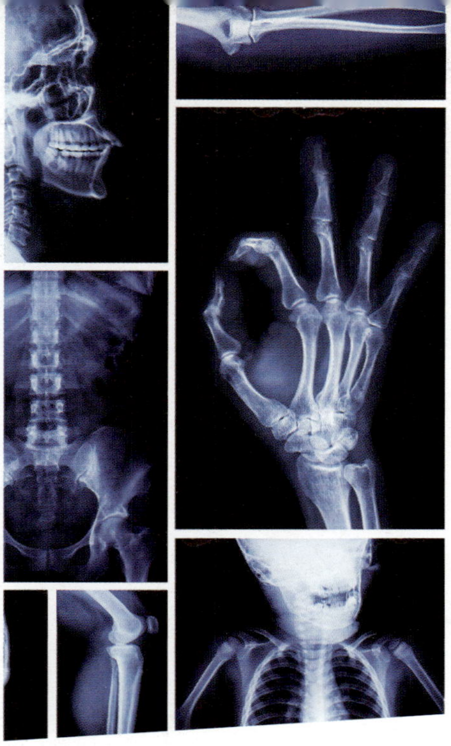

Capitolo

C1

L'organizzazione del corpo umano

Nell'ebook

Approfondimento ***Per saperne di più***

- *Che cosa accade quando si invecchia*

Timeline interattiva

LO SAI? RIPASSA CON LO SMARTPHONE

ESERCIZI INTERATTIVI SU ZTE

Capitolo

C2

Lo scheletro, i muscoli e la pelle

Nell'ebook

Video ***Il corpo umano in 3D***

- *Il sistema muscolare*

Video ***3 minuti di salute***

- *Gli infortuni sportivi e non*
- *Gli effetti dei raggi UV e l'abbronzatura*

Approfondimento ***Per saperne di più***

- *Fibra bianca o fibra rossa?*

Approfondimento ***La nostra salute***

- *Le distrofie muscolari*

LO SAI? RIPASSA CON LO SMARTPHONE

ESERCIZI INTERATTIVI SU ZTE

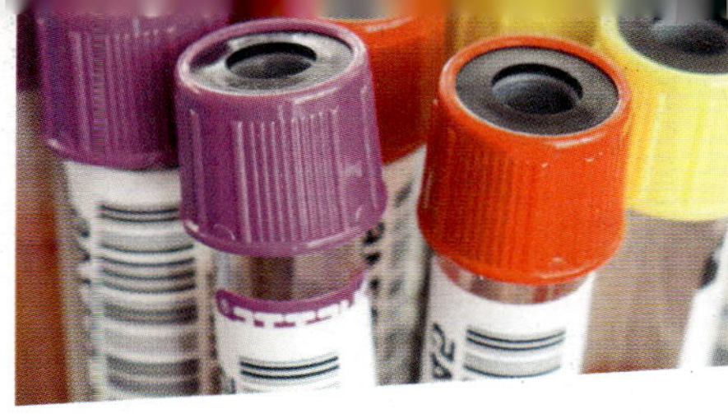

Capitolo

C3

La circolazione sanguigna

Nell'ebook

Timeline interattiva

Video ***Il corpo umano in 3D***

- *Il cuore*

Video ***3 minuti di salute***

- *La donazione di cellule staminali*
- *L'eritropoietina e il doping*

LO SAI? RIPASSA CON LO SMARTPHONE

ESERCIZI INTERATTIVI SU ZTE

Capitolo

C4

La respirazione

Nell'ebook

Video ***Il corpo umano in 3D***
- *Il sistema respiratorio*

Video ***3 minuti di salute***
- *Gli effetti del fumo di tabacco*

Approfondimento ***Storia della scienza***
- *Il trapianto di polmoni*

LO SAI? RIPASSA CON LO SMARTPHONE
ESERCIZI INTERATTIVI SU ZTE

Capitolo

C5

La digestione

Nell'ebook

Video ***3 minuti di salute***
- *La flora batterica intestinale e gli antibiotici*
- *Gli effetti delle bevande alcoliche*
- *La celiachia*

Approfondimento ***La nostra salute***
- *La manovra di Heimlich*
- *Il controllo dei valori di bilirubina*

LO SAI? RIPASSA CON LO SMARTPHONE
ESERCIZI INTERATTIVI SU ZTE

Capitolo

C6

L'equilibrio idrico e termico

Nell'ebook

Video ***3 minuti di salute***
- *L'equilibrio del sodio*

Approfondimento ***La nostra salute***
- *Il diabete insipido*
- *Il problema dell'acqua nel regno animale*

LO SAI? RIPASSA CON LO SMARTPHONE
ESERCIZI INTERATTIVI SU ZTE

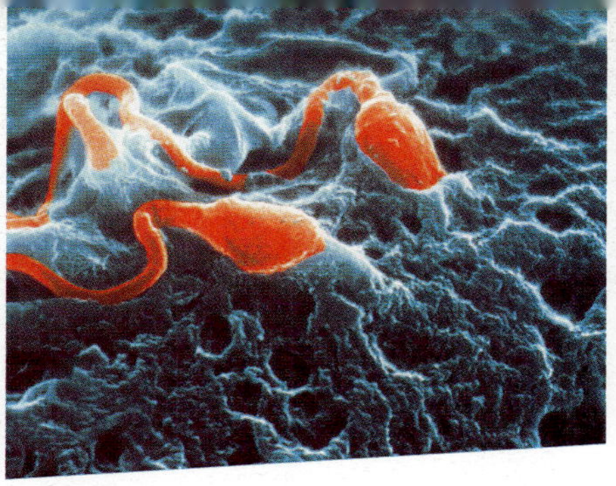

Capitolo

C7

La riproduzione

Nell'ebook

Video ***3 minuti di salute***
- *La contraccezione ormonale*

Approfondimento ***La nostra salute***
- *L'infertilità maschile*
- *Dalla mammografia al pap test*
- *Diagnosi prenatale e consulenza genetica*

Approfondimento ***Per saperne di più***
- *Il dimorfismo sessuale nel regno animale*
- *Izumo e Juno: lo proteine degli dei*

LO SAI? RIPASSA CON LO SMARTPHONE

ESERCIZI INTERATTIVI SU ZTE

Capitolo

C8

Le ghiandole e gli ormoni

Nell'ebook

Video ***3 minuti di salute***
- *I vari tipi di diabete*

Approfondimento ***La nostra salute***
- *Lo stress*
- *Gli steroidi anabolizzanti*

LO SAI? RIPASSA CON LO SMARTPHONE

ESERCIZI INTERATTIVI SU ZTE

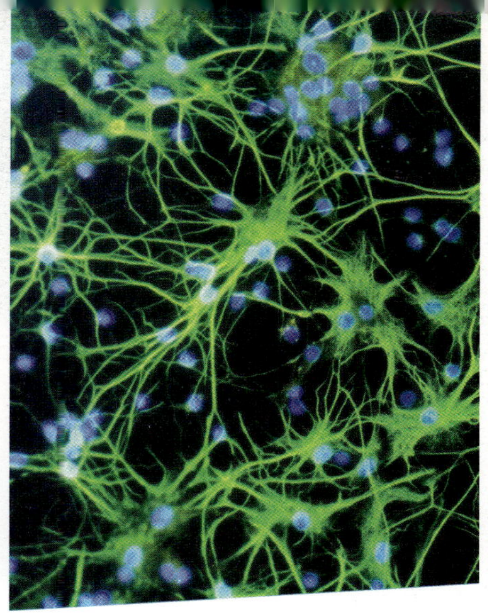

Capitolo

C9

I neuroni e il sistema nervoso periferico

Nell'ebook

Video ***Il corpo umano in 3D***
- *Il neurone / The neuron*

Video ***3 minuti di salute***
- *Gli effetti delle droghe e la dipendenza*

Approfondimento ***Storia della scienza***
- *La scoperta del NGF*

LO SAI? RIPASSA CON LO SMARTPHONE

ESERCIZI INTERATTIVI SU ZTE

Capitolo

C10

Il sistema nervoso centrale e i sensi

Nell'ebook

Video ***Il corpo umano in 3D***
- *Il cervello*

Approfondimento ***Per saperne di più***
- *Come aggirare la barriera emato-encefalica*
- *L'evoluzione dell'occhio*
- *La chimica della vista*
- *Un'epidemia di miopia*

Approfondimento ***La nostra salute***
- *Le malattie degli organi di senso*

LO SAI? RIPASSA CON LO SMARTPHONE
ESERCIZI INTERATTIVI SU ZTE

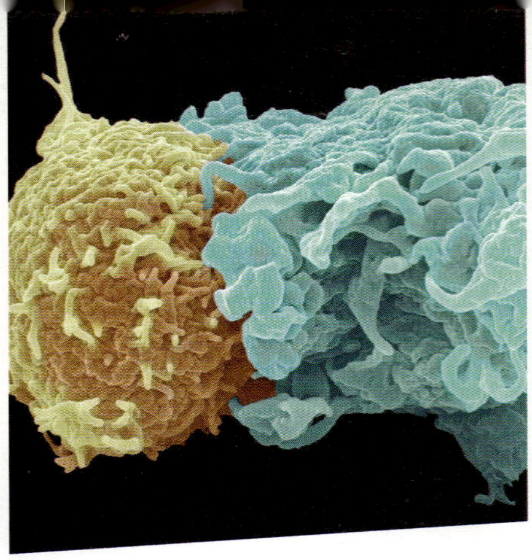

Capitolo

C11

Le difese dell'organismo

Nell'ebook

Video ***3 minuti di salute***
- *L'importanza dei vaccini*
- *Le allergie*
- *L'infezione da HIV e l'AIDS*

Approfondimento ***La nostra salute***
- *Trapianti e terapie con cellule staminali*

Approfondimento ***Storia della scienza***
- *Anche i virus possono morire: il caso del vaiolo*

LO SAI? RIPASSA CON LO SMARTPHONE
ESERCIZI INTERATTIVI SU ZTE

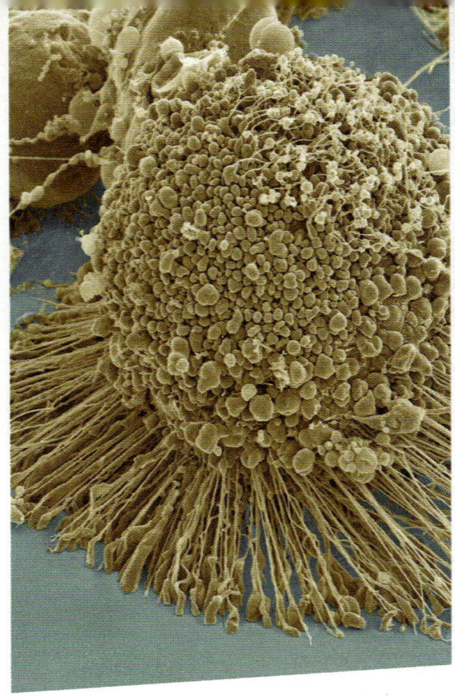

Capitolo

C12

La biologia del cancro

Nell'ebook

Video
- *Le dieci caratteristiche delle cellule tumorali*

LO SAI? RIPASSA CON LO SMARTPHONE
ESERCIZI INTERATTIVI SU ZTE

Sezione

B

Biologia molecolare, genetica, evoluzione

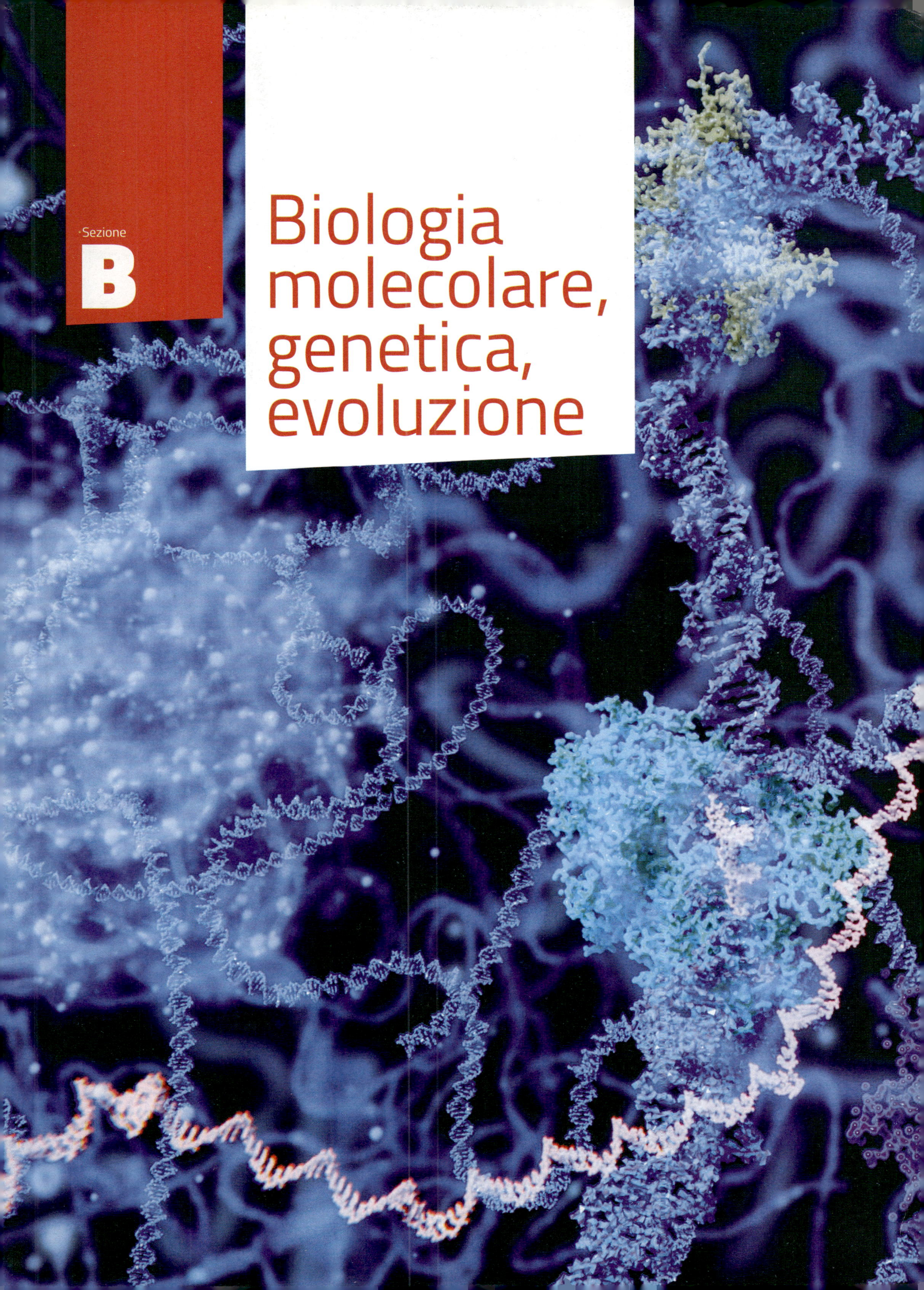

Capitolo

B1 Gli sviluppi della genetica

1 Gli studi sui cromosomi sessuali

Esiste una relazione tra le teorie di Mendel e la meiosi

Soltanto all'inizio del secolo scorso, i biologi furono in grado di capire l'importanza degli esperimenti di Gregor Mendel. Durante i decenni in cui gli studi dell'abate agostiniano erano rimasti ignorati, erano stati fatti molti progressi nel campo della microscopia e, quindi, anche nello studio della struttura della cellula (o *citologia*). Fu in questo periodo, per esempio, che vennero individuati i cromosomi e furono osservati per la prima volta i loro movimenti durante la mitosi e la meiosi.

Nel 1902, il biologo statunitense Walter Sutton stava studiando la produzione di gameti nei maschi di cavalletta quando, osservando il processo meiotico, notò che i cromosomi risultavano appaiati sin dall'inizio della prima divisione meiotica e i due cromosomi che costituivano ogni coppia erano quasi identici. Con gli strumenti di allora l'appaiamento era evidente soltanto all'inizio della prima divisione meiotica (**figura 1**), ma un occhio esperto poteva individuare gli omologhi non appaiati anche durante la metafase della mitosi.

Ti ricordi?

Durante gran parte del ciclo cellulare, il DNA è presente nel nucleo sotto forma di filamenti di **cromatina**, ma prima di ogni divisione cellulare (mitosi o meiosi) si condensa in **cromosomi**, ben visibili nella metafase.

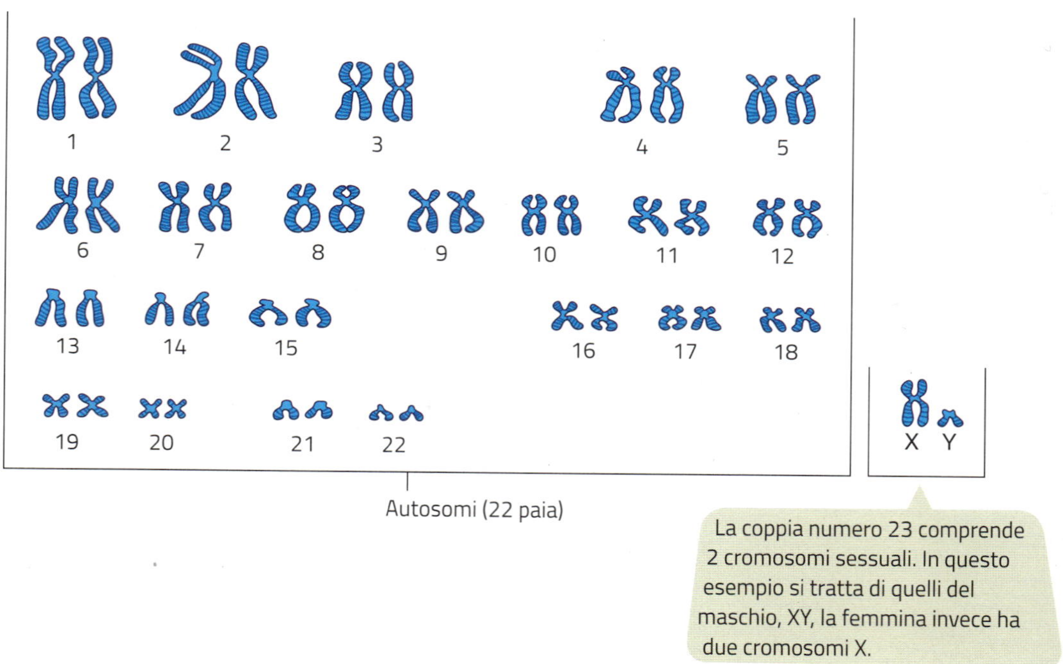

▸ **Figura 1**
Il cariotipo umano è formato da 46 cromosomi che si appaiano all'inizio della meiosi.

Sutton fu colpito dal parallelismo fra le sue osservazioni e la legge della segregazione di Mendel. Da questo confronto emerse con chiarezza l'ipotesi che i cromosomi fossero i portatori dei geni e che i due alleli di ogni gene si trovassero sui cromosomi omologhi. Sutton suppose inoltre che gli alleli rimanessero sempre indipendenti e venissero separati durante la meiosi I, quando si separano i cromosomi omologhi; da ciò dedusse che, al momento della fecondazione, con la fusione dei gameti si potessero formare nuove combinazioni di alleli. In questo modo Sutton spiegava la legge di Mendel della segregazione degli alleli in base alla separazione dei cromosomi omologhi durante la meiosi.

La legge di Mendel sull'assortimento indipendente, infatti, afferma che gli alleli di geni differenti segregano indipendentemente gli uni dagli altri (**figura 2**). Sutton ritenne che anche questa affermazione potesse essere giusta, ammesso però che rispettasse l'importante condizione che i geni non fossero situati sullo stesso cromosoma. Infatti, se due geni diversi si trovano sullo stesso cromosoma, durante la meiosi finiscono inevitabilmente nello stesso gamete, a meno di essere stati in precedenza separati da un *crossing over*. In base a queste considerazioni Sutton ritenne che i geni, ovvero i fattori descritti da Mendel, fossero portati dai cromosomi.

Nello stesso anno, il biologo tedesco Theodor Boveri, che stava studiando il modo in cui si sviluppano i tumori, giunse alla conclusione che il cancro era una patologia dovuta a errori avvenuti nel corso della mitosi, con conseguente formazione di cariotipi anomali. Sebbene inizialmente trascurata, anche questa ricerca forniva una convincente conferma della **teoria cromosomica**, secondo la quale i geni si trovavano sui cromosomi.

Ti ricordi?

Per illustrare le leggi di Mendel si usa il **quadrato di Punnett**, una tabella utile per determinare gli incroci tra alleli dominanti (lettera maiuscola) o recessivi (lettera minuscola).

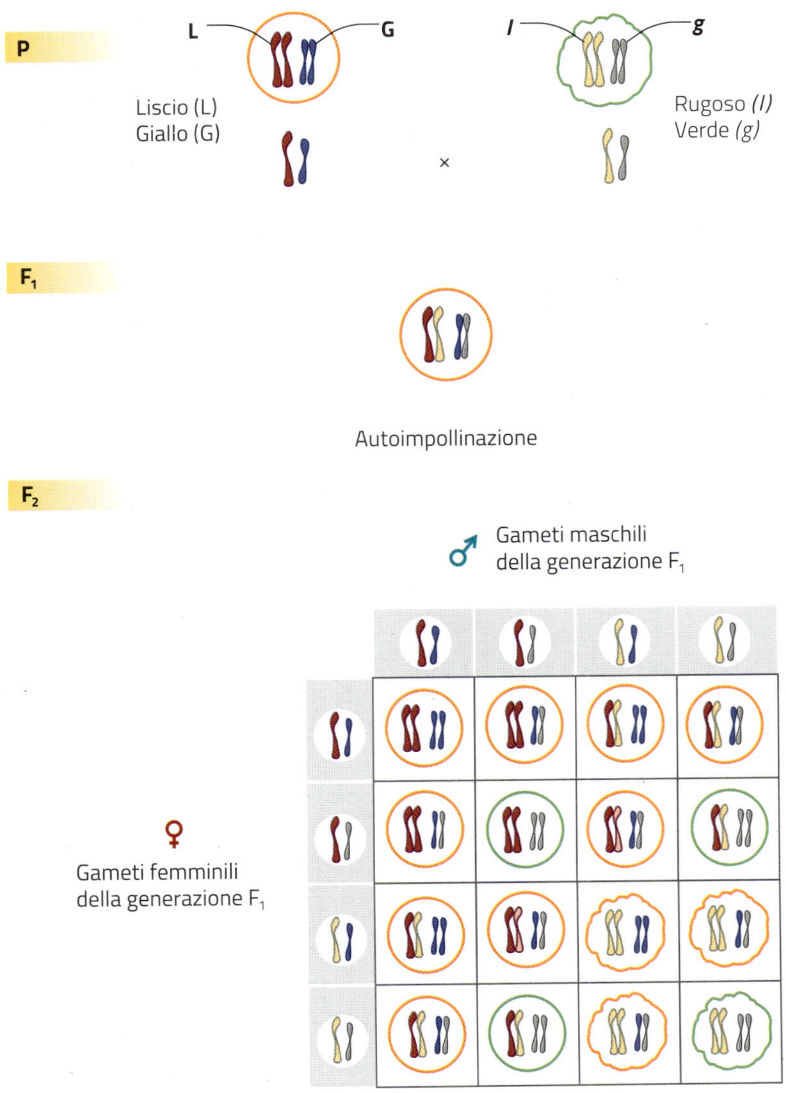

Dei quattro cromosomi presi in esame, due portano gli alleli per il seme liscio o rugoso e due per il colore verde o giallo del seme. In questo esempio, un genitore è omozigote dominante e l'altro è omozigote recessivo, perciò i gameti prodotti saranno *LG* e *lg*.

Dall'autoimpollinazione si ottengono quindi quattro tipi diversi di gameti femminili e maschili che possono combinarsi in 16 (4 × 4) modi diversi.

◂ **Figura 2**
Secondo l'ipotesi di Sutton, i cromosomi si distribuiscono secondo un incrocio di tipo mendeliano, illustrato dal quadrato di Punnett.

Le parole

Il nome generico *Drosophila* deriva dalla latinizzazione di termini greci che significano «amante della rugiada»; l'attributo specifico *melanogaster* significa «ventre nero».

La presenza di specifici cromosomi determina il sesso di un individuo

Alcuni anni dopo la pubblicazione degli studi di Sutton e di altri citologi, gran parte dei ricercatori pensava ancora che i geni non avessero una consistenza fisica e che la teoria cromosomica fosse poco attinente agli studi sull'ereditarietà. Il contributo decisivo per dimostrare la localizzazione dei geni sui cromosomi venne soprattutto dalle ricerche effettuate sul moscerino della frutta *Drosophila melanogaster*; gli esperimenti sugli incroci condotti su questo insetto dimostrarono che certi caratteri ereditari dipendono dal sesso, cioè che i geni che li determinano si trovano senza dubbio sui cromosomi sessuali.

Come osservato da Sutton e dai suoi colleghi, i cromosomi di un organismo diploide sono presenti in coppie. I cromosomi di tutte le coppie, tranne una, sono simili tra loro nei maschi e nelle femmine e sono detti **autosomi** (*vedi* **figura 1**), mentre i cromosomi della coppia che fa eccezione sono uguali solo in uno dei due sessi e sono chiamati **cromosomi sessuali**.

Nei mammiferi (compresa la specie umana), e in molti altri gruppi di animali, è la femmina ad avere i due cromosomi sessuali uguali, chamati per convenzione cromosomi X e la femmina risulta perciò XX. I cromosomi sessuali del maschio sono costituiti da un cromosoma X (uguale al cromosoma X della femmina) e da un cromosoma Y, molto più piccolo (**figura 3A**), perciò i maschi di queste specie sono indicati con XY.

Quando per meiosi si formano i gameti, nei maschi metà degli spermatozoi possiede un cromosoma X e metà un cromosoma Y, mentre tutti i gameti prodotti dalla femmina presentano il cromosoma X. Il sesso della prole, quindi, dipende dal fatto che il gamete femminile venga fecondato dal gamete maschile portatore del cromosoma X oppure da quello portatore del cromosoma Y (**figura 3B**). Dal momento che gli spermatozoi X e Y sono prodotti in numero uguale, c'è esattamente la stessa probabilità di avere figli maschi o femmine.

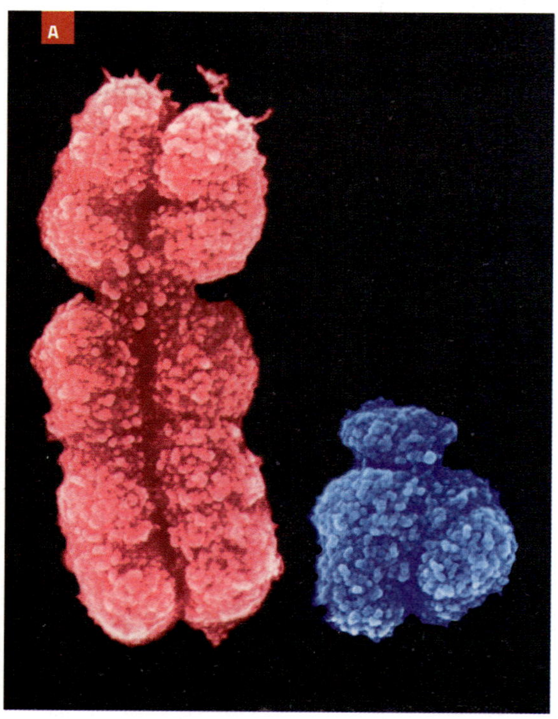

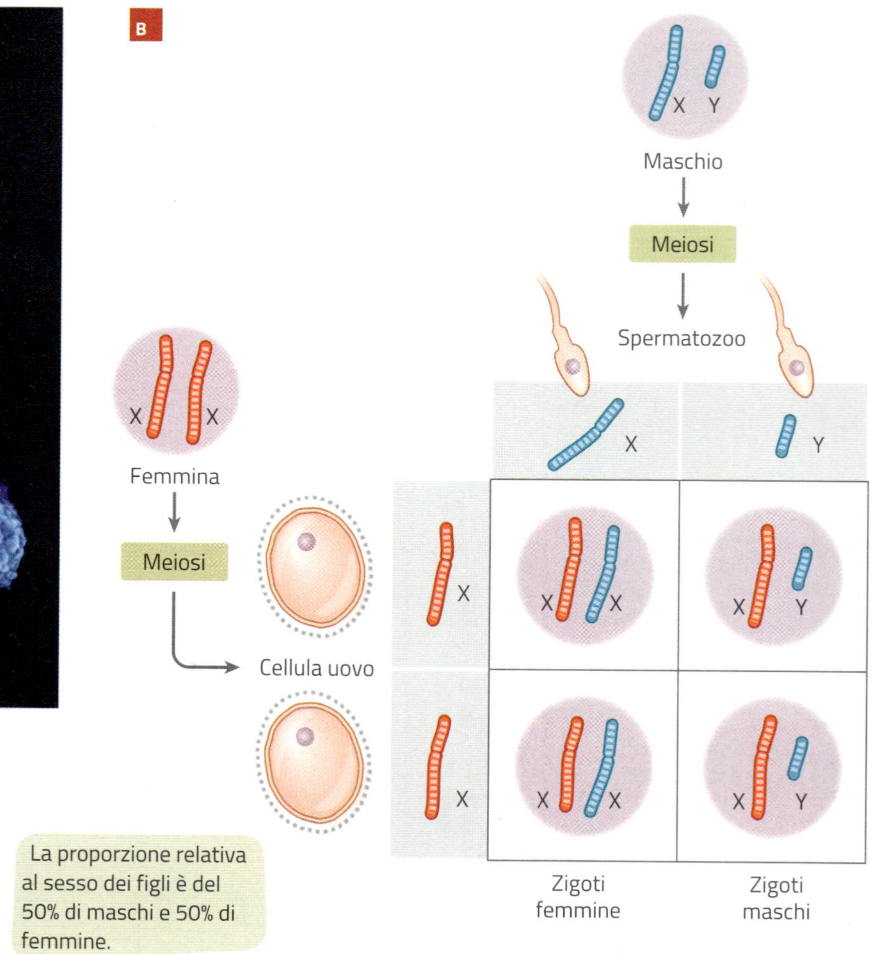

▲ **Figura 3**
(A) I cromosomi sessuali X e Y umani fotografati al microscopio elettronico a scansione. (B) Il quadrato di Punnett evidenzia che ci sono le stesse probabilità per gli zigoti di essere maschili o femminili.

Morgan condusse i suoi studi sui geni portati dai cromosomi sessuali

I geni che si trovano sui cromosomi sessuali portano informazioni ereditarie che sembrano non seguire le leggi mendeliane; in questo caso si parla di **caratteri legati al sesso.** Il primo scienziato che si accorse dell'anomalia nella trasmissione di questi caratteri fu il biologo statunitense Thomas Hunt Morgan. Con una combinazione eccezionale d'intuito e di fortuna, Morgan scelse il moscerino della frutta *Drosophila melanogaster* come organismo modello; tra i numerosi vantaggi dell'utilizzare questi insetti ci sono la possibilità di allevarli in semplici bottiglie e la facilità con cui si riproducono, ma anche il fatto che la drosofila ha solo quattro paia di cromosomi ($2n = 8$) (**figura 4**).

◂ Figura 4
I cromosomi di drosofila sono costituiti da tre coppie di autosomi (una coppia è poco visibile perché i cromosomi sono piccoli e quasi rotondi) e una coppia di cromosomi sessuali.

Come primo obiettivo, i ricercatori del laboratorio di Morgan tentarono d'individuare eventuali differenze genetiche presenti tra i vari moscerini impiegati per gli esperimenti d'incrocio, simili a quelli condotti da Mendel sulle piante di pisello. Una delle più evidenti e importanti caratteristiche dei moscerini della frutta è il colore rosso brillante degli occhi.

Una femmina con occhi rossi fu incrociata con un maschio che aveva invece occhi bianchi e tutta la generazione F_1 nacque con gli occhi rossi (**figura 5A**); il colore bianco degli occhi era dunque recessivo. Morgan incrociò poi tra loro gli individui della generazione F_1 e ottenne gli stessi risultati di Mendel, ma con una particolarità: gli esemplari con occhi bianchi erano sempre e soltanto maschi (**figura 5B**).

Sulla base di questi esperimenti (*vedi* **figura 5**), Morgan e i suoi collaboratori formularono l'ipotesi che il gene per il colore degli occhi fosse presente solo sul cromosoma X. Infatti, come fu dimostrato in seguito, il cromosoma Y del moscerino maschio porta pochissime informazioni genetiche. L'allele per il carattere

Ti ricordi?
Mendel aveva diviso le varie generazioni di piante di pisello in questo modo: la **generazione parentale** (P), da cui si ottiene la **prima generazione filiale** (F_1) seguita dalla **seconda generazione filiale** (F_2).

▾ Figura 5
Negli incroci eseguiti da Morgan l'allele per il carattere «occhi rossi» è indicato con *B*; quello per il carattere «occhi bianchi» è indicato con *b*. Quando il gene è localizzato nel cromosoma X agli alleli viene aggiunto l'apice *B* o *b*.

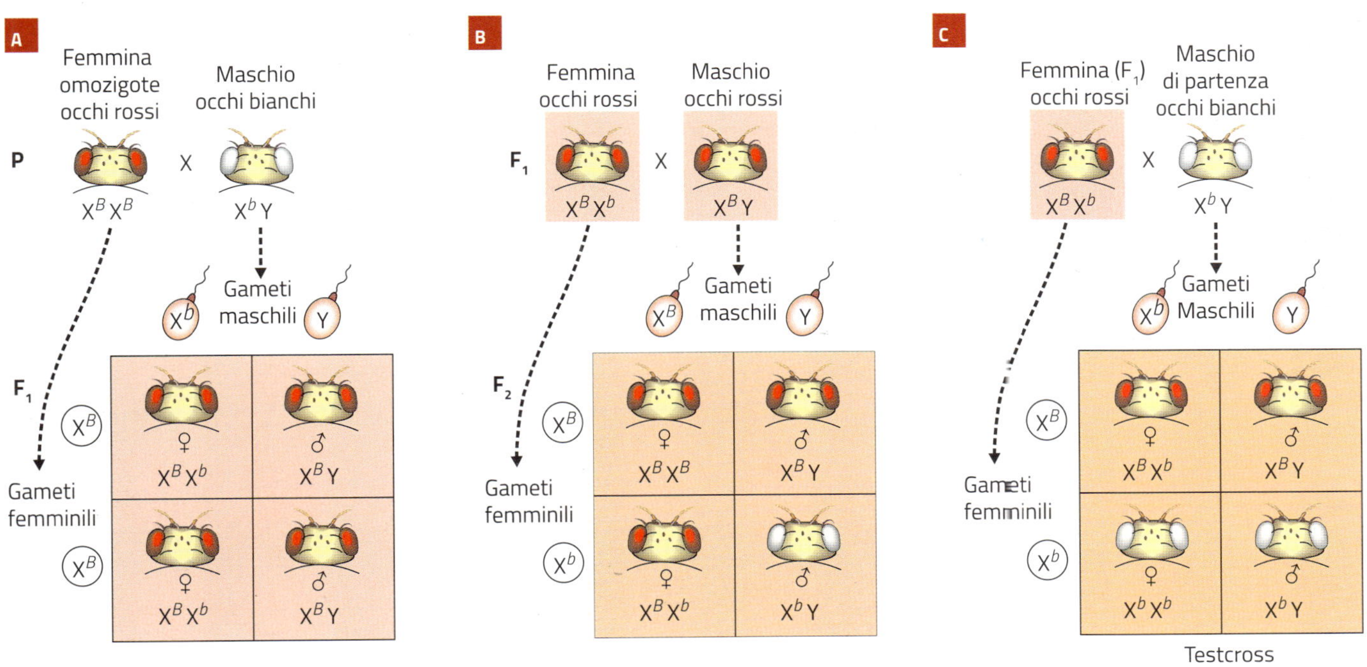

«occhi bianchi» doveva essere recessivo, dato che tutti i moscerini della F_1 avevano gli occhi rossi. Una femmina eterozigote, perciò, ha sempre occhi rossi: questa è la ragione per cui non comparivano femmine con occhi bianchi nella generazione F_2. Invece, un maschio con un cromosoma X che possiede l'allele «occhi bianchi» dovrà sempre avere gli occhi bianchi dal momento che non è presente nessun allele sul cromosoma Y. Il maschio si dice **emizigote** per il carattere in questione, poiché ha la metà delle informazioni genetiche rispetto alla femmina.

Facciamo il punto

1. Quali furono i progressi in citologia che permisero a Sutton di giungere alle sue conclusioni?
2. Perché i caratteri legati al sesso non seguono in modo regolare le leggi mendeliane?
3. Perché il fatto di usare *Drosophila* come organismo modello è stato una buona scelta?
4. A quale conclusione giunse Morgan al termine dei suoi esperimenti con i moscerini della frutta?

2 Malattie genetiche e alberi genealogici

Ti ricordi?

Un **gene** codifica per un certo carattere e si trova in un punto preciso di un cromosoma ma, poiché ci sono 2 copie di ciascun cromosoma, sono 2 anche le copie (**alleli**) di ciascun gene: una copia viene dal padre e una dalla madre. Se i due alleli sono uguali, l'individuo è **omozigote** per quel gene, se invece i due alleli sono diversi è **eterozigote**. Un allele può essere **dominante**, se determina il carattere che si impone sull'altro, o **recessivo**, se il suo carattere viene «coperto» dall'altro.

Le malattie autosomiche possono essere dominanti o recessive

Gregor Mendel aveva elaborato le sue leggi eseguendo molti incroci e calcoli statistici su diverse generazioni, ma nessuna delle due procedure può essere applicata agli esseri umani, perciò la genetica umana può contare solo sullo studio delle genealogie.

Dato che la nostra specie produce una prole molto meno numerosa delle piante di pisello, i rapporti numerici fra i fenotipi della prole non sono così netti come quelli osservati da Mendel. Per esempio, quando due individui eterozigoti (*Aa*) hanno dei figli, ognuno di essi ha una probabilità del 25% di essere omozigote recessivo (*aa*). Se questa coppia dovesse avere dozzine di figli, un quarto sarebbe omozigote recessivo (*aa*), ma la prole di un'unica coppia molto probabilmente è troppo scarsa per mostrare la proporzione esatta. In una famiglia con due figli, per esempio, ciascuno di essi potrebbe essere *aa* oppure *Aa* o *AA*.

Chi studia la genetica umana ha bisogno di sapere se un allele raro, responsabile di un fenotipo anomalo, sia dominante o recessivo. Per capirlo si può usare un **albero genealogico**, un albero familiare che mostra la comparsa di un fenotipo (e i relativi alleli) in molte generazioni di individui.

La **figura 6A** mostra un albero genealogico con la trasmissione ereditaria di un allele *dominante*. Da una simile genealogia si nota che:

- ogni persona malata ha un genitore malato;
- circa metà dei figli di un genitore malato è malata;
- il fenotipo compare con la stessa frequenza nei due sessi.

La **figura 6B** mostra invece la trasmissione ereditaria di un allele *recessivo*, in questo schema si nota che:

- le persone malate hanno di solito due genitori sani;
- nelle famiglie colpite dalla malattia, circa un quarto dei figli di genitori sani è malato;
- il fenotipo compare con la stessa frequenza nei due sessi.

Negli alberi genealogici che mostrano la trasmissione ereditaria di un fenotipo recessivo non è raro trovare un matrimonio fra consanguinei. Questo fatto è una conseguenza della rarità degli alleli recessivi che originano fenotipi anomali. Perché due genitori fenotipicamente normali abbiano un figlio malato (*aa*)

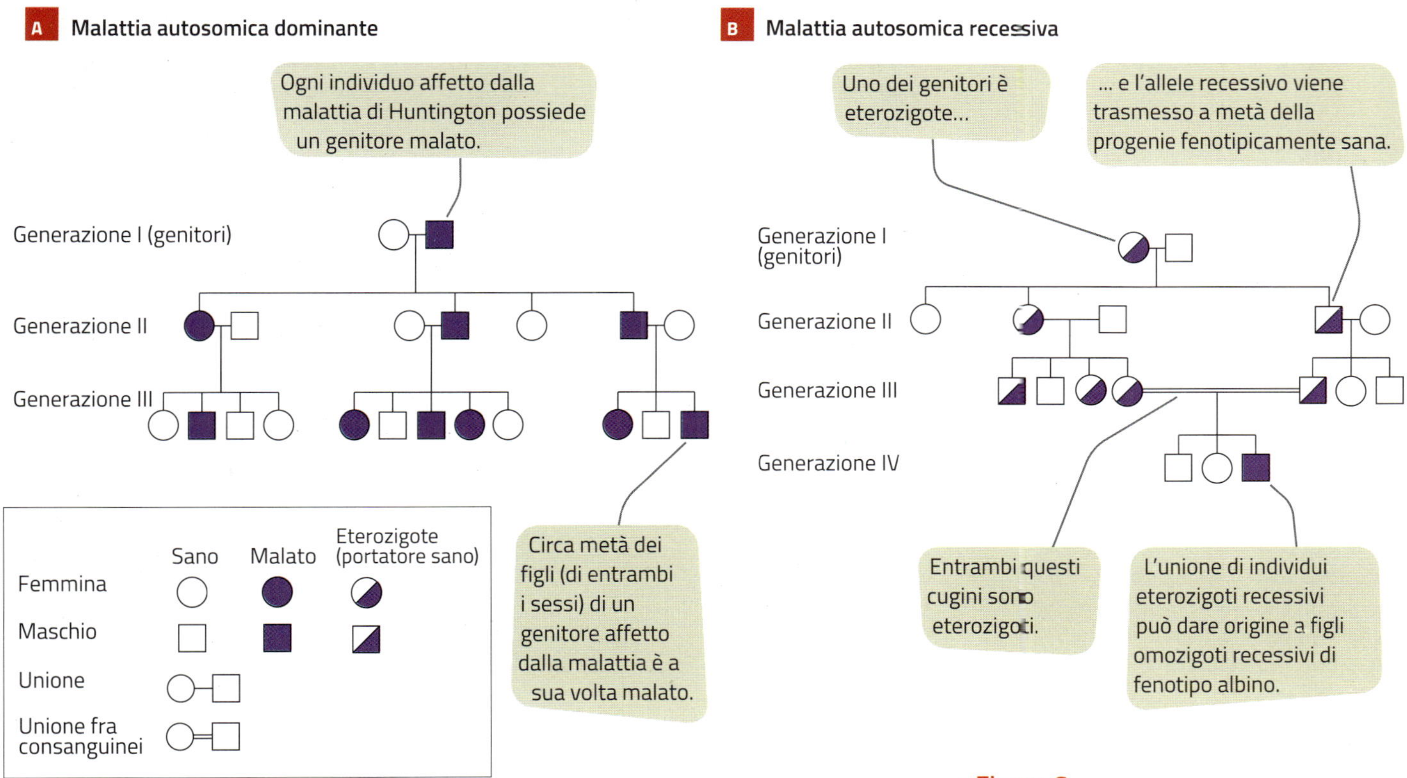

▲ **Figura 6**
(A) Albero genealogico di una famiglia in cui alcuni individui sono affetti dalla malattia di Huntington, dovuta a un allele dominante; chi eredita l'allele è malato. (B) Albero genealogico di una famiglia portatrice dell'allele recessivo per l'albinismo: gli eterozigoti non manifestano il fenotipo albino, ma possono trasmettere l'allele ai propri figli.

è necessario che siano entrambi eterozigoti (*Aa*). Se un certo allele recessivo è raro nella popolazione in generale, la probabilità che entrambi i genitori siano portatori di quell'allele è molto bassa. Se, però, quell'allele è presente in una famiglia, due cugini potrebbero condividerlo. Gli studi su popolazioni isolate per motivi geografici o culturali (come gli Amish negli Stati Uniti) hanno portato un contributo importante alla genetica umana, poiché gli individui di questi gruppi tendono a sposarsi fra loro.

Entrambe le genealogie, sia quella che mostra la trasmissione di una malattia a fenotipo dominante sia quella a fenotipo recessivo, sono relative a malattie definite **autosomiche**, poiché i geni responsabili si trovano su uno dei 22 cromosomi non sessuali. Le patologie genetiche che non seguono nessuno dei due schemi appena descritti sono di solito legate a geni presenti sui cromosomi X o Y.

L'ereditarietà legata al sesso si manifesta anche in alcune malattie

Nella specie umana il cromosoma X porta un numero maggiore di geni rispetto al cromosoma Y, anche per le dimensioni molto diverse. Un esempio di carattere legato al sesso è la presenza di peli sulle orecchie: il gene responsabile si trova sul cromosoma Y ed è assente sul cromosoma X, per cui solo i maschi possono manifestare questo carattere. Tuttavia, è più facile che si verifichi la situazione opposta, ossia che un gene sia presente sul cromosoma X e assente sul cromosoma Y.

L'ereditarietà dei caratteri recessivi legati al cromosoma X è particolarmente studiata per alcune malattie umane. La peculiarità di questa ereditarietà, rispetto a quella dei caratteri studiati da Mendel (ovvero quelli portati dagli autosomi), si manifesta in diversi modi:

- le femmine eterozigoti, dette **portatrici sane**, sono in genere fenotipicamente sane in quanto la presenza dell'allele sano dominante, posto su uno dei due cromosomi X, permette alle cellule di svolgere normalmente le proprie funzioni;
- i maschi, invece, se sono portatori dell'allele recessivo, manifestano il fenotipo della malattia perché il cromosoma Y è privo dell'allele per quel carattere e quindi essi possiedono un allele solo;

A colpo d'occhio

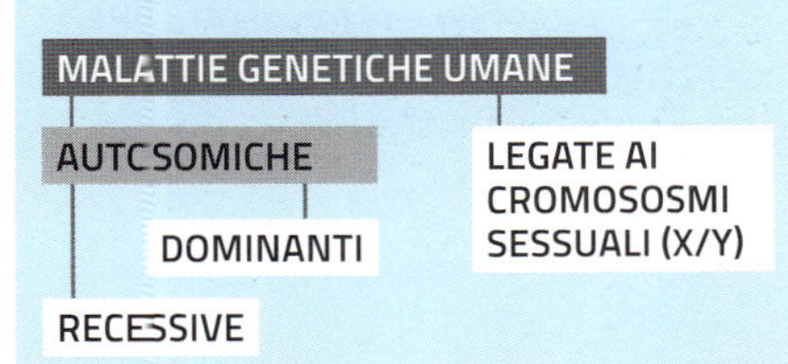

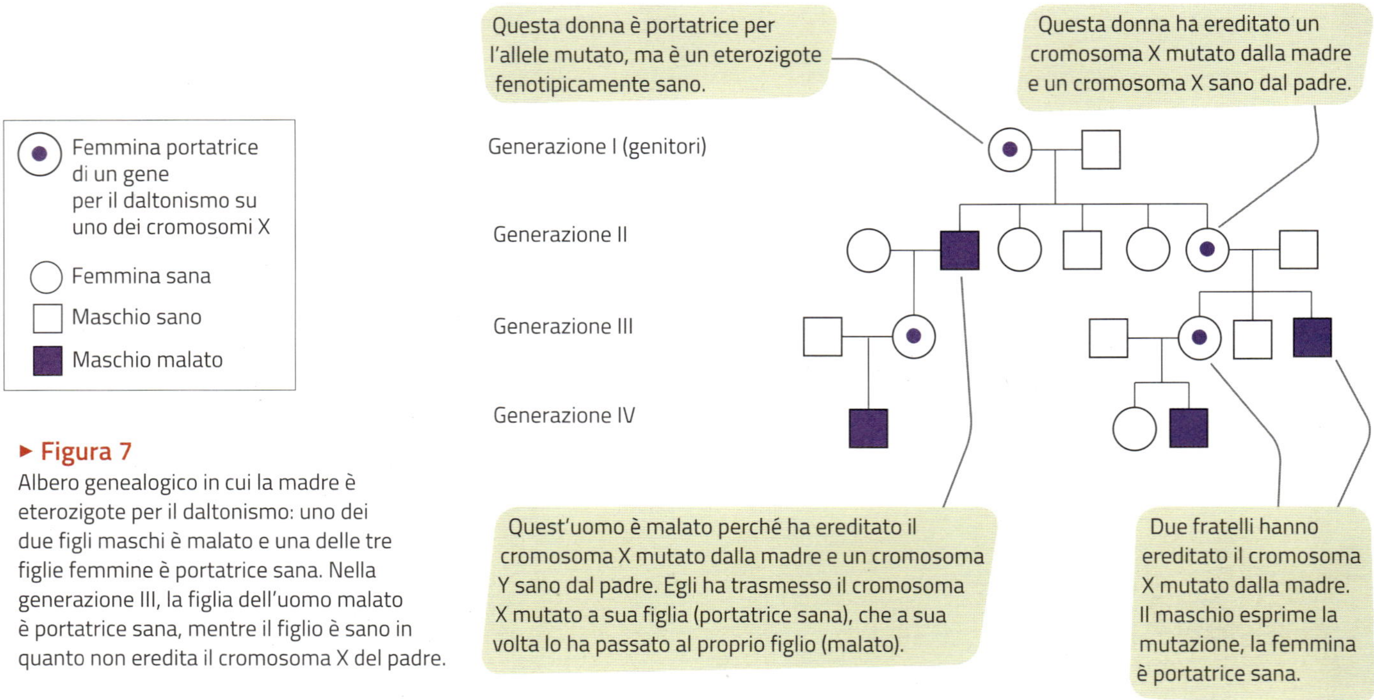

▸ Figura 7
Albero genealogico in cui la madre è eterozigote per il daltonismo: uno dei due figli maschi è malato e una delle tre figlie femmine è portatrice sana. Nella generazione III, la figlia dell'uomo malato è portatrice sana, mentre il figlio è sano in quanto non eredita il cromosoma X del padre.

- se un uomo sano e una donna portatrice sana hanno dei figli, le figlie femmine hanno 50% delle probabilità di essere sane e il 50% di essere portatrici sane; invece, i figli maschi hanno il 50% delle probabilità di essere sani e il 50% di essere malati (**figura 7**);
- una donna può manifestare la malattia solo se il suo genotipo è nella forma omozigote recessiva (**figura 8**), condizione possibile nel caso in cui essa erediti un cromosoma X portatore del gene recessivo sia dalla madre sia dal padre.

▸ Figura 8
Quadrato di Punnett che illustra come una donna può manifestare la malattia; ciò può avvenire solo se essa è omozigote per quel carattere, cioè se eredita sia dalla madre sia dal padre il cromosoma X difettoso.

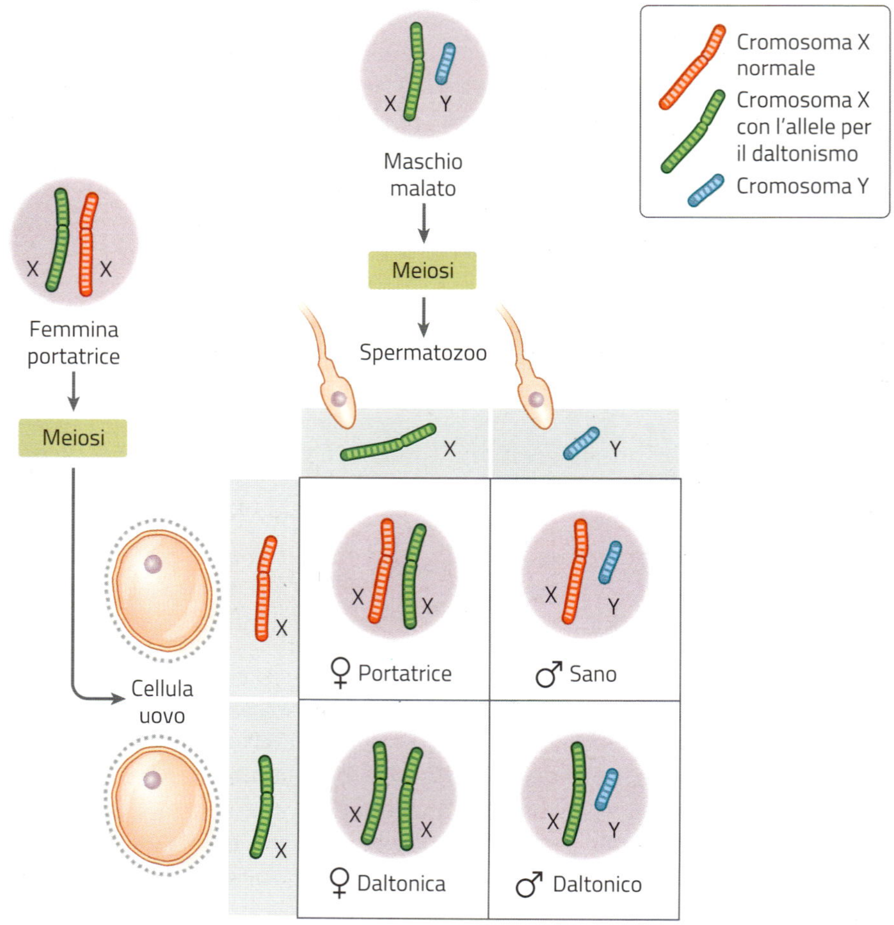

Alcune malattie umane legate al sesso sono il daltonismo e l'emofilia

Il **daltonismo** consiste nell'incapacità di percepire in modo corretto alcuni colori, come il rosso e il verde (**figura 9**). I geni che codificano per i pigmenti sensibili alla luce rossa e verde sono entrambi posti sul cromosoma X. Se una persona di sesso maschile ha un gene difettoso per il riconoscimento del colore verde, non potrà distinguere il verde dal rosso; viceversa, un difetto del gene per il riconoscimento del colore rosso genera l'incapacità opposta. Le femmine eterozigoti hanno una visione normale, mentre quelle omozigoti recessive per il daltonismo, avendo entrambi i cromosomi X portatori di alleli difettosi, manifestano la malattia.

◄ **Figura 9**
Un test per il daltonismo: i daltonici, non distinguendo il rosso dal blu, non riescono a leggere il numero che compare in questo disegno.

Un altro esempio di eredità legata al sesso è quello dell'**emofilia**, che consiste in un gruppo di malattie in cui il sangue non coagula normalmente. La coagulazione del sangue avviene in seguito a complesse reazioni che richiedono la presenza nel plasma di specifici fattori proteici; l'incapacità di produrre una particolare proteina, nota come *Fattore VIII*, dà origine alla forma di emofilia più comune. Per gli individui affetti da questo tipo di emofilia, anche le ferite più superficiali comportano un alto rischio di emorragia. Oggi è disponibile un tipo di Fattore VIII, sintetizzato grazie alle tecniche dell'ingegneria genetica, che può essere somministrato agli individui malati per ridurre gli effetti della malattia. Come per il daltonismo, le femmine eterozigoti sono portatrici sane: la coagulazione del loro sangue è normale dato che l'allele sano è dominante, ma possono trasmettere la malattia ai figli maschi.

La **distrofia muscolare di Duchenne** provoca una grave insufficienza dei muscoli volontari, che indebolisce progressivamente i pazienti e li costringe su una sedia a rotelle. La malattia è prevalentemente maschile in quanto è difficile trovare femmine omozigoti; in genere la malattia si manifesta nei primi anni d'età, i maschi che ne soffrono non riescono a riprodursi e quindi non trasmettono alle figlie il cromosoma X con l'allele malato. Oggi in Italia soffrono di distrofia di Duchenne circa 20000 persone, con un'incidenza di un bambino malato su 3500 circa.

Nel 1987, il genetista statunitense Louis M. Kunkel ha identificato e isolato una proteina fibrillare nelle cellule muscolari: la *distrofina* (**figura 10**). Questa proteina, che costituisce un collegamento tra citoscheletro e matrice extracellulare, è difettosa (o addirittura assente) nei pazienti colpiti da distrofia muscolare e ciò si traduce in una progressiva perdita di forza muscolare.

Alcune ricerche recenti prevedono per questa malattia l'impianto di cellule staminali in grado di promuovere la rigenerazione del tessuto muscolare, mentre altre si basano sulla sperimentazione di farmaci contenenti una proteina (l'*utrofina*), normalmente presente nei feti e nei muscoli danneggiati, in quanto favorisce la loro ricostruzione, che potrebbe compensare in qualche modo l'assenza di distrofina (*vedi* capitolo B4).

Curiosità

Fin dal diciannovesimo secolo l'**emofilia** ha afflitto alcune famiglie reali europee, che erano imparentate fra loro perché erano d'uso i matrimoni fra consanguinei. Per esempio, la regina Vittoria d'Inghilterra era probabilmente portatrice sana di questa malattia; suo figlio Leopoldo, malato di emofilia, morì a 31 anni e almeno due delle sue figlie, Alice e Beatrice, erano portatrici sane e trasmisero la malattia ai reali di Russia, Prussia e Spagna.

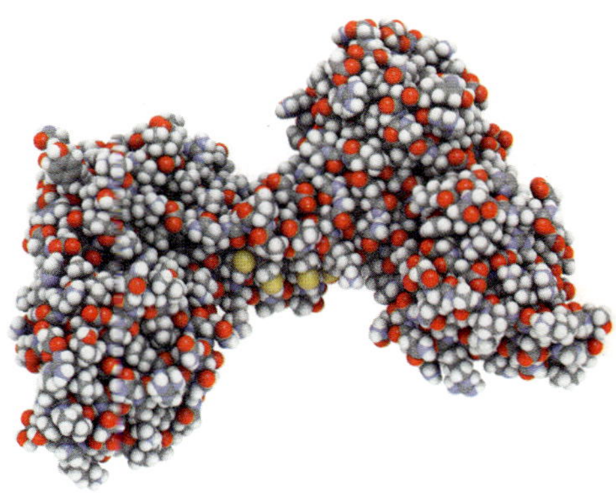

▲ **Figura 10**
La distrofina, una proteina presente nelle cellule dei muscoli, causa gravi malattie se non funziona correttamente.

A colpo d'occhio

MALATTIE LEGATE AL SESSO
- DALTONISMO
- EMOFILIA
- DISTROFIA DI DUCHENNE
- SINDORME DELL'X FRAGILE
- FAVISMO

Oltre alla distrofia di Duchenne, che prende il nome dal neurologo francese che la descrisse nel 1861, esiste anche un'altra forma meno grave e più rara: la **distrofia muscolare di Becker** (dal nome del medico tedesco che la studiò nel 1955). Anche questa malattia è legata a una mutazione di un gene presente sul cromosoma X che codifica la distrofina, determinando una struttura anomala e perciò poco funzionale.

Un'altra patologia legata a sesso è la sindrome dell'X fragile, il cui nome deriva dall'osservazione del cariotipo: in metafase, il cromosoma X sembra avere un punto di rottura (zona fragile) a livello del braccio lungo (**figura 11**). Dopo la sindrome di Down, la sindrome dell'X fragile è la causa più frequente di ritardo mentale nei maschi. Le donne sono difficilmente omozigoti, ma la sindrome dell'X fragile colpisce in forma leggera anche 1/3 delle femmine eterozigoti e, perciò, è da considerarsi parzialmente dominante. In media la frequenza di questa malattia nella popolazione è di 1 caso su 4000 maschi e 1 su 7000 femmine, per cui rientra nell'elenco delle malattie rare stilato dal Ministero della Salute.

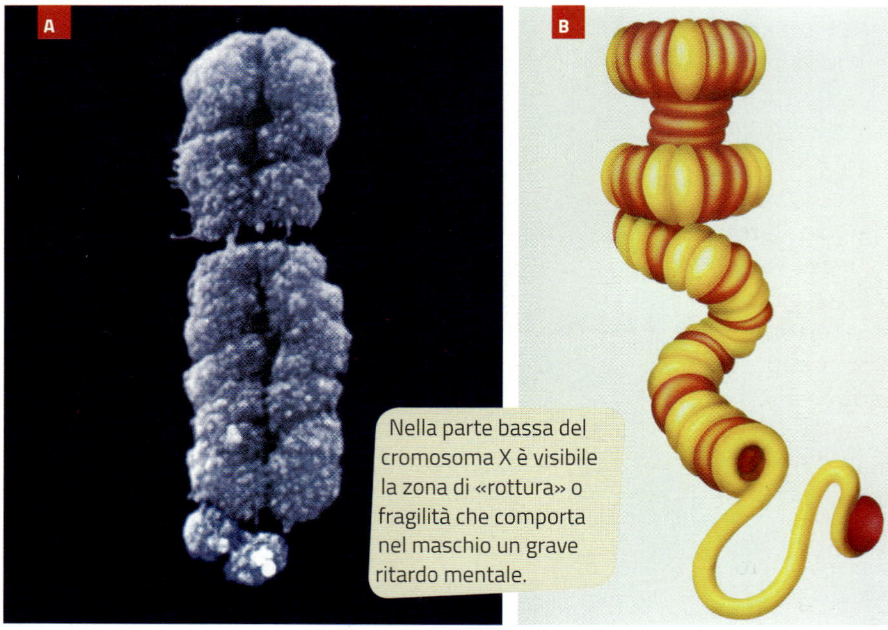

▸ **Figura 11**
Un cromosoma X fragile fotografato al microscopio elettronico a scansione (A) e rappresentato con uno schema (B).

Anche la carenza congenita di un enzima presente nei globuli rossi, la *glucosio-6-fosfato-deidrogenasi*, è una malattia legata al cromosoma X. Questa carenza, in genere, non crea particolari problemi, ma quando un individuo affetto dalla malattia assume farmaci come i sulfamidici o l'acido salicilico, che inibiscono l'attività dell'enzima, questa diventa così grave da generare un'improvvisa distruzione dei globuli rossi, o *emolisi* e, quindi, la comparsa di una forte anemia con segni di collasso cardiocircolatorio. Il termine usato per indicare questa malattia è **favismo**, ma è improprio dal momento che non tutte le persone a cui manca questo enzima manifesteranno sintomi mangiando fave o altri tipi di legumi. Il legame tra fave ed emolisi è dato dalla presenza di alcuni composti presenti all'interno del legume (**figura 12**). Il favismo è particolarmente diffuso nel bacino del Mediterraneo dove, in alcune zone come la Sardegna o Rodi, può avere una frequenza molto alta (fino al 30% degli individui); probabilmente ciò dipende dai fenomeni di selezione che avvengono nelle isole, dove popolazioni poco numerose si incrociano molto spesso fra loro.

▸ **Figura 12**
Non esiste un legame netto tra la quantità di fave ingerita e il manifestarsi dell'emolisi, perché subentrano anche fattori legati alla costituzione dell'individuo colpito.

Facciamo il punto

1. Perché è difficile applicare le leggi di Mendel alla genetica umana?
2. Che cos'è e a che cosa serve un albero genealogico?
3. Quali sono le cause e le conseguenze del daltonismo?
4. Quale contromisura si può adottare per ridurre le conseguenze dell'emofilia?
5. In che cosa consiste la sindrome dell'X fragile?

3 Le mappe cromosomiche

Geni posti sullo stesso cromosoma appartengono a un gruppo di associazione

Un nuovo contributo allo studio della localizzazione dei geni arrivò dagli esperimenti fatti da un collaboratore di Morgan, lo statunitense J. H. Muller (per i quali lo scienziato vinse il premio Nobel per la Medicina nel 1946). Mediante tali esperimenti, Muller scoprì che esporre le drosofile ai raggi X aumentava notevolmente la velocità con cui avvenivano le mutazioni. Anche altre forme di radiazioni, come la luce ultravioletta e alcuni prodotti chimici, agivano da mutageni, cioè da agenti in grado di produrre mutazioni. A mano a mano che nel ceppo di moscerini studiato da Muller si produceva un numero sempre più alto di mutanti, divenne possibile effettuare esperimenti di incrocio in cui le drosofile differivano per più di una caratteristica.

Mendel aveva dimostrato che le coppie di alleli, come quella per i piselli lisci e rugosi, segregano indipendentemente dalle altre coppie, per esempio da quella per i piselli gialli e verdi. In realtà, gli alleli di due geni differenti possono segregare in maniera indipendente solo se i geni sono posti su cromosomi diversi; se, invece, gli alleli dei due geni si trovano abbastanza vicini sullo stesso cromosoma, allora la segregazione degli alleli di un gene non potrà essere indipendente dalla segregazione degli alleli dell'altro gene. In altre parole, se gli alleli di due geni differenti sono sullo stesso cromosoma, durante la meiosi finiranno entrambi nello stesso gamete. I geni che vengono ereditati insieme perché sono posti sullo stesso cromosoma si dicono *associati*, o concatenati, in quanto appartengono allo stesso **gruppo di associazione** (in inglese, *linkage*).

A mano a mano che procedevano gli esperimenti di incrocio con *Drosophila*, le mutazioni cominciarono a essere suddivise in quattro gruppi di associazione, in relazione alle quattro coppie di cromosomi visibili nelle cellule. In effetti, in tutti gli organismi studiati, il numero dei gruppi di associazione risultò coincidere con il numero di coppie cromosomiche, ciò rappresentava un ulteriore sostegno all'ipotesi di Sutton, secondo la quale i geni si trovano sui cromosomi.

Alcune ricombinazioni geniche si spiegano con il crossing over

Gli studi sui gruppi di associazione, condotti su vasta scala, rivelarono alcuni aspetti sorprendenti. Per esempio, la maggior parte delle drosofile ha il corpo di colore marrone chiaro e le ali lunghe, entrambi caratteri dominanti. Quando individui omozigoti per queste caratteristiche furono incrociati con moscerini mutanti con corpo nero e ali corte (entrambi caratteri recessivi), tutti gli individui della F_1 mostrarono corpo marrone e ali lunghe, come ci si aspettava. Poi, quando gli individui della generazione F_1 furono incrociati tra loro, si ipotizzarono due soluzioni possibili:

1. i geni per il colore del corpo e la lunghezza delle ali potevano segregare indipendentemente e dare origine al rapporto mendeliano 9:3:3:1 nei fenotipi della generazione F_2, indicando così che i geni per questi due caratteri si trovavano su coppie differenti di cromosomi omologhi;
2. i geni per i due caratteri potevano essere associati (**figura 13**) e il 75% dei moscerini della F_2 sarebbe stato marrone con ali lunghe e il 25%, omozigote per i due caratteri recessivi, sarebbe stato nero con ali corte, determinando un rapporto fenotipico di 3:1.

I risultati sperimentali si avvicinavano molto alla seconda ipotesi, ma non in modo perfetto. In qualche discendente i geni per questi caratteri sembravano segregare indipendentemente, infatti nella F_2 comparvero alcuni moscerini con corpo marrone e ali corte e alcuni con corpo nero e ali lunghe. Come si poteva

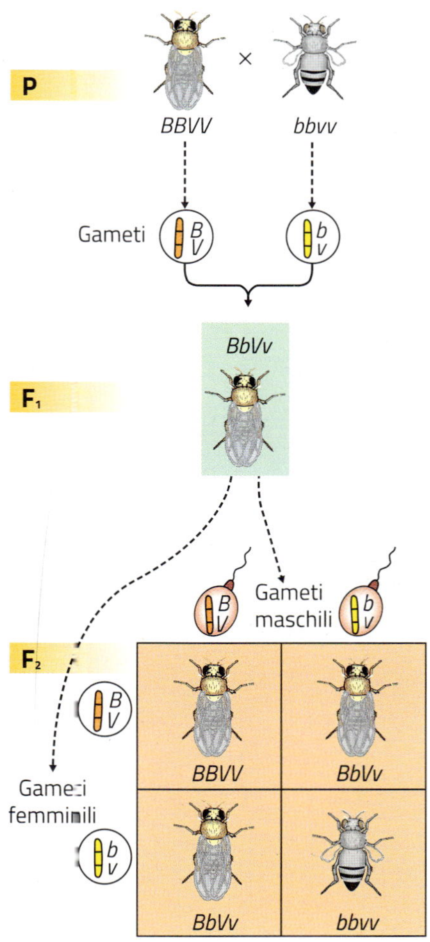

▲ **Figura 13**
Risultati dell'incrocio di geni associati tra un moscerino omozigote per il colore marrone (indicato con *BB*) e le ali lunghe (Indicato con *VV*), e un moscerino omozigote per il corpo nero (*bb*) e le ali corte (*vv*).

Ti ricordi?

Il **crossing over** è lo scambio di tratti tra cromosomi omologhi, che comporta una ricombinazione del patrimonio genetico dei genitori: di conseguenza, i cromatidi di ciascuno dei due cromosomi omologhi non sono più identici al cromosoma di partenza, ma un cromatidio di origine materna conterrà analoghe porzioni del cromatidio omologo di origine paterna, e viceversa.

spiegare questo fatto? Per quale ragione alleli che presumibilmente erano localizzati sullo stesso cromosoma si erano separati? Morgan riteneva che l'unico modo per spiegare i risultati ottenuti era supporre che, a volte, ci potesse essere uno scambio di alleli tra cromosomi omologhi, cioè che gli alleli si potessero *ricombinare*.

Oggi sappiamo che lo scambio di parti di cromosomi omologhi, ovvero il crossing over, avviene nella profase della meiosi I (**figura 14**). Se il crossing over avvenisse tra i segmenti omologhi su cui sono localizzati gli alleli di uno solo dei due geni, gli alleli dei due differenti geni risulterebbero separati nel momento in cui i cromatidi dei due omologhi si spezzano e si ricombinano tra loro; in altre parole, se uno solo dei due geni andasse incontro a ricombinazione, il fenotipo risultante corrisponderebbe a quello che ci si aspetterebbe se i due geni si trovassero su due cromosomi diversi.

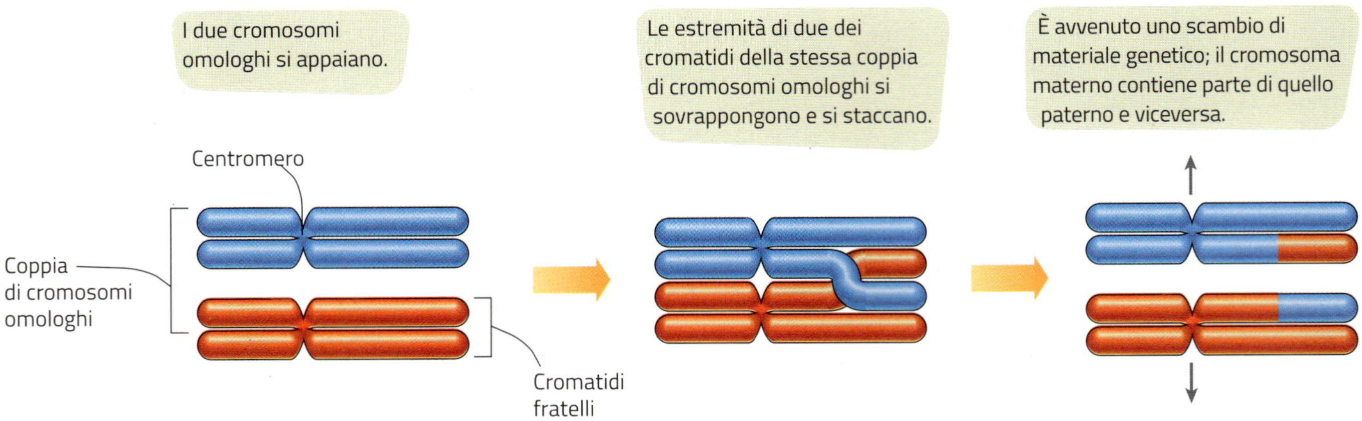

▲ **Figura 14**
Meccanismo del crossing over tra due cromosomi omologhi.

Mediante studi sulle ricombinazioni si possono costruire le mappe cromosomiche

Con la scoperta del crossing over divenne chiaro non solo che i geni sono portati dai cromosomi, ma anche che devono essere localizzati in punti particolari o **loci** (singolare *locus*) dei cromosomi. Inoltre, risultò evidente che gli alleli di ogni gene devono occupare loci corrispondenti su cromosomi omologhi, altrimenti lo scambio di parti di cromosomi darebbe luogo a un caos genetico e non a uno scambio preciso fra alleli corrispondenti.

Via via che venivano studiati altri caratteri, appariva chiaro che la percentuale di ricombinazione tra due geni qualunque, per esempio quelli per il colore del corpo e la lunghezza delle ali, era differente dalla percentuale di ricombinazione tra altri due geni, come quelli per il colore del corpo e la lunghezza delle zampe. Inoltre, come dimostrato dagli esperimenti di Morgan, queste percentuali erano fisse e prevedibili. Alfred Sturtevant, studente nel laboratorio di Morgan, intuì che la percentuale di ricombinazione potesse avere a che fare con la distanza fisica fra i geni che ricombinano: questo concetto diede il via alla costruzione delle prime **mappe cromosomiche** (**figura 15**).

I presupposti di Sturtevant erano che:

- i geni fossero disposti sui cromosomi in una serie lineare;
- i geni vicini tra loro fossero separati da crossing over meno frequentemente dei geni più lontani;
- determinando la frequenza di ricombinazione, dovesse essere possibile tracciare la sequenza dei geni lungo i cromosomi e conoscerne la distanza relativa tra essi.

Supponiamo che dall'unione di due organismi, per esempio due moscerini, nascano 1000 discendenti e prendiamo in considerazione due caratteri che si trovano sullo stesso cromosoma, come il colore del corpo e la lunghezza delle ali che abbiamo esaminato prima; tali caratteri sono pertanto associati e dovrebbero segregare insieme. Abbiamo visto però che i risultati reali nel genotipo dei di-

Nel 1913 Sturtevant cominciò a costruire mappe cromosomiche usando i dati ottenuti dagli studi sul crossing over nei moscerini della frutta. Come unità di misura standard egli scelse arbitrariamente la distanza sulla mappa che avrebbe dato, in media, una ricombinazione ogni 100 uova fecondate.

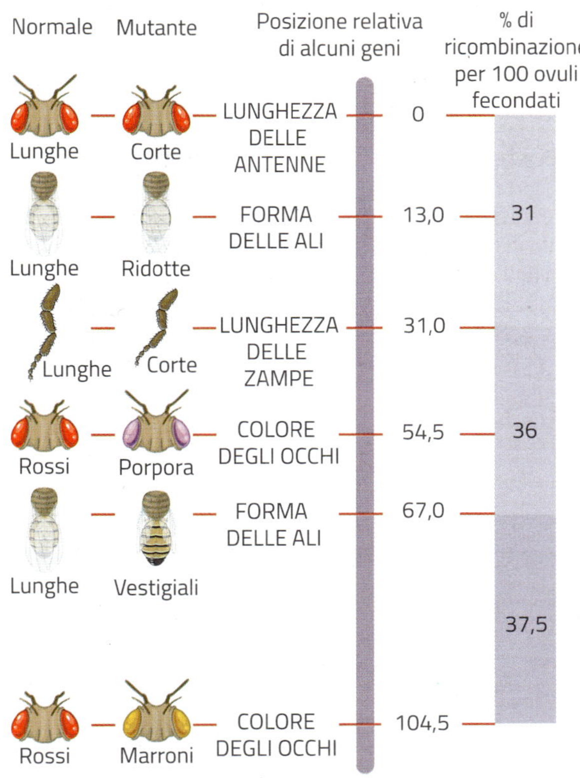

◂ **Figura 15**
Porzione della mappa cromosomica di drosofila che evidenzia la posizione e la distanza fra alcuni geni nel cromosoma 2. Più di un gene può influire per un singolo carattere.

scendenti si discostano da quelli attesi perché si deve tener conto del fenomeno del crossing over, che ricombina i geni tanto più frequentemente quanto essi si trovano lontani tra loro.

Per sapere quanto i geni che portano i due caratteri siano tra loro lontani, è sufficiente conoscere il numero dei discendenti ricombinanti. Se tali discendenti fossero, per esempio, 300 su 1000 individui nati, i geni disterebbero 30 mu (unità di mappa) o centiMorgan (cM).

Studi successivi hanno evidenziato che la frequenza del crossing-over non è uguale in tutte le regioni del cromosoma. Ciò implica che dalla frequenza di ricombinazione non è possibile ricavare una reale stima della distanza fisica tra due geni.

I cromosomi giganti furono scoperti nella saliva di drosofila

Alcuni cromosomi di grandi dimensioni furono scoperti per la prima volta dal biologo francese Edouard-Gérard Balbiani nelle ghiandole salivari dei ditteri, insetti simili alle mosche e alle zanzare con due sole ali, invece di quattro. Nel 1933, i cromosomi giganti vennero trovati anche nelle ghiandole delle larve di *Drosophila* e si vide che erano caratterizzati da evidenti bande trasversali chiare e scure ben visibili (**figura 16**). Questa configurazione a bande divenne un altro utile strumento per i genetisti, poiché li mise in grado di rilevare variazioni nella struttura dei cromosomi stessi.

Osservando le diverse configurazioni a bande dei cromosomi giganti, i ricercatori riuscirono a localizzare i punti in cui erano avvenute determinate variazioni della struttura cromosomica. La correlazione tra le diverse configurazioni delle bande nei cromosomi giganti e le conseguenze delle variazioni genetiche (come le rotture cromosomiche) osservate nei singoli moscerini della frutta, fornì la definitiva conferma dell'ipotesi di Sturtevant, ossia che i geni sono presenti sui cromosomi in una sequenza lineare.

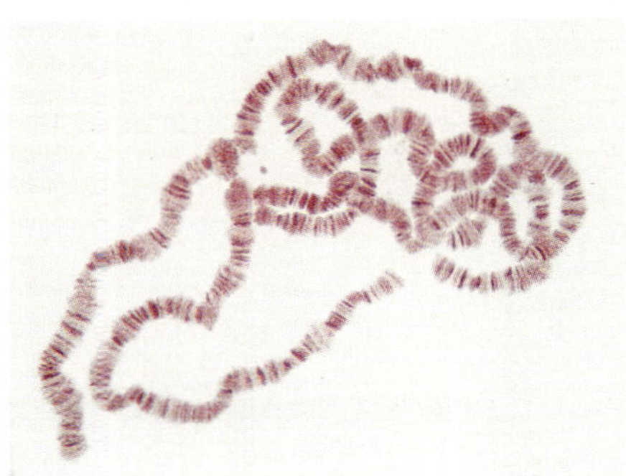

▴ **Figura 16**
Fotografia al microscopio ottico di cromosomi giganti di *Drosophila busckii*, in cui sono ben visibili e tipiche bande chiare e scure.

Facciamo il punto

1. Che cosa sono i gruppi di associazione?
2. Descrivi il fenomeno della ricombinazione citando alcuni esperimenti.
3. Che cosa s'intende per agenti mutageni?
4. Quali erano i presupposti delle ricerche di Sturtevant?
5. Quali informazioni vengono fornite dalle mappe cromosomiche?
6. Che cosa sono i cromosomi giganti?

LA LINEA DEL TEMPO

Esplora nell'ebook la timeline interattiva

L'eredità dei caratteri prima e dopo Mendel

Negli stessi anni in cui Darwin pubblica l'*Origine delle specie*, Gregor Mendel getta le basi di una nuova disciplina scientifica: la genetica, che però viene così battezzata solamente quarant'anni più tardi da William Bateson. Si tratta di mezzo secolo di grande trasformazione e fermento per la scienza, che va dall'unificazione delle leggi dell'elettrodinamica fino alla nascita della fisica moderna, passando per grandi innovazioni tecniche come le radiografie e il radar. La biologia, e la genetica in particolare, si sta trasformando in una disciplina più specializzata: il filosofo naturale, o naturalista, viene progressivamente sostituito da specialisti che si avvalgono degli ultimi ritrovati tecnologici per studiare fenomeni microscopici e la struttura interna delle cellule. Su questo sfondo di innovazione, la riscoperta dell'opera di Mendel costituisce un sostegno sperimentale determinante per il successo della teoria dell'evoluzione.

1800 - 1900

La teoria della mescolanza
Pur non trattandosi di una vera e propria teoria scientifica, per tutto il secolo una parte della comunità scientifica pensa che nelle cellule uovo e negli spermatozoi siano presenti dei fattori ereditari e che dopo la fecondazione questi fattori si fondessero. Gli elementi ereditari, una volta fusi, non si sarebbero più potuti separare, come due inchiostri di colore diversi. Ne parla anche Charles Darwin, sebbene sia dubbioso, perché la teoria della mescolanza non si accordo con la sua teoria dell'evoluzione.

1809

Ipotesi dell'ereditarietà dei caratteri acquisiti
Nel saggio *Filosofia zoologica*, il naturalista francese Jean-Baptiste de Lamarck sostiene la variabilità delle specie e la spiega con l'uso e il disuso degli organi e la trasmissione alle generazioni successive dei caratteri acquisiti.

1854

I primi studi di «genetica»
Gregor Mendel, un monaco agostiniano, inizia i suoi studi sulle piante di pisello odoroso nel giardino dell'abbazia di San Tommaso a Brno (nell'attuale Repubblica Ceca).

1859

Darwin e l'Origine delle specie
Charles Darwin pubblica *L'origine delle specie per mezzo della selezione naturale*, in cui espone la teoria alla base dell'interpretazione della variabilità e dell'evoluzione degli esseri viventi.

1881

Balbiani e i cromosomi politenici
Il biologo francese Eduard-Gérard Balbiani osserva per la prima volta i cromosomi politenici nelle ghiandole salivari delle larve del dittero *Chironomus*. La natura ereditaria di queste strutture non è però stata confermata fino agli anni Trenta del Novecento dagli studi su *Drosophila melanogaster* condotti da Emil Heitz e Hans Bauer.

1892

La riscoperta delle leggi di Mendel
Senza essere al corrente dei risultati ottenuti sui piselli, il botanico tedesco Carl Correns esegue una serie di esperimenti sulle piante del genere *Hieracium* all'Università di Tubinga, riscoprendo le stesse leggi individuate da Mendel trent'anni prima. I risultati sono pubblicati l'anno successivo e citano sia Mendel che Darwin.

1895

Scoperta dei raggi X
Wilhelm Roentgen scopre la radiazione elettromagnetica di lunghezza d'onda compresa tra 0,01 e 10 nanometri, in grado di penetrare corpi impermeabili alla luce e li battezza raggi «X», per via della loro natura ignota. L'anno dopo viene eseguita la prima radiografia per uso clinico.

1903

I cromosomi sono portatori dei caratteri ereditari
Con esperimenti sulle cavallette e sui ricci di mare, Walter Sutton e Theodor Boveri sviluppano indipendentemente la teoria secondo cui i cromosomi ospitano in specifici loci i caratteri ereditari di Mendel. Osservano nei gameti il dimezzamento dei cromosomi e il ritorno al numero completo dopo la fecondazione e confermano a livello cellulare le leggi di Mendel.

1904

Il principio di funzionamento del radar
Christian Hülsmeyer, in inventore tedesco, ottiene il brevetto per il suo «telemobiloscopio», una macchina che è in grado di individuare a distanza gli oggetti metallici. È il principio di funzionamento del moderno radar (*RAdio Detection And Ranging*) che viene messo a punto nei decenni successivi.

1905

Einstein elabora la teoria della relatività
Secondo Albert Einstein, il tempo costituisce una quarta dimensione accanto alle tre dello spazio (lunghezza, larghezza, altezza); spazio e tempo variano col variare delle circostanze secondo cui li si osserva e li si misura. La teoria della relatività demolisce le basi stesse della fisica classica, fondata sulle leggi di Newton.

1861

Maxwell formula le sue equazioni
Unificando e perfezionando il lavoro di Gauss, Faraday e Ampère, James Clerk Maxwell definisce le quattro equazioni che regolano il comportamento dei campi magnetici ed elettrici.

1865

Mendel e gli esperimenti sull'ibridazione delle piante
Con due incontri alla Società di Storia Naturale di Brno, Mendel presenta i risultati dei suoi esperimenti: dimostra il rapporto di dominanza e recessività tra coppie di caratteri ereditari, stabilendo le leggi matematiche alla base del fenomeno e smentendo la teoria della mescolanza in voga al tempo. Mendel pubblica i risultati nel *Saggio sugli ibridi vegetali* l'anno seguente, ma tali risultati non si diffondono.

1873 - 1883

Scoperta della mitosi e della meiosi
O. Butschli (1873), W. Mayzel (1875) e W. Flemming (1882) descrivono indipendentemente il processo di mitosi nelle cellule somatiche, Eduard Strasburger scopre lo stesso processo nei vegetali (1876). Con i suoi studi sui vermi *Ascaris*, Edouard van Beneden descrive la meiosi da cui si ottengono le cellule germinali, o gameti (1883).

1898

Gli esperimenti di Pierre e Marie Curie
Nel loro laboratorio parigino i coniugi Curie analizzano il fenomeno della radioattività e scoprono due nuovi elementi, il radio e il polonio. La scoperta vale loro nel 1903 il premio Nobel per la fisica. Successive ricerche portano Marie Curie a isolare il radio metallico e a conquistare nel 1911 il Nobel per la chimica.

1900

Gli studi di de Vries sull'ereditarietà
Dopo 10 anni di esperimenti di ibridazione, ignaro dei risultati di Mendel, Hugo de Vries riscopre le leggi dell'ereditarietà identificando dominanza e recessività, segregazione e assortimento indipendente dei caratteri. Conia il termine «pangene», poi abbreviato in «gene», per le unità discrete di trasmissione dei caratteri. Egli teorizza anche il ruolo delle mutazioni.

1900 - 1910

Invenzione del quadrato di Punnett
Il biologo inglese Reginald Punnett ha ideato questa soluzione schematica per determinare la probabilità con cui si manifestano i diversi fenotipi derivati dall'incrocio di diversi genotipi. Punnett è stato uno dei primi scienziati a riconoscere e valorizzare i risultati delle ricerche condotte da Mendel.

1906

Conio del termine genetica
William Bateson tiene conferenze e corsi accademici a Cambridge in cui usa per la rpima volta il termine «genetica» per la ricerca sui meccanismi dell'ereditarietà. Contribuisce alla diffusione delle scoperte di Mendel, de Vries e Correns.

1910

Si testa la teoria cromosomica dell'ereditarietà
Thomas Hunt Morgan descrive l'intero processo riproduttivo e dimostra la segregazione e la ricombinazione dei cromosomi, chiarendo i rapporti tra le posizioni dei geni sui cromosomi e l'ereditarietà. Il moscerino della frutta (*Drosophila melanogaster*) diventa il modello animale di riferimento in genetica.

1913

La prova dell'organizzazione lineare dei geni
Il genetista statunitense Alfred Henry Sturtevant pubblica uno studio sull'ereditarietà legata al sesso in cui costruisce la prima mappa di un cromosoma. L'organizzazione lineare dei geni sui cromosomi è provata sperimentalmente dall'analisi quantitativa delle frequenze di *crossing over* fra due caratteri legati al cromosoma X di drosofila.

SINTESI DI FINE CAPITOLO

LO SAI?
RIPASSA CON LO SMARTPHONE

I primi studi sui cromosomi

Sutton, studiando la produzione di gameti nei maschi di cavalletta, notò che i cromosomi erano appaiati sin dall'inizio della prima divisione meiotica e i due cromosomi che costituivano ogni coppia erano quasi identici. Fu colpito dal parallelismo fra le sue osservazioni e la legge di Mendel sulla segregazione, e ipotizzò che i cromosomi fossero i portatori dei geni e che i due alleli di ogni gene si trovassero sui cromosomi omologhi.

I cromosomi sessuali

La localizzazione dei geni sui cromosomi venne dagli studi sul moscerino della frutta (*Drosophila melanogaster*); infatti essi dimostrarono che certi caratteri ereditari dipendono dal sesso, cioè che i geni che li determinano si trovano senza dubbio sui cromosomi sessuali.

I cromosomi di un organismo diploide sono presenti in coppie. I cromosomi di ogni coppia sono uguali tra loro sia nei maschi sia nelle femmine e sono detti **autosomi**, invece i **cromosomi sessuali** (X o Y) sono uguali fra loro solo in uno dei due sessi.

I geni che si trovano sui cromosomi sessuali portano informazioni ereditarie che sembrano non seguire le leggi mendeliane; si parla in questo caso di **caratteri legati al sesso**.

Morgan fu il primo a notare l'anomalia nella trasmissione di questi caratteri studiando le drosofile come organismo modello. Egli formulò l'ipotesi che il gene per il colore degli occhi fosse presente solo sul cromosoma X.

Le malattie genetiche

Per studiare le malattie genetiche è necessario sapere se un particolare allele raro, responsabile di un fenotipo anomalo, è dominante o recessivo. Per capirlo si può usare l'**albero genealogico**: un albero familiare che mostra la comparsa di un fenotipo in molte generazioni di individui imparentati tra loro.

Le malattie genetiche umane possono essere: **autosomiche**, se i geni responsabili si trovano su uno dei 22 cromosomi non sessuali, o **legate ai cromosomi sessuali.**

Esempi di malattie legate al sesso sono:

- il **daltonismo**, l'incapacità di percepire in modo corretto alcuni colori (come il rosso e il verde);
- l'**emofilia**, che consiste in un gruppo di malattie in cui il sangue non coagula normalmente;
- la **distrofia muscolare di Duchenne**, che provoca una grave insufficienza dei muscoli volontari;
- la **sindrome dell'X fragile**, in cui il cromosoma X sembra avere un punto di rottura (zona fragile) a livello del braccio lungo.

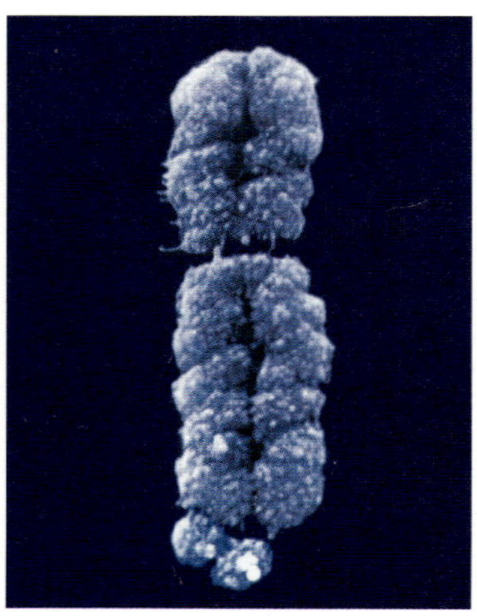

I gruppi di associazione

Muller scoprì che esporre le drosofile ai raggi X e a prodotti chimici aumentava notevolmente la velocità con cui avvenivano le *mutazioni*, cioè agivano da mutageni. Se gli alleli di due geni differenti sono sullo stesso cromosoma, durante la meiosi finiranno entrambi nello stesso gamete. I geni che tendono a rimanere insieme si dicono **associati**, in quanto appartengono allo stesso **gruppo di associazione**.

Attraverso lo studio di gruppi di associazioni condotti su larga scala si ottennero risultati spiegabili con uno scambio di alleli tra cromosomi omologhi (*ricombinazione*): alcune ricombinazioni geniche si spiegano con il **crossing over.** Con la scoperta del crossing over fu chiaro che i geni sono portati dai cromosomi e che devono essere localizzati in punti particolari o **loci** dei cromosomi.

Le mappe cromosomiche

La percentuale di ricombinazione ha a che fare con la distanza fisica fra i geni che ricombinano: questo concetto diede il via alla costruzione delle prime **mappe cromosomiche.**

Sturtevant cominciò a costruire mappe cromosomiche con i dati ottenuti dagli studi sul crossing over nei moscerini della frutta e capendo che più di un gene può influire per un singolo carattere.

Studi successivi hanno evidenziato che la frequenza del crossing over non è uguale in tutte le regioni del cromosoma. Ciò implica che dalla frequenza di ricombinazione non è possibile ricavare una stima della distanza fisica tra due geni. Con la scoperta dei **cromosomi giganti** nella saliva di drosofila divenne chiaro che geni si presentano sui cromosomi in una sequenza lineare.

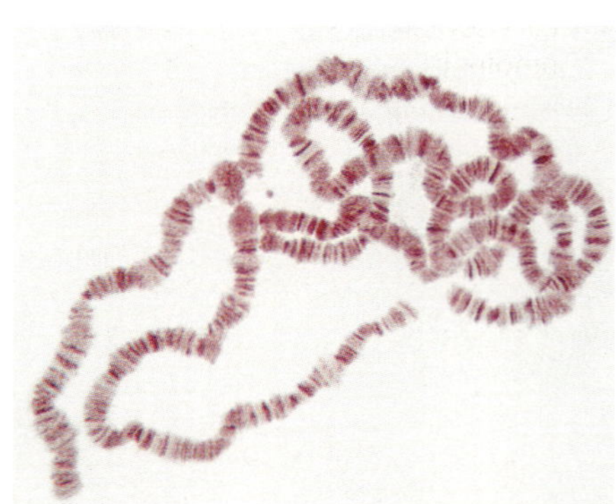

VERIFICA LE TUE CONOSCENZE

ZTE ONLINE

1. Scrivi sul quaderno la definizione dei seguenti termini.

a) Autosomi e cromosomi sessuali
b) Omozigote, eterozigote ed emizigote
c) Agenti mutageni e mutazioni
d) Mappa cromosomica e gruppo di associazione

Barra il completamento esatto.

2. Grazie ai suoi studi sperimentali, Sutton

A contraddisse la legge della segregazione.
B scoprì che le cavallette non hanno cromosomi sessuali.
C individuò i cromosomi omologhi.
D collocò due alleli su uno stesso cromosoma.

3. Morgan nei suoi esperimenti su *Drosophila*

A preferì utilizzare moscerini con occhi rossi perché più resistenti.
B vide che il colore dei loro occhi dipendeva da un gene portato su uno degli autosomi.
C utilizzò un moscerino che aveva gli occhi bianchi a causa di una mutazione genetica.
D ottenne nella seconda generazione solo moscerini con gli occhi rossi.

4. Il sesso di un figlio può essere determinato solo

A dal padre perché la madre può trasmettere patrimonio genetico ridotto.
B dal padre perché solo il maschio può fornire il cromosoma Y.
C dalla madre perché possiede due cromosomi X che può trasmettere tramite i gameti.
D dalla madre perché il cromosoma Y paterno deve accoppiarsi con X materno.

5. Le forme alleliche di un determinato gene occupano loci

A corrispondenti su cromosomi omologhi.
B corrispondenti solo dopo il crossing over.
C diversi su cromosomi che sono però appaiati.
D diversi se si trovano sullo stesso cromosoma.

6. La scoperta dei gruppi di associazione

A è in disaccordo con la teoria della segregazione indipendente.
B riguarda geni che sono posti su cromosomi omologhi.
C ha portato alla definizione del concetto di mutazione.
D è stata un'anticipazione della scoperta del crossing over.

7. La femmina di drosofila possiede cromosomi sessuali

A tra loro uguali e indicati con *XX*.
B tra loro uguali e indicati con *YY*.
C loro diversi e indicati con *ZW*.
D tra loro diversi e indicati con *XY*.

8. Nel seguente brano, barra tra i termini in neretto quelli errati.

Nelle donne la distrofia muscolare di Duchenne è una forma **rara** / **frequente** in quanto questa malattia è **dominate** / **recessiva**; perciò, le donne perdono la capacità di camminare e muoversi solo se il loro genotipo è **omozigote** / **eterozigote**. Nei maschi, invece, la distrofia muscolare **non compare** / **si manifesta** perché possiedono **due alleli** / **un unico allele** per quel carattere.

Barra i due completamenti esatti.

9. I cromosomi giganti

A sono presenti solo nei mammiferi, nei rettili e negli uccelli.
B sono caratterizzati dalla presenza di bande chiare e scure.
C non presentano alcun gruppo genico di associazione.
D vennero utilizzati dagli scienziati per individuare anomalie geniche.
E furono individuati solo nei moscerini mutanti con occhi bianchi.

10. Una mappa cromosomica è

A l'analisi della sovrapposizione dei loci, per alleli tra loro diversi, su uno stesso cromosoma.
B un assetto cromosomico, costruito accoppiando gli omologhi, per individuare cromosomi soprannumerari.
C la definizione dell'esatta localizzazione sui cromosomi sessuali dei geni materni e paterni.
D la definizione della localizzazione dei diversi loci di alleli corrispondenti su cromosomi omologhi.
E un dato reale in quanto i geni hanno una disposizione fissa e lineare.

11. Di fianco a ogni affermazione scrivi la lettera A se essa si riferisce all'emofilia, B se si riferisce alla distrofia muscolare di Duchenne, C se si riferisce a entrambe le malattie o la lettera D se non si riferisce a nessuna delle due malattie genetiche

a) È provocata a un errore genico che si traduce in una molecola proteica non funzionante. (.....)
b) Dipende da un'anomalia cromosomica che non ha alcun effetto sulle normali attività cellulari (.....)
c) Non influisce sull'aspettativa di vita dell'individuo malato. (.....)
d) Si può manifestare nell'individuo colpito già nell'infanzia. (.....)

12. In base all'osservazione dei cromosomi di cavalletta, quale collegamento fece Sutton tra la meiosi e la teoria di Mendel?

13. Quali sono e come vengono trasmesse le malattie genetiche umane dominanti?

14. Che cosa si intende per «determinazione del sesso»? Come viene geneticamente effettuata tale determinazione in una certa specie di animali?

VERIFICA LE TUE ABILITÀ

Barra il completamento esatto.

15. Se un gene fosse legato al cromosoma X paterno, sarebbe trasmesso a

- [A] metà dei suoi figli maschi.
- [B] metà delle sue figlie femmine.
- [C] tutti i suoi figli maschi.
- [D] tutte le sue figlie femmine.

16. Poiché la gran parte dei caratteri legati al sesso è presente sul cromosoma

- [A] *Y*, le femmine non possono mai essere ammalate.
- [B] *Y*, le patologie si manifestano esclusivamente nei maschi.
- [C] *X*, le patologie si manifestano nei maschi oppure nelle femmine omozigoti per quel carattere.
- [D] *X*, le patologie si manifestano in entrambi i sessi perché entrambi hanno un cromosoma *X*.

17. Nel seguente brano, barra tra i termini in neretto quelli errati.

Una donna portatrice sana di emofilia ha dei figli con un uomo sano: le figlie hanno il **75 / 50** % di probabilità di essere **sane / malate** e il **50 / 25** % di probabilità di essere portatrici sane; i figli maschi hanno il **75 / 50** % di probabilità di essere sani e il **50 / 25**% di probabilità di essere malati. Se la donna avesse dei figli con un uomo malato di emofilia: le figlie avrebbero il **50 / 0** % di probabilità di essere malate di emofilia e il **50 / 100** % di probabilità di essere portatrici sane.

Barra i due completamenti esatti.

18. Morgan prese in considerazione proprio i rari casi in cui comparivano nuovi moscerini con corpo marrone e ali corte e alcuni con corpo nero e ali lunghe, perché

- [A] solo questi erano i caratteri tra loro associati, cioè presenti su uno stesso cromosoma.
- [B] erano la dimostrazione che caratteri associati potevano segregare indipendentemente.
- [C] questi caratteri, ereditati separatamente da cromosomi omologhi, erano finiti su altri cromosomi.
- [D] questi caratteri presenti sui cromosomi sessuali venivano ereditati diversamente nei maschi e nelle femmine.
- [E] i caratteri corpo marrone e ali lunghe oppure corpo nero e ali corte, erano generalmente associati.

19. Se i geni (*A* e *B*) di due caratteri eterozigoti fossero portati dallo stesso cromosoma,

- [A] verrebbero considerati associati, ma solo il carattere di uno dei due potrebbe comparire nei gameti al termine della meiosi.
- [B] nei discendenti apparirebbe un carattere intermedio a quelli presenti nel genitore poiché i geni fanno parte dello stesso gruppo di associazione.
- [C] le due forme alleliche (A^1 e B^1) presenti su un cromosoma all'inizio della meiosi tenderebbero a ritrovarsi insieme nello stesso gamete.
- [D] potrebbero segregare secondo la legge di Mendel sull'assortimento indipendente purché i geni si trovassero in due *loci* opposti rispetto al centromero.
- [E] tutti i gameti porterebbero gli alleli A^1 e B^1 oppure A^2 e B^2 a meno che ci sia stato un crossing over che abbia favorito una ricombinazione.

20. Che cosa significa che gli alleli di due geni differenti fanno parte dello stesso gruppo di associazione? In quale caso questi due alleli possono essere ereditati separatamente?

21. Un ragazzo è emofiliaco, ma né i suoi genitori né i nonni sono affetti da tale malattia: come si spiega? Quali devono essere i genotipi dei suoi genitori e dei suoi nonni?

UNITUTOR
VERSO L'UNIVERSITÀ

Preparati ai test di ammissione sul sito Unitutor.

22. Negli esseri umani, una specifica malattia è causata da un allele recessivo posto sul cromosoma X. In uno stato, in un anno, nascono 5000 bambini e tutti hanno una coppia normale di cromosomi sessuali. Tra questi bambini, 80 maschi e 15 femmine manifestano la malattia, mentre 1920 sono maschi sani. 2085 femmine nascono senza l'allele recessivo e 900 sono portatrici sane della malattia. Se da ogni bambino nato in questo anno si prelevasse una sola cellula della guancia, quale sarebbe il numero totale di copie dell'allele recessivo presente?

- [A] 1090
- [B] 110
- [C] 995
- [D] 95
- [E] 1010

[dal test di ammissione a Medicina 2015-16]

HANDS-ON GLOSSARY

23. Fill in the table matching each term (*letters*) with its definition (*numbers*).

A. hemizygote
B. fruit fly
C. mutation
D. sex linkage
E. family tree

1. a species in the family *Drosophilidae*, it is one of the best model organism used by geneticists.
2. a permanent alteration in the nucleotide sequence of the genome of an organism or cell.
3. an organism or cell that has only one allele for a specific characteristic.
4. a chart representing family relationships in a conventional branched structure, it is also called pedigree chart.
5. the phenotypic expression of an allele related to the sex chromosome of the individual.

A	B	C	D	E

VERSO L'ESAME: LE TUE COMPETENZE

SCHEMATIZZA

24. Costruisci una mappa concettuale che spieghi che cosa sono le mappe cromosomiche e come sia stato possibile definirle (citando esperimenti e scienziati).

CALCOLA

25. Questo albero genealogico rappresenta una malattia genetica trasmessa sui cromosomi sessuali: deduci i fenotipi di tutti gli individui della famiglia. Infine calcola quale sarà la probabilità che l'ultima coppia dia alla luce un figlio maschio malato?

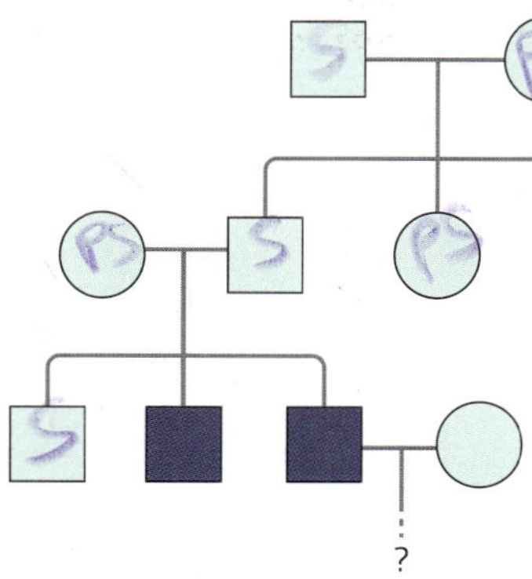

RICERCA

26. Fai una ricerca in Rete su almeno due malattie genetiche umane (escluse quelle già indicate nel testo) che abbiano ciascuno dei seguenti schemi di trasmissione ereditaria: recessiva, dominante e legata ai cromosomi sessuali. Poi descrivi sinteticamente quali sono le manifestazioni cliniche e le possibili terapie associate a queste 6 malattie.

IPOTIZZA

27. Se la distanza tra due geni presenti su uno stesso cromosoma aumenta, come pensi che varierà la frequenza di ricombinazione? Motiva la tua risposta.

SPIEGA

28. Scrivi un breve articolo di carattere divulgativo (massimo 1000 battute, spazi inclusi) che spieghi in cosa consistettero gli esperimenti di Morgan e a quali conclusioni hanno portato. Inserisci anche un titolo e un'immagine a corredo del testo.

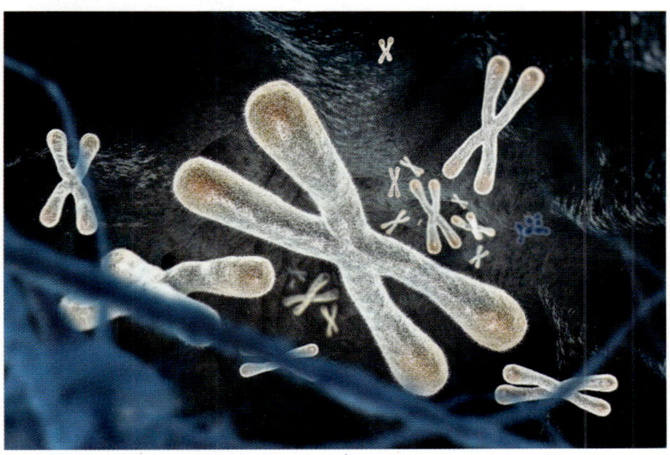

CONFRONTA

29. Metti a confronto le leggi di Mendel con le conoscenze acquisite grazie agli studi di Morgan e Sutton, ed evidenzia ciò che si sapeva prima di Mendel sull'ereditarietà dei caratteri, dopo Mendel e dopo Morgan e Sutton.

RIFLETTI

30. Sapendo che due geni umani sono associati, come ti aspetti che siano trasmessi di generazione in generazione? Dai risultati sperimentali si osserva però che il rapporto fenotipico non è esattamente quello previsto, per quale motivo?

CALCOLA

31. Per determinare la distanza tra due loci si calcola la percentuale di ricombinazione tra i loci stessi: se in un incrocio si ha una situazione come questa, quale sarà la distanza tra i geni *pr* e *vg*?

$pr^- vg^- / pr^+ vg^+$ x $pr^- vg^- / pr^- vg^-$

$pr^- vg^- / pr^- vg^-$	165	parentali
$pr^+ vg^+ / pr^- vg^-$	191	
$pr^- vg^+ / pr^- vg^-$	23	ricombinanti
$pr^+ vg^- / pr^- vg^-$	21	
	400	

IPOTIZZA

32. Supponi venga scoperta una nuova malattia umana che si manifesta solo negli uomini e in tutti i loro figli maschi, ma che è assente nelle donne, nelle figlie femmine di uomini affetti e anche nei nipoti maschi nati dalle figlie di uomini malati; di che tipo di trasmissione potrebbe trattarsi? Spiega come potrebbero essere i genotipi degli individui malati e dei loro parenti più stretti..

Capitolo

B2 Struttura e funzione del DNA

1 Il ruolo del DNA

Le nostre conoscenze sul DNA sono frutto delle ricerche di molti scienziati

All'inizio degli anni Quaranta del Novecento, grazie ai progressi ottenuti nel campo della genetica, non vi erano più dubbi sull'esistenza dei geni e sul fatto che fossero localizzati sui cromosomi. Era, invece, meno chiaro il modo in cui agisse la cellula per usare tali geni.

All'epoca, alcuni genetisti pensavano che sarebbe stato impossibile capire la complessità dei meccanismi ereditari basandosi unicamente sulla composizione delle sostanze chimiche che componevano i cromosomi; al contrario, altri ritenevano che, una volta chiarita la composizione chimica delle biomolecole che si trovano nei cromosomi, si sarebbe potuto comprendere il loro ruolo come vettori delle informazioni genetiche.

Quest'ultima intuizione segnò l'inizio di un fruttuoso campo di ricerche, la **genetica molecolare**. Prima di descrivere in dettaglio la struttura del DNA, però, dobbiamo fare un passo indietro e ripercorrere le tappe che portarono alla comprensione del ruolo del DNA nella trasmissione delle informazioni ereditarie.

La scoperta della nucleina dà inizio allo studio sui cromosomi

Il materiale ereditario fu isolato per la prima volta nel 1869 dal medico tedesco Friedrich Miescher, nello stesso decennio in cui Darwin pubblicava il libro *L'origine delle specie* e Mendel comunicava i risultati delle sue ricerche di genetica alla Società di storia naturale di Brünn.

La sostanza isolata da Miescher proveniva dal nucleo dei globuli bianchi presenti sulle bende usate negli ospedali; per questo fu denominata **nucleina**. Le analisi chimiche svolte negli anni seguenti rivelarono che la nucleina era una sostanza acida e zuccherina, ricca di azoto e fosforo. In seguito alle scoperte sulle sue proprietà chimiche, la nucleina fu inizialmente rinominata **acido nucleico** e poi **acido desossiribonucleico** (DNA) per distinguerla da una sostanza simile, l'acido ribonucleico (RNA).

Circa vent'anni dopo vennero osservati al microscopio i cromosomi e nel 1910 altri studi dimostrarono che queste strutture sono la sede dell'informazione ereditaria. Negli anni Venti del Novecento, quindi, gli scienziati erano ormai certi che i cromosomi fossero costituiti da DNA e proteine in quantità più o meno uguali; entrambe le molecole, perciò, erano candidate al ruolo di materiale ereditario.

In un primo momento, l'attenzione dei biochimici si concentrò sulle proteine, polimeri di 20 amminoacidi diversi che presentano una grande varietà di strutture e funzioni. Sembrava quindi assai più probabile che gli amminoacidi costituissero una specie di «linguaggio della vita», capace di fornire le istruzioni per tutte le attività cellulari rispetto al DNA, costituito da soli quattro tipi diversi di nucleotidi.

Grazie a due serie di esperimenti, condotti rispettivamente su batteri e su virus, l'ipotesi che i geni fossero di natura proteica si rivelò errata e si dimostrò che essi erano invece costituiti da DNA. Sia i procarioti sia i virus, infatti, hanno una struttura più semplice degli eucarioti e furono quindi il modello ideale per i primi esperimenti. I batteri, infatti, non presentano organuli e il loro DNA è disperso nel citoplasma perché non è presente un nucleo; il numero di proteine presenti in questi organismi, inoltre, è inferiore rispetto agli eucarioti, per cui risultò più semplice identificare le loro funzioni. Uno dei batteri più usati per questi studi fu *Escherichia coli*, un microrganismo presente nell'intestino umano, ma vennero impiegate anche altre specie, come *Streptococcus pneumoniae*, il batterio patogeno che provoca la polmonite umana.

Ti ricordi?

La struttura di base delle **cellule procariotiche** è formata dalla membrana plasmatica, che separa la cellula dall'ambiente circostante, dal citoplasma, nel quale avvengono le reazioni del metabolismo, dai ribosomi e dal cromosoma batterico, che conserva le informazioni ereditarie.

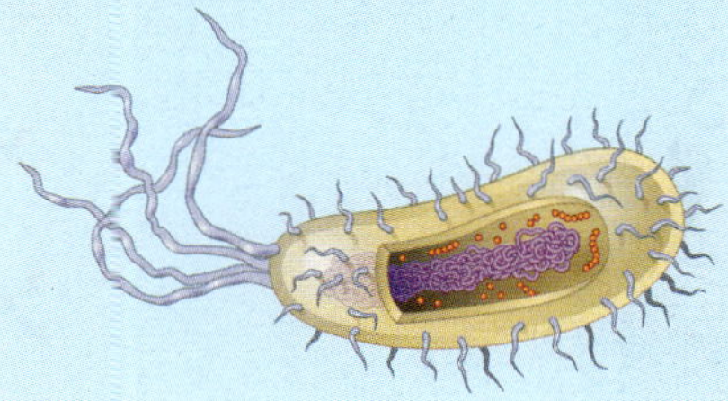

Griffith scoprì il fattore di trasformazione grazie ai batteri della polmonite

Il primo esperimento fondamentale per la scoperta del ruolo del DNA fu condotto nel 1928 dal medico inglese Frederick Griffith, che stava studiando il batterio *S. pneumoniae* (o pneumococco). Lo scopo della ricerca era trovare un vaccino contro lo pneumococco che, all'epoca, uccideva molte persone, soprattutto bambini, perché non erano ancora stati scoperti gli antibiotici.

Griffith stava lavorando su due diversi ceppi di pneumococco (**figura 1**):

- il ceppo S (dall'inglese *smooth*, «liscio») era formato da cellule che producevano colonie dalla superficie liscia e lucida. Le cellule del ceppo S erano ricoperte da una capsula di polisaccaridi che le proteggeva dal sistema immunitario dell'ospite. Se venivano iniettati in topi di laboratorio, i batteri S si dividevano attivamente e provocavano la polmonite, dimostrando di essere un ceppo altamente patogeno;
- il ceppo R (dall'inglese *rough*, «ruvido») produceva colonie dalla superficie irregolare. Questi batteri, che non possedevano la capsula protettiva, non erano patogeni e se venivano inoculati nei topi non erano in grado di generare la malattia.

Le parole

In microbiologia un **ceppo batterico** è una popolazione di batteri che derivano tutti da un'unica cellula e che sono quindi geneticamente identici.

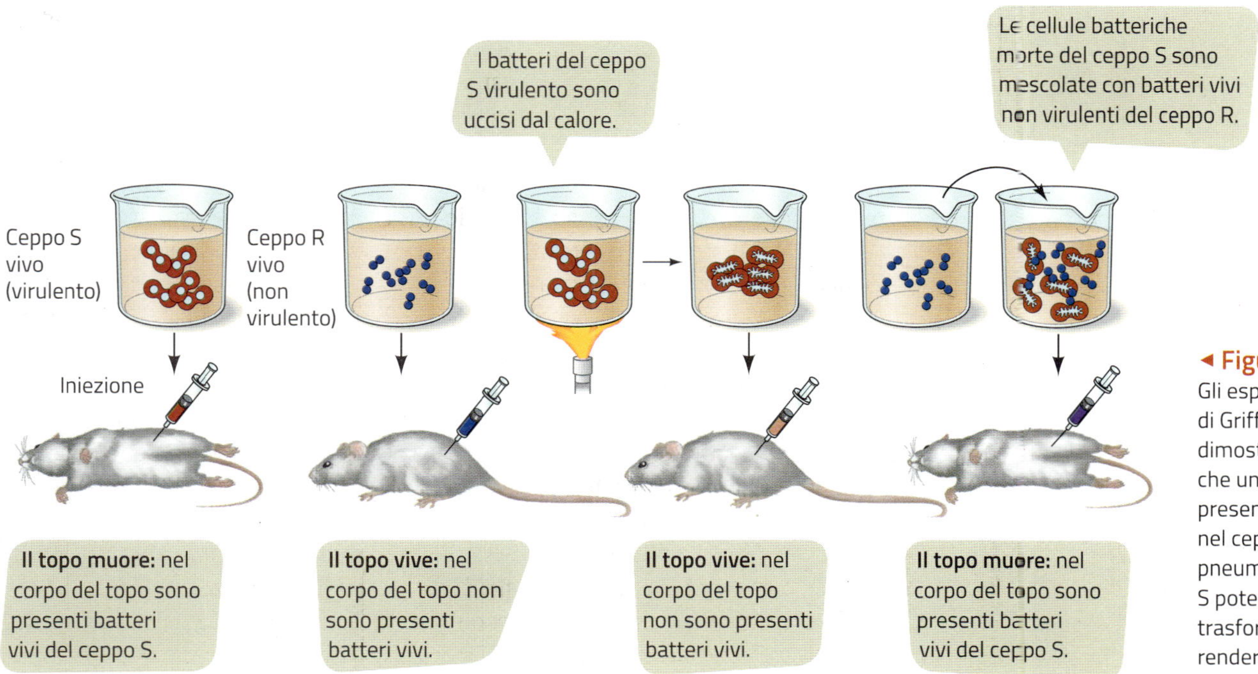

◂ Figura 1 Gli esperimenti di Griffith dimostrarono che una sostanza presente nel ceppo di pneumococco S poteva trasformare e rendere virulento il ceppo R.

Griffith inizialmente inoculò in alcuni topi gli pneumococchi del ceppo S esposti a forte calore e osservò che erano incapaci di produrre l'infezione. Quando però somministrò a un altro gruppo di topi una miscela di batteri S uccisi e di batteri R vivi, osservò con stupore che gli animali si ammalavano e morivano. Eseguendo l'autopsia degli animali, Griffith trovò un gran numero di cellule batteriche vive, sia del ceppo S sia del ceppo R. Egli concluse che, in presenza degli pneumococchi S uccisi, alcuni pneumococchi R si erano trasformati in batteri del ceppo patogeno S.

Questa trasformazione non avveniva solo nel corpo del topo, ma anche in provetta: mettendo a incubare una coltura di batteri R vivi insieme a batteri S uccisi dal calore, si ottenevano batteri S vivi. Alcuni anni dopo, un altro gruppo di ricercatori scoprì che la trasformazione delle cellule R in cellule S si otteneva anche usando una miscela che conteneva tutti i componenti cellulari dei batteri S uccisi, ma non le cellule integre.

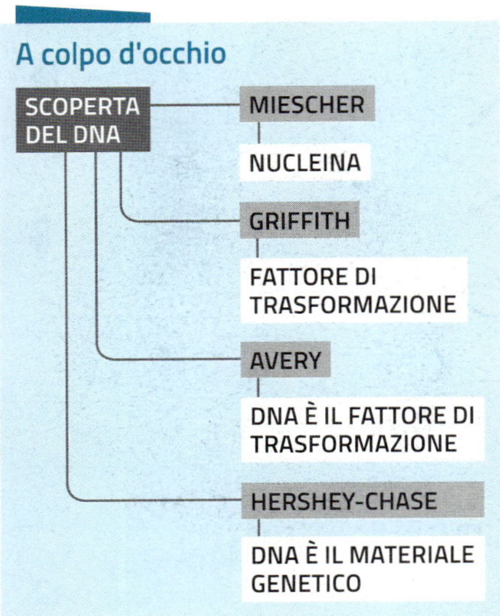

I risultati di Griffith indicavano che nei batteri S uccisi doveva esistere una sostanza che, una volta incorporata dalle cellule R vive, produceva in loro un cambiamento ereditario; questa sostanza, di cui non si conosceva la natura chimica, fu chiamata **fattore di trasformazione**.

Avery dimostrò che il fattore di trasformazione è il DNA

I risultati di Griffith furono ripresi all'inizio degli anni Trenta dal gruppo di ricerca di Oswald Avery. Per quasi dieci anni, Avery e i suoi colleghi sottoposero i campioni contenenti il fattore di trasformazione del pneumococco a vari trattamenti per distruggere selettivamente i diversi tipi di biomolecole (acidi nucleici, proteine, carboidrati e lipidi) e verificarono la capacità dei campioni trattati di trasformare le colture batteriche.

Gli esperimenti di Avery indicavano che se si distruggeva il DNA il campione perdeva la sua capacità trasformante, mentre distruggendo le proteine, i lipidi o i carboidrati ciò non avveniva (**figura 2**). Avery riuscì anche a isolare del DNA quasi puro e a dimostrare che era sufficiente a indurre la trasformazione: oggi sappiamo che la trasformazione avveniva grazie al trasferimento del gene che codifica l'enzima necessario a sintetizzare la capsula batterica.

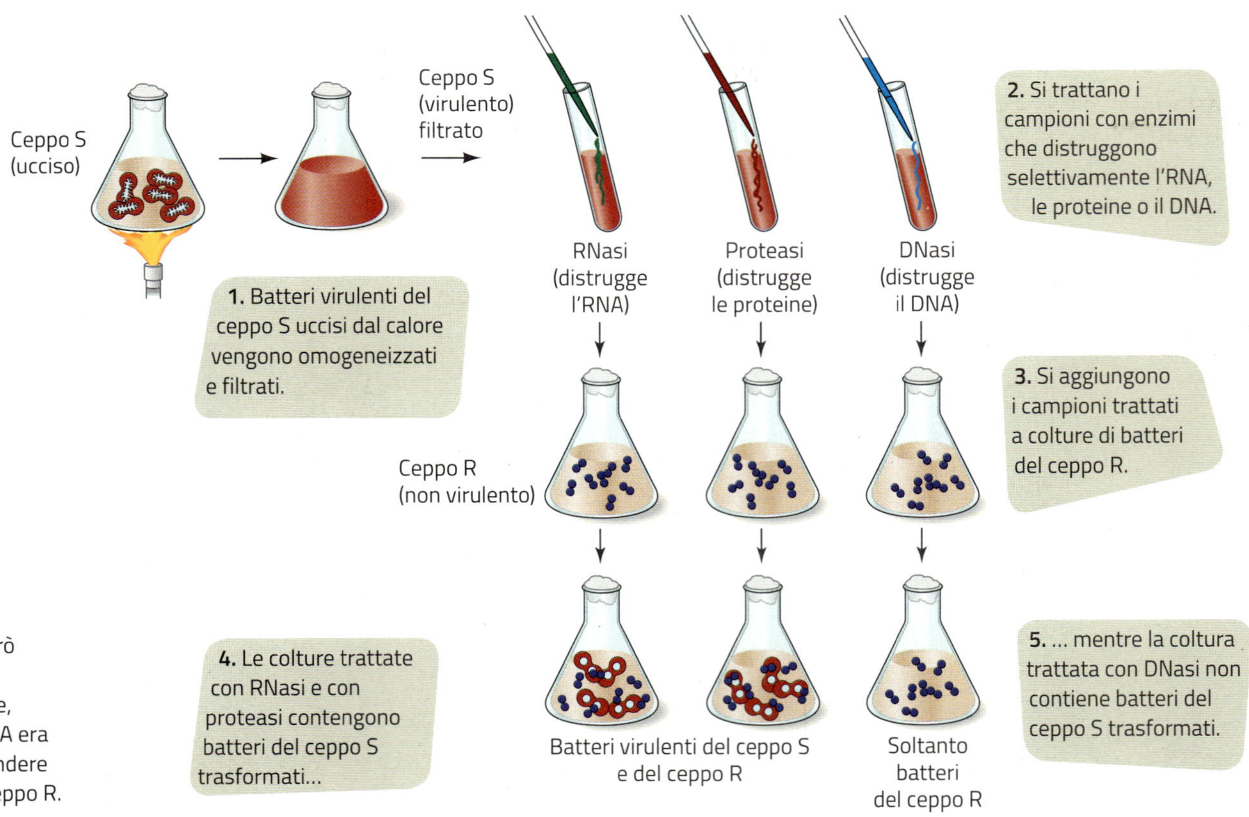

▸ **Figura 2**
Avery dimostrò che, tra tutte le biomolecole, soltanto il DNA era in grado di rendere patogeno il ceppo R.

Il lavoro di Avery, pubblicato nel 1944, è una tappa fondamentale del percorso che ha portato a stabilire che il materiale genetico è costituito dal DNA e non dalle proteine, ma la comunità scientifica accolse con scetticismo le sue conclusioni. La molecola del DNA, costituita solamente da quattro nucleotidi, sembrava troppo semplice per essere alla base di meccanismi ereditari, che dovevano essere più complessi; inoltre la genetica batterica era un campo di studio ancora molto recente: i procarioti erano considerati organismi «inferiori», al punto che alcuni scienziati dubitavano addirittura che possedessero dei geni. Infine, siccome il campione di DNA non era completamente puro, non si poteva escludere che la trasformazione fosse dovuta alla presenza di proteine contaminanti rimaste.

Per risolvere la controversia furono necessarie le ricerche condotte su organismi ancora più sconosciuti: i virus.

Gli esperimenti di Hershey e Chase confermarono che il DNA è il materiale genetico

Nello stesso periodo in cui Avery pubblicava le sue scoperte, un gruppo di biologi e fisici iniziò a interessarsi alla genetica dei batteri e dei virus che li infettano: questi virus sono chiamati **batteriofagi** o **fagi**, e quindi i ricercatori che li studiavano furono soprannominati «il gruppo del fago».

Questo gruppo lavorava negli Stati Uniti e comprendeva microbiologi e biofisici provenienti da diversi Paesi, tra cui l'italiano Salvatore Lurìa, il tedesco Max Delbrück e l'americano Alfred Hershey, che condivisero il premio Nobel per la Medicina nel 1969. Il loro lavoro portò alla nascita della **genetica dei microrganismi**, una nuova disciplina che fu alla base di molte ricerche successive, tra cui l'esperimento di Hershey e Chase.

Negli anni Cinquanta, Alfred Hershey e la sua assistente Martha Chase usarono il fago T2 che infetta il batterio *Escherichia coli* per determinare se il materiale genetico fosse costituito da DNA o da proteine. I ricercatori sapevano che il fago T2 è costituito da una molecola di DNA «nudo» (cioè non legato ad alcuna proteina) avvolta da un rivestimento di proteine: era quindi un ottimo modello per stabilire in quale delle due molecole fosse contenuta l'informazione genetica virale.

Quando il fago infetta un batterio, una parte del virus penetra nella cellula batterica (**figura 3**); circa 20 minuti dopo, la cellula va incontro a lisi e libera decine di particelle virali, dimostrando che il fago è capace di replicarsi all'interno della cellula batterica. Hershey e Chase ipotizzarono che l'ingresso di una qualche sostanza di origine virale agisse sul materiale genetico della cellula ospite, trasformandola in una «fabbrica» di nuovi fagi. Per stabilire se tale sostanza fosse costituita da DNA o da proteine, i ricercatori progettarono un esperimento che permettesse loro di rintracciare le molecole virali lungo tutto il ciclo vitale del fago (**figura 4**).

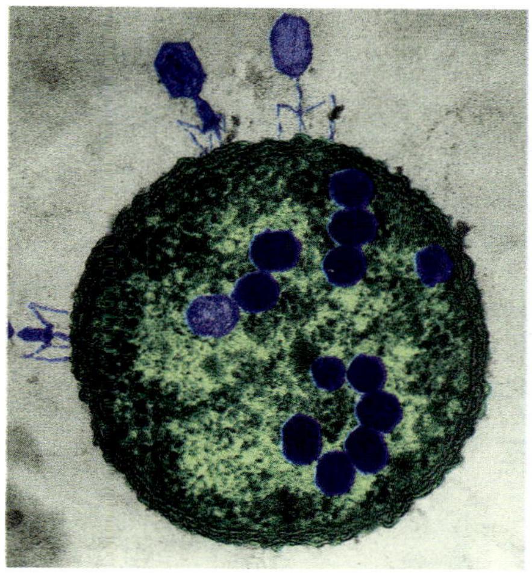

▲ **Figura 3**
Fotografia al microscopio elettronico a trasmissione di una cellula batterica (in verde) infettata da tre fagi T2 (in blu).

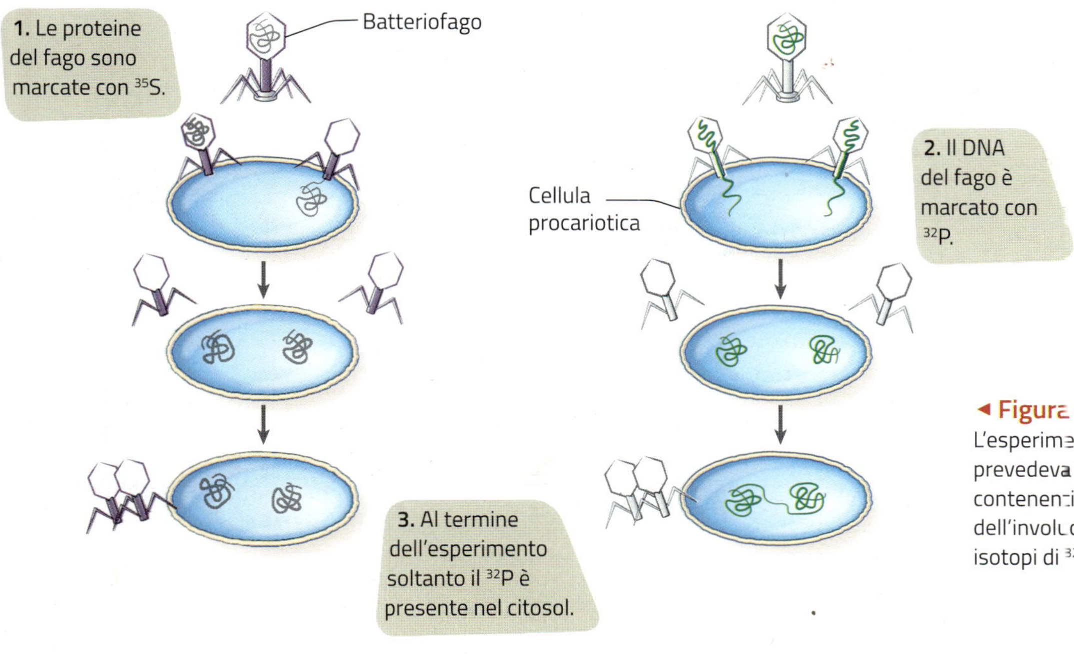

◄ **Figura 4**
L'esperimento di Hershey e Chase prevedeva il confronto tra virus contenenti isotopi di ^{35}S nelle proteine dell'involucro (A) e virus contenenti isotopi di ^{32}P nel DNA virale (B).

I due ricercatori prepararono due campioni di fagi:

- un campione era costituito da fagi T2 cresciuti in una coltura batterica contenente l'isotopo radioattivo ^{32}P del fosforo; il DNA virale aveva incorporato il fosforo radioattivo;
- il secondo campione era formato da fagi T2 cresciuti in una coltura batterica contenente l'isotopo radioattivo ^{35}S dello zolfo; in questo caso, lo zolfo radioattivo era stato incamerato dalle proteine.

Ti ricordi?
Le proteine contengono **zolfo** (negli amminoacidi metionina e cisteina) ma non **fosforo**; al contrario, il DNA contiene fosforo (nel gruppo fosfato posto tra un residuo di desossiribosio e l'altro), ma non zolfo. Questa differenza è essenziale per comprendere le tappe dell'esperimento di Hershey e Chase.

Hershey e Chase usarono i due campioni di fagi per infettare delle colture di *E. coli* in fiasche separate, questa volta senza isotopi radioattivi. Venti minuti dopo l'infezione, le soluzioni contenenti i batteri vennero omogeneizzate, in modo da staccare le parti virus che erano rimaste all'esterno delle cellule, e poi centrifugate per separare i batteri dalle particelle virali; grazie alla centrifuga, infatti, le cellule batteriche (più pesanti) precipitano sul fondo della provetta, mentre le particelle virali (più leggere) restano in sospensione (*vedi* **figura 4**).

I risultati erano chiari: il DNA marcato con fosforo radioattivo era stato trasferito all'interno delle cellule, mentre le proteine marcate con lo zolfo ^{35}S restavano in sospensione. Questa era la dimostrazione che il materiale genetico del fago è costituito da DNA.

Il lavoro di Hershey e Chase, pubblicato nel 1952, confermò definitivamente l'ipotesi di Avery e aprì la strada agli studi che avrebbero portato alla scoperta della struttura degli acidi nucleici.

Facciamo il punto

1. Ricostruisci gli esperimenti chiave che hanno portato a chiarire la natura chimica del materiale genetico.
2. Perché alcuni scienziati erano propensi a ritenere che il materiale genetico fosse costituito da proteine?
3. Che cosa sono i batteriofagi?
4. In che modo l'esperimento di Hershey-Chase dimostrò che il materiale genetico è costituito da DNA?

2 La struttura molecolare del DNA

Le regole di Chargaff e la diffrazione ai raggi X offrirono indizi sulla struttura del DNA

Una volta compreso che il DNA era la molecola in cui è depositata l'informazione genetica, gli scienziati iniziarono a domandarsi quale fosse la sua struttura tridimensionale. Per risolvere questo problema fu necessario raccogliere dati sperimentali di vario tipo e confrontarli con alcune considerazioni teoriche.

La composizione chimica del DNA forniva alcuni indizi utili; i biochimici sapevano che il DNA era un polimero di nucleotidi e che ciascun nucleotide era formato da tre componenti:

- una molecola di desossiribosio, uno zucchero a cinque atomi di carbonio;
- un gruppo fosfato;
- una base azotata, cioè una molecola organica con struttura ad anello che contiene azoto e ha proprietà debolmente basiche.

La sola differenza tra i quattro nucleotidi presenti nel DNA risiede nella base azotata, che può essere una molecola di guanina (G), adenina (A), citosina (C) o timina (T). La guanina e l'adenina sono chiamate **purine** e hanno una struttura a due anelli, mentre la citosina e la timina sono dette **pirimidine** e hanno una struttura ad anello semplice (**figura 5**).

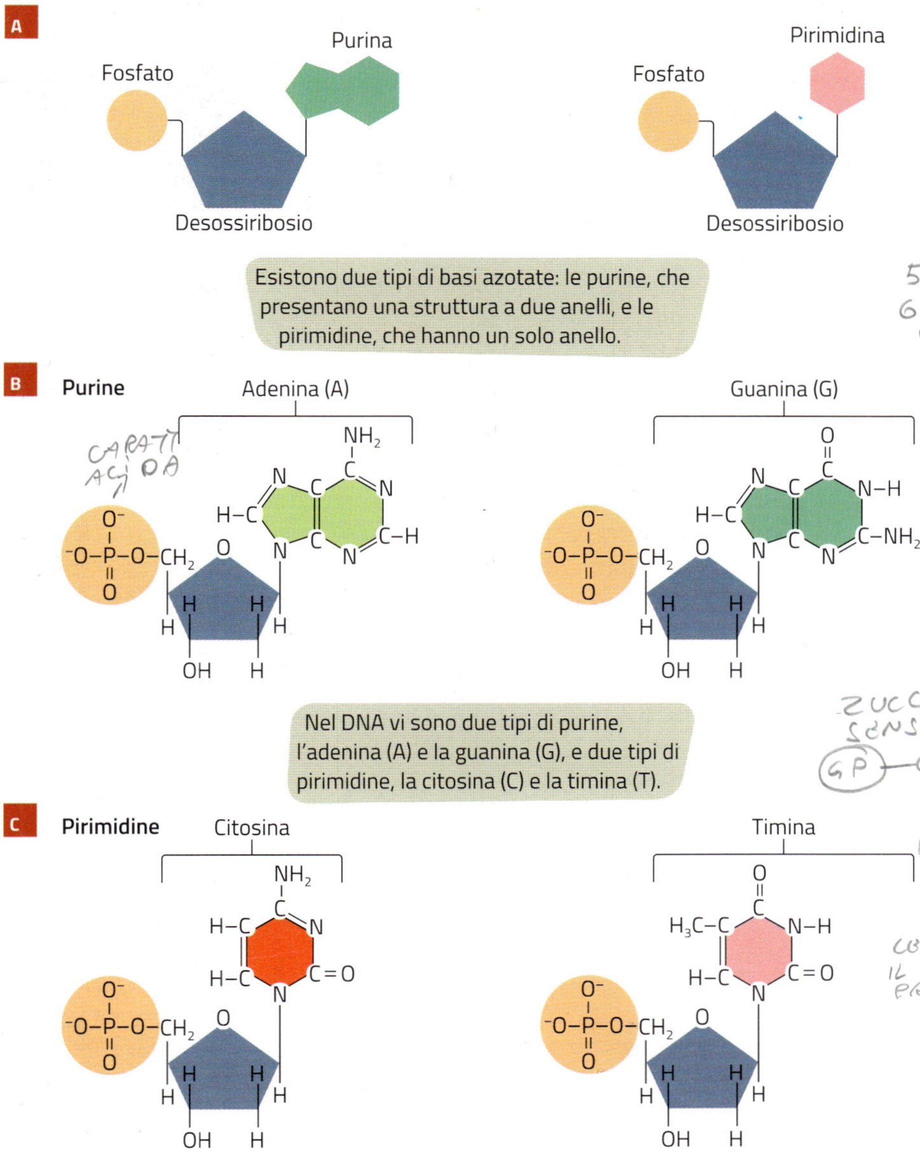

◂ **Figura 5**
Ogni nucleotide è composto da una base azotata, che può essere una purina o una pirimidina, dallo zucchero desossiribosio a 5 atomi di carbonio e da un gruppo fosfato.

Nel 1950 il chimico austriaco Erwin Chargaff pubblicò uno studio sul confronto del DNA di organismi di specie diverse, riscontrando alcuni aspetti comuni:

- la composizione percentuale delle basi del DNA è diversa da una specie all'altra;
- campioni di DNA isolati da tessuti diversi di organismi della stessa specie mostrano la stessa composizione di basi;
- la composizione percentuale delle basi non è influenzata dall'età dell'organismo, dal suo stato di nutrizione o dalle condizioni ambientali;
- in tutti i DNA cellulari, indipendentemente dalla specie, la quantità di adenina è uguale alla quantità di timina (A = T) e la quantità di guanina è uguale alla quantità di citosina (G = C); di conseguenza, la quantità totale delle purine (A + G) è uguale a quella delle pirimidine (T + C).

Queste relazioni quantitative, denominate **regole di Chargaff**, furono fondamentali per stabilire la struttura tridimensionale del DNA e sul modo in cui le informazioni genetiche sono codificate al suo interno.

Nello stesso periodo in cui Chargaff metteva a punto i suoi risultati, i biofisici Rosalind Franklin e Maurice Wilkins del *King's College* di Londra utilizzarono i raggi X per studiare la disposizione degli atomi nelle molecole di DNA; i loro risultati rivelarono che la molecola del DNA ha una struttura fortemente simmetrica e la forma di un'**elica destrogira**, cioè avvolta da sinistra verso destra, con il diametro costante di 2 nm (*vedi* scheda 1).

A colpo d'occhio

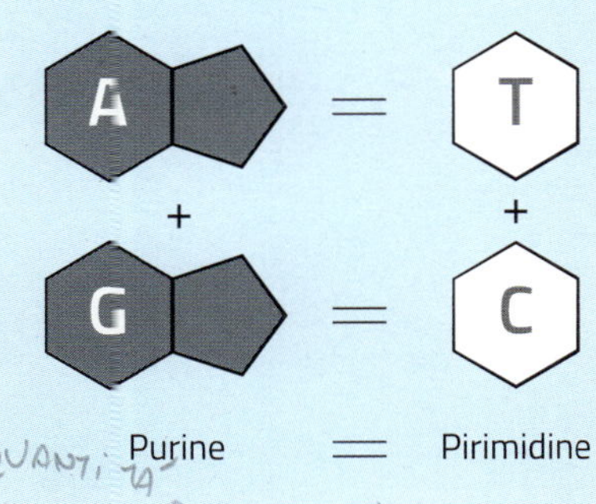

Watson e Crick definirono il modello tridimensionale a doppia elica del DNA

All'inizio degli anni Cinquanta, il biologo statunitense James Watson si recò al *Cavendish Laboratory* di Cambridge in Inghilterra con una borsa di studio per approfondire la struttura delle proteine mediante la diffrazione ai raggi X; qui incontrò il fisico inglese Francis Crick. Watson proveniva dal «gruppo del fago» di Hershey e Luria, mentre Crick era un esperto nell'interpretazione delle immagini ai raggi X delle molecole; sebbene il loro progetto di ricerca riguardasse le proteine, entrambi erano molto interessati a scoprire in che modo l'informazione genetica fosse custodita all'interno del DNA.

Tenendo conto di tutti i dati disponibili fino a quel momento, nel 1951 Watson e Crick iniziarono a elaborare un modello tridimensionale della molecola di DNA. In particolare, essi considerarono tre fattori:

1. le analisi delle immagini ai raggi X di Franklin e Wilkins mostravano che la molecola di DNA aveva la forma di un'elica destrogira;
2. i dati fisici e chimici suggerivano che nella molecola ci fossero due catene polinucleotidiche affiancate;
3. la regola di Chargaff indicava che la quantità totale delle purine fosse pari a quella delle pirimidine.

Il 25 aprile del 1953, Watson e Crick pubblicarono sulla rivista scientifica *Nature* il loro modello della struttura del DNA; tale modello spiegava le proprietà della molecola e apriva la strada alla comprensione delle sue funzioni. Per questo risultato, nel 1962 Watson, Crick e Wilkins ricevettero il premio Nobel per la Medicina, mentre Rosalind Franklin, che nel frattempo era morta di cancro, non ricevette neppure un elogio postumo.

1 - Per saperne di più

Scoprire la struttura del DNA con i raggi X

Una tecnica che permette di ottenere informazioni sulla struttura interna di una sostanza è la **diffrazione ai raggi X**. Per essere sottoposta a questo tipo di analisi, la sostanza da esaminare deve trovarsi in forma cristallina, cioè in uno stato in cui le sue molecole siano disposte in modo ordinato. Questa tecnica, infatti, si basa sul fatto che nei cristalli gli atomi sono disposti secondo schemi tridimensionali ripetuti che danno origine a piani paralleli interni al cristallo stesso.

Quando un fascio di raggi X attraversa il cristallo, questi piani si comportano come specchi posti a differenti angolazioni, che riflettono una parte dei raggi solo in certe direzioni. Ponendo una lastra fotografica dietro al cristallo, questa verrà impressionata dai raggi riflessi dai diversi piani di atomi; si formeranno così diverse macchie scure. L'analisi della forma e della disposizione di ogni macchia permette di dedurre la disposizione degli atomi e dei gruppi di atomi all'interno delle molecole (**figura**).

Grazie alla diffrazione ai raggi X, nel 1951 Linus Pauling determinò la struttura ad α-elica delle proteine e nello stesso anno Rosalind Franklin e Maurice Wilkins ottennero le immagini che suggerivano che anche il DNA dovesse avere una struttura a elica.

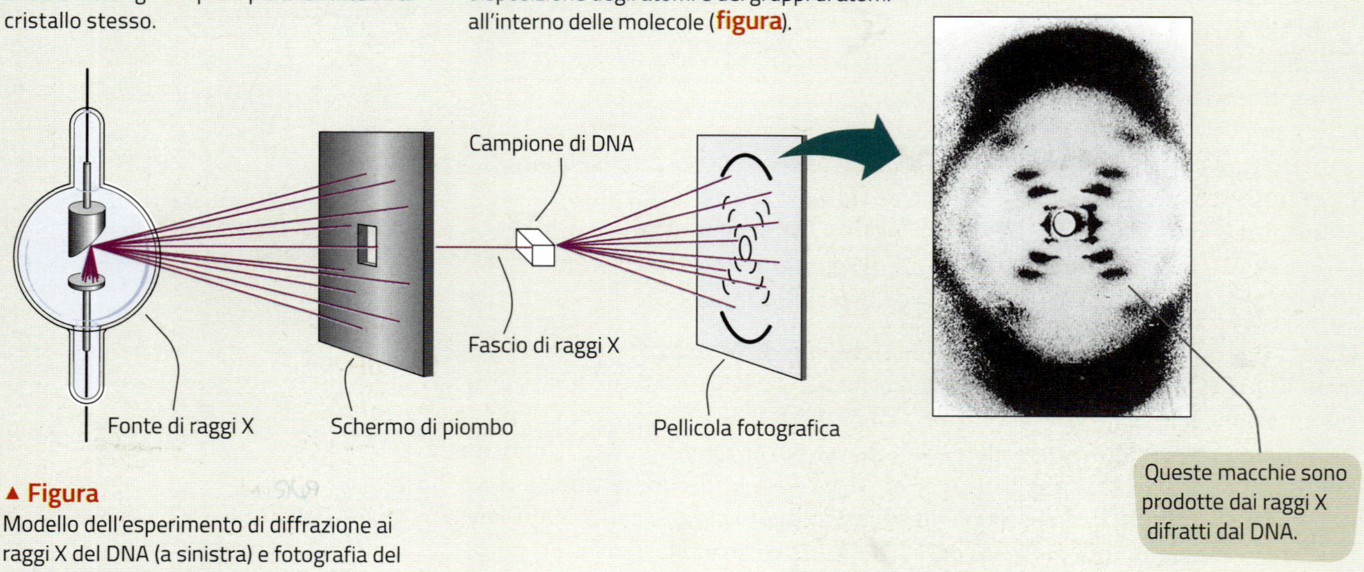

▲ **Figura**
Modello dell'esperimento di diffrazione ai raggi X del DNA (a sinistra) e fotografia del risultato ottenuto (a destra).

La doppia elica è sorretta dai legami zucchero-fosfato ed è stabilizzata dai legami a idrogeno

Secondo il modello di Watson e Crick, il DNA è composto da una doppia elica costituita da due catene di polinucleotidi; ciascuna catena polinucleotidica forma un singolo filamento di DNA. Per visualizzare questa struttura puoi immaginare di prendere una scala a pioli e di ruotarla in modo da formare una spirale, mantenendo i pioli perpendicolari all'asse di rotazione (**figura 6A**). I due montanti della scala rappresentano lo *scheletro zucchero-fosfato*, cioè la sequenza di molecole di zucchero e fosfato alternate, mentre ogni piolo perpendicolare ai montanti rappresenta due basi azotate appaiate: adenina (A) e timina (T) oppure guanina (G) e citosina (C). Lo scheletro zucchero-fosfato ha un'elevata carica negativa dovuta alla presenza dei gruppi fosfato e forma facilmente legami a idrogeno con le molecole d'acqua; le basi azotate, al contrario, sono apolari.

I nucleotidi sono tenuti insieme da un legame covalente tra il gruppo fosfato legato al carbonio in posizione 5′ di un nucleotide e il carbonio in posizione 3′ del nucleotide successivo. Questo legame è detto **legame fosfodiesterico** e costituisce la struttura portante dello scheletro zucchero-fosfato. Esso attribuisce anche a ciascun filamento una direzionalità (**figura 6C**), in quanto ogni filamento possiede un'estremità 5′ (che termina con un gruppo fosfato libero) e un'estremità 3′ (che termina con un gruppo ossidrilico –OH non legato a gruppi fosfato).

Nella doppia elica, i due filamenti hanno direzione opposta: uno è orientato in direzione da 5′ a 3′ (5′ → 3′), mentre l'altro è orientato in direzione 3′ → 5′. Per questo motivo si dice che i filamenti sono **antiparalleli**. Per convenzione, la sequenza di una catena polinucleotidica si scrive sempre con l'estremità 5′ a sinistra e quella del 3′ a destra, cioè in direzione 5′ → 3′.

Ti ricordi?

I **legami a idrogeno** sono legami intermolecolari di natura elettrostatica che si instaurano nell'acqua tra le parziali cariche negative dell'atomo di ossigeno di una molecola e le parziali cariche positive degli atomi d'idrogeno di altre due molecole; sono legami deboli: in media la loro forza è pari al 5-10% di quella dei legami covalenti

▾ **Figura 6**

(A) La doppia elica del DNA è come una scala a pioli fatta ruotare intorno al proprio asse di rotazione perpendicolare.
(B) Crick e Watson mentre illustrano la struttura della doppia elica.
(C) Il legame fosfodiesterico si forma per condensazione tra un ossidrile del desossiribosio e un ossidrile del gruppo fosfato, con eliminazione di una molecola d'acqua.

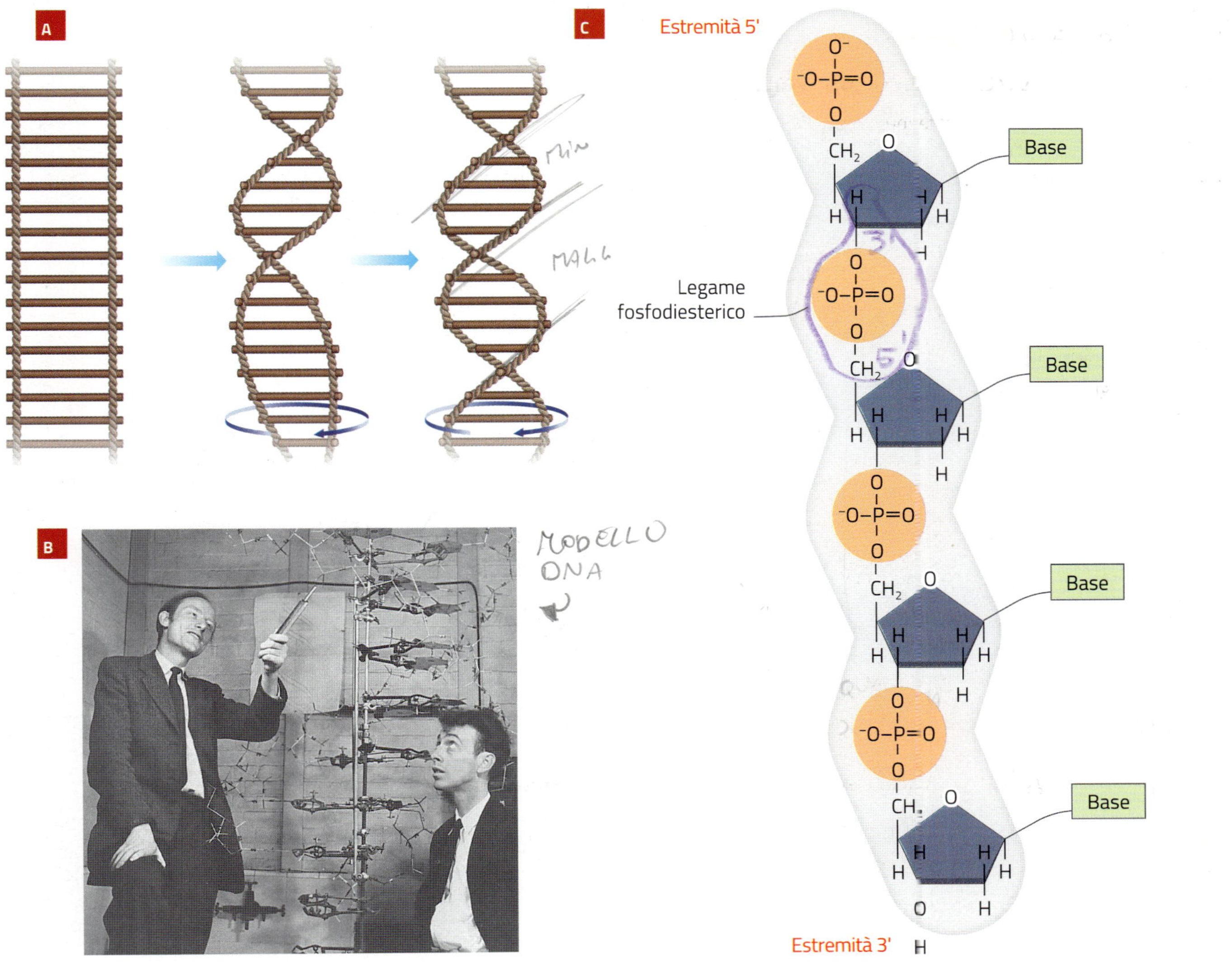

Dallo scheletro zucchero-fosfato di ciascun filamento si dipartono le basi azotate dirette verso il centro della doppia elica; ogni base di un filamento ha quindi la possibilità di appaiarsi alla base che si trova sul filamento opposto per mezzo di legami a idrogeno. I legami a idrogeno sono relativamente deboli, ma nel complesso contribuiscono a dare stabilità alla doppia elica.

Un altro fattore che contribuisce alla stabilità del DNA è il cosiddetto «impilamento delle basi», un fenomeno secondo cui le basi azotate di un filamento si compattano perché, essendo idrofobiche, tendono a rimanere vicine per allontanarsi dall'acqua.

La distanza tra i due «montanti», calcolata in base alle fotografie ottenute da Rosalind Franklin, è di 2 nm. La combinazione di due purine misurerebbe *più* di 2 nanometri, mentre due pirimidine appaiate occuperebbero *meno* di 2 nm; ma poiché una purina è sempre appaiata a una pirimidina, c'è una perfetta corrispondenza e, in ogni suo punto, la molecola di DNA presenta sempre la stessa larghezza. Procedendo su questa strada, Watson e Crick arrivarono a costruire un modello della molecola in stagno e ferro, collocando al posto giusto ogni pezzo di questo puzzle tridimensionale (**figura 6C**). Lavorando coi loro modelli, essi scoprirono

2 - Chiavi di lettura

La stele di Rosetta dei viventi

È impossibile sopravvalutare l'importanza del DNA, che è l'entità centrale della vita. La trasmissione dei caratteri ereditari, la crescita e quasi ogni altra funzione o fattore rilevanti per la biologia sono sotto il suo controllo. Il DNA sta alla vita come gli atomi stanno alla materia.

Come è ormai leggendario, la scoperta della struttura del DNA da parte di Watson e Crick fu dovuta in parti quasi uguali a un modello fisico della molecola, che essi avevano costruito in base a ciò che si sapeva della sua composizione chimica, e a una serie di fotografie della molecola ottenute con la tecnica della diffrazione dei raggi X da Maurice Wilkins, fisico divenuto biologo, e dalla cristallografa Rosalind Franklin.

La struttura a doppia elica postulata da Watson e Crick dipendeva da vari fattori, tra cui gli angoli tra i legami chimici, le forze di dispersione e i legami ionici tra le componenti della molecola.

In particolare essi teorizzarono che l'ossatura della molecola è fatta di sottounità saldate tra loro da legami che non sono allineati lungo una retta. Ogni sottounità è invece inclinata di 36° rispetto alla successiva, cosicché dopo dieci ripetizioni la struttura compie una rotazione completa di 360°. Ecco perché la molecola è elicoidale.

Watson era rimasto colpito dallo stile elegante con cui Linus Pauling scriveva i suoi articoli scientifici – «Il linguaggio era brillante e ricco di artifici retorici » – e decise di scrivere i risultati suoi e di Crick nello stesso stile sfolgorante. Non ci riuscì del tutto, ma il risultato fu comunque uno tra gli articoli più importanti della storia della scienza: una «Lettera» di una paginetta, novecento parole, pubblicata dalla rivista britannica *Nature* il 25 aprile 1953. La lettera cominciava così:

«Desideriamo suggerire una struttura per il sale dell'acido desossiribonucleico (DNA). Questa struttura possiede caratteristiche inedite che hanno notevole interesse biologico».

Gli autori poi illustravano le ragioni di quella struttura e spiegavano perché la doppia ossatura di zuccheri e gruppi fosfato fosse tenuta insieme da coppie di basi disposte su un piano perpendicolare rispetto all'asse del filamento. Watson e Crick avevano messo a nudo la struttura della molecola che è al cuore di ogni forma di vita sulla Terra.

L'ANNUNCIO AL PUB

Nel suo libro *La doppia elica* Watson racconta che, quando compresero che la loro struttura era corretta, Crick andò all'*Eagle*, uno dei loro pub preferiti in Bene't Street a Cambridge, e si vantò «con tutti gli astanti del fatto che avevamo trovato il segreto della vita».

Un comprensibile motivo d'orgoglio, ma non l'intera verità, come si evince chiaramente dall'ultima frase del loro famosissimo articolo:

«Non è sfuggito alla nostra attenzione il fatto che lo specifico appaiamento da noi ipotizzato suggerisce immediatamente un possibile meccanismo di duplicazione per il materiale genetico».

Ciò che avevano scoperto non era il segreto della vita, ma dell'ereditarietà: avevano svelato la forma fisica della struttura biologica con cui le sequenze genetiche vengono copiate e poi riprodotte nelle cellule figlie.

Ma la vita non è soltanto trasmissione dei caratteri ereditari e nelle cellule il DNA ha un ruolo che va al di là della semplice riproduzione di copie di se stesso. La duplicazione in realtà è secondaria rispetto alla funzione principale degli acidi nucleici nelle cellule: il controllo della produzione delle proteine, le basi della struttura fisica di ogni essere vivente. Le proteine sono formate da amminoacidi e una specifica sequenza di basi nel DNA contiene le istruzioni per legare insieme le giuste combinazioni di amminoacidi, formando una data proteina. Tuttavia, come aveva suggerito Erwin Schrödinger dieci anni prima, tali istruzioni sono scritte in codice; più specificamente, sono espresse in un messaggio chimico cifrato in cui una certa tripletta di basi rappresenta un determinato amminoacido.

Quando Watson e Crick fornirono la struttura della molecola di DNA, la chiave per leggere il codice genetico era ancora sconosciuta. Il loro celebre articolo non contiene le parole «amminoacido», «proteina» o «codice genetico». Un altro dei segreti della vita era dunque nascosto nel sistema di codificazione molecolare del DNA. Trovarne la chiave avrebbe significato portare alla luce la «stele di Rosetta» degli organismi viventi.

Tratto da *Cosa è la vita?*, di Ed Regis, Zanichelli, Bologna, 2010

che i nucleotidi potevano essere disposti lungo un singolo filamento in qualunque ordine. Dal momento che una molecola di DNA può essere lunga migliaia di nucleotidi, nella sequenza delle basi è possibile una enorme varietà: questo è uno dei requisiti fondamentali per il materiale genetico.
Quando poi si misero a costruire il secondo filamento, essi si trovarono di fronte a un altro importante vincolo: l'adenina poteva appaiarsi soltanto con la timina mediante **due legami a idrogeno** (A=T) e la guanina soltanto con la citosina, formando tre legami a idrogeno (G≡C); le basi appaiate erano pertanto **complementari** (**figura 7**). Questo modello forniva quindi una spiegazione convincente alla regola di Chargaff e aveva una seconda implicazione: la sequenza dei nucleotidi lungo una catena era in grado di determinare la sequenza sulla catena complementare. Crick rimase molto colpito da questo elemento, tanto che suppose che potesse servire anche per capire i meccanismi di replicazione e trascrizione del DNA.

Misurazioni successive effettuate sulle molecole di DNA hanno mostrato che ogni giro dell'elica misura 3,4 nm di lunghezza, che corrispondono a 10,5 coppie di basi. Quando i due filamenti si avvolgono a formare la doppia elica, tra i gruppi fosfato restano esposti due solchi di diversa ampiezza: il **solco minore** è largo 1,2 nm, mentre il **solco maggiore**, dove avviene la maggior parte delle interazioni tra il DNA e le proteine che ne regolano l'attività, è largo 2,2 nm.

◂ **Figura 7**
Struttura a doppio filamento di un breve segmento di una molecola di DNA, con evidenziati l'orientamento opposto dei due filamenti e i legami a idrogeno fra le basi appaiate.

La **distanza tra i due montanti**, calcolata in base alle fotografie ottenute da Rosalind Franklin con la tecnica della cristallografia a raggi X, è di 2 nanometri.

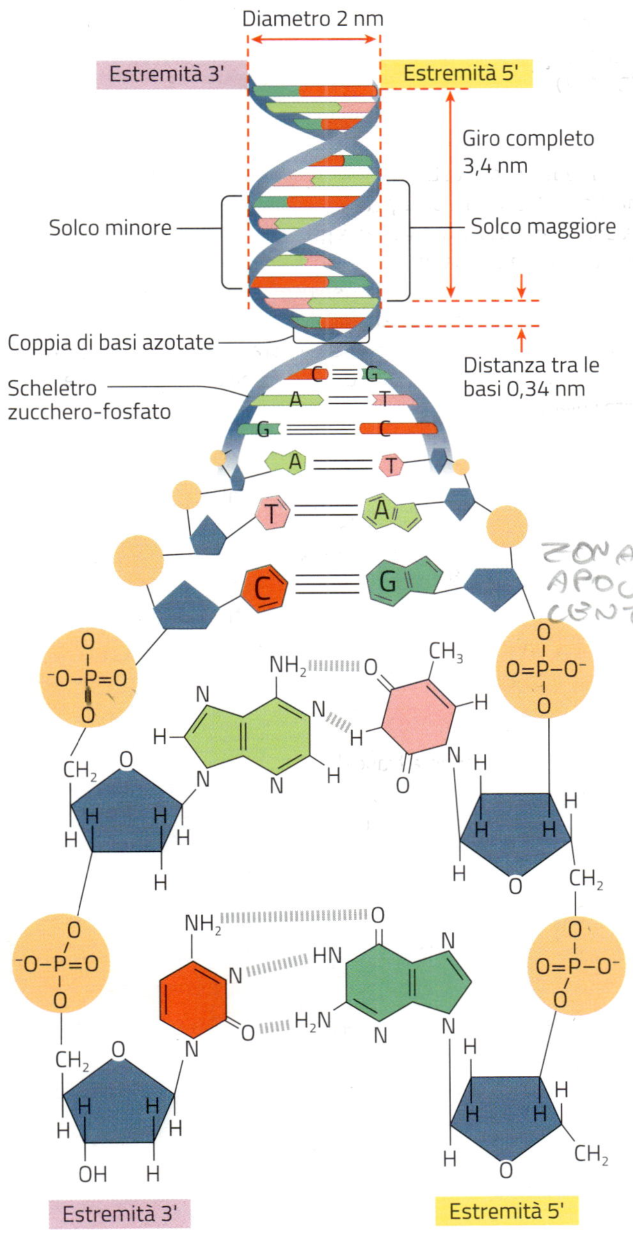

L'**elica del DNA** compie un giro completo ogni 10 basi azotate circa e, poiché la distanza tra le basi di due nucleotidi successivi è di 0,34 nm, il giro completo misura circa 3,4 nm.

Il **solco maggiore** è la distanza tra due spire del doppio filamento e corrisponde allo spazio «vuoto» dell'elica.

Ogni base forma un legame covalente con la molecola di zucchero nel tratto di montante adiacente a essa.

Le basi azotate sono unite da **legami a idrogeno**, un tipo di legame relativamente debole.

Il modello di Watson e Crick mette in relazione la struttura del DNA con le sue funzioni

Un requisito fondamentale del materiale genetico è la capacità di contenere informazioni. Un aspetto non secondario della scoperta di Watson e Crick fu che il loro modello della struttura del DNA dimostrava che le **informazioni genetiche** sono indicate dalla sequenza delle basi azotate nella molecola di DNA. È proprio tale sequenza a dettare le regole per la sintesi delle proteine, che avviene nel citoplasma.

Poiché il numero di nucleotidi varia da circa 5000 per i virus più semplici ai 670 miliardi di nucleotidi del protozoo *Amoeba dubia*, le variazioni possibili raggiungono un numero elevatissimo. Il DNA contenuto in una cellula umana, che è costituito da 6 miliardi di nucleotidi, può contenere informazioni equivalenti a 600 000 pagine stampate, ognuna contenente 500 parole. Questi numeri spiegano come la struttura del DNA possa contenere le istruzioni per l'infinita diversità degli esseri viventi.

Un'altra caratteristica del materiale genetico è la capacità di produrre copie identiche di se stesso ogni volta che la cellula si divide. La **replicazione del DNA** si realizza facilmente grazie alla complementarietà delle basi appaiate: ogni filamento, infatti, può funzionare da stampo per produrre un nuovo filamento complementare.

Facciamo il punto

1. Che cos'è il legame fosfodiesterico?
2. Quale funzione svolgono i legami a idrogeno presenti nella struttura del DNA?
3. Come si è giunti alla conclusione che una purina deve essere sempre appaiata a una pirimidina?
4. Che cosa s'intende per «filamenti complementari»?
5. Perché i due filamenti della doppia elica sono antiparalleli?

DISPERSIVE
CONSERVATIVA
SEMI CONSERVATIVA

3 La replicazione del DNA

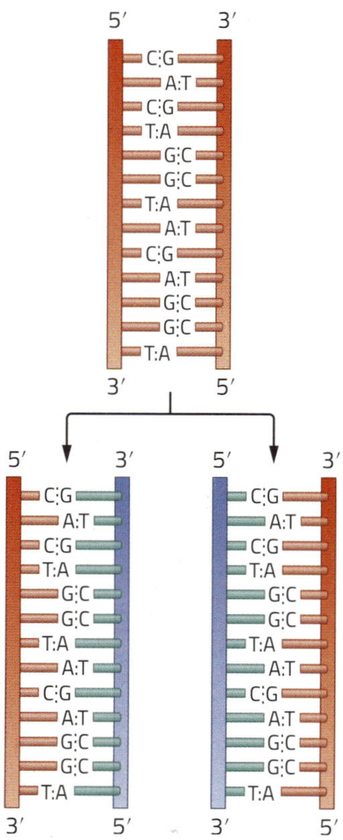

Il processo di replicazione del DNA comprende due fasi

«Non è sfuggito alla nostra attenzione il fatto che lo specifico appaiamento delle basi da noi ipotizzato, suggerisce un possibile meccanismo di replicazione per il materiale genetico». Così scrivevano Watson e Crick nel loro articolo del 1953. Negli anni successivi, la ricerca si concentrò su questo aspetto per scoprire il meccanismo esatto grazie al quale si replica il materiale genetico.

L'articolo di Watson e Crick suggeriva una modalità di replicazione del DNA di tipo **semiconservativo**. Ricerche successive dimostrarono che il suggerimento era corretto: ogni filamento della molecola parentale funziona da *stampo* per un nuovo filamento, cosicché le due molecole di DNA neoformate contengono un filamento «vecchio» e uno neosintetizzato (**figura 8**).

La replicazione del DNA si svolge in due fasi e richiede, oltre al DNA, la presenza di altre molecole tra cui enzimi e nucleotidi. Nella prima fase, gli enzimi **elicasi** e **topoisomerasi** spezzano i legami a idrogeno tra le coppie di basi appaiate e despiralizzano la doppia elica del DNA; in questo modo i due filamenti si allontanano e possono fare da stampo per la sintesi di nuovi filamenti. Nella seconda fase avviene la sintesi dei nuovi filamenti grazie alle **DNA polimerasi**, enzimi che aggiungono i nucleotidi all'estremità 3′ dei filamenti in formazione, saldandoli mediante legami fosfodiesterici.

◂ **Figura 8**
La replicazione del DNA è semiconservativa, per cui si mantiene un filamento vecchio (in rosso nell'immagine) e se ne forma uno nuovo (in blu).

La formazione dei nuovi filamenti avviene grazie al principio della *complementarietà tra le basi*: se sul filamento stampo è presente un nucleotide con la base azotata T, soltanto la base A potrà prendere il posto corrispondente sul nuovo filamento; allo stesso modo, G si appaierà soltanto con C. Grazie a questo principio di corrispondenza univoca, alla fine del processo si ottengono due copie identiche tra loro e identiche alla molecola originaria.

Negli eucarioti la replicazione del DNA si verifica durante la fase S del ciclo cellulare; nella maggior parte delle cellule eucariotiche, la replicazione del DNA è seguita dalla mitosi, mentre nelle cellule sessuali è seguita dalla meiosi. Il processo è assai rapido: nei mammiferi, per esempio, vengono posizionati circa 50 nucleotidi al secondo, mentre nei procarioti si arriva anche a 1000 nucleotidi al secondo; in questo modo il batterio *Escherichia coli* può replicare i suoi 4,7 milioni di basi in soli 20 - 40 minuti.

Guarda il video nell'ebook
Un minuto di biologia
La replicazione del DNA

Ti ricordi?
Il **ciclo cellulare** è l'insieme degli eventi compresi tra la formazione di una cellula e la sua divisione in due cellule figlie, oppure la sua morte. Il ciclo è suddiviso in due fasi, a loro volta divise in sottofasi: l'interfase comprende le fasi G_1, S e G_2, mentre la fase mitotica è divisa in mitosi e citodieresi.

La replicazione è catalizzata dal complesso di replicazione ed è bidirezionale

Lo schema generale della replicazione del DNA, secondo cui ogni filamento della doppia elica serve da stampo per la costruzione di un nuovo filamento, è piuttosto semplice (*vedi* **figura 8**); al contrario, il meccanismo mediante il quale la cellula realizza l'intera replicazione è molto più complesso e richiede un gran numero di proteine ed enzimi.

La replicazione ha inizio quando un complesso proteico detto **complesso di replicazione** si lega al DNA in corrispondenza di una specifica sequenza di basi chiamata *ori* o **origine di replicazione** (**figura 9A**). A partire dall'origine della replicazione, il DNA si replica in entrambe le direzioni, formando una **bolla di replicazione**. A entrambe le estremità della bolla, dove i vecchi filamenti vengono separati e stanno per essere sintetizzati i nuovi filamenti complementari, la molecola forma una struttura a Y, nota come **forcella di replicazione** (**figura 9B**). La replicazione avviene in due direzioni opposte rispetto al punto di origine, perciò è definita **bidirezionale**. Quando si è completata la sintesi dei nuovi filamenti di DNA, le due catene a doppio filamento si separano in due nuove doppie eliche costituite ciascuna da un filamento vecchio e da un filamento nuovo.

Guarda il video nell'ebook
La biologia in 3D
- *La replicazione del DNA*
- *DNA replication*

▼ Figura 9
(A) In corrispondenza delle origini di replicazione, il complesso di replicazione apre le bolle di replicazione e sintetizza i filamenti che poi si uniscono a formare le nuove molecole di DNA. (B) Nella forcella di replicazione il processo di replicazione è bidirezionale.

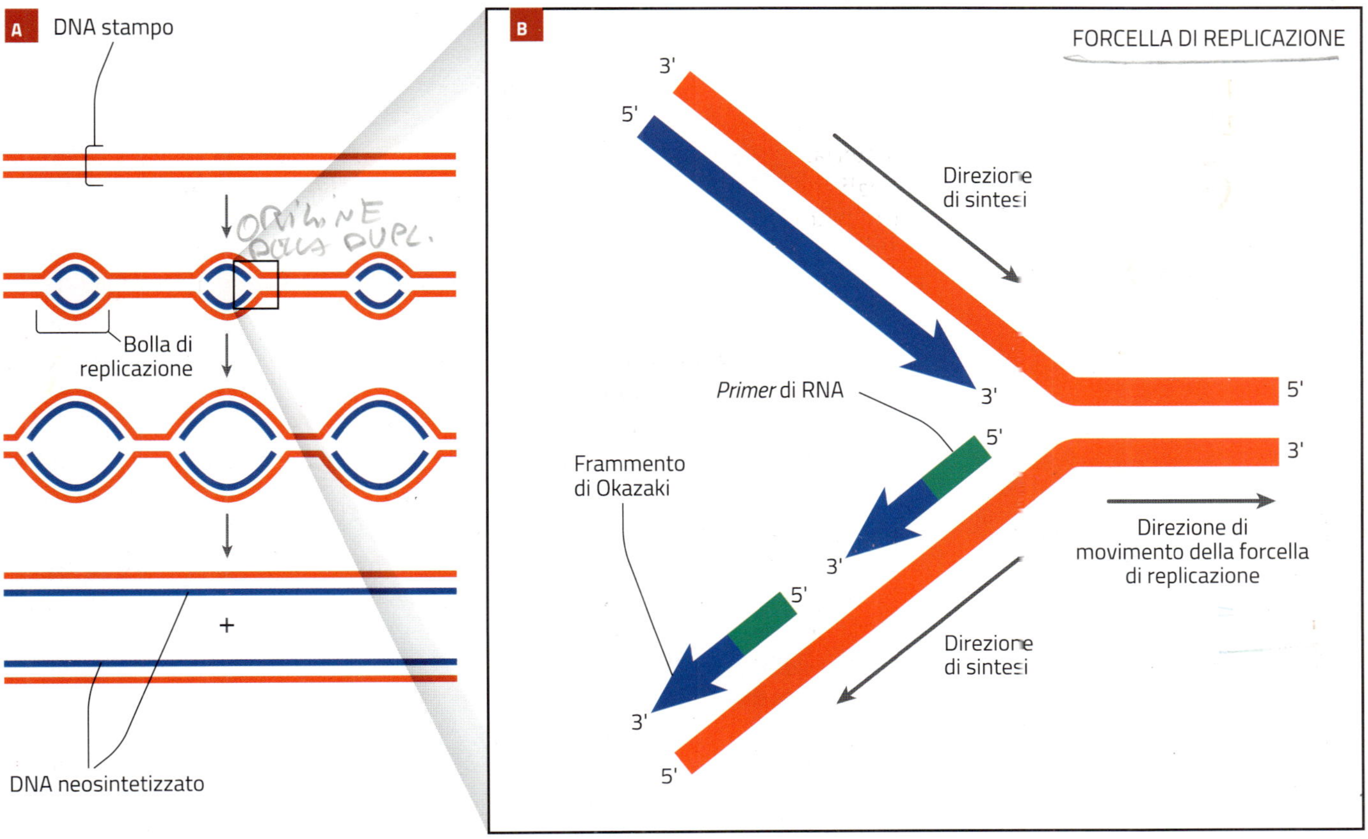

In passato si riteneva che il complesso di replicazione si muovesse lungo la molecola di DNA come una locomotiva sui binari ferroviari; oggi si ritiene che sia il DNA a scorrere attraverso il complesso di replicazione che invece resta fermo, ancorato a strutture nucleari. Nei cromosomi circolari dei procarioti in genere è sufficiente una sola origine della replicazione; nelle cellule eucariotiche, che possiedono molto più DNA, su ogni cromosoma lineare sono presenti più origini della replicazione. La replicazione, quindi, si verifica a mano a mano che la bolla si propaga nelle due direzioni fino a incontrare una bolla adiacente; nel momento in cui tutte le bolle si fondono tra loro, l'intero cromosoma sarà stato replicato.

Il complesso di replicazione contiene numerose proteine ed enzimi che intervengono in tutte le fasi del processo (**figura 10**): in *E. coli* sono 17, ma negli eucarioti sono molte di più. Il primo evento che ha luogo nel punto di origine della replicazione, catalizzato dall'enzima DNA elicasi, è la rottura dei legami a idrogeno e delle interazioni idrofobiche che tengono uniti i due filamenti. Non appena l'elicasi apre la doppia elica, i filamenti devono essere srotolati: questo è il compito svolto dalle topoisomerasi. Altre proteine chiamate *single-strand binding proteins* (SSB) si attaccano ai singoli filamenti per tenerli stabilmente separati. In questo modo si rende possibile la fase successiva, ossia l'effettiva sintesi del nuovo filamento, che è catalizzata da un gruppo di enzimi noti come DNA polimerasi.

▸ **Figura 10**
Gli enzimi coinvolti nelle prime fasi della replicazione sono l'elicasi, la topoisomerasi e l'SSB.

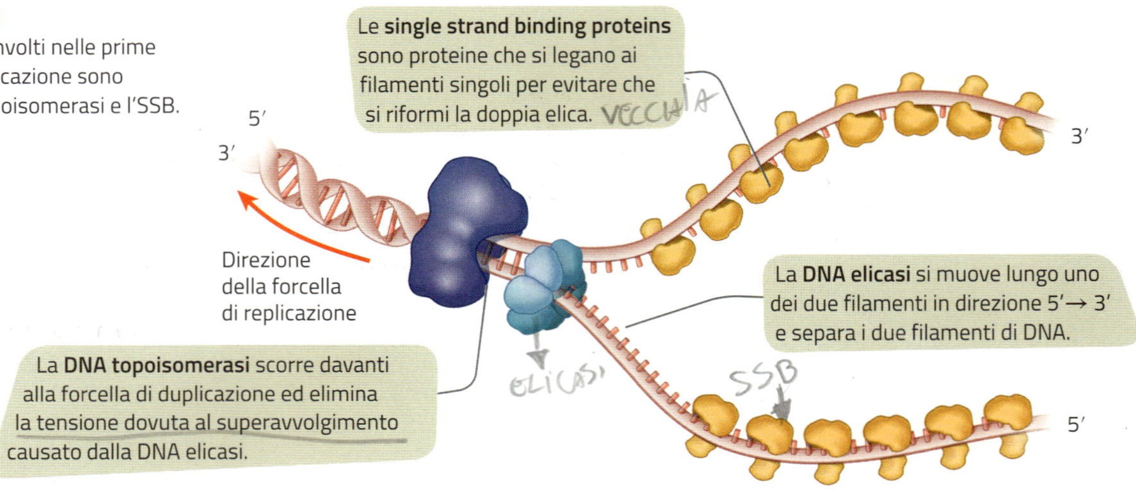

I due filamenti della doppia elica si replicano con velocità e modi diversi

Le **DNA polimerasi** sono enzimi molto grandi, dalla forma che ricorda una mano semiaperta: il palmo contiene il sito attivo dell'enzima e avvicina i nucleotidi allo stampo, mentre le dita riconoscono la forma delle diverse basi nucleotidiche.

Nei batteri come *E. coli* esistono cinque tipi di DNA polimerasi, coinvolte in diversi processi cellulari tra cui la replicazione e la riparazione del DNA. Tutte le DNA polimerasi sono capaci di allungare una catena polinucleotidica preesistente aggiungendo un nucleotide alla volta all'estremità 3′, ma non riescono a iniziare dal nulla una nuova catena. Per questo motivo hanno bisogno di un **innesco** (o *primer*) complementare al DNA stampo che contenga un'estremità 3′ libera al quale aggiungere i nucleotidi (**figura 11**). Il *primer* è una breve sequenza di RNA sintetizzata dall'enzima *RNA primasi*, che al termine della replicazione viene rimossa e sostituita da DNA.

▾ **Figura 11**
La DNA polimerasi ha bisogno di un *primer* (A) per dare inizio alla sintesi del DNA, inoltre può sintetizzare DNA in una sola direzione 5′→ 3′ (B).

A

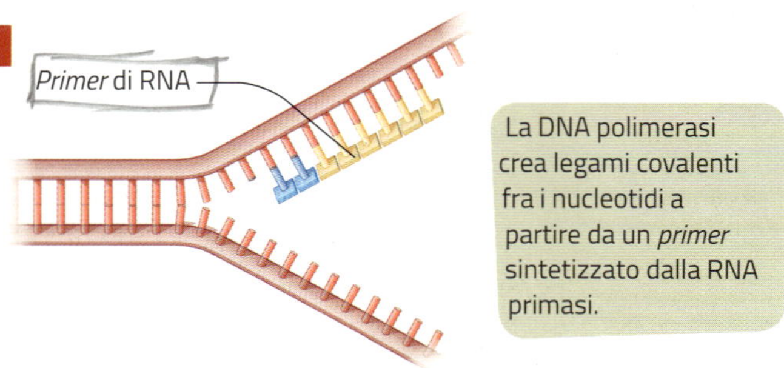

B

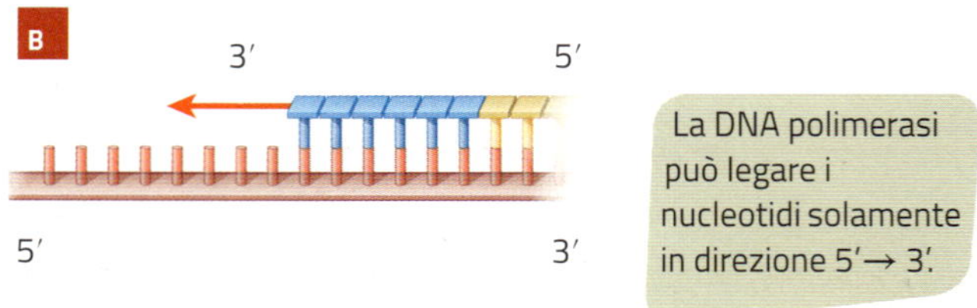

Le DNA polimerasi, inoltre, lavorano in una sola direzione; questi enzimi, infatti, aggiungono nucleotidi solo all'estremità 3′ di una catena. Di conseguenza, l'allungamento dei due filamenti procede in modo diverso (**figura 12**):

- un filamento è detto *veloce* perché può allungarsi in maniera continua senza interruzioni; tale filamento è quello complementare al filamento stampo 3′ → 5′ e ha l'estremità 3′ libera;
- l'altro filamento è *lento* perché procede in modo discontinuo e a ritroso, a partire dalla forcella di replicazione e operando su segmenti relativamente piccoli di DNA; i segmenti sono detti **frammenti di Okazaki** e sono lunghi 100-200 nucleotidi negli eucarioti e 1000-2000 nucleotidi nei batteri.

A colpo d'occhio

REPLICAZIONE
- FILAMENTO VELOCE → ESTREMITÀ LIBERA 3′
- FILAMENTO LENTO → ESTREMITÀ LIBERA 5′

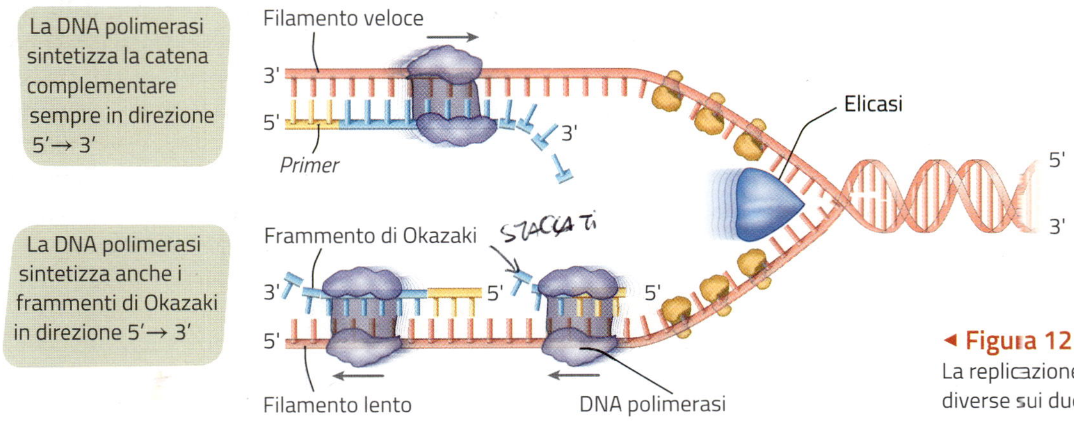

◂ Figura 12
La replicazione avviene a velocità diverse sui due filamenti stampo.

Sul filamento veloce il *primer* di RNA è unico e si trova all'inizio della catena da replicare; sul filamento lento, invece, i *primer* sono molteplici e si trovano di volta in volta in prossimità della forcella di replicazione. Questo è dovuto al fatto che la DNA polimerasi non può catalizzare la sintesi dei frammenti di Okazaki se non trova un punto di attacco sul filamento da replicare; a mano a mano che la doppia elica di DNA stampo si srotola, quindi, la DNA polimerasi sintetizza i frammenti muovendosi in direzione 5′→ 3′, cioè in direzione opposta a quella in cui si muove la forcella. Dopo essere stati utilizzati, i primer sono eliminati e sostituiti col DNA definitivo; i vari frammenti sono poi legati insieme dall'enzima *DNA ligasi*, in modo da generare un filamento unico (**figura 13**).

▾ Figura 13
Sul filamento veloce la replicazione avviene con un solo primer, mentre sul filamento lento ha bisogno di più primer e della DNA ligasi che unisce insieme i frammenti di Okazaki.

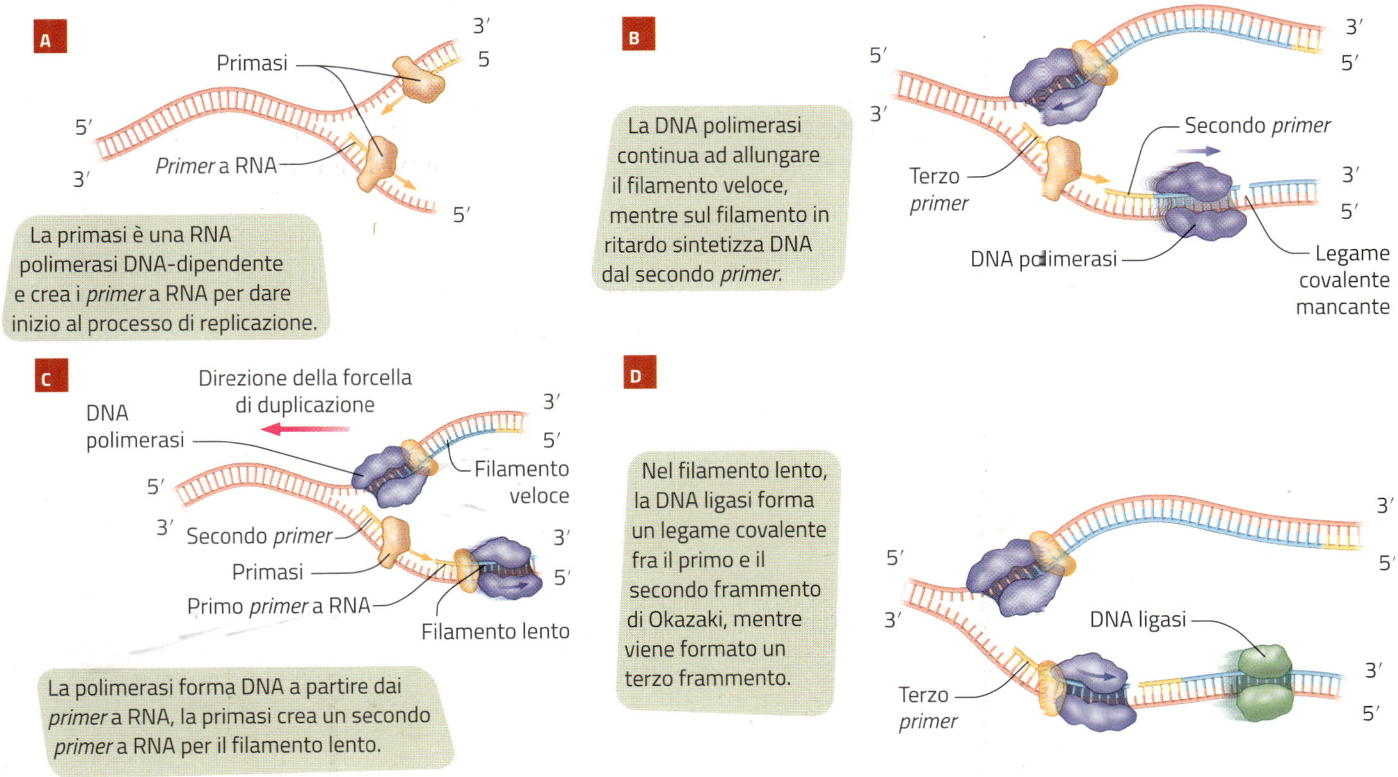

Il controllo della replicazione è attuato dalla selezione delle basi e dal proofreading

La replicazione del DNA avviene con un grado di precisione molto elevato grazie alla presenza di diversi sistemi di controllo, che agiscono durante la sintesi del nuovo filamento di DNA.

Il primo meccanismo di controllo è la **selezione delle basi**: le DNA polimerasi sono in grado di formare il legame fosfodiesterico tra due nucleotidi solo se questi sono già appaiati correttamente ai loro nucleotidi complementari sul filamento stampo. La distinzione tra nucleotidi corretti e sbagliati avviene non solo in base ai legami a idrogeno che determinano l'appaiamento tra basi complementari, ma anche alla geometria delle coppie di basi A=T e G≡C; infatti solo le coppie di basi che presentano questa geometria riescono a entrare nel sito attivo dell'enzima. Un nucleotide sbagliato potrebbe essere in grado di formare legami a idrogeno con un'altra base presente nello stampo, ma non potrebbe entrare nel sito attivo della DNA polimerasi; di conseguenza la maggior parte dei nucleotidi sbagliati è scartata prima ancora che si formi il legame fosfodiesterico.

Il secondo meccanismo di controllo è basato sulla capacità della DNA polimerasi di controllare ogni nucleotide dopo che è stato aggiunto. Se è stato inserito un nucleotide non corretto, l'enzima riposiziona il filamento di DNA in formazione, rimuove il nucleotide sbagliato e incorpora al suo posto quello giusto: questo processo è chiamato *proofreading* o **correzione di bozze**.

Grazie all'azione combinata dei processi di *proofreading* e di selezione delle basi, la DNA polimerasi commette un errore solo una volta ogni 10^6-10^8 coppie di basi aggiunte.

Ti ricordi?

Le molecole di substrato si legano all'enzima nel **sito attivo**, dove avviene la reazione; il legame di un substrato con il sito attivo di un enzima produce il complesso enzima-substrato, che dà origine al prodotto finale e libera l'enzima.

Le mutazioni possono essere spontanee o indotte da agenti chimici e fisici

Preservare l'integrità dell'informazione contenuta nella molecola di DNA è essenziale per le cellule. Il DNA infatti può essere danneggiato per cause diverse, alcune *spontanee* e altre *indotte*, cioè determinate da fattori ambientali. In generale, si definiscono **mutazioni** i cambiamenti permanenti nella sequenza di basi del DNA che possono essere trasmessi da una generazione cellulare all'altra.

Le mutazioni spontanee insorgono, per esempio, in seguito a errori nel processo di replicazione; le mutazioni indotte sono invece dovute ad agenti mutageni chimici o fisici. Tra gli agenti chimici ci sono l'acido nitroso (HNO_2), che converte la citosina in uracile, e il benzopirene, presente nel fumo di sigaretta, che modifica chimicamente la guanina, impedendole di appaiarsi con la citosina. Esempi di agenti fisici sono i raggi X, i quali generano radicali liberi che alterano le basi nucleotidiche e danneggiano lo scheletro zucchero-fosfato, e i raggi ultravioletti, che creano legami tra timine adiacenti generando *dimeri di timina*:

A colpo d'occhio

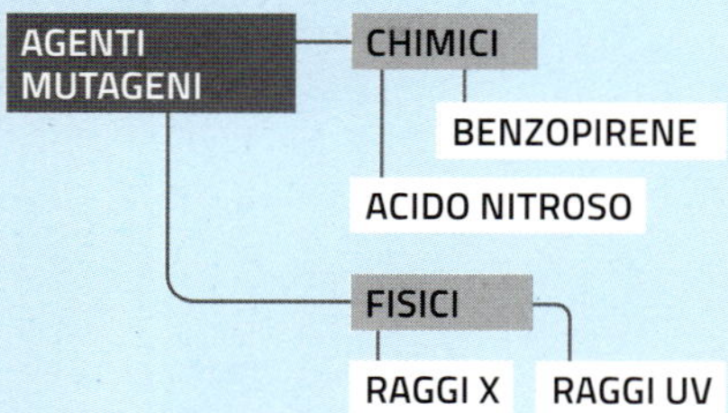

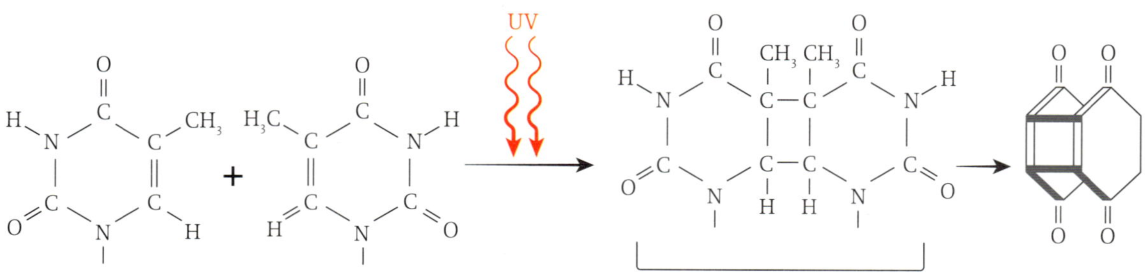

Questo ultimo tipo di mutazioni provoca gravi distorsioni nella struttura a doppia elica, che non riesce più a replicarsi né a svolgere le proprie funzioni.

Gli effetti delle mutazioni possono essere vari; in molti casi tali modifiche hanno effetti negativi, perché compromettono la sintesi di una proteina o interferiscono con il ciclo cellulare. Nei mammiferi, per esempio, esiste una forte correlazione tra l'accumulo di mutazioni e l'insorgenza del cancro. Per questo motivo, nelle cellule sono attivi diversi **sistemi di riparazione** che si affiancano ai meccanismi di controllo che agiscono durante la replicazione.

La riparazione del DNA è possibile perché la doppia elica è formata da due filamenti complementari; il DNA danneggiato su un filamento può quindi essere rimosso e sostituito utilizzando come stampo la catena complementare.

La riparazione avviene grazie al sistema *mismatch repair* e all'escissione

La riparazione degli errori di appaiamento avviene subito dopo che il DNA è stato replicato grazie al **sistema *mismatch repair***, che nei batteri è costituito da 12 proteine tra cui una DNA polimerasi e una DNA ligasi. Tale sistema ha il compito di trovare gli appaiamenti scorretti sfuggiti alla *proofreading*, identificare quale filamento è da riparare e infine sostituire il nucleotide scorretto a opera della DNA polimerasi e della DNA ligasi.

Per far questo, il sistema deve poter distinguere tra il filamento stampo (che è la copia corretta) e il filamento neosintetizzato (che contiene il nucleotide errato). La distinzione è possibile perché la cellula «etichetta» il DNA con gruppi metilici ($-CH_3$); appena dopo la replicazione, il filamento neoformato non è ancora stato metilato ed è quindi ben riconoscibile dal sistema di riparazione.

Le proteine del **sistema di riparazione per escissione** agiscono invece sulle basi anomale o sui dimeri di timina che si formano in seguito all'esposizione a sostanza chimiche o ai raggi ultravioletti. Il sistema spezza i legami fosfodiesterici ai due lati della mutazione e rilascia i nucleotidi escissi; in seguito la DNA polimerasi sintetizza il frammento mancante, che viene saldato al resto della catena dalla DNA ligasi (**figura 14**).

Le parole

Mismatch repair è un'espressione inglese che letteralmente significa «riparazione dell'accoppiamento sbagliato», un sistema di riparazione che trova e corregge gli appaiamenti errati tra le basi.

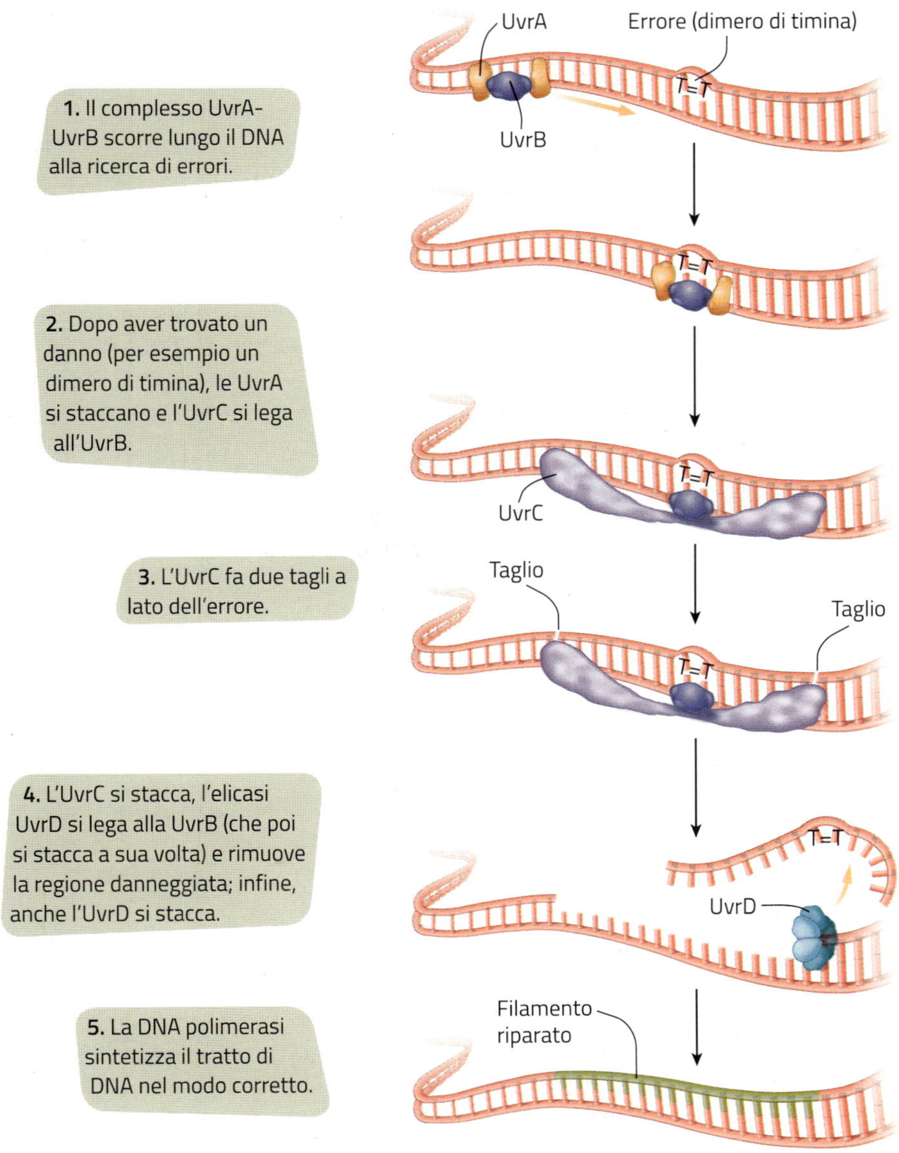

◂ **Figura 14**
La riparazione per escissione dei nucleotidi in *E. coli*; ad agire sono le proteine Uvr, così chiamate perché riparano i danni causati dai raggi ultravioletti.

La replicazione del DNA può avvenire anche in laboratorio grazie alla PCR

Nel 1986 il biochimico statunitense Kary Mullis, premio Nobel per la chimica nel 1993, mise a punto una tecnica di laboratorio per replicare il DNA in provetta. Questa tecnica, che permette di produrre in poche ore milioni di copie di una sequenza, è detta **reazione a catena della polimerasi** (o **PCR**, dall'acronimo inglese *Polymerase Chain Reaction*) e si basa sugli stessi principi generali che sono alla base della replicazione cellulare del DNA.
Per realizzare la PCR è necessario disporre di una soluzione che contenga:

- un campione di DNA a filamento doppio in cui sia presente la sequenza di DNA che si desidera duplicare;
- due *primer* di DNA a filamento singolo sintetizzati in laboratorio, complementari alle estremità della sequenza desiderata;
- i quattro desossiribonucleosidi trifosfato: guanosina trifosfato (GTP), adenosina trifostato (ATP), citidina trifosfato (CTP), timidina trifosfato (TTP);
- una DNA polimerasi in grado di resistere a temperature elevate senza denaturarsi;
- sali di magnesio.

Curiosità

Grazie alla **PCR** i biologi molecolari possono disporre di quantità di DNA sufficienti per essere analizzate e manipolate; il progressivo sviluppo delle biotecnologie che si è verificato negli ultimi trent'anni non sarebbe mai stato possibile senza l'invenzione di questa tecnica.

L'espressione «reazione a catena» indica che la PCR è un processo ciclico, in cui tre fasi si ripetono molte volte (**figura 15**); prima avviene la **denaturazione**, ovvero si riscalda la soluzione a circa 90 °C per separare i due filamenti del DNA; segue la **rinaturazione**, cioè si raffredda la soluzione in modo da permettere al *primer* di appaiarsi alle sequenze complementari. Infine c'è la fase dell'**allungamento**, nella quale l'enzima DNA polimerasi aggiunge nucleotidi a un *primer*, sintetizzando un nuovo filamento di DNA complementare alla sequenza compresa tra i due *primer*.

Il ciclo si ripete con una nuova denaturazione, che separa le molecole di DNA a doppio filamento presenti nella soluzione, con una nuova rinaturazione e con un nuovo allungamento. L'intera sequenza dura alcuni minuti e si può ripetere più volte fino a ottenere la quantità di DNA desiderata.

A ogni ciclo, i primer si legano sia ai frammenti originari di DNA sia a quelli appena sintetizzati dalla DNA polimerasi. In questo modo l'amplificazione procede in modo esponenziale: partendo da un tratto di DNA, dopo il primo ciclo di reazioni si ottengono 2 copie identiche, per cui ripetendo il ciclo per *n* volte, le

A colpo d'occhio

FASI DELLA PCR
- DENATURAZIONE
- RINATURAZIONE
- ALLUNGAMENTO

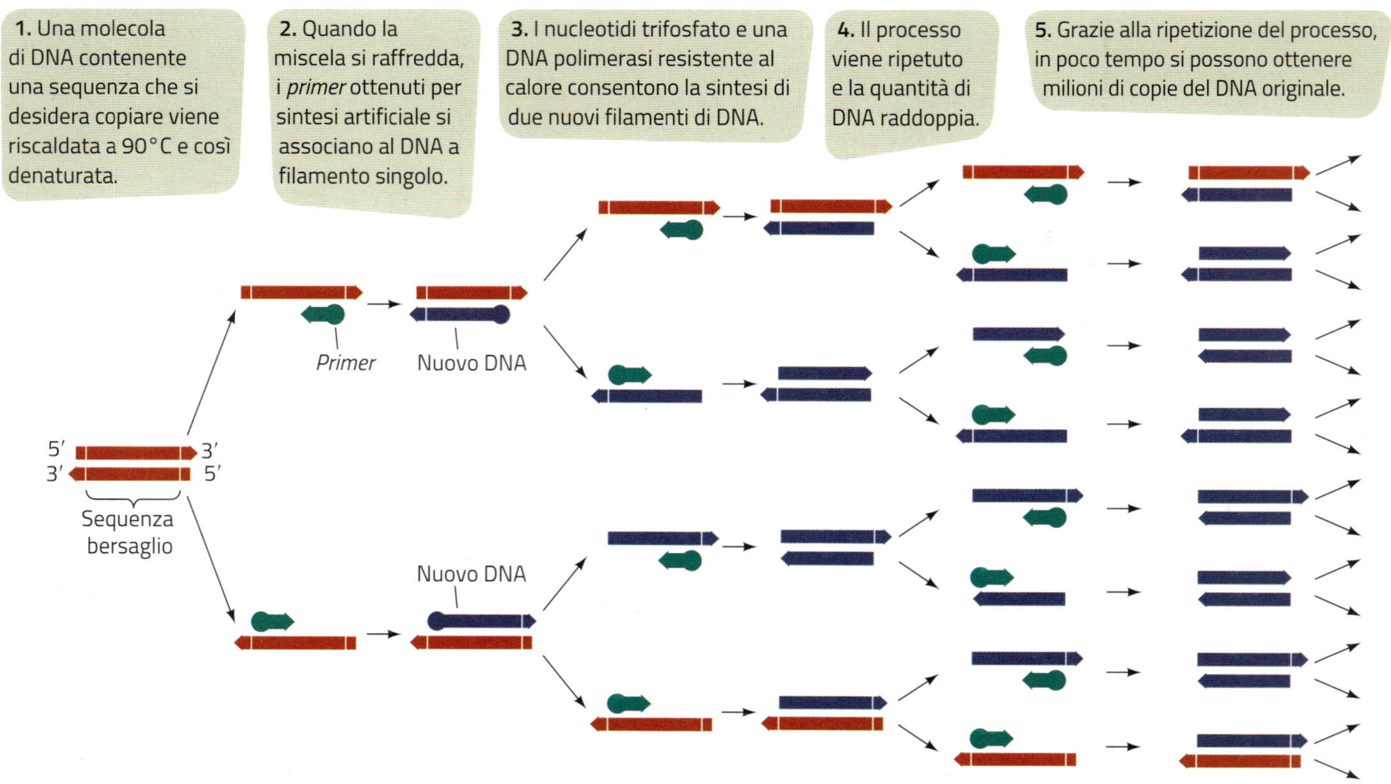

▼ **Figura 15**
La sequenza di eventi della PCR.

copie saranno 2^n. Uno dei vantaggi della PCR è proprio la possibilità di partire da quantità molto piccole di DNA: da un picogrammo (10^{-12} g) di DNA, che è la quantità presente in una cellula umana, in cinque ore si può ottenere un milligrammo (10^{-3} g) della sequenza desiderata, che corrisponde alla quantità di DNA contenuta in un miliardo di cellule.

Il funzionamento di questa tecnica dipende dall'utilizzo di una DNA polimerasi particolare chiamata *Taq polimerasi* e ricavata dal batterio termofilo *Thermus aquaticus*, che vive nelle sorgenti termali. Questo enzima, infatti, non si denatura in seguito ai molti cicli di riscaldamento a cui viene sottoposto.

Tra le sue varie applicazioni, la PCR serve per la ricerca di infezioni virali, per la diagnosi prenatale delle malattie genetiche e per la definizione delle impronte genetiche che vengono usate, per esempio, nella medicina forense e nel riconoscimento di paternità (*vedi* capitolo B4).

Facciamo il punto

1. Che cosa sono l'origine e la forcella di replicazione?
2. Che cosa sono i frammenti di Okazaki?
3. Che cos'è un *primer*?
4. Quali sono i principali enzimi coinvolti nella replicazione del DNA?
5. Quali sistemi di riparazione agiscono dopo la replicazione?
6. In che cosa la PCR è simile alla replicazione?

4 La struttura dei genomi

I genomi procariotici contengono un cromosoma e più plasmidi

Il patrimonio genetico di una cellula procariotica è un **cromosoma circolare** costituito da una sola molecola di DNA a doppio filamento. Il cromosoma di *E. coli* contiene circa 4,6 milioni di paia di basi (bp) e, se completamente svolto, misura circa 1 mm. La cellula batterica che lo contiene, però, è lunga meno di 2 μm, cioè circa 1/500 della lunghezza del cromosoma. Ciò è possibile perché, all'interno della cellula, il cromosoma è compattato a formare una struttura di forma irregolare detta **nucleoide**, in cui il DNA è associato a proteine. Il nucleoide non è delimitato da una membrana e si trova quindi a diretto contatto con il citoplasma.

Oltre al DNA cromosomico, molti batteri possiedono altre molecole circolari di DNA chiamate **plasmidi** (**figura 16**), che possono contenere da poche decine a qualche centinaio di geni. Come il cromosoma, anche i plasmidi possiedono un punto di origine della replicazione e si possono quindi replicare autonomamente; alcuni si replicano contemporaneamente al cromosoma, mentre altri si replicano a una frequenza maggiore, perciò in una cellula se ne possono trovare fino a 50 copie.

Le parole

Le **paia di basi** (abbreviate in **bp**, dall'inglese *base pair*) sono usate come misura della lunghezza fisica di sequenze di acidi nucleici a doppio filamento. Il numero di paia di basi rappresenta il numero di coppie di basi azotate contenuto nel filamento considerato; ogni paio di basi è tenuto insieme dai legami a idrogeno (tre legami tra C e G, due tra A e T).

▼ **Figura 16**
Quando avviene la cellula si divide, i plasmidi (in giallo e in verde) possono replicarsi in modo autonomo dal cromosoma batterico (in azzurro).

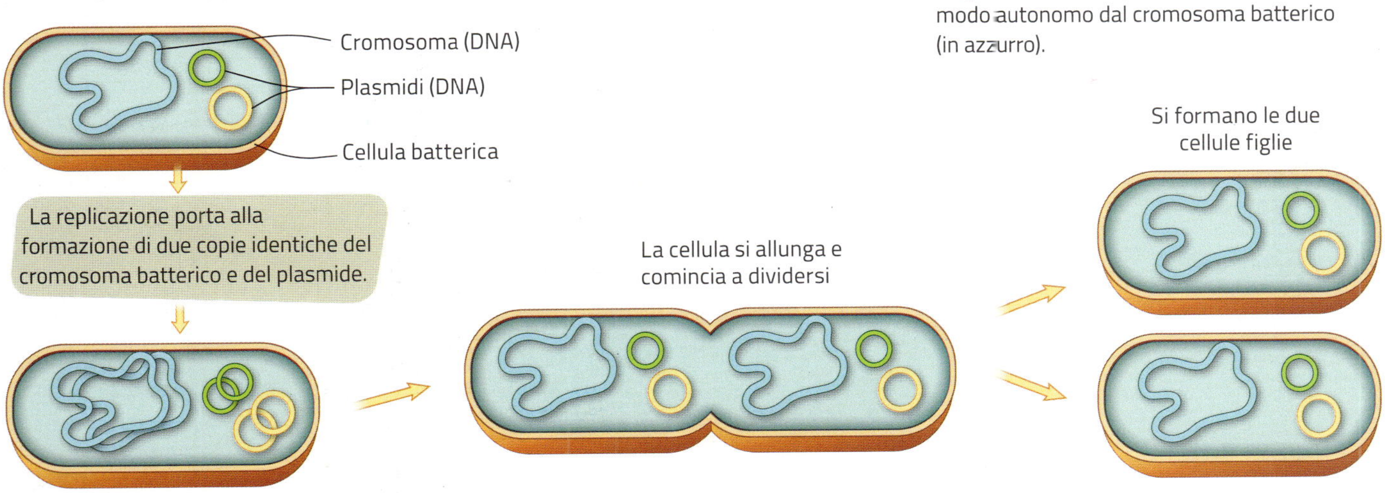

Leggi nell'ebook gli approfondimenti:
Per saperne di più
- *Gli organismi modello eucariotici*
- *Le famiglie geniche*

Le cellule eucariotiche hanno un genoma più complesso di quelle procariotiche

Per molto tempo i procarioti sono stati i soli organismi modello per lo studio della genetica molecolare; in seguito all'avvento della genetica moderna è stato possibile estendere le ricerche anche agli eucarioti, dalle specie unicellulari fino agli organismi pluricellulari. Oggi sappiamo che il genoma eucariotico presenta notevoli differenze rispetto a quello dei procarioti.

Il genoma degli eucarioti è più grande di quello dei procarioti ed è suddiviso in numerosi **cromosomi lineari**. La maggior parte degli eucarioti è, infatti, costituita da organismi pluricellulari formati da cellule altamente specializzate a svolgere diverse attività. Tale complessità richiede un gran numero di proteine diverse, tutte codificate nel DNA.

In secondo luogo, nel genoma eucariotico sono presenti *molte sequenze ripetute*, cioè sequenze di nucleotidi presenti in più di una copia. La maggior parte di tali sequenze non contiene informazioni per la sintesi di proteine, ma può avere funzioni regolatrici. Il genoma eucariotico, infatti, è soggetto a una regolazione molto più complessa rispetto a quello procariotico a causa della maggiore complessità degli eucarioti.

Gran parte del DNA svolge funzioni ancora sconosciute

I primi studi condotti sul DNA delle cellule eucariotiche hanno rivelato due fatti interessanti. In primo luogo, ogni cellula di un organismo della stessa specie contiene la stessa quantità di DNA, ma tra specie diverse ci possono essere differenze anche molto marcate. Dal confronto tra i genomi di varie specie in termini di contenuto aploide, emerge che il genoma di *E. coli* è formato da 4,6 milioni di paia di basi (bp), mentre quello del moscerino *Drosophila melanogaster* è circa 40 volte più grande (180 milioni di paia di basi); gli esseri umani, infine, con circa 3,2 miliardi di bp, hanno un patrimonio genetico aploide che è simile a quello dei topi e dei rospi.

Una quantità maggiore di DNA non corrisponde tuttavia a un aumento del numero di geni; per esempio, nei pesci palla la quantità di DNA è circa 1/7 dei quella umana, ma i geni sono circa 25 000, come nella specie umana.

Il secondo fatto interessante è che in tutte le cellule eucariotiche esiste una grandissima quantità di DNA le cui funzioni sono ancora poco conosciute. Nelle cellule umane, per esempio, solo l'1,5% del genoma contiene informazioni per la sintesi delle proteine; il resto del DNA presenta diversi tipi di sequenze ripetute che hanno un ruolo strutturale o che addirittura sembra non svolgano alcuna funzione. Potrà sembrare assurdo, ma circa la metà del nostro genoma è dato da quest'ultima tipologia di sequenze.

Il DNA eucariotico contiene molte sequenze ripetute

Negli eucarioti, gran parte del DNA che non codifica proteine è costituita da **sequenze ripetute** che possono essere di tre tipi: le ripetizioni brevi in tandem, le sequenze moderatamente ripetute e le sequenze altamente ripetute.

Le **ripetizioni brevi in tandem** (o STRs, *short tandem repeats*) sono sequenze lunghe da 1 a 5 bp che si ripetono fino a 100 volte; queste sequenze sono diffuse in tutti i cromosomi e costituiscono il cosiddetto *DNA microsatellite*. Poiché le STRs presentano una grande variabilità, sono usate per creare un profilo del DNA (*DNA profiling* o impronta genetica) allo scopo di distinguere gli individui l'uno dall'altro.

Le **sequenze moderatamente ripetute** sono presenti da 10 a 1000 volte nei genomi eucariotici e alcune di esse codificano per gli RNA utilizzati nella sintesi proteica. Una parte delle sequenze moderatamente ripetute non è integrata in modo stabile nel DNA, ma può spostarsi in vari punti del genoma: queste sequenze sono dette *elementi trasponibili* o *trasposoni*.

Le **sequenze altamente ripetute**, lunghe circa 100 paia di basi, sono le più numerose, possono comparire anche in milioni di copie e sono sparse in tutto il genoma; nell'uomo esse costituiscono circa il 10% del DNA, mentre nella drosofila arrivano fino al 50%.

A colpo d'occhio

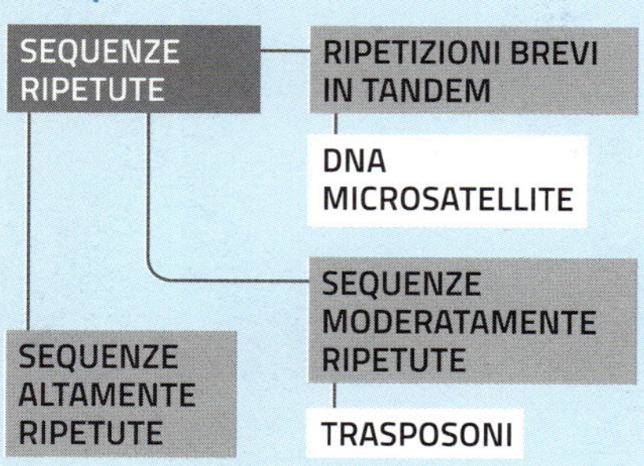

Durante l'interfase il DNA si trova sotto forma di cromatina

Quando la cellula eucariotica è nell'interfase del ciclo cellulare, il suo materiale genetico si trova sotto forma di **cromatina**, una sostanza intensamente colorata e uniformemente dispersa all'interno del nucleo. La cromatina è costituita da fibre formate da proteine, DNA e da una piccola quantità di RNA. Le proteine più abbondanti sono gli **istoni**, che costituiscono la parte strutturale della cromatina e hanno il ruolo di condensare e «impacchettare» il DNA.

Gli istoni sono molto ricchi degli amminoacidi basici arginina e lisina, e per questo motivo interagiscono facilmente con il DNA, che è carico negativamente a causa della presenza dei gruppi fosfato. Esistono cinque diversi tipi di istoni (H1, H2A, H2B, H3 e H4) presenti in grandi quantità nel nucleo di tutte le cellule eucariotiche; gli istoni H3 e H4 hanno una sequenza di amminoacidi identica in tutti gli eucarioti, mentre gli altri variano a seconda delle specie. Altre proteine associate alla cromatina sono gli enzimi impegnati nella sintesi del DNA e dell'RNA e le proteine regolatrici; a differenza degli istoni, queste proteine variano molto da un tipo di cellule a un altro.

L'osservazione al microscopio del nucleo di una cellula in interfase mostra due tipi di cromatina. L'**eucromatina**, pari a circa l'80% del totale, appare più dispersa e si colora debolmente: questa è la parte «attiva» del DNA, dove si trovano i geni che vengono letti per guidare la sintesi delle proteine. L'**eterocromatina**, invece, è più condensata, si colora intensamente ed è associata a strutture come i centromeri e i telomeri, dove non ci sono geni attivi.

La spiralizzazione del DNA eucariotico ha inizio a livello del nucleosoma

Il nucleo delle cellule umane, che ha un diametro di soli 5 μm, contiene al suo interno quasi 2 m di DNA; questo è possibile perché il DNA è compattato in modo da occupare il minor spazio possibile (**figura 17**). La compattazione o **spiralizzazione** del DNA è raggiunta per mezzo di un ripiegamento ordinato che avviene su più livelli, e che raggiunge il massimo grado subito prima della meiosi e della mitosi, quando tutta la cromatina si addensa a formare i cromosomi.

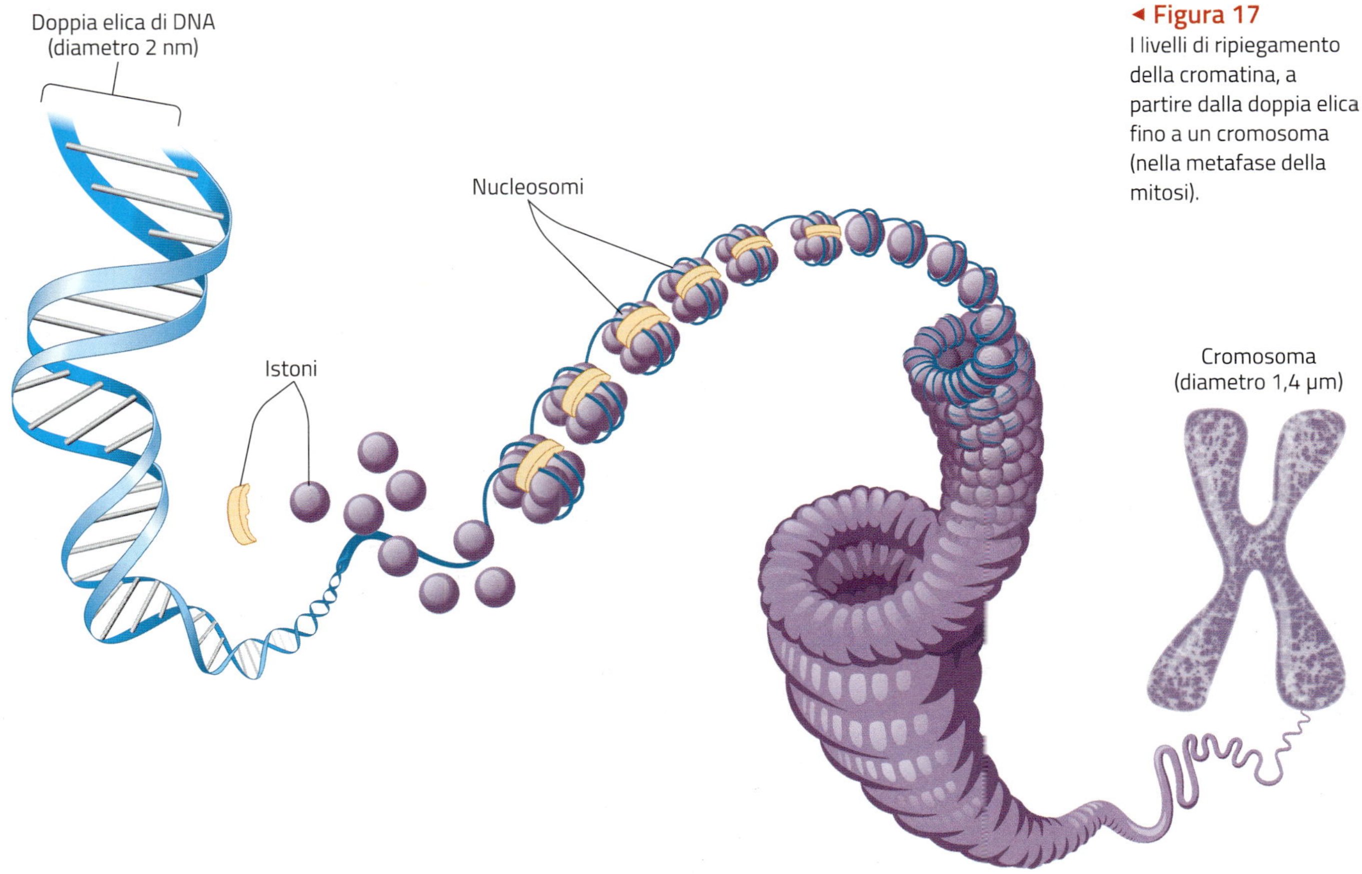

◂ **Figura 17**
I livelli di ripiegamento della cromatina, a partire dalla doppia elica fino a un cromosoma (nella metafase della mitosi).

▸ **Figura 18**
(A) Fotografia al microscopio elettronico a trasmissione della cromatina despiralizzata. (B) Struttura di un nucleosoma, formato da DNA e istoni.

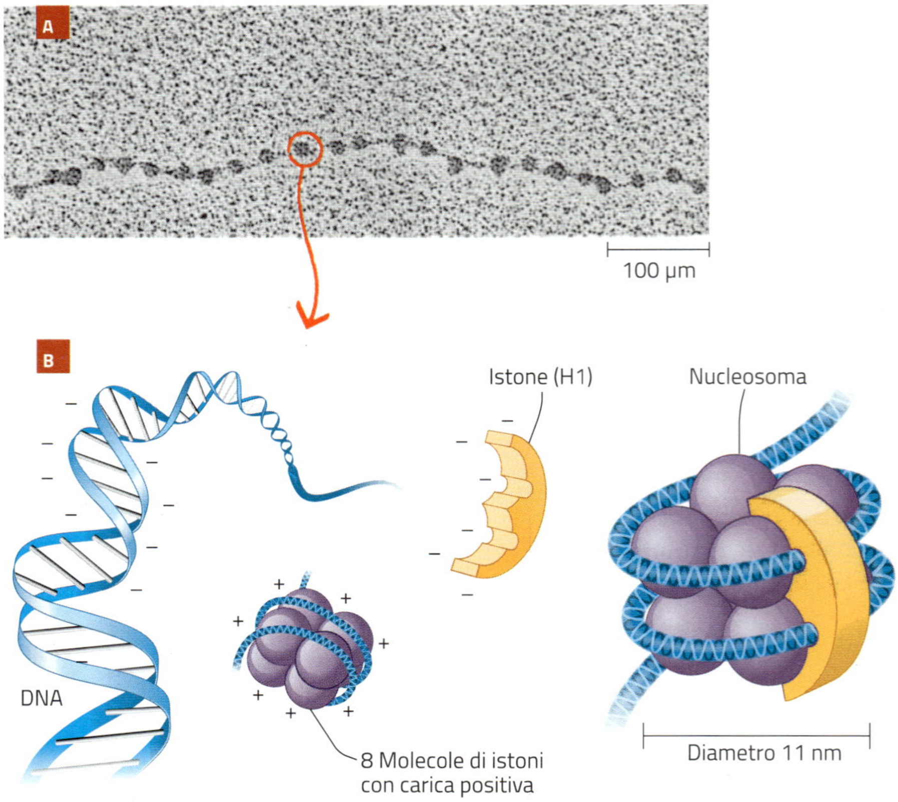

Il primo livello di spiralizzazione corrisponde all'avvolgimento del DNA attorno agli istoni. Le unità strutturali costituite dal DNA e dagli istoni, che costituiscono le unità organizzative di base della cromatina, si chiamano **nucleosomi** (**figura 18**).

Al microscopio elettronico i nucleosomi appaiono come granuli simili alle perle di una collana; hanno un diametro di 10 nm e sono collegati da sequenze di DNA della lunghezza di circa 7 nm. Ogni nucleosoma è formato da otto istoni (due copie dei tipi H2A, H2B, H3 e H4) e da un tratto di DNA lungo 200 paia di basi: 146 paia di basi sono avvolte intorno agli istoni come il filo attorno a un rocchetto, mentre le restanti 54 servono da collegamento tra un nucleosoma e l'altro. A questo DNA di collegamento è legato un istone di tipo H1.

Il legame del DNA agli istoni del nucleosoma non è casuale, ma avviene in corrispondenza di sequenze specifiche ricche di appaiamenti A=T; il posizionamento dei nucleosomi, inoltre, richiede l'intervento di specifiche proteine.

L'avvolgimento attorno agli istoni rende il DNA sette volte più compatto. La compattazione che si osserva nei cromosomi, però, è fino a 10 000 volte maggiore; devono esistere perciò organizzazioni strutturali di livello superiore. Nei cromosomi, i nucleosomi appaiono impacchettati in fibre del diametro di circa 30 nm. Grazie alla presenza di una rete filamentosa di proteine, questa fibra si compatta ulteriormente formando una serie di anse dette *domini ad ansa*, che a loro volta si spiralizzano per dare origine ai cromosomi che osserviamo durante la mitosi e la meiosi.

I telomeri proteggono le estremità dei cromosomi eucariotici

Nei batteri la replicazione si arresta quando le due forcelle di replicazione si incontrano e si fondono; nei cromosomi lineari eucariotici, invece, la situazione è diversa. Ora consideriamo di nuovo la replicazione del filamento lento, che avviene per aggiunta dei frammenti di Okazaki ai primer di RNA.

Quando viene rimosso dall'estremità del cromosoma, il primer terminale non può più essere sostituito da DNA perché non c'è un'estremità 3′ da prolungare (**figura 19**). Quindi ogni nuovo cromosoma presenta a ciascuna estremità un breve tratto di DNA a filamento singolo. Questa situazione attiva gli enzimi che tagliano

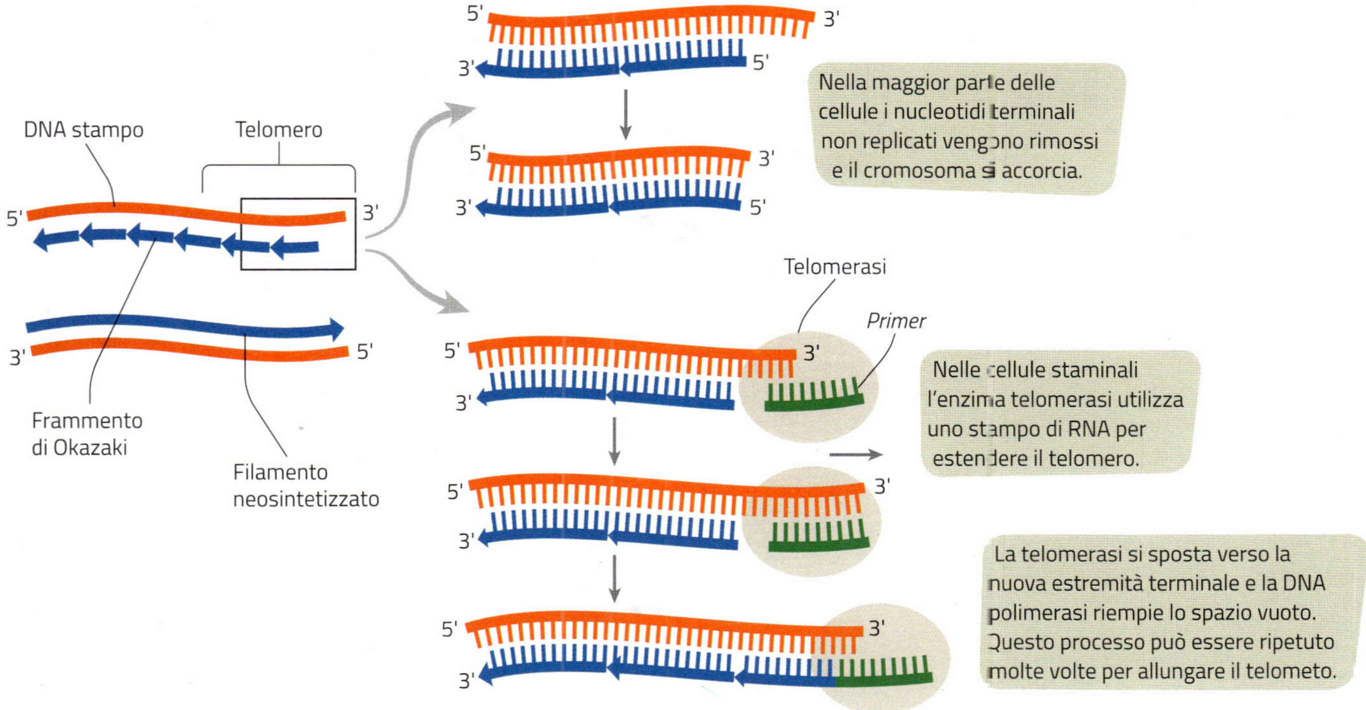

▲ **Figura 19**
Nelle cellule staminali l'enzima telomerasi si lega a l'estremità 3′ estendendo il filamento lento di DNA. Una sequenza di RNA integrata nell'enzima fornisce lo stampo, cosicché, nel suo complesso, il DNA non si accorcia.

via il tratto a filamento singolo insieme a un po' del DNA a filamento doppio. Perciò a ogni divisione cellulare il cromosoma eucariotico diventa leggermente più corto. Un altro problema delle estremità cromosomiche è evitare che i sistemi di riparazione del DNA le congiunga per errore alle estremità degli altri cromosomi: quando il DNA viene danneggiato da agenti esterni come le radiazioni presenta delle rotture che sono riparate dall'azione combinata della DNA polimerasi e della DNA ligasi. Gli stessi enzimi potrebbero scambiare per rotture le estremità cromosomiche, unendo insieme due cromosomi diversi e compromettendo la struttura del genoma.

Per impedire sia l'accorciamento sia la saldatura, le estremità dei cromosomi eucariotici presentano dei lunghi tratti di DNA chiamati **telomeri**, costituiti da sequenze ripetute. Nei vertebrati, i telomeri sono ripetizioni della sequenza TTAGGG, che nell'uomo è ripetuta anche 2500 volte. Speciali proteine si legano a queste ripetizioni proteggendo la loro integrità, un po' come fanno le estremità plastificate dei lacci da scarpe.

A ogni divisione cellulare, un cromosoma può perdere da 50 a 200 coppie di basi di DNA telomerico; dopo 20-30 divisioni, le estremità sono diventate troppo corte per mantenere la loro funzione protettiva, per cui la cellula va incontro ad apoptosi e muore. La perdita dei telomeri è uno dei motivi per cui le cellule non durano per tutta la vita dell'organismo. Tuttavia, le cellule che si dividono di continuo come le staminali e i progenitori dei gameti sono in grado di mantenere intatto il proprio DNA telomerico; in queste cellule esiste un enzima, la **telomerasi**, capace di aggiungere i telomeri alle estremità dei cromosomi utilizzando come stampo una sequenza di RNA contenuta al proprio interno (*vedi* **figura 19**).

Comprendere il ruolo della telomerasi è importante nella lotta contro il cancro e nello studio dell'invecchiamento. Questo enzima infatti è presente in oltre il 90% delle cellule tumorali umane e può rappresentare un elemento importante per la loro capacità di continuare a dividersi. Al contrario, la lunghezza media dei telomeri è inferiore negli individui più anziani.

Curiosità

Se si aggiunge il gene per la **telomerasi** a cellule umane in coltura, anziché morire dopo 20-30 generazioni, le cellule diventano immortali. Le ricerche sui telomeri e sulla telomerasi hanno portato i loro scopritori (gli statunitensi Elizabeth Blackburn, Carol Greider e Jack Szostak) a ottenere il premio Nobel per la medicina nel 2009.

Facciamo il punto

1. Quali sono le differenze tra il genoma eucariotico e procariotico?
2. Descrivi la struttura del cromosoma eucariotico.
3. Quali sono le differenze tra eucromatina ed eterocromatina?
4. Che cosa sono gli istoni?
5. Da che cosa sono costituiti i nucleosomi?
6. Come vengono mantenuti i telomeri?

SINTESI DI FINE CAPITOLO

LO SAI? RIPASSA CON LO SMARTPHONE

Il DNA è il materiale ereditario

La prima tappa che portò alla comprensione del ruolo del DNA fu l'isolamento da parte di **Miescher** di materiale ereditario, detto **nucleina**, che proveniva dal nucleo di globuli bianchi. Dopo aver scoperto le sue proprietà chimiche fu rinominata **acido desossiribonucleico** (DNA).

In seguito **Griffith**, studiando il batterio *S. pneumoniae*, scoprì il **fattore di trasformazione**, una sostanza che una volta incorporata in cellule batteriche induceva un cambiamento ereditario che consentiva di non produrre infezione anche in ceppi batterici virulenti.

Successivamente **Avery** ipotizzò che il fattore di trasformazione fosse il materiale genetico, costituito da DNA e non da proteine.

Solo in seguito **Hershey** e **Chase**, studiando i batteriofagi, progettarono un esperimento che consentiva loro di rintracciare molecole virali lungo tutto il loro ciclo vitale. Marcando il DNA con fosforo radioattivo, essi dimostrarono che il materiale genetico dei fagi è costituito da DNA.

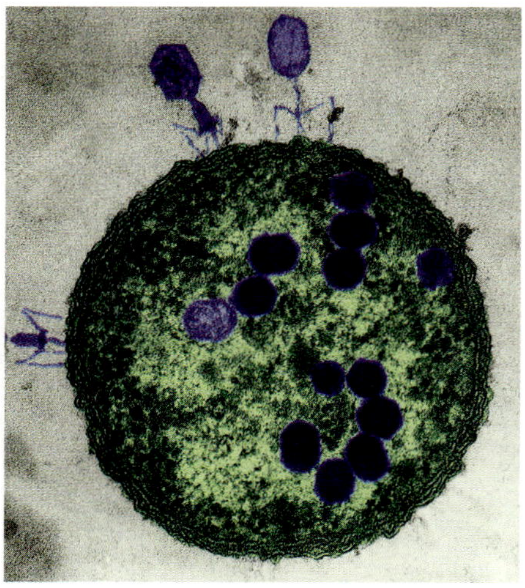

La struttura molecolare del DNA

Il DNA è un polimero di **nucleotidi**, ciascuno formato da tre componenti:

- una molecola di *desossiribosio*, zucchero a cinque atomi di carbonio;
- un *gruppo fosfato*;
- una *base azotata*, che può essere una **purina** (guanina/G o citosina/C) o una **pirimidina** (adenina/A o timina/T).

Franklin e **Wilkins** usarono i raggi X per studiare la disposizione degli atomi nelle molecole di DNA e rivelarono che esso ha una struttura simmetrica a forma di *elica destrogira*.

Watson e **Crick** definirono il modello tridimensionale a doppia elica del DNA: i nucleotidi sono tenuti insieme da un legame covalente (detto *legame fosfodiesterico*) tra il gruppo fosfato sul carbonio in posizione 5′ di un nucleotide e il carbonio in posizione 3′ del nucleotide successivo. Questo legame costituisce la struttura portante dello *scheletro zucchero-fosfato*.

Inoltre, le basi sono complementari: l'adenina si appaia solo con la timina con 2 legami a idrogeno (A=T) e la guanina solo con la citosina con 3 legami a idrogeno (G≡C).

La replicazione del DNA

La replicazione del DNA è un processo *semiconservativo* in cui ogni filamento della molecola parentale funziona da stampo per un nuovo filamento, cosicché le due molecole di DNA neoformate contengono un filamento «vecchio» e uno neosintetizzato.

Si svolge in due fasi:

1. gli enzimi **elicasi** e **topoisomerasi** spezzano i legami a idrogeno tra le coppie di basi appaiate e despiralizzano la doppia elica del DNA, così i due filamenti si allontanano e funzionano da stampo;
2. la sintesi dei nuovi filamenti avviene grazie alle **DNA polimerasi**, enzimi che aggiungono nucleotidi all'estremità 3′ dei filamenti in formazione, saldandoli con legami fosfodiesterici.

La replicazione è catalizzata dal *complesso di replicazione* ed è *bidirezionale*, cioè avviene in due direzioni opposte al punto di origine.

Il DNA si può replicare anche in laboratorio grazie alla **PCR**.

Gli errori durante la replicazione

Ci sono meccanismi molti precisi che controllano la replicazione, come la selezione delle basi e il processo di *proofreading* (correzione di bozze). Se questi non funzionano posso verificarsi degli errori nella sequenza delle basi.

Le **mutazioni** sono i cambiamenti permanenti nella sequenza di basi del DNA che si possono trasmettere da una generazione cellulare all'altra. Possono essere spontanee o indotte da agenti mutageni, come agenti chimici o fisici. Nelle cellule sono attivi diversi **sistemi di riparazione** che si affiancano ai meccanismi di controllo attivi durante la replicazione.

La struttura dei genomi

I procarioti hanno un **cromosoma circolare** con da una sola molecola di DNA a doppio filamento compattato a formare una struttura irregolare detta **nucleoide**, in cui il DNA è associato a proteine. Oltre al DNA cromosomico, molti batteri possiedono altre molecole circolari di DNA chiamate **plasmidi.**

Il genoma degli eucarioti è più grande di quello dei procarioti ed è suddiviso in vari c**romosomi lineari.** Contiene molte sequenze ripetute che possono essere:

- ripetizioni brevi in tandem;
- sequenze moderatamente ripetute;
- sequenze altamente ripetute.

La **cromatina** è costituita da fibre di proteine, DNA e una piccola quantità di RNA (acido ribonucleico). Le proteine più abbondanti sono gli **istoni**, che sono la parte strutturale della cromatina e che hanno il ruolo di condensare e «impacchettare» il DNA. Le unità costituite da DNA e istoni, ovvero le unità organizzative di base della cromatina, sono i **nucleosomi**.

I **telomeri** sono sequenze ripetute di lunghi tratti di DNA.

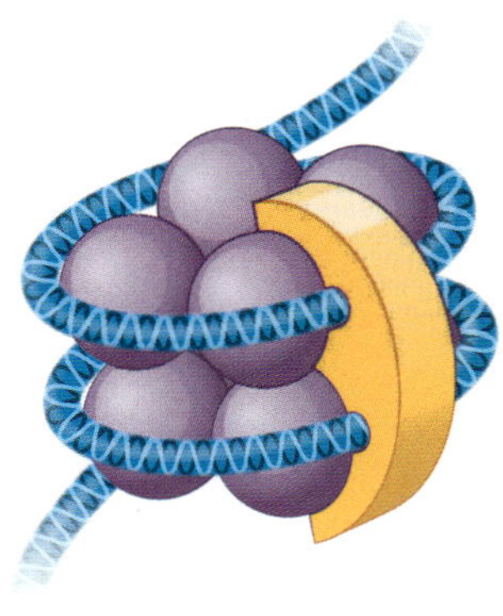

VERIFICA LE TUE CONOSCENZE

ZTE ONLINE

1. Scrivi sul quaderno la definizione dei seguenti termini.

a) Purine e pirimidine
b) Elicasi, topoisomerasi e polimerasi
c) Origine di replicazione, bolla di replicazione e forcella di replicazione
d) Nucleoide e plasmide
e) Eucromatina ed eterocromatina
f) Telomeri e telomerasi

Barra il completamento esatto.

2. Gli istoni sono

A le proteine che hanno il ruolo di condensare e il DNA.
B sequenze di DNA non trascritte nell'mRNA che passa nel citoplasma.
C sono le molecole proteiche che provocano la disattivazione della spiralizzazione.
D sequenze di enzimi che intervengono nella replicazione del DNA.

3. Durante la replicazione della molecola di DNA

A gli errori nell'appaiamento delle basi sono corretti dalle bolle di replicazione.
B solo uno dei due filamenti viene sintetizzato senza interruzioni.
C le ligasi dividono i filamenti presso la forcella di replicazione.
D i filamenti che si formano sono orientati in direzione da 3′ a 5′.

4. La funzione della DNA polimerasi nella replicazione è

A aggiungere nucleotidi all'estremità 3′ mediante legami fosfodiesterici.
B catalizzare l'apertura dei filamenti presso la bolla di replicazione.
C separare, durante la replicazione, il solco maggiore dal solco minore.
D eliminare i nucleotidi sbagliati dalla doppia elica di DNA.

Barra i due completamenti esatti.

5. Harshey e Chase condussero il loro esperimento per dimostrare che

A il materiale virale che infettava i batteri era il DNA e non le proteine.
B i batteri erano infettati dal DNA virale solo se questo era radioattivo.
C se si marcava radioattivamente lo zolfo, le proteine non erano in grado di entrare nei batteri.
D lo zolfo è presente all'interno del DNA, ma è assente nelle proteine.
E i batteriofagi T2 sono in grado di riprodursi nelle cellule batteriche.

6. Presso la forcella di replicazione

A si dividono i due filamenti originari di DNA per formare due nuovi filamenti di DNA.
B i filamenti che si erano separati tornano ad appaiarsi ricostruendo la molecola originale.
C si forma la bolla di replicazione, che è unica in tutti i DNA eucarioti in replicazione.
D agisce l'enzima elicasi, che spezza i legami a idrogeno che uniscono le basi azotate.
E si separano le molecole di zucchero dai gruppi fosfato presenti sullo stesso filamento.

7. Completa la tabella mettendo in corrispondenza il nome degli scienziati (*lettere*) con le loro scoperte (*numeri*).

A. Griffith
B. Harshey e Chase
C. Watson e Crick
D. Chargaff
E. Franklin e Wilkins
F. Mullis

1. La molecola di DNA ha la forma di un'elica destrogira.
2. La molecola di DNA ha una struttura elicoidale a filamento doppio.
3. Mediante la PCR è possibile produrre in laboratorio la copia di una certa sequenza nucleotidica.
4. Da una cellula a un'altra può passare un componente chimico detto fattore trasformante.
5. Il materiale genetico della cellula è il DNA e non le proteine.
6. Nel DNA le quantità di citosina sono sempre uguali a quelle della guanina e quelle dell'adenina alla timina.

A	B	C	D	E	F
4	5	2	6	1	3

8. Completa il brano scegliendo tra i termini elencati in fondo.

Secondo il modello di Watson e Crick, la catena di DNA ha una forma .... ed è composta da due «montanti» lungo i quali si alternano .... e molecole di desossiribosio. La distanza tra questi «montanti» venne calcolata in .... nanometri in base alle fotografie ottenute da .... con la tecnica della cristallografia ai raggi X. Il terzo componente dei nucleotidi è costituito dalle basi azotate, che sono .... in modo tale che a una purina, come l'adenina, sia sempre attaccata una pirimidina come la ....

(rivolte all'esterno, globulare, 2, lo zucchero ribosio, appaiate, guanina, elicoidale, L. Pauling, timina, tutte uguali, i gruppi fosfato, 20, le basi azotate, citosina, R .Franklin, lineare)

9. Quali sono stati gli esperimenti degli scienziati che hanno portato Watson e Crick alla realizzazione del modello a doppia elica del DNA?

....
....
....
....
....
....
....
....

10. Quali sarebbero le conseguenze per le cellule e per gli organismi se particolari enzimi non potessero svolgere correttamente la funzione di *proofreading*?

....
....
....
....
....
....
....
....

VERIFICA LE TUE ABILITÀ

Barra il completamento esatto.

11. Affinché possa duplicarsi, una molecola di DNA deve

A srotolarsi e aprirsi per consentire l'appaiamento delle basi azotate.

B sintetizzare nuovi nucleotidi scomponendo quelli già presenti nella catena originaria.

C formare i legami a idrogeno tra le basi azotate complementari della molecola di partenza.

D spezzarsi in polinucleotidi più piccoli per consentire un migliore appaiamento dei filamenti.

12. Supponendo che la sequenza di basi azotate su un filamento di DNA sia ATAGGTCAT, la sequenza corrispondente sul filamento complementare sarà

A TATCCAGTA

B ATAGGTCAT

C CACTTGATA

D GAGCCAGTA

13. Per specifici enzimi è possibile riparare il DNA

A legando tra loro i filamenti complementari presso la forcella di replicazione.

B catalizzando l'apertura dei filamenti presso la bolla di replicazione.

C trasformando il DNA lineare in DNA circolare.

D eliminando i nucleotidi sbagliati dalla doppia elica di DNA.

14. Nel DNA non codificante degli eucarioti non sono presenti sequenze

A presenti da 10 a 1000 volte.

B poste nei cromosomi a formare il DNA microsatellite.

C alternate di eucromatina ed eterocromatina.

D che determinano nell'uomo anche il 10% dell'intero DNA.

15. Barra i due completamenti esatti.
Se nella catena di DNA una purina si appaiasse all'altra purina,

A le basi azotate sarebbero unite sempre da tre legami a idrogeno.

B la varietà delle sequenze di DNA sarebbe estremamente ridotta.

C non si potrebbe formare un filamento complementare.

D la larghezza della doppia elica del DNA non sarebbe sempre costante.

E si tratterebbe di un errore nella sequenza nucleotidica complementare.

16. Completa il brano scegliendo tra i termini elencati in fondo.

Durante .... del DNA si formano le bolle di duplicazione. Una bolla di replicazione è formata da .... filamenti e si allunga a mano a mano che all'estremità si aggiungono nuovi .... La bolla tende a .... e, se la cellula è ...., finisce per fondersi con altre bolle adiacenti.

(nucleotidi, procariote, RNA polimerasi, 8, il proofreading, ingrossarsi, 4, eucariote, scoppiare, 2, la traduzione, ridursi, batterica, la replicazione, amminoacidi)

17. Nel seguente brano, barra tra i termini in neretto quelli errati.

Mediante la tecnica denominata PCR si possono duplicare **lunghe** / **brevi** sequenze di DNA avendo a disposizione un certo numero di **amminoacidi** / **nucleotidi** e una certa quantità di enzimi. Il processo inizia quando si **raffredda** / **scalda** la sequenza da duplicare in modo che i filamenti si **separino** / **uniscano**; a questo punto si inseriscono le sequenze innesco per favorire la sintesi dei filamenti complementari da parte dell'enzima DNA **polimerasi** / **ligasi**.

18. Che cosa si intende per estremità 3' e 5' di un filamento di DNA? Perché i filamenti sono detti antiparalleli?

....
....
....
....
....
....
....

19. Perché i due filamenti di una catena di DNA corrono paralleli e, quindi, si trovano sempre alla stessa distanza l'uno dall'altro?

....
....
....
....
....
....
....

UNITUTOR
VERSO L'UNIVERSITÀ

Preparati ai test di ammissione sul sito Unitutor.

20. Viene condotto un esperimento per dimostrare che il DNA si replica in modo semiconservativo. Dei batteri *Escherichia coli* sono stati fatti crescere in un mezzo di coltura in cui la fonte di azoto contiene solamente azoto pesante (^{15}N). Successivamente, sono stati selezionati i batteri in cui tutto l'azoto nel DNA era ^{15}N. Questi batteri sono stati poi fatti crescere in un altro terreno, la cui sola fonte di azoto era azoto leggero ^{14}N, e fatti dividere per tre volte. Dopo la terza divisione, qual è la percentuale di molecole di DNA che contengono sia ^{15}N che ^{14}N?

A 12,5%

B 25%

C 50%

D 75%

E 100%

[dal test di ammissione a Veterinaria 2015-16]

HANDS-ON GLOSSARY

21. Fill in the table matching each term (*letters*) with its definition (*numbers*).

A. polynucleotides
B. double helix
C. single stranded
D. base pair
E. deoxyribose

1. a unit consisting of two nucleobases bound to each other by hydrogen bonds; they form the building blocks of the DNA double helix.
2. any carbohydrate derived from ribose by the replacement of a hydroxyl group with a hydrogen atom; it can be obtained from DNA byhydrolysis.
3. a biopolymer composed of nucleotide monomers covalently bonded in a chain; DNA and RNA are examples of polynucleotides with biological function.
4. the structural arrangement of DNA that consists of paired polynucleotide strands stabilized by cross-links between purine and pyrimidine bases.
5. a DNA molecule consisting of only a single strand contrary to the typical two strands of nucleotides in helical form.

A	B	C	D	E

VERSO L'ESAME: LE TUE COMPETENZE

SCHEMATIZZA

22. Costruisci una mappa concettuale che riassuma tutti i processi in atto durante la replicazione del DNA.

CONFRONTA

23. La velocità di replicazione del DNA in un batterio come *Escherichia coli* è di circa 1000 basi al secondo, mentre in una cellula umana è di circa 50 basi al secondo.

Metti a confronto questi due dati motivando una simile differenza.

RICERCA

24. La conferma del fatto che la replicazione del DNA fosse un processo semiconservativo fu resa possibile grazie all'esperimento realizzato da Matthew Meselson e Franklin Stahl del 1958.

Fai una ricerca per scoprire in cosa è consistito questo esperimento, quindi scrivi un breve articolo di carattere divulgativo (massimo 100 parole) che illustri in modo chiaro il suo procedimento e i relativi risultati.

GIUSTIFICA

25. La straordinaria intuizione per la quale il biochimico statunitense Kary Mullis fu insignito del premio Nobel nel 1993, consistette sostanzialmente nell'impiegare un particolare tipo di DNA polimerasi all'interno dei processi messi in atto nel termociclatore (o PCR).

a) Perché l'utilizzo di questa polimerasi, che proviene dal batterio *Thermus aquaticus*, segnò una svolta nel processo di amplificazione genica?

b) Pensi che prima del suo impiego l'amplificazione per PCR fosse comunque possibile?

IPOTIZZA

26. I laboratori di ricerca per la cura del cancro sono da anni impegnati nella ricerca di vaccini capaci di annullare l'effetto della telomerasi nelle cellule tumorali.

Prova a immaginare come potrebbero agire tali vaccini.

OSSERVA E DEDUCI

27. Nella struttura cristallina di un nucleosoma vista dall'alto, riconosci le varie componenti molecolari?

Prova a descriverne l'organizzazione.

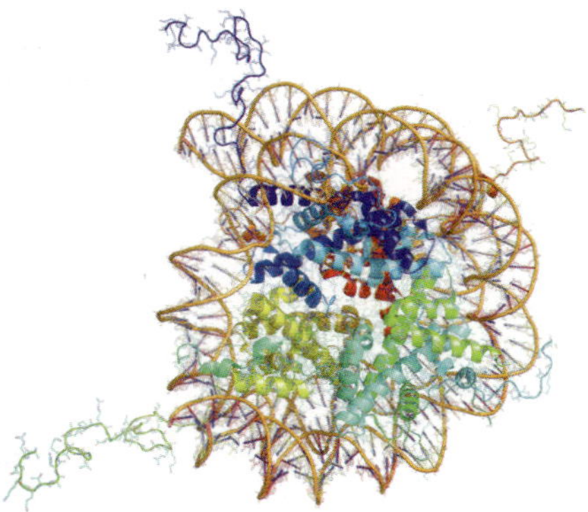

DISEGNA

28. Rappresenta graficamente una coppia di nucleotidi con i relativi due nucleotidi complementari.

ELENCA

29. Fai un elenco mettendo in ordine cronologico le tappe principali che hanno portato a scoprire il DNA e a definirne il suo ruolo centrale nella trasmissione delle informazioni ereditarie.

ANALIZZA

30. L'amplificazione attraverso la PCR consente di ottenere un numero di copie del filamento di DNA stampo che aumenta in modo esponenziale.

Sapendo che la resa finale del processo di amplificazione è data dalla formula $Y = N(1+E)^n$ e che il suo andamento segue il grafico riportato di seguito, indica quali sono le potenzialità teoriche e quali sono i limiti di questa tecnica. Ipotizza quindi da cosa potrebbe dipendere lo scostamento delle due curve evidenziato nel grafico.

Y = resa di amplificazione

N = numero di molecole di DNA di partenza

E = efficienza di reazione

n = numero di cicli di amplificazione

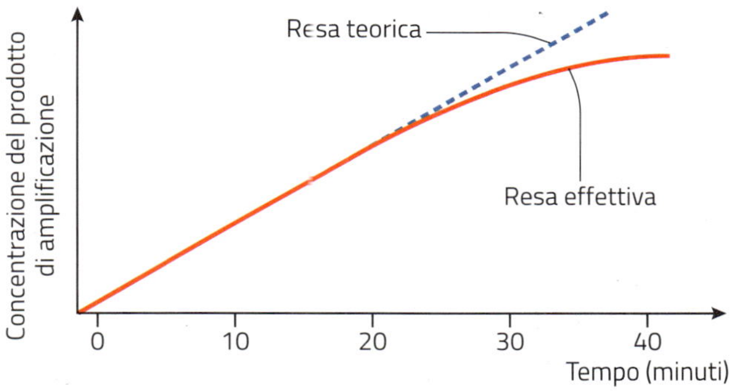

SPIEGA

31. Durante la Seconda guerra mondiale venne utilizzato l'iprite, un gas che uccise le popolazioni di interi villaggi.

Sapendo che questa sostanza agisce rimuovendo la base azotata guanina, quale danno effettuato dall'iprite porta alla morte gli individui colpiti dai filamenti di DNA? Pensi poi che tale gas abbia effetto anche per le altre forme di vita?

SEI PRONTO PER LA VERIFICA?

Dopo aver studiato i contenuti fondamentali dei **capitoli B1 e B2**, prova a svolgere questa verifica nel **tempo massimo di 1 ora.**

Alla fine della prova **controlla le tue risposte** con le soluzioni che troverai sul sito *online.scuola.zanichelli.it/curtisnuovoinvitoblu* e **calcola il punteggio** totale che hai conseguito compilando la griglia finale.

CONOSCENZE

Barra il completamento esatto.

1. La parte del DNA di cui non è nota la funzione

A codifica per geni mutati e irriconoscibili.
B è diversa per ogni individuo.
C contiene diverse sequenze ripetute.
D è minima rispetto a quella nota.

(4 punti se hai risposto correttamente) ...../4

2. I cromosomi giganti hanno permesso di comprendere

A la disposizione a sequenza lineare dei geni.
B la modalità di spiralizzazione del DNA.
C l'esistenza dei caratteri legati al sesso.
D la legge della segregazione di Mendel.

(4 punti se hai risposto correttamente) ...../4

3. La distrofia muscolare di Duchenne è legata al cromosoma

A Y e pertanto si manifesta nei maschi.
B Y e si manifesta solo nei maschi omozigoti.
C X e pertanto è presente nelle femmine omozigoti.
D X e pertanto si manifesta in tutte le femmine.

(4 punti se hai risposto correttamente) ...../4

4. L'enzima telomerasi

A separa i telomeri dalle estremità cromosomiche.
B funziona grazie a un primer a RNA incorporato.
C fa saldare due cromosomi nei punti delle sequenze ripetute.
D provoca l'allungamento dei telomeri nelle persone anziane.

(4 punti se hai risposto correttamente) ...../4

5. Completa le seguenti frasi.

a) Il DNA è presente nei procarioti come cromosoma circolare e uno o più ....

b) La sindrome dell'X fragile provoca nei maschi portatori un significativo ....

c) Con i suoi esperimenti, Muller scoprì che i raggi X facevano aumentare nelle drosofile la .... delle mutazioni.

d) I .... sono le unità strutturali formate da DNA e dagli istoni.

e) Se sul nuovo filamento di DNA una base azotata è stata inserito in modo errato e questo errore non è stato colto dal *proofreading*, alla riparazione provvede il ....

(2 punti per ogni risposta corretta) ..../10

Barra i due completamenti esatti.

6. La replicazione del DNA avviene

A grazie alla complementarietà delle basi azotate.
B perché ogni filamento serve da stampo.
C per l'alternarsi del gruppo fosfato e dello zucchero.
D perché ogni purina si lega solo a un'altra purina.
E insieme nei due filamenti e nella stessa direzione.

(5 punti per due risposte corrette, 3 per una sola) ...../5

7. La sostanza che Miescher chiamò «nucleina»

A gli permise di capire la forma a spirale del DNA.
B conteneva zuccheri, acidi, azoto e fosforo.
C venne estratta dai batteriofagi.
D fu una importante scoperta del 1920.
E proveniva dai nuclei dei globuli bianchi.

(5 punti per due risposte corrette, 3 per una sola) ...../5

8. Barra la risposta errata.
Morgan con il suo lavoro sperimentale su drosofila

A scoprì che nella F_2 gli individui con occhi bianchi erano tutti maschi.
B dimostrò che il gene per il colore degli occhi era posto sul cromosoma X.
C vide che nella F_2 le femmine potevano avere solamente occhi rossi.
D incrociò tra loro, come aveva fatto Mendel, gli individui della generazione F_1.

(4 punti se hai risposto correttamente) ...../4

9. Barra il simbolo V se ritieni l'affermazione vera o il simbolo F se la ritieni falsa.

a) Se una malattia è dominante non può essere trasmessa tramite portatori sani. V F

b) Chargaff scoprì che in ogni specie la concentrazione delle purine è sempre la metà di quella delle pirimidine. V F

c) Watson e Crick furono in grado di stabilire che le informazioni genetiche sono stabilite dalla sequenza delle basi azotate nel DNA. V F

d) Durante l'interfase il materiale genetico si trova sotto forma di nucleina. V F

e) Le malattie autosomiche riguardano solo alleli recessivi. V F

(2 punti per ogni scelta corretta) ..../10

10. **Che cos'è il «fattore di trasformazione»? E quale percorso scientifico ha portato alla sua scoperta?**

....

....

....

....

(8 punti per due risposte corrette, 4 per una sola) ...../8

ABILITÀ

Barra il completamento esatto.

11. **I figli di un uomo sano e di una donna portatrice sana di emofilia saranno**

A tutti portatori sani.
B le femmine portatrici e i maschi malati.
C metà dei maschi malati e metà sani.
D le femmine malate e i maschi portatori sani.

(4 punti se hai risposto correttamente) ...../4

12. **La madre di un bambino affetto da sindrome dell'X fragile**

A è sicuramente una portatrice sana e suo marito può non essere affetto da tale malattia.
B ha il marito sano, mentre lei presenta tutti i sintomi di questa malattia genetica.
C avrebbe il 25% di probabilità che anche il secondo figlio nascesse malato.
D potrebbe essere portatrice sana, ma solo se anche il marito fosse affetto da questa malattia.

(4 punti se hai risposto correttamente) ...../4

13. **Watson e Crick dimostrarono che in un nucleotide**

A si verifica un alternarsi di zuccheri e di basi azotate purine e pirimidine.
B una base azotata si lega al gruppo fosfato mediante legami a idrogeno.
C vi possono essere due tipi di zuccheri, due tipi di gruppi fosfato e quattro di basi azotate.
D uno zucchero a cinque atomi di carbonio è legato a un gruppo fosfato e a una base azotata.

(4 punti se hai risposto correttamente) ...../4

14. **L'acondroplasia è la forma più comune di nanismo nell'essere umano ed è causata da una mutazione dominante sul gene FGFR3. Una donna e un uomo acondroplasici decidono di avere un bambino: se entrambi gli individui sono eterozigoti, la probabilità che il figlio nasca sano è**

A 0%
B 25%
C 50%
D 75%

(4 punti se hai risposto correttamente) ...../4

15. **Barra il simbolo V se ritieni l'affermazione vera o il simbolo F se la ritieni falsa.**

a) Gli istoni si legano al DNA in modo del tutto casuale, ma poi l'esatta sequenza è ricostruita dall'enzima elicasi. V F
b) È impossibile costruire un albero genealogico per evidenziare la comparsa di malattie legate al sesso. V F
c) La quantità di DNA presente negli organismi è direttamente proporzionale alla loro complessità. V F
d) I procarioti contengono un DNA formato da nucleotidi ma privo di sequenze ripetute, tipiche invece degli eucarioti. V F
e) Al microscopio ottico i cromosomi appaiono molto spessi a causa della compattazione degli istoni. V F

(2 punti per ogni scelta corretta) ..../10

16. **Nel seguente brano, barra tra i termini in neretto quelli errati.**

Le cellule vanno spesso incontro a **mutazione** / **apoptosi** in quanto, dopo circa **25** / **250** divisioni cellulari, in ogni cellula la quantità dei telomeri è così **ridotta** / **ampliata** da non riuscire più a **proteggere** / **despiralizzare** i cromosomi; esistono però particolari cellule, come quelle **procarioti che** / **staminali** ed embrionali, che utilizzano l'enzima telomerasi che può nuovamente aggiunge telomeri alle **estremità** / **forcelle** di replicazione che li hanno persi.

(2 punti per ogni scelta corretta) .../12

17. **Barra il completamento errato.**
Come conseguenza del lavoro di Alfred Sturtevant si dedusse che

A poiché avviene un rimescolamento dei geni in seguito al crossing over, i geni possono non avere sempre una disposizione lineare.
B è complesso poter fare una statistica che stabilisca la posizione di ogni gene sul cromosoma.
C studiando le percentuali di ricombinazione dei geni si può cercare di dedurre la loro posizione fisica lungo i cromosomi.
D era possibile definire la posizione dei singoli geni, definendo in questo modo una mappa cromosomica dettagliata.

(4 punti se hai risposto correttamente) ...../4

PUNTEGGIO TOTALE ...../100

Se hai ottenuto:
- meno di 60 punti devi riprendere lo studio dei capitoli;
- tra 60 e 70 punti hai una preparazione sufficiente;
- tra 70 e 80 punti hai una preparazione buona;
- tra 80 e 100 punti significa che hai studiato a fondo.

Capitolo
B3
L'espressione genica e la sua regolazione

1 Il flusso dell'informazione genetica

Beadle e Tatum dimostrarono che un gene codifica uno specifico enzima

Una volta determinata la struttura molecolare del DNA, l'attenzione degli scienziati si spostò su un altro fronte: capire come sono codificate, trasportate fuori dal nucleo e «decodificate» le informazioni ereditarie, fino a essere convertite in macromolecole funzionali nel citoplasma. Il nuovo campo di ricerca, dunque, divenne l'**espressione genica**, ovvero il processo che conduce dal DNA alle proteine.

Le ricerche per comprendere in che modo il DNA controlla le attività cellulari presero avvio da un'ipotesi elaborata nel 1908 dal medico inglese Archibald Garrod. Questi ipotizzò che alcune malattie, che egli definiva «errori congeniti del metabolismo», fossero causate dall'incapacità di svolgere particolari processi biochimici e che tale incapacità fosse dovuta a carenze enzimatiche; secondo il medico, inoltre, queste malattie potevano trasmettersi da una generazione all'altra, cioè erano ereditarie. Tale ipotesi anticipava i tempi di quasi mezzo secolo perché sottintendeva l'idea che i geni influenzassero la produzione degli enzimi.

A metà del Novecento, i biologi cominciarono a capire che tutte le attività biochimiche della cellula dipendono da enzimi specifici e che persino la sintesi degli enzimi dipende da altri enzimi. Inoltre, divenne chiaro che la specificità dei diversi enzimi era dovuta anche alla loro struttura primaria, cioè alla sequenza lineare degli amminoacidi presenti nella molecola.

Nel 1941 il genetista George W. Beadle e il biochimico Edward L. Tatum riuscirono a dimostrare la relazione tra mutazioni e perdita di funzionalità di specifici enzimi nella muffa rossa del pane *Neurospora crassa* (**figura 1**). I due ricercatori fecero crescere neurospora su un terreno di coltura minimo, cioè contenente soltanto pochi nutrienti: saccarosio, sali minerali e una vitamina. Partendo da questo terreno, gli enzimi dei ceppi selvatici di neurospora erano capaci di catalizzare tutte le reazioni metaboliche necessarie a fabbricare le sostanze necessarie a crescere e riprodursi.

Beadle e Tatum sottoposero poi un ceppo selvatico di neurospora a un trattamento con raggi X, che agiscono da *agenti mutageni* (cioè provocano mutazioni), ottenendo diversi ceppi mutanti. Quando esaminarono le muffe trattate, trovarono che alcuni ceppi mutanti non erano più in grado di crescere sul terreno minimo, ma potevano farlo se si aggiungeva una sostanza nutritiva. I ricercatori

Le parole
Il **ceppo selvatico** è il fenotipo più frequente in una popolazione naturale, mentre il **ceppo mutante** è portatore di un fenotipo che si discosta da quello selvatico ed è presente in una piccola percentuale della popolazione.

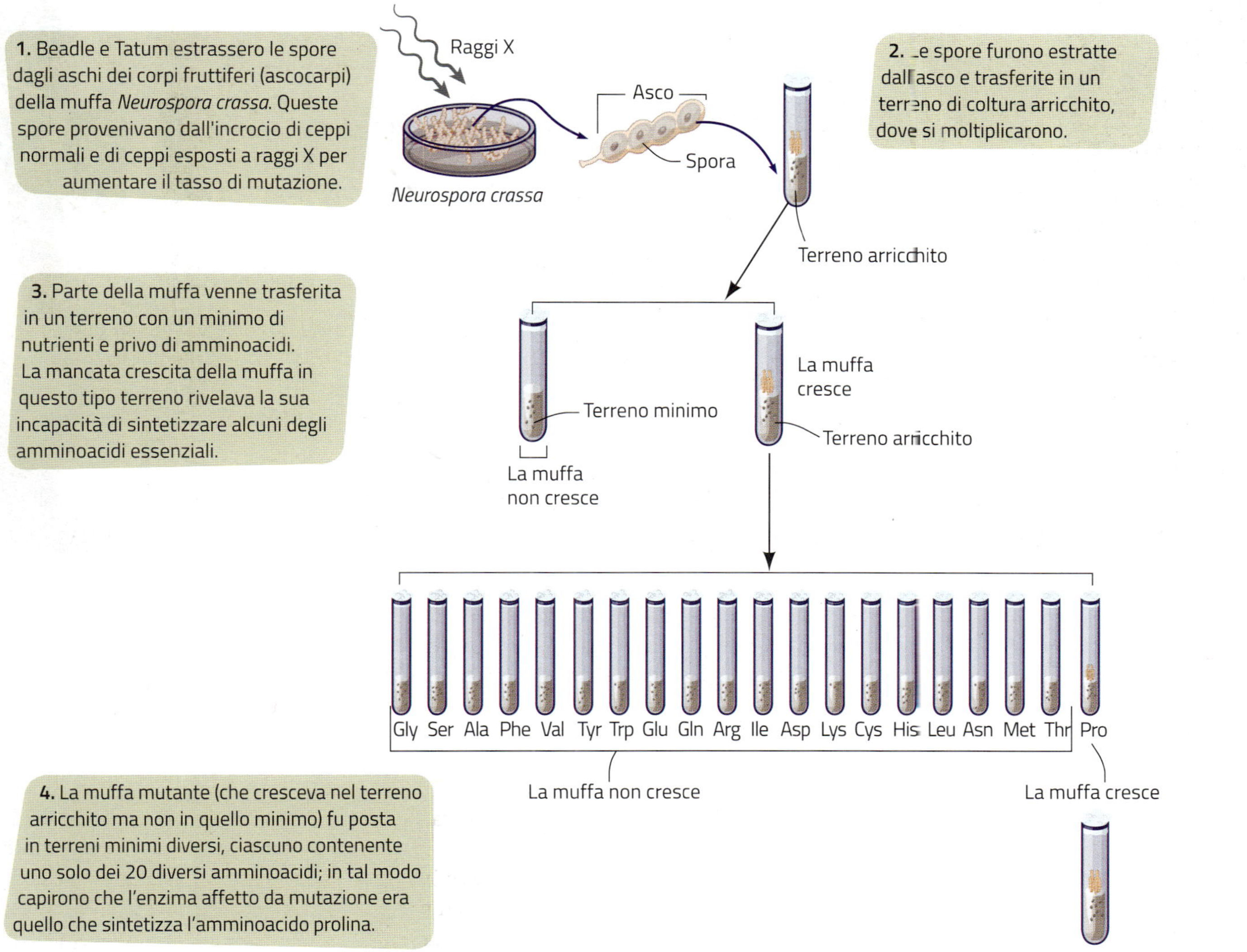

▲ **Figura 1**
Gli esperimenti di Beadle e Tatum dimostrarono che ogni enzima della via metabolica per la sintesi di un amminoacido è codificato da un gene distinto.

dedussero che questi ceppi avevano subito mutazioni nei geni che codificano gli enzimi impiegati per sintetizzare quelle specifiche sostanze nutritive.

Per ciascun ceppo, i ricercatori individuarono la sostanza da aggiungere al terreno minimo per ripristinare la crescita delle muffe. Da ciò si poteva dedurre che ogni mutazione danneggiasse un solo enzima della via metabolica; tale conclusione è nota come l'ipotesi «un gene, un enzima».

Oggi si conoscono centinaia di esempi di malattie ereditarie nelle quali un singolo gene difettoso determina un errore nella produzione di uno specifico enzima e in molti casi è anche noto il gene responsabile.

Dall'ipotesi «un gene, un enzima» a quella «un gene, un polipeptide»

L'espressione «un gene, un enzima» si dimostrò in seguito un'eccessiva semplificazione. In primo luogo, molte proteine non sono enzimi; ne sono esempi gli ormoni proteici come l'insulina, le proteine strutturali come il collagene e le proteine di membrana come la pompa sodio-potassio. In secondo luogo, le proteine che possiedono una struttura quaternaria sono composte da più catene polipeptidiche: l'emoglobina, per esempio, contiene quattro catene polipeptidiche di due tipi diversi (due catene alfa e due catene beta) e ogni tipo è specificato da un gene distinto. L'espressione «un gene, un enzima» fu quindi modificata in «un gene, un polipeptide».

Questa affermazione è valida per molti geni, ma non per tutti perché alcuni geni portano le informazioni non per la sintesi di polipeptidi, ma di molecole di RNA; altri ancora si esprimono controllando altre sequenze di DNA e quindi hanno funzione regolatrice. Tutti i geni che non hanno funzione di regolazione sono detti **geni strutturali**.

Curiosità

Per la scoperta compiuta su neurospora, **Beadle e Tatum** ricevettero il premio Nobel per la medicina nel 1958. Nello stesso anno lo vinse anche Joshua Lederberg, che insieme alla moglie Esther aveva dimostrato la resistenza agli antibiotici.

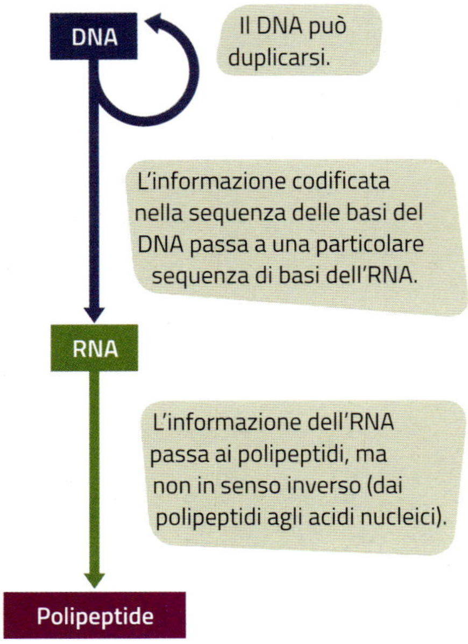

▲ **Figura 2**
Secondo il dogma centrale della biologia, l'informazione genetica parte dal DNA, passa per l'RNA e viene convertita in polipeptidi.

L'RNA agisce da messaggero e da adattatore tra DNA e proteine

Subito dopo aver proposto insieme a James Watson il modello a doppia elica del DNA, Francis Crick iniziò a considerare il problema del rapporto funzionale fra il DNA e le proteine. Questo lo portò a formulare un modello che egli chiamò *dogma centrale della biologia molecolare* (**figura 2**). Il **dogma centrale** afferma che il gene è un tratto di DNA contenente le informazioni per la produzione di una catena polipeptidica e che il flusso delle informazioni è monodirezionale: DNA → RNA → proteine.

Il dogma centrale della biologia molecolare solleva due interrogativi:

1. in che modo l'informazione passa dal nucleo al citoplasma? Il DNA della cellula eucariotica, infatti, è quasi interamente confinato nel nucleo, mentre le proteine sono sintetizzate nel citoplasma;
2. in che rapporto una sequenza nucleotidica del DNA determina la sequenza amminoacidica di una proteina?

Crick formulò due ipotesi che rispondevano a queste domande: l'ipotesi del messaggero e l'ipotesi dell'adattatore.

Per spiegare in che modo l'informazione possa passare dal nucleo al citoplasma, il gruppo di Crick propose che dalla sequenza di DNA corrispondente a un gene strutturale si formasse una molecola complementare di RNA chiamata **RNA messaggero**. Il processo di sintesi del messaggero si chiama **trascrizione**. L'RNA si sposta poi dal nucleo al citoplasma dove, a livello dei ribosomi, serve da stampo per la sintesi delle proteine (**figura 3**).

Per spiegare come una sequenza di DNA si trasformi nella sequenza di amminoacidi specifica di un polipeptide, Crick suggerì che dovesse esistere un **adattatore** capace di legarsi in modo specifico a un amminoacido e di riconoscere allo stesso tempo una sequenza di nucleotidi. Crick immaginò una molecola provvista di due regioni: una che svolge la funzione di legame e l'altra che svolge la funzione di riconoscimento. L'adattatore è un tipo di RNA noto come *RNA di trasporto*, o *transfer* (*vedi* **figura 3**).

Grazie alla sua capacità di riconoscere il messaggio genetico del mRNA e di trasportare gli amminoacidi, l'**RNA transfer** è in grado di *tradurre* il linguaggio del DNA nel linguaggio delle proteine: questo processo è chiamato **traduzione**.

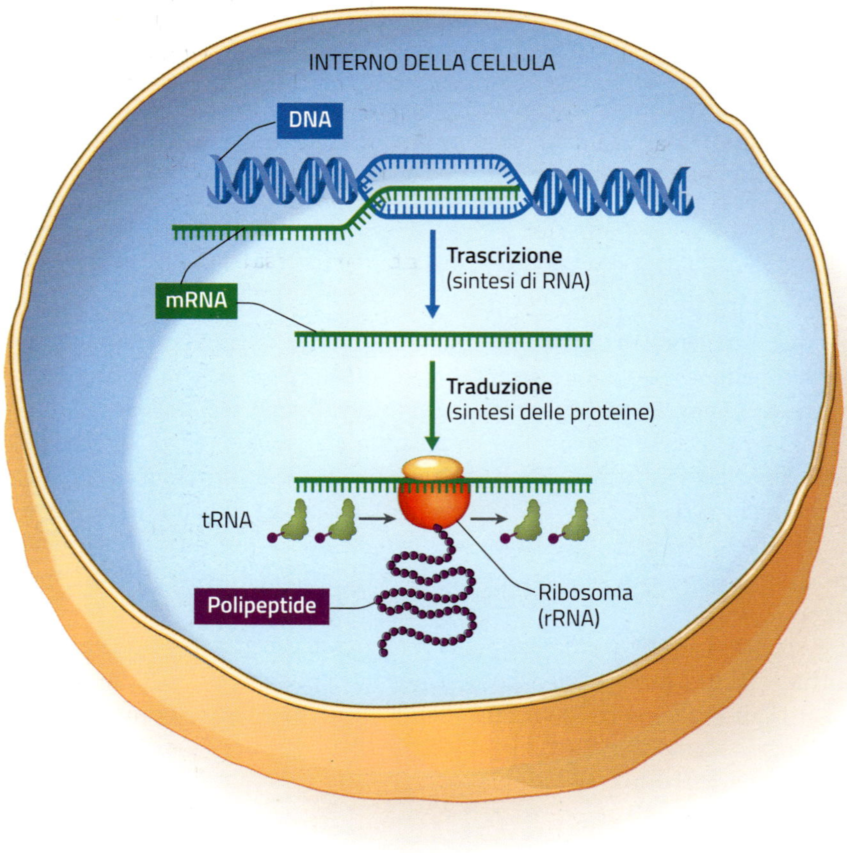

► **Figura 3**
Il passaggio che conduce dal DNA al mRNA è chiamato trascrizione, mentre il passaggio dal mRNA al polipeptide è la traduzione.

Esistono tre tipi di RNA con funzioni diverse

L'acido ribonucleico o **RNA** è un polinucleotide come il DNA, ma differisce per tre aspetti: è formato da un **unico filamento**, contiene lo zucchero **ribosio** al posto del desossiribosio del DNA (che ha un atomo di ossigeno in meno sul C-2), le basi azotate adenina, guanina, citosina e **uracile** (simile alla timina presente nel DNA). Le cellule che sintetizzano grandi quantità di polipeptidi sono molto ricche di RNA, che si trova essenzialmente nel citoplasma, soprattutto a livello dei ribosomi, che sono le sedi della sintesi proteica.

Le basi dell'RNA sono capaci di appaiarsi a quelle di un filamento di DNA secondo le stesse regole di complementarietà che valgono per la doppia elica: G con C e A con U. Inoltre, l'RNA è capace di ripiegarsi su sé stesso e assumere forme complesse in seguito all'appaiamento tra le basi della stessa catena.
Esistono tre tipi differenti di RNA, tutti codificati da specifici geni:

1. **RNA messaggero** (o mRNA) è l'intermediario che copia le informazioni codificate nel DNA e le trasferisce nel citoplasma; ha una *struttura lineare*, anche se in alcune regioni si ripiega e forma zone a doppio filamento;
2. **RNA transfer** (o tRNA) è l'adattatore che porta gli amminoacidi ai ribosomi e li colloca nella posizione corretta; per svolgere questo compito richiede una *struttura tridimensionale* molto precisa e complessa;
3. **RNA ribosomiale** (o rRNA) è uno dei costituenti dei ribosomi, quindi svolge un *ruolo strutturale e funzionale*.

A colpo d'occhio

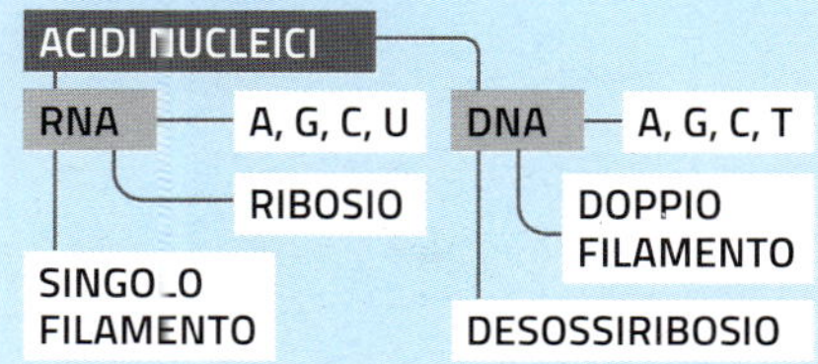

Ti ricordi?

I **ribosomi** sono particelle immerse nel citoplasma o ancorate al reticolo endoplasmatico ruvido delle cellule eucariotiche. Sono costituiti da RNA ribosomiale e proteine, aggregati a formare due subunità di dimensioni differenti, una maggiore e una minore.

1 - Per saperne di più

Le eccezioni al dogma centrale della biologia

Il dogma centrale della biologia non è un vero dogma. Questa pietra miliare posta da Francis Crick è infatti stata smentita dalle scoperte successive, che non ne hanno tuttavia scalfito il significato più profondo. Responsabili della «violazione» sono stati i virus, parassiti cellulari obbligati.

I virus sono particelle infettive, costituite da un acido nucleico rivestito da proteine, che si riproducono all'interno delle cellule batteriche, animali e vegetali che hanno infettato. Alcune specie, come il virus del mosaico del tabacco, il virus dell'influenza e quello della poliomielite, hanno come materiale genetico l'RNA anziché il DNA. Con la sua sequenza polinucleotidica, l'RNA è potenzialmente in grado di trasportare l'informazione ereditaria e codificare proteine. Ma, se l'RNA di solito è a filamento singolo, come fa a replicarsi?

Questi **virus a RNA** risolvono il problema attuando una trascrizione diretta da RNA a RNA, da cui ottengono un RNA complementare al proprio genoma. Questo filamento «opposto» è poi impiegato per sintetizzare copie multiple del genoma virale mediante trascrizione.

Un gruppo speciale di virus a RNA, come il virus dell'immunodeficienza umana (HIV), si comportano diversamente: dopo aver infettato la cellula ospite, questi virus eseguono una copia in DNA del proprio genoma e la usano per produrre altro RNA che serve sia come stampo per produrre nuove copie del genoma virale, sia da messaggero per sintetizzare le proteine virali (**figura**). La sintesi del DNA a partire dall'RNA prende il nome di *trascrizione inversa* e i virus che la mettono in atto sono detti **retrovirus**.

È importante notare che la parte fondamentale del dogma di Crick, cioè il fatto che l'informazione genetica non può tornare indietro dalle proteine agli acidi nucleici, non è messa in discussione da questa parziale eccezione. In altri termini, Crick ha affermato che il fenotipo non può passare informazioni al genotipo, e ciò resta tuttora confermato.

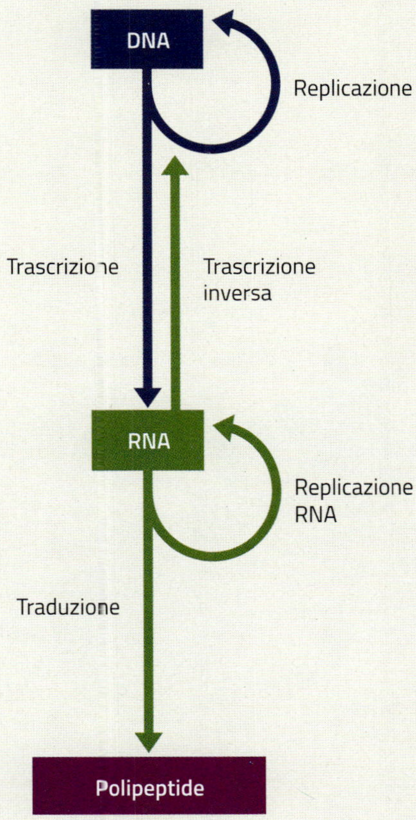

▸ **Figura**
I virus a RNA e i retrovirus sfruttano meccanismi che violano il dogma enunciato da Crick.

Facciamo il punto

1. Quali conclusioni trassero Beadle e Tatum dai loro esperimenti?
2. Perché si passò dall'ipotesi «un gene, un enzima» a «un gene, un polipeptide»?
3. Elenca le tre principali differenze tra DNA ed RNA.
4. Quali tipi di RNA esistono e quali funzioni svolgono?

2 La trascrizione: dal DNA all'mRNA

Guarda il video nell'ebook
Un minuto di biologia
La trascrizione

La trascrizione avviene in tre fasi

Durante la trascrizione, le molecole di RNA messaggero sono assemblate a partire da uno dei due filamenti del DNA in base allo stesso principio dell'appaiamento delle basi che regola la replicazione del DNA. Come il DNA, ogni filamento di RNA ha un'estremità 5′ e una 3′. Durante la trascrizione, i nucleotidi liberi nel nucleo si aggiungono uno alla volta alla catena di RNA in via di formazione perdendo due gruppi fosfato. La molecola di mRNA complementare così prodotta è chiamata *trascritto o pre-mRNA*: i trascritti di RNA hanno in media una lunghezza compresa tra 500 e 10 000 nucleotidi.

Nei procarioti (**figura 4**) l'**inizio** della trascrizione avviene quando l'enzima **RNA polimerasi** si lega a una specifica sequenza di DNA detta *promotore*, situata in prossimità dell'estremità 5′ della regione codificante del gene. I promotori forniscono all'enzima tre tipi di informazioni: da dove far partire la trascrizione, quale filamento di DNA trascrivere e in quale direzione procedere. Dopo che l'enzima si è legato al promotore, la doppia elica del DNA si apre e ha inizio la fase di **allungamento**. La RNA polimerasi si sposta in un'unica direzione lungo il filamento stampo del DNA (filamento *antisenso*) trascrivendo RNA in direzione 5′ → 3′. La composizione in basi della catena di RNA neosintetizzata è complementare a quella del filamento stampo di DNA ed è uguale a quella del filamento codificante (filamento *senso*), ad eccezione dell'uracile al posto della timina.

Diversamente dalla DNA polimerasi, l'RNA polimerasi non revisiona né corregge il proprio lavoro. Gli errori di trascrizione si verificano con una frequenza di uno ogni 10^4-10^5 basi, ma le copie di RNA sono numerose e spesso hanno una vita breve, quindi tali errori non sono dannosi come le mutazioni del DNA.

Così come il promotore segna l'inizio della trascrizione, sul filamento stampo del DNA ci sono particolari sequenze di basi, chiamate *terminatori*, che ne stabiliscono la **terminazione**.

A colpo d'occhio

TRASCRIZIONE (NEL NUCLEO)
- INIZIO
- ALLUNGAMENTO
- TERMINAZIONE

Guarda il video nell'ebook
La biologia in 3D
- *La trascrizione*
- *Transcription*

▾ Figura 4
Fasi di trascrizione del DNA.

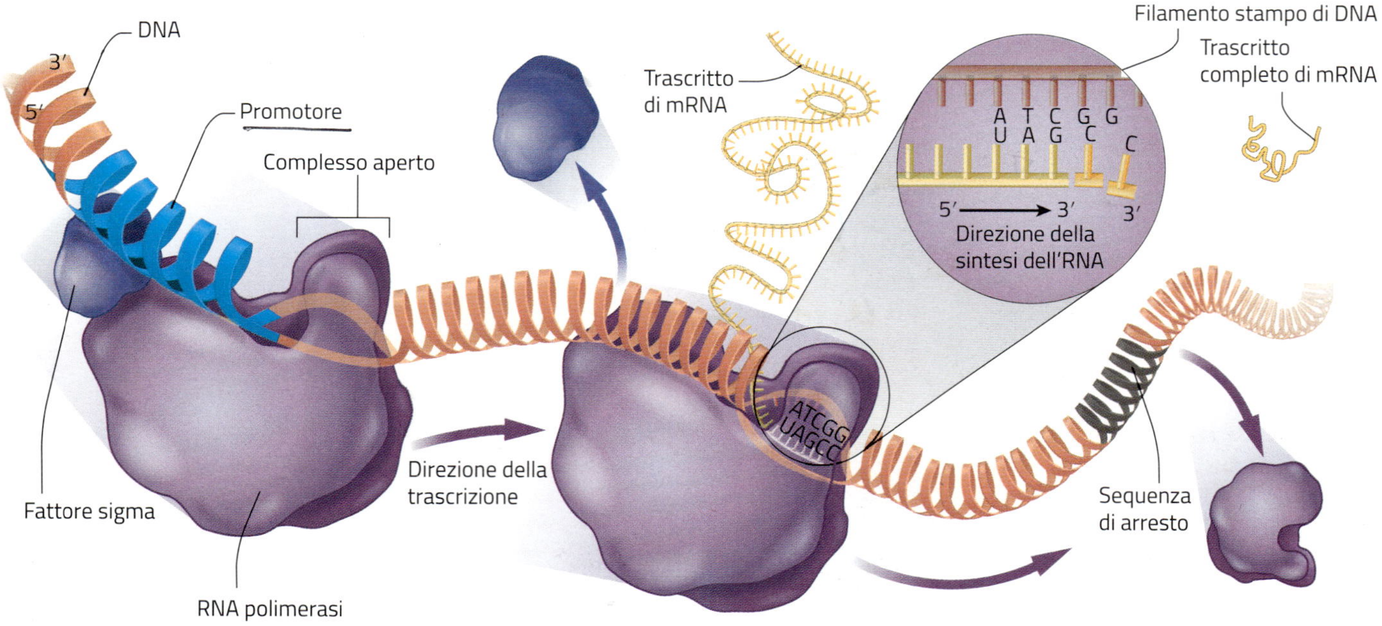

Nella fase d'**inizio**, l'RNA polimerasi riconosce la sequenza del promotore e vi si attacca. La fase è completa quando, vicino al promotore, i filamenti di DNA si separano e formano un *complesso aperto* lungo una dozzina di basi.

Durante la fase di **allungamento**, l'RNA polimerasi sintetizza il trascritto di mRNA. Il filamento di DNA trascritto è detto *filamento stampo* e la sequenza di basi del filamento di RNA in via di formazione è complementare a esso.

Nella fase di **terminazione**, l'RNA polimerasi incontra lungo il sul DNA una sequenza di arresto costituita da nucleotidi che bloccano il processo di trascrizione.

La sequenza nucleotidica dell'mRNA è letta sotto forma di triplette

L'aver identificato l'mRNA come messaggero delle istruzioni genetiche non aveva ancora risolto il problema di come queste fossero codificate nel DNA. Le proteine sono costituite da sequenze di 20 amminoacidi differenti, ma il DNA e l'RNA contengono ciascuno solo quattro diversi nucleotidi; ciò significa che i nucleotidi dovevano costituire un codice genetico per gli amminoacidi.

Un codice è un sistema di segnali o di simboli ai quali viene attribuito, per convenzione, un significato preciso allo scopo di trasmettere un messaggio; nel caso del codice genetico, il messaggio contenuto nel DNA deve essere decodificato per sintetizzare una precisa sequenza amminoacidica. Per capire in che modo la sequenza nucleotidica del DNA potesse contenere le istruzioni per la sintesi delle proteine, gli scienziati affrontarono il problema con gli stessi metodi che i crittografi usano per decifrare i codici.

La struttura primaria di una proteina è formata da una specifica disposizione lineare dei 20 differenti amminoacidi; analogamente, in una molecola di DNA vi sono quattro diversi nucleotidi disposti in una specifica sequenza lineare. Se ciascun nucleotide codificasse un amminoacido, alle 4 basi potrebbero corrispondere solo 4 amminoacidi. Se un amminoacido fosse codificato da 2 nucleotidi, ci sarebbe un massimo di 4^2 (cioè 16) combinazioni possibili, non ancora sufficienti per codificare tutti e 20 gli amminoacidi. Perciò, proseguendo in questo calcolo, ogni amminoacido deve essere determinato da almeno 3 nucleotidi in sequenza; in questo modo si avrebbero 4^3 (cioè 64) combinazioni possibili. Secondo questo schema, un amminoacido è codificato sul DNA da una combinazione di tre nucleotidi, ovvero da una **tripletta**, che su un filamento di mRNA è chiamata **codone**: l'insieme di tutti i codoni è il **codice genetico**.

Lo schema a triplette implica che ci siano molti più codoni (64) che amminoacidi (20). Come puoi notare nella **figura 5**, alcuni amminoacidi sono codificati da più codoni, altri da uno solo: la leucina, per esempio, è codificata da sei codoni diversi, la tirosina da due, il triptofano da uno. Anche la metionina è rappresentata da un unico codone, AUG, che è il **codone di inizio**, cioè il segnale che avvia la traduzione. Esistono, infine, tre **codoni di stop** (UAA, UAG, UGA) che funzionano da segnali di terminazione della traduzione.

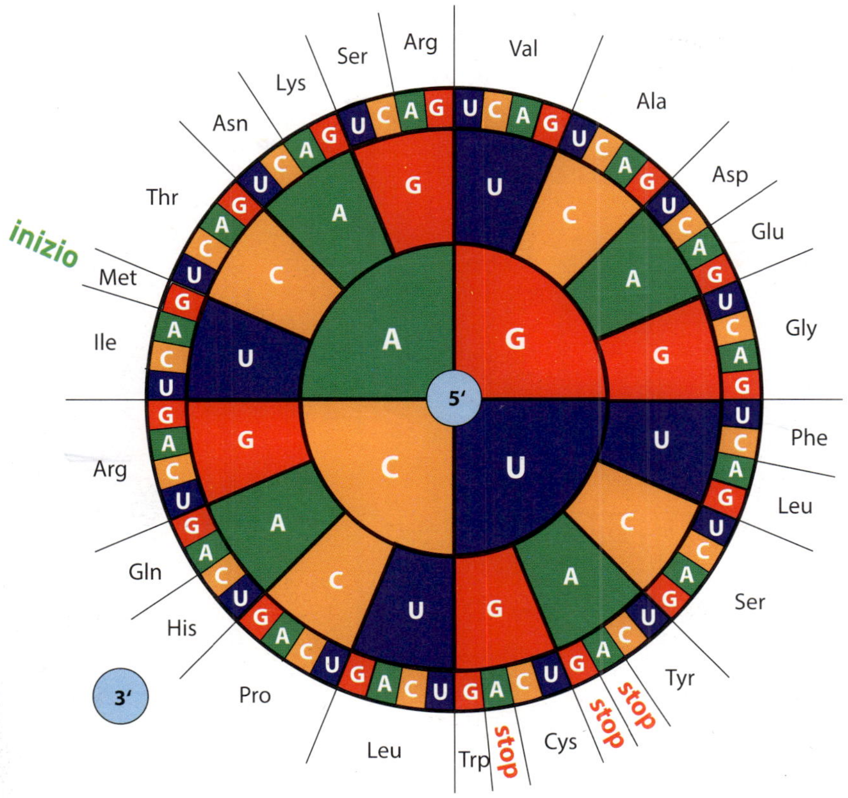

◂ Figura 5
In questa rappresentazione il codice genetico va letto procedendo in direzione 5′→ 3′, quindi dal centro del bersaglio verso l'esterno.

La decifrazione del codice genetico è stata possibile grazie a messaggeri artificiali

La proposta che il codice genetico procedesse a triplette fu subito adottata come ipotesi di lavoro e numerosi scienziati tentarono di decifrarlo. A ottenere per primi il risultato furono il biochimico statunitense Marshall Nirenberg, vincitore del premio Nobel per la medicina nel 1968, e il suo collega tedesco Heinrich Matthaei.

L'RNA messaggero si dimostrò lo strumento più idoneo a decifrare il codice. Nirenberg prese degli estratti cellulari di *E. coli* a cui aggiunse amminoacidi marcati radioattivamente e campioni di mRNA prelevati da diversi organismi. Tutti i campioni di mRNA stimolavano la sintesi proteica e le quantità di proteine radioattive prodotte erano piccole, ma misurabili; in altre parole, i ribosomi producevano proteine anche quando gli «ordini» ricevuti dall'RNA provenivano da organismi estranei. Perfino l'RNA del virus del mosaico del tabacco, che si moltiplica spontaneamente solo nelle cellule delle foglie di questa pianta, poteva essere letto dagli apparati interni della cellula batterica come un qualsiasi mRNA.

Nirenberg e Matthaei provarono poi a inserire un **RNA messaggero artificiale**: se gli estratti cellulari di *E. coli* potevano leggere un messaggio estraneo e tradurlo in proteine, essi avrebbero forse potuto leggere anche un messaggio del tutto inventato dagli stessi scienziati. Il biochimico spagnolo Severo Ochoa aveva sviluppato un metodo per sintetizzare un lungo filamento di RNA mediante l'unione dei nucleotidi; con questa tecnica lo scienziato aveva prodotto in provetta un mRNA che conteneva soltanto una base azotata, l'uracile, ripetuta più e più volte. Questa molecola di mRNA fu chiamata **poli-U.**

Nirenberg e Matthaei prepararono 20 provette differenti, ognuna delle quali conteneva estratti cellulari di *E. coli* in cui erano presenti i ribosomi, l'ATP, gli enzimi necessari e tutti gli amminoacidi. In ogni provetta solo uno degli amminoacidi era marcato radioattivamente (**figura 6**) e a ognuna di esse fu aggiunto l'mRNA «poli-U». In diciannove provette non venne prodotto alcun polipeptide radioattivo, ma in una, quella che comprendeva la fenilalanina marcata, i ricercatori ottennero le catene polipeptidiche radioattive. Analizzando i polipeptidi, si vide che essi erano costituiti da catene di un solo amminoacido, la fenilalanina. La conclusione fu semplice: Nirenberg e Matthaei avevano dettato il messaggio «uracile-uracile-uracile...» e la risposta che ne era seguita fu «fenilalanina-fenilalanina-fenilalanina...». L'esperimento aveva dunque decifrato la prima «parola» del codice genetico (UUU = fenilalanina) e suggerito un metodo per decifrare anche le altre parole.

Curiosità

L'RNA messaggero è stato scoperto nel 1961 dai biologi francesi François Jacob e Jacques Monod, che spiegarono il modo in cui il DNA trasferisce l'informazione al di fuori del nucleo. Pochi anni dopo i due ricercatori scoprirono anche il modo in cui è strutturato il cromosoma batterico, definendo la «teoria dell'operone».

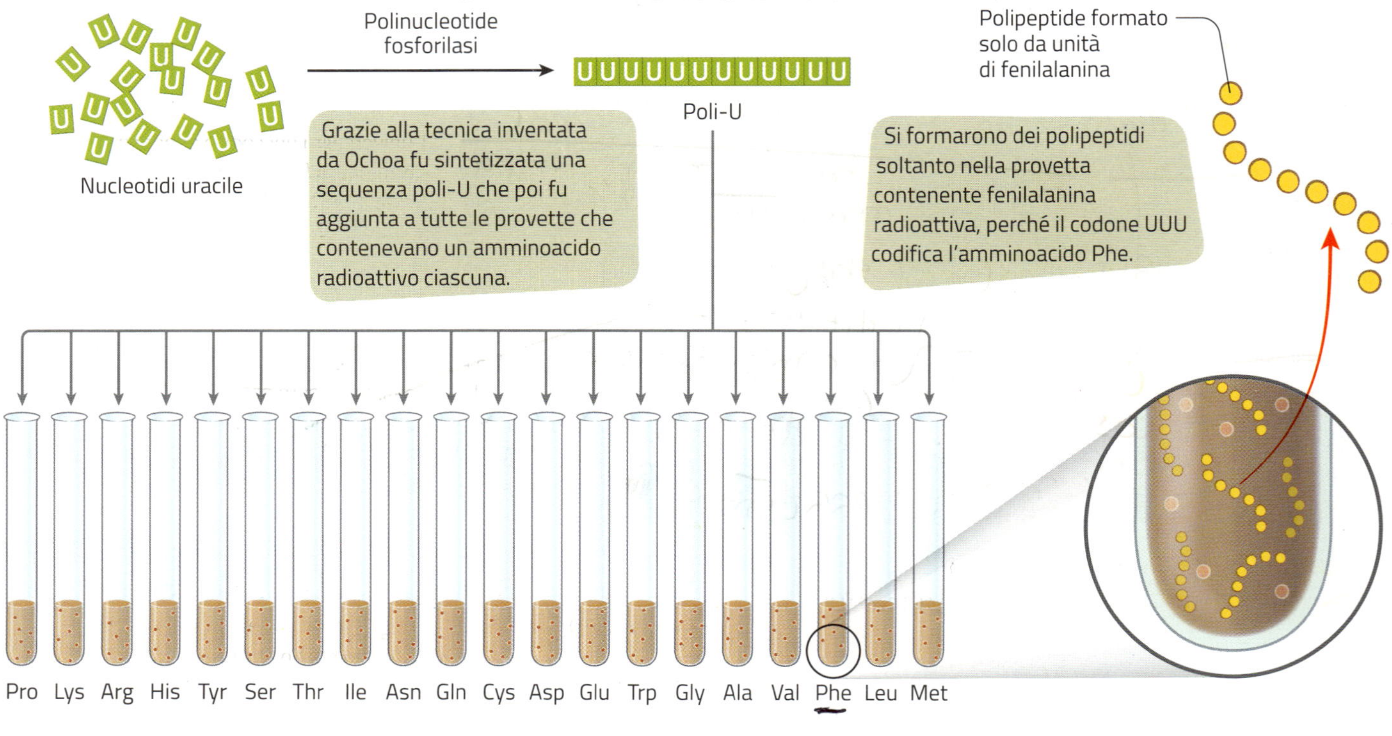

▼ **Figura 6**
L'esperimento di Nirenberg e Matthaei dimostrò che il codone UUU codifica la fenilalanina e suggerì un metodo riutilizzabile per tutti i 64 codoni del codice genetico.

Il codice genetico è degenerato ma non è ambiguo

Esperimenti simili a quello di Nirenberg e Matthaei furono eseguiti in seguito in numerosi laboratori, usando mRNA artificiali in cui due o tre nucleotidi erano ripetuti più e più volte in una sequenza nota. A seguito di questi esperimenti vennero decifrati i codoni dell'mRNA corrispondenti a tutti gli amminoacidi. In questo modo si scoprì che ci sono 61 codoni codificanti 20 amminoacidi e 3 codoni di stop, per cui esistono più parole che oggetti da nominare; per questo motivo il codice è definito **degenerato**, nel senso che è ridondante.

L'aggettivo *degenerato* non va confuso con *ambiguo*. Il codice sarebbe ambiguo se un singolo codone codificasse due o più amminoacidi diversi, senza specificare con certezza quale amminoacido inserire nella catena polipeptidica in accrescimento. La degenerazione del codice significa, per esempio, che esistono più modi per dire «inserisci la leucina», ma ciascuno di questi modi è inequivocabile. Il codice genetico **non è ambiguo**: un dato amminoacido può essere codificato da più codoni, ma un dato codone può codificare un solo amminoacido.

Il codice genetico è l'unità di base di tutti gli esseri viventi

Diversi decenni sono trascorsi da quando il codice genetico è stato decifrato per la prima volta; da allora sono stati esaminati il DNA, l'mRNA e le proteine di molti altri organismi. La conclusione a cui si è giunti è che il codice genetico è **universale**, perché è praticamente identico in tutti gli organismi. Per esempio, UUA codifica l'amminoacido leucina nei procarioti, nei protisti, nei funghi, nelle piante e negli animali. Il codice genetico si è evoluto in tempi assai remoti, è rimasto inalterato e rappresenta l'unità di base di tutti gli esseri viventi.

Sono state trovate, tuttavia, alcune eccezioni al codice appena descritto. La maggior parte di esse riguarda i batteri o si trova nei mitocondri. In un gruppo di protisti, poi, i codoni UAA e UAG codificano la glutammina anziché funzionare da codoni di stop.

L'esistenza di un codice comune indica che anche il linguaggio dell'evoluzione è uno solo. Poiché l'evoluzione è il risultato di cambiamenti graduali nel genoma dei diversi organismi, la materia prima del cambiamento genetico è sempre rimasta la stessa. L'universalità del codice ha ripercussioni profonde anche sull'ingegneria genetica, perché ne deriva che un gene umano è scritto nello stesso codice di un gene batterico (**figura 7**); perciò i dispositivi di trascrizione e di traduzione di un batterio possono utilizzare anche geni umani, oltre che i propri, andando a produrre una proteina con la stessa sequenza amminoacidica. Come scrisse Crick: «La natura è un congegno basato su due linguaggi, uno utile alla replicazione e uno all'espressione, e ha architettato un apparato estremamente complesso per tradurre da un linguaggio all'altro: il nostro codice genetico».

A colpo d'occhio

CODICE GENETICO — UNIVERSALE
CODICE GENETICO — DEGENERATO
CODICE GENETICO — NON AMBIGUO

Ti ricordi?

I **mitocondri** sono gli organuli deputati alla produzione di energia e contengono un proprio DNA, indipendente da quello nucleare, che viene trascritto nell'mRNA per la sintesi di alcune proteine mitocondriali.

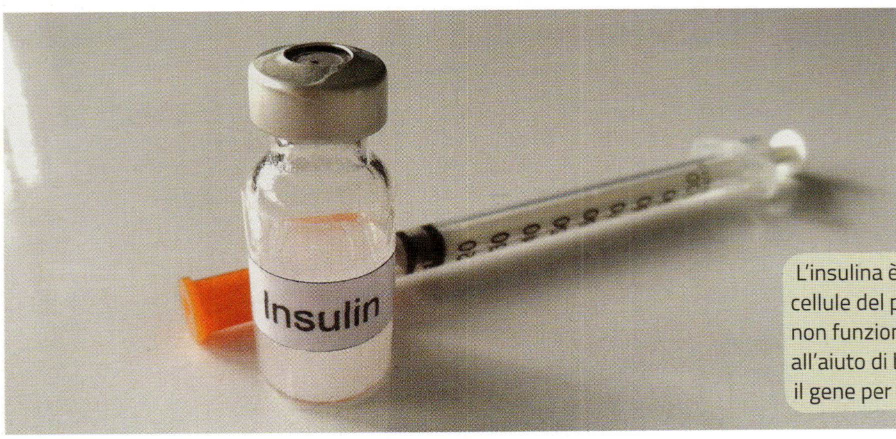

L'insulina è un ormone prodotto dalle cellule del pancreas. Se questo organo non funziona, essa va prodotta grazie all'aiuto di batteri nei quali è stato inserito il gene per l'insulina.

◂ **Figura 7**
L'universalità del codice genetico ci permette di far produrre ai batteri le proteine che il nostro corpo non produce più, come l'insulina.

Facciamo il punto

1. Che cosa sono i codoni? Per quale motivo non possono essere costituiti solo da due nucleotidi?
2. A quali conclusioni giunsero Nirenberg e Matthaei?
3. Perché si dice che il codice genetico è universale? E perché è degenerato?

3 La traduzione: dall'RNA alle proteine

Il tRNA è l'adattatore che consente la traduzione del codice genetico in proteine

Guarda il video nell'ebook
Un minuto di biologia
La traduzione

Guarda il video nell'ebook
La biologia in 3D
- *La sintesi delle proteine*
- *Protein synthesis*

Per poter essere utilizzato, il codice genetico deve essere *tradotto* in molecole che svolgano le funzioni necessarie alla vita della cellula. Questo processo avviene attraverso la **sintesi proteica**, che la cellula attua impiegando tutti i tipi di RNA di cui abbiamo parlato: mRNA, tRNA e rRNA. Nei procarioti i filamenti di mRNA prodotti con la trascrizione sono immediatamente tradotti in proteine perché non esiste una divisione tra nucleo e citoplasma; addirittura, la sintesi proteica può iniziare su filamenti di mRNA la cui trascrizione è ancora in corso.

Al contrario, negli eucarioti i prodotti della trascrizione non possono essere immediatamente utilizzati per la sintesi proteica, ma devono subire alcune modificazioni che ne aumentano la stabilità e ne evitano una precoce degradazione. Inoltre, i geni eucariotici sono costituiti dall'alternanza di tratti codificanti e sequenze non codificanti; pertanto, tutti gli RNA messaggeri prima di essere tradotti devono essere «tagliati» e «saldati» per eliminare le parti che non contengono informazioni da tradurre.

Le molecole di **tRNA** sono gli adattatori che mettono in relazione l'informazione contenuta nei codoni dell'mRNA con la sequenza degli amminoacidi in un polipeptide. Per garantire che il polipeptide sintetizzato sia esattamente quello specificato dall'mRNA, il tRNA deve leggere i codoni dell'mRNA e fornire gli amminoacidi corrispondenti ai codoni letti. La molecola di tRNA svolge quindi tre funzioni:

1. «si carica» di un amminoacido;
2. si associa alle molecole di mRNA;
3. interagisce con i ribosomi.

La struttura molecolare dei tRNA è strettamente correlata a queste tre funzioni (**figura 8**). Per ognuno dei 20 amminoacidi, infatti, esiste almeno un tipo specifico di molecola di tRNA composta da circa 75-80 nucleotidi: alcuni tratti della sequenza nucleotidica sono uguali in tutti i tRNA (basi invariabili), mentre gli altri sono specifici della singola molecola.

▾ Figura 8
Tre modi per rappresentare la struttura del tRNA, che si adatta bene alle sue funzioni: il legame con l'amminoacido, l'associazione con l'mRNA e l'interazione con il ribosoma.

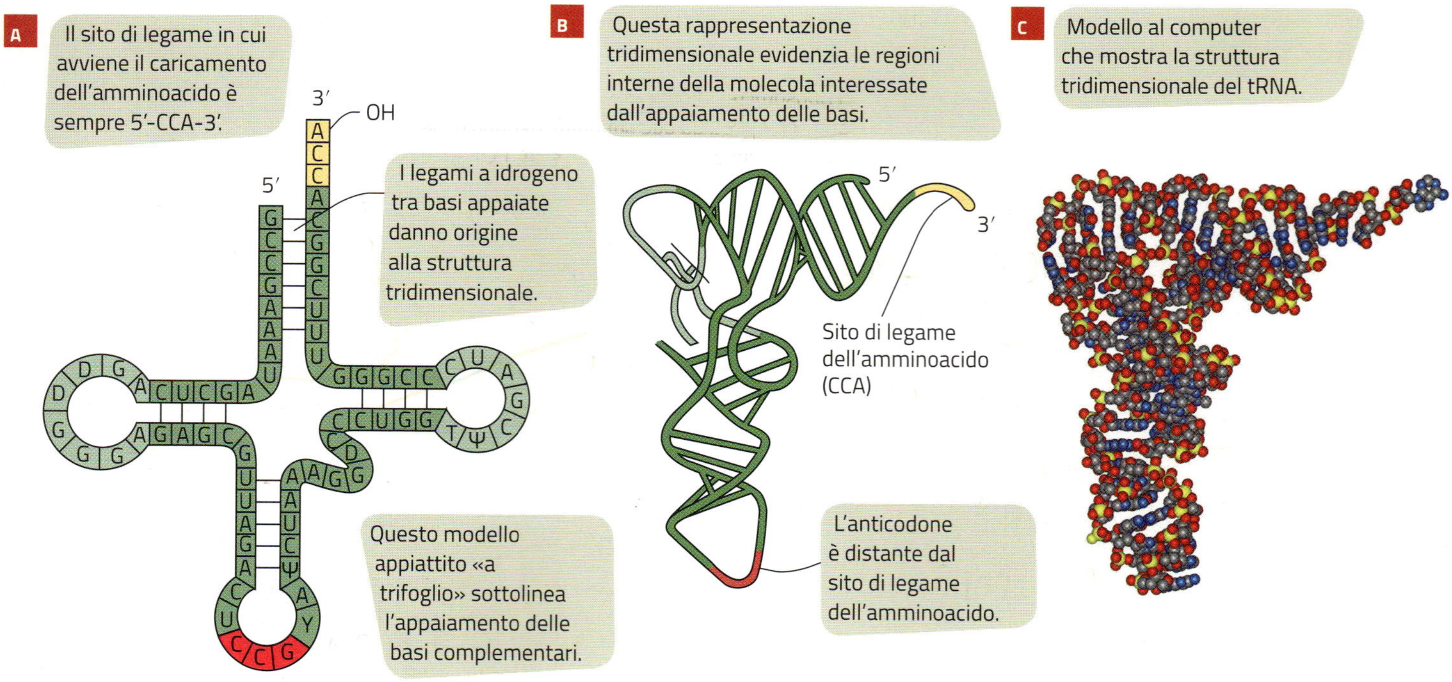

I tRNA presentano tutti una *configurazione a trifoglio* che è mantenuta da legami a idrogeno intramolecolari fra diversi tratti della sequenza e che permette al tRNA di interagire con gli amminoacidi, con l'mRNA e con i ribosomi. All'estremità 3′ di ogni molecola di tRNA si trova il **sito di attacco** per l'amminoacido, cioè il punto in cui l'amminoacido specifico si lega in modo covalente; verso la metà della sequenza del tRNA c'è un gruppo di tre basi, chiamato **anticodone**, che costituisce il sito di appaiamento con il codone posto sull'mRNA. Ciascun tipo di tRNA contiene un particolare anticodone, che è complementare al codone di mRNA corrispondente al proprio amminoacido.

Il «caricamento» di ciascun amminoacido sul proprio tRNA è realizzato da una famiglia di enzimi nota come *amminoacil-tRNA-sintasi*. Ogni enzima è specifico per un solo amminoacido e per il suo tRNA corrispondente, per cui esistono l'alanil-tRNA-sintasi, la tirosil-tRNA-sintasi, ecc. Grazie alla sua struttura, il tRNA è riconosciuto dall'enzima in modo assolutamente specifico, con un tasso di errore molto basso; anche il tasso di errore nel riconoscimento dell'amminoacido è molto basso.

L'amminoacido si attacca all'estremità 3′ del tRNA con un legame ricco di energia, generando così un tRNA carico: questo legame fornirà l'energia necessaria per formare il legame peptidico che manterrà uniti gli amminoacidi adiacenti.

La sintesi proteica avviene sui ribosomi

I **ribosomi** sono il luogo fisico in cui si realizza la traduzione e presentano una struttura complessa grazie alla quale sono in grado di assemblare una catena polipeptidica trattenendo nella giusta posizione l'mRNA e i tRNA carichi. Queste strutture cellulari non sono specifiche per la sintesi di un solo polipeptide, ma ogni ribosoma può usare qualsiasi mRNA e tutti i tipi di tRNA carichi, quindi può essere utilizzato nella fabbricazione di molti polipeptidi diversi. La sequenza polipeptidica da produrre è specificata *solo* dalla sequenza lineare dei codoni dell'mRNA.

Sebbene siano più piccoli rispetto agli organuli cellulari, i ribosomi sono assai più voluminosi dei tRNA carichi. Ogni ribosoma è costituito da due subunità, una maggiore e una minore (**figura 9**). Negli eucarioti, la subunità maggiore è composta da tre diversi tipi di rRNA e da circa 45 proteine differenti; la subunità minore contiene una sola molecola di rRNA e 33 proteine diverse. Le varie proteine e gli rRNA delle subunità ribosomiali sono tenuti insieme da forze ioniche o idrofobiche; quando i ribosomi non sono impegnati nella traduzione di mRNA, le due subunità sono separate. I ribosomi dei procarioti sono un po' più piccoli e contengono proteine ed RNA diversi, ma sono anch'essi formati da due subunità. Anche i mitocondri e i cloroplasti contengono dei ribosomi, simili a quelli dei procarioti.

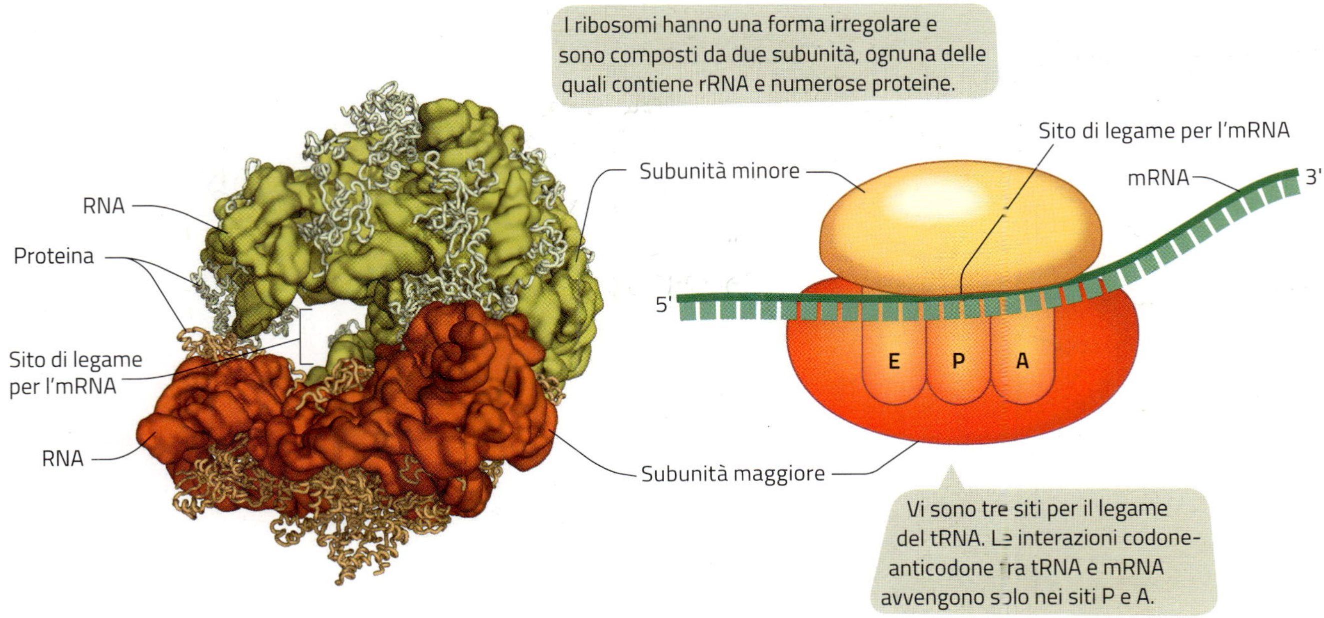

▼ Figura 9
Ogni ribosoma è formato da una subunità maggiore (in arancione) e da una subunità minore (in giallo) che rimangono separate quando non è in corso la sintesi proteica.

Sulla subunità maggiore del ribosoma si trovano tre siti di legame per i tRNA (*vedi* **figura 9**). Un tRNA carico passa dall'uno all'altro seguendo un ordine preciso:

- il *sito A* (sito amminoacidico) è dove l'anticodone del tRNA carico si lega al codone dell'mRNA, allineando l'amminoacido che va aggiunto alla catena polipeptidica in formazione;
- il *sito P* (sito peptidico) è dove il tRNA cede il proprio amminoacido alla catena polipeptidica;
- il *sito E* (sito d'uscita, dall'inglese *exit*) è dove viene a trovarsi il tRNA che ha ormai consegnato il proprio amminoacido prima di staccarsi dal ribosoma, tornare nel citosol a raccogliere un'altra molecola di amminoacido e ricominciare il processo.

Anche il processo di traduzione avviene in tre fasi

Così come la trascrizione, anche la traduzione si svolge in tre fasi: inizio, allungamento e terminazione.

Il processo incomincia con la formazione del **complesso d'inizio** (**figura 10A**): la subunità ribosomiale minore, legata ad alcune proteine chiamate *fattori d'inizio* che la mantengono in posizione, inizia a scorrere il filamento di mRNA a partire dall'estremità 3′ fino a quando non incontra il codone d'inizio AUG; a questo punto, un tRNA carico con l'amminoacido metionina si lega con il proprio anticodone al codone d'inizio. Dopo che il tRNA caricato con metionina si è legato all'mRNA, la subunità maggiore del ribosoma si unisce al complesso. A questo punto il tRNA caricato con metionina scorre nel sito P del ribosoma, mentre il sito A si allinea al secondo codone dell'mRNA. L'energia necessaria per questo passaggio, che completa la fase iniziale, è fornita dall'idrolisi del nucleotide guanosina trifosfato (GTP).

Negli eucarioti, il primo amminoacido di una catena polipeptidica è sempre la metionina; non tutte le proteine mature, però, portano questo amminoacido in questa posizione (detta N-terminale), per cui in molti casi la metionina iniziale è rimossa da un enzima. Lo stesso si verifica nei procarioti, dove il codone d'inizio corrisponde alla formilmetionina, una forma modificata della metionina.

A colpo d'occhio

TRADUZIONE (SUI RIBOSOMI)
- INIZIO
- ALLUNGAMENTO
- TERMINAZIONE

▾ Figura 10
Le tre fasi della traduzione sono inizio (A), allungamento (B) e terminazione (C).

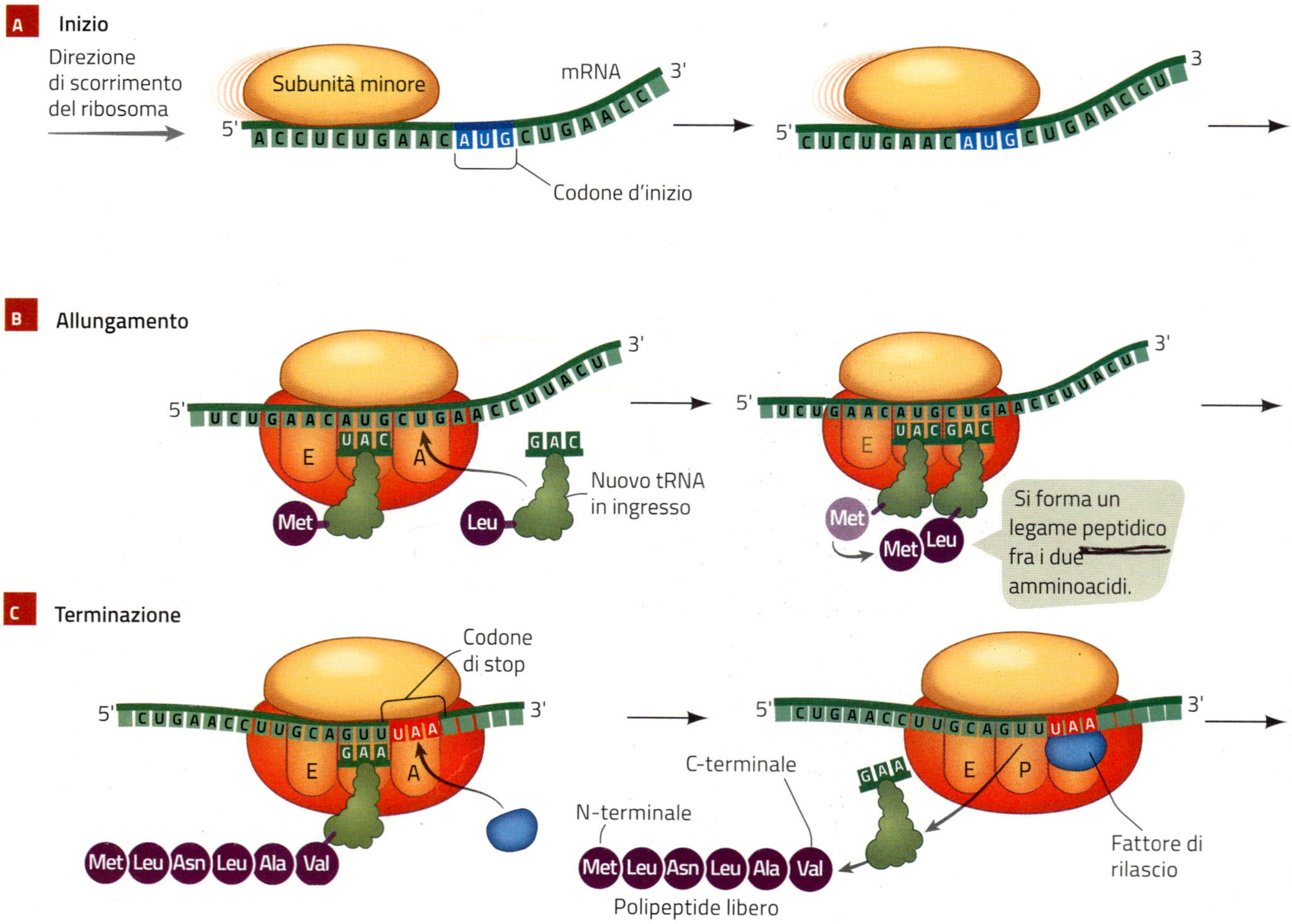

All'inizio della fase di **allungamento** nel sito A libero entra un tRNA carico, il cui anticodone è complementare al secondo codone dell'mRNA; ne consegue che un nuovo amminoacido occupa il sito A del ribosoma (**figura 10B**). A questo punto entrambi i siti A e P sono occupati e la subunità maggiore del ribosoma catalizza due reazioni:

1. rompe il legame tra il tRNA nel sito P e l'amminoacido metionina;
2. catalizza la formazione di un legame peptidico tra la metionina e l'amminoacido legato al tRNA che si trova nel sito A. Ora i due amminoacidi sono legati, ma il secondo amminoacido è ancora agganciato al proprio tRNA posto nel sito A.

Una volta che si è formato il legame peptidico, il ribosoma si sposta in modo che il primo tRNA venga a trovarsi nel sito E e possa essere liberato. Dopo essersi staccato dal ribosoma, il tRNA torna nel citoplasma per caricarsi con un'altra metionina. Il secondo tRNA, che ora porta un dipeptide, slitta nel sito P, mentre il ribosoma si sposta di un codone lungo l'mRNA in direzione 5′ → 3′.

Il processo di allungamento continua in modo ripetitivo. Un tRNA carico entra nel sito A rimasto libero e qui il suo anticodone si lega al codone dell'mRNA; l'amminoacido appena portato dal tRNA forma un legame peptidico con la catena amminoacidica presente nel sito P, prelevandola dal tRNA del sito P; il tRNA del sito P si sposta nel sito E, da cui poi si distacca e il ribosoma avanza di un codone, cosicché l'intero complesso tRNA-polipeptide venga a trovarsi nel sito P, che si è appena svuotato. Tutte queste tappe si svolgono con la partecipazione di proteine dette *fattori di allungamento* che garantiscono la precisione del processo e il mantenimento di una buona velocità.

La **terminazione** si verifica quando il ribosoma incontra uno dei tre codoni di stop (**figura 10C**). Poiché non esistono tRNA con anticodoni corrispondenti a queste triplette, nel sito si inserisce una proteina detta **fattore di rilascio**. A questo punto la traduzione cessa, la catena polipeptidica è liberata dal ribosoma e le due subunità ribosomiali si separano.

Ti ricordi?

Il **legame peptidico** è un legame covalente che si forma tra due amminoacidi durante la sintesi proteica. Tale legame avviene grazie a una reazione di condensazione tra l'atomo di idrogeno legato all'azoto del gruppo amminico di un amminoacido e il gruppo ossidrilico legato all'atomo di carbonio del gruppo carbossilico di un altro amminoacido, con eliminazione di una molecola d'acqua.

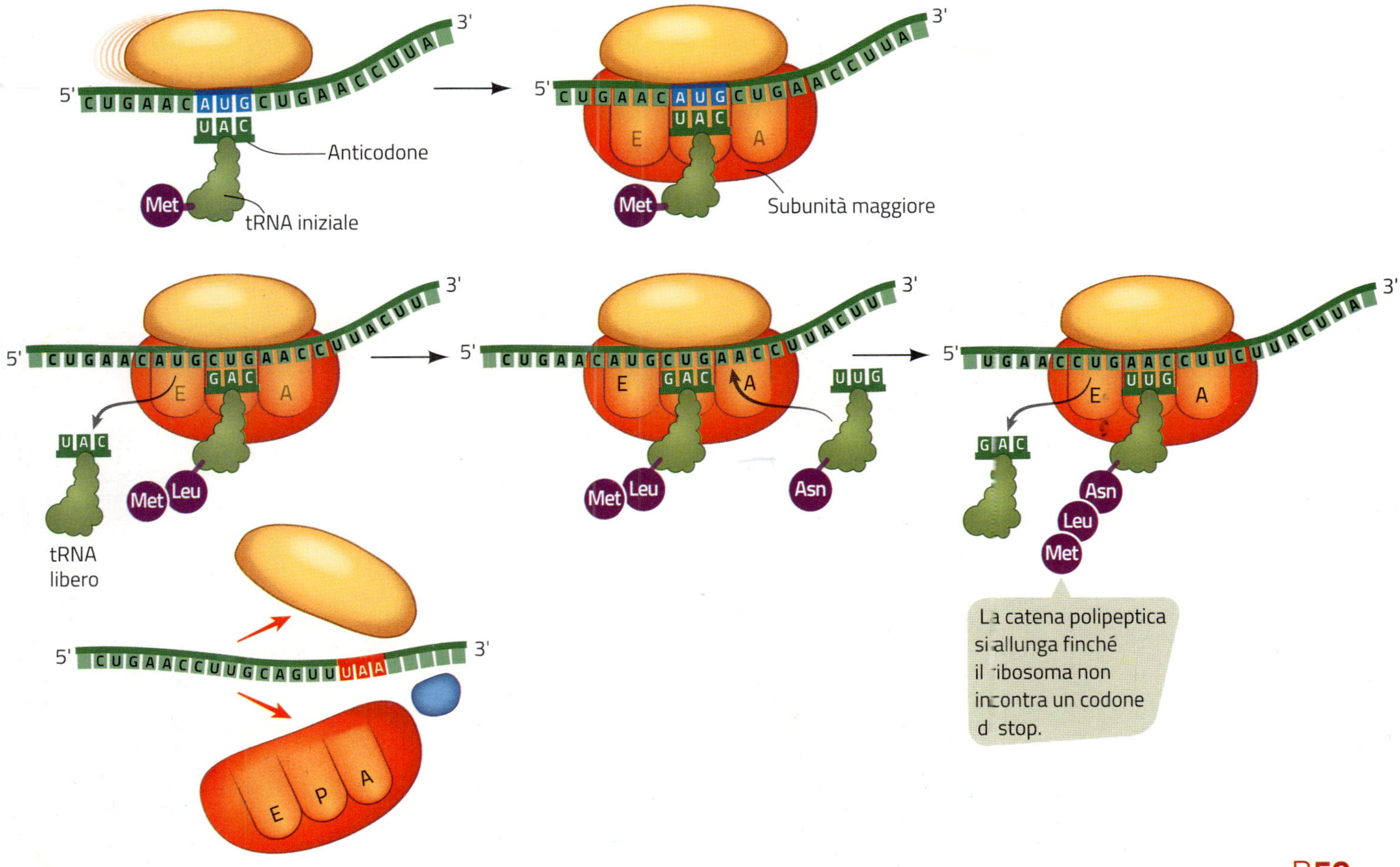

Nei procarioti trascrizione e traduzione sono simultanee, mentre negli eucarioti sono ben distinte

Sia nei procarioti sia negli eucarioti, la sintesi proteica avviene a livello dei ribosomi e richiede una certa quantità di molecole di RNA ribosomiale e di trasporto, trascritte a partire da specifici geni presenti sul DNA.

Le cellule procariotiche, però, non hanno un nucleo, per cui sia la trascrizione sia la sintesi proteica avvengono nel citoplasma (**figura 11A**). Non appena un filamento di mRNA inizia a essere trascritto dal suo DNA stampo, alla sua estremità 5′ inizia a formarsi il complesso di inizio della traduzione; il primo tRNA, che trasporta la formilmetionina, si appaia al codone di inizio dell'mRNA, quindi l'aggiunta della subunità maggiore del ribosoma completa il complesso d'inizio e la traduzione prende il via. Il complesso d'inizio si forma anche se l'mRNA è ancora in fase di trascrizione; nei procarioti, infatti, la trascrizione e la traduzione possono avvenire simultaneamente.

Successivamente, arriva una seconda molecola di tRNA, il cui anticodone è complementare al secondo codone sul filamento di mRNA, che trasporta e posiziona l'amminoacido corrispondente. Il secondo tRNA si appaia al codone, si forma un legame peptidico tra il primo e il secondo amminoacido e si stacca la prima molecola di tRNA. A mano a mano che il ribosoma scorre sull'mRNA, il processo si ripete più e più volte; in questo modo gli amminoacidi vanno a comporre la catena polipeptidica nell'ordine impartito dal DNA da cui l'mRNA è stato trascritto.

Mentre il processo di allungamento continua, la parte iniziale della molecola dell'mRNA rimane libera e un altro ribosoma può formare con essa un nuovo complesso d'inizio. Un gruppo di ribosomi che legge la stessa molecola di mRNA

▾ Figura 11
(A) Nei procarioti trascrizione e traduzione avvengono quasi contemporaneamente perché non c'è una divisione di ambienti. (B) Negli eucarioti i processi sono ben separati e la traduzione può avvenire sui ribosomi liberi o sui ribosomi legati al RER.

A **Cellula procariotica**

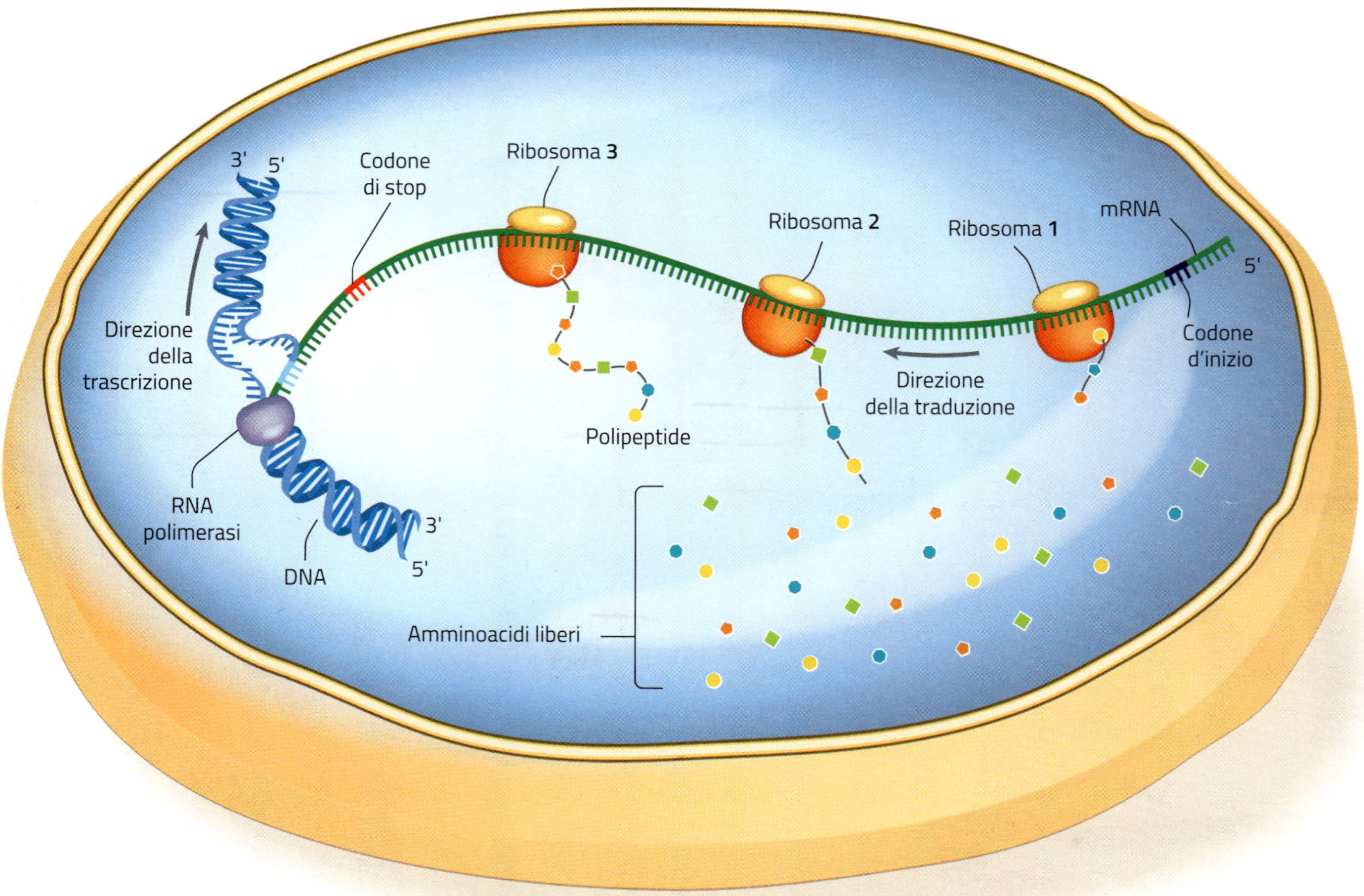

è detto **polisoma**; i polisomi sintetizzano contemporaneamente molte copie di un polipeptide a partire dalle istruzioni trasportate da un'unica molecola di mRNA.

Nelle cellule eucariotiche, invece, la trascrizione avviene nel nucleo, mentre la sintesi proteica ha luogo nel citoplasma (**figura 11B**). L'mRNA, una volta sintetizzato, deve uscire dal nucleo per essere tradotto; inoltre, prima della traduzione, deve subire una serie di modificazioni. Trascrizione e traduzione, di conseguenza, non possono avvenire simultaneamente. Le tappe della traduzione sono simili a quelle che si verificano nei procarioti, con qualche differenza: i ribosomi sono più grandi e hanno una composizione leggermente diversa e il codone di inizio codifica la metionina.

Subito dopo la sintesi, una proteina non è necessariamente pronta per funzionare poiché deve ripiegarsi per assumere le corrette strutture secondarie e terziarie. Alcune proteine, inoltre, devono subire delle modificazioni chimiche per essere funzionanti. Non tutte queste modificazioni post-traduzionali possono avvenire nel citoplasma, pertanto ogni proteina dovrà essere inviata in specifiche sedi, dove verrà modificata o dove svolgerà la propria funzione. Per raggiungere la sede finale è necessaria una *sequenza segnale* che etichetta la proteina: alcune, per esempio, entrano nel nucleo e vanno a costituire la cromatina o svolgono funzioni di regolazione, altre passano nei mitocondri o nei cloroplasti.

La proteine sintetizzate sui ribosomi attaccati al reticolo endoplasmatico ruvido, come gli enzimi digestivi e gli ormoni, passano prima attraverso il reticolo endoplasmatico e poi all'apparato di Golgi: qui sono rielaborate e racchiuse in vescicole per essere poi inviate verso un determinato compartimento cellulare (come i lisosomi o la membrana cellulare) oppure sono espulse dalla cellula.

B Cellula eucariotica

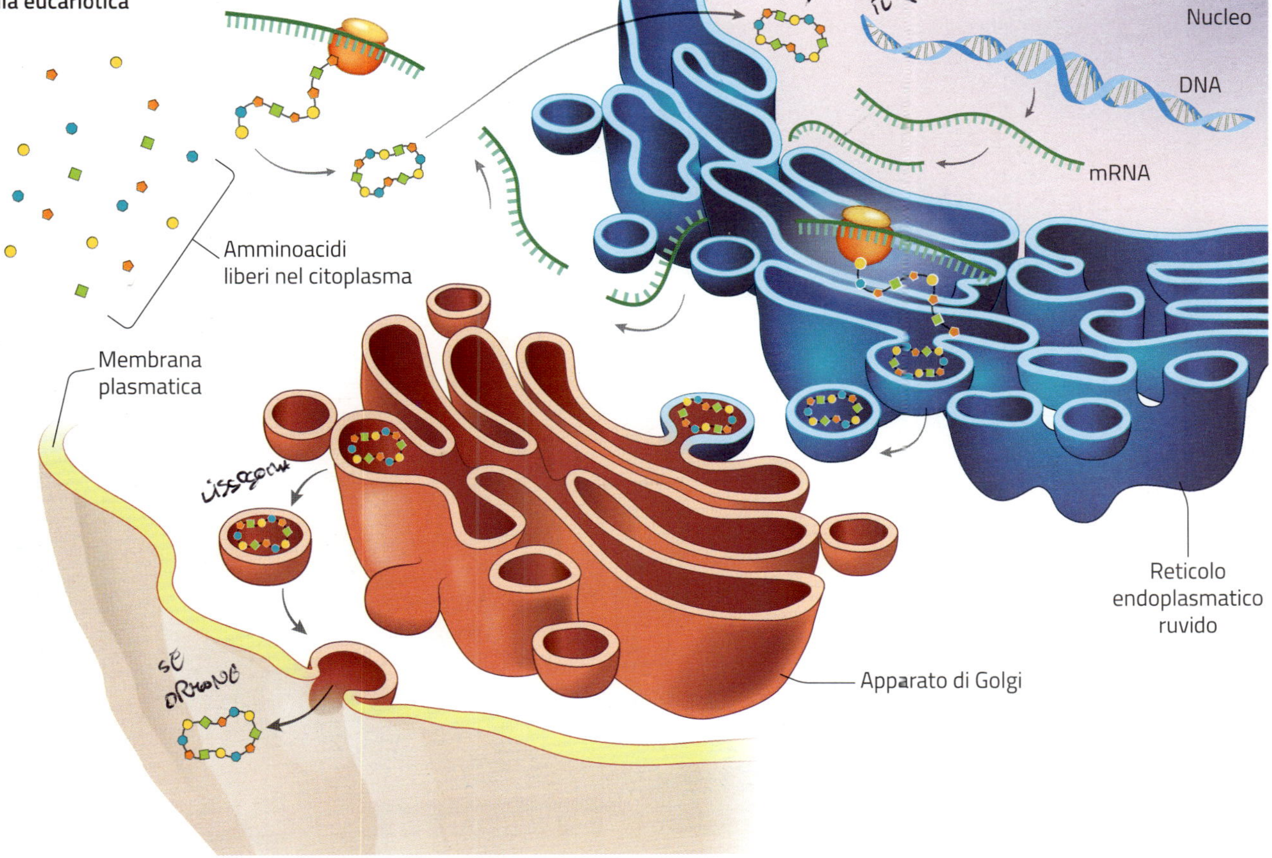

Facciamo il punto

1. Che cosa sono e che ruolo svolgono i ribosomi?
2. Quali sono le regioni caratteristiche della molecola di tRNA?
3. Descrivi il processo di traduzione del messaggio genetico.
4. Quali sono le differenze nella sintesi proteica tra procarioti ed eucarioti?

Dall'alfabeto alle parole: il codice nascosto dei geni

Oltre ad avere scoperto la struttura chimica del DNA, Francis Crick ha avuto il merito di riconoscere il valore della scoperta di Marshall Nirenberg e Heinrich Matthaei.

Francis Crick non pensava in modo modesto, diceva James Watson, che lo conosceva bene. Insieme, nel 1953, avevano annunciato la struttura a doppia elica del DNA, grazie al contributo fondamentale dei dati di Maurice Wilkins e Rosalind Franklin. Fino al 1958 però non si sapeva che cosa facesse di preciso la molecola di DNA: si intuiva che fosse implicata nell'ereditarietà e che contenesse inoltre istruzioni importanti per la costruzione di un organismo. Mancavano però pezzi importanti di conoscenza per chiarire bene le cose e per questo ci voleva una pensata ambiziosa.

Eccola: nel 1958 Crick propose che l'informazione contenuta nel DNA fosse utilizzata dalle cellule per sintetizzare le proteine. Che cosa sono le proteine? Sono i factotum delle nostre cellule: gli operai che agiscono e producono energia, i motivatori che fanno avanzare le reazioni, i sostenitori che fanno stare in piedi palizzate e altre strutture morbide o rigide. La loro versatilità sta nella forma. Diversamente dal DNA, che ha una forma sempre uguale a se stessa, le proteine possono assumere quasi ogni sagoma.

E questo grazie agli amminoacidi, i mattoncini di cui possono essere costituite. In ogni proteina gli amminoacidi sono disposti in lunghe catene, un po' come il DNA è fatto di nucleotidi. Da qui l'idea di Crick: se fra il linguaggio a base di nucleotidi nel DNA e quello a base di amminoacidi delle proteine c'è una relazione, deve esistere una chiave, ancora da scoprire, per mettere in relazione tali linguaggi.

Crick chiamò questa chiave misteriosa «molecola adattatrice» e negli anni successivi si comprese che tale funzione era svolta dall'RNA. L'RNA è il secondo acido nucleico presente nelle cellule e assomiglia parecchio al DNA, ma con alcune differenze. Se la corrispondenza fra DNA e RNA sembrava piuttosto evidente, restava da capire come si potesse passare dal RNA alle proteine. Nel 1961 Marshall Nirenberg e il suo allievo Heinrich Matthaei ebbero l'idea di sintetizzare un corto segmento di RNA formato da un'unica base, l'uracile, e di incubarlo con un estratto batterico contenente gli elementi necessari alla sintesi proteica. La scoperta, avvenuta nel laboratorio di Nirenberg ai *National Institutes of Health* di Bethesda, negli Stati Uniti, fu sorprendente: la cellula batterica aveva usato quella breve sequenza di RNA, fatta di qualche uracile, per fabbricare una catena di ripetizioni di un unico amminoacido, la fenilalanina (**figura**).

Nirenberg era un perfetto sconosciuto quando annunciò il risultato davanti a una platea semideserta di un congresso di Mosca. Crick, che era fra gli organizzatori del simposio, cambiò il programma del congresso e implorò Nirenberg di ripetere la sua presentazione il giorno dopo, questa volta davanti a una platea di mille persone che uscirono elettrizzate da quella sala. Nirenberg, con l'aiuto di Matthaei, aveva trovato la chiave per decifrare il codice che permette di costruire ogni proteina da ogni sequenza di DNA. E Francis Crick, pur essendo assai immodesto, a quel congresso aveva modestamente riconosciuto il merito di uno scienziato che avrebbe ricevuto il premio Nobel nel 1968.

DALL'ESPERIMENTO DI NIRENBERG ALLE BIOTECNOLOGIE

Il codice genetico sarebbe stato poi completamente decifrato entro il 1966 e oggi sappiamo come funziona: l'ordine in cui si susseguono i nucleotidi sul DNA specifica l'ordine degli amminoacidi della proteina corrispondente. Ciascun amminoacido è individuato da una specie di parola in codice di tre lettere: una tripletta, o codone, di tre nucleotidi. Quindi, se adesso ripensate all'esperimento che Nirenberg ha presentato a Mosca, vi sarà facile dedurre la tripletta della fenilalanina: una sequenza di tre U.

L'informazione necessaria a sintetizzare una certa proteina è dunque contenuta nel DNA, ma per uscire dal nucleo e passare nel citoplasma, dove si assemblano le proteine, viene ricopiata in una molecola di RNA a singolo filamento, detta RNA messaggero. Ciascun RNA messaggero, una volta arrivato nel citoplasma, è poi letto nei ribosomi, speciali macchinette per l'assemblaggio delle proteine, in grado di attaccare gli amminoacidi nell'ordine specificato dalle triplette. Il rifornimento di amminoacidi sui ribosomi è a carico di una truppa di trasportatori, gli RNA transfer. Ciascun RNA transfer da un lato si lega a uno specifico amminoacido e dall'altro lato è dotato di una tripletta, chiamata anticodone, che gli permette di atterrare precisamente, nel ribosoma, sul codone corrispondente che si trova sull'RNA messaggero. Questo appaiamento tra codone e anticodone a livello del ribosoma assicura che l'amminoacido inserito sia quello corrispondente alla tripletta.

Questa parentesi sulla sintesi delle proteine ci servirà per comprendere la strategia usata dai biotecnologi per clonare il gene dell'insulina.

Tratto da *Batteri spazzini e virus che curano* Giovanni Maga, Zanichelli, 2016

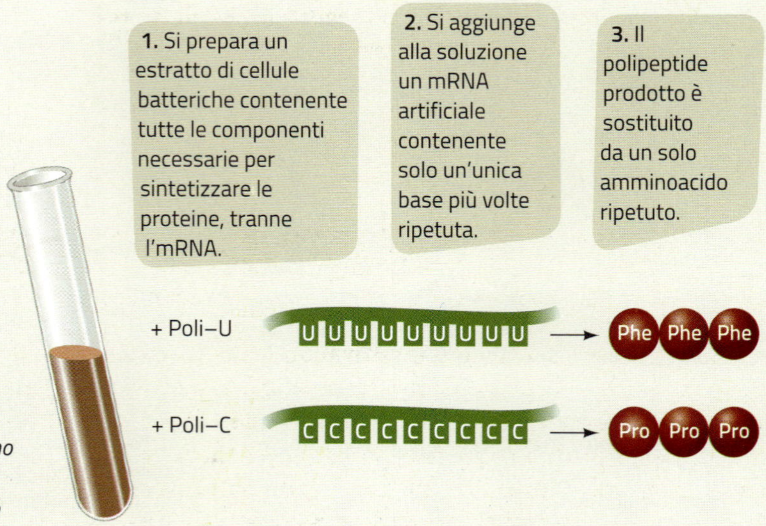

◂ Figura Nella decifrazione del codice genetico Marshall Nirenberg e Heinrich Matthaei usarono un sistema di «sintesi in vitro» per determinare gli amminoacidi specificati da mRNA sintetici di composizione conosciuta.

4 I principi generali della regolazione genica

Il genoma minimo comprende soltanto geni indispensabili

Procarioti ed eucarioti hanno gradi complessità molto diversi, ma studiando i loro genomi è apparso che certi geni sono presenti in tutti gli organismi. Questa scoperta ha suggerito che possa esistere un **genoma minimo** costituito soltanto da sequenze di DNA indispensabili per garantire la vita.

Un modo per definire il genoma minimo è prendere un organismo con un genoma semplice e sottoporlo a *mutagenesi*, cioè mutare un gene alla volta per vedere che cosa accade (**figura 12**). Il batterio *Mycoplasma genitalium* ha uno dei genomi più piccoli conosciuti: solo 525 geni che codificano proteine. Anche se sono così pochi, alcuni di questi geni sono superflui in certe condizioni: per esempio, *M. genitalium* ha geni per metabolizzare sia il glucosio sia il fruttosio, ma può sopravvivere in laboratorio su un terreno di coltura contenente uno solo di questi zuccheri; in queste condizioni, non ha bisogno dei geni per metabolizzare l'altro zucchero. Ma esistono altri geni di cui il batterio può fare a meno?

Un gruppo di ricercatori guidato da Craig Venter ha affrontato questo problema e nel 2010 ha creato *JCVI-syn1.0*, il primo «batterio sintetico» ottenuto trapiantando il genoma di *Mycoplasma mycoides* in una cellula di *Mycoplasma capricolum* privata del proprio DNA.

Dopo aver passato al setaccio numerose combinazioni possibili di mutanti, nel 2016 il gruppo ha creato *JCVI-syn3.0*, una **cellula sintetica minima** con un genoma di soli 473 geni. Si tratta del più piccolo genoma mai osservato in una cellula viva e capace di riprodursi. Circa 300 di questi geni sono comuni a tutte le specie e sono coinvolti nell'organizzazione della membrana plasmatica, nella trascrizione, nella sintesi proteica, nella replicazione del DNA e nel metabolismo della cellula. Nel genoma minimo sono però compresi molti geni la cui funzione è tuttora sconosciuta, ma siamo ancora lontani da comprendere la complessità della vita.

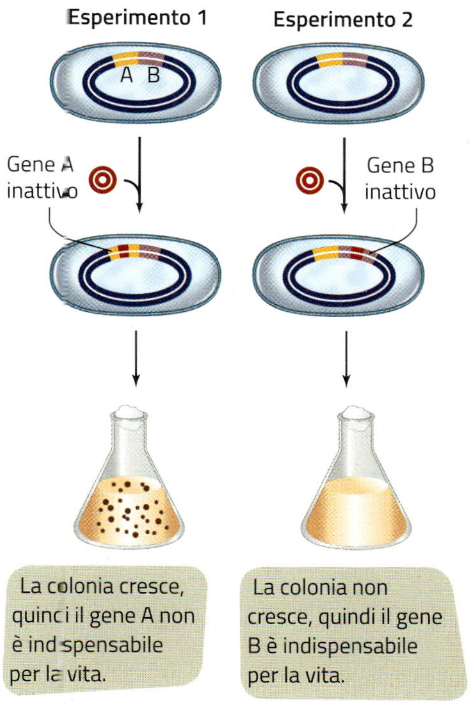

▲ **Figura 12**
Inattivando uno per volta i geni del batterio, gli scienziati hanno determinato quali geni sono essenziali alla sopravvivenza di un organismo unicellulare come *M. genitalium*.

Tutte le cellule regolano l'espressione dei propri geni per risparmiare energia

Se in linea teorica esiste un genoma minimo per ogni cellula, in pratica i genomi contengono molti più geni di quelli indispensabili per la sopravvivenza. Per questo motivo l'espressione genica è regolata in modo molto preciso in tutte le cellule attraverso una serie di punti di controllo che agiscono in tre momenti (**figura 13**): a livello della trascrizione del gene, al momento della traduzione dell'mRNA oppure dopo che la proteina è stata sintetizzata (modifiche post-traduzionali). La capacità di regolare l'espressione dei propri geni è detta **regolazione dell'espressione genica** ed è fondamentale per la cellula, perché le permette di controllare il proprio metabolismo e le proprie funzioni.

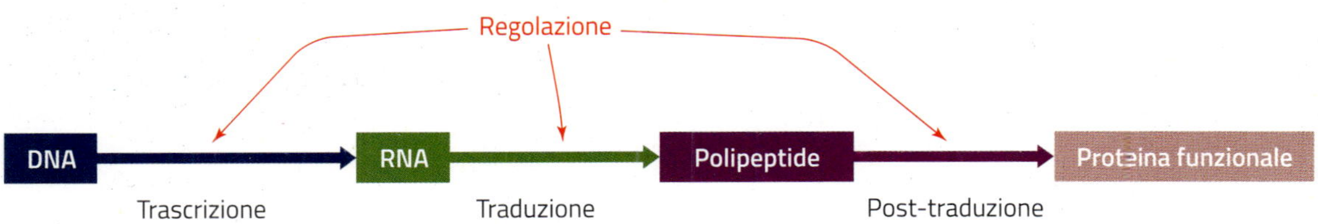

▲ **Figura 13**
Sia nei procarioti sia negli eucarioti il controllo dell'espressione genica può avvenire a più livelli.

Il controllo dell'espressione avviene attivando o disattivando i geni a seconda delle necessità: in questo modo ciascuna proteina è prodotta solo quando serve e nella quantità necessaria, senza sprecare energia. *E. coli*, per esempio, si nutre prevalentemente di zuccheri, soprattutto glucosio, ma può succedere che la cellula batterica si trovi improvvisamente in un ambiente ricco di lattosio (lo zucchero del latte). Per essere metabolizzato, questo disaccaride deve essere assorbito e scisso nei due monosaccaridi che lo costituiscono (glucosio e galattosio) grazie a una serie di specifici enzimi.

Quando *E. coli* cresce su un terreno privo di lattosio, i geni che codificano questi enzimi sono *repressi*, cioè inattivi. Se però l'ambiente cambia e il lattosio diventa lo zucchero più abbondante, il batterio si affretta a produrre gli enzimi *attivando* i geni che li codificano. I geni per il lattosio sono un esempio di **geni regolati**, ovvero che sono espressi solo in determinati momenti della vita di una cellula.

Altre proteine, diversamente dagli enzimi per il lattosio, sono indispensabili alla cellula durante l'intero arco della sua vita; i geni che le codificano, quindi, sono sempre attivi e non hanno bisogno di un controllo particolarmente sofisticato; tali geni sono detti **geni costitutivi** o *housekeeping*.

A colpo d'occhio

GENI – COSTITUTIVI – SEMPRE ATTIVI
GENI – REGOLATI – ESPRESSI IN CASO DI NECESSITÀ

Il controllo della trascrizione avviene grazie ai fattori di trascrizione

In tutte le cellule, il processo di trascrizione inizia quando l'enzima RNA polimerasi, legandosi al promotore, provoca l'apertura della doppia elica di DNA. Il filamento di mRNA in crescita rimane per breve tempo legato allo stampo di DNA mediante legami a idrogeno e poi si stacca per essere tradotto in una sequenza di amminoacidi e formare una proteina.

Il controllo della trascrizione prevede la presenza di particolari proteine, dette *fattori di regolazione della trascrizione*, che si legano al DNA in prossimità del promotore e possono agire in due modi: o impediscono (**repressori**) o favoriscono (**attivatori**) la trascrizione dell'mRNA. I fattori di trascrizione sono codificati da un gruppo di geni chiamati *geni regolatori*.

Insieme ai fattori di trascrizione, intervengono a volte anche piccole *molecole effettrici* che si legano a essi e ne modificano la configurazione; in tal modo, l'insieme dei fattori di trascrizione e delle molecole effettrici può permettere o impedire l'inizio della trascrizione (**figura 14**).

A colpo d'occhio

GENI – REGOLATORI – PROTEINE CHE CONTROLLANO I GENI
GENI – STRUTTURALI – PROTEINE STRUTTURALI
GENI – STRUTTURALI – RNA

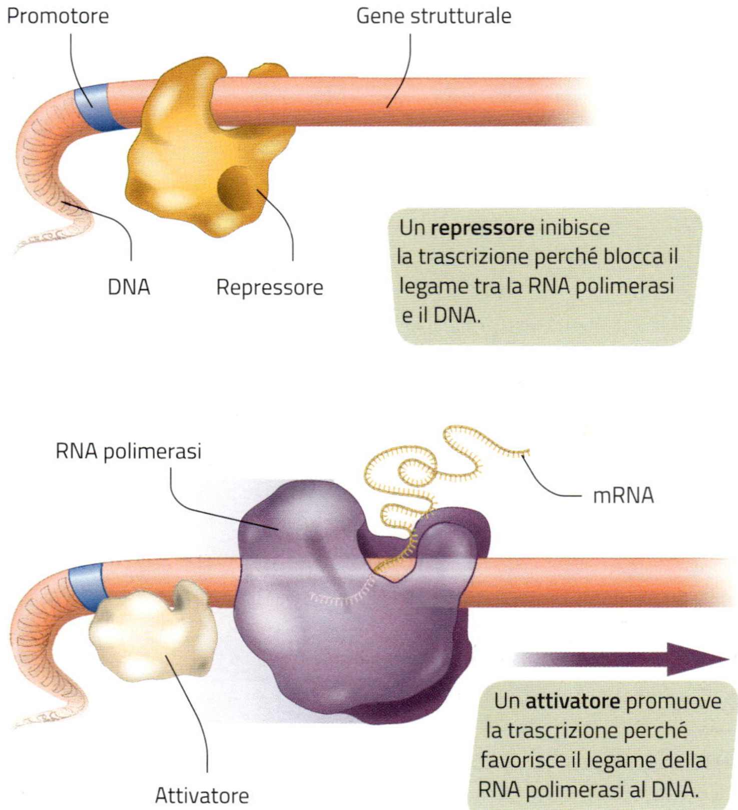

▸ **Figura 14**
I fattori che regolano la trascrizione possono essere repressori o attivatori.

Facciamo il punto

1. Per quale ragione la cellula regola la propria espressione genica?
2. Che cosa distingue i geni regolati da quelli costitutivi?
3. Qual è la funzione dei fattori di trascrizione?

5 La regolazione genica nei procarioti

L'operone è l'unità di trascrizione nei procarioti

Nei batteri, il controllo dell'espressione genica avviene principalmente a livello della trascrizione. Le nostre conoscenze sulla regolazione della trascrizione nei procarioti si basano su un modello noto come *operone* (**figura 15**). Un **operone** è un'unità funzionale, o *unità di trascrizione*, che comprende un promotore e uno o più geni strutturali, tutti sotto il controllo di una sequenza regolatrice, chiamata **operatore**, posta tra il promotore e i geni strutturali; esiste infine un **terminatore**, cioè una sequenza che segnala alla RNA polimerasi che la trascrizione è terminata.

L'operone è controllato da fattori proteici che si legano all'operatore e che possono indurre (attivatori) o reprimere (repressori) la trascrizione; induttori e repressori sono codificati da geni regolatori che non fanno parte dell'operone e che possono trovarsi in qualsiasi punto del cromosoma batterico. Quando l'operatore è occupato dal repressore, la RNA polimerasi non riesce a legarsi al promotore e la trascrizione è bloccata; in questo caso si parla di *controllo negativo*. Il caso contrario si verifica quando è presente un attivatore che agisce promuovendo il legame della RNA polimerasi al promotore; in tal caso si verifica un *controllo positivo*. Gli operoni a controllo negativo possono essere di due tipi:

- negli operoni **inducibili** il repressore blocca stabilmente l'operatore e viene rimosso solo quando giunge dall'esterno una molecola segnale chiamata *induttore*, che ne causa il distacco;
- negli operoni **reprimibili** il repressore funziona solo in presenza di una molecola esterna, il *corepressore*, che lo abilita a legarsi all'operatore.

In entrambi i casi, la caratteristica più importante del repressore è la sua capacità di cambiare forma in presenza del corepressore o dell'induttore: sono questi cambiamenti di forma che modificano la sua capacità di legarsi all'operatore.

Grazie all'ingegneria genetica, è possibile manipolare gli operoni per indurre le cellule batteriche a produrre proteine utili, per esempio l'insulina umana.

A colpo d'occhio

REGOLAZIONE DELL'OPERONE
- CONTROLLO POSITIVO (ATTIVATORE)
- CONTROLLO NEGATIVO (REPRESSORE)
  - OPERONE INDUCIBILE
  - OPERONE REPRIMIBILE

Le parole

L'**ingegneria genetica** è l'insieme delle tecnologie che permettono di manipolare il DNA per provocare cambiamenti predeterminati nel genotipo di un organismo.

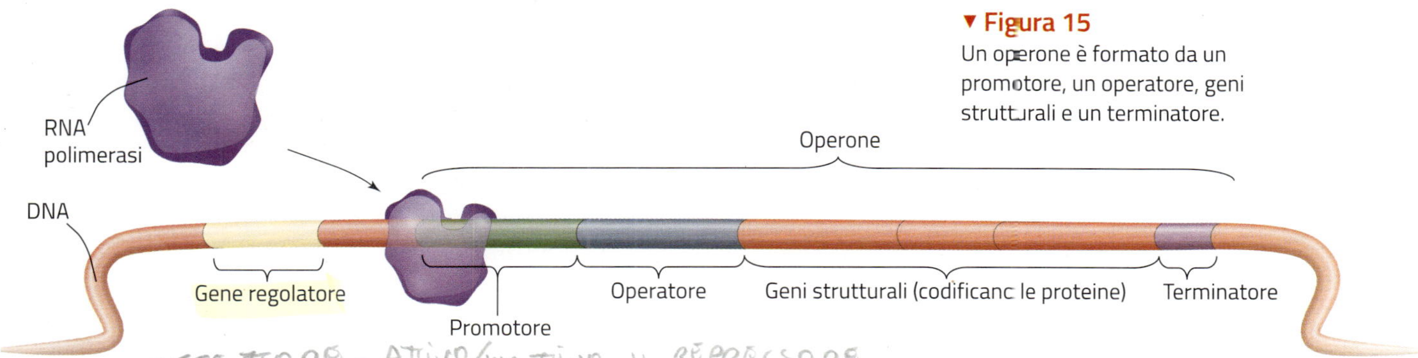

▼ **Figura 15**
Un operone è formato da un promotore, un operatore, geni strutturali e un terminatore.

L'operone *lac* è un esempio di operone inducibile

L'**operone** ***lac***, che codifica gli enzimi che digeriscono il lattosio, è un operone inducibile a controllo negativo che attiva la trascrizione in risposta alla comparsa di un induttore, rappresentato dalla molecola di lattosio. In questo sistema, il repressore presenta due siti di legame: uno per l'operatore e l'altro per l'induttore (**figura 15** nella pagina seguente). Il legame con l'induttore modifica la struttura tridimensionale della proteina repressore: in seguito a questo cambiamento di forma, il repressore non è più capace di legarsi all'operatore. Di conseguenza l'RNA polimerasi può legarsi al promotore e dare inizio alla trascrizione dei geni strutturali. L'mRNA trascritto è poi tradotto a livello dei ribosomi per sintetizzare i tre enzimi necessari al metabolismo del lattosio: la *lattosio permeasi*, che favorisce l'ingresso del lattosio nel citoplasma, la *transacetilasi*, che aggiunge un

Guarda il video nell'ebook
La biologia in 3D
- *L'operone lac*
- *The lac operon*

Guarda il video nell'ebook
Un minuto di biologia
- *L'operone lac*

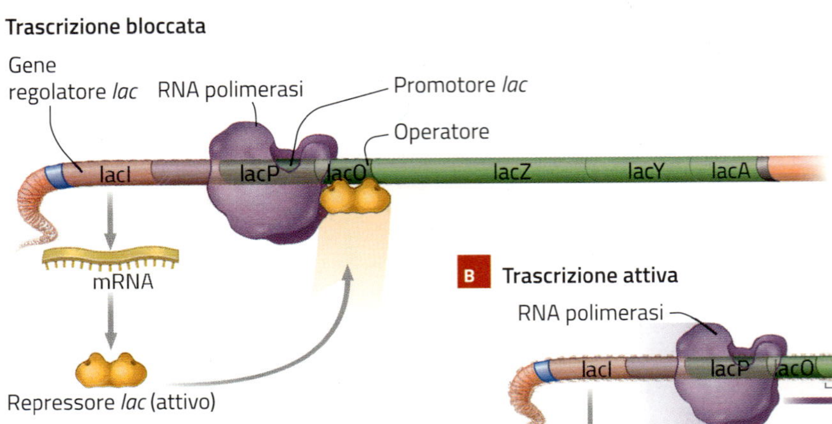

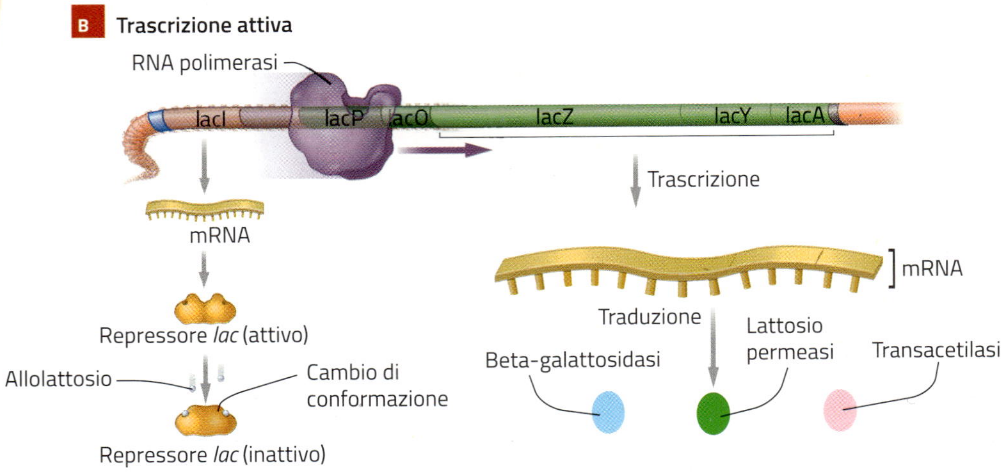

▲ **Figura 16**
L'operone *lac* è un operone inducibile che si attiva quando l'induttore, ovvero il lattosio, si lega al repressore e permette alla RNA polimerasi di trascrivere i geni dell'operone.

gruppo acetile al lattosio appena entrato nella cellula, e l'enzima *β-galattosidasi*, che scinde il lattosio in glucosio e galattosio (*vedi* **figura 16**).

Via via che il disaccaride è metabolizzato dalla cellula, la sua concentrazione si riduce; che cosa accade a quel punto? Le molecole di induttore si separano dal repressore, che riacquista la sua forma originaria e si lega all'operatore, bloccando nuovamente la trascrizione dell'operone *lac*.

Dato che l'mRNA già presente nella cellula si degrada rapidamente, poco dopo cessa anche la traduzione. È dunque la presenza o meno di lattosio (ovvero dell'induttore) a regolare la sintesi delle proteine coinvolte nel metabolismo del lattosio.

L'operone *trp* è un esempio di operone reprimibile

Guarda il video nell'ebook
Un minuto di biologia
L'operone trp

Per i batteri è utile bloccare la sintesi di un enzima in risposta all'accumulo dei prodotti finali della reazione da esso catalizzata.

Un esempio è dato dall'amminoacido triptofano, un costituente essenziale delle proteine; quando il triptofano è presente nel citoplasma ad alte concentrazioni, la cellula sospende la produzione degli enzimi coinvolti nella sua sintesi (**figura 17**).

L'operone *trp*, che controlla la sintesi di triptofano, è un esempio di operone reprimibile a controllo negativo: il repressore può bloccare l'operone soltanto se prima si è legato a un *corepressore*, in questo caso il triptofano.

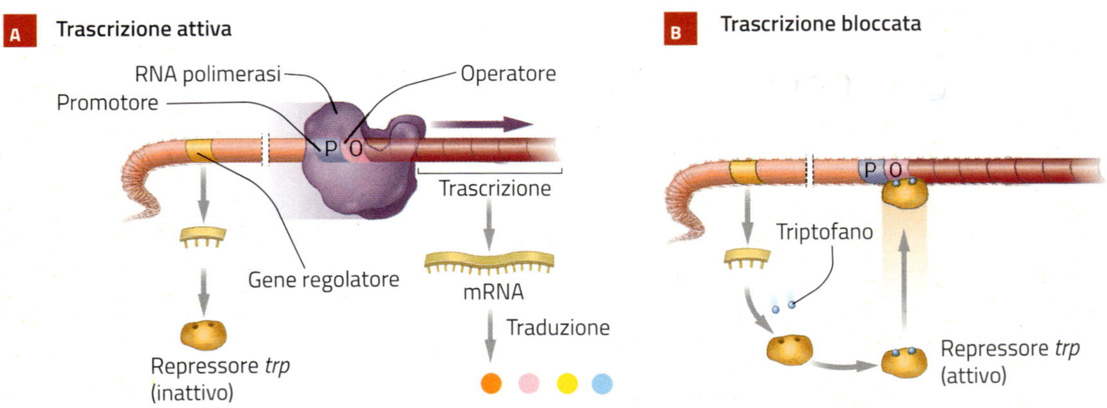

► **Figura 17**
L'operone *trp* è un operone reprimibile che viene disattivato quando il corepressore, ovvero il triptofano, si lega al repressore e lo spinge a legare l'operatore, bloccando la sintesi di mRNA.

Facciamo il punto

1. Che cos'è e com'è strutturato un operone?
2. Come avviene il controllo dell'espressione genica nei procarioti?
3. Qual è la differenza tra l'operone *lac* e l'operone *trp*?

6 La regolazione genica prima e durante la trascrizione

Negli eucarioti la regolazione dell'espressione genica agisce a vari livelli

La regolazione dell'espressione genica negli eucarioti presenta notevoli analogie, ma anche alcune differenze rispetto ai procarioti. Oltre a essere più grandi, i **genomi eucariotici** presentano una maggiore complessità. In primo luogo, la presenza dei compartimenti cellulari e degli organuli richiede un maggior numero di proteine; inoltre, molti eucarioti sono organismi pluricellulari composti da più di 200 tipi di cellule specializzate nello svolgimento di funzioni diverse, che hanno bisogno di attivare set differenti di geni nel corso della loro vita.

Come nei procarioti, la trascrizione inizia quando l'RNA polimerasi si lega al promotore; negli eucarioti, però, all'azione dei promotori si somma quella delle **sequenze supplementari**, che contribuiscono a una regolazione più fine della trascrizione. Nei procarioti l'alternativa è netta: trascrizione o blocco. Negli eucarioti, invece, si può ottenere una *modulazione* dell'intensità del processo: un gene può essere trascritto di più o di meno.

Infine, la regolazione dell'espressione genica può avvenire in vari punti del processo di trascrizione e traduzione di un gene (**figura 18**). Alcuni meccanismi di regolazione agiscono *prima della trascrizione*, modificando il grado di spiralizzazione della cromatina in modo da rendere più o meno accessibile un gene o un gruppo di geni ai fattori di trascrizione e alla RNA polimerasi. Altri meccanismi agiscono *dopo la trascrizione*, al momento della maturazione dell'mRNA; altri ancora entrano in funzione *durante la sintesi proteica* o addirittura dopo che la proteina è stata sintetizzata: questi ultimi sono detti *controlli post-traduzionali*.

▼ Figura 18
La cellula eucariotica può agire a diversi livelli per aumentare o diminuire la quantità di proteine: prima, durante e dopo la trascrizione, quando l'mRNA esce dal nucleo e dopo la traduzione.

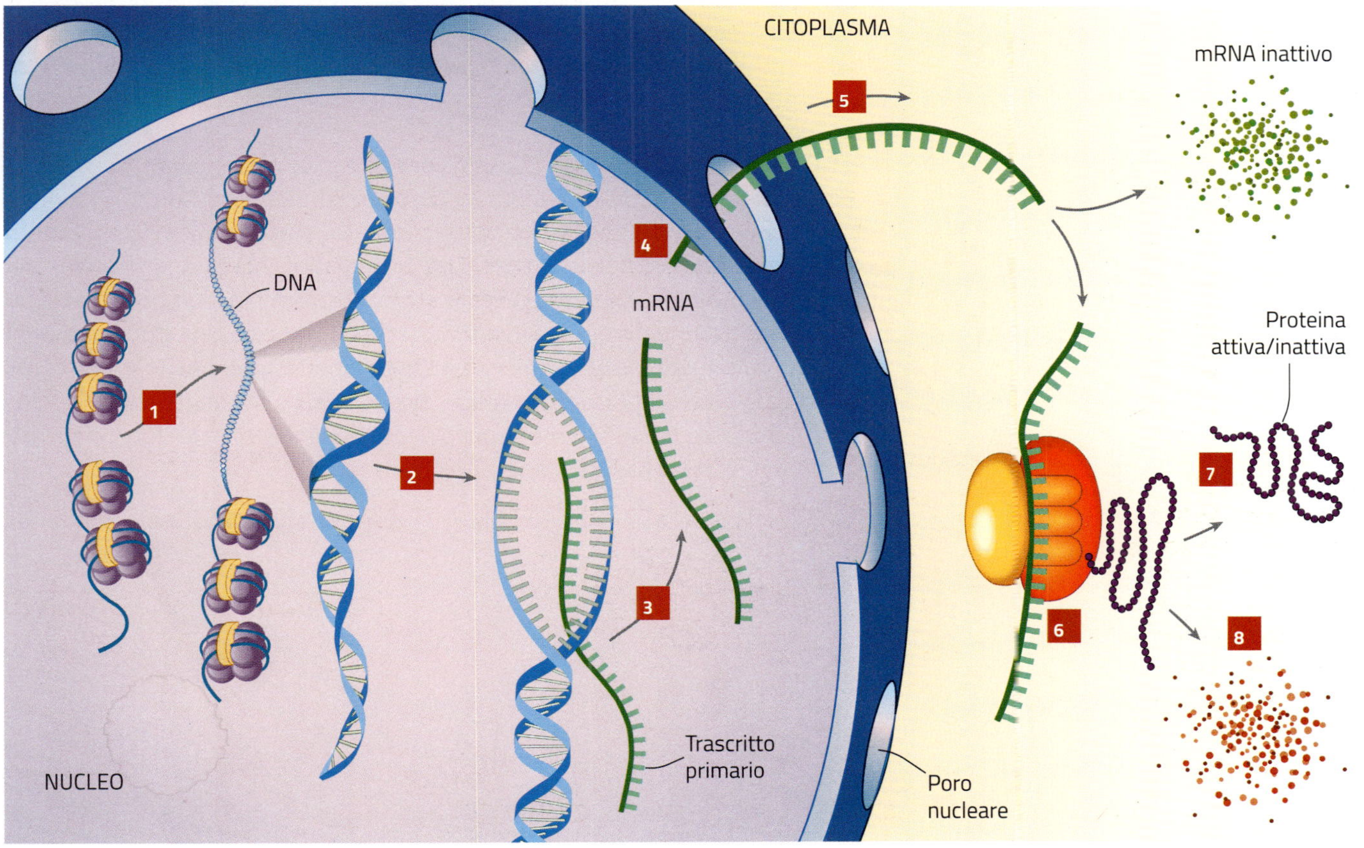

1 Rimodellamento della cromatina
2 Controllo trascrizionale
3 Controllo della maturazione
4 Controllo del trasporto
5 Controllo della stabilità dell'mRNA
6 Controllo della traduzione dell'mRNA
7 Controllo post-traduzionale dell'attività proteica
8 Degradazione della proteina

A colpo d'occhio

- CROMATINA
  - ETEROCROMATINA
  - EUCROMATINA
    - APERTA
    - CHIUSA

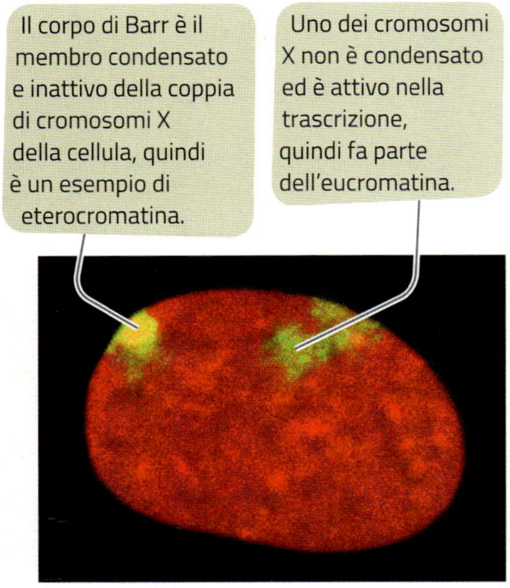

▲ **Figura 19**
In una femmina sana, che presenta due cromosomi X, uno risulta non condensato, mentre l'altro è un corpo di Barr ed è inattivo.

Curiosità

L'**epigenetica** è quella branca della biologia molecolare che studia i cambiamenti chimici che avvengono sul DNA e ne modificano lo stato di condensazione senza agire sull'informazione genetica che questa molecola contiene.

Il rimodellamento della cromatina blocca o attiva la trascrizione

Il grado di condensazione della cromatina è in stretta relazione con il tasso di espressione genica. Nel nucleo eucariotico, il DNA è avvolto attorno agli istoni a formare i *nucleosomi*; questi si addensano ulteriormente per formare i due tipi di cromatina: l'**eucromatina**, che al microscopio appare dispersa e poco colorata, e l'**eterocromatina**, condensata e colorata.

Durante la divisione cellulare, tutta la cromatina è strettamente spiralizzata a formare i cromosomi. Questo da un lato consente la corretta distribuzione del materiale genetico tra le cellule figlie, ma dall'altro inibisce la trascrizione: i cromosomi, infatti, sono inaccessibili al complesso di inizio della trascrizione.

Nell'interfase, invece, gran parte della eucromatina è decondensata (*forma aperta dell'eucromatina*) così da favorire il processo di trascrizione, mentre l'eucromatina in cui non vi sono geni, o dove i geni devono rimanere inattivi, è condensata (*forma chiusa dell'eucromatina*). L'eterocromatina, che rappresenta il livello massimo di condensazione durante l'interfase, è tipica di regioni che hanno un ruolo strutturale, come i telomeri o i centromeri. La trascrizione del DNA in RNA, perciò, avviene solo durante l'interfase e solo nelle zone in cui l'eucromatina si trova nella forma aperta ed è accessibile alle molecole di RNA polimerasi.

Un esempio di eucromatina molto condensata, dove la trascrizione avviene in maniera molto limitata o non avviene affatto, è rappresentata dai **corpi di Barr**: cromosomi X strettamente spiralizzati e irreversibilmente disattivati (**figura 19**). Nelle cellule dei mammiferi di sesso maschile è presente un solo cromosoma X: i suoi geni sono quindi presenti in copia unica. Nelle femmine, invece, i cromosomi X sono due; i cromosomi sessuali di una cellula femminile, quindi, potrebbero in teoria produrre il doppio delle proteine di una cellula maschile. La genetista inglese Mary Lyon scoprì che uno dei due cromosomi X della femmina viene inattivato durante la vita embrionale e non è più in grado di esprimersi proprio perché, essendo costantemente condensato, diventa inaccessibile agli enzimi che danno avvio alla trascrizione: questo fenomeno si chiama **inattivazione del cromosoma X**.

Il grado di condensazione di altre regioni dell'eucromatina varia da un tipo di cellula all'altro dello stesso organismo, dimostrando, così, che tipi diversi di cellule sintetizzano proteine differenti e perciò richiedono la trascrizione di segmenti specifici di DNA.

Se la trascrizione di un gene può avvenire solo quando la cromatina presenta la forma aperta, come è possibile che un segmento di DNA si despiralizzi temporaneamente per permettere la sua trascrizione? Un ruolo importante in questo processo viene svolto dagli attivatori proteici, i quali richiamano presso tale regione diverse proteine in grado di alterare la struttura dei nucleosomi. Un esempio di queste proteine è l'*istone-acetiltransferasi*, un enzima che attacca gruppi acetile (–$COCH_3$) alle code N-terminali delle proteine istoniche (**figura 20**). Una volta acetilati, gli istoni cambiano la loro disposizione e allentano il loro legame col DNA; in questo modo, la cromatina diventa meno compatta e l'aggancio dell'RNA polimerasi risulta facilitato.

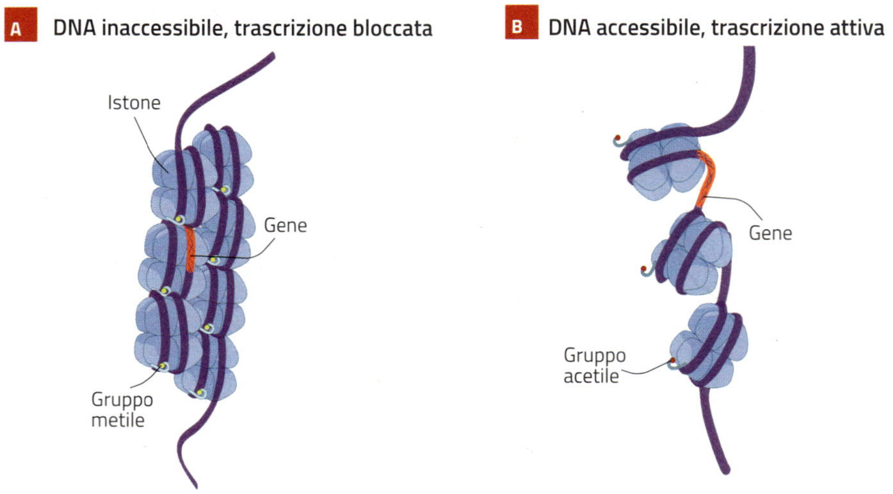

► **Figura 20**
La metilazione (A) degli istoni rende il loro legame con la molecola di DNA più saldo, impedendo la trascrizione. L'acetilazione (B) delle estremità N-terminali degli istoni rende accessibile il DNA all'azione delle polimerasi, che lo possono replicare e trascrivere.

I fattori di trascrizione legano il DNA e l'RNA polimerasi

Come nei procarioti, in un gene eucariotico si trovano un **promotore** posto a monte della regione codificante, e un **terminatore** posto a valle. Le somiglianze tra procarioti ed eucarioti tuttavia finiscono qui: mentre nei procarioti i geni con funzioni affini si trovano raggruppati in operoni e sono trascritti in blocco, negli eucarioti essi tendono a essere dispersi in punti diversi del genoma. Pertanto, la regolazione simultanea e coordinata di più geni richiede che essi condividano alcuni elementi di controllo, in modo da poter rispondere tutti allo stesso segnale.

Infine, diversamente dai batteri che dispongono di una sola RNA polimerasi, gli eucarioti ne hanno tre, ciascuna delle quali trascrive uno specifico tipo di gene: **RNA polimerasi I** trascrive i geni che codificano l'rRNA; **RNA polimerasi II** trascrive i geni che codificano proteine; **RNA polimerasi III** trascrive i geni che codificano i tRNA. Anche se quella maggiormente descritta è l'RNA polimerasi II, anche le altre due polimerasi agiscono con meccanismi simili.

Prendiamo ora in considerazione i promotori dei genomi eucariotici (**figura 21A**). Diversamente da quelli procariotici, essi non sono costituiti da un'unica sequenza di DNA, ma da più *elementi promotori*: uno dei più noti, chiamato **TATA box**, si trova a circa 35 nucleotidi dal sito di inizio della trascrizione ed è il sito d'attacco della RNA polimerasi. L'RNA polimerasi eucariotica, però, non è in grado di riconoscere direttamente il promotore, ma ha bisogno di almeno cinque **fattori di trascrizione**, specifiche proteine che si legano al DNA e alla RNA polimerasi formando il **complesso di trascrizione**.

Esiste poi un terzo tipo di sequenze regolatrici che possono essere lontane anche centinaia di paia di basi dal promotore: si chiamano **enhancer** o **silencer** a seconda che favoriscano (*enhancer*) o inibiscano (*silencer*) l'avvio della trascrizione di un determinato gene. Affinché la trascrizione abbia inizio occorre che un attivatore si leghi al relativo *enhancer* (**figura 21B**); tramite un ripiegamento della catena del DNA, tale legame favorisce l'attacco dei fattori di trascrizione al TATA box e la formazione del complesso di trascrizione. Sembra che gli *enhancer* siano molto specifici per ogni tipo di cellula e questo spiegherebbe perché certi geni si esprimono solo in determinate cellule e non in altre.

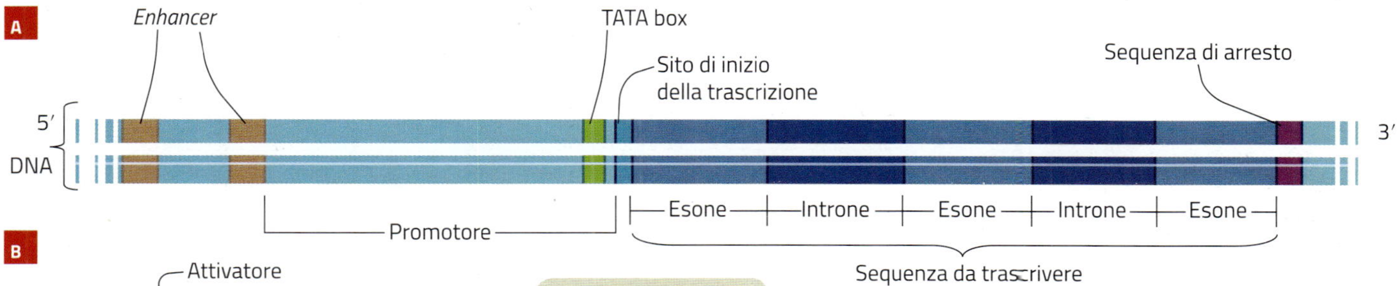

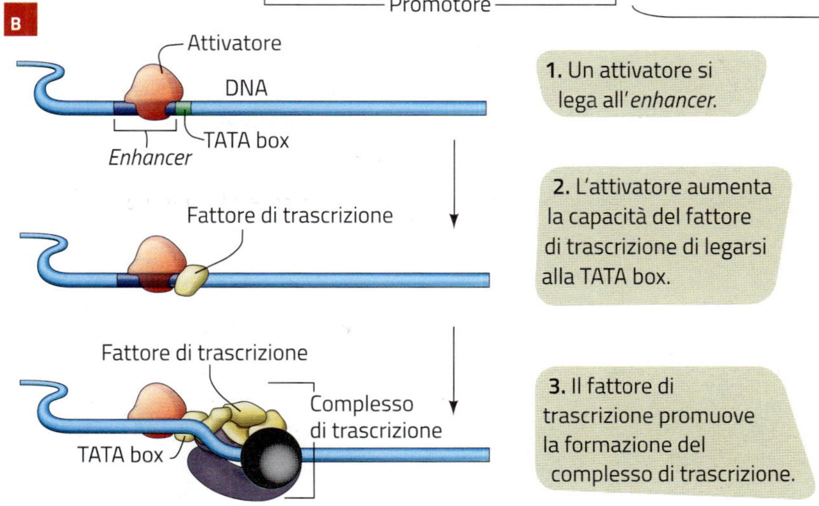

◂ **Figura 21**
(A) Ogni gene ha un promotore a cui, con l'aiuto di fattori di trascrizione, si lega l'RNA polimerasi. L'inizio di trascrizione è regolato da vari elementi di controllo, come le sequenze *enhancer* e *silencer*.
(B) Il legame di un attivatore all'*enhancer* consente la formazione del complesso di trascrizione, che può trascrivere il gene.

Facciamo il punto

1. Quali differenze si possono riscontrare tra eucromatina ed eterocromatina?
2. Che cosa sono i corpi di Barr?
3. Da quali regioni è costituito il promotore degli eucarioti?
4. Che cosa sono gli enhancer e quale funzione svolgono?

7 La maturazione dell'mRNA e lo splicing alternativo

Lo *splicing* rimuove gli introni e unisce gli esoni

Studiando il DNA degli eucarioti i ricercatori hanno scoperto un fatto che in un primo momento è sembrato strano: spesso le sequenze codificanti dei geni sono interrotte da sequenze nucleotidiche che non vengono tradotte. Le sequenze non codificanti di un gene sono dette **introni**, mentre le sequenze codificanti, cioè quelle che sono tradotte in polipeptidi, sono chiamate **esoni** (*vedi* **figura 21A**). Il numero di introni per gene può variare molto all'interno del DNA di un organismo: per esempio, in molti uccelli il gene per il collagene ha 50 introni, mentre il gene per l'ovoalbumina MM ne ha solo 7.

Prima che la trascrizione sia completata, quando il filamento di mRNA in via di formazione è lungo una ventina di nucleotidi, viene aggiunto un «cappuccio» di un nucleotide chiamato 7-metilguanosina alla sua estremità 5′; questo processo prende il nome di *capping*. Il cappuccio è necessario per far uscire l'mRNA dal nucleo e per attaccarlo al ribosoma eucariotico.

Completata la trascrizione e prima di passare nel citoplasma, il pre-mRNA va ancora incontro allo ***splicing***, un meccanismo con cui avvengono il taglio degli introni e la saldatura degli esoni (**figura 22A**). Gli introni sono rimossi dal trascritto primario da un grosso complesso molecolare che prende il nome di **spliceosoma** (**figura 22B**) ed è formato da numerose subunità chiamate snRNP (*small nuclear ribo-nucleo-protein*, che si pronucia «snurp»). Dato che il più piccolo errore potrebbe avere conseguenze molto gravi per la cellula, lo splicing deve essere assai preciso; l'mRNA maturo passa poi nel citosol dove è tradotto.

Il processo che conclude la maturazione dell'mRNA è l'aggiunta di una sequenza nucleotidica chiamata **coda poli-A** all'estremità 3′ della molecola. Questa coda è formata da una catena lunga fino a 200 nucleotidi, tutti con la base adenina. La coda poli-A ha lo scopo di conferire stabilità alla molecola consentendole di resistere più a lungo nel citoplasma e di sfuggire agli enzimi digestivi.

▾ **Figura 22**
(A) Lo *splicing* è il meccanismo di eliminazione degli introni dal trascritto primario, per ottenere un mRNA maturo. (B) Questo processo è catalizzato dallo spliceosoma e dalle snRNP.

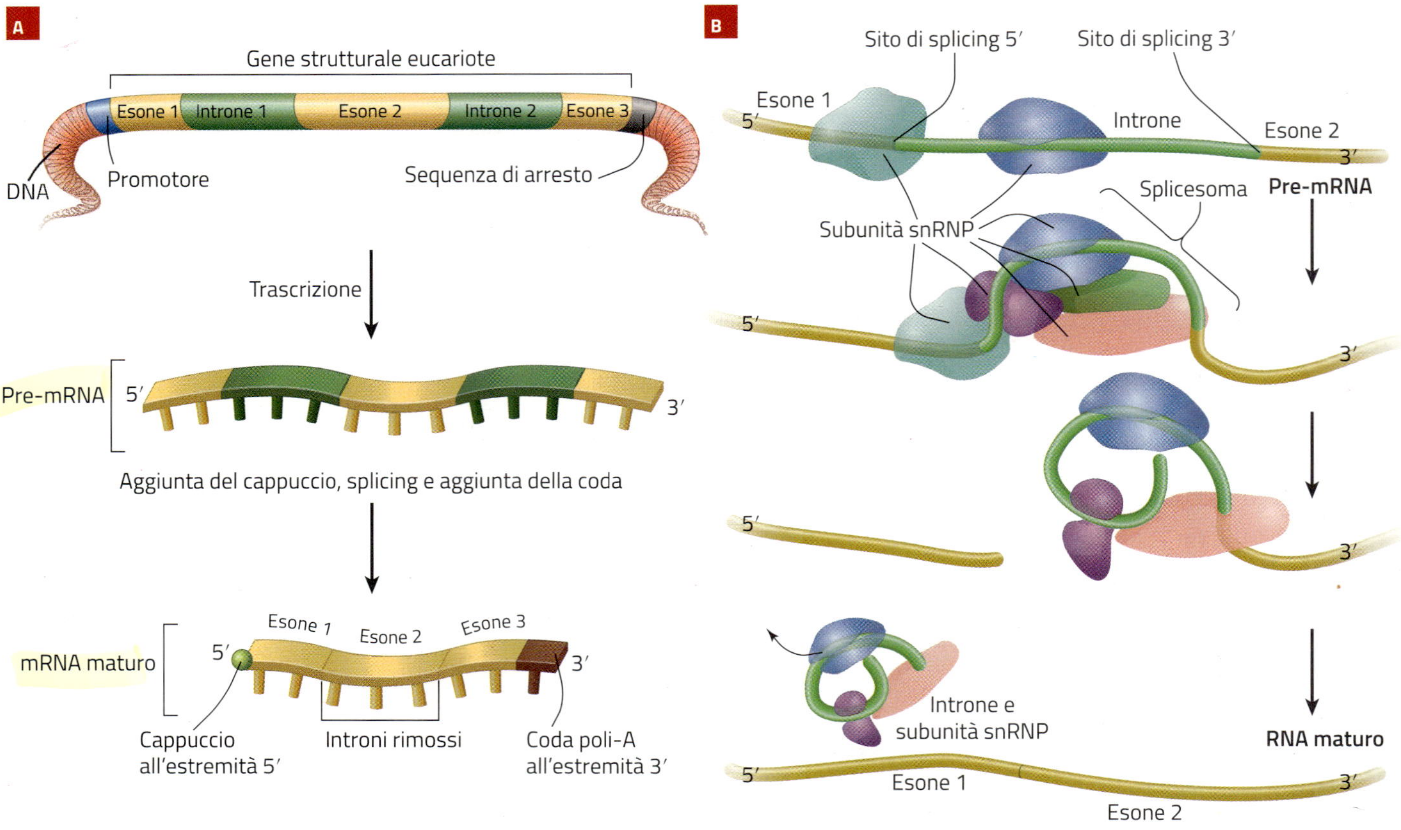

Lo *splicing* alternativo permette di ottenere mRNA diversi da uno stesso gene

Per molto tempo si è pensato che in ogni gene il processo di *splicing* portasse sempre alla rimozione di tutti gli introni e alla giustapposizione di tutti gli esoni. In realtà, una fase importante della regolazione dell'espressione genica può avvenire al momento della maturazione dell'mRNA, grazie a un processo chiamato ***splicing* alternativo**. Lo stesso trascritto primario può essere, infatti, rielaborato in modi diversi, cosicché da un singolo gene si possano formare più mRNA maturi diversi tra loro e quindi proteine differenti (**figura 23**).

Lo *splicing* alternativo permette a un gene di codificare due o più proteine e in questo modo aumenta la varietà di proteine disponibili per l'organismo. Solo il 7% dei geni presenti nei cromosomi del moscerino *Drosophila* va incontro a *splicing* alternativo; questo valore è molto inferiore a quello che si riscontra negli esseri umani, dove supera il 90%.

Questo momento di regolazione offre alla cellula anche altri vantaggi: le cellule possono produrre un gran numero di proteine mantenendo sotto controllo le dimensioni del genoma, con conseguente risparmio di energia quando occorre replicare il DNA. Inoltre, lo stesso gene può fornire proteine diverse in momenti differenti dello sviluppo e garantire, di volta in volta, la quantità ottimale di specifiche molecole, evitando così di sintetizzare prodotti inutili.

▼ Figura 23
L'informazione portata da un unico gene può dare luogo alla sintesi di polipeptidi differenti (calcitonina e CGRP) in due diverse ghiandole (tiroide e ipofisi) grazie allo *splicing* alternativo.

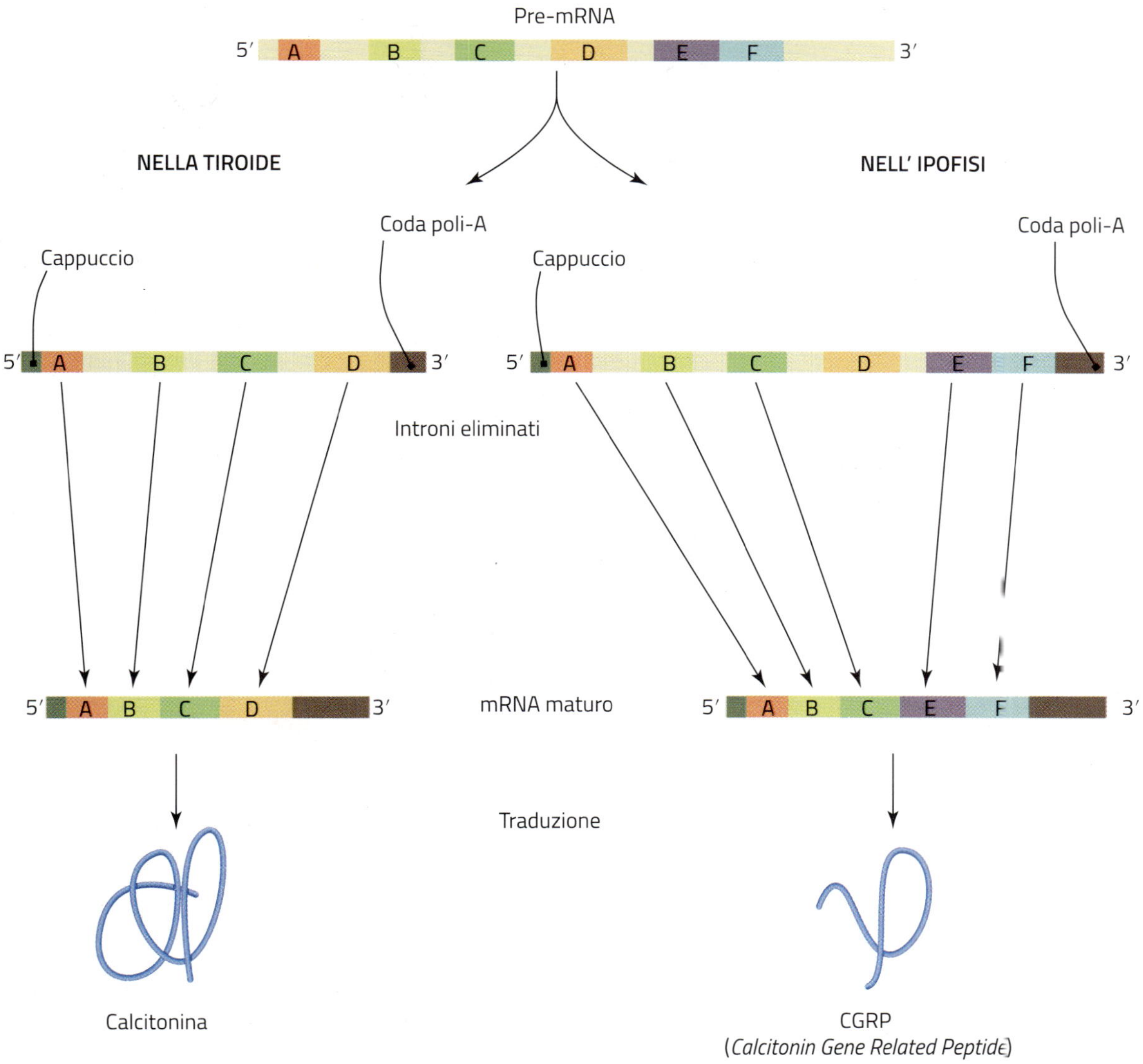

Facciamo il punto

1. Che cosa sono gli esoni e gli introni?
2. Quali trasformazioni subisce l'mRNA durante il suo processo di maturazione?
3. Quali funzioni hanno il cappuccio e la coda poli-A che vengono aggiunti all'mRNA?
4. In che modo avviene il meccanismo di *splicing*?

8 La regolazione traduzionale e post-traduzionale

La RNA *interference* può bloccare la traduzione dell'mRNA nel citoplasma

Una cellula può controllare la produzione finale delle proteine anche grazie a meccanismi che hanno luogo durante o al termine della traduzione. Tra questi c'è la possibilità di impedire temporaneamente l'attacco dell'mRNA ai ribosomi mediante l'azione di un **repressore traduzionale**; questo tipo di repressore agisce legandosi all'mRNA quando la relativa proteina si trova già in quantità sufficienti, mentre viene poi disattivato quando occorre riprenderne la sintesi. La presenza nel citoplasma di elementi in grado di legare tali repressori e disattivarli incrementa la velocità della sintesi proteica. Un esempio di repressore traduzionale è la proteina chiamata *FMRP*, che regola la traduzione di specifici mRNA presenti nelle cellule nervose; una mutazione del gene che codifica questa proteina e la sua conseguente carenza nel citoplasma sembra essere legata alla *sindrome dell'X fragile*.

Ti ricordi?
La **sindrome dell'X fragile** è una malattia legata al sesso, il cui nome deriva dall'osservazione del cariotipo: in metafase, il cromosoma X sembra avere un punto di rottura (zona fragile) a livello del braccio lungo.

I repressori più comuni sono piccole molecole di RNA capaci di interferire con le molecole di RNA messaggero; queste molecole sono i **microRNA** (miRNA) o i **brevi RNA interferenti** (*short-interfering RNA*, siRNA) lunghe circa 22 nucleotidi. La loro azione consiste nel neutralizzare le molecole di mRNA quando esse hanno terminato la loro funzione, oppure nello «spegnere» l'espressione di determinati geni (**figura 24**). L'aspetto più interessante di questo processo, chiamato **RNA *interference*** o **RNAi**, è che le piccole molecole di miRNA e di siRNA possono essere sintetizzate anche in laboratorio per contrastare malattie di origine genetica. Le ricerche mediche basate sulla scoperta dell'*RNA interference* fatta dagli scienziati statunitensi Andrew Fire e Craig Mello (che per i loro studi hanno ricevuto il premio Nobel nel 2006) offrono molte prospettive di sviluppo nel campo della lotta alle malattie infettive o delle terapie geniche.

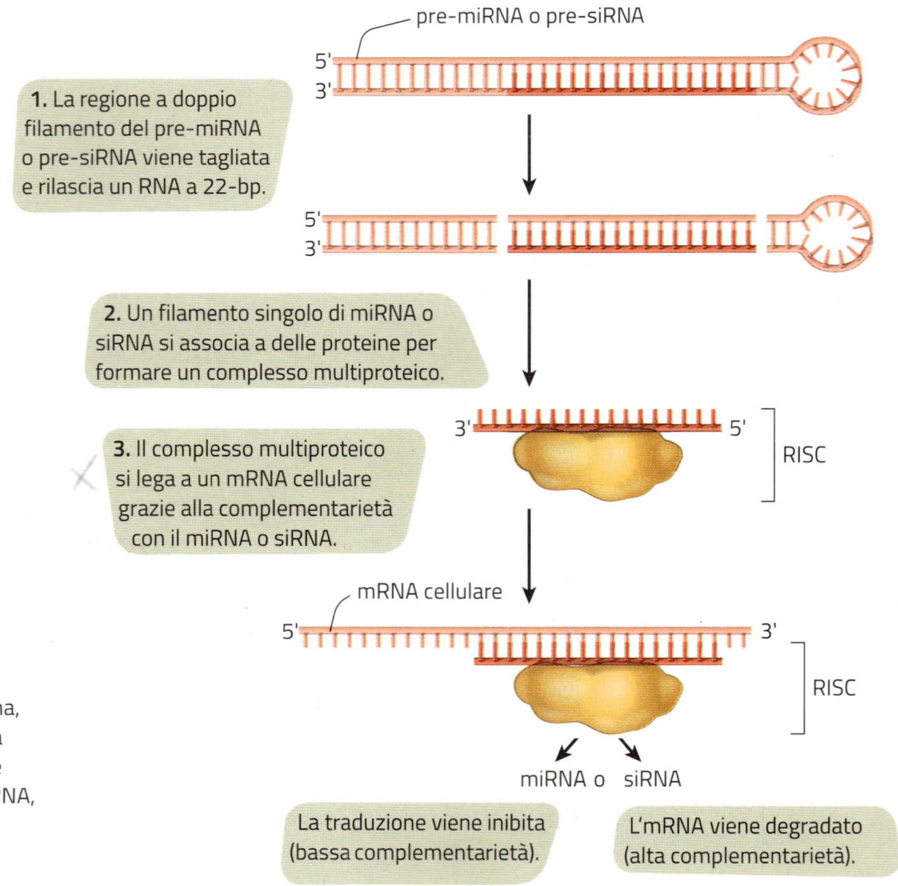

▸ **Figura 24**
Dopo essere stato tagliato da un enzima, un miRNA si associa ad alcune proteine e interagisce con l'mRNA, bloccando la sua traduzione.

Il sistema ubiquitina-proteasoma controlla la longevità delle proteine

Un altro sistema per controllare l'attività di una proteina in una cellula è di regolarne la longevità tramite il sistema *ubiquitina-proteasoma*. Il meccanismo che attiva la degradazione di una proteina-bersaglio inizia «marcando» la molecola da demolire con l'**ubiquitina**, un piccolo polipeptide di 76 amminoacidi. Alla molecola iniziale di ubiquitina se ne attaccano altre, formando una catena di poli-ubiquitina.

La proteina bersaglio legata alla poliubiquitina entra infine nel proteasoma (**figura 25A**), un grande complesso multiproteico a forma di cilindro cavo. Il **proteasoma** dapprima stacca l'ubiquitina e poi demolisce la proteina bersaglio in piccoli frammenti peptidici e amminoacidi liberi.

La concentrazione di gran parte delle proteine cellulari dipende più dalla loro degradazione a livello dei proteasomi che dall'espressione differenziale dei rispettivi geni. Esistono però alcuni virus capaci di sabotare questo sistema: il papillomavirus umano (*Human Papilloma Virus* o HPV), che si trasmette per via sessuale, aggiunge l'ubiquitina alla proteina p53 marcandola per la degradazione. Poiché la proteina p53 inibisce la divisione cellulare, il calo della sua concentrazione determina una divisione cellulare priva di controllo che può portare al cancro della cervice uterina.

La proteina p53 (**figura 25B**) svolge la funzione di soppressore di tumore in quanto si lega al DNA usando una sorta di quattro braccia e, in questo modo, inibisce la divisione cellulare. La maggior parte delle mutazioni a carico della proteina p53 che provocano il cancro sono state trovate proprio all'interno del dominio che dovrebbe legarsi al DNA.

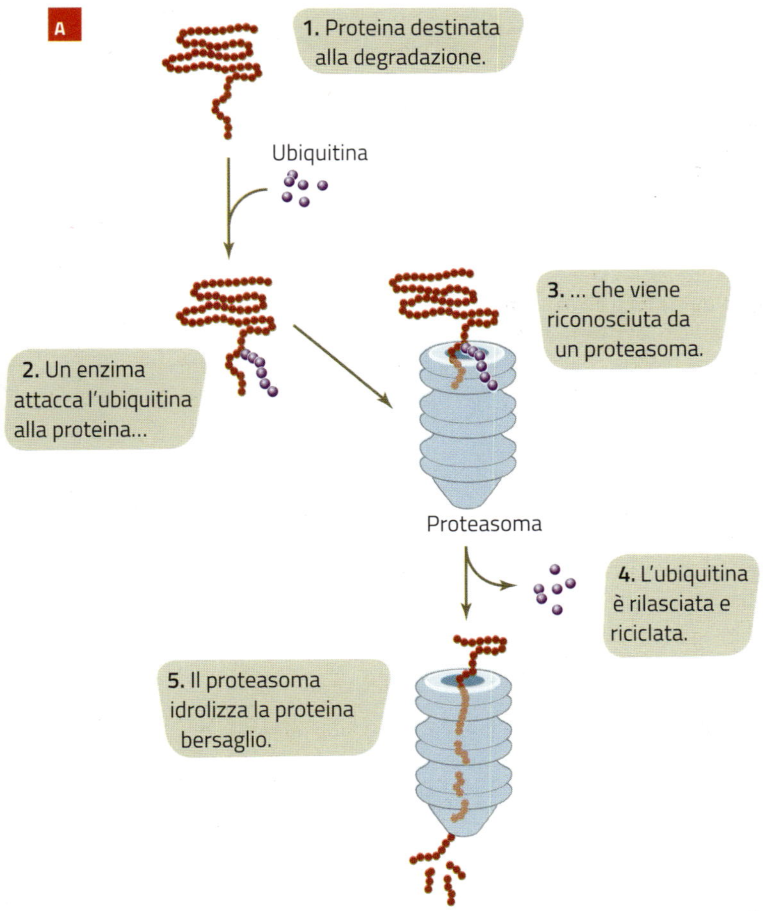

◂ Figura 25
(A)Le proteine destinate alla degradazione si legano a l'ubiquitina, che le direziona al proteasoma; questo complesso proteico prima stacca l'ubiquitina e poi libera i singoli amminoacidi (B) La struttura tridimensionale della proteina p53.

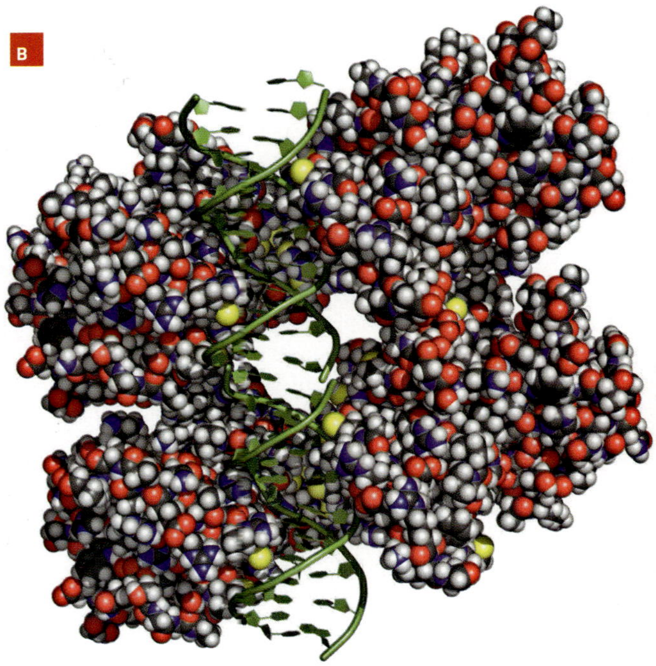

Facciamo il punto

1. Che cos'è la RNA *interference*?
2. Qual è la funzione del proteasoma?
3. In che modo il papilloma virus agisce sul sistema ubiquitina-proteasoma?

SINTESI DI FINE CAPITOLO

LO SAI? RIPASSA CON LO SMARTPHONE

Il flusso dell'informazione genetica

Beadle e **Tatum** dimostrarono che ogni enzima della via metabolica per la sintesi di un amminoacido è codificato da un gene distinto. Tutti i geni che non hanno funzione di regolazione sono detti **geni strutturali**.

Il **dogma centrale** della biologia molecolare afferma che il gene è un tratto di DNA contenente le informazioni per la produzione di una catena polipeptidica e che il flusso delle informazioni è monodirezionale: DNA → RNA → proteine.

Esistono tre tipi di RNA:

- **RNA messaggero** (mRNA) copia le informazioni nel DNA e le trasferisce nel citoplasma;
- **RNA transfer** (tRNA) porta gli amminoacidi ai ribosomi e li colloca nella posizione corretta;
- **RNA ribosomiale** (rRNA) è uno dei costituenti dei ribosomi.

La trascrizione: da DNA a mRNA

Il processo di sintesi del messaggero si chiama **trascrizione**, e avviene in tre fasi:

1. **inizio**, l'RNA polimerasi si lega a una specifica sequenza del DNA (*promotore*);
2. **allungamento**, la doppia elica del DNA si apre e la RNA polimerasi si sposta in un'unica direzione lungo il filamento stampo del DNA trascrivendo RNA in direzione 5′→3′.
3. **terminazione**, sul filamento stampo del DNA si raggiungono particolari sequenze di basi (*terminatori*).

Un amminoacido è codificato sul DNA da una combinazione di tre nucleotidi, ovvero da una **tripletta**; la tripletta corrispondente sull'mRNA è chiamata **codone**. L'insieme dei codoni forma il **codice genetico**, che racchiude le informazioni per ottenere gli amminoacidi. Il codice genetico è:

- *universale*, perché vale per tutti i viventi;
- *degenerato*, perché è ridondante;
- *non ambiguo*, perché un dato amminoacido può essere specificato da più codoni, ma un dato codone può specificare un solo amminoacido.

La traduzione: dall'RNA alle proteine

Con la **traduzione** si passa dal linguaggio del DNA al linguaggio delle proteine grazie al **tRNA**, che è composto da un **sito di attacco** per l'amminoacido specifico e da un **anticodone.**

La traduzione avviene sui **ribosomi** che assemblano una catena polipeptidica. I ribosomi sono composti di due subunità, ognuna contenente rRNA e proteine; hanno tre siti per le interazioni codone-anticodone fra tRNA e mRNA (E, P e A).

La traduzione avviene in tre fasi:

1. si forma il **complesso d'inizio**;
2. **allungamento**, nel sito A libero entra un tRNA carico, il cui anticodone è complementare al secondo codone dell'mRNA e, con il suo amminoacido, occupa il sito A:
3. **terminazione,** il ribosoma incontra uno dei tre codoni di stop.

La regolazione genica

La **regolazione dell'espressione genica** permette di controllare il metabolismo e le funzioni cellulari. Per controllare la trascrizione servono particolari proteine dette *fattori di regolazione della trascrizione* che si legano al DNA vicino al promotore e possono impedisre (**repressori**) o favorire (**attivatori**) la trascrizione dell'mRNA.

Nei procarioti, un **operone** è un'*unità di trascrizione* che comprende: un **promotore**, uno o più **geni strutturali**, tutti controllati da una sequenza regolatrice detta **operatore**, e un **terminatore**, una sequenza che segnala alla RNA polimerasi che la trascrizione è terminata.

Gli operoni possono essere controllati da fattori proteici che inducono (*attivatori*) o reprimono (*repressori*) la trascrizione. Tra gli operoni controllati da un repressore ci sono:

- l'operone *lac* è un **operone inducibile** a controllo negativo che attiva la trascrizione in risposta alla comparsa di un induttore;
- l'operone *trp* è un **operone reprimibile** a controllo negativo.

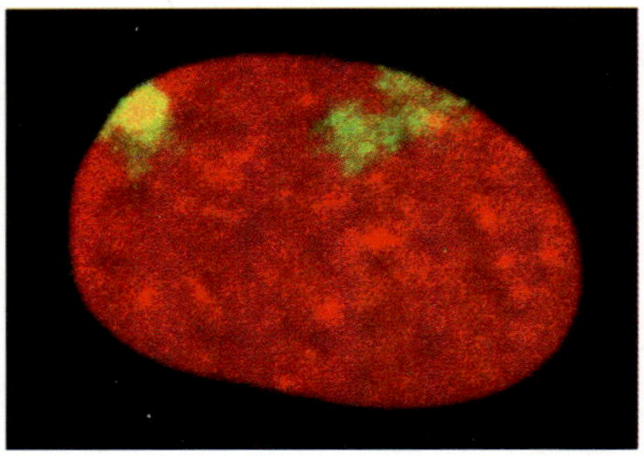

La regolazione negli eucarioti

Le cellule eucariotiche possono agire a diversi livelli per aumentare o diminuire la quantità di proteine: prima, durante e dopo la trascrizione, quando l'mRNA esce dal nucleo e dopo la traduzione. Il modellamento della **cromatina** permette di bloccare o attivare la trascrizione.

Le sequenze non codificanti di un gene sono gli **introni**, mentre le sequenze codificanti che sono tradotte in proteine sono gli **esoni**. Con lo **splicing** si tagliano gli introni e si saldano gli esoni, lo **splicing alternativo** ottiene mRNA diversi da uno stesso gene.

Il **repressore traduzionale** agisce legandosi all'mRNA quando la relativa proteina è in quantità sufficienti, e viene poi disattivato quando occorre riprenderne la sintesi. I repressori più comuni sono i microRNA (**miRNA**) o i brevi RNA interferenti (*short-interfering RNA*, **siRNA**). Queste neutralizzano le molecole di mRNA quando esse hanno terminato la loro funzione o per «spegnere» l'espressione di determinati geni.

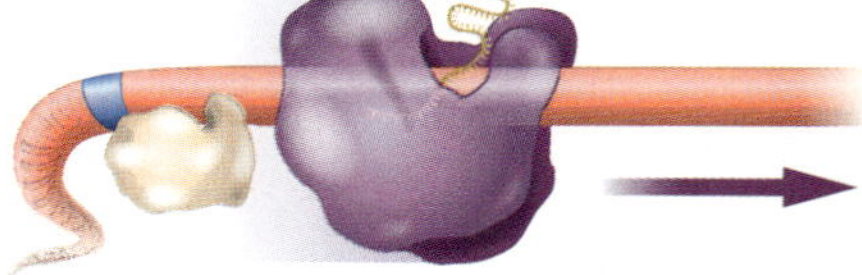

VERIFICA LE TUE CONOSCENZE

ZTE ONLINE

1. Scrivi sul quaderno la definizione dei seguenti termini.

a) RNA messaggero, RNA ribosomiale e RNA transfer.
b) Codone di inizio e codone di stop.
c) Complesso d'inizio e terminazione.
d) Geni regolatori e geni costitutivi.
e) Repressori e attivatori.
f) Operoni inducibili e reprimibili.
g) Introni ed esoni.
h) Capping e splicing.

Barra il completamento esatto.

2. Un gene costitutivo

A codifica proteine che non sono indispensabili per la cellula.
B è il gene più importante degli operoni delle cellule procariote.
C codifica continuamente creando talvolta gravi problemi alla cellula.
D non ha bisogno di particolari controlli perché è sempre attivo.

3. I ribosomi

A sono le basi d'appoggio su cui avviene la trascrizione del DNA.
B hanno un sito a cui si attaccano direttamente i relativi amminoacidi.
C hanno particolari triplette di RNA ribosomiale a cui si legano i codoni del tRNA.
D sono costituiti sia da acidi nucleici (rRNA) sia da catene polipeptidiche.

4. I corpi di Barr sono

A ammassi di eucromatina che rendono difficile la trascrizione.
B i siti d'attacco per la RNA polimerasi per il riconoscimento del promotore.
C i siti in cui si attiva la trascrizione in risposta alla comparsa di un induttore.
D gruppi di ribosomi che sintetizzano molte copie di un polipeptide.

5. Di fianco a ogni affermazione scrivi la lettera A se si riferisce alla fase d'inizio della sintesi proteica, B se si riferisce alla fase di allungamento, C se si riferisce alla fase di terminazione, o la D se non si riferisce a nessuna delle tre fasi.

a) Il tRNA presente nel sito A si sposta nel sito P del ribosoma. (.....)
b) La subunità ribosomiale più grossa si aggancia a quella più piccola. (.....)
c) In corrispondenza del sito A si posiziona il codone UAA posto sull'mRNA. (.....)

6. Nel seguente brano barra tra i termini in neretto quelli errati.

Un operone è un segmento di DNA costituito da uno o più geni **regolatori / strutturali** (la cui trascrizione consente la sintesi di specifiche proteine) e da una serie di geni che hanno funzione di **splicing / controllo**; tra essi vi sono il gene regolatore, da cui dipende la sintesi di un **promotore / repressore**, ossia di una proteina in grado di bloccare l'azione del gene **operatore / enhancer**. Il regolatore è a sua volta influenzato dalla presenza di un **corepressore / gene costitutivo**, che ha la funzione di attivarlo, o di un induttore, che ha la funzione di **duplicarlo / inibirlo**.

7. Completa il brano scegliendo tra i termini elencati in fondo.

Un .... è un segmento di DNA che codifica una determinata catena polipeptidica. Tale segmento è caratterizzato dal numero e dalla sequenza .... Gli scienziati .... hanno dimostrato che una mutazione che colpisce un qualsiasi gene può .... la funzionalità di un determinato enzima.

(alterare, dei gruppi fosfato, Watson e Crick, potenziare, gene, degli amminoacidi, Beadle e Tatum, enzima, ripristinare, delle basi azotate, codone, Nirenberg e Matthaei)

8. Di fianco a ogni affermazione scrivi la lettera A se essa si riferisce a un cromosoma procariotico, B se si riferisce a un cromosoma eucariotico, C se si riferisce a entrambi i tipi di cromosoma, o la lettera D se non si riferisce a nessuno dei due.

a) È formato da cromatina, una sostanza costituita in larga percentuale da proteine chiamate istoni. (.....)
b) La trascrizione di un suo gene inizia presso un gene promotore e può essere regolata da induttori. (.....)
c) Una sua sequenza può incominciare a essere tradotta sui ribosomi prima di essere stata del tutto trascritta. (.....)
d) È costituito da un gran numero di sequenze che risultano inutili in quando non codificano per nessuna proteina. (.....)

9. Completa la tabella mettendo in relazione gli acidi nucleici con le relative funzioni proposte.

A. mRNA
B. rRNA
C. tRNA
D. DNA

1. trasmette il messaggio dal nucleo al citoplasma
2. presenta un sito d'attacco per gli amminoacidi
3. costituisce gli organuli su cui avviene la sintesi proteica
4. è considerato il materiale genetico della cellula

A	B	C	D

10. Completa la tabella mettendo in relazione i termini con le definizioni proposte.

A. gene strutturale
B. repressore
C. operatore
D. gene costitutivo
E. induttore

1. molecola che consente l'attacco delle RNA-polimerasi al DNA
2. segmento di DNA che codifica un polipeptide
3. unità genica che risulta sempre attiva e non necessita di controlli
4. proteina che può ostacolare l'azione del promotore
5. sequenza nucleotidica posta a fianco del promotore

A	B	C	D	E

11. Dopo aver messo a confronto la struttura del tRNA con quella dell'mRNA, spiega quale ruolo svolge il tRNA nella sintesi proteica.

....

12. Che differenza c'è tra eucromatina ed eterocromatina? Quali diversi effetti hanno questi due tipi di cromatine sull'attività cellulare?

....

VERIFICA LE TUE ABILITÀ

Barra il completamento esatto.

13. Un operone

- [A] è una breve sequenza di DNA presente soltanto nelle cellule batteriche.
- [B] possiede i geni regolatori, promotori e operatori sempre adiacenti l'uno all'altro.
- [C] può attivarsi quando l'induttore si lega alla proteina prodotta dal gene regolatore.
- [D] entra in azione quando è sollecitato dalla presenza nella cellula di triptofano.

14. Durante la trascrizione di un segmento di DNA

- [A] si verifica lo *splicing* degli introni allo scopo di saldare le sequenze di DNA che devono essere tradotte.
- [B] è possibile prevedere quale sarà la proteina corrispondente in base al numero di esoni eliminati.
- [C] i fattori di trascrizione vanno a legarsi a speciali proteine chiamate *silencer* che favoriscono la formazione di mRNA maturo.
- [D] vengono eliminati gli introni dal trascritto di mRNA e vengono aggiunti un «cappuccio» e una coda poli-A.

15. Nell'esperimento di Nirenberg

- [A] ciascuna delle 20 provette conteneva all'inizio una soluzione in cui era stato inserito un solo tipo di amminoacido.
- [B] l'RNA «poli-U» aveva determinato la sintesi di un polipeptide radioattivo, ma soltanto nelle provetta che conteneva estratti cellulari e ATP.
- [C] in ogni provetta si era assemblato un polipeptide differente da quelli delle altre provette.
- [D] la catena polipeptidica formata da fenilalanina si era assemblata in tutte le provette, ma solo in una era radioattiva.

Barra la risposta esatta.

16. Quali di questi eventi non avviene durante il processo di traduzione del messaggio?

- [A] Si appaiono le basi complementari del codone con quelle dell'anticodone.
- [B] L'RNA-polimerasi si attacca a una specifica sequenza nucleotidica detta promotore.
- [C] La subunità ribosomiale più grande si attacca a quella più piccola.
- [D] Un enzima catalizza l'aggancio del tRNA al corrispondente amminoacido.

17. Nel seguente brano barra tra i termini in neretto quelli errati.

Un processo chiamato **splicing / splicing alternativo** giustifica il fatto che il numero di proteine che si formano in una cellula è spesso molto **inferiore / superiore** al numero di geni **strutturali / regolatori** presenti nel patrimonio genetico; infatti, capita spesso che uno stesso segmento di pre-mRNA dia origine a RNA maturi diversi, i quali saranno pertanto **tradotti / trascritti** in proteine con strutture e funzioni differenti.

18. Completa il brano scegliendo tra i termini elencati in fondo.

Se, a livello del .... avviene un errore nella sequenza delle basi azotate e si verifica una .... , slitta tutto il sistema di scrittura e le triplette dell'mRNA risulteranno modificate tanto da essere .... in maniera errata. Ne consegue che la catena polipeptidica che si forma sarà costituita da una serie di .... sbagliati e la proteina non sarà funzionale.

(sostituzione, idrolizzate, amminoacidi, decodificate, tRNA, polisomi, DNA, trascrizione, duplicate, ribosoma, nucleotidi, delezione)

19. Per quale motivo il codice genetico viene detto «degenerato»?

....

....

....

....

....

....

....

....

....

20. Quali sono i principali eventi che caratterizzano la fase di allungamento della sintesi proteica?

....

....

....

....

....

....

....

....

....

UNITUTOR VERSO L'UNIVERSITÀ

Preparati ai test di ammissione sul sito Unitutor.

21. Quale/i dei seguenti acidi nucleici è/sono coinvolto/i sia nella trascrizione che nella traduzione?

1. DNA
2. mRNA
3. tRNA

- [A] Solo 1
- [B] Solo 2
- [C] Solo 3
- [D] Solo 1 e 2
- [E] Tutti

[dal test di ammissione a Veterinaria 2015-16]

22. Qual è il massimo numero possibile di legami idrogeno tra mRNA e tRNA in un ribosoma durante la traduzione?

- [A] 3
- [B] 6
- [C] 9
- [D] 12
- [E] 18

[dal test di ammissione a Medicina 2015-16]

HANDS-ON GLOSSARY

23. Fill in the table matching each term (*letters*) with its definition (*numbers*).

A. genetic code
B. gene expression
C. Barr body
D. reverse transcription

1. the synthesis of single-stranded DNA using single-stranded RNA as a template, mediated by the enzymes reverse transcriptases.
2. the inactive X chromosome in a female somatic cell, named after discoverer Murray Barr (a Canadian physician).
3. a set of rules by which information encoded within genetic material (DNA or MRNA sequences) is translated into proteins.
4. a process by which information from a gene is used in the synthesis of a protein, but also a functional RNA.

A	B	C	D

VERSO L'ESAME: LE TUE COMPETENZE

SCHEMATIZZA

24. Costruisci una mappa concettuale che schematizzi tutti i passaggi della sintesi proteica, partendo dal DNA, sino a giungere alla formazione del polipeptide.

OSSERVA E DEDUCI

25. In un tratto di RNA si è registrata una mutazione:

5′-UGUAGCGGUUAA-3′ → 5′-UGUCAGCGGUUAA-3′
(sequenza normale) (sequenza mutata)

Di che mutazione si tratta?
Quali potrebbero essere le conseguenze?

RICERCA

26. Esistono alcune sindromi dovute a difetti nel processo di *ubiquitinazione*.

Fai una ricerca in Rete e scrivi un breve testo (massimo 1000 battute, spazi inclusi) che le descriva, indicandone anche i possibili trattamenti.

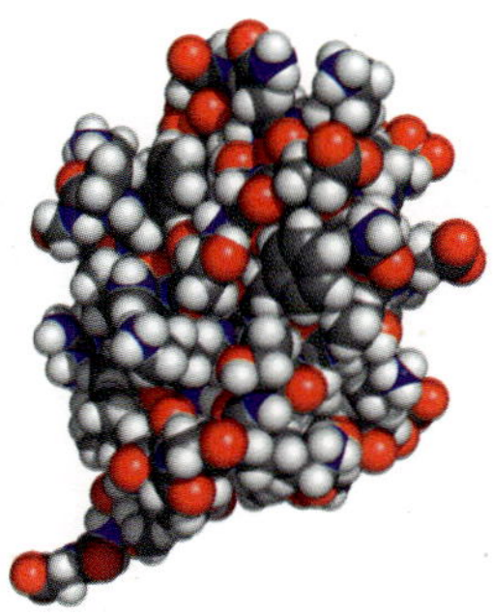

ELENCA

27. Fai un elenco di tutti i differenti livelli di controllo dell'espressione genica presenti negli eucarioti, quindi descrivili sinteticamente.

CONFRONTA

28. Metti a confronto i processi di trascrizione e traduzione, evidenziando i punti in comune e le differenze.

RIFLETTI

29. Leggi attentamente il brano che segue e riconosci di quale meccanismo di regolazione si tratta; quindi descrivilo sinteticamente.

Nei moscerini della frutta, il sesso è determinato dalla serie di eventi a carico di tre geni:

a) *dex lethal (Sxl)*;
b) *transformer (tra)*;
c) *doublesex (dsx)*.

Nelle drosofile femmine, lo splicing dei trascritti primari *Sxl* determina un prodotto che potenzia lo splicing dei trascritti *Sxl* e induce quello dei trascritti *tra*. In questo modo si attiva lo splicing dei trascritti del gene *dsx* che porta allo sviluppo di una femmina.

Invece, nei maschi i trascritti *Sxl* danno un prodotto inattivo a causa di un esone contenete una tripletta di stop. Anche lo splicing dei trascritti *tra* origina un prodotto inattivo che a sua volta induce lo splicing dei trascritti *dsx* generando un prodotto che inattiva i geni femminili.

SPIEGA

30. Che cosa accade, dal punto di vista biochimico, quando il batterio *Escherichia coli* si trova in una condizione di carenza dell'amminoacido triptofano? E come si modifica, invece, il processo se il triptofano è presente?

GIUSTIFICA

31. Una delle prerogative del codice genetico è la sua universalità: come può essere interpretata questa caratteristica dal punto di vista evolutivo?

METTI IN RELAZIONE

32. Il cariotipo, ovvero l'insieme delle caratteristiche dei cromosomi di una cellula, può essere definito prelevando alcune cellule di un organismo, inducendone la mitosi e bloccandole in metafase.

Perché pensi che questo sia la fase migliore per osservare i cromosomi?

COLLEGA

33. Ordina le tappe della traduzione in modo cronologico, quindi descrivi il processo.

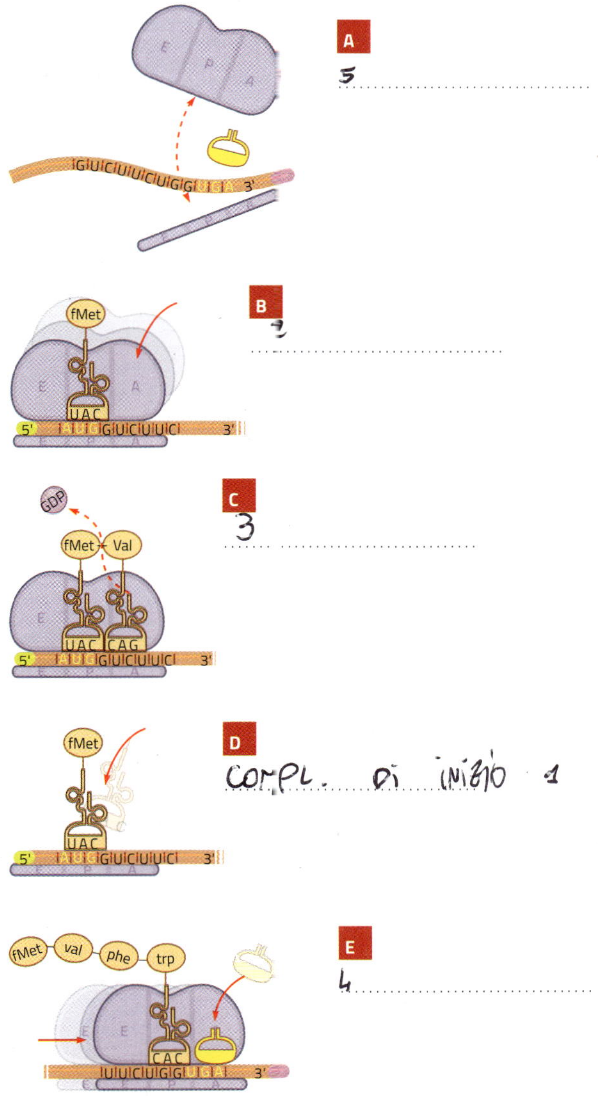

Capitolo

B4

Le mutazioni e le tecniche per studiare il DNA

1 Che cosa sono le mutazioni

Le mutazioni e le loro cause

Nel capitolo sulla genetica mendeliana abbiamo descritto le mutazioni come cambiamenti ereditabili dei geni e abbiamo visto che diversi alleli possono produrre differenti fenotipi: per esempio, piante di pisello a fiore rosa o bianco. Conoscendo la natura chimica dei geni come sequenze di DNA e il modo in cui essi vengono espressi sotto forma di proteine, è ora possibile dare una nuova definizione: una **mutazione** è un cambiamento nella sequenza nucleotidica del DNA che può essere trasmessa da una cellula o da un organismo alla sua progenie. In un organismo pluricellulare, le mutazioni possono essere:

- **mutazioni somatiche** se hanno luogo all'interno delle cellule somatiche (cioè le cellule del corpo) e sono trasmesse alle cellule figlie durante la mitosi; queste mutazioni non vengono, però, ereditate dalla prole mediante riproduzione sessuata. Per esempio, una mutazione in una singola cellula della pelle umana può produrre un gruppo di cellule con la stessa mutazione, ma non potrà essere trasmessa ai figli della persona che la porta, perché non è ereditaria.
- **mutazioni germinali** se avvengono nelle cellule della linea germinale, quelle specializzate nella produzione di gameti; perciò in seguito alla fecondazione un gamete mutato trasmetterà la mutazione alla propria progenie. Il nuovo organismo presenterà quella mutazione in tutte le cellule del suo corpo e la trasmetterà ai suoi figli perché questa è una mutazione di tipo ereditario.

A colpo d'occhio

MUTAZIONI (CELLULA INTERESSATA)
- SOMATICHE – NON EREDITARIE
- GERMINALI – EREDITARIE

Le mutazioni possono avere effetti diversi sul fenotipo

Qualunque mutazione, sia essa somatica o germinale, può avere o meno effetti sul fenotipo della cellula o dell'organismo che la porta. Considerando le mutazioni in base ai loro effetti sulle proteine, è possibile classificarle in tre grandi gruppi: silenti o neutre, con perdita di funzione e con acquisto di funzione.

Le **mutazioni silenti** e le **mutazioni neutre** non hanno alcun effetto sulla funzione della proteina. Per esempio, la mutazione può verificarsi in una regione del DNA che non codifica una proteina, oppure può trovarsi nella parte codificante di un gene, ma non avere effetto sulla sequenza amminoacidica. A causa della ridondanza del codice genetico, infatti, non è detto che la sostituzione di base in una regione codificante modifichi la sequenza degli amminoacidi durante la traduzione dell'mRNA mutato; in questo caso si ha una *mutazione silente* (**figura 1B**). In altri casi, le mutazioni modificano un'intera tripletta e perciò anche l'amminoacido codificato, ma la funzionalità della proteina rimane inalterata; in questo caso si hanno *mutazioni neutre*. Le mutazioni silenti e neutre sono abbastanza comuni e di solito producono una variabilità genetica che non è osservabile nel fenotipo. Alcune mutazioni silenti in regioni codificanti possono però influire sulla funzione della proteina, per esempio modificando la stabilità dell'mRNA, o possono avere effetto sulla velocità di traduzione; in entrambi i casi, può cambiare il tipo o la quantità della proteina prodotta e ciò ha degli effetti sul fenotipo.

Una **mutazione con perdita di funzione** danneggia la funzione della proteina (**figura 1C**) e può causare la mancata espressione di un gene; in altri casi, il gene può essere espresso, producendo però una proteina che non è in grado di svolgere il suo ruolo nella cellula, come per esempio la funzione catalitica degli enzimi. Negli organismi diploidi le mutazioni per perdita di funzione hanno quasi sempre eredità recessiva, perché la presenza di un allele di tipo selvatico fornirà una quantità sufficiente di proteina funzionante alla cellula: l'allele «seme rugoso» nelle piante di piselli studiate da Mendel, per esempio, è dovuto a una mutazione per perdita di funzione del gene *SBE1* (da *Starch Branching Enzyme*). Normalmente la proteina espressa da questo gene catalizza la ramificazione dell'amido mentre il seme si sviluppa; nel mutante la proteina SBE1 non è funzionale e questo produce dei cambiamenti di natura osmotica che determinano il fenotipo rugoso.

Infine, una **mutazione con acquisto di funzione** produce una proteina con una funzione alterata (**figura 1D**). Questo tipo di mutazione generalmente mostra eredità dominante, perché la presenza dell'allele di tipo selvatico non impedisce all'allele mutante di funzionare.

Oltre a queste categorie, esistono anche mutazioni che hanno effetti minimi sul fenotipo; per esempio, una **mutazione condizionale** influenza il fenotipo solo in presenza di certe condizioni ambientali (**figura 1E**). Molte mutazioni condizionali sono sensibili alla temperatura e producono proteine poco stabili alle alte temperature. Per esempio, il fenotipo con pelo scuro alle estremità del corpo (*colourpoint*) dei conigli dell'Himalaya e dei gatti siamesi è dovuta a una mutazione condizionale con perdita di funzione sensibile alla temperatura di un gene per il colore della pelliccia. Alla temperatura corporea la proteina codificata dal gene non è stabile e non è funzionale, perciò l'animale avrà la pelliccia scura solo alle estremità, dove la temperatura è più bassa.

A colpo d'occhio

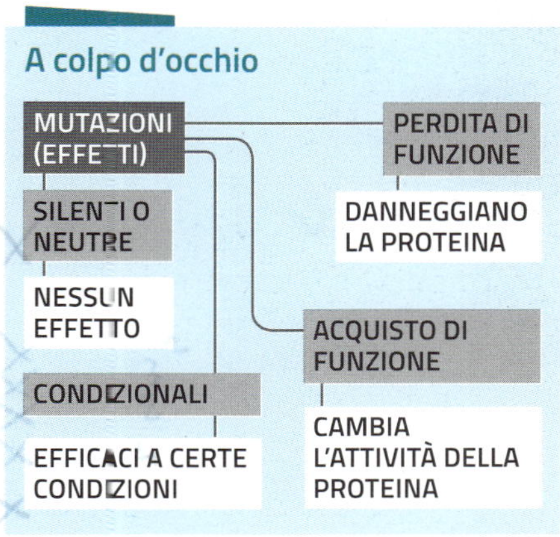

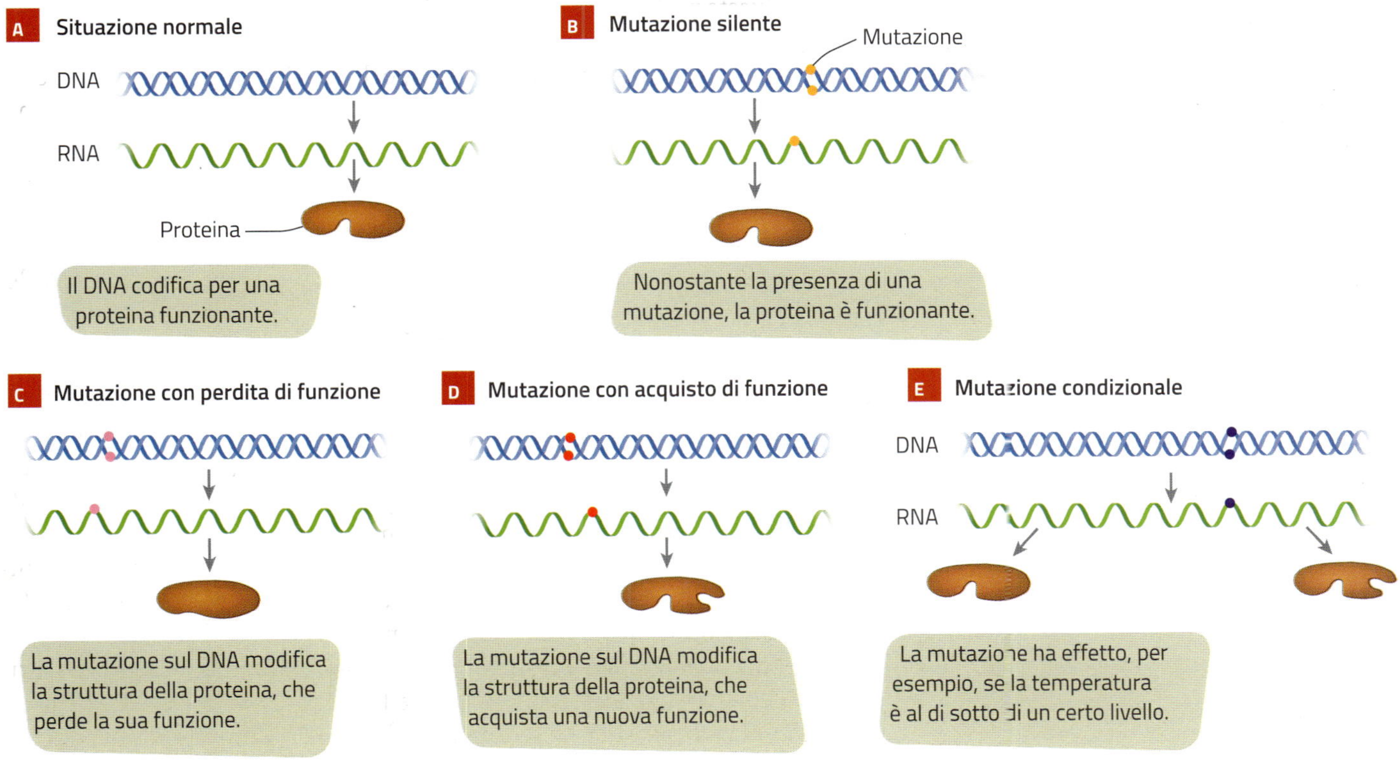

▼ **Figura 1**
Diversi tipi di mutazione, classificati in base al tipo di effetto che inducono: allele normale, privo di mutazioni (A), una mutazione silente (B), una mutazione con perdita di funzione (C), una mutazione con acquisto di funzione (D) e una mutazione condizionale (E).

Le mutazioni possono essere spontanee o indotte da un agente mutageno

In base alle loro cause, è utile distinguere tra mutazioni spontanee e indotte. Le **mutazioni spontanee** sono cambiamenti permanenti nel materiale genetico che avvengono senza alcuna influenza dall'esterno, ma a causa di processi cellulari imperfetti. I meccanismi possono essere diversi: in alcuni casi, le basi del DNA cambiano a causa di reazioni chimiche, come la perdita di un gruppo amminico della citosina, una reazione chiamata *deamminazione* (**figura 2**). Solitamente questo errore viene riparato nelle molecole di DNA, tuttavia, poiché il meccanismo di riparazione non è perfetto, il nucleotide alterato può permanere durante la replicazione. In questo caso, la DNA polimerasi aggiungerà una A (che si appaia con U) invece di una G (che si appaia con C).

In altri casi, la DNA polimerasi può fare errori nella replicazione, per esempio inserendo una T opposta a una G. La maggior parte di questi errori sono corretti dall'attività di *proofreading* del complesso di replicazione, ma alcuni errori possono sfuggire al controllo e diventare permanenti. Infine, alcune mutazioni insorgono durante la meiosi: a seguito di eventi di crossing over non corretti, i cromosomi possono scambiarsi tratti di DNA di diversa lunghezza e produrre di conseguenza proteine non funzionali.

Le **mutazioni indotte**, invece, avvengono quando qualche agente esterno alla cellula, chiamato mutageno, produce cambiamenti permanenti nel DNA. I mutageni più importanti sono alcuni virus, ma anche certi composti chimici e le radiazioni. Il *benzopirene*, un componente del fumo di sigaretta, aggiunge un voluminoso gruppo chimico alla guanina, rendendola così non disponibile per l'appaiamento. Quando la DNA polimerasi incontra sul filamento stampo una guanina modificata, inserisce una base a caso: se la base inserita non è la citosina, ne risulta una mutazione. Le radiazioni possono danneggiare il DNA in vari modi: in alcuni casi, la radiazione ionizzante (raggi X, raggi γ e la radiazione emessa dagli isotopi instabili) produce molecole altamente reattive chiamate *radicali liberi*, capaci di modificare le basi del DNA e di trasformarle in molecole che non sono riconosciute dalla DNA polimerasi. Le radiazioni ionizzanti possono anche rompere lo scheletro di zuccheri e fosfati del DNA, alterando la struttura del cromosoma. Infine, la radiazione ultravioletta causa la formazione di legami covalenti tra due timine adiacenti, formando un *dimero di timina* che distorce la doppia elica e ostacola la replicazione e la trascrizione (*vedi* capitolo B2).

A colpo d'occhio

MUTAZIONI (CAUSE)
- SPONTANEE (CASO)
- INDOTTE (AGENTI MUTAGENI)

Ti ricordi?

Il processo di **proofreading**, o correzione di bozze, avviene durante la replicazione se è stato inserito un nucleotide non corretto: un enzima riposiziona il filamento di DNA in formazione, rimuove il nucleotide sbagliato e incorpora al suo posto quello giusto.

Le parole

Il termine **anemia** è composto da due parole greche: *an-* è un prefisso che indica mancanza, mentre *haima* significa «sangue». Le persone anemiche hanno infatti bisogno di trasfusioni di sangue per sopperire alla mancanza di globuli rossi in circolo.

A

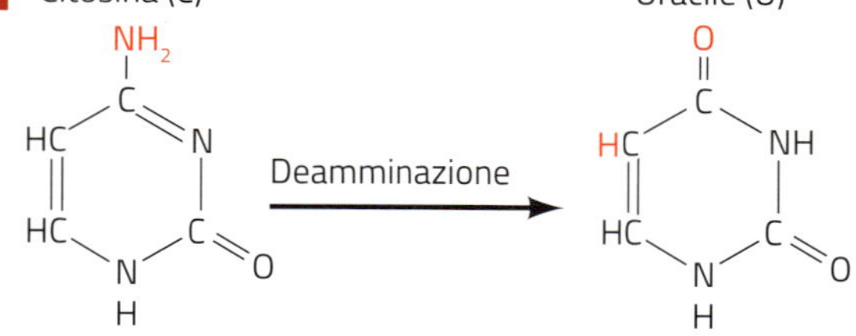

B

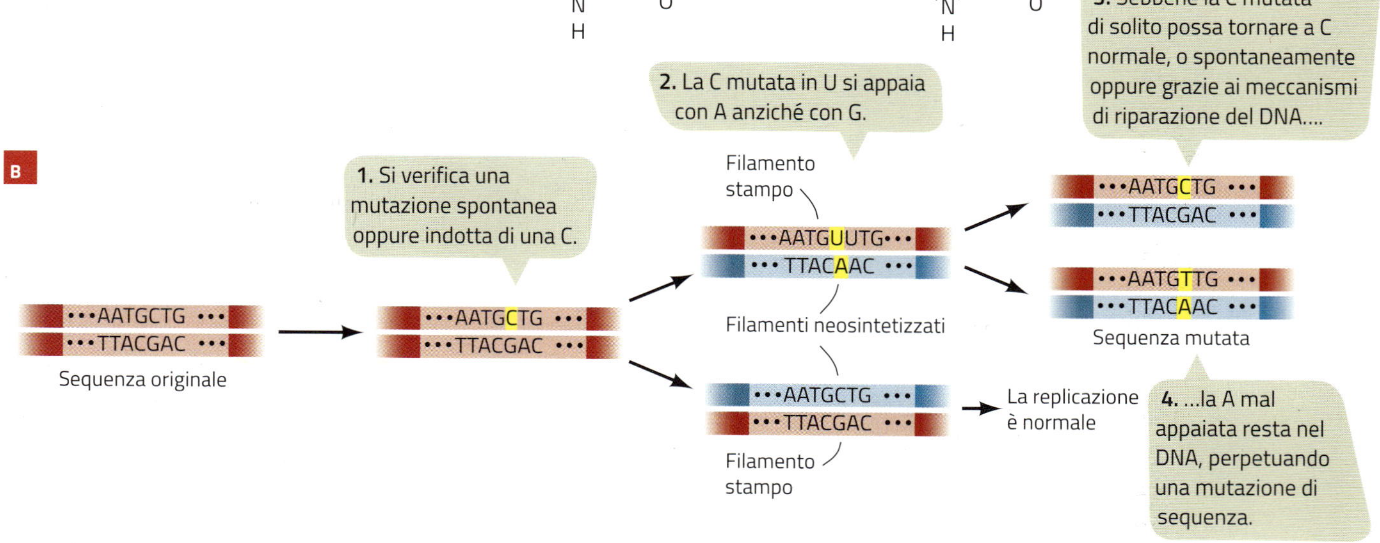

▸ Figura 2
(A) La deamminazione della citosina produce la base azotata uracile, che si appaia a un'adenina e non a una guanina. (B) Se la citosina di un filamento diventa uracile, la mutazione sarà trasmessa a metà delle cellule discendenti.

Le mutazioni puntiformi sono dei cambiamenti di pochi nucleotidi

A livello molecolare, i cambiamenti della sequenza nucleotidica del DNA (o dell'RNA, nel caso dei virus a RNA) possono alterare solo alcuni nucleotidi (*mutazioni puntiformi*) oppure possono coinvolgere interi segmenti di DNA che vengono riarrangiati, duplicati o irrimediabilmente persi (*mutazioni cromosomiche*).

Una **mutazione puntiforme** colpisce un unico gene e consiste nell'aggiunta, nella sottrazione o nella sostituzione di uno o pochi nucleotidi. Una **mutazione per sostituzione** può essere *silente* se non modifica la sequenza amminoacidica del polipeptide codificato (**figura 3A**). Per esempio, la prolina è codificata dai quattro codoni CCU, CCC, CCA e CCG, che sul filamento stampo di DNA corrispondono alle triplette GGA, GGG, GGT e GGC: qualunque mutazione puntiforme sulla terza base porta comunque alla trascrizione di un codone che codifica l'amminoacido prolina. Se invece l'amminoacido cambia, ma ha proprietà chimiche simili a quello originale (mutazione neutra), verrà sintetizzata una proteina con una sequenza primaria diversa, ma che non presenta alcuna alterazione della sua funzione.

Al contrario, le mutazioni missenso, nonsenso e *frame-shift* possono produrre cambiamenti anche drastici nelle proteine codificate dal gene coinvolto. Le **mutazioni missenso** sono sostituzioni di basi che cambiano la sequenza in modo che un amminoacido ne sostituisca un altro, causando una modificazione chimica della proteina finale (**figura 3B**). Un esempio è la mutazione che causa l'**anemia falciforme**, una malattia presente nelle persone che portano due copie dell'allele mutato del gene per la β-globina, una subunità dell'emoglobina. L'emoglobina umana è costituita da quattro subunità proteiche (due catene di α-globina e due di β-globina) e da altrettante copie del complesso chimico *eme*.

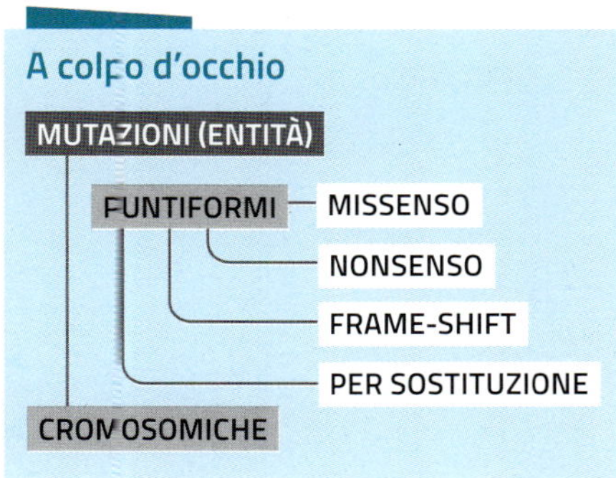

▼ Figura 3
I diversi tipi di mutazioni puntiformi qui rappresentati come modificazione di una sola base, anche se in questa categoria rientrano anche le modificazioni di piccoli gruppi di nucleotidi.

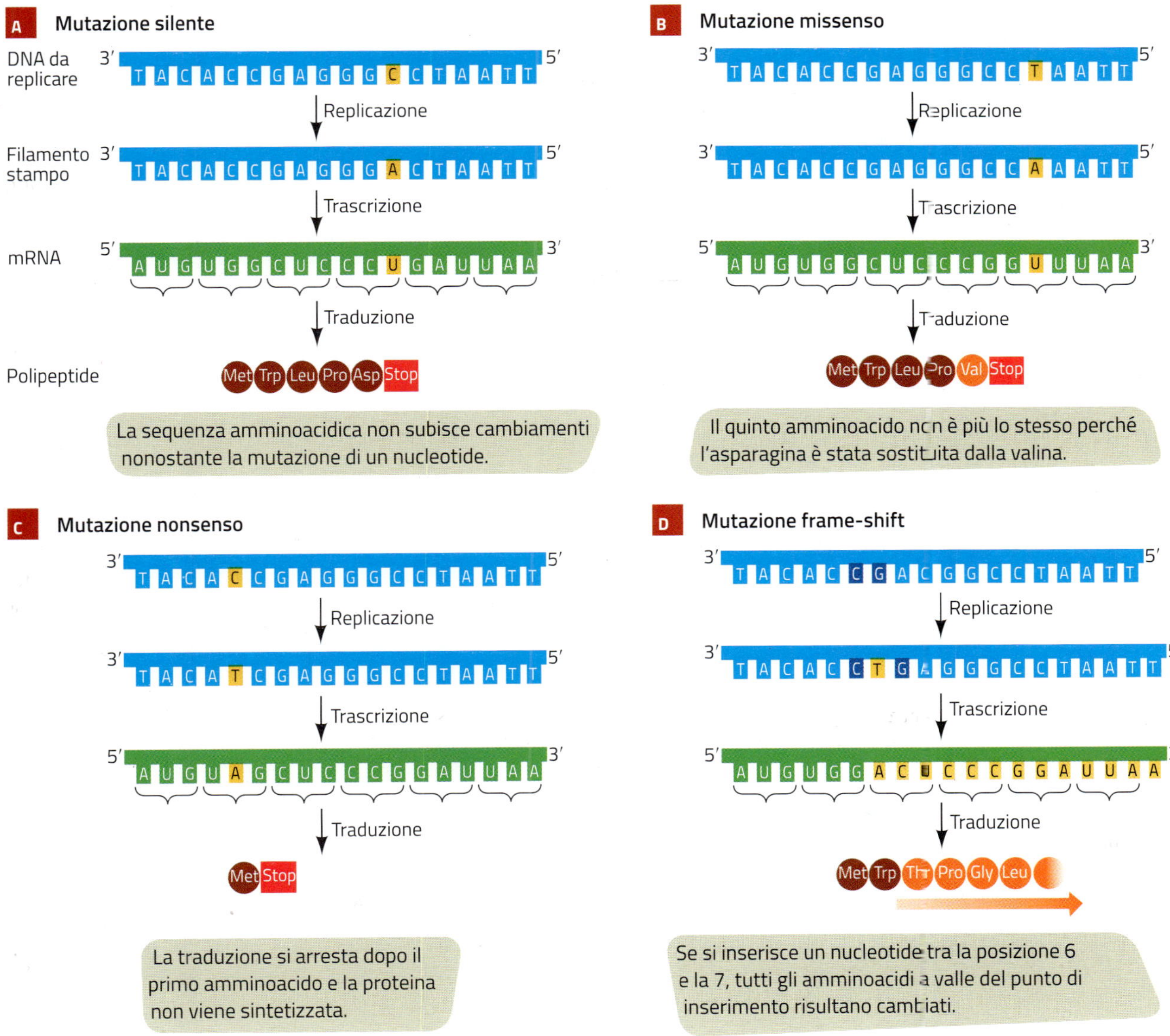

Guarda il video nell'ebook:
La biologia in 3D
- *Anemia falciforme: un esempio di mutazione*
- *Sickle-cell anemia: an example of mutation*

Nell'anemia falciforme, uno dei 146 amminoacidi della β-globina è anomalo: in posizione 6, un acido glutammico è sostituito da una valina. La sostituzione dell'acido glutammico, che è carico negativamente, con un amminoacido apolare, cambia la carica della proteina; tra le catene si instaurano delle interazioni idrofobiche che portano alla comparsa di aggregati fibrosi all'interno dei globuli rossi. Il risultato fenotipico è la forma a falce dei globuli rossi, che risultano meno efficienti nel trasporto dell'ossigeno rispetto alla classica forma a disco biconcavo. Le cellule falciformi, inoltre, tendono a bloccarsi nei capillari sanguigni, producendo danni ai tessuti, e sono demolite più in fretta, causando anemia. La malattia è recessiva, perciò i sintomi compaiono solo se entrambi gli alleli per la β-globina sono mutati.

In altri casi, una mutazione missenso può ridurre l'attività di una proteina piuttosto che disattivarla completamente. Di conseguenza, gli individui omozigoti per una mutazione missenso in una proteina essenziale possono sopravvivere se viene mantenuta almeno una parte della funzione della proteina stessa. In alcuni casi può addirittura verificarsi una mutazione missenso che fa acquisire alla proteina una nuova funzione. Ciò accade, per esempio, nelle mutazioni che rendono gli insetti resistenti ai pesticidi perché l'insetticida non è più in grado di legarsi alla proteina mutata e quindi non può più svolgere la sua funzione.

Una **mutazione nonsenso** implica la sostituzione di una base che produce un codone di stop in qualche punto dell'mRNA (**figura 3C**). Una mutazione nonsenso produce sempre una proteina più corta, poiché la traduzione non procede oltre il punto in cui è avvenuta la mutazione. Le proteine incomplete solitamente non sono funzionali; se però la mutazione avviene vicino all'estremità 3′ del gene, può anche non avere effetti sulla funzione della proteina.

1 - Storia della scienza

Le mutazioni compaiono per caso

La scoperta delle mutazioni ha per molto tempo lasciato aperto un dubbio: queste variazioni del DNA insorgono in modo casuale o sono guidate dalla selezione naturale? Il quesito sorgeva dall'osservazione di un fatto: alcune cellule di *Escherichia coli*, che in genere sono suscettibili all'infezione del fago T1, potevano diventare resistenti e trasmettevano questa capacità ai propri discendenti. Da qui il dubbio: la mutazione che conferisce la resistenza è comparsa in modo casuale oppure è stata indotta dal contatto con il fago?

Per risolvere il problema, nel 1945 i microbiologi Salvador Luria e Max Delbrück idearono un esperimento chiamato **test di fluttuazione** (**figura**). Luria e Delbrück fecero crescere un piccolo numero di batteri suscettibili all'attacco del fago in un contenitore; in seguito divisero il contenuto in 10 provette diverse. A partire dal contenuto di una provetta (che chiamiamo A), trasferirono i batteri in 9 piastre Petri differenti, mentre dalle altre 9 provette ricavarono 1 piastra ciascuna. Tutte le piastre contenevano dei fagi, al fine di valutare la resistenza dei batteri all'infezione.

A questo punto si potevano verificare due eventi alternativi:

- se la resistenza ai virus fosse stata causata dal contatto con i fagi, ogni piastra avrebbe dovuto contenere all'incirca lo stesso numero di colonie resistenti;
- se invece la mutazione fosse comparsa in modo casuale, la distribuzione delle colonie resistenti avrebbe dovuto risultare diversa tra una coltura all'altra, cioè con valori «fluttuanti».

I risultati confermarono la seconda ipotesi. Le 9 piastre che derivavano dalla provetta A avevano un numero analogo di colonie resistenti, per cui la mutazione era comparsa nella popolazione in un preciso momento e da lì si era diffusa in tutte le colonie. Le altre provette, invece, avevano avuto destini diversi: in alcune la mutazione era comparsa molto presto, per cui si era diffusa e la piastra conteneva molte colonie (provetta I); in altre era comparsa tardi, per cui si erano formate poche colonie (provetta B); in altre ancora non era comparsa affatto, e non si erano formate colonie (provetta C).

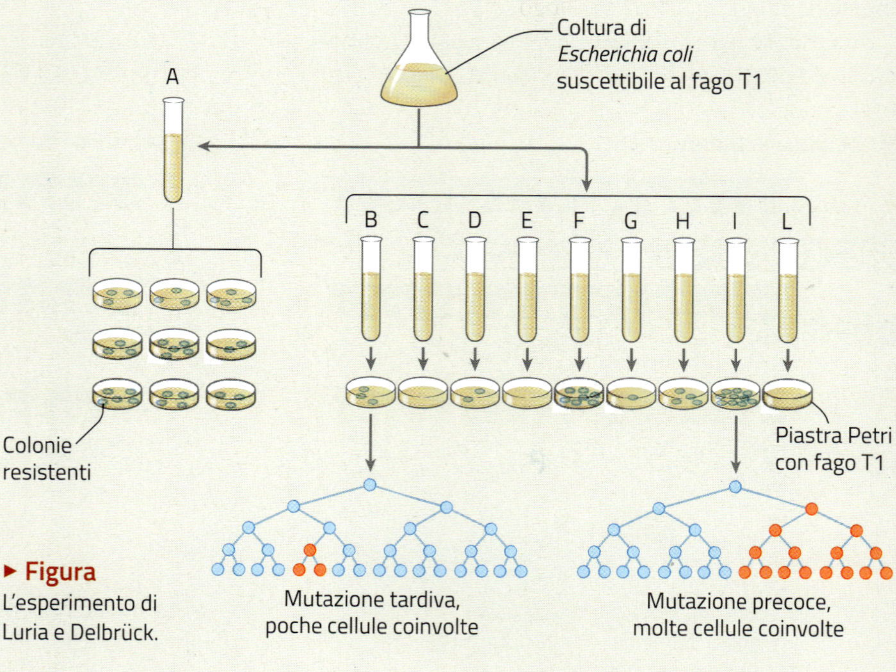

▸ Figura L'esperimento di Luria e Delbrück.

Una comune mutazione nonsenso causa la **talassemia**, un'altra malattia del sangue tipica delle popolazioni mediterranee; in questo caso la mutazione accorcia drasticamente la subunità della β-globina. Anche alcuni tipi di **albinismo** sono causati da una mutazione nonsenso nel gene che codifica la *tirosinasi*, l'enzima responsabile della sintesi del pigmento melanina. Sia la talassemia sia la maggior parte delle forme di albinismo si trasmettono con modalità autosomica recessiva: negli eterozigoti l'allele funzionale è sufficiente per produrre abbastanza proteina da impedire il manifestarsi della malattia. Gli eterozigoti sono però portatori sani: due genitori che portano l'allele mutato avranno una probabilità del 25% di avere figli malati e del 50% di avere figli portatori sani.

Non tutte le mutazioni puntiformi implicano sostituzioni di basi; talvolta i nucleotidi possono andare perduti, in questo caso si parla di **delezioni**, oppure essere aggiunti a sequenze di DNA, in tal caso sono **inserzioni**. Quando un'inserzione o una delezione si verificano in una sequenza codificante, il risultato è una **mutazione *frame-shift*** o *mutazione per scorrimento della finestra di lettura* (**figura 3D**). Immagina i codoni come parole di tre lettere, ognuna corrispondente a uno specifico amminoacido. La traduzione procede codone per codone; se all'mRNA viene aggiunto o sottratto un nucleotide (o un numero di nucleotidi diverso da un multiplo di 3), da quel punto in poi le «parole» risulteranno tutte sfalsate di una lettera e il messaggio genetico andrà fuori registro. Le mutazioni *frame-shift* portano sempre alla produzione di proteine non funzionali.

Ti ricordi?

Un carattere **autosomico recessivo** è un carattere che non partecipa alla determinazione del sesso ed è presente nel fenotipo solo quando l'allele che lo esprime è ereditato da entrambi i genitori, cioè negli individui omozigoti recessivi (per esempio *aa*). Al contrario, un allele **autosomico dominante** prevale sempre sugli altri alleli nel determinare il fenotipo e quindi è espresso sia negli eterozigoti (*Aa*) sia negli omozigoti dominanti (*AA*).

Le mutazioni cromosomiche sono riarrangiamenti più ingenti

Diversamente dalle mutazioni puntiformi, che riguardano un unico gene, le **mutazioni cromosomiche** modificano uno o più cromosomi o addirittura gran parte del cariotipo. Per esempio, se la meiosi non è perfetta può verificarsi la non-disgiunzione, cioè la mancata separazione degli omologhi; oppure possono verificarsi rotture e ricongiungimenti cromosomici casuali.

Le **mutazioni cromosomiche strutturali** sono dovute a rotture e ricongiungimenti errati delle molecole di DNA, di solito prodotte da agenti mutageni o da errori che avvengono durante la meiosi. Esistono quattro tipi di mutazioni cromosomiche numeriche: delezione, duplicazione, inversione e traslocazione.

Una **delezione** implica la rimozione di parte del materiale genetico e può avvenire se il cromosoma si rompe in due punti e poi si riunisce escludendo fuori la sequenza compresa fra le due rotture (**figura 4A**). Le conseguenze possono essere gravi come quelle delle mutazioni *frame-shift*, a meno che non vengano coinvolti geni non indispensabili o che la mutazione sia mascherata dalla presenza di alleli normali sul cromosoma omologo.

Una **duplicazione**, invece, può avvenire contemporaneamente a una delezione e si verifica quando i cromosomi omologhi si rompono in punti differenti e poi si ricongiungono ai partner sbagliati (**figura 4B**). Uno dei due cromosomi sarà privo di un segmento, mentre l'altro avrà due copie dello stesso segmento.

A colpo d'occhio

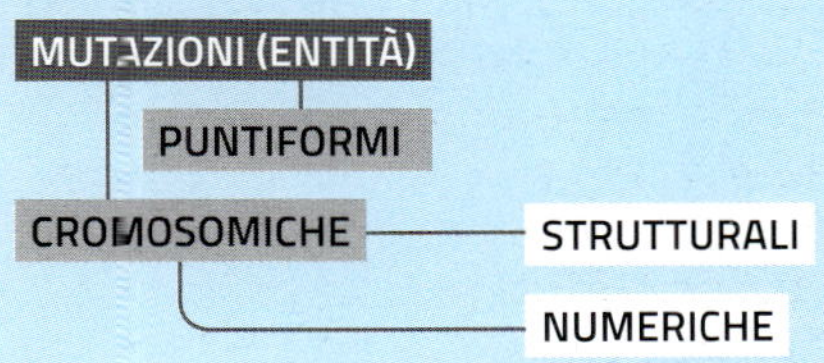

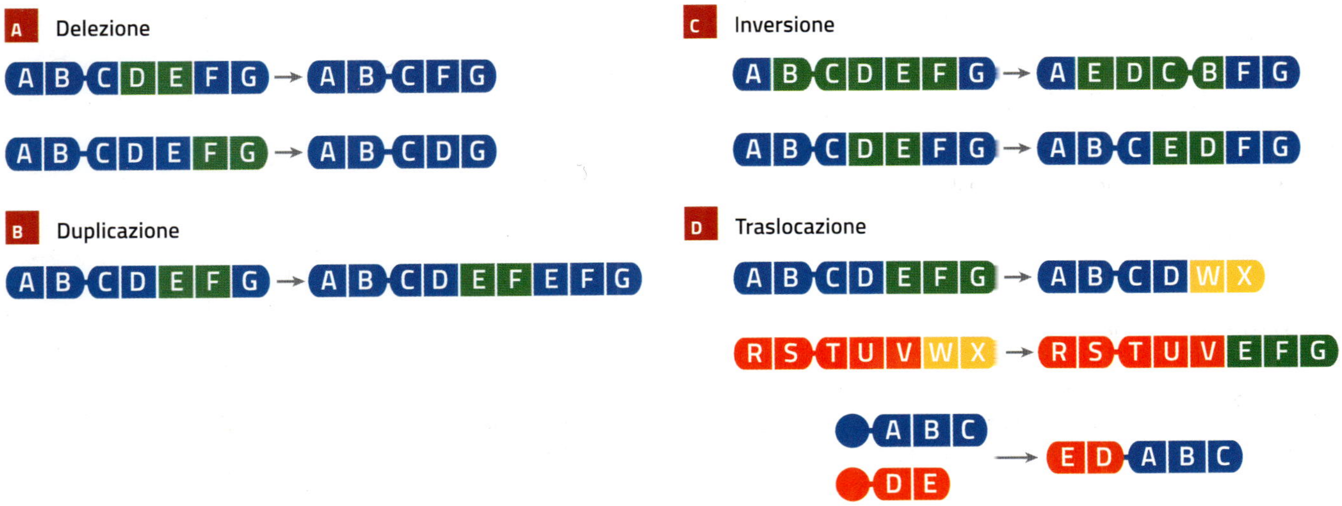

▼ Figura 4
I diversi tipi di mutazioni cromosomiche strutturali possono avvenire per delezione (A), duplicazione (B), inversione (C) o traslocazione (D).

Anche un'**inversione** può essere prodotta dalla rottura e dalla ricongiunzione di un cromosoma e si verifica quando il segmento di DNA si «capovolge» prima di saldarsi; per questo motivo, avrà orientamento opposto rispetto a quello originale e produrrà proteine diverse perché la sequenza verrà letta dalla RNA polimerasi nella direzione opposta (**figura 4C**).

Una **traslocazione**, infine, avviene quando un segmento di un cromosoma si spezza e si attacca in una posizione diversa sullo stesso cromosoma o addirittura su un altro cromosoma (**figura 4D**).

Le **mutazioni cromosomiche numeriche**, dette anche *genomiche* o *cariotipiche*, si verificano quando un organismo presenta dei cromosomi in più o in meno rispetto al normale, condizione detta **aneuploidia**. Una delle cause più comuni di aneuploidia è la **non-disgiunzione** dei cromosomi durante la meiosi.
In alcuni casi di aneuploidia la progenie sopravvive, mostrando però alcune anomalie. Negli organismi diploidi, le forme più frequenti di aneuploidia sono la mancanza di un cromosoma da una coppia di omologhi (*monosomia*) oppure la presenza di un cromosoma in più in una coppia (*trisomia*; **figura 5**). La perdita di una coppia intera (*nullisomia*) non è invece compatibile con la vita.

La situazione più comune nell'uomo è la trisomia 21 che causa la **sindrome di Down**, ma sono note altre due trisomie: la **sindrome di Patau** (trisomia 13) e la **sindrome di Edwards** (trisomia 18). In entrambi i casi, la gran parte dei bambini che nascono non supera i primi mesi di vita.

Più frequenti sono le alterazioni legate ai cromosomi sessuali, tra cui la perdita di un cromosoma sessuale che causa della **sindrome di Turner**, con nascita di femmine X0. La **sindrome di Klinefelter** deriva invece da una non-disgiunzione e porta alla nascita di maschi XXY.

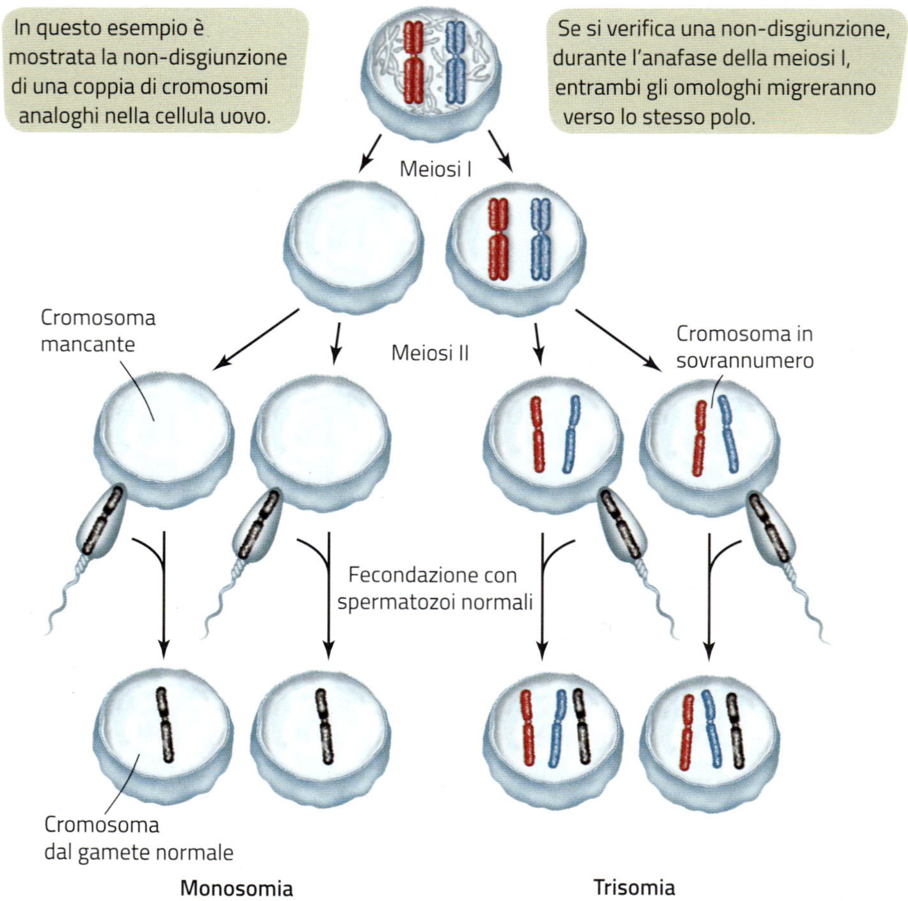

▸ **Figura 5**
La non-disgiunzione dei cromosomi omologhi può indurre una monosomia o una trisomia.

Facciamo il punto

1. Qual è la differenza tra mutazioni somatiche e germinali?
2. Quali possono essere le conseguenze di una mutazione puntiforme?
3. Quali differenze ci sono tra una mutazione cromosomica numerica e una strutturale?

2 Le mutazioni e le malattie genetiche

La fenilchetonuria è una malattia recessiva dovuta alla perdita della funzione di un enzima

Nel 1934, nell'urina di due fratelli che manifestavano ritardo mentale fu trovato acido fenilpiruvico, un sottoprodotto dell'amminoacido fenilalanina. Furono necessari due decenni per rintracciare la causa molecolare che era alla base di questa malattia, ribattezzata **fenilchetonuria** (PKU). La fenilchetonuria coinvolge il metabolismo degli amminoacidi ed è dovuta a un'anomalia in un singolo enzima, la *fenilalanina idrossilasi* o PAH, che catalizza la conversione della fenilalanina presente negli alimenti in tirosina (**figura 6**). Nei pazienti con PKU, l'enzima è assente o presente in quantità insufficiente: di conseguenza la fenilalanina è convertita in acido fenilpiruvico ed entrambe le molecole si accumulano nel sangue e poi passano nelle urine.

La fenilchetonuria è causata da oltre 400 mutazioni che colpiscono il gene *PAH* localizzato sul cromosoma 12, perciò si tratta di una malattia autosomica. Una delle mutazioni più comuni è una mutazione missenso che converte in triptofano l'arginina nella posizione 408 della catena polipeptidica dell'enzima. Come spesso accade per le mutazioni con perdita di funzione, la trasmissione è recessiva, quindi gli eterozigoti non manifestano la malattia ma sono portatori sani.

La diffusione della PKU è molto diversa a seconda della regione geografica: in Europa la sua incidenza è di un bambino su 10000 nati, con un tasso più alto in Irlanda e in Italia. La malattia è molto frequente in Turchia dove interessa un bambino colpito su 4000 nati, mentre è molto più rara nelle popolazioni finlandesi, africane e giapponesi.

Curiosità

La **fenilchetonuria** provoca gravi deficit dei principali messaggeri cerebrali, implicati nello sviluppo del sistema nervoso centrale; per questo la maggior parte dei bambini colpiti sviluppa un ritardo mentale grave e irreversibile. La diagnosi viene oggi effettuata in Italia su tutti i neonati mediante un esame detto *test di Guthrie*.

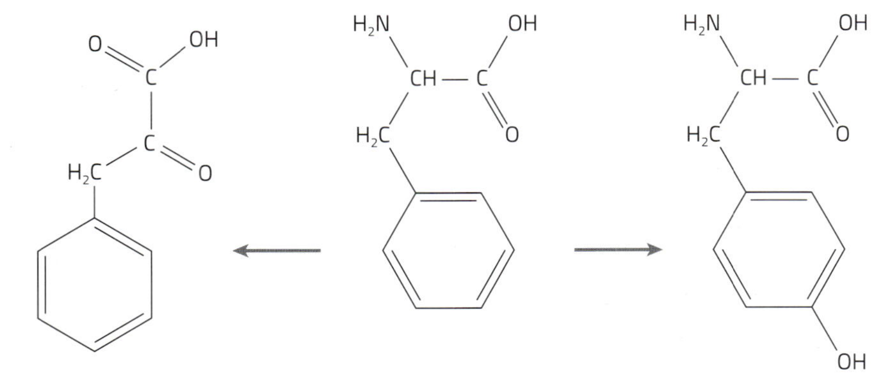

Acido fenilpiruvico — Fenilalanina — Tirosina

◂ **Figura 6** In assenza dell'enzima fenilalanina idrossilasi, l'amminoacido fenilalanina non viene idrossilato a tirosina, ma è deamminato e ossidato ad acido fenilpiruvico.

La fibrosi cistica è dovuta alla perdita di funzione di una proteina di trasporto

La **fibrosi cistica** è un altro esempio di malattia autosomica recessiva, dovuta a diverse mutazioni che colpiscono il gene *CFTR* localizzato sul cromosoma 7. Questo gene codifica la proteina CFTR che funziona come canale del cloro nella membrana plasmatica; se nella cellula sono presenti due alleli mutati, la funzionalità della proteina si riduce o scompare del tutto e il cloro si accumula nella cellula. Come risultato, tutte le secrezioni sono più dense e ostacolano le attività cellulari. Gli organi colpiti sono soprattutto i polmoni e i bronchi, dove il muco ristagna provocando infezioni e problemi respiratori; anche il pancreas, in seguito all'accumulo delle secrezioni, si infiamma e assume una consistenza fibrosa cosparsa di noduli, causando problemi di digestione e assimilazione.

In Italia una persona su 25-30 è portatrice sana; una coppia su 625 è quindi costituita da due portatori sani, che hanno il 25% di probabilità di avere un figlio colpito dalla malattia. In Italia sono diagnosticati circa 200 casi all'anno.

La distrofia muscolare di Duchenne è dovuta a un difetto della proteina distrofina

Con il termine *distrofia muscolare* viene indicata una serie di malattie ereditarie caratterizzate dalla progressiva degenerazione dei muscoli; a mano a mano che la malattia avanza, la persona diventa sempre più debole e, nelle forme più gravi, perde la capacità di camminare.

La **distrofia muscolare di Duchenne** (DMD) è una malattia causata dall'assenza della proteina *distrofina*, indispensabile ai muscoli per potersi contrarre. La trasmissione della distrofia di Duchenne è recessiva ed è legata al cromosoma X, dove si trova il gene *DMD* che codifica la distrofina; di conseguenza la malattia colpisce soltanto i maschi, con una frequenza di un malato su 3300 nati, mentre le femmine sono asintomatiche e sono portatrici sane (**figura 7**). La malattia si manifesta nella prima infanzia, quando i bambini mostrano segni di ritardo nello sviluppo motorio, e si diagnostica analizzando un piccolo frammento di muscolo (biopsia muscolare): le analisi al microscopio mostrano alterazioni delle fibre muscolari, mentre le analisi del DNA evidenziano delezioni *frame-shift*, duplicazioni o mutazioni nonsenso del gene *DMD*.

Non sempre la causa della malattia è dovuta a un fenomeno ereditario: circa un terzo dei bambini affetti da distrofia di Duchenne nasce da madri che non sono portatrici sane. In questo caso, la malattia è dovuta a una nuova mutazione del gene per la distrofina, che non è stata trasmessa dai genitori.

▸ **Figura 7**
Se la madre è portatrice sana, metà dei suoi figli maschi saranno affetti dalla distrofia di Duchenne.

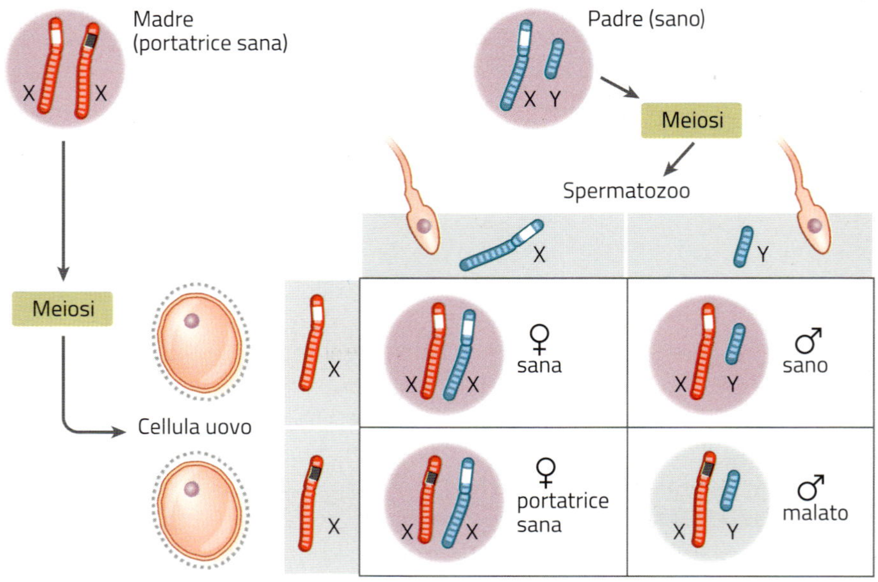

La sindrome di Down dipende da una non-disgiunzione o da una traslocazione

La **sindrome di Down** è una condizione dovuta a tre tipi di anomalie cromosomiche che hanno come effetto finale la presenza in triplice copia dei geni del cromosoma 21 (**figura 8**).

L'anomalia più frequente è la **trisomia 21 completa** (95% dei casi), in cui tutte le cellule dell'organismo possiedono tre cromosomi 21 invece di due. Tale condizione si verifica quando, in seguito a una non-disgiunzione durante la meiosi, un gamete possiede due cromosomi 21 anziché uno. Se una cellula uovo con due cromosomi 21 viene fecondata da uno spermatozoo normale, lo zigote che ne risulta avrà tre copie di quel cromosoma e sarà perciò *trisomico* per il cromosoma 21.

Più raramente, nel 2% dei casi, si riscontra la **trisomia 21 libera in mosaicismo**: nell'organismo della persona con la sindrome sono presenti sia cellule normali (con 46 cromosomi) sia cellule con 47 cromosomi. La causa di questa situazione è una non disgiunzione dei cromosomi omologhi 21 nelle prime divisioni mitotiche dello zigote.

A colpo d'occhio

TRISOMIA 21 (SINDROME DI DOWN)
- COMPLETA
- DA TRASLOCAZIONE
- LIBERA IN MOSAICISMO

Il terzo tipo di anomalia, anch'essa rara, è la **trisomia 21 da traslocazione** (3% dei casi), in cui il cromosoma 21 in più (o meglio una parte di esso) risulta traslocato sul cromosoma 14. Tale situazione è ereditaria.

Un bambino con la sindrome di Down presenta il caratteristico taglio a mandorla degli occhi, manifesta un ritardo dello sviluppo mentale più o meno grave ed è a rischio di anomalie cardiache. Oggi, grazie a terapie specifiche che permettono di recuperare parzialmente il ritardo mentale e prevenire i problemi di salute, le persone con sindrome di Down hanno un'aspettativa di vita solo di poco inferiore alla media e sono in grado di condurre una vita normale. La frequenza della sindrome di Down è spesso correlata all'età della madre: nelle donne di età inferiore ai 30 anni l'incidenza è di uno su 500 nati, tra i 35 e i 39 anni aumenta a uno su 280 nati e dopo i 45 è di uno su 38 nati.

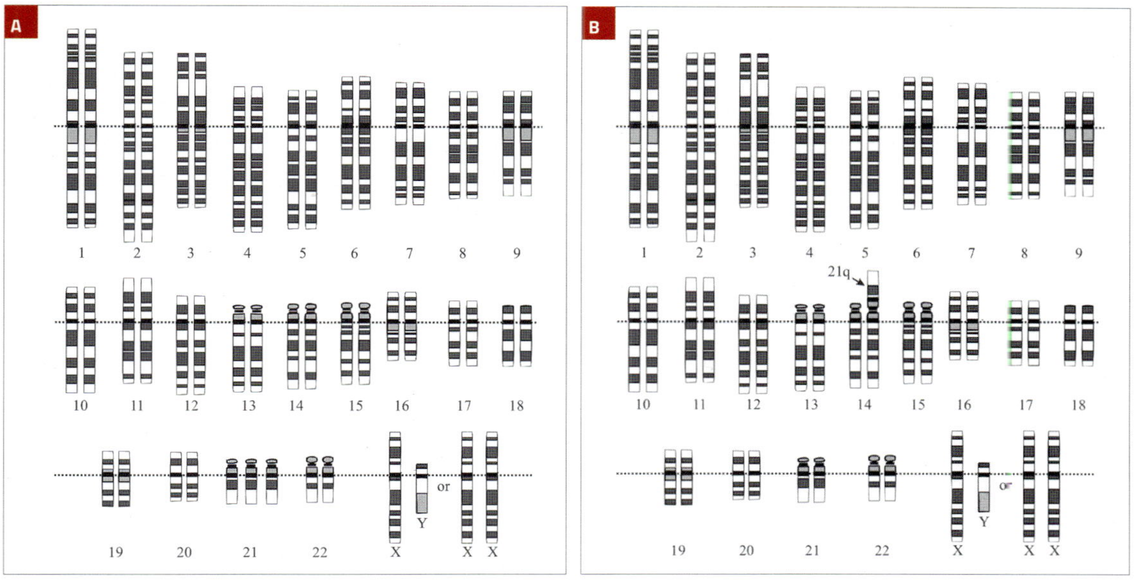

◂ Figura 8 Due cariotipi associati alla sindrome di Down: una trisomia 21 completa (A) e una trisomia 21 da traslocazione sul cromosoma 14 (B).

La sindrome dell'X fragile è dovuta a espansioni di triplette ripetute

Diverse malattie umane che colpiscono sia gli autosomi sia i cromosomi sessuali sono dovute alla presenza anomala di triplette ripetute. Questo fenomeno, detto **espansione delle triplette ripetute**, può verificarsi sia all'interno sia all'esterno di una regione codificante a causa di uno «slittamento» della DNA polimerasi che, dopo aver copiato una tripletta, torna indietro e la copia nuovamente. Le triplette ripetute sembrano essere presenti in molti geni, dove non causano danni; nel caso della sindrome dell'X fragile, della distrofia miotonica (un tipo di distrofia muscolare diverso dalla distrofia di Duchenne) e della Còrea di Huntington, provocano invece manifestazioni cliniche più o meno gravi.

La **sindrome dell'X fragile** è dovuta alla ripetizione della tripletta CGG, in un certo punto della regione del promotore del gene *FMR1* che si trova nella parte terminale del cromosoma X. Nelle persone sane, questa tripletta è ripetuta in media 29 volte, mentre nelle persone affette dalla sindrome dell'X fragile, la sequenza CGG è ripetuta da 200 a 2000 volte.

Il ruolo della proteina codificata dal gene *FMR1* è quello di legare alcuni mRNA implicati nel funzionamento delle cellule nervose e regolare la loro traduzione nel ribosoma. Quando la proteina FMR1 non è prodotta in quantità sufficiente, questi mRNA non sono tradotti correttamente e le cellule nervose muoiono. I sintomi comprendono soprattutto problemi cognitivi e di comportamento.

Pur trattandosi di una malattia recessiva legata al sesso, che quindi si trasmette dalla madre ai figli maschi, il suo schema ereditario è leggermente anomalo. Circa un quinto di tutti i maschi che presentano l'anomalia del cromosoma X fragile sono sani, così come molte delle loro figlie femmine; molti dei figli maschi di queste ultime, però, presentano disturbi più gravi, come se l'allele continuasse a mutare, diventando via via più dannoso.

Ti ricordi?

Al microscopio elettronico a scansione il **cromosoma X fragile** mostra un restringimento nella parte terminale del cromosoma, anomalia che si forma quando la cromatina si compatta prima della divisione cellulare.

La còrea di Huntington è una malattia autosomica dominante

La **còrea di Huntington** è una malattia autosomica dominante dovuta alla ripetizione della tripletta CAG in un gene che si trova sul cromosoma 4 e che codifica una proteina chiamata *huntingtina*. Negli individui sani il gene della huntingtina contiene circa 30 ripetizioni della tripletta, mentre nelle persone malate la tripletta è ripetuta fino a più di 100 volte. Le espansioni della tripletta provocano modificazioni nella molecola di huntingtina, alterandone la funzione e provocando una degenerazione progressiva del sistema nervoso.

Diversamente dalle malattie recessive, le malattie autosomiche dominanti come la còrea di Huntington si manifestano anche negli individui eterozigoti perché è sufficiente una sola copia dell'allele mutato per provocare la malattia. La patologia insorge, di solito, tra i 35 e i 50 anni; ogni figlio di un genitore malato ha il 50% di probabilità di essere a sua volta malato.

Le parole

Il termine **còrea** deriva dal greco *choréia*, che significa «danza corale», ed è legato ai movimenti rapidi e involontari che caratterizzano lo stadio avanzato della malattia.

Le malattie mitocondriali sono dovute a mutazioni del DNA mitocondriale

I mitocondri contengono un proprio DNA, quindi propri geni che codificano proteine che fanno parte dei complessi enzimatici responsabili della respirazione cellulare. La presenza di mutazioni nei geni mitocondriali ha spesso gravi effetti sull'efficienza dei processi ossidativi che portano alla sintesi di ATP. Gli organi e i tessuti più colpiti dalle malattie mitocondriali sono quelli che hanno un fabbisogno energetico molto elevato come il cuore, gli occhi, il cervello e i muscoli.

Il corretto funzionamento dei mitocondri deriva dall'interazione tra i geni mitocondriali e quelli nucleari perché i complessi respiratori sono formati sia da proteine codificate dal nucleo sia da proteine codificate dal DNA mitocondriale. Esistono quindi vari tipi di malattie genetiche mitocondriali: quelle dovute a mutazioni in geni nucleari, quelle dovute a mutazioni nei geni mitocondriali e infine quelle legate all'interazione tra i due genomi.

Tranne quelle dovute alle sole mutazioni di geni nucleari, le malattie mitocondriali presentano tutte una trasmissione ereditaria particolare. Esse sono a **eredità materna**, poiché tutti i mitocondri presenti nello zigote derivano solo dalla cellula uovo; infatti, quelli contenuti nello spermatozoo degenerano dopo la fecondazione. Queste malattie si trasmettono, quindi, esclusivamente da madre in figlio, pur non essendo legate ai cromosomi sessuali (**figura 9**).

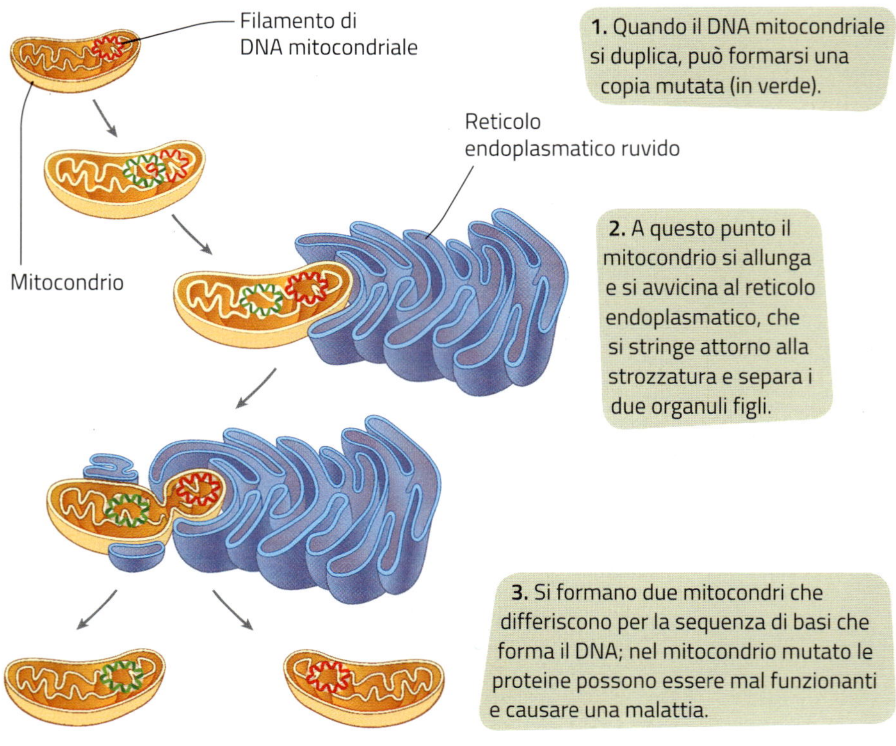

▸ Figura 9
L'eteroplasmia si verifica se durante la duplicazione di un mitocondrio si genera una copia di DNA mutato, che verrà poi trasmessa a tutti i mitocondri successivi.

Poiché in ogni cellula ci sono migliaia di mitocondri, non necessariamente tutti ospiteranno le stesse mutazioni e ciò comporta che le cellule e i tessuti del nascituro presenteranno un mix di DNA mitocondriale normale e di DNA mitocondriale mutato. Tale condizione conosciuta come **eteroplasmìa**. Nei soggetti con eteroplasmia, le disfunzioni e i sintomi clinici delle varie malattie compariranno solamente se il rapporto tra DNA mitocondriale mutato e DNA normale supera un valore soglia, che è tanto più basso quanto più è elevato il fabbisogno energetico dell'organo.

Diverse forme di epilessia e demenza sono state associate a disfunzioni mitocondriali, come anche alcune patologie che comportano un deterioramento della funzionalità del cuore, dei muscoli e della vista.

Le parole

Eteroplasmìa contiene le parole greche *héteros* «altro» e *plàsma* «forma» e indica la coesistenza nella stessa cellula di mitocondri normali e mutati.

Il cancro spesso implica mutazioni somatiche

In alcuni casi, una mutazione in una cellula somatica può dare origine al cancro. Nelle cellule tumorali, infatti, sono state descritte molte mutazioni cromosomiche o puntiformi, che coinvolgono due tipi di geni: gli **oncogèni**, che codificano fattori proteici che stimolano la divisione cellulare, e i **geni soppressori dei tumori**, che codificano proteine indispensabili per bloccare la divisione cellulare.

Affinché un tumore si sviluppi, sono necessarie di solito più di due mutazioni geniche. Per esempio, nel caso del tumore al colon devono essere mutati in sequenza almeno tre geni soppressori tumorali e un oncogène presenti in una cellula del tessuto che riveste il colon. Benché possa sembrare improbabile che tutti questi eventi si verifichino in una stessa singola cellula, bisogna ricordare che il rivestimento del colon contiene milioni di cellule, derivanti da cellule staminali in continua divisione, e che queste mutazioni possono verificarsi nell'arco di numerosi anni di esposizione a sostanze di origine naturale o sintetica presenti negli alimenti, che possono agire da mutageni.

La descrizione delle mutazioni somatiche che si verificano in un cancro è uno dei maggiori traguardi raggiunti dalla medicina molecolare. L'analisi delle mutazioni consente spesso di giungere a una diagnosi e di intraprendere una terapia mirata.

Curiosità

Nel 1982 fu isolato e clonato il primo **oncogene** e in breve ne furono individuati diverse decine. Molti di questi geni stimolano il metabolismo, altri controllano l'*apoptosi*, o morte cellulare programmata. In seguito a una mutazione, questi ultimi impediscono l'apoptosi, permettendo di sopravvivere e di dividersi a cellule che sarebbero destinata a morire.

Ti ricordi?

Le **cellule staminali** sono cellule non specializzate che conservano per tutta la vita la capacità di dividersi e dare origine diversi tipi cellulari. Nell'embrione le staminali permettono di formare tutte le strutture del corpo, mentre nell'adulto consentono di rigenerare i tessuti vecchi o danneggiati.

La maggior parte delle malattie è causata da geni multipli e dall'ambiente

L'esempio del cancro dimostra che molti fenotipi comuni, inclusi quelli che causano malattie, siano **multifattoriali**, cioè siano causati dall'interazione di molti geni con uno o più fattori ambientali. Quando si studia la genetica, si tende a dividere gli individui come normali (tipo *selvatico*) o anormali (*mutanti*); tuttavia, nella realtà ogni individuo contiene migliaia o milioni di variazioni genetiche che insorgono per mutazione. Si stima, per esempio, che due esseri umani non imparentati presi a caso differiscano per circa lo 0,1% del proprio genoma, ma se consideriamo che il nostro genoma è formato da 3 miliardi di nucleotidi, questo significa che le mutazioni possibili sono nell'ordine dei milioni (fortunatamente non tutte a carico di porzioni codificanti).

La nostra suscettibilità alle malattie è spesso determinata da interazioni complesse che insorgono tra queste varianti geniche e i fattori ambientali, come il cibo che mangiamo o gli organismi patogeni che incontriamo. Per esempio, alcuni di noi possono mangiare alimenti ricchi di grassi e non soffrire di un eccesso di colesterolo nel sangue, mentre altri presentano valori elevati pur seguendo un'alimentazione corretta. Alcune stime suggeriscono che fino al 60% della popolazione umana sia affetto da patologie influenzate geneticamente; identificare queste influenze genetiche è un altro dei compiti importanti della medicina.

Facciamo il punto

1. Che cosa accomuna la fenilchetonuria e la fibrosi cistica?
2. Quali tipi di trisomia 21 esistono e in che cosa si differenziano?
3. Quali sono le conseguenze di un'espansione delle triplette ripetute?
4. Che cosa indica il termine eteroplasmia?
5. Che cosa significa che molti fenotipi sono multifattoriali?

3 Le tecniche per manipolare il DNA

A colpo d'occhio

TECNICHE
- ENZIMI DI RESTRIZIONE
- PCR
- IBRIDAZIONE
- DNA LIGASI
- ELETTROFORESI

Gli enzimi di restrizione tagliano il DNA in posizioni specifiche

Per diagnosticare e cercare di correggere le mutazioni che causano le malattie genetiche, i genetisti dispongono di numerosi strumenti molecolari come enzimi che tagliano e incollano il DNA e vettori capaci di trasferire geni da una cellula all'altra. Nel corso degli anni, la «cassetta degli attrezzi» del genetista si è arricchita di nuovi strumenti sempre più precisi.

Uno strumento essenziale è quello degli *enzimi di restrizione*, che nel 1978 hanno valso ai loro scopritori il premio Nobel per la medicina. Studiando i batteriofagi, ovvero i virus che infettano i batteri, i biologi molecolari Werner Arber, Daniel Nathans e Hamilton Smith si accorsero che quelli che infettano un ceppo del batterio *E. coli* spesso non sono capaci di infettare un altro ceppo.

I ricercatori dedussero da questi dati che nei procarioti deve essere presente una forma di difesa contro le infezioni virali, basata sulla distruzione del DNA virale a doppio filamento una volta che esso viene iniettato nel batterio. La distruzione avviene grazie a enzimi che tagliano le molecole estranee di DNA in frammenti più piccoli, in modo da renderle inoffensive prima che siano replicate o trascritte (**figura 10**). Questi enzimi sono detti **enzimi di restrizione** o più precisamente *endonucleasi di restrizione*, perché tagliano il legame fosfodiesterico tra il gruppo ossidrile in 3′ di un nucleotide e il fosfato in 5′ del nucleotide successivo. Il processo di taglio è detto **digestione per restrizione**.

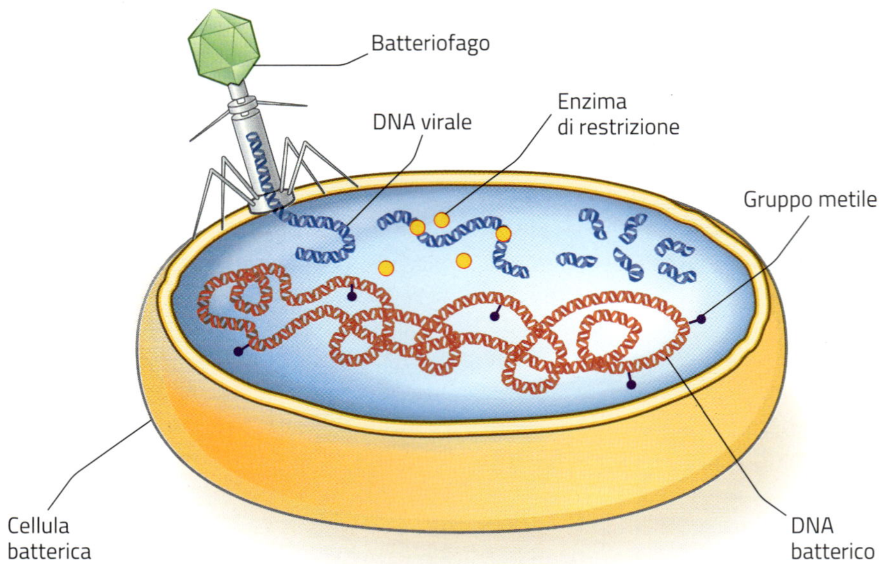

▸ Figura 10
Il DNA batterico è etichettato attraverso appositi gruppi chimici che permettono agli enzimi di restrizione di distinguere il cromosoma che non va danneggiato dal genoma virale che va invece distrutto.

Le parole

La sigla ***Eco*RI** si legge «eco-erre-uno» e deriva da una precisa nomenclatura degli enzimi di restrizione: *E* sta per il genere batterico (*Escherichia*), *co* per la specie (*coli*), R per il ceppo di laboratorio (in questo caso si tratta del ceppo RY13), I indica che fu il primo enzima identificato in quel ceppo batterico. Nello stesso modo si formano anche i nomi degli altri enzimi di restrizione.

Esistono oltre 3000 tipi di enzimi di restrizione, ognuno dei quali taglia il DNA in corrispondenza di una specifica sequenza di basi, chiamata **sito di restrizione**. Molti siti di restrizione sono lunghi da quattro a sei paia di basi. Poiché ogni sequenza di basi ha una sua struttura unica, questa può essere riconosciuta specificamente da un particolare enzima di restrizione.

La presenza degli enzimi di restrizione richiede che nella cellula batterica esista un meccanismo in grado di proteggere il cromosoma batterico dalla digestione; per questo motivo, i nucleotidi dei siti di restrizione presenti sul cromosoma batterico sono modificati chimicamente mediante un processo di *metilazione*, ossia aggiungendo gruppi metili ($-CH_3$) alle sequenze di DNA per impedire il legame degli enzimi di restrizione.

Alcuni enzimi di restrizione, come *Hpa*I, tagliano in modo netto entrambi i filamenti della molecola di DNA; altri, invece, come gli enzimi *Eco*RI e *Hind*III, operano tagli sfalsati di qualche nucleotide; di conseguenza, su ogni estremità del taglio si trova una breve sequenza di nucleotidi spaiati (**tabella 1**). Queste estremità sono dette **coesive** o *appiccicose* (in inglese, *sticky ends*) in quanto ognuna di esse può appaiarsi spontaneamente a un altro segmento di DNA che termini con la sequenza complementare, grazie alla formazione di legami a idrogeno tra le basi azotate.

Enzima di restrizione	Sequenza bersaglio	Estremità risultanti	Tipo di estremità
*Eco*RI	5′ - GAATTC - 3′ 3′ - CTTAAG - 5′	- G AATTC - - CTTAA G -	Coesive
*Hind*III	5′ - AAGCTT - 3′ 3′ - TTCGAA - 5′	- A AGCTT - - TTCGA A -	Coesive
*Pst*I	5′ - CTGCAG - 3′ 3′ - GACGTC - 5′	- CTGCA G - - G ACGTC -	Coesive
*Hpa*I	5′ - CTTAAC - 3′ 3′ - GAATTG - 5′	- CTT AAC - - GAA TTG -	Piatte
*Sma*I	5′ - CCCGGG - 3′ 3′ - GGGCCC - 5′	- CCC GGG - - GGG CCC -	Piatte

◂ **Tabella 1**
Gli enzimi di restrizione riconoscono specifiche sequenze bersaglio e possono così generare estremità piatte o coesive

Le DNA ligasi ricombinano i frammenti di DNA

Tutte le cellule contengono enzimi chiamati **DNA ligasi** che durante il processo di replicazione del DNA uniscono i frammenti di Okazaki. Quando i biologi riuscirono a isolare questi enzimi, si resero conto che potevano essere utilizzati per saldare insieme due sequenze qualsiasi di DNA, purché tagliate con lo stesso enzima di restrizione o con enzimi che dessero le stesse estremità coesive.

Nel 1973, Stanley Cohen e Herbert Boyer tagliarono con enzimi di restrizione e poi unirono con una DNA ligasi due plasmidi di *E. coli*, ciascuno contenente un gene per la resistenza agli antibiotici; il plasmide risultante, una volta reinserito in *E. coli*, rese le cellule resistenti a entrambi gli antibiotici (**figura 11**).

Ti ricordi?
Durante la replicazione del DNA si formano un filamento veloce e un filamento lento; su quest'ultimo la DNA polimerasi procede in modo discontinuo e a ritroso, a partire dalla forcella di replicazione e operando su segmenti di DNA, detti **frammenti di Okazaki**, che sono lunghi 100-200 nucleotidi negli eucarioti e 1000-2000 nucleotidi nei batteri.

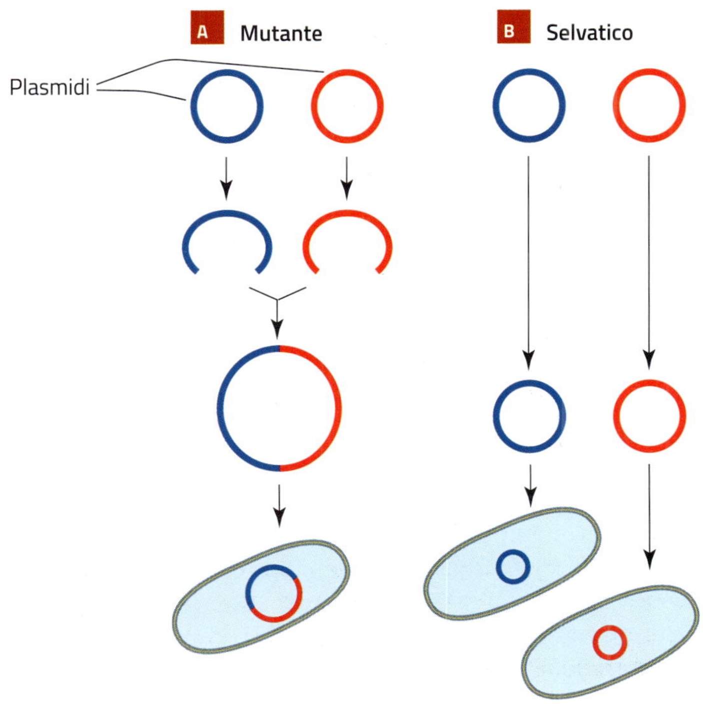

◂ **Figura 11**
Grazie all'azione combinata di enzimi di restrizione e DNA ligasi, Cohen e Boyer crearono un batterio mutante in grado di resistere a due antibiotici (A), mentre i batteri selvatici originali potevano resistere a un solo antibiotico ciascuno (B).

Il plasmide ottenuto con questa procedura è un esempio di **DNA ricombinante**, cioè di una sequenza di DNA ricavata artificialmente dalla combinazione di materiale genetico di origini differenti. La ricombinazione è possibile perché il taglio con l'enzima di restrizione produce delle estremità coesive; innanzitutto i frammenti di restrizione prodotti dalla digestione si uniscono mediante la formazione di legami a idrogeno tra le basi complementari delle estremità coesive, in seguito le DNA ligasi stabilizzano i legami saldando l'estremità 5′ di un frammento con l'estremità 3′ di quello adiacente (**figura 12**).

Le ligasi sono molto sensibili alla temperatura e richiedono ATP per funzionare. Utilizzando questi enzimi, i biologi molecolari riescono a produrre DNA ricombinante «tagliando e cucendo» molecole provenienti dalle fonti più diverse.

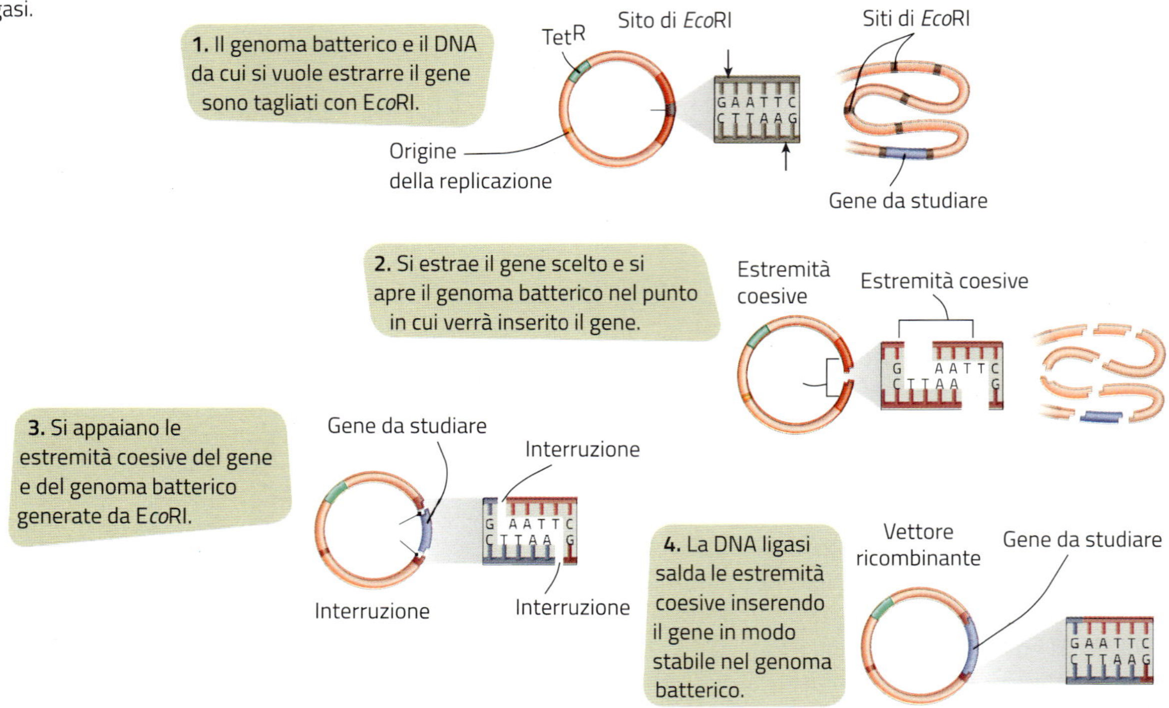

▸ Figura 12
La costruzione di un DNA ricombinante avviene grazie all'azione combinata di enzimi di restrizione e DNA ligasi.

L'elettroforesi su gel separa i frammenti di DNA

Grazie all'elevato numero di enzimi di restrizione disponibili, si può tagliare una molecola di DNA in corrispondenza di diversi siti di restrizione, in modo da analizzare i geni che ci interessano. Prima, però, è necessario separare i frammenti in base alle loro dimensioni; questo è possibile grazie a una tecnica chiamata elettroforesi su gel.

Nell'**elettroforesi su gel** le soluzioni contenenti i frammenti sono poste in pozzetti a una delle estremità di un gel semisolido, generalmente fatto di agarosio o poliacrilammide, a cui viene applicato un campo elettrico (**figura 13**). L'agarosio è un polisaccaride ricavato dalle alghe, mentre l'acrilammide è un polimero che permette di separare frammenti più piccoli rispetto all'agarosio.

A causa dei gruppi fosfato, a pH neutro il DNA è carico negativamente; di conseguenza, i frammenti di DNA sono attratti attraverso il gel dall'estremità positiva del campo elettrico. Poiché gli spazi tra i polimeri del gel sono piuttosto piccoli, i frammenti più piccoli possono muoversi più velocemente nel gel di quelli grandi. Di conseguenza i frammenti di DNA si separeranno uno dall'altro, formando delle bande che possono essere evidenziate con un colorante.

Questa tecnica fornisce quindi tre tipi di informazione: il numero dei frammenti, la loro dimensione e l'abbondanza relativa di un frammento. Il **numero** di frammenti prodotto dalla digestione di un campione di DNA con un enzima di restrizione dipende da quante volte la sequenza di taglio dell'enzima è presente nel campione. Di conseguenza, grazie all'elettroforesi su gel è possibile capire quanti sono i siti di restrizione in un campione di DNA: se una mutazione ha modificato la sequenza di un sito di restrizione, si otterrà un frammento più grande.

A colpo d'occhio

ELETTROFORESI SU GEL
- NUMERO DEI FRAMMENTI
- DIMENSIONE DEI FRAMMENTI
- ABBONDANZA RELATIVA DI UN FRAMMENTO

Per capire la **dimensione** (in termini di peso molecolare) dei frammenti di restrizione analizzati, si pone in uno dei pozzetti del gel una soluzione di frammenti di DNA di grandezza conosciuta, da usare come marcatori per determinare la grandezza dei frammenti nei campioni posti negli altri pozzetti. Confrontando le dimensioni dei frammenti ottenuti da due o più enzimi di restrizione, è possibile determinare la localizzazione dei rispettivi siti di taglio.

In molti esperimenti, lo scienziato è interessato alla quantità di DNA presente, ovvero all'**abbondanza relativa** di ciascun frammento. Questo dato è espresso dall'elettroforesi su gel perché l'intensità relativa della banda prodotta da uno specifico frammento indica la quantità del frammento stesso.

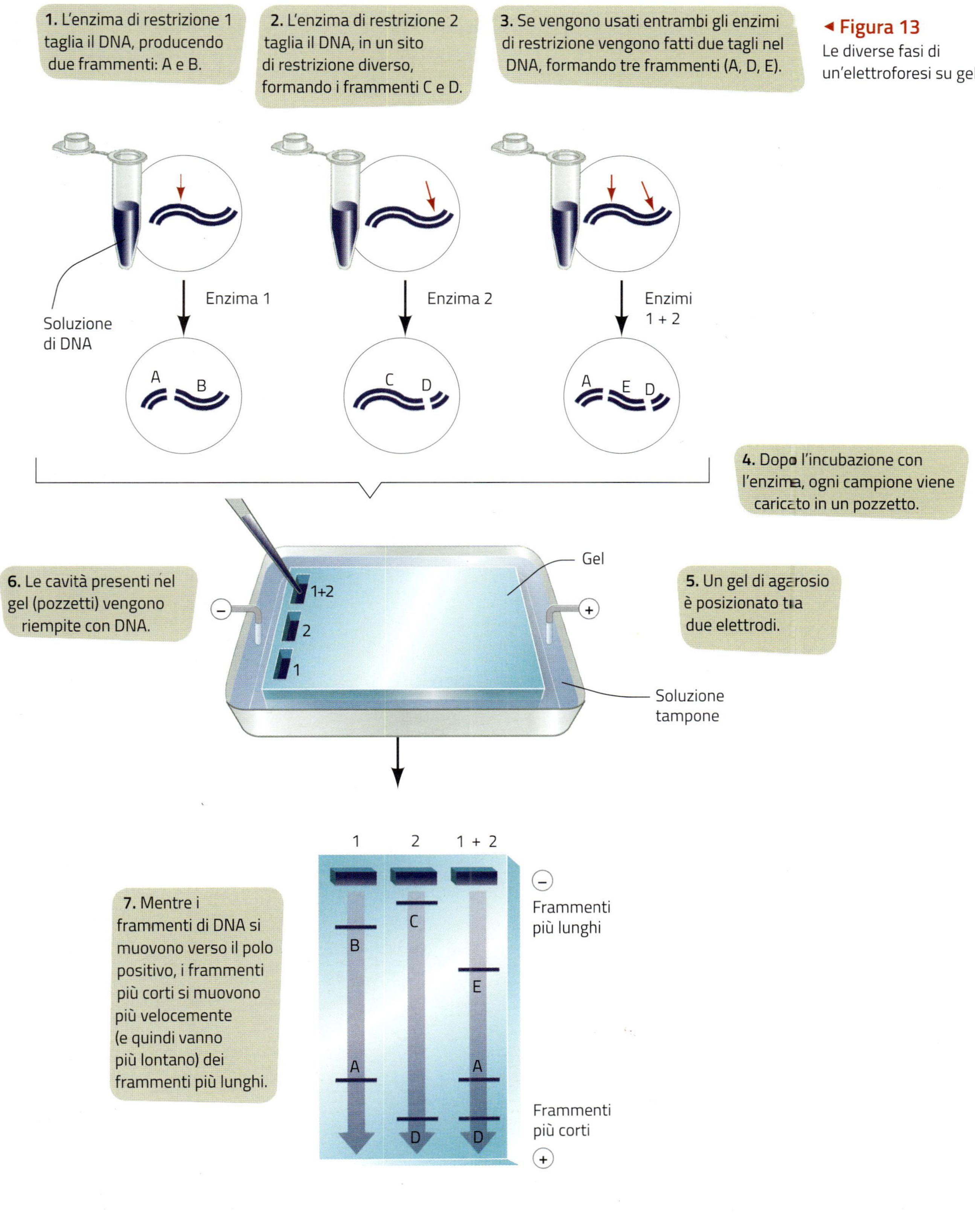

◂ Figura 13
Le diverse fasi di un'elettroforesi su gel.

Il DNA fingerprinting combina la PCR, l'analisi di restrizione e l'elettroforesi

Per analizzare i geni, per esempio allo scopo di trovare mutazioni e diagnosticare malattie genetiche, è necessario avere a disposizione una quantità adeguata di DNA, maggiore di quella che si può ricavare da un prelievo di sangue. La **reazione a catena della polimerasi (PCR)** ha permesso di risolvere il problema; questa tecnica, infatti, produce migliaia o milioni di copie identiche di una sequenza di DNA. La PCR è un processo ciclico fatto di tappe che si ripetono molte volte:

- si riscaldano i filamenti di DNA a doppia elica del campione per separarli in filamenti singoli (*denaturazione*);
- si aggiunge alla soluzione un breve *primer* di DNA sintetizzato artificialmente, insieme ai quattro desossiribonucleosidi trifosfati e alla *Taq polimerasi* (o *polimerasi termostabile*), un enzima DNA polimerasi che non si denatura alle temperature elevate;
- la DNA polimerasi catalizza la produzione di nuovi filamenti complementari.

In pochi minuti, un singolo ciclo di PCR può raddoppiare la quantità di DNA presente in soluzione, riportandolo allo stato di doppio filamento. La ripetizione del ciclo produce una crescita esponenziale del numero di copie della sequenza di DNA, per questo il processo prende il nome di **amplificazione** della sequenza.

La digestione con enzimi di restrizione, la PCR e l'elettroforesi sono alla base del **DNA *fingerprinting***, una metodologia che serve a identificare gli individui sulla base delle differenze nel loro DNA. Questa tecnica fornisce i risultati migliori con sequenze di DNA *altamente polimorfiche*, cioè sequenze che presentano numerosi alleli multipli che variano molto da individuo a individuo. I due tipi di polimorfismo più usati sono il polimorfismo a singolo nucleotide e le ripetizioni brevi in tandem.

I **polimorfismi a singolo nucleotide** (*Single Nucleotide Polymorphisms* o SNPs, che si legge «snips») sono variazioni ereditarie che riguardano una singola base nucleotidica e perciò sono mutazioni puntiformi. Se un genitore è omozigote per la base A in un certo punto del genoma e l'altro genitore è omozigote per G nello stesso punto, la progenie sarà eterozigote: un cromosoma avrà una A e l'altro nello stesso punto avrò una G. Se uno SNP cade all'interno di un sito di restrizione, una variante verrà riconosciuta dall'enzima e tagliata, mentre l'altra no: in questo modo i due individui potranno essere distinti l'uno dall'altro. L'analisi si effettua prelevando il DNA di ciascun individuo e amplificando con la PCR il frammento contenente la sequenza polimorfica. I frammenti vengono poi tagliati con l'enzima di restrizione e analizzati con l'elettroforesi su gel.

Le **ripetizioni brevi in tandem** (*Short Tandem Repeats* o STR), invece, sono corte sequenze ripetute che si trovano nei cromosomi l'una vicina all'altra, generalmente nelle regioni non codificanti. Il numero di sequenze ripetute, che possono contenere da una a cinque basi, è anch'esso ereditario. Per esempio, in un locus particolare sul cromosoma 15 si può trovare un STR di «AGG», un individuo può ereditare un allele con sei copie della sequenza ripetuta (AGGAGGAGGAGGAGGAGG) dalla madre e un allele con due copie (AGGAGG) dal padre. Anche in questo caso si usa la PCR per amplificare frammenti di DNA contenenti le sequenze ripetute; i frammenti amplificati, che hanno dimensione diversa a causa della diversa lunghezza delle sequenze ripetute, vengono poi separati con elettroforesi su gel (**figura 14**).

Questo è il metodo di DNA *fingerprinting* più usato per rivelare la «impronte digitali» di DNA e provare l'innocenza o la colpevolezza di un sospetto, oppure per individuare le parentele tra persone diverse, ma ha applicazioni in tutte le aree della ricerca biologica, soprattutto nel settore della cura delle malattie genetiche.

Curiosità

L'enzima che permette di svolgere la PCR è la ***Taq* polimerasi**, che prende il nome da *Thermus aquaticus*, un batterio scovato dal microbiologo statunitense Thomas Brock nelle pozze di acqua calda del parco nazionale di Yellowstone, (USA). Questo microrganismo può sopravvivere in acque termali sino a 95 °C grazie a un apparato metabolico termoresistente.

A colpo d'occhio

POLIMORFISMI
- A SINGOLO NUCLEOTIDE — MUTAZIONI PUNTIFORMI
- RIPETIZIONI BREVI IN TANDEM — SEQUENZE RIPETUTE

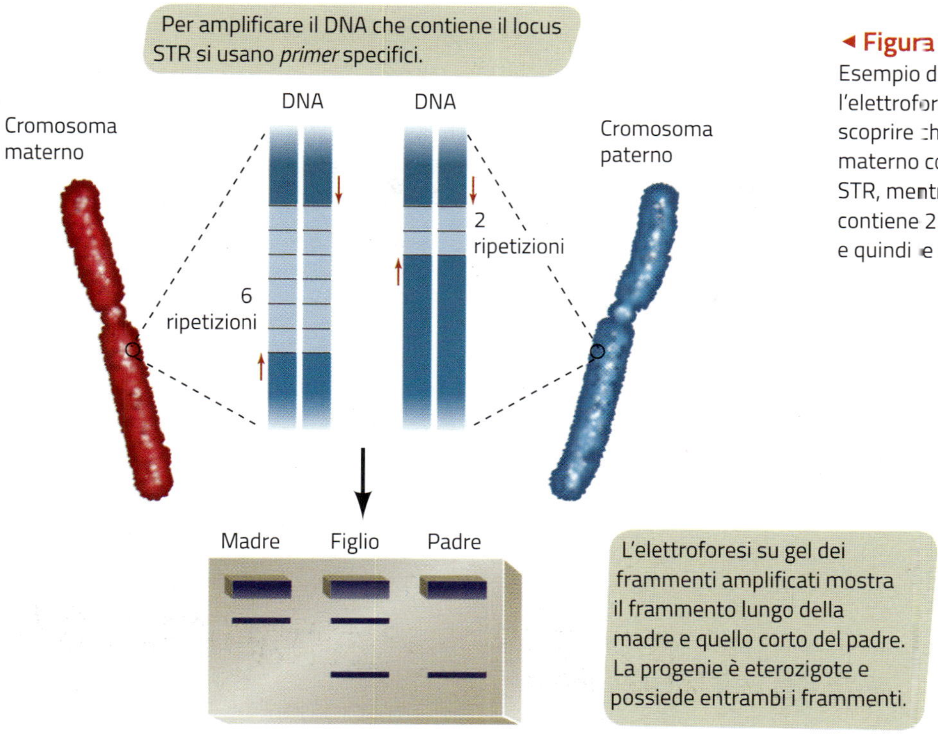

◂ **Figura 14**
Esempio di STR: attraverso l'elettroforesi su gel si può scoprire che il cromosoma materno contiene 6 copie STR, mentre quello paterno ne contiene 2 (il figlio è eterozigote e quindi le contiene entrambe).

Sequenziare il DNA serve a identificare le sequenze codificanti e le sequenze regolatrici

La PCR ha anche reso possibile il **sequenziamento del DNA**, ossia la determinazione della sua sequenza nucleotidica, partendo da ridotte quantità di materiale genetico. La conoscenza delle sequenze nucleotidiche è molto importante per conoscere il genoma degli agenti patogeni o per diagnosticare malattie ereditarie.

Oggi il sequenziamento di geni con provenienze diverse, da quelli virali a quelli animali, si basa sul **metodo Sanger**, un processo enzimatico ideato nel 1977 dal chimico Frederick Sanger. Questa tecnica inizia con la sintesi di DNA in provetta; oltre al campione di DNA che si vuole sequenziare, occorre avere una DNA polimerasi, un *primer* per innescare la DNA polimerasi, i quattro desossinucleotidi trifosfato normali (i nucleotidi che costituiscono il DNA) e i quattro nucleotidi in forma di **didesossinucleotidi trifosfato (ddNTP)**, ciascuno legato a una molecola fluorescente di colore diverso (**figura 15**).

Curiosità

Frederick Sanger (1918-2013) è uno dei pochi scienziati ad aver vinto per due volte il premio Nobel, la prima nel 1958 per aver ottenuto la sequenza esatta degli amminoacidi dell'insulina e la seconda nel 1980, per avere ideato un metodo per stabilire l'ordine dei nucleotidi in una molecola di DNA.

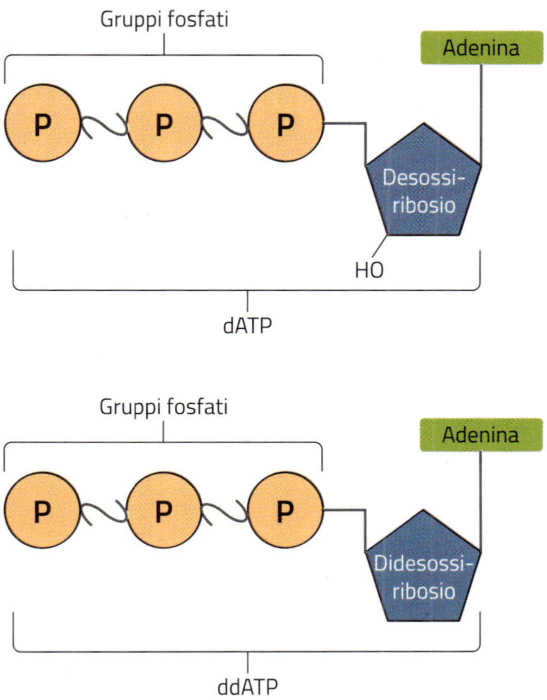

◂ **Figura 15**
I dNTP hanno un gruppo OH in posizione 3´ dello zucchero desossiribosio; i ddNTP hanno un solo atomo di H in posizione 3´, per cui non possono aggiungere ulteriori nucleotidi alla catena e bloccano la sintesi del DNA.

Una volta che il DNA da sequenziare è stato denaturato, il *primer* può legarsi e attivare la DNA polimerasi, che inizia ad aggiungere all'estremità 3′del primer i nucleotidi complementari al filamento stampo. Avendo usato una miscela di dNTP e ddNTP, invece di aggiungere sempre un dNTP, può accadere che la DNA polimerasi aggiunga di tanto in tanto un ddNTP. Con l'incorporazione del ddNTP la sintesi del filamento complementare si ferma poiché i ddNTP non permettono la formazione del legame con il successivo nucleotide trifosfato. Si ottengono in questo modo frammenti di DNA di varia lunghezza, che differiscono da provetta a provetta per il tipo di ddNTP con il quale terminano (**figura 16**).

I frammenti di DNA così ottenuti sono separati mediante elettroforesi e riordinati per ottenere la sequenza di nucleotidi che si voleva sequenziare. Oggi questo processo avviene avvalendosi di sequenziatori automatici, che permettono un'analisi veloce e simultanea di molti campioni.

▾ Figura 16
Grazie al metodo Sanger è possibile ottenere tanti frammenti di DNA che differiscono per una sola base e possono essere separati e poi riordinati per ricavare la sequenza completa del DNA di partenza.

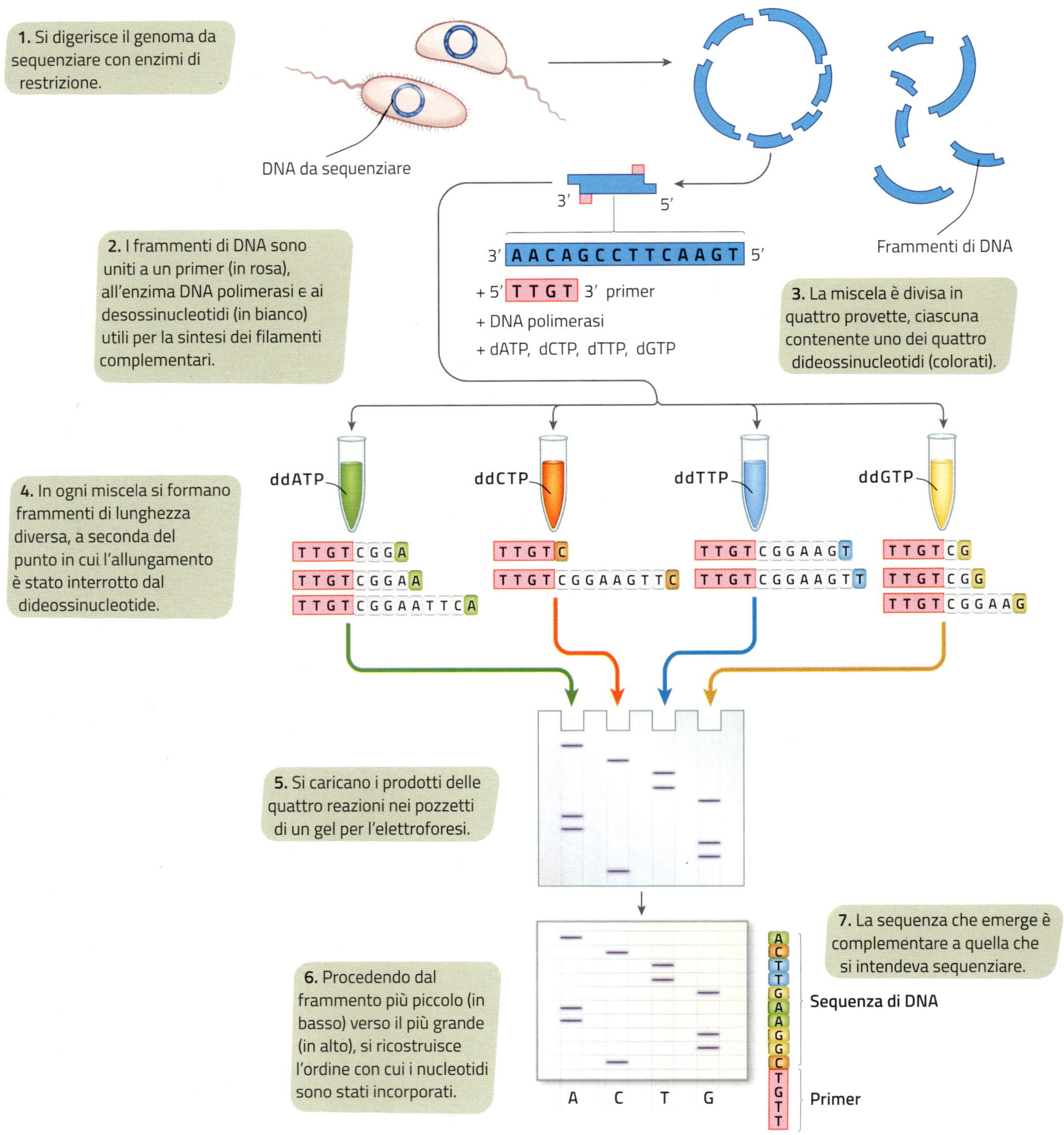

Le sonde permettono di localizzare specifici segmenti nelle molecole di DNA

Anche se si conosce l'esatta sequenza di basi che li compongono, i cromosomi contengono un'enorme quantità di DNA, per cui localizzare un segmento in un genoma è un'impresa molto difficile. Il metodo che gli scienziati utilizzano per identificare specifiche sequenze di DNA è l'**ibridazione *in situ* dell'acido nucleico**, una tecnica che si fonda sulla capacità di appaiarsi delle basi azotate. Se si scaldano lentamente delle molecole di DNA in soluzione, i legami a idrogeno che tengono uniti i due filamenti si spezzano e il DNA si denatura; se poi si raffredda la soluzione, i legami a idrogeno si riformano e la doppia elica si ricostituisce.

Quando alcune molecole di DNA provenienti da fonti diverse sono mescolate, riscaldate e poi raffreddate, i filamenti si separano e poi si riappaiano in modo casuale con sequenze simili ma non identiche, formando delle *doppie eliche ibride*. La quantità di segmenti che si appaiano e la velocità con cui avviene questo appaiamento sono direttamente proporzionali alla somiglianza tra le loro sequenze nucleotidiche.

Questo metodo è usato per localizzare specifiche sequenze nucleotidiche di DNA o di RNA. Per esempio, si può preparare una **sonda** incorporando un isotopo radioattivo in un breve segmento di DNA o RNA a filamento singolo, che sia complementare alla sequenza nucleotidica cercata; in alternativa, la sonda può essere marcata con un colorante fluorescente, come nel caso mostrato nella **figura 17**, in cui ogni colore indica il sito di una differente sequenza di DNA.

Questa tecnica è molto utile per confermare la presenza di mutazioni cromosomiche; dopo l'ibridazione, infatti, i cromosomi omologhi dovrebbero mostrare le stesse regioni marcate. Quando questo non accade, diventa possibile capire che tipo di mutazione cromosomica è avvenuta, e su quale cromosoma.

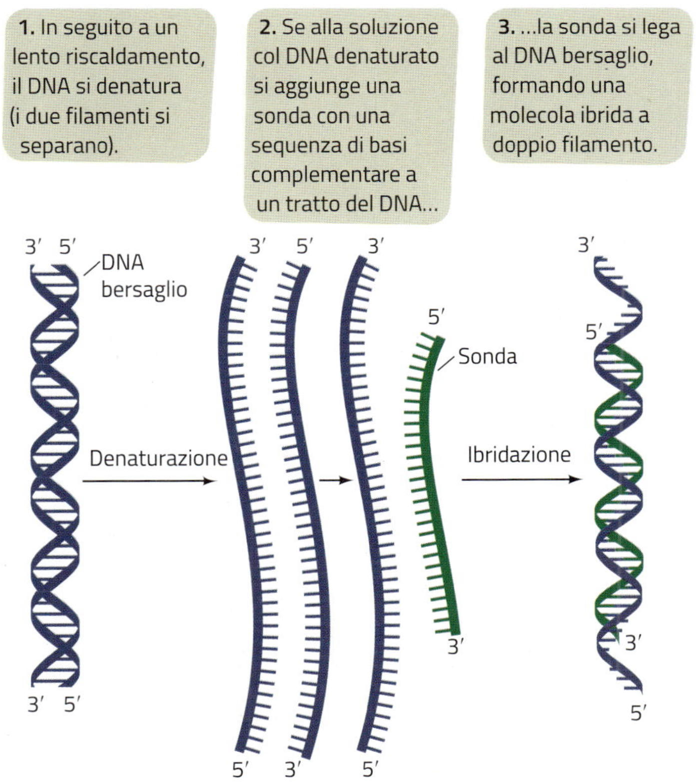

▾ Figura 17
L'ibridazione attraverso l'uso di sonde permette di individuare la posizione di specifiche regioni grazie all'uso di coloranti o isotopi che si illuminano quando sono colpiti dalla luce ultravioletta.

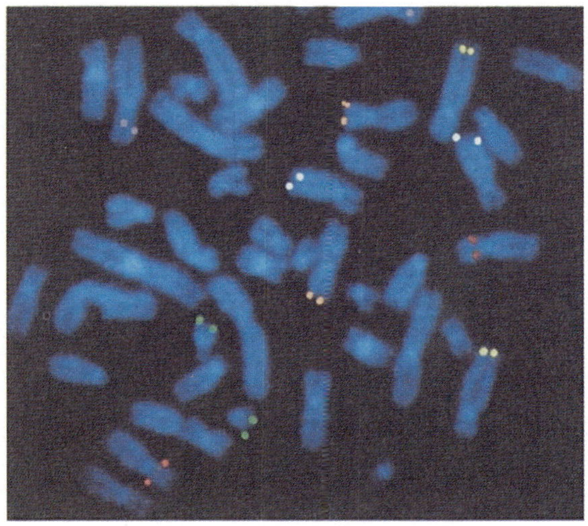

Rosso (sul cromosoma X)
Gene della forma più comune di distrofia muscolare infantile

Verde (sul cromosoma 21)
Gene coinvolto nella sindrome di Down

Arancione (sul cromosoma 11)
Gene che codifica per la beta-globina

Bianco (sul cromosoma 8)
Oncogéne coinvolto nello sviluppo del cancro

Viola
Gene che codifica per una proteina sulla superficie dei globuli bianchi

Giallo (sul cromosoma 5)
Sequenza non identificata

Facciamo il punto

1. Che cos'è il DNA ricombinante e come si ottiene?
2. Qual è la funzione dell'elettroforesi?
3. Che cos'è il DNA *fingerprinting*?
4. Che cosa significa «sequenziare» un genoma?
5. Perché gli scienziati ricorrono all'ibridazione *in situ* dell'acido nucleico?

4 La diagnosi e la cura delle malattie genetiche

L'albero genealogico è lo strumento di base del genetista

Oggi la diagnosi di molte malattie è condotta a livello molecolare grazie a strumenti per l'analisi e il sequenziamento del DNA. L'ampia disponibilità di tecniche molecolari, tuttavia, non mette in discussione l'utilizzo di strumenti più tradizionali come gli alberi genealogici: ancora oggi, infatti, la storia clinica della famiglia è spesso la chiave per determinare il rischio genetico di una malattia. Gli **alberi genealogici** ricostruiscono la storia clinica di una famiglia mettendo in evidenza le patologie esistenti al suo interno; in questo modo è possibile valutare il rischio per una coppia di trasmettere una data patologia e indirizzare di conseguenza le analisi genetiche (**figura 18**).

Sottoporre genitori, feti ed embrioni a tutti i test esistenti sul mercato non fornisce la certezza di mettere al mondo un figlio sano, ma può essere una fonte di stress a causa dei potenziali rischi annessi a ogni metodica di analisi.

▼ **Figura 18**
Esempi di una malattia autosomica dominante come la corea di Huntington (A) e di una malattia autosomica recessiva come la fibrosi cistica (B).

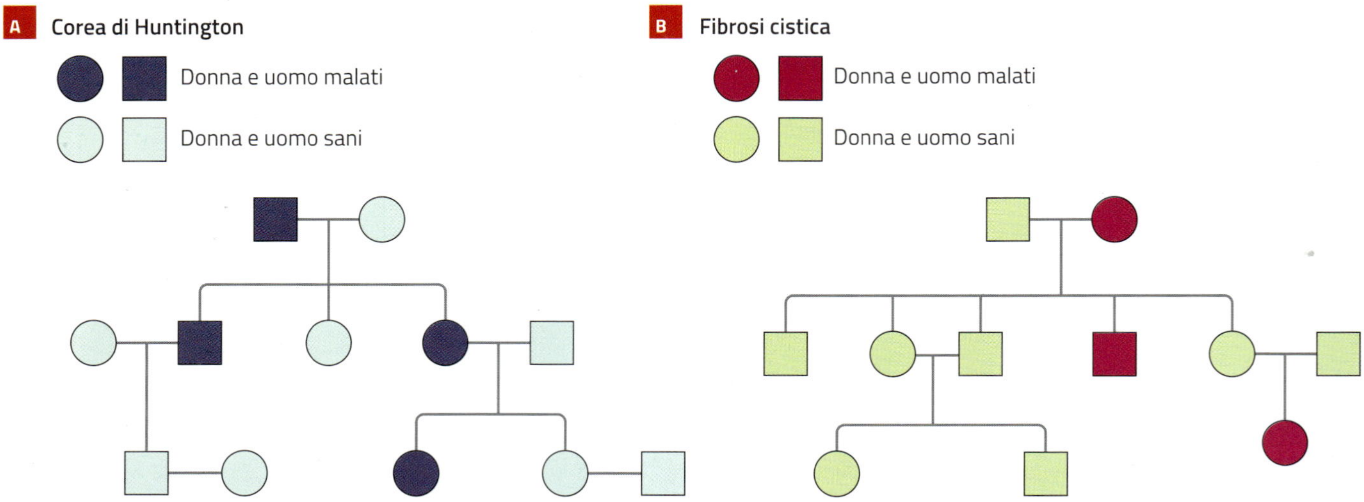

Lo screening neonatale comporta l'analisi delle sostanze ematiche

Lo **screening neonatale** è un'attività di sanità pubblica che serve a diagnosticare precocemente alcune malattie congenite, allo scopo di evitare conseguenze irreversibili sulla salute dei neonati. In Italia lo screening neonatale è obbligatorio su tutto il territorio nazionale per tre malattie: la fenilchetonuria, l'ipotiroidismo congenito e la fibrosi cistica.

Prendiamo come esempio il test per la fenilchetonuria (PKU), a cui probabilmente anche voi siete stati sottoposti. Alla nascita, i bambini affetti da PKU hanno un fenotipo normale poiché durante la vita intrauterina l'eccesso di fenilalanina nel loro sangue diffonde attraverso la placenta verso il sistema circolatorio della madre. Poiché la madre è quasi sempre eterozigote, e di conseguenza possiede un livello adeguato di attività dell'enzima fenilalanina idrossilasi, il suo corpo elimina l'eccesso di fenilalanina del feto. Dopo la nascita, il bambino inizia a nutrirsi di latte, che è ricco in proteine, e la fenilalanina comincia ad accumularsi nel sangue. Dopo pochi giorni, la concentrazione di fenilalanina nel sangue può arrivare a dieci volte il livello normale. In breve tempo, il cervello viene danneggiato e compaiono i sintomi tra cui ritardo dello sviluppo, problemi di accrescimento ed epilessia. Se invece viene diagnosticata precocemente, la PKU può essere trattata con una specifica dieta povera di fenilalanina, che impedisce i danni al sistema nervoso.

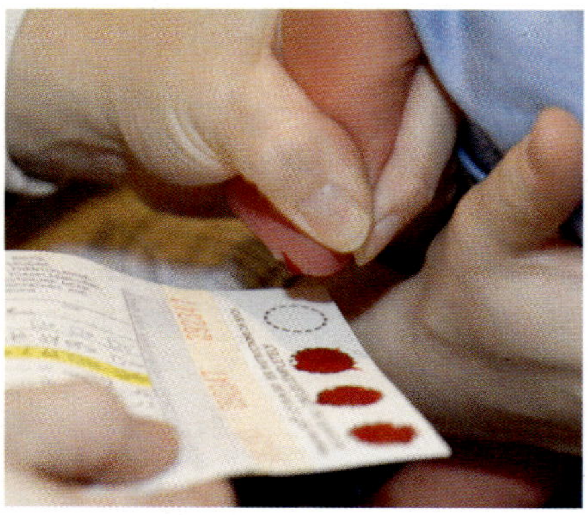

▲ **Figura 19**
Pochi giorni dopo la nascita dal tallone del bambino vengono prelevati dei campioni di sangue sui quali è aggiunta una piccola quantità fenilalanina per verificare la funzionalità delle cellule.

Lo screening neonatale si basa su un test molto semplice che utilizza alcune gocce di sangue prelevate dai neonati (**figura 19**); il test può essere automatizzato in modo che un laboratorio possa analizzare molti campioni al giorno. Oggi, nei campioni di sangue dei neonati si possono ricercare diverse decine di malattie genetiche, alcune comuni e altre più rare. Se si includessero anche i test che non hanno una utilità clinica, il numero di malattie genetiche diagnosticabili salirebbe ad oltre 100; prima di sottoporsi a test di questo tipo, è necessario considerare che in alcuni casi il risultato potrebbe indicare non la certezza di una malattia genetica, ma solo un aumento del rischio rispetto alla media della popolazione.

Il test del DNA è il modo più accurato per individuare le mutazioni

Il livello di fenilalanina nel sangue è una misura indiretta dell'attività dell'enzima fenilalanina idrossilasi. Come si possono identificare malattie che non sono visibili da test sul sangue? E come vengono diagnosticate le anomalie genetiche negli eterozigoti, che esprimono la proteina normale a un certo livello?

In questi casi si effettua uno **screening genetico** basato sul test del DNA, si va cioè a cercare direttamente la mutazione nel DNA di una persona che potrebbe essere portatrice di un allele anormale. Ora che sono state identificate molte mutazioni responsabili di malattie umane, ogni cellula del corpo può essere analizzata in qualsiasi momento della vita per trovare mutazioni. Grazie alla PCR, per il test sono sufficienti solo una o poche cellule.

Consideriamo per esempio due persone che desiderano un figlio, ma che hanno il dubbio di essere portatori sani di fibrosi cistica, perché nelle loro famiglie sono presenti dei portatori sani o dei malati. In questi casi è possibile eseguire un test genetico per ricerca delle mutazioni del gene *CFTR*. Il test genetico è eseguito tenendo conto di circa 31-200 mutazioni sulle oltre 900 che causano la fibrosi cistica, scelte fra le più frequenti nell'area geografica; nel complesso questo test permette di identificare il 90% circa dei portatori.

Una volta estratto il DNA dal sangue, si amplifica con la PCR la regione interessata dalla mutazione, poi si procede alla ricerca delle mutazioni sia usando delle sonde fluorescenti complementari all'allele mutato sia mediante il sequenziamento del gene. Il test del DNA può essere effettuato anche su un feto o su un neonato.

Nel caso della distrofia muscolare di Duchenne, che è una malattia legata al cromosoma X, il test deve essere effettuato sul DNA della madre. Anche in questo caso si amplificano i 18 esoni che costituiscono il gene della distrofina attraverso la PCR: in seguito si ricercano le delezioni o le duplicazioni per mezzo di sonde, mentre le mutazioni puntiformi si identificano grazie al sequenziamento.

La diagnosi prenatale è eseguita mediante villocentesi e amniocentesi

Una delle analisi prenatali più comuni è la costruzione del cariotipo di un embrione per scoprire precocemente la presenza di mutazioni. La metodica di analisi fetale più precoce è il **prelievo dei villi coriali** o **villocentesi** (figura 20). Il corion è una membrana che riveste il feto ed è interamente costituita da tessuto embrionale. Un campione di tessuto, prelevato tra l'ottava e la dodicesima settimana di gravidanza, fornisce una quantità di materiale utile per costruire il cariotipo o ricercare geni mutati in caso di presenza di patologie genetiche famigliari.

I problemi maggiori dell'analisi dei villi coriali sono la difficoltà del prelievo e la possibilità che nel campione siano presenti cellule materne. Entrambi questi problemi possono essere in parte risolti ricorrendo all'amniocentesi, che è il metodo più comune di prelievo di materiale fetale.

L'**amniocentesi**, che può essere realizzata solamente dopo la dodicesima settimana di gravidanza, consiste in un prelievo del liquido amniotico che riempie il sacco in cui si sta sviluppando il feto. Tale liquido contiene cellule embrionali che, una volta recuperate, possono essere coltivate *in vitro* e utilizzate per le analisi genetiche. Poiché questa metodica è complicata, potenzialmente rischiosa per il feto e costosa, la sua realizzazione è prescritta solo in certi casi, come quando esiste una familiarità per alcune patologie o quando la madre ha un'età superiore ai 39 anni.

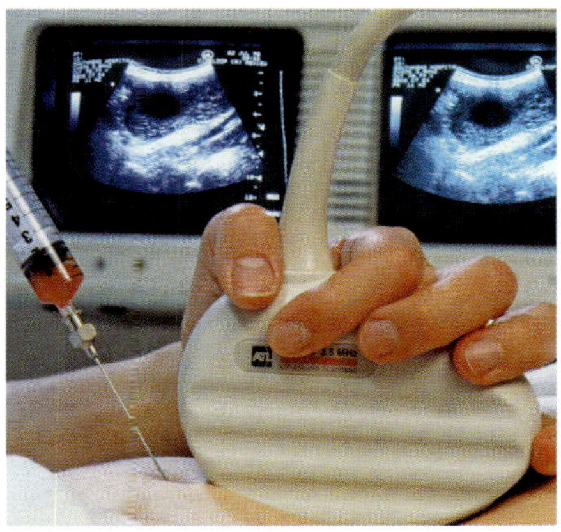

▲ Figura 20
Informazioni su eventuali difetti genetici del feto possono essere ricavate dal tessuto coriale. Feto e placenta vengono monitorati con un ecografo, che fa da guida a un ago con cui viene prelevato un campione di cellule fetali a livello dei villi coriali.

Alcune malattie genetiche possono essere trattate modificando il fenotipo o il genotipo

La maggior parte delle terapie per le malattie genetiche si limitano ad alleviare i sintomi del paziente. Ma per trattare effettivamente sia le malattie genetiche sia il cancro i medici devono essere in grado di diagnosticare la malattia, capire come funziona a livello molecolare e intervenire prima che danneggi o uccida il malato. Esistono due approcci principali per curare le malattie genetiche: modificare il fenotipo della malattia o rimpiazzare il gene difettoso, cioè modificare il genotipo.

Il fenotipo di una malattia genetica può essere modificato in tre modi: limitando la presenza del substrato di un enzima difettoso, inibendo una reazione metabolica dannosa o fornendo una proteina mancante (**figura 21C**).

La **limitazione del substrato** di un enzima difettoso è l'approccio che abbiamo descritto nel caso della fenilchetonuria. In questo caso, l'enzima difettoso è la fenilalanina idrossilasi e il substrato è la fenilalanina; di conseguenza, il bambino a cui è stata diagnosticata la PKU è da subito sottoposto a una specifica dieta che contiene solo la quantità minima di fenilalanina necessaria al metabolismo. Le persone affette da PKU sono ben consapevoli di dover seguire una dieta scarsa in fenilalanina per tutta la loro vita. Sebbene mantenere queste restrizioni sia difficile, è tuttavia molto efficace. Numerosi studi hanno mostrato che lo sviluppo cognitivo delle persone con PKU che seguono una dieta appropriata non è diverso dal resto della popolazione.

Alcuni farmaci che funzionano come **inibitori metabolici** permettono di trattare i sintomi di alcune malattie genetiche; un esempio è l'Imatinib, utilizzato in alcuni tipi di cancro e che è diretto contro una proteina anomala, responsabile della comparsa del tumore.

Infine, alcune malattie ereditarie che determinano la mancanza di una proteina funzionale, per esempio un enzima, vengono curate somministrando al paziente la **proteina mancante**. Questo approccio è usato per trattare l'*emofilia*, una malattia in cui la coagulazione del sangue è compromessa a causa della mancanza del fattore VIII, una delle proteine che attiva il processo. In passato la proteina mancante era ottenuta dal sangue umano, ma poteva essere contaminata da virus o da altri patogeni; oggi il fattore VIII viene ricavato da cellule batteriche al cui interno è stato inserito il gene umano per mezzo della tecnologia del DNA ricombinante.

▾ Figura 21
Le diverse strategie per il trattamento delle malattie genetiche.

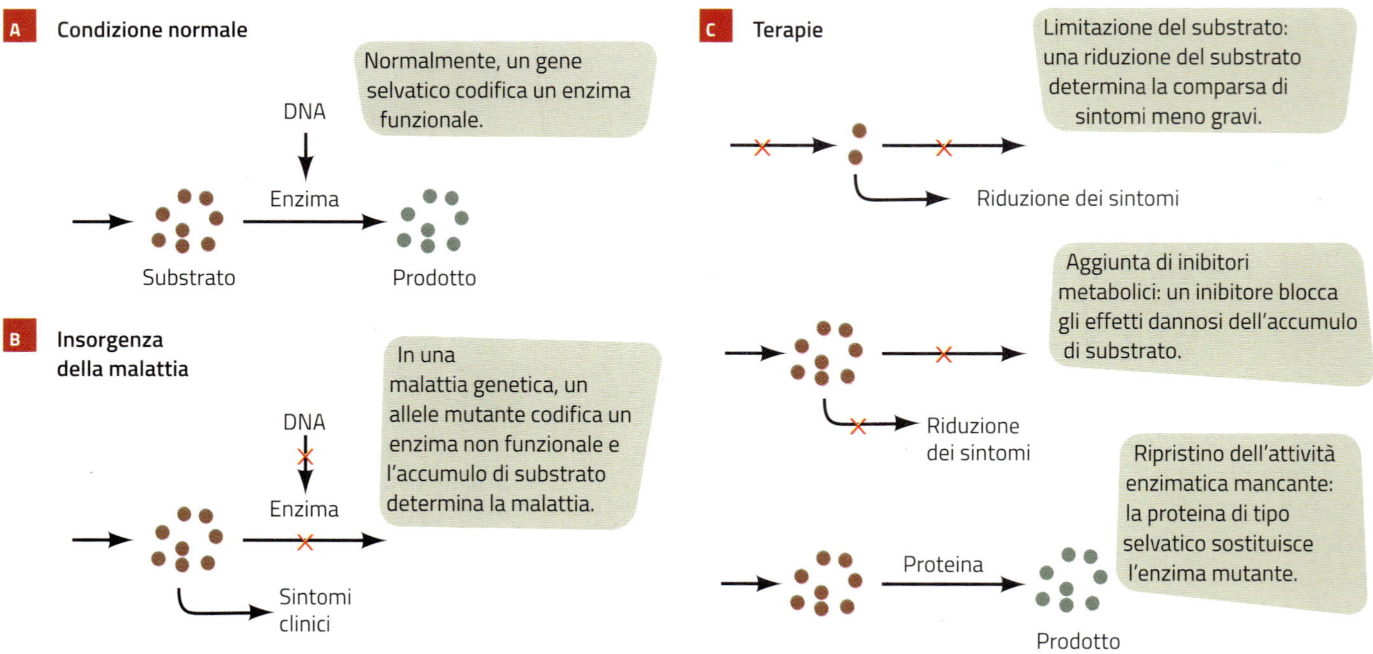

La terapia genica offre la speranza di trattamenti specifici

Se una cellula manca di un allele che codifica un prodotto funzionale, il trattamento ottimale sarebbe quello di fornirle un allele funzionale (**figura 22**). L'obiettivo della **terapia genica** è inserire nel corpo del paziente un nuovo gene che sarà poi espresso nelle cellule del tessuto interessato.

Nella terapia genica sono possibili due approcci diversi:

- si rimuovono le cellule dal paziente, vi si inserisce il nuovo gene e poi si reinseriscono le cellule nel paziente (*ex vivo*);
- si inserisce il gene direttamente nel paziente (*in vivo*).

Uno dei principali problemi della terapia genica è quello di far entrare il gene terapeutico nelle cellule. L'assorbimento di DNA nelle cellule eucariotiche è un evento raro e, una volta che il DNA è dentro la cellula, il suo ingresso nel nucleo e la sua espressione sono eventi ancora più improbabili. Una soluzione a questi problemi è inserire un gene in un virus che può infettare le cellule umane, ma che è stato modificato geneticamente per prevenire la sua moltiplicazione incontrollata.

A oggi non sono ancora stati identificati virus completamente efficaci, tanto che la via *ex vivo* è quella che ha dato i risultati migliori, nonostante non si possa applicare a tutte le malattie. Tra le patologie che si stanno trattando con la terapia genica mediante virus ci sono la fibrosi cistica, l'emofilia e la distrofia muscolare.

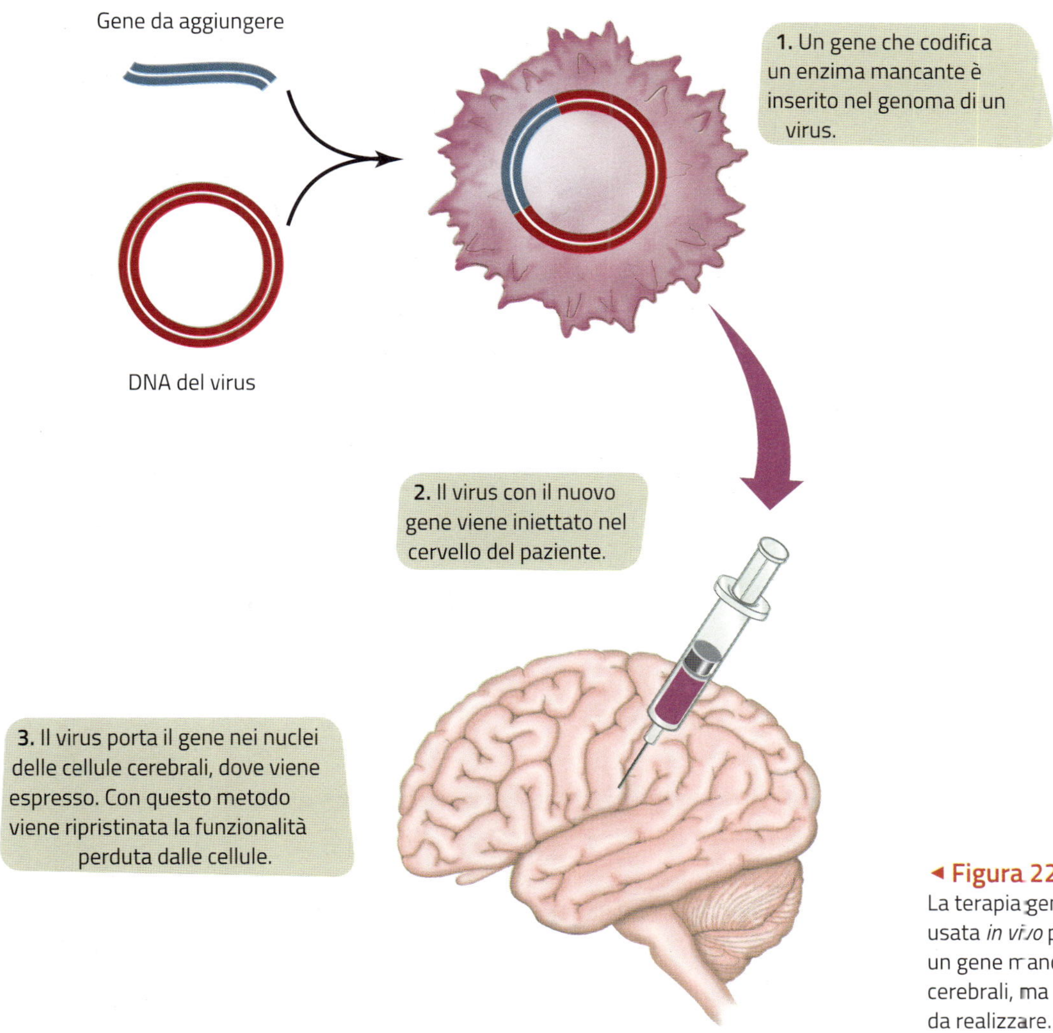

◂ **Figura 22**
La terapia genica può essere usata *in vivo* per aggiungere un gene mancante alle cellule cerebrali, ma è molto difficile da realizzare.

Facciamo il punto

1. Per quali motivi si effettua un albero genealogico?
2. Quali sono i test genetici prenatali eseguiti di routine?
3. Che cos'è uno screening genetico?
4. Descrivi i due principali tipi di diagnosi prenatale.
5. Spiega le due tipologie di terapia genica.

LA LINEA DEL TEMPO

Esplora nell'ebook la timeline interattiva

Dalla scoperta della nucleina alla doppia elica

Dalla prima individuazione di una sostanza acida presente nel nucleo delle cellule sia vegetali che animali, alla scoperta della struttura del DNA passa quasi un secolo e le ricerche in questo campo proseguono tutt'oggi. Nella prima fase due comunità internazionali, quella dei biochimici e quella di primi biologi molecolari, contribuiscono a importanti scoperte per venire a capo di due grandi problemi: la composizione e la struttura delle molecole degli acidi nucleici, e il ruolo di queste sostanze nella trasmissione dell'informazione genetica. Se la Seconda Guerra mondiale ha reso evidente a tutti la potenza dell'atomo, nel dopoguerra, le basi delle moderne biotecnologie vengono gettate sullo sfondo della Guerra fredda che divide il mondo in due blocchi contrapposti; questa nuova frontiera della ricerca è resa possibile anche dall'ideazione di nuove tecniche sperimentali come elettroforesi e PCR.

1868 - 1900

L'individuazione degli acidi nucleici
I biologi svizzeri Friederich Miescher e Felix Hoppe-Seyler isolano nei nuclei cellulari una sostanza contenente grandi quantità di fosforo che chiamano «nucleina». Altri biochimici individuano le cinque basi azotate (guanina, citosina, timina, adenina, uracile). Al termine nucleina si sostituisce progressivamente quello di «acidi nucleici».

1908 - 1928

Levene e la composizione dei nucleotidi
Il lituano Phoebus Levene individua il ribosio e vent'anni più tardi il desossiribosio: tutti i componenti di RNA e DNA sono ora noti. Levene dà anche il nome «nucleotidi» alle unità ripetitive che costituiscono gli acidi nucleici.

1910

Le regole di Chargaff
Il biochimico austriaco Erwin Chargaff studia gli acidi nucleici provenienti da diverse specie viventi, notando alcune caratteristiche ricorrenti e formula alcune leggi sulla composizione delle basi del DNA.

1928

Il fattore trasformante negli pneumococchi
Studiando *Streptococcus pneumoniae*, Frederick Griffith si accorge che il ceppo S era virulento, mentre il ceppo R non lo era, ma in alcune condizioni il ceppo R poteva «trasformarsi» in S, infettando le cavie. Griffith capisce che non si tratta di un fenomeno dovuto a fattori esterni, ma a una sostanza che chiama «fattore di trasformazione».

1943

Il fattore trasformante è il DNA
Il medico canadese Oswald Theodore Avery dimostra che il «fattore di trasformazione» scoperto da Griffith non sono le proteine, come una parte della comunità scientifica di allora pensava, ma il DNA: questo è il materiale genetico.

Le mutazioni genetiche sono spontanee
L'italiano naturalizzato americano Salvador Luria e il tedesco Max Delbrück conducono un esperimento sui batteri, dimostrando che le mutazioni genetiche si verificano spontaneamente in assenza di selezione, e non come risposta alla selezione.

1944

Schrödinger e il DNA
Erwin Schrodinger specula da un punto di vista della fisica teorica sulla natura della vita: identifica alcuni concetti chiave che in seguito avranno conferme sperimentali, per esempio che un «cristallo aperiodico» fosse alla base dell'ereditarietà (il DNA).

1945

Bomba atomica su Hiroshima
Il 6 agosto gli Stati Uniti lanciano la prima bomba atomica; tre giorni dopo, un'altra bomba viene sganciata su Nagasaki. Il 2 settembre il Giappone firma la resa e finisce alla Seconda Guerra mondiale.

1958

Esperimento di Meselson-Stahl
Matthew Meselson e Franklin Stahl conducono un esperimento (usando isotopi radioattivi) decisivo per comprendere il meccanismo di replicazione del DNA, escludendo l'ipotesi «conservativa» e quella «dispersiva» in favore di quella «semiconservativa».

1961

Il codice genetico si basa su triplette
Marshall Nirenberg e Heinrich Matthaei determinano gli amminoacidi specificati da mRNA sintetici di composizione conosciuta: scoprono così che CCC codifica la prolina e AAA la lisina. È il primo passo per capire che il codice genetico funziona a triplette di basi azotate.

Gli enzimi di restrizione
Werner Aber, Daniel Nathans e Hamilton Smith scoprono la famiglia di proteine «endonucleasi di restrizione» studiando i meccanismi di difesa dei batteri dai virus. Tali enzimi possono leggere e tagliare la molecola di DNA in corrispondenza di precise sequenze; si apre la strada alle tecniche di ingegneria genetica.

1962

La crisi dei missili di Cuba
La tensione tra USA e URSS durante la Guerra fredda tocca uno dei suoi apici quando vengono scoperti a Cuba missili nucleari sovietici puntati verso il territorio americano.

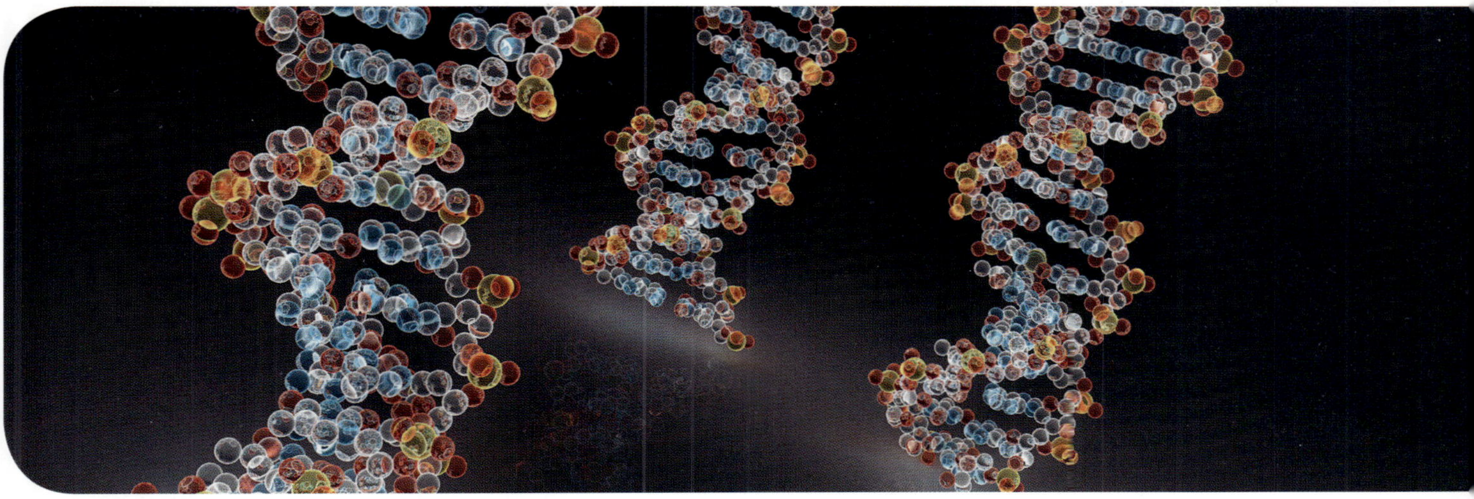

1937

Analisi con l'elettroforesi
Arne Tiselius scopre una tecnica per l'analisi delle proteine, basata sul movimento di particelle elettricamente cariche immerse in un fluido a cui è applicato un campo elettrico. La tecnica viene in seguito migliorata da Oliver Smithies nel 1955 con l'introduzione di un gel.

1938

Fermi riceve il premio Nobel per la fisica
Il fisico italiano Enrico Fermi vince il premio Nobel per «l'identificazione di nuovi elementi della radioattività e la scoperta delle reazioni nucleari mediante neutroni lenti».

1941

Un gene-un enzima
George Beadle ed Edward Tatum dimostrano la relazione tra gene e proteina con degli esperimenti su *Neurospora crassa*. Usando i raggi X si accorgono che i funghi mutati non crescono più sul terreno di coltura: concludono che la sintesi dell'enzima necessario alla crescita è sotto il controllo del gene mutato.

1949

Anemia falciforme spiegata a livello molecolare
Con un lavoro pubblicato su *Science*, Linus Pauling, Harvey Itano, Jonathan Singer e Ibert Wells dimostrano che l'anemia falciforme è una malattia ereditaria dovuta a una mutazione genetica che produce un'emoglobina anomala.

1953

La struttura del DNA
James Watson e Francis Crick propongono la struttura a doppia elica del DNA, la scoperta si avvale anche del contributo fondamentale delle immagini ai raggi X ottenute da Rosalind Franklin e dagli studi sugli acidi nucleici di Maurice Wilkins. Si tratta del primo modello accurato, confermato dagli esperimenti successivi, della struttura tridimensionale del DNA.

1958

Il dogma centrale della biologia
Francis Crick propone l'idea che l'informazione nei viventi vada sempre dal DNA alle proteine e mai in senso opposto; a lungo sarà considerato il «dogma centrale della biologia molecolare». Sebbene questo concetto descriva bene la maggior parte dei casi, in seguito si troveranno eccezioni.

1967

I frammenti di Okazaki
Un gruppo di ricercatori guidato da Reiji Okazaki e Kiwako Sakabe dimostra l'esistenza di corti frammenti di DNA, tra le 1000 e le 2000 basi, prodotti durante la replicazione del DNA e in seguito uniti in un unico filamento continuo.

1975

Il primo sequenziamento del DNA
Frederick Sanger mette a punto un metodo per determinare l'ordine dei nucleotidi in una molecola di DNA. Due anni dopo, sequenzia con successo il primo genoma (di un batteriofago), questo risultato gli fa vincere il secondo premio Nobel nel 1980; il primo l'aveva ricevuto nel 1958 per aver scoperto la sequenza di amminoacidi dell'insulina.

1983

L'invenzione della PCR
Kary Mullis inventa una tecnica per riprodurre in molte copie sequenze specifiche di DNA. La reazione a catena della polimerasi (PCR) permetterà operazioni come la clonazione, il sequenziamento, l'analisi dei geni e la diagnosi di molte malattie.

SINTESI DI FINE CAPITOLO

LO SAI? RIPASSA CON LO SMARTPHONE

Che cosa sono le mutazioni?

Le **mutazioni** sono un cambiamento nella sequenza nucleotidica del DNA che può essere trasmessa da una cellula o da un organismo alla sua progenie.

In base al tipo di cellula interessata, le mutazioni possono essere **somatiche** o **germinali**.

In base al loro effetto, ci sono mutazioni:

- **silenti** o **neutre** se non hanno alcun effetto;
- **con perdita** di funzione;
- **con acquisto** di funzione;
- **condizionali** se influenzano il fenotipo solo a certe condizioni ambientali.

In base alle loro cause, le mutazioni sono: **spontanee**, se i cambiamenti permanenti nel DNA avvengono senza influenza dall'esterno, ma a causa di processi cellulari imperfetti; **indotte**, se qualche agente esterno alla cellula (detto *mutageno*) produce cambiamenti permanenti nel materiale genetico.

Mutazioni puntiformi e cromosomiche

Una mutazione può essere: **puntiforme,** se colpisce un unico gene e aggiunge, sottrae o nella sostituisce uno o pochi nucleotidi; **cromosomica,** quando modifica uno o più cromosomi o addirittura l'intero cariotipo.

A loro volta, le mutazioni puntiformi possono essere:

- per *sostituzione*;
- *missenso*, se cambiano la sequenza in modo che un amminoacido ne sostituisca un altro con diverse proprietà chimiche nella proteina finale;
- *nonsenso*, se sostituiscono una base che produce un codone di stop in qualche punto dell'mRNA;
- *frame-shift*, quando un'inserzione o una delezione si verificano in una sequenza codificante.

Le mutazioni cromosomiche possono essere: *strutturali* o *numeriche*, quando un organismo ha dei cromosomi in più o in meno (delezione, duplicazione, inversione e traslocazione).

Le mutazioni e le malattie genetiche

La *fenilchetonuria* è una malattia recessiva dovuta a un'anomalia in un singolo enzima, la fenilalanina idrossilasi (o PAH), che catalizza la conversione della fenilalanina presente negli alimenti in tirosina.

La *fibrosi cistica* è dovuta alla perdita di una proteina di trasporto ed è una malattia autosomica recessiva dovuta a mutazioni che colpiscono il gene CFTR.

La *distrofia muscolare di Duchenne* è una malattia recessiva e legata al cromosoma X, dovuta all'assenza della proteina distrofina che è indispensabile ai muscoli per funzionare.

La *sindrome di Down* è una condizione dovuta a tre tipi di anomalie cromosomiche che hanno lo stesso effetto finale: la presenza del cromosoma 21 in triplice copia. La trisomia 21 può presentarsi in tre forme diverse: *completa, libera in mosaicismo, da traslocazione.*

La *còrea di Huntington* è una malattia autosomica dominante dovuta alla ripetizione della tripletta CAG in un gene che si trova sul cromosoma 4 e che codifica la proteina huntingtina.

Le tecniche per studiare il DNA

Gli **enzimi di restrizione** tagliano il DNA in punti precisi: le endonucleasi di restrizione tagliano il legame fosfodiesterico tra il gruppo ossidrile in 3′ di un nucleotide e il fosfato in 5′ del nucleotide successivo.

Frammenti diversi di DNA vengono separati dall'**elettroforesi su gel.**

La *reazione a catena della polimerasi* (PCR) produce migliaia di copie identiche di una sequenza di DNA. Ha reso possibile il **sequenziamento del DNA**, ossia la determinazione della sua sequenza nucleotidica partendo da ridotte quantità di materiale genetico.

Il **DNA *fingerprinting*** serve a identificare gli individui sulla base delle differenze nel loro DNA. Un esempio di *DNA ricombinante* è una sequenza di DNA ricavata artificialmente dalla combinazione di materiale genetico di origini differenti.

Diagnosi e cure delle malattie genetiche

Lo **screening neonatale** serve a diagnosticare precocemente alcune malattie congenite, allo scopo di evitare conseguenze irreversibili sulla salute dei neonati. Comporta l'analisi di proteine e di altre sostanze nel sangue del neonato.

Lo **screening genetico** è basato sul test del DNA: si cerca direttamente la mutazione nel DNA di una persona che potrebbe essere portatore di una malattia.

La **terapia genica** offre la speranza di una cura specifica, inserendo nel corpo del paziente un nuovo gene che sarà poi espresso nelle cellule del tessuto malato.

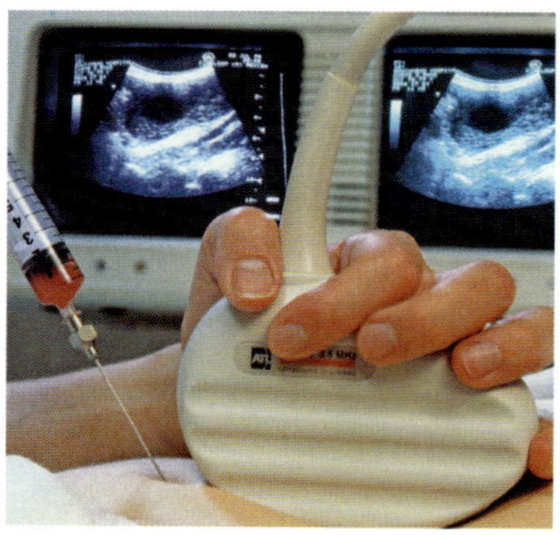

VERIFICA LE TUE CONOSCENZE

ZTE ONLINE

1. Scrivi sul quaderno a definizione dei seguenti termini.

a) Mutazioni somatiche e germinali.
b) Mutazioni silenti e neutre.
c) Mutazioni spontanee e indotte.
d) Mutazione puntiforme e cromosomica.
e) Enzimi di restrizione e digestione per restrizione.
f) Polimorfismi a singolo nucleotide e ripetizioni brevi in tandem.
g) Villocentesi e amniocentesi.

Barra il completamento esatto.

2. Una sonda è

A uno strumento di perforazione del DNA per inserire segmenti estranei.
B ottenuta inserendo di un isotopo radioattivo in un segmento di filamento di DNA.
C un sistema diagnostico utilizzato per la comparazione tra cellule umane e di animali.
D l'inserimento all'estremità 3′del primer di nucleotidi complementari al filamento stampo.

3. L'aneuploidia è in genere causata da

A enzimi di restrizione disattivati e inefficaci.
B una non-disgiunzione durante il processo meiotico.
C mutazioni puntiformi che interessano un unico gene.
D mutazioni nonsenso con sostituzione di una base azotata.

4. L'anemia falciforme è un esempio di mutazione

A indotta.
B ribosomiale.
C silente.
D missenso.

5. Un DNA ricombinante è formato da

A una sequenza nucleotidica di materiale genetico di origini diverse.
B sequenze nucleotidiche ripetute e non codificanti.
C alternanza di nucleotidi codificanti e non codificanti.
D una catena continua di nucleotidi ed enzimi di restrizione.

Barra i due completamenti esatti.

6. Quando avviene una mutazione cromosomica strutturale,

A un cromosoma si spezza e quando si ricongiunge ha perso un segmento.
B un cromosoma si spezza e quando si ricongiunge ha un pezzo di cromosoma invertito.
C i cromosomi omologhi si spezzano e quando si riuniscono uno di essi ha un segmento in meno.
D i cromosomi omologhi si spezzano e quando si riuniscono uno di essi ha due copie dello stesso segmento.
E un cromosoma si spezza e quando si ricongiunge ha un segmento identico a quello precedente.

7. L'elettroforesi su gel

A ha come obiettivo quello di separare le proteine presenti nel citoplasma in base alla loro massa.
B permette di stabilire quali proteine sono presenti nel citoplasma di una cellula utilizzando parametri cromatografici.
C è un processo utilizzato per separare le proteine anche in base alla loro carica elettrica e al pH.
D è in grado di fornire dati precisi sul DNA di una cellula mediante il prelievo di geni estranei.
E utilizza il DNA di una cellula introducendo nella piastra di gel i cromosomi invece delle proteine.

8. Completa le seguenti frasi.

a) La tecnica che permette di identificare gli individui in base delle differenze nel loro DNA è detta ………………
b) La storia clinica di una famiglia relativamente a una specifica malattia ereditaria è un ………………
c) Gli ……………… sono farmaci in grado di intervenire su proteine anomale frutto di mutazioni.
d) Se in una mutazione puntiforme avviene la perdita di nucleotidi si ha una ………………, mentre se i nucleotidi vengono aggiunti si ha una ………………

9. Completa la tabella mettendo in corrispondenza il tipo di mutazione (*lettere*) con la relativa definizione (*numeri*).

A. Con acquisto di funzione
B. Frame-shift
C. Condizionale
D. Nonsenso

1. Influenza il fenotipo sono in certe condizioni ambientali.
2. Prevede uno scorrimento della sequenza codificante.
3. La proteina ha una funzione alterata.
4. La sostituzione di una base produce un codone di stop.

A	B	C	D

10. Barra a risposta esatta.

Che cos'è e a che cosa serve lo screening genetico?

A Un esame di routine che viene effettuato mediante il prelievo di cellule dell'utero.
B Un esame prenatale che dà indicazioni sulla salute del nascituro.
C L'inserimento di un nuovo gene che codifica per una proteina mancante.
D La ricerca dell'eventuale presenza di un allele non manifesto ma ereditabile.

11. Nel seguente brano barra tra i termini in neretto quelli errati.

La distrofia muscolare di Duchenne è una malattia presente sul cromosoma **X / Y**, pertanto il test diagnostico va effettuato sul DNA **del padre / della madre**. L'esame prevede **l'eliminazione / l'amplificazione** dei 18 **esoni / nucleotidi** mediante **la PCR / l'elettroforesi**.

12. In che cosa consistono le terapie geniche? A quali difficoltà vanno solitamente incontro gli esperimenti di terapia genica?

……………………………………………
……………………………………………
……………………………………………
……………………………………………
……………………………………………
……………………………………………
……………………………………………

VERIFICA LE TUE ABILITÀ

Barra il completamento esatto.

13. Grazie all'enzima di restrizione *Eco*RI, gli scienziati hanno potuto

A determinare la posizione di marcatori genetici come quelli che identificano il gene per la corea di Huntington.

B individuare precise sequenze di riconoscimento sui cromosomi eucarioti e operare così dei tagli netti.

C tagliare in numerosi punti i cromosomi umani per ottenere segmenti di DNA di lunghezza identica.

D inserire in un plasmide del batterio *E. coli* un segmento di DNA per poterne produrre delle copie.

14. Le malattie mitocondriali

A sono presenti nel DNA dei mitocondri ma non riguardano le cellule somatiche, perciò sono malattie molto lievi.

B riguardano prevalentemente modificazioni strutturali delle cellule, perciò possono portare a gravi malformazioni.

C interagiscono con la produzione di ATP, pertanto sono lesive degli organi con un forte consumo energetico.

D sono concentrate negli organi riproduttori e di conseguenza generano gameti con anomalie che li rendono inefficaci alla fecondazione.

15. Gli enzimi di restrizione

A sono in grado di tagliare il DNA virale estraneo in piccoli frammenti, rendendolo pertanto inoffensivo.

B compattano i segmenti mutati del DNA di una cellula batterica in modo da far esprimere solo i segmenti sani.

C entrano dalla cellula virale in quella batterica, distruggendo il DNA e annientando l'effetto dell'infezione.

D presenti solo nei virus, spezzano il loro DNA in modo che possa più facilmente parassitare altre cellule.

16. Nel seguente brano barra tra i termini in neretto quelli errati.

Grazie al fatto che i frammenti di restrizione hanno lunghezza diversa e sono dotati di carica negativa a causa della presenza di **estremità appiccicose / gruppi fosfato** nelle sequenze **nucleotidiche / proteiche**, è possibile riconoscere un DNA da un altro mediante la tecnica chiamata **PCR / elettroforesi**

17. Barra la risposta esatta.
Qual è uno dei vantaggi di poter clonare il gene per l'insulina umana?

A La sequenza dell'insulina umana è molto più variabile di quella dell'insulina di altri organismi, quindi la clonazione permette di trovare più facilmente la molecola «giusta» per ciascun paziente.

B Le molecole di insulina prelevate da animali domestici con i metodi tradizionali tendevano a denaturarsi rapidamente

C L'insulina umana provoca fenomeni allergici con frequenza di gran lunga inferiore a quanto accade con l'insulina ricavata da altri animali.

D L'uso dell'insulina umana favorisce la progressiva guarigione dei pazienti affetti da diabete.

18. Completa il brano scegliendo tra i termini elencati in fondo.

Per separare i frammenti di restrizione ottenuti con particolari .... si utilizza un processo chiamato elettroforesi su gel che è in grado di distinguere questi frammenti in base alla loro .... I frammenti vengono disposti su una lastra di gel e, essendo .... per la presenza dei gruppi fosfato del DNA, si sposteranno attirati dall'elettrodo di carica ....

(leggeri, sequenza nucleotidica, uguale, affinità elettrica, clonazioni, positivi, lunghezza, enzimi, maggiore, negativi, opposta, plasmidi)

Barra il completamento errato.

19. Una malattia autosomica dominante

A può non essere trasmessa a un figlio se la madre è eterozigote e il padre è omozigote recessivo.

B presente nel padre eterozigote, ma non nella madre, ha il 50% di probabilità di essere ereditata.

C è certamente manifestata fenotipicamente nei figli di un uomo omozigote dominante e di una donna eterozigote.

D viene sempre ereditata da un figlio anche se compare in forma eterozigote in uno solo dei due genitori.

20. Descrivi le modalità con cui può essere generalmente ereditata una malattia presente sul cromosoma X, come la sindrome dell'X fragile.

....
....
....
....
....
....

UNITUTOR
VERSO L'UNIVERSITÀ

Preparati ai test di ammissione sul sito Unitutor.

21. Date le seguenti tre modalità di regolazione dell'espressione genica in eucarioti, quale/i avviene/avvengono prima della traduzione?

1. Splicing alternativo di pre-mRNA.
2. Alterazione epigenetica del DNA attraverso metilazione.
3. Rimozione per via enzimatica di peptidi segnale da una proteina precursore.

A Solo 1
B Solo 3
C Solo 1 e 2
D Solo 2 e 3
E Tutte

[dal test di ammissione a Medicina 2015-16]

HANDS-ON GLOSSARY

22. Fill in the table matching each term (*letters*) with its definition (*numbers*).

A. reading frame
B. mutagenesis
C. mitochondrial disease
D. Down syndrome

1. a group of disorders caused by dysfunctional mitochondria, usually induced by mutations in the nuclear or mitochondrial DNA.
2. a genetic disorder caused by the presence of all or part of a third copy of chromosome 21 (also known as trisomy 21).
3. a change in the genetic information of an organism: it may occur spontaneously, or as a result of exposure to mutagens.
4. a way of dividing the sequence of nucleotides in a nucleic acid molecule into a set of consecutive, non-overlapping triplets.

A	B	C	D

VERSO L'ESAME: LE TUE COMPETENZE

SCHEMATIZZA

23. Costruisci una mappa concettuale che illustri cosa sono e come sono classificate le mutazioni.

RIFLETTI

24. Quale procedimento dovrebbe seguire uno scienziato che volesse produrre in grandi quantità una determinata proteina di origine animale da iniettare in persone affette da una patologia di origine genetica?

DEDUCI

25. Quale test genetico si può utilizzare per diagnosticare in un individuo una malattia come l'anemia falciforme?

CONFRONTA

26. Alcune malattie genetiche possono essere trattate modificando il fenotipo, altre il genotipo.

Metti a confronto i due meccanismi e fai un esempio per ciascuno.

IPOTIZZA

27. Nel 1993, Kary Mullis fu insignito del premio Nobel per la chimica, come riconoscimento per avere messo a punto la reazione a catena della polimerasi. Una sua intuizione fondamentale fu quella di impiegare la DNA polimerasi appartenente a un batterio termofilo, nota come *Taq* polimerasi.

Perché pensi che questa intuizione sia stato un enorme passo nell'efficienza del processo di termociclazione?

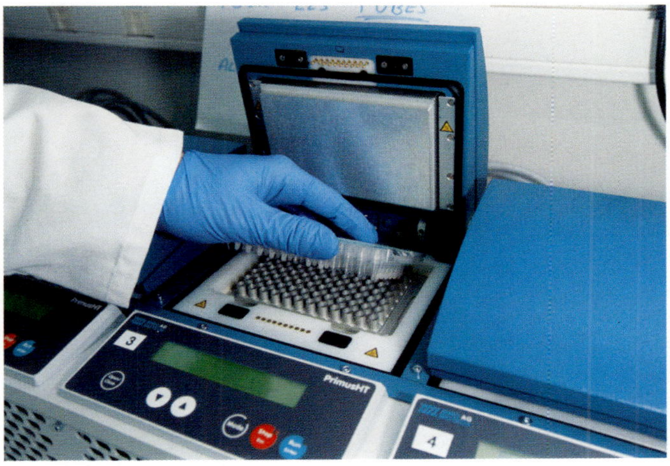

PRECISA

28. Oggi, il metodo di sequenziamento del DNA ideato da Frederick Sanger nel 1977 è stato velocizzato, ma è tutt'ora utilizzato nel suo principio originale.

Dopo aver precisato come funziona, spiega i motivi che fanno del sequenziamento Sanger una tecnica così longeva.

SPIEGA E IPOTIZZA

29. Il confronto del DNA mitocondriale di diversi gruppi etnici ha portato a identificare un antenato comune soprannominato «Eva mitocondriale», vissuta in Africa fra 99 000 e 200 000 anni fa.

Dopo aver spiegato il meccanismo di ereditarietà del DNA mitocondriale, ipotizza su cosa potrebbe essersi basato lo studio che ha portato a una simile conclusione.

RICERCA

30. Woody Guthrie (1912-1967) è stato uno dei cantanti folk più importanti della storia della musica americana ed era anche malato di corea di Huntington.

Fai una ricerca per approfondire da cosa dipende questa malattia, specificando se e come si può trattare, quindi fai una presentazione di massimo 10 slide che illustri il tuo elaborato alla classe.

SEI PRONTO PER LA VERIFICA?

IN 1 ORA

Dopo aver studiato i contenuti fondamentali dei **capitoli B3 e B4**, prova a svolgere questa verifica nel **tempo massimo di 1 ora.**

Alla fine della prova **controlla le tue risposte** con le soluzioni che troverai sul sito *online.scuola.zanichelli.it/curtisnuovoinvitoblu* e **calcola il punteggio** totale che hai conseguito compilando la griglia finale.

CONOSCENZE

Barra il completamento esatto.

1. Negli eucarioti la RNA polimerasi II trascrive i geni che codificano

- A i microRNA.
- B l'rRNA.
- C i tRNA.
- D le proteine.

(4 punti se hai risposto correttamente) ...../4

2. Nell'operone *lac*, il lattosio agisce da

- A repressore.
- B corepressore.
- C effettore.
- D induttore.

(4 punti se hai risposto correttamente) ...../4

3. Durante il *capping* dell'mRNA eucariotico

- A viene aggiunto un nucleotide di 7-metilguanosina all'estremità 5' della molecola.
- B vengono rimossi gli introni.
- C vengono uniti gli esoni.
- D viene aggiunta una coda poli-A all'estremità 3' della molecola.

(4 punti se hai risposto correttamente) ...../4

4. Nel tRNA, il caricamento dell'amminoacido avviene sempre

- A all'estremità 3'.
- B all'estremità 5'.
- C sull'anticodone.
- D su un braccio non contenente estremità libere.

(4 punti se hai risposto correttamente) ...../4

5. Nella fase di terminazione della trascrizione, l'RNA polimerasi riconosce una sequenza

- A d'arresto sul DNA.
- B di taglio sull'mRNA appena trascritto.
- C di stop sull'mRNA appena trascritto.
- D di un introne sul DNA.

(4 punti se hai risposto correttamente) ...../4

6. Gli enzimi di restrizione

- A inseriscono il DNA virale in quello batterico.
- B sono prodotti dai virus durante l'infezione di un batterio.
- C legano un frammento di DNA ad un plasmide.
- D tagliano le molecole di DNA in corrispondenza di una specifica sequenza.

(4 punti se hai risposto correttamente) ...../4

7. Completa le seguenti frasi scegliendo tra i termini proposti.

a) La mutazione .... è quella che colpisce un unico gene e consiste nell'aggiunta, nella sottrazione o nella sostituzione di uno o pochi nucleotidi.

b) La mutazione .... è una sostituzione di basi che determina la sostituzione di un amminoacido con uno diverso.

c) La mutazione .... implica la sostituzione di una base che produce un codone di stop nell'mRNA.

d) La mutazione .... è un'inserzione o una delezione in una sequenza codificante che determina lo scorrimento della finestra di lettura

e) La mutazione .... non ha alcun effetto sulla funzione della proteina.

(*silente / frame-shift / missenso / puntiforme / nonsenso*)

(1 punto per ogni scelta corretta) ...../5

8. Barra i due completamenti esatti. La sindrome di Down può essere causa da

- A un'espansione di triplette ripetute.
- B un'inversione cromosomica.
- C non-disgiunzione durante la meiosi.
- D una mutazione frame-shift.
- E una traslocazione cromosomica.

(calcola 5 punti per due risposte corrette, 3 per una sola) ...../5

Barra la risposta esatta.

9. Quale informazione non è contenuta nel promotore procariotico?

- A La direzione verso cui deve procedere la trascrizione.
- B Il filamento di DNA che deve essere trascritto.
- C La funzione della proteina codificata dal gene che viene trascritto.
- D Il punto di partenza della trascrizione.

(4 punti se hai risposto correttamente) ...../4

10. Come viene definito il codice genetico?

- A Ambiguo
- B Ripetitivo
- C Degenerato
- D Deteriorato

(4 punti se hai risposto correttamente) ...../4

11. Per ciascuna affermazione barra il simbolo V se la ritieni vera oppure il simbolo F se la ritieni falsa.

a) Le mutazioni spontanee sono cambiamenti irreversibili del DNA. V F

b) La deaminazione è una mutazione spontanea che causa la perdita di un gruppo amminico nella guanina. V F

c) La luce ultravioletta può causare la formazione di un legame covalente tra due molecole di timina adiacenti. V F

d) I radicali liberi prodotti dalle radiazioni ionizzanti sono capaci di modificare il DNA. V F

(2 punti per ogni scelta corretta) ...../8

12. **Descrivi le fasi che caratterizzano la maturazione dell'mRNA eucariotico.**

....

....

....

....

....

(8 punti se hai risposto correttamente, 4 punti se la risposta è incompleta) ...../8

ABILITÀ

Barra il completamento esatto.

13. **Quanti corpi di Barr possiedono le cellule delle femmine X0 affette dalla sindrome di Turner?**

A 0
B 1
C 2
D 3

(4 punti se hai risposto correttamente) ...../4

14. **In quale essere vivente non si verifica lo *splicing*?**

A Nell'uomo
B Nel batterio *E. coli*
C Nella muffa *N. crassa*
D Nelle piante

(4 punti se hai risposto correttamente) ...../4

15. **Un ceppo mutante di *E. coli* che non produce il repressore dell'operone *lac***

A trascrive sempre i geni dell'operone.
B non è in grado di trascrivere i geni dell'operone in nessuna condizione.
C trascrive i geni soltanto in assenza di lattosio.
D utilizza il lattosio come repressore.

(4 punti se hai risposto correttamente) ...../4

16. **Il sistema ubiquitina-proteosoma è coinvolto nella regolazione della sintesi proteica**

A pre traduzionale.
B post traduzionale.
C pre trascrizione.
D post trascrizione.

(4 punti se hai risposto correttamente) ...../4

17. **Quale malattia non è causata da una non-disgiunzione dei cromosomi durante la meiosi?**

A Sindrome di Patau.
B Sindrome di Klinefelter.
C Sindrome di Turner.
D Sindrome dell'X fragile.

(4 punti se hai risposto correttamente) ...../4

18. **Barra il completamento errato.**
La fenilchetonuria (PKU) è una malattia

A autosomica recessiva.
B che colpisce un singolo enzima.
C legata al metabolismo degli amminoacidi.
D causata spesso da una mutazione non senso nel gene *PAH*.

(4 punti se hai risposto correttamente) ...../4

19. **Nel seguente brano, barra tra i termini in neretto quelli errati.**

Le malattie mitocondriali sono provocate da mutazioni nei geni mitocondriali. Gli organi più colpiti sono quelli che hanno un fabbisogno energetico **basso** / **alto**, come cuore e cervello. Queste malattie hanno una trasmissione ereditaria di tipo **materno** / **paterno** nonostante non siano legate ai cromosomi **sessuali** / **sessuati**. Le cellule di un individuo malato non hanno tutte le stesse mutazioni a causa della modalità con cui si duplicano i mitocondri; tale condizione è detta **eteroplasmia** / **eterocitoplasmia**.

(2 punti per ogni scelta corretta) ...../8

20. **Completa le seguenti frasi con i termini proposti (alcuni termini vanno utilizzati più di una volta).**

a) L'inizio della .... è caratterizzato dalla presenza del tRNA caricato con metionina nel ....

b) Durante l'allungamento, il tRNA che lega il polipeptide in crescita si trova nel ....

c) Il tRNA che ha consegnato il proprio amminoacido, si trova nel ...., prima di staccarsi dal ribosoma.

d) Durante l'allungamento, l'mRNA scorre in direzione 5'-3', lasciando libero il .... per un nuovo tRNA carico di un ....

e) La traduzione termina quando un .... di rilascio si inserisce nel ....

(*amminoacido / sito A / fattore / sito P / sito E / traduzione*)

(2 punti per ogni frase corretta) ...../10

PUNTEGGIO TOTALE ...../100

Se hai ottenuto:

- meno di 60 punti devi riprendere lo studio dei capitoli;
- tra 60 e 70 punti hai una preparazione sufficiente;
- tra 70 e 80 punti hai una preparazione buona;
- tra 80 e 100 punti significa che hai studiato a fondo.

Capitolo
B5
La genetica e lo studio dei processi evolutivi

1 La genetica di popolazioni

Il pool genico è la somma dei caratteri ereditabili all'interno di una popolazione

Il contributo di Charles Darwin a un'impostazione evolutiva dello studio delle scienze naturali è stato fondamentale, ma la sua teoria non era in grado di spiegare in che modo può avvenire la trasmissione delle caratteristiche ereditarie. Le ricerche di genetica condotte da Gregor Mendel, sebbene contemporanee agli studi di Darwin, non erano note agli scienziati dell'epoca; solo nel secolo scorso fu possibile trovare la risposta ad alcuni problemi che Darwin non aveva saputo risolvere. Per poter studiare meglio i processi evolutivi su basi genetiche, tuttavia, si ritenne opportuno non considerare più solo l'evoluzione dei singoli individui, ma spostare le ricerche a un livello di organizzazione superiore, ossia a quello di popolazione.

Una **popolazione** è definita come un gruppo di organismi della stessa specie che si riproducono tra loro in uno spazio e in un determinato periodo di tempo. Per esempio, tutti i pinguini che vivono sulla stessa banchisa polare costituiscono una popolazione, così come tutti i ghepardi o le zebre presenti in una certa zona della savana africana (**figura 1**).

L'insieme degli alleli e dei geni presenti nei vari individui di una popolazione forma il **pool genico** di quella popolazione. Gli scienziati che studiano l'evoluzione delle popolazioni non sono interessati a esaminare il patrimonio genetico di un singolo individuo, che possiede temporaneamente solo un piccolo campione del pool genico, ma ad analizzare il pool genico nel suo complesso, i suoi cambiamenti nel tempo e, in particolar modo, le forze che li determinano.

▼ **Figura 1**
Una popolazione di pinguini in Antartide (A) e di zebre in Tanzania (B).

La genetica di popolazioni studia la varietà di alleli

Una sintesi tra la teoria evolutiva di Darwin e le leggi della genetica di Mendel ha dato origine a una nuova branca della biologia, la **genetica di popolazioni**, che ha come argomento centrale lo studio della variabilità genetica. Gli scienziati che se ne occupano studiano, per esempio, l'ampiezza di tale variabilità, ossia il numero delle differenti forme alleliche presenti all'interno di una popolazione e la modalità con cui si originano nel corso delle generazioni. Le ricerche di genetica di popolazioni mettono poi in relazione la variabilità genetica con la varietà di fenotipi; le differenti colorazioni delle conchiglie all'interno di una stessa specie di molluschi marini (**figura 2**) sono un esempio di come la variabilità del genotipo si manifesta nel fenotipo.

Nelle popolazioni naturali alcuni alleli aumentano di frequenza da una generazione a un'altra, mentre altri diminuiscono. Se un individuo possiede nel suo genotipo una combinazione di alleli favorevole, ha maggiori probabilità di sopravvivere e di riprodursi; di conseguenza, i suoi alleli hanno maggiore probabilità di essere presenti in proporzione crescente nella generazione successiva. Se, invece, la combinazione degli alleli non è favorevole, l'individuo ha minori probabilità di sopravvivere e di riprodursi e la presenza dei suoi alleli nella generazione successiva risulterà ridotta o assente. L'evoluzione è il risultato dell'accumulo nel tempo dei cambiamenti.

Il concetto di **fitness darwiniana** nel contesto della genetica di popolazioni non è sinonimo di benessere fisico né di adattamento ottimale all'ambiente, bensì di *successo riproduttivo*; maggiore è il successo, che equivale a un maggior numero di discendenti che sopravvivono, più numerosi sono gli alleli del genotipo di un individuo che possono essere presenti nelle generazioni successive.

▲ **Figura 2**
Le conchiglie di questi molluschi, simili nella forma ma diverse nei colori, sono un esempio di variazione fenotipica, che corrisponde a una variabilità genetica.

L'evoluzione agisce sulla variabilità di una specie

Il fatto che ogni individuo abbia discendenti che gli somigliano molto è dovuto all'elevata precisione con cui, a ogni divisione cellulare, il DNA si duplica e viene trasmesso da ogni cellula alle cellule figlie. Questa precisione nella duplicazione è fondamentale per la sopravvivenza dei singoli organismi di cui si compone una popolazione. Tuttavia, è altrettanto fondamentale la comparsa occasionale di mutazioni che si verificano nella trasmissione di materiale genetico da una generazione all'altra, aspetto che consente alla popolazione di cambiare a mano a mano che mutano le condizioni ambientali e che rappresenta il materiale grezzo su cui agiscono le forze evolutive.

Infatti, se tutti gli individui di una popolazione fossero geneticamente identici, essi potrebbero non riuscire ad adattarsi a un eventuale drastico cambiamento dell'ambiente in cui vivono, tale popolazione scomparirebbe del tutto. La presenza, invece, di una **variabilità genetica** potrebbe risultare vantaggiosa almeno per quegli individui che, casualmente, siano portatori di particolari caratteri che favoriscono il loro adattamento al nuovo ambiente e la popolazione, anche se con un pool genico molto diverso dall'originale, potrebbe sopravvivere.

Nel secolo scorso, gli scienziati hanno condotto numerosi studi per determinare l'origine e l'ampiezza della variabilità genetica all'interno di una popolazione (**figura 3**) e il modo in cui le variazioni vengono mantenute e favorite nei pool genici.

Ti ricordi?
Una **mutazione** può avvenire a carico della struttura dei cromosomi (*mutazione cromosomica*), oppure di uno o più nucleotidi della molecola di DNA (*mutazione puntiforme*). Le mutazioni avvengono non solo nei geni che portano informazioni strutturali, ma anche nei *geni di regolazione* e nel DNA non codificante. Possono essere provocate da diversi agenti (raggi X, raggi UV, composti radioattivi e varie sostanze chimiche inquinanti), ma la maggior parte di esse si verifica per caso.

◄ **Figura 3**
Un esempio della grande variabilità di fenotipi che può essere presente all'interno di una specie (*Felis catus*).

Per misurare l'ampiezza della variabilità genetica sono stati effettuati numerosi esperimenti di biologia molecolare. In uno di essi i genetisti statunitensi Jack L. Hubby e Richard C. Lewontin presero alcuni moscerini di una popolazione naturale di *Drosophila melanogaster* ed estrassero da essi le proteine, confrontando le diverse sequenze amminoacidiche presenti per uno stesso enzima (**figura 4**). Lo studio analizzò 18 differenti enzimi con questo metodo: 9 erano composti da proteine indistinguibili mediante elettroforesi, perché erano codificate da un gene identico in tutta la popolazione di moscerini studiati; invece, ognuno degli altri 9 enzimi era costituito da due o più forme strutturali diverse. Uno di questi enzimi aveva 6 forme strutturali lievemente diverse e ciò significa che erano presenti nel pool genico almeno 6 alleli del gene che codificava quell'enzima. Studi analoghi sugli esseri umani, effettuati su tessuti come il sangue o la placenta, indicano che almeno il 25% dei geni di una data popolazione è rappresentato da due o più alleli e che gli individui, in media, sono eterozigoti per almeno il 7% dei loro geni.

Oggi è possibile confrontare in modo diretto il materiale genetico grazie alla disponibilità di tecniche che consentono di determinare la sequenza dei nucleotidi del DNA. Dato che non tutti i cambiamenti dei nucleotidi danno luogo a cambiamenti di sequenze amminoacidiche e che non tutti i cambiamenti delle sequenze amminoacidiche sono identificabili, la determinazione delle sequenze del DNA sta rivelando una variabilità genetica ancora più ampia.

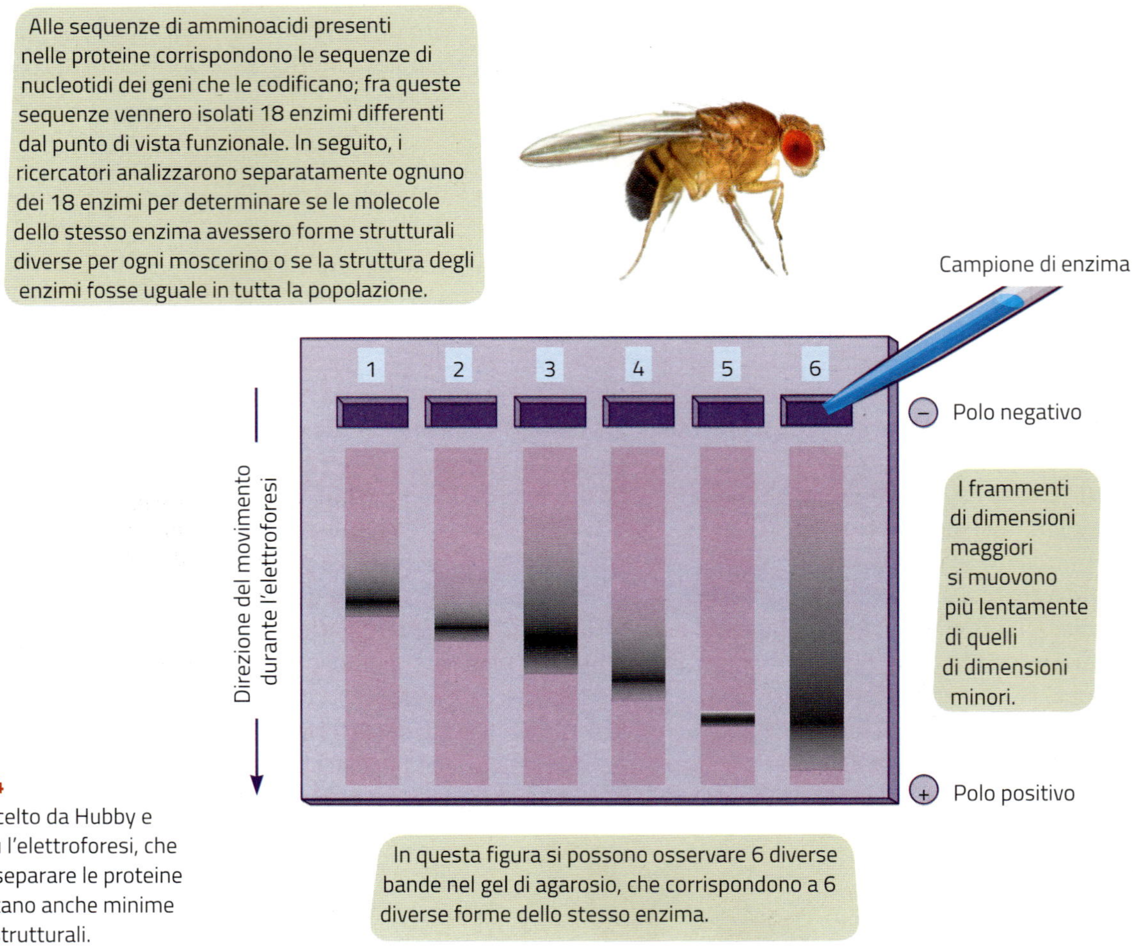

▸ Figura 4
Il metodo scelto da Hubby e Lewontin fu l'elettroforesi, che permise di separare le proteine che presentano anche minime differenze strutturali.

Facciamo il punto

1. Definisci il termine popolazione.
2. Che cos'è il pool genico?
3. Che cosa studia la genetica di popolazioni?
4. Come si misura la fitness darwiniana di un individuo?
5. Perché è importante che compaiano variazioni casuali durante la duplicazione del DNA?
6. Descrivi la procedura e i risultati dell'esperimento realizzato da Hubby e Lewontin.

2 Fattori che inducono la variabilità

Grazie alla diploidia gli alleli recessivi non scompaiono

Uno dei principali fattori che tendono a mantenere la variabilità negli organismi eucarioti è la **diploidia**, cioè l'assetto diploide del patrimonio genetico. Mentre in un organismo aploide le variazioni genetiche sono espresse immediatamente nel fenotipo e sono quindi sempre soggette al processo di selezione, in un organismo diploide tali variazioni possono conservarsi allo stato recessivo anche per diverse generazioni, come per esempio il colore bianco nei fiori delle piante di pisello oppure il colore rosso dei capelli in famiglie in cui il più comune colore dei capelli è biondo o scuro (**figura 5**).

Ma perché un allele recessivo raro è protetto dal processo di selezione? Se in un pool genico la frequenza di un allele recessivo *a* è molto bassa, sarà bassa anche la frequenza genotipica *aa* e saranno quindi pochi gli organismi omozigoti recessivi. Al diminuire della frequenza allelica si avrà una diminuzione via via maggiore anche della frequenza genotipica, con conseguente riduzione degli organismi omozigoti per quel carattere, ma si noterà un aumento proporzionale di tale allele negli organismi eterozigoti. La conseguenza di tutto ciò è che, più l'allele recessivo diventa raro, più tenderà a «nascondersi» nei genotipi eterozigoti.

Consideriamo, come esempio, una malattia genetica recessiva come la fenilchetonuria, che porta all'accumulo dell'amminoacido fenilalanina nel sistema nervoso con gravi conseguenze per l'individuo. Se la normale frequenza dell'allele *a* è circa di 0,01, gli individui con genotipo *aa* hanno la frequenza di 0,0001 nella popolazione, cioè un bambino su 10 000 nati. Questo significa che per riuscire solo a dimezzare la frequenza dell'allele ci vorrebbe un programma di sterilizzazione protratto per 100 generazioni, circa 2500 anni, degli omozigoti per questa condizione: un'ipotesi inefficace dunque, non solo per motivi etici ma anche pratici.

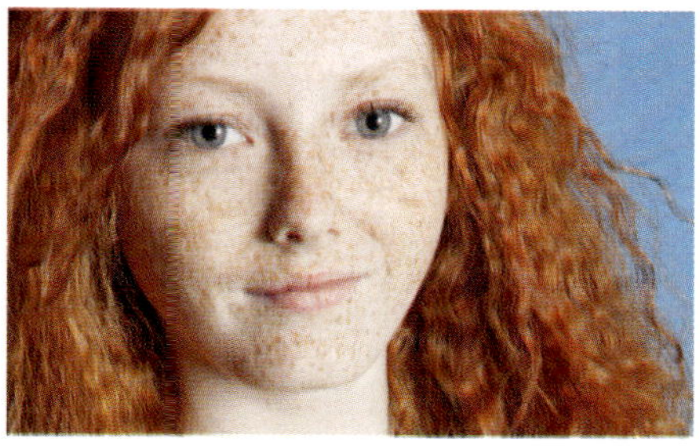

▲ **Figura 5**
Il carattere recessivo «capelli rossi» può non comparire per molte generazioni nella forma eterozigote, per poi mostrarsi improvvisamente in un individuo omozigote recessivo.

Curiosità

L'*eugenetica* è un'idea del diciannovesimo secolo che proponeva il progressivo miglioramento genetico della specie umana attraverso l'incrocio fra individui portatori di caratteri favorevoli, la cui interpretazione ideologica ha portato a esperienze aberranti come quelle della «selezione della razza» nella Germania nazista.

Il genotipo eterozigote viene talvolta favorito dalla selezione

Gli alleli recessivi, anche quelli che potrebbero essere dannosi per gli individui omozigoti, possono non solo rimanere protetti dalla condizione eterozigote, ma a volte addirittura essere selezionati per i loro effetti positivi. Questo fenomeno, per cui gli eterozigoti hanno un maggiore successo riproduttivo di entrambi i tipi omozigoti, è detto **superiorità dell'eterozigote** (o anche *vigore dell'ibrido*). L'eterozigosi è un altro importante fattore nel mantenimento della variabilità genetica.

Uno degli esempi più studiati di vigore dell'ibrido riguardante un singolo locus genico è quello dell'anemia falciforme (**figura 6A**). In molte popolazioni è presente un'alta percentuale di alleli per il carattere falciforme, nonostante che molti individui omozigoti recessivi per questo carattere, vista la gravità di questa patologia,

▼ **Figura 6**
(A) Globuli rossi di un individuo portatore di anemia falciforme. (B) Aree di diffusione della malaria e dell'anemia falciforme in Africa.

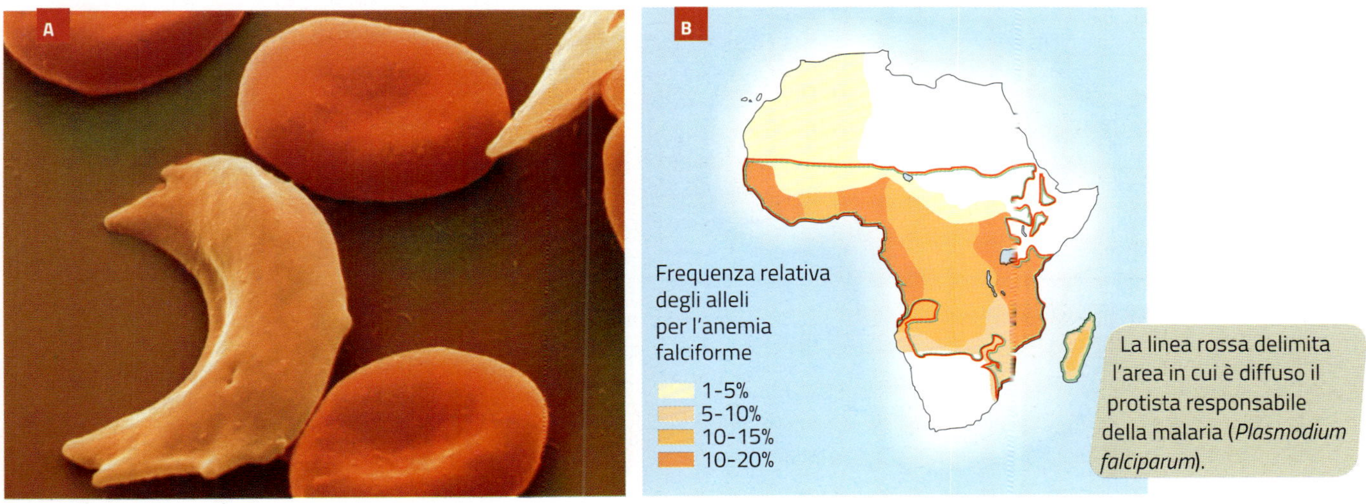

non vivano abbastanza da diventare genitori. Ciò significa che la maggior parte degli alleli portatori dell'anemia falciforme si trova nei genotipi eterozigoti; in alcune etnie africane quasi il 45% della popolazione è eterozigote per questo carattere.

Nella ricerca di una spiegazione a questo fenomeno si è scoperto che l'allele per il carattere falciforme si mantiene con frequenze elevate perché l'eterozigote ha un vantaggio selettivo. In molte regioni dell'Africa la malaria è una delle principali cause di morte, in particolar modo tra i bambini (**figura 6B**). Gli studi effettuati per verificare l'incidenza della malaria tra i bambini hanno dimostrato che la sensibilità a questa malattia è notevolmente più bassa negli individui eterozigoti per il carattere falciforme che negli omozigoti normali. Perciò, sebbene due alleli per l'emoglobina anomala siano eliminati ogni qual volta appaiano allo stato omozigote, la selezione a favore dell'eterozigote mantiene l'allele nel pool genico.

La variabilità genetica non solo è il materiale grezzo su cui agisce la selezione naturale, ma può anche essere mantenuta dalla selezione stessa.

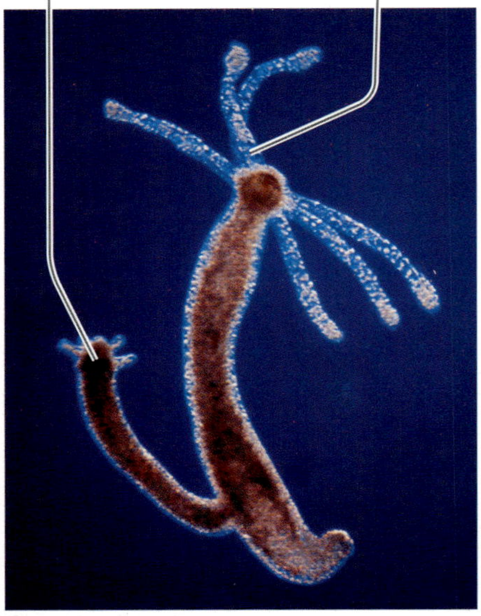

▲ **Figura 7**
Le idre si riproducono per via asessuata mediante gemmazione.

La riproduzione sessuata incrementa la variabilità dei discendenti

Negli organismi a *riproduzione sessuata* si creano nuove combinazioni genetiche grazie a tre diversi processi:

1. la distribuzione casuale dei cromosomi omologhi al momento della meiosi;
2. il crossing over e la ricombinazione genetica;
3. la fusione, al momento della fecondazione, di due differenti genomi parentali (a ogni generazione gli alleli vengono variamente distribuiti, formando nuove combinazioni).

Negli organismi che si riproducono soltanto per via asessuata, invece, avvengono i processi di mitosi e citodieresi, ma non la meiosi (**figura 7**); perciò, il nuovo organismo sarà esattamente uguale al suo unico genitore, tranne quando si verifica una mutazione nel processo di replicazione. Col passare del tempo si formano molti cloni dell'individuo di partenza: ognuno può presentare una o più mutazioni, ma il suo genotipo sarà comunque pressoché identico a quello del genitore, di conseguenza è anche meno probabile che combinazioni potenzialmente favorevoli si accumulino in un solo genotipo.

Gli organismi a riproduzione sessuata in genere hanno una frequenza riproduttiva molto minore rispetto a quella degli organismi che si riproducono per via asessuata. Tuttavia, il vantaggio per gli organismi con riproduzione sessuata è l'incremento della variabilità, cioè la produzione di nuove combinazioni geniche nei discendenti.

1 - Per saperne di più

La selezione naturale produce il migliore dei mondi possibili?

I meccanismi dell'evoluzione hanno prodotto organismi diversi, adattati ai vari ambienti del pianeta. Tuttavia, l'evoluzione ha i suoi limiti: per esempio, se in una popolazione manca l'allele per un certo carattere, quel carattere non si può evolvere, neanche se altamente favorito dalla selezione naturale (**figura**). Ma la mancanza di variabilità genetica non è l'unico limite per l'evoluzione naturale, e forse neppure il più importante.

Abbiamo già visto alcuni esempi di limiti imposti agli organismi dalle leggi della fisica e della chimica; la dimensione delle cellule, per esempio, è limitata dal rapporto tra superficie e volume che non può scendere sotto un certo valore.

Tra i biologi evoluzionisti non c'è un pieno consenso riguardo a quello che potremmo definire il «potere» della selezione naturale: alcuni ritengono che la selezione naturale riesca sempre o quasi a ottenere il miglior esito possibile; altri ritengono, invece, che sia impossibile comprendere la complessità dell'evoluzione se non si dà la giusta importanza anche ai fattori che limitano l'azione della selezione.

Tale dibattito riguarda *come avviene* l'evoluzione e *quanto sia importante*, non se l'evoluzione avvenga né se la selezione esista davvero, che sono argomenti tipici dei cosiddetti «anti-evoluzionisti».

► **Figura**
Correre più veloce è vantaggioso per un ghepardo, ma se gli «alleli più veloci» non sono presenti nella popolazione questo carattere non si evolverà.

La variabilità genetica è favorita anche da incroci tra individui diversi

Nelle popolazioni che si riproducono per via sessuata si sono evoluti molti meccanismi che favoriscono nuove combinazioni genetiche. Tra le piante, una varietà di meccanismi assicura che il polline contenente i gameti maschili prodotti dai fiori di un esemplare venga portato agli stigmi dei fiori di un altro esemplare. Alcune specie, come l'agrifoglio o il gelso (**figura 8A**), hanno fiori maschili su una pianta e fiori femminili su un'altra; in altri casi, come l'avocado, il polline è pronto per la fecondazione quando il proprio stigma è totalmente immaturo e perciò non è ricettivo (**figura 8B**). In alcune piante ci sono particolari strutture che impediscono l'autoimpollinazione, come nel fiore dell'iris in cui i petali separano gli organi maschili da quelli femminili (**figura 8C**).

Alcune specie vegetali hanno geni per l'autosterilità presenti in diverse forme alleliche indicate come s1, s2, s3 ecc.; una pianta con l'allele s1 non può impollinare una pianta con l'allele s1, una con un genotipo s1/s2 non può impollinare piante con l'uno o l'altro di questi alleli, e così via. In una popolazione di circa 500 piante di rapunzia sono stati individuati ben 37 differenti alleli per l'autosterilità, mentre nel trifoglio ve ne sarebbero più di 200. Una pianta con un allele raro per l'autosterilità ha più probabilità di impollinare un'altra pianta rispetto a una con un allele più comune. Di conseguenza, il sistema di autosterilità favorisce la variabilità in una popolazione; la selezione per l'allele raro lo rende più frequente, mentre gli alleli più frequenti diventano più rari.

▲ Figura 8
(A) Il gelso (*Morus alba*) ha i sessi separati, solo la pianta femminile produce frutti. (B) Un'infiorescenza di avocado (*Persea americana*) in cui il polline matura mentre lo stigma è immaturo. (C) Parti maschili e femminili tra loro separate da petali nel fiore di iris.

Tra gli animali, anche negli invertebrati ermafroditi (in cui uno stesso individuo produce sia gameti maschili sia femminili) è molto raro che un individuo fecondi le proprie uova. Se un lombrico maturo incontra un altro lombrico della stessa specie, può contemporaneamente avvenire una doppia fecondazione: ogni lombrico dà all'altro il proprio sperma e, contemporaneamente, viene fecondato. Come risultato del doppio accoppiamento, entrambi gli individui possono produrre nuovi discendenti.

Tra i mammiferi spesso sono le strategie comportamentali a favorire l'accoppiamento tra individui geneticamente diversi; l'accoppiamento tra organismi consanguinei viene detto **inincrocio**, quello tra organismi non imparentati è chiamato invece **esincrocio**. In alcune specie, i maschi giovani abbandonano la propria famiglia quando raggiungono l'età riproduttiva per non rischiare di accoppiarsi con le proprie sorelle; questo si verifica, per esempio, tra i leoni, i gorilla e gli elefanti.

Facciamo il punto

1. In che modo la diploidia favorisce la conservazione degli alleli recessivi?
2. Perché l'anemia falciforme è un esempio di vigore dell'ibrido?
3. Quali sono i fattori che danno luogo a nuove combinazioni genetiche?

3 Fattori che alterano le frequenze alleliche

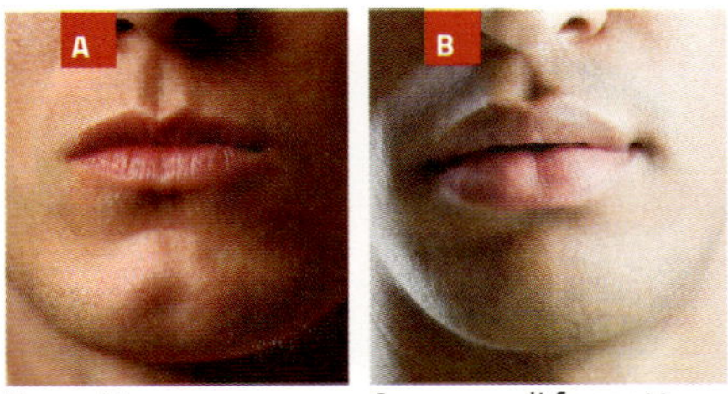

Fossetta sul mento — Assenza di fossetta sul mento

▲ **Figura 9**
Nonostante nella popolazione umana il carattere «fossetta sul mento» (A) sia dominante, non è più frequente del carattere «assenza di fossetta» (B).

Le frequenze genotipiche di una popolazione rimangono costanti secondo l'equilibrio di Hardy-Weinberg

Già agli inizi del Novecento gli scienziati si chiedevano in che modo gli alleli dominanti e quelli recessivi potessero conservarsi all'interno delle popolazioni. Perché i dominanti non eliminano i recessivi? Per esempio, dal momento che la fossetta sul mento (**figura 9**) è portata da un allele dominante, come mai la maggior parte delle persone non ha questa caratteristica fisica? La risposta arrivò nel 1908 grazie agli studi del matematico inglese G.H. Hardy e del medico tedesco W. Weinberg. Lavorando indipendentemente l'uno dall'altro, Hardy e Weinberg dimostrarono come la ricombinazione genetica, che si verifica negli organismi diploidi a ogni generazione, non modifica di per sé la composizione globale del pool genico. Per dimostrare tale affermazione, i due scienziati esaminarono il comportamento degli alleli in una popolazione ideale, caratterizzata dalle seguenti condizioni:

- non si verificano mutazioni;
- nella popolazione in esame non c'è un movimento netto di individui, e dei loro geni, in entrata (immigrazione) o in uscita (emigrazione);
- la popolazione è sufficientemente grande perché valgano le leggi della probabilità, cioè è molto improbabile che il caso possa alterare le frequenze alleliche; da ciò si deduce che la probabilità che un dato allele compaia in un gamete coincide con la sua normale frequenza;
- l'accoppiamento tra individui di sesso diverso è casuale;
- tutti gli alleli hanno lo stesso successo riproduttivo e i discendenti di tutti gli accoppiamenti possibili hanno uguali probabilità di sopravvivere e riprodursi a loro volta.

Considerando un singolo gene con solo due alleli (*A* e *a*), Hardy e Weinberg dimostrarono matematicamente che, se vengono mantenute le cinque condizioni enunciate, le frequenze degli alleli *A* e *a* nella popolazione rimangono costanti da una generazione all'altra, così come non si modificano neppure le frequenze genotipiche delle tre possibili combinazioni di questi alleli, cioè dei genotipi *AA*, *Aa* e *aa*. Il pool genico relativo a questi geni si troverà perciò in una condizione di stabilità. Tale condizione, definita **equilibrio di Hardy-Weinberg**, è espressa dalla seguente equazione:

$$p + q = 1$$

da cui

$$(p + q)^2 = p^2 + q^2 + 2\,pq = 1$$

La lettera p indica la frequenza di un allele (per esempio *A*) e la lettera q indica la frequenza dell'altro allele (*a*); la somma di p e q deve sempre essere uguale a 1, deve cioè rappresentare il 100% degli alleli di quel particolare gene nel pool genico. L'espressione p^2 indica la frequenza di individui omozigoti per un allele, q^2 la frequenza di omozigoti per l'altro allele e $2\,pq$ la frequenza degli eterozigoti (*Aa*).

Sebbene un singolo organismo diploide non abbia in genere più di due alleli dello stesso gene, ci possono essere nel pool genico più di due alleli per un certo gene; per esempio, nel caso del gene per il colore del mantello dei conigli ci sono almeno quattro alleli. Differenti combinazioni diploidi di questi alleli danno origine a colori del mantello che variano dal grigio scuro, al grigio chiaro, al bianco e anche a una varietà in cui gran parte del mantello è bianca, ma le zampe, le orecchie e il muso sono neri. L'equilibrio di Hardy-Weinberg si applica anche a situazioni come questa, in cui ci sono alleli multipli dello stesso gene, sebbene l'equazione che rappresenta l'equilibrio sia più complessa.

Ti ricordi?

Il gene che codifica il **colore del mantello** dei conigli ha quattro diversi alleli: *C* (tipo selvatico con colorazione scura omogenea, o agouti), c^{ch} (grigio chiaro, o cincillà), c^{h} (bianco con le estremità nere, o Himalaya) e *c* (albino). Le diverse combinazioni di due di questi quattro alleli possono dare origine a mantelli di differenti colori, rappresentando un'eccezione al normale comportamento di un carattere mendeliano.

L'equilibrio di Hardy-Weinberg e la sua formulazione matematica sono un importante fondamento per la genetica di popolazioni, così come i principi di Mendel lo sono per la genetica classica.

In particolare, l'equazione fornisce un modello con il quale è possibile misurare i cambiamenti nella frequenza allelica che spesso si verificano nelle popolazioni naturali. Se, per esempio, fosse possibile identificare in una popolazione gli individui che sono omozigoti per un particolare allele, si potrebbe allora calcolare la frequenza di quell'allele e tutti gli altri termini dell'equazione di Hardy-Weinberg. Nel caso in cui tali calcoli venissero eseguiti per più generazioni, diventerebbe possibile individuare esattamente i cambiamenti avvenuti nel pool genico e cercarne le cause.

I calcoli effettuati dai due ricercatori risalgono, però, all'inizio del Novecento e da allora sono emerse nuove scoperte che hanno dimostrato che le popolazioni reali sono influenzate da fattori che ne modificano l'equilibrio.

Diversi eventi tendono a modificare i pool genici delle popolazioni

Secondo il modello matematico proposto da Hardy-Weinberg, il pool genico di una popolazione nel corso delle generazioni non dovrebbe subire variazioni delle frequenze genotipiche, ossia non dovrebbero alterarsi le percentuali di genotipi omozigoti dominanti, omozigoti recessivi ed eterozigoti, così come non dovrebbero subire variazioni le frequenze alleliche.

In una popolazione reale gli eventi procedono invece in maniera diversa perché intervengono diversi fattori che tendono ad alterare questo equilibrio: le mutazioni, il flusso genico, la deriva genetica, gli accoppiamenti non casuali e la selezione naturale. Alcuni di questi fattori possono essere considerati deterministici poiché, conoscendo il valore di alcuni parametri, è possibile generare modelli matematici in grado di predire il loro comportamento nel corso delle generazioni. È questo il caso delle mutazioni e delle migrazioni, fenomeni per i quali è possibile calcolare i tassi con cui avvengono, oppure della selezione naturale, se si è in grado di stimare la fitness dei diversi genotipi in un determinato ambiente. Viceversa in altri processi, come la deriva genetica, il caso gioca un ruolo fondamentale e i risultati sono molto meno prevedibili.

Secondo la teoria sintetica dell'evoluzione, la principale forza che modella il cambiamento delle frequenze alleliche è la selezione naturale, ma anche gli altri processi che abbiamo elencato contribuiscono senza dubbio a tale cambiamento (**figura 10**). Sebbene questi processi possano essere studiati separatamente, nelle popolazioni naturali alcuni di essi sono collegati.

A colpo d'occhio

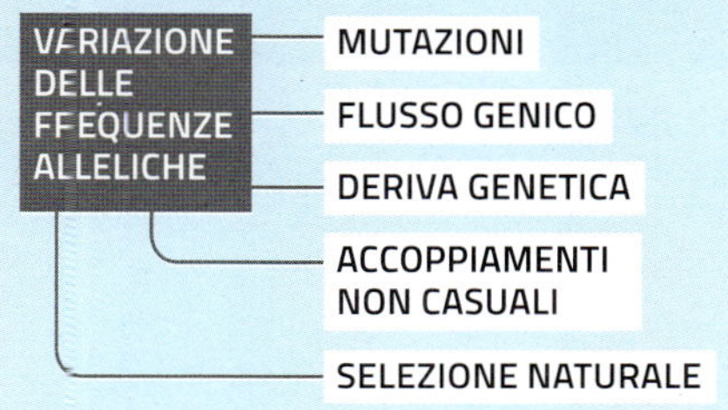

▾ Figura 10
Grafici che rappresentano le variazioni nel tempo delle frequenze alleliche nei diversi processi evolutivi.

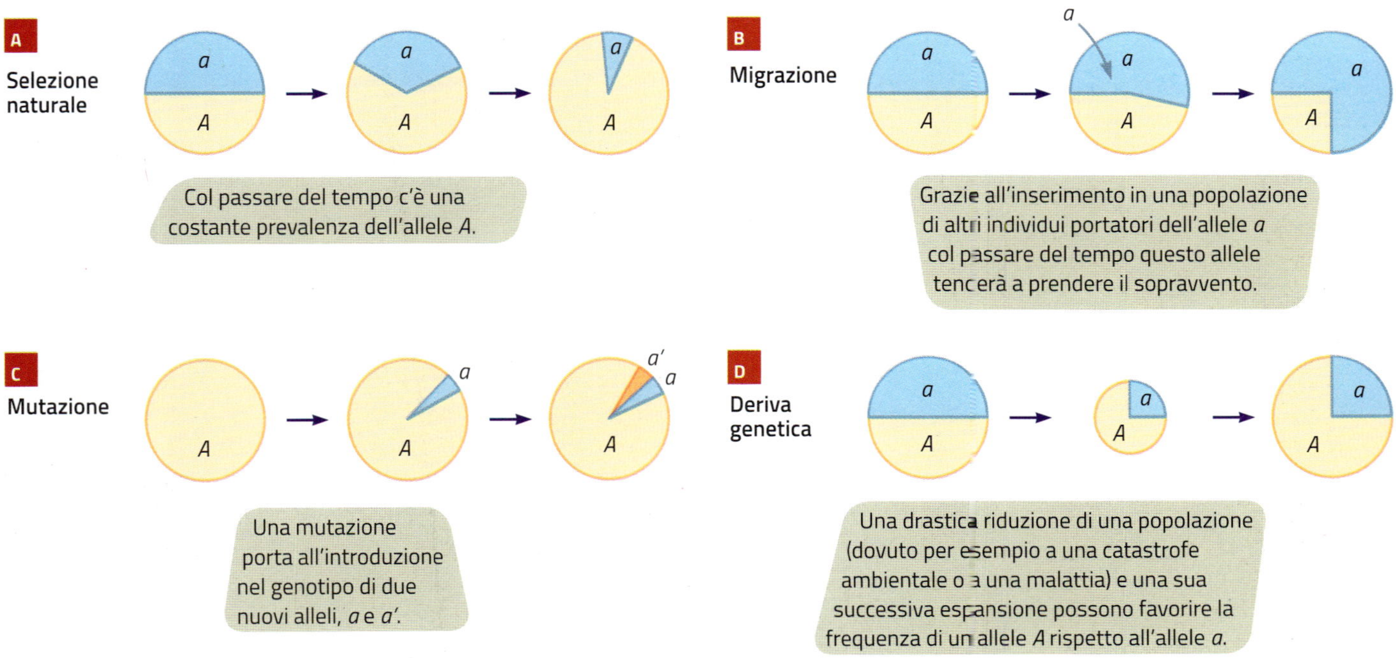

Le mutazioni e il flusso genico possono cambiare le frequenze alleliche

È noto che le mutazioni forniscono la variabilità su cui possono agire le forze evolutive ma, dato che modificano direttamente la struttura genica, sono considerate anche fattori di cambiamento poiché possono alterare le frequenze alleliche. Come conseguenza di questo doppio ruolo, le mutazioni sono particolarmente importanti per la variabilità dei pool genici.

La frequenza di mutazioni spontanee è in genere bassa: per le mutazioni osservabili nel fenotipo coinvolge un numero di gameti per generazione compreso fra 1/1000 e 1/1 000 000, a seconda dell'allele interessato. Si è calcolato che ogni essere umano, che ha più di 20 000 geni (coppie di alleli), porti in media due nuove mutazioni, per cui in una popolazione il numero di nuove mutazioni per generazione può essere molto elevato.

▲ **Figura 11**
Un esempio di dispersione del polline di *Pinus pinea* a opera del vento.

Grazie al **flusso genico** nuovi geni entrano a far parte di una certa popolazione e altri invece si allontanano da essa; questo flusso può verificarsi come risultato dell'immigrazione o dell'emigrazione di individui in età riproduttiva. Nel caso delle piante e di molti invertebrati acquatici la migrazione può anche non avvenire tramite organismi adulti, ma attraverso un passaggio di gameti tra popolazioni diverse (per esempio, sotto forma di polline portato dal vento; **figura 11**).

Il flusso genico può introdurre in una popolazione nuovi alleli o può cambiare le frequenze alleliche. L'effetto globale è quello di diminuire le differenze tra le popolazioni, mentre la selezione naturale tende ad aumentare le differenze, producendo popolazioni più adatte a condizioni locali differenti; pertanto, il flusso genico spesso agisce in opposizione alla selezione naturale.

Grazie alla deriva genetica si possono originare pool genici del tutto nuovi

Una delle condizioni affinché l'equilibrio di Hardy-Weinberg sia valido è che la popolazione deve essere grande; questa condizione è importante perché implica che siano valide anche le leggi della probabilità. Per esempio, un allele a mostra una frequenza dell'1%; se in una popolazione di un milione di individui ne morissero alcuni prima di lasciare discendenti, l'effetto di tale evento sulla frequenza dell'allele a sarebbe trascurabile, ma se la popolazione fosse di soli 50 individui, sarebbe presente solo una copia di questo allele; dunque, se morisse proprio l'unico individuo che possiede tale allele, il relativo carattere scomparirebbe.

Questo fenomeno, cioè un cambiamento del pool genico che ha luogo per azione del caso, è detto **deriva genetica**. La deriva genetica ha un ruolo chiave nel determinare il corso evolutivo delle popolazioni; la sua importanza tuttavia, confrontata con quella della selezione naturale, è attualmente argomento di dibattito. Ci sono almeno due situazioni in cui la deriva genetica risulta determinante, chiamate effetto del fondatore e collo di bottiglia (**figura 12**).

▼ **Figura 12**
In una popolazione di conigli, due diversi tipi di deriva genetica determinano lo stesso risultato: sia nell'effetto del fondatore sia nel collo di bottiglia il rapporto fra i conigli pezzati e quelli con pelliccia uniforme cambia al variare delle frequenze alleliche.

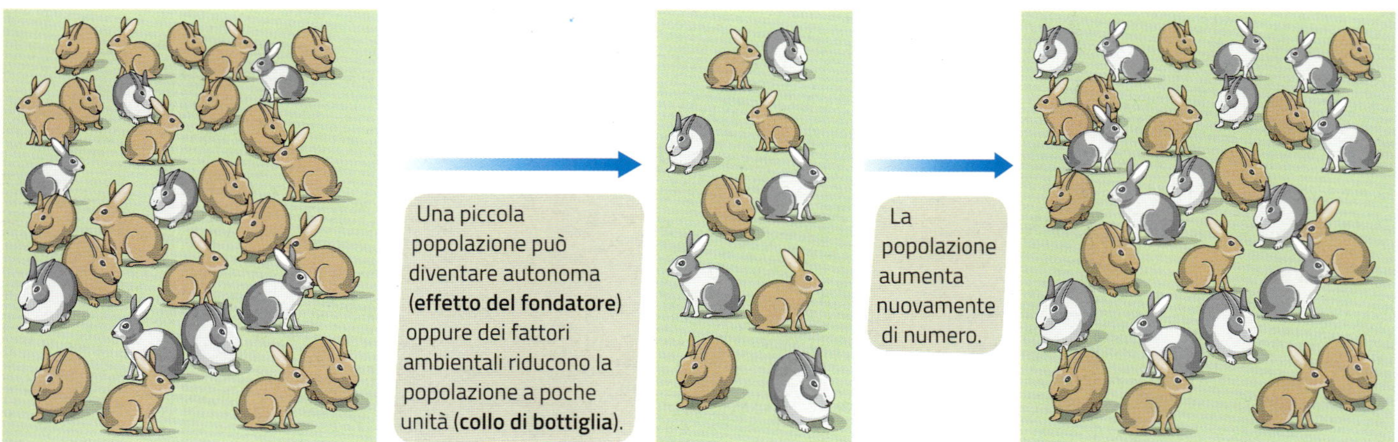

Una piccola popolazione, che si separa da una più grande, potrebbe essere geneticamente rappresentativa di quella da cui deriva o non esserlo affatto: infatti, in questa piccola popolazione alcuni alleli rari potrebbero essere molto rappresentati o, viceversa, potrebbero essere completamente assenti. Se tale popolazione dovesse aumentare di numero, essa avrebbe una composizione genetica differente, cioè un diverso pool genico, da quella del gruppo originario. Questo fenomeno è un tipo di deriva genetica e viene chiamato **effetto del fondatore**. Un esempio dell'effetto del fondatore è dato dagli Amish, una popolazione protestante originaria della Svizzera e stabilitasi negli Stati Uniti nel diciottesimo secolo; queste persone vivono in campagna come contadini o artigiani e per scelta religiosa rimangono isolati e rifiutano lo sviluppo tecnologico. Tra questi individui è presente una anomala frequenza di un allele recessivo che, allo stato omozigote, provoca la sindrome di Ellis-van Creveld, una combinazione di cardiopatia congenita, nanismo e polidattilia (dita soprannumerarie). L'incidenza fra gli Amish è di un malato su 5000 nati mentre negli altri Paesi l'incidenza è in media solo di 1 su 60 000.

Il fenomeno detto **collo di bottiglia** si verifica quando una popolazione viene ridotta drasticamente di numero da un evento casuale, che ha poco o niente a che fare con le consuete forze della selezione naturale. A causa di tale riduzione il collo di bottiglia, così come l'effetto del fondatore, non solo può portare all'eliminazione totale di alcuni alleli, ma può anche far sì che altri, se pur svantaggiosi, siano rappresentati in eccesso nel pool genico. Un esempio è la malattia di Tay-Sachs, che è provocata da un allele recessivo e nella forma omozigote si manifesta intorno al settimo mese di vita con una forte apatia seguita da cecità; in seguito le cellule cerebrali si riempiono di un lipide che provoca la loro inattività, con esito fatale. Mentre nella popolazione mondiale la frequenza della malattia è di un portatore ogni 300 000 individui, tra gli Ebrei originari dell'Europa orientale e centrale, che costituiscono il 90% della popolazione ebraica statunitense, la frequenza è di uno su 3600 nati vivi, infatti uno su 28 è portatore sano (eterozigote) per questa patologia. Questa elevata frequenza della malattia è attribuita al fatto che queste popolazioni, durante il Medioevo, subirono una variazione del tipo collo di bottiglia.

A colpo d'occhio

DERIVA GENETICA
- EFFETTO DEL FONDATORE
- COLLO DI BOTTIGLIA

Le parole

La sindrome che colpisce con maggiore frequenza gli Amish è detta di **Ellis-van Creveld** dal nome dei due medici che la descrissero nel 1940. L'allele che causa la malattia venne introdotto da una coppia di immigrati nel 1744 e quindi trasmesso di generazione in generazione; inoltre, il caso volle che i portatori del gene avessero più figli della media degli Amish, aumentando così la frequenza dell'allele.

Anche gli accoppiamenti non casuali modificano le frequenze alleliche

Modificazioni dell'equilibrio di Hardy-Weinberg possono derivare anche da **accoppiamenti non casuali**, che negli animali sono spesso guidati dal comportamento. Per esempio, l'oca delle nevi può avere piumaggio sia bianco sia grigio-azzurro (**figura 13**); le oche bianche tendono ad accoppiarsi con altre oche bianche e lo stesso fanno le azzurre. Perciò, supponendo che siano interessati soltanto due alleli, ci sarà una diminuzione nella frequenza degli eterozigoti (rappresentati da $2pq$ nell'equazione di Hardy-Weinberg) e un conseguente aumento delle frequenze dei due omozigoti (p^2 e q^2).

L'accoppiamento non casuale può provocare cambiamenti nelle frequenze genotipiche senza necessariamente produrre alcun cambiamento nelle frequenze degli alleli interessati. Ovviamente, se tutte le femmine dell'oca delle nevi, sia bianche sia azzurre, preferissero accoppiarsi soltanto con oche azzurre e, di conseguenza, alcuni tra i maschi azzurri si accoppiassero con più di una femmina e alcuni dei maschi bianchi con nessuna, si provocherebbero cambiamenti nelle frequenze dei due alleli e anche dei fenotipi. In effetti, tale accoppiamento non casuale derivante dalla scelta della femmina è, in molte specie, un fattore importante di selezione naturale (o sessuale, come vedremo fra poco).

▲ **Figura 13**
L'oca bianca e l'oca azzurra appartengono a un'unica specie (*Chen caerulescens*). L'allele per il bianco è recessivo, pertanto gli individui eterozigoti e gli omozigoti per l'azzurro sono entrambi di colore scuro; in realtà, le oche cosiddette «azzurre» hanno un piumaggio blu-grigio.

Facciamo il punto

1. Che cosa riuscirono a dimostrare Hardy e Weinberg?
2. Quali condizioni sono indispensabili alla legge di Hardy-Weinberg?
3. Qual è la funzione delle mutazioni nella variazione delle frequenze alleliche?
4. Spiega il significato evolutivo del flusso genico.
5. Che cos'è la deriva genetica e in quali casi si manifesta?
6. Che cosa comporta un accoppiamento non casuale?

4 L'effetto della selezione naturale

La selezione naturale determina il successo riproduttivo tra gli individui di una popolazione

Secondo quanto raccontò lo stesso Darwin, il concetto di selezione naturale cominciò a delinearsi nella sua mente nel 1838, mentre stava leggendo le deduzioni di Malthus. Darwin realizzò che tutte le popolazioni, non solo quella umana, sono potenzialmente destinate ad andare incontro a una carenza di risorse e che soltanto una piccola frazione degli individui che teoricamente potrebbero vivere in un dato habitat in realtà nasce e riesce a sopravvivere.

Secondo Darwin, coloro che sopravvivono sono quelli «favoriti», per usare una sua espressione, da piccole ma vantaggiose variazioni. Questo processo di sopravvivenza dei «favoriti» fu chiamato da Darwin **selezione naturale**, per analogia con la selezione artificiale praticata dagli allevatori di animali domestici e dagli agricoltori. La selezione artificiale ha portato, per esempio, alla comparsa di diverse razze di allevamento tra i bovini, come le vacche da latte con grandi mammelle e le mucche da carne con grande sviluppo muscolare.

In termini di genetica di popolazioni, la selezione naturale è definita come *riproduzione differenziale* dei diversi genotipi di una popolazione. Tale successo riproduttivo differenziale (il termine differenziale indica la diversità dei tassi di presenza dei vari genotipi nella generazione successiva) è il risultato delle interazioni tra i singoli organismi e il loro ambiente, compresi altri organismi, e può culminare in cambiamenti del pool genico di una popolazione, cioè nel processo evolutivo. Secondo le attuali teorie, la selezione naturale è la forza principale dell'evoluzione e agisce sull'intero fenotipo degli individui presenti in una popolazione.

Ti ricordi?

Nel 1798 esce il *Saggio sul principio di popolazione* scritto dall'economista inglese **Thomas Malthus** (1766-1834), in cui egli prevedeva che se la popolazione della Terra avesse continuato a crescere con lo stesso ritmo, in futuro non ci sarebbe stato cibo a sufficienza per sfamarla. Dopo aver letto il saggio, Darwin pensò che le limitazioni di crescita della popolazione ipotizzate da Malthus si potessero applicare a tutte le specie.

Un fenotipo è il risultato dell'espressione di geni differenti e dell'interazione con l'ambiente

Ai tempi dei primi studi di genetica, le popolazioni venivano analizzate per individuare caratteristiche ben visibili, quali gli occhi bianchi e le ali corte del moscerino della frutta, e il termine *fenotipo* era sinonimo di aspetto fisico. In realtà il fenotipo include altre caratteristiche importanti, come la temperatura ottimale alla quale funziona un particolare enzima o la velocità di risposta a uno stimolo: il fenotipo comprende tutti gli aspetti fisici, fisiologici e comportamentali riscontrabili in un organismo.

Una caratteristica fenotipica deriva generalmente dall'espressione di molti geni differenti e può essere ottenuta attraverso un certo numero di vie genotipiche diverse; infatti è molto raro che un singolo allele possa determinare una caratteristica fenotipica vincente. Per esempio, nella falena *Biston betularia* (**figura 14A**) il colore scuro delle ali è determinato da un singolo allele, ma la colorazione punteggiata può essere il risultato di parecchi geni differenti; oltre al colore mimetico, poi ci sono altre strategie utili per sfuggire a un predatore, tra cui la scelta di un ambiente giusto, una postura immobile e un corretto orientamento per raggiungere il massimo effetto mimetico, caratteri tutti legati a più fattori genetici. Questa complessità genetica è alla base non solo della varietà dei meccanismi grazie ai quali gli animali riescono a sfuggire ai predatori (**figura 14B**), ma anche della maggior parte delle caratteristiche dell'intero organismo.

Il fenotipo non è però determinato solamente dalle interazioni della moltitudine di alleli che costituiscono il genotipo, ma è anche un prodotto dell'interazione del genotipo con l'ambiente nel corso della vita dell'individuo. Per esempio, tra due gemelli umani identici (cioè, nati dallo stesso zigote e in possesso quindi dello stesso genotipo) si osservano spesso, già al momento della nascita, alcune nette differenze, come il peso corporeo, dovute a differenze presenti all'interno dell'ambiente intrauterino.

◄ **Figura 14**
(A) I caratteri mimetici di *Biston betularia*. (B) In presenza di un predatore, la falena *Antheraea polyphemus* apre le ali mostrando degli «occhi» per metterlo in fuga.

La selezione stabilizzante porta all'eliminazione dei caratteri estremi

I risultati della selezione naturale dunque dipendono in ogni momento dall'interazione di fattori genetici e ambientali. I processi selettivi possono essere classificati in cinque ampie categorie in base a determinati criteri. Dal punto di vista del suo effetto sulla distribuzione delle caratteristiche all'interno di una popolazione, la selezione naturale può essere considerata stabilizzante, divergente o direzionale. Quando la selezione non ha come risultato finale la scomparsa di una parte degli alleli del pool genico, viene detta bilanciata, mentre la selezione in base alle caratteristiche che hanno come conseguenza diretta la conquista di un partner e il successo della riproduzione si dice sessuale.

La **selezione stabilizzante**, un processo sempre operante in tutte le popolazioni, comporta l'eliminazione degli individui con caratteri estremi. In questo modo molte forme mutanti sono probabilmente eliminate subito, spesso nello zigote o nell'embrione. La quantità di uova deposte dagli uccelli è un caso di selezione stabilizzante (**figura 15**): il numero è determinato geneticamente, sebbene sembri essere influenzato anche da fattori ambientali. Negli storni, per esempio, la percentuale di uccelli che sopravvivono aumenta via via che aumenta il numero di uova deposte, fino ad arrivare a cinque. Con un numero di uova maggiore di cinque sopravvive una percentuale minore, probabilmente a causa di un'insufficiente nutrizione. Il numero delle uova di ogni covata non è una semplice caratteristica genetica, ma coinvolge un certo numero di fattori, tra i quali la sintesi delle proteine per il tuorlo e per l'albume, la disponibilità di calcio per la costruzione del guscio e il tempo necessario alla femmina per potersi accoppiare.

A colpo d'occhio

TIPI DI SELEZIONE
- STABILIZZANTE
- DIVERGENTE
- DIREZIONALE
- BILANCIATA
- SESSUALE

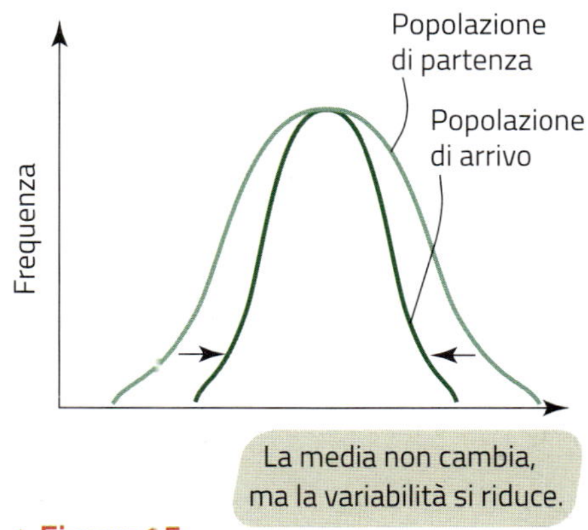

▲ **Figura 15**
La selezione stabilizzante tende a eliminare i caratteri estremi e a privilegiare quelli intermedi presenti in una popolazione.

La selezione divergente favorisce la permanenza dei caratteri estremi

Un secondo tipo di selezione, la **selezione divergente**, aumenta la frequenza delle caratteristiche estreme di una popolazione a spese delle forme intermedie (**figura 16**).

Un caso di selezione divergente riguarda i salmoni argentati (*Oncorhynchus kisutch*) che vivono nella zone Nord Ovest dell'oceano Pacifico. Questi pesci depongono le uova in corsi d'acqua dolce, nei quali trascorrono il loro primo anno di vita prima di dirigersi verso l'oceano, dove diventano sessualmente maturi. Una volta raggiunta la maturità, questi pesci ritornano nel loro fiume d'origine, dove si riproducono e muoiono. Le femmine raggiungono la maturità sessuale all'età di tre anni, mentre i maschi a due oppure tre anni. I maschi che maturano a due anni, noti come «jack», sono grandi circa la metà di quelli maturati a tre anni, chiamati «hooknose». La possibilità per un maschio di svilupparsi in uno o nell'altro tipo è in parte determinata geneticamente.

Alcuni studi hanno evidenziato che la selezione divergente non solo tende a mantenere nella popolazione queste due forme caratteristiche, ma favorisce addirittura i maschi «jack» più piccoli e quelli «hooknose» più grossi. Quando una femmina depone le uova, i maschi più vicini al punto di deposizione sono i primi a fecondarle. I maschi «hooknose» combattono per rimanere in prossimità dei punti di deposizione e, di solito, i più grossi vincono. Al contrario, i «jack» si avvicinano ai punti di deposizione nascondendosi fra le rocce o i detriti, oppure nuotando in zone del corso d'acqua poco profonde; più piccoli sono i «jack» e meno

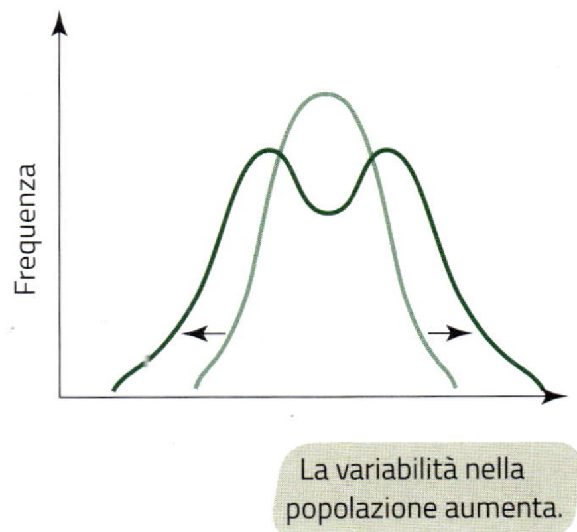

▲ **Figura 16**
La selezione divergente tende ad accentuare le differenze all'interno della popolazione.

Guarda il video nell'ebook
Un minuto di biologia
La selezione stabilizzante, direzionale e divergente

facilmente vengono scoperti e scacciati dagli «hooknose». Le forme intermedie riescono raramente ad accoppiarsi: pertanto, all'interno della popolazione vengono favorite e mantenute le due forme estreme di maschi.

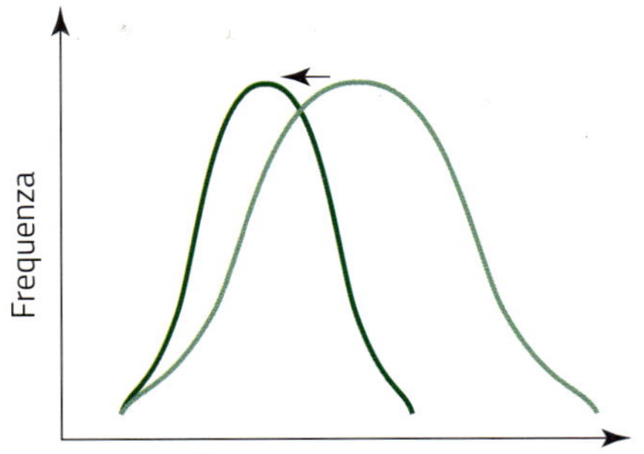

▲ **Figura 17**
La selezione direzionale tende a favorire certe caratteristiche all'interno della popolazione.

La selezione direzionale favorisce una sola caratteristica estrema

Un terzo tipo di selezione naturale, la **selezione direzionale**, agisce per aumentare la proporzione di individui con una caratteristica fenotipica estrema (**figura 17**). Essa tende perciò a sostituire gradualmente nel pool genico un allele (o un gruppo di alleli) con un altro. Un caso di selezione direzionale è la resistenza agli insetticidi da parte delle cocciniglie.

All'inizio del secolo scorso, in California venne messo in commercio un insetticida a base di gas cianidrico utilizzato per eliminare le popolazioni di insetti che infestavano gli aranceti. Col passare del tempo i coltivatori si accorsero che la dose standard del gas non era più in grado di distruggere del tutto queste popolazioni e che si stava formando un ceppo di cocciniglie sempre più resistente anche a dosi maggiori dell'insetticida. Gli insetti resistenti erano dei mutanti che si erano generati per caso nella popolazione originaria; in seguito, un nuovo fattore ambientale, la sostanza chimica velenosa, aveva favorito questi mutanti nel processo di selezione direzionale: gli insetti non resistenti erano morti, ma quelli resistenti erano sopravvissuti e si erano riprodotti.

Oggi più di 200 specie di insetti sono resistenti a uno o più insetticidi. Una specie è perfino in grado di togliere un atomo di cloro dalla molecola del DDT e utilizzare il resto come cibo.

La selezione bilanciata porta al mantenimento della diversità genetica

Negli esempi che abbiamo visto finora, la selezione naturale porta sempre all'eliminazione di una parte della popolazione in possesso dei fenotipi meno adattati all'ambiente. In alcuni casi, invece, come nel modello di **selezione bilanciata**, il risultato finale non è la scomparsa di una parte degli alleli del pool genico, ma, viceversa, il mantenimento della diversità genetica della popolazione. Nel corso delle generazioni, questo tipo di selezione può creare una situazione detta *polimorfismo bilanciato*, in cui due o più alleli dello stesso gene vengono tenuti in uno stato di equilibrio che rimane sostanzialmente costante nel corso del tempo, pertanto la selezione bilanciata non favorisce un particolare allele.

I genetisti di popolazioni hanno individuato due comuni modelli di selezione bilanciata:

- se la selezione riguarda un solo gene e favorisce un genotipo eterozigote piuttosto che i relativi omozigoti, si ha il fenomeno del cosiddetto *vigore dell'ibrido*;
- se il successo di un fenotipo dipende dalla sua proporzione relativa all'interno di una popolazione, la selezione (nota come *selezione frequenza-dipendente*) agisce per ridurre la frequenza dei fenotipi più comuni e per aumentare la frequenza di quelli meno comuni (**figura 18**).

Nelle popolazioni polimorfiche di drosofila le femmine preferiscono i maschi dalle forme più rare, per cui questi individui si riproducono con maggiore facilità. In questo modo, però, gli alleli che portano superano di frequenza gli altri e i loro portatori perdono il vantaggio selettivo dato dalla rarità, che passa alle altre forme.

▶ **Figura 18**
Le drosofile mantengono costante la variabilità della popolazione grazie alla selezione frequenza-dipendente.

Per esempio, le interazioni fra preda e predatore possono portare a una selezione frequenza-dipendente. Se gli individui di una specie predata differiscono, per esempio, per il colore, alcuni predatori cacceranno prevalentemente gli individui che hanno il colore più comune. Se, come risultato di tutto ciò, gli individui di quel colore dovessero diventare meno comuni, la pressione selettiva su di essi diminuirebbe, poiché i predatori volgerebbero la loro attenzione agli individui degli altri colori che, a questo punto, sarebbero più comuni. Perciò la selezione frequenza-dipendente può essere un fattore importante nel mantenimento del polimorfismo nelle popolazioni che sono prede di altre.

La selezione sessuale prevede una competizione per potersi accoppiare

Come lo stesso Darwin aveva compreso, molti dei più appariscenti adattamenti degli animali non hanno molto a che fare con la sopravvivenza quotidiana, ma con la **selezione sessuale**, ovvero «la lotta tra membri di un sesso, generalmente quello maschile, per la conquista dell'altro sesso». I maschi producono un numero di gameti molto maggiore di quello prodotto dalle femmine. La femmina, quindi, investe di più in termini di tempo, energia e risorse in ogni uovo fecondato; inoltre, quando sono presenti le cure parentali, è spesso la femmina a prendersi cura della prole. Per questo motivo i maschi, cercando di inseminare il maggior numero di femmine possibile, entrano in competizione. Le femmine invece, avendo a ogni accoppiamento una posta in gioco maggiore, scelgono il partner genetico migliore. La competizione tra i maschi può essere diretta (per il territorio, per l'harem o per la conquista di una femmina) oppure indiretta (costruzione del nido e rituali di corteggiamento).

Si pensa che la selezione sessuale sia la causa principale del **dimorfismo sessuale**, fenomeno determinato dalle differenze fra maschi e femmine che non riguardano direttamente la riproduzione, ma piuttosto le modalità di ricerca di un partner (**figura 19**). Esempi di caratteristiche legate alla selezione sessuale sono lo stravagante piumaggio di molti uccelli maschi o le corna dei cervidi. Tra le poche specie di uccelli in cui la femmina ha il compito di corteggiare e i maschi quello di scegliere, è la femmina a essere vistosa, mentre il maschio è il partner con il piumaggio dai colori spenti che si occupa del nido.

▼ **Figura 19**
I leoni, i pavoni e i cervi presentano un evidente dimorfismo sessuale.

Riguardo ai pavoni si nota che la femmina, per grandezza, colore e comportamento generale, ha maggiori possibilità di mimetizzarsi in presenza di un predatore, mentre le caratteristiche dimorfiche del maschio sono utili soprattutto al fine di minacciare, esibirsi e attirare l'attenzione, ma potrebbero essere molto svantaggiose in caso di fuga. Darwin, riconoscendo che questi maschi non erano «i più adatti nella lotta per la sopravvivenza», definì la selezione sessuale come una forza distinta da quella naturale. Tuttavia, ricordando la definizione di fitness come il numero relativo di discendenti che sopravvivono, molti ricercatori ritengono ora che questa distinzione non sia valida e che la selezione sessuale possa essere considerata semplicemente una delle forme che la selezione naturale può assumere.

Un risultato della selezione naturale è l'adattamento

Per selezione naturale si ottiene l'**adattamento**, un processo evolutivo che si verifica nel corso di molte generazioni e che produce organismi sempre più in armonia con l'ambiente. L'adattamento ha molteplici manifestazioni.

Per esempio, la coda di uno scoiattolo ha la funzione di bilanciere quando l'animale salta e cambia direzione (**figura 20A**); inoltre, questa struttura serve anche come parasole, come coperta e come timone aereo. Oppure, provate a staccare un riccio di castagna uncinato da un vestito ed esaminate l'ingegnoso artificio per mezzo del quale esso si attacca. Questi e altri adattamenti sono connessi all'esigenza di procurarsi del cibo, trovare un rifugio, propagare la specie e sono così rigidamente selezionati quanto lo è il becco di un picchio (**figura 20B**).

▾ **Figura 20**
La coda dello scoiattolo e il becco del picchio sono esempi di adattamento.

La selezione naturale però deve lavorare con quanto è disponibile, non soltanto con le variazioni casuali del materiale genetico, ma anche con l'espressione fenotipica del genotipo. Per fare un esempio, tutti i vertebrati terrestri e i loro discendenti (compresi gli esseri umani) sono caratterizzati strutturalmente da un corpo con una colonna vertebrale e quattro arti, grazie ai quali i nostri antenati si spostavano. Se un costruttore volesse progettare qualcosa di nuovo e avesse già a disposizione dei materiali poco utili a tal fine, probabilmente preferirebbe partire da zero piuttosto che modificare ciò di cui già dispone; l'evoluzione, invece, può costruire soltanto sull'immediato passato.

Molte «sofferenze» umane, per esempio il parto difficoltoso o la tendenza ad avere mal di schiena, possono essere fatte risalire direttamente al passaggio dalla deambulazione quadrupede alla stazione eretta (bipedismo); tale cambiamento ha portato l'utero a girare in avanti all'interno dell'addome (aspetto che, facendo compiere un angolo al bimbo in uscita, rende lento il parto) e la spina dorsale a sorreggere il peso del busto e del cranio, uno sforzo che tende a consumare i dischi intervertebrali.

2 - Per saperne di più

L'evoluzione di una specie ne influenza un'altra

Quando le popolazioni di due o più specie interagiscono tanto strettamente da costituire ognuna un forte fattore selettivo per l'altra, si verificano adattamenti simultanei che culminano in un processo detto **coevoluzione**. Uno degli esempi più importanti, in termini di numero di specie e di individui interessati, è la coevoluzione dei fiori e dei loro impollinatori; in taluni casi, la forma del fiore e la posizione del nettario si adattano perfettamente all'apparato succhiatore dell'animale che, per nutrirsi, preleva involontariamente il polline da un fiore per deporlo poi su un altro della stessa specie.

Un altro caso in cui sono coinvolti piante e insetti è rappresentato da quegli organismi vegetali che hanno evoluto particolari difese chimiche; queste piante, a causa della loro tossicità, del cattivo sapore o di entrambe le caratteristiche, scoraggiano gli insetti e altri animali dall'utilizzarle come alimento. Per esempio, le piante della famiglia delle asclepiadi (euforbie) hanno al loro interno una sgradevole linfa bianca contenente una sostanza tossica che agisce come deterrente. Nel corso della competizione evolutiva per vivere in un medesimo ambiente, alcune specie di insetti, tra cui le farfalle monarca, hanno evoluto degli enzimi che rendono i bruchi capaci di nutrirsi delle asclepiadi senza esserne intossicati (**figura A**). I bruchi delle farfalle monarca non solo utilizzano i tessuti della pianta come cibo, ma ingeriscono e accumulano anche la sostanza tossica, che è perciò presente nelle forme adulte, ossia nelle farfalle. Le farfalle, di conseguenza, sono disgustose e velenose per i loro predatori.

A integrazione di questa strategia difensiva, le farfalle monarca possiedono particolari colori che avvertono gli eventuali predatori della propria tossicità. Ciò costituisce un esempio di mimetismo noto come **mimetismo mülleriano**, dal naturalista tedesco Fritz Müller che per primo descrisse il fenomeno nel 1878. Api, vespe e calabroni sono probabilmente gli esempi più comuni di mimetismo mülleriano; anche se non siamo in grado di distinguerli facilmente, li identifichiamo subito come insetti che pungono e ci teniamo a debita distanza (**figura B**).

In seguito sono comparse sulla scena evolutiva molte specie di insetti che non hanno sapore cattivo, non sono velenosi e non pungono, ma presentano colorazioni simili a quelle delle specie non commestibili o pericolose, e così riescono a sfuggire ai predatori. Questo mimetismo ottenuto per mezzo dell'inganno è noto come **mimetismo batesiano** (**figura C**), poiché fu descritto per la prima volta dal naturalista ed esploratore inglese H.W. Bates (1825-1892).

Il mimetismo batesiano, ovviamente, gioca a vantaggio della sola specie che imita il modello. L'organismo modello invece subisce non soltanto l'attacco dei predatori privi di esperienza, ma anche di quelli che hanno già avuto una prima esperienza con l'imitatore anziché con il modello stesso. Il mimetismo batesiano quindi è efficace se l'imitazione è rara, cioè se ha meno probabilità di essere incontrata del modello. L'imitatore inoltre ha maggiori probabilità di salvarsi se compare dopo il modello, come in effetti avviene in natura.

▲ **Figura A**
Bruco della farfalla monarca su una pianta di euforbia.

▲ **Figura B**
Una vespa ha i tipici colori che ci segnalano «pericolo».

▲ **Figura C**
L'insetto *Conops scutellatus*, pur essendo innocuo, ha gli stessi colori del calabrone o della vespa.

Facciamo il punto

1. Che cosa si intende per riproduzione differenziale di un genotipo?
2. Spiega il significato di fenotipo da un punto di vista evolutivo.
3. Fai un esempio di selezione in cui siano favoriti i caratteri intermedi.
4. Che cos'è e quali vantaggi presenta il dimorfismo sessuale?
5. Fai alcuni esempi di adattamento delle specie all'ambiente.

SINTESI DI FINE CAPITOLO

LO SAI? RIPASSA CON LO SMARTPHONE

La genetica di popolazioni

Una **popolazione** è un gruppo di organismi della stessa specie che si riproducono tra loro in un certo spazio e in un determinato periodo di tempo. Tutti gli alleli di tutti i geni presenti nei vari individui di una popolazione formano nel loro insieme il **pool genico**. La **genetica di popolazioni** studia la varietà di alleli presente nel pool genico.

Il concetto di **fitness darwiniana** nel contesto della genetica di popolazioni è sinonimo di successo riproduttivo. La *variabilità* all'interno di una specie è il materiale di base su cui opera l'evoluzione poiché se tutti gli individui di una popolazione fossero geneticamente identici, essi potrebbero non riuscire ad adattarsi a un eventuale drastico cambiamento dell'ambiente in cui vivono.

Fattori che inducono la variabilità

La **diploidia** è l'assetto diploide ($2n$) del patrimonio genetico, in questo modo gli alleli recessivi non scompaiono.

Inoltre gli alleli recessivi, anche quelli potenzialmente dannosi per gli omozigoti, possono non solo rimanere presenti negli eterozigoti, ma essere selezionati per i loro effetti positivi. Questo fenomeno è detto **superiorità dell'eterozigote** (o *vigore dell'ibrido*), un esempio è l'anemia falciforme.

La **riproduzione sessuata** crea nuove combinazioni genetiche grazie a:

1. la distribuzione casuale dei cromosomi omologhi al momento della meiosi;
2. il crossing over e la ricombinazione genetica;
3. la fusione, al momento della fecondazione, di due differenti genomi parentali.

Anche l'*incrocio tra individui diversi* induce la variabilità genetica.

Fattori che alterano le frequenze alleliche

Le frequenze genotipiche di una popolazione tendono a rimanere costanti secondo l'**equilibrio di Hardy-Weinberg**:

$$p + q = 1$$

da cui

$$(p + q)^2 = p^2 + q^2 + 2pq = 1$$

Secondo questo modello, il pool genico di una popolazione nel corso delle generazioni non dovrebbe subire variazioni delle frequenze genotipiche. In realtà, diversi fattori tendono ad alterare questo equilibrio:

- le mutazioni, che favoriscono la variabilità e possono alterare le frequenze alleliche;
- il flusso genico, se nuovi geni entrano a far parte di una popolazione;
- la deriva genetica, cioè un cambiamento casuale del pool genico (effetto del fondatore e collo di bottiglia);
- gli accoppiamenti non casuali;
- la selezione naturale.

La selezione naturale

Il successo riproduttivo tra individui di una popolazione è determinato dalla **selezione naturale**; Darwin chiamò così la sopravvivenza dei «più adatti». In genetica di popolazioni la selezione naturale è la *riproduzione differenziale dei diversi genotipi di una popolazione.*

Il fenotipo è il risultato dell'espressione di geni differenti e dell'interazione con l'ambiente. La selezione può essere classificata in base a:

- l'effetto sulla distribuzione delle caratteristiche in una popolazione e può essere **stabilizzante** (se elimina gli individui con caratteristiche fenotipiche estreme), **divergente** (se aumenta la frequenza delle forme estreme a spese delle forme intermedie), **direzionale** (se aumenta la proporzione di individui con caratteristiche estreme);
- la scomparsa di una parte degli alleli del pool genico, in tal caso è detta **bilanciata** e consente il mantenimento della diversità genetica;
- la conquista di un partner e il successo della riproduzione, questa selezione si dice **sessuale**.

VERIFICA LE TUE CONOSCENZE

ZTE ONLINE

1. Scrivi sul quaderno la definizione dei seguenti termini.

a) Pool genico e fitness darwiniana
b) Inincrocio ed esincrocio
c) Flusso genico e deriva genetica
d) Effetto del fondatore e collo di bottiglia
e) Selezione stabilizzante, divergente, direzionale e bilanciata
f) Selezione sessuale e dimorfismo sessuale
g) Selezione naturale e adattamento

Barra il completamento esatto.

2. La variabilità genetica può essere favorita

A dall'assenza di geni recessivi.
B dal maggior successo riproduttivo dell'eterozigote.
C dalla fitness darwiniana.
D dalla presenza di geni dominanti.

3. Nella genetica di popolazioni, la fitness darwiniana è

A impossibile da misurare.
B insignificante rispetto alla fitness della popolazione.
C determinata dal numero relativo di discendenti vivi.
D poco importante dato che gli individui sono semplici «portatori» di geni.

4. L'accoppiamento non casuale è frequente in molte popolazioni naturali perché

A si eliminano gli individui omozigoti.
B è un fenomeno favorito dal flusso genico.
C la deriva genetica tende sempre a selezionare gli individui più idonei alla riproduzione.
D avviene più probabilmente tra due individui fenotipicamente simili.

Barra i due completamenti esatti.

5. Tra le cause della maggior variabilità genetica presente nella prole che si origina da riproduzione sessuata vi sono

A la segregazione indipendente dei caratteri.
B la possibilità di accoppiamenti tra consanguinei.
C l'assenza di mutazioni cromosomiche.
D la ricombinazione dei patrimoni genetici alla fecondazione.
E la dominanza dei genotipi omozigoti.

6. Nel seguente brano, barra fra i termini in neretto quelli errati.

A causa dell'azione **selezionatrice / mortale** della malaria, in diverse popolazioni africane il carattere **dominante / recessivo** che comporta il manifestarsi dell'anemia falciforme tende a non **apparire / scomparire** perché conferisce una **maggiore / minore** resistenza agli individui che sono **eterozigoti / omozigoti** per questo carattere. In tali popolazioni, eliminare il carattere per l'anemia falciforme risulterebbe più **difficile / facile** dato che gli organismi eterozigoti sono, in proporzione, **meno / più** numerosi rispetto ad altre popolazioni che non vivono in Africa.

7. Completa il brano scegliendo tra i termini elencati in fondo.

I maschi di una specie presentano spesso un aspetto molto diverso da quello delle femmine: l'insieme delle differenze crea una condizione che determina una selezione .... Tuttavia, queste differenze possono essere svantaggiose per ...., come un .... che risulta vistoso in molti uccelli, in contrasto con il .... che è favorito dalla selezione naturale.

(la femmina, sessuale, becco, artificiale, l'ecotipo, nido, il dimorfismo, il maschio, piumaggio, divergente, il mimetismo, la coppia)

8. Completa la tabella mettendo in corrispondenza il tipo di selezione (*lettere*) con la sua caratteristica (*numeri*).

A. Selezione bilanciata
B. Selezione divergente
C. Selezione sessuale
D. Selezione stabilizzante
E. Selezione direzionale

1. È tipica degli animali che presentano dimorfismo tra sessi differenti.
2. Tende di solito ad aumentare la frequenza delle caratteristiche intermedie.
3. È osservabile nei salmoni argentei che vivono nel Pacifico nord-occidentale.
4. Comporta la progressiva eliminazione degli organismi con un carattere estremo.
5. Serve a mantenere la diversità genetica presente in una popolazione.

A	B	C	D	E

9. Barra l'affermazione esatta.

A La selezione sessuale è tipica degli animali che non presentano dimorfismo sessuale.
B La selezione divergente tende ad aumentare la frequenza delle caratteristiche intermedie.
C La selezione direzionale è osservabile nei salmoni argentei che vivono lungo le coste del Pacifico.
D La selezione stabilizzante comporta la progressiva eliminazione degli organismi con caratteri estremi.

10. Il dimorfismo sessuale è in accordo o in disaccordo con la teoria evolutiva di Darwin? E quali sono le conseguenze che il dimorfismo sessuale può avere all'interno di una popolazione?

....

11. Confronta i cinque diversi tipi di selezione che possono agire su una popolazione, fornendo per ciascuno di essi un esempio.

....

12. Su quale principio si basa il mimetismo batesiano? E qual è il vantaggio di tale strategia evolutiva?

....

VERIFICA LE TUE ABILITÀ

Barra il completamento esatto.

13. Il fenomeno del collo di bottiglia prevede che

A in una popolazione possa avvenire una diminuzione della variabilità allelica dovuta alla scomparsa di un certo numero di individui.

B nonostante un drastico ridimensionamento della popolazione, le frequenze alleliche non subiscano sostanziali modifiche.

C nel pool genico della popolazione soggetta a questo fenomeno la scomparsa di alcuni alleli venga compensata dall'introduzione di altri.

D gli individui sopravvissuti a questa deriva genetica mostreranno una minore variabilità di genotipi, ma una variabilità maggiore di fenotipi.

14. A differenza della selezione stabilizzante, la selezione divergente

A tende a eliminare una delle forme fenotipiche estreme.

B agisce su individui che appartengono alla stessa specie.

C favorisce il fenomeno del polimorfismo all'interno di una specie.

D non è soggetta a eventuali processi di deriva genetica.

15. La frequenza di un allele recessivo in una popolazione è talvolta maggiore di quanto previsto dall'equilibrio di Hardy-Weinberg perché

A la condizione eterozigote potrebbe risultare vantaggiosa rispetto a quella omozigote.

B avvengono continuamente numerose mutazioni.

C la riproduzione asessuata mantiene un'alta frequenza dell'allele recessivo.

D sono presenti meccanismi che favoriscono gli esincroci.

16. Nel seguente brano, barra fra i termini in neretto quelli errati.

Un fenomeno come la **mutazione / deriva genetica** è in grado di modificare le frequenze **cromosomiche / alleliche** di una popolazione in quanto **il distacco / la comparsa** di un piccolo gruppo di organismi nella popolazione di origine **impedisce / favorisce** la comparsa di un nuovo pool genico costituito da un insieme di alleli che sono presenti in **percentuali / varietà** diverse.

17. Completa il brano scegliendo tra i termini elencati in fondo.

Molte specie di insetti sono diventate più .... agli insetticidi rispetto agli anni passati; ciò è dovuto al fatto che una .... somministrazione di insetticidi ha selezionato gli individui più resistenti ed eliminato quelli più .... Questo è un esempio di selezione .... indotta dalla sostituzione nel .... di un gruppo di ....

(sottomesse, minima, pool genico, cromosomi, sensibili, sensibili, divergente, piccoli, convergente, forti, resistenti, bassa, cellule, fenotipo, direzionale, alleli, elevata, sangue)

18. Nel brano compaiono 3 termini errati; dopo averli individuati scrivili negli spazi predisposti con accanto il termine corretto.

(Attenzione: i termini sottolineati sono esatti, pertanto non vanno corretti)

L'effetto «collo di bottiglia» si verifica quando improvvisamente agiscono forze naturali che tendono a aumentare drasticamente il numero di individui di una certa popolazione; in questa situazione la frequenza degli alleli presente tra gli organismi sopravvissuti risulterà molto probabilmente invariata se confrontata con quella presente originariamente, e ciò comporterà una maggiore variabilità genetica.

Termini Errati	Termini Corretti

19. Perché l'accoppiamento non casuale, col passare del tempo, finisce per modificare le frequenze genotipiche, ma non necessariamente le frequenze alleliche?

....
....
....
....
....
....
....

UNITUTOR VERSO L'UNIVERSITÀ

Preparati ai test di ammissione sul sito Unitutor.

20. Quale delle seguenti affermazioni è corretta?

A La selezione naturale e la selezione artificiale agiscono sui geni

B La selezione naturale e la selezione artificiale agiscono sugli alleli

C La selezione naturale agisce sugli alleli, mentre la selezione artificiale agisce sui geni

D La selezione artificiale agisce sugli alleli, mentre la selezione naturale agisce sui geni

E La selezione naturale agisce sui geni, mentre la selezione artificiale agisce sui cromosomi interi

[dal test di ammissione a Medicina 2015-16]

HANDS-ON GLOSSARY

21. Fill in the table matching each term (*letters*) with its definition (*numbers*).

A. population bottleneck
B. founder effect
C. speciation
D. genetic drift

1. the evolutionary process by which biological populations evolve to become distinct species.
2. a sharp reduction in the size of a population due to environmental events or human activities, such events can reduce the variation in the gene pool of the population.
3. the change in the frequency of a gene variant (allele) in a population due to random sampling of organisms.
4. the loss of genetic variation that occurs when a new population is established by a very small number of individuals from a larger population.

A	B	C	D

VERSO L'ESAME: LE TUE COMPETENZE

SCHEMATIZZA

22. Costruisci una mappa concettuale che descriva l'equilibrio di Hardy-Weinberg e i fattori che possono modificare i pool genici delle popolazioni.

SPIEGA

23. In molte specie animali i maschi sono dotati di livree appariscenti, mentre le femmine hanno colori molto meno evidenti e più mimetici: spiega perché esiste questa differenza e come si giustifica in termini evolutivi.

GIUSTIFICA

24. Nulla ha senso in biologia eccetto che alla luce dell'evoluzione.

Giustifica questa celebre frase del biologo russo Theodosij Grigorievič Dobžanskij (1900-1975).

RICERCA

25. La superiorità dell'eterozigote spiega, per esempio, come l'allele per il carattere dell'anemia falciforme si mantenga con frequenze elevate in quelle popolazioni per le quali è un vantaggio selettivo.

Fai una ricerca per trovare un altro esempio analogo e scrivi un breve articolo divulgativo (massimo 1000 battute, spazi inclusi) che lo illustri alla classe.

CONFRONTA

26. L'effetto del fondatore e il collo di bottiglia sono due processi che alterano l'equilibrio di Hardy-Weinberg.

Dopo averli messi a confronto riporta un esempio per ciascuno (diverso da quello descritto nel capitolo).

OSSERVA E COLLEGA

27. Associa a ognuna delle immagini il tipo di selezione corrispondente, quindi descrivi brevemente cosa è accaduto nelle tre diverse situazioni e riporta un esempio per ciascuna (diverso da quello descritto nel capitolo).

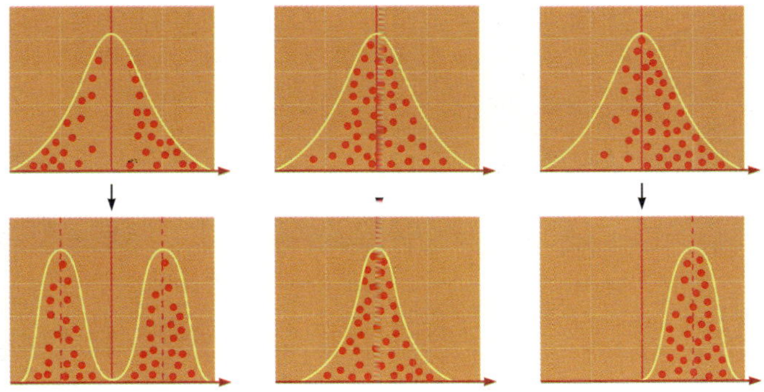

A .... B .... C ....

OSSERVA E IPOTIZZA

28. In Italia e in molti altri Paesi esistono leggi che vietano i matrimoni tra i parenti stretti all'interno di una famiglia.

Per quale motivo pensi siano state promulgate leggi di questo tipo?

IPOTIZZA

29. Le popolazioni del moscerino della frutta *Drosophila subobscura* presenti in America del Nord e del Sud hanno una variabilità genetica minore di quella delle popolazioni europee da cui esse derivano.

Da cosa pensi sia dovuta questa differenza in termini di variabilità genetica?

RIFLETTI

30. I fossili di orsi vissuti in epoca glaciale mostrano un aumento della massa corporea, mentre i fossili di animali vissuti in epoca interglaciale mostrano la tendenza opposta.

a) Da cosa pensi dipenda questa differenza?

b) Quale tipo di selezione può averla determinata?

DEDUCI

31. Per quasi due secoli sull'isola di Martha's Vineyard, al largo della costa atlantica degli Stati Uniti, buona parte della popolazione è stata colpita da un tipo di sordità di natura ereditaria e la forma di linguaggio più diffusa è stata quella gestuale.

Quale potrebbe essere stata la causa che ha dato origine a un pool genico così particolare?

Capitolo
B6 Origine delle specie e modelli evolutivi

1 I processi di speciazione

> **Le parole**
>
> Il termine **specie** deriva dal latino *species*, che significa «tipo», perciò con questa parola venivano generalmente indicati i differenti tipi di organismi.
>
> La **filogenesi** è il processo di ramificazione delle linee di discendenza nell'evoluzione della vita, e studia l'origine e il percorso evolutivo di un insieme di organismi.

Che cosa sono e in che modo si originano le specie?

Fin dai tempi di Darwin molti scienziati hanno cercato di comprendere come possono essere comparse ed essersi evolute così tante specie nuove sul nostro pianeta. In base alle osservazioni raccolte dai naturalisti, già nel diciannovesimo secolo si sapeva che luoghi con clima e topografia simili ospitano spesso organismi molto diversi (**figura 1**).

Darwin era giunto alla conclusione che gli esseri viventi sono quello che sono e si trovano dove si trovano a causa degli eventi che si sono verificati nel corso del tempo all'interno della loro linea evolutiva. Darwin però non aveva proposto un modello chiaro che spiegasse questo processo, nonostante la sua opera più importante si intitoli *L'origine delle specie*. Solo nel secolo scorso gli studiosi sono riusciti a comprendere meglio le basi dei processi che portano alla comparsa di nuove specie, un importante punto di partenza è stato cercare una definizione univoca del termine «specie».

La specie è stata definita in vari modi a seconda dei fattori di cui si è tenuto conto. La definizione più antica si basa sulle caratteristiche anatomiche per gli organismi pluricellulari e sulle caratteristiche morfologiche per i microrganismi; tale approccio è detto *concetto filogenetico di specie* e oggi si basa sempre più sui dati molecolari ricavati dallo studio dei genomi. Un altro criterio per definire

▾ Figura 1
Il coniglio europeo (A) e la lepre della Patagonia (B) sono mammiferi placentati e, così come la lepre australiana (C), sono molto simili nell'aspetto e nello stile di vita seppure non strettamente imparentati.

una specie considera la possibilità per gli organismi di accoppiarsi fra di loro; secondo questo *concetto biologico di specie*, una specie è costituita da quegli organismi che possono incrociarsi dando origine a prole fertile, ma non possono incrociarsi (o di solito non lo fanno) con componenti di altri gruppi analoghi. Per esempio, l'asino e il cavallo sono molto simili tra loro e possono accoppiarsi, ma la prole, cioè il mulo (oppure il bardotto), è quasi sempre sterile; perciò, asino e cavallo sono due specie diverse appartenenti allo stesso genere (**figura 2**).

Da un punto di vista evolutivo, una specie è un gruppo o una popolazione di organismi interconnessi per quanto riguarda la riproduzione. Piccoli gruppi, che talvolta si ritrovano isolati dal punto di vista riproduttivo dal resto della popolazione, possono andare incontro a cambiamenti sufficienti a trasformarli in nuove specie: questo processo viene definito **speciazione**. Verificandosi ripetutamente nel corso di più di 3,5 miliardi di anni, la speciazione ha dato origine a tutti i diversi organismi che sono vissuti in passato e a quelli che vivono attualmente.

◂ **Figura 2**
Cavallo (*Equus caballus*) e asino (*Equus asinus*) sono specie diverse perché, se si accoppiano, generano prole solitamente sterile, il mulo, oppure il bardotto.

Due specie simili possono rimanere distinte anche vivendo in uno stesso ambiente

I membri di una specie hanno un *pool genico* comune che per alcuni aspetti è diverso dai pool genici di altre specie simili. È importante comprendere come un pool genico possa originarsi a partire da un altro già esistente e iniziare un cammino evolutivo diverso. È anche interessante capire come mai due specie, spesso molto simili tra loro e che talvolta vivono anche nello stesso luogo, possano rimanere del tutto isolate dal punto di vista riproduttivo.

I processi di speciazione possono essere classificati in due categorie, in base al modo e al tempo con cui si instaurano i meccanismi di isolamento riproduttivo e ai modelli di selezione naturale. Si distinguono quindi la *speciazione per divergenza adattativa*, che consiste in uno sviluppo graduale dell'isolamento riproduttivo, e la *speciazione improvvisa*, o *istantanea*, in cui l'isolamento riproduttivo avviene invece in modo veloce.

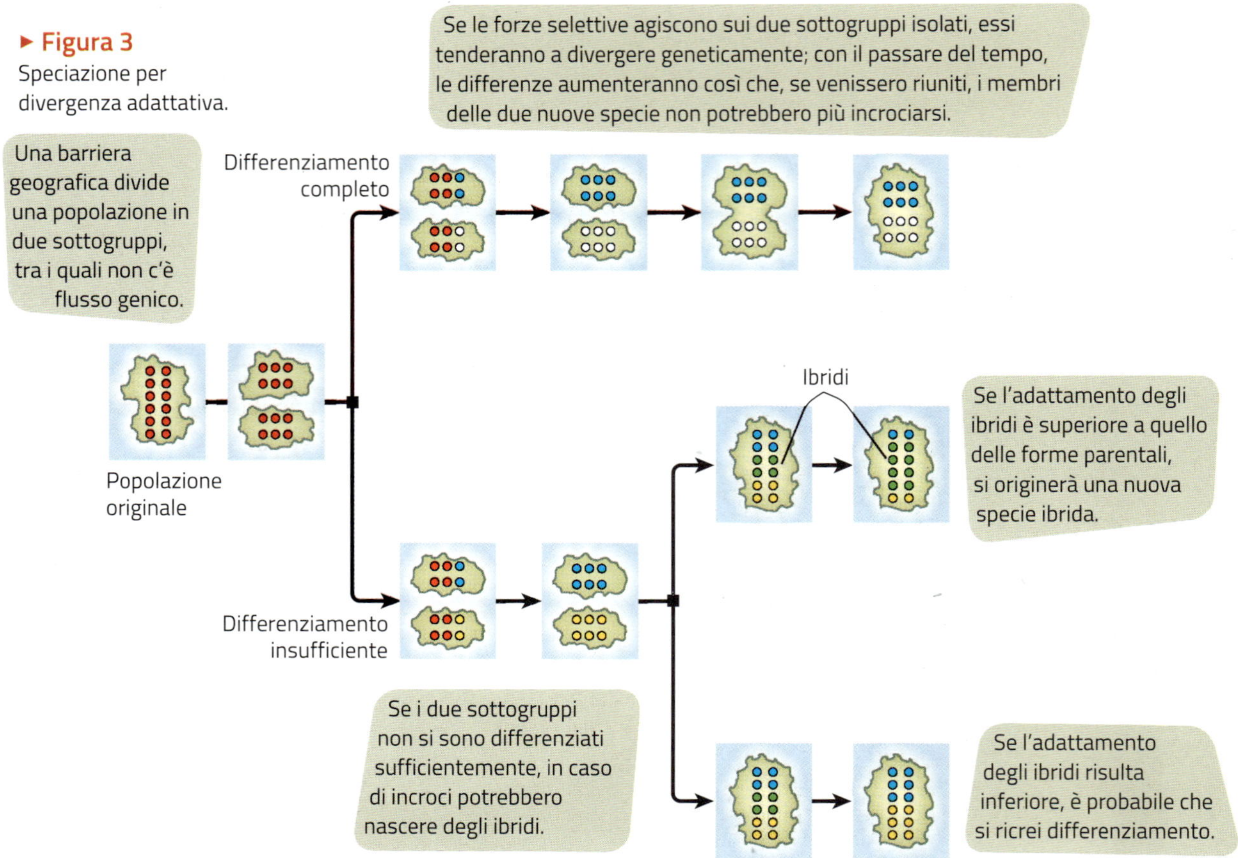

▸ **Figura 3**
Speciazione per divergenza adattativa.

A colpo d'occhio

DIVERGENZA ADATTATIVA → SPECIAZIONE SIMPATRICA; SPECIAZIONE ALLOPATRICA; SPECIAZIONE PARAPATRICA

La **speciazione per divergenza adattativa** è un processo graduale che richiede tempi lunghi e avviene di solito in tre tappe (**figura 3**). Questo processo di speciazione può subire alcune variazioni soprattutto in base alla presenza o assenza di una barriera geografica vera e propria che divida le due nuove popolazioni; i principali modelli di speciazione per divergenza adattativa sono detti allopatrico, parapatrico e simpatrico.

Nel modello di speciazione allopatrica si crea una barriera geografica

Si ha una **speciazione allopatrica** se due popolazioni vivono in territori separati da una barriera geografica che interrompe il flusso genico e la progressiva diversificazione genera due specie differenti.

Le barriere geografiche possono essere di diversi tipi; spesso le isole sono i luoghi in cui si sviluppano più facilmente nuove specie. La frammentazione della Pangea (**figura 4**), il supercontinente che a partire da circa 200 milioni di anni fa cominciò a spezzarsi dando origine agli attuali continenti, alterò profondamente

▾ **Figura 4**
Alcune fasi della deriva dei continenti.

il corso dell'evoluzione. Le popolazioni di molti organismi, tuttavia, possono trovarsi separate tra loro anche da barriere meno nette degli oceani (**figura 5**).

In certe condizioni, e a causa dell'azione di forze selettive, la popolazione isolata può modificarsi così tanto che, anche se si riunisse alla popolazione di partenza, i membri delle due popolazioni non potrebbero più incrociarsi tra loro. Non è però automatico che ogni popolazione isolata diventi una specie, infatti essa può anche ricongiungersi molto presto alla popolazione d'origine o estinguersi, come è probabilmente accaduto moltissime volte in passato.

Guarda il video nell'ebook
Un minuto di biologia
La speciazione allopatrica e simpatrica

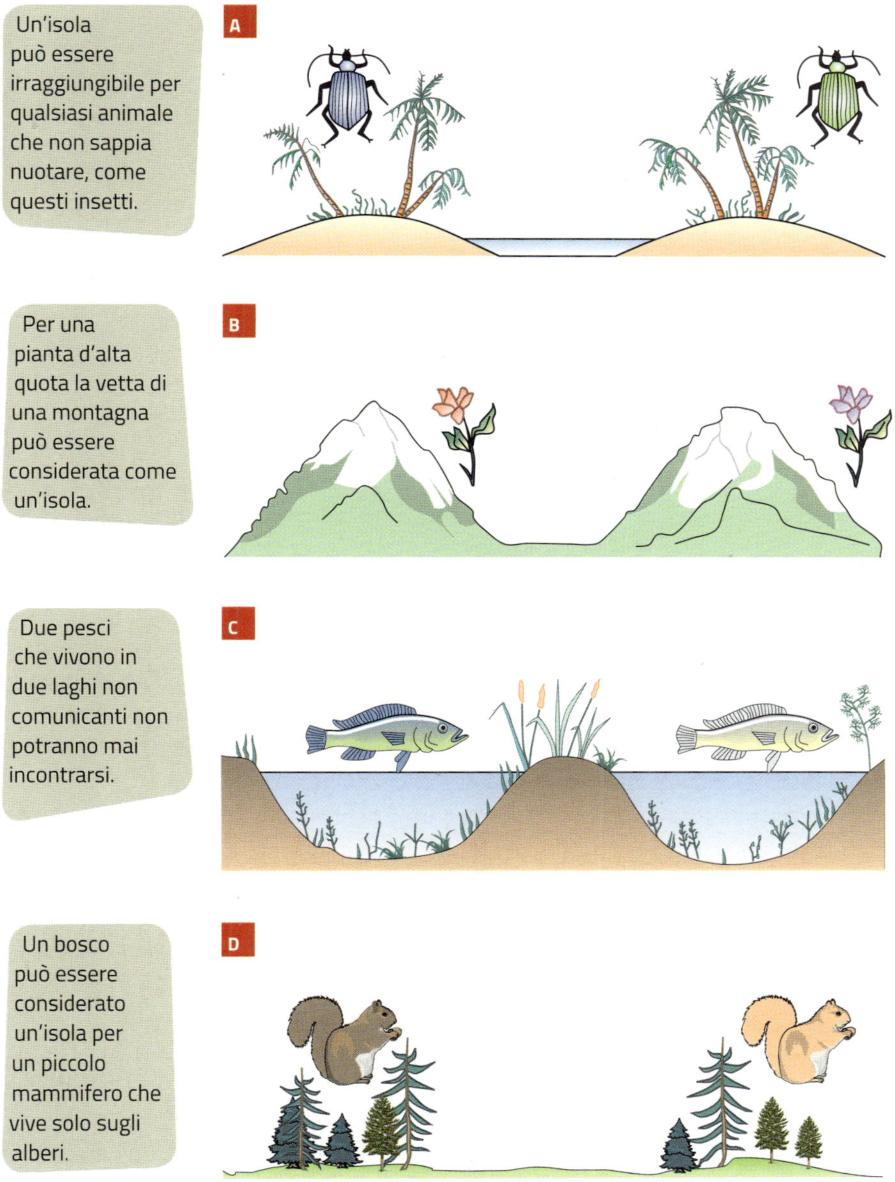

◂ **Figura 5**
Ci possono essere diversi tipi di «isole».

La speciazione parapatrica agisce sui diversi ecotipi di una stessa specie

Una specie ad ampia diffusione presenta spesso una serie di fenotipi distinti, gli *ecotipi*, ciò dipende dalle differenti condizioni ambientali nelle quali vivono talvolta le popolazioni che occupano aree geografiche limitrofe. Col passare del tempo, le popolazioni con fenotipi diversi possono differenziarsi, in misura più o meno ampia, anche dal punto di vista genetico e formare così nuove specie; in questo caso si ha una **speciazione parapatrica**.

Una specie formata da una certa varietà di ecotipi è particolarmente soggetta a speciazione quando, anche senza barriere geografiche che impediscano il flusso genico, i territori limitrofi in cui vivono due popolazioni abbiano caratteristiche che consentano alla selezione naturale di agire ai due lati della

Curiosità

Un caso frequente di speciazione, associato al modello di deriva genetica chiamato *effetto del fondatore*, si verifica quando una piccola popolazione, separatasi da una più grande, ha molti alleli rari o assenti in quella da cui deriva. Dunque il nuovo gruppo avrà un pool genico molto diverso dal gruppo originario; questo esempio è tipico della speciazione **peripatrica**.

▸ **Figura 6**
Nei casi di speciazione parapatrica si può formare una zona di transizione fra i due ecotipi.

cosiddetta *zona di transizione*. In questo caso il flusso genico sarebbe limitato a questa zona dove, col tempo, potrebbero crearsi organismi ibridi; un esempio è dato dalla pianta nordamericana *Drymocallis glandulosa* che mostra due ecotipi diversi a seconda della quota a cui vive (**figura 6**).

La speciazione simpatrica può essere regolata da differenze nel comportamento

Finora sono stati esaminati processi graduali di speciazione in cui predomina la componente geografica. Vi possono essere, però, speciazioni in cui le differenze genetiche tra due popolazioni che vivono nello stesso territorio si instaurano lentamente in seguito a una diversità di comportamento come, per esempio, la scelta del partner.

Se la popolazione originaria è polimorfica e presenta differenze nell'aspetto o nelle abitudini comportamentali, gli individui che presentano una determinata variante tendono ad accoppiarsi con individui che hanno la stessa caratteristica. Col passare del tempo, le due forme possono acquisire differenze genetiche tali da risultare isolate dal punto di vista riproduttivo; questo tipo di differenziamento è un esempio di **speciazione simpatrica**.

Per esempio, le mosche appartenenti alla specie *Rhagoletis pomonella* vivono negli Stati Uniti e sono parassite dei frutti dei biancospini. Oggi, però, una parte di queste mosche preferisce deporre le uova nei frutti dei meli, piante importate in America dall'Europa circa tre secoli fa; si sono formate così due sottospecie a seconda che le piante ospiti delle mosche siano meli o biancospini (**figura 7**). Gli scienziati hanno notato che in queste popolazioni l'accoppiamento non è più casuale: le mosche che vivono sui meli tendono ad accoppiarsi tra loro e la stessa cosa avviene per le mosche dei biancospini, fenomeno favorito anche dal fatto che i frutti delle due piante ospiti maturano in mesi differenti. Nel caso di *Rhagoletis pomonella* le due sottospecie non sono separate da barriere geografiche, ma si è creata una forma di isolamento riproduttivo, detto *prezigotico*, che porta alla formazione di due nuove specie.

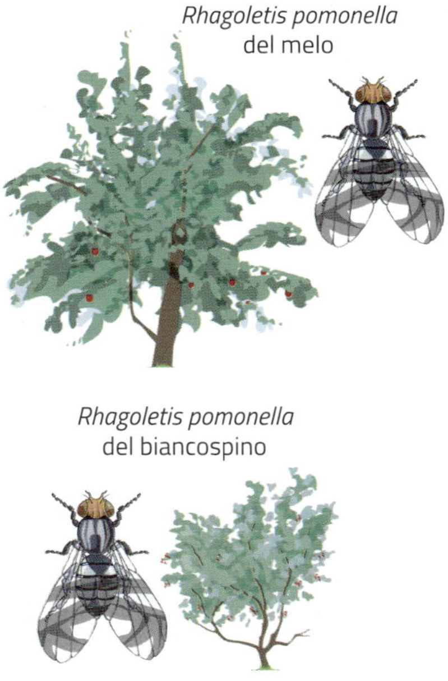

▴ **Figura 7**
Un esempio di speciazione simpatrica: questa mosca parassita si diversifica in base ai frutti su cui depone le uova.

La speciazione improvvisa può dare origine a ibridi fertili

Un altro esempio di speciazione simpatrica è la **speciazione improvvisa**, o *istantanea*, un processo che riguarda prevalentemente gli organismi vegetali e si verifica in tempi brevi. Un meccanismo accertato che determina speciazione improvvisa è la **poliploidia**, che consiste in un aumento del numero dei corredi cromosomici rispetto al normale assetto diploide ($2n$). La poliploidia può derivare da una non-disgiunzione che si verifica per errore durante i processi di mitosi o meiosi oppure può comparire quando i cromosomi si dividono correttamente, ma non avviene la successiva citodieresi. La speciazione improvvisa tramite poliploidia è un fenomeno importante e piuttosto comune tra le piante: infatti il 40% circa delle piante con fiori hanno un'origine poliploide e molte specie agricole sono rappresentate da ibridi poliploidi (tra cui grano, patata, cotone, caffè e tabacco).

1 - Per saperne di più

Un esempio di speciazione: i fringuelli di Darwin

Uno degli esempi più significativi di *speciazione allopatrica* è fornito dagli uccelli osservati da Charles Darwin durante il suo soggiorno alle isole Galápagos.
Si ritiene che tutti i fringuelli (famiglia *Fringillidae*) di questo arcipelago derivino da un unico ceppo ancestrale, proveniente dal continente sudamericano, che si trova a circa 950 km di distanza. Non è noto come tali animali ancestrali siano arrivati fino a queste isole, ma è molto probabile che siano stati i primi uccelli a colonizzare le Galápagos. Gli ambienti delle varie isole sono piuttosto diversi, i gruppi di fringuelli differenti, occupando habitat diversi, sarebbero stati sottoposti a differenti forze selettive (**figura**).

Dal piccolo gruppo ancestrale si diversificarono 14-17 specie, a seconda delle classificazioni, più una (*Pinaroloxias inornata*) che vive sull'Isola del Cocco, distante circa 1000 km verso Nord-Est.
I fringuelli non sono in grado di volare per grandi distanze; se così non fosse, questa speciazione non avrebbe avuto luogo. Evidentemente le isole erano abbastanza vicine da permettere l'emigrazione di piccoli gruppi fondatori, ma erano anche abbastanza lontane da ostacolare (una volta che il gruppo si fosse insediato) il flusso genico tra esso e i gruppi originari perché si potessero evolvere differenze significative e insorgessero barriere genetiche. In tal modo, si può stimare che la nascita di una nuova specie richieda almeno 10 000 anni di isolamento geografico ma, essendoci molte isole, più specie potrebbero essersi evolute contemporaneamente.

Il tipo ancestrale era un fringuello di piccole dimensioni, con un becco conico, corto e robusto, adatto a schiacciare semi. Si ritiene che questo antenato fosse un uccello terricolo, infatti alcune delle specie che vivono attualmente alle Galàpagos sono terricole (tutti del genere *Geospiza*); ognuna di queste specie ha un proprio tipo di alimentazione a base di frutta, insetti, semi di grandezza diversa o cactus.

Oltre alle specie terricole, ne esistono altre arboricole (come quelle appartenenti al genere *Camarhynchus*), anch'esse differenti tra loro soprattutto per le dimensioni e la forma del becco.

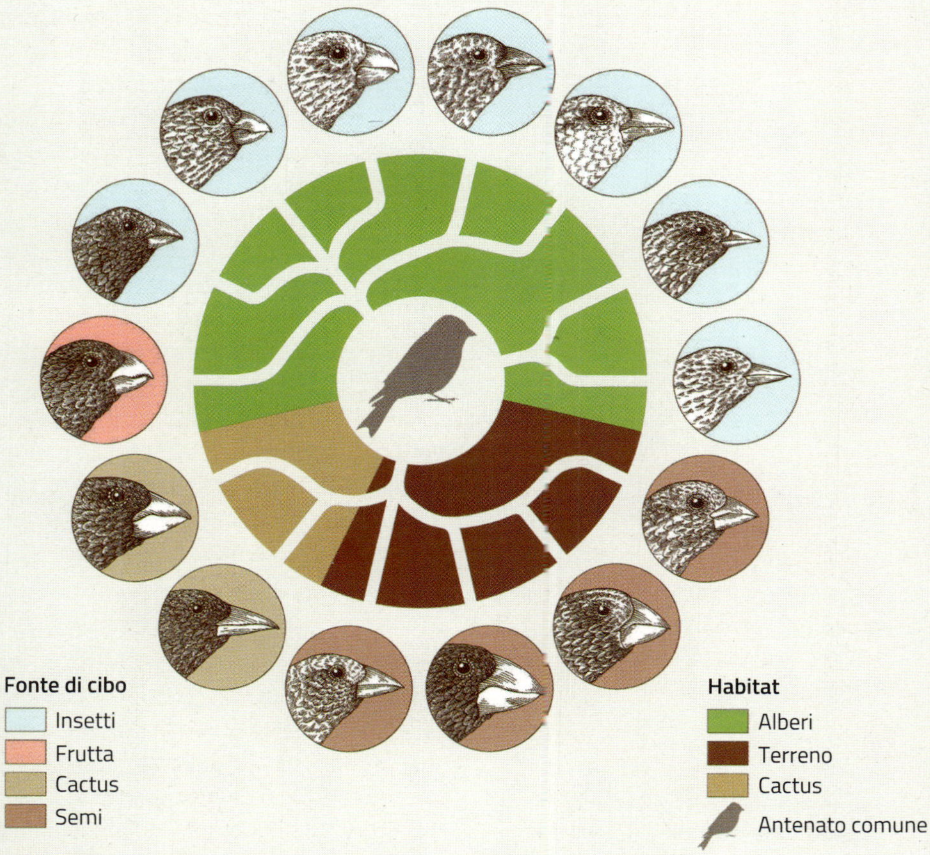

▲ **Figura**
I cosiddetti fringuelli di Darwin sono un gruppo monofiletico di uccelli passeriformi che comprende tutte le specie endemiche delle isole Galàpagos tranne una, che invece è endemica dell'Isola del Cocco, al largo del Costa Rica.

La poliploidia, che porta alla formazione di nuove specie, si verifica talvolta in alcuni individui in seguito al raddoppio del numero di cromosomi (**figura 8**). Infatti, se durante la meiosi di un organismo diploide i cromosomi omologhi non si separano, possono comparire gameti diploidi ($2n$); l'unione di due gameti di questo tipo, prodotti dallo stesso individuo o da individui diversi appartenenti alla stessa specie, darà origine a un esemplare *tetraploide* ($4n$).

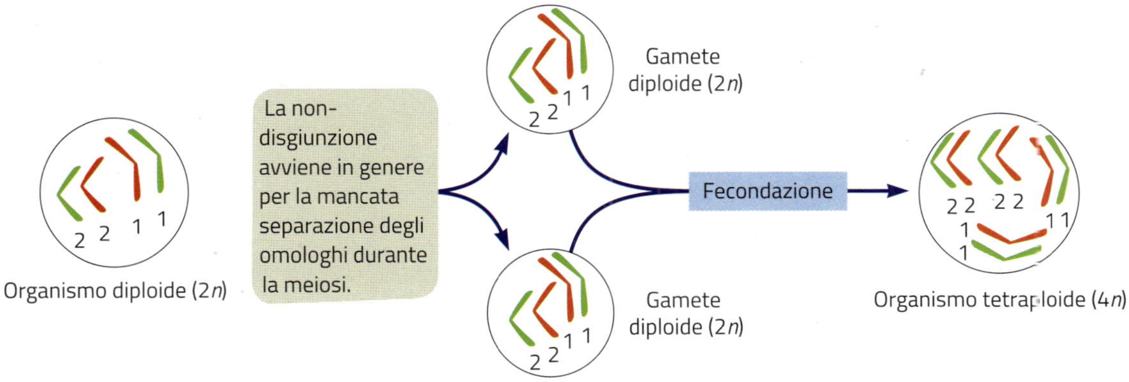

◂ **Figura 8**
In seguito al fenomeno della non-disgiunzione può nascere un individuo tetraploide ($4n$) che, nonostante si possa riprodurre per via sessuata, risulterà isolato dalla specie d'origine dal punto di vista riproduttivo.

Più spesso, invece, si originano nuove specie perché raddoppia il numero di cromosomi in organismi *ibridi*, generati da genitori di specie differenti. Gli ibridi possono comparire tra gli animali (*vedi* **figura 2**), ma sono molto più frequenti tra le piante; per esempio, la gramigna (*Cynodon dactylon*) è una specie erbacea che può incrociarsi con molte piante affini, producendo centinaia di ibridi adattati alla nicchia ecologica in cui crescono. Tali ibridi, che nelle piante spesso si diffondono mediante riproduzione asessuata, sono a volte in grado di adattarsi meglio all'ambiente in cui vivono rispetto alle piante da cui hanno avuto origine. I ceppi di piante ibride generati per via asessuata possono essere considerati delle specie a sè stanti in quanto sono geneticamente isolati sia dalle piante d'origine sia tra loro.

Gli ibridi delle piante e degli animali sono in genere sterili perché i cromosomi non possono appaiarsi durante la meiosi, infatti, le due serie di cromosomi che compongono l'assetto diploide provengono da genitori di specie differenti, quindi non si appaieranno gli omologhi, indispensabili per la produzione di gameti funzionali (**figura 9A**). Se, però, in un ibrido sterile si verifica la poliploidia e le cellule che ne risultano si dividono mediante una successiva mitosi e citodieresi in modo da produrre alla fine un nuovo individuo per via asessuata, questo individuo avrà un numero doppio di cromosomi rispetto alla cellula madre. Di conseguenza, tale ibrido risulterà isolato dal punto di vista riproduttivo dalla linea parentale, ma i suoi cromosomi duplicati potranno appaiarsi, potrà avvenire normalmente la meiosi (anche se i gameti così prodotti saranno diploidi invece che aploidi) e la fertilità sarà ripristinata (**figura 9B**); in questo modo da un ibrido può avere origine una nuova specie in grado di riprodursi per via sessuata.

▾ Figura 9
(A-B) Formazione di un ibrido poliploide. (C) Un esempio di specie esaploide (*6n*) è il frumento *Triticum aestivum*.

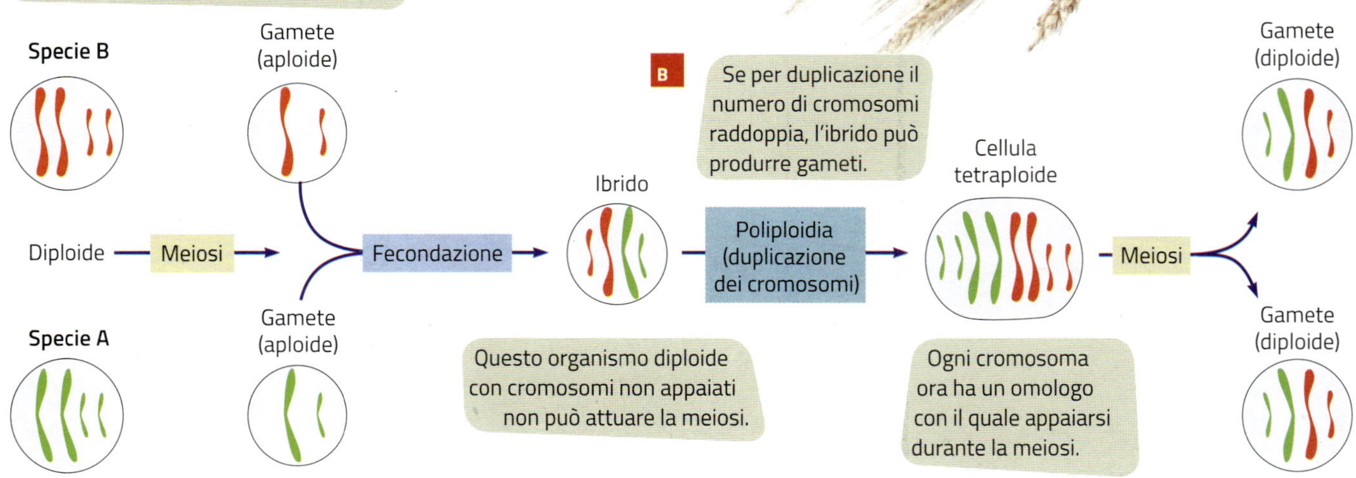

Facciamo il punto

1. Che cosa si intende per speciazione?
2. Che cos'è la speciazione per divergenza adattativa?
3. Quali sono le principali barriere che favoriscono la speciazione allopatrica?
4. In che cosa consiste una speciazione parapatrica?
5. Fai un esempio di speciazione simpatrica.
6. Che cos'è un ibrido? Fai qualche esempio.
7. Quale caratteristica contraddistingue un organismo poliploide?

2 Come si mantiene l'isolamento genetico

I meccanismi di isolamento prezigotici impediscono l'accoppiamento

Una volta avvenuta la speciazione, le nuove specie possono vivere insieme senza che i loro membri, nonostante siano a volte fenotipicamente molto simili, si incrocino tra loro. Il mantenimento dell'isolamento genetico può essere indotto da meccanismi di **isolamento prezigotico**, che impediscono l'accoppiamento e la fecondazione tra membri di specie differenti. Nei vertebrati, i meccanismi di isolamento prezigotici comportano spesso elaborate strategie di accoppiamento (**figura 10**), segnali visivi e sonori, emissione di sostanze chimiche o talvolta una combinazione di tutti questi eventi. L'assenza di una di queste caratteristiche nel partner impedisce che avvenga l'accoppiamento.

- Un esempio di *comportamento rituale* è quello messo in atto dallo spinarello, un piccolo pesce d'acqua dolce: nella stagione riproduttiva, in risposta a periodi di luce più lunghi, il maschio e la femmina incominciano a compiere una serie di rituali piuttosto elaborati (**figura 11**); se uno dei due partner non esegue correttamente ogni fase di questo rituale non si producono discendenti.
- I *segnali visivi* sono importanti, per esempio, in alcuni insetti, come il lampeggiamento delle lucciole. Ogni specie, infatti, ha il suo particolare modello di lampeggiamento, che è diverso da quello di ogni altra specie sia per la durata dei lampi sia per il loro intervallo.
- Il canto degli uccelli, come il gracidio delle rane e lo stridio di grilli e cicale, sono esempi di *richiami sonori* che servono a fare riconoscere i membri della stessa specie. Alcuni esperimenti condotti sulle rane leopardo hanno rivelato che è possibile indurre l'accoppiamento tra popolazioni che in natura non si incrociano, in quanto sono isolate tra loro solo da differenze nei richiami sessuali sonori.
- Molte specie animali usano come richiamo sessuale alcune *sostanze chimiche* prodotte dalla femmina o dal maschio; queste sostanze, come i feromoni, possono avere la funzione di attrarre il maschio, come avviene in molti mammiferi, tra cui cani e gatti, o di stimolare l'emissione di gameti da parte della femmina, come nelle ostriche. Poiché tali sostanze sono specie-specifiche, funzionano anche come meccanismi di isolamento.

▲ **Figura 10**
Alcune specie di uccelli, come le sule piediazzurri (*Sula nebouxii*, A) o le gru della Manciuria (*Grus japonensis*, B), mettono in atto dei rituali di corteggiamento molto complessi come danze o voli particolari.

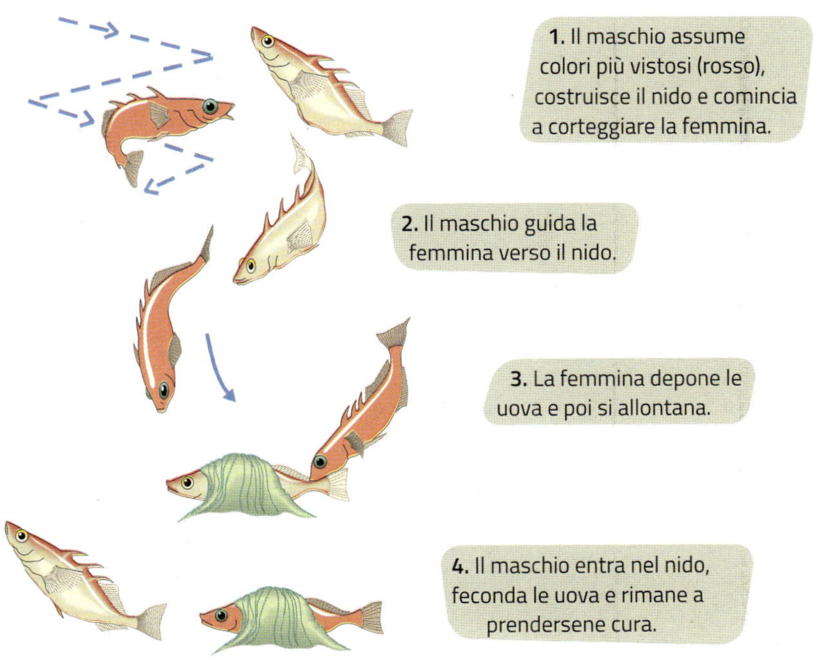

◂ **Figura 11**
Il comportamento rituale nella stagione riproduttiva dello spinarello (*Gasterosteus aculeatus*).

- Anche le *differenze temporali* svolgono un ruolo importante nell'isolamento sessuale; per esempio, tra le specie vegetali il diverso e breve periodo di fioritura è un importante meccanismo di isolamento, mentre molti vertebrati hanno stagioni riproduttive spesso controllate dalla temperatura o dalla durata del giorno (**figura 12**).

Un grillo femmina che risponde al canto sbagliato o una rana il cui calendario riproduttivo non sia sincronizzato con quello del resto della specie avranno meno o nessuna possibilità di accoppiarsi e lasciare discendenti, pertanto non potranno trasmettere i propri geni, favorendo così il mantenimento di quei meccanismi che consentono la continuità della specie.

Nelle rare volte in cui membri di due specie differenti tentano di accoppiarsi, possono intervenire incompatibilità anatomiche o fisiologiche a mantenere l'isolamento riproduttivo. Questi meccanismi di isolamento, che rientrano fra quelli prezigotici, sono di vari tipi, ne sono esempi sia le differenze nella forma dei genitali o dei fiori (per impedire, rispettivamente, l'inseminazione o l'impollinazione) sia l'impossibilità per gli spermatozoi di sopravvivere nel tratto riproduttivo femminile o di fondersi con le cellule uovo.

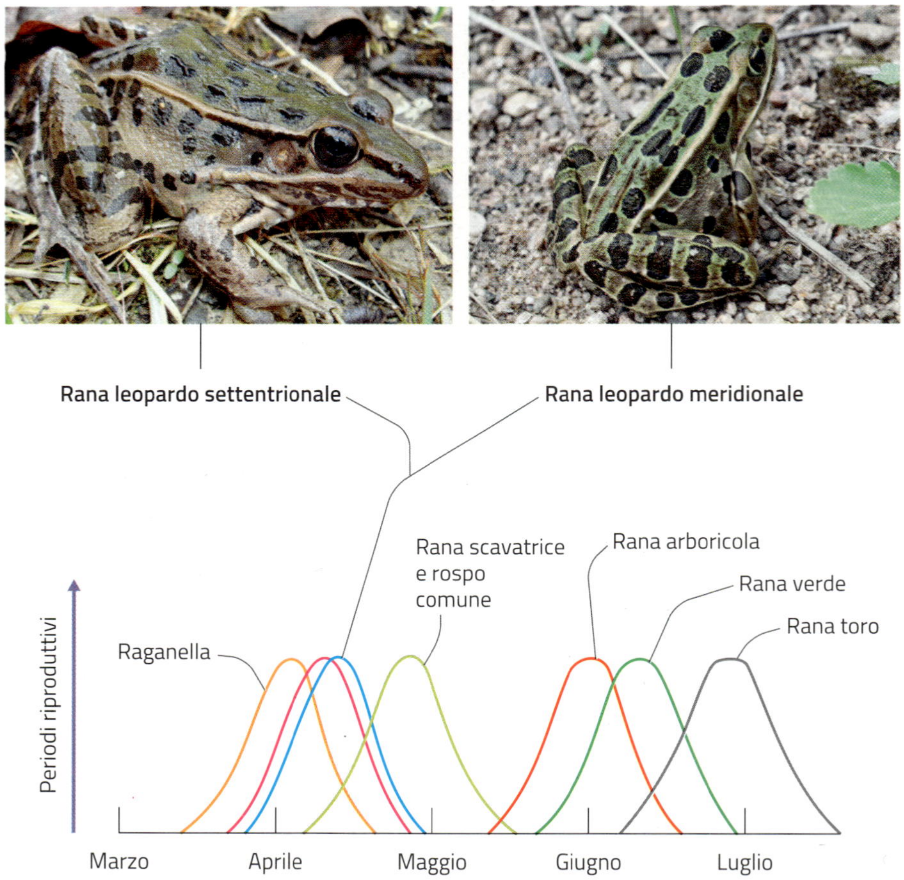

▸ **Figura 12**
Calendario riproduttivo di alcune specie di rane: se due specie diverse, come la rana leopardo settentrionale (*Lithobates sphenocephalus*, A) e la rana leopardo meridionale (*Lithobates pipiens*, B), hanno stagioni di accoppiamento coincidenti, in genere differiscono per i luoghi in cui si riproducono.

L'isolamento postzigotico entra in gioco dopo la fecondazione

I meccanismi di **isolamento postzigotico** rinforzano quelli prezigotici, ma sono più rari in natura. Tra i casi più frequenti di isolamento postzigotico c'è l'impossibilità per lo zigote di svilupparsi oppure, per i piccoli che sopravvivono, di diventare maturi dal punto di vista riproduttivo; inoltre, tali meccanismi possono impedire la produzione di una progenie fertile. Per esempio, nel caso in cui avvenga un accoppiamento tra individui di specie diverse, la prole può essere sana e robusta, ma non si riproduce. Questo avviene per esempio con il *tigone*, risultato dell'incrocio fra una tigre maschio e una leonessa, o il *ligre*, un incrocio tra un leone maschio e una tigre femmina (**figura 13**). In entrambi i casi i maschi sono sterili, mentre le femmine possono riprodursi, ma questi incroci avvengono solo in cattività.

A colpo d'occhio

BARRIERE RIPRODUTTIVE — ISOLAMENTO POSTZIGOTICO
ISOLAMENTO PREZIGOTICO

La **figura 14** riassume i vari tipi di isolamento riproduttivo, delle vere e proprie barriere che impediscono il flusso genico, sia quelli che vengono messi in atto prima dell'accoppiamento e della fecondazione sia quelli che avvengono dopo.

▲ **Figura 13**
Dall'incrocio tra un leone maschio (*Panthera leo*, A) e una tigre femmina (*Panthera tigris*, B) può nascere un ibrido chiamato ligre (C); dall'incrocio contrario (tigre maschio e leonessa) deriva il tigone.

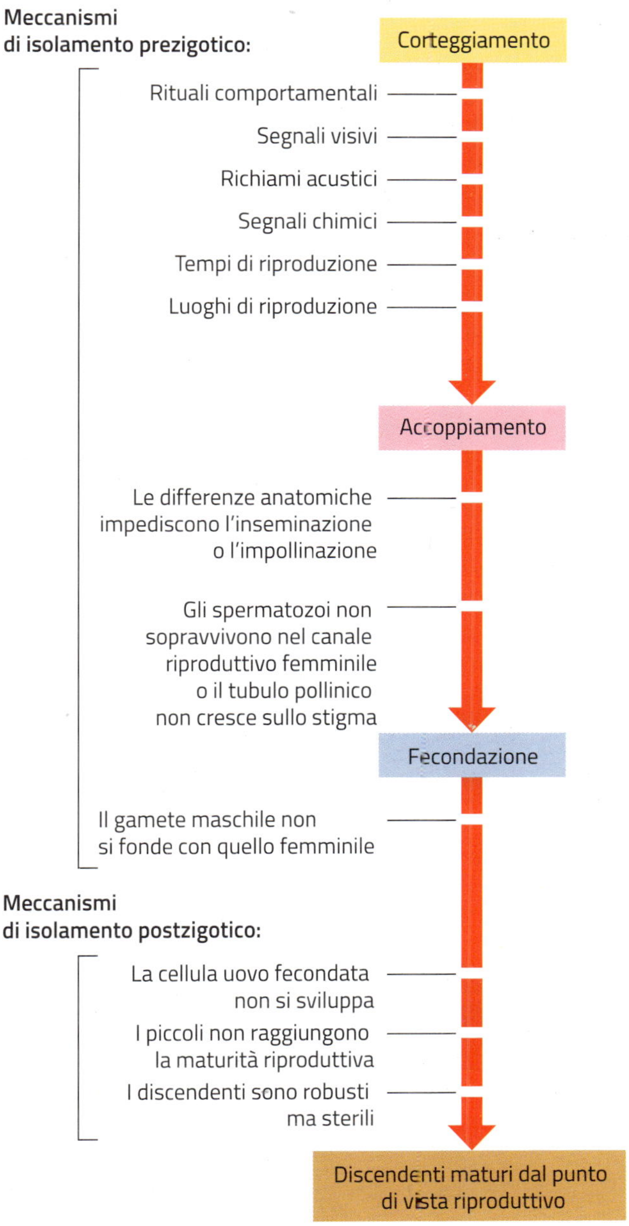

◄ **Figura 14**
Schema riassuntivo dei meccanismi di isolamento genetico a causa dei quali, di solito, gli incroci tra organismi di specie diverse non possono avere discendenti o non producono una prole fertile.

Facciamo il punto

1. Che cos'è e come si può mantenere l'isolamento genetico?
2. Quali sono i principali meccanismi di isolamento prezigotici? Fai un esempio per ognuno.
3. Elenca alcuni meccanismi di isolamento postzigotico, facendo degli esempi.

3 I modelli evolutivi e le teorie più recenti

La macroevoluzione e il cambiamento filetico

Lo studio dei processi evolutivi su grande scala costituisce una branca della biologia evolutiva, chiamata **macroevoluzione**, che si occupa principalmente dei processi evolutivi che avvengono a livello di specie, o a un livello superiore.

Come abbiamo visto, la selezione naturale è un processo complesso che opera in maniera costante su tutte le popolazioni. Su scala più ampia, ossia a livello macroevolutivo, la selezione naturale ha l'effetto di produrre differenti modelli di evoluzione; uno di questi modelli è la *coevoluzione*, secondo cui gli organismi di specie differenti agiscono come forze selettive gli uni sugli altri.

Ti ricordi?

La **coevoluzione** è l'insieme degli adattamenti simultanei che avvengono quando le popolazioni di due o più specie interagiscono tanto strettamente da costituire ognuna un forte fattore selettivo per l'altra.

Anche se è possibile trarre delle deduzioni sul corso della macroevoluzione grazie all'osservazione degli organismi viventi, le prove concrete dei cambiamenti evolutivi a questo livello sono essenzialmente costituite dalle testimonianze fossili. Questi reperti rivelano una successione di forme viventi e forniscono le prove del fatto che l'evoluzione è realmente avvenuta, inoltre rivelano che la diversità delle specie che hanno popolato la Terra è il risultato di alcuni modelli di speciazione abbinati agli effetti delle estinzioni.

Un modello evolutivo prodotto dagli effetti della selezione naturale è il cambiamento graduale che si verifica all'interno di una popolazione; quando tale processo avviene a livello più ampio nell'ambito di una determinata linea evolutiva di organismi, prende il nome di **cambiamento filetico**, chiamato anche **anagenesi**. Sottoposta a pressioni di selezione direzionale, una specie accumula gradualmente cambiamenti fino a che, alla fine, è così diversa da quella di partenza che può essere correttamente considerata una nuova specie.

Le parole

Il termine **anagenesi** deriva dal greco *anaghénnesis* che significa «rigenerazione».

L'evoluzione può essere convergente o divergente

In alcuni casi, la selezione naturale può produrre adattamenti molto simili in specie diverse; le specie che occupano ambienti simili, infatti, finiscono spesso col somigliare le une alle altre, anche se sono imparentate molto alla lontana dal punto di vista genetico. Questo fenomeno è detto **evoluzione convergente**: sottoposte a pressioni selettive simili, specie diverse sviluppano adattamenti simili (**figura 15**). Si possono osservare casi di convergenza evolutiva sia tra forme di vita presenti contemporaneamente in diverse aree del mondo sia confrontando fossili appartenenti a diverse ere geologiche. Le strutture derivate da questo tipo di evoluzione sono dette **analoghe**, in quanto differenti come origine, ma simili come funzione.

▾ Figura 15
Pesci come il marlin (A) e mammiferi marini come il delfino (B) hanno una struttura simile nonostante appartengano a specie molto diverse, entrambi assomigliano anche ai rettili marini estinti come gli ittiosauri (C). Le differenze si vedono bene osservando la struttura delle pinne, che nel delfino mantengono traccia dell'arto di un antico tetrapode.

A Marlin **B** Delfino **C** Ittiosauro

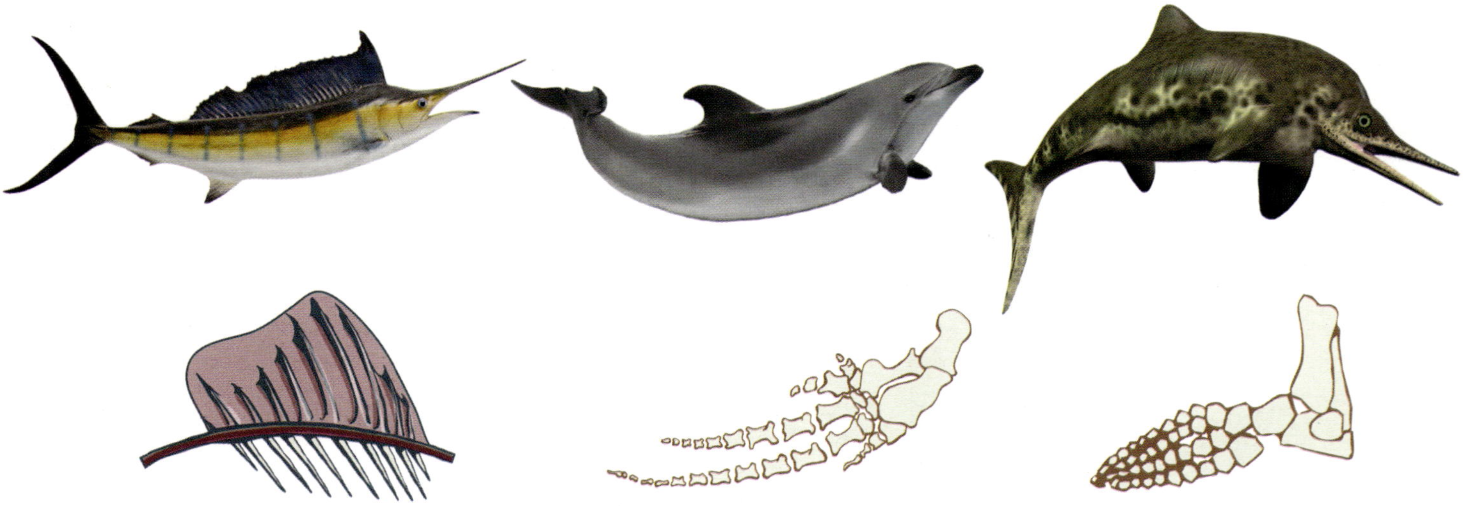

L'evoluzione divergente invece si verifica quando una popolazione si isola dal resto della specie e, sotto particolari pressioni selettive, comincia a seguire un corso evolutivo differente, andando incontro a deriva genetica. Per esempio, l'orso bruno (*Ursus arctos*) è distribuito su tutto l'emisfero settentrionale, popolando territori che vanno dalle foreste decidue fino alle foreste di conifere e alla tundra. Una caratteristica di queste specie così diffuse è quella di avere molti ecotipi locali. L'orso bruno aveva una diffusione analoga a quella odierna già 1,5 milioni di anni fa circa, quando l'emisfero settentrionale era soggetto a una serie di avanzamenti e ritiri dei ghiacciai. Durante una delle grandi glaciazioni, una popolazione di orsi bruni si separò dal gruppo principale e, secondo i reperti fossili, questo gruppo diede origine all'orso polare (*Ursus maritimus*) sotto pressioni selettive ambientali (**figura 16**). L'orso polare differisce fisicamente dagli altri orsi anche per il colore bianco della pelliccia, la forma affusolata del capo e delle spalle e per le setole rigide sulla pianta delle zampe, che costituiscono una superficie di isolamento e di appoggio più sicuro sul ghiaccio. L'esempio dell'orso polare dimostra che l'evoluzione divergente può portare non solo al differenziamento di ecotipi adattati localmente, ma anche alla formazione di nuove specie.

Le strutture frutto di questo tipo di evoluzione si dicono **omologhe**, in quanto, pur avendo la stessa origine, si differenziano per le diverse funzioni.

Ti ricordi?

In genetica delle popolazioni, per **deriva genetica** si intende la componente dell'evoluzione di una specie dovuta a fattori casuali, che può essere quindi studiata con metodi statistici.

▼ Figura 16
Un esempio di evoluzione divergente è dato dall'orso polare (A) che deriva dall'orso bruno (B).

La cladogenesi è un processo evolutivo relativamente rapido

Un altro modello di evoluzione, riscontrabile soprattutto attraverso i reperti fossili, è la suddivisione di una linea evolutiva di organismi in due o più linee distinte; questo processo è chiamato **cladogenesi**. Specie formatesi per cladogenesi sono i discendenti contemporanei di un antenato comune. I primi evoluzionisti avevano un'idea del divenire evolutivo prevalentemente lineare, anagenetico, mentre è di Darwin la prima chiara proposta di un'evoluzione cladogenetica.

Uno dei processi alla base della cladogenesi è la **radiazione adattativa**, che consiste nella rapida diversificazione di un gruppo di organismi che discendono da un antenato comune ed è associata con l'apertura di una nuova frontiera biologica. La radiazione adattativa si manifesta con la formazione quasi simultanea di molte nuove specie, ed è il principale modello evolutivo rivelato dai reperti fossili. Per esempio, circa 300 milioni di anni fa i rettili, grazie all'«innovazione» di un uovo amniotico che può contenere una propria riserva d'acqua, si diversificarono rapidamente e colonizzarono quasi tutti gli ambienti terrestri. Più tardi, un'esplosione evolutiva simile e ancora più rapida diede origine agli uccelli. Quando si estinsero i dinosauri, i mammiferi conquistarono la scena evolutiva con moltissime specie diverse contemporaneamente presenti e oggi note grazie ai reperti fossili. All'inizio della storia evolutiva dei mammiferi il ceppo di origine si divise in due rami principali, i marsupiali e i placentati, che si distinguono principalmente per lo stadio di sviluppo al quale nascono i piccoli. Sebbene le successive radiazioni adattative dei marsupiali

Le parole

Il termine **cladogenesi** deriva dal greco *kladoghénnesis* che significa «ramificazione».

Curiosità

Nel 1983, i paleontologi statunitensi Jack Sepkoski (1948-1999) e David M. Raup (1933-2015) hanno raccolto tutti i dati disponibili riguardanti l'**estinzione** degli organismi marini durante gli ultimi 250 milioni di anni e li hanno analizzati statisticamente. Il loro studio rivela un tasso costante di estinzione, interrotto da periodi di estinzioni di massa, a intervalli di 26 milioni di anni. L'estinzione più massiccia di tutte si verificò alla fine del Permiano, circa 248 milioni di anni fa; si è calcolata la scomparsa dell'80-85% di tutte le specie allora viventi e per le specie marine che vivevano in acque basse si raggiunse un tasso di estinzione del 96%.

in Australia e dei mammiferi placentati in altri continenti siano stati eventi indipendenti, con antenati recenti, nei discendenti sono presenti notevoli somiglianze (**figura 17**).

Un modello evolutivo come la cladogenesi presuppone dunque che avvenga una radiazione adattativa, ossia una rapida colonizzazione di nuovi territori da parte di un gruppo di organismi e la conseguente diversificazione in ambienti differenti. La successiva speciazione in questi luoghi viene favorita dall'assenza di specie preesistenti, o almeno di specie in grado di competere con i nuovi individui. Talvolta, l'evento che ha favorito la radiazione adattativa è stato **un'estinzione**, fenomeno che consiste nella completa scomparsa di singole specie o persino di interi gruppi di specie; le estinzioni sono ben documentate dai reperti fossili. Attualmente esiste soltanto una piccola frazione di tutte le specie che hanno abitato la Terra dalla comparsa della vita, certamente minore di 1/1000 e forse minore di 1/10 000.

A Placentati

B Marsupiali

Lupo (*Canis lupus*)

Tilacino (*Thylacinus cynocephalus;* estinto)

Lince (*Lynx rufus*)

Gatto maculato (*Dasyurus maculatus*)

Cane della prateria (*Cynomys ludovicianus*)

Vombato (*Vombatus ursinus*)

Topo (*Mus musculus*)

Petauro dello zucchero (*Petaurus breviceps*)

▸ Figura 17
Placentati e marsupiali che occupano nicchie ecologiche simili mostrano adattamenti simili, ma tutti i marsupiali sono più strettamente imparentati tra loro di quanto lo siano con i placentati, e viceversa.

I processi evolutivi sono avvenuti più per cladogenesi che per anagenesi

Per poter seguire un cambiamento filetico, o anagenesi, avvenuto nel passato è necessario disporre di numerosi reperti fossili che testimonino le varie tappe del processo; tuttavia, nonostante il gran numero di fossili disponibili, sono stati trovati meno esempi di cambiamenti graduali di quanto ci si aspettasse. Per questo motivo, i paleobiologi tendono a dare più peso al ruolo evolutivo della cladogenesi rispetto a quello del cambiamento filetico.

Secondo un esponente di spicco della moderna teoria evoluzionistica, Ernst Mayr (1904-2005), il modello di speciazione più diffuso è quello *peripatrico*. In queste piccole popolazioni le combinazioni genetiche favorevoli, se avvengono, possono aumentare rapidamente per numero e frequenza, a patto che non siano diluite dal flusso genico verso o dalla popolazione d'origine. Di conseguenza, l'evoluzione non sembra avanzare in modo continuo e graduale bensì «per salti», il che spiegherebbe la presenza di un aumento improvviso di nuove specie rinvenute in alcuni strati di reperti fossili.

Questi due modelli, anagenesi e cladogenesi, non sono però considerati in alternativa, piuttosto come complementari l'uno all'altro.

La teoria degli equilibri intermittenti si contrappone all'ipotesi gradualista

La proposta di Mayr, secondo cui è probabile che l'evoluzione proceda in modo non lineare ma per salti, fu ripresa e ampliata nel 1972 da due scienziati statunitensi, Niles Eldredge e Stephen Jay Gould. Entrambi avevano una conoscenza approfondita della paleontologia degli invertebrati ed erano rimasti colpiti dal fatto che ci fossero poche prove a sostegno del cambiamento filetico nelle specie da loro studiate.

Essi partirono dall'evidenza che spesso nella documentazione fossile una specie appare improvvisamente, e dopo 5-10 milioni di anni scompare, altrettanto bruscamente, sostituita da un'altra specie affine, ma diversa per certi aspetti. Eldredge e Gould supponevano che questi lunghi periodi di «stasi» interrotti da intervalli non fossero dovuti alla carenza dei reperti, ma fossero la reale documentazione di quanto avvenuto. Secondo questa ipotesi, come si spiegherebbe l'improvvisa comparsa di nuove specie? I due scienziati trovarono una risposta nel modello di speciazione peripatrica. Se le nuove specie si fossero formate soprattutto all'interno di piccole popolazioni rimaste isolate rispetto alla popolazione di origine, se poi la speciazione fosse avvenuta in tempi più brevi cioè, in migliaia di anni anziché milioni di anni, e se le nuove specie avessero prevalso su quelle precedenti occupando la loro area di distribuzione geografica, i reperti fossili ritrovati sarebbero quelli effettivamente osservati.

Leggi l'approfondimento nell'ebook:
Per saperne di più
Il sesto dito del panda

Ti ricordi?

In Inghilterra, prima della rivoluzione industriale, su 100 falene *Biston betularia* presenti sui tronchi di betulla, 98 erano chiare (mimetiche) e 2 scure. In seguito, a causa del forte inquinamento i tronchi degli alberi si annerirono e la situazione si capovolse, con 5 falene chiare e 95 scure (mimetiche). Quando poi vennero introdotti controlli sulle emissioni di fumo, l'inquinamento cominciò a diminuire e la percentuale di farfalle chiare rispetto a quelle scure riprese ad aumentare.

2 - Storia della scienza

L'orologio molecolare

Come si misura il tempo trascorso dal momento in cui due specie si sono separate? Una tecnica, chiamata **orologio molecolare**, permette di farlo studiando le differenze esistenti nelle sequenze amminoacidiche di alcune proteine. Questa tecnica si basa sull'ipotesi che nei genomi si verifichino mutazioni casuali con frequenze più o meno costanti nel tempo. In tal caso, è possibile calcolare il tempo trascorso dal momento in cui si è verificata la divergenza tra due specie che discendono da un antenato comune, semplicemente in base a quante differenze ci sono in sequenze di DNA simili o nelle proteine corrispondenti.

L'orologio molecolare è stato ideato nel 1962 dal biologo Émile Zuckerkandl (1922-2013) e dal chimico Linus Pauling (1901-1994), i quali avevano notato che le differenze nella catena amminoacidica dell'emoglobina in alcune specie animali erano all'incirca proporzionali al tempo di divergenza fra le specie calcolato sui dati fossili. Da queste osservazioni ipotizzarono che la frequenza dei cambiamenti evolutivi di una proteina poteva essere costante nel tempo e nelle diverse specie.

Tale assunto si è rilevato però impreciso, infatti, si è visto che non tutti i geni mutano con la stessa frequenza e specie differenti possono avere frequenze diverse di mutazione, ciò significa che l'orologio molecolare non sempre ha un ritmo costante. Studi successivi hanno dimostrato che alcune proteine (come l'emoglobina o le immunoglobuline) hanno un tasso di mutazioni molto alto, mentre altre (come gli istoni o il collagene) tendono a mutare meno rapidamente.

L'ipotesi di Eldredge e Gould degli **equilibri intermittenti** riguarda principalmente il ritmo dell'evoluzione (**figura 18**). I genetisti di popolazioni, e Darwin prima di loro, avevano sostenuto il concetto di cambiamento graduale, o *ipotesi gradualista*; le popolazioni potevano invece cambiare più rapidamente in alcuni momenti, soprattutto in periodi di stress ambientale (come nel caso di *Biston betularia*).

Oggi i sostenitori dell'ipotesi degli equilibri intermittenti ritengono non solo che la cladogenesi sia il principale modello di cambiamento evolutivo (come aveva affermato Mayr), ma anche che la selezione naturale operi tra le specie così come tra gli individui. Perciò, in ogni momento della storia evolutiva è possibile trovare un numero di specie affini coesistenti, ognuna separatasi dal ceppo ancestrale seguendo vie diverse.

▾ **Figura 18**
Ipotesi relative alla comparsa di due specie differenti (okapi e giraffa) a partire da un antenato comune.

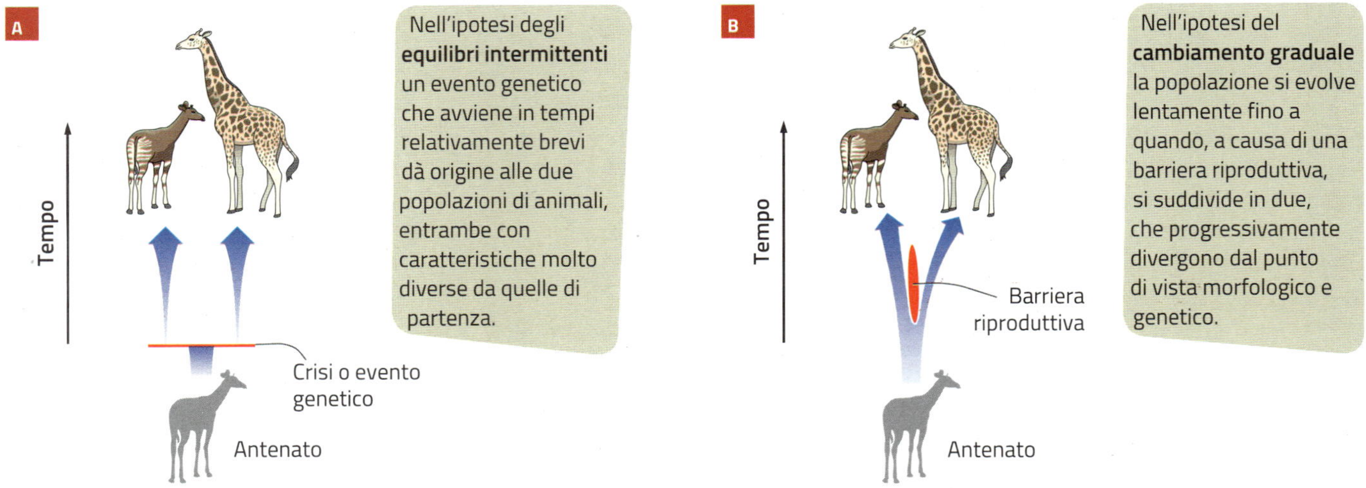

3 - Per saperne di più

L'estinzione dei dinosauri

Per circa 150 milioni di anni i dinosauri dominarono in ogni ambiente del nostro pianeta, un successo dovuto all'instaurarsi di ottimali adattamenti evolutivi. Poi, circa 65 milioni di anni fa, alla fine del periodo Cretaceo, questi grandi rettili scomparvero (**figura**). Molte altre specie di animali terrestri di grossa taglia e moltissime piante delle regioni temperate si estinsero circa nello stesso periodo. Le forme di vita marine furono particolarmente colpite e scomparve quasi tutto il plancton degli oceani. Invece piante tropicali, piccoli animali terrestri e organismi d'acqua dolce sembrano essere sopravvissuti praticamente indenni a questa estinzione di massa.

Nel 1979 un gruppo di scienziati, guidati dal geologo statunitense Walter Alvarez, stava studiando le rocce sedimentarie vicino a Gubbio quando trovarono che uno strato d'argilla risalente alla fine del periodo Cretaceo conteneva quantità insolitamente elevate di iridio. Questo metallo, piuttosto raro nella crosta terrestre, è invece abbondante nei meteoriti. Simili quantità di iridio furono trovate nelle argille dello strato corrispondente al passaggio Cretaceo-Terziario in altre parti d'Italia, in Spagna, Danimarca, Nuova Zelanda e nei fondali profondi dell'Atlantico e del Pacifico.

In seguito a tale scoperta, questi scienziati proposero che la causa dell'insolita quantità di iridio, e dell'estinzione di massa verificatasi alla fine del Cretaceo, fosse stata la caduta sulla Terra di un meteorite del diametro di circa 10 km caduto nella penisola dello Yucatan, in Messico. I ricercatori ipotizzarono che l'impatto avesse sollevato una nube di detriti che circolarono nell'atmosfera terrestre per mesi determinando un ridotto afflusso di luce solare, l'arresto della fotosintesi e il conseguente declino degli organismi eterotrofi; oltre a significativi cambiamenti climatici a livello globale.

Molti ricercatori, in particolare i paleontologi che studiano i fossili del passaggio Cretaceo-Terziario, trovarono in questa ipotesi molti punti deboli. Le prove a disposizione indicano che i diversi gruppi non si estinsero contemporaneamente, ma in modo graduale durante decine di migliaia, forse centinaia di migliaia di anni. Nondimeno, gli studiosi sono ormai abbastanza convinti che gli impatti meteoritici, sebbene non rappresentino una soluzione esauriente, abbiano avuto un ruolo importante nell'estinzione che si è verificata 65 milioni di anni fa, e forse anche in altre estinzioni di massa.

▸ **Figura**
Uno scheletro fossile di triceratopo, dinosauro erbivoro vissuto alla fine del Cretaceo.

Un esempio studiato dal paleontologo statunitense George G. Simpson (1902-1984) è l'evoluzione del cavallo (**figura 19**): alcune specie erano più grosse, altre rimasero piccole, alcune brucavano piante erbacee, altre si cibavano di foglie da arbusti. Le tendenze generali dell'evoluzione del cavallo, secondo questo modello, derivarono dalla differenza dei periodi di sopravvivenza delle specie piuttosto che dal cambiamento filetico che si verificò nell'ambito delle stesse specie. Dunque, in questa nuova formulazione, le specie prendono il posto degli individui, mentre la speciazione e l'estinzione sostituiscono la nascita e la morte. Il ruolo della speciazione è analogo a quello della mutazione nella genetica di popolazioni e fornisce la variabilità su cui agisce la selezione. Quindi, ci sono due livelli di selezione: in uno la selezione agisce sull'individuo, nell'altro sulla specie.

▼ Figura 19
L'albero evolutivo del cavallo moderno è molto più ramificato (cladogenesi, in blu) di quanto si pensasse in base ai primi ritrovamenti fossili (anagenesi, in rosso).

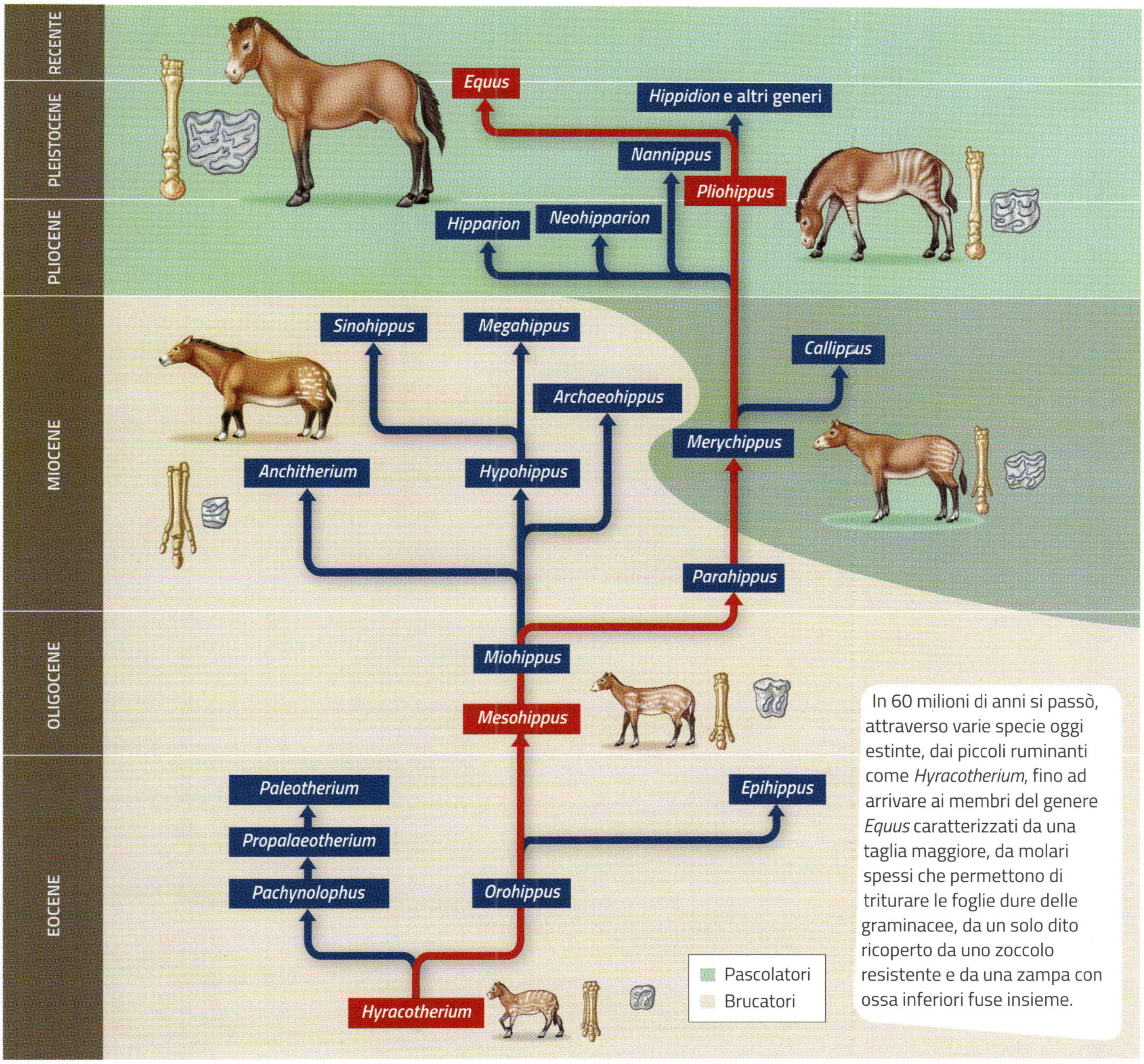

Facciamo il punto

1. Che cosa si intende per evoluzione convergente?
2. Quali sono i processi alla base dell'evoluzione divergente?
3. Che differenza c'è tra anagenesi e cladogenesi?
4. In che cosa consiste una radiazione adattativa?
5. Quando è avvenuta la più imponente estinzione di massa?
6. In base a quali modelli si sono probabilmente evoluti gli organismi?
7. In che modo la teoria degli equilibri intermittenti spiega l'improvvisa comparsa di nuove specie?

SINTESI DI FINE CAPITOLO

LO SAI? RIPASSA CON LO SMARTPHONE

I processi di speciazione

La **speciazione** avviene quando piccoli gruppi, isolati dal punto di vista riproduttivo dal resto della popolazione, vanno incontro a cambiamenti sufficienti a trasformarli in nuove specie.

La speciazione può essere **per divergenza adattativa**, se si ha uno sviluppo graduale dell'isolamento riproduttivo o **improvvisa**, se l'isolamento riproduttivo avviene invece in tempi brevi.

La speciazione per divergenza adattativa può essere:

- **allopatrica**, se due popolazioni che vivono in territori separati da una *barriera geografica* si diversificano e danno origine a due specie diverse;
- **parapatrica**, se due popolazioni con fenotipi diversi si differenziano anche dal punto di vista genetico formando nuove specie;
- **simpatrica**, se la popolazione originaria è *polimorfica*, gli individui con una certa variante tendono ad accoppiarsi con individui con la stessa caratteristica, col tempo le differenze genetiche sono tali da isolare i due gruppi dal punto di vista riproduttivo.

Come si mantiene l'isolamento genetico?

Il mantenimento dell'isolamento genetico può essere indotto da vere e proprie barriere, ovvero meccanismi di:

- **isolamento prezigotico** che impediscono l'accoppiamento e la fecondazione tra membri di specie differenti;
- **isolamento postzigotico** che entrano in gioco dopo la fecondazione e sono più rari.

I modelli evolutivi

Lo studio dei processi evolutivi su larga scala di chiama **macroevoluzione**; a livello *macroevolutivo* la selezione naturale produce diversi modelli di evoluzione. Un modello evolutivo prodotto dagli effetti della selezione è il *cambiamento graduale* che si verifica all'interno di una popolazione; quando il processo avviene a livello di una certa linea evolutiva di organismi prende il nome di **cambiamento filetico**.

L'evoluzione può essere:

- **convergente** quando specie diverse sviluppano adattamenti simili se sottoposte a pressioni selettive simili, le strutture frutto che ne derivano sono dette *analoghe* poiché hanno origine differente ma funzione simile;
- **divergente** quando una popolazione si isola dal resto della specie e sotto particolari pressioni selettive comincia a seguire un corso evolutivo differente andando incontro a deriva genetica.

Le teorie evolutive più recenti

La **cladogenesi** è la suddivisione di una linea evolutiva di organismi in due o più linee distinte.

La **radiazione adattativa** è la rapida diversificazione di un gruppo di organismi che discendono da un antenato comune.

L'**estinzione** consiste nella completa scomparsa di singole specie o di gruppi di specie.

L'ipotesi del **cambiamento graduale**: la popolazione si evolve lentamente fino a quando a causa di una barriera riproduttiva, si suddivide in due o più gruppi che progressivamente divergono dal punti di vista morfologico e genetico.

L'ipotesi degli **equilibri intermittenti:** un evento genetico che avviene in tempi relativamente brevi dà origine alle due popolazioni, entrambe con caratteristiche molto diverse da quelle di partenza.

VERIFICA LE TUE CONOSCENZE

ZTE ONLINE

1. Scrivi sul quaderno la definizione dei seguenti termini.

a) Speciazione allopatrica, parapatrica, simpatrica e peripatrica
b) Isolamento prezigotico e postzigotico
c) Evoluzione convergente e divergente
d) Strutture omologhe e analoghe
e) Cladogenesi e anagenesi

Barra il completamento esatto.

2. Un esempio di isolamento postzigotico è

A l'impossibilità per due individui di accoppiarsi a causa delle loro differenze anatomiche.
B l'impossibilità per un uovo fecondato di svilupparsi e dare origine a un nuovo individuo.
C la mancata fusione del nucleo spermatico con quello della cellula uovo.
D l'appartenenza di due individui a specie distinte anche se simili come aspetto.

3. L'isolamento prezigotico è frequente in molte popolazioni naturali in quanto

A tende a eliminare gli individui omozigoti.
B è un fenomeno favorito dal flusso genico.
C la poliploidia seleziona gli individui più idonei alla riproduzione.
D tende a impedire la fecondazione tra individui di specie differenti.

4. La speciazione allopatrica è provocata da

A barriere geografiche.
B non disgiunzione e poliploidia.
C comparsa di ibridi sterili.
D coesistenza di più ecotipi.

5. La teoria degli equilibri intermittenti sostiene che

A il tipo di speciazione più diffuso in natura è quello improvviso in quanto permette rapidi sviluppi di individui.
B specie affini si sono evolute da un antenato comune e la selezione agisce sia su individui sia su popolazioni.
C la formazione di nuove specie sarebbe avvenuta più rapidamente nelle popolazioni non soggette a deriva genetica.
D la speciazione è un fenomeno che riguarda essenzialmente i singoli individui più che le popolazioni nel loro insieme.

Barra i due completamenti esatti.

6. La speciazione basata sul meccanismo della poliploidia

A è presente soprattutto nel mondo animale.
B è provocata da un errore meiotico o mitotico.
C non coinvolge il numero di cromosomi delle cellule.
D non presuppone un isolamento di tipo geografico.
E avviene in seguito a una speciazione allopatrica.

7. L'origine delle specie di fringuelli delle Galàpagos è un esempio di

A deriva genetica.
B flusso genico.
C ibridazione.
D speciazione allopatrica.
E autopoliploidia.

8. Nel seguente brano barra tra i termini in neretto quelli errati.

I meccanismi di isolamento **prezigotico / postzigotico** tendono a **fare in modo / impedire** che i gameti di individui appartenenti a specie diverse possano fondersi dando origine a uno zigote ibrido. Tra questi meccanismi ci sono i comportamenti **rituali / predatori**, che sono altamente intraspecifici, e alcune sostanze chimiche, molto importanti per il richiamo tra individui **dello stesso sesso / di sessi diversi**.

9. Completa il brano scegliendo tra i termini elencati in fondo.

Differentemente da quella ...., nella speciazione parapatrica è .... la presenza di una barriera geografica perché è .... il flusso genico tra due popolazioni limitrofe che appartengono a due ecotipi .... È più probabile che questo tipo di speciazione avvenga in organismi .... o che, comunque, hanno una .... capacità di movimento.

(intenso, scarsa, indispensabile, lontani tra loro, vegetali, acquisita, simpatrica, del tutto assente, evoluti, improvvisa, diversi, notevole, allopatrica, superflua, identici, animali, sicura, ridotto)

10. Completa le seguenti frasi.

a) La teoria che sostiene che l'evoluzione è certamente avvenuta per passaggi lenti e progressivi è detta ....
b) In genere gli individui .... sono sterili perché i loro cromosomi omologhi non riescono ad accoppiarsi.
c) Il tipo di speciazione che si origina come conseguenza di barriere geografiche è detta ....
d) Il lento accumulo di modificazioni che porta una specie a differenziarsi da quella d'origine e detto ....

11. Che cosa sono gli ecotipi e come possono essersi formati?

....

12. Spiega perché le estinzioni di massa sono spesso associate ai processi di radiazioni adattative, portando come esempio la scomparsa dei dinosauri e la diffusione dei mammiferi.

....

13. Descrivi, facendo degli esempi, i meccanismi che sono alla base dell'evoluzione convergente e divergente.

....

VERIFICA LE TUE ABILITÀ

Barra il completamento esatto.

14. Un fenomeno di speciazione prevede che

A all'interno di un territorio avvengano ripetuti incroci tra animali appartenenti a specie diverse, ma molto simili tra loro e non sterili.

B una popolazione rimanga isolata geneticamente, anche se il suo pool genico conserva le stesse frequenze alleliche.

C il pool genico di una popolazione subisca un numero di mutazioni tale da renderlo del tutto diverso dalla popolazione d'origine.

D una popolazione subisca una drastica diminuzione del numero dei suoi componenti a causa di un evento naturale catastrofico.

15. L'evoluzione dei fringuelli delle Galápagos è un esempio di radiazione adattativa perché

A la specie originaria proveniente dal continente si trovò in una situazione ambientale nuova e diversificata.

B attualmente esiste su ogni isola una specie che si è modificata nel tempo a causa di pressioni ambientali.

C le specie di fringuelli si sono allontanate rapidamente dopo che si erano formate sull'isola colonizzata inizialmente.

D si ipotizza che ogni specie si sia diversificata più volte nel corso della sua evoluzione cambiando abitudini alimentari.

16. Di fianco a ogni affermazione scrivi la lettera A se essa si riferisce a un meccanismo di isolamento prezigotico, B se si riferisce all'isolamento postzigotico e la lettera C se non si riferisce a nessuno dei due tipi di isolamento.

a) Le oche bianche delle nevi tendono ad accoppiarsi solo con altre oche bianche e le azzurre con oche azzurre. (.....)

b) Nonostante siano ermafrodite, molte chiocciole non fecondano le proprie uova e cercano un partner. (.....)

c) Il guscio di un uovo prodotto dall'accoppiamento di due uccelli di specie differenti è poco resistente e si rompe troppo presto. (.....)

17. Nel seguente brano barra tra i termini in neretto quelli errati.

La speciazione **allopatrica** / **simpatrica** è un processo lento secondo cui un **grande** / **piccolo** gruppo di organismi si stacca dalla popolazione madre e si va a stabilire in un luogo lontano **mantenendo** / **rompendo** i contatti con essa; affinché le due popolazioni per essere considerate specie differenti abbiano patrimoni genetici **diversi** / **ibridi**, è indispensabile che per un **lungo** / **breve** periodo di tempo si **interrompa** / **intensifichi** tra esse il flusso genico.

18. Completa il brano scegliendo tra i termini elencati in fondo.

Secondo il modello evolutivo proposto dalla teoria degli equilibri intermittenti, il cambiamento .... si svolge come un fenomeno .... che si accompagna alla formazione di nuove specie isolate dal punto di vista .... La via evolutiva di una specie .... ripetutamente allorché piccole popolazioni isolate si evolvono .... in specie distinte.

(improvviso, lentamente, ambientale, variabile, adattativo, continua, morfologico, rapidamente, graduale, converge, costantemente, molecolare, riproduttivo, si biforca, biologico)

19. Che differenza c'è tra evoluzione convergente e divergente?

....
....
....
....
....
....
....

20. Che cosa differenzia l'anagenesi dalla cladogenesi? I due criteri agiscono in modo contrario?

....
....
....
....
....
....
....

UNITUTOR
VERSO L'UNIVERSITÀ

Preparati ai test di ammissione sul sito Unitutor.

21. Quale delle seguenti affermazioni è corretta?

L'evoluzione richiede obbligatoriamente:

1. variazione genetica
2. selezione naturale
3. predazione

A Solo 1 e 2

B Solo 1 e 3

C Solo 2 e 3

D Solo 2

E Solo 1

[dal test di ammissione a Veterinaria 2014-15]

HANDS-ON GLOSSARY

22. Fill in the table matching each term (*letters*) with its definition (*numbers*).

A. speciation
B. hybrid
C. punctuated equilibrium
D. reproductive isolation

1. an offspring of two animals or plants of different races, breeds, varieties, species, or genera (it is usually sterile).
2. evolutionary mechanism which prevents members of different species from producing offspring, or ensures that any offspring are sterile.
3. a theory which proposes that once species appear in the fossil record they will become stable, showing little evolutionary change for most of their geological history.
4. the evolutionary process by which biological populations evolve to become distinct species (there are four geographic modes: allopatric, parapatric, sympatric and peripatric).

A	B	C	D

VERSO L'ESAME: LE TUE COMPETENZE

SCHEMATIZZA

23. Costruisci una mappa concettuale che illustri i differenti tipi di speciazione.

SPIEGA

24. Due specie di tartarughe trovate da Darwin su due isole diverse dell'arcipelago delle Galàpagos, rispettivamente Isabela (A) ed Española (B), presentano evidenti differenze nel carapace.

Quale potrebbe essere stato il meccanismo evolutivo alla base della differenziazione delle due specie?

DESCRIVI E CONFRONTA

25. Metti a confronto il processo di evoluzione convergente con quello di evoluzione divergente, riportando un esempio per ciascuna di esse (diverso da quello che hai letto del capitolo).

RICERCA

26. Nel 1954, Ernst Mayr scrisse che i fenomeni di speciazione grazie a popolazioni fondatrici periferiche sono i più comuni (anche chiamati di speciazione peripatrica). La forma più comune di speciazione è quella che avviene grazie alle barriere geografiche ed è stata particolarmente studiata nelle drosofile delle isole Hawaii.

Fai una ricerca per approfondire questo esempio di speciazione e poi prepara una presentazione in PowerPoint (massimo 5 slide) per esporre al resto della classe che cosa hai scoperto.

RICERCA

27. L'isolamento postzigotico è una modalità di mantenimento delle specie più rara rispetto a quello prezigotico.

Fai una ricerca e trova almeno tre esempi di isolamento postzigotico diversi da quelli presenti nel testo e descrivili in un breve testo (massimo 100 parole)

IPOTIZZA

28. Alcuni moscerini che vivono in Nuova Guinea appartengono a due specie correlate all'interno dello stresso genere: una si riproduce sui fiori maschili e l'altra sui fiori femminili di varie piante tropicali.

Quale meccanismo di speciazione pensi abbia portato a differenziare queste due diverse specie?

METTI IN RELAZIONE

29. Associa a ciascuna delle immagini (A, B, C) il tipo di speciazione corrispondente e descrivila brevemente.

A

....

B

....

C

....

SEI PRONTO PER LA VERIFICA?

IN 1 ORA

Dopo aver studiato i contenuti fondamentali dei **capitoli B5 e B6**, prova a svolgere questa verifica nel **tempo massimo di 1 ora.**

Alla fine della prova **controlla le tue risposte** con le soluzioni che troverai sul sito *online.scuola.zanichelli.it/curtisnuovoinvitoblu* e **calcola il punteggio** totale che hai conseguito compilando la griglia finale.

CONOSCENZE

Barra il completamento esatto.

1. L'adattamento è un processo che si verifica

A dopo una sola generazione.
B indipendentemente dall'ambiente.
C in assenza di mutazioni.
D dopo molte generazioni.

(4 punti se hai risposto correttamente) ...../4

2. Il fenomeno secondo cui è favorito il genotipo eterozigote rispetto a quelli omozigoti è detto

A vantaggio dell'eterozigote.
B selezione unidirezionale.
C vigore dell'ibrido.
D selezione intermedia.

(4 punti se hai risposto correttamente) ...../4

3. La selezione stabilizzante

A aumenta la frequenza degli individui con uno specifico carattere estremo.
B produce individui tutti uguali per un determinato carattere.
C favorisce la comparsa di nuovi caratteri.
D elimina gli individui con caratteri estremi.

(4 punti se hai risposto correttamente) ...../4

4. Un pool genico è l'insieme di tutti gli alleli di tutti i geni di

A una coppia di individui che si incrociano.
B un individuo.
C tutti gli individui di una popolazione.
D una specie.

(4 punti se hai risposto correttamente) ...../4

5. Le frequenze alleliche di una popolazione in equilibrio cambiano se

A la popolazione è molto grande.
B non si verificano mutazioni.
C l'accoppiamento tra individui di sesso diverso è casuale.
D alcuni alleli hanno un successo riproduttivo superiore a quello di altri.

(4 punti se hai risposto correttamente) ...../4

6. Durante la frammentazione della Pangea, le popolazioni di molti organismi sono andati incontro a una speciazione

A simpatrica.
B allopatrica.
C parapatrica.
D peripatrica.

(4 punti se hai risposto correttamente) ...../4

Barra i due completamenti esatti.

7. Nelle piante, la poliploidia può derivare

A dalla frammentazione dei cromosomi.
B dalla non disgiunzione durante la meiosi.
C dalla perdita del materiale genetico.
D dall'unione di gameti dello stesso tipo.
E dall'assenza di citodieresi dopo la divisione cellulare.

(5 punti per due risposte corrette, 3 per una sola) ...../5

8. La deriva genica si manifesta nei fenomeni

A della selezione stabilizzante.
B dell'equilibrio di Hardy-Weinberg.
C del collo di bottiglia.
D della selezione sessuale.
E dell'effetto del fondatore.

(5 punti per due risposte corrette, 3 per una sola) ...../5

Barra la risposta esatta.

9. Di che cosa sono esempio i pesci e i cetacei?

A Cladogenesi.
B Conversione interspecifica.
C Speciazione simpatrica.
D Evoluzione convergente.

(4 punti se hai risposto correttamente) ...../4

10. Come è chiamata l'evoluzione ramificata di più specie distinte a partire da un'unica specie?

A Isolamento prezigotico
B Polispeciazione
C Speciazione improvvisa
D Cladogenesi

(4 punti se hai risposto correttamente) ...../4

11. Per ciascuna affermazione barra il simbolo V se la ritieni vera oppure il simbolo F se la ritieni falsa.

a) L'accoppiamento tra individui consanguinei è detto inincrocio. V F
b) Alcune specie vegetali possiedono geni per l'autosterilità. V F
c) La maggior parte dei vertebrati sono ermafroditi. V F
d) L'autosterilità riduce la variabilità genetica di una popolazione. V F

(2 punti per ogni scelta corretta) ...../8

12. Illustra le condizioni di una popolazioni in equilibrio di Hardy-Weinberg.

....

....

....

....

....

(8 punti se hai risposto correttamente, 5 punti se la tua risposta è incompleta) ...../8

ABILITÀ

Barra il completamento esatto.

13. La frequenza allelica del carattere dell'anemia falciforme arriva fino al 20% in alcune zone dell'Africa poiché

- A la malattia è presente solo in Africa.
- B gli individui omozigoti per l'anemia falciforme non contraggono la malaria.
- C gli individui eterozigoti sono meno sensibili alla malaria degli individui sani.
- D l'allele è presente solo negli eterozigoti in quanto, in omozigosi, l'allele è letale.

(4 punti se hai risposto correttamente) ...../4

14. Se in una popolazione in equilibrio di Hardy-Weinberg, un allele *a* ha una frequenza pari a 0,1 e un allele *A* pari a 0,9, allora la frequenza del genotipo *Aa* sarà

- A 0,009
- B 0,18
- C 1,8
- D 0,9

(4 punti se hai risposto correttamente) ...../4

15. La presenza in natura di organismi vegetali tetraploidi è un esempio di speciazione

- A simpatrica.
- B allopatrica.
- C parapatrica.
- D peripatrica.

(4 punti se hai risposto correttamente) ...../4

16. Una pianta tetraploide produce per meiosi dei gameti

- A aploidi.
- B diploidi.
- C triploidi.
- D tetraploidi.

(4 punti se hai risposto correttamente) ...../4

17. Barra la risposta esatta.
Quale caratteristica indica un meccanismo di isolamento postzigotico?

- A La sterilità dei maschi nati dall'incrocio di una tigre maschio e una leonessa.
- B In piumaggio molto appariscente dei maschi del pavone.
- C I feromoni prodotti dalle femmine dei gatti.
- D Il richiamo prodotto dalle rane del Sud America con la loro sacca vocale gonfia di aria.

(4 punti se hai risposto correttamente) ...../4

18. Barra il completamento errato.
La struttura omologa del braccio umano è

- A l'ala del pipistrello.
- B la pinna del delfino.
- C la zampa anteriore del cavallo.
- D la zampa anteriore del granchio.

(4 punti se hai risposto correttamente) ...../4

19. Nel seguente brano, barra tra i termini in neretto quelli errati.

L'evoluzione **divergente / ramificata** si verifica quando una **popolazione / comunità** si separa dal resto della specie e segue un corso evolutivo indipendente, sotto pressioni selettive **uguali / diverse**. Questo fenomeno è un esempio di **deriva genetica / isolamento postzigotico.**

(2 punti per ogni scelta corretta) ...../8

20. Completa le seguenti frasi con i termini appropriati (alcuni termini vanno utilizzati più di una volta).

a) Il risultato della .... naturale è l'adattamento.

b) Le mutazioni genetiche sono la causa della .... genetica del pool genico.

c) La .... frequenza-dipendente riduce la .... dei fenotipi più comuni.

d) La .... genetica è necessaria affinché ci sia l'evoluzione.

e) La .... darwiniana è sinonimo di successo riproduttivo.

(*variabilità / selezione / frequenza / fitness*)

(2 punti per ogni frase corretta) ...../10

PUNTEGGIO TOTALE ...../100

Se hai ottenuto:

- meno di 60 punti devi riprendere lo studio dei capitoli;
- tra 60 e 70 punti hai una preparazione sufficiente;
- tra 70 e 80 punti hai una preparazione buona;
- tra 80 e 100 punti significa che hai studiato a fondo.

Sezione

C

Il corpo umano

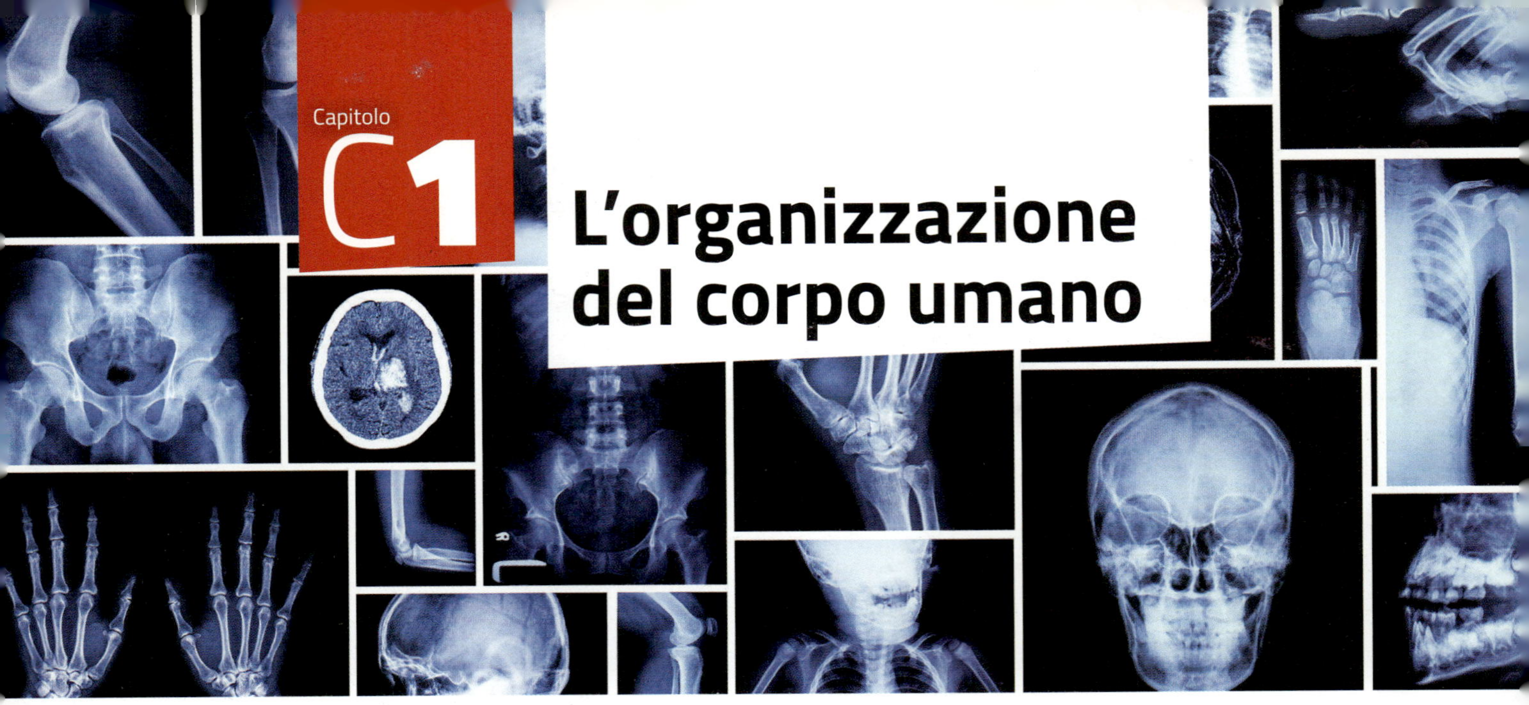

Capitolo

C1 L'organizzazione del corpo umano

1 Che cosa studia l'anatomia?

Il corpo umano è strutturato in modo gerarchico

Le diverse parti che formano gli esseri viventi non sono posizionate a caso. Tutti gli organismi pluricellulari, infatti, sono caratterizzati da un'organizzazione gerarchica delle proprie parti (**figura 1**). Alla base di questa organizzazione si trova la **cellula**: il corpo umano, come quello di tutti gli animali complessi, è costituito da una notevole varietà di differenti cellule specializzate.

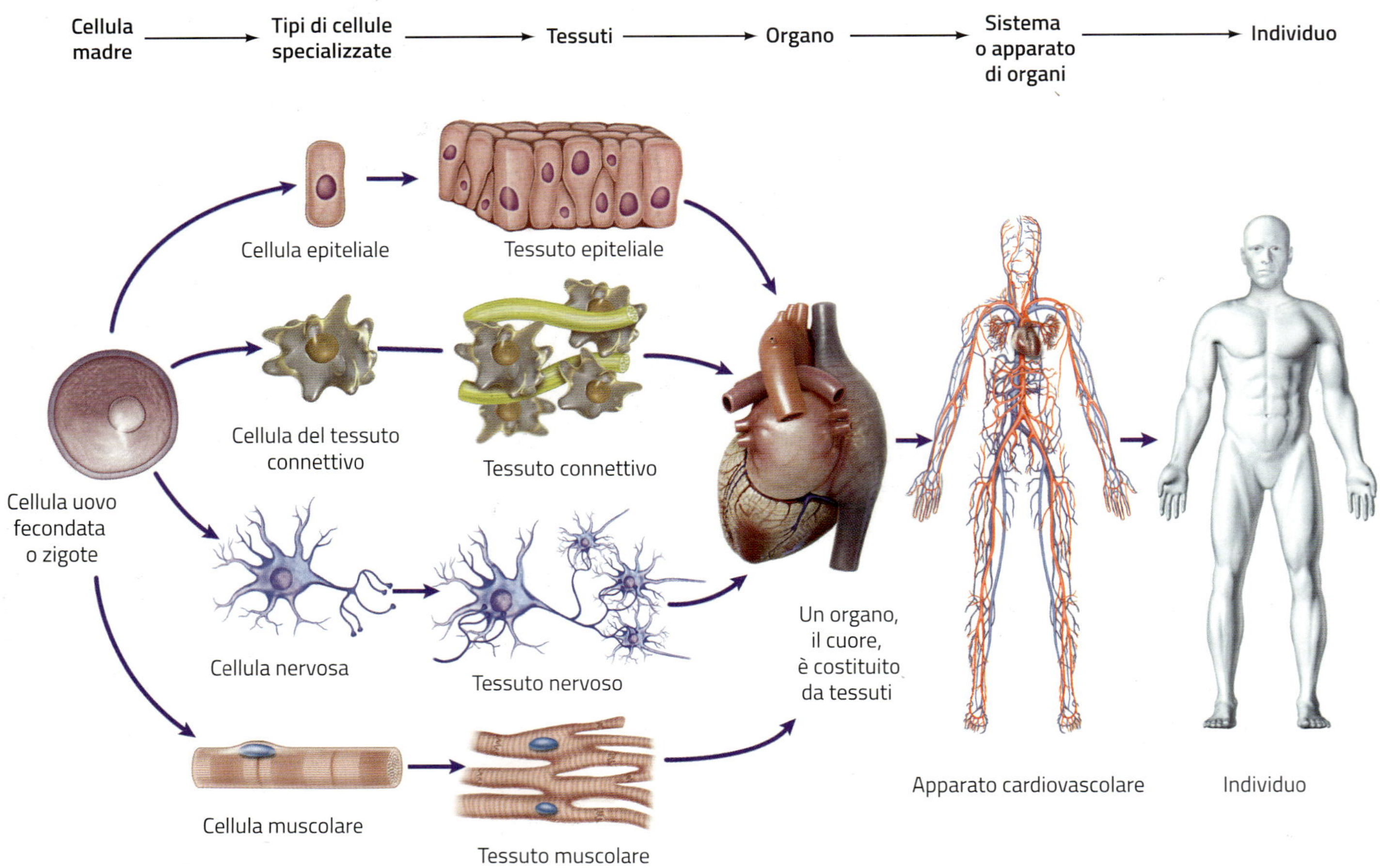

▾ **Figura 1**
L'organizzazione gerarchica del corpo umano: cellule, tessuti, organi e sistemi.

Le cellule che svolgono la stessa funzione sono organizzate in **tessuti**. Diversi tipi di tessuti, uniti strutturalmente e coordinati nelle loro attività, formano gli **organi**. A loro volta gli organi che cooperano sono raggruppati in **sistemi** e **apparati**, che lavorano in sinergia e costituiscono, insieme, l'intero organismo.

Gran parte degli organi e dei tessuti che formano il corpo umano sono contenuti in una grande cavità interna, suddivisa in compartimenti. Tra questi, i più estesi sono la **cavità toracica** e la **cavità addominopelvica** (**figura 2**), separati da un sottile muscolo cupoliforme chiamato *diaframma*. La cavità toracica contiene il cuore, i polmoni e l'esofago, che collega la bocca allo stomaco; la cavità addominopelvica, invece, si suddivide a sua volta in due parti: la parte alta, detta *cavità addominale*, contiene lo stomaco, il fegato, l'intestino tenue e il colon, mentre la parte bassa, detta *cavità pelvica*, ospita gli organi genitali, la vescica e il retto.

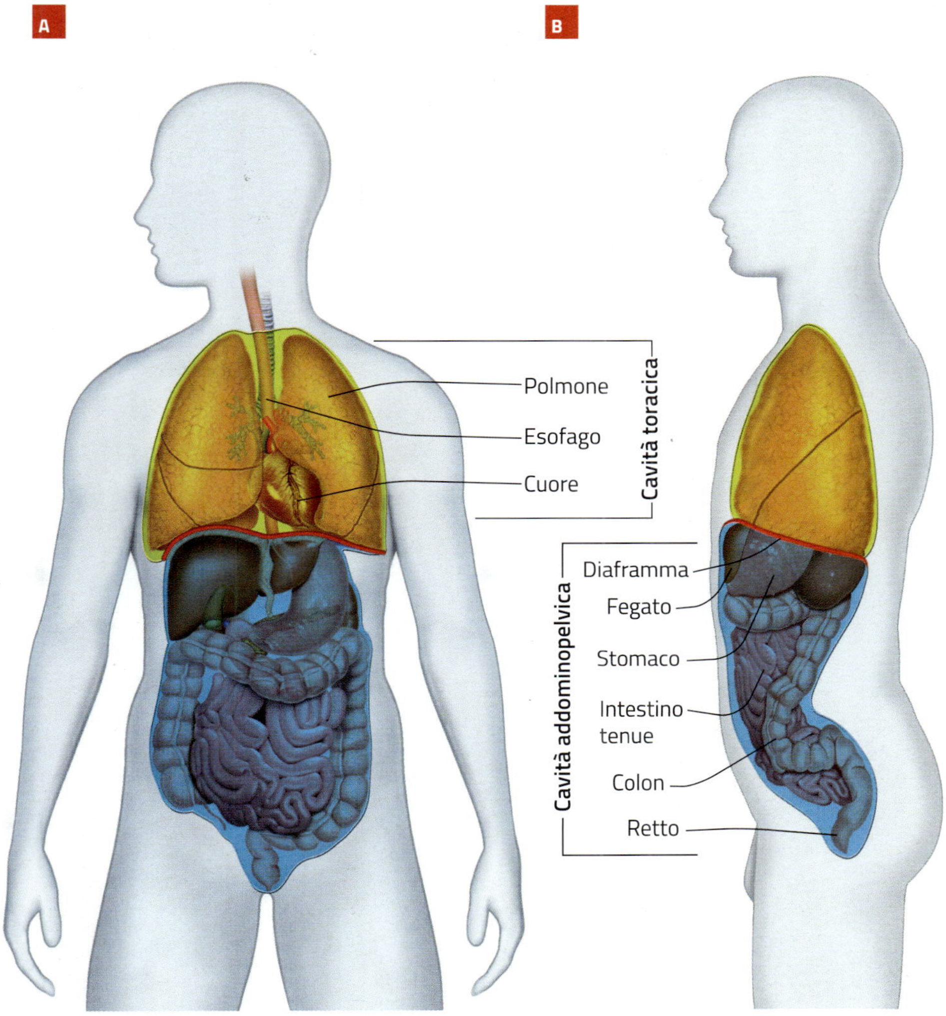

◂ **Figura 2**
La cavità toracica ospita il cuore e i polmoni, la cavità addominale è la sede dello stomaco, del fegato e del primo tratto dell'intestino, mentre la cavità pelvica racchiude i genitali e la vescica.

Le parole

Il termine **anatomia** deriva dal greco *anatomé*, a sua volta composto da *ana-* e *tomé*, «taglio»; letteralmente significa «dissezione», perché per lungo tempo la dissezione è stato l'unico modo per conoscere la struttura interna dell'organismo.

Per agevolare lo studio dell'**anatomia**, il corpo viene convenzionalmente suddiviso in sezioni definite dall'intersezione tra tre piani immaginari (**figura 3**):

- il **piano sagittale mediano** attraversa il corpo verticalmente, dividendolo in due metà, destra e sinistra;
- il **piano frontale** suddivide una porzione anteriore e una posteriore del corpo;
- il **piano trasversale** taglia il corpo orizzontalmente, definendone una porzione superiore e una inferiore.

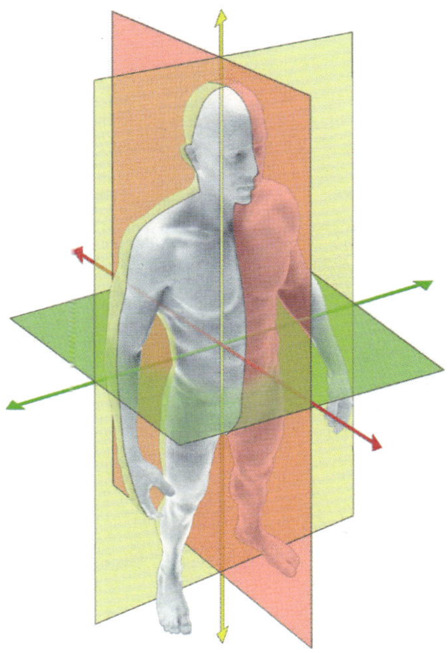

▴ **Figura 3**
Le diverse sezioni del corpo umano: il piano sagittale mediano (in rosso), il piano frontale (in giallo) e il piano trasversale (in verde).

I sistemi e gli apparati hanno funzioni differenti ma correlate

Per capire il funzionamento del corpo umano è utile analizzarne le varie parti come se fossero separate. In particolare, dopo aver isolato i diversi sistemi e apparati, si possono studiare la struttura e la funzione degli organi più interessanti che li compongono.

Nel linguaggio comune (e anche nei prossimi capitoli) i termini «sistema» e «apparato» sono spesso impiegati come sinonimi, ma in realtà essi vanno distinti basandosi sull'origine embrionale dei tessuti che li costituiscono. Con il termine **sistema** si intende un'unità morfologica e funzionale costituita da tessuti con la stessa origine embrionale, mentre il termine **apparato** indica un insieme di tes-

▼ **Figura 4**
Nel corpo umano i sistemi e gli apparati interagiscono e si influenzano, ma possono essere studiati singolarmente.

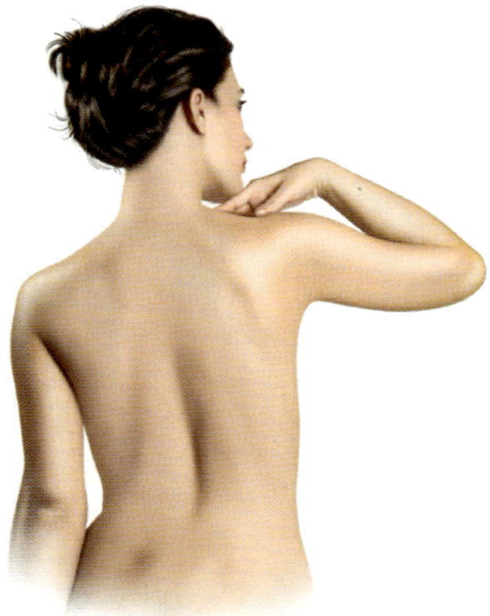

Apparato tegumentario: rappresenta il rivestimento del corpo e comprende cute e annessi cutanei. Protegge il corpo dagli agenti esterni e dalla disidratazione, e contiene ghiandole sebacee e sudoripare. È sede dei recettori cutanei e quindi è strettamente legato al sistema nervoso, inoltre è collegato con il sistema scheletrico per la sintesi di vitamina D e con quello immunitario per la sua azione di difesa dagli agenti patogeni.

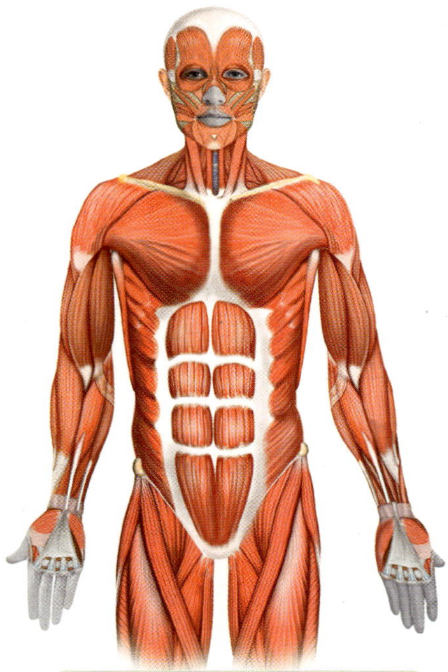

Sistema muscolare: consente la locomozione, la postura, l'espressione facciale e la contrazione degli organi interni. Con la contrazione dei muscoli è anche possibile regolare la temperatura corporea.

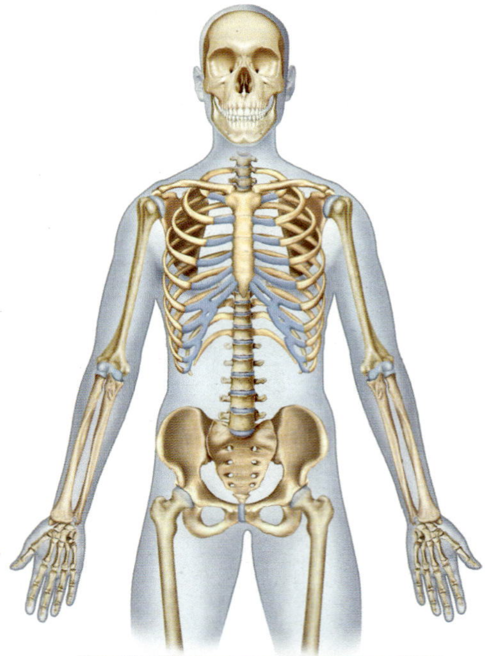

Sistema scheletrico: fornisce sostegno e protezione agli organi del corpo; forma l'impalcatura su cui agiscono i muscoli e contiene una grande riserva di calcio. Produce le cellule del sangue all'interno del midollo osseo.

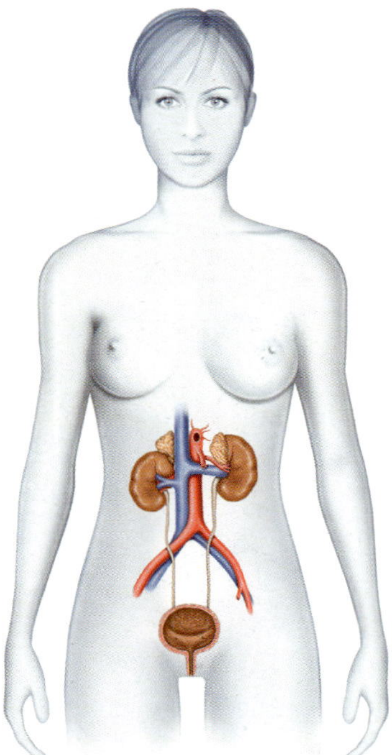

Apparato urinario: elimina i rifiuti azotati, regola l'equilibrio idrosalino e quello acido-basico del sangue.

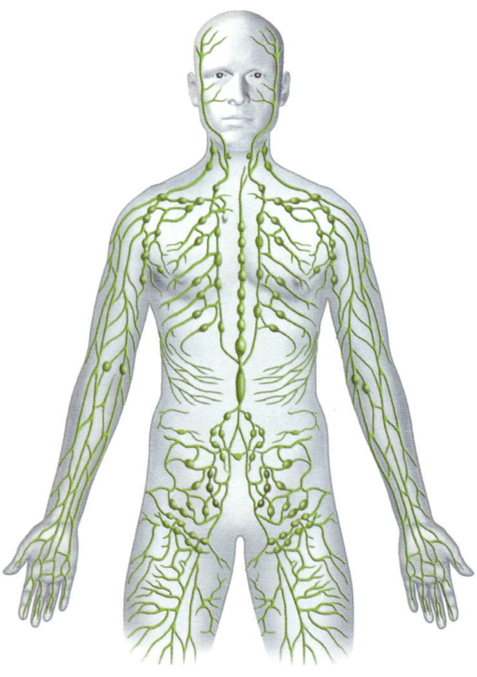

Sistema linfatico e immunitario: il primo raccoglie i fluidi dagli interstizi e allontana i detriti attraverso la circolazione linfatica, mentre il secondo difende l'organismo dagli attacchi di agenti patogeni.

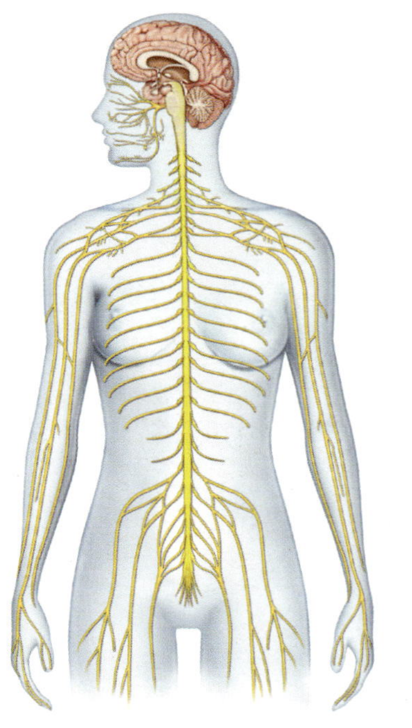

Sistema nervoso: riceve ed elabora le informazioni che provengono dall'esterno e dall'interno del corpo, quindi produce una risposta diretta agli organi effettori.

suti di diversa origine embrionale, ma accomunati dal punto di vista funzionale (**figura 4**). I sistemi presenti nel corpo umano sono il nervoso, il linfatico e immunitario, l'endocrino, il muscolare e lo scheletrico, mentre gli apparati comprendono il cardiovascolare, il respiratorio, il digerente, il tegumentario, l'urinario e il riproduttore.

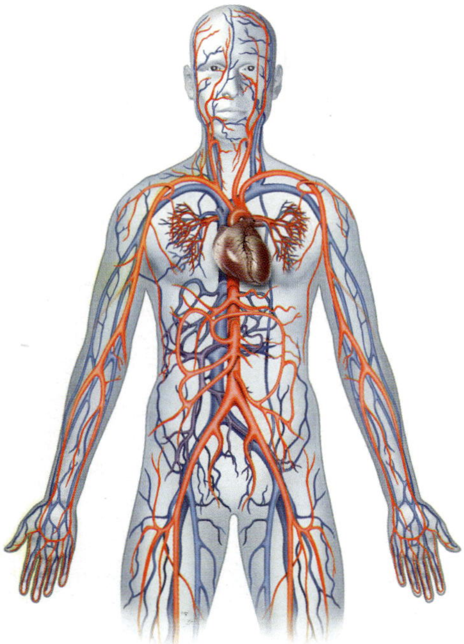

Apparato cardiovascolare: comprende il cuore, che pompa il sangue, e i vasi sanguigni, che trasportano ossigeno e sostanze nutritive alle cellule. Attraverso i vasi vengono anche eliminati CO_2 e prodotti di rifiuto.

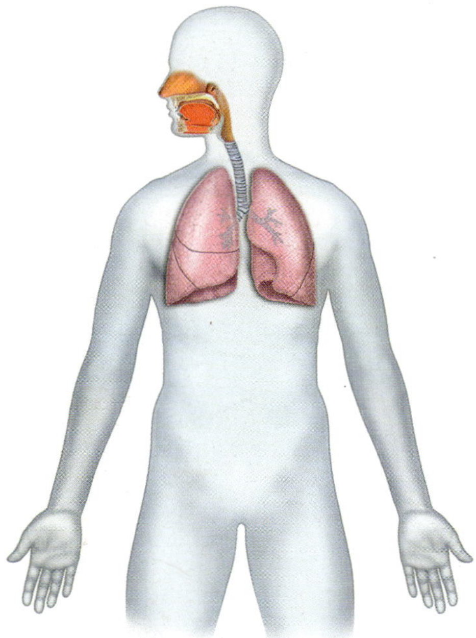

Apparato respiratorio: garantisce un continuo scambio gassoso con l'esterno e un rifornimento di ossigeno per l'organismo; è inoltre deputato all'eliminazione del CO_2.

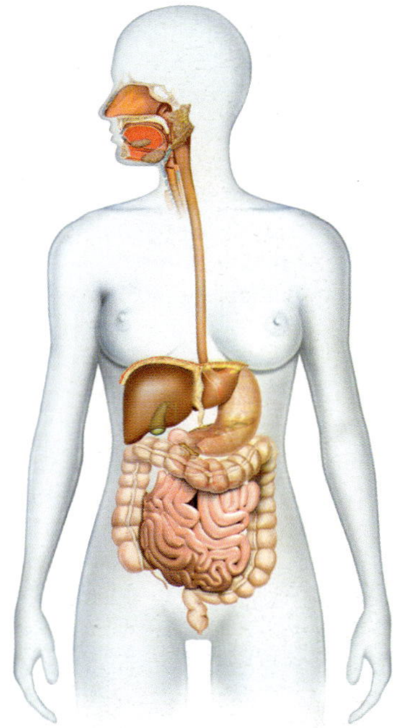

Apparato digerente: permette di demolire il cibo, assorbire le sostanze nutritive ed eliminare i residui.

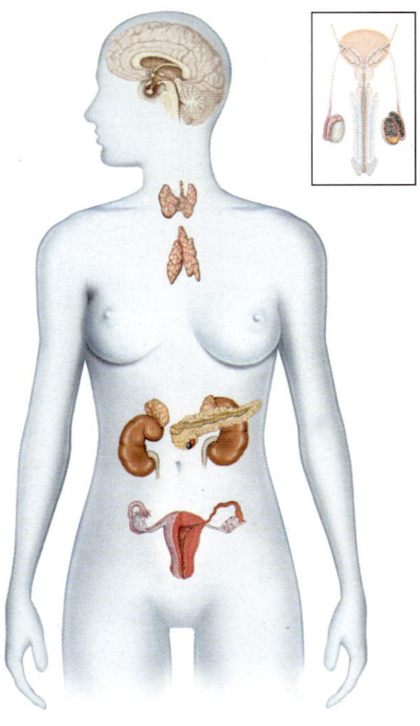

Sistema endocrino: produce gli ormoni che regolano molte funzioni, tra cui la crescita, il metabolismo e la riproduzione.

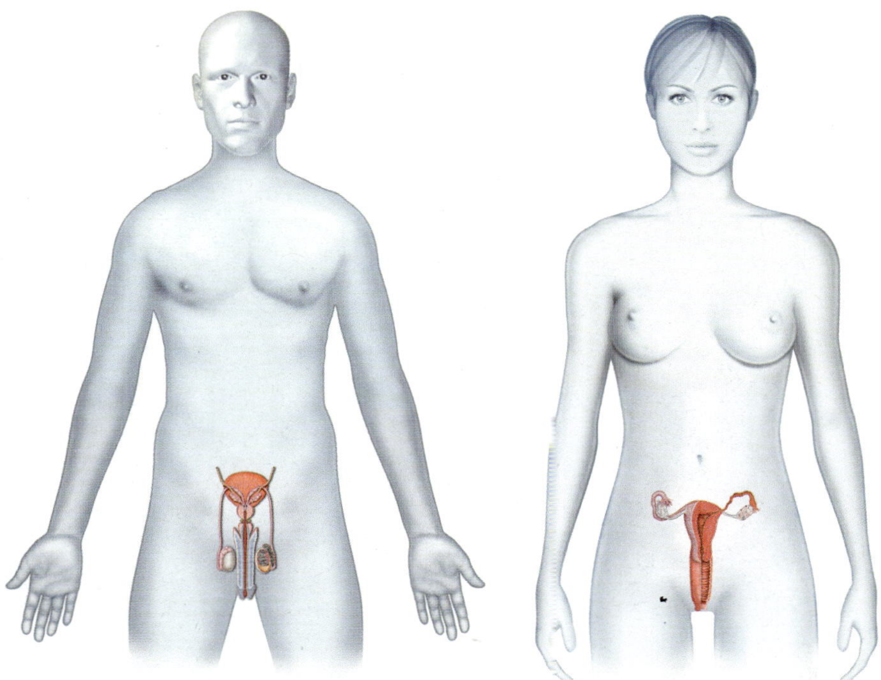

Apparato riproduttore: produce i gameti femminil e maschili; nel sistema riproduttore femminile avviene lo sviluppo dell'embrione e del feto.

Come osservare l'interno del corpo umano

La **medicina diagnostica** ha messo a punto numerose tecniche per osservare le strutture interne del corpo umano, che possono avere caratteristiche estremamente differenti: le ossa, per esempio, sono molto dense e compatte all'interno, mentre il tessuto adiposo è decisamente più lasso.

La tecnica di *imaging* più antica è la **radiografia** (**figura A**), che consiste nel fotografare una parte del corpo mediante i raggi X; questi raggi sono fasci di fotoni che vengono assorbiti nel loro percorso dagli ostacoli che incontrano prima di raggiungere una lastra fotografica. Più l'ostacolo è denso, maggiore sarà l'assorbimento dei raggi X; per questo motivo le radiografie sono utili per mettere in evidenza le ossa, oppure alcuni noduli cancerosi (come quelli polmonari). Questa tecnica deve essere utilizzata con cura, perché le radiazioni utilizzate sono a loro volta cancerogene e quindi vanno limitate.

Per osservare i tessuti molli, come gli organi dell'addome e il cuore, si utilizza l'**ecografia** (**figura B**). Questa tecnica non è invasiva, è priva di effetti collaterali e quindi viene di solito utilizzata per controllare la crescita del feto. L'ecografia utilizza gli ultrasuoni, ovvero onde sonore ad alta frequenza che sono riflesse dalle pareti dell'organo che si sta osservando e forniscono informazioni sulla sua morfologia. Al contrario della radiografia, l'immagine prodotta non è statica, ma in movimento, anche se utilizzando un apposito software è possibile scattare delle istantanee.

Nei casi in cui l'ecografia non riesce a evidenziare bene i tessuti vicini alle ossa o in prossimità dei polmoni (ricchi di aria) si utilizza la **risonanza magnetica nucleare** (RMN; **figura C**). Il paziente viene posto sotto un enorme magnete, che attiva le molecole di idrogeno dell'acqua presente nei tessuti molli; in questo modo, si identificano bene le articolazioni o il cervello. Anche questa tecnica ha però delle controindicazioni: il magnete attrae tutto ciò che è metallico, per cui è sconsigliato per le persone che hanno protesi o *pacemaker*.

Esiste poi la **risonanza magnetica funzionale** (RMF; **figura D**), inventata nel 1992, che permette di vedere in tempo reale specifiche modificazioni interne agli organi, come il flusso del sangue al cervello, ed è utile per analizzare malattie degenerative come la malattia di Alzheimer.

La **tomografia assiale computerizzata** (TAC; **figura E**), invece, sfrutta un fascio di raggi X emessi da uno strumento che ruota attorno al paziente disteso su un lettino: l'immagine complessiva è formata da scansioni del corpo trasversali e molto dettagliate. Da queste sezioni è poi possibile ricavare la forma di organi e sistemi in tre dimensioni.

Infine, la **tomografia a emissione di positroni** (PET; **figura F**) fornisce informazioni di tipo fisiologico, come l'attività biochimica del cervello. Viene utilizzata per individuare precocemente i tumori e per valutarne la dimensione e la localizzazione.

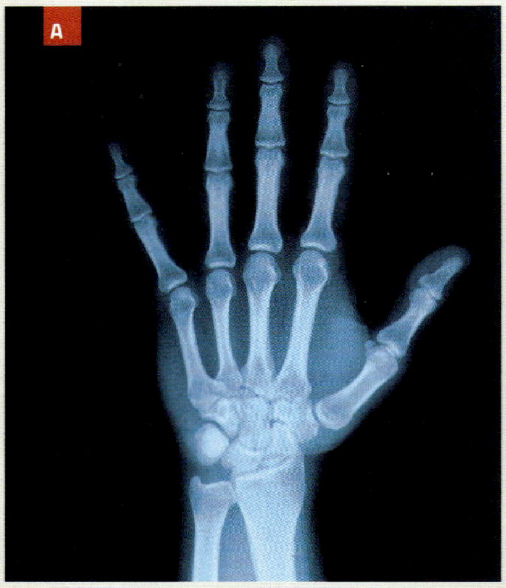

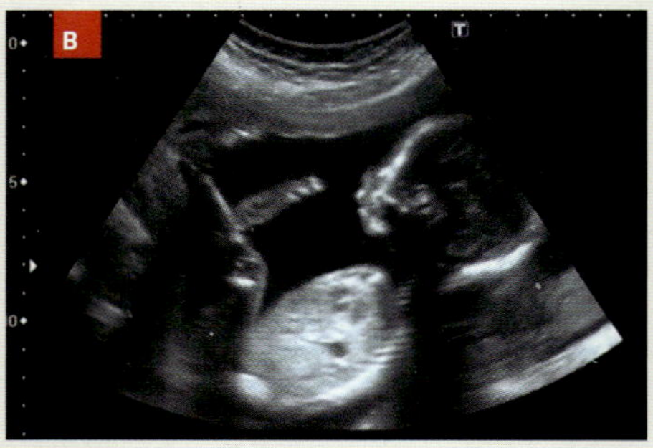

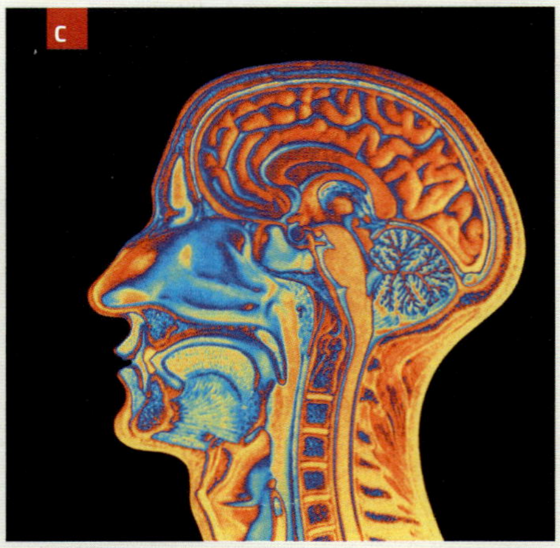

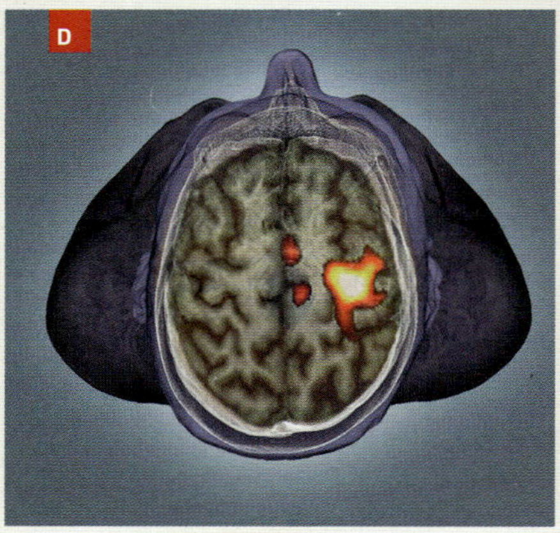

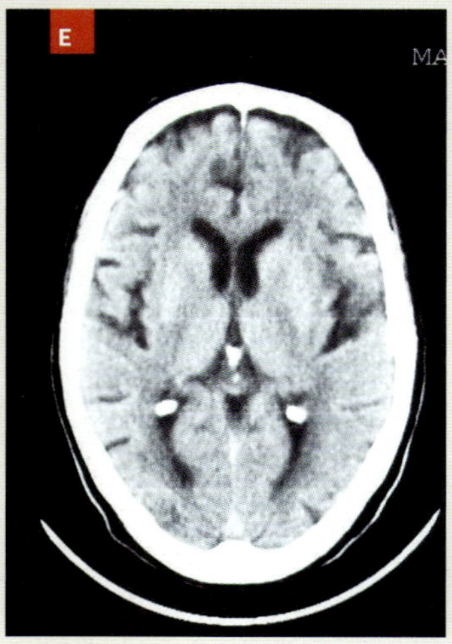

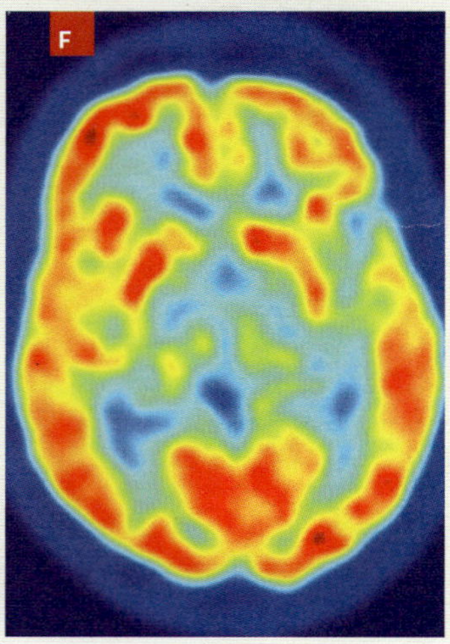

◂ **Figure** Diverse tecniche utilizzate in campo diagnostico: (A) la radiografia, (B) l'ecografia, (C) la risonanza magnetica nucleare, (D) la risonanza magnetica funzionale, (E) la tomografia assiale computerizzata e (F) la tomografia a emissione di positroni.

Facciamo il punto

1. Che cosa vuol dire che il corpo umano ha un'organizzazione gerarchica?
2. Quali sono i piani immaginari che attraversano il nostro corpo? E in quali parti lo suddividono?
3. Qual è la differenza tra sistemi e apparati? Fai degli esempi.

2 I diversi tipi di tessuti umani

Le cellule staminali hanno gradi differenti di potenzialità

Ogni individuo si origina da un'unica cellula, lo *zigote*, frutto della fecondazione di un oocita da parte di uno spermatozoo. Questa cellula, ancora nell'utero materno, si accresce e si suddivide per generare tutte le cellule specializzate che andranno a formare il nuovo organismo.

Inizialmente, le cellule che si originano dallo zigote possono dare origine a qualsiasi tipo di tessuto e organo: per questo motivo sono chiamate cellule **staminali totipotenti**. Le cellule totipotenti possono generare l'individuo e tutti i suoi annessi embrionali, come la placenta e il sacco amniotico. Lo stadio di totipotenza è mantenuto solamente nei primissimi stadi dell'embrione, fino a quando questo non raggiunge il numero di 8 cellule (chiamate *blastomeri*). Da questo momento in poi le cellule restringono il loro grado di potenza e diventano **staminali pluripotenti**; ciò significa che possono dare origine a gran parte dei tessuti, ma non agli annessi embrionali e a un organismo completo.

Dopo la seconda settimana dello sviluppo embrionale le cellule si organizzano in una struttura detta *gastrula*, nella quale si definiscono tre distinti *foglietti embrionali* (**figura 5**). Ogni foglietto ha la possibilità di generare solo alcuni tipi di tessuto, per cui le cellule che lo costituiscono sono dette **staminali multipotenti**.

Le parole

Le cellule **staminali** sono le progenitrici di tutte le altre. L'etimologia del termine non è però chiara. Secondo alcuni deriva dal latino *stamen*, che sarebbe lo stame dei fiori; secondo altri, invece, deriva dal greco *stamines*, con cui si indicavano le travi per la costruzione di una muraglia.

Ti ricordi?

Ogni cellula di un organismo possiede il medesimo patrimonio genetico, perché contiene lo stesso DNA. Con la **regolazione dell'espressione genica**, però, alcune cellule possono trascrivere e tradurre le informazioni di certi geni, mentre altre esprimono geni differenti.

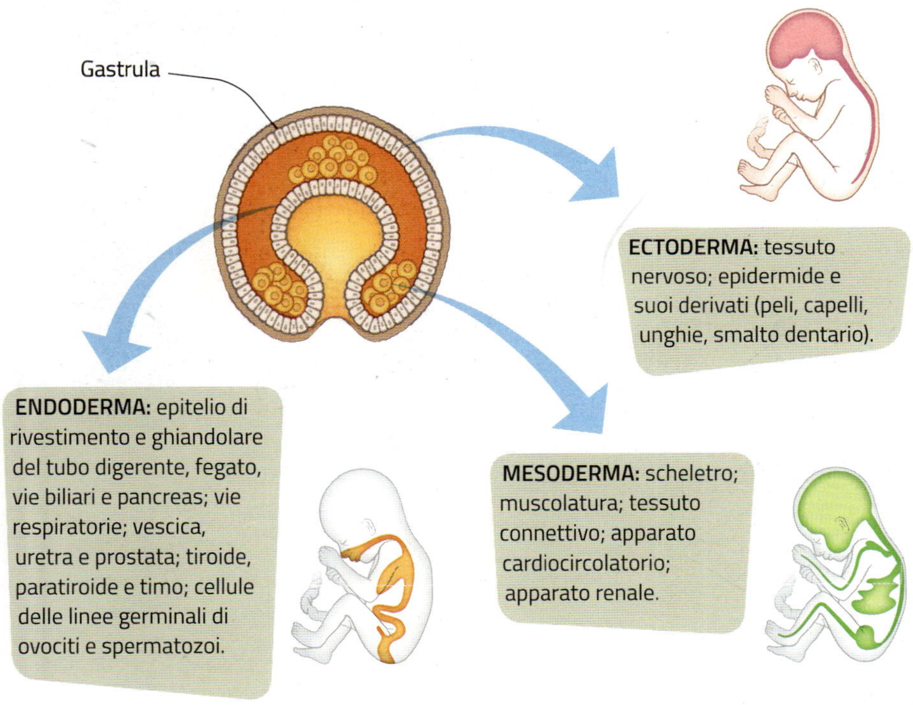

◂ **Figura 5**
Nella gastrula si possono individuare tre foglietti embrionali (ectoderma, mesoderma ed endoderma), formati da cellule multipotenti in grado di dare origine ai tessuti del corpo.

In seguito, grazie all'espressione di geni diversi all'interno delle cellule, si incominciano a differenziare i vari tipi di tessuto fino ad arrivare alla formazione del feto, in cui già si identificano tutte le strutture anatomiche. A questo punto parte delle cellule sono diventate **staminali unipotenti**, ovvero in grado di dare origine a un solo tipo di tessuto.

Le cellule staminali, tuttavia, non si esauriscono dopo la nascita. Anche una volta che l'organismo si è sviluppato ed è diventato adulto, i suoi tessuti possiedono ancora alcune cellule staminali al loro interno, più o meno numerose a seconda delle funzioni che devono svolgere. Queste cellule, dette **cellule staminali somatiche**, sono indispensabili per il rinnovamento e il mantenimento dell'organismo stesso; si tratta di staminali pluripotenti e multipotenti, che si attivano in seguito a un danno tissutale o in risposta a stimoli ormonali.

Leggi l'approfondimento nell'ebook:
Per saperne di più
Che cosa accade quando si invecchia

Tipo di cellule	Vita media
Globuli bianchi	2 giorni
Cellule dell'epitelio intestinale	7 giorni
Cellule della pelle	20 giorni
Globuli rossi	120 giorni
Cellule del fegato	160 giorni

▲ **Tabella 1**
La vita media delle cellule non è costante, ma varia da pochi giorni a molti mesi.

Alcuni esempi di cellule staminali somatiche unipotenti sono rappresentati dalle cellule del derma (che si sviluppano dando origine solo a cellule del derma stesso), dagli oogoni e dagli spermatogoni (che producono rispettivamente i gameti femminili e quelli maschili).

Le cellule staminali somatiche multipotenti (**figura 6**) più conosciute sono invece quelle del *midollo osseo rosso*. Queste cellule, infatti, sono in grado di differenziarsi in tutti gli *elementi figurati* del sangue (globuli bianchi, globuli rossi e piastrine; *vedi* capitolo C3).

La crescita del corpo umano continua dopo la nascita fino all'età adolescenziale, durante la quale gli organi e i sistemi acquistano le dimensioni definitive. Una volta raggiunta l'età adulta, alcune cellule mantengono un tasso di mitosi elevato perché sottoposte a un ricambio frequente (per esempio, le cellule della pelle o del sangue), mentre altre, come quelle del muscolo cardiaco, perdono del tutto la capacità di dividersi (**tabella 1**). Ecco perché in seguito a una lesione cardiaca, causata per esempio da un infarto, al posto delle cellule danneggiate si formerà un tessuto cicatriziale incapace di contrarsi.

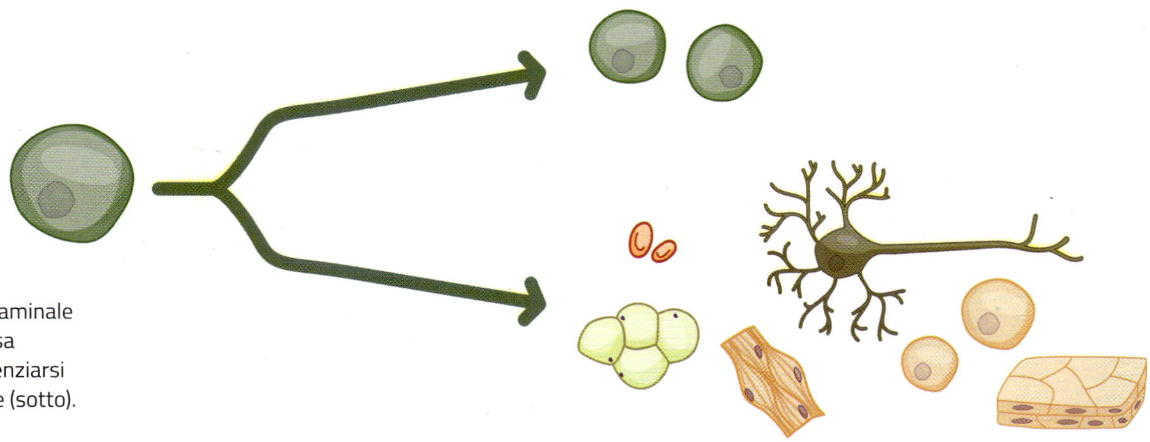

▸ **Figura 6**
Una singola cellula staminale può replicare se stessa (sopra) oppure differenziarsi in diversi tipi di cellule (sotto).

2 - La nostra salute

Le cellule staminali possono essere usate come cura

Le cellule staminali rappresentano una straordinaria frontiera della ricerca nel campo della **medicina rigenerativa**. Gli studi su queste cellule hanno permesso di rendere comune la pratica del trapianto di midollo osseo, ma anche la rigenerazione di cartilagini danneggiate e di sostituzione di porzioni di epidermide che hanno subito gravi ustioni.

Il tipo di staminali più interessanti per la ricerca sono quelle embrionali: il loro grado di potenza consentirebbe, in teoria, di impiegarle per riparare qualsiasi tipo di tessuto umano. Tuttavia, diversamente dalle cellule staminali presenti negli adulti, quelle embrionali pongono problemi di carattere etico, religioso e legale: in Italia, per esempio, la ricerca sulle staminali embrionali umane non è consentita dalla legge. Per questi motivi si stanno intraprendendo percorsi differenti.

Uno di questi ha portato alla sintesi delle **iPSC** (*induced Pluripotent Stem Cells*), ovvero cellule staminali pluripotenti indotte (**figura**). Si tratta di cellule staminali adulte che vengono riprogrammate allo stadio di cellule pluripotenti. Tale strumento non presenta problemi di carattere etico e religioso, perché sono cellule adulte e non embrionali. Inoltre, se sono estratte dal paziente stesso, non comportano nemmeno problemi di rigetto. La fiducia riposta nelle iPSC è molta, ma per le applicazioni mediche occorrerà ancora pazientare.

Se la ricerca sulle staminali indotte è ancora in opera, è invece una pratica ormai consolidata quella di utilizzare cellule staminali degli annessi embrionali (sostanzialmente del cordone ombelicale), donate dopo il parto. Le staminali del cordone ombelicale sono cellule staminali del sangue provenienti dal neonato, prelevate dal cordone ombelicale subito dopo la nascita. Sono analoghe alle cellule staminali del midollo osseo adulto, ma rispetto a queste presentano una serie di vantaggi. In primo luogo sono più efficienti nel produrre le cellule del sangue e, in caso di trapianto, generano una reazione di rigetto minore; inoltre, il cordone ombelicale contiene anche una piccola quantità di cellule staminali mesenchimali, che possono essere impiegate per dare origine ad altri tessuti, come quello osseo e cartilagineo.

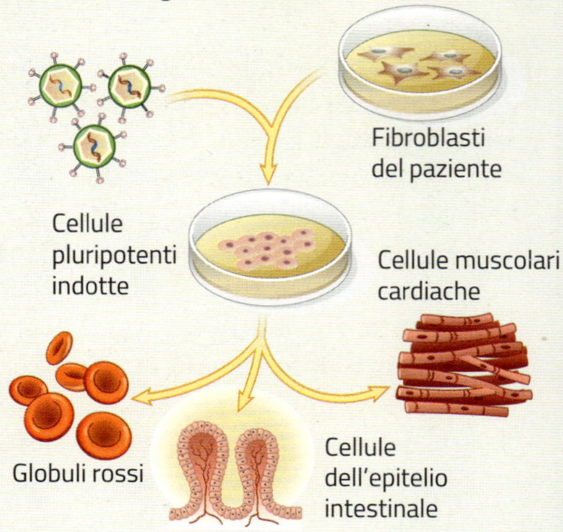

▲ **Figura**
A partire dalle cellule della pelle (fibroblasti) è possibile ottenere cellule staminali pluripotenti indotte, che vengono poi fatte differenziare in cellule specializzate.

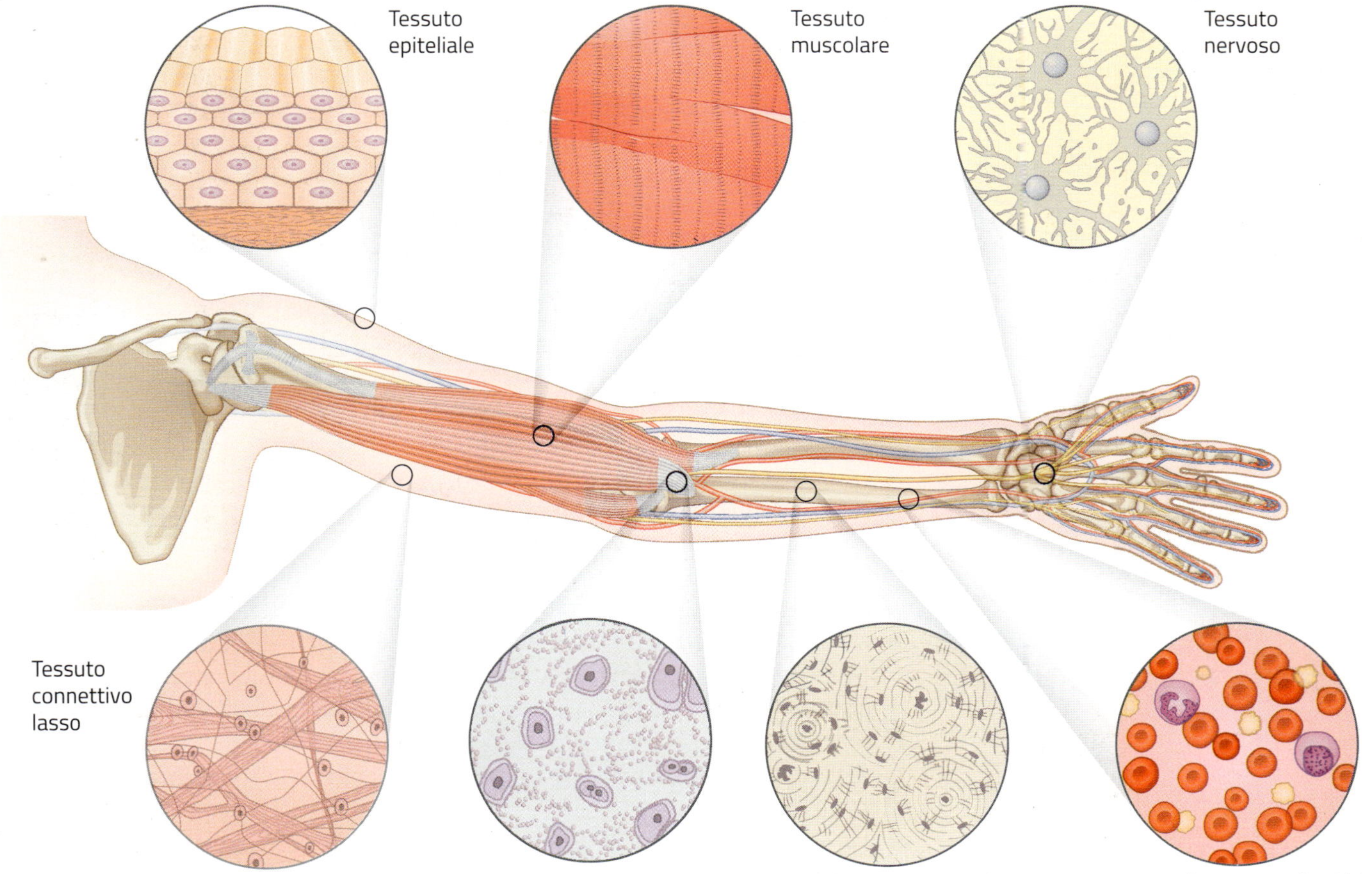

▲ **Figura 7**
Nel nostro corpo sono presenti quattro tipi di tessuti, che assumono caratteristiche diverse e interagiscono per formare i vari organi.

Il tessuto epiteliale riveste esternamente il corpo e internamente gli organi e le cavità

A partire dalle cellule staminali si formano quattro diversi tipi di tessuti: epiteliale, connettivo, muscolare e nervoso (**figura 7**). Dalla loro interazione si formano tutti gli organi del corpo, che presentano caratteristiche differenti a seconda della funzione e del rapporto che si crea tra i tessuti che lo costituiscono.

Il **tessuto epiteliale** svolge le funzioni di rivestimento, produzione di secreti e ricezione di stimoli esterni. Questo tessuto è costituito da strati contigui di cellule che formano un rivestimento protettivo sulla superficie esterna del corpo, ma anche intorno a organi, cavità e canali interni; le particelle che entrano o escono dal corpo umano e dai suoi organi devono attraversare le cellule epiteliali, che regolano quindi il movimento delle molecole e degli ioni. Per questo motivo le cellule del tessuto epiteliale sono strettamente connesse le une alle altre e lasciano uno spazio intercellulare molto ridotto.

In base alla forma delle cellule che li compongono esistono tre tipi di tessuto epiteliale: **squamoso** (o *pavimentoso*), **cubico** e **cilindrico** (**figura 8**). Il primo si trova negli strati esterni dell'epidermide, il secondo nei dotti escretori delle ghiandole salivari e il terzo nel rivestimento interno degli ovidotti.

Le parole

Il termine **epitélio** deriva dai due termini greci *epí*, «sopra», e *thelé*, «capezzolo», perché inizialmente era utilizzato per indicare soltanto il rivestimento dei capezzoli, ma poi è diventato il vocabolo per indicare ogni rivestimento del corpo.

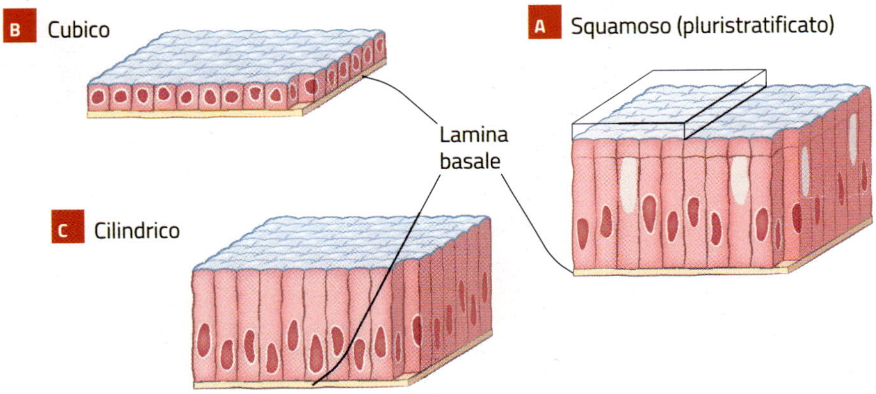

◀ **Figura 8**
Un epitelio può essere squamoso (A), cubico (B) o cilindrico (C).

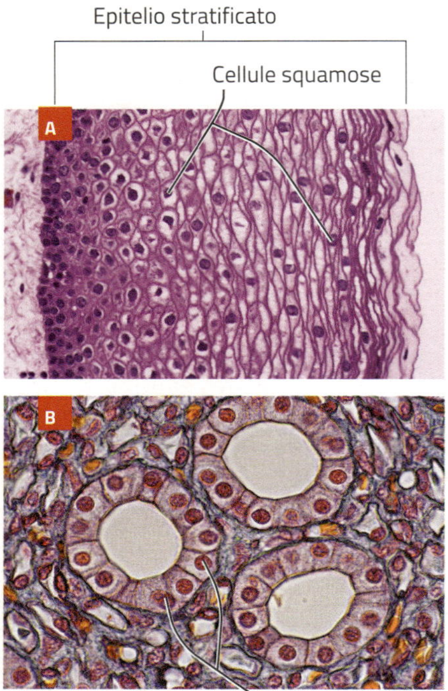

▲ **Figura 9**
(A) Gli strati esterni della cute sono costituiti da strati di cellule epiteliali. (B) Un tubulo renale è formato da un singolo strato di cellule epiteliali.

Un altro criterio per classificare il tessuto epiteliale tiene invece conto del numero di strati di cellule da cui è formato: se è presente un solo strato di cellule, si parla di epitelio **semplice** o *monostratificato*, mentre se gli strati sovrapposti sono molti, l'epitelio è definito **composto** o *pluristratificato*. Un esempio di epitelio semplice è il rivestimento interno del sistema circolatorio, mentre lo strato più esterno della pelle è un epitelio composto (**figura 9**).

Alcuni distretti corporei hanno strutture epiteliali specifiche: per esempio, nella trachea le cellule presentano ciglia che permettono di convogliare verso l'alto le particelle estranee per proteggere la parte più profonda del sistema respiratorio. Inoltre, gli epiteli che rivestono le cavità e i canali interni del corpo contengono spesso cellule epiteliali modificate che secernono muco lubrificante, presenti soprattutto nel sistema respiratorio e in quello digerente.

Alcune cellule epiteliali sono poi specializzate nel ricevere degli stimoli dall'esterno e comunicarli al sistema nervoso; queste sono le cellule epiteliali sensoriali, o **recettori sensoriali**, che ricevono, per esempio, informazioni chimiche relative al gusto o agli odori e che attivano le terminazioni nervose per inviare il messaggio al cervello.

L'epitelio poggia su uno strato di materiale extracellulare detto **lamina basale**, che segna il confine tra il tessuto epiteliale e gli altri tessuti; la sua funzione è fornire sostegno e nutrimento alle cellule epiteliali. Questa lamina è composta da glicoproteine e filamenti proteici prodotti dalle cellule epiteliali stesse. Le cellule a contatto con la lamina basale sono staminali unipotenti, per cui mantengono la capacità di duplicarsi e garantiscono all'epitelio la possibilità di rinnovarsi costantemente.

I tessuti epiteliali specializzati nella sintesi e nella secrezione di sostanze sono detti **epiteli ghiandolari**: si tratta di cellule cubiche o cilindriche raggruppate a formare le **ghiandole** che producono secreti rilasciati all'esterno dell'organismo, oppure sono riversati all'interno di un organo (come l'intestino o lo stomaco) o ancora immessi nel circolo sanguigno.

Sulla base di questa distinzione, esse sono suddivise in due classi (**figura 10**):

- **ghiandole esocrine**, caratterizzate da un dotto che riversa il secreto all'esterno del corpo, come nel caso delle *ghiandole sudoripare* e delle *ghiandole mammarie*, oppure verso cavità interne del corpo, come nel caso delle ghiandole che producono enzimi digestivi liberati nello stomaco o nell'intestino;
- **ghiandole endocrine**, che riversano il loro prodotto nel liquido interstiziale e da qui direttamente nel sangue; sono endocrine, per esempio, alcune aree del pancreas, dette *isole di Langerhans*, che producono gli ormoni insulina e glucagone (*vedi* capitolo C8).

Le parole

Il termine **ghiandola** deriva dal latino *glandula*, ovvero piccola ghianda, in relazione alla caratteristica forma sacciforme di molte di esse. I termini **endocrino** ed **esocrino** derivano, invece, rispettivamente dai prefissi *éndon* (dentro) ed *eso* (fuori) assieme a *krínein* (separare) e indicano il fatto che il secreto ghiandolare viene liberato all'interno oppure all'esterno del corpo.

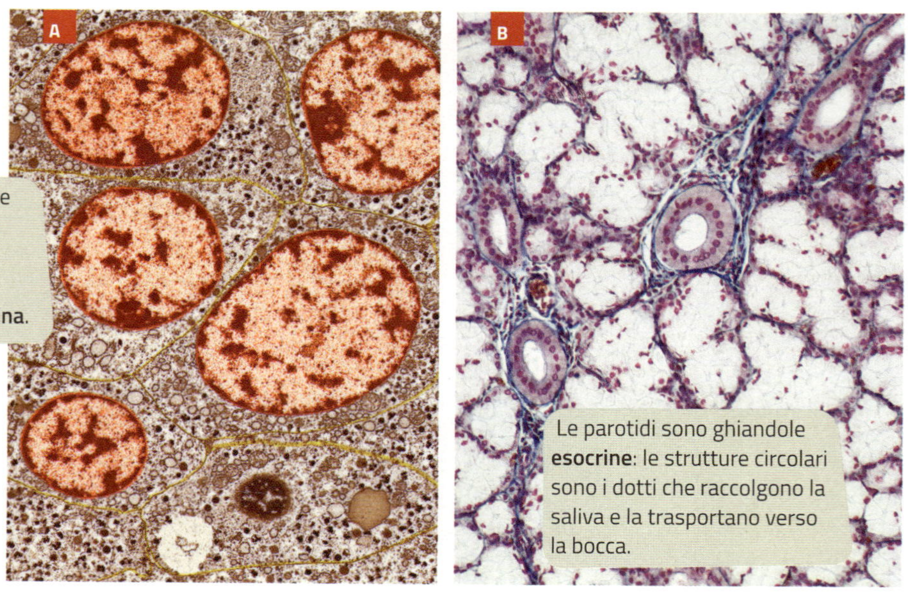

▶ **Figura 10**
Fotografie al microscopio ottico di ghiandole umane: sezione di pancreas (A); sezione di parotide (B).

3 - Per saperne di più

Le giunzioni cellulari

Ogni tessuto è formato da un insieme di cellule che aderiscono l'una all'altra per mezzo di un sottile strato appiccicoso di polisaccaridi e proteine. Le cellule che formano i tessuti comunicano tra loro mediante tre tipi di giunzioni: le *giunzioni comunicanti*, le *giunzioni occludenti* e i *desmosomi*.

Le **giunzioni comunicanti** (o **serrate**) (**figura A**) permettono all'acqua e a qualche soluto ionico di passare da una cellula all'altra grazie ad aperture formate da speciali canali proteici, chiamati *connessoni*, localizzati in corrispondenza fra di loro nelle membrane di cellule adiacenti.

Le giunzioni comunicanti sono frequenti negli embrioni in quanto, durante le varie fasi di sviluppo, le cellule sono metabolicamente molto attive ed è indispensabile che tra loro si abbia un'efficace comunicazione chimica.

Le **giunzioni occludenti** (**figura B**) hanno la funzione di far aderire strettamente tra loro le membrane di cellule adiacenti e sono costituite da proteine che circondano le cellule sigillando gli spazi fra esse; tali giunzioni si trovano, per esempio, tra le cellule dell'epitelio intestinale, al fine di impedire al suo contenuto di attraversare la parete del tubo digerente senza passare attraverso le cellule.

I **desmosomi** (**figura C**), come le giunzioni occludenti, saldano tra loro le cellule in modo che il tessuto epiteliale non presenti fessure e possa mantenersi integro. I desmosomi sono stati spesso paragonati a «punti» di saldatura tra le cellule e si trovano in tutti i tessuti soggetti a sollecitazioni meccaniche, come per esempio la pelle.

▼ **Figura**
I tre tipi di giunzioni cellulari.

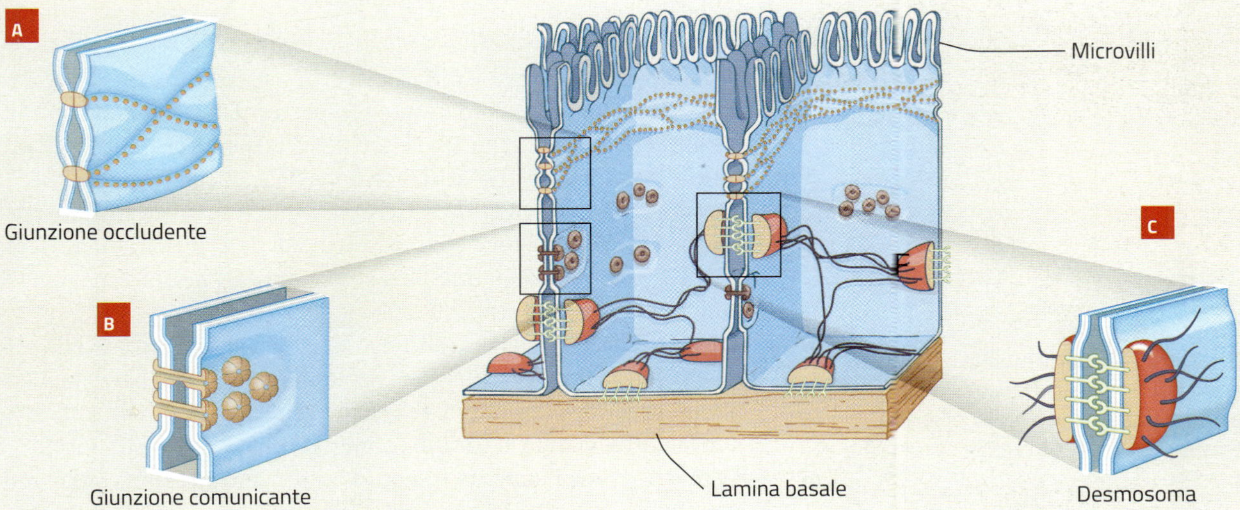

Il tessuto connettivo sostiene e protegge le strutture corporee

I vari tipi di **tessuto connettivo** servono a tenere uniti, nutrire, sostenere e proteggere gli altri tessuti. Esistono differenti tipi di tessuto connettivo, che presentano caratteristiche strutturali e hanno compiti diversi, ma sono accomunati dalla presenza di:

- cellule che producono le sostanze caratterizzanti di ogni specifico tessuto, come i **fibroblasti** (che formano le fibre) e gli **osteoblasti** (che producono il tessuto osseo);
- una **matrice extracellulare** formata da fibre proteiche immerse nella *sostanza fondamentale*, un miscuglio di acqua, proteine, polisaccaridi e fibre; questa matrice avvolge e sostiene le cellule del tessuto connettivo;
- cellule adipose, dette **adipociti**, necessarie per l'accumulo dei trigliceridi.

Nella matrice, le proteine servono da collante per legare le cellule alle fibre, mentre la quantità di polisaccaridi che trattengono l'acqua rende la sostanza fondamentale più o meno fluida. Le **fibre** possono essere:

- di **collagene**, che sono le componenti principali dei tendini, dei legamenti, della cartilagine e dell'osso;
- **elastiche**, che sono presenti per esempio nelle pareti dei grossi vasi sanguigni;
- **reticolari** molto ramificate, che formano reticolati all'interno di organi pieni (cioè non cavi all'interno), come il fegato e la milza.

I tessuti connettivi possono essere di tipi differenti

Mentre i tessuti epiteliali sono classificati secondo la forma e la disposizione delle cellule, i tessuti connettivi sono raggruppati in base alle caratteristiche della loro matrice extracellulare, che può presentare compattezza e durezza variabile. Si distinguono i *tessuti connettivi propriamente detti* e i tessuti *connettivi specializzati*. Ai primi appartengono i tessuti connettivi denso, lasso e adiposo, mentre ai secondi i tessuti osseo, cartilagineo e il sangue.

- Il **tessuto connettivo denso** (detto anche tessuto fibroso denso) è caratteristico di *tendini* e *legamenti*. Numerose fibre di collagene intercalate ai fibroblasti consentono di resistere agli stress da trazione. Appartengono a questo gruppo anche la pelle e le valvole cardiache, che hanno fibre intrecciate in maniera più irregolare rispetto a tendini e legamenti; per questo motivo, tale tessuto è detto *connettivo denso irregolare*.
- Il **tessuto connettivo lasso fibrillare** (o areolare) è il connettivo in assoluto più diffuso nell'organismo. Esso è costituito da tutti e tre i tipi di fibre intrecciate tra loro a formare una trama larga contenente fibroblasti, ma anche cellule immunitarie e adipociti. Data la sua ricchezza di sostanza fondamentale, che contiene acqua e sali minerali, serve come riserva di liquidi. Tutte le cellule, infatti, ricavano le sostanze nutritive da questo tessuto e riversano in esso gli scarti del metabolismo. In caso di infiammazione, il connettivo lasso fibrillare assorbe i liquidi in eccesso manifestando il caratteristico gonfiore, detto *edema* (**figura 11A**).
- Il **tessuto connettivo lasso reticolare** è una trama fine di fibre reticolari simili ai fibroblasti; forma l'impalcatura di determinati organi, come la milza, i linfonodi e il midollo osseo, implicati nella formazione delle componenti del sangue (**figura 11B**).
- Il **tessuto connettivo lasso adiposo** si trova concentrato a livello sottocutaneo, dove svolge la duplice funzione di isolante termico e di barriera meccanica; per questo motivo, esso si trova anche a protezione di alcuni organi vitali, come i reni e il cuore. Il tessuto connettivo lasso adiposo è concentrato in zone specifiche, come i fianchi e il seno, dove funziona da riserva energetica; le sue

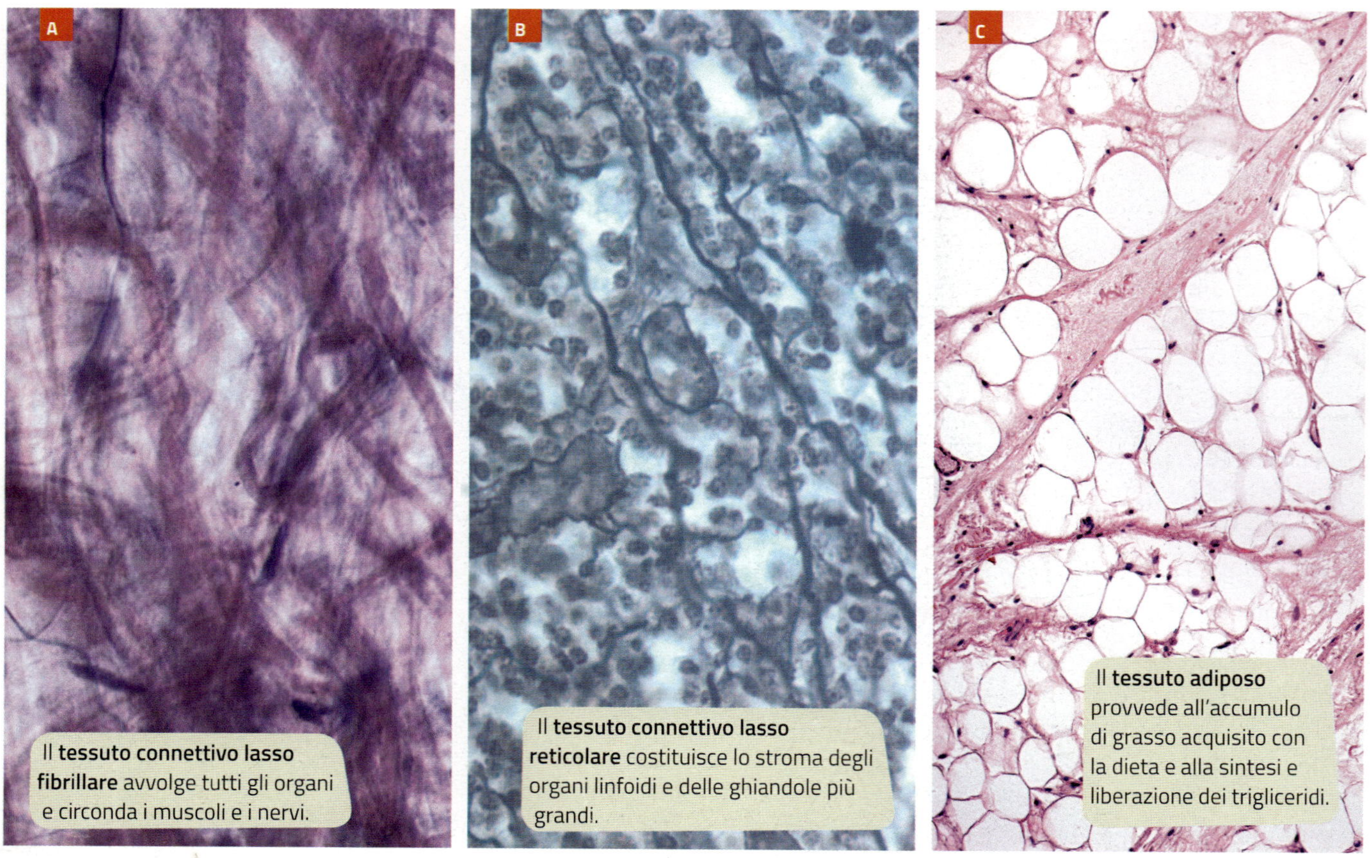

▾ Figura 11
Esistono diversi tipi di tessuto connettivo: il connettivo lasso fibrillare (A), il connettivo lasso reticolare (B), il tessuto adiposo (C), il tessuto osseo (D), la cartilagine ialina (E), il sangue (F).

cellule, gli *adipociti*, presentano un citoplasma trasparente per la presenza di grasso e il nucleo confinato in posizione eccentrica (**figura 11C**).

- Il **tessuto osseo** è formato da cellule che occupano le lacune presenti tra uno strato e l'altro di matrice extracellulare mineralizzata, formata da cristalli di ossalato di calcio e da numerose fibre collagene. Queste cellule sono dette **osteoblasti**, quando sono attive nella sintesi di nuova matrice extracellulare, e **osteociti**, quando perdono questa capacità. Esistono anche gli **osteoclasti**, che hanno una funzione di demolizione del tessuto osseo e garantiscono il suo continuo rimodellamento. Il tessuto osseo ha funzione di sostegno e di riserva di calcio, che scambia costantemente con il sangue (**figura 11D**).
- La **cartilagine** è costituita da cellule chiamate **condrociti** e da una sostanza fondamentale contenente fibre collagene ed elastiche. Inoltre, possiede un particolare polisaccaride, chiamato *condroitinsolfato*, che conferisce alla cartilagine la caratteristica di tornare alla forma originaria dopo uno stress meccanico. Esistono due tipi di cartilagine: la cartilagine ialina e la fibrocartilagine. La **cartilagine ialina** contiene molte fibre collagene immerse in una sostanza fondamentale vitrea e forma le strutture di sostegno della laringe, della trachea e dei bronchi; essa si trova anche nella zona in cui le costole si attaccano allo sterno e costituisce le ossa fetali. Inoltre, è un tessuto molto importante perché riveste le estremità delle ossa a livello articolare e la sua usura è causa di artrosi degenerative. La **fibrocartilagine** ha un maggior contenuto di fibre di collagene e si trova, per esempio, nei dischi intervertebrali e nei menischi delle ginocchia (**figura 11E**).
- Il **tessuto sanguigno** è un connettivo particolare in quanto possiede una matrice extracellulare completamente liquida, il *plasma*. Il sangue non contiene vere e proprie fibre, ma proteine solubili che diventano fibre solo durante la coagulazione. Le cellule del sangue sono i globuli rossi, i globuli bianchi e le piastrine (*vedi* Capitolo C3). La **linfa**, presente all'interno del sistema linfatico, è anch'essa un tessuto connettivo liquido con una matrice extracellulare chiara e simile al plasma, ma con una quantità minore di proteine (**figura 11F**).

Ti ricordi?

Ogni **tessuto** è formato da un insieme di cellule che aderiscono l'una all'altra per mezzo di un sottile strato di polisaccaridi e proteine. Le cellule che formano i tessuti animali comunicano tra loro mediante giunzioni. Solamente le cellule del tessuto connettivo, che sono immerse in una sostanza extracellulare, possono trovarsi a una certa distanza le une dalle altre e non comunicare direttamente tra loro.

D – Il **tessuto osseo** è un tessuto dinamico e plastico che provvede a modulare la propria struttura in seguito a stimoli organici (come l'accrescimento) o meccanici (fratture).

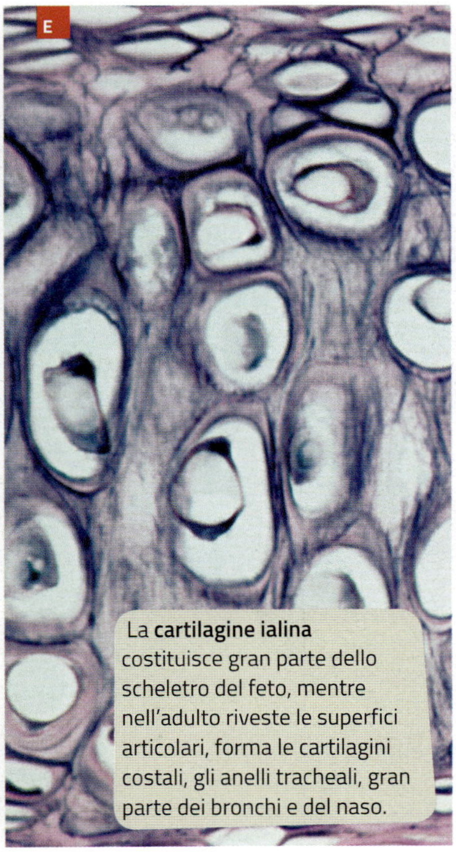

E – La **cartilagine ialina** costituisce gran parte dello scheletro del feto, mentre nell'adulto riveste le superfici articolari, forma le cartilagini costali, gli anelli tracheali, gran parte dei bronchi e del naso.

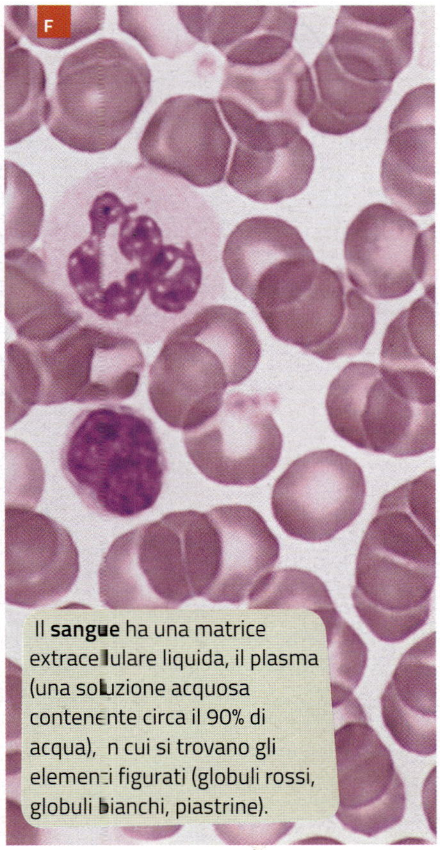

F – Il **sangue** ha una matrice extracellulare liquida, il plasma (una soluzione acquosa contenente circa il 90% di acqua), in cui si trovano gli elementi figurati (globuli rossi, globuli bianchi, piastrine).

Il tessuto muscolare ha la capacità di contrarsi

Il **tessuto muscolare** è formato da cellule in grado di contrarsi: tutte le funzioni muscolari (come correre, saltare, sorridere, ma anche pompare il sangue in tutto il corpo e partorire) si svolgono grazie alla contrazione coordinata di questo tipo di cellule. Nei vertebrati il tessuto muscolare è quello più abbondante e rappresenta circa il 40% del peso di un uomo adulto.

Esistono tre tipi di tessuto muscolare (figura 12): il **tessuto muscolare striato** o scheletrico, il **tessuto muscolare cardiaco** e il **tessuto muscolare liscio**; osservandoli al microscopio ottico, i primi due presentano delle striature, mentre il terzo ne è privo. I muscoli che muovono lo scheletro sono i muscoli striati e sono *volontari*, poiché si muovono sotto il controllo della nostra volontà.

Il muscolo cardiaco costituisce la parete del cuore, mentre il muscolo liscio circonda le pareti degli organi interni, come il sistema digerente, l'utero, la vescica e i vasi sanguigni; entrambi questi muscoli sono *involontari*.

Ogni muscolo presenta cellule allungate contenenti due proteine specifiche: *actina* e *miosina*; è grazie all'interazione tra queste proteine (con consumo di ATP) che il muscolo può modificare la propria forma e consentire il movimento.

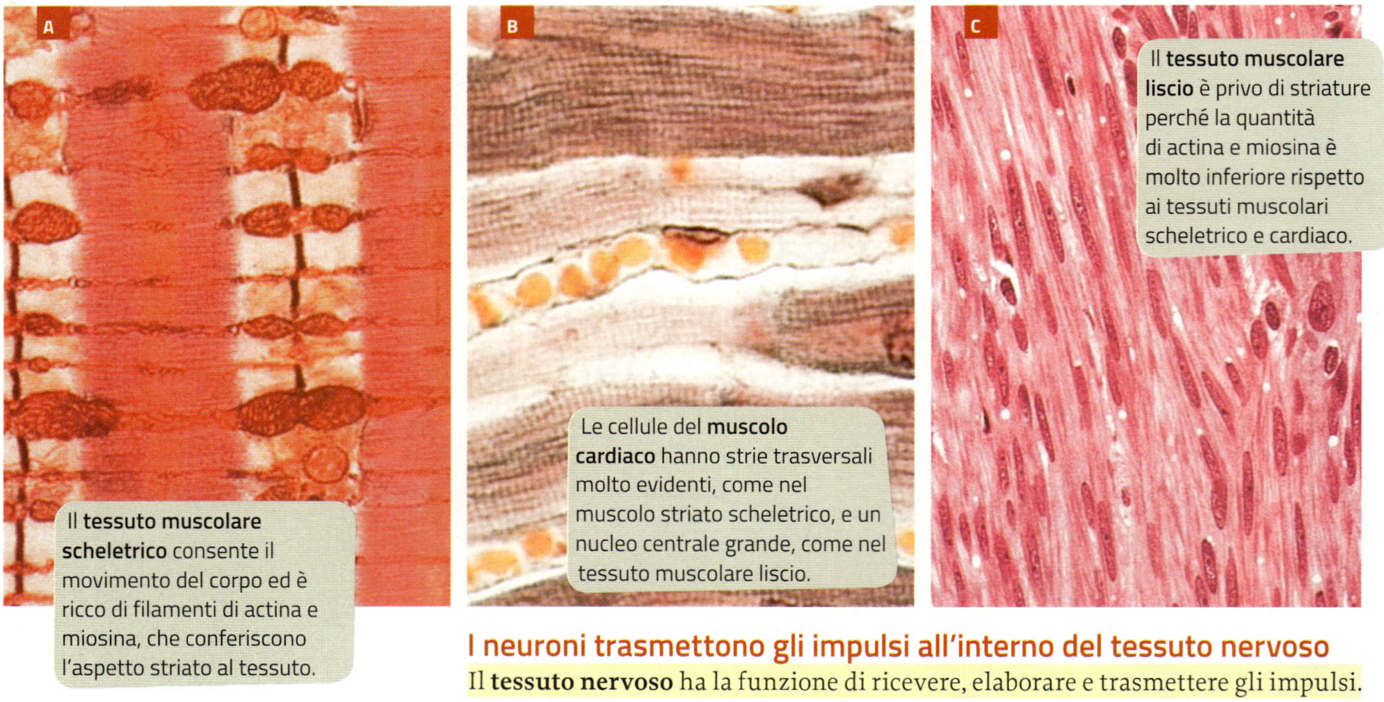

▾ **Figura 12**
I tre tipi di tessuto muscolare: scheletrico (A), cardiaco (B) e liscio (C).

I neuroni trasmettono gli impulsi all'interno del tessuto nervoso

Il **tessuto nervoso** ha la funzione di ricevere, elaborare e trasmettere gli impulsi. Le unità fondamentali di questo tipo di tessuto sono i **neuroni**, cellule in grado di trasmettere gli impulsi nervosi. Fanno parte del tessuto nervoso anche le **cellule gliali** che hanno la funzione di nutrire, isolare e sostenere i neuroni, oltre a un ruolo attivo nella trasmissione degli impulsi.
Un neurone è costituito principalmente da tre strutture:

1. un **corpo cellulare** (o *soma*), che contiene il nucleo e la maggior parte dei dispositivi metabolici della cellula;
2. molti **dendriti**, estensioni corte e filamentose che, insieme al corpo cellulare, ricevono gli stimoli da altre cellule;
3. un **assone**, un filamento in grado di condurre rapidamente l'impulso nervoso a grandi distanze. Gli assoni sono anche detti *fibre nervose*. I nervi, infatti, sono fasci di centinaia (fino a migliaia) di assoni che trasportano le informazioni dal sistema nervoso centrale alla periferia e viceversa; ogni assone è in grado di trasmettere un messaggio separato.

I neuroni sono cellule specializzate in grado di ricevere segnali dall'ambiente esterno, da quello interno e da altri neuroni; possono inoltre integrare i segnali ricevuti e trasmettere l'informazione ad altri neuroni, ai muscoli o alle ghiandole (*vedi* capitolo C9).

Curiosità

A riposo, il tessuto muscolare richiede un continuo apporto di **ATP**, ma l'utilizzo di questa molecola energetica aumenta notevolmente (fino a 200 volte) durante la contrazione muscolare. La concentrazione di ATP a riposo è di circa 5 μmoli/g di tessuto muscolare che garantisce l'attività contrattile per circa 0,5 secondi.

Neurogenesi e plasticità dei neuroni

Fino a qualche anno fa si pensava che il numero di neuroni, cellule ad attività mitotica bassissima, rimanesse invariato nell'età adulta, con possibilità di perderne un certo numero con l'invecchiamento o con comportamenti a rischio (come fumare e consumare alcolici). Secondo gli ultimi studi, invece, è stato visto che alcune cellule nervose possono formarsi ex novo anche in età adulta.

L'ippocampo, per esempio, è una struttura cerebrale in cui risiede l'archivio della memoria; la sua funzione è quella di classificare i ricordi in modo da decodificare un'immagine o un'esperienza come un oggetto o una situazione nuova oppure già vissuta in precedenza. Di fronte a una nuova esperienza, l'ippocampo si attiva e le cellule staminali progenitrici si trasformano in neuroni (**figura**); questi, per un breve periodo, mantengono una certa plasticità per poi stabilire connessioni neurali permanenti con le cellule vicine.

La capacità di produrre nuovi neuroni varia purtroppo con l'età: nei primi quattro anni di vita la produzione è massima, poi con l'andare del tempo gli adolescenti attivano l'ippocampo più di frequente di fronte a un'esperienza nuova, mentre per le persone adulte è più facile ricondurre il presente a qualcosa di già vissuto. Oltre che per creare nuovi neuroni, impiegarsi in attività nuove serve anche per rimanere mentalmente attivi, cosa che a livello fisiologico si traduce in una maggiore plasticità neuronale. I neuroni infatti, in base agli stimoli che ricevono, possono costruire nuove connessioni tra di loro per tutta la vita grazie alla formazione di nuovi dendriti.

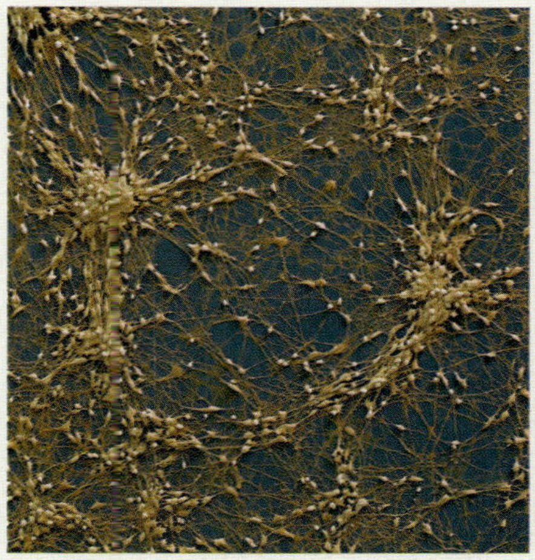

▲ **Figura**
Cellule progenitrici neuronali umane in un mezzo di coltura, fotografate al microscopio elettronico a scansione.

Dal punto di vista funzionale si riconoscono tre tipi di neuroni (**figura 13**):

- i **neuroni sensoriali**, che ricevono le informazioni dalla periferia del corpo (per esempio, dalla pelle) o dagli organi interni e le trasmettono al sistema nervoso centrale, formato da encefalo e midollo spinale;
- gli **interneuroni**, che formano interconnessioni tra due o più neuroni;
- i **neuroni motori**, che trasmettono segnali dal sistema nervoso centrale agli effettori, come i muscoli o le ghiandole.

I neuroni possono raggiungere lunghezze notevoli: per esempio, l'assone di un singolo neurone motorio può estendersi dal midollo spinale per tutta la lunghezza della gamba fino alle dita dei piedi.

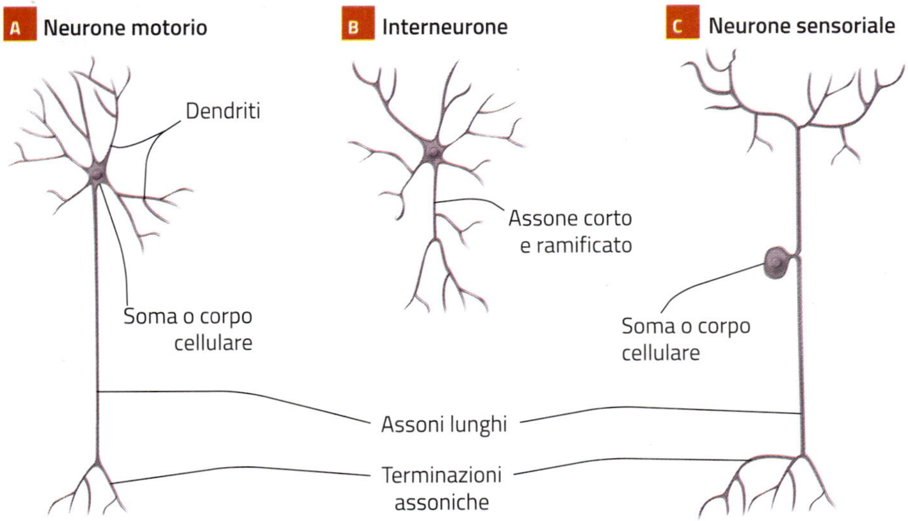

◂ **Figura 13**
(A) I neuroni motori hanno molti dendriti che si ramificano dal corpo cellulare e un lungo assone; (B) gli interneuroni hanno un assone corto perché connettono tra loro neuroni vicini; (C) i neuroni sensoriali hanno il corpo cellulare posto lungo l'assone.

Facciamo il punto

1. Che cosa sono e come si distinguono le cellule staminali?
2. Qual è la funzione principale del tessuto epiteliale?
3. Che cosa sono le ghiandole? Qual è la differenza tra ghiandole esocrine ed endocrine?
4. Qual è la differenza tra il tessuto muscolare liscio, quello striato e quello cardiaco?
5. Come si chiamano le cellule che costituiscono il tessuto nervoso?

3 Funzioni di base degli organismi viventi

Il metabolismo è l'insieme dei processi di sintesi e demolizione delle sostanze

Ti ricordi?

L'uomo e gli altri animali sono organismi pluricellulari **eterotrofi**, per cui non sono in grado di sintetizzare autonomamente la fonte energetica di cui hanno bisogno. Le cellule umane compiono la respirazione cellulare, producendo ATP, diossido di carbonio e acqua dalla reazione controllata di ossidazione del glucosio. Le piante e gli organismi **autotrofi**, invece, oltre alla respirazione cellulare svolgono la fotosintesi, ovvero la sintesi di zuccheri a partire dal CO_2 atmosferico e dall'energia solare.

La complessità di un corpo composto da più sistemi e apparati, a loro volta formati da diversi tipi di tessuti, non è un fatto scontato in natura. Tutti gli animali, e l'uomo non fa eccezione, impiegano infatti una grande quantità di energia per mantenere l'elevato grado di organizzazione strutturale che li caratterizza. Una necessità fondamentale è quindi la trasformazione del cibo in molecole più semplici, che possano essere trasportate alle diverse cellule specializzate; nel citoplasma e nei mitocondri di queste cellule, poi, avvengono la glicolisi e la respirazione cellulare, una serie di reazioni che liberano energia utile per la sintesi di molecole più complesse.

L'insieme di tutte le reazioni biochimiche che avvengono nelle cellule dell'organismo è detto **metabolismo** e comprende reazioni di degradazione di sostanze inutilizzabili (fase catabolica) e di sintesi di nuove molecole (fase anabolica). È grazie al metabolismo che tutti gli organismi possono crescere, rinnovarsi e mantenersi.

L'omeostasi permette di mantenere condizioni corporee costanti

Una delle capacità che caratterizzano i sistemi viventi e consentono il mantenimento della vita è l'omeostasi (**figura 14**). L'**omeostasi** è la capacità di reagire ai cambiamenti dell'ambiente esterno conservando quello interno a livelli costanti.

Le reazioni metaboliche di una cellula richiedono, infatti, variazioni di temperatura non troppo ampie e un ambiente con caratteristiche chimiche accuratamente controllate (*vedi* capitolo C6). Inoltre, l'organismo deve proteggersi dagli organismi estranei, come batteri e virus, che potrebbero nutrirsi di sostanze cellulari e danneggiare gli enzimi con le loro tossine.

I parametri da controllare per i vari tipi di funzioni vitali sono molti e per ciascuno di essi esistono specifici meccanismi di controllo.

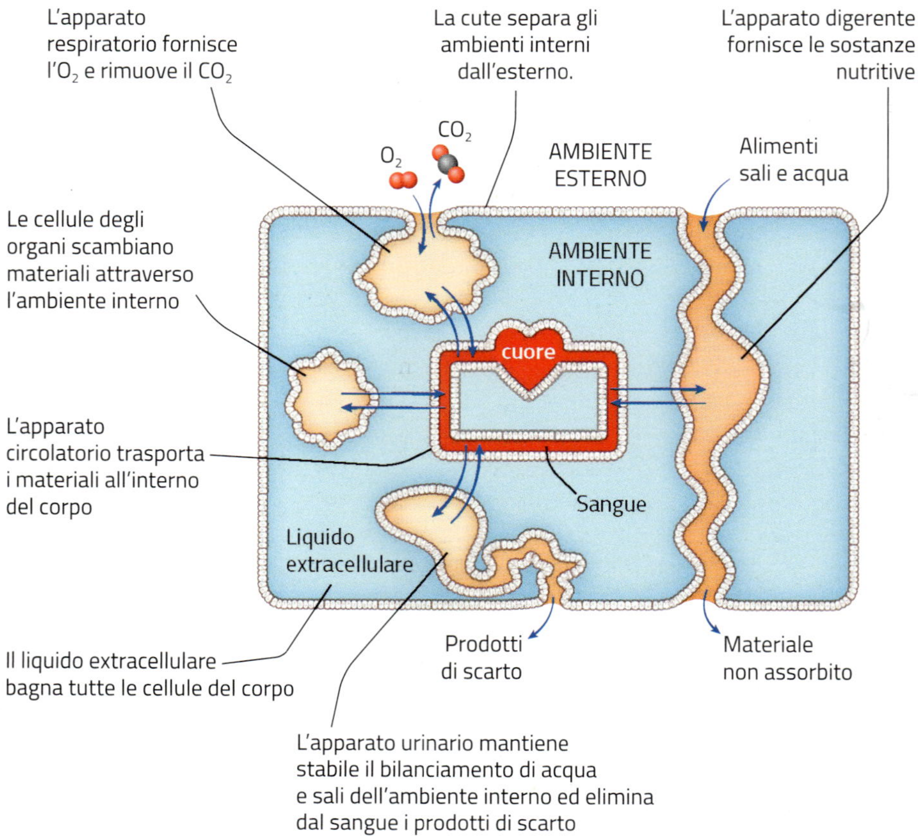

▸ **Figura 14**
Schema di alcuni dei processi necessari all'organismo per mantenere l'equilibrio interno.

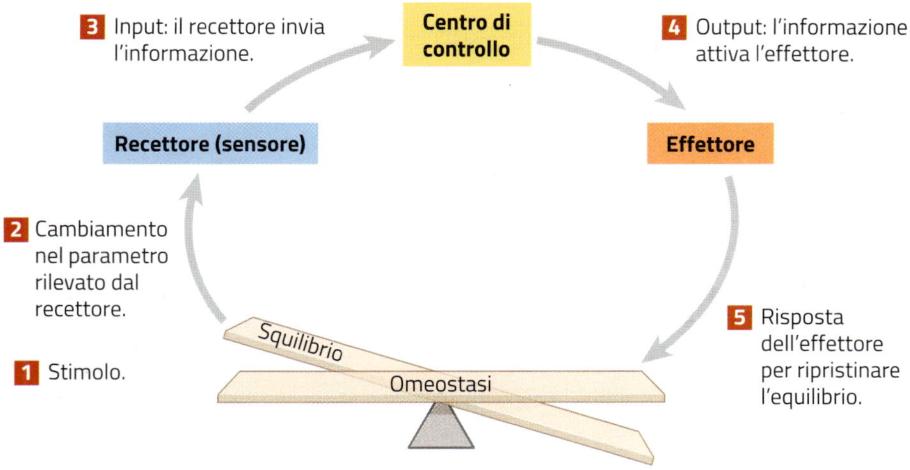

◂ Figura 15
A seconda del parametro da monitorare cambiano gli organi o le ghiandole che agiscono da recettori, centro di controllo ed effettori, ma il meccanismo di base è lo stesso.

A prescindere dal parametro da monitorare, ogni sistema di controllo è costituito da alcuni elementi fissi (**figura 15**):

- **recettori**, che percepiscono le condizioni dell'ambiente, sia interno sia esterno, relativamente a una specifica caratteristica (come la temperatura corporea, la pressione arteriosa, il pH del sangue ecc.) e le inviano al centro di controllo;
- **centro di controllo**, che riceve le informazioni dai recettori riuscendo a valutare se le condizioni registrate sono in linea con i valori di riferimento e, in caso contrario, invia specifici segnali all'effettore;
- **effettore**, che induce l'organismo a cambiamenti tali da poter ripristinare le condizioni richieste dal centro di controllo.

Tutti questi ruoli sono controllati e gestiti dal sistema endocrino e dal sistema nervoso, che agiscono in modo coordinato e mettono in comunicazione le cellule del corpo fra loro e con l'ambiente esterno.

Per comprendere meglio questo meccanismo analizziamo una delle principali caratteristiche dei mammiferi e degli uccelli: l'**endotermia**, ovvero la capacità di mantenere una temperatura corporea costante, indipendentemente dalle condizioni ambientali esterne. Per esempio, quando un mammifero è esposto al freddo, la temperatura corporea tende ad abbassarsi, ma i neuroni sensoriali della pelle (i *recettori*) comunicano al sistema nervoso centrale (il *centro di controllo*) le informazioni sulla temperatura esterna. In base a queste informazioni l'ipofisi, una ghiandola endocrina posta al centro del cranio, invia uno specifico ormone alla tiroide (l'*effettore*), la ghiandola che produce l'ormone tiroxina in grado di attivare il metabolismo cellulare e di aumentare la temperatura corporea. In seguito, quando il corpo torna in un ambiente più caldo, l'ipofisi interrompe la stimolazione della tiroide, riportando il numero di reazioni metaboliche a valori normali.

Questo meccanismo è basato su un sistema di regolazione detto **retroazione negativa**, o *feeback negativo*: lo stimolo che ha generato la risposta viene annullato dalla risposta stessa. Altri esempi di retroazione negativa sono la regolazione della pressione arteriosa e il controllo della glicemia, ovvero la quantità di zucchero nel circolo sanguigno.

Nell'organismo, però, esistono anche meccanismi di **retroazione positiva**, o *feedback positivi*, nei quali lo stimolo induce una risposta che amplifica lo stimolo stesso. Un esempio di retroazione positiva sono le contrazioni uterine che provocano il parto. Le contrazioni della muscolatura uterina determinano il rilascio di un ormone chiamato ossitocina, che provoca l'aumento delle contrazioni, che a loro volta inducono il rilascio di altro ormone e così via fino a quando non viene portato a termine il parto con l'espulsione del bambino.

Facciamo il punto

1. Che cos'è il metabolismo?
2. Come funziona l'omeostasi?
3. Spiega che cosa si intende per feedback positivo e negativo, e fai un esempio per ognuno.

LA LINEA DEL TEMPO

Esplora nell'ebook la timeline interattiva

L'evoluzione della scienza medica

La medicina ha radici antichissime, ma ha subito una rivoluzione nel corso degli ultimi tre secoli. Grazie alle conoscenze anatomiche acquisite nel Rinascimento, dovute anche all'influenza di artisti interessati a rappresentazioni sempre più realistiche del corpo umano, la medicina abbraccia sempre più convintamente un metodo scientifico per distinguere le funzioni degli organi e dei tessuti, individuare le cause delle malattie e mettere a punto cure efficaci basate sull'evidenza clinica. Contemporaneamente, il progredire della tecnologia e delle conoscenze di altre branche della scienza mettono a disposizione dei medici strumenti diagnostici sempre più potenti, dal termometro graduato fino ad arrivare alle odierne TAC e PET. Oggi conosciamo molto meglio che nel Settecento il funzionamento del corpo umano e anche da questo deriva l'allungamento dell'aspettativa di vita, che in Italia supera gli ottant'anni.

1700 - 1760

I primi ospedali moderni
Sotto la spinta dell'Illuminismo, in Europa vengono aperti molti ospedali con caratteristiche nuove rispetto al passato: non più luogo esclusivamente luogo di accudimento dei malati, ma istituzioni aperte alla ricerca e all'innovazione clinica, oltre che dedite alla formazione dei medici. Tra di essi: il Westminster Hospital di Londra (1719) e il New York Hospital (1751).

1714

Il termometro graduato
Il fisico tedesco Gabriel Fahrenheit inventa il termometro di vetro a mercurio e lo gradua prendendo come punti di riferimento i passaggi di stato dell'acqua, dal congelamento all'ebollizione.

1761

La nascita del metodo anatomico-clinico
Nel *De Sedibus et causis morborum per anatomen indagatis* di Giovanni Battista Morgagni (1682-1771), viene descritto l'uso dell'autopsia come mezzo per individuare le cause della morte. Morgagni è considerato il fondatore della moderna anatomia patologica.

1772

Il primo analgesico
È il protossido d'azoto, il cosiddetto «gas esilarante», scoperto dal chimico inglese Joseph Priestley. Vent'anni dopo la sua individuazione Humphry Davy ne scopre le proprietà di attenuazione del dolore nell'uomo dopo averlo sperimentato su se stesso.

1831

La scoperta del cloroformio
Lavorando entrambi a una reazione tra ipoclorito di calcio e acetone o etanolo, Justus von Liebig ed Eugène Soubeiran ottengono contemporaneamente il cloroformio (triclorometano), che fino all'inizio del XX secolo è il principale anestetico impiegato in chirurgia. Il primo a utilizzarlo è James Young Simpson nel 1847 per operare di un paziente affetto da osteomielite.

1847

Semmelweiss migliora l'igiene negli ospedali
Il medico ungherese Ignac Semmelweis introduce norme di lavaggio delle mani per il personale e pulizia generale per il reparto dell'ospedale in cui lavora: i casi di infezioni e decessi calano fortemente. Espone con statistiche rigorose i risultati, ma viene avversato dall'establishment medico. L'idea che le infezioni possano provenire dalle mani dei curatori viene rigettata.

1854 - 1855

Florence Nightingale e l'infermiere moderno
Durante la Guerra di Crimea combattuta dall'Impero Britannico contro la Russia zarista, l'infermiera inglese Florence Nightingale elabora una serie di idee che contribuiscono alla nascita della figura dell'infermiere moderno: non più un solo assistente compassionevole dei malati, ma personale formato che svolge compiti specifici nelle attività cliniche.

1928 - 1944

Entra in scena la penicillina
Il britannico Alexander Fleming dimostra le proprietà antibiotiche del fungo *Penicillium notatum*. È però nel 1941 che Howard Walter Florey, Ernst Boris Chain e Norman Haetley somministrano per la prima volta il farmaco che ne deriva, la penicillina, in un paziente. In Europa, è lo sbarco in Normandia del 1944 a farlo arrivare per la prima volta.

1958

Nasce l'ecografia
La rivista scientifica *The Lancet* pubblica «Investigation of Abdominal Masses by Pulsed Ultrasound», un articolo del medico scozzese Ian Donald che rappresenta l'atto di nascita dell'ecografia. Donald aveva cominciato a sperimentare con gli apparecchi sonar utilizzando un analizzatore a ultrasuoni che veniva impiegato per rilevare i difetti dei metalli.

1960

La pillola anticoncezionale entra in commercio
Grazie agli studi di due chimici statunitensi Gregory Goodwin Pincus e John Rock (a loro volta basati su quelli degli anni Trenta dell'austriaco Gottlieb Haberlandt), la prima pillola anticoncezionale entra nel mercato americano con il nome di *Enovid*. In Europa arriva l'anno successivo e viene chiamata *Anovlar*.

1778

Inizia l'era dei vaccini

Edward Jenner sperimenta metodi di inoculazione nel tentativo di trasmettere la resistenza alle malattie osservata negli animali e nei soggetti che avevano superato un attacco iniziale. Riesce a immunizzare dal vaiolo umano un bambino a cui inietta vaiolo bovino tratto da vacche che erano sopravvissute alla malattia. Si tratta delle basi del primo vaccino.

1816

L'invenzione dello stetoscopio

Il medico francese Renè Thèophile Hyacinthe Laennec che si interessa di auscultazione per scopi diagnostici, inventa lo stetoscopio e lo descrive in un libro, *De l'Auscultation Mediate*, che pubblica nel 1819.

1829 - 1838

I primi passi dell'aspirina

La scoperta e la produzione di uno dei medicinali più noti ancora oggi è opera del farmacista francese Henri Leroux, che riesce a realizzare cristalli di estratto di corteccia di salice bianco (*Salix alba*) chiamandoli salicilina, e del chimico italiano Raffaele Piria, che riesce a convertire la sostanza in acido salicilico, un agente simile ma non ancora identico all'acido acetil-salicilico dell'aspirina moderna, sintetizzata da Felix Hoffmann per la Bayer nel 1897.

1864 - 1885

La pastorizzazione

Il chimico francese Louis Pasteur dimostra che a causare la fermentazione sono i microrganismi e da questi studi ricava un processo che porta il suo nome, la pastorizzazione, che permette di conservare i cibi per periodi più lunghi.

1867

I primi disinfettanti

Il medico britannico Joseph Lister (1827-1912) scopre l'antisepsi e usa l'acido fenico per disinfettare le ferite. I risultati dei suoi esperimenti vengono pubblicati su *The Lancet* in una serie di cinque articoli sotto il titolo «On a new method of treating compound fracture, abscess, etc. with observation on the conditions of suppuration».

1896

I raggi X impiegati in medicina

Il primo impiego clinico dei raggi X, scoperti solamente l'anno precedente da Willhelm Conrad Röntgen, avviene a Birmingham (UK) per opera del medico John Hall-Edwards, che li usa per individuare un ago conficcato nella mano di un collaboratore. Nello stesso anno, Hall-Edwards è anche il primo medico a farne uso durante un'operazione chirurgica.

1924

Il primo elettroencefalogramma

Hans Berger, neuropsichiatra tedesco, introduce l'elettroencefalogramma tra le tecniche diagnostiche. Scopre anche il ritmo basale dell'EEG, noto anche come ritmo alfa o ritmo di Berger.

1971

La prima TAC

Nell'ospedale di Wimbledon, in Inghilterra, viene installato il primo scanner per la TAC, ovvero la tomografia assiale computerizzata. La TAC sfrutta le radiazioni ionizzanti per ottenere immagini di sezioni stratigrafiche dei pazienti. L'idea è originariamente stata proposta dal medico italiano Alessandro Vallebona nel 1929, ma sono i fisici Allan McLeod Cormack, che ha sviluppato le basi matematiche della macchina, e Godfrey Hounsfield, che ne ha costruito i primi prototipi, a renderla possibile come la conosciamo oggi.

1972

La risonanza magnetica

Il fisico Raymond Vahan Damadian costruisce la prima macchina per la risonanza magnetica, sostenendo che i tessuti sani e i tessuti cancerosi avrebbero dato risultati diversi quando si fosse misurata la precessione dello spin di protoni dopo averli sottoposti a un campo magnetico. A scoprire il fenomeno erano stati Felix Bloch e Edward Purcell nel 1946, vincitori del Nobel per la fisica nel 1952.

1978

Nasce il primo «bambino in provetta»

Si chiama Louise Brown ed è nata il 25 luglio all'ospedale di Oldham, in Inghilterra. Si tratta del primo essere umano nato grazie alla fecondazione *in vitro*, una procedura per cui l'ovulo è fecondato dallo spermatozoo al di fuori del corpo della madre, per poi essere impiantato nell'utero.

SINTESI DI FINE CAPITOLO

LO SAI? RIPASSA CON LO SMARTPHONE

L'organizzazione del corpo umano

Il corpo umano è strutturato in modo gerarchico. La **cellula** è alla base di questa gerarchia. Le cellule che svolgono tutte la stessa funzione sono organizzate in **tessuti**. Diversi tipi di tessuti formano gli **organi**. A loro volta gli organi che cooperano sono raggruppati in **sistemi** e apparati, che lavorano in sinergia e costituiscono, insieme, l'intero **organismo**.

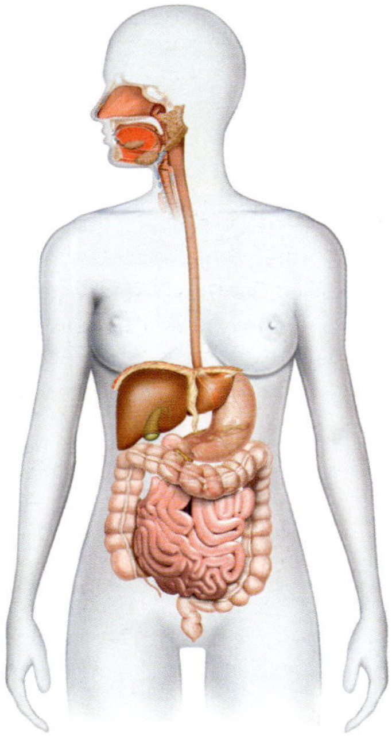

I sistemi e gli apparati

Un **sistema** è un'unità morfologica e funzionale costituita da tessuti con la stessa origine embrionale. Il termine **apparato** indica un insieme di tessuti di diversa origine embrionale, accomunati dal punto di vista funzionale.

I sistemi presenti nel corpo umano sono il nervoso, il linfatico e immunitario, l'endocrino, il muscolare e lo scheletrico, mentre gli apparati comprendono il cardiovascolare, il respiratorio, il digerente, il tegumentario, l'urinario e il riproduttore.

Alla base di tutti i sistemi e gli apparati ci sono quattro tipi di tessuti principali.

Il tessuto epiteliale

Il **tessuto epiteliale** svolge le funzioni di rivestimento, produzione di secreti e ricezione di stimoli esterni. In base alla forma delle cellule che li compongono esistono tre tipi di tessuto epiteliale: **squamoso** (o pavimentoso), **cubico** e **cilindrico.**

In base al numero di strati di cellule da cui è formato sono definiti epitelio **semplice**, o monostratificato (un solo strato di cellule) ed epitelio **composto** o pluristratificato (molti strati sovrapposti).

Le *cellule epiteliali sensoriali* sono cellule specializzate nel ricevere gli stimoli dall'esterno e comunicarli al sistema nervoso.

Gli *epiteli ghiandolari* sono epiteli specializzati nella sintesi e nella secrezione di sostanze e sono:

- **ghiandole esocrine**, se hanno un dotto che riversa il secreto all'esterno del corpo;
- **ghiandole endocrine**, se riversano il loro prodotto nel liquido interstiziale e nel sangue.

Il tessuto connettivo

I vari tipi di **tessuto connettivo** servono a tenere uniti, nutrire, sostenere e proteggere gli altri tessuti.

I connettivi *propriamente detti* sono:

- **denso** è caratteristico di tendini e legamenti;
- **lasso fibrillare** è il più diffuso nell'organismo e serve come riserva di liquidi;
- **lasso reticolare** forma l'impalcatura di determinati organi;
- **lasso adiposo** svolge la duplice funzione di isolante e di barriera meccanica.

I tessuti connettivi *specializzati* sono:

- il **tessuto osseo** è formato da cellule specializzate (osteoblasti, osteoclasti, osteociti) e ha funzione di sostegno e di riserva di calcio;
- la **cartilagine** è costituita da cellule chiamate *condrociti*;
- il **tessuto sanguigno** possiede una matrice extracellulare completamente liquida, il *plasma*.

Il tessuto muscolare

Il **tessuto muscolare** è formato da cellule di forma allungata in grado di contrarsi. Nei nostri muscoli si trovano tre tipi di questo tessuto:

- il tessuto muscolare **scheletrico**, o *striato*, che si contrae volontariamente;
- il tessuto muscolare **liscio** che è involontario;
- il tessuto muscolare **cardiaco** che ha caratteristiche intermedie (è striato ma involontario).

Il tessuto nervoso

Il **tessuto nervoso** ha la funzione di ricevere, elaborare e trasmettere gli impulsi. Fanno parte del tessuto nervoso:

- i **neuroni** che sono cellule in grado di trasmettere gli impulsi nervosi, costituite da un corpo cellulare (o *soma*), *dendriti* e da un *assone*;
- le **cellule gliali** che nutrono, isolano e sostengono i neuroni, e aiutano a trasmettere gli impulsi nervosi.

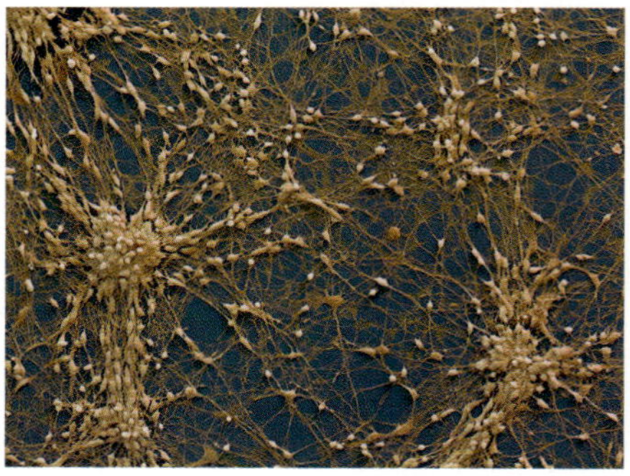

Le funzioni di base degli organismi

L'insieme di tutte le reazioni biochimiche che avvengono nelle cellule dell'organismo è detto **metabolismo** e comprende reazioni di degradazione di sostanze inutilizzabili (fase *catabolica*) e di sintesi di nuove molecole (fase *anabolica*).

L'**omeostasi** è la capacità di reagire ai cambiamenti dell'ambiente esterno conservando quello interno a livelli costanti.

VERIFICA LE TUE CONOSCENZE

ZTE ONLINE

1. Scrivi sul quaderno la definizione dei seguenti termini.

a) Cavità toracica e addominale
b) Staminali totipotenti, pluripotenti e multipotenti
c) Tessuto epiteliale, muscolare e nervoso
d) Fibroblasti e osteoblasti

2. Barra la risposta esatta.
Qual è il livello gerarchico successivo (procedendo dal più semplice al più complesso) a quello di tessuto?

- A Organo
- B Cellula
- C Organismo
- D Sistema

Barra il completamento esatto.

3. Un organo

- A è costituito da tessuti diversi, ma tutti coordinati per svolgere compiti comuni.
- B come il cuore è formato da tessuti diversi perché svolge molte funzioni diverse.
- C come lo stomaco può essere totalmente privo di tessuto epiteliale.
- D svolge una specifica funzione ed è quindi costituito da un unico tipo di tessuto.

4. Un dendrite è

- A la parte centrale del neurone che contiene citoplasma e il nucleo.
- B un prolungamento della cellula nervosa che trasmette segnali nervosi a grandi distanze.
- C un insieme di neuroni sensoriali e motori che forma il tessuto nervoso.
- D una ramificazione del neurone che raccoglie gli impulsi nervosi da altre cellule.

Barra il completamento errato.

5. Il sangue

- A non è un tessuto perché è liquido.
- B è formato da una sostanza fondamentale liquida.
- C è formato da plasma e da cellule.
- D è un tessuto connettivo come l'osso.

6. Completa la tabella mettendo in corrispondenza le definizioni (*lettere*) con i relativi tessuti (*numeri*). *(Attenzione: alcuni tessuti possono essere citati più volte).*

A. Ha cellule squamose, cubiche o cilindriche
B. Può essere scheletrico, cardiaco o liscio
C. Può essere adiposo o costituire la cartilagine
D. Può essere semplice o stratificato
E. Le sue cellule sono immerse in una matrice
F. Può essere liquido, come il sangue

1. Tessuto connettivo
2. Tessuto muscolare
3. Tessuto nervoso
4. Tessuto epiteliale

A	B	C	D	E	F

7. Nei seguenti brani, barra tra i termini in neretto quelli errati.

a) Nei tessuti **connettivi** / **epiteliali** le cellule sono separate tra loro dalla **lamina basale** / **matrice extracellulare**, una sostanza costituita in genere da **fibre** / **cellule gliali**. La sostanza fondamentale del sangue, ossia il plasma, ha la funzione di **produzione** / **supporto** delle cellule ematiche, quali i globuli bianchi e i globuli rossi.

b) L'apparato **urinario** / **digerente** ha la funzione di eliminare le sostanze azotate di rifiuto prodotte dal metabolismo cellulare, mentre il sistema **endocrino** / **immunitario** attua una difesa contro agenti infettivi. Le sostanze nutritive contenute nel cibo ingerito, una volta ridotte a molecole semplici, passano nell'apparato **respiratorio** / **cardiovascolare** da dove possono raggiungere **le cellule** / **gli alveoli** cui sono destinate. Il sistema **nervoso** / **endocrino** regola le funzioni del corpo mediante la liberazione di specifiche molecole, mentre il sistema **nervoso** / **endocrino** regola le funzioni del corpo mediante una fitta rete di cellule specializzate.

8. Barra il simbolo V se ritieni l'affermazione vera, il simbolo F se la ritieni falsa.

a) Ogni organo è formato da un unico, ma specifico tessuto. V F
b) Tutti i sistemi (eccetto il riproduttore) contribuiscono al mantenimento dell'omeostasi. V F
c) Il tessuto che forma le ossa non è formato da cellule. V F
d) Cuore, polmoni e fegato sono tutti contenuti nella cavità toracica. V F
e) Il muco delle vie respiratorie è una sostanza inutile e pericolosa. V F

9. Barra i <u>due</u> completamenti esatti.
Sistemi e apparati

- A si diversificano per la quantità di organi e tessuti contenuti.
- B hanno in comune il fatto di essere formati da tessuti tra loro diversi.
- C sono entrambi formati da tessuti con la stessa origine embrionale.
- D hanno organi formati da tessuti di diversa origine embrionale.
- E si differenziano per la quantità di tessuti embrionali contenuti.

10. Descrivi la struttura e la funzione delle diverse tipologie di tessuto epiteliale.

11. Descrivi i meccanismi di retroazione positiva e negativa.

VERIFICA LE TUE ABILITÀ

Barra il completamento esatto.

12. Il plasma sanguigno

A costituisce la membrana basale su cui sono inserite le cellule del sangue e le molecole proteiche in esso contenute.

B è prevalentemente costituito da sostanze lipidiche che hanno la funzione di nutrire e isolare i globuli bianchi e i globuli rossi.

C contiene grandi quantità di collagene, una sostanza costituita da fibre strettamente impacchettate che permettono la coagulazione del sangue.

D corrisponde alla matrice del tessuto connettivo e non è costituito da cellule, ma da acqua e ioni.

13. L'omeostasi ionica e l'omeostasi osmotica sono tra loro

A strettamente dipendenti in quanto se si eliminano liquidi si eliminano sempre anche ioni.

B assolutamente indipendenti in quanto avvengono in zone del corpo tra loro non comunicanti.

C dipendenti, perché l'eliminazione di acqua è legata alla concentrazione degli ioni in essa presenti.

D indipendenti in quanto l'eliminazione di acqua è legata alla temperatura corporea.

14. Nella gastrula

A si formano cellule staminali unipotenti che daranno origine a staminali pluripotenti.

B sono presenti solo cellule staminali totipotenti che daranno origine a tutti i tessuti del corpo.

C le strutture embrionali sono formate solo da cellule staminali totipotenti e pluripotenti.

D i tre foglietti embrionali sono multipotenti e daranno origine a cellule staminali unipotenti.

15. L'impulso nervoso

A lungo i neuroni sensoriali procede sempre dal centro del corpo verso la periferia.

B può scorrere dai dendriti di un neurone alle terminazioni assoniche di un neurone adiacente.

C che scorre lungo l'assone di un neurone motorio può essere deviato a livello del nucleo.

D passa da un neurone all'altro, ma può essere bloccato dalla presenza di cellule gliali.

16. L'omeostasi è

A un meccanismo di controllo che induce un adattamento dell'ambiente interno di un corpo in modo che assomigli il più possibile alle condizioni ambientali esterne.

B un movimento di molecole d'acqua che si determina quando vi sono diverse concentrazioni di soluto fuori e dentro la membrana cellulare.

C uno stato dinamico che permette il mantenimento delle condizioni ambientali interne costanti tramite particolari effetti regolatori.

D la stretta relazione esistente tra le strutture del corpo degli animali e la loro funzione.

17. L'affermazione che illustra meglio il processo dell'omeostasi è

A il tessuto epiteliale riveste sia l'esterno del corpo sia tutti gli organi interni.

B i reni di un pesce marino espellono più sale se aumenta la concentrazione salina nei liquidi corporei.

C il polmone e l'intestino sono dotati di una grande superficie che favorisce gli scambi con l'ambiente esterno.

D quando l'ambiente è freddo, inizialmente diminuisce la temperatura esterna e successivamente anche quella interna del corpo.

18. Di fianco a ogni affermazione scrivi la lettera A se il termine da inserire è sagittale mediano, la lettera B per frontale o la lettera C per trasversale.

a) Se un medico dovesse avere un'immagine della spina dorsale di un paziente per evidenziare una lordosi (un eccessivo ripiegamento della zona lombare), dovrebbe fare una radiografia relativa al piano. (A)

b) Se invece fosse necessario avere la visione della morfologia di una intera vertebra, l'immagine migliore sarebbe quella relativa al piano. (C)

c) Per verificare la postura delle spalle, cioè per vedere se sono perfettamente allineate, il medico dovrebbe richiedere la radiografia di un piano. (B)

19. Alcune ghiandole, come il pancreas, sono da considerare sia esocrine sia endocrine; spiega questa affermazione.

....

....

....

....

....

UNITUTOR
VERSO L'UNIVERSITÀ

Preparati ai test di ammissione sul sito Unitutor.

20. Le cellule olfattive sono presenti in un tessuto

A adiposo

B connettivo lasso

C epiteliale

D connettivo denso

E cartilagineo

[dal test di ammissione a Medicina 2012-13]

21. Quale affermazione riguardante gli animali è FALSA?

A Si tratta di organismi esclusivamente eterotermi

B Si tratta di organismi eterotrofi

C Sono costituiti da cellule eucariotiche

D Sono organismi eterotermi o omeotermi

E Alcune specie animali si possono riprodurre in modo asessuato

[dal test di ammissione a Medicina 2016-17]

HANDS-ON GLOSSARY

22. Fill in the table matching each term (*letters*) with its definition (*numbers*).

A. tissue
B. homeostasis
C. stem cell
D. gland

1. a simple cell in the body that is able to develop into any kind of cells.
2. a group of similar cells that function together to do a specific job.
3. a cell, group of cells, or organ producing a secretion.
4. the ability of an organism or a system to maintain internal stability.

A	B	C	D

VERSO L'ESAME: LE TUE COMPETENZE

SCHEMATIZZA

23. Costruisci una mappa concettuale che evidenzi i vari livelli di organizzazione gerarchica del corpo umano.

METTI IN RELAZIONE E DISEGNA

24. Quelle riportate di seguito sono immagini cliniche prese secondo piani spaziali differenti.

Per ogni figura specifica il piano di riferimento e disegna uno schema del corpo umano in cui si evidenzia il piano stesso.

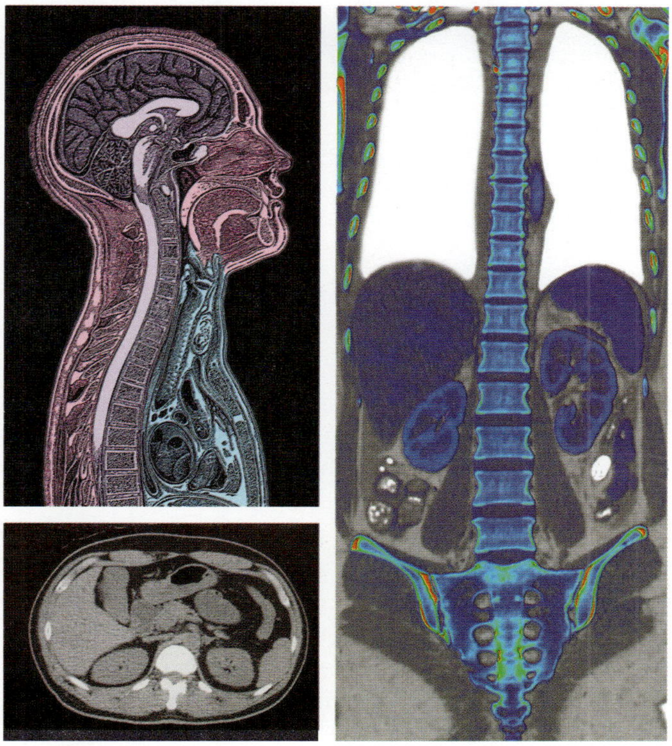

GIUSTIFICA

25. In un essere umano adulto ogni giorno muoiono dai 50 ai 100 miliardi di cellule, nonostante ciò continuiamo a vivere.

Spiega il meccanismo alla base di questo fenomeno.

CALCOLA E RIFLETTI

26. La nostra pelle si rinnova costantemente, a un tasso di circa 6×10^{-4} grammi ogni secondo.

Dopo aver calcolato quanta pelle perdiamo nell'arco di una intera vita (di circa 80 anni), commenta il risultato ottenuto.

SCHEMATIZZA

27. Nel sangue umano è fondamentale che rimanga pressoché costante la glicemia, cioè la concentrazione di glucosio. Quando la glicemia si innalza, il pancreas produce insulina, che stimola la rimozione del glucosio dal sangue e induce la formazione di glicogeno immagazzinato poi nel fegato e nei muscoli. Se, invece, la glicemia si abbassa, il pancreas produce glucagone, che stimola il fegato e i muscoli a liberare glucosio nel circolo ematico.

Schematizza il processo descritto in termini di regolazione omeostatica e specifica di quale tipo di feedback si tratta.

IPOTIZZA

28. Mammiferi e uccelli sono animali omeotermi, ma con caratteristiche differenti.

Perché gli uccelli hanno una temperatura corporea superiore alla maggior parte dei mammiferi?

RICERCA

29. Vivere in inverno in ambienti molto freddi richiede un forte consumo energetico. Alcuni animali hanno risolto il problema andando in letargo.

Fai una ricerca su ciò che si verifica prima e durante il letargo. Con le informazioni che hai ricavato fai una presentazione in PowerPoint da esporre alla classe, riportando esempi specifici.

DEDUCI

30. Secondo alcune stime, ogni anno circa 200 persone muoiono tra le fauci di un coccodrillo del Nilo. Un modo per limitare questo pericolo è avvicinarsi alle rive del fiume solamente di primo mattino e starne alla larga nelle ore più calde della giornata.

Sai spiegare perché?

INTERPRETA

31. Immagina di applicare la sequenza di eventi dello schema qui sotto a una regolazione omeostatica del corpo umano, più precisamente alla reazione del corpo esposto a una bassa temperatura ambientale.

A ogni termine dello schema affianca una frase che riassuma gli eventi di risposta all'abbassamento della temperatura. Per esempio, a fianco del termine STIMOLO puoi aggiungere: «esposizione del corpo a una bassa temperatura».

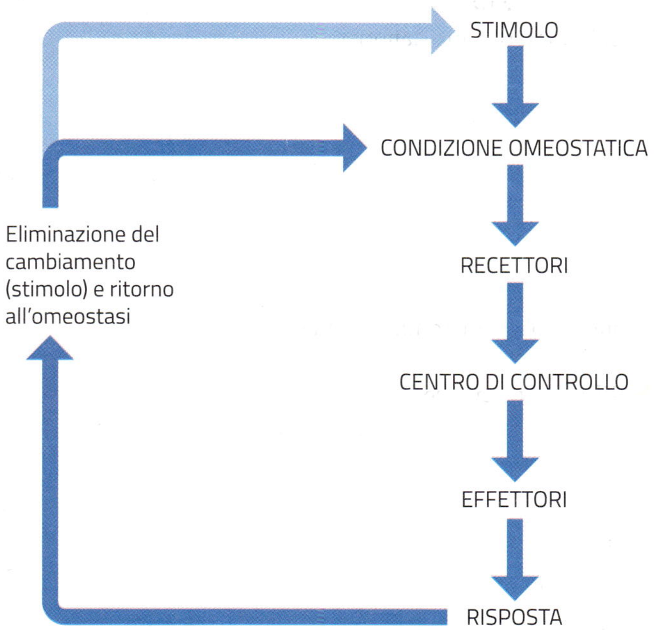

Capitolo

C2 Lo scheletro, i muscoli e la pelle

1 Il sistema scheletrico

Lo scheletro sostiene il corpo e ne consente il movimento

Per potersi muovere, per mantenere nella giusta posizione gli organi e per garantire la loro corretta funzionalità, il corpo umano ha bisogno di un'impalcatura rigida che lo sostenga. Questa indispensabile struttura è lo **scheletro**, un endoscheletro (cioè una struttura di sostegno posta all'interno del corpo) composto da 206 ossa singole legate tra loro da articolazioni (**figura 1A**).

Le diverse ossa sono suddivise in due gruppi: quelle che appartengono allo **scheletro assile**, per esempio le ossa del cranio, la colonna vertebrale e la gabbia toracica (**figura 1B**), oppure quelle che fanno parte dello **scheletro appendicolare**, che comprende le ossa degli arti, le scapole, le clavicole e il bacino, che scarica il peso del corpo alle gambe (**figura 1C**). Delle 206 ossa del nostro organismo, più della metà si trova nelle quattro estremità: 27 in ogni mano e 26 in ciascun piede, per un totale di 106.

Le ossa dello scheletro assile hanno soprattutto una funzione protettiva: il cranio e la colonna vertebrale circondano il tessuto nervoso del cervello e del midollo spinale, mentre la gabbia toracica offre protezione al cuore e ai polmoni.

Le **vertebre** umane sono 32-34, separate fra loro da dischi cartilaginei, e vengono suddivise in:

- **7 cervicali**, presenti in tutti i mammiferi; la prima e la seconda (dette rispettivamente *atlante* in **figura 2A** ed *epistrofeo*) hanno una forma particolare e permettono l'articolazione con il cranio, consentendo i numerosi movimenti del collo;
- **12 toraciche** che formano, insieme alle coste e allo sterno, la **gabbia toracica**. Alle vertebre toraciche si articolano dodici paia di coste: sette paia vengono definite *vere* (oppure *sternali* o *pure*), perché si innestano direttamente nello sterno tramite la cartilagine costale, mentre le coste dell'ottavo, nono e

Le parole

Il termine **scheletro** deriva dal greco *skeletòs*, che significa «essiccato».

Il termine **vertebra** deriva dal verbo latino *vèrtere*, che significa «volgere», associato al suffisso *-bra*, che indica l'azione di «portare».

Curiosità

Con l'avanzare dell'età i **dischi intervertebrali**, che nelle persone giovani sono costituiti per il 90% di acqua, spesso si disidratano e si irrigidiscono, favorendo così il loro spostamento e l'insorgere della conseguente patologia nota come *ernia discale*.

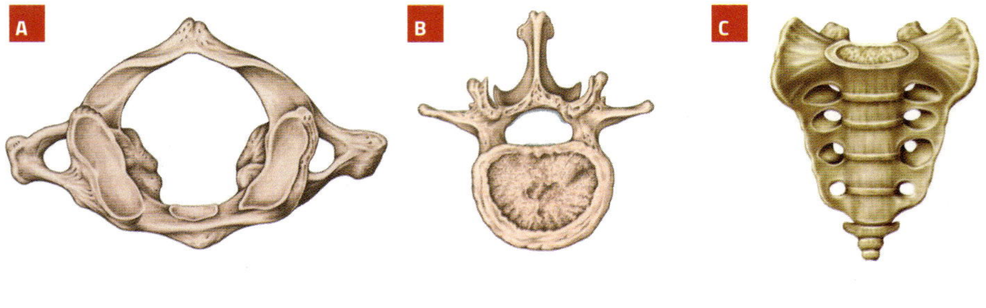

▸ **Figura 2**
Alcune vertebre della colonna vertebrale: (A) la prima vertebra cervicale (atlante), (B) la seconda vertebra lombare, (C) le vertebre sacrali fuse insieme a formare l'osso sacro.

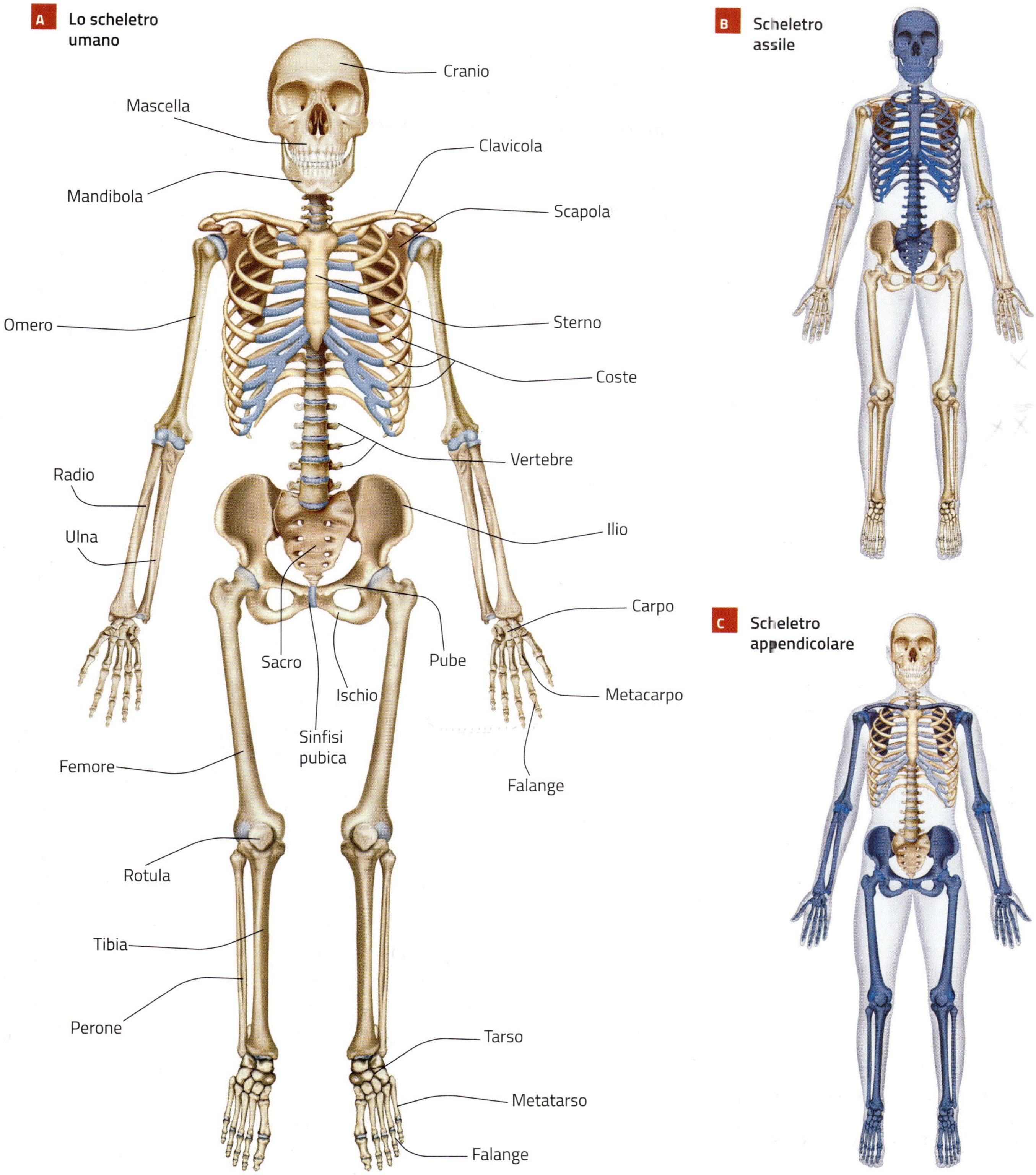

▲ **Figura 1**
(A) Lo scheletro umano: in questo disegno le ossa sono rappresentate in giallo e le cartilagini in azzurro. In blu sono evidenziati lo scheletro assile (B) e lo scheletro appendicolare (C).

decimo paio sono dette *false* (oppure *asternali* o *spurie*) perché prendono contatto con lo sterno attraverso la cartilagine delle coste più alte; infine, le ultime due paia sono dette *fluttuanti*, in quanto non hanno alcun legame con lo sterno;

- **5 lombari**, che sono quelle più robuste perché devono resistere a notevoli sollecitazioni meccaniche (**figura 2B**);
- **5 sacrali**, che costituiscono la parete posteriore del bacino e sono fuse nel cosiddetto *osso sacro* (**figura 2C**);
- **3-5 coccigee** fuse nel coccige, che rappresenta la nostra «coda vestigiale», una struttura omologa alla coda di altri vertebrati, ma che non è più funzionale.

A colpo d'occhio

OSSA: IRREGOLARI, PIATTE, BREVI, LUNGHE

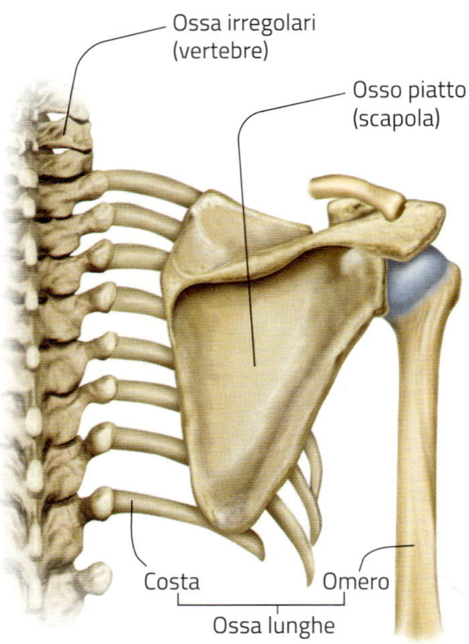

▲ **Figura 3**
Ossa lunghe e ossa piatte.

Ti ricordi?

La **matrice extracellulare** è composta da **sostanza fondamentale**, che avvolge e sostiene le cellule del tessuto connettivo. Nel tessuto osseo la matrice è mineralizzata.

Le ossa hanno forme differenti

A seconda della loro forma, le ossa si classificano in quattro categorie (**figura 3**):

- le ossa **piatte** (come quelle del cranio e del bacino, lo sterno e le coste) sono in genere incurvate e sottili ma molto robuste e hanno il compito di sostenere e proteggere gli organi interni;
- le ossa **lunghe** (come l'omero o il femore) sostengono il corpo; hanno una parte terminale tondeggiante a cui è collegata la parte centrale dell'osso decisamente più lunga;
- le ossa **brevi** (come quelle del polso e della caviglia) hanno una forma tozza;
- le ossa **irregolari** (come le vertebre) non rientrano in alcune delle forme precedenti.

Ognuna di queste quattro tipologie di ossa è costituita da tessuto osseo (*vedi* capitolo C1) con una variabile densità della matrice extracellulare; si distinguono, infatti, il **tessuto osseo spugnoso**, che è meno denso perché ricco di aree lacunose, e il **tessuto osseo compatto**, caratterizzato da una matrice decisamente più densa.

Il tessuto osseo compatto si trova nelle diafisi, la parte centrale delle ossa lunghe, e nelle lamine esterne delle ossa piatte, mentre le altre ossa dello scheletro sono costituite essenzialmente da tessuto osso spugnoso (**figura 4**).

La superficie esterna delle ossa non è uniforme, ma caratterizzata da *solchi* e *creste*: i solchi sono l'impronta di grossi vasi sanguigni, mentre le creste sono le aree di inserzione dei **tendini** e dei **legamenti**. I tendini collegano i muscoli alle ossa, mentre i legamenti tengono unite le ossa tra di loro. Per potere garantire il movimento del corpo, infatti, le ossa sono strutture attorniate da muscoli e coinvolte in numerose articolazioni.

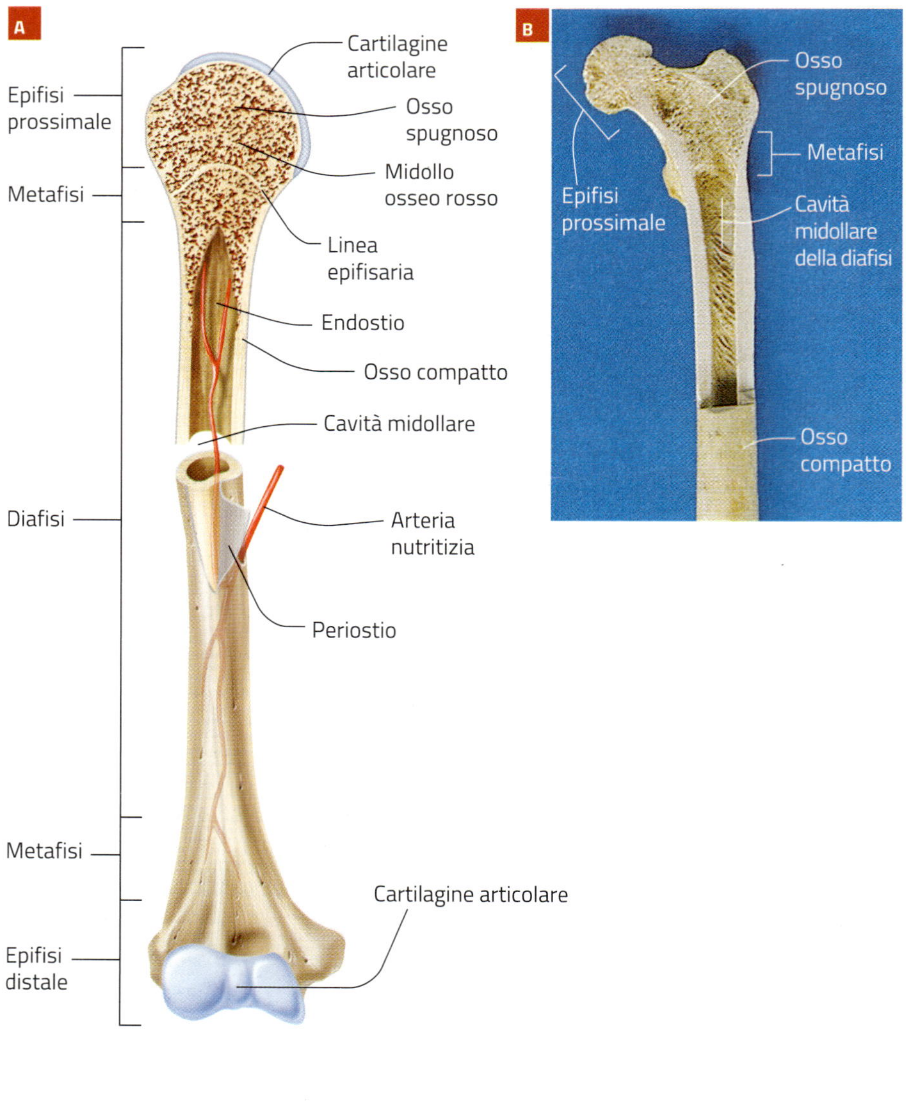

► **Figura 4**
Disegno (A) e fotografia (B) che illustrano le suddivisioni anatomiche di un osso lungo.

1 - Per saperne di più

Come distinguere lo scheletro umano maschile da quello femminile

Quando viene ritrovato uno scheletro sepolto da molto tempo, i medici forensi devono stabilire, guardando le ossa, se si tratti di un corpo femminile oppure maschile. Per distinguerli si sfrutta il dimorfismo sessuale, prendendo in considerazione alcuni aspetti caratteristici dello scheletro.

- Lo scheletro di un uomo ha ossa più spesse e grandi, con epifisi più voluminose; inoltre, possedendo in genere una muscolatura più sviluppata, sono più grandi le creste ossee adibite all'attacco di muscoli e legamenti.

Le ossa femminili cominciano prima a presentare segni di rarefazione a causa dell'osteoporosi, quindi lo scheletro è in genere più fragile e leggero.

- Il cranio presenta caratteristiche somatiche leggermente diverse: l'uomo in genere ha un'arcata sopracciliare ossea più sporgente e una mandibola più squadrata.
- Il bacino è decisamente diverso (**figura**): quello maschile è più piccolo, a forma di cuore; la coppa del bacino che abbraccia la testa del femore (acetabolo) è grande e laterale e la pelvi profonda, mentre l'arco sottopubico ha un angolo inferiore a 90°. Al contrario, il bacino femminile risulta più grande e ovale perché deve essere adatto al parto; l'acetabolo è piccolo e orientato anteriormente, con pelvi poco profonda; infine, l'arco sottopubico ha un angolo superiore a 90° e l'osso sacro è più corto e meno incurvato.

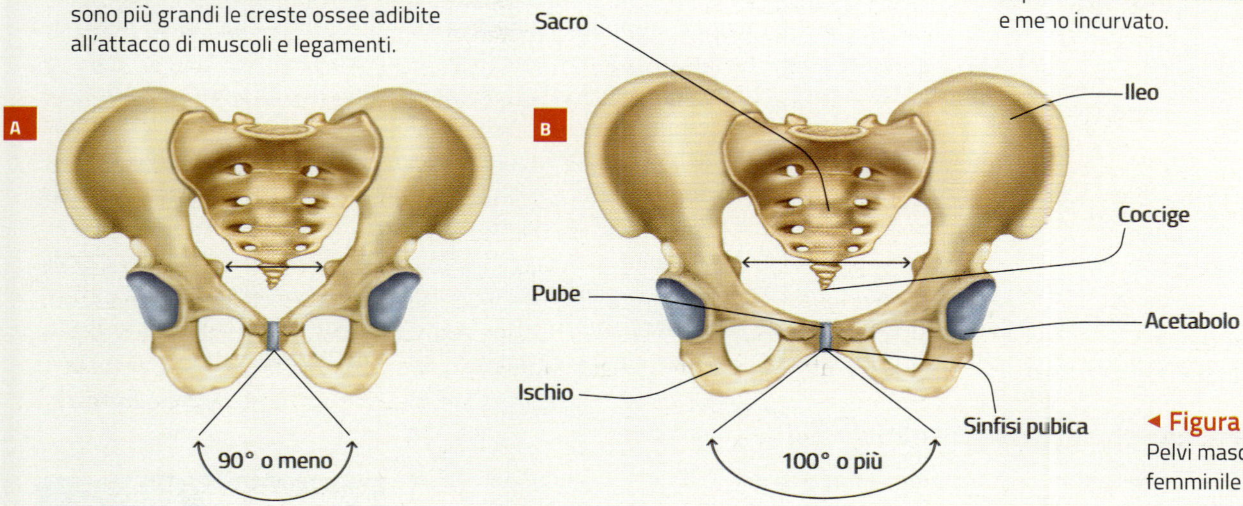

◂ **Figura** Pelvi maschile (A) e femminile (B) a confronto.

Le cellule del tessuto osseo sono osteoblasti, osteociti e osteoclasti

Il tessuto osseo deriva da cellule staminali dette *osteoprogenitrici*, che mantengono la capacità di dividersi generando, per mitosi, gli **osteoblasti**. Queste cellule sono caratterizzate da un reticolo endoplasmatico ruvido (RER) e da un apparato di Golgi particolarmente sviluppati, che permettono loro di produrre la matrice extracellulare ossea. Una volta prodotta la matrice, gli osteoblasti la espellono per esocitosi perché venga organizzata nella sua forma finale.

La matrice ossea è composta da fibre collagene, acqua e sali minerali cristallizzati. La *componente fibrillare* è costituita prevalentemente da collagene: nell'osso adulto le fibre assumono una disposizione a fasci avvolti a elica, una struttura indispensabile per conferire all'osso un elevato grado di resistenza. La *componente minerale* della matrice, che costituisce circa il 65% del peso secco dell'osso, è invece formata da cristalli di *idrossiapatite*. Questa componente mineralizzata è fondamentale per conferire la caratteristica durezza alle ossa, che però risulterebbero fragili senza la componente fibrillare che le rende un po' più elastiche e in grado di resistere alle sollecitazioni meccaniche.

Oltre al collagene e ai minerali, nelle ossa si trova anche una piccola percentuale di una componente amorfa di proteoglicani e una serie di glicoproteine; queste ultime hanno prevalentemente un ruolo di adesione, perché consentono l'ancoraggio delle cellule dell'osso alla matrice.

A mano a mano che producono matrice, gli osteoblasti rimangono intrappolati in piccole lacune poste tra le lamelle concentriche della matrice stessa. A questo stadio gli osteoblasti smettono di sintetizzarla e diventano veri e propri **osteociti**, distinguibili per il fatto di possedere un RER e un apparato del Golgi decisamente meno sviluppati. Queste cellule non sono inerti dal punto di vista metabolico: gli osteociti gestiscono lo scambio dei minerali dall'osso, intervenendo nella regolazione della concentrazione di calcio nell'organismo.

Le parole

Osteoblasti in greco significa «embrioni di ossa», mentre **osteoclasti** «demolitori di ossa»; con il termine **osteociti** si indicano invece le cellule (*-cita*) delle ossa (*osteo*) quando sono nella forma matura.

A colpo d'occhio

OSSA
- OSTEOBLASTI — PRODUZIONE MATRICE OSSEA
- OSTEOCLASTI — DISTRUZIONE MATRICE OSSEA
- OSTEOCITI — REGOLAZIONE DEL CALCIO

Quando invece l'organismo ha bisogno di attingere ai costituenti minerali della matrice, intervengono gli **osteoclasti**, i quali possiedono enzimi in grado di scindere le proteine e i minerali della matrice ossea per rimetterli in circolo in caso di necessità, come durante la riparazione di una frattura o la crescita delle ossa.

Epìfisi e diàfisi sono le parti che compongono un osso lungo

Le ossa lunghe, come l'omero, il femore e le coste, presentano diverse porzioni anatomiche (*vedi* **figura 4**), ognuna con una specifica funzione. L'**epìfisi** è la parte posta alle due estremità formata da tessuto osseo spugnoso e contenente il midollo osseo rosso, preposto all'emopoiesi. La **diàfisi**, invece, è la parte centrale ed è costituita da un cilindro cavo formato da osso compatto che racchiude una *cavità midollare*. Nei bambini questa cavità racchiude il *midollo osseo rosso*, che nell'adulto è gradualmente sostituito da *midollo osseo giallo*, formato da tessuto lipidico. Ciò indica che la funzione emopoietica degli adulti è limitata alle cavità dell'osso spugnoso, presente prevalentemente delle ossa piatte.

La diafisi delle ossa lunghe è rivestita da una guaina di tessuto connettivo denso e irregolare detta **periostio** (**figura 5A**), che serve a proteggere l'osso, ma che è anche la sede del passaggio di vasi e nervi. Nel periostio sono inoltre presenti gli osteoblasti deputati alla crescita dello spessore dell'osso stesso. Il canale midollare è invece rivestito dall'**endostio**, una sottile membrana contenente uno strato di cellule che nutrono l'osso, ma che sono in grado di generare cellule delle ossa, oppure altre che distruggono la matrice extracellulare (osteoclasti).

La **metàfisi** è la porzione intermedia tra epifisi e diafisi: è la zona in cui avviene la crescita in lunghezza dell'osso nel bambino e nell'adolescente.

Le parole

I termini **epìfisi e diàfisi** derivano dalla parola greca *–phýein*, che significa «crescere», associata rispettivamente ai prefissi *epí-*, sopra, e *dia-*, attraverso.

2 - Per saperne di più

L'evoluzione dello scheletro negli animali

Lo scheletro ha la funzione fondamentale di sostenere l'organismo e, con l'aiuto dei muscoli, di permettere il movimento. Questo sostegno è particolarmente importante per gli organismi terrestri, mentre quelli acquatici sono in parte sostenuti dall'acqua in cui vivono. Alcuni animali, come gli anellidi, possiedono uno **scheletro idrostatico**, formato da porzioni distinte rivestite da muscoli e contenenti liquido, ma prive di parti rigide; la pressione esercitata dal liquido interno nella fase di contrazione dei muscoli svolge specifiche funzioni dello scheletro, consentendo all'animale di muoversi nella direzione perpendicolare a quella della contrazione muscolare (**figura A**).

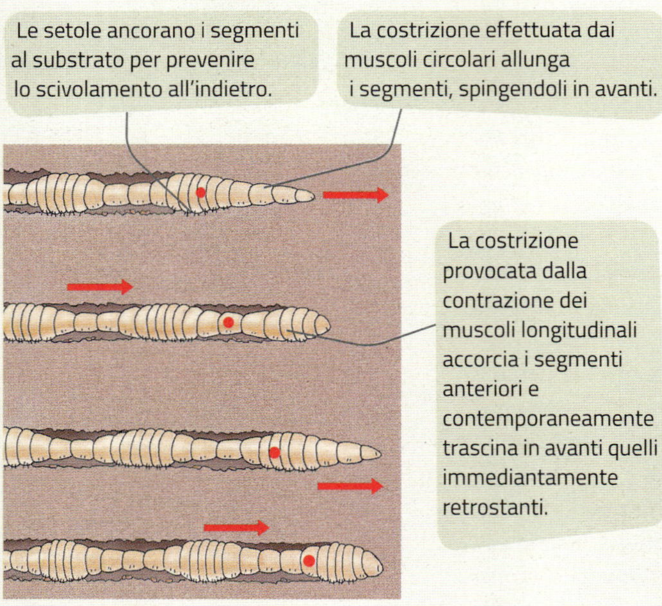

▲ **Figura A**
Funzionamento dello scheletro idrostatico di un anellide.

In molti organismi lo scheletro è esterno e viene chiamato **esoscheletro**. Per esempio sono dotati di esoscheletro calcareo i coralli, e anche i foraminiferi, i radiolari e le diatomee, che possiedono gusci esterni di calcio o silice. Sono esoscheletri anche le conchiglie dei molluschi gasteropodi, per i quali esso è indispensabile per dare sostegno ai tessuti molli del corpo. Nel corso della vita i molluschi accrescono il proprio esoscheletro, prelevando il calcio dall'acqua e dal terreno.

Gli artropodi sono dotati di un esoscheletro di chitina al cui interno aderiscono i muscoli che consentono il movimento. Il limite di questa struttura è la sua rigidità che non le consente di adattarsi alla crescita dell'animale, motivo per cui gli insetti vanno incontro al processo della **muta**, ovvero della sostituzione del vecchio esoscheletro con quello nuovo per adattarsi alle dimensioni corporee maggiori (**figura B**).

Tra i vertebrati, l'esoscheletro è presente nelle tartarughe: il *carapace* è infatti un prolungamento esterno dello scheletro interno. Questo esoscheletro cresce finché la tartaruga non diventa adulta, svolgendo una funzione protettiva che probabilmente è alla base del successo evolutivo di questi antichissimi animali, che lo sfruttavano per scavare e per ripararsi dagli attacchi dei predatori.

◂ **Figura B**
La muta permette agli insetti di cambiare l'esoscheletro e far crescere il corpo; una volta uscito dal vecchio rivestimento, qualche insetto se ne nutre perché è ricca di nutrienti.

L'osso compatto e l'osso spugnoso hanno struttura diversa

L'insieme delle caratteristiche di resistenza e robustezza delle nostre ossa sono determinate dalla loro struttura microscopica, che nell'osso compatto si basa su unità funzionali chiamate **osteoni**. Ogni osteone è formato da lamelle di matrice extracellulare concentriche, al centro delle quali sono presenti delle lacune in cui sono intrappolati gli osteociti. Tra le cellule e le lacune si formano dei canalicoli di comunicazione pieni di liquido extracellulare che trasporta le sostanze da una cellula all'altra. I vasi sanguigni e linfatici entrano nell'osso attraverso il periostio in maniera perpendicolare alla lunghezza della diafisi, sfruttando i *canali perforanti*, o *di Volkmann* (**figura 5B**). Da questi si diramano poi dei canali paralleli alla lunghezza dell'osso, che rimangono al centro di ogni osteone, i *canali centrali* o *di Havers*.

Questa è la struttura microscopica del tessuto compatto che costituisce l'80% dello scheletro e si trova nelle diafisi delle ossa lunghe. Il restante 20% è formato da tessuto spugnoso che è presente:

- al centro delle diafisi delle ossa lunghe;
- nelle epifisi delle ossa lunghe;
- nelle ossa piatte, brevi e irregolari.

L'osso spugnoso non è formato da osteoni, ma da **trabecole** (**figura 5C**). Le trabecole sono colonne ossificate formate da matrice extracellulare e osteociti, sempre confinati in lacune e comunicanti tramite canalicoli. Il tessuto nel suo complesso ha l'aspetto di una rete, infatti si tratta di una trama ossea che fornisce sostegno per il midollo rosso emopoietico.

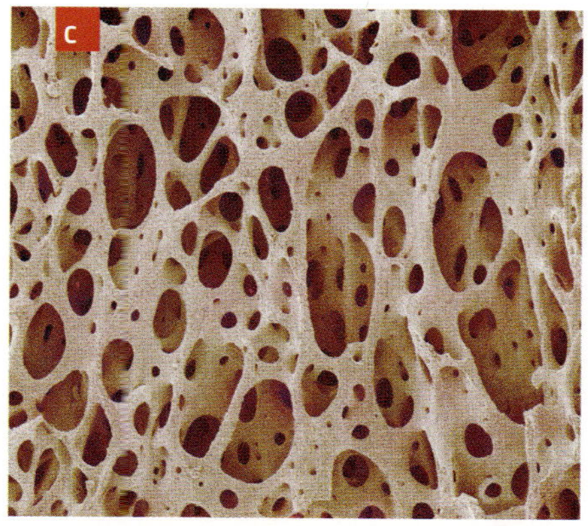

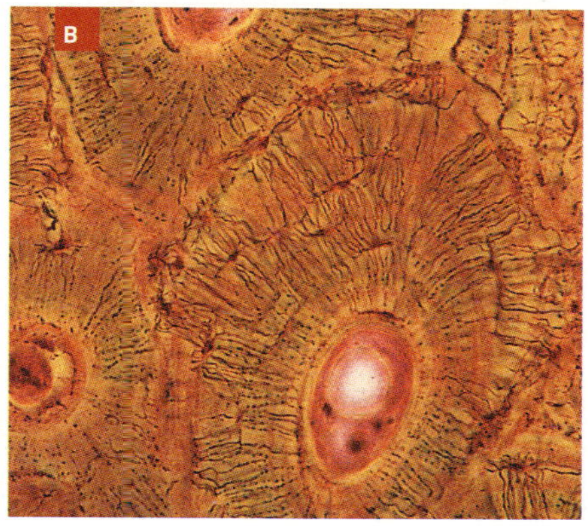

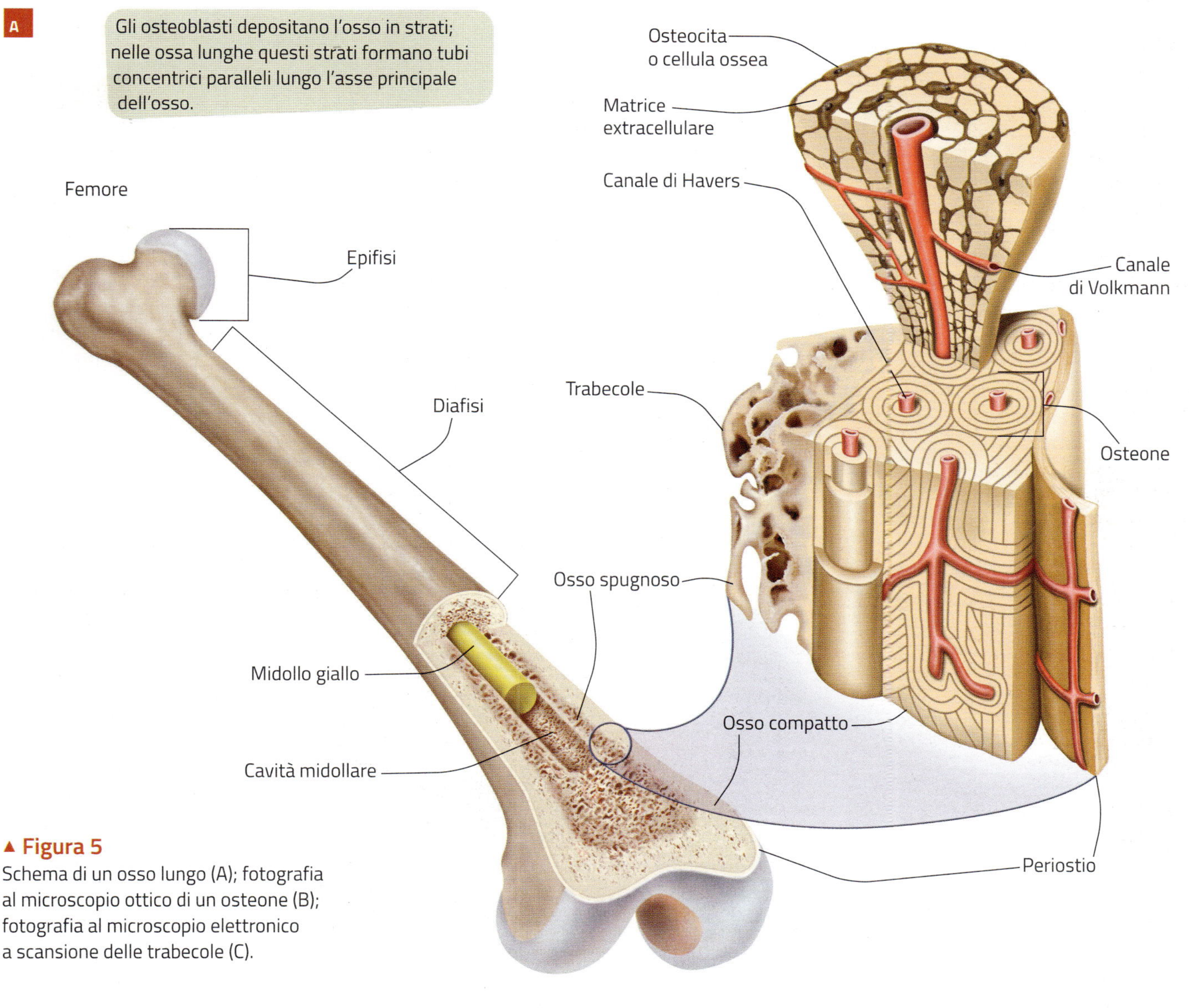

▲ Figura 5
Schema di un osso lungo (A); fotografia al microscopio ottico di un osteone (B); fotografia al microscopio elettronico a scansione delle trabecole (C).

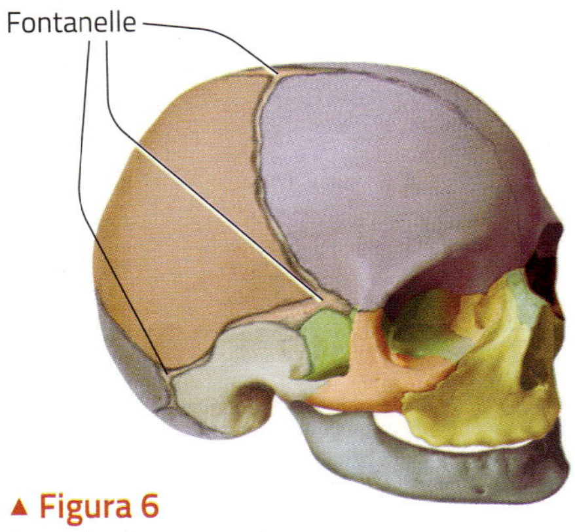

▲ **Figura 6**
Il cranio di un neonato.

Le ossa lunghe si accrescono sia in lunghezza sia in larghezza

Intorno alla quarta settimana di sviluppo embrionale si differenziano aree specializzate, dette **somiti**, da cui si origineranno lo scheletro e i muscoli. Esse si sviluppano rapidamente e al quarto mese di vita lo scheletro è già quasi completo. Si tratta, però, di uno scheletro formato da *cartilagine ialina* (*vedi* capitolo C1), mentre le ossa piatte del cranio sono in realtà membrane fibrose. Con il progredire dello sviluppo, le ossa cartilaginee sono poi in buona parte sostituite da tessuto osseo.

Alla nascita sono però ancora presenti aree non ossificate, come le **fontanelle craniche** (**figura 6**), necessarie per consentire sia al cranio di comprimersi nel momento del parto sia un'ulteriore crescita dell'individuo. Le fontanelle sono 6 e normalmente si chiudono entro i due anni di età. Un'altra area non ossificata si trova nella metàfisi delle ossa lunghe degli individui giovani: si tratta del **disco epifisario**, o *cartilagine di coniugazione*, che è responsabile dell'accrescimento dell'osso fino al termine della pubertà (**figura 7**). Grazie allo strato di cellule cartilaginee (*condrociti*) in proliferazione, infatti, questa cartilagine produce materiale osseo in direzione della cavità midollare delle ossa lunghe, così da permettere alle epifisi di allontanarsi progressivamente dalla diafisi. Nella porzione diafisaria del disco la cartilagine viene sostituita gradualmente dal tessuto osseo, mentre sul lato epifisario continua la crescita. Quando l'accrescimento si arresta definitivamente, intorno ai 20-25 anni, la cartilagine è completamente sostituita dal tessuto osseo e del disco epifisario rimane solo una traccia, detta *linea epifisaria*.

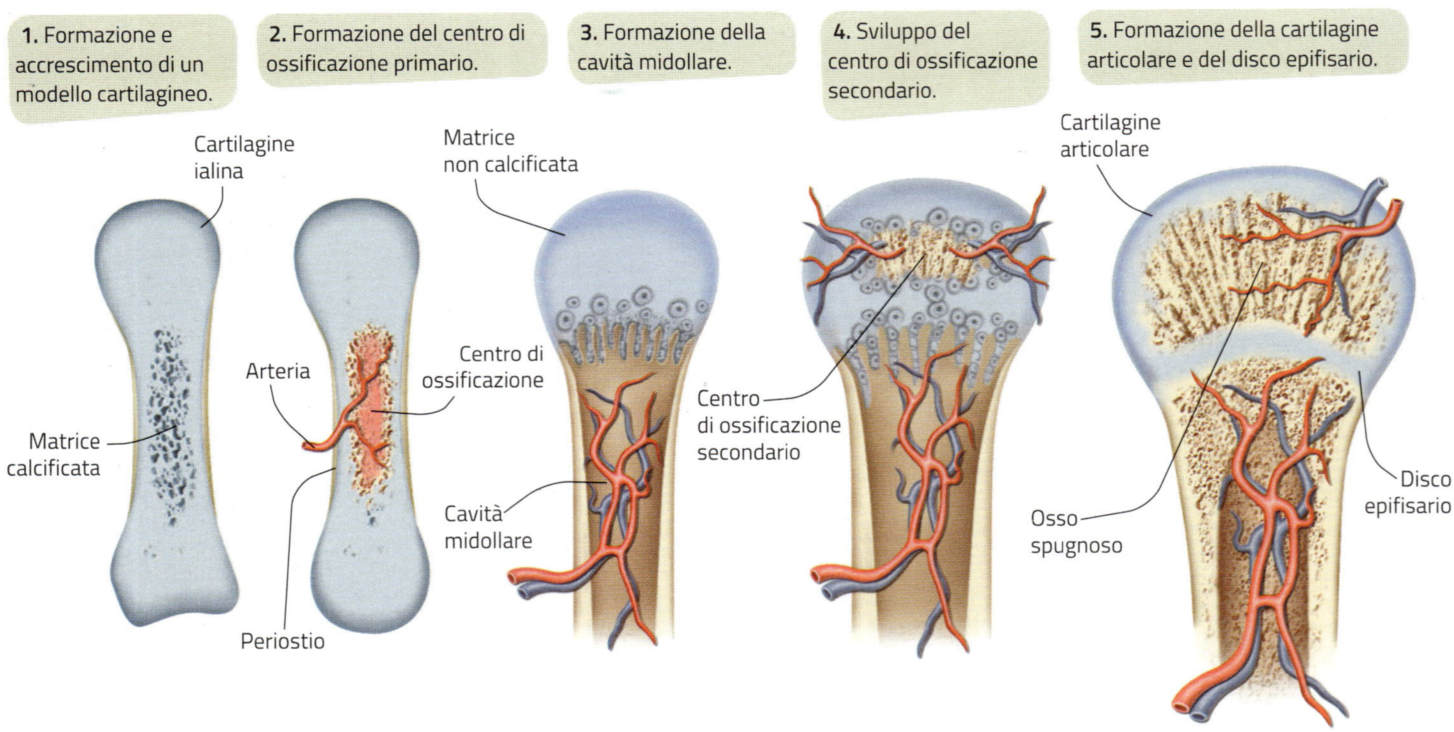

▲ **Figura 7**
Il processo di ossificazione della tibia, un osso lungo degli arti inferiori.

Affinché l'osso cresca anche di diametro, senza che ci sia una riduzione della cavità midollare, quando l'osso deposita nuova matrice extracellulare a livello della superficie esterna, gli osteoclasti distruggono il tessuto osseo adiacente alla cavità interna. In questo modo l'osso aumenta di spessore e la cavità midollare si allarga in modo proporzionale.

Le ossa del viso e del cranio sono piatte

Le ossa della testa sono 22 e vengono divise in ossa **craniche** e ossa **facciali**. Le ossa craniche proteggono l'encefalo, mentre quelle facciali sostengono i muscoli del viso e i denti. Le ossa craniche (**figura 8**) sono piatte, tondeggianti e si incastrano tra loro per mezzo di articolazioni fisse, o **suture**.

Sia le ossa craniche sia quelle facciali possiedono alcune cavità, i *seni*, che servono ad alleggerire il peso del cranio, umidificare e riscaldare l'aria in entrata e rappresentano una sorta di cassa di risonanza utile nel processo di fonazione.

◂ Figura 8
Il cranio di un adulto in visione frontale (A) e laterale (B).

A

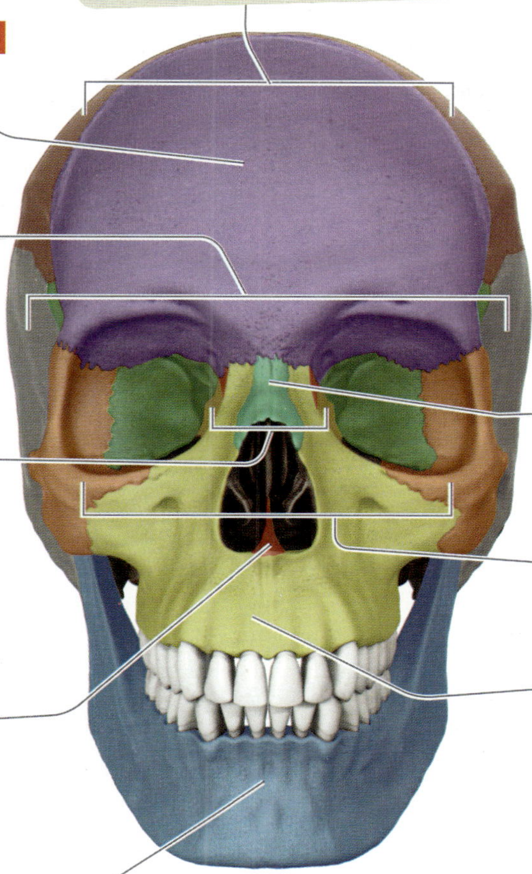

B

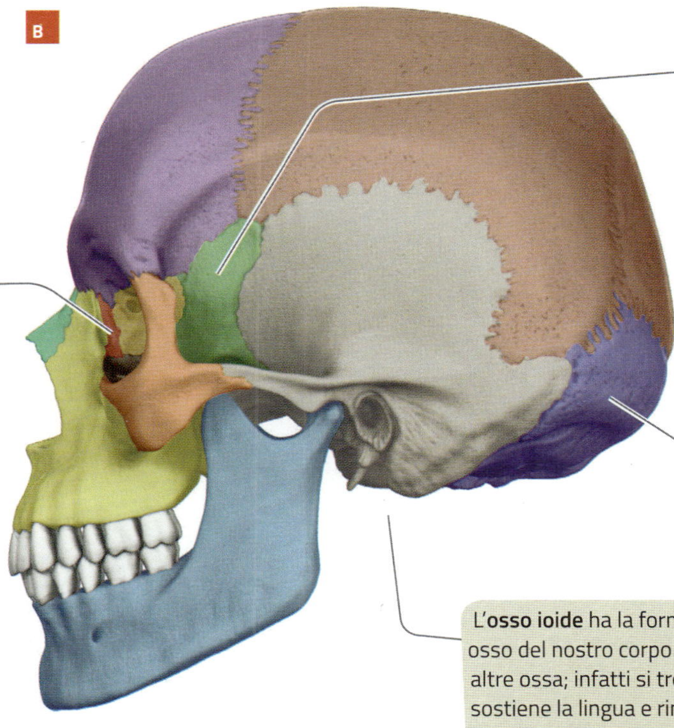

Curiosità

La quantità raccomandata di **calcio** da assumere giornalmente è quella contenuta in circa mezzo litro di latte, oppure una pari quantità di suoi derivati, come formaggio o yogurt. Gran parte delle acque potabili sono già ricche di ioni Ca^{2+}, che contribuisce all'apporto quotidiano da assumere attraverso altre fonti.

Il tessuto osseo viene continuamente prodotto e demolito

Durante tutta la vita il tessuto osseo è rinnovato continuamente, con distruzione di matrice extracellulare da parte degli osteoclasti e deposizione di nuova matrice da parte degli osteoblasti. Circa il 10% di tutto il nostro tessuto osseo viene rinnovato ogni anno attraverso il fenomeno del **rimodellamento osseo**. Uno dei motivi per cui questo accade è l'usura da stress fisico: il carico sulle ossa e sulle articolazioni e una quantità esagerata di esercizi ripetuti possono infatti attivare il rimodellamento osseo, mentre una vita sedentaria lo rallenta. A essere coinvolti sono anche alcuni ormoni: l'*ormone della crescita* (GH) prodotto dall'ipofisi, l'*insulina* secreta dal pancreas e gli *ormoni della tiroide*.

Il processo di rimodellamento prosegue anche quando le piastre epifisarie di cartilagine sono sostituite dal tessuto osseo, e quindi l'allungamento delle ossa è terminato. L'intensità di questo fenomeno è legata soprattutto ai livelli di calcio nel sangue (*calcemia ematica*) e al carico meccanico cui i muscoli sottopongono le ossa (**figura 9**). In condizioni di **ipocalcemia** si deve attivare la liberazione di calcio nel sangue; tale risultato si ottiene quando le ghiandole paratiroidi rilasciano il *paratormone* (PTH), che attiva gli osteoclasti e stimola la demolizione del tessuto osseo liberando il calcio necessario nel circolo ematico. Se, al contrario, si ha una situazione di **ipercalcemia**, il calcio è prelevato dal sangue e fissato nelle ossa grazie allo stimolo dell'ormone calcitonina.

Quando la demolizione del calcio prevale sulla sua deposizione ossea, si può avere una patologia detta **osteoporosi**, che può essere influenzata da fattori genetici e ormonali (come il calo di estrogeni in menopausa), da alcuni farmaci (come il cortisone), ma anche da uno stile di vita sedentario, da una dieta povera di calcio, vitamine e minerali o dall'assunzione di alcol e nicotina attraverso il fumo. Con l'osteoporosi l'osso diventa più fragile e può fratturarsi con maggiore facilità, soprattutto a livello di vertebre, anca e femore. Per mantenere in salute il nostro scheletro e per contrastare un'eventuale degenerazione delle ossa, sarebbe opportuno mantenere una sana attività fisica e introdurre una sufficiente dose quotidiana di calcio. La dose necessaria a soddisfare il fabbisogno giornaliero di un adulto è di 800 mg, quantità che aumenta negli anziani e nei bambini.

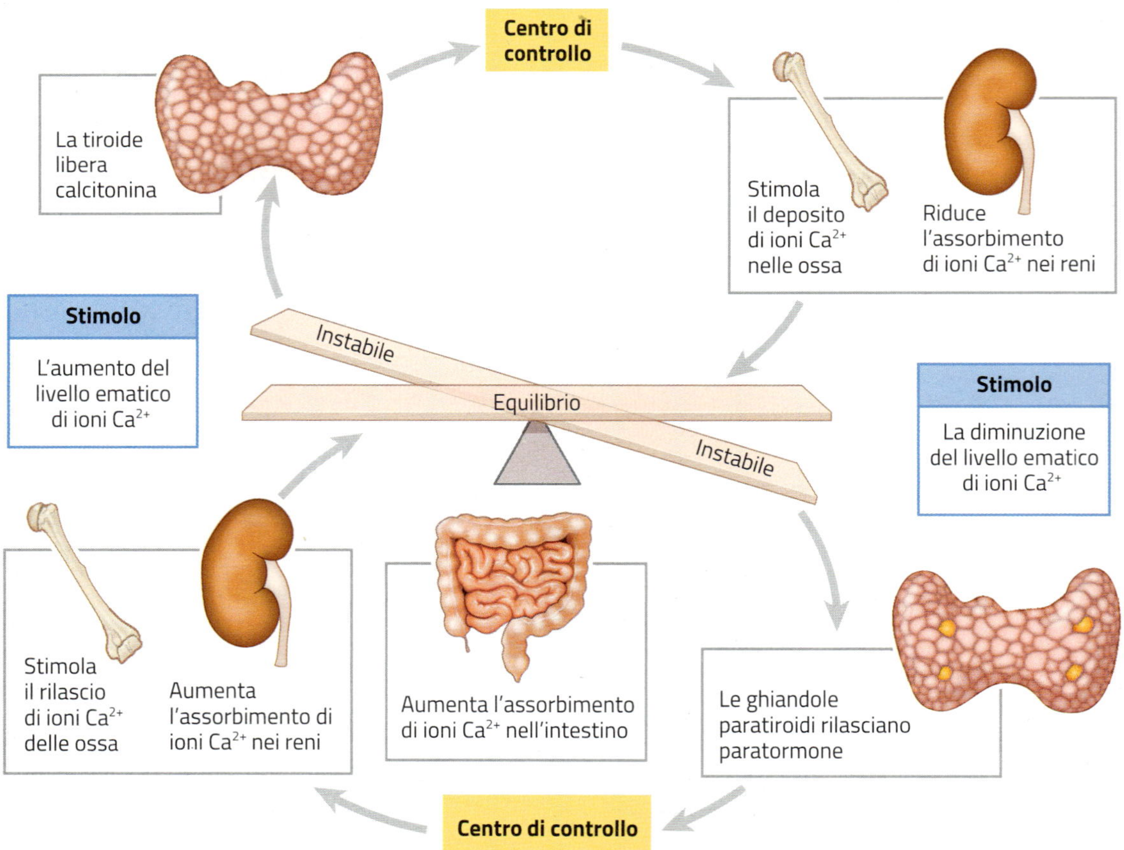

▸ **Figura 9** L'omeostasi del calcio è regolata attraverso gli ormoni calcitonina e paratormone, che favoriscono o inibiscono il rilascio di ioni Ca^{2+} nel sangue.

Le malattie dell'osso: fratture, rachitismo e osteoma

Quando un osso si spezza a causa di un trauma si verifica una **frattura**. Le fratture sono classificate come **chiuse**, se l'osso non fuoriesce dalla pelle, e **aperte** in caso contrario. La frattura è poi detta **scomposta**, se i due capi ossei si trovano staccati uno dall'altro, mentre è una frattura **composta** se i due capi ossei rotti si mantengono vicini (**figura A**). Una volta curata la frattura con ingessatura o con intervento ortopedico, l'osso deve riparare autonomamente il danno. Nella prima fase si ha un ematoma nel punto in cui i vasi sanguigni si rompono e si possono avere lacerazioni anche di legamenti, tendini e muscoli.

Il primo tessuto riparatore è il tessuto connettivo, che crea un **callo fibrocartilagineo** per la stabilizzazione dell'osso. Dopo le prime tre settimane, questo callo è sostituito progressivamente da tessuto osseo a opera degli osteoblasti, e si forma il **callo osseo** (**figura B**). In base alla gravità della frattura e all'età della persona, per la totale formazione del callo osseo possono essere necessarie dalle 6 alle 8 settimane. Nei mesi successivi, in base alle sollecitazioni meccaniche a cui è sottoposto, l'osso viene comunque rimodellato per arrivare alla sua forma definitiva. Nei casi in cui le fratture siano particolarmente complesse, può essere necessario aiutare il posizionamento attraverso apposite viti o piastre metalliche, che possono essere successivamente rimosse, ma che spesso rimangono in sede (**figura C**).

Il **rachitismo** è una malattia dovuta a un'anomalia nell'ossificazione in corso di crescita. La vitamina D_3 viene assorbita per il 10% dalla dieta e per il 90% tramite trasformazione del colesterolo indotta dai raggi UVA che raggiungono la pelle. A questo punto, la vitamina deve essere attivata per diventare *calcitriolo*, molecola che aumenta il calcio in circolo, il quale a sua volta permette la normale formazione delle ossa.

Quando questa catena di eventi non funziona, il risultato è una ridotta calcemia e le ossa risultano deformate a causa dell'alterata ossificazione: esse sono meno dense e le metàfisi assumono una tipica forma «a coppa», che rende questa porzione nodosa. Le ossa del cranio sono più molli e le gambe sono arcuate; anche la dentatura presenta dei problemi. Per curare il rachitismo a volte sono sufficienti la somministrazione di vitamina D e l'esposizione al Sole. In altri casi, soprattutto quando il problema è genetico, bisogna intervenire per capire in quale fase il soggetto non riesce a sintetizzare il calcitriolo o questo non risulta efficace.

L'**osteoma osteoide** è un tumore che colpisce i giovani (il 90% dei pazienti ha un'età compresa tra 5 e 25 anni), ma è benigno, ovvero non invade altri organi mediante metàstasi. Le persone di pelle chiara sembrano molto più sensibili a questa malattia rispetto a quelle di pelle scura e l'incidenza nei maschi è doppia rispetto a quella nelle femmine. Poiché gli sportivi sono colpiti più frequentemente, si ritiene che una delle cause sia da ricercare nei microtraumi alle ossa che possono essere generati da un'intensa attività sportiva.

Il principale sintomo di questa malattia è il dolore, che dapprima si presenta in forma lieve e poi, col passare del tempo, diventa acutissimo, tanto da essere invalidante. Le fitte dolorose si presentano anche durante il sonno e possono diventare molto più insistenti dopo l'assunzione di bevande alcoliche; per fortuna il dolore è molto sensibile all'acido acetilsalicilico: è sufficiente la somministrazione di una sola compressa per farlo scomparire per diverse ore. Questo tumore si localizza generalmente in corrispondenza della diafisi e molto più raramente nell'epifisi dell'osso.

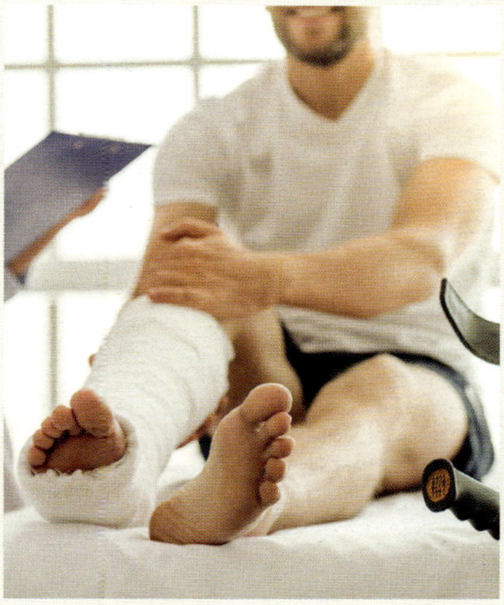

▲ **Figura B**
Un arto fratturato deve essere ingessato per immobilizzarlo mentre si forma il callo osseo.

A volte il tumore regredisce spontaneamente nell'arco di circa 3 anni; non si conosce la causa di questa «guarigione», ma si sospetta che si tratti di un infarto del tumore stesso, cioè di una crisi dovuta all'incapacità del tumore di procurarsi l'ossigeno necessario al proprio sostentamento. Se il dolore è troppo forte, è oggi possibile intervenire sia chirurgicamente sia con un metodo meno invasivo in anestesia locale: introducendo un ago si prelevano alcune cellule del tessuto interessato per farne l'esame istologico e, sempre con lo stesso ago, si emettono radiofrequenze che scaldano l'osso fino a far coagulare i vasi sanguigni che nutrono l'osteoma. Dopo 10 ore dall'intervento si ha la completa remissione del dolore.

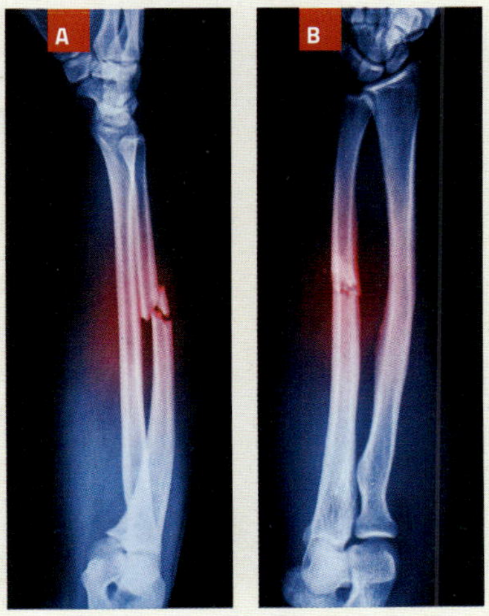

► **Figura A**
Una frattura scomposta (A) e una composta (B) dell'ulna.

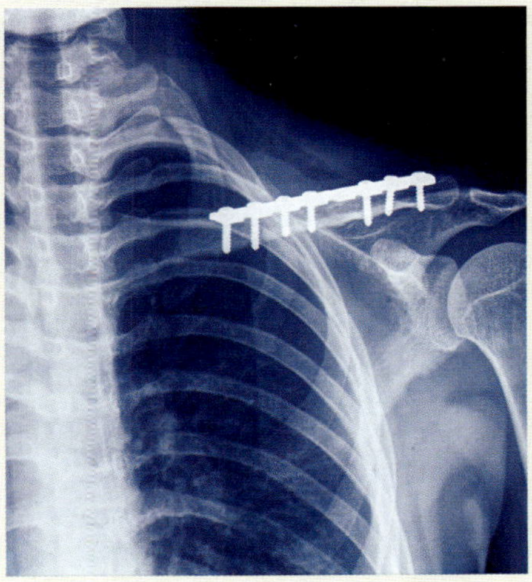

► **Figura C**
Frattura alla clavicola curata con placca di metallo e viti.

Le articolazioni si dividono in fibrose, cartilaginee e sinoviali

Le **articolazioni** sono il punto di incontro di due o più ossa: grazie a esse il corpo può compiere movimenti e mantenere una determinata postura. In base alla tensione dei legamenti, alla forma delle ossa che la compongono e alla presenza di tendini che la stabilizzano, un'articolazione risulta più o meno flessibile o stabile; per esempio, l'articolazione del ginocchio permette movimenti di flessione ed estensione della gamba, mentre l'articolazione tra le ossa craniche frontale e temporale non permette alcun movimento.

A seconda del tipo di tessuto connettivo che tiene unite le ossa, le articolazioni sono classificate in tre gruppi (**figura 10**):

1. **fibrose**, che contengono tessuto connettivo ricco di fibre collagene; a questo tipo appartengono le articolazioni tra le ossa del cranio, che hanno movimento scarso o nullo;
2. **cartilaginee**, in cui le ossa sono separate da cartilagine fibrosa o ialina; sono di questo tipo la sinfisi pubica e le articolazioni intervertebrali, che sono anch'esse giunture poco mobili;
3. **sinoviali**, che sono costituite da uno spazio ben delimitato tra due ossa – detto *cavità sinoviale* – che contiene il *liquido sinoviale*; fanno parte di questo gruppo l'articolazione della spalla e quella del ginocchio, che sono molto flessibili e permettono una buona mobilità.

Sono dette *sinartrosi* le articolazioni che consentono poco movimento, cioè quelle fibrose e cartilaginee; invece, le articolazioni più mobili, ovvero quelle sinoviali, prendono il nome di *diartrosi*.

A colpo d'occhio

ARTICOLAZIONI
- FIBROSE
- CARTILAGINE
- SINOVIALI

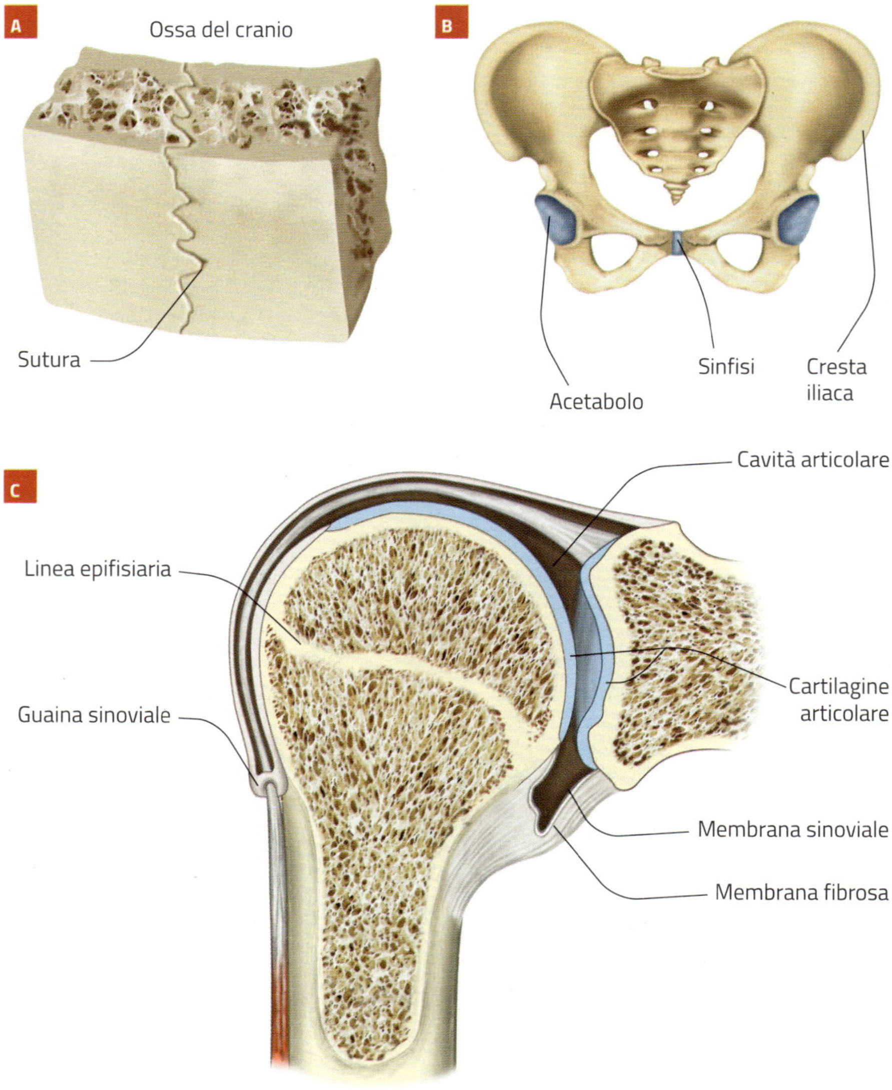

▸ **Figura 10**
I tre diversi tipi di articolazione nel corpo umano: l'articolazione fibrosa tra due ossa craniche (A), quella cartilaginea nel bacino (B) e quella sinoviale nella spalla (C).

Per garantire un ampio grado di mobilità, le articolazioni sinoviali sono formate da alcune specifiche strutture anatomiche quali la capsula articolare, la cartilagine articolare e il liquido sinoviale. La **capsula articolare** contiene l'articolazione ed è formata esternamente da tessuto connettivo fibroso denso e internamente da una membrana sinoviale composta da connettivo con fibre elastiche. In alcuni punti della membrana il tessuto connettivo si addensa: esternamente forma i legamenti, mentre internamente dei cuscinetti adiposi articolari. La **cartilagine articolare** riveste le porzioni distali delle ossa coinvolte; si tratta di cartilagine ialina senza vasi sanguigni che ha una struttura delicata e serve a ridurre l'attrito tra le ossa. Con il tempo, a causa di ripetuti microtraumi o per posture non corrette, la cartilagine si consuma e le ossa si trovano a sfregare le une sulle altre con conseguente dolore e artrosi.

Il **liquido sinoviale** è contenuto all'interno della capsula articolare e viene prodotto dalla membrana sinoviale. È un liquido viscoso, trasparente o giallo chiaro, che nutre i *condrociti* e, poiché la cartilagine ialina non ha vasi, è necessario per rimuoverne i metaboliti. Esso serve inoltre per ridurre l'attrito nel movimento. Dopo un trauma e la conseguente infiammazione, il liquido sinoviale può aumentare di volume facendo gonfiare vistosamente la parte lesa.

Esistono altre strutture accessorie alle articolazioni sinoviali, come i **menischi**; si tratta di dischi di cartilagine fibrosa, posti tra femore e tibia, che favoriscono un migliore adattamento tra le due superfici articolari e la stabilità del ginocchio in posizione eretta. Altre strutture accessorie sono le **borse**, piccole sacche contenenti liquido che servono per proteggere zone a sfregamento molto intenso.

4 - La nostra salute

Come è fatto il ginocchio

Il **ginocchio** è l'articolazione più complessa del corpo umano, è una specie di cerniera posta tra due ossa particolarmente robuste, il femore e la tibia. Questa cerniera è associata anteriormente alla *rotula*, o patella, un piccolo osso sesamoide che agisce come un blocco, impedendo alla cerniera stessa di aprirsi oltre i 180 °C.

Come nella maggior parte delle articolazioni, le ossa del ginocchio sono tenute saldamente unite dall'azione di specifici legamenti (**figura**). I **legamenti collaterali** (mediale, o tibiale, e laterale, o fibulare) legano il giunto dall'esterno; essi risultano allentati quando il ginocchio è flesso e tesi quando il ginocchio viene esteso. I **legamenti crociati** (anteriore e posteriore) si incrociano all'interno dell'articolazione per garantirne la stabilizzazione. Infine, il legamento patellare unisce la patella alla tuberosità tibiale.

I **menischi** sono cunei di cartilagine fibrosa a forma di C, appoggiati sulla superficie superiore della tibia per ammortizzare il giunto; nel ginocchio umano ci sono un menisco laterale e uno mediale. Le ginocchia sono particolarmente suscettibili ai traumi, come la maggior parte degli atleti può purtroppo testimoniare. Quando i cuscinetti ammortizzanti dei menischi si consumano, frammenti ossei iniziano ad accumularsi nel giunto articolare, rendendolo meno flessibile e più doloroso.

Le lesioni dei menischi sono tra le lesioni del ginocchio più comuni. Gli atleti sono più a rischio, ma chiunque può andare incontro a questa patologia. Il menisco può rompersi in diversi modi, classificati in base al loro aspetto e alla zona in cui si verifica la lesione. Se la lesione è ridotta e marginale, si può evitare il trattamento chirurgico, ma spesso è necessario un intervento, ormai eseguito in artroscopia.

Un altro tipo di trauma frequente a carico del ginocchio è la lesione dei suoi legamenti, specialmente di quelli crociati. Anche in questo caso è necessario un intervento chirurgico che possa ripristinare la corretta funzionalità del ginocchio.

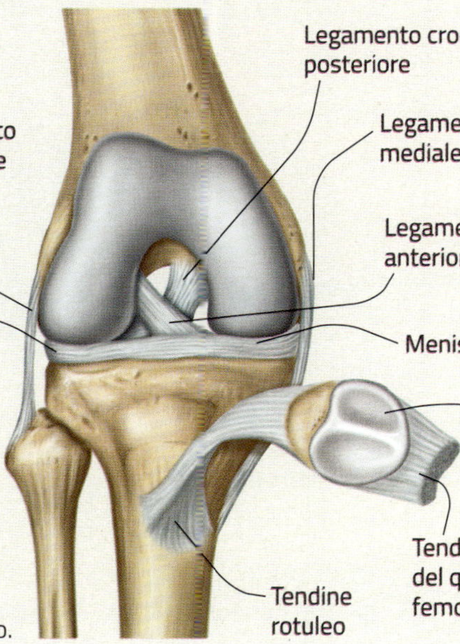

▸ **Figura** Anatomia del ginocchio.

Facciamo il punto

1. Come vengono classificate le ossa?
2. Come si accrescono le ossa lunghe?
3. Quali fattori inducono l'osteoporosi?
4. Che cosa s'intende per articolazione?
5. Come è strutturata un'articolazione sinoviale?

2 Il sistema muscolare

Il tessuto muscolare si suddivide in scheletrico, cardiaco e liscio

Lo scheletro non è sufficiente per muoversi, infatti esso fornisce un'impalcatura rigida al corpo, ma è necessaria la presenza di un altro sistema, il sistema muscolare, che si innesta sulle ossa e ne guida i movimenti. Nel complesso questi due sistemi formano un'organizzazione unitaria che prende il nome di **apparato locomotore**.

Il sistema muscolare è l'insieme dei **muscoli**, formati da cellule allungate e contrattili che possono variare la propria estensione per consentire tutti i movimenti del corpo. Nell'uomo esistono tre tipi differenti di muscolo: scheletrico, cardiaco e liscio. Il **muscolo scheletrico** (figura 11A) è detto *striato* perché a livello microscopico presenta peculiari striature; inoltre, questo tipo di muscolo è anche *volontario*, perché permette al corpo di muoversi in maniera intenzionale, come fanno per esempio i muscoli delle braccia e delle gambe. Anche il **muscolo cardiaco** (figura 11B) è striato ma, al contrario di quello scheletrico, è *involontario* perché la sua contrazione è generata autonomamente dal cuore stesso. Infine, il **muscolo liscio** (figura 11C) non presenta alcuna striatura, è involontario e si trova prevalentemente negli organi interni, come lo stomaco e l'intestino.

Le cellule del muscolo scheletrico sono dette *fibre muscolari*, quelle del muscolo cardiaco *miocardiociti*, mentre quelle del tessuto liscio sono le *fibrocellule*; tutti questi tipi di cellule contengono **miofibrille** (o miofilamenti) costituite da proteine capaci di contrarsi.

Le parole

Il termine **muscolo** deriva dal latino *muscŭlus*, diminutivo di «topo», probabilmente per la somiglianza fra i movimenti scattanti dell'animale e la contrazione muscolare.

A colpo d'occhio

TESSUTO MUSCOLARE
- SCHELETRICO — FIBRE MUSCOLARI
- CARDIACO — MIOCARDIOCITI
- LISCIO — FIBROCELLULE

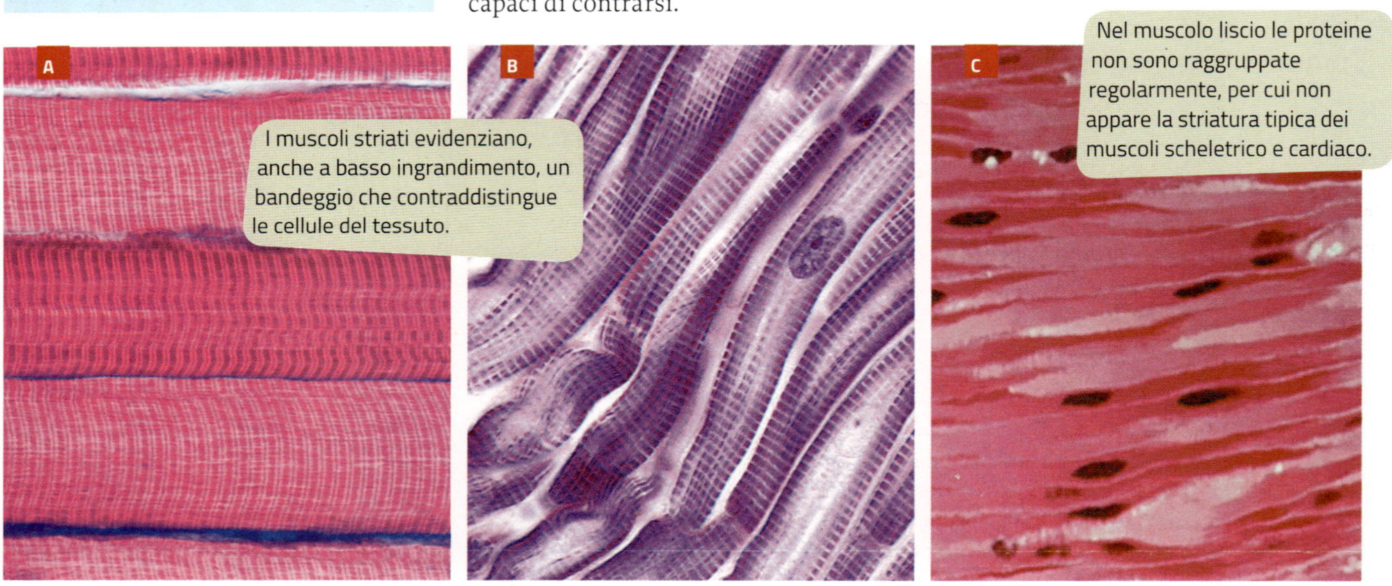

▲ **Figura 11**
Immagini al microscopio ottico di tessuto muscolare scheletrico striato (A), tessuto muscolare cardiaco (B) e tessuto muscolare liscio (C).

A colpo d'occhio

MUSCOLO SCHELETRICO
- MOVIMENTO
- POSTURA
- COMUNICAZIONE NON VERBALE
- REGOLAZIONE DELLA TEMPERATURA

I muscoli scheletrici possono essere agonisti o antagonisti

Se un uomo ha una massa corporea di 70 kg, circa 28 kg rappresentano i suoi muscoli scheletrici: poco meno della metà del peso di un essere umano, infatti, è costituito da tessuto muscolare di tipo scheletrico. Questo è il muscolo più diffuso del corpo (figura 12) perché, oltre a permetterne il movimento volontario, consente di mantenere la postura; infatti, anche se non ce ne rendiamo conto, il solo fatto di stare eretti oppure seduti comporta una serie di costanti attività muscolari controllate dal sistema nervoso. Inoltre, i muscoli scheletrici sono responsabili della comunicazione non verbale tra gli esseri umani; per esempio, possiamo sorridere o aggrottare le sopracciglia grazie all'azione dei numerosi muscoli facciali. I muscoli scheletrici consentono anche di regolare la temperatura corporea quando quella esterna si abbassa; infatti in questo caso si attiva la loro contrazione involontaria (i cosiddetti «brividi»), che genera il calore nel tentativo di riportare la temperatura a valori fisiologici.

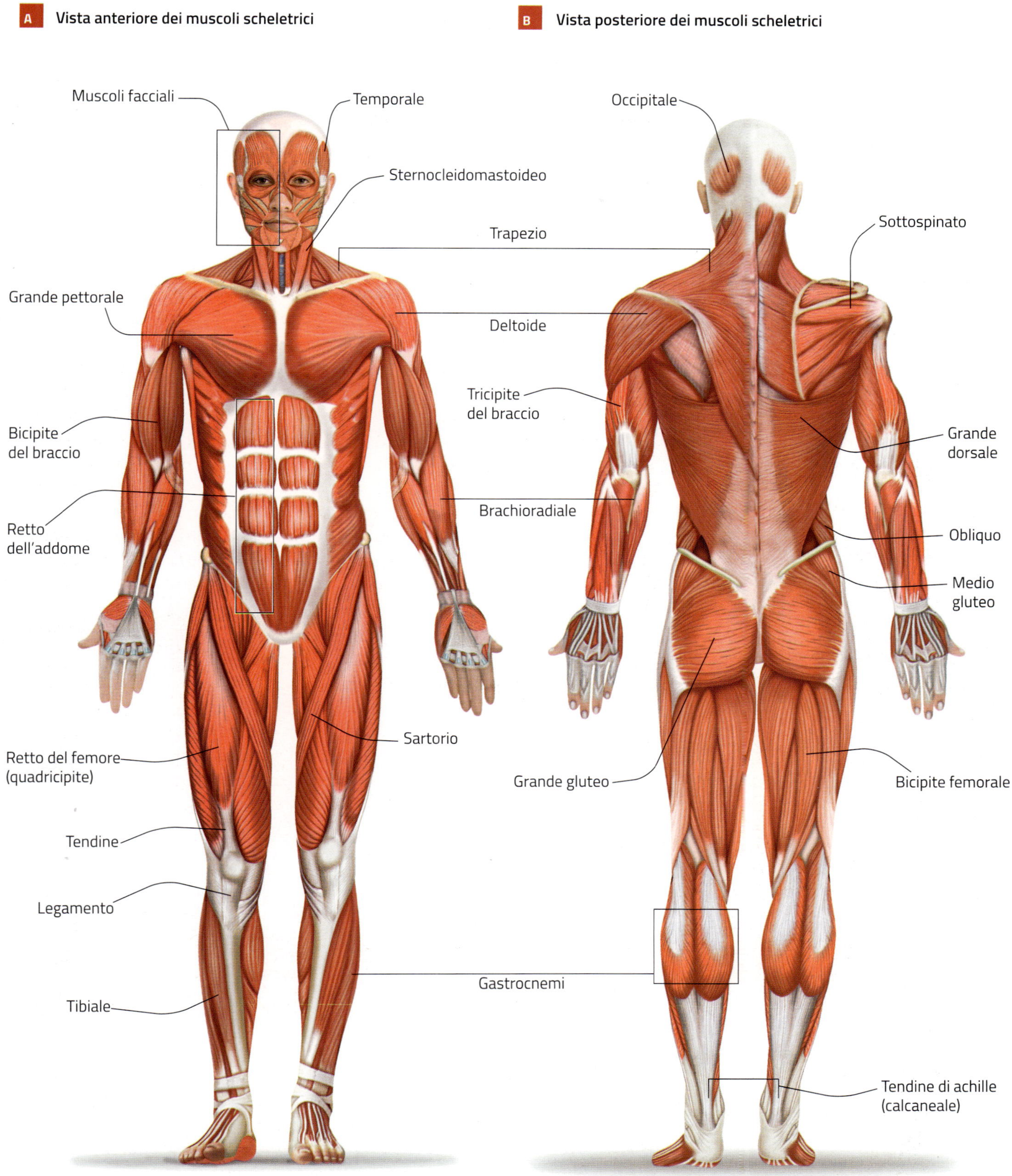

Un muscolo scheletrico è collegato a due o più ossa mediante robuste strisce di tessuto connettivo dette **tendini** (*vedi* scheda 5). La maggior parte dei muscoli scheletrici lavora in *coppie antagoniste* in cui un muscolo flette l'articolazione, mentre l'altro la estende. Ciò accade perché un singolo muscolo è capace soltanto di tirare le ossa, ma non di spingerle; quindi, occorre l'azione di un muscolo associato che le tiri nella direzione opposta. Il muscolo che produce il movimento si contrae e si chiama **agonista**, mentre quello che si rilassa si dice **antagonista**.

▲ **Figura 12**
Muscoli scheletrici del corpo umano visti dal lato anteriore (A) e da quello posteriore (B).

Leggi l'approfondimento nell'ebook:
Per saperne di più
Fibra bianca o fibra rossa?

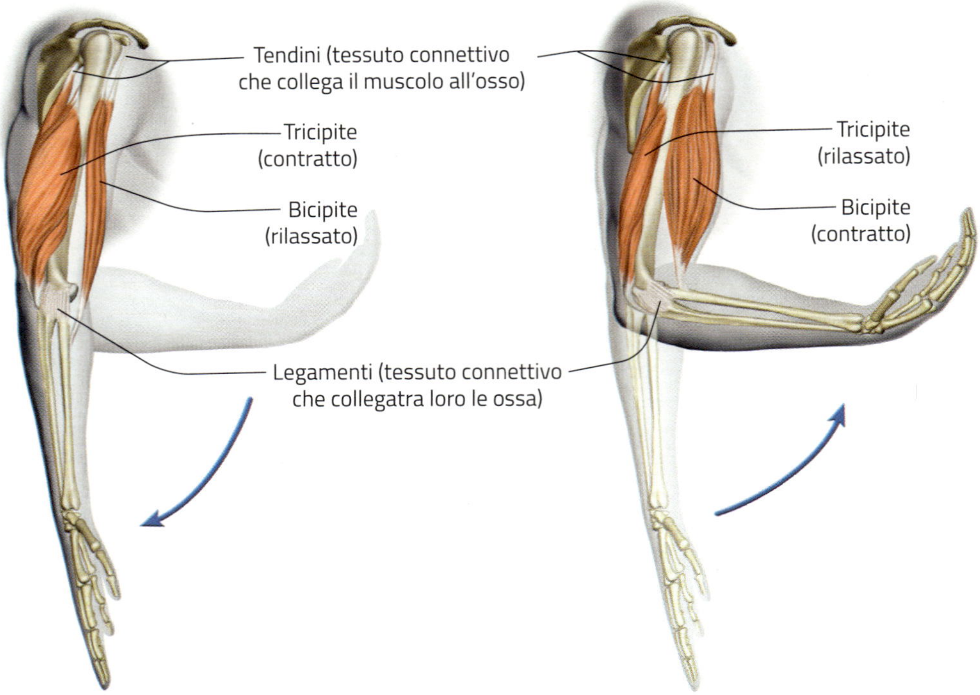

▸ **Figura 13**
I muscoli lavorano in coppia: quando si porta una mano verso il basso, il muscolo tricipite si contrae e il bicipite si rilassa; portando la mano verso la spalla, il bicipite si contrae e il tricipite si rilassa.

Le parole
I termini **bicipite** e **tricipite** derivano dal latino *biceps* e *triceps*, che letteralmente significano «con due e tre teste», in relazione al fatto che i muscoli sono composti da 2 e 3 parti distinte.

Questo è il caso dei muscoli **bicipite** e **tricipite** del braccio (**figura 13**), ma il meccanismo è valido anche per molti altri muscoli scheletrici del corpo. Esistono tuttavia muscoli agonisti che non lavorano in modo opposto su un osso, ma hanno azione sinergica, come il muscolo brachiale e quello bicipite. Inoltre, due gruppi di muscoli possono contrarsi insieme per rendere stabile un'articolazione; tale azione muscolare consente di mantenere la stazione eretta.

Le miofibrille costituiscono le fibre muscolari

Tutti i muscoli sono costituiti da fasci di centinaia di migliaia di fibre muscolari (**figura 14**), tenute unite dal tessuto connettivo. Ogni fibra è una singola cellula polinucleata che può avere un diametro di 50-100 μm ed essere lunga parecchi centimetri. La membrana cellulare della fibra muscolare è chiamata **sarcolemma**.

▾ **Figura 14**
Un muscolo scheletrico è formato da fibre muscolari, a loro volta formate da miofibrille.

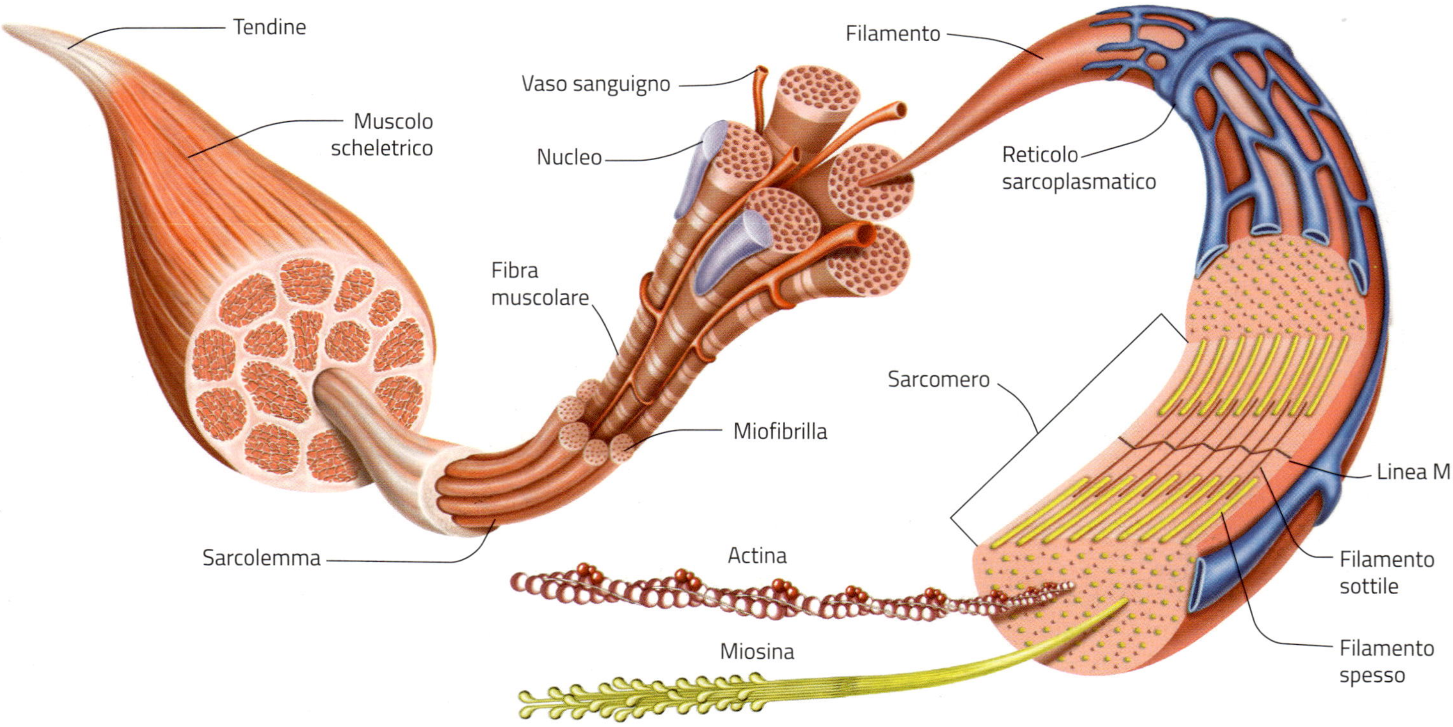

Come sono fatti i tendini

I **tendini** sono strutture anatomiche che collegano il muscolo e l'osso; hanno una forma che varia in relazione all'azione e al muscolo a cui sono associati. Analogamente, lo spessore tendineo è in stretta relazione con il diametro del muscolo, mentre la lunghezza dipende dall'ampiezza del movimento articolare. Alcuni tendini, come quelli che associano le ossa delle dita ai rispettivi muscoli dell'avambraccio, possono essere molto lunghi.

Il tessuto tendineo è decisamente resistente alla trazione, infatti può avere un allungamento massimo del 5% della sua lunghezza. Il tendine d'Achille, per esempio, è lungo 15 cm e collega il muscolo del polpaccio al calcagno, ma può sopportare una trazione pari a 8 volte il peso del corpo (**figura**).

I tendini sono costituiti da densi fasci di fibre collagene orientati nella direzione della trazione e associati a specifiche cellule, i **tenociti**, disposte in file parallele. Nei tendini si trova anche una fibra proteica elastica: l'*elastina*. Con l'aumentare dell'età e con la vita sedentaria, diminuisce progressivamente il numero di fibre collagene, con conseguente riduzione della qualità del tessuto tendineo e aumento di possibili lesioni.

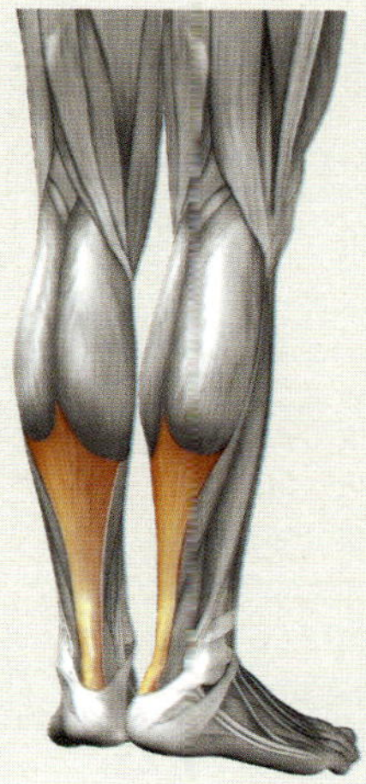

◂ **Figura**
Il tendine d'Achille collega i muscoli del polpaccio all'osso del calcagno, nella parte posteriore degli arti inferiori.

Guarda il video nell'ebook:
Il corpo umano in 3D
Il sistema muscolare

Nel citoplasma di ogni cellula muscolare sono presenti da 1000 a 2000 filamenti, le **miofibrille**, che corrono parallelamente alla lunghezza della cellula e che hanno i nuclei nella zona periferica, quasi a ridosso del sarcolemma. Ogni miofibrilla è circondata da una struttura membranosa a forma di manicotto, il **reticolo sarcoplasmatico**, un reticolo endoplasmatico liscio specializzato, attraversato perpendicolarmente da un sistema di tubi trasversali, il *sistema T*. La membrana che forma il sistema T è in continuità con il sarcolemma e, come quest'ultimo, è coinvolta nella trasmissione degli impulsi nervosi che giungono al muscolo. I vacuoli del reticolo sarcoplasmatico contengono ioni calcio (Ca^{2+}) che rivestono un ruolo fondamentale nella contrazione muscolare.

Le miofibrille sono composte da unità chiamate **sarcomeri**, ciascuno dei quali è lungo 2 o 3 μm. La ripetizione di queste unità lungo la miofibrilla conferisce al muscolo il suo caratteristico aspetto striato. Ogni sarcomero è costituito da due tipi di filamenti proteici che corrono paralleli tra loro (**figura 15**): i filamenti più spessi nella parte centrale del sarcomero sono costituiti da **miosina**, mentre i filamenti più sottili sono di **actina**. I filamenti sottili dei sarcomeri adiacenti sono ancorati a una zona proteica a zigzag chiamata *linea Z*; i filamenti più spessi, invece, rimangono interconnessi tra loro e mantengono una posizione fissa.

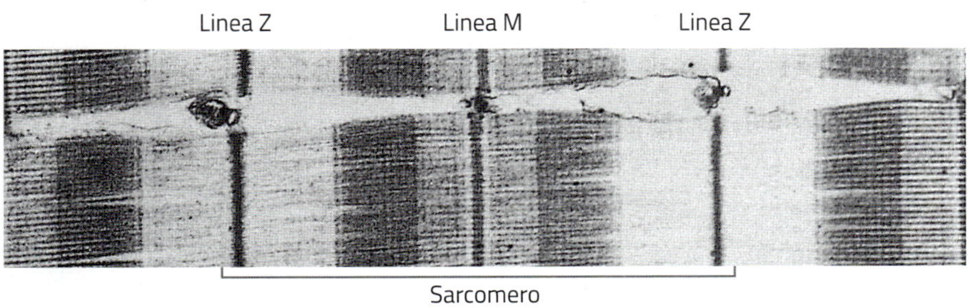

◂ **Figura 15**
Microfotografia di un sarcomero, con evidenziate le linee M e Z; la linea M, riconoscibile perché più scura, è costituita da proteine che interconnettono i filamenti di miosina.

Lo scorrimento delle miofibrille provoca la contrazione del muscolo

La contrazione delle cellule muscolari dipende dall'interazione delle due proteine, actina e miosina. I filamenti sottili sono costituiti principalmente da molecole globulari di actina assemblate in due lunghe catene, mentre i filamenti spessi sono composti da fasci di molecole di miosina. Una molecola di miosina è costituita da due lunghe catene proteiche e ognuna è formata da circa 1800 amminoacidi con una «testa» globulare a un'estremità. Le due catene proteiche miosiniche sono intrecciate l'una intorno all'altra, con le teste globulari libere e sporgenti verso l'esterno. Le teste della miosina hanno due principali funzioni:

1. **sono i siti di legame** in cui, durante la contrazione, si esercita la forza sui filamenti sottili;
2. **agiscono come enzimi** che scindono ATP in ADP, fornendo energia per la contrazione muscolare.

Quando il muscolo è stimolato, i filamenti spessi di miosina si attaccano ai filamenti sottili di actina e li tirano verso il centro del sarcomero; poiché i filamenti sottili sono ancorati alla linea Z, ogni sarcomero si accorcia e la miofibrilla si contrae (**figura 16**). Questo avviene perché le teste delle molecole di miosina si spostano verso i filamenti sottili, ai quali si attaccano formando ponti trasversali temporanei. A livello di questi ponti avvengono le reazioni biochimiche necessarie per lo scorrimento dei filamenti di actina su quelli di miosina, grazie all'azione dell'enzima ATPasi, che idrolizza ATP e libera energia.

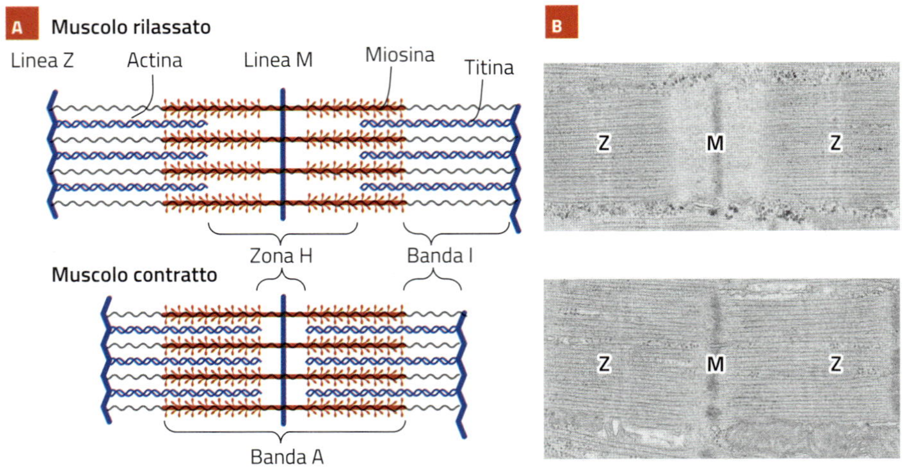

▸ Figura 16
Disegno (A) e microfotografia (B) di un sarcomero, che si contrae e si rilassa attraverso l'interazione tra i suoi filamenti spessi di miosina e quelli sottili di actina.

Si può immaginare la contrazione come il susseguirsi di due fasi (**figura 17**): formazione dei ponti trasversali e scorrimento, a cui segue la fase di sgancio. La ripetizione di questi rapidi cicli di «aggancio-sgancio-riaggancio» fa muovere i due filamenti l'uno sull'altro. I filamenti sottili ai lati opposti del sarcomero si muovono l'uno verso l'altro, cosicché le linee Z delimitanti il sarcomero si avvicinano.

L'**ATP** è essenziale per la contrazione dei sarcomeri sia perché la sua idrolisi da parte della molecola di miosina fornisce l'energia per il ciclo sia perché l'arrivo di una nuova molecola di ATP libera la testa della miosina dai siti di legame presenti sulla molecola di actina, consentendo l'inizio di un nuovo ciclo.

Curiosità

La **titina** (o connectina) è una proteina che, assieme ad actina e miosina, contribuisce all'elasticità dei muscoli. È una delle proteine più grandi che si conoscano, una proteina gigante perché è formata da una catena di 34 350 amminoacidi.

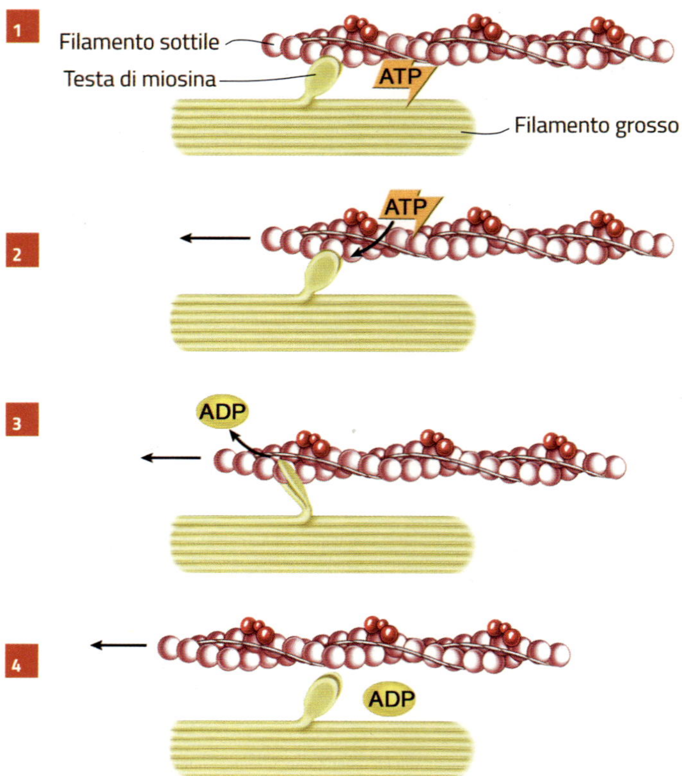

Il processo di contrazione muscolare richiede ATP, sia per lo scorrimento reciproco dei filamenti di miosina e actina sia per il rilascio dei legami che si instaurano tra le due proteine.

▸ Figura 17
Il meccanismo molecolare alla base della contrazione muscolare.

La regolazione della contrazione muscolare avviene a livello delle unità motorie

Per garantire la contrazione devono intervenire anche gli ioni calcio (Ca^{2+}) e le proteine troponina e tropomiosina (**figura 18**). Le molecole di **tropomiosina** sono delle lunghe e sottili funi doppie che bloccano i siti di legame dei ponti trasversali presenti sulle molecole di actina. Le molecole di **troponina**, invece, sono aggregati di proteine globulari situati a intervalli regolari sulle catene di tropomiosina.

▼ **Figura 18**
Attività delle proteine tropomiosina e troponina nella contrazione muscolare.

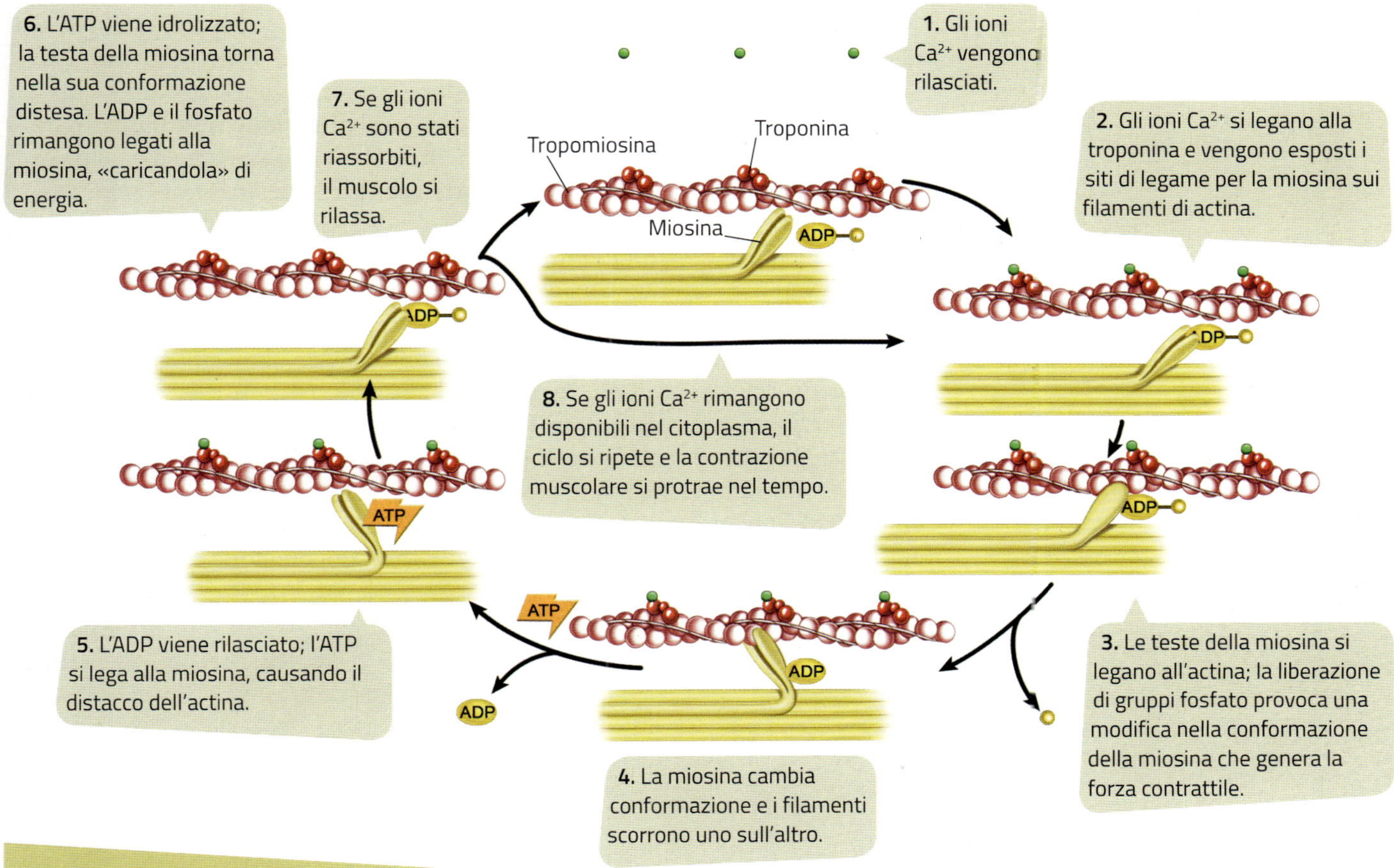

6 - Per saperne di più

Il muscolo scheletrico può contrarsi involontariamente

Il muscolo scheletrico si può contrarre anche in maniera involontaria, come avviene nei **riflessi spinali**. Quando il medico colpisce con il martelletto un punto della gamba che si trova sopra la rotula (**figura**), si allunga il tendine del quadricipite femorale, che ha funzione estensoria.
I neuroni sensoriali comunicano lo stiramento al midollo spinale, che attiva il motoneurone effettore, senza aspettare la risposta del cervello: si ha così la contrazione del muscolo quadricipite. Il risultato è l'immediata estensione della gamba: questo movimento è detto *riflesso rotuleo* o patellare (*vedi* capitolo C9).

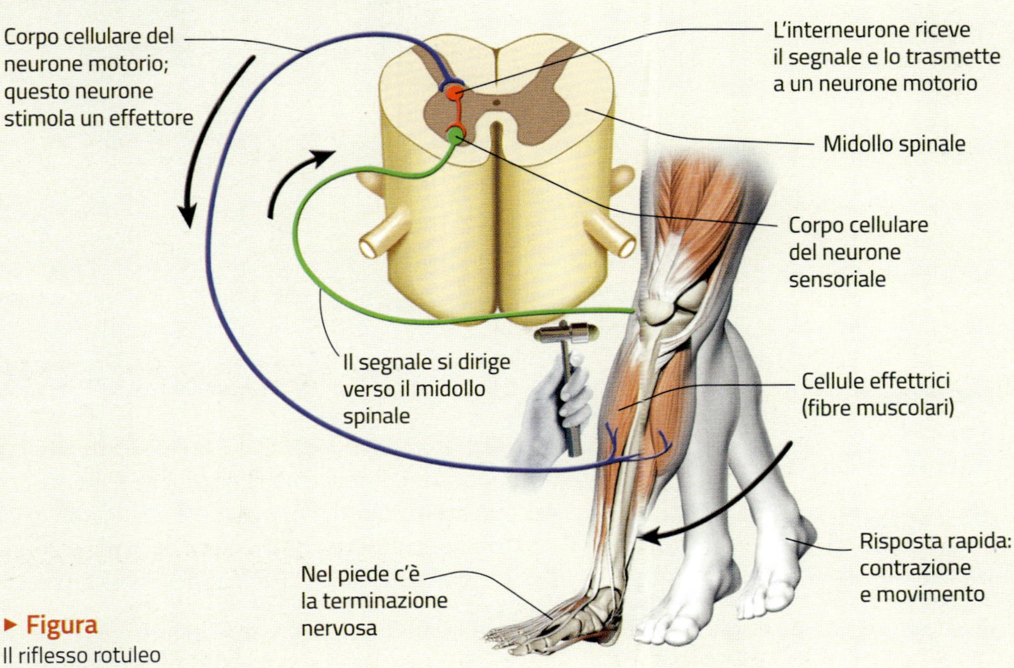

► **Figura**
Il riflesso rotuleo o patellare.

Leggi l'approfondimento nell'ebook:
La nostra salute
Le distrofie muscolari

Quando lo **ione Ca^{2+}** si combina con le molecole di troponina, queste subiscono un cambiamento di conformazione che produce lo scivolamento delle catene di tropomiosina e l'esposizione dei siti di legame dei ponti trasversali. La disponibilità di calcio e il conseguente inizio della contrazione dipendono dalla stimolazione del muscolo da parte di un segnale proveniente da un neurone motorio. Un **neurone motorio** (o motoneurone) è un neurone che collega il sistema nervoso centrale ai muscoli e ne controlla direttamente o indirettamente il movimento (*vedi* capitolo C9).

Un neurone motorio possiede di solito un lungo assone che si divide in numerose ramificazioni terminali; quando raggiunge il muscolo, l'estremità di ogni ramificazione si inserisce in un piccolissimo solco della superficie di una fibra muscolare (detta *plica giunzionale*) formando una **giunzione neuromuscolare** (**figura 19**). Il segnale proveniente dal sistema nervoso può passare dal neurone al tessuto muscolare per mezzo del neurotrasmettitore *acetilcolina*, che stimola il reticolo sarcoplasmatico a liberare ioni calcio. Il rilascio di questi ioni dura solo per il periodo in cui la fibra è stimolata: una volta che la stimolazione cessa, gli ioni vengono pompati nuovamente all'interno dei vacuoli del reticolo sarcoplasmatico mediante un meccanismo di trasporto attivo. Sono gli ioni Ca^{2+} ad «accendere» e «spegnere» il meccanismo della contrazione.

L'insieme dell'assone di un singolo neurone motorio e di tutte le fibre muscolari che innerva costituisce un'**unità motoria**; pertanto, un assone motorio stimola tutte le fibre di quell'unità. Il numero di fibre muscolari per unità motoria è inversamente proporzionale alla precisione del controllo: in un muscolo che fa muovere il globo oculare, per esempio, un'unità motoria può contenere appena due o tre fibre muscolari, mentre nel bicipite ogni unità motoria ne contiene più di un migliaio.

Curiosità

L'**acetilcolina** (ACh) è il primo neurotrasmettitore a essere stato scoperto; si tratta di un estere di acido acetico e colina.

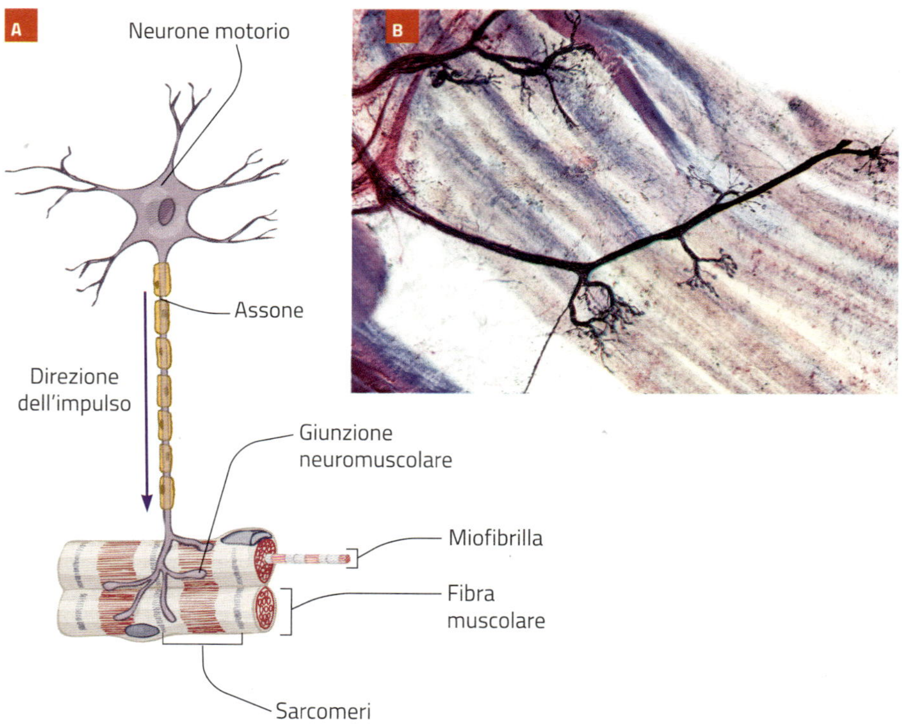

▸ **Figura 19**
Disegno (A) e fotografia al microscopio ottico (B) di una giunzione neuromuscolare.

La contrazione muscolare richiede un apporto di ATP

Per contrarsi, il muscolo necessita di ATP, ma la quantità di questa molecola che si può accumulare nei muscoli è sufficiente solamente per i primi 5 secondi di contrazione, al termine dei quali deve poi essere di nuovo sintetizzata. Il muscolo riesce a procurarsi l'ATP di cui necessita attraverso tre possibili percorsi:

1. con la **scissione di creatinfosfato e ADP** in creatina e ATP; la molecola di creatinfosfato è presente all'interno delle fibre muscolari e produce una quantità di ATP utile solo per 15 secondi di contrazione;

Ti ricordi?

La **fermentazione lattica** è un processo che avviene in assenza di ossigeno, grazie al quale si ottiene energia a partire dal piruvato prodotto dalla glicolisi. Il bilancio energetico è di sole 2 molecole di ATP per ogni molecola di glucosio, ma consente di fare fronte a richieste energetiche in condizioni di anaerobiosi.

2. mediante la **respirazione aerobia** a livello dei mitocondri che, utilizzando ossigeno e glucosio, fornisce un guadagno netto di 32 molecole di ATP e libera diossido di carbonio e acqua come prodotti di scarto; pur essendo molto efficiente dal punto di vista energetico, questo processo è lento e richiede elevate quantità di ossigeno (a riposo il 95% dell'energia che usiamo viene prodotta in questo modo);
3. con la **glicolisi anaerobia** in grado di rilasciare ATP in breve tempo e in assenza di sufficiente quantità di ossigeno o glucosio.

Quest'ultimo processo, infatti, garantisce la funzionalità dei muscoli quando il corpo si trova in debito di ossigeno, ma provoca un accumulo di *acido lattico* nel circolo sanguigno. Una conseguenza è la sensazione di fatica e dolore perché il muscolo fa sempre più fatica a contrarsi, fino a non rispondere più agli stimoli nervosi. Di solito, la sensazione di fatica generale spinge il corpo a fermarsi prima di arrivare alla fatica muscolare vera e propria, che si verifica solo in atleti sottoposti a lunghi ed estenuanti sforzi fisici.

Continui e prolungati esercizi di tipo aerobico o di resistenza, come il ciclismo e la corsa su medie e lunghe distanze, fanno aumentare sia il numero di vasi sanguigni che trasportano ossigeno ai muscoli sia quello dei mitocondri presenti in ogni fibra muscolare. Ne risulta un miglioramento delle prestazioni di tutto l'organismo, anche se i muscoli non aumentano di volume, perché questi subiscono un processo di ridefinizione strutturale (**figura 20**). Al contrario, gli esercizi muscolari di potenza, come il sollevamento pesi, accrescono notevolmente il volume del muscolo, poiché aumenta il numero di miofibrille presenti per fibra muscolare, oltre alla quantità di tessuto connettivo che avvolge le cellule.

▲ **Figura 20**
Per rispondere alle alte richieste metaboliche imposte dalla maratona, le fibre muscolari degli atleti presentano molti mitocondri, sono ricche di vasi sanguigni e possiedono riserve di glicogeno e lipidi.

7 - La nostra salute

Rigor mortis, tetano e botulismo

I muscoli di un cadavere diventano rigidi a causa dall'assenza di ATP: infatti, non potendo avvenire la rottura dei ponti trasversali actina-miosina, il muscolo rimane contratto. Questo fenomeno è chiamato *rigor mortis* e aiuta il medico legale a stabilire il momento del decesso in quanto, una volta che le proteine sono idrolizzate e perdono la loro integrità, il *rigor mortis* scompare.

Alcuni microrganismi possono provocare la paralisi dei muscoli; tra essi vi sono i clostridi, batteri presenti sul suolo e nell'acqua. *Clostridium tetani* (**figura A**), batterio che sopravvive in forma di spora per anni nel terreno, produce la tossina tetanica, la quale genera una fortissima contrazione muscolare senza possibilità di rilassamento. La contrazione spastica del diaframma non dà la possibilità di respirare e, quindi, si muore per asfissia. Oggi la vaccinazione antitetanica è tra quelle obbligatorie e i casi di tetano sono divenuti assai rari.

Anche *Clostridium botulinum* (**figura B**), batterio che può sviluppare tossine all'interno dei barattoli alimentari non ben sigillati o steriizzati, provoca paralisi muscolare; in questo caso, però, la paralisi non è dovuta a un'eccessiva contrazione muscolare, ma avviene il contrario.

La tossina botulinica impedisce, infatti, il diffondersi dell'acetilcolina, una sostanza che attiva il sarcolemma del muscolo. Ne consegue una *paralisi flaccida* dei muscoli, che risultano quindi ipotonici per la loro impossibilità a contrarsi, diaframma compreso. Attualmente, la tossina botulinica viene utilizzata anche in chirurgia estetica; nel 2002 la *Food and Drugs Administration* ha, infatti, approvato il suo utilizzo in medicina estetica al fine di un temporaneo miglioramento delle rughe. La tossina botulinica impedisce la contrazione dei muscoli, fatto che evita il manifestarsi di rughe.

Anche il *curaro*, un estratto vegetale che gli indiani dell'America meridionale usavano per avvelenare le punte delle loro frecce, induce la paralisi muscolare poiché si lega in maniera stabile ai recettori dell'acetilcolina presenti sul sarcolemma.

Discorso analogo vale per la tossina presente sulla pelle delle *rane dardo* (batracotossine), utilizzate anch'esse per avvelenare le punte delle frecce (**figura C**).

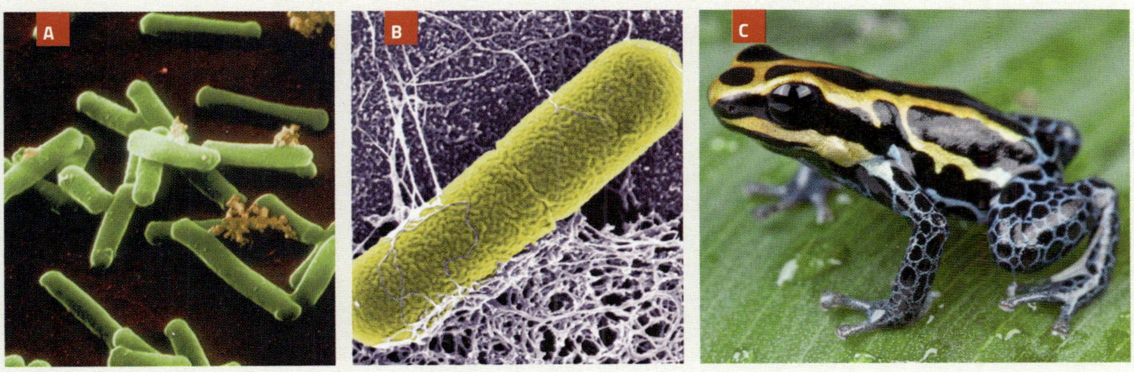

◀ **Figure**
Fotografie al microscopio elettronico di (A) *Clostridium tetani*, (B) *Clostridium botulinum* e (C) la rana dardo.

Guarda il video nell'ebook:
3 minuti di salute
Gli infortuni sportivi e non

I muscoli si contraggono con intensità variabile

Ogni fibra muscolare può essere rilassata oppure contratta, ma non può esserlo solo parzialmente. Allo stesso tempo, però, i muscoli possono contrarsi con minore o maggiore forza e ciò dipende della frequenza con cui sono eccitate le unità motorie e dal numero di fibre muscolari coinvolte.

In generale, una fibra muscolare ha una fase di eccitazione (o contrazione) e una di rilassamento; se però aumenta la frequenza tra uno stimolo nervoso e il successivo, non si ha un completo rilassamento muscolare. Aumentando la frequenza degli stimoli si arriva a un punto in cui questi si sommano senza avere il tempo per la fase di rilascio. In relazione alla frequenza degli stimoli si possono distinguere quattro eventi differenti (**figura 21**):

- **scossa singola**, per stimolazioni tra loro distanziate nel tempo;
- **sommazione**, per stimoli ravvicinati che provocano un aumento della tensione;
- **tetano incompleto**, o *non fuso*, caratterizzato da una serie crescente di contrazioni;
- **tetano completo**, o *fuso*, nel quale la fibra muscolare è costantemente contratta;

Nel nostro corpo i muscoli che servono a mantenere la postura sono sempre in uno stato di contrazione parziale, con l'alternarsi di fibre contratte e rilassate che determina il cosiddetto **tono muscolare**.

▼ **Figura 21**
Vari tipi di stimolazioni muscolari.

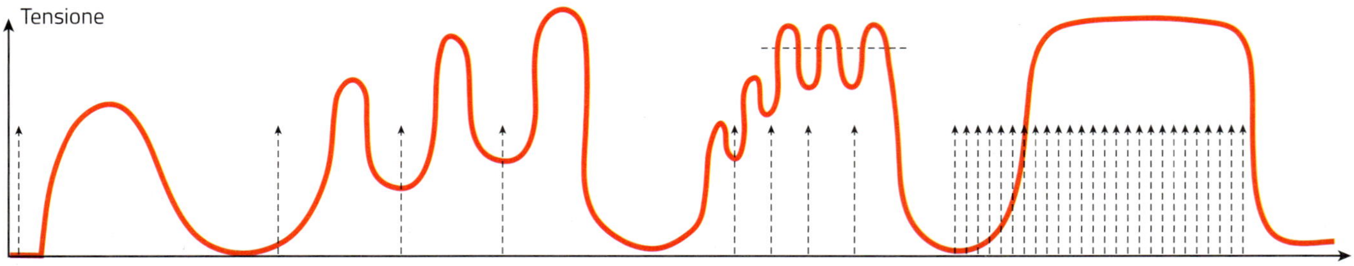

8 - La nostra salute

Contratture, stiramenti e strappi muscolari

La **contrattura muscolare** è una lesione molto frequente, ma è anche la meno grave delle lesioni muscolari. Consiste in una contrazione muscolare eccessiva rispetto alla capacità di una determinata fibra muscolare; essa produce dolore, rigidità e limitazione del movimento. In seguito alla contrattura occorre un periodo di riposo, eventualmente associato a massaggi che permettono di distendere la muscolatura.

Lo **stiramento muscolare** è frequente in ambito sportivo e provoca un dolore acuto e improvviso. È dovuto a un allungamento anomalo delle fibre muscolari, con alterazione del tono del muscolo. Si tratta di un trauma più grave della contrattura, da cui si distingue per il maggiore dolore che genera. Lo stiramento di solito guarisce senza conseguenze nell'arco di 2-3 settimane di riposo.

Lo **strappo muscolare** (**figura**) è la vera e propria rottura delle fibre muscolari, che provoca notevole dolore. Nella *lesione di primo grado* sono danneggiate poche fibre muscolari, il dolore è minore e i movimenti non sono compromessi. La *lesione di secondo grado* coinvolge un maggior numero di fibre muscolari e il dolore si manifesta ogni volta che si muove il muscolo. La *lesione di terzo grado* è una vera e propria lacerazione del muscolo con conseguente dolore intenso.

In caso di strappo, è necessario sospendere l'attività fisica e consultare rapidamente il medico, che, oltre al riposo, probabilmente prescriverà antidolorifici e miorilassanti, assieme a un'ecografia o risonanza magnetica. Oggi gli strappi possono essere trattati anche con sedute che sfruttano un campo magnetico a elevata frequenza (*tecarterapia*) o una specifica radiazione luminosa (*laserterapia*) per stimolare il recupero della lesione.

Qualsiasi sia la lesione muscolare, essa è dovuta di solito a un'eccessiva sollecitazione delle fibre muscolari, spesso in seguito a scatti o contrazioni improvvise. Per prevenire tali lesioni, è necessario eseguire un buon riscaldamento dei muscoli e lo *stretching* prima di intraprendere un'attività fisica.

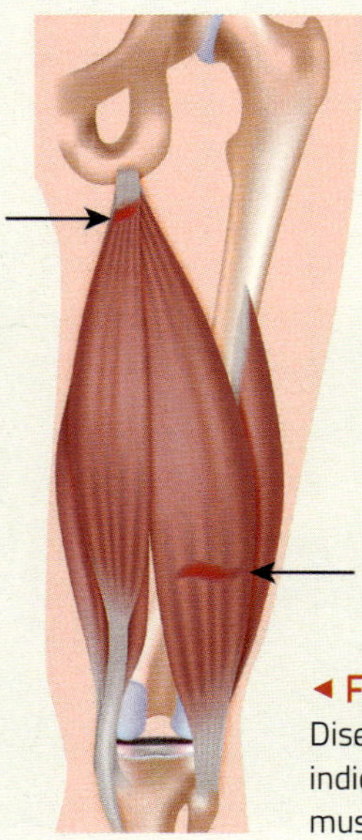

◂ **Figura**
Disegno in cui sono indicati due strappi muscolari.

Il muscolo cardiaco è striato ma involontario

Le fibre del **muscolo cardiaco** contengono miofibrille di actina e miosina, ma sono di diametro maggiore e lunghezza inferiore rispetto a quelle del muscolo scheletrico. Per questo motivo, il muscolo cardiaco è striato, anche se le fibre non sono tutte allineate, come accade nel muscolo scheletrico, ma hanno una disposizione a spirale. Inoltre, nel cuore si trova uno specifico tessuto connettivo lasso, detto *endomisio*, che sostiene le cellule muscolari.

Le cellule cardiache hanno un unico nucleo e sono interconnesse tra di loro a livello dei **dischi intercalari**, porzioni di sarcolemma ispessito dove sono presenti giunzioni comunicanti (**figura 22**). Le fibre cardiache non sono attivate da uno stimolo nervoso esterno, ma sono dotate di *autocontrattilità*; infatti, isolando un cuore in soluzione nutritiva ossigenata, questo mantiene la sua capacità contrattile per un breve periodo.

Nell'adulto a riposo, il cuore batte con una frequenza di circa 70 battiti al minuto (*vedi* capitolo C3), perciò richiede quindi un'elevata quantità di ATP. Questa energia è prodotta prevalentemente grazie alla respirazione aerobia che avviene nei suoi numerosi mitocondri, che hanno anche dimensioni superiori alla media.

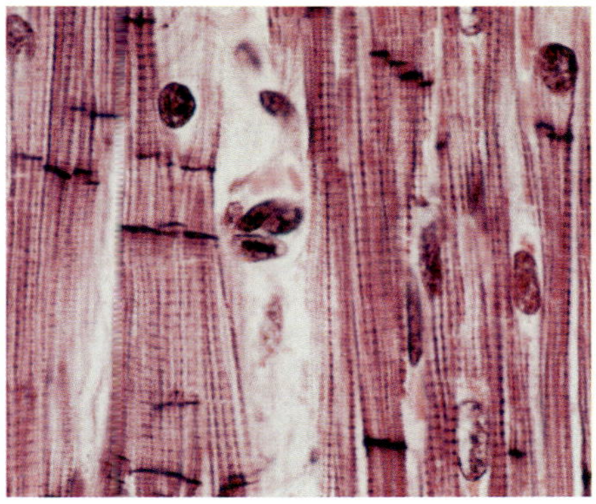

▲ **Figura 22**
Fotografia al microscopio ottico del muscolo cardiaco in cui sono evidenti le striature delle proteine contrattili e i dischi intercalari, che congiungono una cellula all'altra.

Il muscolo liscio si contrare in maniera indipendente dalla volontà dell'individuo

Nel **muscolo liscio** non sono presenti i sarcomeri o altre unità funzionali, perciò le sue cellule non hanno l'aspetto striato caratteristico del muscolo scheletrico e cardiaco; sono comunque presenti le miofibrille, connesse tra loro a formare una rete in grado di contrarsi. Le fibre dei muscoli lisci sono di dimensioni minori delle altre e contengono un solo nucleo centrale; inoltre al loro interno le molecole di actina e miosina non sono disposte ordinatamente e si contraggono più lentamente e più a lungo di quelle del muscolo striato. Solitamente le cellule del muscolo liscio formano i rivestimenti degli organi (come il tubo digerente o i bronchi) e sono in comunicazione tra di loro grazie a giunzioni serrate.

Un movimento tipico della muscolatura liscia è la **peristalsi**, mediante cui l'intestino fa progredire il cibo. La peristalsi avviene grazie alla sensibilità agli stimoli delle cellule muscolari lisce: quando il cibo attraversa il tubo digerente, la parete intestinale si distende, attivando i neuroni che inducono la contrazione della muscolatura liscia circolare; il risultato è la progressione del cibo al suo interno (*vedi* capitolo C5).

L'azione prevalente della muscolatura liscia è quella di regolare gli spostamenti di sostanze all'interno del corpo; infatti, sono formati da muscoli lisci gli *sfinteri*, che impediscono al contenuto di specifici organi di fuoriuscire.

Esistono anche fibre muscolari lisce isolate, attive per conto proprio se stimolate: è il caso del muscolo erettore dei peli, posto nei bulbi piliferi della pelle, che induce il sollevamento dei peli durante i «brividi» (**figura 23**).

Curiosità

La **muscolatura liscia** riveste i bronchi e può variarne la dilatazione determinando un cambiamento dell'afflusso di aria nei polmoni. I farmaci cortisonici e l'adrenalina sono impiegati nella terapia di violente reazioni allergiche, che agiscono rilassando questa muscolatura e provocando *broncodilatazione*, con conseguente miglioramento della respirazione.

◄ **Figura 23**
L'orripilazione di un gatto che gonfia la pelliccia è simile alla nostra «pelle d'oca».

Facciamo il punto

1. Descrivi la struttura di un muscolo scheletrico.
2. Qual è il ruolo dell'ATP nella contrazione muscolare?
3. Spiega la funzione degli ioni Ca^{2+} nella regolazione della contrazione muscolare.
4. Che cosa sono i muscoli antagonisti?
5. Quale funzione ha la muscolatura liscia?

3 L'apparato tegumentario

A colpo d'occhio

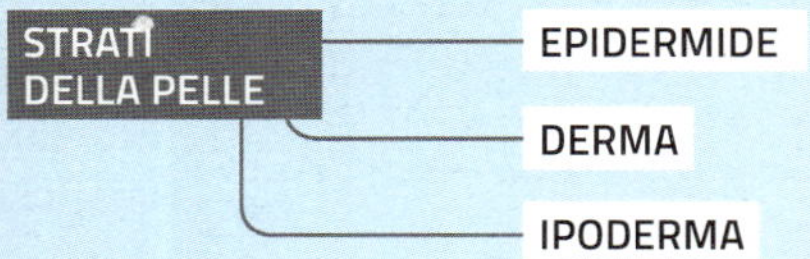

Guarda il video nell'ebook:
3 minuti di salute
Gli effetti dei raggi UV e l'abbronzatura

Curiosità

La **cheratina** è una proteina fibrosa che impermeabilizza la pelle; le cellule cheratinizzate devono essere continuamente rinnovate. Secondo alcuni studi, l'epidermide viene sostituita interamente nel corso di circa 50 giorni e, durante la vita di un individuo, si perdono approssimativamente 20 kg di pelle.

La cute è formata da tre strati sovrapposti

I muscoli scheletrici ricoprono gran parte dello scheletro, ma non sono visibili all'esterno. Essi infatti sono ricoperti dall'apparato più esteso e pesante (circa 2 m^2 di superficie per 10 kg di peso) del corpo umano: l'**apparato tegumentario** o *cute* o, più semplicemente, *pelle*. Nonostante abbia una spessore estremamente limitato (da un massimo di 4 mm nella piante del piede a un minimo di 0,04 mm nelle palpebre), la **pelle** ha la funzione di rivestire e proteggere l'intero corpo e i suoi organi; è costituita da tre strati sovrapposti, ciascuno con funzioni specifiche: epidermide, derma, ipoderma (**figura 24**). Completano poi la struttura i cosiddetti *annessi cutanei*, che comprendono le ghiandole, i peli, i vasi sanguigni e le terminazioni nervose.

L'**epidermide** è lo strato più superficiale della pelle e rappresenta una barriera meccanica che impedisce l'ingresso di organismi patogeni, ma anche dell'acqua o della polvere e allo stesso tempo evita la disidratazione e la perdita di sali da parte dell'organismo. Ha uno spessore medio di circa 0,2 mm; le sue cellule più esterne sono morte e cheratinizzate, ovvero ricche di *cheratina*, e vengono rinnovate di continuo. Nello strato inferiore dell'epidermide si trovano anche i **melanociti**, contenenti il pigmento *melanina*, che conferisce la colorazione alla pelle e protegge l'organismo dai raggi solari.

Al di sotto dell'epidermide si trova il **derma**, un tessuto spesso di 3-4 mm con funzione di sostegno e resistenza, ma anche nutrizione. Questo strato formato principalmente da tessuto connettivo fibroso, ricco di fibre elastiche e reticolari, che gli conferiscono una certa elasticità. Al contrario dell'epidermide, che ne è priva, il derma presenta numerosi vasi sanguigni, oltre a specifici recettori come quelli meccanici per il tatto, quelli termici per il calore e quelli del dolore. Il derma contiene annessi cutanei, come le *ghiandole sebacee* e *sudoripare*, e i *follicoli piliferi*.

L'**ipoderma** è lo strato più profondo, posto tra il derma e i tessuti adiposo e muscolare sottostanti. È costituito da tessuto connettivo ricco di adipociti, che fungono da riserva energetica e isolante termico, ma garantiscono anche protezione meccanica contro i possibili traumi.

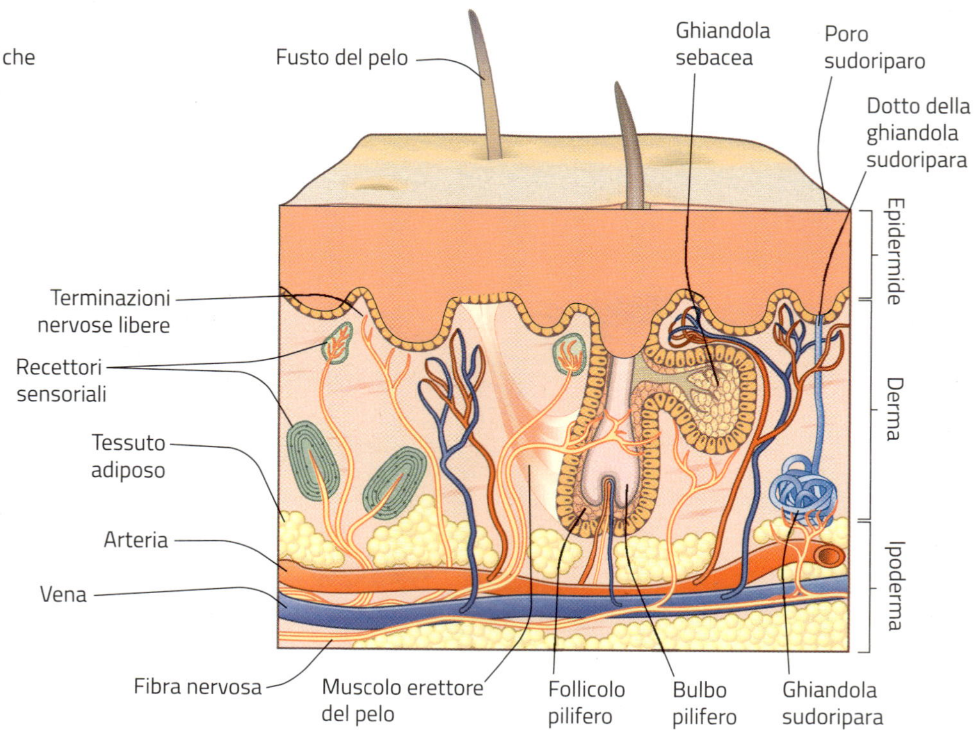

▸ **Figura 24**
Gli strati e gli annessi che compongono la pelle.

Gli annessi cutanei: peli, unghie e ghiandole

Tra gli annessi cutanei ci sono i peli, i capelli, le unghie e tre tipi di ghiandole esocrine. I **peli** sono filamenti di cellule cheratinizzate che ricoprono la superficie cutanea ma non il palmo della mano e la pianta dei piedi. Ciascuno di essi ha origine in un *follicolo pilifero* che si trova nel derma, ed è costituito da un fusto e dalla radice. Alla base del follicolo si trova il *bulbo pilifero*, la zona in cui le cellule continuano a riprodursi, permettendo così la crescita continua del pelo (**figura 25**). A ogni follicolo sono annessi una ghiandola sebacea e il muscolo erettore del pelo.

All'estremità delle dita si trovano le **unghie**, lamine formate da cellule morte ricche di cheratina e immerse in una matrice amorfa, che conferisce una consistenza rigida, ma anche una certa flessibilità. Le unghie hanno funzione protettiva e la loro crescita è dovuta alle cellule della matrice che, riproducendosi continuamente, accrescono la lamina (mediamente di 1 mm a settimana). Parte importante dell'unghia è la *cuticola*, che aderisce strettamente alla lamina dell'unghia e impedisce il passaggio di microrganismi verso la radice.

Le ghiandole dell'apparato tegumentario sono di tre tipi: sebacee, sudoripare e ceruminose. Le **ghiandole sebacee** si trovano nel derma vicino ai follicoli piliferi, con i quali comunicano. Esse producono il *sebo*, una sostanza formata prevalentemente da trigliceridi e colesterolo, che contribuisce a determinare l'odore della pelle caratteristico di ciascuno di noi. Il sebo, insieme al sudore, forma sulla pelle un sottile strato idroacidolipidico, con pH tra 4 e 5, in grado di inibire la crescita batterica e di proteggerla dall'azione degli agenti atmosferici come sole e vento.

Le **ghiandole sudoripare** sono diffuse a milioni nel derma e sono divise in due categorie: quelle che riversano il loro secreto all'esterno sotto forma di piccole gocce sono dette *merocrine*, mentre quelle riversano il loro secreto all'interno dei follicoli piliferi sono chiamate *apocrine*.

Le **ghiandole ceruminose**, infine, sono presenti nel canale uditivo esterno e il loro secreto, detto *cerume*, rappresenta una barriera protettiva e adesiva che trattiene il pulviscolo o i microrganismi che potrebbero entrare nell'orecchio.

Curiosità

Le cellule dei capelli e dei peli si riproducono molto in fretta; per questo motivo i pazienti che devono sottoporsi alla *chemioterapia* (cura farmacologica che uccide le cellule tumorali a riproduzione rapida) perdono i capelli. Fortunatamente non tutte le cellule del bulbo vengono uccise dalla cura e quindi terminato il trattamento, la crescita dei capelli riprende.

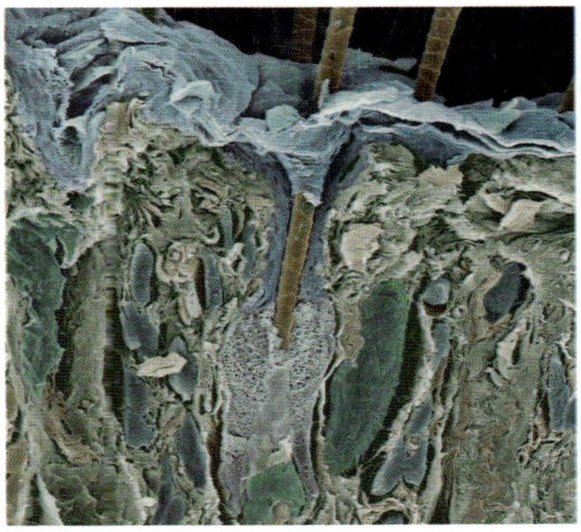

▲ **Figura 25**
Dettaglio al microscopio elettronico a scansione di un follicolo pilifero dal quale emerge un pelo con annessa ghiandola sebacea.

9 - La nostra salute

Cicatrici e tatuaggi

Le **cicatrici** sono aree di tessuto fibroso che sostituiscono la pelle danneggiata dopo una lesione. Una cicatrice è, infatti, il risultato del processo biologico di riparazione delle ferite che possono verificarsi nella pelle oppure in altri tessuti del corpo; in pratica è una parte del naturale processo di guarigione. Con l'eccezione di lesioni estremamente piccole, ogni ferita comporta un certo grado di cicatrizzazione.

Un **tatuaggio** è invece una marcatura eseguita inserendo inchiostro indelebile nel derma della pelle al fine di cambiare volontariamente la sua pigmentazione. Durante il disegno di un tatuaggio, il tatuatore utilizza un ago che scende in profondità nella cute depositandovi per sempre una certa quantità di inchiostro.

Questo processo oltrepassa la barriera cutanea e quindi può comportare rischi per la salute, tra cui infezioni (*Herpes simplex*, tetano, alcune forme di epatite, tubercolosi e HIV) e reazioni allergiche. Le moderne leggi hanno cercato di ridurre tali rischi imponendo precauzioni come l'utilizzo di aghi monouso e la sterilizzazione delle attrezzature dopo ogni utilizzo.

Se le cellule della nostra pelle sono sostituite regolarmente, perché cicatrici e tatuaggi persistono a tempo indeterminato? La risposta è semplice: le cellule degli strati superficiali o superiori della pelle, l'epidermide, sono costantemente rinnovati, ma quelli più profondi, il derma, non subiscono questo costante processo di ricambio cellulare. Dunque, i corpi estranei, come i coloranti impiegati nel tatuaggio, una volta che sono impiantati nel derma, tendono a rimanere inalterati. Inoltre, i tatuaggi rimangono nella pelle perché le particelle di inchiostro utilizzate per la colorazione sono troppo grandi per essere fagocitate dai globuli bianchi, che comunque li riconoscono come corpi estranei. I nuovi laser impiegati nella rimozione dei tatuaggi agiscono proprio sulla dimensione delle molecole d'inchiostro polverizzando l'inchiostro in microparticelle che diventano così abbastanza piccole da essere catturate dai leucociti.

Le cicatrici, invece, permangono perché la nostra pelle è costituita principalmente dalla proteina *collagene*, prodotta da cellule chiamate fibroblasti. Quando la pelle viene lesionata, il processo di guarigione dà inizio a una generazione di nuovi fibroblasti che producono collagene cicatriziale. Anche se le cellule all'interno della pelle muoiono periodicamente e vengono sostituite da nuove cellule, il collagene della cicatrice rimane. L'unico momento in cui ferite si rimarginano senza produrre cicatrici è durante la fase fetale della vita, quando la pelle produce collagene fetale, una proteina diversa dal collagene adulto.

Facciamo il punto

1. Spiega qual è la funzione dell'apparato tegumentario.
2. Da quali strati è formata la pelle?
3. Descrivi la struttura dei peli e delle unghie.
4. Quali sono le funzioni delle tre ghiandole dell'apparato tegumentario?

SINTESI DI FINE CAPITOLO

LO SAI? RIPASSA CON LO SMARTPHONE

Il sistema scheletrico

Lo scheletro sostiene il corpo e ne consente il movimento ed è formato da un endoscheletro composto da diverse ossa che sono suddivise in due gruppi: quelle dello **scheletro assile** (cranio e colonna vertebrale) e quelle dello **scheletro appendicolare** (gli arti, le scapole, le clavicole e il bacino).

A seconda della loro forma, le ossa possono essere classificate in quattro categorie: **ossa piatte**, **lunghe**, **brevi** e **irregolari**.

Il tessuto osseo

In base alla densità della matrice extracellulare si distinguono il tessuto **osseo spugnoso** e il tessuto **osseo compatto**. Le cellule del tessuto osseo sono:

- **osteoblasti** che producono la matrice extracellulare ossea;
- **osteoclasti** che distruggono la matrice;
- **osteociti** che regolano il calcio.

In un osso lungo l'**epìfisi** è formata da tessuto osseo spugnoso e contenente il midollo osseo rosso, preposto all'emopoiesi mentre la **diàfisi** è la parte centrale, costituita da un cilindro cavo formato da osso compatto che racchiude una cavità midollare.

L'unità funzionale dell'osso compatto è l'**osteone**: è formato da lamelle di matrice extracellulare concentriche, al centro delle quali sono presenti delle lacune in cui sono intrappolati gli osteociti.

L'osso spugnoso è formato da **trabecole**: colonne ossificate formate da matrice extracellulare e osteociti.

Le ossa e le articolazioni

Le ossa del viso e del cranio sono piatte. Le ossa lunghe si accrescono sia in lunghezza sia in larghezza.

Il tessuto osseo viene continuamente prodotto e demolito attraverso il processo del **rimodellamento osseo**.

Le **articolazioni** sono il punto di incontro di due o più ossa; consentono di compiere movimenti e mantenere una determinata postura. A seconda del tipo di tessuto connettivo che tiene unite le ossa, le articolazioni sono classificate in tre gruppi: **fibrose**, **cartilaginee** e **sinoviali**.

Il sistema muscolare

Il sistema muscolare è l'insieme dei muscoli, formati da cellule allungate e contrattili che consentono tutti i movimenti del corpo. Ci sono tre tipi di muscolo:

- **scheletrico**, striato e volontario, è composto da *fibre muscolari*;
- **cardiaco**, formato da miocardiociti, è striato ma involontario;
- **liscio**, composto da fibrocellule, si contrare in maniera indipendente dalla volontà dell'individuo (*peristalsi*).

Nei muscoli scheletrici, ogni fibra muscolare è costituita da molte subunità cilindriche, le *miofibrille*, e una miofibrilla è divisa in segmenti, detti *sarcomeri*. Lo scorrimento delle miofibrille provoca la contrazione del muscolo e il processo di contrazione muscolare richiede ATP.

Un **neurone motorio** (o motoneurone) è un neurone che collega il sistema nervoso ai muscoli e ne controlla direttamente o indirettamente il movimento.

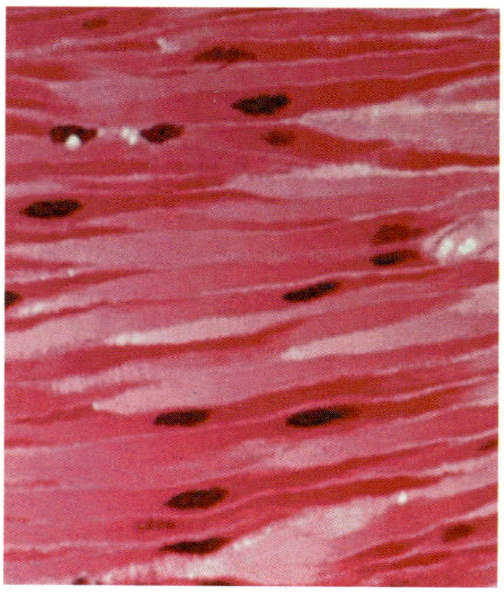

L'apparato tegumentario

La **pelle** ha la funzione di rivestire e proteggere l'intero corpo e i suoi organi. È costituita da tre strati sovrapposti, ciascuno con funzioni specifiche:

- **epidermide**, lo strato più superficiale che è impedisce l'ingresso di organismi patogeni;
- **derma**, con funzione di sostegno, resistenza e nutrizione;
- **ipoderma**, lo strato più profondo, posto tra il derma e i tessuti adiposo e muscolare sottostanti.

Tra gli *annessi cutanei* ci sono i peli, i capelli, le unghie e tre tipi di ghiandole esocrine: le ghiandole sebacee, le sudoripare e le ceruminose.

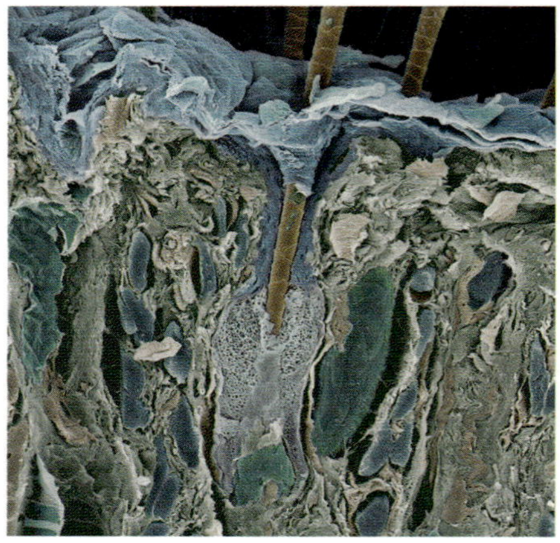

VERIFICA LE TUE CONOSCENZE

ZTE ONLINE

1. Scrivi sul quaderno la definizione dei seguenti termini.

a) Scheletro assile e scheletro appendicolare
b) Tessuto osseo spugnoso e tessuto osseo compatto
c) Osteociti, osteoblasti e osteoclasti
d) Periostio, endostio e metàfisi
e) Canali perforanti (o di Volkmann) e canali centrali (o di Havers)
f) Articolazioni fibrose, articolazioni cartilaginee e articolazioni sinoviali
g) Muscolo scheletrico, muscolo cardiaco e muscolo liscio
h) Muscolo agonista e muscolo antagonista
i) Miofibrille e sarcomeri

2. Barra i due completamenti esatti.
Un osteone è

A l'unità funzionale dell'osso compatto che ne garantisce robustezza e resistenza.
B costituito da trabecole ossificate per il sostegno del midollo osseo rosso.
C formato dal periostio, un tessuto connettivo denso e irregolare.
D una cellula staminale dell'osso che mantiene la capacità di dividersi per mitosi.
E formato da lamelle di matrice extracellulare contenenti gli osteociti.

Barra il completamento esatto.

3. Non è un evento della contrazione muscolare

A il tetano completo.
B la scossa singola.
C il tetano incompleto.
D la scossa complessa.

4. Le vertebre sono classificate tra le ossa

A piatte.
B irregolari.
C lunghe.
D brevi.

5. Le due ossa temporali del cranio

A sono larghe e sottili, come tutte le ossa craniche, e quindi sono molto fragili.
B si articolano con la mandibola e sono a contatto con le ossa parietali.
C sono a contatto con le ossa mascellari su cui sono inseriti i denti.
D sono ricoperte dai muscoli che permettono le espressioni del viso.

6. Di fianco a ogni affermazione scrivi la lettera A se essa si riferisce alle articolazioni sinoviali, la lettera B se si riferisce a quelle cartilaginee o la lettera C se si riferisce alle articolazioni fibrose.

a) Sono articolazioni poco mobili, come quelle poste tra le vertebre. (.....)
b) Contengono un liquido viscoso e trasparente che ha la funzione di nutrimento, rimozione dei metaboliti e riduzione dell'attrito all'interno dell'articolazione stessa. (.....)
c) Costituiscono le articolazioni dotate di buona mobilità, come quelle della spalla e del ginocchio. (.....)
d) Sono le articolazioni con movimento scarso o nullo, come quelle che connettono le ossa del cranio. (.....)

7. Completa il brano scegliendo tra i termini elencati in fondo.

Una componente dell'osso è la .... extracellulare, la cui struttura ne definisce la .... È possibile classificare le ossa secondo la loro forma: le ossa .... sono presenti nel polso e nella caviglia; le ossa .... sostengono gli organi interni; le ossa .... come le vertebre; e le ossa .... come il femore o l'omero.

(compatte, rimodellate, piatte, spugnose, rigidità, matrice, regolari, prive di cellule, trabecola, brevi, metafisi, lunghe, irregolari, corte, flessibilità, densità)

8. Completa la tabella mettendo in relazione i termini (*lettere*) con le definizioni proposte (*numeri*).

A. giunzione neuromuscolare
B. sarcolemma
C. tropomiosina
D. sarcomero
E. reticolo sarcoplasmatico

1. unità delle miofibrille formata da filamenti di actina e miosina
2. struttura membranosa specializzata che circonda ogni miofibrilla
3. è la membrana cellulare della fibra muscolare
4. contatto tra una terminazione assonica e una fibra muscolare
5. lunga molecola organica che blocca i siti di legame dei ponti trasversali dell'actina

A	B	C	D	E

9. Nel seguente brano, barra tra i termini in neretto quelli errati.

Le vertebre del corpo umano sono **36** / **42**, delle quali **5** / **7** sono cervicali, **12** / **14** sono toraciche e **5** / **7** sono lombari. Delle **206** / **312** ossa del nostro corpo, circa **la metà** / **un terzo** si trovano nelle 4 estremità, le mani e i piedi

10. Descrivi la struttura e la funzione del sarcomero.

....
....
....
....
....
....

11. Descrivi le vie attraverso cui il muscolo si procura un'adeguata quantità di ATP.

....
....
....
....
....
....

12. Spiega a che cosa serve e come funziona una giunzione neuromuscolare, specificando l'effetto della troponina e della tropomiosina.

....
....
....
....
....
....

VERIFICA LE TUE ABILITÀ

Barra i due completamenti esatti.

13. Nella giunzione neuromuscolare la trasmissione del segnale

A avviene se gli ioni calcio Ca^{2+} vengono rapidamente riassorbiti dal sarcomero.

B prevede lo sblocco dei siti di legame dei ponti trasversali ad opera della tropomiosina.

C ha luogo quando la plica giunzionale si separa dalla terminazione del neurone motorio.

D avviene se lo ione Ca^{2+}, combinandosi con la troponina, libera i siti di legame dei ponti trasversali.

E è favorita dalla liberazione di acetilcolina all'interno di ogni filamento di miosina.

14. Il tessuto muscolare cardiaco

A ha una struttura analoga a quella di tutti i muscoli lisci che contraggono gli organi interni.

B è striato come i più efficienti muscoli scheletrici ma, a differenza di questi, non è controllabile in modo cosciente.

C ha una contrazione veloce come quella dei muscoli striati, ma non è un muscolo scheletrico.

D si contrae indipendentemente dalla volontà dell'individuo ed è privo di striature.

E si contrae lentamente come il muscolo liscio, pur avendo una struttura striata come quella del muscolo scheletrico.

15. Le ossa crescono

A sia in lunghezza sia in spessore per tutta la vita, secondo le necessità date dall'attività fisica praticata.

B in larghezza grazie al disco cartilagineo formato da condrociti che si dividono in continuazione.

C in larghezza per deposizione di matrice cellulare, ma con demolizione del tessuto adiacente alla cavità interna.

D in lunghezza e con rinnovamento della matrice extracellulare solo dopo la fine dell'adolescenza.

E di spessore in modo da far proporzionalmente crescere anche la cavità midollare centrale.

16. Barra il completamento errato.
Alcune ossa

A formano una cavità corporea al cui interno sostengono e proteggono alcuni organi.

B forniscono la sede di aggancio ai muscoli scheletrici per permettere il movimento.

C possono essere collegate tra loro da dischi cartilaginei o da articolazioni fibrose.

D possono essere circondate da muscoli o da organi interni e non collegarsi ad altre ossa.

17. Nel seguente brano, barra fra i termini in neretto quelli errati.

La contrazione del muscolo scheletrico dipende **dal ripiegamento / dallo scorrimento** dei filamenti che lo compongono; quando giunge lo stimolo **nervoso / muscolare** i filamenti **spessi / sottili**, formati da miosina, si agganciano ai filamenti formati da actina e li tirano verso il centro del **sarcomero / muscolo**. In questo modo l'unità funzionale del muscolo si **accorcia / allunga** e la fibra muscolare si contrae. Le teste di miosina sono in grado di **sintetizzare / scindere** ATP in modo da ottenere l'energia che attiva l'intero processo.

18. Che differenza c'è tra la contrazione di un muscolo involontario e la contrazione involontaria di un muscolo scheletrico?

....

....

....

....

....

....

....

19. Perché l'osteoporosi è una malattia prodotta da uno squilibrio del rimodellamento osseo?

....

....

....

....

....

....

....

20. Perché si può affermare che le ossa sono formate da tessuti vivi?

....

....

....

....

....

....

....

UNITUTOR
VERSO L'UNIVERSITÀ

Preparati ai test di ammissione sul sito Unitutor.

21. Quale delle seguenti molecole ha funzione strutturale?

A Emoglobina

B Collagene

C Catalasi

D Anticorpo

E Adrenalina

[dal test di ammissione a Veterinaria 2015-16]

HANDS-ON GLOSSARY

22. Fill in the table matching each term (*letters*) with its definition (*numbers*).

A. bone
B. muscle
C. joint
D. tendon
E. ligament

1. the fibrous connective tissue that connects bones to other bones.
2. a tough band of fibrous connective tissue that connects muscle to bone and is able to withstand tension.
3. one of the hard parts of the skeleton of a vertebrate.
4. the connection made between bones in the human body (also called articulation).
5. a body tissue consisting of long cells that contract when stimulated and produce motion.

A	B	C	D	E

VERSO L'ESAME: LE TUE COMPETENZE

SCHEMATIZZA

23. Costruisci una mappa concettuale che riporti le funzioni e la classificazione delle ossa del corpo umano.

SCHEMATIZZA

24. Costruisci uno schema che spieghi il meccanismo di contrazione muscolare, nel quale emerga chiaramente il ruolo delle proteine coinvolte e la funzione degli ioni calcio.

RICERCA

25. Il sistema scheletrico è formato da tessuti vivi e, come avviene per gli altri organi, può ammalarsi e regredire. Le principali patologie a carico delle ossa sono il rachitismo, l'osteoporosi e l'osteoma osteoide, ma ne esistono anche altre meno frequenti: osteosclerosi, acondroplasia, eteroplasia ossea progressiva (POH), displasia fibrosa ossea, ipofosfatasia.

Per ognuna di queste patologie più rare trova informazioni relativamente alle caratteristiche, ai sintomi, alle cause, ai metodi diagnostici e alle possibili terapie. Costruisci quindi un PowerPoint, con immagini e tabelle riassuntive, per presentare il tuo elaborato alla classe.

CALCOLA

26. Circa il 65% del peso secco di un osso è costituito dalla sua componente minerale, che a sua volta è costituita:

- per l'86% da cristalli di idrossiapatite –($Ca_{10}(PO_4)_6(OH)_2$)–;
- per il 12% da carbonato di calcio –$CaCO_3$–;
- per l'1,5% da fosfato di magnesio –$Mg_3(PO_4)_2$–;
- per lo 0,5% da fluoruro di magnesio –MgF_2–.

Sulla base di queste informazioni calcola quanti grammi di fluoro sono presenti in un osso che pesa 1 kg e commenta il risultato.

(Attenzione: per ricavare il contenuto in grammi di un elemento presente in una molecola puoi calcolare il suo numero di moli presente nella molecola stessa).

OSSERVA E DEDUCI

27. Osserva questa radiografia di un arto inferiore fratturato, quindi descrivi le caratteristiche della frattura e ipotizza il percorso clinico da intraprendere per la sua guarigione.

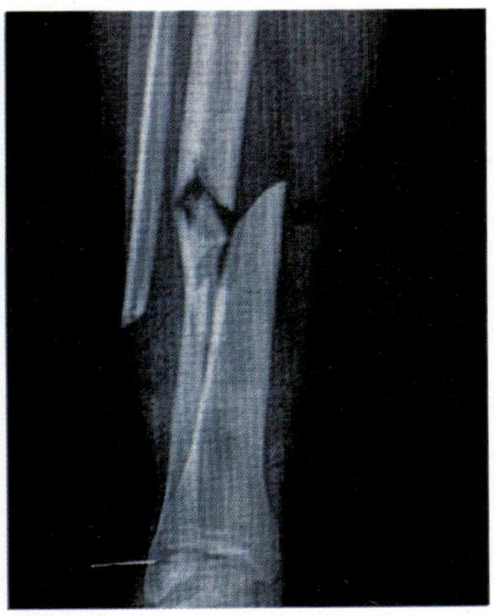

OSSERVA E DEDUCI

28. Osserva il grafico e rispondi alle domande.

a) Quale tipo di metabolismo utilizzano rispettivamente un centometrista e un maratoneta? Motiva la tua risposta.

b) Perché pensi che esista questa differenza di comportamento da parte del nostro organismo quando deve affrontare due sforzi fisici così differenti?

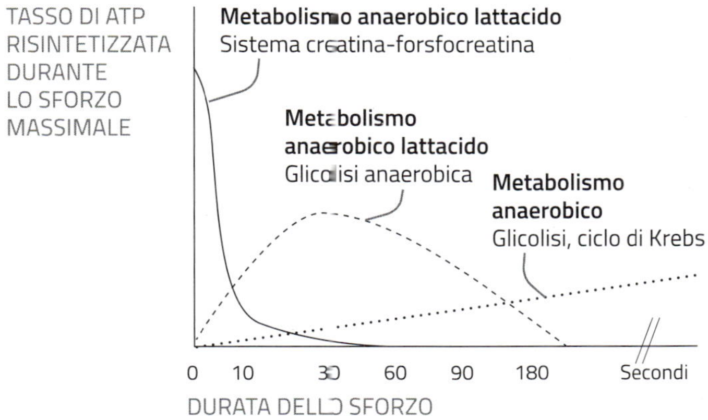

CONFRONTA

29. Dopo avere confrontato le caratteristiche anatomiche e fisiologiche del muscolo liscio e di quello striato, spiega perché il cuore è composto da tessuto muscolare striato pur essendo involontario.

IPOTIZZA

30. L'enzima acetilcolinesterasi (AChE) degrada il neurotrasmettitore acetilcolina (ACh) in colina e acido acetico, che sono due metaboliti inattivi. Alcune molecole tossiche, come i gas nervini, hanno un potente effetto inibitorio verso l'azione dell'AChE.

a) Quale pensi che sia la conseguenza dell'inalazione di un gas nervino a livello muscolare?

b) Esistono invece farmaci che riducono l'attività dell'AChE per trattare patologie come la malattia di Alzheimer. In questi casi, quali potrebbero essere i problemi legati alla presenza di ACh?

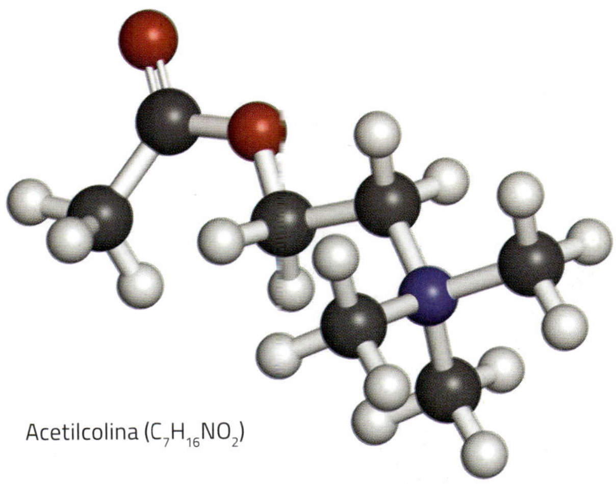

Acetilcolina ($C_7H_{16}NO_2$)

SEI PRONTO PER LA VERIFICA?

IN 1 ORA

Dopo aver studiato i contenuti fondamentali dei **capitoli C1 e C2**, prova a svolgere questa verifica nel **tempo massimo di 1 ora.**

Alla fine della prova **controlla le tue risposte** con le soluzioni che troverai sul sito *online.scuola.zanichelli.it/curtisnuovoinvitoblu* e **calcola il punteggio** totale che hai conseguito compilando la griglia finale.

CONOSCENZE

Barra il completamento esatto.

1. Per osservare la corretta curvatura della colonna vertebrale occorre eseguire una radiografia lungo il piano

A frontale.
B trasversale.
C sagittale mediano.
D frontale e sagittale mediano.

(4 punti se hai risposto correttamente) ...../4

2. Nel tessuto osseo, i canali di Havers sono

A detti anche canali perforanti.
B più sottili di quelli di Volkmann.
C al centro dell'osteone.
D formati da trabecole ossee.

(4 punti se hai risposto correttamente) ...../4

3. Quando il muscolo è stimolato, i filamenti spessi di miosina

A si attaccano ai filamenti sottili di actina.
B ogni sarcomero si allunga.
C la miofibrilla si rilassa.
D i filamenti sottili si distaccano dalla linea Z.

(4 punti se hai risposto correttamente) ...../4

4. Grazie all'allenamento costante in sport di resistenza, come la corsa, aumenta

A il numero di miofibrille presenti.
B il numero di mitocondri per cellula.
C il tessuto connettivo che avvolge le cellule muscolari.
D il numero di vasi sanguigni e la dimensione del muscolo.

(4 punti se hai risposto correttamente) ...../4

5. I dischi intercalari sono

A l'unità motoria del tessuto cardiaco.
B dischi cartilaginei posti tra le vertebre.
C giunzioni tra le cellule cardiache.
D punti di contatto tra i differenti sarcomeri della muscolatura liscia.

(4 punti se hai risposto correttamente) ...../4

6. Tutte le seguenti ghiandole sono esocrine, tranne

A le ghiandole gastriche.
B le isole di Langerhans del pancreas.
C le ghiandole mammarie.
D le ghiandole sudoripare.

(4 punti se hai risposto correttamente) ...../4

Barra la risposta esatta.

7. Quali delle seguenti cellule staminali sono multipotenti?

A Le cellule presenti durante le prime due settimane di sviluppo embrionale.
B Gli 8 blastomeri.
C Le cellule del derma.
D Le cellule del midollo osseo rosso.

(4 punti se hai risposto correttamente) ...../4

8. Quale delle seguenti articolazioni è fibrosa?

A Articolazione della spalla.
B Sinfisi pubica.
C Sutura cranica tra osso frontale e parietale.
D Articolazione intervertebrale.

(4 punti se hai risposto correttamente) ...../4

9. Quale strato della cute contiene adipociti?

A Derma.
B Epidermide.
C Ipoderma.
D Ectoderma.

(4 punti se hai risposto correttamente) ...../4

10. Per ciascuna affermazione barra il simbolo V se la ritieni vera oppure il simbolo F se la ritieni falsa.

a) Il tessuto muscolare cardiaco è striato, ma involontario. V F
b) Nel tessuto muscolare liscio sono assenti l'actina e la miosina. V F
c) Nell'uomo adulto, il tessuto osseo è quello più diffuso. V F

(2 punti per ogni scelta corretta) ...../6

11. Completa il brano scegliendo tra i termini proposti.

L'omeostasi è la capacità di reagire ai cambiamenti dell'ambiente esterno conservando quello interno a livelli costanti, ciò avviene grazie all'azione di sistemi di controllo; questi sono costituiti da: ...., che percepisce le condizioni ambientali, ..., che riceve le informazioni e ...., che induce l'organismo alla risposta.

(effettore, regolatore, recettore, attivatore, enzima, centro di controllo, sensore, promotore, adduttore)

(2 punti per ogni scelta corretta) ...../6

12. **Descrivi i meccanismi di retroazione negativa e positiva, fornendo un esempio per ciascuno di essi.**

....

....

....

....

(8 punti se hai descritto le due retroazioni, 4 se ne hai descritto solo una) ...../8

ABILITÀ

Barra i due completamenti esatti.

13. **In presenza di sufficiente ossigeno, l'energia necessaria per la contrazione muscolare deriva dalla**

A scissione di creatinfosfato.

B respirazione cellulare.

C fermentazione lattica.

D fermentazione alcolica.

E sintesi di glucosio.

(5 punti per due risposte corrette, 3 per una sola) ...../5

14. **Quando lo ione Ca^{2+} si combina con la troponina, questa subisce un cambiamento di conformazione che produce**

A lo scivolamento delle catene di tropomiosina.

B l'esposizione dei siti di legame dei ponti trasversali.

C l'arresto dello scorrimento delle catene di actina.

D il blocco dei siti di legame dei ponti trasversali.

E la sintesi di molecole di ATP.

(5 punti per due risposte corrette, 3 per una sola) ...../5

Nei seguenti brani, barra tra i termini in neretto quelli errati.

15. Ogni fibra muscolare può essere rilassata oppure contratta, ma **non può** / **può** esserlo solo parzialmente. Il grado della contrazione muscolare dipende della **frequenza** / **intensità** con cui sono eccitate le unità motorie e **dal numero** / **dalla dimensione** delle fibre muscolari coinvolte. All'aumentare degli stimoli si arriva a un punto in cui questi si sommano senza la fase di **rilascio** / **contrazione**.

(2 punti per ogni scelta corretta) ...../8

16. Quando un mammifero è esposto al freddo, i recettori della pelle comunicano al sistema nervoso **centrale** / **periferico** le informazioni sulla temperatura. In risposta agisce **la tiroide** / **l'ipofisi**, una ghiandola endocrina posta al centro del cranio, che invia un ormone **all'ipofisi** / **alla tiroide**; quest'ultima produce a sua volta un ormone che **attiva** / **rallenta** il metabolismo cellulare.

(2 punti per ogni scelta corretta) ...../8

Barra il completamento errato.

17. **Un neurone motorio**

A possiede un lungo assone che si divide in ramificazioni terminali.

B forma una giunzione neuromuscolare.

C innerva un numero di fibre muscolari direttamente proporzionale alla precisione.

D utilizza come neurotrasmettitore molecole di acetilcolina.

(4 punti se hai risposto correttamente) ...../4

18. **Tutti e tre i tipi di tessuto muscolare**

A contengono miofibrille costituite da proteine capaci contrarsi.

B contengono fibre muscolari.

C contengono actina e miosina.

D consumano ATP durante la contrazione

(4 punti se hai risposto correttamente) ...../4

19. **Per ciascuna affermazione barra il simbolo V se la ritieni vera oppure il simbolo F se la ritieni falsa.**

a) La respirazione aerobia è un esempio di reazione catabolica. V F

b) Gli interneuroni trasmettono le informazioni dagli organi al sistema nervoso centrale. V F

c) Gli osteociti sono osteoclasti maturi. V F

(2 punti per ogni scelta corretta) ...../6

Barra la risposta esatta.

20. **Quale dei seguenti tessuti connettivi forma i tendini?**

A Cartilagine ialina.

B Tessuto connettivo denso.

C Tessuto connettivo lasso fibrillare.

D Tessuto connettivo lasso reticolare.

(4 punti se hai risposto correttamente) ...../4

PUNTEGGIO TOTALE

...../100

Se hai ottenuto:

- meno di 60 punti devi riprendere lo studio dei capitoli;
- tra 60 e 70 punti hai una preparazione sufficiente;
- tra 70 e 80 punti hai una preparazione buona;
- tra 80 e 100 punti significa che hai studiato a fondo.

Capitolo C3

La circolazione sanguigna

1 Il circolo sanguigno

Il sangue scorre nel corpo e svolge varie funzioni

L'**apparato circolatorio** è uno dei sistemi più importanti del corpo e ha il compito di portare il sangue a tutti gli organi e i tessuti. Il tessuto fondamentale di questo sistema è il *sangue*, un tipo di connettivo specializzato che svolge diverse funzioni indispensabili per la vita:

- distribuire ossigeno e molecole nutritive a tutte le cellule del corpo;
- rimuovere i materiali di rifiuto da tutte le cellule;
- trasportare molecole regolatrici agli organi bersaglio;
- intervenire nella termoregolazione corporea;
- regolare il suo pH;
- controllare il contenuto di acqua all'interno del corpo;
- contrastare l'aggressione di agenti patogeni.

Ti ricordi?

La **pressione osmotica** di una soluzione è una delle sue proprietà colligative. Se due soluzioni a concentrazione differente di uno stesso soluto sono separate da una membrana semipermeabile, si ha uno spostamento delle molecole di solvente dalla soluzione con concentrazione di soluto minore alla soluzione con concentrazione di soluto maggiore, nel tentativo di uguagliare le due concentrazioni di partenza. La pressione necessaria perché non si verifichi questo spostamento è detta proprio «pressione osmotica».

A colpo d'occhio

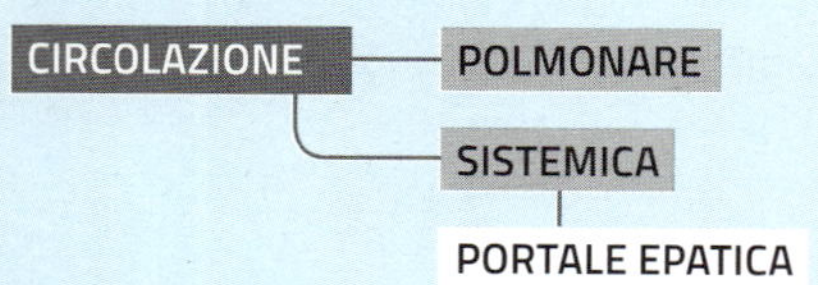

La circolazione sanguigna umana è chiusa, doppia e completa

In tutti i mammiferi, essere umano compreso, l'**apparato circolatorio** (o *cardiovascolare*) è costituito da un **cuore** e da una rete di *vasi sanguigni* di diametro differente, in cui scorre il sangue. Negli esseri umani, il cuore si trova nella parte anteriore della cavità toracica ed è formato prevalentemente da tessuto muscolare, che gli consente di imprimere al sangue una pressione tale da raggiungere anche le estremità più lontane del corpo. I vasi attraverso cui scorre il sangue sono le *vene* e le *arterie*, che si ramificano fino a divenire **capillari** così sottili da insinuarsi persino tra le singole cellule. In generale, si definiscono **arterie** i vasi che trasportano il sangue proveniente dal cuore verso la periferia dell'organismo (**figura 1A**) e **vene** quelli che trasportano il sangue nella direzione opposta, cioè dalla periferia verso il cuore (**figura 1B**).

Nel corpo umano la circolazione sanguigna viene definita **chiusa**, poiché il sangue circola sempre all'interno dei vasi sanguigni (*vedi* scheda 1), **doppia**, poiché esistono due circolazioni associate (la circolazione sistemica e la circolazione polmonare), e **completa**, perché il cuore è diviso in due porzioni separate e quindi il sangue venoso non si mescola mai con quello arterioso.

Nella **circolazione sistemica**, o *grande circolazione*, il sangue ricco di ossigeno lascia il cuore tramite l'**aorta**, che è l'arteria principale del nostro corpo. Il primo tratto dell'aorta si dirige verso l'alto e prende il nome di *aorta ascendente*; da questa porzione si distaccano le arterie coronarie destra e sinistra, che irrorano il

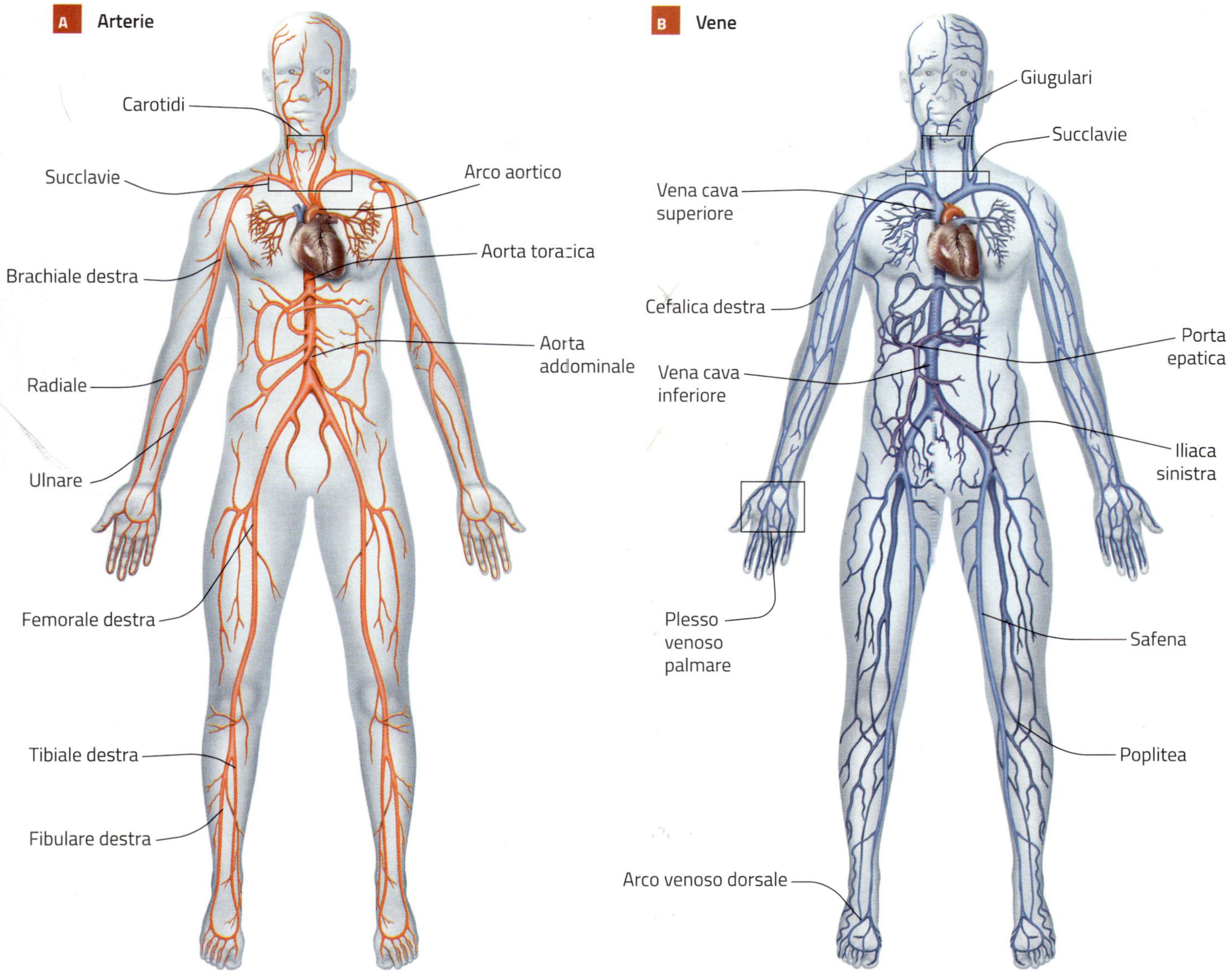

▲ **Figura 1**
Le principali arterie (A) e vene (B) del corpo umano.

muscolo cardiaco. Dopo che il sistema vascolare ha compiuto un arco (detto *arco aortico*) che conduce il sangue verso le braccia, hanno origine due arterie chiamate **carotidi**, che portano il sangue ossigenato al cervello; l'aorta si piega poi verso il basso, suddividendosi in una porzione toracica e una addominale.

Una volta che ha portato ossigeno e sostanze nutritive a tutti i distretti del corpo attraverso la rete capillare, il sangue torna verso il cuore tramite le vene. La **vena cava inferiore** raccoglie il sangue venoso della porzione inferiore del corpo, mentre la **vena cava superiore** raccoglie il sangue proveniente da testa e braccia. Le vene seguono un percorso analogo a quello delle arterie, prendendo spesso lo stesso nome, ma in genere scorrono più superficialmente.

La **circolazione polmonare**, o *piccola circolazione*, fa in modo che dal cuore il sangue deossigenato venga pompato ai polmoni tramite le arterie polmonari destra e sinistra, che raggiungono i corrispettivi polmoni. Una volta avvenuti gli scambi gassosi negli alveoli (piccole celle all'interno dei polmoni), il sangue nuovamente ossigenato lascia i polmoni attraverso le vene polmonari e ritorna al cuore.

Un particolare tratto del sistema circolatorio, la **circolazione portale epatica**, riguarda le vene dell'intestino, che insieme ai gas disciolti trasportano anche le molecole nutritive ricavate dalla digestione dei cibi.

Attraverso la *vena porta* le sostanze sono condotte al fegato, dove avvengono molti processi chimici per trasformare le sostanze digerite in molecole utilizzabili da parte dell'organismo. Queste ultime, tramite le vene epatiche e la vena cava inferiore, entrano nella parte destra del cuore (figura 2).

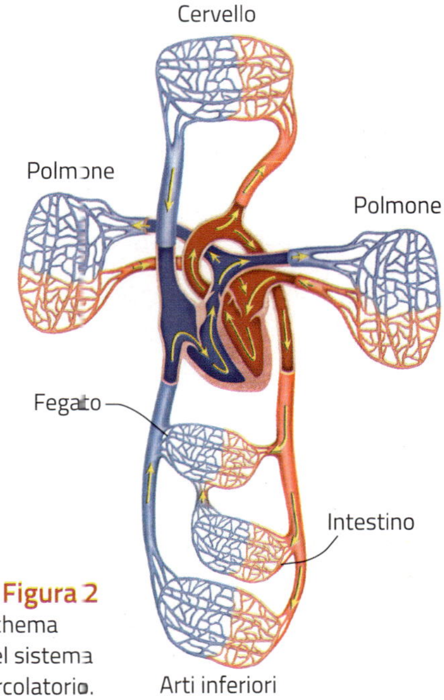

► **Figura 2**
Schema del sistema circolatorio.

L'evoluzione dell'apparato cardiovascolare

Nel regno animale il sangue non raggiunge le cellule in un unico modo. Gli animali più semplici, per esempio, **non hanno un apparato cardiovascolare** perché tutte le cellule si riforniscono direttamente dall'ambiente esterno; è il caso delle cellule dei poriferi (come le spugne) o di quelle dei celenterati (come le meduse), che possono prelevare le sostanze nutritive e l'ossigeno direttamente dall'acqua di mare. Anche la struttura di certi vermi, come le planarie, è talmente semplice da permettere alle sostanze di passare nelle cellule per diffusione.

Gli insetti (**figura A**) e diversi molluschi hanno invece un **sistema circolatorio aperto** in cui i vasi ricevono sangue da un cuore tubulare e lo portano verso le *lacune*, cioè gli spazi che circondano gli organi. Viceversa, negli anellidi come il lombrico il sangue circola all'interno di un **sistema chiuso** di vasi continui, spinto dalle contrazioni dei diversi «cuori», che in realtà sono regioni muscolari ingrossate di particolari vasi sanguigni (**figura B**).

Anche nei vertebrati i vasi sanguigni formano un sistema chiuso, ma il loro cuore è un organo muscolare definito e formato da varie camere. I pesci (**figura C**), per esempio, hanno un cuore suddiviso in un atrio, che riceve sangue, e un ventricolo, che pompa il sangue nei vasi. Il ventricolo dei pesci pompa il sangue direttamente nei capillari delle branchie (dove riceve O_2 e cede CO_2) per poi inviarlo ai tessuti; a questo punto, parte della forza propulsiva del battito cardiaco si è esaurita e il flusso sanguigno attraverso i rimanenti tessuti è relativamente lento. Il sistema circolatorio dei pesci è detto **semplice** perché il sangue passa una sola volta dal cuore.

Nel cuore degli anfibi (**figura D**), invece, ci sono due atri: uno riceve il sangue ossigenato dai polmoni e l'altro riceve il sangue deossigenato dalla circolazione sistemica. Tutti e due gli atri si svuotano in un unico ventricolo: questa circolazione è chiamata **doppia ma incompleta**. Per limitare il rimescolamento del sangue ossigenato con quello deossigenato i due atri eseguono una contrazione asincrona, mentre il ventricolo ha una conformazione che permette una certa separazione tra i due tipi di sangue. Il sangue deossigenato viene pompato sia ai polmoni sia verso la pelle umida, che per gli anfibi rappresenta un importante sito di scambio gassoso; il sangue, dopo essersi ossigenato nella pelle, entra direttamente nella circolazione sistemica prima di ritornare al cuore.

Un grado di complessità maggiore compare nei rettili: il loro cuore presenta un setto interventricolare incompleto che rende minimo il rimescolamento tra sangue deossigenato e sangue ossigenato; solamente nei coccodrilli il setto è completo. In questi animali, così come negli uccelli e nei mammiferi (**figura E**), il cuore è suddiviso in due parti: il cuore destro e il cuore sinistro, ciascuno con un atrio e un ventricolo: la circolazione è chiamata **doppia e completa**. La netta separazione del sangue ossigenato da quello deossigenato garantisce un alto livello di attività e una temperatura corporea relativamente costante.

A Artropodi

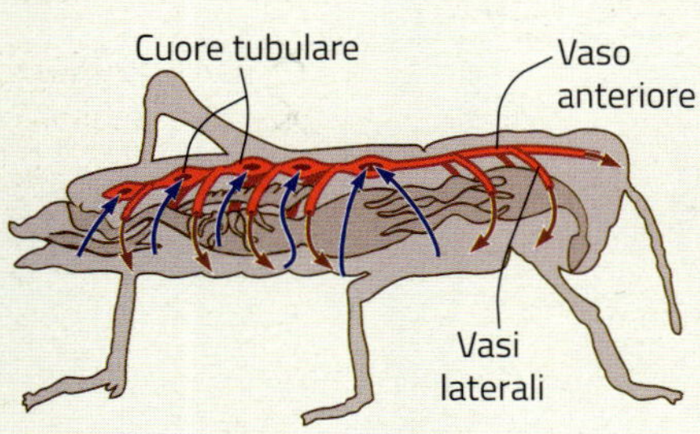

Sistema circolatorio aperto

B Anellidi

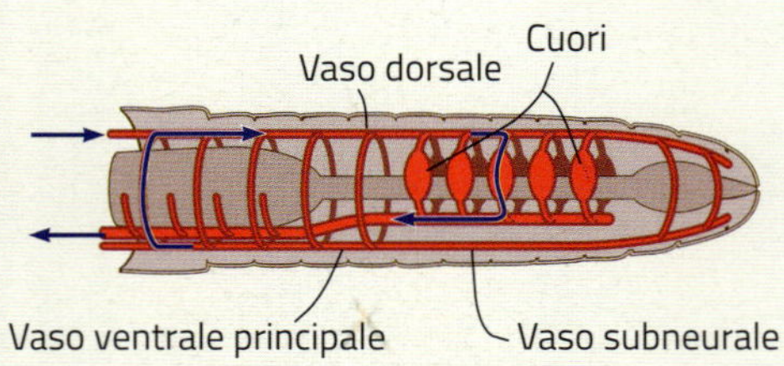

Sistema circolatorio chiuso

C Pesci

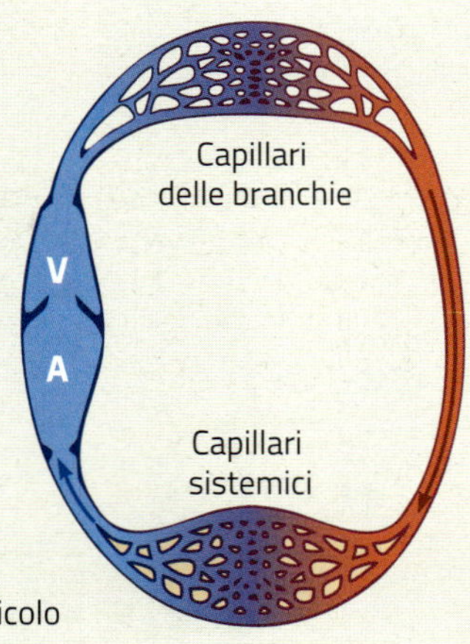

A = atrio
V = ventricolo

D Anfibi

Circolazione polmonare

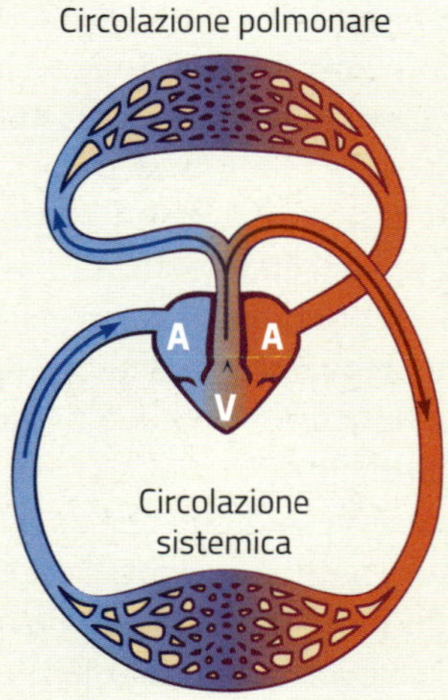

E Uccelli e mammiferi

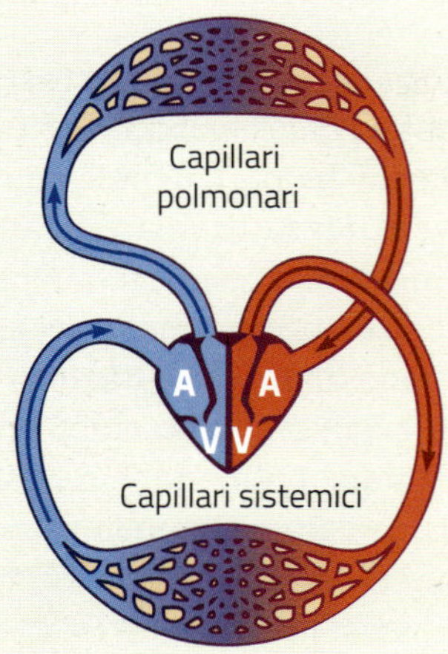

▲ **Figura**
Evoluzione del sistema circolatorio.

Facciamo il punto

1. Qual è la relazione tra termoregolazione e circolazione sanguigna?
2. Perché la circolazione umana viene definita «doppia»?
3. Quali sono le principali funzioni della circolazione sanguigna?
4. Qual è la funzione principale delle vene cave?

2 L'anatomia del cuore

Il cuore è un muscolo suddiviso in quattro cavità

Il cuore (**figura 3**) è un organo muscolare cavo che in un adulto pesa circa 300 g ed è lungo mediamente 15 cm e largo 10 cm. Il cuore è collocato nel *mediastino*, lo spazio compreso tra i due polmoni e lo sterno, e ha la forma di un cono rovesciato; la punta del cuore si trova a contatto con il diaframma nella porzione sinistra del torace, a livello della quinta costola.

▾ **Figura 3**
Sezione frontale del cuore che evidenzia la struttura interna e il flusso del sangue venoso (in blu) e del sangue arterioso (in rosso).

1. Il sangue giunge al cuore attraverso due grosse vene, la vena cava superiore e la vena cava inferiore, ed entra nell'**atrio destro**.

4. Le arterie polmonari portano il sangue ai polmoni per arricchirlo di ossigeno.

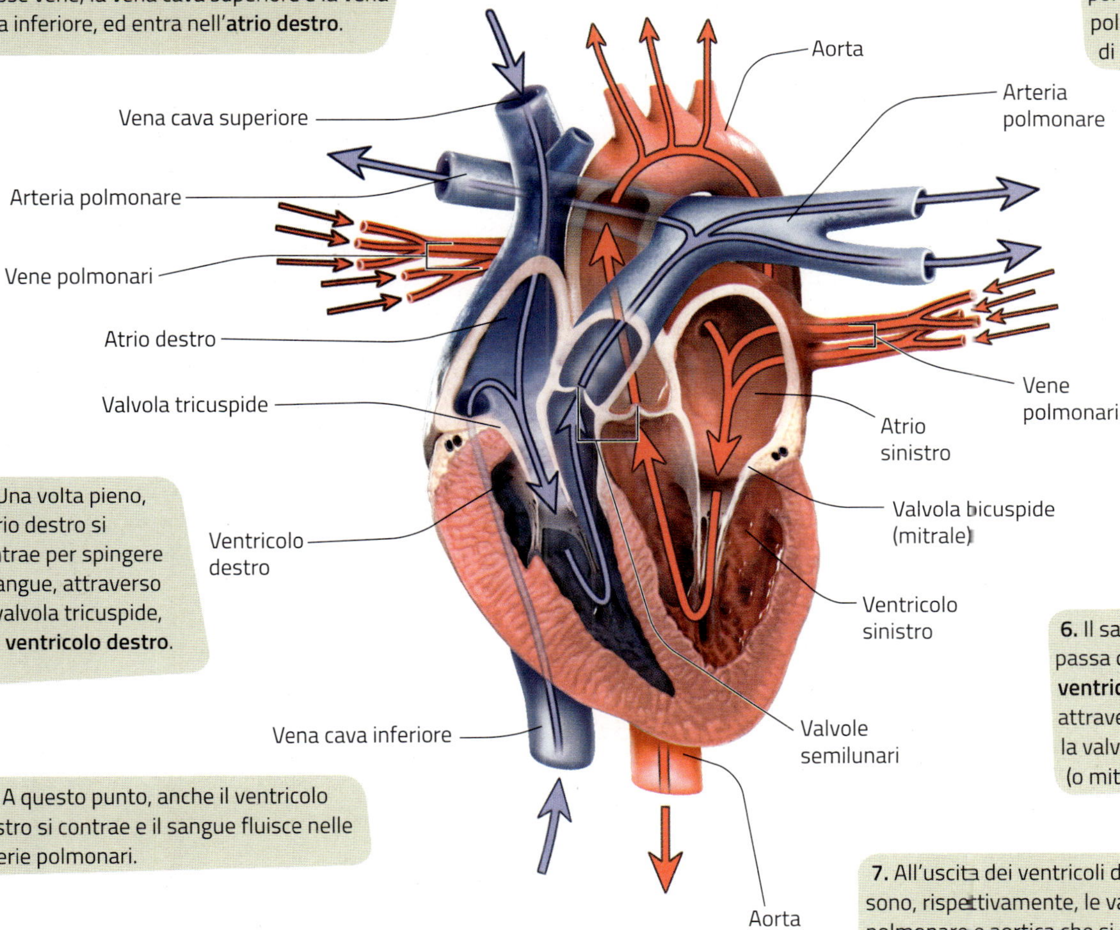

2. Una volta pieno, l'atrio destro si contrae per spingere il sangue, attraverso la valvola tricuspide, nel **ventricolo destro**.

5. Tramite le vene polmonari il sangue ossigenato torna al cuore attraverso l'**atrio sinistro**.

6. Il sangue passa dall'atrio al **ventricolo sinistro** attraverso la valvola bicuspide (o mitrale).

3. A questo punto, anche il ventricolo destro si contrae e il sangue fluisce nelle arterie polmonari.

7. All'uscita dei ventricoli destro e sinistro ci sono, rispettivamente, le valvole semilunari polmonare e aortica che si chiudono dopo la contrazione dei ventricoli impedendo il reflusso del sangue.

8. Dall'aorta il sangue circola in tutto il corpo distribuendo O_2 e sostanze nutritive, e raccogliendo CO_2 e scorie; successivamente ritorna al cuore tramite le vene.

Le pareti del cuore sono costituite da un particolare tipo di tessuto muscolare, il muscolo cardiaco o **miocardio**, e sono rivestite internamente dall'*endocardio* ed esternamente dal *pericardio*, due membrane di tessuto epiteliale che hanno una funzione protettiva. Negli esseri umani, così come in tutti i mammiferi e gli uccelli, la parte sinistra e destra del cuore non sono in comunicazione, per cui il passaggio di sangue può avvenire solamente tra atrio e ventricolo di un medesimo lato. La parte cardiaca di sinistra è più grande di quella destra e il muscolo è più spesso.

Nel cuore ci sono quattro valvole che garantiscono il corretto flusso sanguigno: due **valvole atrioventricolari**, poste tra gli atri e i ventricoli, e due **valvole semilunari**, situate all'uscita dei ventricoli (**figura 4A** a pagina seguente).

Le parole
Il termine **miocardio** è composto dalle due parole *mio* e *cardio*, che significano rispettivamente «muscolo» e «cuore»; **cardio** deriva dalla radice indoeuropea *kor*, che significa «vibrare».

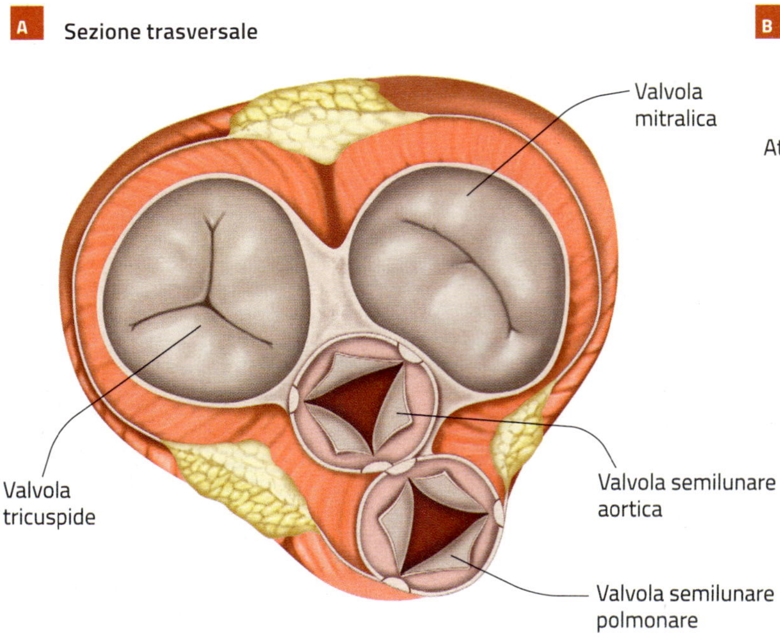

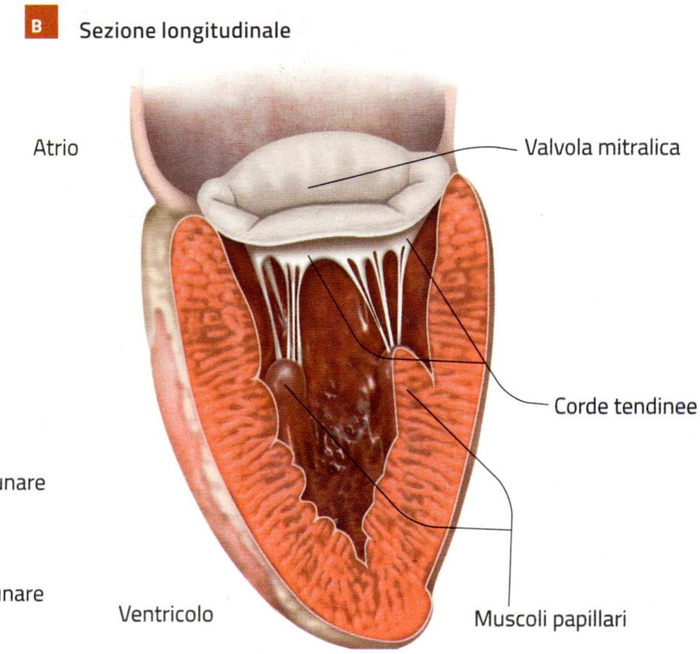

▲ **Figura 4**
(A) Cuore in sezione trasversale: si vedono le valvole atrioventricolari e le valvole semilunari che si aprono e si chiudono in modo coordinato. (B) Sezione longitudinale della parte sinistra del cuore, con evidenziate la valvola bicuspide, i muscoli papillari e le corde tendinee.

La valvola atrioventricolare destra è formata da tre lembi e prende il nome di **tricuspide**, mentre quella sinistra è costituita da due lembi ed è detta **bicuspide** o *mitrale*. Le due valvole atrioventricolari hanno dunque l'aspetto di una sottile e resistente membrana divisa in cuspidi, saldamente ancorate alle pareti cardiache grazie a robuste corde tendinee. A livello delle inserzioni delle corde tendinee nei ventricoli si trovano i *muscoli papillari* (**figura 4B**), che si estendono verso l'interno della camera ventricolare. I muscoli degli atri sono invece detti *pettinati*, perché presentano striature parallele che ricordano i denti di un pettine.

Le valvole semilunari si distinguono in **semilunare polmonare**, che separa il ventricolo destro dall'arteria polmonare, e **semilunare aortica**, che separa il ventricolo sinistro dall'aorta. Spesso queste valvole, dal diametro di circa 20 mm, sono considerate come l'unione di tre lembi a forma di semiluna, da cui il nome, mentre in realtà ciascuna di esse è costituita da tre valvole distinte, che collaborano per evitare il reflusso di sangue all'interno dei ventricoli.

Per fornire sufficiente energia al miocardio occorrono quantità adeguate di ossigeno e di sostanze nutritive; di questo rifornimento si occupano due arterie che circondano il cuore come una corona, le **arterie coronarie**, che si suddividono in vasi sempre più piccoli, dando origine a una fitta rete di microscopici capillari.

A colpo d'occhio

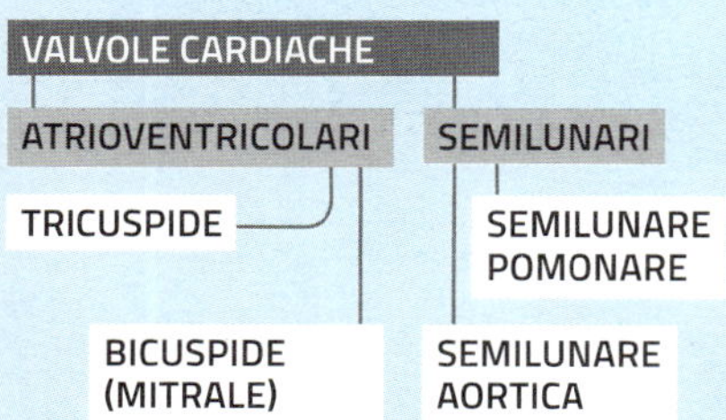

Il sangue circola nel corpo passando due volte per il cuore

L'apertura e la chiusura delle valvole avvengono in modo sincronizzato e permettono il passaggio del sangue nel modo più funzionale (*vedi* **figura 3**). Il sangue giunge all'atrio destro del cuore attraverso due vene di grande calibro: la vena cava superiore e la vena cava inferiore; questi due vasi si uniscono poco prima di entrare nel cuore. La contrazione dell'atrio destro permette il passaggio del sangue al ventricolo destro; durante la contrazione atriale la valvola tricuspide è aperta, mentre è chiusa la valvola semilunare polmonare. La contrazione del ventricolo destro spinge poi il sangue nelle arterie polmonari: ciò può avvenire perché si apre la valvola semilunare, mentre si chiude la tricuspide.

Le arterie polmonari portano il sangue deossigenato agli alveoli, dove avvengono gli scambi gassosi con l'aria inspirata e il sangue si ossigena. Il sangue ricco di O_2 fa poi ritorno al cuore grazie alle vene polmonari, che lo immettono nell'atrio sinistro. La contrazione di quest'ultimo spinge il sangue nel ventricolo sinistro (la valvola bicuspide è aperta, mentre la semilunare aortica si chiude); subito dopo avviene la contrazione del ventricolo che, associata all'apertura della valvola semilunare aortica e alla chiusura della bicuspide, permette al sangue di entrare nell'aorta che lo porterà in tutto il corpo.

Curiosità

Quando la funzionalità delle **valvole cardiache** è compromessa è possibile sostituirle chirurgicamente con valvole di origine biologica, come quelle suine, oppure con valvole meccaniche costruite artificialmente. Ognuna delle due soluzioni presenta vantaggi e svantaggi: le valvole biologiche sono più efficienti di quelle meccaniche ma maggiormente soggette a deterioramento.

La contrazione cardiaca è regolata dal sistema nervoso

La contrazione dei due atri avviene contemporaneamente, così come la successiva contrazione dei ventricoli. Le valvole atrioventricolari si chiudono per la pressione del sangue nei ventricoli, e si evita così un ritorno di sangue negli atri.

Al termine della contrazione, il miocardio si rilassa e le sue cavità si distendono, consentendo così al sangue di riempirle nuovamente: la fase di contrazione è detta **sistole**, mentre quella di rilassamento è chiamata **diastole**. L'insieme della sistole e della diastole degli atri, e della sistole e della diastole dei ventricoli, viene definito **ciclo cardiaco**. Durante questo ciclo, che dura complessivamente circa 0,8 secondi, gli atri sono in diastole quando i ventricoli sono in sistole e viceversa.

Auscultando il battito cardiaco, si può udire un duplice suono: il primo, più profondo, corrisponde alla chiusura delle valvole atrioventricolari, mentre il secondo è dovuto alla chiusura delle valvole semilunari. In un uomo adulto in condizioni di riposo, il battito ritmico del cuore si ripete circa 70 volte al minuto (60 s / 0,8 s = 75), ma sotto sforzo la frequenza può diventare più del doppio.

Il volume totale di sangue pompato dal cuore ogni minuto corrisponde alla **gittata cardiaca**, definita come:

$$\underset{\text{(litri al minuto)}}{\text{gittata cardiaca}} = \underset{\text{(battiti al minuto)}}{\text{frequenza cardiaca}} \times \underset{\text{(litri per battito)}}{\text{gittata sistolica}}$$

Sapendo che in un adulto sano e a riposo la gittata sistolica è di circa 70 mL/battito, la gittata cardiaca risulta circa di 5 L al minuto.

A differenza della maggior parte dei muscoli, che si contrae soltanto in risposta a uno stimolo nervoso, la contrazione delle cellule cardiache è stimolata dal muscolo cardiaco stesso. Infatti, se viene mantenuto in una soluzione nutritiva ossigenata, il cuore può continuare a battere anche dopo essere stato rimosso dal corpo; inoltre, negli embrioni il cuore comincia a battere prima dello sviluppo di ogni innervazione.

Solo l'1% delle fibre cardiache è dotata di autocontrazione; queste fibre, che danno il ritmo di contrazione a tutte le altre cellule, si trovano in nodi e fasci ben precisi del muscolo cardiaco e costituiscono il *sistema di conduzione*. La stretta connessione che esiste tra le cellule del cuore consente la rapida conduzione degli impulsi elettrici in tutto l'organo. La contrazione del muscolo cardiaco inizia in un'area situata all'altezza dell'atrio destro: il **nodo senoatriale** o **pacemaker** (**figura 5**); tale regione è costituita da cellule muscolari che possono spontaneamente dare inizio a impulsi elettrici. Dal nodo senoatriale l'onda di eccitazione si diffonde attraverso le cellule muscolari atriali, provocando la contrazione quasi simultanea dei due atri.

In un decimo di secondo quest'onda di stimolazione raggiunge poi il **nodo atrioventricolare**, posto sempre nell'atrio destro, ma a ridosso del ventricolo; in questo nodo l'impulso rallenta, consentendo agli atri di rilassarsi prima della contrazione dei ventricoli. Dal nodo atrioventricolare le fibre conduttrici trasmettono l'eccitazione al **fascio di His** (fibre muscolari che non si contraggono ma trasmettono l'impulso), che si propaga lungo tutto il setto interventricolare, dividendosi in una branca sinistra e una destra. Grazie anche all'intervento delle **fibre di Purkinje**, il fascio di His può dare origine alla contrazione pressoché simultanea dei due ventricoli. Tutte le tappe della contrazione cardiaca sono riassunte nella **figura 6** (a pagina seguente).

Il sistema nervoso non è quindi in grado di innescare il battito cardiaco, ma riesce a modificare il ritmo e la potenza delle contrazioni del miocardio. La regolazione del battito cardiaco è molto importante: quando siamo a riposo o durante il sonno, il cuore ha una frequenza più bassa, mentre durante un'attività fisica il cuore accelera per far fronte alla maggiore quantità di ossigeno richiesta dai muscoli.

Guarda il video nell'ebook:
Il corpo umano in 3D
Il cuore

Curiosità

Nel nostro corpo ci sono circa 6 L di **sangue**: sapendo che la gittata sistolica è di circa 70 mL/battito e quella cardiaca è di circa 5 L al minuto, un'ipotetica goccia di sangue che parte dal cuore impiega approssimativamente un minuto per compiere l'intero percorso dei vasi sanguigni presenti dell'organismo e fare ritorno nuovamente al cuore.

Le parole

Il termine inglese **pacemaker** è composto dalle due parole *pace* (andatura) e *maker* (colui che fa), quindi significa «generatore di velocità».

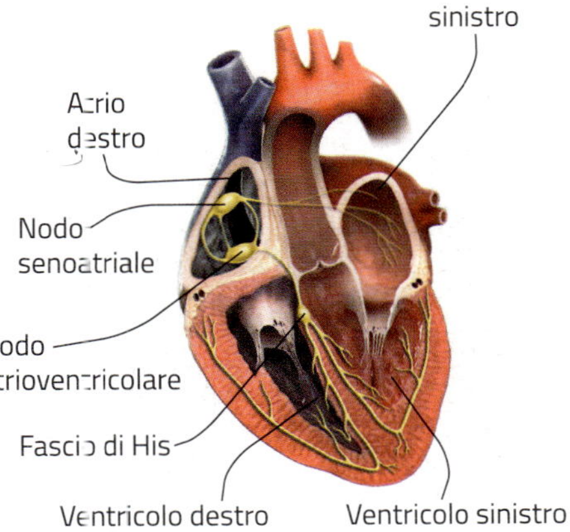

▸ **Figura 5**
Schema del cuore, con evidenziate le cellule responsabili della contrazione: il nodo senoatriale, il fascio di His e le fibre di Purkinje.

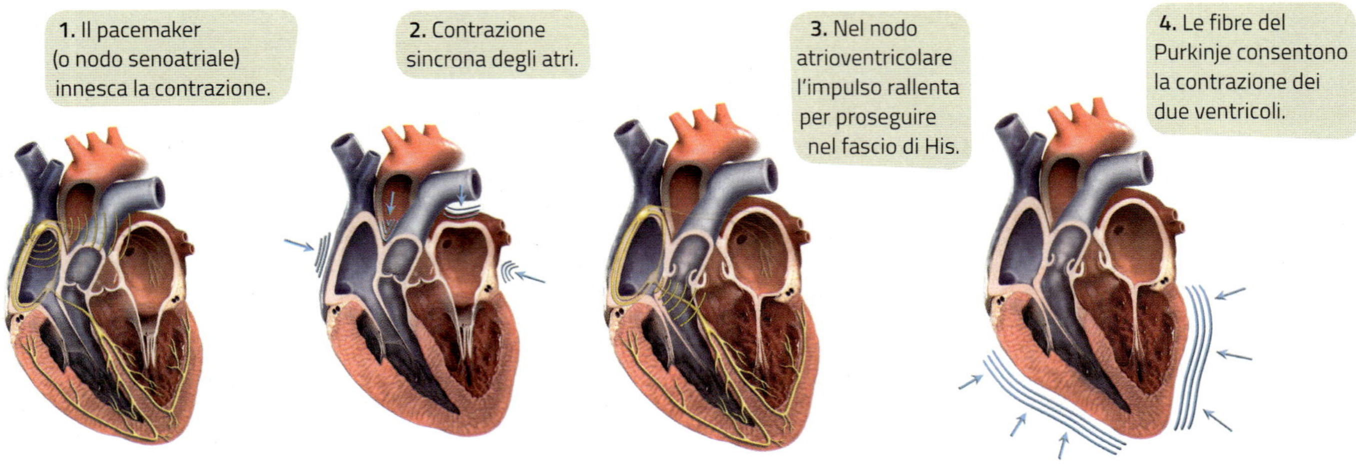

▲ **Figura 6**
Le fasi della contrazione, con evidenziato il percorso dell'impulso elettrico che consente il corretto funzionamento del cuore.

Esistono due diversi tipi di regolazione del battito cardiaco: una regolazione nervosa e una chimica. La **regolazione nervosa** dipende dal sistema nervoso autonomo, il quale è in grado di accelerare o rallentare l'attività del pacemaker in base alle informazioni che giungono dal sistema circolatorio. Infatti, la pressione del sangue in uscita dal ventricolo sinistro viene registrata a livello dell'arco aortico e delle carotidi da particolari recettori (barocettori), mentre alcuni chemiocettori registrano le variazioni di H^+, CO_2 e O_2. Queste informazioni sono raccolte dal centro cardiovascolare del sistema nervoso, posto nel midollo allungato all'altezza del collo; a seconda delle necessità, dal centro vengono attivate fibre nervose che provocano l'accelerazione del battito oppure fibre che lo rallentano.

La **regolazione chimica** del cuore dipende da alcuni ormoni, come gli ormoni tiroidei, l'adrenalina e la noradrenalina: questi ultimi sono rilasciati in caso di stress, paura o intensa attività fisica e aumentano sia la frequenza cardiaca sia la forza di contrazione del cuore. L'attività del cuore è anche influenzata dalla concentrazione nel sangue di alcuni ioni: per esempio, K^+ o Na^+ in alte concentrazioni tendono a ridurla, mentre un aumento di Ca^{2+} la intensifica.

2 - La nostra salute

Come si legge un elettrocardiogramma?

A chiunque sia capitato di fare un'attività sportiva in una palestra o in piscina è stato richiesto almeno un «certificato di sana e robusta costituzione», se non addirittura il referto di una visita medico-sportiva. Entrambi questi documenti comprendono un elettrocardiogramma, ovvero un tracciato dell'attività cardiaca, che testimoni il buon stato di salute del cuore. Ma come viene realizzato un ECG?

Quando gli impulsi elettrici attraversano il cuore, una parte della corrente elettrica si trasmette ai liquidi corporei e raggiunge la superficie del corpo. Questa corrente può essere misurata applicando sulla superficie corporea degli elettrodi e collegandoli a uno strumento di registrazione. Il risultato del passaggio degli impulsi elettrici nel cuore è registrato nell'elettrocardiogramma (o ECG).

Il tracciato elettrocardiografico (**figura**) è composto di linee che si ripetono in modo ciclico e presentano tratti facilmente distinguibili: l'*onda P* è la prima porzione nel tracciato e corrisponde alla contrazione degli atri, il *complesso QRS* corrisponde alla contrazione dei ventricoli – contemporanea al rilassamento degli atri –, mentre l'*onda T* corrisponde al rilassamento dei ventricoli. La lettura dell'ECG, in particolare l'ampiezza delle onde e la distanza tra una e l'altra, fornisce delle indicazioni sulla contrattilità del cuore e sul suo sistema di conduzione. Ogni ripetizione di sequenza P-QRS-T corrisponde a un ciclo cardiaco.

Quando si esegue un elettrocardiogramma vengono tracciate diverse di queste linee disposte una sotto all'altra. Ogni tracciato corrisponde a un diverso piano cardiaco individuato dagli elettrodi, come se il cuore fosse osservato su sezioni differenti. Dalla lettura dell'ECG possono emergere funzionalità cardiache non corrette, come le extrasistoli, le aritmie, la tachicardia e la bradicardia.

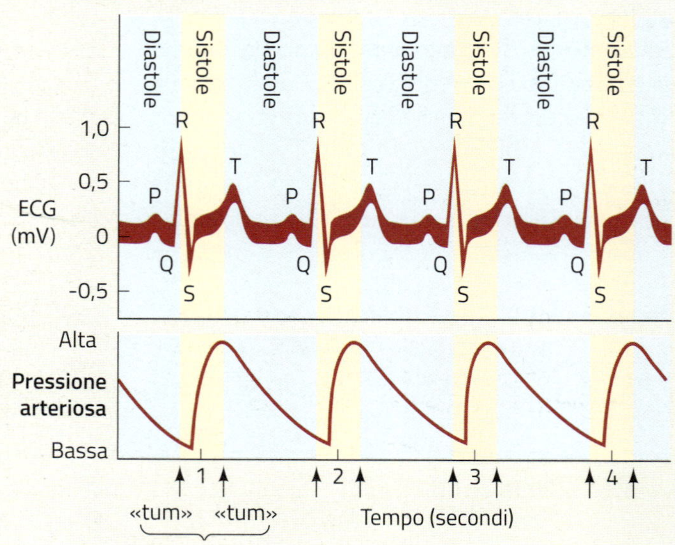

▲ **Figura**
Analisi del tracciato dell'ECG.

3 - La nostra salute

Le malattie del cuore

Il cuore batte più di centomila volte al giorno, per cui a lungo andare può presentare problemi o malattie di diversa gravità. L'**extrasistole**, per esempio, è un evento frequente e solitamente innocuo, che si verifica quando il cuore si contrae fuori tempo a causa di un impulso elettrico che si genera in una sede diversa dal nodo senoatriale. Questo fenomeno, che può essere provocato dall'eccessiva stanchezza, così come dall'assunzione di alcol o dal fumo, si avverte con la sensazione di mancanza di un battito cardiaco.

Un difetto nella generazione o nella diffusione dell'impulso elettrico può poi provocare irregolarità nelle pulsazioni, il cui numero può scostarsi notevolmente dai valori medi sia per eccesso sia per difetto. Si parla in questo caso di **aritmia cardiaca**. Se il nodo senoatriale non riesce a produrre o a trasmettere l'impulso in maniera corretta, oppure il sistema di conduzione che porta l'impulso dagli atri ai ventricoli si arresta, si verifica un notevole rallentamento del battito, noto col nome di **bradicardia**, o addirittura un suo arresto per alcuni secondi con perdita di coscienza. Tali condizioni possono essere corrette con l'impianto di un **pacemaker artificiale** che, inserito nel torace, invia al cuore impulsi elettrici che regolarizzano il battito cardiaco.

Al contrario, quando il battito cardiaco accelera e supera le cento pulsazioni al minuto, si parla di **tachicardia**. Questa può essere dovuta a un'accelerazione della produzione di impulsi da parte del nodo senoatriale; ciò può avvenire come normale risposta del cuore a una maggior richiesta di sangue da parte dell'organismo (per esempio, in occasione di uno sforzo fisico), per affrontare una situazione di ansia e di paura, oppure per un aumento della temperatura corporea (per esempio, quando si ha la febbre). Altre volte la tachicardia può essere provocata da rapide scariche di impulsi elettrici in partenza dagli atri o dai ventricoli; in tal caso può accadere che la tachicardia si trasformi in **fibrillazione ventricolare**, una condizione in cui gli impulsi elettrici prodotti non riescono a provocare una corretta coordinazione dei ventricoli ed è possibile che si verifichi un arresto cardiaco. In una situazione del genere occorre praticare un massaggio cardiaco (**figura**), che permette al cuore di riprendere un ritmo di contrazione regolare.

MALATTIE INDOTTE DAI PATOGENI E «SOFFI»

Oltre al sangue, però, al cuore arrivano anche virus e batteri; gli streptococchi, in particolare, possono insediarsi e provocare infezioni riguardanti le membrane che rivestono il cuore, il tessuto muscolare o le valvole. Tali infezioni provocano **insufficienza cardiaca**, per cui il cuore non è più in grado di soddisfare le esigenze nutritive dell'organismo. Si spiegano così la mancanza di forze e, nei casi gravi, cefalea, difficoltà di concentrazione e confusione, ma anche ansia e insonnia. All'insorgere dei primi sintomi entrano in gioco meccanismi compensatori che consentono inizialmente di far fronte alle necessità, ma possono danneggiare ulteriormente il cuore.

Le patologie a carico delle membrane sono invece chiamate **miocardite**, **pericardite** ed **endocardite** e potrebbero derivare dal distacco di materiale infiammatorio (con formazione di *emboli*), dalla formazione di un tessuto cicatriziale non elastico o dalla raccolta di liquido attorno al miocardio, eventi che possono impedire il corretto riempimento del cuore.

Un discorso a parte va poi fatto per i problemi a carico delle valvole, che sono responsabili dei **soffi cardiaci**: se una valvola non si chiude correttamente, il sangue può in parte refluire; se invece la valvola non si apre in modo sufficiente, ostacola il passaggio del sangue (*stenosi*). Le forme più importanti di soffi cardiaci sono quelle che colpiscono le valvole della metà sinistra del cuore, la mitrale e l'aortica. I soffi in genere non creano problemi alla salute di chi ne è portatore, per cui è possibile che una persona abbia un leggero soffio al cuore senza rendersene conto per tutta la vita.

OSTRUZIONE DELLE ARTERIE CORONARICHE: ISCHEMIA E INFARTO

Un'ulteriore categoria di problemi cardiaci è legata all'ostruzione delle arterie: in questo caso di parla di **ischemia**, una patologia dovuta al fatto che un organo riceve una quantità di sangue, e quindi di ossigeno, insufficiente per le proprie esigenze. Un'ischemia transitoria delle coronarie si manifesta spesso come *angina pectoris*, che colpisce soprattutto gli uomini fra i 50 e i 60 anni. Il disturbo più tipico è la comparsa di una sensazione di oppressione o di fastidio. Il sintomo, che tende inizialmente ad aumentare d'intensità per poi attenuarsi e scomparire nell'arco di pochi minuti (di solito da 1 a 5), è in genere scatenato da uno sforzo fisico o da un'emozione e tende a risolversi con il riposo.

Se l'ostruzione delle coronarie non è transitoria, si verifica un **infarto del miocardio**: la zona a valle dell'occlusione rimane senza ossigeno, il tessuto muscolare cardiaco subisce un danno irreversibile che porta alla morte per necrosi di quella regione cardiaca. L'estensione dell'area di cuore necrotica determina l'intensità e la gravità dei sintomi: il dolore è accompagnato da sudorazione, nausea, vomito, ansia e tremori. Quando il danno al miocardio è troppo esteso, si può ricorrere al trapianto di cuore.

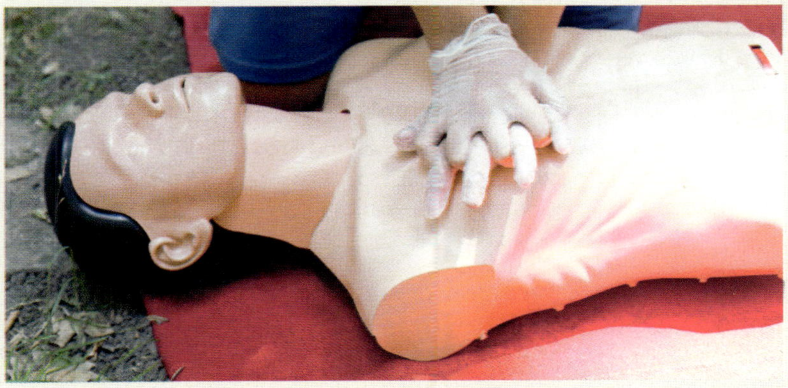

▸ **Figura**
Simulazione del massaggio cardiaco su un manichino durante un corso di primo soccorso; bisogna premere forte e ritmicamente la metà inferiore dello sterno, al centro del torace, con le mani sovrapposte.

Facciamo il punto

1. Descrivi il percorso che compie il sangue attraverso il cuore.
2. In che modo si propaga la contrazione del cuore a partire dal nodo senoatriale?
3. Che cosa si intende per gittata cardiaca?
4. Che differenza c'è tra regolazione chimica e nervosa della contrazione cardiaca?

3 I vasi sanguigni

Le pareti di arterie e vene sono costituite da tre tonache

Nei vertebrati, il cuore pompa il sangue nelle arterie di calibro maggiore per poi passare in arterie più piccole e ramificate, quindi in altre di diametro ancora inferiore, chiamate *arteriole*, e infine in una rete di vasi piccolissimi, i **capillari**. Dai capillari il sangue passa prima nelle *venule*, poi in vene di calibro via via più grande, fino a raggiungere di nuovo il cuore.

Il diametro iniziale dell'**arteria** più grossa, l'aorta, è di circa 2,5 cm, quello della vena più grossa, la vena cava, è di circa 3 cm, mentre il diametro dei capillari più piccoli è di appena 5 μm.

Quando il sangue esce dal cuore, crea nelle arterie un'*onda sfigmica* che dall'aorta si propaga in tutto il sistema periferico; quest'onda di dilatazione corrisponde al battito cardiaco, che si percepisce a livello dei vasi periferici come una pulsazione detta **polso arterioso** (**figura 7**). Per la sua misurazione esistono punti del corpo in cui risulta più facile percepirne bene il ritmo: al di sotto dell'angolo della mandibola (*polso carotideo*), in corrispondenza della piega inguinale (*polso femorale*) e del gomito (*polso brachiale*), e alla base del pollice (*polso radiale*).

Le parole

Il termine **capillare** deriva da *capillus*, che in latino significa capello; quindi, l'interpretazione è: sottile come un capello.

Arteria deriva dai due termini greci *aer* (aria) e *terèo* (conservo), mentre **vena** deriva dal latino *vehere* (trasportare).

La misurazione del **polso arterioso** va effettuata premendo sull'arteria il dito indice e non il pollice, perché nel polpastrello del pollice c'è una terminazione arteriosa che può interferire con il conteggio dei battiti.

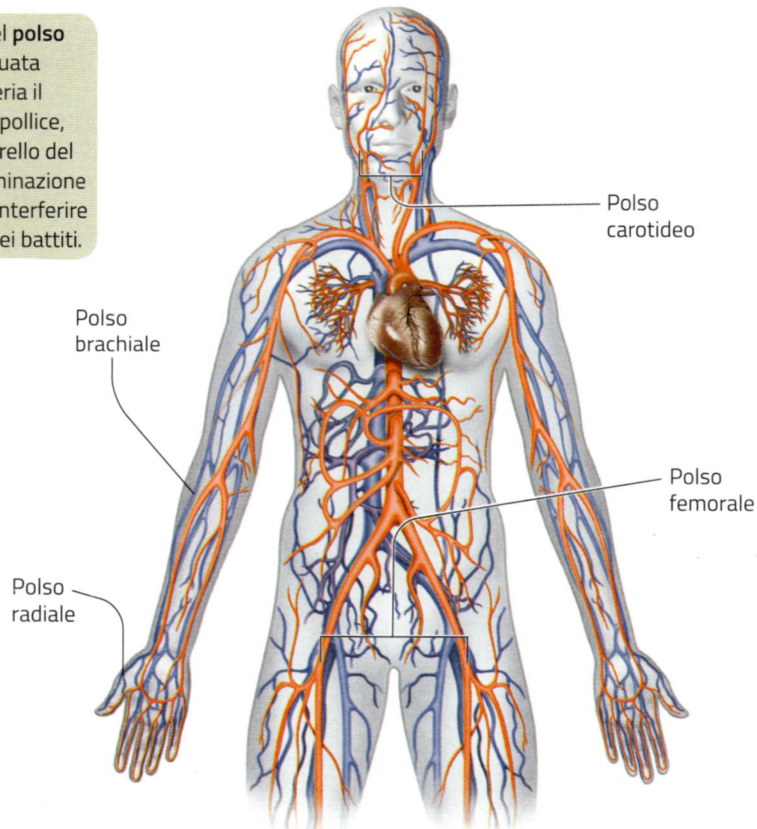

▸ Figura 7
I principali punti del corpo in cui è possibile percepire il polso arterioso.

Sia le arterie sia le vene hanno le pareti costituite da tre strati di tessuto concentrici, detti **tonache** (**figura 8**). La *tonaca intima* è lo strato più interno, che si trova a diretto contatto con il flusso sanguigno, ed è formata da un particolare tessuto epiteliale (*tessuto endoteliale*) che poggia su fibre elastiche con abbondante sostanza intercellulare. La *tonaca media* è invece costituita da diversi strati di fibre muscolari lisce intercalate a fibre elastiche e collagene; le fibre muscolari rispondono mediante vasocostrizione o vasodilatazione agli stimoli del sistema nervoso autonomo e alla presenza di ormoni o sostanze chimiche. La *tonaca avventizia* è quella più esterna ed è costituita anch'essa da fibre elastiche e collagene, ma intercalate a tessuto connettivo.

Il confronto della sezione trasversale di un'arteria e di una vena mostra come la parete dei grossi vasi arteriosi abbia uno spessore maggiore e sia più elastica e resistente rispetto a quella delle vene. Le arterie, infatti, sono sottoposte all'alta pressione con la quale il sangue viene pompato dal cuore, mentre le vene possiedono un lume più grande e pareti più sottili proprio per rendere minima la resistenza al flusso sanguigno durante il suo ritorno al cuore. All'interno delle vene, inoltre, sono presenti numerose valvole prodotte dal ripiegamento dell'endotelio, chiamate *valvole a nido di rondine*; queste valvole chiudono temporaneamente i vasi allo scopo di impedire al sangue di rifluire in basso nei tratti in cui scorre verso l'alto.

A colpo d'occhio

TONACA — INTIMA, MEDIA, AVVENTIZIA

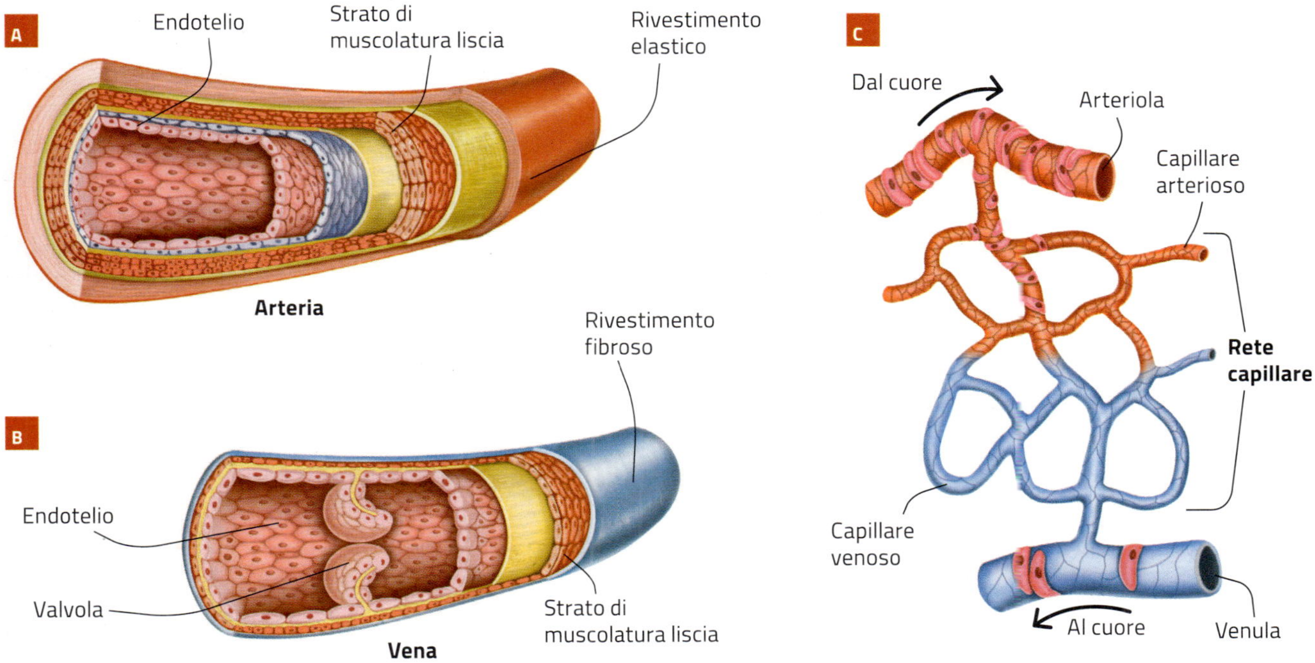

▼ **Figura 8**
La struttura interna di un'arteria (A), una vena (B) e una rete capillare (C).

A ostacolare la forza di gravità sono anche le contrazioni dei muscoli scheletrici, che lavorano in modo coordinato con le valvole a nido di rondine e spingono il sangue verso il cuore (**figura 9**).

Proprio per queste differenze tra arterie e vene, e anche per il fatto che queste ultime scorrono più superficialmente rispetto alle arterie, i prelievi di sangue vengono in genere effettuati dalle vene, infatti può essere rischioso forare un'arteria e modificarne l'elasticità. Anche durante le trasfusioni il sangue viene immesso nelle vene, perché la forte pressione arteriosa potrebbe ostacolarne l'entrata.

▼ **Figura 9**
Il lavoro coordinato delle valvole a nido di rondine (A) e dei muscoli scheletrici (B) spinge il sangue venoso verso il cuore ed evita il reflusso.

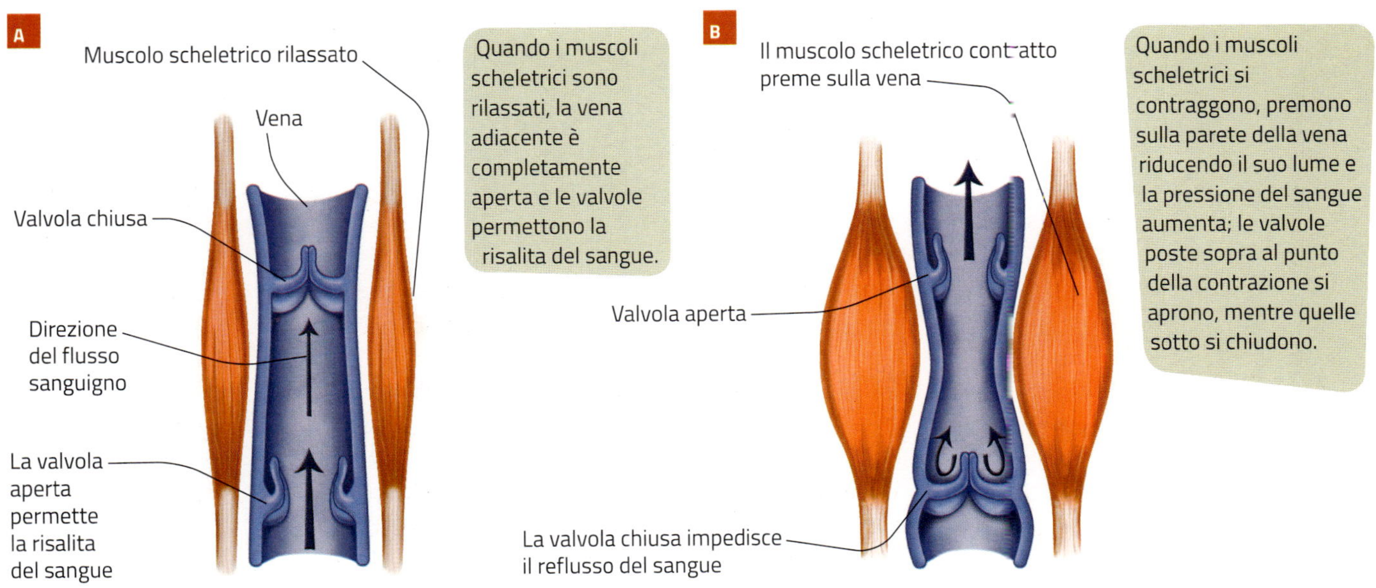

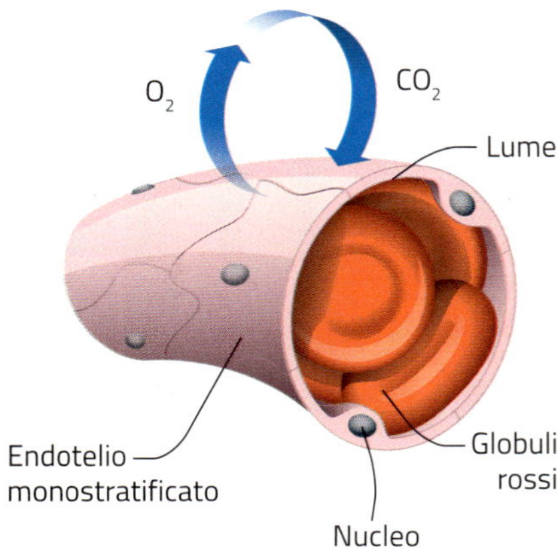

▲ **Figura 10**
Sezione trasversale di un capillare che mostra la presenza di un unico strato di cellule endoteliali.

Attraverso i capillari avviene il passaggio di gas, sostanze nutritive e di rifiuto

A differenza delle vene e delle arterie, i capillari sanguigni hanno pareti estremamente sottili, costituite da un unico strato di endotelio (**figura 10**). Grazie a questa caratteristica, tali vasi consentono gli scambi di sostanze nutritive, gas e altre molecole tra il sangue e i liquidi extracellulari.

La maggior parte delle molecole che attraversano le pareti dei capillari si sposta per diffusione. La fuoriuscita dal capillare di acqua e soluti avviene lungo la prima metà del capillare, quella più vicina all'arteriola, e prende il nome di **filtrazione**. Nella seconda metà del capillare, ovvero in prossimità della venula, invece, la parte liquida tende a rientrare per osmosi all'interno del vaso: questa fase prende il nome di **riassorbimento**. Ciò si verifica perché la concentrazione di soluto nel sangue diventa maggiore di quella presente nei liquidi esterni (soprattutto grazie alla presenza dell'albumina e di altre proteine plasmatiche che non possono attraversare le pareti dei vasi); in questo modo circa l'85% del liquido filtrato viene riassorbito, mentre il restante 15% segue la via linfatica, passando dal liquido interstiziale nei vasi linfatici (*vedi* capitolo C11).

Attraverso le pareti dei capillari vi è quindi un equilibrio tra il flusso di liquidi in entrata e quello diretto verso l'esterno. Quando tale equilibrio è alterato, per esempio in seguito al danneggiamento dell'endotelio, può accadere che la quantità di liquido che esce dai capillari sia maggiore di quella che entra e il liquido in eccesso si accumula nei tessuti dando luogo al cosiddetto **edema**, che si manifesta con un gonfiore. Se l'edema si verifica a livello polmonare si ha un accumulo di liquido negli alveoli, con conseguente insufficienza respiratoria acuta e aumento della frequenza cardiaca che può portare a un blocco cardiocircolatorio.

Le parole
Èdema deriva dal termine greco *oidào* che significa «gonfio».

La pressione sanguigna varia in relazione all'età e allo stato di salute

La **pressione sanguigna** è la misura della forza per unità di superficie esercitata dal sangue sulle pareti dei vasi sanguigni; essa non è costante ed è generata dall'azione pompante del cuore che, infatti, varia in relazione al ritmo e alla forza delle

4 - La nostra salute

La misurazione della pressione sanguigna

Per misurare la pressione sanguigna si utilizzano lo *sfigmomanometro* e lo *stetoscopio* (**figura**). Si colloca il manicotto dello sfigmomanometro sul braccio, quindi si posiziona lo stetoscopio sotto al manicotto e si pompa aria approssimativamente fino a quando il manometro indica 250 mmHg, ovvero fino a quando si è certi di aver bloccato la circolazione del sangue. Sgonfiando lentamente il manicotto, il sangue ricomincia a scorrere nei vasi: i primi battiti udibili attraverso lo stetoscopio corrispondono alla pressione arteriosa sistolica. Continuando a sgonfiare il manicotto grazie all'apposita valvola, il suono del battito percepito con lo stetoscopio diventa sempre più tenue, sino a quando non cessa del tutto: l'ultimo battito che si avverte indica la pressione arteriosa diastolica.

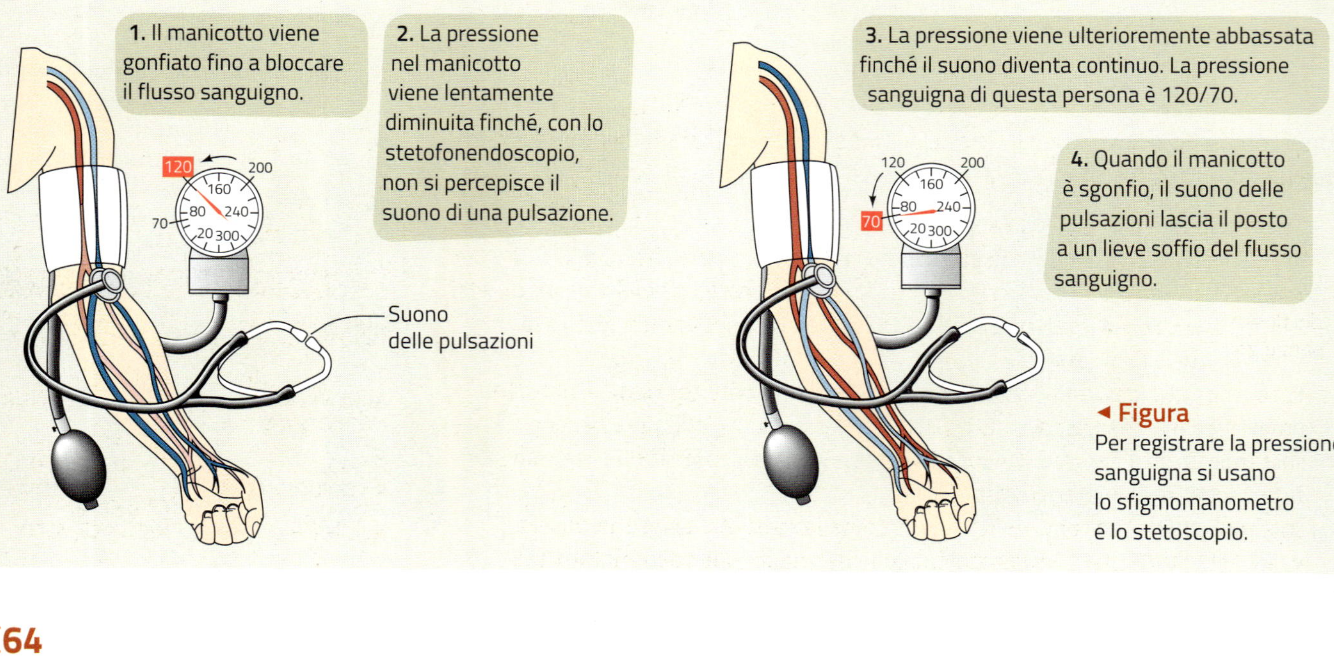

◄ **Figura**
Per registrare la pressione sanguigna si usano lo sfigmomanometro e lo stetoscopio.

contrazioni, al volume ematico totale e alla resistenza esercitata dai vasi. Tale resistenza, detta **resistenza vascolare**, è l'attrito che il sangue incontra mentre si muove all'interno dei vasi sanguigni; la resistenza è direttamente proporzionale alla viscosità del sangue e alla lunghezza del vaso, mentre è inversamente proporzionale al diametro del vaso stesso. Quindi, minore è il diametro dei vasi, maggiore è la resistenza vascolare e dunque la pressione. Per questo motivo, nel sistema cardiocircolatorio aumenta o diminuisce la pressione sanguigna grazie alla costrizione o dilatazione dei vasi.

In generale, il diametro delle arteriole che riforniscono i capillari può variare in relazione alla contrazione della muscolatura liscia delle loro pareti: quando la muscolatura si contrae, il lume delle arteriole si riduce per vasocostrizione, facendo diminuire il flusso attraverso le arteriole e il letto capillare che irrorano; viceversa, quando i muscoli lisci si rilasciano, il lume delle arteriole si allarga per vasodilatazione facendo aumentare il flusso sanguigno nei capillari.

Quando i ventricoli si contraggono, la pressione normale in un adulto sano di 30 anni è di circa 120 millimetri di mercurio (mmHg), chiamata **pressione sistolica** o *massima*, mentre quando i ventricoli si rilasciano la pressione è di circa 80 mmHg, ed è detta **pressione diastolica** o *minima*. Questo valore medio presenta delle variazioni in base all'età, al sesso e allo stato di salute (**tabella 1**).

A mano a mano che il sangue attraversa i circuiti vascolari, la sua pressione diminuisce gradualmente a causa della resistenza delle arteriole e dei capillari (**figura 11**). Quindi, la pressione del sangue non è la stessa nei vari tratti del sistema cardiovascolare: è massima nell'aorta e nelle altre grandi arterie sistemiche, diminuisce nelle arteriole e ancora di più nei capillari, per diventare minima nelle vene e pressoché nulla nell'atrio destro non contratto.

Livello di pressione	Massima (mmHg)	Minima (mmHg)
Normale	<120	<80
Preipertensione	120-139	80-89
Ipertensione di grado 1	140-159	90-99
Ipertensione di grado 2	>160	>100

▲ **Tabella 1**
I diversi livelli di pressione definiti sulla base di un intervallo di valori per la minima e la massima.

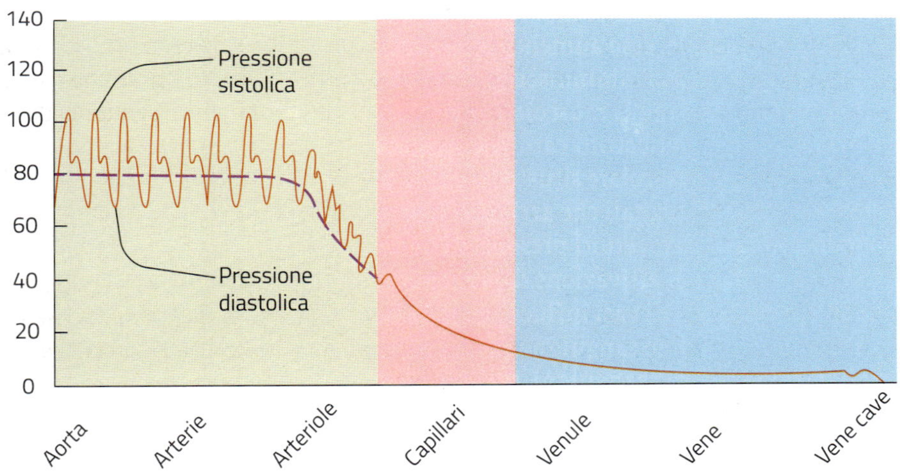

◄ **Figura 11**
La pressione sanguigna non è costante in tutto il corpo: è massima nei grandi vasi ed è pressoché uguale a zero quando il sangue torna al cuore.

Il controllo del flusso sanguigno dipende da vari fattori

I muscoli lisci che avvolgono le arterie possono cambiare il diametro dei vasi e dunque influire sulla loro portata; la regolazione di questa muscolatura dipende da:

- i nervi del sistema nervoso autonomo;
- la concentrazione ematica degli ormoni *adrenalina* e *noradrenalina*;
- i peptidi cardiaci secreti direttamente dal cuore, come i *peptidi natriuretici* che svolgono un ruolo fondamentale nella regolazione del volume dei vasi e nell'equilibrio idrosalino;
- l'ormone *renina*, rilasciato dal rene quando è avvertito un ridotto apporto ematico, con conseguente vasocostrizione e aumento della pressione;
- sostanze chimiche prodotte localmente nei tessuti, come l'*istamina*, che interviene in caso di infiammazione;
- sostanze chimiche ingerite o inalate, come la caffeina (che funziona da vasocostrittore), l'alcol e la nicotina (che hanno azione vasodilatatoria).

A colpo d'occhio

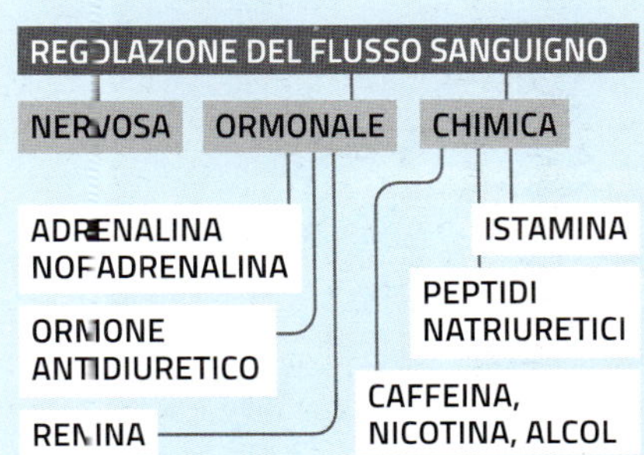

▸ **Figura 12**
Il controllo del flusso sanguigno permette di inviare il sangue nelle aree maggiormente attive.

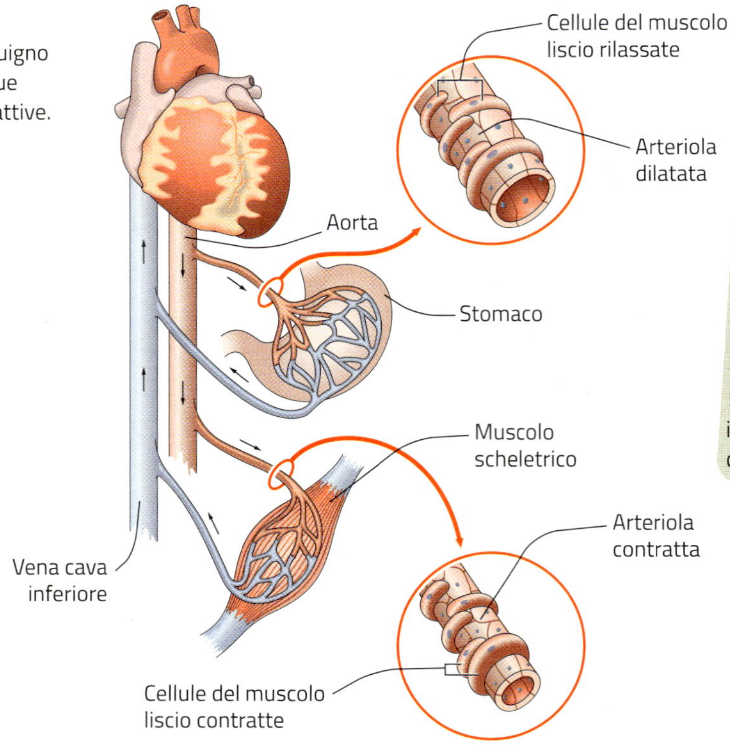

Dopo un pasto, le arteriole che portano sangue ricco di ossigeno e di sostanze nutritive allo stomaco sono dilatate (vasodilatazione), mentre le arteriole che irrorano i muscoli scheletrici sono contratte (vasocostrizione).

La contrazione e la dilatazione delle arteriole nelle differenti parti del corpo regolano il flusso ematico e, di conseguenza, il rifornimento di ossigeno e di sostanze nutritive secondo le varie richieste dell'organismo (**figura 12**). Per esempio, durante l'esercizio fisico il flusso ematico aumenta nei muscoli scheletrici, mentre durante la digestione aumenta sia nello stomaco sia nell'intestino; quanto al flusso attraverso la pelle, esso aumenta in risposta a temperature ambientali elevate oppure alla febbre, ma diminuisce se ci esponiamo alle basse temperature.

I nervi che regolano la muscolatura liscia dei vasi e quelli che regolano la frequenza e la forza del battito cardiaco svolgono azioni coordinate dal centro di regolazione cardiovascolare situato in quella parte dell'encefalo chiamata tronco cerebrale. I diversi segnali che arrivano al centro tramite la corteccia cerebrale, i chemiocettori e i barocettori presenti a livello di arco aortico e carotideo provocano una risposta di attivazione del sistema nervoso simpatico o parasimpatico che agisce sul cuore e i vasi influenzando indirettamente la pressione arteriosa.

Dunque, se il flusso sanguigno in una particolare area del corpo aumenta per la dilatazione dei vasi sanguigni, il cuore viene contemporaneamente stimolato a battere più velocemente, perché sviluppi una pressione maggiore che supporti il maggior flusso. Il riflesso pressorio del sangue è un esempio di controllo a *feedback negativo*: quando la pressione diminuisce, l'attività del cuore aumenta e i vasi sanguigni si restringono, facendo aumentare di nuovo la pressione; al contrario, quando la pressione aumenta l'attività del cuore diminuisce e i vasi sanguigni si dilatano.

Oltre al controllo da parte del sistema nervoso, esiste anche una regolazione chimica della pressione sanguigna, come quella esercitata dall'**ormone antidiuretico** (ADH) prodotto dall'ipofisi che in caso di una perdita di sangue provoca abbassamento del flusso sanguigno, induce la vasocostrizione, ma soprattutto stimola la ritenzione idrica a livello del rene, in modo da recuperare il volume ematico e far salire nuovamente la pressione.

Facciamo il punto

1. Quali sono le somiglianze e le differenze tra vene e arterie?
2. Che cosa sono la pressione arteriosa sistolica e diastolica?
3. In che modo la contrazione della muscolatura liscia influenza la pressione sanguigna?
4. Come varia la pressione durante il percorso del sangue nei vasi sanguigni?
5. Come avviene lo scambio di sostanze a livello dei capillari?

Le malattie che colpiscono i vasi sanguigni

I vasi sanguigni sono come le tubature che conducono l'acqua nelle nostre case e, proprio come le tubature di metallo, hanno bisogno di manutenzione per evitare che si intasino. Una delle molecole in grado di creare dei tappi lungo le arterie è il **colesterolo.**

Questo lipide è essenziale per le cellule, dato che è un costituente delle membrane cellulari e un precursore degli ormoni sessuali e di altri ormoni steroidei. Tuttavia, quando è presente in quantità eccessive nel sangue, aumenta la probabilità di formazione di placche (*ateromi*) nella tonaca intima dei vasi. L'organo fondamentale per la regolazione del colesterolo è il fegato, che sintetizza il colesterolo necessario a partire dagli acidi grassi saturi e degrada quello in eccesso che circola nel sangue. Se però la quantità di colesterolo ingerita con l'alimentazione è troppo elevata, il fegato non è più in grado di eliminarne l'eccesso, che rimane nei vasi. A causa della formazione di queste placche, le arterie diventano meno elastiche, il loro lume si restringe e il sangue le percorre con maggiore difficoltà; la patologia che ne consegue è l'**aterosclerosi** (**figura**).

Talvolta le placche ateromatose si danneggiano e il sangue si infiltra, incontrando delle proteine che ne inducono la coagulazione. In questo caso si forma un *trombo*, una massa che è estremamente pericolosa perché può ostruire completamente un vaso sanguigno. Il trombo, inoltre, si può separare dal punto in cui si è formato e dare origine a un *embolo*, una massa che entra nella corrente sanguigna e può ostruire vasi anche lontani.

Quando l'ostruzione riguarda un vaso che porta ossigeno al cervello si verifica un **ictus**. Il cervello è uno degli organi più sensibili alla carenza di ossigeno, perché consuma grandi quantità di energia e non dispone di depositi consistenti di glucosio e ossigeno; un arresto anche di soli 5-10 secondi della circolazione cerebrale può provocare la perdita di coscienza, mentre uno di 5-7 minuti innesca la morte dei neuroni. Le conseguenze di un ictus possono essere più o meno gravi a seconda della vastità dell'area interessata; se la funzionalità di parti del cervello è definitivamente compromessa, si ha la perdita del controllo di alcuni muscoli (paralisi) o la perdita di funzioni come il linguaggio (afasia).

Ogni anno l'aterosclerosi e ciò che ne deriva (angina, infarto e ictus) provocano oltre 4 milioni di morti (dati *European Heart Journal* 2016). Le cause dell'insorgenza delle placche sono varie: l'età, il sesso (gli uomini sono più a rischio delle donne) e la predisposizione genetica sono aspetti su cui non possiamo incidere, mentre l'alimentazione, il fumo, l'obesità e la sedentarietà sono fattori di rischio legati allo stile di vita, sui quali possiamo agire.

L'ANEURISMA INDEBOLISCE LA PARETE DELLE ARTERIE

In seguito a malattie degenerative congenite (presenti cioè fin dalla nascita), a processi infiammatori, traumi, grave ipertensione e diffusa perdita di elasticità, le pareti delle arterie possono subire la distruzione progressiva delle fibre elastiche. In questi casi si può formare un **aneurisma**, ossia una dilatazione di un tratto arterioso con assottigliamento della parete, che spesso riguarda il tratto discendente dell'aorta. L'evoluzione di un aneurisma comporta la rottura del vaso, con esiti spesso fatali. La diagnosi di aneurisma non è sempre facile poiché la patologia è asintomatica, fino alla rottura dell'arteria. Tale problema può essere rilevato anche casualmente, per esempio mediante un'indagine ecografica o radiografica eseguita per altri motivi. La terapia consiste spesso in un intervento chirurgico nel quale viene sostituito il tratto danneggiato con una protesi; in altri casi è possibile inserire all'interno dell'arteria un dispositivo metallico che fornisce al vaso sanguigno la sua forma naturale.

Se l'aneurisma riguarda un'arteria coronaria, si può ricorrere alla tecnica chirurgica del *by-pass*, una tecnica utilizzata anche in caso di infarto del miocardio. Il chirurgo inserisce a monte della lesione un vaso e lo collega a valle con l'aorta, aggirando così la zona danneggiata.

DANNI DA MAL FUNZIONAMENTO DELLE VALVOLE A NIDO DI RONDINE

Le **vene varicose** (o varìci) sono una patologia molto diffusa, che colpisce circa il 55% della popolazione, con una leggera prevalenza nelle donne. Le vene, specialmente quelle degli arti inferiori, diventano varicose quando la loro parete si dilata e le valvole a nido di rondine perdono la capacità di chiudersi al passaggio del sangue; si ha così un reflusso di sangue verso il basso, il diametro della vena aumenta ulteriormente ed essa diventa visibile in superficie, assumendo un tipico aspetto irregolare. La persona colpita da varici avverte dolore agli arti inferiori, senso di stanchezza e gonfiore. Per prevenire l'insorgere di vene varicose è opportuno evitare il sovrappeso, le gravidanze ravvicinate e l'inattività fisica; inoltre per prevenire problemi di pressione è bene adottare uno stile di vita che preveda attività fisica, ridotto apporto alimentare di grassi e sale, un bassissimo consumo di alcol e in particolar modo l'eliminazione del fumo di sigaretta.

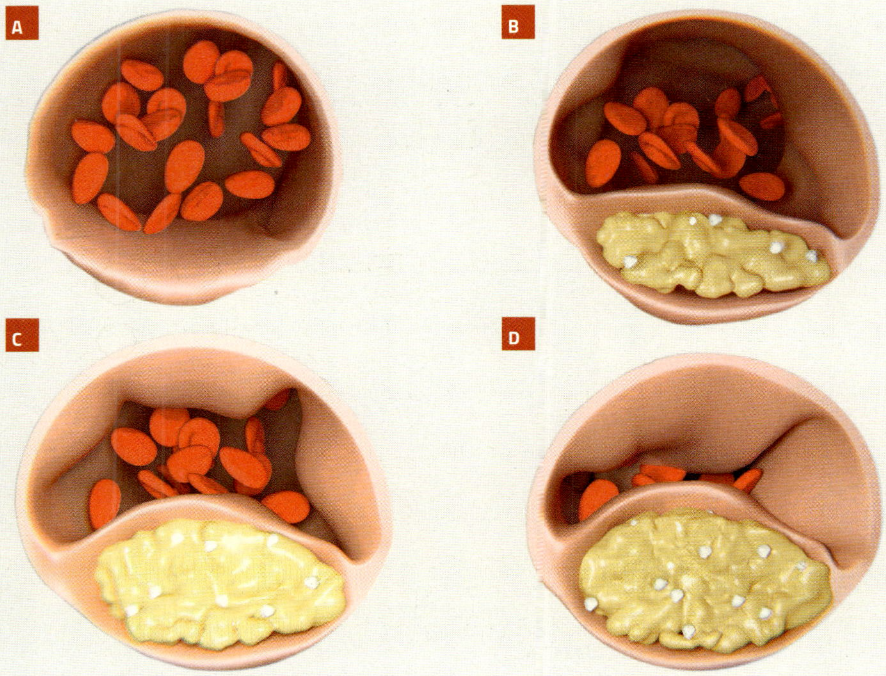

▸ **Figura**
Il progressivo restringimento di un'arteria dovuto alla formazione di una placca aterosclerotica.

4 Il sangue

Il sangue è composto dal plasma e dagli elementi figurati

Il sangue è un tessuto connettivo fluido, in cui la matrice è liquida ed è chiamata *plasma*, mentre le cellule (dette nel complesso *elementi figurati*) sono in sospensione (**figura 13**). Si tratta di un fluido viscoso, rosso, con un pH leggermente alcalino (7,35-7,45). Il pH sanguigno è mantenuto costante entro un ristretto intervallo di variabilità; ciò è possibile grazie al suo *potere tampone*, dovuto a tre sistemi acido-base coniugati. Il sistema tampone più importante è lo ione bicarbonato, che viene mantenuto ai livelli corretti grazie all'azione dei reni, che lo generano o lo rimuovono in relazione alle necessità dell'organismo.

A colpo d'occhio

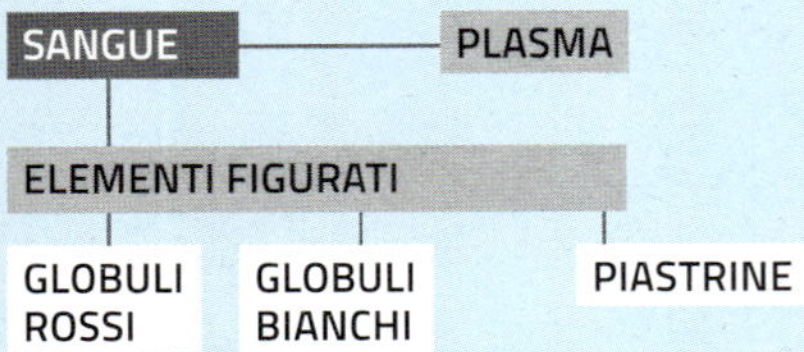

Quando si mette del sangue in una provetta e lo si centrifuga, le sue componenti si separano in base alla densità: il plasma si stratifica in alto e in basso si deposita la frazione cellulare formata da globuli rossi, piastrine e globuli bianchi.

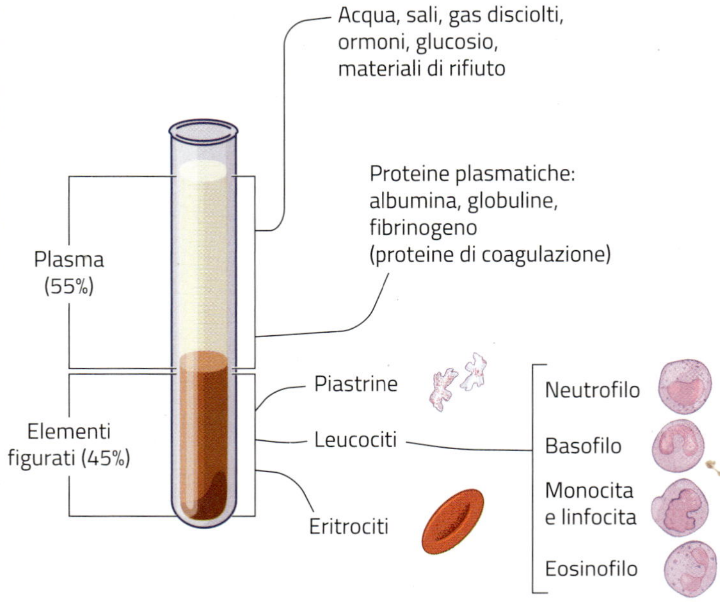

▸ **Figura 13**
Il sangue è composto per il 55% da una componente liquida e per il 45% dalla frazione corpuscolata o cellulare.

Ti ricordi?
I **sistemi tampone** sono miscele di soluti che impediscono al pH di una soluzione di modificarsi in modo significativo quando a essa vengono aggiunte piccole quantità di acidi o di basi forti.

Un individuo di 75 kg possiede circa 6 L di sangue: il plasma rappresenta quasi il 55% del totale, mentre il restante 45% è composto dagli elementi figurati, ossia globuli rossi (*eritrociti*), globuli bianchi (*leucociti*) e piastrine (*trombociti*).

Il **plasma** è un liquido di colore paglierino ed è costituito da acqua e da numerosi soluti sia inorganici sia organici; nel plasma si trovano in soluzione numerosi ioni essenziali per quasi tutti i processi vitali delle cellule, oltre alla maggior parte delle molecole nutritive e dei materiali di rifiuto prodotti dalle cellule. Inoltre, il plasma contiene diverse proteine plasmatiche, tra le quali:

- il **fibrinogeno**, coinvolto nella coagulazione del sangue;
- le **globuline**, che prendono parte alla difesa del corpo contro agenti esogeni estranei;
- l'**albumina**, la cui funzione principale è il trasporto di ormoni e acidi grassi.

Dal plasma, eliminando il fibrinogeno, si può ottenere un liquido chiamato *siero*, che è ricco di anticorpi e che può essere purificato per fornire ai pazienti una difesa immunitaria più rapida di un vaccino (*sieroterapia*).

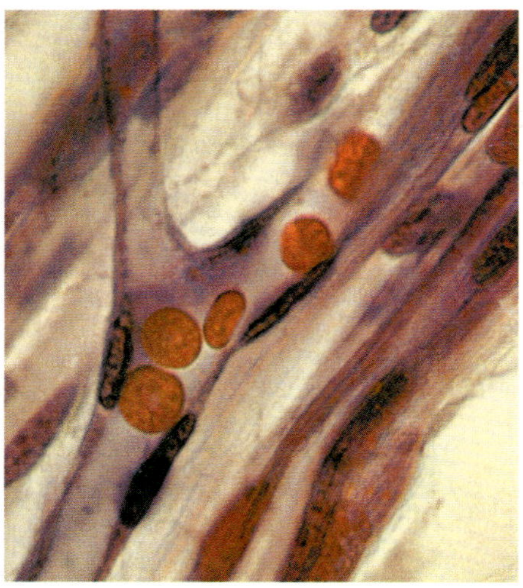

▴ **Figura 14**
I globuli rossi sono cellule prive di nucleo e leggermente flessibili, in modo da poter passare all'interno dei capillari.

I globuli rossi contengono l'emoglobina e trasportano ossigeno

I **globuli rossi** o *eritrociti* sono cellule specializzate nel trasporto dell'ossigeno a tutti i tessuti del corpo (**figura 14**). Gli eritrociti hanno un diametro di 7-8 μm e una forma lenticolare biconcava che permette loro di schiacciarsi e ripiegarsi quando passano attraverso i capillari. Inoltre, questa particolare forma offre un'ampia area superficiale, tramite la quale l'ossigeno può diffondere.

Nel corso della loro maturazione gli eritrociti subiscono alcune trasformazioni che ne migliorano l'efficienza: espellono il nucleo e i mitocondri e le altre strutture cellulari si disintegrano. Gli eritrociti maturi, detti anche *emazie*, contengono quasi esclusivamente emoglobina, alla quale si lega l'ossigeno per essere trasportato.

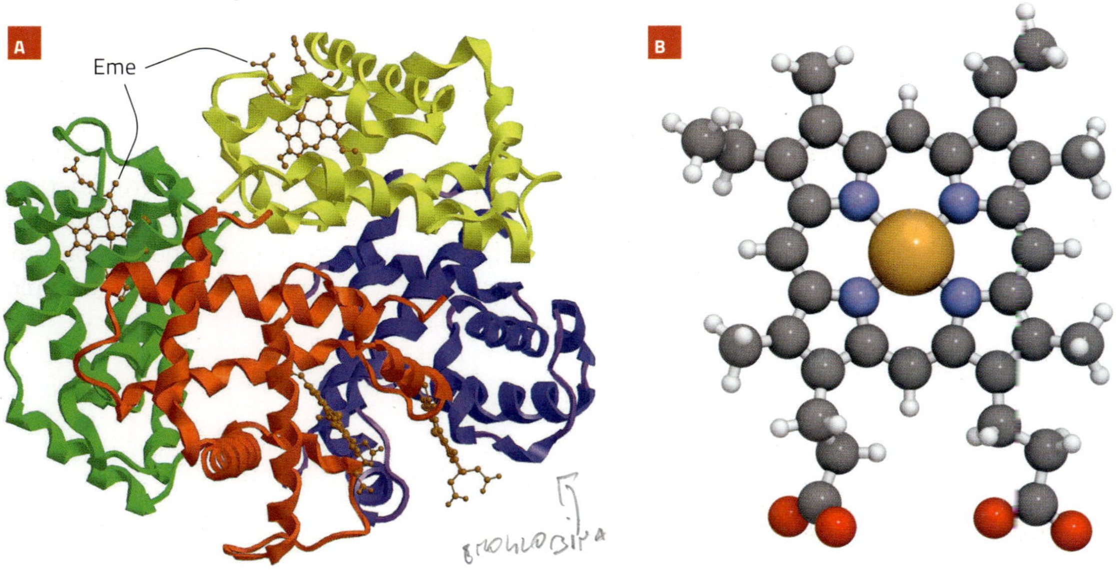

L'atomo centrale rappresentato in arancione è il ferro, che si lega all'ossigeno e conferisce il caratteristico colore rosso ai globuli rossi.

▲ **Figura 15**
Ciascuna molecola di emoglobina (A) contiene quattro gruppi eme (B) che si legano all'ossigeno.

L'**emoglobina** è una proteina quaternaria composta da quattro catene polipeptidiche, contenenti circa 150 amminoacidi ciascuna, ed è raccolta attorno a un gruppo chimico contenente ferro, chiamato *eme* (**figura 15**), a cui si lega l'ossigeno. I valori di emoglobina considerati normali negli adulti sono compresi fra 14-18 g/100 mL per i maschi e 12-16 g/100 mL per le femmine.

I globuli rossi sono circa 4,8-5,6 milioni per millimetro cubo di sangue nei maschi e 4,6-5,2 milioni per millimetro cubo nelle femmine; un individuo che ha in circolo 6 L di sangue possiede quindi circa 25 000 miliardi di globuli rossi. I globuli rossi sono le cellule più numerose nella sospensione plasmatica e, quindi, sono loro che determinano prevalentemente la viscosità del sangue: quando sono in numero ridotto, il sangue risulta più fluido, mentre se sono in numero elevato, il sangue diviene più viscoso e scorre più lentamente.

Data l'assenza del nucleo, i globuli rossi non sono in grado di riprodursi e hanno una vita relativamente breve (circa 120 giorni); con l'invecchiamento, essi vanno incontro a un processo di frammentazione e, non essendo più funzionali, vengono demoliti da speciali cellule presenti in tutti i tessuti, ma specialmente nella milza, nel fegato e nel midollo osseo, che svolgono quindi una *funzione emocateretica*. Quando i globuli rossi attraversano questi organi e queste ghiandole, l'emoglobina viene demolita e si formano:

- **globina**, una proteina che viene a sua volta scissa negli amminoacidi costituenti, utilizzati poi dall'organismo per la sintesi di nuove proteine;
- **ioni ferro** provenienti dal gruppo eme, che viene legato alla proteina plasmatica *transferrina* e portato al midollo osseo rosso per la sintesi di nuovi globuli rossi;
- **porzione non ferrosa del gruppo eme**, che è convertita in *bilirubina* escreta tramite la bile prodotta dal fegato.

La milza è in grado di rimuovere dal sangue e distruggere i globuli rossi al termine del loro ciclo vitale e costituisce anche un «magazzino» per gli eritrociti, i quali possono essere velocemente immessi nella corrente circolatoria in caso di emorragia o quando serve un maggiore apporto di ossigeno ai muscoli: durante un allenamento o uno sforzo fisico si ha un'iperattività della milza che genera i caratteristici crampi al fianco sinistro, sito in cui questo organo alloggia (**figura 16**).

Ogni giorno, nel nostro corpo muoiono 2 milioni di globuli rossi al secondo e, per sostituirli, se ne formano di nuovi alla medesima velocità. L'organo deputato a produrli è il midollo osseo rosso, che svolge una *funzione emopoietica*. Non soltan-

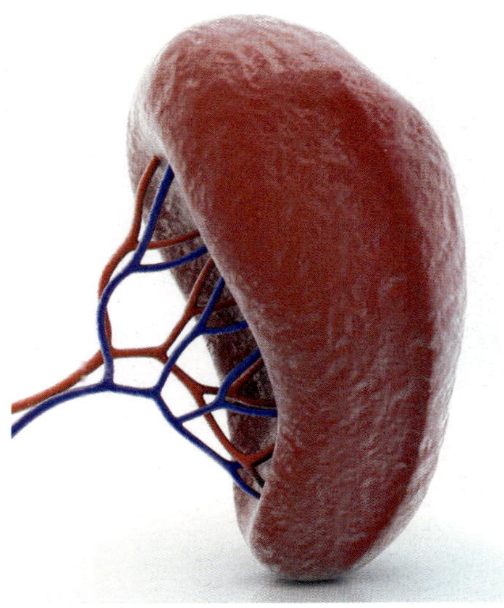

▲ **Figura 16**
La milza è un organo deputato al filtraggio del sangue e alla distruzione dei globuli rossi ormai inefficienti.

Guarda il video nell'ebook:
3 minuti di salute
La donazione di cellule staminali

to gli eritrociti, ma tutti gli elementi figurati sono prodotti per **emopoiesi**, a partire da particolari cellule staminali del midollo osseo rosso, specialmente quello contenuto nelle ossa piatte (come quelle del bacino). Si tratta di cellule staminali adulte che conservano la multipotenza, ovvero la capacità di autorinnovarsi per tutta la vita e di potersi differenziare nei vari tipi di cellule del sangue. Queste staminali si differenziano in cellule staminali *mieloidi* e *linfoidi* (**figura 17**).

Le staminali mieloidi generano i globuli rossi, le piastrine, i globuli bianchi granulari (neutrofili, eosinofili e basofili) e i globuli bianchi *non granulari* (monociti), privi di granuli nel citoplasma. Le cellule staminali linfoidi, invece, danno origine ad altri leucociti non granulari, come i linfociti B e i linfociti T. In particolare, gli eritrociti sono prodotti dalle staminali del tessuto mieloide stimolate dall'ormone **eritropoietina** (o EPO), che viene prevalentemente prodotto dai reni. Questo ormone è stato anche sintetizzato artificialmente per essere impiegato come farmaco nella cura di anemie e malattie che colpiscono le cellule del sangue, ma viene anche impiegato in maniera fraudolenta per migliorare le prestazioni atletiche di alcuni sportivi. Questa pratica però, oltre che scorretta, è anche un procedimento molto rischioso; il corpo infatti smaltisce velocemente la parte liquida in eccesso, ma non le cellule del sangue che tendono a rallentare il flusso sanguigno, favorendo un aumento della pressione e sottoponendo la persona a rischio di infarto.

A colpo d'occhio

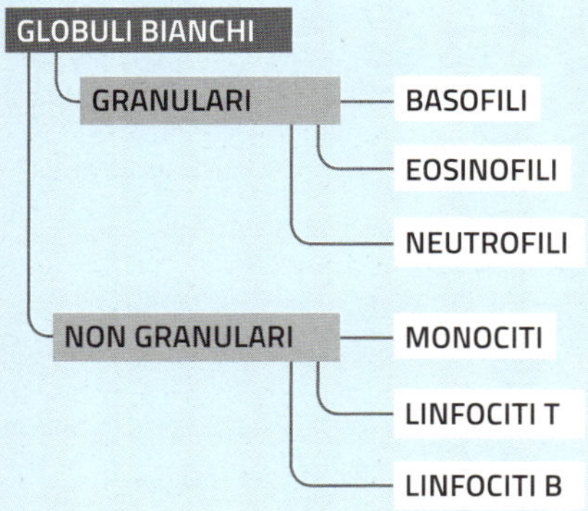

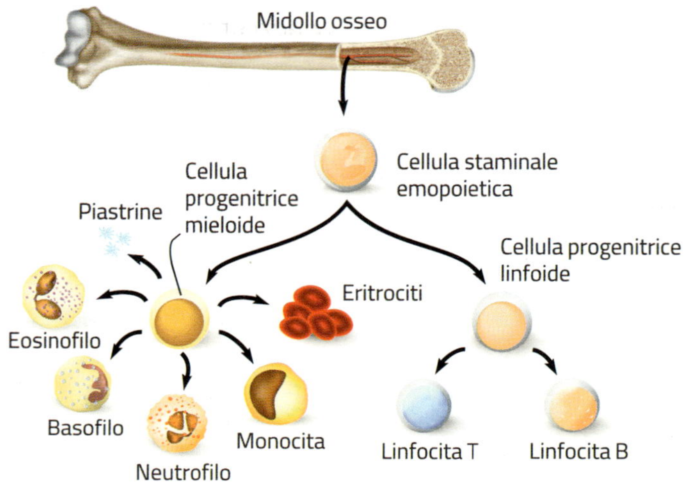

▶ **Figura 17**
L'emopoiesi avviene nel midollo osseo rosso e porta alla formazione di tutti gli elementi figurati del sangue.

I globuli bianchi provvedono alla difesa dell'organismo

Ogni mille globuli rossi presenti nel sangue umano ci sono uno o due **globuli bianchi**, o *leucociti*, per un totale di circa 6000-10 000 cellule/mm³ di sangue. I globuli bianchi sono tutti provvisti di un nucleo e praticamente incolori; ne esistono differenti tipi, la maggior parte dei quali è di dimensioni maggiori degli eritrociti, avendo un diametro che varia tra 7 e 21 μm.

In base alla presenza o meno di granuli visibili all'interno del citoplasma dopo una specifica colorazione, i globuli bianchi possono essere distinti in: *leucociti granulari* (granulociti neutrofili, eosinofili, basofili) e *leucociti non granulari* (monociti, linfociti B e linfociti T).

La funzione principale dei globuli bianchi è quella di difendere il corpo da organismi esogeni invasori, come i virus e i batteri, o da altre particelle estranee. A differenza dei globuli rossi, i globuli bianchi non sono confinati all'interno dei vasi sanguigni, ma possono migrare nei liquidi interstiziali. Mentre nella corrente sanguigna appaiono sferici, nei tessuti diventano appiattiti e si muovono mediante pseudopodi; gran parte dei leucociti ingloba gli agenti estranei attraverso la fagocitosi, per poi distruggerli mediante gli enzimi litici contenuti nei loro lisosomi (**figura 18**).

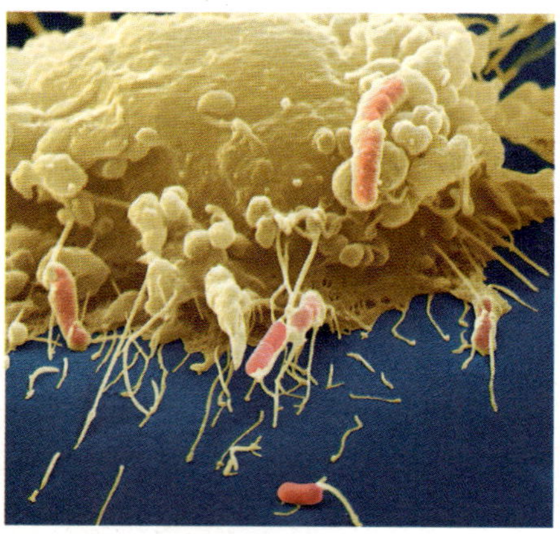

▲ **Figura 18**
I globuli bianchi sono cellule in grado di inglobare per fagocitosi i patogeni, per esempio i batteri.

I globuli bianchi, dopo aver esercitato la propria funzione di difesa contro un'infezione, sono spesso distrutti: il *pus* è costituito in gran parte da queste cellule morte e dai batteri che hanno distrutto. Nuovi globuli bianchi si formano costantemente, oltre che nel midollo osseo, anche nella milza e nei linfonodi, e vanno a sostituire quelli distrutti.

Le parole

Il termine **pus** deriva dal verbo latino *putrere*, ovvero marcire.

Leucemie e trapianto di midollo osseo

Ogni anno in Italia 8000 persone si ammalano di **leucemia** (dati AIRC 2013), un tumore che colpisce le cellule del sangue (**figura**). Se a essere interessata è la linea cellulare derivante dalle staminali mieloidi (che generano globuli rossi, piastrine, granulociti e monociti), si parla di **leucemia mieloide**, mentre se a essere coinvolte sono le staminali linfoidi e i loro prodotti (linfociti T e B), allora siamo di fronte a una **leucemia linfoide**.

Non sempre le forme tumorali del sangue coinvolgono le cellule in circolo: è il caso del *linfoma*, che interessa i linfociti che si trovano a livello dei linfonodi.

COME SI CURA LA LEUCEMIA

Nel caso in cui la patologia sia a carico del midollo osseo rosso, è possibile ricorrere alla tecnica del **trapianto di midollo**. Prima di tutto occorre eseguire dei test di compatibilità che consentano di selezionare il possibile donatore e, una volta individuata, viene prelevata una piccola quantità di midollo dalle ossa del bacino del soggetto donatore. Solitamente il prelievo è eseguito nell'ileo (l'osso più grande del bacino) con apposite siringhe ed è condotto in anestesia generale oppure in epidurale (una modalità di anestesia loco-regionale che prevede la somministrazione di anestetici attraverso un catetere posizionato nella colonna vertebrale).

Durante il prelievo sono aspirate quantità di midollo tali da non comportare nessun problema per il donatore, che al risveglio dall'anestesia avvertirà un lieve dolore all'area interessata, ma che scomparirà nell'arco di qualche giorno. La quantità di midollo donata viene sostituita da nuovo tessuto nell'arco di due settimane circa. A questo punto il midollo prelevato dal donatore compatibile viene trasfuso al paziente che ne ha bisogno per via venosa.

Tramite il circuito sanguigno le cellule del midollo osseo ricevute dal donatore sano arrivano alla cavità midollare, dove cominciano a duplicarsi, andando a sostituire le cellule staminali malate che sono state precedentemente distrutte. Prima del trapianto, il ricevente deve sottoporsi a specifiche terapie per disattivare il suo sistema immunitario, non solo per ridurre al minimo il fenomeno di rigetto, ma anche per distruggere le cellule malfunzionanti del midollo. Le *terapie immunosoppressive* comprendono spesso chemioterapia o radioterapia. Per questo motivo, una volta ricevuto il trapianto del midollo, il paziente deve rimanere in un ambiente a rischio infettivo minimo. Il nuovo midollo impiega circa tre settimane prima di essere efficace nel produrre le cellule immunitarie utili ad aggredire eventuali microrganismi patogeni presenti nell'ambiente.

Recentemente è stata introdotta anche una modalità di donazione meno invasiva; si tratta della **donazione di cellule staminali da sangue periferico**, che viene eseguita con una procedura in regime di *day-hospital*, simile alla donazione del plasma. Questa tecnica prevede che, nei cinque giorni precedenti la donazione, il donatore assuma farmaci specifici che stimolano la crescita di cellule staminali nel midollo osseo e ne inducono il passaggio nel sangue. Il sangue viene quindi prelevato dalla vena brachiale e viene fatto passare in una macchina capace di isolare le cellule staminali. Questo prelievo è più lento rispetto all'aspirazione diretta del midollo perché dura circa quattro ore e presenta potenziali sintomi associati alla stimolazione del midollo osseo, come affaticamento, mal di testa e dolori ossei.

L'IMPORTANZA DELLA DONAZIONE

Qualunque sia la modalità di donazione, la probabilità di trovare un donatore compatibile è di circa 1 su 100 000, anche se varia notevolmente da paziente a paziente. Quindi, anche se il proprio nominativo si trova inserito nel registro dei donatori, è possibile che non si venga mai contattati, così come, viceversa, potrebbe accadere di essere l'unico donatore compatibile per un dato paziente.

La donazione di midollo è rigorosamente anonima: il donatore non può avere contatti diretti con il paziente, del quale non potrà conoscere l'identità; è però possibile avere un contatto indiretto scrivendo al centro donatori, che provvederà a inoltrare la richiesta al ricevente oppure alla sua famiglia.

Secondo i dati dello *European Group for Blood and Marrow Transplantation*, ogni anno nel mondo vengono effettuati 54 000 trapianti di midollo in tutto il mondo. Buona parte dei malati trova un midollo compatibile grazie alla donazione di un familiare; per i restanti esistono il *Registro nazionale donatori midollo osseo* (IBMDR) e una nuova possibilità: il trapianto di cellule staminali. Negli ultimi anni, infatti, è sempre più frequente la raccolta di cellule staminali provenienti dai cordoni ombelicali dei neonati, conservate in banche specializzate e utilizzate per i trapianti al posto del midollo osseo con successo sempre maggiore.

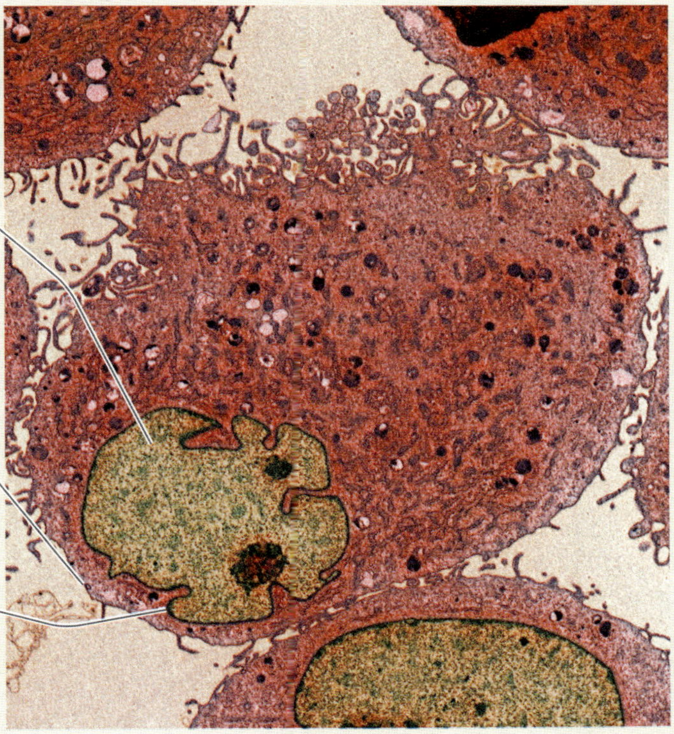

▸ **Figura**
Caratteristiche dei globuli bianchi tumorali in un paziente affetto da leucemia.

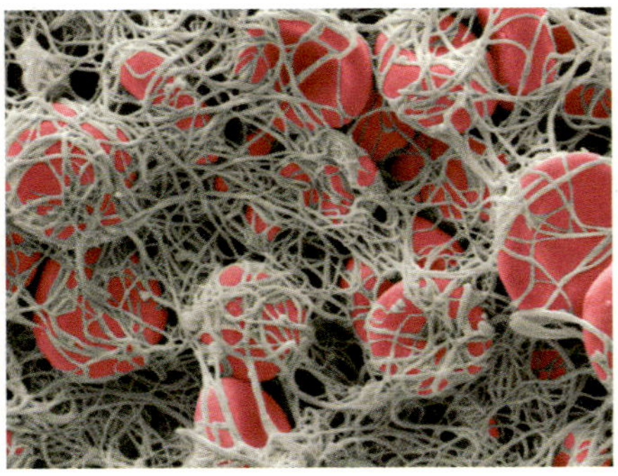

▲ **Figura 19**
L'azione delle piastrine permette di imbrigliare i globuli rossi fuoriusciti da un vaso danneggiato.

A colpo d'occhio

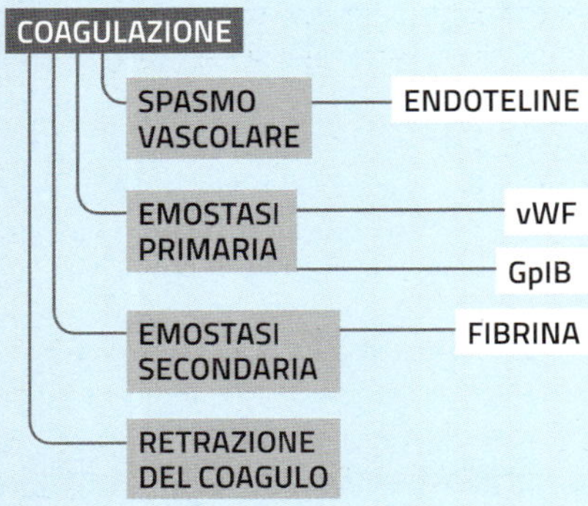

Le parole

Emostàsi deriva dai termini greci *haîma* (sangue) e *stásis* (stabilità), a indicare l'arresto della perdita di sangue.

Le piastrine sono frammenti cellulari prodotti nel midollo osseo

Le **piastrine**, o *trombociti*, sono gli elementi figurati del sangue di diametro minore, uguale a circa 2 μm; si tratta di frammenti cellulari di forma irregolare, prodotti nel midollo osseo a partire da cellule di grandi dimensioni dette *megacariociti*, da cui si possono generare fino a 3000 piastrine; in 1 mm^3 di sangue ne sono presenti circa 300 000. Una volta raggiunto il sangue, le piastrine hanno vita breve: dopo soli 7-8 giorni sono distrutte nella milza e nel fegato.

Le piastrine possono essere considerate una riserva di sostanze chimiche essenziali per promuovere la coagulazione del sangue e nel tamponare la rottura dei vasi sanguigni (**figura 19**). In caso di una carenza di piastrine (*trombocitopenia*) sono frequenti le emorragie, anche spontanee, a volte evidenziate come piccole chiazze purpuree sotto la pelle, chiamate *petecchie emorragiche*. La coagulazione del sangue è una complessa serie di reazioni che richiede la presenza delle piastrine e di almeno 15 fattori che normalmente si trovano nella corrente sanguigna o sulle membrane cellulari. Tale processo a cascata prevede le seguenti tappe.

1. Inizialmente si ha la contrazione della muscolatura liscia della parete del vaso danneggiato, una reazione alla lesione che attiva le fibre dolorifiche e viene chiamata **spasmo vascolare**. Il danno alla superficie interna dei vasi sanguigni provoca, infatti, il rilascio da parte del tessuto stesso di *endoteline*, proteine che svolgono un ruolo vasocostrittore nelle arteriole a livello della lesione. In un secondo tempo anche la serotonina rilasciata dalle piastrine induce la vasocostrizione. Questa prima reazione del vaso sanguigno aiuta a ridurre le perdite ematiche fino alla formazione del coagulo.
2. Quando il plasma viene a contatto con la superficie delle fibre collagene esposte del vaso danneggiato si innesca il processo di **emostasi primaria**: le piastrine si agganciano alla parete interrotta e richiamano altre piastrine. Le cellule endoteliali, in seguito alla lesione, secernono il *fattore di von Willebrand* (vWF), una proteina che permette l'adesione tra le piastrine mediante l'interazione tra queste e la matrice extracellulare esposta. Il vWF si associa al collagene della matrice extracellulare, mentre le piastrine si legano ad esso tramite la *glicoproteina Ib* (GpIb). In seguito all'adesione, le piastrine cambiano forma, che diviene appiattita, aumentando così la loro superficie. Contemporaneamente le piastrine rilasciano ADP e richiamano altre piastrine; il risultato è un accumulo di piastrine presso la lesione, detto *tappo emostatico*.
3. Una volta che si è formato il tappo piastrinico si attiva l'**emostasi secondaria**. Questa fase è caratterizzata dall'attivazione della fibrina a sua volta innescata dal *fattore tissutale* (TF), una glicoproteina che si trova sulla superficie esterna di molti tipi diversi di cellule, ma che non viene espressa sulle cellule del rivestimento interno dei vasi sanguigni. Quando il fattore tissutale reagisce con una specifica proteina plasmatica, come può avvenire a causa della fuoriuscita di sangue da un vaso leso, si avvia una serie di reazioni chimiche a cascata, in cui il prodotto di ogni reazione agisce da catalizzatore per la reazione successiva. Anche le piastrine attivate innescano un'altra serie di reazioni a catena, sempre con lo stesso risultato. Nell'ultimo passaggio della catena di reazioni, una proteina plasmatica solubile, il *fibrinogeno*, viene convertita in una proteina insolubile, la **fibrina**. Le molecole di fibrina si agglutinano, formano cioè una rete che intrappola globuli rossi e piastrine dando origine a un coagulo. In questa fase sono coinvolte molte proteine plasmatiche, la maggior parte delle quali fornita dal fegato, e gli ioni Ca^{2+}.
4. Nell'ultima fase, c'è la **retrazione del coagulo** ovvero il coagulo si contrae, a causa dalla cessione di acqua da parte della fibrina, e restringendosi avvicina i margini della ferita. Questa ultima fase richiede energia (ovvero ATP), fornita dalle piastrine stesse. Il risultato complessivo del processo è la formazione di una barriera che impedisce sia la perdita di liquidi vitali sia l'ingresso di microrganismi patogeni.

Il prelievo e le analisi del sangue

La quantità degli elementi figurati e di molte molecole presenti nel sangue può essere rilevata mediante una serie di analisi effettuate a partire da un semplice prelievo di sangue. Normalmente, il prelievo è eseguito a digiuno, attraverso un ago inserito a livello della vena cefalica del braccio, spesso con l'aiuto di un laccio emostatico che blocca per qualche secondo il flusso del sangue. Dopo l'aggiunta di un anticoagulante, le provette sono centrifugate e vengono misurati i livelli degli elementi corpuscolati (**figura 20**).

Il conteggio del numero di globuli rossi, globuli bianchi, piastrine e delle molecole di emoglobina è chiamato **emocromo**; questa serie di misurazioni standard varia in rapporto all'età e al sesso, e prevede i seguenti valori:

- eritrociti (RBC), tra 4,5 e 5,5 milioni/mm^3;
- leucociti (WBC), tra 4000 e 10 000/mm^3;
- piastrine (PLT), tra 150 000 e 400 000/mm^3;
- emoglobina (HGB o HB), tra il 13% e il 17%.

Sul referto dell'analisi del sangue, le misurazioni di ogni parametro riportano il valore riscontrato e i valori di riferimento all'interno dei quali la condizione è considerata normale. Tra i risultati forniti dall'emocromo troviamo anche la grandezza dei globuli rossi (MCV) e la quantità media di emoglobina in ogni globulo rosso (MCH), valori importanti per individuare la presenza di eventuali anemie.

Oltre all'emocromo, un'accurata analisi del sangue prevede spesso il calcolo delle proporzioni relative dei vari tipi di globuli bianchi (*formula leucocitaria*), calcolate su 100 cellule. In genere, i globuli bianchi presenti in maggior quantità sono i

▲ **Figura 20**
Due provette contenenti sangue prima (a sinistra) e dopo (a destra) la centrifugazione.

7 - La nostra salute

Problemi di coagulazione: i trombi

La **trombosi** consiste nella formazione di masse solide all'interno dei vasi sanguigni di un organismo. Dal punto di vista medico si distinguono il *trombo* e il *coagulo*. Il trombo è un accumulo di piastrine, fibrina, eritrociti e leucociti, che si forma solamente *in vivo* e in posizione aderente alla parete dei vasi (**figura**); il coagulo si forma, invece, fuori dal vaso e si può generare anche *in vitro*.

I trombi sono distinti in base a tre caratteristiche: la composizione, la dimensione e la sede in cui si sviluppano:

- a partire dalla composizione si distinguono trombi *bianchi* (formati da piastrine, fibrina e scarsi leucociti ed eritrociti), *rossi* (ricchi di globuli rossi) e *variegati* (con zone chiare e zone rosse alternate);
- in base alla sede sono suddivisi in *arteriosi*, *venosi* oppure *intracardiaci*;
- prendendo in considerazione le dimensioni si parla di trombi *ostruttivi* (che occludono interamente il lume del vaso), *parietali* (che non occludono del tutto il lume del vaso) e *a cavaliere* (collocati presso una biforcazione tra i vasi sanguigni).

La formazione di un trombo ha cause riconducibili a tre alterazioni principali, note solitamente come *triade di Virchow*, e corrispondono a:

1. *lesione dell'endotelio*, un danno interno di un vaso causa il rilascio di sostanze, come le endoteline e il fattore vWF, da parte dell'endotelio, che consentono l'adesione piastrinica;
2. *stasi del flusso sanguigno*, frequente in corrispondenza per esempio di dilatazioni varicose degli arti inferiori;
3. *ipercoagulabilità*, ovvero l'alterazione delle vie della coagulazione, anche se questo è il fattore meno frequente nelle trombosi.

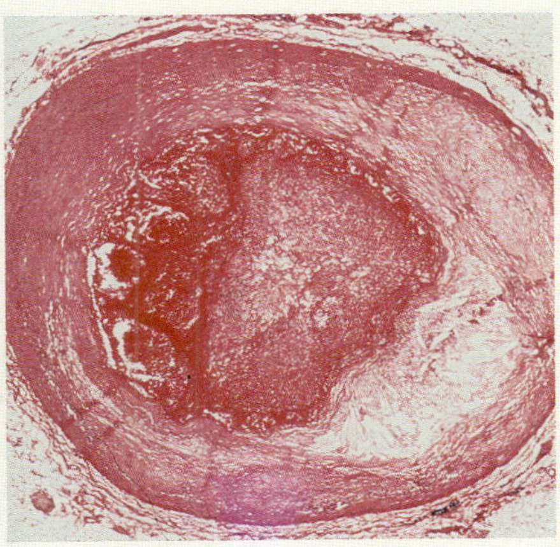

Per la cura e la prevenzione della trombosi esistono numerosi farmaci. Alcuni attivano la *fibrinolisi*, trasformando il plasminogeno del plasma in plasmina, che è in grado di dissolvere i trombi. Invece, gli anticoagulanti impediscono la coagulazione del sangue; tra questi il più noto è l'**eparina**, utilizzata per esempio nella prevenzione delle trombosi venose dopo interventi chirurgici, in pazienti costretti a letto per lunghi periodi, oppure che hanno parti del corpo immobilizzate da gessi. Infine, i farmaci antiaggreganti inibiscono l'aggregazione piastrinica; per esempio, l'acido acetilsalicilico diminuisce il rischio di trombosi e la sua assunzione a basse dosi aumenta la sopravvivenza dopo un infarto; per questo motivo, è prescritto a quasi tutti i pazienti infartuati o che hanno subìto un ictus.

◄ **Figura**
Un trombo (in fucsia) che ostruisce quasi completamente il lume di una vena.

Guarda il video nell'ebook:
3 minuti di salute
L'eritropoietina e il doping

Le parole

Il termine **ematòcrito** deriva dalle parole greche *hematos* (inerente al sangue) e *krits* (giudice); quindi letteralmente: giudice del sangue.

Curiosità

Il valore dell'ematocrito è un parametro da tempo utilizzato nei **test antidoping**; il limite massimo è fissato al 50%. Oggi questo valore non è più sufficiente per definire l'uso di sostanze dopanti, perciò è stato prodotto per gli atleti un *passaporto ematologico*, al fine di registrare variazioni significative o sospette.

granulociti neutrofili, seguiti dai linfociti. Un aumento dei granulociti neutrofili indica un'infezione in corso, mentre un aumento percentuale degli eosinofili o dei basofili potrebbe indicare una reazione allergica. I monociti entrano in gioco per la formazione di macrofagi, quindi un loro eccesso potrebbe indicare la presenza di un'infezione. Infine, l'aumento dei linfociti potrebbe segnalare un attacco virale oppure l'esistenza un'infiammazione cronica.

Un altro valore fornito dalle analisi del sangue è l'**ematocrito**, ossia la percentuale in volume occupata dagli elementi figurati (essenzialmente globuli rossi) rispetto al volume complessivo del sangue; i valori normali sono 38-52% per l'uomo e 36-46% per la donna. Le più frequenti cause di valori in eccesso sono la disidratazione, l'alcolismo, il diabete, l'insufficienza renale acuta o i fenomeni infiammatori gravi, come la peritonite; invece, valori inferiori a quelli di riferimento possono essere provocati da carenza di ferro o di vitamina B_{12}, da cirrosi epatica, emorragie, infezioni gravi, insufficienza renale cronica, leucemie o altri tumori.

Poiché la maggior parte degli elementi figurati del sangue è costituita dagli eritrociti, è prevalentemente un loro aumento o una loro diminuzione a determinare la variazione dei valori dell'ematocrito. È proprio per questo motivo che nelle analisi antidoping, specialmente fino a qualche anno fa, il valore di ematocrito era preso come riferimento per valutare se un atleta avesse fatto o meno ricorso a farmaci illegali, oppure a pratiche di emoautotrasfusione dopo allenamenti in quota che avessero innalzato il numero di eritrociti nel sangue. In realtà è stato dimostrato che esiste un certo intervallo di variabilità per ogni individuo relativamente ai valori di ematocrito, per cui oggi si tende a cercare la presenza nel sangue di tracce di farmaci che stimolano la sintesi di globuli rossi, come per esempio l'eritropoietina artificiale.

Tramite l'elettroforesi, invece, si analizzano le proteine presenti nel siero (soprattutto albumine e globuline); i valori relativi a queste molecole sono raccolti in un cosiddetto *protidogramma* e risultano decisamente importanti perché possono evidenziare numerose malattie. Per esempio, valori bassi di albumina sono in genere associati a problemi epatici, perché è proprio il fegato la sede di sintesi di questa proteina, mentre valori elevati di globuline possono essere indice di infezioni in atto.

Infine, analizzando il siero si possono misurare molti altri valori, come i tassi di colesterolo e dei trigliceridi, la concentrazione del glucosio (*glicemia*), la quantità di composti azotati nel sangue (*azotemia*) per controllare la funzionalità renale o delle transaminasi, enzimi legati al funzionamento del fegato.

Gli antigeni degli eritrociti determinano i gruppi sanguigni

Il tipo di trapianto più diffuso nella medicina moderna è la trasfusione di sangue. Oggi questa è una pratica così comune che risulta difficile pensare che in passato abbia potuto porre problemi gravi e a volte letali. Le trasfusioni diventarono sicure solo quando furono identificati i quattro principali gruppi sanguigni umani (A, B, AB e 0). Il merito va attribuito al biologo viennese Karl Landsteiner che identificò prima i gruppi A, B e 0 (nel 1901) e successivamente quello AB (1902), ottenendo per questa scoperta il premio Nobel per la Medicina nel 1930.

La possibilità di determinare i gruppi sanguigni fu una risorsa straordinaria durante la Prima Guerra Mondiale, permettendo di evitare ulteriori numerosi morti. Prima delle scoperte di Landsteiner, venivano infatti eseguite trasfusioni tra individui differenti in modo del tutto casuale o addirittura si tentava di fare trasfusioni di sangue tra animali ed esseri umani.

Oggi si è a conoscenza del fatto che questi gruppi sanguigni sono determinati da un gene definito da tre alleli (i, I^A, I^B), che determina la presenza di particolari antigeni sulla membrana dei globuli rossi e di specifici anticorpi nel plasma.

Se il sangue donato non è compatibile col ricevente, antigeni e relativi anticorpi si legano tra loro dando origine al processo di **agglutinazione**, che provoca ammassi di globuli rossi e di anticorpi che ostruiscono i capillari, arrestando il flusso sanguigno. L'agglutinazione provoca anche la rottura dei globuli rossi (emolisi) con rilascio di plasma.

Curiosità

Per verificare la **compatibilità** del gruppo sanguigno del donatore con quello del ricevente viene effettuato un test unendo i due campioni di sangue in una provetta. Se i globuli rossi rimangono in sospensione, donatore e ricevente sono compatibili, mentre se si agglutinano sono incompatibili e non si può effettuare la trasfusione.

Le reazioni del gruppo sanguigno alle trasfusioni possono essere dimostrate sperimentalmente, come illustrato nella **tabella 2**.

Individui con sangue di gruppo 0, i cui globuli rossi non hanno né l'antigene A né l'antigene B, si dicevano *donatori universali*; analogamente, individui con sangue AB (né anticorpi A né anticorpi B nel plasma) si dicevano *riceventi universali*. Attualmente, prima di effettuare una trasfusione, si controllano anche altri fattori.

Tipo di globuli rossi	Genotipo	Anticorpi prodotti	Reazione in seguito all'aggiunta di anticorpi	
			Anti-A	Anti-B
A	I^AI^A o I^AI^O	Anti-B	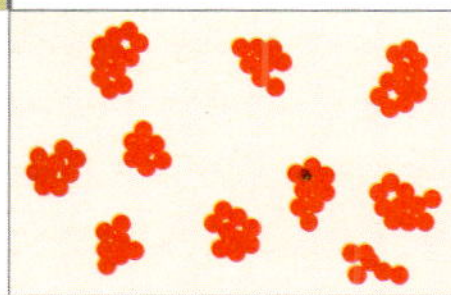	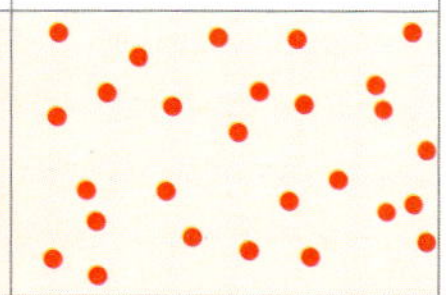
B	I^BI^B o I^BI^O	Anti-A	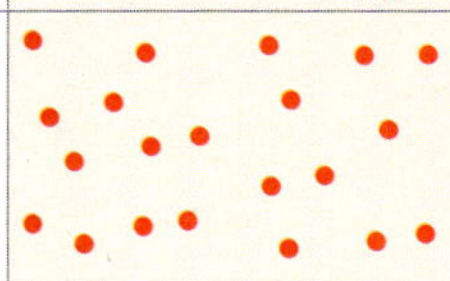	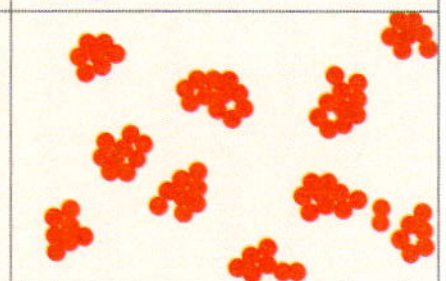
AB	I^AI^B	Né anti-A né anti-B	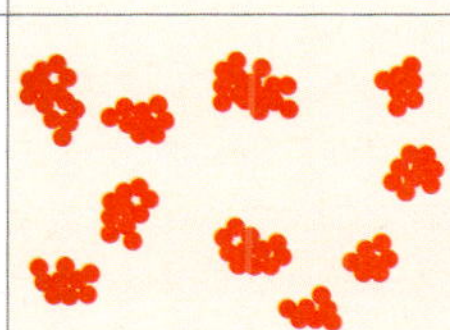	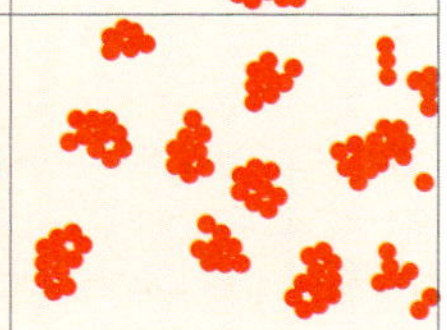
0	I^OI^O	Sia anti-A sia anti-B	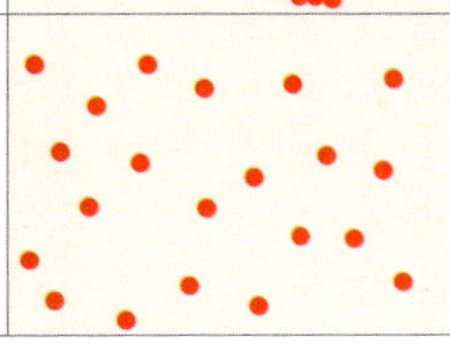	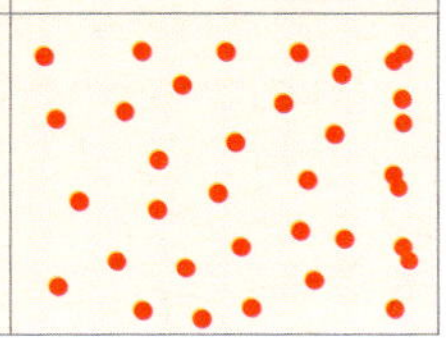

◂ **Tabella 2**
Risultati della mescolanza di globuli rossi di tipo A, B, AB e 0 con siero contenente anticorpi anti-A o anti-B.

I globuli rossi che non reagiscono con gli anticorpi rimangono uniformemente sospesi.

I globuli rossi che reagiscono con gli anticorpi si agglutinano, ovvero tendono a formare degli agglomerati.

Durante la gravidanza è importante determinare il fattore Rh

Gli antigeni A e B non sono l'unico strumento utile per classificare i gruppi sanguigni: l'*International Society of Blood Transfusion* riconosce infatti l'esistenza di trenta diversi sistemi, basati su caratteristiche diverse delle cellule o del sangue. Esistono infatti molti antigeni che possono essere espressi sulla membrana superficiale dei globuli rossi. Tra i più importanti c'è il **fattore Rh**, che deve il nome al fatto di essere stato isolato per la prima volta dal sangue della scimmia macaco Rhesus (*Macaca mulatta*). Si indicano come Rh-positivi i soggetti che presentano l'antigene in questione e come Rh-negativi quelli che ne sono privi.

Come gli altri antigeni, anche il fattore Rh è geneticamente determinato, in quanto dipende dalla presenza di un allele dominante e, quindi, gli individui omozigoti recessivi non lo possiedono e sono Rh-negativi. A differenza dei gruppi sanguigni A, B e 0, un individuo Rh-negativo non ha nel suo sangue gli anticorpi per il fattore Rh-positivo, ma questi si formano non appena il paziente riceve una trasfusione di sangue Rh-positivo.

Ciò comporta che nelle trasfusioni occorre tenere in considerazione anche questo aspetto: i soggetti Rh-positivi possono donare solamente ad altri soggetti Rh-positivi, mentre quelli Rh-negativi possono donarlo agli uni e agli altri. Infatti, in caso contrario si innesca un processo che inizialmente è lento e non causa particolari problemi, ma nel caso di una seconda trasfusione, ricevuta ancora da un donatore incompatibile, si ha l'agglutinazione perché il sangue del ricevente contiene già gli anticorpi che aggrediscono gli eritrociti (**tabella 3**).

L'aspetto più importante associato al fattore Rh è l'**incompatibilità materno-fetale**. Durante l'ultimo mese di gravidanza, il feto umano normalmente riceve gli anticorpi dalla madre; la maggior parte di essi è utile, ma un'eccezione importante è costituita dagli anticorpi prodotti contro il fattore Rh. Il fattore Rh può

Ti ricordi?

I **gruppi sanguigni** sono un esempio di ereditarietà non mendeliana; infatti, si tratta di poliallelia (esistono tre alleli invece di due) e di codominanza (gli eterozigoti I^AI^B presentano entrambi i caratteri).

Gruppo	Può donare il sangue a	Può ricevere trasfusioni da
A+	A+ AB+	A+ A- 0+ 0-
0+	0+ A+ B+ AB+	0+ 0-
B+	B+ AB+	B+ B- 0+ 0-
AB+	AB+	**Tutti**
A-	A+ A- AB+ AB-	A- 0-
0-	**Tutti**	0-
B-	B+ B- AB+ AB-	B- 0-
AB-	AB+ AB-	AB- A- B- 0-

▴ **Tabella 3**
La tabella raccoglie i dati di compatibilità dei gruppi sanguigni con gli antigeni A e B e con il fattore Rh.

Curiosità

In tempi recenti si è riusciti a produrre **globuli rossi** del gruppo 0 a partire da cellule staminali umane, riprogrammate per creare staminali pluripotenti indotte.

determinare una grave malattia nel neonato se la madre è Rh-negativa e il feto è Rh-positivo (avendo ereditato l'allele del padre). Al momento della nascita i globuli rossi fetali con antigene Rh-positivo probabilmente entreranno nel circolo sanguigno della madre e le conseguenze sono le stesse che essa avrebbe avuto con una trasfusione di sangue Rh-positivo: il sistema immunitario della donna produrrà anticorpi contro l'antigene estraneo ed essi rimarranno nella sua corrente sanguigna (**figura 21A**).

In caso di primo parto il rischio di immunizzazione materna verso gli antigeni fetali varia dal 3% al 22% ed è proporzionale alla quantità di sangue fetale che raggiunge il circolo materno. Anche se si sviluppano, in genere non si riscontrano dei problemi durante la prima gravidanza perché il parto avviene prima che gli anticorpi riescano a svilupparsi e a intervenire. Essi però rimangono nell'organismo; a una gravidanza successiva questi anticorpi potranno essere trasferiti nel sangue del feto già a partire dal quarto mese di gravidanza. Se il feto però è di nuovo Rh-positivo, gli anticorpi reagiranno con i suoi globuli rossi, distruggendoli (**figura 21B**).

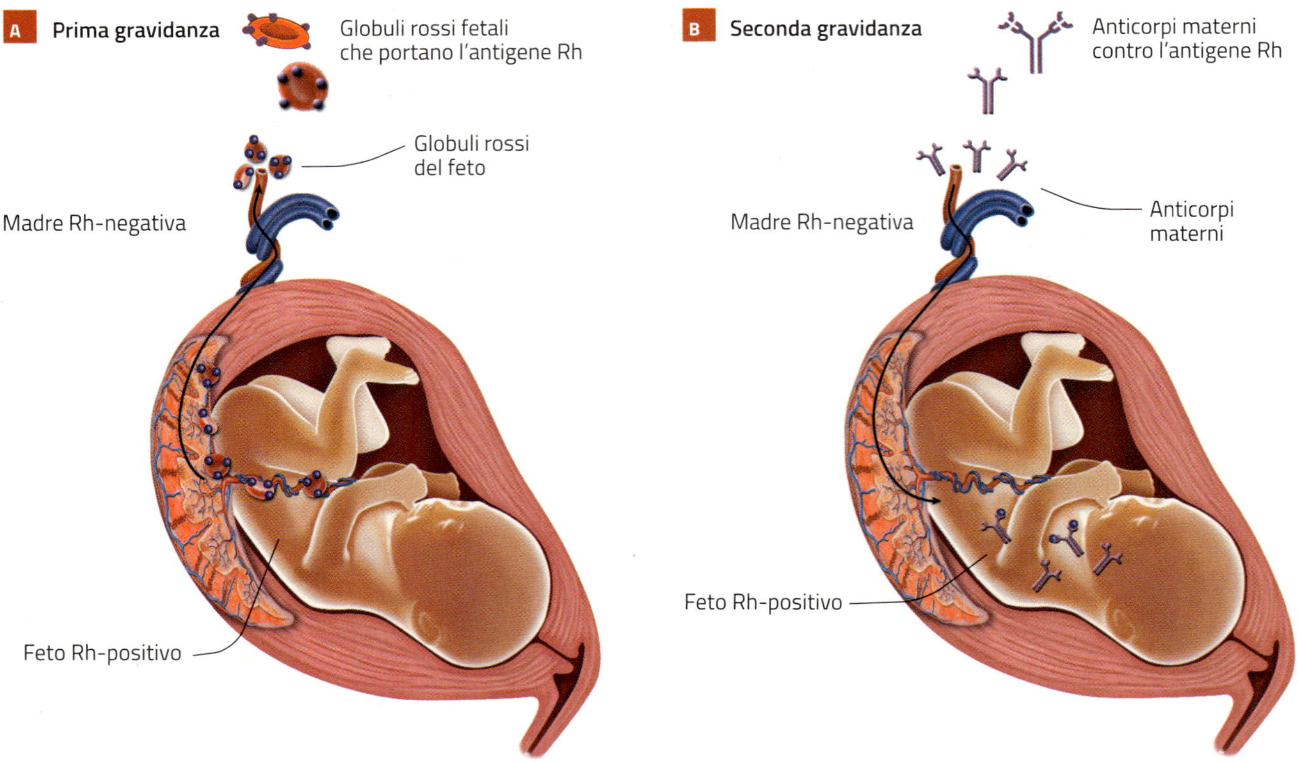

▲ Figura 21
(A) Globuli rossi fetali con antigene Rh entrano nel circolo sanguigno materno inducendo la formazione di anticorpi contro il fattore Rh. (B) In una successiva gravidanza gli anticorpi materni anti-Rh passano dalla madre al feto attaccando i suoi globuli rossi, che sono Rh positivi.

Questa reazione, detta **eritroblastosi fetale** o *malattia emolitica anti-D*, può avere effetti mortali sia prima sia subito dopo la nascita e in passato era una delle più frequenti cause di decessi neonatali. Ora che se ne conoscono le cause, il problema dell'incompatibilità da Rh può essere risolto iniettando alla madre Rh-negativa, entro 72 ore dal primo parto, anticorpi contro i globuli rossi fetali Rh-positivi. In questo modo si distruggono le cellule e si impedisce che queste possano stimolare la produzione di anticorpi nel corpo della madre. Al momento della nascita di ogni figlio Rh-positivo questo processo deve essere ripetuto per proteggere un eventuale successivo feto Rh-positivo.

In caso di madre Rh-negativa e figlio Rh-positivo, durante l'intero periodo della gravidanza viene effettuato con periodicità il *test di Coombs indiretto* al fine di valutare l'eventuale presenza di anticorpi irregolari nel siero materno.

Facciamo il punto

1. Metti in evidenza le differenze tra eritrociti e leucociti.
2. Descrivi la struttura e la funzione dell'emoglobina.
3. Che cosa s'intende per emopoiesi?
4. Descrivi le principali tappe del processo di emostasi.
5. Per quale motivo l'incompatibilità da Rh è pericolosa prevalentemente in caso di una seconda gravidanza?

Donazioni, trasfusioni e sostituti del sangue

Per donare il sangue occorre avere un'età compresa tra i 18 anni e i 65 anni, pesare più di 50 kg, avere una frequenza cardiaca a riposo compresa tra i 50 e i 100 battiti/minuto (che può essere inferiore per chi pratica attività sportiva) e una pressione arteriosa sistolica tra 110 e 180 mmHg e diastolica tra 60 e 100 mmHg. Inoltre, è necessario essere in buono stato di salute e non avere comportamenti a rischio: sono quindi esclusi dalla possibilità di diventare donatori coloro i quali assumono sostanze stupefacenti, abusano di alcol, hanno rapporti sessuali ad alto rischio di trasmissione di malattie infettive o hanno contratto malattie veneree.

L'intervallo minimo che deve intercorrere tra una donazione di sangue intero e la successiva è di 90 giorni, mentre la frequenza annua delle donazioni non deve superare quattro per gli uomini e due per le donne.

Chi ha i requisiti necessari e desidera diventare donatore può recarsi presso la sede di una delle associazioni specializzate, oppure presso il servizio trasfusionale della propria città. Per prima cosa si terrà un colloquio con un medico, al fine di stabilire l'idoneità o meno del candidato e per individuare il tipo di donazione più indicata: quella del sangue intero oppure solamente del plasma (*aferesi*). Dopo la visita viene fatto il prelievo di una piccola quantità di sangue, necessaria per eseguire gli esami utili ad accertare la reale idoneità del donatore e consentire la prima donazione.

A ogni donazione il medico esegue una valutazione clinica del donatore e fa firmare un modulo di accettazione e di consenso alla stessa. Il prelievo è innocuo, dura circa 5-10 minuti e consiste nell'aspirazione di un volume di sangue che per legge è al massimo 450 cm^3 (**figura**). Ai lavoratori dipendenti è riconosciuta una giornata di riposo retribuita, inoltre tutti i donatori sono sottoposti a una serie di esami, quali l'ematocrito, i test per l'epatite B e C e per l'HIV che permettono di tenere sotto controllo il proprio stato di salute.

Per motivi di quantità, ma anche di sicurezza, si sta quindi cercando di creare dei «sostituti del sangue». La parte plasmatica è più facile da produrre, anche grazie a soluzioni che equilibrano il bilancio osmotico e idrico-salino del sangue. Il vero problema rimane quello di trovare un sostituto per l'emoglobina. Se si inietta nel sangue di un paziente dell'emoglobina libera, questa lega l'ossigeno in modo più tenace rispetto a quanto lo faccia quella dei globuli rossi, ma lo cede molto difficilmente alle cellule. Inoltre, l'emoglobina libera aumenta la pressione arteriosa. Per questi motivi si sta cercando, tramite la ricerca biotecnologica, di creare delle emoglobine ibride (ottenute manipolando geneticamente molecole di mioglobina o di emoglobina bovina), anche se al momento si tratta solo di sperimentazioni.

Un'alternativa per evitare questi effetti collaterali sarebbe quella di non utilizzare l'emoglobina, ma altre molecole in grado di trasportare l'ossigeno. A questo scopo si stanno sperimentando alcuni composti, come gli idrocarburi fluorurati, simili a quelli presenti sul fondo delle padelle antiaderenti.

LE MALATTIE DEL SANGUE: ANEMIA ED EMOFILIA

In caso di ridotto contenuto di emoglobina nel sangue, si verifica una patologia chiamata **anemia**. La struttura dell'emoglobina è strettamente legata alla sua funzione: la sostituzione anche di un solo amminoacido nelle catene polipeptidiche che la costituiscono è sufficiente per ridurre la funzionalità di questa proteina. Per esempio, l'**anemia falciforme** è una malattia genetica causata dalla sostituzione di una base azotata, l'adenina, con una timina nella sequenza di basi che codificano per la catena dell'emoglobina. Il risultato di questa mutazione puntiforme è la completa modificazione di significato della tripletta che cambia da acido glutammico a valina (GAG → GTG); questa sostituzione di un amminoacido idrofilo con uno idrofobico è sufficiente a creare problemi nella conformazione dei globuli rossi, che assumono un aspetto a falce e sono più fragili. L'anemia falciforme è una malattia genetica recessiva, ovvero i soggetti omozigoti recessivi sono malati, mentre quelli eterozigoti producono il 50% di emoglobina normale e il 50% alterato. Dal punto di vista evolutivo, l'eterozigosi rappresenta una forma di resistenza verso il plasmodio della malaria, motivo per cui l'anemia falciforme è più diffusa in aree in cui la malaria è endemica.

Anche le dimensioni dei globuli rossi sono importanti: la *macrocitemia* corrisponde allo stato patologico per cui il volume corpuscolare medio dei globuli rossi (MCV) risulta superiore alla norma, mentre con la *microcitemia* i globuli rossi sono più piccoli. La microcitemia può dipendere dalla **talassemia**, o *anemia mediterranea*.
Si tratta di una malattia genetica diffusa, per esempio, tra gli abitanti di Sardegna e Sicilia, specialmente dove la malaria era endemica; questo perché le persone più resistenti alla malattia erano proprio quelle con globuli rossi più piccoli della media, cioè microcitemiche. La microcitemia genetica può essere del tutto asintomatica oppure dare problemi legati alla liberazione di un eccesso di ferro in circolo causato dall'aumento della demolizione dei globuli rossi. In caso di gravidanza, se entrambi i genitori sono microcitemici, è previsto un test prenatale per verificare le dimensioni dei globuli rossi del nascituro.

Un'altra malattia genetica legata al sangue è l'**emofilia**, la carenza di un fattore della coagulazione che provoca emorragie sia spontanee sia in seguito a lievi traumi anche sottocutanei. La terapia si basa sulla trasfusione di plasma o di dosi concentrate dei fattori della coagulazione. La malattia emofiliaca colpisce soprattutto gli uomini perché è legata al cromosoma X. Storicamente è conosciuta come la malattia della famiglia reale inglese, in quanto molti discendenti della regina Vittoria presentavano questa patologia (*vedi* capitolo A11).

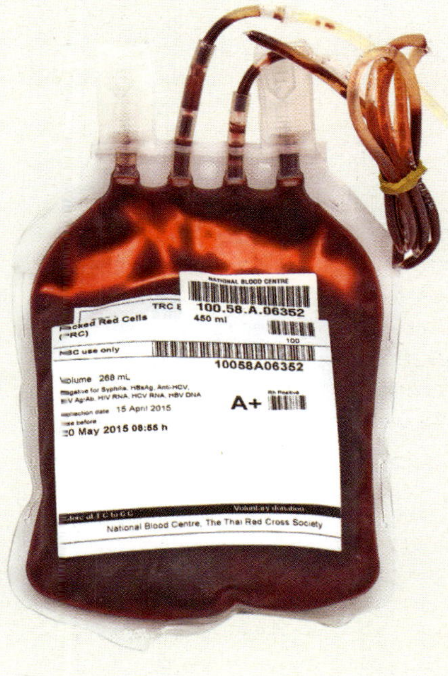

▲ **Figura**
Una sacca di sangue gruppo A+.

LA LINEA DEL TEMPO

Esplora nell'ebook la timeline interattiva

Le scoperte sull'apparato cardiocircolatorio

L'importanza del cuore e del sangue per la vita è nota fin dall'antichità, come testimoniano i ruoli simbolici che hanno ricoperto nelle religioni, nella letteratura e in quasi tutte le espressioni delle società umane. È però solo dalla fine del Rinascimento, quando la medicina inizia ad assumere le caratteristiche di una disciplina scientifica moderna, che le scoperte attorno all'apparato cardiocircolatorio cominciano a intensificarsi. Nel XIX e all'inizio del XX secolo, mentre vengono costruiti i primi motori a scoppio e le prime centrali idroelettriche, vengono descritte tutte le componenti del sangue e si comincia a comprendere come funziona la nostra «pompa» interna. Negli ultimi decenni, lo sviluppo della chirurgia, unito all'accrescimento delle conoscenze anatomiche e fisiologiche ha permesso di raggiungere traguardi clinici come gli interventi a cuore aperto (sostenuti anche da un determinante sviluppo tecnologico) e i trapianti.

1581

Galileo Galilei si iscrive a Medicina all'Università di Pisa
Lo scienziato toscano inizialmente asseconda il padre che lo voleva medico, ma preferisce poi dedicarsi alla fisica. In questo periodo, studia il moto dei pendoli sfruttando l'oscillazione della lampada della cattedrale di Pisa e misurandone il periodo con il battito del proprio cuore.

1628

Teoria della circolazione del sangue
Nel suo saggio *Il moto del cuore* il medico inglese William Harvey propone una spiegazione del funzionamento del cuore e della circolazione sanguigna, in contrasto con le teorie galeniche. Ipotizza l'esistenza di un sistema di scambio tra vene e arterie, ma senza il microscopio non è in grado di dimostrarlo.

1660

Le scoperte di Marcello Malpighi
Il fisiologo bolognese scopre l'esistenza dei vasi che permettono gli scambi tra vene, arterie e tessuti. Spiega il sistema respiratorio e quello circolatorio attraverso osservazioni microscopiche sui polmoni di rana, confermando le idee sulla circolazione sanguigna di William Harvey.

1674

I globuli rossi osservati per la prima volta
È lo stesso inventore del microscopio, Antoni Van Leeuwenhoek, a individuare per la prima volta le cellule del sangue che oggi chiamiamo eritrociti. Nelle proprie osservazioni, li descrive come «25 mila volta più fini [piccoli] di un granello di sabbia».

1853

Entra in scena il motore a scoppio
Due italiani, Eugenio Bersanti e Felice Matteucci, depositano in diversi Paesi europei i brevetti della prima versione del motore a scoppio, in grado di trasformare l'energia chimica del combustibile in lavoro meccanico. La mancanza della frizione, introdotta nel 1899, impediva di far partire da fermo un veicolo terrestre, motivo per cui si era diffuso inizialmente soprattutto nella navigazione.

1860 - 1870

La dinamo idraulica e l'energia elettrica
L'italiano Antonio Pacinotti e il francese Zénobe-Théophile Gramme costruiscono le prime dinamo elettriche, sfruttando le conoscenze su elettricità e magnetismo sviluppate precedentemente da Michael Faraday e John Henry. Accoppiando dinamo e turbina idraulica si ottiene l'apparato di base per la produzione di energia idroelettrica.

1881

Misurare la pressione con lo sfigmomanometro
È l'austriaco Samuel Siegfried Karl Ritter von Basch a sviluppare il primo sfigmomanometro per la misurazione della pressione arteriosa. Nel corso dei decenni successivi altri medici apportano diverse migliorie all'apparecchio, rendendolo più efficiente e facile da usare. All'inizio del Novecento Harvey Cushing lo introduce negli Stati Uniti e lo usa durante le operazioni chirurgiche, abbassando la mortalità da anestesia.

1927

Nasce l'Associazione Volontari Italiani del Sangue
Vittorio Formentano fonda ufficialmente l'AVIS a Milano, la prima associazione con lo scopo di raccogliere le donazioni di sangue per la medicina. Nel 1950 l'AVIS viene riconosciuta dallo Stato italiano e nel 1967 viene emanata la legge 592 per la regolamentazione della raccolta, della conservazione e della distribuzione del sangue in Italia.

1951

La circolazione extracorporea
Il medico Clarence Dennis dell'Università del Minnesota (Stati Uniti) esegue il primo intervento chirurgico sfruttando la macchina cuore-polmone (circolazione extracorporea), un apparato meccanico che si sostituisce temporaneamente a cuore e polmoni del paziente, permettendo la chirurgia del muscolo cardiaco.

1952

La prima chirurgia a cuore aperto
I chirurghi statunitensi John Lewis e Walton Lillehei realizzano la prima chirurgia a cuore aperto su di un paziente affetto da un difetto congenito. L'intervento sfrutta l'ipotermia e gli studi condotti a Toronto da Wilfred Gordon Bigelow, che indicavano nell'assenza di flusso sanguigno e di battito le condizioni necessarie per rendere possibile la riparazione del muscolo cardiaco.

1791

Il dibattito sull'elettricità animale
Luigi Galvani scopre che le rane, pur decapitate e scuoiate, sono in grado di muovere le zampe, se con il bisturi elettricamente carico si tocca il nervo sciatico. Galvani si convince dell'esistenza di un'elettricità animale che ha origine nel cervello e si propaga nel corpo attraverso i nervi. Anche Alessandro Volta riconosce la presenza di elettricità nei nervi degli animali, ma dai suoi esperimenti si convince che non esista un'elettricità specifica del mondo animale. Secondo Galvani le rane sono generatori di elettricità, per Volta sono solo dei rivelatori dell'elettricità prodotta nel contatto tra conduttori di specie diversa.

1840 - 1884

Emoglobina, eritrociti, leucociti e piastrine
Friedrich Ludwig Hünefeld scopre una proteina di acceso colore rosso osservando il sangue di un lombrico: l'emoglobina. Ma è Felix Hoppe-Seyler che riconosce la sua principale funzione nel legame tra l'ossigeno e gli eritrociti.
Gabriel Andral e William Addison scoprono contemporaneamente i leucociti e ipotizzano che siano alterazioni dei globuli rossi e dei globuli bianchi a determinare le patologie.
Richard Hill nel 1880 è il primo a descrivere il funzionamento delle piastrine, ma qualche anno dopo è Giulio Bizzozero a pubblicare i risultati delle proprie osservazioni sul sangue circolante negli animali vivi e a coniare il termine «piastrine».

1901

Il primo elettrocardiogramma
Il medico olandese Willem Einthoven inventa il «galvanometro a corda», il precursore dell'elettrocardiografo, lo strumento che permette di registrare su carta l'attività elettrica del cuore. Inoltre, Einthoven conia i nomi con cui ancora oggi chiamiamo le onde del tracciato dell'elettrocardiogramma (P, Q, R, S, T).

1901 - 1909

I gruppi sanguigni
Le trasfusioni sono praticate da circa due secoli, ma senza un criterio razionale preciso. È il fisiologo austriaco Karl Landsteiner ad accorgersi che esistono un numero definito di gruppi sanguigni con caratteristiche specifiche. Landsteiner individua i gruppi A, B, AB e 0 e sostiene che siano determinati in modo ereditario. Nel 1930 riceverà il premio Nobel per la medicina.

1915

La regolazione del battito cardiaco
Il medico tedesco Otto Frank e il fisiologo inglese Ernest Henry Starling formulano quella che è nota come «legge di Frank-Starling», secondo la quale il muscolo cardiaco regola la forza della sua contrazione (sistole), in relazione alla quantità di sangue presente nel ventricolo alla fine della diastole: più sangue entrerà e più ne uscirà, garantendo l'equilibrio tra il ritorno venoso e la gittata cardiaca.

1958

Il pacemaker impiantabile
Il *pacemaker*, un apparecchio elettrico in grado di stimolare la contrazione cardiaca quando questa sia compromessa, viene sviluppato nella prima metà del Novecento, ma è nel 1958 che al Karolinska Institutet di Stoccolma (Svezia) il chirurgo Åke Senning impianta il primo pacemaker «interno» progettato da Rune Elmqvist.

1964

L'introduzione dell'angioplastica
In un articolo scientifico gli statunitensi Charles Theodore Dotter e Melvin Judkins descrivono la prima angioplastica, ovvero la tecnica che consente di dilatare artificialmente il lume di un vaso sanguigno che si è occluso a causa, principalmente, della presenza di placche ateromatose.

1967

Il primo trapianto di cuore
Il 3 dicembre il chirurgo sudafricano Christiaan Barnard e la sua *equipe* eseguono il primo trapianto di cuore all'ospedale Groote Schuur di Città del Capo (Sudafrica). Il paziente è Louis Washkansky, di 55 anni, che muore 18 giorni dopo l'intervento, ma per complicazioni indipendenti dalla procedura. Barnard esegue il secondo trapianto cardiaco della storia l'anno successivo e il paziente vive 19 mesi con il nuovo cuore. Il primo trapianto cardiaco italiano viene eseguito a Padova dal *team* di Vincenzo Gallucci il 14 novembre 1985.

SINTESI DI FINE CAPITOLO

LO SAI? RIPASSA CON LO SMARTPHONE

Il circolo sanguigno

L'apparato circolatorio porta a tutti gli organi il **sangue**, un tipo di connettivo specializzato che svolge diverse funzioni indispensabili per la vita.

Nel corpo umano la **circolazione sanguigna** è definita:

- **chiusa**, poiché il sangue circola all'interno di vasi;
- **doppia**, poiché esistono due circolazioni associate (la *circolazione sistemica* e la *circolazione polmonare*);
- **completa**, perché il cuore è diviso in due porzioni separate e il sangue venoso non si mescola mai con quello arterioso.

L'anatomia del cuore

Il **cuore** è un muscolo suddiviso in quattro cavità, due **atrii** e due **ventricoli**, è collocato nel mediastino e ha la forma di un cono rovesciato.

Nel cuore ci sono quattro **valvole** che garantiscono il corretto flusso sanguigno: due valvole **atrioventricolari**, poste tra gli atri e i ventricoli, e due valvole **semilunari**, situate all'uscita dei ventricoli.

Il ciclo cardiaco

La contrazione degli atri e avviene contemporaneamente, così come la successiva contrazione dei ventricoli. Le valvole atrioventricolari si chiudono per la pressione del sangue nei ventricoli. Al termine della contrazione, il *miocardio* si rilassa le sue cavità si distendono, consentendo così al sangue di riempirle nuovamente.

La fase di contrazione è detta **sistole**, mentre quella di rilassamento è chiamata **diastole**. L'insieme di sistole e diastole degli atri, e di sistole e diastole dei ventricoli, è definito **ciclo cardiaco**.

Esistono due diversi tipi di regolazione del battito cardiaco: una *regolazione nervosa* che dipende dal sistema nervoso autonomo e una *chimica*, che dipende da alcuni ormoni.

I vasi sanguigni

Le **arterie** sono i vasi in cui scorre il sangue ossigenato, dai polmoni al resto del corpo, mentre nelle **vene** scorre il sangue povero di ossigeno, di ritorno ai polmoni. Vene e arterie hanno le pareti costituite da tre strati di tessuto concentrici:

- la **tonaca intima** è lo strato più interno a diretto contatto con il flusso sanguigno, è formata da tessuto endoteliale che poggia su fibre elastiche con sostanza intercellulare;
- la **tonaca media** è costituita da strati di fibre muscolari lisce intercalate a fibre elastiche e collagene;
- la **tonaca avventizia** è la più esterna ed è costituita da fibre elastiche e collagene, intercalate a tessuto connettivo.

I **capillari** sanguigni hanno pareti molto sottili, costituite da un unico strato di endotelio.

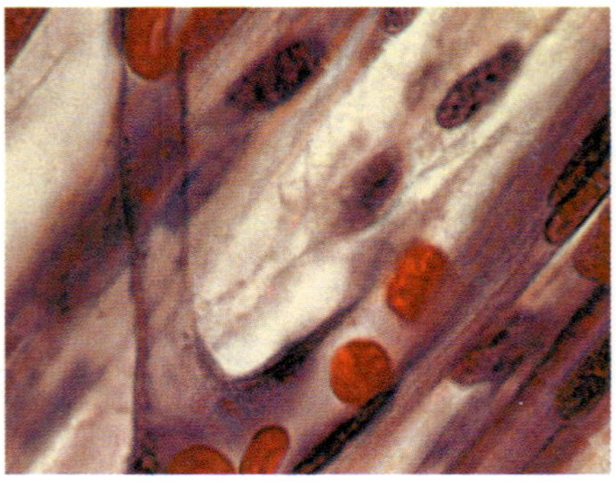

Il sangue

Il sangue è un tessuto connettivo fluido, in cui la matrice liquida è chiamata **plasma**, formata da acqua e soluti organici e inorganici) mentre le cellule, dette **elementi figurati**, sono in sospensione.

Gli elementi figurati sono:

- **globuli rossi**, o eritrociti, cellule anucleate specializzate nel trasporto dell'ossigeno a tutti i tessuti del corpo grazie all'**emoglobina**;
- **globuli bianchi**, o leucociti, distinti in *leucociti granulari* (granulociti neutrofili, eosinofili, basofili) e *leucociti non granulari* (monociti, linfociti B e linfociti T), essi difendono il corpo dai patogeni;
- **piastrine** che intervengono nella coagulazione del sangue e nel tamponare la rottura dei vasi sanguigni.

I gruppi sanguigni

Ci sono quattro principali gruppi sanguigni umani: **A**, **B**, **AB** e **0**.

I gruppi sanguigni sono determinati da un solo gene con tre alleli, che determina la presenza di particolari *antigeni* sulla membrana dei globuli rossi e di specifici *anticorpi* nel plasma.

In caso di trasfusione, se il sangue del donatore non è compatibile col ricevente, antigeni e relativi anticorpi si legano tra loro dando origine al processo di **agglutinazione**.

Il fattore Rh

Il fattore Rh del sangue di un individuo può essere positivo o negativo.

Se durante la gravidanza, il sangue del feto Rh-positivo entra in contatto con quello della madre Rh-negativa, il sistema immunitario della donna produrrà anticorpi contro l'antigene estraneo. Essi potrebbero rimanere in circolo ed essere dannosi in caso di una seconda gravidanza in cui il fattore Rh può determinare una *eritroblastosi fetale* nel neonato. Il problema si risolve iniettando alla madre Rh-negativa anticorpi contro i globuli rossi fetali Rh-positivi.

VERIFICA LE TUE CONOSCENZE

ZTE ONLINE

1. Scrivi sul quaderno la definizione dei seguenti termini.

a) Circolazione sistemica, circolazione polmonare e circolazione portale epatica
b) Valvole atrioventricolari, valvole semilunari e valvole a nido di rondine
c) Pressione sistolica e pressione diastolica
d) Emocromo ed ematocrito
e) Spasmo vascolare, emostasi primaria, emostasi secondaria e retrazione del coagulo

Barra il completamento esatto.

2. Le vene permettono il ritorno del sangue al cuore grazie

A alla forza di gravità che agisce in direzione opposta al riflusso.
B all'elevata pressione del sangue sulle loro pareti.
C alla spinta prodotta dalla contrazione sistolica del cuore.
D ai movimenti corporei che fanno contrarre i muscoli scheletrici.

3. La gittata cardiaca corrisponde al numero di

A battiti al minuto per numero di litri a ogni minuto.
B battiti al minuto per numero di litri a ogni battito.
C litri al secondo.
D litri per battito.

4. Il flusso ematico

A aumenta nei muscoli scheletrici durante la digestione.
B diminuisce quando la persona ha la febbre.
C diminuisce se ci esponiamo a basse temperature.
D aumenta nei muscoli scheletrici a riposo.

5. Tra le patologie che colpiscono i vasi sanguigni c'è

A l'extrasistole, che provoca un aumento della pressione arteriosa per eccessi di alcol e sigarette.
B l'edema, un'infezione che colpisce i tessuti dei capillari provocando lacerazioni e fuoriuscita di sangue.
C la stenosi, un'infezione che provoca un erroneo riflusso di sangue verso il basso del sangue venoso.
D l'aneurisma, una dilatazione che può provocare la rottura di grossi vasi, come l'aorta.

Barra il completamento errato.

6. I globuli rossi

A hanno generalmente una forma discoidale biconcava.
B al loro interno non possiedono nucleo né mitocondri.
C sono prodotti all'interno del midollo osseo rosso.
D trasportano O_2 e CO_2 dal cuore ai tessuti.

7. Barra la lettera V se ritieni l'affermazione vera, F se la ritieni falsa.

a) Il battito cardiaco è regolato, in sequenza, dai seguenti centri nervosi: nodo senoatriale, nodo atrioventricolare e fascio di His. V F
b) L'ematocrito indica il numero dei globuli rossi, dei globuli bianchi, delle piastrine e delle molecole di emoglobina presenti in un campione di sangue. V F
c) La bradicardia è un rallentamento del battito cardiaco conseguente all'incapacità del nodo senoatriale di trasmettere gli impulsi al cuore in modo corretto. V F
d) Lo strato più interno a contatto con il sangue sia nelle vene sia nelle arterie è la tonaca avventizia. V F
e) Partendo dall'aorta, le arterie coronarie raggiungono la testa passando per il collo. V F
f) Prima del trapianto di midollo osseo è necessario potenziare il sistema immunitario del ricevente. V F

8. Di fianco a ogni affermazione scrivi la lettera A se si riferisce alle arterie, B se si riferisce alle vene, C se si riferisce ai capillari, o la lettera D se può essere riferita a tutti e tre i tipi di vasi sanguigni.

a) Hanno pareti spesse ed elastiche per sopportare forti pressioni. (.....)
b) Quando il sangue percorre questi vasi incontra valvole che ne impediscono il reflusso. (.....)
c) Raggiungono ogni tessuto del corpo. (.....)
d) Il lume del vaso è grande per facilitare il ritorno del sangue al cuore. (.....)
e) Attraverso la loro parete avvengono gli scambi di sostanze con i tessuti. (.....)

9. Completa la tabella mettendo in relazione i termini (*lettere*) con le definizioni proposte (*numeri*).

A. piastrina
B. albumina
C. eritrocita
D. leucocita
E. fibrina

1. trasporta ossigeno
2. forma una rete utile per la coagulazione
3. frammento cellulare utile alla coagulazione del sangue
4. mantiene costante il potenziale osmotico del sangue
5. difende il corpo da batteri e virus

A	B	C	D	E
3	2	1	5	4

10. Nei seguenti brani, barra fra i termini in neretto quelli errati.

a) Il sangue **ossigenato** / **deossigenato** che giunge dai polmoni entra nell'atrio sinistro attraverso le **arterie** / **vene** polmonari.
b) Il sangue **ossigenato** / **deossigenato** proveniente dai tessuti entra nel cuore attraverso le **arterie** / **vene** cave superiore e inferiore e arriva nell'atrio destro; la contrazione spinge il sangue nel ventricolo destro e dopo nelle **arterie** / **vene** polmonari in modo che raggiunga i polmoni e possa essere **ossigenato** / **deossigenato**.
c) La valvola semilunare dell'aorta si **chiude** / **apre** dopo la contrazione del ventricolo per impedire al sangue di ritornare al cuore, la valvola mitrale, posta tra l'atrio e il ventricolo **destro** / **sinistro**, si chiude dopo la contrazione; così il sangue circola nel cuore in un'unica direzione.

11. Spiega quali sono le funzioni svolte dal sangue.

....
....
....
....
....
....
....
....
....
....

VERIFICA LE TUE ABILITÀ

Barra il completamento esatto.

12. A differenza della fibrillazione, la tachicardia

A può essere una risposta dell'organismo a una maggior richiesta di ossigeno.

B è una contrazione del cuore fuori tempo rispetto al normale battito.

C corrisponde a un rallentamento del ritmo cardiaco al di sotto della norma.

D determina una stenosi delle valvole cardiache con conseguente soffio al cuore.

Barra il completamento errato.

13. Il battito cardiaco

A accelera durante uno sforzo fisico.

B aumenta la sua forza in caso di vasocostrizione.

C può essere alterato da una stenosi valvolare.

D è innescato solo dal sistema nervoso.

14. Nel seguente brano, barra fra i termini in neretto quelli errati.

Subito dopo un pasto abbondante **è** / **non è** consigliabile svolgere un'intensa attività fisica perché il sangue fluisce in **maggiore** / **minore** quantità nei tessuti che stanno compiendo la digestione; in questi tessuti, infatti, le **arteriole** / **venule** si **dilatano** / **contraggono**, mentre nelle altre parti del corpo accade il contrario.

15. Di fianco a ogni affermazione scrivi la lettera A se si riferisce alla parte sinistra del cuore, la lettera B se si riferisce alla parte destra, la lettera C se si riferisce a entrambe, o la lettera D se non è valida per nessuna delle due parti del cuore.

a) Fa uscire il sangue deossigenato diretto verso i polmoni. (.....)

b) Riceve sangue deossigenato e invia sangue ossigenato. (.....)

c) La sua contrazione è più forte di quella dell'altro lato del cuore. (.....)

d) Contiene la valvola tricuspide. (.....)

16. Completa il brano scegliendo tra i termini elencati in fondo.

L'ematocrito è un valore fornito dalle analisi del sangue che corrisponde alla percentuale in volume dei globuli rossi; se l'ematocrito risulta ...., il volume sanguigno sarà molto probabilmente ridotto e la causa potrebbe essere una ....; la percentuale ematica di glucosio, corrispondente alla .... , viene invece rilevata dal siero.

(formula leucocitaria, basso, una massa tumorale, normale, carenza di ferro, disidratazione, alto, glicemia, agglutinazione)

17. Scrivi nelle caselle la lettera A (= aperte) oppure C (= chiuse) in corrispondenza dell'avvenimento descritto.

	Valvole fra atri e ventricoli	Valvole fra ventricoli e vasi
Contrazione atriale		
Contrazione ventricolare		

18. Quali pensi possano essere le conseguenze di una disfunzione alla valvola bicuspide che ne impedisca la corretta chiusura o apertura?

....
....
....
....
....
....
....

19. Perché una pressione arteriosa momentaneamente bassa può portare allo svenimento? Come deve intervenire un soccorritore e quali errori può compiere?

....
....
....
....
....
....
....

UNITUTOR VERSO L'UNIVERSITÀ

Preparati ai test di ammissione sul sito Unitutor.

20. Quale delle seguenti strutture si trova al limite tra la vena cava superiore e l'atrio destro del cuore umano?

A Nodo atrio-ventricolare

B Nodo seno-atriale

C Fascio di His

D Fibre del Purkinje

E Valvole semilunari

[dal test di ammissione a Medicina 2015-16]

21. Un uomo che non ha mai ricevuto una trasfusione di sangue ha gruppo sanguigno di tipo AB. Quale/i delle seguenti affermazioni descrive/ono correttamente questo individuo?

1. Possiede anticorpi anti-A e anti-B.
2. Ha un fenotipo che indica co-dominanza.
3. Ha alcune cellule con solo l'antigene A e alcune cellule con solo l'antigene B.

A Solo 1

B Solo 1 e 2

C Solo 2

D Solo 2 e 3

E Solo 3

[dal test di ammissione a Medicina 2015-16]

HANDS-ON GLOSSARY

22. Fill in the table matching each term (*letters*) with its definition (*numbers*).

A. blood
B. artery
C. vein
D. capillary
E. valve

1. a tube that carries blood from the body back to the heart.
2. a membranous fold that controls the flow of a fluid, as the ones that permit blood to flow in one direction only.
3. the fluid that circulates in the vascular system, consisting of plasma in which the red blood cells, white blood cells, and platelets are suspended.
4. a tube that carries blood from the heart to all parts of the body.
5. a minute blood vessel that connects arterioles and venules, and helps the interchange of various substances between blood and tissue cells.

A	B	C	D	E

In tutti gli animali, lo scambio di ossigeno e di diossido di carbonio tra le cellule e l'ambiente avviene per diffusione, il movimento netto di particelle che si muovono in modo casuale da una regione in cui sono più concentrate verso una in cui lo sono di meno; l'inspirazione e l'espirazione, invece, sono processi riconducibili al flusso di massa, il movimento complessivo di un fluido in risposta alla pressione o alla gravità.

L'aria che respiriamo è una miscela gassosa

A livello del mare si registra una **pressione atmosferica** di 1 atm (circa 1 kg/cm^2) sufficiente a bilanciare una colonna d'acqua alta circa 10 m o una colonna di mercurio (Hg) alta 760 mm (**figura 2**). Nel Sistema Internazionale di misura, 1 atm corrisponde a 101 325 Pa (pascal).

> **Ti ricordi?**
> L'**azoto** è un elemento fondamentale nella struttura degli amminoacidi (nei quali costituisce il gruppo amminico) e, perciò è indispensabile all'organismo; tuttavia, pur costituendo circa il 78% dell'aria, non può essere assimilato attraverso la respirazione, ma viene assunto con gli alimenti.

◂ **Figura 2**
Modello del barometro ideato da Torricelli nel 1643.

La **pressione totale** di una miscela gassosa, come l'aria, è la somma delle pressioni parziali esercitate dai singoli gas che la compongono. La pressione di ogni gas è proporzionale alla sua concentrazione: l'ossigeno, per esempio, costituisce circa il 21% in volume dell'aria secca (**tabella 1**) e, quindi, il 21% della pressione atmosferica totale deriva dalla pressione esercitata nell'aria dall'ossigeno. Questa pressione, chiamata **pressione parziale**, per l'ossigeno è circa 160 mm di mercurio, corrispondenti al 21% di 760 mm. Nel processo di diffusione, ogni gas tende a spostarsi da una regione con pressione parziale maggiore a una regione con pressione parziale minore.

Gas	% in volume
Azoto molecolare (N_2)	78,084
Ossigeno molecolare (O_2)	20,947
Argo (Ar)	0,934
Vapore acqueo (H_2O)	0,33
Diossido di carbonio (CO_2)	0,032
Neon (Ne)	0,001818
Elio (He)	0,000524
Metano (CH_4)	0,0002
Idrogeno molecolare (H_2)	0,00005

◂ **Tabella 1**
Composizione dell'atmosfera (a livello del suolo).

La pressione parziale dei gas che compongono l'aria non è sempre costante, ma è legata all'altitudine. Quando ci troviamo a 3000 m di quota, per esempio, la pressione parziale dell'ossigeno si riduce a circa 110 mm di Hg, rispetto a 160 del livello del mare, con notevoli ripercussioni sull'efficienza respiratoria dell'organismo. Per vivere ad altitudini elevate o per scalare le montagne sono necessari adattamenti fisiologici, infatti le popolazioni native di località d'alta quota sono di statura mediamente bassa, possiedono polmoni e cuore di dimensioni maggiori rispetto alla norma e il loro sangue è più ricco di eritrociti ed emoglobina.

Le conseguenze della situazione opposta, ossia di pressioni gassose maggiori, si osservano nei subacquei che utilizzano le bombole per immergersi in profondità. I sub che risalgono in superficie troppo rapidamente rischiano di morire per *embolia* (l'occlusione di un vaso sanguigno), perché l'aria compressa che respirano in profondità entra nel sangue attraverso i polmoni e, durante la risalita, subisce una veloce decompressione; ciò provoca la formazione di bolle d'azoto che vanno a ostruire i vasi sanguigni (emboli gassosi).

Facciamo il punto

1. Qual è la differenza tra diffusione e flusso di massa?
2. Quale differenza c'è tra respirazione esterna e interna?
3. Sapendo che a livello del mare la percentuale di azoto nell'atmosfera è circa del 78%, qual è la sua pressione parziale?
4. Perché i sub che si immergono con bombole e respiratore devono eseguire delle soste mentre risalgono?

1 - Per saperne di più

L'evoluzione dell'apparato respiratorio

Le sostanze possono spostarsi per diffusione solo per tratti inferiori a 1 mm; tale limitazione non rappresenta un problema per gli animali più piccoli, perché tutte le cellule del loro corpo sono vicine alla superficie esterna. Invece, la diffusione non può sopperire alle necessità di organismi di mole maggiore in cui gran parte delle cellule è distante molti centimetri dal mezzo esterno (aria o acqua) che è la loro fonte di ossigeno. Per questo motivo, nel corso dell'evoluzione, gli animali hanno sviluppato sistemi respiratori in grado di trasportare molecole gassose per flusso di massa.

Gli **anellidi**, come i lombrichi e altri vermi di forma cilindrica, hanno una rete di capillari sotto la superficie esterna del corpo, per cui O_2 e CO_2 diffondono direttamente attraverso la pelle umida, entrando e uscendo dai capillari sottostanti. Il sangue cattura l'ossigeno per diffusione passando vicino alla superficie esterna dell'animale e lo cede per diffusione quando scorre a contatto con le cellule interne povere di O_2 (**figura A**); viceversa, il sangue raccoglie CO_2 dalle cellule e lo cede all'esterno quando passa vicino alla superficie. I gas entrano ed escono per diffusione, ma sono trasportati all'interno dell'animale per flusso di massa.

Negli **insetti** l'aria passa nei tessuti attraverso una rete di tubuli rivestiti di chitina, chiamati *trachee* (**figura B**), che sono indipendenti dalla circolazione e collegano direttamente gli organi con l'esterno del corpo. Questo sistema respiratorio limita la grandezza degli insetti, che devono essere di piccole dimensioni, dato che l'aria avrebbe difficoltà a raggiungere le parti interne di un grande animale. Negli insetti di dimensioni maggiori la diffusione è aiutata dai movimenti del corpo che spingono l'aria per flusso di massa dentro e fuori gli *spiracoli*, speciali pori presenti nel loro esoscheletro.

I **pesci** (**figura C**) hanno le *branchie*, estroflessioni epiteliali la cui superficie respiratoria è costituita da un unico strato di cellule a contatto con l'acqua da un lato e coi vasi sanguigni dall'altro. In molti pesci, l'acqua (che contiene ossigeno in soluzione) entra dalla bocca ed esce dagli *opercoli* laterali, dopo aver attraversato le branchie e aver ceduto ossigeno per diffusione. L'acqua ricca di ossigeno scorre attraverso le branchie in una certa direzione, mentre il sangue scorre al loro interno in direzione opposta; questo meccanismo, detto *scambio controcorrente*, fa sì che il trasferimento dell'ossigeno al sangue abbia un'efficienza di circa l'80% superiore a quella umana.

Gli **anfibi** adulti, i **rettili**, gli **uccelli** e i **mammiferi** (**figura D**) possiedono i polmoni, cavità interne nelle quali penetra aria ricca di ossigeno; in questi animali, così come negli altri vertebrati che respirano aria, si osserva l'evoluzione della trachea, sulla quale agisce un meccanismo di controllo (l'epiglottide), e delle narici, che rendono possibile la respirazione a bocca chiusa. Gli anfibi utilizzano ancora la cute per lo scambio di gas, mentre i rettili respirano quasi esclusivamente attraverso i polmoni; gli uccelli, invece, hanno migliorato l'efficienza respiratoria grazie alla presenza di due sacche aeree che permettono un ciclo continuo dell'aria e la sostituzione degli alveoli con particolari tubi paralleli.

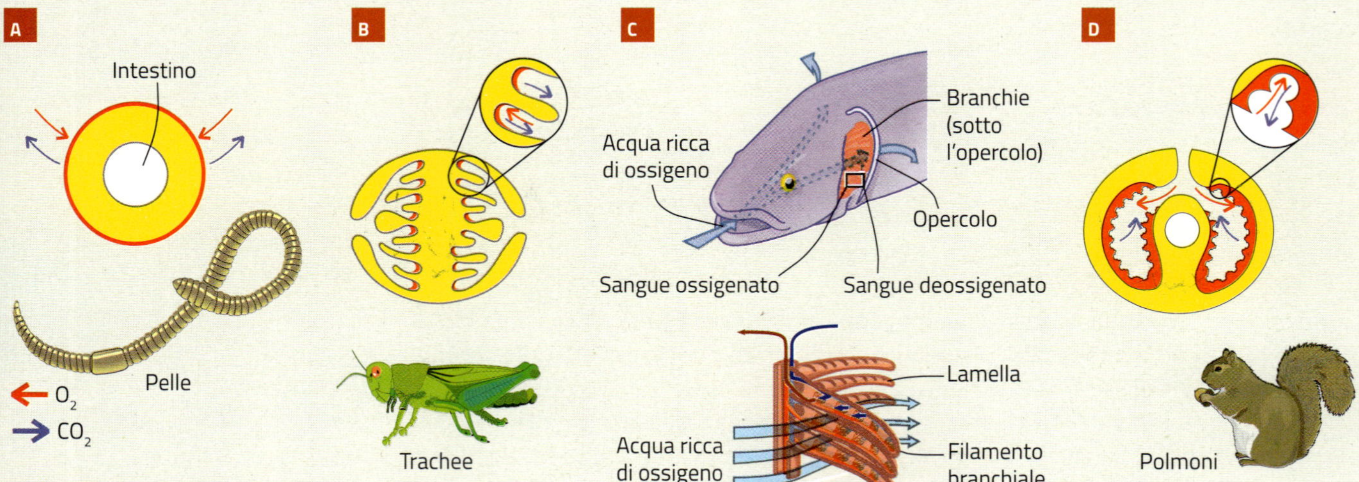

▲ **Figura**
Gli apparati respiratori negli animali.

2 L'anatomia dell'apparato respiratorio

Le vie aeree si distinguono in superiori e inferiori

Dal punto di vista fisiologico, il sistema respiratorio umano è formato da canali specializzati per il trasporto dell'aria all'interno del corpo. Il primo tratto è chiamato *porzione di conduzione* e comprende: naso, faringe, laringe, trachea, bronchi, bronchioli e bronchioli terminali. L'ultimo tratto, invece, è la *porzione polmonare respiratoria* che termina con gli alveoli, nei quali avviene lo scambio dei gas con il sangue.

Dal punto di vista anatomico, l'apparato respiratorio è suddiviso in **vie aeree superiori**, che comprendono il naso e la faringe, e **vie aeree inferiori**, che includono la laringe, la trachea, i bronchi e i polmoni (figura 3).

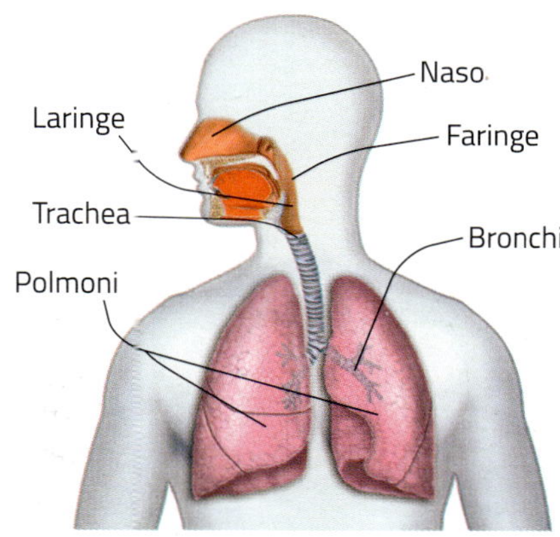

▲ **Figura 3**
L'anatomia dell'apparato respiratorio.

A colpo d'occhio

APPARATO RESPIRATORIO
- VIE AEREE SUPERIORI
  - NASO
  - FARINGE
- VIE AEREE INFERIORI
  - LARINGE
  - TRACHEA
  - BRONCHI
  - POLMONI

L'aria entra dal naso e passa nella faringe

L'aria può entrare sia dalla bocca sia dalle **cavità nasali** che la riscaldano e trattengono le impurità, motivo per cui queste ultime rappresentano l'entrata preferenziale dell'aria quando siamo a riposo. Il naso (figura 4) è formato esternamente di cartilagine ialina, mentre la cavità nasale è divisa in due da una lamina osteo-cartilaginea, detta *setto nasale*, che forma anche le narici. Il setto nasale porta poi alle *coane*, due aperture che mettono in comunicazione le narici con la porzione superiore della faringe, permettendo all'aria di proseguire il proprio percorso.

All'interno del naso sono presenti tre *conche* (superiore, media e inferiore), costituite da ripiegamenti della mucosa nasale, che servono per aumentare la superficie a contatto con l'aria in entrata e, quindi, a migliorarne il riscaldamento e il filtraggio. Nel naso, infatti, l'aria viene riscaldata a contatto con la mucosa, mentre le impurità sono intrappolate all'interno del muco, sostanza viscosa prodotta dalle *cellule caliciformi*, che ha anche il compito di rendere l'aria sufficientemente umida.

L'epitelio di tutta la mucosa respiratoria è dotato di *ciglia* che muovono il muco verso l'alto dai bronchi verso la gola, in modo che possa essere costantemente deglutito insieme alle particelle estranee che ha intrappolato. Questo meccanismo di difesa costituisce una prima barriera contro i microrganismi esogeni, ed è sensibile sia agli sbalzi di temperatura (il freddo fa aumentare la frequenza delle malattie respiratorie) sia alla nicotina, che paralizza le ciglia. I fumatori, non riuscendo a eliminare le particelle estranee tramite questa via fisiologica, hanno molto spesso una tosse persistente.

Nel naso si trovano anche le **cellule olfattive**, che trasmettono al cervello gli impulsi generati dalla percezione degli odori (*vedi* Capitolo C10), e gli sbocchi dei *condotti naso-lacrimali*, che raccolgono le lacrime. Attorno al naso si trovano infine quattro paia di cavità ricoperte da mucose che servono per umidificare e scaldare

▼ **Figura 4**
Le strutture e i tessuti presenti nel naso.

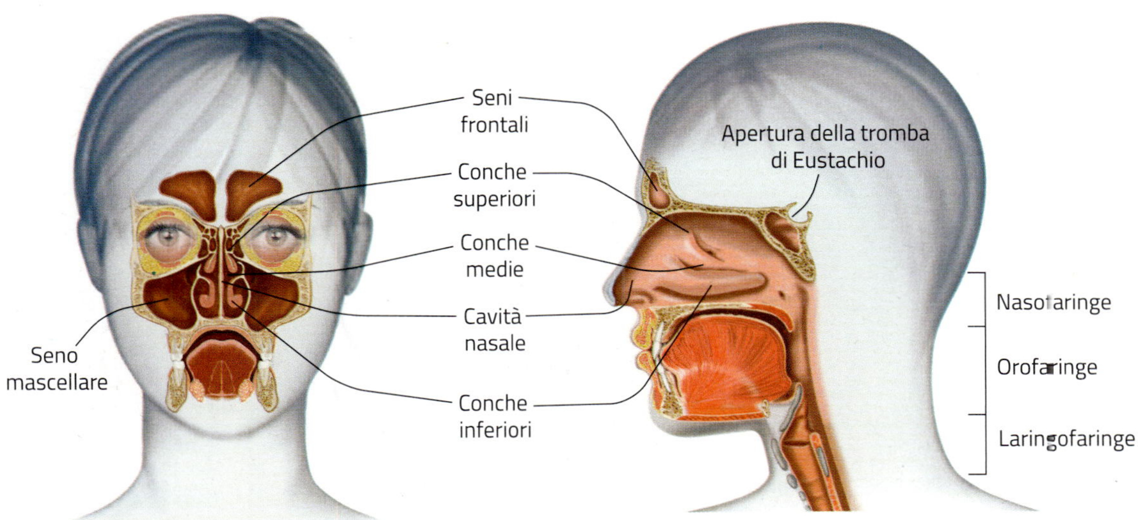

Curiosità

La **tonsillectomia** è l'asportazione chirurgica delle tonsille, in genere prescritta in caso di tonsilliti acute e frequenti. L'intervento, oggi condotto in anestesia totale, è relativamente semplice e la terapia post-operatoria prevede un'alimentazione liquida e fredda per 7-10 giorni.

Le parole

La **tromba** o **tuba di Eustachio** prende il nome dall'anatomista marchigiano che la descrisse per primo: Bartolomeo Eustachi (1500/1510-1574), conosciuto anche come Eustachio; tra le sue scoperte c'è anche quella delle ghiandole surrenali.

ulteriormente l'aria, dette **seni paranasali** che, quando si infiammano, provocano la *sinusite*. I sintomi della sinusite sono in genere dolore al volto, mal di testa e a volte febbre, solitamente curabili con farmaci antinfiammatori ed eventuali antibiotici se prescritti dal medico.

La **faringe** è un organo muscolare che comunica sia con il sistema respiratorio (*rinofaringe*) sia con quello digerente (*orofaringe*). Nella faringe sono presenti le *tonsille*, organi linfoghiandolari che svolgono funzione antinfettiva e immunitaria; in realtà le tonsille si trovano in differenti zone del cavo orale e della gola: le *palatine* sono quelle generalmente associate al nome stesso di tonsille, mentre quelle nasali, le *rinofaringee*, sono comunemente dette *adenoidi*.

Nella rinofaringe si trova anche lo sbocco dell'orecchio medio tramite le **trombe di Eustachio**. Queste hanno un duplice compito: da un lato drenano le secrezioni del cavo timpanico e dall'altro permettono il passaggio di aria dalla faringe verso il timpano. Questa comunicazione è fondamentale per mantenere una condizione di equilibrio pressorio: se la pressione esterna aumenta, come accade per esempio scendendo rapidamente verso valle da una località di montagna, tramite la deglutizione o gli sbadigli si fa aumentare la pressione faringea e quindi quella dell'orecchio, ritornando in una situazione di equilibrio.

Discorso analogo riguarda la manovra di compensazione che si deve compiere immergendosi sott'acqua: all'aumentare della profondità, aumenta anche la pressione esterna esercitata sul timpano; per bilanciarla è sufficiente chiudersi il naso con le dita e soffiare. Una mancata compensazione può anche comportare la perforazione del timpano. La faringe si trova in continuità con la laringe tramite la porzione detta appunto *laringofaringe* (*vedi* **figura 3**).

Dalla faringe l'aria passa attraverso la laringe e la trachea

La **laringe** costituisce il primo tratto delle vie aeree inferiori e mette in contatto la faringe con la trachea. Nella sua porzione mediana, detta *glottide*, si trovano le corde vocali, due lamine di tessuto elastico che, vibrando al passaggio dell'aria espirata, producono suoni di diversa intensità. La glottide è il sito della *fonazione*: il tono della voce varia al variare della tensione delle corde vocali, che viene controllata da speciali muscoli posti lateralmente (*vedi* Scheda 2).

La frequenza della vibrazione delle corde vocali, e quindi il tono della voce, è determinata dalla lunghezza delle corde vocali, che è di circa 2-3 cm, e dal loro spessore. Gli uomini hanno mediamente corde vocali il 30% più lunghe di quelle femminili e possiedono perciò una tonalità di voce più grave; nei bambini, invece, le corde vocali sono più sottili e possono vibrare a elevate frequenze: per questo motivo le loro voci sono molto acute.

A differenza della faringe che è prevalentemente muscolare, la laringe è formata da otto cartilagini rigide, di cui fa parte quella tiroidea che ha la forma di uno scudo e protegge la parte anteriore della ghiandola. Nella laringe si trova una lamina cartilaginea elastica, l'*epiglottide*, che si abbassa a chiudere l'ingresso della laringe ogni volta che deglutiamo (**figura 5**). A volte si può verificare un errato funzionamento dell'epiglottide e, anziché verso l'esofago, il cibo si dirige verso la trachea, ostruendo le vie respiratorie. Di solito è sufficiente qualche colpo di tosse per liberare le vie aeree, ma può capitare che per scongiurare il soffocamento sia necessaria una repentina manovra di disostruzione.

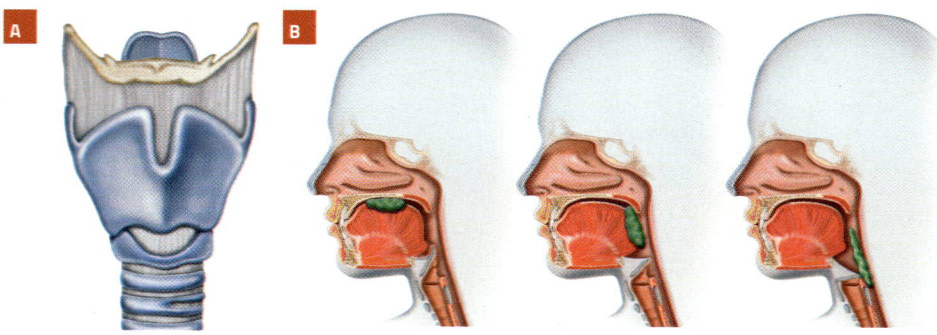

▸ Figura 5
La laringe (A) e il meccanismo di apertura e chiusura dell'epiglottide (B).

Dalla laringe l'aria passa nella **trachea**, un condotto di circa 2 cm di diametro e 10-12 cm di lunghezza. Le pareti della trachea sono rinforzate da 16-20 anelli cartilaginei che la sostengono; questi anelli sono a forma di C poiché nella loro parte posteriore, a contatto con l'esofago, rimane solo una membrana muscolare: in questo modo l'esofago, posto dietro, può dilatarsi al passaggio del cibo, senza che gli anelli tracheali lo comprimano. Verso il basso la trachea si interrompe a livello della quinta vertebra toracica, dove si biforca originando i bronchi principali sinistro e destro.

Curiosità

Il **pomo d'Adamo** è una sporgenza che si muove verso l'alto durante la deglutizione ed è visibile dall'esterno, sulla linea mediana del collo; tale struttura è formata dalla cartilagine tiroidea della laringe con annesso uno strato adiposo di spessore variabile da individuo a individuo. Il pomo d'Adamo rappresenta uno dei caratteri sessuali secondari, poiché durante la pubertà si sviluppa maggiormente negli individui maschi, in associazione alla crescita di volume della laringe che è anche responsabile del cambiamento della voce.

I bronchi si diramano formando l'albero respiratorio

La trachea si divide in due bronchi principali, che a loro volta si suddividono in ramificazioni sempre più piccole: i bronchi di prim'ordine, di second'ordine, i *bronchi lobulari* e, infine, i *bronchioli*, formando in questo modo una specie di albero rovesciato detto *albero bronchiale* o respiratorio (**figura 6**).

Bronchi e bronchioli sono circondati da un sottile strato di tessuto muscolare liscio; i bronchi principali sono poi sostenuti, come la trachea, da anelli incompleti di cartilagine. A mano a mano che il diametro dei bronchi diminuisce, gli anelli cartilaginei vengono sostituiti da lamine di cartilagine, fino a scomparire del tutto a livello dei bronchi secondari; scomparendo la cartilagine, aumenta via via la muscolatura liscia che circonda la cavità interna avvolgendo i bronchioli a spirale. La contrazione e il rilassamento del tessuto muscolare modificano la resistenza al flusso d'aria: quando abbiamo bisogno di un maggiore apporto di ossigeno, i muscoli lisci si rilassano e i bronchi si dilatano per fare aumentare l'aria in entrata. Alcune sostanze fanno invece contrarre la muscolatura liscia producendo *broncocostrizione*, una parziale occlusione delle vie respiratorie tipica dell'asma.

I bronchi e i bronchioli sono rivestiti internamente da cellule epiteliali che secernono muco e possiedono ciglia vibratili. Il muco ricopre l'epitelio interno e trattiene le particelle estranee che entrano con l'aria, mentre le ciglia che si muovono in sequenza dirigono il muco e queste particelle verso la faringe, da dove vengono poi solitamente inghiottite. Ci rendiamo conto della produzione di muco soltanto quando questa aumenta a causa di un'irritazione o di un'infezione; i colpi di tosse hanno lo scopo di rimuovere il muco in eccesso dalle basse vie respiratorie.

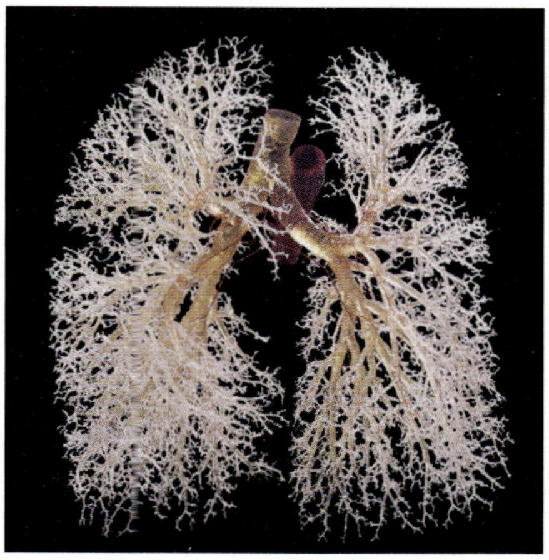

▲ **Figura 6**
I bronchi si diramano in sezioni via via minori, dalla trachea fino ai bronchioli.

2 - Per saperne di più

Le corde vocali e la voce

Le corde vocali (**figura**) sono membrane che possono vibrare producendo suoni quando sono attraversate dall'aria diretta dai polmoni verso l'esterno. L'intensità dell'emissione sonora dipende da come le corde vengono avvicinate tra loro; per esempio, emettendo la nota «do» vibrano 256 volte al secondo. Nonostante il loro nome, queste corde non funzionano come quelle di un classico strumento a corda, cioè non emettono suoni in seguito al loro sfregamento, ma funzionano piuttosto come le ance di un sassofono, che vibrano quando sono attraversate da aria con una data pressione.

In realtà, le corde emettono solo un suono, che viene poi modulato e articolato dai cosiddetti *risuonatori* (la lingua, il palato, la bocca, il naso, la faringe e il torace), strutture che collaborano a definire il tipo di suono emesso.

Il dimorfismo sessuale tende a generare una differenza anatomica tra le corde vocali maschili e quelle femminili, motivo per cui esiste una differenza del tono della voce tra i due sessi. I bambini, sino alla pubertà, hanno le corde vocali sottili e poco sviluppate, e nel canto emettono particolari sonorità chiamate «voci bianche». Nei secoli scorsi, bambini particolarmente intonati venivano evirati per far sì che lo sviluppo sessuale non modificasse la loro sonorità, questa pratica è illegale in Italia dal 1861.

Le corde vocali possono andare incontro a infiammazioni spesso associate a uno stress prolungato, come quello a cui sono sottoposte durante attività lavorative che utilizzano la voce (cantanti, attori, insegnanti). Questi stati infiammatori possono essere facilitati da altri fenomeni, come il tabagismo, le infiammazioni di organi limitrofi (tonsilliti e sinusiti) o il reflusso gastroesofageo. Le infiammazioni alle corde vocali possono portare a una sintomatologia disfonica (calo della voce) che può essere eliminata tramite la correzione dei fattori vocali che la determinano.

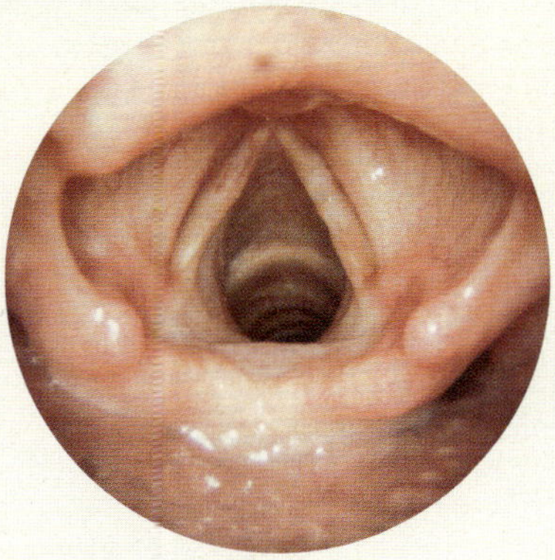

▲ **Figura**
Corde vocali rilassate.

Guarda il video nell'ebook:
Il corpo umano in 3D
Il sistema respiratorio

I polmoni sono organi spugnosi posti nella cavità toracica

I due organi dall'aspetto spugnoso a forma di cono che occupano la cavità toracica sono i **polmoni**, in mezzo a loro trovano spazio il cuore e l'esofago (**figura 7**). Nonostante la notevole estensione, i polmoni sono organi leggeri, del peso di circa 0,6 kg ognuno, poiché il loro volume è principalmente occupato dall'aria.

I polmoni sono avvolti da una sottile membrana sierosa, la **pleura**, costituita di due foglietti, o *tuniche*: quella *parietale* riveste la cavità toracica, mentre quella *viscerale* aderisce alla superficie del polmone, ricoprendolo completamente. Tra le due tuniche pleuriche si trova una sottile cavità riempita da un velo di *liquido pleurico* che garantisce lo scorrimento reciproco. Solitamente la pressione all'interno della cavità pleurica è minore di quella atmosferica e ciò consente ai due foglietti di rimanere aderenti ai polmoni e di non collassare. Se a causa di un trauma, per esempio una ferita da taglio, entra aria nella pleura, la pressione intratoracica diventa uguale a quella atmosferica e il polmone collassa impedendo l'inspirazione. Questa anomalia della pressione intratoracica è detta **pneumotorace** e quando è bilaterale rende impossibile la respirazione, portando rapidamente alla morte.

Le parole

Molto spesso i termini medici che si riferiscono ai polmoni iniziano con il prefisso **pneumo-**, dal greco *pneuma*, che letteralmente significa «soffio, aria».

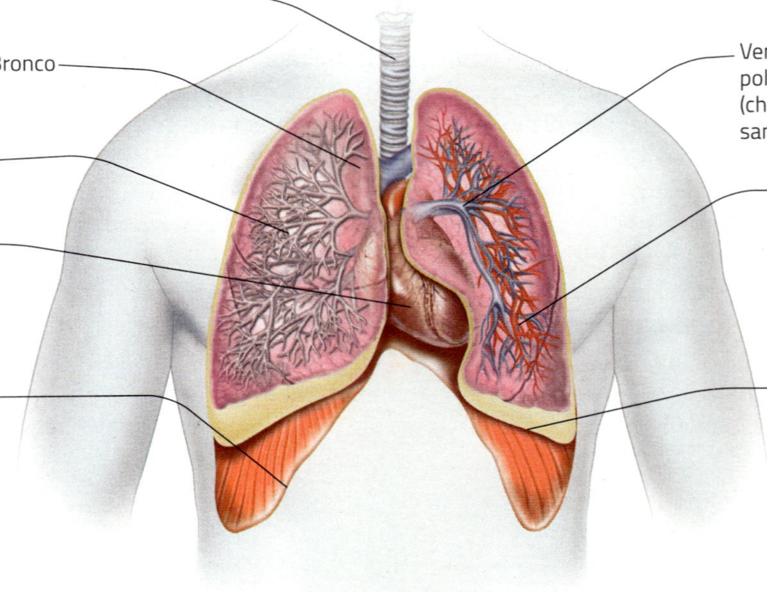

► **Figura 7**
Anatomia dei polmoni.

3 - La nostra salute

Lo pneumotorace

Lo pneumotorace è una condizione patologica in cui si registra la presenza di aria all'interno del cavo pleurico (**figura**); può causare gravi disturbi della respirazione poiché l'aria accumulata nello spazio pleurico impedisce al polmone di espandersi normalmente, generalmente con dolore durante l'inspirazione. Si distinguono:

- pneumotorace primario spontaneo, che tende a verificarsi nei giovani e con sintomi limitati;
- pneumotorace secondario spontaneo, che colpisce soggetti con malattie polmonari;
- pneumotorace traumatico, associato a ferite che lesionano la gabbia toracica, come fratture delle costole, tagli o fori di proiettile.

Il primo tipo si manifesta più spesso nei maschi di circa 20 anni, mentre i quarantenni vengono colpiti solo raramente; al contrario, il secondo tipo è più frequente nei soggetti oltre i 60 anni di età.

Per curare lo pneumatorace solitamente si attua un drenaggio toracico, che consiste nell'inserire un catetere tra le costole sino a raggiungere lo spazio pleurico contenente l'aria in eccesso che preme sul polmone collassato. Il tubo è poi collegato a un sistema aspirante per un numero variabile di giorni, in base alla gravità della condizione. Nei secoli passati, quando erano frequenti i duelli di spada, lo pneumotorace era la causa più frequente di morte: uno dei due contendenti, ferito al torace, si accasciava a terra e la causa di morte era il soffocamento prodotto dal collasso dei polmoni.

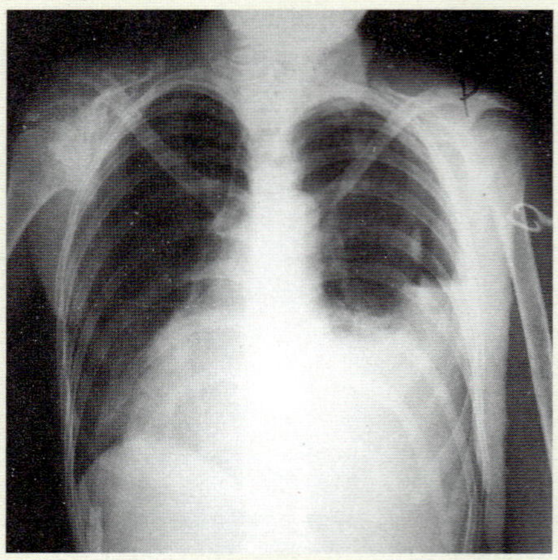

▲ **Figura**
Radiografia che evidenzia uno pneumotorace del polmone sinistro.

I polmoni sono organi pari ma asimmetrici: quello sinistro presenta una scissura per la presenza del cuore (*scissura cardiaca*), che lo divide in una parte superiore e una inferiore, ognuna delle quali ospita un bronco secondario, mentre quello destro è più grande e presenta due scissure che lo suddividono in tre lobi: superiore, intermedio e inferiore. Ogni lobo polmonare si suddivide in strutture anatomiche che hanno in comune un bronco terziario, il quale a sua volta si divide in bronchioli e poi in bronchioli terminali. Un gruppo di 5-7 bronchioli terminali, insieme ad arteriole, venule e vasi linfatici, identifica un **lobulo polmonare.**

Leggi l'approfondimento nell'ebook:
Storia della scienza
Il trapianto di polmoni

Struttura e funzione degli alveoli polmonari

Gli scambi gassosi veri e propri avvengono negli **alveoli**, piccoli sacchi di tessuto elastico raggruppati intorno alle estremità dei bronchioli più piccoli (**figura 8**). Data la loro funzione, gli alveoli sono costituiti da *epitelio squamoso semplice*, che può essere facilmente attraversato per diffusione. Negli alveoli si trovano, inoltre, le *cellule ghiandolari* che secernono il *liquido alveolare*, una sostanza importante in quanto contiene il *surfactante*, un insieme di fosfolipidi e lipoproteine che impedisce agli alveoli di collassare durante la fase di espirazione e garantisce una velocità omogenea di svuotamento degli alveoli di differente calibro.

Nel complesso, la nostra specie possiede circa 300 milioni di alveoli che forniscono una superficie respiratoria di circa 70 m², circa quaranta volte la superficie esterna dell'intero corpo. Per garantire al massimo la funzione respiratoria, gli alveoli adiacenti sono collegati da **pori alveolari**, in modo che rimangano in comunicazione e possano essere attivi anche quando uno dei bronchi afferenti sia ostruito da muco o lesionato.

Ogni alveolo ha un diametro di circa 0,1-0,2 mm ed è circondato da capillari sanguigni. La barriera che separa l'aria contenuta in un alveolo dal sangue presente nei suoi capillari è spessa solo 0,5 μm e lo scambio dei gas tra l'aria e il sangue avviene per diffusione: il diossido di carbonio lascia il sangue ed entra negli alveoli, mentre l'ossigeno esce dall'alveolo ed entra nel circolo sanguigno.

Le parole

Alveolo deriva dal latino *alveus*, ovvero «piccola cavità».

Il termine **surfactante** deriva dall'unione di alcune lettere presenti nelle parole inglesi *SURFace ACTive AgeNT.*

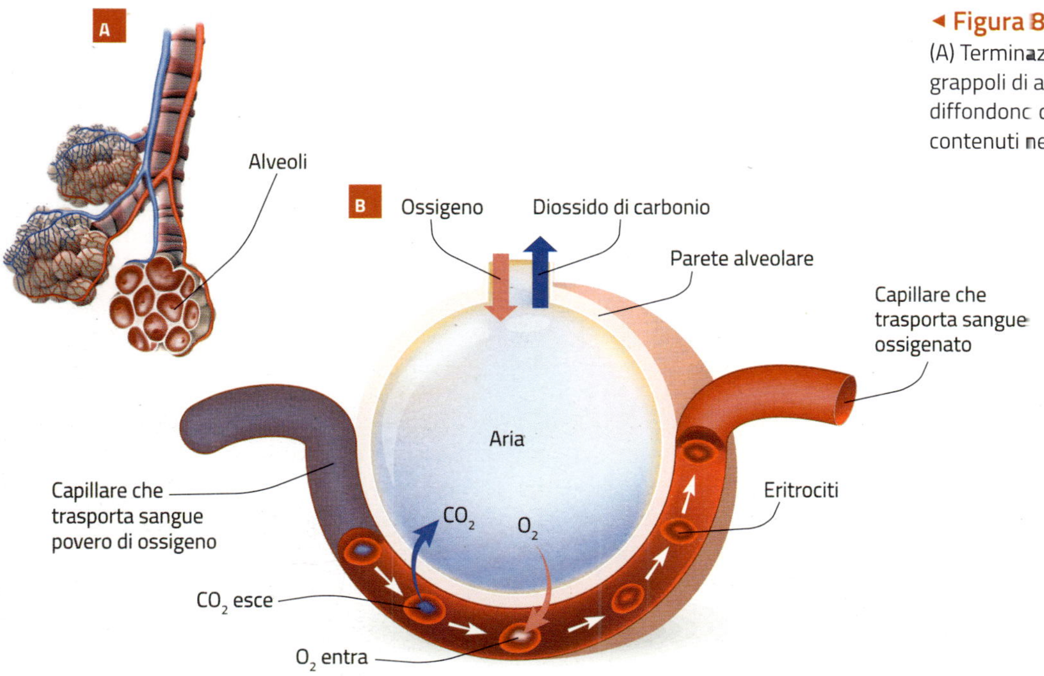

◂ **Figura 8**
(A) Terminazione di un bronchiolo con grappoli di alveoli. (B) I gas O_2 e CO_2 diffondono da e verso i capillari sanguigni contenuti nelle pareti degli alveoli.

Facciamo il punto

1. Quale percorso compie l'aria dall'esterno del corpo fino agli alveoli?
2. In che modo l'organismo coordina la respirazione e la deglutizione?
3. Quali difese hanno sviluppato le vie aeree per limitare l'ingresso di sostanze indesiderate?
4. Qual è la struttura degli alveoli e in che modo è legata alla loro funzione?
5. Che cosa sono e come funzionano le corde vocali?

3 La meccanica respiratoria

La respirazione è regolata da leggi fisiche

Nei polmoni lo scambio d'aria con l'atmosfera avviene per flusso di massa, come risultato del cambiamento di volume che ha luogo nei polmoni per effetto della contrazione e del rilassamento di speciali muscoli, come il **diaframma**, che ha una forma di cupola (*vedi* **figura 3**) e separa la cavità toracica da quella addominale, oppure come i **muscoli intercostali**, posti tra una costola e l'altra.

Il movimento combinato di questi muscoli determina una variazione del volume della gabbia toracica: quando essi si contraggono, la gabbia si espande, quando si rilassano, si restringe (**figura 9**). Lo spostamento dell'aria è generato dalla differenza di pressione che si genera in seguito a queste variazioni di volume.

In accordo con la legge di Boyle, relativa alle trasformazioni isoterme dei gas ($P \times V = K$), l'espansione della cavità toracica provoca una depressione che richiama aria dall'esterno (inspirazione), mentre la sua costrizione determina un aumento di pressione che permette all'aria di uscire dai polmoni (espirazione).

A ogni respiro viene generalmente scambiato solo il 10% dell'aria contenuta nella cavità polmonare, ma si può giungere fino all'80% in seguito a una respirazione volontaria e particolarmente profonda.

La frequenza degli atti respiratori di un individuo a riposo è strettamente collegata all'estensione della superficie respiratoria (**figura 10**). Per questo motivo la frequenza respiratoria diminuisce con l'età: un bambino ha una frequenza di 25-30 respiri al minuto, mentre un adulto ha una frequenza di 12-18 respiri al minuto. Con l'avanzare dell'età il polmone perde però di elasticità e la frequenza respiratoria torna ad aumentare.

Normalmente, con una respirazione non forzata e a riposo viene spostato un volume di aria pari a 500 mL circa, definito *volume corrente* (VC). Se invece inspiriamo in maniera forzata, possiamo introdurre un volume di aria dai 2000 ai 3000 mL, detto *volume di riserva inspiratorio* (VRI). Anche l'espirazione può essere compiuta in modo forzato, aumentando il volume di aria in uscita: il *volume di riserva espiratorio* (VRE) è di circa 1200 mL. La somma del volume corrente più i due volumi di riserva costituisce la *capacità vitale* (CV) dell'organismo, che raggiunge anche i 5000 mL in un giovane uomo sano. Una quantità di aria di circa 1200 mL, detta *volume residuo* (VR), rimane nel sistema respiratorio anche dopo un'espirazione forzata.

Per misurare questi volumi di aria si utilizza lo *spirometro*, che permette di

▾ Figura 9
Esame spirometrico e tracciato dei differenti volumi respiratori.

A

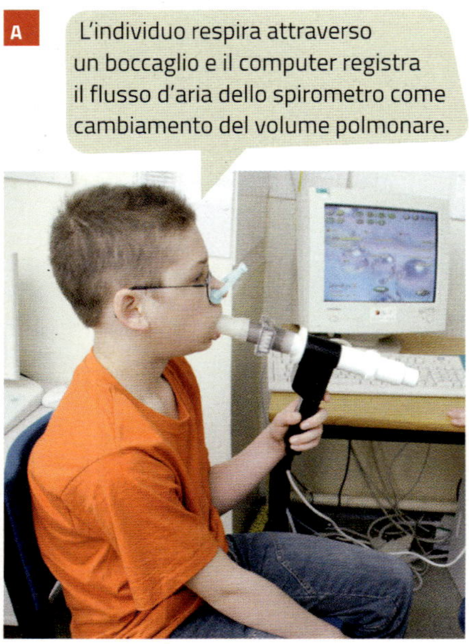

B

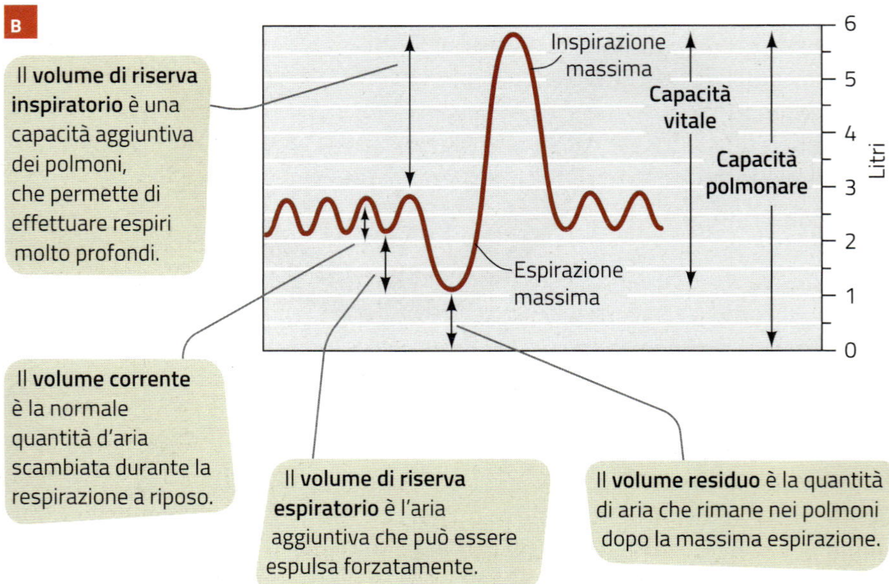

valutare la capacità vitale dell'organismo e individuare eventuali patologie. La capacità vitale in un atleta olimpico può arrivare fino a 8000 mL, mentre con la vecchiaia i volumi di riserva diminuiscono e aumenta il volume residuo: a 70 anni la capacità vitale è ridotta di un terzo.

Per ventilazione polmonare si intende la quantità di aria che esce ed entra nei polmoni in un minuto, espressa quindi in litri al minuto:

$$\text{ventilazione polmonare} = \text{volume corrente} \times \text{atti respiratori in un minuto (frequenza respiratoria)}$$

Questa misura varia in base all'età, al sesso e alla corporatura; inoltre, aumenta durante l'attività fisica a causa dell'incremento sia della frequenza respiratoria sia del volume corrente, a scapito dei volumi di riserva inspiratorio ed espiratorio.

▼ **Figura 10**
Meccanismo di inspirazione (A) ed espirazione (B).

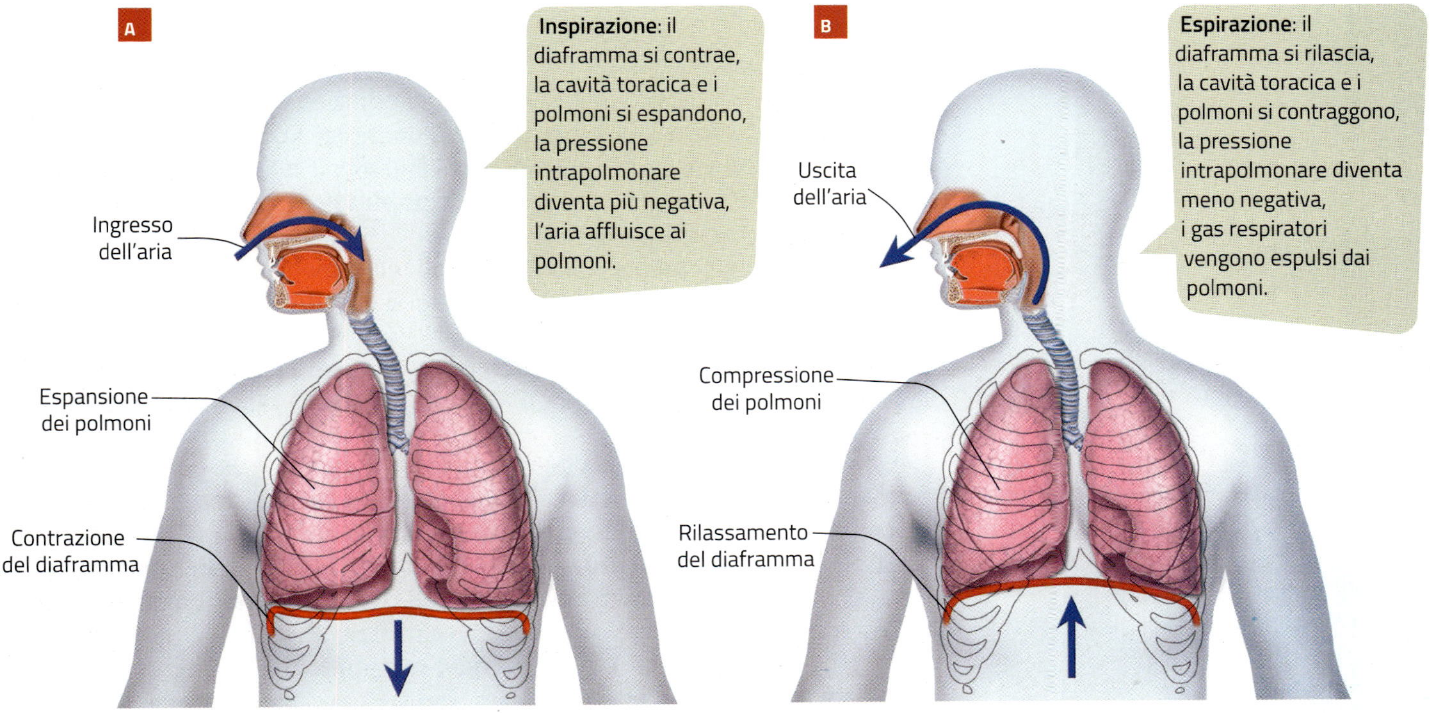

I movimenti respiratori possono subire variazioni

Di solito il movimento respiratorio è la successione ritmica di inspirazione ed espirazione, o eupnea, ma esistono momenti in cui la respirazione è tutt'altro che rilassata ed equilibrata. Per esempio, nella tosse si susseguono un'inspirazione lunga e profonda, seguita da una violenta espirazione.

Lo starnuto, invece, è lo spasmo molto forte dei muscoli espiratori, che produce espulsione di aria e saliva dal naso e dalla bocca. Anche in questo caso si tratta di un movimento riflesso dato dall'irritazione della mucosa nasale e ha lo scopo di espellere dal corpo batteri o altre sostanze irritanti presenti nella trachea o nel naso, spesso intrappolate nel muco.

Il singhiozzo è uno spasmo del diaframma seguito dallo spasmo della laringe, da cui deriva il suono secco, causato spesso da un'irritazione delle terminazioni nervose a livello gastroenterico o diaframmatico.

La risata e il pianto sono simili a livello muscolare, sono infatti prodotti da un'inspirazione a cui si susseguono brevi e ritmiche espirazioni, durante le quali le corde vocali vibrano. Tra la risata e il pianto cambiano il ritmo e, ovviamente, le espressioni facciali, provocate dalle diverse contrazioni dei muscoli mimici.

Lo sbadiglio è un'inspirazione profonda e prolungata con apertura della mandibola, durante la quale vengono ventilati tutti gli alveoli. Si pensa che lo sbadiglio possa essere generato da noia, fame e sonnolenza, o dal vedere qualcuno sbadigliare, ma in realtà non se ne conosce il vero fattore scatenante.

Le parole

Il normale movimento respiratorio con la successione ritmica di inspirazione ed espirazione viene definito **eupnea** (dal greco *eu-*, «buona», e *pneuma*, «aria»).

Facciamo il punto

1. Che cosa accade alla pressione intratoracica quando i muscoli respiratori si contraggono?
2. A che cosa corrispondono singhiozzo, sbadigli e starnuto?
3. Che cosa si intende per capacità vitale?

4 Gli scambi gassosi

L'emoglobina trasporta l'ossigeno nel sangue

Per raggiungere tutte le cellule del corpo, le molecole di ossigeno passano dall'ambiente esterno ai tessuti muovendosi sia per diffusione sia per flusso di massa. Questo processo prevede:

- il movimento per flusso di massa dell'aria contenente ossigeno verso la membrana respiratoria in direzione dei capillari alveolari e la diffusione dell'ossigeno nel sangue (respirazione esterna);
- il movimento per flusso di massa del sangue ossigenato verso i tessuti e la diffusione dell'ossigeno dal sangue nei liquidi interstiziali, da dove diffonde nelle singole cellule (respirazione interna).

L'ossigeno è relativamente insolubile nel plasma sanguigno: in condizioni normali di pressione atmosferica, in 100 mL di plasma si sciolgono appena 0,3 mL di ossigeno. La capacità del sangue di trasportare ossigeno dai polmoni ai tessuti aumenta enormemente in presenza di molecole proteiche note come *pigmenti respiratori*; nei vertebrati questo pigmento è l'**emoglobina**.

La molecola di emoglobina è una proteina globulare tetramerica, costituita cioè da quattro subunità, ognuna delle quali comprende un gruppo prostetico, l'unità *eme*, e una porzione proteica, detta *globina*. Le quattro catene amminoacidiche, uguali a due a due e costituite ciascuna da circa 150 amminoacidi, sono legate tra loro da ponti salini, interazioni idrofobiche e legami a idrogeno; nell'emoglobina di una persona adulta esistono due catene alfa e due catene beta (**figura 11A**).

L'unità eme è formata da una complessa struttura ad anello contenente azoto (protoporfirina), al centro della quale si trova un atomo di ferro. In ogni gruppo eme l'atomo di ferro forma complessivamente sei legami: quattro legami planari con ciascuno dei quattro atomi di azoto posti al centro dell'anello, un legame con l'atomo di azoto dell'amminoacido istidina e un ultimo legame disponibile per l'ossigeno. Ciascuna unità eme può quindi combinarsi con una molecola di ossigeno, perciò ogni molecola di emoglobina può trasportare complessivamente 4 molecole di O_2 (**figura 11B**). L'emoglobina è una proteina allosterica, in quanto il suo legame tra un gruppo eme e una molecola di ossigeno determina cambiamenti di conformazione della proteina stessa, facilitando il legame con ulteriori molecole di ossigeno da parte degli altri gruppi eme.

Nei vertebrati, le molecole di emoglobina sono ammassate all'interno dei globuli rossi specializzati per questa funzione di trasporto; un eritrocita maturo può trasportare circa 265 milioni di molecole di emoglobina. Altri animali, come molti crostacei e molluschi, possiedono la proteina emocianina che contiene rame invece del ferro.

Le parole

Il termine **emoglobina** è composto dal prefisso *emo-* (sangue) e da *globina* (proteina globulare).

Curiosità

È l'emoglobina il **pigmento** che determina il colore rosso del sangue e assume una tonalità più brillante quando si combina con l'ossigeno, motivo per cui nelle rappresentazioni anatomiche si indica convenzionalmente il sangue ossigenato in rosso e quello venoso in blu.

A

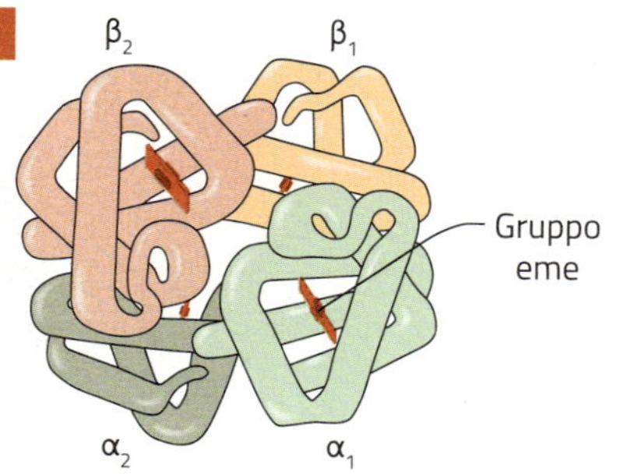

B

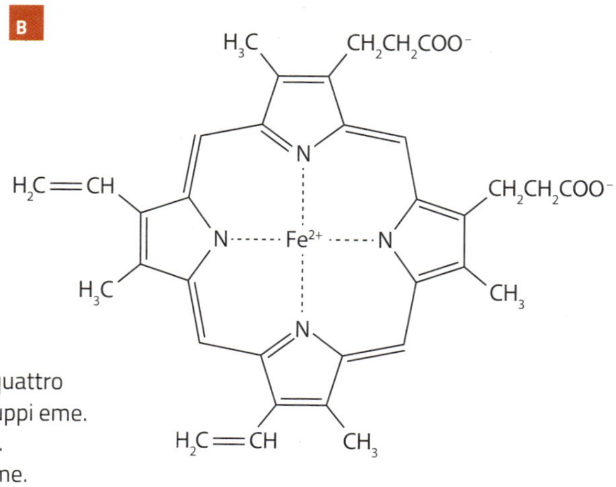

C

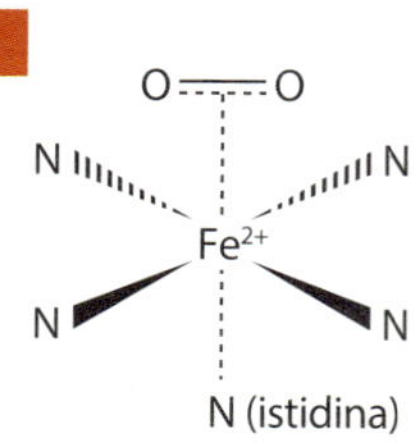

▲ **Figura 11**
(A) Struttura quaternaria dell'emoglobina; nelle quattro subunità proteiche sono evidenziati in rosso i gruppi eme.
(B) Un anello porfirinico con al centro lo ione Fe^{2+}.
(C) La coordinazione complessiva del ferro nell'eme.

La combinazione dell'ossigeno con l'emoglobina, così come la sua separazione, sono legate al valore della pressione parziale dell'ossigeno stesso nel plasma circostante (**figura 12**). Nei capillari alveolari, l'elevata pressione parziale dell'ossigeno presente nell'aria (circa 160 mmHg) permette che l'emoglobina si combini con questo gas; l'emoglobina è completamente satura quando nel sangue la pressione parziale dell'ossigeno raggiunge i 100 mmHg.

Quando il sangue ricco di ossigeno raggiunge i tessuti, dove le attività metaboliche hanno consumato O_2 portando la sua pressione parziale a circa 40 mmHg, l'ossigeno si dissocia dall'emoglobina e passa nelle cellule. Questo sistema compensa automaticamente le richieste di ossigeno dei tessuti; in seguito a un'attività fisica intensa il tessuto utilizza più ossigeno, la sua pressione parziale diminuisce e ne viene liberata una maggiore quantità dall'emoglobina. Anche l'aumento di acido lattico muscolare e della temperatura corporea inducono l'emoglobina a rilasciare più ossigeno a livello tissutale.

Curiosità

Il **monossido di carbonio** (CO) è un gas inodore e incolore, presente nei gas di scarico delle automobili e nei fumi degli impianti di riscaldamento e delle sigarette. Se viene inspirato, questo gas si lega all'emoglobina 200 volte più saldamente dell'ossigeno, causando la morte per *ipossia* (carenza di ossigeno) a meno che non si venga soccorsi tempestivamente con inalazione di ossigeno puro. Anche in questo caso, essendo molto forte il legame tra emoglobina e monossido di carbonio, servono dai 40 agli 80 minuti per dimezzare la quantità di monossido nel sangue di una persona intossicata e 10-12 ore per il suo completo smaltimento.

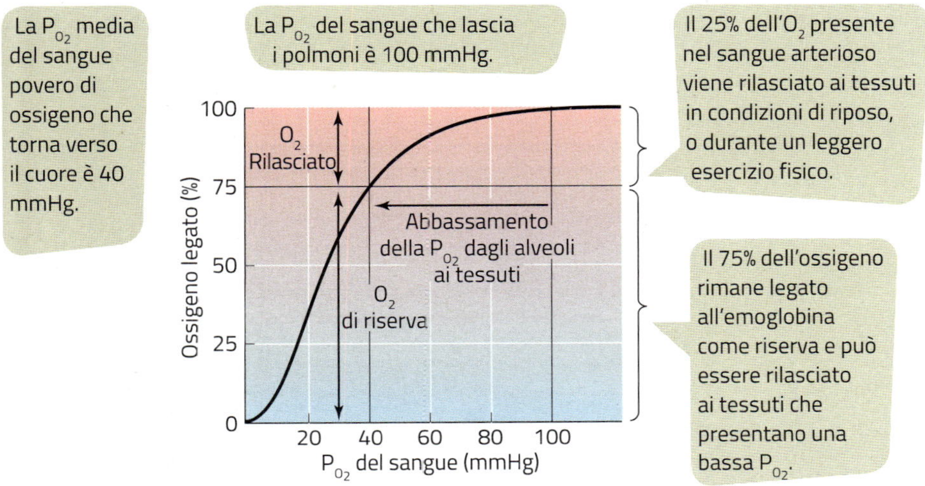

◂ **Figura 12**
La curva rappresenta la relazione fra l'associazione-dissociazione dell'ossigeno dall'emoglobina e la pressione parziale di questo gas nell'ambiente circostante.

4 - Per saperne di più

L'ipossia da alta quota

Quando si sale in alta quota, l'aria diviene via via più rarefatta e la pressione parziale dei gas che la compongono, ossigeno compreso, si abbassa progressivamente. Questa drastica diminuzione della pressione parziale dell'ossigeno (che a 3000 m è circa 110 mmHg, a 5000 m è 80 mmHg e sopra i 7000 m si abbassa fino a 50 mmHg) ha come conseguenza una minore ossigenazione dei tessuti. In risposta a una simile condizione, l'organismo va incontro a un processo di acclimatazione che consiste in una serie di adattamenti fisiologici per adeguare le funzioni vitali allo stress ambientale.

Già a partire dai 2000 m, nel tentativo di portare ossigeno alle cellule con più efficienza, aumenta la frequenza cardiaca, che raggiunge anche i 120 battiti al minuto, così come si innalza la pressione arteriosa; si ha poi un rilascio dell'ormone eritropoietina a livello renale, che provoca un aumento dell'ematocrito (i globuli rossi possono passare da 5 milioni/mm^3 presenti sul livello del mare a 8 milioni/mm^3 quando ci si trova a 7000 m); contemporaneamente, la milza si contrae per immettere in circolo gli eritrociti che ha accumulato.

I classici sintomi di stress da alta quota sono mal di testa, nausea, inappetenza, insonnia e senso di spossatezza; questi sintomi divengono sempre più gravi con l'aumentare della quota. Anche le percezioni sensoriali e l'emotività possono essere alterate dall'ipossia. Spesso si ha una minore lucidità mentale e una riduzione dei riflessi, unite a una progressiva difficoltà visiva. Sul piano emotivo il soggetto può presentare uno stato euforico analogo all'ebbrezza alcolica, che lo può condurre a sottovalutare i rischi della situazione. In casi estremi, si può verificare il riversamento di liquido nei polmoni (edema polmonare) e l'aumento di volume del cervello (edema cerebrale) con conseguenze anche letali.

Per limitare il «mal di montagna» (in inglese AMS = *Acute Mountain Sickness*) si può abituare l'organismo a quote via via crescenti, seguendo la regola del «camminare in alto e dormire in basso», ovvero scalare durante il giorno e ridiscendere parte del tratto fatto in salita per pernottare. Per potere raggiungere le vette più alte del mondo correndo meno rischi è opportuno inalare ossigeno puro utilizzando erogatori collegati ad apposite bombole (**figura**).

▴ **Figura**
Per evitare l'ipossia da alta quota, gli alpinisti fanno uso di erogatori di ossigeno puro collegati a bombole.

Gran parte del diossido di carbonio si trova nel sangue come acido carbonico

Il diossido di carbonio è più solubile dell'ossigeno e, perciò, si trova parzialmente disciolto nel plasma (**figura 13A**). Solo il 7% del diossido di carbonio segue però questa strada, mentre la maggior parte diffonde all'interno dei globuli rossi, dove in parte si lega all'emoglobina (23%), ma soprattutto si combina con l'acqua per formare acido carbonico (70%). L'acido carbonico è un acido debole che si dissocia secondo la reazione:

$$CO_2 + H_2O \rightleftarrows H_2CO_3 \rightleftarrows HCO_3^- + H^+$$

CO_2	H_2O	H_2CO_3	HCO_3^-	H^+
diossido di carbonio	acqua	acido carbonico	ione bicarbonato	ione idrogeno

Questa reazione può procedere in entrambe le direzioni, a seconda dalla pressione parziale del diossido di carbonio nel sangue. Nei capillari che irrorano i tessuti, dove la pressione parziale di CO_2 è alta, si formano ioni bicarbonato e ioni idrogeno, mentre nei polmoni, dove la pressione parziale di CO_2 è bassa, l'acido carbonico si dissocia per formare diossido di carbonio e acqua. Una volta liberato, il CO_2 diffonde dal plasma verso gli alveoli ed esce dai polmoni con l'aria espirata.

La reazione del diossido di carbonio con l'acqua è catalizzata dall'enzima **anidrasi carbonica**, presente nei globuli rossi insieme all'emoglobina; quindi, anche il trasporto di diossido di carbonio nel sangue è supportato dai globuli rossi (**figura 13C**). Questo enzima (noto anche con il nome di carbonato deidratasi) appartiene alla classe delle *liasi* ed è costituito da un gruppo prostetico contenente zinco, che si lega a tre residui dell'amminoacido istidina e a una molecola d'acqua.

Le parole

L'**anidrasi carbonica** prende il nome dalla funzione catalitica di questo enzima verso la reazione tra l'anidride carbonica e l'acqua.

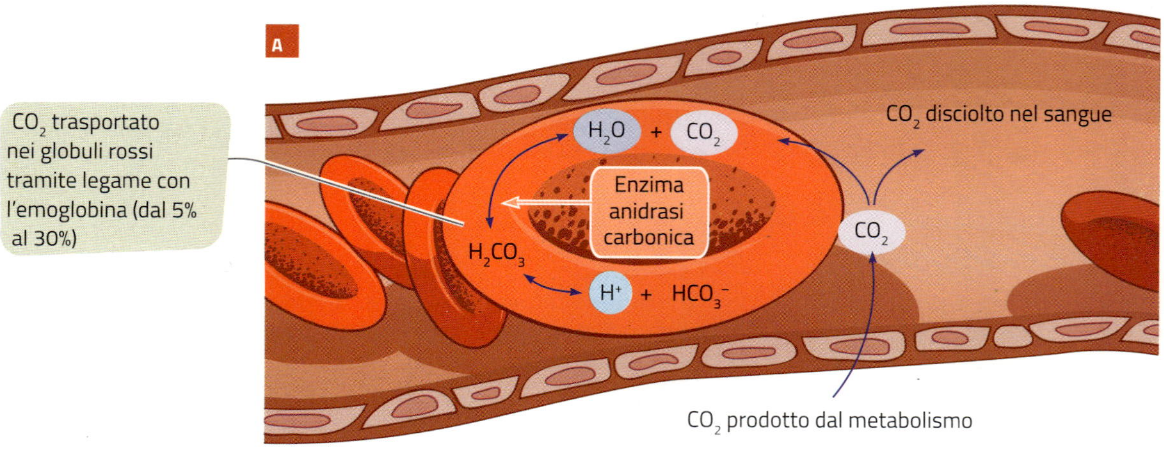

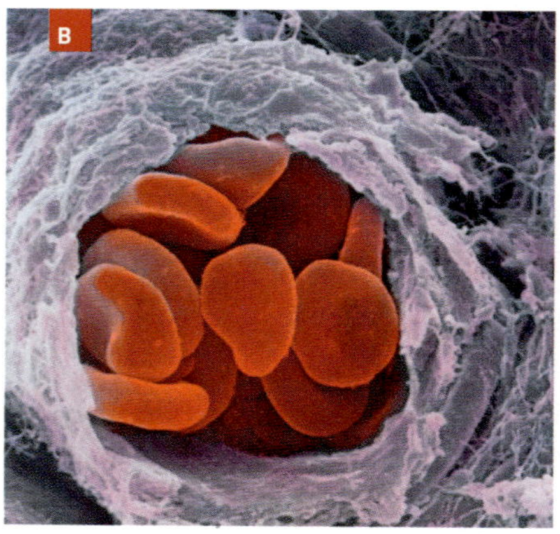

▸ **Figura 13**
(A) Meccanismo di trasporto di CO_2 nel sangue, (B) fotografia di alcuni globuli rossi eseguita al miscroscopio elettronico a scansione e (C) la molecola di anidrasi carbonica, in cui si vede la posizione centrale dello zinco.

Facciamo il punto

1. Come è fatta e a che cosa serve l'emoglobina?
2. Da quale fattore è regolato il passaggio di ossigeno verso l'organismo e verso l'esterno?
3. Come viene trasportato il diossido di carbonio nel sangue?
4. Quale conseguenza ha per il sangue l'aumento di diossido di carbonio?

5 Il controllo della respirazione

I centri respiratori regolano inspirazione ed espirazione

La velocità e la profondità del respiro sono controllate dai *neuroni dei centri respiratori* situati in una zona del sistema nervoso centrale posta circa a livello della nuca (detta tronco cerebrale). Questi centri respiratori regolano l'inspirazione e l'espirazione in condizioni di riposo, la respirazione forzata volontaria, la frequenza della respirazione e il prolungamento dell'inspirazione.

I neuroni del cervello che controllano il respiro attivano i neuroni motori del midollo spinale, i quali a loro volta stimolano la contrazione sia del diaframma sia dei muscoli intercostali, permettendo l'inspirazione in condizioni normali. L'attivazione dell'inspirazione avviene per una durata di circa 2 secondi; quando si interrompe, i muscoli si rilassano naturalmente e, grazie alla loro elasticità, i polmoni tornano alla loro forma iniziale: si ha così l'espirazione, un fenomeno passivo che a riposo dura circa 3 secondi.

La respirazione, in condizioni normali, è ritmica e autonoma come il battito del cuore, ma è diversa perché può essere parzialmente controllata (**figura 14**), contraendo e rilasciando volontariamente il diaframma e i muscoli del torace.

▲ **Figura 14**
Quando soffiamo sulle candeline di una torta facciamo un respiro controllato, lungo e profondo.

La regolazione della ventilazione polmonare

I neuroni dei centri respiratori ricevono segnali da specifici chemiocettori sensibili all'ossigeno, al diossido di carbonio e agli ioni idrogeno. Esistono *chemiocettori centrali*, presenti nel tronco cerebrale, che risentono della concentrazione di CO_2 e H^+ nel liquido cefalorachidiano (*vedi* Capitolo C10), e *chemiocettori periferici* che influenzano la pressione arteriosa e risentono della concentrazione di O_2, CO_2 e H^+ (quindi anche del pH) nel sangue. I chemiocettori periferici si trovano a livello dell'arco aortico e delle arterie carotidi, che riforniscono il cervello di sangue ossigenato (**figura 15**).

Guarda il video nell'ebook:
3 minuti di salute
Gli effetti del fumo di tabacco

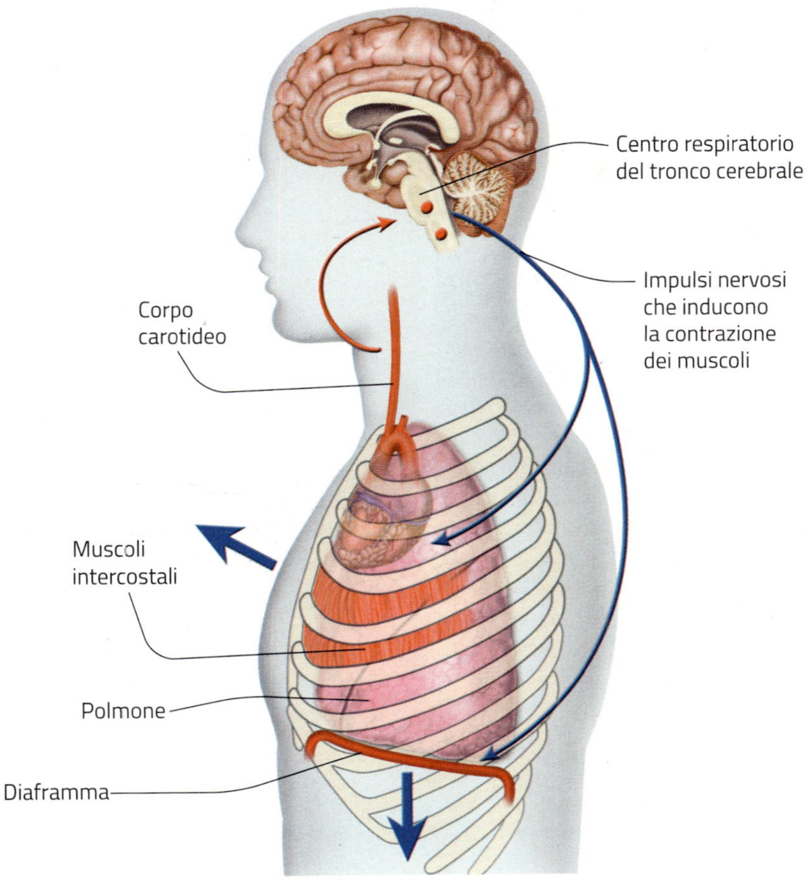

◄ **Figura 15**
I centri di regolazione della respirazione.

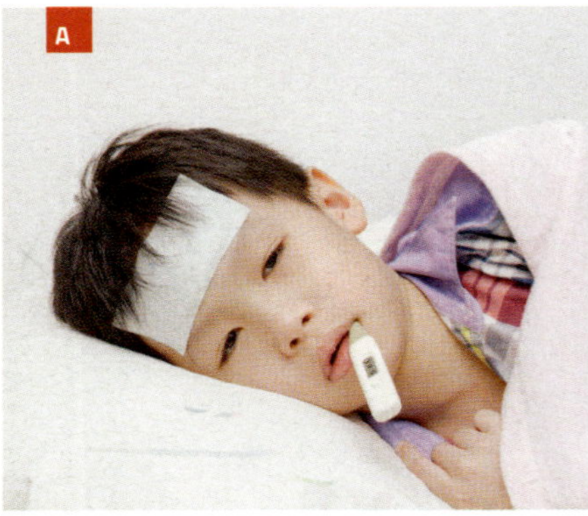

▲ **Figura 16**
Il respiro diventa più rapido con la febbre (A) mentre rallenta al freddo (B).

Il sistema di rilevamento è sensibile ai più piccoli cambiamenti della composizione del sangue, in particolare alla concentrazione di ioni H^+ che riflette la concentrazione di CO_2. Se la concentrazione di CO_2, e quindi quella di ioni H^+, aumenta leggermente, la respirazione si fa più profonda e più veloce, permettendo a una maggiore quantità di CO_2 di abbandonare il sangue fino a quando la concentrazione di ioni H^+ non è tornata normale. Al contrario, una concentrazione troppo bassa di H^+ nel sangue, e quindi anche nel cervello, può portare una sensazione di debolezza e di capogiro a causa dell'**iperventilazione** (una respirazione molto frequente).

I recettori sensibili all'ossigeno talvolta agiscono come una sorta di sistema di controllo nei confronti dei sensori di CO_2 e H^+. In alcuni casi di avvelenamento da farmaci (come la morfina), vengono depresse le cellule del tronco cerebrale sensibili agli ioni H^+; ciò causa una diminuzione del ritmo respiratorio che conduce, alla fine, a una riduzione della concentrazione di O_2 nel sangue: vengono quindi stimolati i sensori dell'ossigeno e la respirazione riprende. Un dosaggio eccessivo di queste droghe ha però un'attività depressiva sui neuroni respiratori stessi e può determinare la morte per *asfissia*. Ma se è possibile creare in maniera volontaria un'iperventilazione, è invece impossibile trattenere il respiro troppo a lungo: all'aumentare della concentrazione di CO_2 nel sangue si perde conoscenza, il controllo involontario ha di nuovo il sopravvento e la respirazione riprende.

Esistono anche altri fattori che regolano la frequenza e la profondità del respiro: l'incremento della temperatura corporea, legato alla febbre o a un'intensa attività fisica, le fa aumentare, mentre in caso di ipotermia il respiro rallenta (**figura 16**). Un altro fattore è il dolore: se è breve e intenso, come un ago che penetra in un dito, si ha *apnea* (una sospensione momentanea del respiro); se è prolungato, si verifica un aumento della frequenza respiratoria. Vi sono poi i **recettori del movimento** presenti nei muscoli che, in caso di attività fisica, stimolano il centro inspiratorio ad aumentare la ventilazione. Anche i **recettori di stiramento**, presenti nella muscolatura liscia dei bronchi e dei bronchioli, si attivano quando si ha un aumento del diametro bronchiale nell'inspirazione e attivano l'espirazione.

5 - La nostra salute

Le malattie delle vie respiratorie

Insieme all'aria inspirata, possono entrare nel nostro organismo diversi tipi di batteri patogeni che si insediano a vari livelli del sistema respiratorio; ne è un esempio *Streptococcus pneumoniae*, che aggredisce i polmoni causando la **polmonite**. Molte infezioni generate da questi batteri, quali laringiti, tracheiti, bronchiti, pleuriti o la stessa polmonite, possono oggi essere curate efficacemente grazie agli antibiotici; per questo motivo, nei Paesi industrializzati tali malattie non vengono più considerate particolarmente pericolose. In molte nazioni, invece, come quelle dell'Africa sub-sahariana, la mortalità dovuta a queste patologie è ancora molto elevata: nel 2015, la polmonite ha causato il 16% delle morti fra i bambini sotto i 5 anni.

Le patologie che colpiscono le vie aeree possono essere anche di origine virale (causate per esempio da virus influenzali), contro cui gli antibiotici non hanno alcun effetto. Quindi, è preferibile avere una diagnosi precisa del problema respiratorio e assumere gli antibiotici solo quando ce ne sia reale bisogno; anche per evitare il fenomeno dell'*antibiotico-resistenza*, ossia che alcuni ceppi di batteri patogeni diventino resistenti alle terapie antibiotiche.

Una delle malattie croniche più diffuse è l'**asma**, una reazione infiammatoria delle vie bronchiali in genere reversibile. Gli attacchi d'asma possono essere scatenati da agenti allergizzanti come i pollini, il pelo di cani o gatti e gli acari presenti nella polvere. Anche l'inquinamento ambientale è una causa importante di asma, in particolar modo per i bambini. Negli attacchi asmatici acuti si verifica una broncocostrizione, le membrane mucose che rivestono i bronchioli producono eccessive quantità di muco, il respiro si fa affannoso, l'inspirazione sibilante e spesso la persona viene colta da ansia perché si sente soffocare. In Italia, soffre di asma circa il 5% della popolazione; i sintomi dell'asma vengono attenuati con farmaci antinfiammatori, come gli antistaminici o il cortisone.

L'**enfisema polmonare** è invece una malattia cronica caratterizzata da una modificazione anatomica dei polmoni con deterioramento dei bronchioli terminali, perdita di elasticità polmonare ed eccessiva produzione di muco. Questo tipo di malattia può avere diverse cause, ma è sicuramente provocata dal fumo di tabacco ed è in aumento nelle zone industriali in cui l'aria è più inquinata. L'insufficienza respiratoria che ne deriva è particolarmente significativa durante gli sforzi fisici e nella fase espiratoria, nella quale il polmone tende a collassare. Molti alveoli sono distrutti e quelli rimasti si dilatano nel tentativo di sopperire alla loro mancanza, senza riuscirci e aggravando la situazione.

Facciamo il punto

1. Che cosa sono e quale funzione hanno i chemiorecettori periferici?
2. In che modo l'aumento di CO_2 cambia il pH ematico?
3. Per quale motivo i recettori del movimento sono collegati alla respirazione?

6 - La nostra salute

I danni legati all'inquinamento e al fumo

Nonostante le nostre vie respiratorie siano munite di difese naturali come il muco e le ciglia, nell'aria sono presenti quantità variabili di sostanze inquinanti che possono causare danni anche gravi. Negli ultimi anni, sono stati condotti numerosi studi scientifici in vari Paesi del mondo per evidenziare i legami tra i livelli di **inquinanti atmosferici** ed eventuali effetti negativi per la salute. Nella maggior parte dei casi l'inquinamento atmosferico è stato imputato alla presenza nell'aria di particelle in sospensione, ossidi di azoto, anidride solforosa e monossido di carbonio.

In particolare, le particelle in sospensione (soprattutto le frazioni più piccole come il PM10 e il PM2,5) sono risultate l'indicatore di qualità dell'aria più consistentemente associato all'insorgere di malattie che colpiscono i polmoni e non solo. La sigla PM10 indica le particelle microscopiche con un diametro uguale o inferiore a 10 μm, mentre la PM2,5 è attribuita a quelle con diametro uguale o inferiore a 2,5 μm. Sono le particelle costituenti le polveri e i fumi che derivano da incendi, eruzioni vulcaniche e dai processi di combustione legati alle attività umane (come motori a scoppio o impianti di riscaldamento; **figura A**).

L'inquinamento atmosferico non agisce soltanto sul sistema respiratorio, infatti gli idrocarburi volatili e il monossido di carbonio, come le sostanze contenute nel fumo di tabacco, possono provocare gravi danni all'organismo a un livello più generale, per esempio al sistema cardiocircolatorio e al sistema nervoso.

Un altro pericolo proviene poi dalla presenza nell'aria di particelle di metalli di dimensioni piccolissime, che raggiungono il sangue e si possono depositare nelle ossa, nei denti e nei reni. Quantità di piombo minime hanno effetti dannosi sulle facoltà cerebrali dei bambini; questi sono particolarmente esposti agli effetti negativi dovuti all'inquinamento atmosferico perché hanno un ritmo respiratorio quasi doppio rispetto agli adulti e i loro processi metabolici sono accelerati, inoltre quando camminano o sono seduti nei passeggini aspirano aria più vicina al suolo, nella quale è presente una concentrazione maggiore di inquinanti prodotti dai veicoli stradali.

Per ridurre l'inquinamento dei motori a scoppio è stata introdotta la marmitta catalitica, che ha una struttura di ceramica a nido d'ape per trattenere i metalli pesanti. Per garantirne l'efficienza, le auto utilizzano prevalentemente benzina senza piombo, detta «benzina verde». Purtroppo però anche questo tipo di carburante contiene inquinanti come il benzene, una sostanza volatile cancerogena.

Oltre all'inquinamento atmosferico, l'altra causa primaria di malattie all'apparato respiratorio è il **fumo**; in Italia nel 2015 i fumatori erano circa il 21% della popolazione (6 milioni di uomini e 4,5 milioni di donne). L'età media in cui si inizia a fumare è 17 anni e la motivazione principale è l'influenza del gruppo di coetanei, ma smettere di fumare è importante a qualsiasi età e in qualsiasi momento. Infatti, le sostanze contenute nel fumo di sigaretta sono responsabili di patologie respiratorie, come la bronchite cronica ostruttiva o l'enfisema, cardiovascolari come infarto o ischemia e di tumori (**figura B**).

Smettere di fumare non è sempre un percorso semplice, nonostante le gravi conseguenze per la salute (**tabella A**) è molto difficile modificare definitivamente questo comportamento.

▲ **Figura A**
A Pechino molte persone indossano una mascherina nel tentativo di limitare l'inalazione di inquinanti presenti nell'aria.

Da un punto di vista chimico e biologico, la nicotina contenuta nelle sigarette favorisce l'instaurarsi di una dipendenza fisica dovuta alla sensibilizzazione di alcuni recettori presenti nel cervello, ma c'è anche una componente psicologica che rende difficile l'abbandono del fumo. Esistono diversi percorsi che possono aiutare una persona a smettere di fumare, ma il punto di partenza è capire le motivazioni che sorreggono l'abitudine al fumo, le paure e le problematicità legate all'interruzione. È stato dimostrato che i migliori programmi combinano differenti approcci, come il sostegno psicologico e la terapia farmacologica.

Blocco delle ciglia dell'epitelio respiratorio con accumulo di muco e tosse
Accumulo di sostanze irritanti per il sistema respiratorio, bronchiti ricorrenti
Riduzione dell'efficacia delle cellule olfattive e gustative
Accumulo di sostanze chimiche a livello di sistema respiratorio che inducono il tumore al polmone. Inalazione di nitrosamina direttamente implicata nella mutazione cancerosa delle cellule bronchiali
Aumento della pressione arteriosa data dalla nicotina
Riduzione della fertilità sia per l'uomo sia per la donna, in gravidanza le sostanze tossiche passano al feto tramite la placenta
Blocco dello sviluppo degli alveoli presente normalmente nell'adolescenza
Broncocostrizione causata dalla nicotina, inoltre il monossido di carbonio si lega all'emoglobina impedendole di trasportare l'ossigeno: entrambi questi fattori riducono l'ossigenazione del sangue
Aumenta il rischio di cancro alla lingua, alle corde vocali, alla gola e alle labbra

▲ **Tabella A**
Gli effetti del fumo sull'organismo.

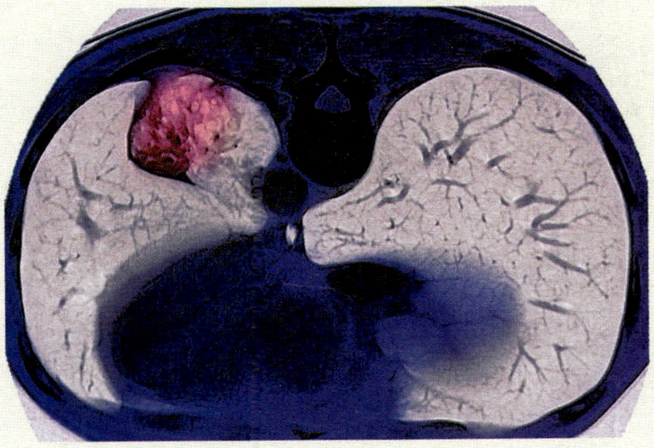

▲ **Figura B**
Massa tumorale (in rosa) nel polmone sinistro, vista in sezione radiale con la risonanza magnetica.

SINTESI DI FINE CAPITOLO

LO SAI?
RIPASSA CON LO SMARTPHONE

Le funzioni dell'apparato respiratorio

Il termine **respirazione** a livello cellulare indica le reazioni chimiche di ossidazione del glucosio che avvengono nei mitocondri, mentre a livello macroscopico indica il processo con cui un organismo assume ossigeno dall'ambiente ed elimina anidride carbonica.

La respirazione polmonare è costituita da due processi: la **ventilazione polmonare**, che riguarda l'entrata e l'uscita di aria dal sistema respiratorio (rispettivamente *inspirazione* ed *espirazione*) e lo **scambio di gas**.

L'aria che respiriamo è una miscela gassosa; la pressione parziale dei gas che compongono l'aria non è sempre costante, ma è legata all'altitudine.

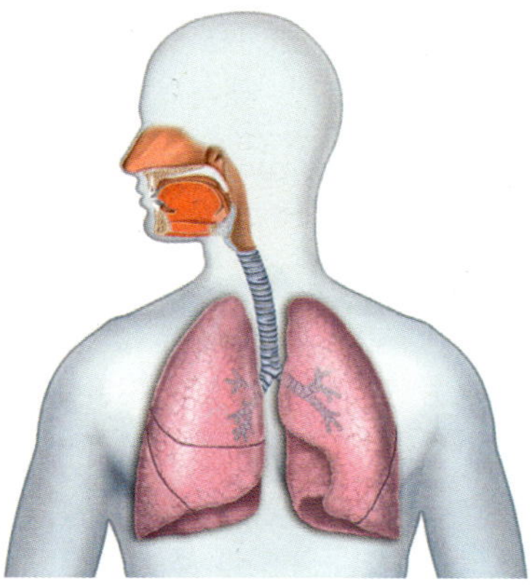

L'anatomia dell'apparato respiratorio

L'apparato respiratorio è suddiviso in: **vie aeree superiori** (naso e faringe); **vie aeree inferiori** (laringe, trachea, bronchi e polmoni).

L'aria entra dal **naso** e passa nella **faringe**, un organo muscolare che comunica sia con il sistema respiratorio (*rinofaringe*) sia con quello digerente.

Dalla faringe l'aria passa attraverso la **laringe**, formata da otto cartilagini rigide, alla **trachea**, un condotto le cui pareti sono rinforzate da anelli cartilaginei a forma di C. La trachea si divide in due **bronchi** principali, che a loro volta si suddividono in ramificazioni sempre più piccole fino ai **bronchioli**, formando in questo modo una specie di albero rovesciato detto *albero bronchiale*.

I **polmoni** sono organi spugnosi posti nella cavità toracica e avvolti da una sottile membrana sierosa, la **pleura**.

Gli scambi gassosi

Gli scambi gassosi veri e propri avvengono negli **alveoli**, piccoli sacchi di tessuto elastico raggruppati intorno alle estremità dei bronchioli più piccoli.

Negli alveoli si trovano le **cellule ghiandolari** che secernono il *liquido alveolare*, una sostanza che contiene il *surfactante*, un insieme di fosfolipidi e lipoproteine che impedisce agli alveoli di collassare durante la fase di espirazione e garantisce una velocità omogenea di svuotamento degli alveoli di differente calibro.

L'ossigeno e il diossido di carbonio

L'**ossigeno** è trasportato nel sangue dall'**emoglobina**: una proteina globulare costituita da quattro subunità, ognuna delle quali comprende un gruppo prostetico (l'*unità eme*) e una porzione proteica (la *globina*). Ciascuna unità eme può combinarsi con una molecola di ossigeno e la loro combinazione, così come la loro separazione, sono legate al valore della pressione parziale dell'ossigeno nel plasma.

Il **diossido di carbonio** è più solubile dell'ossigeno e si trova parzialmente disciolto nel sangue e segue la reazione:

$$CO_2 + H_2O \rightleftarrows H_2CO_3 \rightleftarrows HCO_3^- + H^+$$

Questa reazione è catalizzata dall'enzima **anidrasi carbonica**, presente nei globuli rossi.

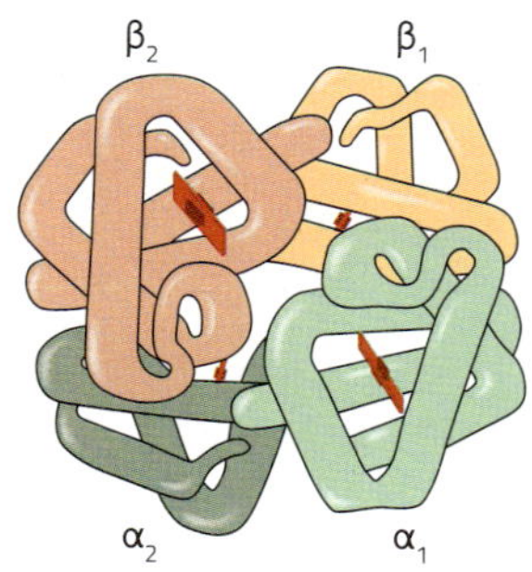

La meccanica respiratoria

Nei polmoni lo scambio d'aria con l'atmosfera avviene per *flusso di massa*, come risultato del cambiamento di volume che ha luogo nei polmoni per effetto della contrazione e del rilassamento di speciali muscoli come il **diaframma**, che separa la cavità toracica da quella addominale, e i **muscoli intercostali**.

In accordo con la *legge di Boyle* per trasformazioni isoterme dei gas ($P \times V = K$), l'espansione della cavità toracica provoca una depressione che richiama aria dall'esterno (**inspirazione**), mentre la sua costrizione determina un aumento di pressione che permette all'aria di uscire dai polmoni (**espirazione**).

- Durante l'inspirazione: il diaframma si contrae, la cavità toracica e i polmoni si espandono, la pressione intrapolmonare diventa più negativa, l'aria affluisce ai polmoni.
- Durante l'espirazione: il diaframma si rilascia, la cavità toracica e i polmoni si contraggono, la pressione intrapolmonare diventa meno negativa, i gas respiratori sono espulsi dai polmoni.

Il controllo della respirazione

La velocità e la profondità del respiro sono controllate dai neuroni dei **centri respiratori** situati in una zona del sistema nervoso centrale posta circa a livello della nuca (detta *tronco cerebrale*). I neuroni dei centri respiratori ricevono segnali da specifici chemiocettori sensibili all'ossigeno, all'anidride carbonica e agli ioni idrogeno. La respirazione, in condizioni normali, è ritmica e autonoma.

VERIFICA LE TUE CONOSCENZE

ZTE ONLINE

1. Scrivi sul quaderno la definizione dei seguenti termini.

a) Respirazione, ventilazione polmonare e scambio di gas
b) Faringe, laringe e trachea
c) Adenoidi e tonsille
d) Pneumotorace e ipossia
e) Volume corrente, volume di riserva inspiratorio, volume di riserva espiratorio, volume residuo e capacità vitale
f) Porzione di conduzione e porzione polmonare respiratoria

Barra il completamento esatto.

2. Gli alveoli polmonari

A sono circondati da capillari sanguigni per facilitare lo scambio gassoso.
B permettono lo scambio di gas tra il sangue e i tessuti tramite diffusione.
C sono costituiti da tubicini pieni di liquido che sfociano nei bronchi.
D sono rivestiti da un doppio strato epiteliale molto umido e spesso.

3. La faringe

A è posta tra la laringe e la trachea.
B è formata da otto anelli cartilaginei.
C si dilata formando il pomo d'Adamo.
D fa comunicare i sistemi respiratorio e digerente.

4. Un individuo colpito da pneumotorace

A ha troppa aria nei polmoni per incapacità di contrarsi della cassa toracica.
B non riesce a respirare a causa di un blocco dei neuroni dei centri respiratori.
C non può inspirare a causa dell'entrata di aria tra le due pleure.
D non può espirare a causa di un blocco dei chemiocettori centrali.

Barra i due completamenti esatti.

5. La contrazione del diaframma

A corrisponde al processo di espirazione.
B fa diminuire il volume della cassa toracica.
C fa abbassare il diaframma stesso.
D provoca l'immissione di aria nei polmoni.
E fa aumentare la pressione dell'aria nella cassa toracica.

6. Completa la tabella mettendo in relazione i termini (*lettere*) con le definizioni proposte (*numeri*).

A. bronco
B. trachea
C. faringe
D. laringe
E. pomo d'Adamo

1. può essere rivestito da muscolatura liscia che ne regola il diametro
2. è mantenuta aperta da anelli cartilaginei a forma di C
3. è un ispessimento cartilagineo con strato adiposo
4. comunica con i sistemi respiratorio e digerente
5. contiene le corde vocali

A	B	C	D	E

7. Completa il brano scegliendo tra i termini elencati in fondo.

Il sangue che arriva ai tessuti ha una concentrazione di ossigeno .... rispetto a quella presente nel sangue venoso che ritorna ai polmoni; il CO_2 diffonde .... agli alveoli ed .... con l'aria in quanto si sposta verso zone con pressione .... inferiore. Una bassa concentrazione di CO_2 entra in soluzione nel plasma, mentre la restante parte reagisce con l'acqua all'interno .... formando .... che si dissocia liberando ioni H^+ e ioni ....

(OH^-, viene inspirata, idrossido di sodio, HCO_3^-, dai capillari, parziale, globuli rossi, sanguigna, entra, totale, bicarbonato di calcio, CO_3^-, acido carbonico, esce, dal sangue, inferiore, uguale, degli alveoli, superiore)

8. Di fianco a ogni affermazione scrivi la lettera A se si riferisce al volume corrente, la B se si riferisce al volume di riserva inspiratorio, la C se si riferisce al volume residuo o la D se non è valida per nessuno dei tre.

a) È pari a circa 2000-3000 mL di aria. (.....)
b) È il quantitativo di aria che rimane nei polmoni dopo un'espirazione forzata. (.....)
c) È pari a circa 500 mL di aria. (.....)
d) È la capacità vitale di un giovane uomo sano. (.....)
e) È la quantità di aria inspirata da un bambino fino all'adolescenza. (.....)

9. Barra il completamento errato.
L'aria che respiriamo

A può contenere tracce di piombo che ha effetti dannosi sulle facoltà cerebrali dei bambini.
B contiene molecole di ossigeno, diossido di carbonio e idrogeno, ma non molecole di azoto.
C è la somma delle pressioni parziali dei singoli gas che la compongono.
D viene inspirata per dilatazione della cassa toracica che, a sua volta, fa gonfiare i polmoni.

10. Completa la tabella mettendo in relazione gli animali (*lettere*) con il tipo di respirazione da essi effettuato (*numeri*).

A. coccinella
B. trota
C. cervo
D. lombrico

1. tramite la pelle
2. tramite i polmoni
3. tramite le branchie
4. tramite le trachee

A	B	C	D

11. Descrivi il percorso dell'aria a partire dalla bocca e dal naso fino a giungere agli alveoli polmonari.

....

12. Descrivi la struttura e la funzione dell'emoglobina, specificando anche le modalità con cui essa cede ossigeno ai tessuti.

....

13. Che cos'è la fonazione? Quali organi sono coinvolti in questo processo?

....

VERIFICA LE TUE ABILITÀ

14. Nel seguente brano, barra tra i termini in neretto quelli errati.

A livello degli alveoli, dove la pressione parziale dell'ossigeno è **alta** / **bassa**, l'emoglobina tende a **dissociarsi da** / **legarsi con** le molecole di **O_2** / **CO_2**. Nel sangue la maggior parte di CO_2 si unisce con l'**acqua** / **ossigeno** e forma acido carbonico che, a livello **degli alveoli** / **dei tessuti**, dove la pressione parziale della CO_2 è **alta** / **bassa**, si dissocia liberando CO_2 e acqua.

15. Barra il simbolo V se ritieni l'affermazione vera, il simbolo F se la ritieni falsa.

Se si cerca volontariamente di trattenere il respiro a lungo

a) si provoca un aumento della respirazione cellulare e del consumo di O_2. V F
b) si ha un aumento dell'acidità del sangue quale conseguenza dell'aumento di diossido di carbonio nel sangue. V F
c) i centri del controllo della respirazione vengono attivati dal calo di O_2 ematico. V F
d) l'aumento del CO_2 nel sangue porta il sistema nervoso a far contrarre il diaframma. V F
e) si può svenire e perciò morire per asfissia. V F
f) si avrà un aumento di acidità ematica dovuta all'elevata concentrazione di H^+. V F
g) si verifica una stimolazione dei chemiocettori che tentano di attivare una respirazione profonda e veloce. V F
h) vengono attivati i chemiocettori centrali e periferici, ma non i centri respiratori cerebrali. V F

Barra il completamento errato.

16. Il sistema circolatorio e quello respiratorio

A sono separati solo dagli epiteli dell'alveolo e del capillare e anche dalla membrana basale.
B sono tra loro interconnessi anche tramite i neuroni dei centri respiratori, che leggono la composizione del sangue e regolano il ritmo del respiro.
C entrano in diretto contatto a livello dei tessuti, dove avviene lo scambio gassoso tra le cellule e il sangue.
D sono due sistemi che interagiscono tanto che l'uno non può operare in assenza di funzionalità dell'altro.

17. Il diossido di carbonio

A nei tessuti ha una pressione parziale bassa e tende a dissociarsi in ioni.
B viene prodotto a livello degli alveoli per dissociazione dell'acido carbonico.
C reagisce con l'acqua mediante l'intervento di un catalizzatore presente nei globuli rossi.
D è più solubile dell'ossigeno.

Barra il completamento esatto.

18. Se la pressione parziale dei gas dell'aria è troppo elevata

A non può avvenire il passaggio di ogni gas verso una zona con pressione inferiore.
B si possono formare bolle d'azoto con conseguente morte per embolia.
C vengono bloccati tutti i processi di diffusione tra sangue e alveoli polmonari.
D non può avvenire lo scambio di aria tra gli alveoli polmonari e il sangue.

19. Perché in montagna ad alta quota si tende a iperventilare? Perché durante il sonno si ha una respirazione meno profonda e più rallentata?

....
....
....
....
....
....
....

20. Descrivi le fasi di eliminazione e il percorso dell'anidride carbonica a partire dalle cellule, fino al naso e alla bocca.

....
....
....
....
....
....
....

21. Perché i chemiocettori che registrano la concentrazione di O_2 e CO_2 nel sangue sono posti nelle carotidi?

....
....
....
....
....
....
....

UNITUTOR
VERSO L'UNIVERSITÀ

Preparati ai test di ammissione sul sito Unitutor.

22. Quale/i dei seguenti vasi sanguigni trasporta/no sangue ossigenato?

1. Arteria polmonare
2. Vena polmonare
3. Arteria renale

A Solo 1 e 2
B Solo 1 e 3
C Solo 2
D Solo 3
E Solo 2 e 3

[dal test di ammissione a Medicina 2014-15]

23. Due delle seguenti strutture anatomiche necessitano di actina e miosina per espletare la loro funzione principale. Quali?

1. Alveoli
2. Diaframma
3. Muscoli intercostali
4. Pleura

A Solo 1 e 2
B Solo 2 e 3
C Solo 3 e 4
D Solo 2 e 4
E Solo 1 e 3

[dal test di ammissione a Medicina 2014-15]

HANDS-ON GLOSSARY

24. Fill in the table matching each term (*letters*) with its definition (*numbers*).

A. lungs
B. bronchioles
C. hemoglobin
D. oxygen
E. carbon dioxyde

1. a gas that comes from the air we breath and enters the blood through the lungs, then it reaches all body tissues.
2. the protein molecule in red blood cells that carries oxygen from the lungs to the body's tissues and returns carbon dioxide from the tissues back to the lungs.
3. the gas that passes from the blood into the alveoli and is then exhaled.
4. a pair of breathing organs located within the chest which remove carbon dioxide from and bring oxygen to the blood.
5. the passageways by which the air, coming from the nose or mouth, reaches the pulmonary alveoli (or air sacs).

A	B	C	D	E

VERSO L'ESAME: LE TUE COMPETENZE

SCHEMATIZZA

25. Costruisci uno schema che illustri il percorso dell'ossigeno e del diossido di carbonio attraverso gli scambi respiratori fra interno ed esterno del nostro corpo.

IPOTIZZA

26. Quando i soggetti allergici assumono involontariamente le sostanze verso le quali sono sensibilizzati, possono presentare una condizione chiamata *edema laringeo acuto*, che consiste in un rapido gonfiore della regione appena sotto le corde vocali.

a) Quali pensi siano i sintomi associati a questa condizione? Per quale motivo?
b) Come pensi si potrebbe intervenire dal punto di vista medico?

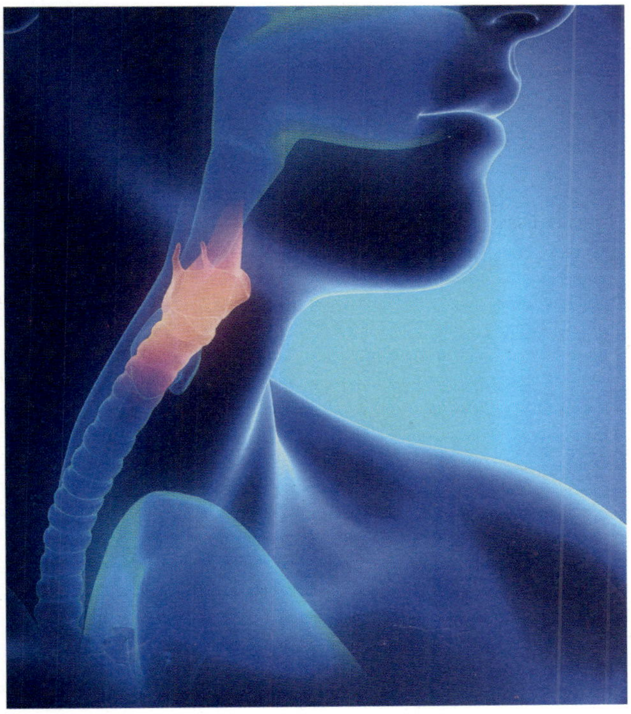

SPIEGA

27. Il clenbuterolo è un farmaco broncodilatatore, della categoria di farmaci che imitano gli effetti della stimolazione del sistema nervoso simpatico. Questi farmaci possono essere usati nella cura dell'asma e di altre malattie dell'apparato respiratorio, ma spesso sono impiegati illegalmente come forma di doping sportivo.

Spiega in quali tipi di sport e per quali motivi si fa ricorso a questa pratica illegale.

COLLEGA

28. Lo scienziato finlandese Heikki Rusko ha progettato una specie di «casa ad alta quota» al cui interno si ha una concentrazione di ossigeno pari a circa il 15%, pur trovandosi a livello del mare e a pressione normale.
La casa dovrebbe servire per atleti che vivono al suo interno, ma svolgono allenamenti specifici all'esterno.

Spiega il vantaggio fisiologico derivato dal vivere in questa casa speciale.

CONFRONTA

29. Questo grafico rappresenta la curva di dissociazione dell'emoglobina all'ossigeno per l'adulto e per il feto.

Confronta e interpreta l'andamento delle due curve.

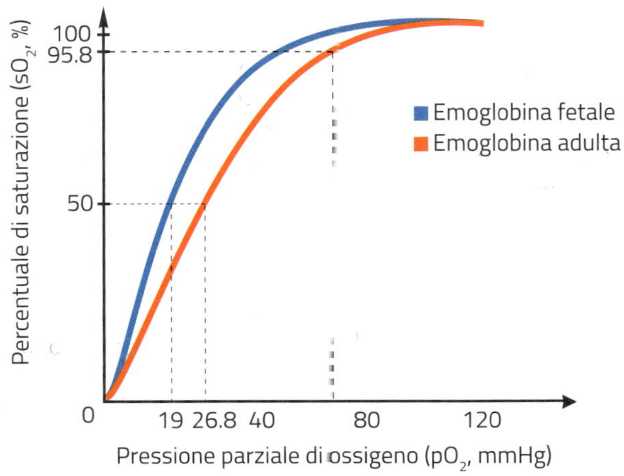

CALCOLA

30. Ciascun polmone contiene all'incirca 300 milioni di alveoli, che nel loro insieme raggiungono un'estensione di circa 70 m^2.

Calcola il diametro approssimativo medio di ogni alveolo espresso in millimetri.

RICERCA

31. Fai una ricerca sulle principali sostanze inalate attraverso il fumo di sigaretta e crea una tabella indicando i relativi effetti più significativi.

METTI IN RELAZIONE

32. L'iperventilazione provoca confusione mentale, vertigini e nausea; ciò dipende dall'instaurarsi di una condizione detta *alcalosi ematica*.

a) Sai spiegare il processo chimico che avviene?
b) Come mai l'alcalosi respiratoria dovuta a crisi d'ansia può essere trattata facendo respirare il paziente all'interno di un sacchetto di carta?

SEI PRONTO PER LA VERIFICA?

IN 1 ORA

Dopo aver studiato i contenuti fondamentali dei **capitoli C3 e C4**, prova a svolgere questa verifica nel **tempo massimo di 1 ora.**

Alla fine della prova **controlla le tue risposte** con le soluzioni che troverai sul sito *online.scuola.zanichelli.it/curtisnuovoinvitoblu* e **calcola il punteggio** totale che hai conseguito compilando la griglia finale.

CONOSCENZE

Barra il completamento esatto.

1. A livello del mare, la pressione parziale dell'ossigeno è pari a

A 760 mm di Hg.
B 160 mm di Hg.
C 110 mm di Hg.
D 21%.

(4 punti se hai risposto correttamente) ...../4

2. L'anidrasi carbonica è un enzima fondamentale nel processo della respirazione, perché

A demolisce l'acido carbonico in acqua e CO_2.
B sintetizza CO_2.
C svolge la stessa funzione dell'emoglobina.
D combina CO_2 e acqua a formare acido carbonico.

(4 punti se hai risposto correttamente) ...../4

3. I farmaci anti asmatici riescono a migliorare la respirazione dei pazienti perché causano

A il rilassamento della muscolatura liscia dei bronchi.
B il rilassamento della muscolatura striata della gabbia toracica.
C la contrazione della muscolatura liscia dei bronchi.
D un aumento della contrazione del diaframma.

(4 punti se hai risposto correttamente) ...../4

4. Nell'uomo la pressione sanguigna

A diastolica è massima.
B sistolica è compresa tra 60 e 100 mm di Hg.
C è mantenuta costante.
D è proporzionale alla resistenza vascolare.

(4 punti se hai risposto correttamente) ...../4

5. Le trombe di Eustachio

A mettono in comunicazione l'area rinofaringea con l'orecchio medio.
B mettono in comunicazione naso e gola.
C mantengono la pressione interna minore di quella esterna.
D mantengono la pressione interna maggiore di quella esterna.

(4 punti se hai risposto correttamente) ...../4

6. Il pacemaker del cuore è

A il nodo atrioventricolare.
B il nodo senoatriale.
C l'insieme delle fibre del Purkinje.
D il fascio di His.

(4 punti se hai risposto correttamente) ...../4

Barra la risposta esatta.

7. Grazie alla presenza del ferro, l'emoglobina può legarsi all'ossigeno. Complessivamente, quanti atomi di ossigeno può trasportare una singola molecola di emoglobina?

A 4
B 1
C 8
D 16

(4 punti se hai risposto correttamente) ...../4

8. Quale delle seguenti proteine non è di solito presente nel sangue?

A Emoglobina
B Immunoglobuline
C Fibrina
D Albumina

(4 punti se hai risposto correttamente) ...../4

9. Se si confrontano arterie e vene, quale struttura è più spessa nelle prime rispetto alle seconde?

A La tonaca intima
B La tonaca media
C La tonaca avventizia
D Le valvole

(4 punti se hai risposto correttamente) ...../4

10. Per ciascuna affermazione barra il simbolo V se la ritieni vera oppure il simbolo F se la ritieni falsa.

a) In caso di iperventilazione diminuisce l'acidità del sangue. V F
b) Il controllo della ventilazione polmonare avviene grazie al tronco cerebrale. V F
c) Il volume corrente moltiplicato per gli atti respiratori indica la capacità vitale. V F

(2 punti per ogni scelta corretta) ...../6

11. Completa il brano scegliendo tra i termini proposti.

La circolazione sanguigna umana è detta .... poiché il sangue non abbandona mai i vasi sanguigni, inoltre è detta .... poiché esiste una circolazione sistemica e una circolazione polmonare ed è anche detta .... perché il cuore è diviso in due porzioni separate e quindi non si verifica mescolamento tra il sangue venoso e quello arterioso.

(intera, interna, complessa, completa, attiva, chiusa, superiore, doppia, perfetta)

(2 punti per ogni scelta corretta) ...../6

12. Descrivi il percorso del sangue a partire dal ventricolo destro sino a tornare nello stesso punto del cuore.

....

....

....

....

....

....

....

(8 punti se hai descritto tutti i passaggi, 4 punti se ne hai descritti solo alcuni) ...../8

ABILITÀ

Barra i due completamenti esatti.

13. Quando il ventricolo sinistro si contrae

A si contrae anche l'atrio sinistro.

B la valvola mitrale è aperta.

C la valvola bicuspide è chiusa.

D il sangue viene spinto ai polmoni attraverso le arterie polmonari.

E la valvola semilunare aortica è aperta.

(5 punti per due risposte corrette, 3 per una sola) ...../5

14. In caso di ipossia, l'organismo reagisce con una serie di risposte tra cui

A aumentare la frequenza cardiaca.

B diminuire la frequenza respiratoria.

C produrre una maggiore quantità di eritropoietina.

D inibire i chemiorecettori carotidei.

E contrastare l'innalzamento del pH ematico.

(5 punti per due risposte corrette, 3 per una sola) ...../5

15. Nei seguenti brani, barra tra i termini in neretto quelli errati.

a) Negli alveoli si trovano cellule che secernono il liquido **alveolare** / ~~**seminale**~~, che contiene il surfactante; quest'ultimo **impedisce** / ~~**permette**~~ agli alveoli di collassare durante la fase di **espirazione** / ~~**inspirazione**~~ e garantisce una velocità **omogenea** / ~~**differente**~~ di svuotamento degli alveoli di diverso calibro.

(2 punti per ogni scelta corretta) ...../8

b) Il riflesso **rotuleo** / **pressorio** del sangue è un esempio di controllo a feedback **negativo** / **positivo**: quando la pressione diminuisce, l'attività del cuore **aumenta** / **diminuisce** e i vasi sanguigni si **restringono** / **dilatano**, facendo aumentare la pressione.

(2 punti per ogni scelta corretta) ...../8

16. Barra il completamento esatto.

L'esame del sangue di un paziente riporta valori di 5 milioni/mm³ per gli eritrociti, 20 000/mm³ per i leucociti, 300 000/mm³ per le piastrine e 15% per l'emoglobina; probabilmente il paziente è affetto da

A una forma di anemia.

B una qualche infezione.

C una trombosi.

D difficoltà di coagulazione.

(4 punti se hai risposto correttamente) ...../4

17. Per ciascuna affermazione barra il simbolo V se la ritieni vera oppure il simbolo F se la ritieni falsa.

a) In alta quota la produzione di EPO aumenta. V F

b) Una madre con fattore Rh-negativo avrà sempre figli con Rh-negativo. V F

c) Lo spasmo vascolare è il primo passaggio del processo di coagulazione. V F

(2 punti per ogni scelta corretta) ...../6

Barra il completamento errato.

18. Il sistema circolatorio svolge la funzione di

A produrre energia in base alle necessità corporee.

B regolare l'acidità dei fluidi corporei.

C partecipare alla termoregolazione.

D partecipare alla regolazione del contenuto di liquidi corporei.

(4 punti se hai risposto correttamente) ...../4

19. Durante la coagulazione che segue una lesione vascolare si ha una

A emostasi primaria in cui si forma un tappo emostatico.

B emostasi secondaria attivata dal fattore tissutale.

C retrazione del coagulo come ultima fase.

D immediata attivazione di endoteline che richiamano piastrine.

(4 punti se hai risposto correttamente) ...../4

PUNTEGGIO TOTALE ...../100

Se hai ottenuto:

- meno di 60 punti devi riprendere lo studio dei capitoli;
- tra 60 e 70 punti hai una preparazione sufficiente;
- tra 70 e 80 punti hai una preparazione buona;
- tra 80 e 100 punti significa che hai studiato a fondo.

Capitolo

C5 La digestione

1 Introduzione all'apparato digerente

L'apparato digerente svolge le proprie funzioni in tre tappe

Ogni animale ha bisogno di cibo per svolgere le due funzioni essenziali per la propria sopravvivenza: il rifornimento di energia alle cellule e l'assorbimento delle sostanze necessarie per la sostituzione delle cellule morte e la riparazione dei tessuti. Per assolvere a queste funzioni gli animali utilizzano l'**apparato digerente**, che svolge la propria attività in tre tappe: la *demolizione*, l'*assorbimento* e l'*eliminazione*.

Durante la fase di **demolizione** il cibo è ridotto alle molecole che lo compongono. I cibi ingeriti non possono, infatti, fornire direttamente energia o essere utilizzati per scopi strutturali se non sono prima triturati con la masticazione e scomposti per mezzo degli enzimi in particelle più piccole. Solo in questo modo, a partire da polimeri organici, si ottengono monomeri utilizzabili. In base alle loro caratteristiche chimiche, alcuni enzimi sono specializzati nel demolire gli zuccheri, altri le proteine e altri ancora i lipidi (**tabella 1**).

Nella fase successiva, quella di **assorbimento**, tali monomeri passano nel sangue e quindi nelle cellule che li utilizzeranno, mentre con la terza e ultima fase, quella di **eliminazione**, sono espulsi i rifiuti e le sostanze non digerite.

A colpo d'occhio

FUNZIONI DELL'APPARATO DIGERENTE
- DEMOLIZIONE
- ASSORBIMENTO
- ELIMINAZIONE

Ti ricordi?

Gli **enzimi** sono proteine con funzione di catalizzatori biologici che accelerano le reazioni biochimiche. Per demolire i polimeri gli enzimi ricorrono all'*idrolisi*, ovvero l'aggiunta di una molecola d'acqua tra i monomeri costituenti.

Sito di produzione	Enzima digestivo	Effetti principali
Ghiandole salivari	Ptialina (o amilasi salivare)	Digestione degli amidi
Stomaco	Pepsina	Scomposizione delle proteine in peptidi
Pancreas	Amilasi	Digestione degli amidi
	Lipasi	Digestione dei lipidi
	Nucleasi	Digestione degli acidi nucleidi
	Tripsina, chimotripsina e carbossipeptide	Demolizione di proteine e amminoacidi
Intestino tenue	Amminopeptidasi e dipeptidasi	Digestione di polipeptidi in peptidi a catena corta e amminoacidi
	Saccarasi, maltasi e lattasi	Digestione dei disaccaridi (saccarosio, maltosio, lattosio) in monosaccaridi (glucosio, fruttosio, galattosio)

▸ **Tabella 1**
I principali enzimi digestivi presenti nei vari tratti del canale alimentare.

Il canale alimentare collega la bocca con l'ano ed è formato da quattro tonache

I vari processi digestivi avvengono lungo il canale alimentare (o tubo digerente) e grazie all'azione di differenti organi accessori o *annessi*. Il canale alimentare ha inizio a livello della bocca e prosegue con la faringe, l'esofago, lo stomaco, l'intestino e l'ano. Gli organi annessi sono la lingua, i denti, le ghiandole salivari, il fegato e il pancreas (**figura 1**).

La superficie interna di questo lungo tubo muscolare variamente ripiegato è in continuità con l'esterno; le molecole nutritive, infatti, entrano realmente all'interno del corpo solo quando attraversano il rivestimento epiteliale del canale digerente, raggiungendo il sistema circolatorio. Ognuno dei tratti del canale alimentare è specializzato in una delle tappe dell'intero processo digestivo e ogni tratto ha una struttura specifica per la funzione che deve svolgere.

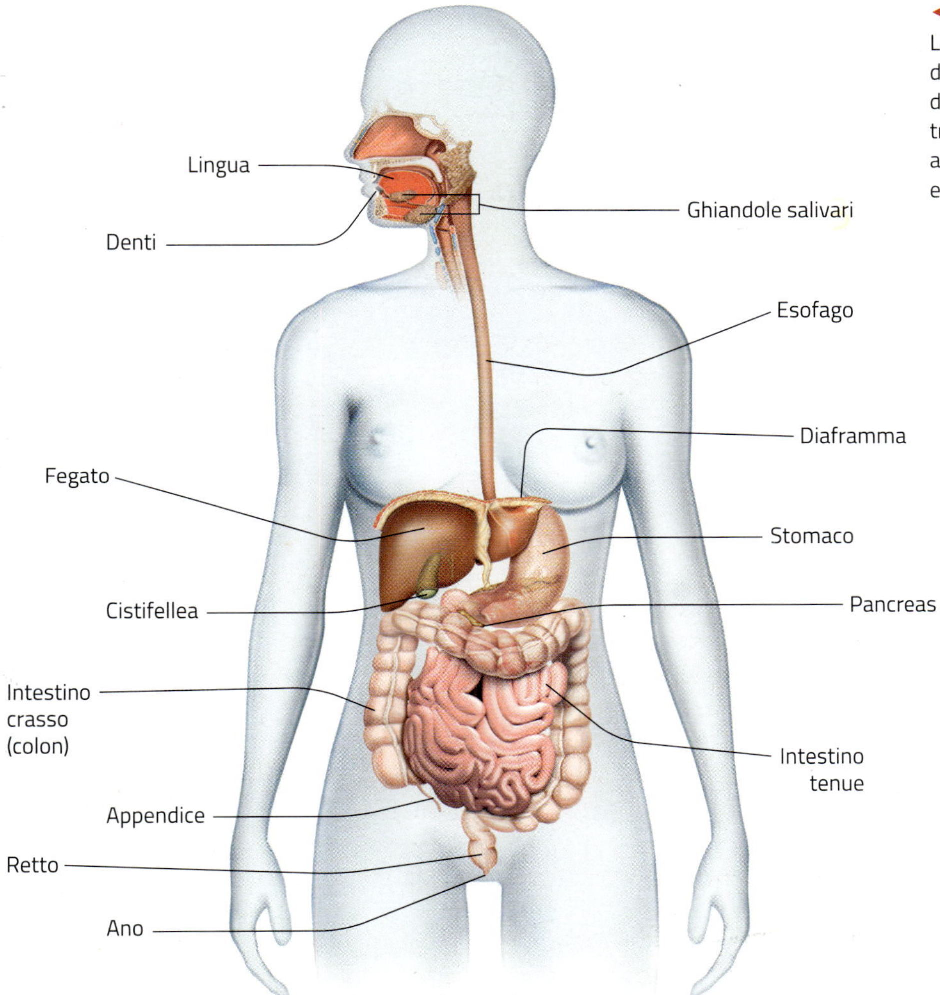

◂ **Figura 1**
La struttura dell'apparato digerente, con i vari tratti del canale alimentare e gli organi annessi.

Lungo il suo percorso, il canale digerente è costituito da un lume interno (o cavità) circondato da quattro strati concentrici (**figura 2**):

1. la **mucosa**, più interna e formata da tessuto epiteliale e connettivo;
2. la **sottomucosa**, costituita da tessuto connettivo, fibre nervose, vasi sanguigni e linfatici;
3. la **tonaca muscolare**, costituita da due strati di muscolatura liscia (uno interno, con le cellule disposte in modo circolare, e uno esterno, con le cellule poste longitudinalmente);
4. la **sierosa**, o *peritoneo*, che costituisce un rivestimento esterno di tessuto connettivo.

L'epitelio del canale digerente contiene molte *cellule caliciformi* che secernono muco e, in alcuni tratti, ghiandole che secernono specifici enzimi digestivi.

Il mesentere è la porzione del peritoneo che fissa l'intestino tenue alla cavità addominale.

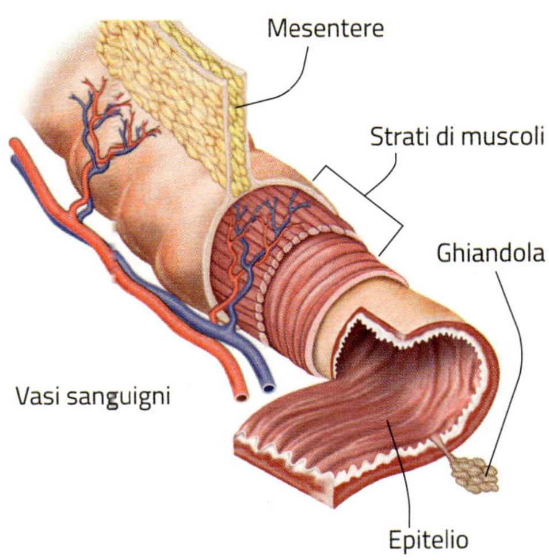

▴ **Figura 2**
Un tratto del canale intestinale.

La peristalsi spinge il cibo nel canale alimentare

Le parole

Il termine **peristalsi** deriva dal verbo greco *peristello*, che significa «stringere attorno»: la peristalsi è infatti la contrazione della muscolatura del canale digerente intorno al cibo.

Il termine **piloro** deriva, invece, dalla parola greca *pyloros*, letteralmente «guardiano della porta», a sottolineare la sua funzione di regolazione del passaggio del cibo dallo stomaco all'intestino.

Nelle persone adulte il canale digerente misura circa 9 m e presenta diversi ripiegamenti. Le contrazioni coordinate dei due strati di muscolatura liscia della tonaca muscolare producono un insieme di movimenti, noto come **peristalsi**, che mescola il cibo e gli consente di avanzare (**figura 3**).

In alcuni punti del tubo digerente lo strato di muscolatura circolare diventa più spesso, dando luogo a fasce più consistenti dette sfinteri. Gli **sfinteri**, contraendosi e rilasciandosi, agiscono come una sorta di valvole che controllano il passaggio del cibo da una zona all'altra del canale digerente. Ne sono esempi il *cardias*, che separa l'esofago dallo stomaco, e il *pilòro*, che contraendosi impedisce il passaggio del cibo dallo stomaco verso l'intestino tenue.

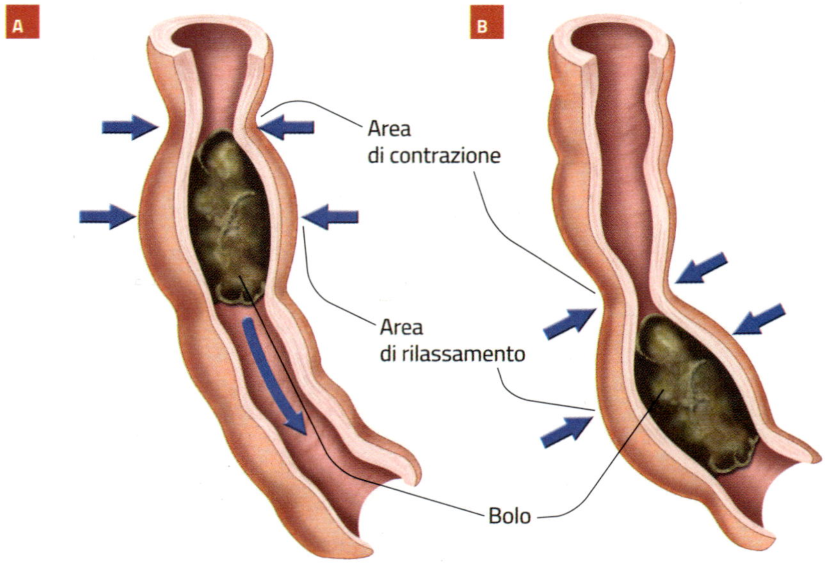

▸ **Figura 3**
La peristalsi favorisce il passaggio del cibo lungo tutto il canale digerente.

1 - Per saperne di più

L'apparato digerente degli altri animali

Le **idre**, appartenenti al phylum degli cnidari (**figura A**), hanno un sistema digerente molto semplice, formato da una cavità con una sola apertura. Le piccole prede sono catturate e paralizzate da sostanze urticanti prodotte nei tentacoli e sono poi digerite nella cavità gastrovascolare grazie a enzimi digestivi. Le cellule assorbono le sostanze utili, mentre quelle rimanenti sono espulse dalla stessa apertura che funge sia da bocca sia da ano.

Le **planarie** (**figura B**) sono vermi piatti, anch'essi dotati di un'unica apertura attraverso la quale estroflettono una faringe che libera enzimi digestivi direttamente sugli alimenti. In seguito il cibo è digerito e assorbito all'interno di una cavità gastrovascolare più complessa di quella degli cnidari. I **lombrichi** (**figura C**) sono vermi cilindrici con un sistema digerente dotato di due aperture; essi ingeriscono il terriccio insieme alle sostanze organiche che contiene, e lungo il canale digerente vengono via via assorbite le sostanze utili. Alla fine le sostanze inutilizzate, insieme al terriccio, sono eliminate attraverso l'apertura anale.

Il sistema digerente dei **molluschi** (**figura D**) presenta una bocca, posta nella testa, e un ano. Si ha una suddivisione in regioni che svolgono funzioni diverse, quali la demolizione delle molecole complesse e l'assorbimento di quelle semplici nel sangue.

Negli **uccelli** (**figura E**), come negli altri vertebrati, il sistema digerente è estremamente specializzato. Gli uccelli non hanno denti, quindi il cibo viene prima accumulato nel gozzo, quindi passa nel *ventriglio*, una sacca che lo sminuzza grazie alla presenza di potenti muscoli e di dentelli che agiscono insieme ai sassolini ingeriti col cibo. In seguito l'intestino permette il passaggio delle sostanze utili nel sangue.

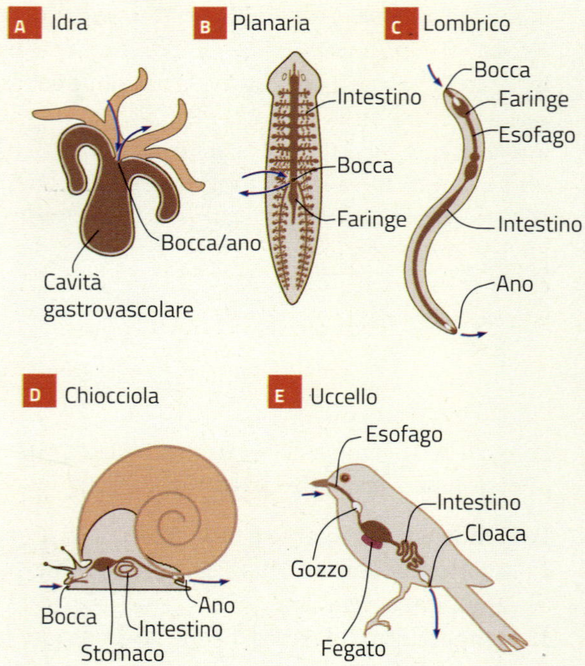

Facciamo il punto

1. Quali sono le funzioni della digestione e come vengono svolte?
2. Quali parti anatomiche costituiscono il canale digerente?
3. Che cosa si intende con il termine «peristalsi»?

2 L'inizio della digestione

Nella bocca inizia la digestione meccanica ed enzimatica

Il processo di digestione inizia all'interno della bocca (**figura 4**), dove i denti triturano gli alimenti che vengono completamente inbevuti dalla saliva, formando una massa molle, chiamata *bolo*, pronta per essere deglutita. I denti, così come la lingua, garantiscono un'azione meccanica che facilita l'intervento degli enzimi.

Curiosità

Molti vertebrati hanno **denti** adattati a lacerare o frantumare il cibo, che hanno perciò forma e dimensione in stretta relazione al tipo di alimentazione che seguono; i carnivori, per esempio, hanno grandi canini per strappare la carne delle prede.

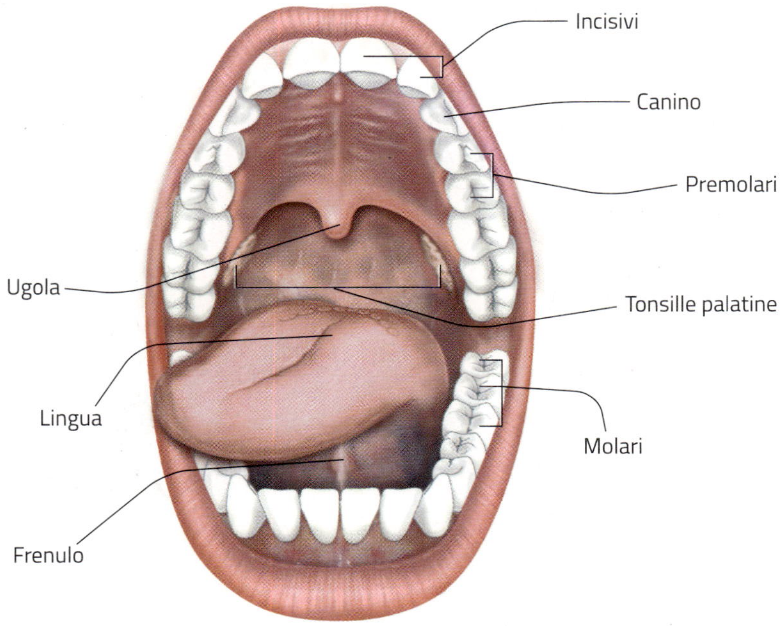

◂ **Figura 4**
I diversi tipi di denti nella bocca di un individuo adulto.

Gli esseri umani hanno 32 denti, 16 nell'arcata mascellare e 16 in quella mandibolare; i denti si suddividono in: 8 *incisivi* (appiattiti e specializzati nel taglio), 4 *canini* (appuntiti e adatti per afferrare e lacerare), 8 *premolari* (larghi e piatti per triturare) e 12 *molari* (con la stessa funzione dei premolari).

I bambini hanno solo 20 denti, chiamati decidui o *denti da latte*, che cadono uno alla volta tra i 6 e i 12 anni di età e sono progressivamente sostituiti da una serie definitiva di 32 denti (*dentatura permanente*).

Ogni **dente** (**figura 5**) è costituito da una parte visibile, chiamata *corona*, da una *radice*, che è la porzione infissa nell'osso mascellare o mandibolare, e da una parte che le collega, detta *colletto*. Il denti sono formati da **dentina**, un tessuto connettivo calcificato molto resistente, che nella porzione visibile è coperta dallo **smalto**,

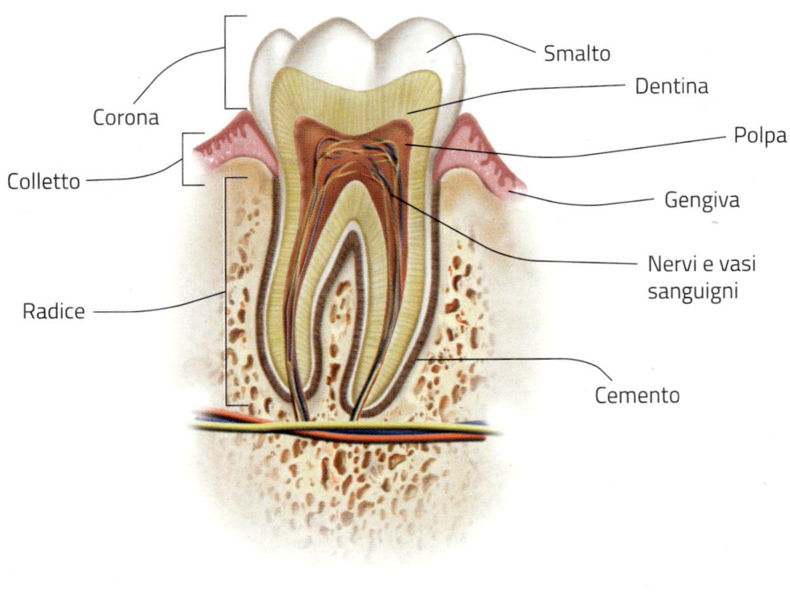

◂ **Figura 5**
Schema di un dente con le sue parti principali; il numero di cuspidi, e guglie presenti nello smalto, dipende dal tipo di dente (in questo caso, un molare).

che protegge il dente con uno spessore di circa 2,5 mm nelle cuspidi. Lo smalto è il tessuto più duro presente nel nostro corpo, ha per il 96% la medesima composizione della matrice mineralizzata delle ossa (ovvero è formato da cristalli di idrossiapatite) e solo per il 4% è costituito da fibre organiche. Quando lo smalto è danneggiato, il dente può essere attaccato più facilmente dai batteri, con la conseguente insorgenza di *carie*. La radice è circondata dal **cemento**, una sostanza simile al tessuto osseo, che facilita l'ancoraggio del dente alle cavità ossee (chiamate *alveoli*) della mascella e della mandibola.

All'interno della dentina si trova la cavità della polpa, che è la parte viva del dente dove scorrono i nervi e i vasi sanguigni. È proprio grazie a questi nervi che riusciamo a percepire la consistenza del cibo mentre mastichiamo, regolando in maniera automatica la forza con cui utilizzare i muscoli masticatori.

La **lingua** ha la funzione di mescolare il cibo all'interno della bocca e di favorire la meccanica della deglutizione. Questo organo è dotato di numerose papille, su cui si trovano i *bottoni gustativi* che contengono i chemiorecettori, cellule collegate ai neuroni che trasmettono al cervello le proprietà chimiche degli alimenti, affinché questo possa elaborarle permettendo di distinguere i sapori.

Sotto alla lingua è presente un tessuto, chiamato **frenulo**, che la tiene ancorata al pavimento della bocca e può avere diversa consistenza. La lingua ha anche una funzione immunitaria, poiché alla base sono presenti due *tonsille linguali*; una capacità che aiuta a riconoscere il cibo da sostanze potenzialmente nocive o non commestibili.

Curiosità

I mammiferi leccano le loro ferite perché la **saliva** contiene componenti disinfettanti e una molecola antidolorifica (l'*opiorfina*) presente anche nella saliva umana.

Durante la masticazione il cibo è costantemente inumidito dalla **saliva**, una secrezione acquosa prodotta da tre paia di grosse **ghiandole salivari** (**figura 6**), tra cui sono comprese le *parotidi*. La saliva contiene un muco che lubrifica il cibo e ne facilita la deglutizione; nei mammiferi che masticano il cibo, come gli esseri umani, la saliva contiene anche un enzima digestivo, l'*amilasi* (o *ptialina*), che inizia la demolizione degli amidi già nella bocca, digerendo le catene lineari di amilosio, ma non riuscendo a demolire le ramificazioni tipiche dell'amilopectina. Inoltre sono presenti il *lisozima*, altri enzimi e diversi anticorpi, tutte molecole ad azione disinfettante.

La secrezione della saliva è controllata dal sistema nervoso autonomo; normalmente la salivazione ha inizio in seguito alla presenza di cibo nella bocca, ma può essere sufficiente annusarlo o perfino immaginarlo. Al contrario, la paura inibisce la salivazione e si verifica la cosiddetta *secchezza delle fauci*, tipica dei momenti di pericolo o di stress, durante i quali la bocca può diventare così asciutta da far risultare difficile anche il solo parlare. In condizioni normali, l'uomo produce circa 1 L di saliva nell'arco di 24 ore. Le ghiandole salivari possono essere soggette a una *calcolosi*, che porta alla formazione di cristalli di carbonato di calcio, i quali aggregandosi possono ostruire il dotto ghiandolare, causando fastidio e dolore.

La **parotite** epidemica, più nota con il nome di orecchioni, è l'infiammazione acuta delle parotidi causata da un virus; colpisce prevalentemente i bambini, provocando febbre accompagnata da dolore e gonfiore delle parotidi e, a volte, anche delle altre ghiandole salivari.

Il **lisozima** è un enzima contenuto nella saliva che compie la sua funzione battericida perché idrolizza i carboidrati presenti nella parete cellulare dei batteri, rendendo più facile la fagocitosi da parte dei leucociti.

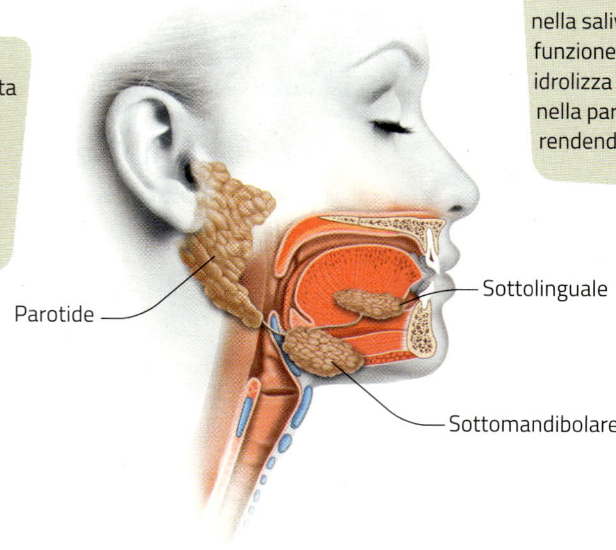

▸ Figura 6
Le ghiandole salivari sono presenti in coppie: due parotidi, due sottomandibolari e due sottolinguali.

La deglutizione separa la via digestiva da quella respiratoria

La deglutizione è il passaggio del cibo prima nell'esofago e poi nello stomaco; negli esseri umani questo processo inizia come un'azione volontaria che, una volta attivata, continua involontariamente. La faringe è collegata sia al canale respiratorio sia a quello digerente, ma l'*epiglottide*, una cartilagine posta nella parte bassa della faringe stessa, garantisce che il cibo segua il percorso giusto: a ogni deglutizione questa si abbassa, chiudendo il passaggio verso la laringe (**figura 7**). Con la chiusura dell'epiglottide il bolo transita nell'**esofago**, un tubo muscolare che negli adulti misura 25 cm.

La faringe è anche la sede di alcune ghiandole immunitarie: le *tonsille palatine* e le *adenoidi*. Entrambe sono formate da tessuto linfoide, che protegge l'organismo dagli agenti infettivi introdotti attraverso la bocca e il naso. Mentre le tonsille sono poste lateralmente alla lingua, le adenoidi sono situate più in alto e in profondità, al limite con la zona posteriore del naso.

Curiosità

Nei bambini le **adenoidi** possono infettarsi e aumentare di volume, occludendo parzialmente le vie aeree e creando dei disturbi di respirazione; per questo motivo, in alcuni casi, si decide di asportarle chirurgicamente.

Leggi nell'ebook l'approfondimento:
La nostra salute
La manovra di Heimlich

▼ **Figura 7**
Fasi della deglutizione.

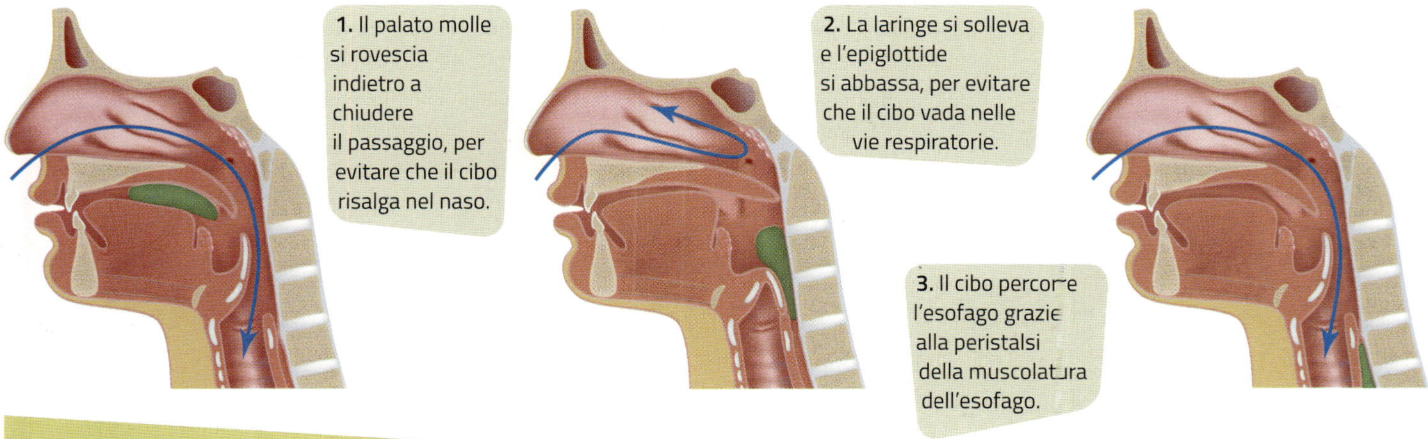

2 - La nostra salute

La carie

La **carie** è un'infezione dentale causata da batteri che alloggiano nel cavo orale (**figura A**). Si tratta di un processo distruttivo che colpisce i tessuti duri del dente che affligge, almeno una volta nella vita, circa il 90% della popolazione mondiale. La patologia ha un decorso estremamente lento e nei primi stadi è del tutto asintomatica. Con il passare del tempo, l'azione dei batteri si spinge in profondità e si avvertono dolore e ipersensibilità dentale. Se non viene curata, la carie può portare a complicanze anche gravi, come ascesso, granuloma e gengivite.

L'infezione ha un'origine multifattoriale che dipende dalla struttura dei denti, ma anche dall'alimentazione, dall'igiene orale e da altre abitudini personali, come il fumo. In genere le donne, specialmente in gravidanza, sono più esposte alle carie.

La cura più semplice è l'otturazione dentaria, che consiste nella rimozione dell'infezione e la chiusura della cavità che questa ha lasciato con un'apposita pasta; nei casi più gravi si può intervenire con la devitalizzazione del dente o addirittura con la sua eradicazione.

Per limitare il più possibile il rischio di carie occorre seguire un'attenta igiene dentale personale ed eseguire un'igiene approfondita presso uno studio dentistico a intervalli regolari (**figura B**).

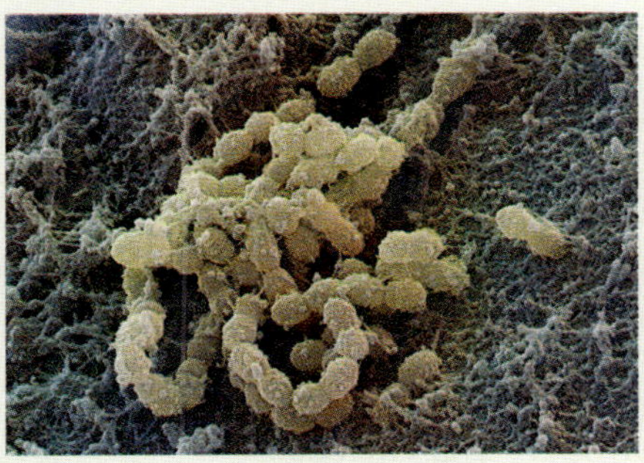

▲ **Figura A**
Fotografia al microscopio elettronico a scansione di *Streptococcus mutans*, uno dei batteri maggiormente responsabili della placca e delle carie dentarie.

▲ **Figura B**
Lo spazzolamento dei denti è un'operazione molto delicata che consente di eliminare le tracce di cibo e la placca che si forma sopra lo smalto; questi due elementi favoriscono la crescita batterica.

Facciamo il punto

1. Quali sono le parti fondamentali della bocca?
2. Quali fasi della digestione avvengono nella bocca?
3. Com'è strutturato un dente?
4. Come viene prodotta e quali funzioni svolge la saliva?
5. In che cosa consiste la deglutizione?

3 Le funzioni dello stomaco

A colpo d'occhio

SUCCHI GASTRICI
- MUCO
- ACIDO CLORIDRICO (CELLULE PARIETALI)
- PEPSINOGENO (CELLULE PRINCIPALI)
- ACQUA

Ti ricordi?

Il **legame peptidico** si forma per condensazione tra due amminoacidi, con eliminazione di una molecola d'acqua; la sua formazione è catalizzata dai ribosomi durante la sintesi delle proteine.

L'ambiente acido dello stomaco trasforma il pepsinogeno in pepsina

Lo stomaco umano (**figura 8**) è un organo muscolare sacciforme che, negli adulti, ha una capacità media di circa 1,2 L, ma che può dilatarsi fino a contenere 4 L di cibo. La parete dello stomaco è molto spessa e ricca di piccole aperture che nascondono minuscole cavità, dette *fossette gastriche*, sul cui fondo si trova un epitelio ghiandolare costituito da diversi tipi di cellule epiteliali. Alcune di queste secernono muco, altre, chiamate *cellule parietali*, producono acido cloridrico (HCl), mentre le *cellule principali* producono il *pepsinogeno*, un enzima di natura proteica. Queste secrezioni, assieme all'acqua in cui sono disciolte, costituiscono i **succhi gastrici**.

L'HCl ha la funzione di uccidere la maggior parte dei batteri e di altre cellule viventi presenti nel cibo e anche di sciogliere le componenti coriacee e fibrose dei tessuti animali e vegetali ingeriti. Inoltre, questo acido ha la funzione fondamentale di trasformare il pepsinogeno nella sua forma attiva, la **pepsina**, un enzima che si attiva solo in condizioni di elevata acidità e che idrolizza le proteine in peptidi. La pepsina è capace di digerire in un'ora una quantità di proteine pari a 1000 volte il suo peso (circa 4000 dalton) ed è inattivata a pH superiori a 4,5. Questo enzima agisce sui legami peptidici (–CONH–) presenti tra i singoli amminoacidi che costituiscono la proteina.

La secrezione di HCl rende il pH gastrico compreso tra 1,5 e 2,5, un valore di acidità molto più elevato di ogni altro liquido del corpo. Il muco, prodotto dalle cellule specializzate che rivestono le fossette gastriche, protegge la parete interna dello stomaco dall'aggressione dei succhi gastrici, che potrebbero portare a un'autodigestione della mucosa e dello strato muscolare.

▸ **Figura 8** Lo stomaco e una porzione della mucosa gastrica.

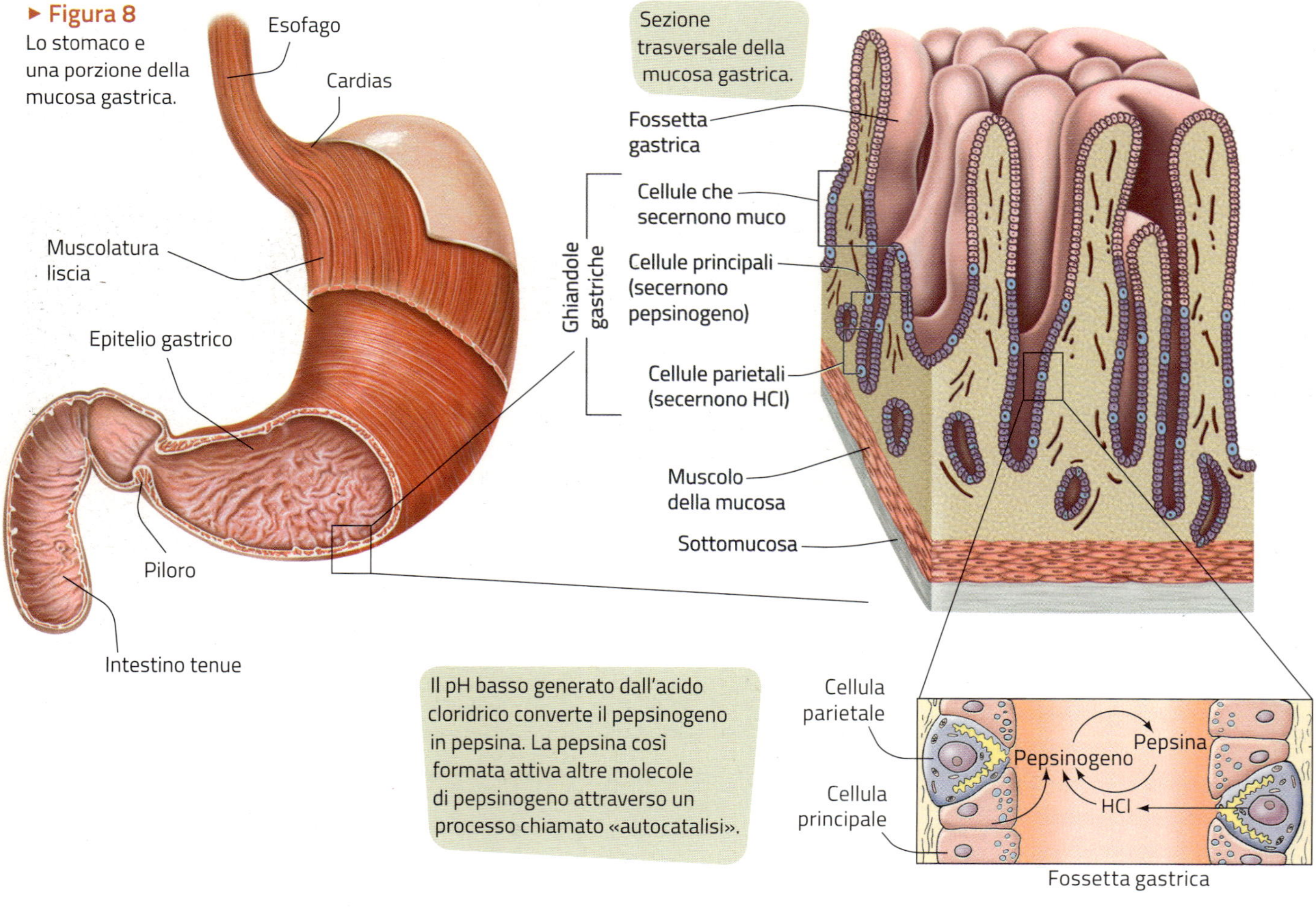

L'ormone gastrina aumenta la produzione di succhi gastrici

L'attività dello stomaco è influenzata sia dal sistema nervoso sia dal sistema endocrino. Spesso è sufficiente la vista di un alimento per stimolare, attraverso specifiche vie nervose, la produzione di succhi gastrici da parte dello stomaco, predisponendolo a ricevere il cibo. Inoltre, la presenza di proteine all'interno dello stomaco provoca, da parte di cellule gastriche specializzate dette *cellule G*, la liberazione nella corrente sanguigna della **gastrina**. Questo ormone stimola le cellule epiteliali della mucosa gastrica ad aumentare la secrezione di succo gastrico e agisce aumentando le contrazioni muscolari della parete dello stomaco; inoltre è fondamentale per la crescita della mucosa gastrica.

Nello stomaco il bolo è trasformato in una massa semiliquida (*chimo*) che raggiunge l'intestino tenue. Lo svuotamento gastrico non avviene con un'unica apertura del piloro, ma questo funziona come una sorta di dosatore che rilascia circa 3 mL di chimo alla volta. Nel primo tratto dell'intestino, il **duodeno**, entra solamente la porzione di chimo più fine, mentre il resto del materiale è spinto verso la parte più alta dello stomaco per essere rimescolato e proseguire la digestione. Questo meccanismo rende la digestione un processo piuttosto lento.

3 - La nostra salute

Gastrite, ulcera e reflusso gastroesofageo

Dopo un pasto abbondante può succedere che insorga un'*acidità di stomaco*, ovvero un dolore proveniente dal nostro stomaco che ha difficoltà a sciogliere la mole di cibo che abbiamo ingerito. In genere, tale sintomo scompare a digestione completa, ma in alcuni casi può dare vita a una gastrite.

La **gastrite** è l'infiammazione della mucosa gastrica che comporta dolori e bruciore allo stomaco, difficoltà a digerire e gonfiore. La gastrite può essere causata da un eccesso di secrezione di succhi gastrici oppure da un'infezione da parte di un batterio. In entrambi i casi la mucosa gastrica risulta assottigliata e irritata, e, se la forma infiammatoria non è curata, può degenerare in **ulcera gastrica**, cioè una lacerazione nel rivestimento dello stomaco. Se poi l'ulcera è perforata, cioè se si crea un vero e proprio buco nella parete dello stomaco, si ha un'emorragia interna e l'aggressione da parte dei succhi gastrici degli organi limitrofi. Per prevenire l'ulcera, la persona che soffre di gastrite deve assumere farmaci e seguire una dieta povera di cibi acidi e grassi.

Nel 2005 gli scienziati australiani Warren e Marshall hanno ricevuto il premio Nobel per la Medicina grazie alle loro ricerche sul batterio *Helicobacter pylori* (**figura**). In molti casi la causa di gastrite e ulcera è proprio la presenza di tale batterio, per cui una cura antibiotica specifica può portare alla completa guarigione.

Come se non bastasse, *H. pylori* ha un ruolo importante nella genesi del tumore allo stomaco: l'infezione da sola non è, infatti, sufficiente a determinare il cancro, ma è stato calcolato che nei Paesi industrializzati circa il 40-60% dei casi di tumore allo stomaco non si svilupperebbe senza la precedente infezione batterica.

L'esame elettivo impiegato per rivelare la presenza o meno di *H. pylori* nello stomaco è l'endoscopia con prelievo della mucosa gastrica. Questo esame è piuttosto invasivo e per questo motivo è spesso sostituito, o perlomeno preceduto, da altre analisi. Tra queste vi è la ricerca del batterio nel sangue, che però è scarsamente accurata; un'altra tecnica può essere la ricerca degli antigeni batterici nelle feci, senza però poter distinguere tra infezioni passate e in corso.

Un esame semplice e non invasivo è il *breath test*, che sfrutta la capacità del batterio di sintetizzare ureasi, un enzima che scinde l'urea gastrica e libera ammoniaca e acido carbonico, che consentono al batterio stesso di neutralizzare l'acidità gastrica. Il *breath test* consiste nella somministrazione di urea contenente un isotopo radioattivo del carbonio (^{13}C); il paziente che ospita *H. pylori* demolirà l'urea marcata, liberando diossido di carbonio marcato, che sarà poi espulso con la respirazione. Se l'analisi dell'aria espirata non mostra, invece, la presenza di questo isotopo significa che *H. pylori* non è presente nello stomaco del paziente. Un altro problema che riguarda il canale digerente è il **reflusso gastroesofageo**, ossia la risalita nell'esofago di materiale proveniente dallo stomaco. Poiché, a differenza dello stomaco, l'esofago non ha protezioni contro l'acidità dei succhi gastrici, la loro presenza può provocare forti dolori, infiammazione e lacerazioni. La sensazione di bruciore che accompagna il vomito è dovuta all'acidità del succo gastrico, che agisce sulle membrane non protette dell'esofago e della gola. Il reflusso ha diverse cause e può essere una condizione fisiologica oppure patologica; le conseguenze e le terapie variano in base alla frequenza con cui si manifestano gli episodi.

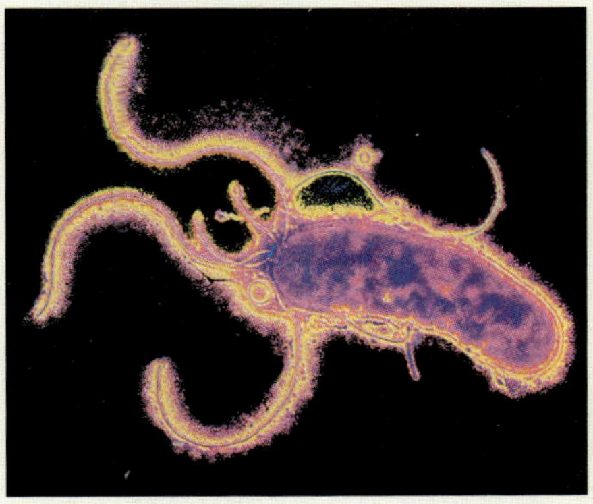

▲ **Figura**
Il batterio *Helicobacter pylori* può essere presente sulla parete interna dello stomaco.

Facciamo il punto

1. Quali funzioni digestive avvengono nello stomaco?
2. Che cosa sono i succhi gastrici e quali sostanze demoliscono?
3. Perché la pepsina è prodotta come pepsinogeno?
4. Quale funzione svolge la gastrina?

4 L'intestino, il pancreas e il fegato

A colpo d'occhio

- INTESTINO
  - TENUE
    - DUODENO
    - DIGIUNO
    - ILEO
  - CRASSO
    - CIECO
    - COLON
    - RETTO

L'intestino è diviso in tenue e crasso

Nell'intestino si svolge la maggior parte del processo di demolizione delle molecole ingerite e dell'assorbimento delle sostanze nutritive. Dal punto di vista anatomico l'intestino è suddiviso in due tratti: *intestino tenue* e *intestino crasso* (**figura 9**).

Il primo tratto dell'intestino tenue è il **duodeno** che, essendo lungo circa 25 cm, contiguo allo stomaco, riceve gli enzimi secreti dal fegato e dal pancreas. Il duodeno è seguito dal **digiuno** e dall'**ileo**, tratti che hanno la funzione di assorbire le sostanze nutritive.

L'intestino crasso, invece, è suddiviso in **cieco**, **colon** e **retto** e ha la funzione di assorbire i liquidi e concentrare le sostanze di scarto.

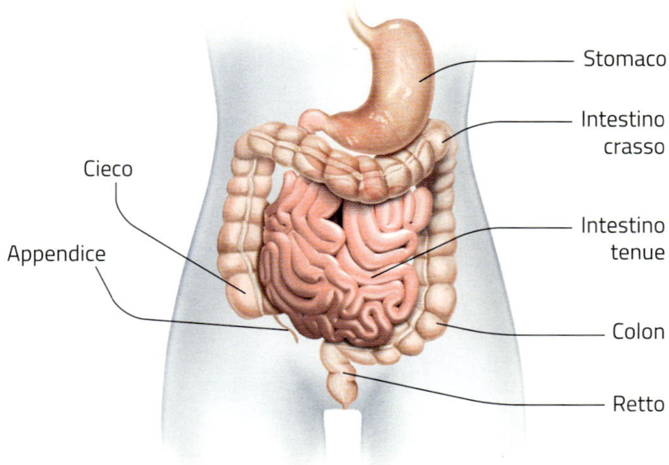

▸ **Figura 9**
Disegno dell'intestino e dello stomaco, organi che occupano gran parte della zona addominale del corpo.

In un individuo adulto l'**intestino tenue** ha una lunghezza di circa 6 m e una superficie totale di 300 m², superiore a quella di un campo da tennis. L'**intestino crasso** è lungo 1,5 m e ha un diametro di 7-8 cm, quasi il doppio di quello dell'intestino tenue.

Nell'intestino tenue sono liberati i succhi pancreatici e i sali biliari

La demolizione delle macromolecole iniziata nella bocca e nello stomaco si completa nell'**intestino tenue**. Dal punto di vista anatomico, l'intestino tenue è caratterizzato da particolari strutture che ne aumentano l'area, favorendo la superficie di contatto con il chimo (**figura 10**).

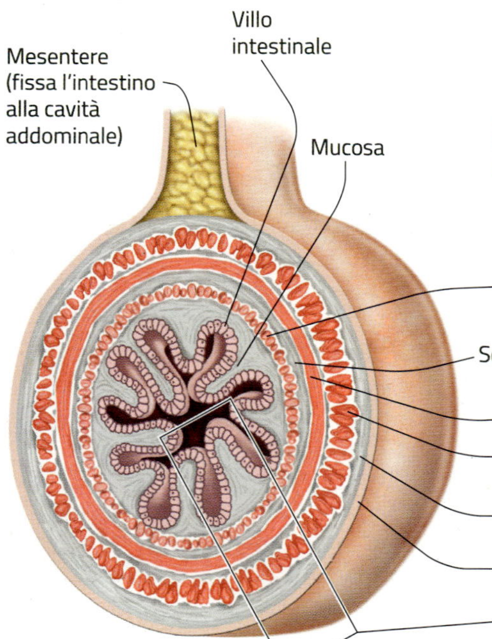

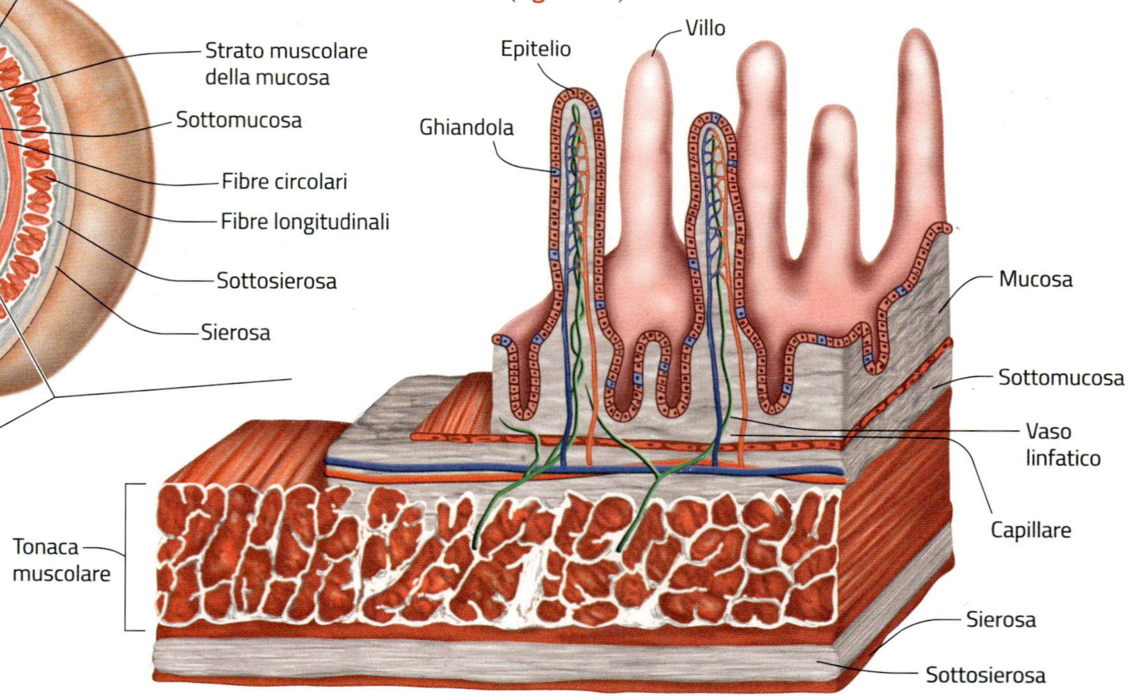

▴ **Figura 10**
Sezione di un tratto dell'intestino tenue con villi intestinali, che aumentano la superficie interna e facilitano l'assorbimento delle molecole.

Tali strutture comprendono:

- **pieghe circolari** della sottomucosa;
- estensioni digitiformi della mucosa, dette **villi**, che contengono al loro interno vasi sanguigni e un dotto linfatico (chiamato *vaso chilifero*);
- estroflessioni citoplasmatiche presenti sulla superficie delle singole cellule epiteliali, chiamate **microvilli**.

Le cellule epiteliali dell'intestino tenue producono muco ed enzimi digestivi che agiscono spesso in sequenza. Durante questo processo di demolizione le proteine sono trasformate prima in dipeptidi e poi in amminoacidi, che sono sufficientemente piccoli da poter attraversare sia i tessuti dell'intestino sia quelli dei vasi sanguigni, ed entrare così nella corrente circolatoria.

Una volta che il chimo, attraverso il piloro, è passato nel duodeno, ha ancora un pH acido dovuto all'HCl presente nel succo gastrico.

Il duodeno libera, quindi, la **secretina**, un ormone peptidico di 27 amminoacidi che stimola il fegato e il pancreas a secernere dei liquidi alcalini indispensabili per tamponare l'acidità del chimo. Questo meccanismo migliora l'azione degli enzimi digestivi e contemporaneamente protegge la mucosa duodenale da un'aggressione acida. Quando il pH duodenale è prossimo a 4,5 la produzione di secretina è inibita. Inoltre la secretina agisce sul fegato, stimolando la secrezione dei *sali biliari*.

I grassi e gli amminoacidi presenti nel cibo stimolano la produzione di un altro ormone, la **colecistochinina**. Tale ormone è costituito da 33 amminoacidi e induce la liberazione di enzimi da parte del pancreas e lo svuotamento della *bile* contenuta nella cistifellea. Inoltre la colecistochinina ha un ruolo fondamentale nel determinare la sensazione di sazietà, motivo per cui i pasti ricchi di grassi risultano maggiormente sazianti.

L'intestino crasso ospita la flora batterica e forma le feci

Attraverso i movimenti ritmici della peristalsi e mediante le onde di contrazione e rilassamento muscolare che mescolano il liquido, il materiale ingerito arriva all'**intestino crasso**.

Questa porzione di intestino è suddivisa in tre sezioni: il cieco, il colon e il retto. Il **cieco** possiede una breve estroflessione di circa 10 cm di lunghezza e 6 cm di diametro, chiamata *appendice* (*vedi* **figura 9**). Questo tratto, forse un retaggio evolutivo degli antenati erbivori, svolge funzioni immunitarie, ma può andare incontro a infiammazione e quindi talvolta viene asportata.

Nel **colon**, nonostante l'assenza dei villi intestinali, si completa l'assorbimento dell'acqua e dei sali minerali. Inoltre, questa zona ospita numerose popolazioni di batteri simbionti, tra cui *Escherichia coli*, che scindono le sostanze alimentari sfuggite alla digestione e all'assorbimento nell'intestino tenue. Nutrendosi di queste sostanze, prevalentemente composti che non possono essere digeriti per l'assenza degli enzimi specifici, i batteri sintetizzano amminoacidi e vitamine, rilasciando gas come idrogeno, metano e diossido di carbonio, che si accumulano e provocano flatulenza.

Tra le **vitamine** sintetizzate dai batteri ci sono quelle del gruppo B e la vitamina K, che partecipa alla corretta funzionalità di alcune proteine che formano e rendono resistenti le nostre ossa ed è indispensabile per la coagulazione del sangue. I batteri del colon costituiscono la **flora microbica** intestinale, importante per la corretta funzione del sistema digerente.

Durante il passaggio nell'intestino crasso, tutto ciò che non viene assorbito va a costituire le **feci**. La massa delle sostanze fecali è costituita soprattutto da batteri (per lo più morti) e da fibre di cellulosa. Questa massa viene lubrificata dal muco e, dopo essersi temporaneamente accumulata nel **retto**, viene eliminata attraverso l'ano. Poiché l'ultima parte dell'intestino crasso assorbe prevalentemente acqua, più le feci ristagnano in questo tratto più si disidratano e diventa difficile eliminarle.

Guarda il video nell'ebook:
3 minuti di salute
La flora batterica intestinale e gli antibiotici

Ti ricordi?

La **cellulosa** è un polimero di β-glucosio che i nostri enzimi digestivi non sono in grado di demolire, poiché attuano l'idrolisi solamente dei legami α-1,4-glicosidici. Per questo motivo i cibi vegetali, dopo essere stati privati di acqua, vitamine, sali e zuccheri, proseguono nel canale digerente costituendo buona parte della massa fecale

Guarda il video nell'ebook:
3 minuti di salute
Gli effetti delle bevande alcoliche

Il pancreas ha funzione sia esocrina sia endocrina

Il **pancreas** è una ghiandola che immette nel duodeno succhi digestivi e un liquido alcalino contenente ioni bicarbonato (HCO_3^-) che neutralizza l'acidità della massa alimentare proveniente dallo stomaco.

I *succhi pancreatici* raggiungono l'intestino tenue attraverso una serie di piccoli canali che confluiscono in un dotto principale che sfocia nell'intestino, circa 10 cm al di sotto dello sfintere pilorico (**figura 11**).

Tra gli enzimi presenti nei succhi pancreatici vi sono:

- l'**amilasi pancreatica**, che prosegue la scissione dell'amido iniziata nella bocca e produce disaccaridi;
- la **lipasi**, che idrolizza i lipidi in glicerolo e acidi grassi;
- diversi enzimi pancreatici (per esempio, **tripsina** e **chimotripsina**), che scindono le proteine. Questi enzimi sono prodotti in forma inattiva e sono poi attivati nel duodeno solo al momento del bisogno per evitare che l'organo si autodigerisca;
- la **nucleasi**, che spezza gli acidi nucleici in nucleotidi.

Oltre a questa funzione *esocrina*, cioè di produzione di sostanze che vengono riversate internamente nel tratto in cui devono agire (in questo caso, il duodeno), il pancreas ha anche una funzione *endocrina*. Alcune regioni di questa ghiandola, chiamate **isole di Langerhans**, infatti, producono gli ormoni *insulina* e *glucagone*, che sono liberati nel sangue e agiscono sul metabolismo del glucosio.

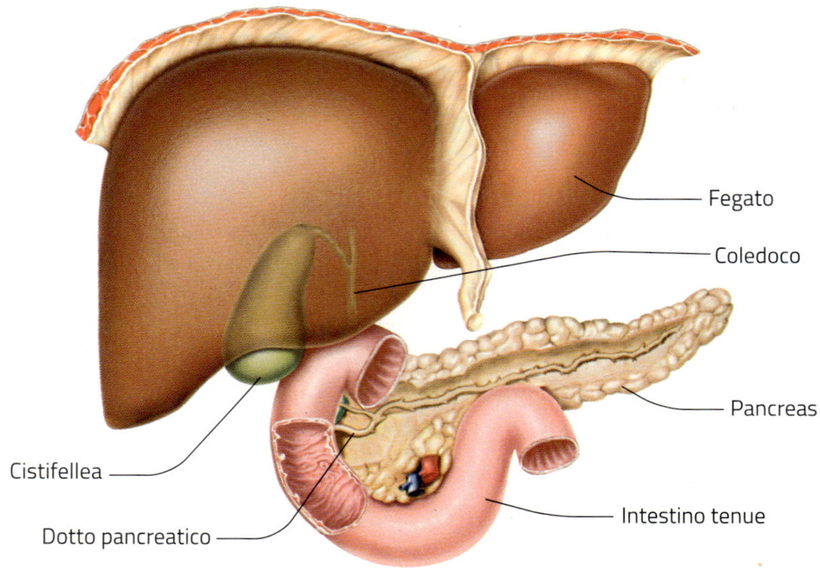

▸ **Figura 11**
I dotti che provengono dal fegato, dalla cistifellea e dal pancreas si uniscono prima di sfociare nel duodeno attraverso uno sfintere.

Il fegato è la centrale operativa del metabolismo

Il **fegato** è un organo disposto dietro al diaframma, nella parte destra della cavità addominale (*vedi* **figura 11**). In un uomo adulto il fegato pesa mediamente 1,4 kg ed è, dopo la pelle, il secondo organo del corpo come dimensione.

Il fegato svolge un ruolo fondamentale nella demolizione delle sostanze tossiche. Il sangue proveniente dall'intestino carico di sostanze nutritive e scorie passa attraverso diramazioni della *vena porta epatica* verso le strutture funzionali del fegato, i **lobuli** (**figura 12**). Ogni lobulo è un'unità rotondeggiante costituita da cellule, gli *epatociti*, che sono affiancate a raggiera da capillari che sfociano in un'unica vena posta al centro del lobulo, detta *vena centrale*. Durante l'attraversamento del lobulo, questi vasi, chiamati *sinusoidi*, rilasciano le sostanze nutritive al fegato e contemporaneamente sia i globuli rossi vecchi sia i batteri sono fagocitati da speciali cellule (*le cellule di Kupffer*) .

Gli epatociti sono le cellule responsabili della produzione della **bile**, una soluzione isotonica, leggermente basica, che contiene per il 95% acqua, alcuni pigmenti, acidi biliari, colesterolo e fosfolipidi. Ogni giorno il fegato produce circa 600 mL di bile.

Curiosità

Le **cellule di Kupffer**, dal nome dell'anatomista tedesco Karl von Kupffer, sono macrofagi attivi nella demolizione di batteri e di eritrociti, ma possono essere iperstimolate da alcune sostanze tossiche come l'alcol con conseguente infiammazione e successiva necrosi del fegato.

Le parole

Il termine **cistifellea** deriva dai due termini latini *cystis*, «vescica», e *felle*, «fiele»; essa è infatti l'organo che contiene il fiele, cioè la bile; il sinonimo **colecisti**, invece, contiene la radice greca *cholē*, «bile».

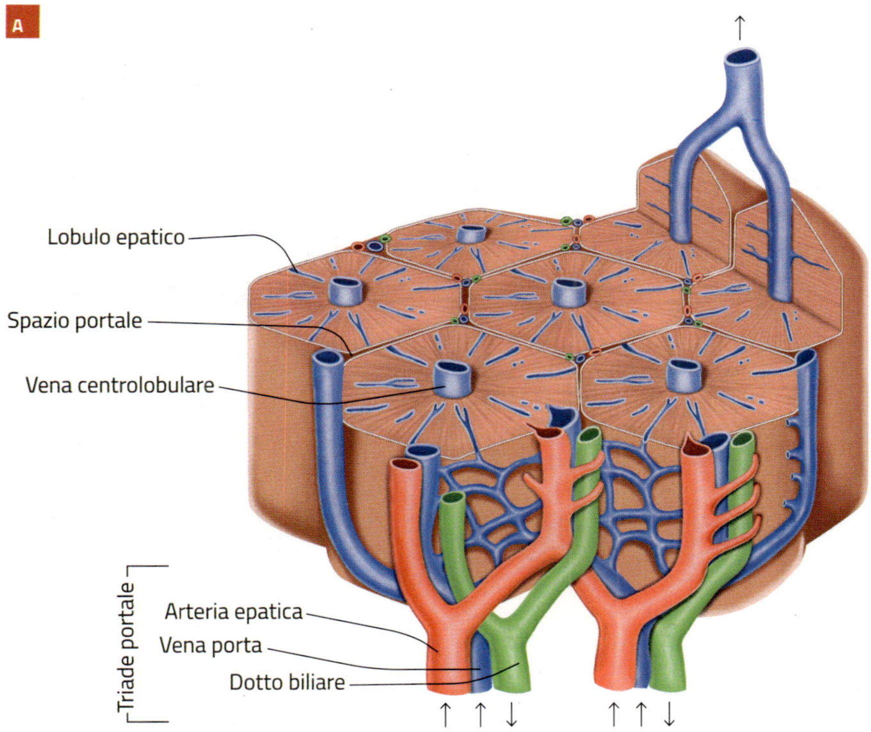

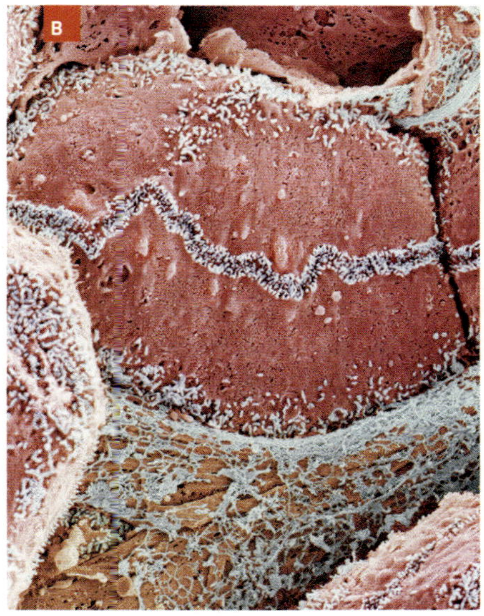

▲ **Figura 12**
(A) Una porzione di fegato, con indicati i lobuli epatici e i vasi che li attraversano. (B) Fotografia al microscopio elettronico a scansione di due epatociti (in rosso) attraversati da un canalicolo biliare (in blu).

Leggi l'approfondimento nell'ebook: **La nostra salute** *Il controllo dei valori di bilirubina*

La bile emulsiona i grassi, riducendoli in piccole goccioline; grazie a questa azione, si ha una maggiore superficie d'attacco per gli enzimi idrolitici pancreatici. Il principale pigmento biliare è la *bilirubina*, proveniente dai globuli rossi demoliti; dopo aver raggiunto il canale digerente, la bilirubina si trasforma in *stercobilina* grazie all'azione dei batteri presenti nell'intestino. Questa sostanza è il pigmento che dà il colore marrone alle feci. Man mano che si forma, la bile viene raccolta a livello dei lobuli epatici in dotti biliari sempre più grandi, che confluiscono in un *dotto epatico* comune che immagazzinano la bile in una sacca, la **cistifellea**.

In occasione di un pasto la cistifellea è stimolata ad aprire il suo sfintere e a rilasciare la bile nel duodeno attraverso il *dotto cistico*. Il dotto cistico e quello epatico si riuniscono nel dotto biliare comune, detto *coledoco*. Quest'ultimo si fonde poi con il dotto pancreatico per riversare i succhi nel duodeno. Oltre alle funzioni digestive e disintossicanti, il fegato ha molte altre funzioni, riassunte nella **tabella 2**.

▼ **Tabella 2**
Le funzioni svolte dal fegato.

Funzione	Meccanismo d'azione
Digestione	La bile emulsiona i grassi facilitandone l'attacco da parte della lipasi pancreatica; la maggior parte dei sali biliari viene riassorbita a livello dell'ileo e tramite la vena porta torna al fegato.
Escrezione	Con la bilirubina viene eliminato il pigmento residuo dei globuli rossi senescenti.
Deposito dei grassi	Immagazzina grassi in eccesso e li demolisce per fornire energia; gli epatociti sintetizzano anche lipoproteine per il trasporto di colesterolo, acidi grassi e trigliceridi nel sangue.
Regolazione della glicemia	Deposita il glucosio sotto forma di glicogeno e viceversa ritrasformarlo in glucosio quando lo zucchero nel circolo sanguigno sia basso; può anche trasformare in glucosio amminoacidi e grassi tramite la reazione di gluconeogenesi.
Sintesi e demolizione delle proteine	Converte gli amminoacidi in ATP, con la produzione di ammoniaca, che viene poi trasformata in urea, infine eliminata con l'urina; sintetizza proteine del sangue come albumine e globuline e proteine importanti per la coagulazione.
Deposito di farmaci e ormoni	Trasforma farmaci dalla forma inattiva ad attiva; può inattivare ormoni tiroidei e steroidei.
Deposito di vitamine e sali minerali	Immagazzina le vitamine liposolubili (A, D, E, K), ferro e rame, rilasciandoli in caso di necessità.
Disintossicazione	Disintossica l'organismo dalle scorie del metabolismo o da sostanze come alcol, droghe e farmaci.

Facciamo il punto

1. Descrivi la struttura anatomica dell'intestino.
2. A che cosa serve la flora batterica intestinale?
3. Quale ruolo hanno il fegato e il pancreas nella digestione?
4. Quale funzione svolge la cistifellea?

Le principali malattie del fegato e dell'intestino

L'infiammazione a carico del fegato è chiamata **epatite**. Questa condizione può derivare dall'azione di un agente infettivo o meno. Nel primo caso, il più frequente, il patogeno scatenante è un virus. Esistono numerose forme di epatite virale; le più conosciute vengono indicate con le prime cinque lettere dell'alfabeto come epatite A, B, C, D ed E. Ognuna di queste è causata da un virus specifico, anch'esso identificato dalla sigla HV (*Hepatitis Virus*) accompagnata dalla specifica lettera dell'alfabeto.

L'**epatite A**, detta anche *epatite alimentare*, è causata da un virus (HAV) che si trasmette attraverso gli alimenti o le acque contaminate. L'infezione provoca nausea, malessere, febbre e ittero (ingiallimento della pelle). In genere si guarisce completamente e le forme gravi sono molto rare.

L'**epatite B** e l'**epatite C** sono le forme più frequenti e sono pericolose perché generalmente manifestano i loro sintomi solo quando diventano croniche; esse sono in grado di provocare importanti lesioni al fegato, quali la *cirrosi epatica* (una degenerazione del tessuto epatico) oppure il cancro. Nel mondo esistono circa 350 milioni di individui infettati cronicamente dal virus dell'epatite B (HBV; **figura A**) e circa 200 milioni infettati cronicamente dal virus dell'epatite C (HCV). Molti di essi, non sapendo di essere malati, possono trasmettere il virus in modo inconsapevole.

La trasmissione avviene soprattutto attraverso sangue infetto, siringhe usate, strumenti dentistici non sterilizzati, strumenti per piercing o tatuaggi riutilizzati e forbici da manicure. Il virus, se esposto all'aria, resiste anche per sette giorni. L'epatite B, a causa della possibile presenza del virus nello sperma e nelle secrezioni vaginali, si può trasmettere anche per via sessuale. Le trasfusioni oggi sono sicure, in quanto è possibile individuare il virus e sottoporre il sangue a trattamenti che lo neutralizzano. Contro l'epatite B esiste un vaccino che in Italia è diventato obbligatorio dal 1991, mentre il vaccino per l'epatite C non è ancora stato messo a punto.

Anche l'**epatite D** è causata da un agente virale, ma per manifestarsi richiede la contemporanea presenza di un altro virus, generalmente quello dell'epatite B; a causa del sommarsi degli effetti di più virus, questa forma è tra le più gravi. La vaccinazione contro l'epatite B riduce anche la possibilità di ammalarsi di epatite D, in quanto viene a mancare un possibile virus associato.

L'**epatite E**, infine, ha le stesse modalità di trasmissione dell'epatite A, ma l'infezione si manifesta in modo acuto e non diventa mai cronica.

Oltre all'epatite, però, esistono altre patologie a carico del fegato. In alcune situazioni, i pigmenti biliari possono precipitare e dare origine ai **calcoli biliari**; tra le cause predisponenti ci sono l'aumento del colesterolo in circolo e il sovrappeso, oltre all'avanzare dell'età. Per sciogliere i calcoli, si possono utilizzare farmaci specifici o ricorrere alla *litotripsia*, una serie di tecniche per sminuzzare i calcoli in parti che possano passare tramite il dotto biliare comune. In alcuni pazienti, in cui la calcolosi è recidiva o non si hanno risultati con queste terapie, si può optare per l'asportazione chirurgica della cistifellea (colecistectomia).

I **polipi intestinali** sono delle escrescenze della mucosa dell'intestino, a crescita lenta e benigna. Molto spesso i polipi sono asintomatici, altre volte possono provocare diarrea o presenza di sangue e muco nelle feci. Nonostante la loro natura benigna, spesso se ne consiglia l'asportazione chirurgica, perché con il tempo potrebbero mutare in una forma maligna.

I **diverticoli**, invece, sono delle sacche che si formano nel colon, soprattutto per una dieta povera di fibre e se il colon si contrae in maniera eccessiva. Molto spesso sono asintomatici, ma quando s'infiammano provocano diverticolite con i sintomi che possono essere diarrea o stipsi, nausea e febbre. Oltre a evitare la diverticolite, una dieta ricca di fibre aiuta a prevenire anche il cancro al colon, un tumore maligno molto frequente che, nella metà dei casi, è favorito da una dieta ricca di grassi animali e alcol. Tra i sintomi più generici, quello più importante che permette una diagnosi precoce del cancro al colon è la presenza di sangue nelle feci (se è presente ma non visibile a occhio nudo viene chiamato sangue occulto). La terapia, quando possibile, è sempre chirurgica.

La **malattia di Crohn** è un'infiammazione cronica dell'intestino; le cause non sono ancora certe, ma sembra dipenda da fattori genetici e immunitari. La malattia di Crohn si presenta con un'infiammazione su tutti gli strati della parete dell'intestino, fino al mesentere. A volte sono presenti ulcere lungo il tratto alimentare e l'edema della mucosa porta la cavità intestinale a produrre restringimenti che possono diventare occlusioni, soprattutto a carico dell'intestino tenue, che è più stretto. Le terapie si basano su una dieta accurata, medicine che regolano il sistema immunitario e a volte la chirurgia.

Quando si ha peristalsi in maniera veloce e senza il giusto assorbimento di acqua e ioni, si formano feci molli o **diarrea**, che possono essere causate da intossicazioni, intolleranze alimentari o malattie infettive. Una malattia caratterizzata da una forma molto grave di diarrea è il **colèra**, un'infezione intestinale acuta causata dal batterio *Vibrio cholerae* (**figura B**). Si può contrarre il colera quando si ingeriscono acqua o alimenti contaminati dal batterio, che vive in genere nelle feci delle persone infette; per questo motivo, la malattia si propaga con rapidità nelle zone in cui i trattamenti per la depurazione dell'acqua potabile sono inadeguati.

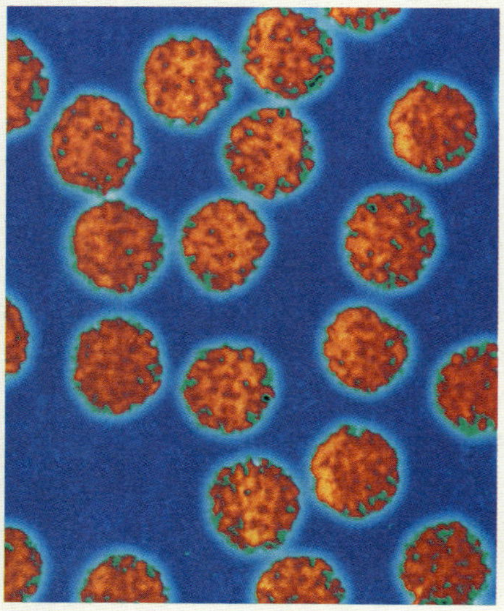

◄ **Figura A**
Immagine al microscopio elettronico a trasmissione del virus dell'epatite B.

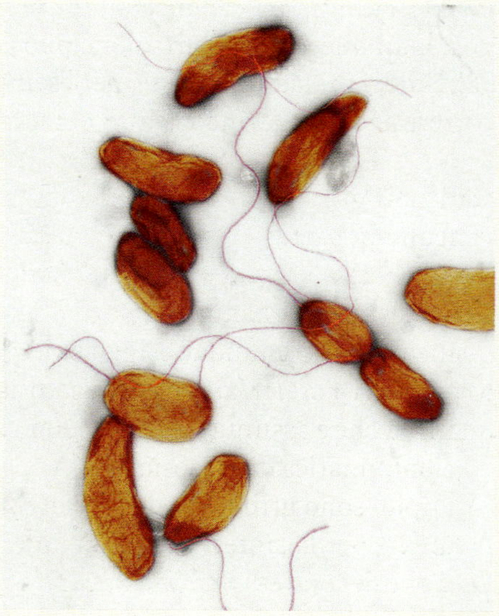

▲ **Figura B**
Fotografia al microscopio elettronico a trasmissione di *Vibrio cholerae*, agente infettivo del colera.

5 Il metabolismo e la dieta

L'acqua e le biomolecole sono assorbite per trasporto attivo e passivo

L'acqua e le molecole alimentari prodotte dai processi digestivi sono assorbite attraverso le cellule epiteliali della mucosa intestinale, mediante trasporto attivo, diffusione semplice e facilitata. Per esempio, attraverso il processo di osmosi, l'*acqua* viene riassorbita in parte nell'intestino tenue, ma soprattutto nell'intestino crasso, mentre i *sali minerali* passano per trasporto passivo soprattutto nel crasso.

All'interno della bocca, e anche nell'intestino tenue, gli enzimi scindono gli *zuccheri* disaccaridi in monosaccaridi, che sono rapidamente assorbiti per diffusione facilitata. I monosaccaridi passano poi nei capillari sanguigni e da questi alle venule che portano il sangue alla vena porta epatica. Dopo aver attraversato i lobuli epatici, il sangue distribuisce il glucosio al resto del corpo.

Le *proteine*, invece, sono scomposte all'interno dei microvilli da dipeptidi ad amminoacidi, che sono assorbiti per trasporto attivo; anche in questo caso le molecole entrano nella circolazione sanguigna attraverso i capillari dei villi.

Gli acidi grassi di piccole dimensioni entrano direttamente nei capillari sanguigni dell'intestino, mentre quelli di dimensioni maggiori entrano nelle cellule epiteliali per diffusione. All'interno delle cellule, gli acidi grassi sono nuovamente sintetizzati in *lipidi*, in seguito impacchettati in goccioline con rivestimento proteico (dette chilomicroni).

Le *vitamine* liposolubili (A, D, E, K) sono assorbite insieme ai grassi, mentre quelle idrosolubili (B e C) attraversano le membrane cellulari per diffusione facilitata.

Ti ricordi?

Il trasporto di membrana può essere passivo oppure attivo, in base al fatto che richieda o meno energia. Il **trasporto passivo** può avvenire per diffusione semplice, quando le sostanze attraversano la membrana spontaneamente, o diffusione facilitata, che necessita della presenza di proteine di membrana. Il **trasporto attivo** richiede, invece, ATP e specifici canali proteici

Il fegato gestisce il metabolismo del glucosio e dei lipidi

Una volta che le sostanze nutritive sono entrate in circolo, vengono utilizzate dall'organismo mediante reazioni chimiche e fisiche che nell'insieme prendono il nome di *metabolismo*.

Sebbene i vertebrati raramente ingeriscano cibo 24 ore su 24, il loro tasso ematico di glucosio, che è la principale fonte di energia cellulare, rimane straordinariamente costante. La concentrazione di glucosio nel sangue è detta **glicemia** e il suo valore normale nella specie umana è di circa 1 g/L. A causa di disfunzioni ormonali questa concentrazione può alterarsi, causando gravi scompensi all'organismo; i malati di diabete, per esempio, devono seguire una dieta attenta e ricorrere a terapia farmacologica per non avere ripercussioni sulla loro salute.

Il fegato svolge un ruolo fondamentale in questo importante processo omeostatico. Il glucosio e gli altri monosaccaridi trasferiti nel sangue dall'intestino vengono in parte inviati direttamente alle cellule, mentre quelli in eccesso sono convogliati al fegato per mezzo della vena porta epatica. Il fegato è quindi in grado di trasformare alcuni di questi monosaccaridi in glicogeno e grasso. La riserva di glicogeno è comunque esigua e riesce a soddisfare le esigenze del corpo soltanto per circa 4 ore. Il fatto che il fegato assuma oppure liberi glucosio, così come la quantità che è assunta o liberata, sono comportamenti determinati dalla concentrazione ematica di glucosio.

I lipidi sono utilizzati in alternativa al glucosio per fornire energia, ma servono anche per la sintesi delle membrane cellulari. Esistono due *acidi grassi essenziali*, che devono essere obbligatoriamente assunti tramite cibi come pesce, frutta secca, oli di semi, legumi; questi grassi essenziali sono l'acido linoleico e quello linolenico, detti rispettivamente omega 3 e omega 6.

Mediante il processo di *lipolisi* i muscoli, il fegato e le cellule adipose possono sfruttare i grassi come fonte di energia, ottenendo glicerolo e acidi grassi, che poi saranno ossidati nei mitocondri.

Curiosità

La **glicemia** di una persona sana a digiuno deve essere compresa tra 65 e 110 mmg/dL. Valori al di sotto del limite inferiore (*ipoglicemia*) sono da considerarsi pericolosi, perché possono portare al coma e anche al decesso; analogamente, anche valori superiori al limite massimo (*iperglicemia*) sono dannosi per l'organismo e devono essere controllati farmacologicamente.

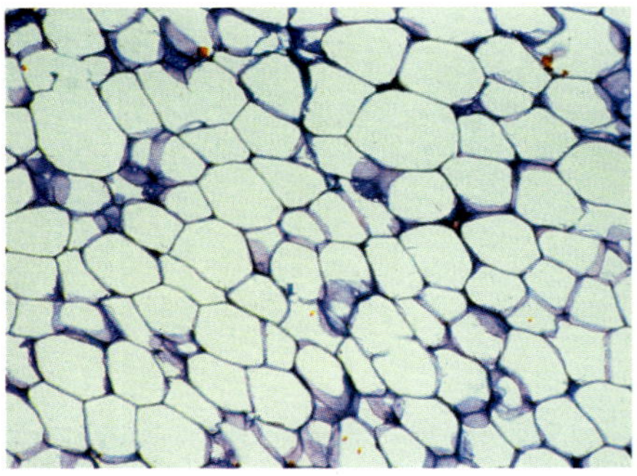

▲ **Figura 13**
Gli adipociti sono le cellule del tessuto adiposo, specializzate per immagazzinare grandi quantità di trigliceridi nel loro citoplasma (in bianco), riducendo al minimo lo spazio (in viola) destinato agli organuli.

Viceversa, nella fase di costruzione dei lipidi tutti i nutrienti in eccesso (carboidrati, proteine e grassi) diventano trigliceridi di riserva (**figura 13**). Poiché molti nutrienti non sono idrosolubili, prima di essere immessi nel sangue sono avvolti da specifiche proteine prodotte dal fegato che distinguono per la loro diversa densità.

- **Lipoproteine a bassissima densità** (VLDL), che trasportano i trigliceridi dal fegato ai tessuti e, dopo averli rilasciati, si trasformano in lipoproteine a bassa densità.
- **Lipoproteine a bassa densità** (LDL): sono i principali trasportatori di colesterolo nel sangue; concentrazioni elevate di queste lipoproteine sono associate al rischio di malattie cardiovascolari. L'accumulo di colesterolo infatti predispone alla formazione di placche nei vasi sanguigni (*vedi* Capitolo C3) e all'insorgenza di aterosclerosi.
- **Lipoproteine ad alta densità** (HDL), che rimuovono il colesterolo in eccesso dai tessuti e lo trasportano al fegato, svolgendo un ruolo protettivo rispetto alle malattie cardiovascolari.

Curiosità

La **colesterolemia** corrisponde alla quantità di colesterolo nel sangue. Un adulto sano a digiuno dovrebbe avere un valore compreso tra 140 e 200 mg/dL; valori superiori sono indicati come *ipercolesterolemia* e devono essere trattati con una dieta povera di grassi e terapia farmacologica.

Il controllo della digestione dipende dal sistema nervoso enterico e dagli ormoni

Il sistema digerente è dotato di un proprio sistema nervoso, chiamato **sistema nervoso enterico**, che comunica con quello centrale ma che mantiene una certa autonomia nel controllo del movimento dello stomaco e dell'intestino.

Per esempio, quando vediamo del cibo spesso nella nostra cavità orale si innesca un'ipersalivazione, un riflesso involontario che prepara l'organismo alla futura digestione del pasto. Attraverso l'odore, la vista o addirittura il solo pensiero del cibo, si attiva infatti un'area del cervello che a sua volta stimola alcuni nervi cranici, con produzione di saliva e succhi gastrici.

Oltre che dal sistema nervoso, il sistema digerente è coordinato anche dagli ormoni. Come abbiamo visto, la gastrina prodotta dalle cellule dello stomaco stimola sia la produzione di HCl sia la motilità gastrica. Gli stimoli che fanno produrre alle cellule dello stomaco la gastrina sono la distensione delle pareti dello stomaco, un pH elevato dovuto all'ingresso di cibo e la presenza di proteine parzialmente digerite. Una volta raggiunto un pH di 3, la gastrina non viene più rilasciata e lo stomaco smette di produrre acidi.

Nell'intestino tenue viene prodotta la *colecistochinina*, un ormone che stimola la produzione e il rilascio dei succhi pancreatici e lo svuotamento della cistifellea, con il rilascio dei secreti epatici, rallentando inoltre il movimento dello stomaco, in modo che il chimo esca dal piloro in maniera graduale. Lo stimolo che induce la sintesi della colecistochinina è la presenza di amminoacidi e acidi grassi nel chimo; l'effetto non è soltanto locale, ma influisce anche sul sistema nervoso centrale, producendo il senso di sazietà.

Una dieta corretta comprende vitamine, macronutrienti e micronutrienti

Solitamente il fabbisogno energetico dell'organismo è soddisfatto da una combinazione di carboidrati, proteine e lipidi. I carboidrati e le proteine forniscono approssimativamente lo stesso numero di calorie per grammo di peso secco (circa 4 kcal/g, che corrispondono a circa 17 kJ/g), mentre dai grassi se ne ricavano più del doppio (circa 9 kcal/g, pari a circa 37 kJ/g).

Oltre a ricevere un adeguato apporto energetico, le cellule devono anche contenere i 20 amminoacidi necessari per l'assemblaggio delle proteine: se uno di essi non è disponibile, alcune proteine non possono essere prodotte. I vertebrati non sono capaci di sintetizzare tutti e 20 gli amminoacidi; gli esseri umani, per esempio, ne possono sintetizzare solo 12, partendo da un semplice scheletro carbonioso oppure da un altro amminoacido. Quelli che devono essere ottenuti con la dieta sono detti **amminoacidi essenziali** (**tabella 3**).

Amminoacido	Fonti di origine vegetale
Fenilalanina	Germe di grano
Leucina	Germe di grano
Isoleucina	Scarse fonti disponibili
Lisina	Legumi
Metionina	Semi in genere, frutta a guscio
Treonina	Legumi, solo marginalmente cereali
Triptofano	Mandorle, scarso in legumi e cereali
Valina	Germe del grano

▲ **Tabella 3**
Gli amminoacidi essenziali e le loro principali fonti vegetali.

È possibile ottenere tutti gli amminoacidi mediante la demolizione delle proteine contenute nella carne e nei prodotti di origine animale, come il latte o le uova. È, invece, più difficile disporre di ogni amminoacido basandosi su un'alimentazione vegetariana, soprattutto perché le proteine vegetali sono povere di lisina e triptofano; tuttavia, questi amminoacidi possono essere assunti mediante specifiche combinazioni di legumi e cereali, come pasta e fagioli oppure riso e piselli.

Le vitamine sono un altro gruppo di molecole indispensabili al nostro organismo, non sintetizzabili dalle cellule animali e di solito necessarie in piccole quantità. Sono definiti **vitamine** quei composti organici, privi di funzione strutturale oppure energetica, che svolgono un ruolo indispensabile come cofattori delle vie metaboliche.

In base al loro comportamento in acqua, le vitamine sono suddivise in liposolubili (come le vitamine A, E, D e K) e in idrosolubili (come le vitamine B e C). La **tabella 4** elenca alcune delle principali vitamine che devono essere presenti nella dieta umana, i cibi che le contengono, le loro funzioni e alcune caratteristiche. Per esempio, un elevato consumo di frutta e di verdura è correlato a una bassa insorgenza di tumori all'intestino grazie alle vitamine in esse contenute e alle fibre (cellulosa) che passano lungo tutto il canale digerente, evitando le infiammazioni che ne derivano. Una carenza di vitamina D nei bambini provoca malformazioni ossee (*rachitismo*); popolazioni come gli eschimesi non hanno praticamente nessun caso di rachitismo perché la loro alimentazione è ricca di oli di

▼ Tabella 4
Le principali vitamine idrosolubili e liposolubili.

Nome della vitamina	Fonti	Funzioni	Caratteristiche
B1 (idrosolubile)	Legumi, cereali integrali, carne, uova	È indispensabile per la produzione di energia in quanto forma un coenzima che partecipa al ciclo di Krebs.	La sua assenza produce danni cardiaci, disturbi nervosi e deperimento.
B9 acido folico (idrosolubile)	Legumi, spinaci, broccoli e cavolfiori, fegato, pomodori, meloni e lievito di birra	È essenziale per il sistema nervoso e il midollo osseo, interviene nella trasformazione delle proteine in energia, ha un ruolo di sostegno della produzione degli acidi nucleici (DNA e RNA).	Viene attivata dalla vitamina B12, indispensabile per la crescita e la riproduzione delle cellule, importantissima per le donne in gravidanza in quanto favorisce il normale sviluppo del feto.
B12 (idrosolubile)	Fegato, rene, cervello, uova, formaggi	Interviene nella maturazione dei globuli rossi, rafforza la memoria e aumenta l'energia fisica; con le altre vitamine del gruppo B, favorisce l'assegnazione dei grassi, dei carboidrati e delle proteine per la loro trasformazione in energia.	Vista l'enorme importanza della vitamina B12, si consiglia ai vegetariani di assumerla tramite integratori; la cottura degli alimenti provoca una considerevole perdita di questa vitamina.
C acido ascorbico (idrosolubile)	Agrumi, kiwi, pomodori, fragole, meloni, peperoni, verdura a foglia verde	Fortifica le difese immunitarie, è antitossica, antinfettiva e antiemorragica, protegge le cellule dai radicali liberi, previene le malattie cardiovascolari, aiuta la cicatrizzazione delle ferite, migliora la risposta dell'organismo in caso di raffreddori e influenze, abbassa il livello di colesterolo ematico, facilita l'assorbimento di ferro.	È molto sensibile alla temperatura (non è presente nei cibi cotti e congelati).
A (liposolubile)	Olio di fegato di merluzzo, fegato, burro, latte intero, formaggio, uova, carote, meloni, albicocche, spinaci, cachi, zucca	Costituisce i pigmenti visivi, ha proprietà antiossidanti (perciò combatte i radicali liberi e previene i danni alle membrane), aumenta la resistenza alle infezioni.	L'assimilazione della vitamina A è favorita dalla presenza di grassi nei cibi mentre è limitata dalla carenza di vitamina E; la scrematura del latte porta a una totale perdita di vitamina A.
D (liposolubile)	Pesce, olio di fegato di merluzzo, funghi, latte, burro, tuorlo d'uovo	È indispensabile per l'assorbimento di calcio a livello intestinale (perciò contribuisce alla formazione delle ossa e dei denti).	Il sole è essenziale per la produzione di vitamina D che si realizza tramite irradiazione degli steroli presenti sulla pelle.
E (liposolubile)	Olio d'oliva, olio di arachidi, olio di germe di grano, fegato, uova, noci, mandorle, asparagi	È un antiossidante che combatte i radicali liberi, promuove la crescita e lo sviluppo.	La vitamina E è distrutta dall'irrancidimento, dall'ossidazione e dalla luce solare, ma resiste al calore della cottura.
K (liposolubile)	Tè, verdura a foglia verde	È indispensabile per la sintesi della protrombina che permette la coagulazione del sangue.	Viene distrutta dagli acidi forti, come per esempio l'acido acetilsalicilico.

pesce, che contengono molta vitamina D. Alcune vitamine, per esempio quelle liposolubili come la A, la D e la K, sono tossiche se assunte in elevate quantità perché si accumulano nei tessuti. Per altre vitamine, come la C, non esiste il rischio di accumulo, perché l'eccesso viene eliminato per via renale.

L'organismo ha anche bisogno, nella sua dieta, di un certo numero di sostanze inorganiche o minerali. Queste comprendono il calcio e il fosforo indispensabili per la formazione delle ossa, lo iodio per la sintesi dell'ormone tiroideo, il ferro per l'emoglobina, nonché il sodio, il cloro e altri ioni essenziali per l'equilibrio ionico. La maggior parte dei minerali è presente normalmente nei cibi o nell'acqua, tuttavia il loro apporto deve essere integrato se la dieta è inadeguata o se l'individuo non è in grado di assimilarli correttamente.

L'organismo necessita di una serie di **macronutrienti**, assimilati in grande quantità, e di una serie di **micronutrienti**, che sono indispensabili anche se è sufficiente assumerne quantità ridotte (meno di 100 mg/giorno). Appartengono alla prima categoria calcio, cloro, magnesio, fosforo, potassio, sodio e zolfo; il calcio, per esempio, deve essere introdotto in quantità giornaliere pari a circa 0,8-1 g. Sono, invece micronutrienti il ferro, fluoro, iodio, selenio e zinco; il ferro, per esempio, pur essendo indispensabile per il trasporto dell'ossigeno da parte dell'emoglobina, deve essere introdotto nell'organismo in quantità giornaliere di soli 15 mg.

Un esempio di dieta: quella mediterranea

La qualità e la quantità di cibo che ingeriamo giornalmente sono fattori determinanti per la salute: l'alimentazione non è fondamentale solo per la prevenzione, ma anche per la cura di specifiche patologie.

In Italia abbiamo una tradizione alimentare che è stata presa come esempio in molte altre parti del mondo. La **dieta mediterranea** è caratterizzata da un consumo elevato di verdure, frutta e pesce, dall'utilizzo di grassi polinsaturi (olio extravergine di oliva) e di pochi grassi saturi (burro e lardo) come condimenti, dal consumo di pasta (spesso condita con verdure) e da una scarsa presenza di piatti a base di carne (**figura 14**).

▾ **Figura 14**
Piramide della dieta mediterranea per una persona adulta (18-65 anni).

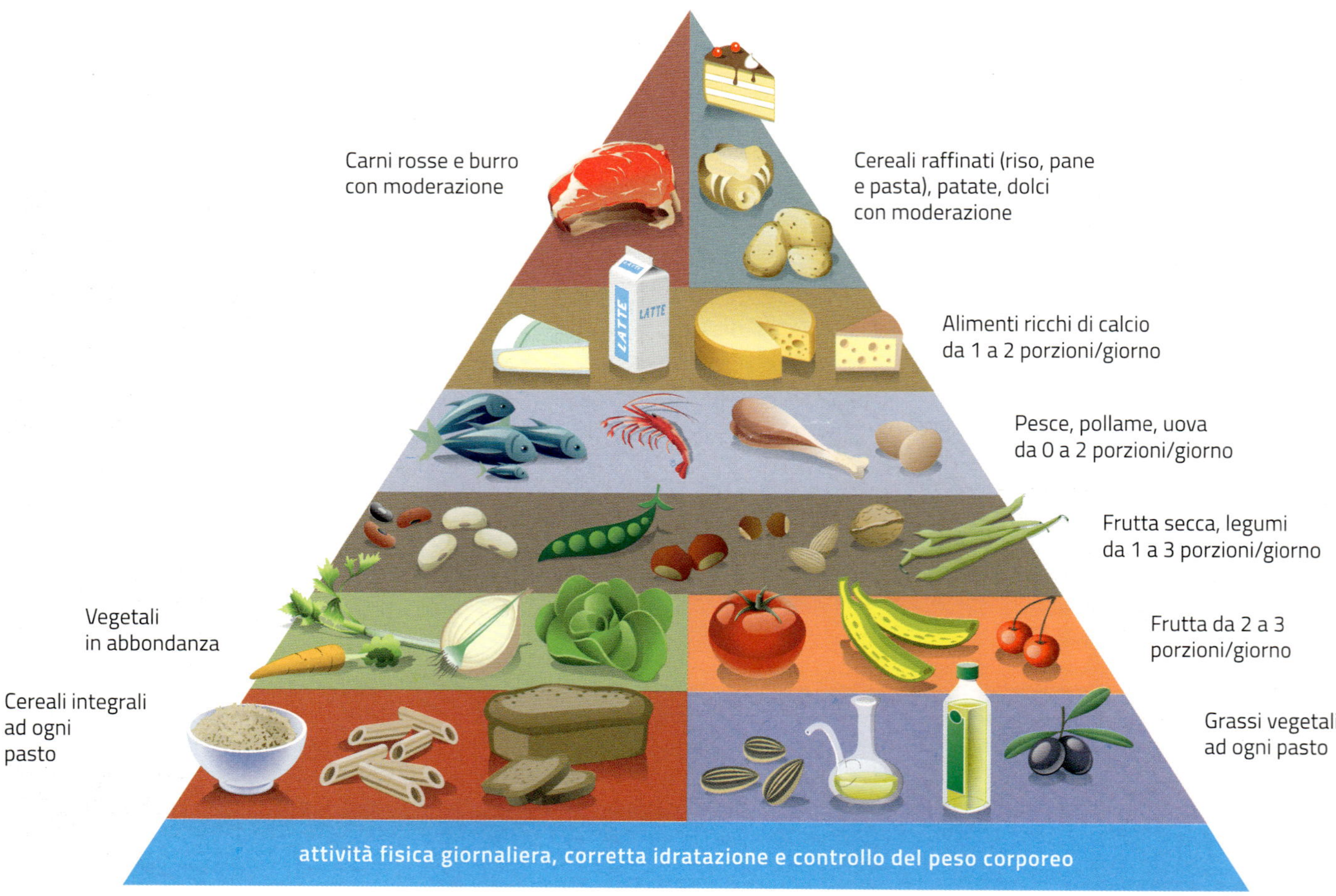

In una dieta equilibrata come quella mediterranea sono importanti anche le quantità relative delle varie categorie di alimenti. Il fondamento della nostra alimentazione è costituito dai cibi a base di cereali (come pane, riso e pasta), che forniscono il 45-60% delle calorie giornaliere. Il 7-14% delle calorie proviene poi da frutta e verdura, che garantiscono un corretto apporto di vitamine e fibre e hanno un'azione protettiva contro i tumori. La rimanente parte delle calorie proviene dagli alimenti proteici (latte, formaggi, carne e pesce) e dai lipidi, che devono rappresentare però una percentuale minima delle calorie totali.

Sempre più spesso, però, si ha la necessità di consumare pasti veloci; quello tipico di un *fast food* (panino, patatine fritte e bibita dolce) può raggiungere le 1000 kcal, ben oltre la metà del fabbisogno energetico giornaliero. In questo pasto le proporzioni sono invertite: le pietanze sono ricche di grassi e praticamente prive di fibre e vitamine, inoltre il pane e la carne (precotta e riscaldata) contengono molti grassi saturi, mentre le patate sono prefritte in oli idrogenati e quindi fritte nuovamente.

Per seguire un'alimentazione corretta è bene quindi tenere in considerazione alcuni principi fondamentali:

- scegliere un'alimentazione ricca e diversificata;
- bere molta acqua per il corretto bilancio dei liquidi corporei;
- assumere pochi cibi che contengono conservanti, coloranti, aromi e additivi;
- assumere ogni giorno un corretto quantitativo di fibre (frutta, verdura e cereali integrali);
- limitare il consumo di carni rosse a non più di 2-3 volte alla settimana, aumentando invece l'assunzione di pesce;
- limitare il consumo di carni affumicate e conservate (come hot dog e insaccati), così come di quelle che presentano parti bruciate (come quando vengono cotte sulla brace);
- limitare il consumo di grassi saturi di origine animale (lardo, burro), a favore di grassi insaturi e polinsaturi, come l'olio extravergine di oliva;
- evitare le bibite gassate ricche di coloranti, conservanti e di zucchero;
- limitare il consumo di alcolici.

Ti ricordi?

Sono i **grassi saturi** quelli in cui è presente il numero massimo di atomi di idrogeno, perché non compaiono doppi legami tra gli atomi di carbonio; al contrario i **grassi insaturi** hanno doppi legami e quindi un numero inferiore di atomi di idrogeno. A causa di questa differente struttura, i grassi saturi si possono addensare e si presentano solidi a temperatura ambiente, mentre quelli insaturi si mantengono liquidi, perché le molecole non riescono a impacchettarsi le une con le altre.

5 - Per saperne di più

Sono affamato o sono sazio?

Nell'**ipotalamo**, un'importante area di controllo posta al centro del cervello, si trovano il *centro della sazietà* e quello della *fame*. Questi due centri sono strettamente interconnessi, tant'è che quello della sazietà ha un'azione di inibizione su quello della fame, specialmente dopo l'assunzione di cibo.

Probabilmente, nel centro della sazietà sono presenti i **glucostati**, cellule nervose sensibili ai valori glicemici: durante il digiuno la concentrazione ematica di glucosio si abbassa, quindi i glucostati non sono particolarmente attivi e il centro della sazietà non è stimolato, mentre è attivo il centro della fame (**figura**). Dopo aver mangiato si verifica un aumento della glicemia, con conseguente attivazione dei glucostati che stimolano il centro della sazietà.

Esistono altri fattori che regolano la stimolazione a mangiare o meno; sicuramente le variazioni della temperatura ambientale e corporea hanno un ruolo importante, ma non sono da trascurare gli aspetti psicologici.

▸ **Figura**
La concentrazione di glucosio nel sangue influenza la sensazione di fame, infatti a un basso indice glicemico corrisponde la necessità di assumere cibo, mentre a valori glicemici elevati avviene il contrario.

Guarda il video nell'ebook:
3 minuti di salute
La celiachia

Le intolleranze alimentari sono legate al metabolismo di zuccheri e proteine

Sono definite **intolleranze alimentari** le reazioni anomale che le persone possono manifestare nei confronti di alcuni cibi. Tra le intolleranze alimentari vi sono quella al lattosio e la celiachia.

L'**intolleranza al lattosio** dipende dalla carenza dell'enzima *lattasi intestinale*, normalmente prodotto dalle cellule dei microvilli e responsabile della scissione del lattosio in galattosio e glucosio. Il lattosio non digerito permane nel lume intestinale, dove i batteri lo utilizzano come fonte di energia producendo come scarto gas e metaboliti; di conseguenza, le persone intolleranti dopo circa un'ora dall'assunzione del cibo contenente lattosio manifestano gonfiori addominali e diarrea.

Normalmente i neonati producono molta lattasi, ma dopo i 2 anni si registra una diminuzione dell'enzima dal momento che la dieta non è più basata solamente sul latte materno. L'intolleranza al lattosio si manifesta, infatti, molto raramente nei lattanti, mentre l'incidenza maggiore si ha dopo i 6 anni di età. La diagnosi è effettuata misurando l'idrogeno prodotto dai batteri tramite il *breath test*: quando i batteri fermentano il lattosio, rilasciano idrogeno che viene subito assorbito dalla parete intestinale ed eliminato con il respiro. Per non avere problemi intestinali, le persone intolleranti al lattosio devono eliminare dalla dieta i latticini ed eventualmente assumere integratori di calcio, minerale normalmente presente nel latte e importante per l'attività dei muscoli e per le ossa. In alternativa, queste persone possono assumere prodotti in cui il lattosio è già stato idrolizzato nei suoi monomeri (glucosio e galattosio), che possono essere assorbiti dall'intestino.

La **celiachia** è un'intolleranza alimentare permanente al glutine, più nello specifico alla *gliadina*, una proteina contenuta nel glutine di frumento, orzo, farro e avena. Il sistema immunitario delle persone affette da celiachia produce anticorpi anti-gliadina; l'aggressione a questa proteina rende i villi intestinali piatti (**figura 15**), e compromette l'assorbimento delle sostanze nutritive. L'unica terapia per i pazienti celiaci è una dieta priva di glutine. Anche minimi contenuti di glutine possono, infatti, scatenare la reazione immunitaria intestinale; per questo motivo sempre più alimenti sono indicati come privi di glutine, che deve essere assente anche nei macchinari impiegati nei processi di lavorazione. Per diagnosticare la malattia esistono dei semplici test che riconoscono gli anticorpi anti-gliadina presenti nel sangue; alcuni di essi sono acquistabili in farmacia e richiedono per l'analisi una sola goccia di sangue.

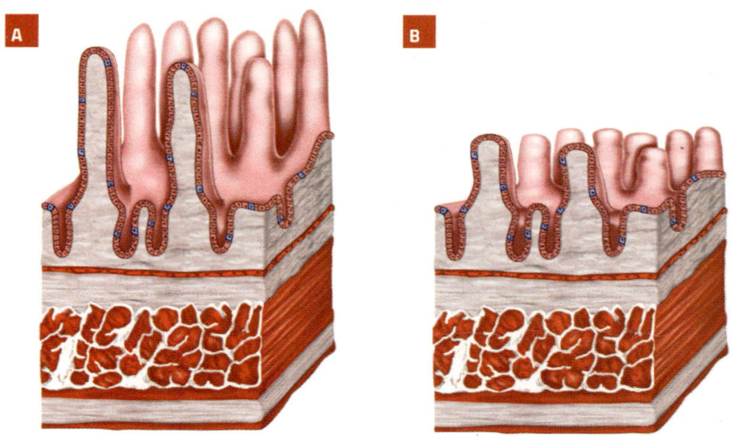

▸ **Figura 15**
Differenza tra villi intestinali sani (A) e quelli di un soggetto celiaco (B).

I disordini alimentari alterano il nostro rapporto con il cibo

I **disordini del comportamento alimentare** (DCA) sono patologie caratterizzate da un'alterazione delle abitudini alimentari dovuta a cause di natura prevalentemente psicologica, con conseguenze anche gravi.

Un grosso problema che caratterizza i disordini alimentari è la difficoltà a considerarli per quello che sono, cioè vere e proprie malattie che richiedono l'intervento di medici specialisti. Spesso infatti, le persone colpite sottovalutano la gravità delle patologie, che sono comprese solo quando i danni all'organismo sono rilevanti.

L'**anoressia nervosa** si manifesta con una grave incapacità ad assumere cibo e può portare a forme gravissime di deperimento. In aumento soprattutto nell'età adolescenziale, l'anoressia nervosa è spesso legata a un'alterata percezione del proprio peso. Poiché non si mangia a sufficienza per far fronte al fabbisogno calorico giornaliero, per mantenere un metabolismo adeguato il corpo inizialmente brucia tutti i trigliceridi a disposizione. Quando questi sono finiti, il fegato attinge alle proteine e produce glucosio a partire dalle proteine strutturali, tra cui l'actina e la miosina dei muscoli (*vedi* capitolo C2). A causa della demolizione del miocardio, nelle persone affette da anoressia si possono avere crisi cardiache anche fatali.

La **bulimia** comporta una sensazione di fame incontrollabile e un'assunzione smodata di cibo, che a volte provoca un senso di rimorso, inducendo le persone a eliminare il cibo mediante l'induzione volontaria del vomito; quest'ultimo contiene succhi gastrici acidi, per cui le persone bulimiche hanno spesso problemi a bocca e denti per le lesioni create dall'HCl sullo smalto dentale e sulle mucose.

I disordini alimentari sono malattie che corrispondono spesso all'ultimo stadio di un rapporto alterato nei confronti del cibo. Anche se non si manifestano vere e proprie patologie, l'improvvisazione di diete non bilanciate può avere conseguenze serie sull'organismo. Se si decide di intraprendere una dieta, è importante consultare un nutrizionista che possa dare indicazioni adeguate alle proprie esigenze metaboliche e fisiche.

6 - Per saperne di più

L'epidemia globale di obesità

L'**obesità** è oggi uno dei problemi di salute pubblica in maggiore ascesa, ma anche uno di quelli più trascurati. Paradossalmente, nel nostro pianeta coesistono malnutrizione e denutrizione, insieme a una crescente epidemia globale di sovrappeso e obesità: mentre milioni di persone soffrono di carenze alimentari, altrettante presentano gravi disturbi di salute, come diabete mellito, malattie cardiovascolari, ipertensione, ictus, e alcune forme di cancro, proprio a causa dell'accumulo eccessivo di grasso.

Una misura grezza di obesità è l'**indice di massa corporea** (BMI), che corrisponde al peso di una persona (espresso in kilogrammi) diviso per il quadrato della sua altezza (in metri). Una persona con un BMI di 30, oppure superiore, è generalmente considerato obeso; una persona con un BMI uguale o superiore a 25 è considerato in sovrappeso.

L'obesità è una condizione complessa, che colpisce quasi tutte le età e i gruppi socioeconomici, minacciando di sopraffare sia i Paesi sviluppati sia quelli in via di sviluppo. Nel 1975 era solo il 3,2% delle persone ad avere un BMI superiore a 30, mentre nel 2014 il tasso di obesità mondiale aveva raggiunto il 10,8% (**figura**).

Da uno studio pubblicato sulla rivista medica *The Lancet* nell'aprile 2016 è emerso che la maggioranza della popolazione adulta obesa vive in 7 nazioni: Cina, Australia, Canada, Irlanda, Nuova Zelanda, Regno Unito e Stati Uniti (che da soli contano oltre 80 milioni di adulti obesi).

L'Organizzazione Mondiale della Sanità dal 1990 a oggi ha condotto una serie di campagne per sensibilizzare i politici, i partner del settore privato, i medici e il pubblico in generale verso l'obesità. Questo perché si tratta prevalentemente di una malattia sociale e ambientale, con un ingente impatto economico a livello mondiale.

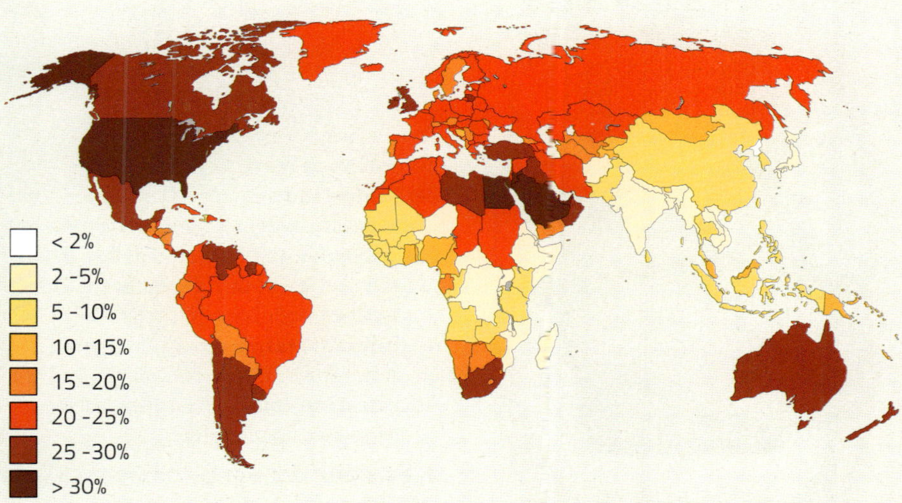

▸ Figura
La diffusione dell'obesità nel mondo: gli Stati colorati con tonalità rosso più scuro sono quelli in cui c'è una percentuale maggiore di popolazione affetta da obesità (dati 2014 Organizzazione Mondiale della Sanità).

Facciamo il punto

1. Quali sono i nutrienti essenziali?
2. Qual è la funzione delle vitamine?
3. Che cosa sono le intolleranze alimentari? Fai due esempi.
4. Quali sono i principali disordini alimentari?

SINTESI DI FINE CAPITOLO

LO SAI? RIPASSA CON LO SMARTPHONE

L'apparato digerente

Il nostro apparato digerente svolge la propria attività in tre tappe:

- **demolizione**, il cibo è ridotto alle molecole che lo compongono;
- **assorbimento**, le molecole ridotte passano nel sangue e poi nelle cellule che li utilizzeranno;
- **eliminazione**, i rifiuti e le sostanze non digerite sono espulse.

Il *canale alimentare* inizia con la bocca e prosegue con la faringe, l'esofago, lo stomaco, l'intestino e l'ano. Gli *organi annessi* sono la lingua, i denti, le ghiandole salivari, il fegato e il pancreas.

I denti e la lingua

Nella **bocca** inizia la *digestione meccanica*, grazie ai denti e alla lingua, e quella *enzimatica* grazie alla **saliva**, una secrezione acquosa prodotta dalle ghiandole salivari.

I **denti** sono costituiti da una parte visibile (*corona*), da una *radice*, infissa nell'osso mascellare o e da un *colletto*. I denti sono formati da un tessuto connettivo calcificato molto resistente (la *dentina*).

La **lingua** ha la funzione di muovere e mescolare il cibo all'interno della bocca e di favorire la meccanica della deglutizione. La **deglutizione** è il passaggio del cibo prima nell'esofago e poi nello stomaco.

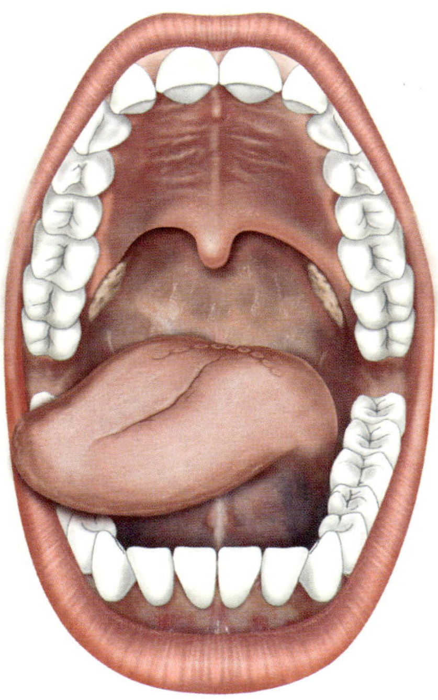

Nello stomaco

Lo **stomaco** è un organo muscolare a forma di sacco; sulle sue pareti ci sono le **fossette gastriche**, rivestite da un epitelio ghiandolare costituito da diversi tipi di cellule epiteliali. Le secrezioni delle diverse cellule epiteliali, assieme all'acqua in cui sono disciolte, costituiscono i **succhi gastrici**.

L'ambiente acido dello stomaco ha la funzione di trasformare il **pepsinogeno** nella sua forma attiva, la **pepsina**, un enzima che idrolizza le proteine in peptidi.

L'attività dello stomaco è influenzata sia dal sistema nervoso sia da quello endocrino. La **gastrina** è un ormone che stimola le cellule epiteliali della mucosa gastrica ad aumentare la secrezione di succo gastrico e agisce aumentando le contrazioni muscolari della parete dello stomaco.

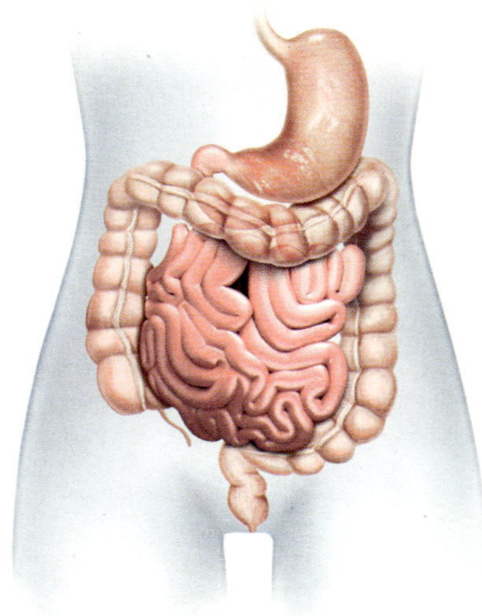

Intestino, pancreas e fegato

Nell'**intestino** si svolge la maggior parte del processo di demolizione delle molecole ingerite e dell'assorbimento delle sostanze nutritive. Dal punto di vista anatomico l'intestino è suddiviso in due tratti:

- **intestino tenue** dove sono liberati i *succhi pancreatici* e i *sali biliari*;
- **intestino crasso** che ospita la *flora batterica* e forma le feci.

Il **pancreas** è una ghiandola che immette nel duodeno succhi digestivi e un liquido alcalino contenente ioni bicarbonato (HCO^{3-}) che neutralizza l'acidità della massa alimentare proveniente dallo stomaco.

Il **fegato** è un organo che metabolizza le sostanze tossiche per il nostro organismo.

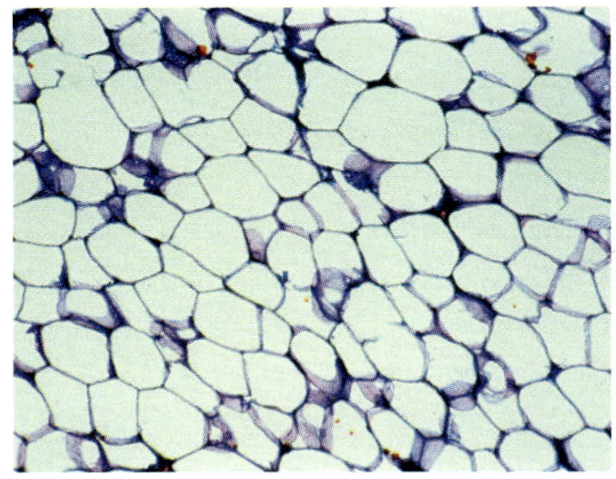

Il metabolismo

L'acqua e le molecole alimentari prodotte dai processi digestivi sono assorbite attraverso le **cellule epiteliali** della mucosa intestinale, per trasporto attivo e passivo.

Il fegato gestisce il metabolismo del glucosio e dei lipidi; la concentrazione di glucosio nel sangue è detta **glicemia**.

Il sistema digerente è dotato di un proprio sistema nervoso, detto *sistema nervoso enterico*, che comunica con quello centrale, ma mantiene una certa autonomia per regolare il movimento dello stomaco e dell'intestino.

La dieta

Una dieta bilanciata comprende **macronutrienti, micronutrienti** e **vitamine** (composti organici privi di funzione strutturale o energetica, che svolgono un ruolo indispensabile per gli organismi viventi come cofattore delle vie metaboliche).

Le **intolleranze alimentari** sono reazioni anomale che le persone possono manifestare nei confronti di alcuni cibi (*celiachia*).

I **disordini del comportamento alimentare** (come anoressia e bulimia) sono patologie caratterizzate da un'alterazione delle abitudini alimentari di natura prevalentemente psichiatrica con conseguenze anche gravi.

VERIFICA LE TUE CONOSCENZE

ZTE ONLINE

1. Scrivi sul quaderno la definizione dei seguenti termini.

a) Demolizione, assorbimento, eliminazione
b) Piloro e cardias
c) Intestino tenue, cieco, colon e retto
d) Fegato, pancreas e cistifellea
e) Macronutrienti e micronutrienti
f) Mucosa, sottomucosa, tonaca muscolare e sierosa
g) Pepsinogeno, pepsina e gastrina

Barra il completamento esatto.

2. I villi e i microvilli

A hanno capillari sanguigni posti proprio sotto all'epitelio.
B producono la bile all'interno di cellule specializzate.
C ospitano colonie di batteri *E. coli* che producono vitamina K.
D aumentano la superficie intestinale per produrre più enzimi digestivi.

3. A livello dell'intestino tenue agiscono le sostanze

A HCl, pepsina e pepsinogeno.
B lipasi, secretina e gastrina.
C bile, secretina e colecistochinina.
D amilasi, pepsina e lipasi.

4. Completa la tabella mettendo in corrispondenza alcune sostanze che collaborano al processo digestivo (*lettere*) con gli effetti da esse prodotti (*numeri*).

A. gastrina
B. bile
C. colecistochinina
D. lipasi
E. secretina

1. emulsiona i grassi in piccole goccioline.
2. idrolizza i grassi con liberazione di acidi grassi e glicerolo.
3. stimola il fegato e il pancreas a produrre liquidi alcalini.
4. stimola la secrezione della mucosa gastrica e aumenta le contrazioni dello stomaco.
5. stimola la liberazione di enzimi dalla cistifellea e lo svuotamento della bile.

A	B	C	D	E

Barra i due completamenti esatti.

5. Lo stomaco

A secerne l'amilasi pancreatica per demolire l'amido.
B immette nel cibo HCl, muco e pepsinogeno.
C produce ormoni per neutralizzare l'acidità dei succhi gastrici.
D è posto tra il duodeno e la parte alta dell'intestino tenue.
E demolisce le molecole del cibo grazie ai succhi gastrici.

6. Il processo di assorbimento

A prevede il passaggio delle sostanze nutritive dal lume intestinale al sistema circolatorio.
B ha come conseguenza l'utilizzo da parte delle cellule del corpo dei monomeri idrolizzati.
C consiste nell'eliminazione delle componenti alimentari non degradabili o digeribili.
D prevede la demolizione di molecole complesse in molecole semplici utilizzabili.
E comporta il passaggio dei nutrienti dalla bocca allo stomaco, una volta ridotti in frammenti.

7. Di fianco a ogni affermazione scrivi la lettera A se la funzione descritta avviene nello stomaco, B se ha luogo nell'intestino tenue, C se ha luogo nell'intestino crasso oppure D se non ha luogo in nessuno dei suddetti tratti del tubo digerente.

a) Riassorbimento di gran parte dell'acqua ingerita in forma liquida o con i cibi. (...)
b) Inizio della demolizione delle proteine. (...)
c) Scomposizione dell'amido per opera dell'enzima amilasi. (...)
d) Assorbimento delle biomolecole. (...)
e) Idrolisi dei grassi nei monomeri che li costituiscono. (...)

8. Nel seguente brano, barra tra i termini in neretto quelli errati.

Il fegato **produce / accumula** la bile che viene **prodotta / accumulata** all'interno della cistifellea; i sali biliari **idrolizzano / emulsionano** nel cibo ingerito **i grassi / gli amminoacidi** che in questo modo forniscono una **maggiore / minore** superficie d'azione per gli enzimi digestivi.

9. Completa il brano scegliendo tra i termini elencati in fondo.

La superficie interna del tubo digerente varia notevolmente in relazione ai processi digestivi che vi si compiono. L'epitelio gastrico, per esempio, è rivestito da muco che ha la funzione di .... le cellule epiteliali dall'aggressione degli enzimi idrolitici e degli acidi; l'intestino tenue ha un rivestimento interno dotato di villi che .... la superficie di contatto tra il cibo e il sistema circolatorio in modo da favorire .... delle sostanze utili. Il colon, che ha superficie interna ...., permette l'assorbimento di sali minerali e di .... prodotta da batteri che vivono al suo interno.
(*con villi, promuovere, attivare, la peristalsi, gastrina, liscia, aumentano, digeriscono, proteggere, l'assorbimento, vitamina K, la demolizione, ripiegata, pepsina, riducono*)

10. Qual è la funzione della peristalsi e in che modo è coadiuvata dagli sfinteri?

11. Come avviene, lungo tutto il tubo digerente umano, la demolizione degli amidi?

12. Quali sono gli ormoni, e le relative funzioni, che agiscono nel tratto gastrointestinale del nostro sistema digerente?

VERIFICA LE TUE ABILITÀ

Barra i due completamenti esatti.

13. I prodotti eliminati dal tubo digerente

- [A] contengono sostanze per le quali non possediamo enzimi digestivi.
- [B] sono tutti scarti del metabolismo che avviene nelle cellule del corpo.
- [C] contengono batteri dannosi e pericolosi in quanto fanno fermentare i cibi.
- [D] sono stati anche elaborati da batteri che producono vitamina K.
- [E] sono privi di acqua che è stata completamente assorbita dall'intestino tenue.

14. Le due situazioni che potrebbero far diminuire drasticamente l'assorbimento delle sostanze nutritive a livello intestinale sono

- [A] una dieta del tutto priva di fibre e di polisaccaridi.
- [B] l'eliminazione chirurgica di una porzione di intestino tenue.
- [C] ingerire il cibo nelle stesse quantità, ma suddiviso in molti piccoli pasti.
- [D] assumere una sostanza che potrebbe aderire ai villi intestinali, ricoprendoli.
- [E] bere quattro litri di acqua al giorno sia durante i pasti sia lontano da essi.

15. Nel seguente brano sono presenti 4 termini errati; dopo averli individuati, scrivili nella tabella con accanto i corrispondenti termini corretti.

(Attenzione: i termini sottolineati sono esatti e, pertanto, non vanno sostituiti; sostituisci singole parole, NON frasi.)

Tra i compiti del fegato vi è quello di liberare pepsina, sostanza accumulata nella cistifellea che ha la funzione di sintetizzare i grassi in piccole goccioline; invece un'altra ghiandola, il duodeno, produce un enzima che trasforma le proteine in disaccaridi.

Termini errati	Termini corretti

16. Barra il simbolo V se ritieni l'affermazione vera, il simbolo F se la ritieni falsa.

a) Le sostanze inorganiche minerali di cui necessitiamo non vengono assunte mediante il cibo, ma solo da aria e acqua. [V] [F]

b) Le vitamine sono utili per la qualità della vita, ma non sono indispensabili per il funzionamento dell'organismo. [V] [F]

c) Le proteine di origine vegetale, essendo carenti di lisina e triptofano, non possono apportare tutti gli amminoacidi che vengono forniti dalle proteine di origine animale. [V] [F]

d) Il fegato è un organo dalle molteplici funzioni in quanto regola la glicemia ematica, trasforma il glucosio in altre molecole e agisce sulla demolizione dei lipidi. [V] [F]

17. Quali conseguenze si potrebbero avere in seguito all'occlusione della vena porta epatica?

18. A una persona affetta da gastrite viene suggerito di bere molto latte e di mangiare poca carne; sai motivare questa indicazione?

19. Perché il veleno di natura enzimatica di alcuni serpenti è mortale per l'uomo solo se iniettato a livello sottocutaneo, ma è innocuo se viene ingerito?

UNITUTOR
VERSO L'UNIVERSITÀ

Preparati ai test di ammissione sul sito Unitutor.

20. Quale delle seguenti affermazioni sulla digestione degli esseri umani è corretta?

- [A] Le proteasi sono prodotte dal pancreas per scindere i legami glicosidici del cibo ingerito.
- [B] Le lipasi scindono i legami estere dei trigliceridi.
- [C] Il maltosio è idrolizzato dalla maltasi per produrre glucosio e lattosio.
- [D] La bile è rilasciata nel duodeno per abbassare il pH del contenuto dello stomaco (chimo).
- [E] La bile idrolizza i lipidi per produrre acidi grassi e glicerolo.

[dal test di ammissione a Veterinaria 2015-16]

HANDS-ON GLOSSARY

21. Fill in the table matching each term (*letters*) with its definition (*numbers*).

A. mouth
B. stomach
C. liver
D. pancreatic juice
E. gut flora

1. a large very vascular glandular organ that secretes bile and causes important changes in many substances contained in the blood.
2. the complex community of microorganisms that live in our digestive tracts, especially in the large intestine.
3. a dilatation of the alimentary canal communicating anteriorly with the esophagus and posteriorly with the duodenum.
4. the opening through which food passes into our body, it encloses the tongue, gums, and teeth.
5. an alkaline liquid, which contains a variety of enzymes, secreted by the pancreas.

A	B	C	D	E

VERSO L'ESAME: LE TUE COMPETENZE

SCHEMATIZZA

22. Costruisci una mappa concettuale che riassuma in sequenza le varie fasi del processo di digestione.

SPIEGA

23. L'ormone pepsina è sempre presente nel nostro organismo in forma inattiva, e si attiva solamente nel momento della digestione.

Prova a spiegare come e perché questo accade.

RIFLETTI

24. Quando segui una terapia antibiotica, solitamente il medico ti prescrive anche dei fermenti lattici.

Prova a spiegare il motivo di questo abbinamento.

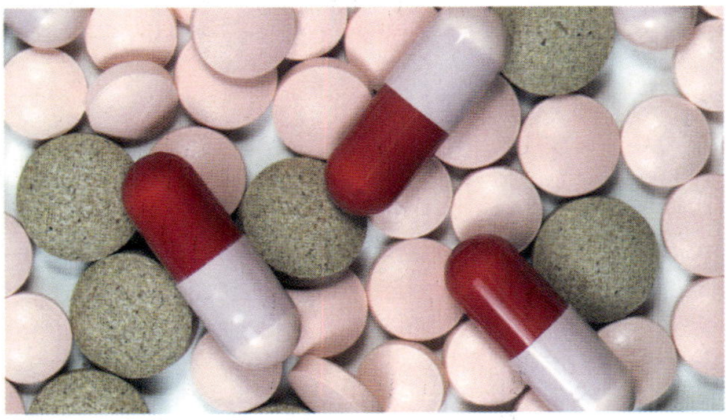

RICERCA

25. Esegui una ricerca sui principali effetti dell'alcol sull'organismo, sia a breve sia a lungo termine. Poi fai una presentazione in PowerPoint, con almeno 10 slide, per illustrare il tuo elaborato alla classe.

IPOTIZZA

26. Nel corso dell'evoluzione umana, la nostra specie è passata dall'essere cacciatori e raccoglitori ad agricoltori e allevatori.

Come pensi sia cambiata la nostra dentatura, e perché?

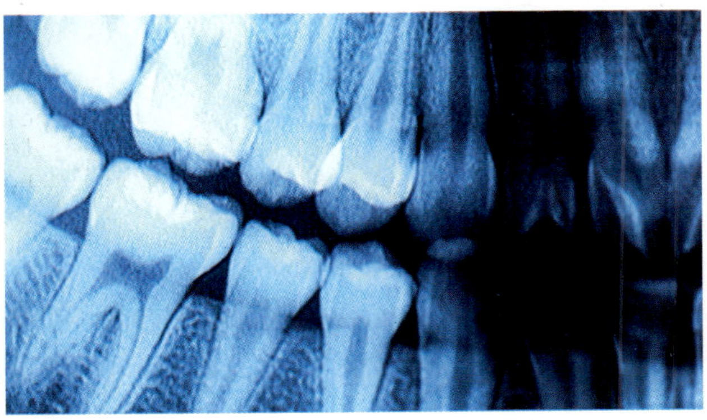

GIUSTIFICA

27. La cistifellectomia è un intervento chirurgico che consiste nell'asportazione della cistifellea.

Quali problemi devono affrontare i pazienti che hanno subìto questa operazione?

METTI IN RELAZIONE

28. Le persone affette da diabete mellito sono insulino-dipendenti e devono quindi controllare costantemente i loro livelli di glicemia.

Quale pensi che sia il momento ottimale della giornata per misurare la glicemia e per assumere l'insulina attraverso iniezione intramuscolare? Motiva la tua risposta.

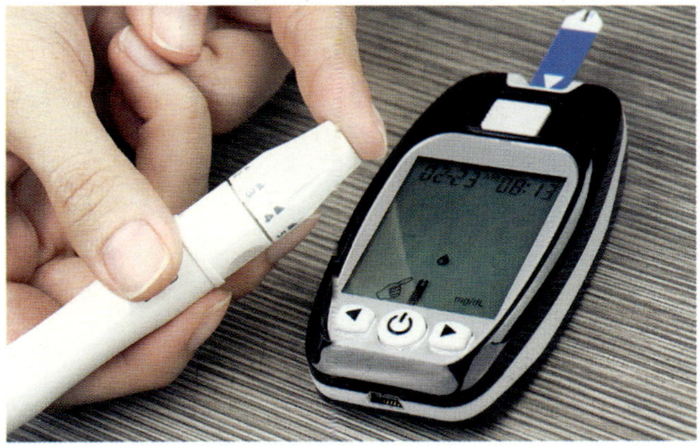

CALCOLA E RICERCA

29. Sulla base della tua età, della tua massa corporea e dell'attività fisica che svolgi, stima il fabbisogno energetico giornaliero del tuo organismo, aiutandoti anche con i dati presenti in rete. Quindi, indica quale potrebbe essere una sequenza di «pasti tipo» idonei a soddisfare questo bisogno energetico.

OSSERVA E DEDUCI

30. L'intolleranza al lattosio presenta la distribuzione mondiale riportata in questa mappa.

Dopo aver spiegato da che cosa dipende questa disfunzione, deduci il motivo della sua diversa presenza su scala globale.

CONFRONTA

31. Metti a confronto in modo dettagliato i processi digestivi che avvengono a livello dello stomaco con quelli che si verificano nell'intestino.

ELENCA

32. Elenca tutti gli enzimi coinvolti nella digestione, partendo dalla bocca sino a giungere all'intestino. Per ognuno di essi specifica brevemente le funzioni principali.

Capitolo
C6 L'equilibrio idrico e termico

1 La funzione e la struttura dell'apparato urinario

Le parole
Il termine **rene** deriva dal greco *réin*, che significa «scorrere»; dalla radice greca *ourêin*, ovvero «urinare», derivano invece **uretra**, **uretere** e **urina**.

L'escrezione è attuata dall'apparato urinario

Il corpo umano deve mantenere una rigorosa omeostasi della composizione chimica dei suoi liquidi e della sua temperatura. Molte delle complesse funzioni adibite alla regolazione dell'ambiente chimico interno sono svolte dall'**apparato urinario** o *escretore*. Questo garantisce, infatti, un equilibrio fra l'acqua e i soluti presenti all'interno del corpo, il mantenimento di un pH costante, l'eliminazione delle scorie che l'organismo produce con il metabolismo, la regolazione del volume del sangue e della pressione arteriosa, la liberazione di ormoni.

L'apparato urinario (**figura 1**) è costituito da due **reni**, che filtrano il sangue, due **ureteri**, che collegano i reni alla **vescica** (l'organo di raccolta delle urine) e dall'**uretra**, che permette lo svuotamento all'esterno della vescica. Inoltre, le arterie e le vene renali mettono in comunicazione i reni con il sistema circolatorio. I reni sono gli organi principali del sistema escretore, mentre le altre strutture anatomiche hanno sostanzialmente funzioni di raccolta o di transito delle sostanze.

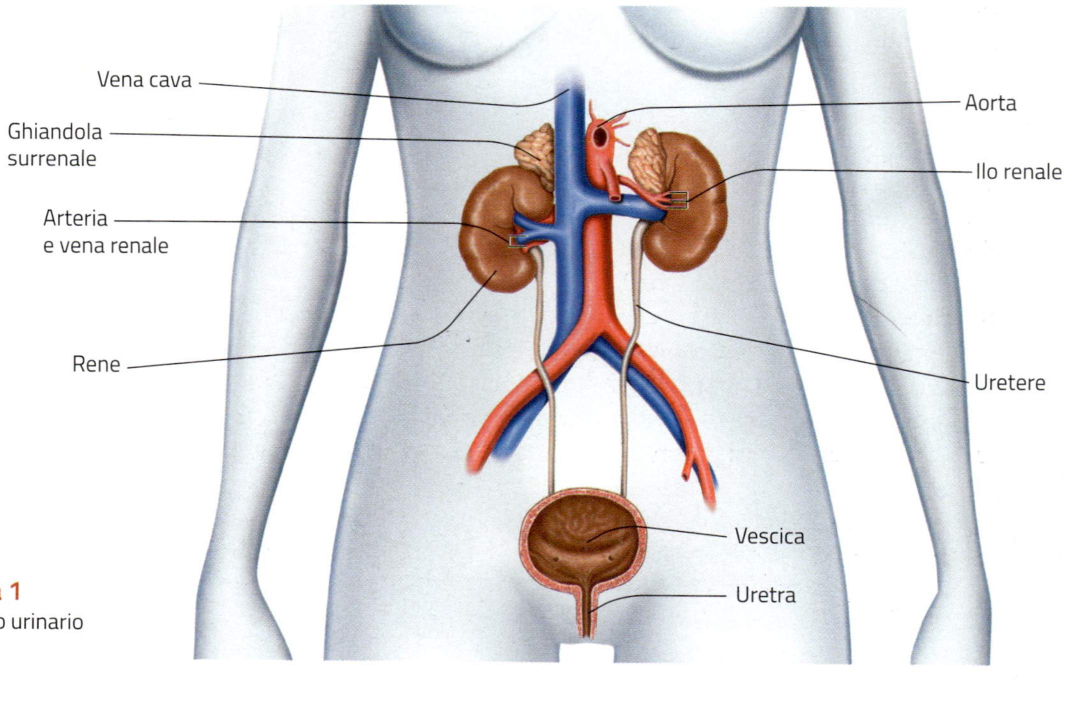

▸ **Figura 1**
L'apparato urinario umano.

I reni umani sono due organi simmetrici di colore rosso scuro, hanno la forma di fagiolo, sono lunghi approssimativamente 10 cm e pesano circa 150 g; sono situati posteriormente allo stomaco e al fegato, tra la dodicesima vertebra toracica e la terza vertebra lombare. Proprio per la presenza del fegato, il rene destro è spostato leggermente in posizione inferiore rispetto al sinistro. Nella porzione centrale di ogni rene si trova l'*ilo renale*, zona del rene da cui arrivano e partono i vasi sanguigni e quelli linfatici e da cui si originano gli ureteri.

Poste superiormente a ciascun rene si trovano le *ghiandole surrenali*, dalla forma di un piccolo ventaglio di 5 cm per 3 cm, che sono estremamente importanti dal punto di vista endocrino (*vedi* capitolo C8).

I reni regolano l'ambiente chimico dell'organismo e producono ormoni

La regolazione dell'ambiente chimico interno all'organismo comporta la soluzione di tre problemi tra loro collegati.

L'escrezione dei rifiuti metabolici che si accumulano nel sangue. I principali materiali di rifiuto del metabolismo cellulare liberati nella corrente sanguigna sono il *diossido di carbonio* e i *composti azotati*. Il primo deriva dalla respirazione cellulare, mentre i secondi, soprattutto l'ammoniaca (NH_3), provengono dalla demolizione degli amminoacidi. Nei mammiferi il diossido di carbonio è eliminato attraverso il sistema respiratorio, mentre l'ammoniaca, che è molto tossica anche a basse concentrazioni, deve essere rapidamente trasformata in una sostanza meno dannosa. A occuparsi di tale processo è il fegato, che modifica l'ammoniaca in *urea* prima di immetterla nel sistema circolatorio; una volta che giunge ai reni, l'urea viene eliminata in soluzione acquosa attraverso l'**urina**, assieme a numerosi altri cataboliti (**tabella 1**).

Sostanza	Filtrata (che entra nel tubulo renale)	Riassorbita (che ritorna al sangue)	Escreta nell'urina
Acqua	180 L	178-179 L	1-2 L
Ioni cloruro (Cl^-)	640 g	633,7 g	6,3 g
Ioni sodio (Na^+)	579 g	575 g	4 g
Ioni bicarbonato (HCO_3^-)	275 g	274,97 g	0,03 g
Glucosio	162 g	162 g	0
Urea	54 g	24 g	30 g
Ioni potassio (K^+)	29,6 g	27,6 g	2,0 g
Acido urico	8,5 g	7,7 g	0,8 g
Creatinina	1,6 g	0	1,6 g

◂ **Tabella 1**
Il lavoro svolto dall'apparato urinario è evidenziato dal confronto tra i grandi volumi di sostanze che transitano ogni giorno attraverso i reni, rispetto alle loro ridotte quantità effettivamente eliminate con le urine.

La regolazione della concentrazione di ioni. Gli ioni Na^+, K^+, H^+, Mg^{2+}, Ca^{2+} e HCO_3^-, svolgono un ruolo fondamentale nel mantenimento della struttura delle proteine, della permeabilità della membrana cellulare, del pH del sangue, nella propagazione dell'impulso nervoso e nella contrazione dei muscoli; perché tutto ciò possa avvenire è essenziale che la concentrazione di questi ioni nell'organismo rimanga pressoché costante.

Il mantenimento dell'equilibrio idrico. Il controllo della percentuale d'acqua presente nel corpo è un aspetto imprescindibile della regolazione dell'ambiente chimico interno, anche per il mantenimento della giusta pressione sanguigna. La quantità d'acqua corporea dipende dall'equilibrio fra le «entrate» e le «uscite». In media, ogni giorno un essere umano assume 2200 mL di acqua tramite il cibo e le bevande e ottiene altri 350 mL dall'ossidazione delle molecole nutritive. Contemporaneamente, però, l'acqua viene anche liberata nell'ambiente dai polmoni (sotto forma di vapore), attraverso la sudorazione, con le feci e con l'urina; quest'ultima rappresenta la via principale per la fuoriuscita dell'acqua dall'organismo, con una media di 1500 mL al giorno, ma che può variare da 400 a 2500 mL. Nonostante quantitativi così ingenti di acqua assunta e dispersa at-

Ti ricordi?

L'ormone **eritropoietina** secreto dai reni è fondamentale nel determinare l'*ematocrito*, ovvero la percentuale di elementi figurati presenti per unità di volume ematico.

traverso l'organismo, in un adulto sano il contenuto di liquidi corporei subisce variazioni inferiori all'1% (**figura 2**).

Oltre alle funzioni di regolazione chimica, i reni producono anche ormoni come l'*eritropoietina* (che stimola la produzione di globuli rossi), il *calcitriolo* (la versione attiva della vitamina D, che regola il metabolismo del calcio) e la *renina* (che controlla la pressione sanguigna).

Perdita d'acqua (2550 mL):
- evaporazione dalla pelle e dai polmoni (900 mL);
- escrezione di sudore (50 mL);
- escrezione delle urine (1500 mL);
- eliminazione nelle feci (100 mL).

Guadagno d'acqua (2550 ml):
- assunzione di liquidi (1200 mL);
- ingestione di cibo (1000 mL);
- ossidazione delle molecole nutritive (350 mL).

▸ **Figura 2**
Il bilancio idrico giornaliero determina un equilibrio tra la quantità totale d'acqua perduta e quella acquisita.

1 - Per saperne di più

L'evoluzione dell'apparato urinario

La necessità dell'escrezione ha accompagnato tutta l'evoluzione degli organismi pluricellulari. Gli **unicellulari**, infatti, non necessitano di un vero e proprio apparato escretore: il paramecio, per esempio, è in grado di eliminare le sostanze di scarto grazie all'azione del suo efficiente vacuolo contrattile.

I **platelminti**, per esempio la planaria, sono dotati di specifiche cellule ciliate, dette *cellule a fiamma*, capaci di eliminare le sostanze di rifiuto. Una cellula a fiamma e il tubulo a essa associato costituiscono il cosiddetto *protonefridio*, una struttura decisamente primitiva (letteralmente significa «prima dei reni»).

È con gli **anellidi**, come il lombrico, che compaiono vere e proprie strutture specializzate, i *metanefridi*; questi organi, presenti in coppia per ogni segmento del corpo, sono capaci di assorbire i liquidi dalla cavità addominale e filtrarli prima di espellere all'esterno i cataboliti.

Negli **insetti** si differenziano particolari strutture, detti *tubuli malpighiani*, che assorbono le sostanze di scarto dai liquidi corporei per immetterle nell'intestino. Nel corpo dell'insetto questi tubuli possono essere più o meno numerosi, arrivando sino a un centinaio.

Nei **vertebrati** sono i *nefroni* a filtrare costantemente il sangue, secondo un'organizzazione anatomica simile a quella dell'apparato urinario dell'uomo. Tra i vertebrati si distinguono, però, diverse modalità di accumulo e eliminazione dei rifiuti (**figura**).

Molti pesci e anfibi sono **ammoniotelici**, ovvero espellono i rifiuti azotati direttamente sotto forma di *ammoniaca*; poiché questa molecola è molto tossica per l'organismo, gli animali che non la rielaborano devono mantenerla costantemente diluita e quindi necessitano di abbondanti quantità d'acqua.

Gli animali **ureotelici**, invece, si sbarazzano delle sostanze di scarto sotto forma di *urea*, prodotta dal fegato dalla reazione di due molecole di ammoniaca con una di diossido di carbonio; appartengono a questa categoria tutti i mammiferi.

Infine, gli animali **uricotelici** eliminano i rifiuti azotati come *acido urico*, che può essere espulso in forma pressoché solida, richiedendo quindi una ridotta quantità d'acqua; sono uricotelici i rettili e gli uccelli.

▴ **Figura**
Differenze nel catabolismo azotato degli amminoacidi tra gli animali ammoniotelici, ureotelici e uricotelici.

Facciamo il punto

1. Da quali organi è formato l'apparato urinario?
2. Quali sono le principali funzioni dei reni?
3. Quali sono le principali entrate e uscite di acqua per l'organismo?

2 La struttura dei reni

Il nefrone è l'unità funzionale del rene

I reni svolgono complesse funzioni che regolano il mantenimento delle condizioni chimiche interne del corpo, un processo che richiede un'estrema precisione in quanto una variazione, anche minima, dell'ambiente interno può alterare lo svolgimento della maggior parte delle reazioni vitali. Ogni rene è rivestito esternamente da una *capsula renale*, un tessuto connettivale fibroso attorno al quale si trova uno strato di tessuto adiposo. All'interno è possibile distinguere una regione esterna più chiara, la **corticale**, e una scura situata in profondità, la **midollare** (**figura 3**). La midollare è formata da strutture a forma di cono con le basi rivolte verso la corticale, dette **piramidi renali**. Queste ultime sono separate da espansioni della corticale verso il centro, dette *colonne renali*.

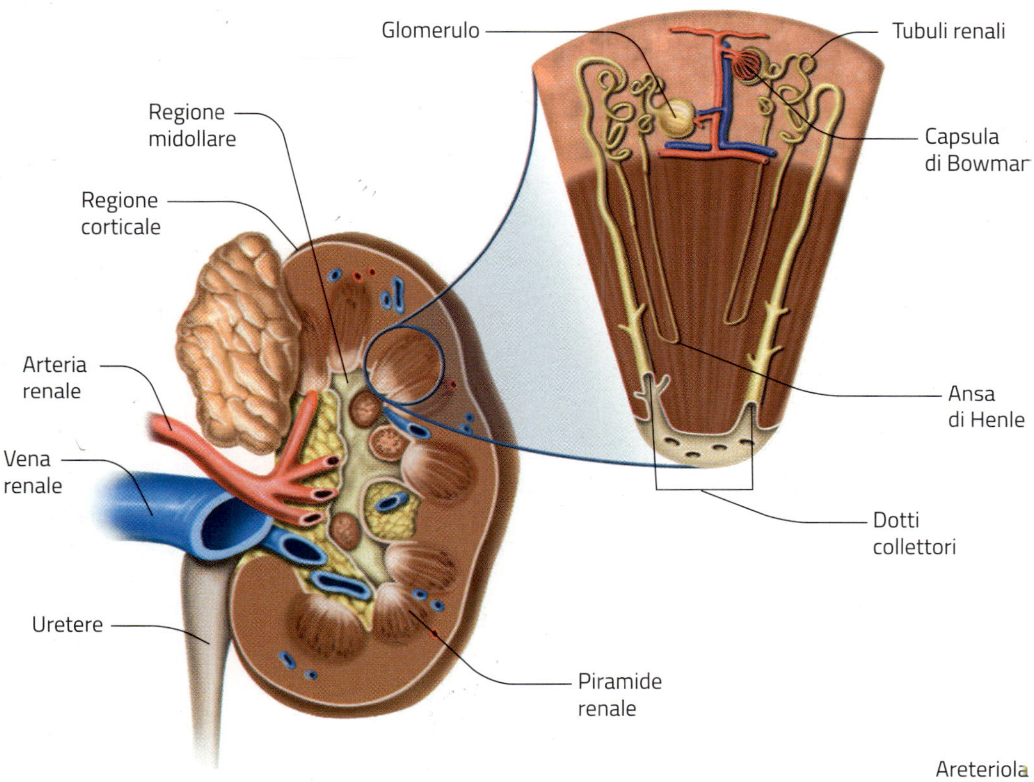

◀ **Figura 3**
Sezione longitudinale di un rene, con ingrandimento di un nefrone.

Nella porzione corticale si trovano le strutture funzionali del rene, i **nefroni**, mentre le piramidi renali sono costituite da dotti per il trasporto delle urine, i **dotti collettori**. Ciascuno dei due reni umani contiene circa un milione di nefroni.

Gli apici delle piramidi renali raccolgono le urine verso i *calici renali*, che sono delle estroflessioni a forma di calice. Questi confluiscono poi verso la parte più interna del rene, la **pelvi renale** (o *bacinetto renale*).

Il nefrone è l'unità funzionale del rene ed è costituito dal **glomerulo**, un ammasso di capillari, e dal **tubulo renale**, un lungo e stretto tubo che parte da una struttura a forma di coppa, detta **capsula di Bowman**. Il tubulo renale è formato dai *tubuli contorti prossimale* e *distale*, collegati tra loro dall'**ansa di Henle**. I tubuli di diversi nefroni confluiscono poi nel dotto collettore.

Il sangue entra nel rene attraverso l'arteria renale, che si divide in vasi più piccoli che conducono alle arteriole, ognuna delle quali forma un **glomerulo** (**figura 4**). Il glomerulo separa quindi l'**arteriola** in **afferente** ed **efferente**; quest'ultima si divide in canali più piccoli, i *capillari peritubulari*, che circondano il tubulo renale. I capillari peritubulari si riuniscono, infine, per formare una venula che si svuota in una piccola vena che porta poi alla vena renale.

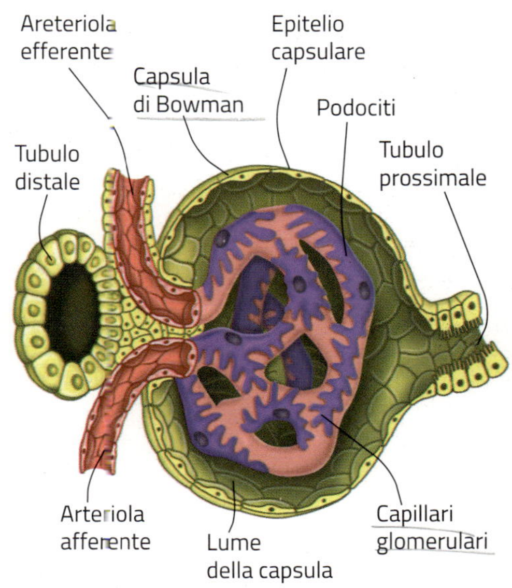

▲ **Figura 4**
La struttura di un glomerulo.

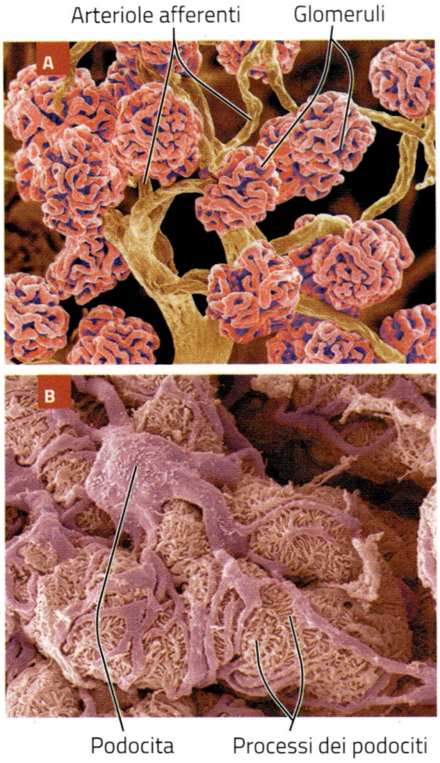

▲ **Figura 5**
(A) Fotografia al microscopio elettronico a scansione che mostra numerosi glomeruli con le loro arteriole afferenti ed efferenti e i capillari peritubulari; (B) a ingrandimento maggiore si osserva come la superficie glomerulare sia rivestita da podociti che presentano numerosi pedicelli che si incastrano tra loro; sotto alla superficie scorre il sangue all'interno dei capillari.

La capsula di Bowman ha una forma particolare, simile a un pallone sgonfio che viene schiacciato con un pugno chiuso; le sue cellule che si trovano direttamente a contatto con i capillari del glomerulo sono dette **podociti**. Queste cellule sono altamente differenziate e caratterizzate da numerosi prolungamenti, chiamati *processi maggiori*, che avvolgono i capillari glomerulari; dai processi maggiori partono poi numerosi altri sottili prolungamenti, i *pedicelli*, che aderiscono direttamente alla superficie dei capillari glomerulari, formando la barriera di filtrazione renale (**figura 5A-B**).

La formazione dell'urina avviene in quattro passaggi

Nel processo di escrezione svolto dai reni è determinante la presenza di un'elevata pressione sanguigna all'interno del glomerulo; questa è prodotta dalla vasocostrizione delle arteriole afferenti ed efferenti. Nel glomerulo, pertanto, il sangue raggiunge un livello di pressione che è quasi il doppio di quello presente negli altri capillari. Ciò consente al plasma sanguigno di entrare nel rene ed essere spinto, attraverso le pareti dei capillari glomerulari e della capsula di Bowman, nel lume del tubulo renale.

Questo primo processo nella formazione dell'urina è detto **filtrazione** (**figura 6**) e il liquido che entra nella capsula è definito *filtrato*. Con l'eccezione di molecole di grandi dimensioni, che non possono attraversare la parete dei capillari, come per esempio le proteine, il filtrato ha la stessa composizione chimica del plasma sanguigno. Il filtrato comincia poi il suo percorso attraverso il tubulo renale, le cui pareti sono costituite da un solo strato di cellule epiteliali specializzate nel trasporto attivo.

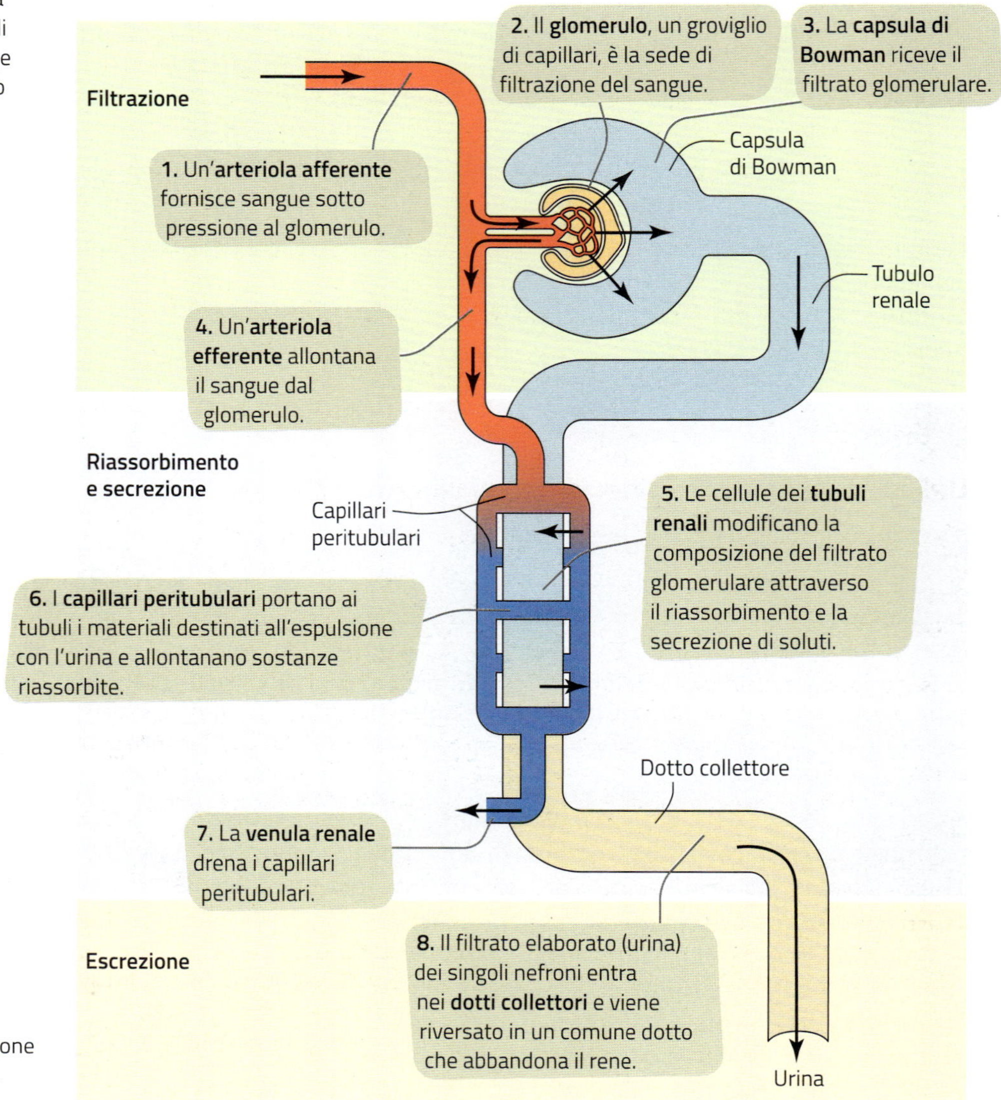

► **Figura 6**
I processi fondamentali della funzione renale: filtrazione, riassorbimento, secrezione ed escrezione.

Nel secondo processo, chiamato **riassorbimento**, la maggior parte dell'acqua e dei soluti utili all'organismo immessi nel tubulo durante la filtrazione è riportata nei capillari peritubulari; per esempio, ritornano nella corrente sanguigna il glucosio, gran parte degli amminoacidi e molte vitamine.

Nello stesso momento avviene la **secrezione**, processo in cui alcune molecole, rimaste nel plasma dopo la filtrazione, sono selettivamente rimosse dai capillari peritubulari per essere immesse direttamente nel filtrato. In questo modo sono eliminate dalla circolazione sanguigna sia le sostanze dannose ingerite insieme agli alimenti sia i farmaci.

Il liquido che viene prodotto da questi tre passaggi è l'*urina*, che costituisce circa l'1% del filtrato. Attraverso l'**escrezione** questo liquido lascia il nefrone e passa nella pelvi renale.

A colpo d'occhio

PRODUZIONE DI URINA
- FILTRAZIONE
- SECREZIONE
- RIASSORBIMENTO
- ESCREZIONE

La formazione di un'urina ipertonica è un adattamento alla vita terrestre

La corretta gestione dell'acqua è essenziale per gli organismi terrestri, che sono sempre a rischio di disidratazione. Per questo motivo la selezione naturale ha favorito le specie in grado di disperdere meno acqua possibile con l'escrezione.

I mammiferi, per esempio, hanno sviluppato la capacità di eliminare un'urina *ipertonica* cioè più concentrata rispetto ai propri liquidi corporei. Questo avviene grazie a tre caratteristiche strutturali del nefrone:

1. i vari segmenti del tubulo renale e del dotto collettore presentano una **differente permeabilità** all'acqua, ai sali e all'urea;
2. alcuni tratti delle pareti del tubulo renale contengono specifiche proteine integrali di membrana, che rendono possibile il **trasporto attivo di sali** fuori dal tubulo;
3. prima di immettersi nel dotto collettore, il lungo tubulo renale si ripiega su se stesso formando l'ansa di Henle che, grazie alla sua particolare forma a U, penetra profondamente nella parte midollare del rene, a **diverso gradiente osmotico**.

L'effetto combinato di queste caratteristiche fa si che la concentrazione di soluti del liquido nelle differenti regioni del tubulo renale e del dotto collettore non sia uniforme, ma aumenti rapidamente muovendosi dalla parte superiore a quella inferiore dell'ansa di Henle.

2 - La nostra salute

Dall'ipertensione al doping: i farmaci diuretici

Per curare l'ipertensione arteriosa si possono utilizzare **farmaci diuretici**. Questi favoriscono l'eliminazione di acqua attraverso i reni, aumentando quindi la quantità di urina giornaliera. La conseguenza è una riduzione del volume totale di liquido presente nel sistema cardiovascolare, con diminuzione della pressione arteriosa.

Esistono farmaci diuretici con diversi meccanismi d'azione: alcuni riducono il riassorbimento di acqua e sodio nel tubulo distale, mentre altri impediscono il passaggio di sodio, potassio e cloro nell'ansa ascendente di Henle e altri ancora inibiscono l'azione dell'aldosterone.

Talvolta i diuretici sono usati a scopo sportivo, con fini non sempre leciti. In quegli sport che prevedono la divisione in categorie in base al peso (come boxe, lotta e judo), questi farmaci permettono di ottenere una perdita di liquidi e quindi una veloce diminuzione del peso (**figura**). A causa del loro abuso, già nel 1988 i diuretici sono stati inseriti nella lista delle sostanze proibite stilata dalla *World Anti-doping Agency*.

▸ **Figura**
Il momento della pesa è decisivo per gli atleti delle discipline di combattimento, che devono rientrare entro il limite massimo di una categoria, per avere un vantaggio fisico sugli avversari.

Il percorso del filtrato attraverso l'intero nefrone è osservabile nella **figura 7**. Nel tubulo prossimale il filtrato è *isotonico* rispetto al plasma sanguigno; infatti, sebbene in questo tratto siano trasportati attivamente fuori dal tubulo gli ioni sodio, seguiti per diffusione dagli ioni cloro, il filtrato rimane isotonico perché si verifica contemporaneamente una fuoriuscita di acqua per osmosi.

Scendendo lungo l'ansa di Henle, e penetrando nella regione midollare del rene, il filtrato diventa sempre più concentrato, perché l'acqua tende a passare per osmosi all'esterno del tubulo. Questa fuoriuscita è dovuta a due fattori: il primo è che l'ambiente circostante ha un'elevata concentrazione salina a causa dell'azione della parete del ramo ascendente dell'ansa di Henle, che pompa verso l'esterno ioni sodio e cloro; il secondo è la diffusione di urea che avviene nella parte inferiore del dotto collettore.

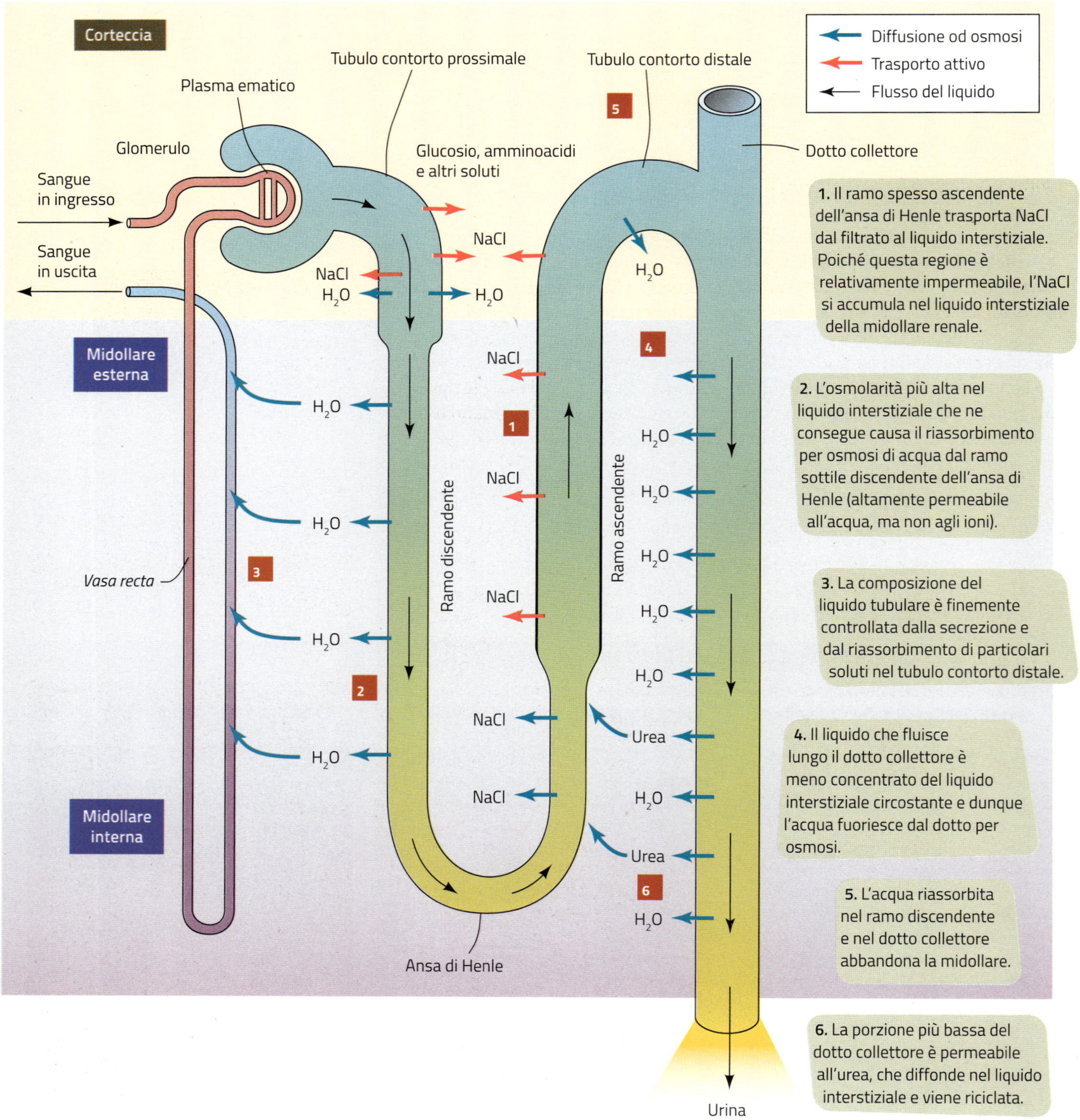

▾ Figura 7
I complessi scambi di sali e acqua che avvengono nel nefrone favoriscono la formazione di urina ipertonica.

La parete del ramo ascendente dell'ansa è impermeabile all'acqua e il filtrato diventa sempre meno concentrato a mano a mano che il cloruro di sodio è pompato all'esterno. Quando raggiunge il tubulo distale, il filtrato è *ipotonico* rispetto al plasma sanguigno e rimane tale per tutta la lunghezza di questo tubulo. Il filtrato passa poi lungo il dotto collettore e attraversa di nuovo la zona a elevata concentrazione salina. A questo punto l'eliminazione o meno di ulteriore acqua oppure di ioni dipende dall'azione di numerosi ormoni (**tabella 2**).

Ormone	Origine	Funzione
ADH	Prodotto nell'ipotalamo e distribuito dall'ipofisi.	Favorisce la produzione di urina ipertonica rendendo permeabile all'acqua il dotto collettore del nefrone.
Aldosterone	Prodotto nella parte corticale delle ghiandole surrenali.	Aumenta l'escrezione degli ioni K^+ nel tubulo distale e nel dotto collettore e il riassorbimento di ioni Na^+ da essi.
Peptide natriuretico atriale	Prodotto negli atri cardiaci	Inibisce il riassorbimento degli ioni Na^+ dal tubulo distale; esercita la sua funzione sia direttamente sul nefrone sia indirettamente, inibendo la liberazione di aldosterone dalla corteccia surrenale.

◂ **Tabella 2**
Origine e funzione degli ormoni che controllano la funzione renale.

La regolazione è mediata dal sistema renina-angiotensina-aldosterone

L'**ormone antidiuretico** (*antidiuretic hormone*, ADH) o *vasopressina* è un ormone prodotto dall'ipotalamo e accumulato e liberato dall'ipofisi, una ghiandola endocrina situata al centro del cranio.

Se l'ADH è assente, la parete del dotto collettore risulta impermeabile all'acqua e viene prodotta urina ipotonica; se invece l'ADH è presente, la parete del dotto è permeabile all'acqua, che la attraversa per osmosi e lascia all'interno urina isotonica con il liquido circostante, ma ipertonica rispetto ai liquidi corporei. In questo modo, i mammiferi, che hanno bisogno di conservare acqua per non disidratarsi, sono in grado di eliminare urina molto più concentrata del plasma da cui deriva.

La quantità di ADH liberato dipende dalla concentrazione di soluti presenti nel sangue e dalla pressione sanguigna. I recettori osmotici che regolano il contenuto di soluti ematici sono situati nell'ipotalamo, mentre i recettori di pressione che individuano eventuali cambiamenti nel volume del sangue si trovano nelle pareti del cuore, nell'aorta e nelle arterie carotidi; gli stimoli ricevuti da questi recettori sono trasmessi all'ipotalamo.

I fattori che aumentano la concentrazione di soluti nel sangue (come la disidratazione) oppure che ne riducono la pressione (come le emorragie) aumentano la produzione di ADH e, quindi, la conservazione di acqua all'interno del corpo. I fattori che invece diminuiscono la concentrazione di soluti del sangue (come l'ingestione di grandi quantità di acqua) o che aumentano la pressione del sangue (come la secrezione dell'ormone adrenalina) inducono l'ipotalamo a diminuire la produzione di ADH in modo da eliminare più acqua dall'organismo.

L'**aldosterone** è un ormone prodotto dalla corticale surrenale (**figura 8**), una

A colpo d'occhio

ORMONE ANTIDIURETICO
- PRESENTE → URINA IPOTONICA
- ASSENTE → URINA IPERTONICA

Curiosità

L'**aldosterone** è un ormone steroideo, con formula chimica $C_{21}H_{28}O_5$, capostipite degli ormoni mineralcorticoidi.

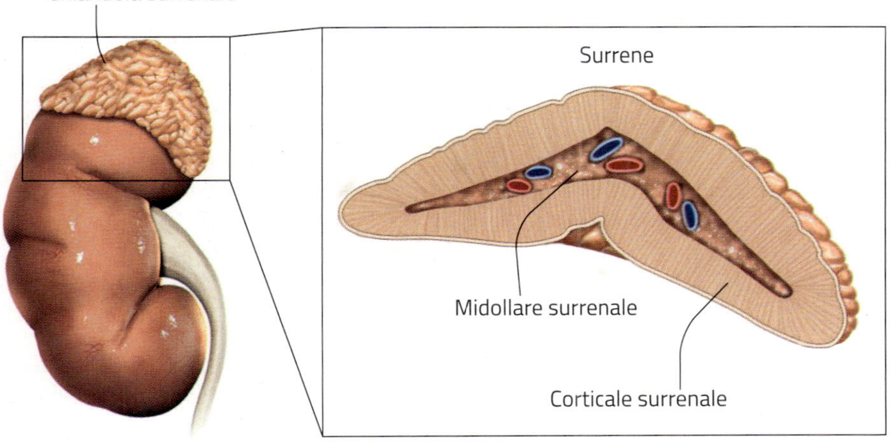

◂ **Figura 8**
Disegno (A) e fotografia al microscopio ottico (B) di una sezione di una ghiandola surrenale.

Guarda il video nell'ebook:
3 minuti di salute
L'equilibrio del sodio

regione della ghiandola surrenale che stimola sia la secrezione di ioni potassio (K^+) nel tubulo distale e nel dotto collettore, sia il riassorbimento di ioni sodio (Na^+). La produzione di aldosterone è regolata dalla quantità relativa dei due ioni che giunge alle ghiandole surrenali. Quando il contenuto ematico di K^+ aumenta, la corteccia surrenale produce l'aldosterone che, facendo riassorbire il sodio, favorisce l'eliminazione di una maggiore quantità di potassio per mezzo delle urine.

Per quanto riguarda gli ioni Na^+, l'aldosterone tende a favorirne il riassorbimento nella parte distale del nefrone, con conseguente ritenzione idrica e aumento del volume del sangue e della pressione sanguigna; talvolta, ciò può provocare *ipertensione*, con gravi effetti sia sulla funzione renale sia sulla funzionalità cardiovascolare.

Una dieta ricca di cibi salati causa un aumento di ioni Na^+ nel sangue e una conseguente perdita di K^+, il che può comportare seri problemi alla contrazione muscolare e alla trasmissione dell'impulso nervoso. L'aldosterone può essere prodotto per lo stimolo derivante dalla concentrazione dei due ioni nel sangue, oppure per l'azione indiretta dell'ormone renale angiotensina.

Il rene produce l'enzima **renina**, che a sua volta trasforma una proteina plasmatica (l'*angiotensinogeno*) in **angiotensina**, un ormone peptidico che svolge tre compiti:

- induce vasocostrizione periferica e dell'arteriola afferente del glomerulo;
- favorisce il riassorbimento di sodio da parte del tubulo renale e induce il rilascio di aldosterone da parte della ghiandola surrenale;
- attiva nel cervello il *centro della sete*, stimolato anche dagli osmocettori ipotalamici e dalla secchezza delle mucose orali.

Curiosità

La **renina** è un enzima proteolitico, appartenente alla classe delle idrolasi; questo scinde l'angiotensinogeno prodotto dal fegato in corrispondenza di un residuo di leucina, trasformandolo così in angiotensina attiva.

Il sistema renina-angiotensina-aldosterone è un metodo di controllo a lungo termine della pressione sanguigna, del volume plasmatico e dei livelli ematici di sodio e potassio. Questo sistema è attivo in particolare quando il volume di sangue diminuisce oppure quando si verifica una caduta di pressione, per esempio in seguito a una consistente emorragia. In tal caso il sistema, che può regolare la quantità di liquido presente nel sangue, ristabilizza la pressione riattivando così la circolazione, che altrimenti potrebbe arrestarsi.

L'omeostasi del pH ematico è garantita da tre sistemi

Il rene contribuisce a mantenere costante il pH dell'organismo, grazie alla regolazione degli ioni H^+. Per mantenere le loro caratteristiche e funzionare correttamente, le proteine devono trovarsi in un intervallo di pH ematico tra i valori 7,35 e 7,45. Il mantenimento dell'omeostasi acido-base è garantito da tre sistemi.

1. Il **diossido di carbonio** prodotto dalle cellule è trasportato nel sangue come acido carbonico secondo la reazione chimica:

$$CO_2 + H_2O \rightleftharpoons H_2CO_3 \rightleftharpoons H^+ + HCO_3^-$$

   Quando l'H_2CO_3 giunge ai polmoni, si riforma CO_2 che viene così eliminato con l'espirazione. Se la frequenza respiratoria aumenta, la reazione si sposta verso sinistra e gli ioni H^+ diminuiscono (il pH quindi aumenta). Al contrario, se la ventilazione è scarsa, la reazione tenderà a procedere da sinistra a destra con aumento degli H^+ e diminuzione del pH sanguigno.
2. Una serie di proteine plasmatiche presentano gruppi ionizzabili che possono agire come **sistemi tampone**. In realtà, il sistema tampone principale del sangue è rappresentato dall'*emoglobina*, che può essere presente in forma ossigenata o deossigenata.
3. Il **rene** ha una funzione diretta di regolazione del pH, perché a livello di tubulo renale può alternativamente secernere H^+ e recuperare ioni bicarbonato HCO_3^- (se il pH ematico è troppo basso) o, al contrario, eliminare ioni bicarbonato e riassorbire ioni H^+ (se il pH è troppo alto).

3 - La nostra salute

Le malattie del rene

Se i reni non funzionano a dovere, tutti gli organi vanno in difficoltà. Le cause di tali problemi possono derivare da una disidratazione eccessiva oppure da infezioni gravi, dall'impiego prolungato di alcuni farmaci o da complicanze emerse dopo un intervento chirurgico.

Quando il rene non è più in grado di filtrare il sangue in maniera corretta, si verifica un'**insufficienza renale**. Questa può essere *acuta* e transitoria, se è di natura infettiva o traumatica, oppure può essere *cronica*, se si tratta di una lenta degenerazione dell'organo. Il rene, infatti, ha una grande capacità di sopperire al mancato lavoro di alcuni nefroni con un sovraccarico dei nefroni rimanenti; si hanno i primi sintomi di crisi renale solo quando la capacità di filtrazione cala fino al 40% del normale. Questa caratteristica rende la malattia molto insidiosa, anche se la sua diagnosi è possibile grazie agli esami di urine e sangue.

La **malattia policistica del rene** è una patologia ereditaria che porta a insufficienza renale cronica. Questa malattia genetica causa la formazione di cisti nei tubuli renali, ma anche in altre parti del corpo (fegato, milza, pancreas, gonadi). Le conseguenze sono diverse, soprattutto disfunzioni digestive e ipertensione con possibili problemi cerebrali. La malattia presenta, in genere, i primi sintomi in età adulta e può essere trattata con una dieta povera di proteine, controlli renali frequenti e assunzione di farmaci specifici.

In una persona affetta da **insufficienza renale cronica** il rene perde quasi totalmente la capacità di eliminare le sostanze di rifiuto; l'accumulo di questi cataboliti nel sangue può portare a un'intossicazione progressiva, che può arrecare danni irreversibili a numerosi organi come il cuore, il fegato o i polmoni. Nei primi stadi della malattia e nelle sue forme più lievi è sufficiente modificare la dieta, riducendo la quantità di proteine (massimo 0,7 g al giorno per kilogrammo di peso corporeo) e di fosfati, diminuendo l'apporto calorico (massimo 35 kcal al giorno per kilogrammo di peso corporeo) e ricorrendo a farmaci. Se l'insufficienza renale persiste e la funzionalità dei reni scende al di sotto del 10%, la sopravvivenza del paziente è a rischio; in tal caso è necessaria una terapia sostitutiva, costituita dalla dialisi o dal trapianto renale.

LE TERAPIE PER CURARE I RENI

La **dialisi** extracorporea (o *emodialisi*) è un processo che consiste nel purificare il sangue, che viene filtrato attraverso un **rene artificiale**. Ciascuna seduta di dialisi ha una durata che di circa 4 ore durante le quali il sangue ricco di scorie è fatto scorrere all'interno di una macchina, dove attraversa un sistema di filtri prima di essere rimesso in circolo (**figura A**).

Durante la dialisi una membrana semipermeabile separa il sangue da un apposito liquido, detto *liquido di dialisi*. Il passaggio dei prodotti di scarto e di altre sostanze dipende da una serie di parametri, quali la permeabilità della membrana, la dimensione e la forma delle diverse sostanze, il tipo di irrorazione della membrana da parte del sangue e le caratteristiche del liquido di dialisi. Per esempio, lo ione potassio è più elevato nel sangue del paziente che nel liquido dializzante, quindi viene sottratto, mentre lo ione bicarbonato è in difetto e viene ceduto. Le sostanze di scarto, come l'urea, sono sempre sottratte, perché il liquido dializzante ne è privo. L'acqua è rimossa con il processo di ultrafiltrazione che sfrutta un gradiente pressorio transmembrana tra sangue e liquido di dialisi. Questa differenza di pressione è regolata automaticamente dalla macchina di dialisi in base al calo di peso del paziente, che viene misurato attraverso un letto-bilancia. Durante la dialisi il sangue è prelevato dal corpo grazie a una pompa e per evitarne la coagulazione è utilizzata l'*eparina*, una sostanza anticoagulante inserita prima che il sangue entri nel dializzatore (**figura B**).

Esiste anche una tecnica meno utilizzata (circa nel 10% dei casi), detta **dialisi peritoneale**; questa prevede l'immissione del liquido di dialisi nella cavità peritoneale, sfruttando la sottile membrana posta attorno agli organi addominali (il peritoneo) come membrana semipermeabile per i processi di scambio necessari per purificare il sangue.

La forma più efficace di terapia sostitutiva dell'insufficienza renale irreversibile è il **trapianto di rene**. Rispetto alla dialisi, questa offre al paziente un miglior recupero psicofisico e una migliore qualità di vita. Il trapianto di rene si esegue con un intervento chirurgico che permette di inserire un rene sano di un donatore nella parte anteriore dell'addome del paziente, senza togliere i reni non funzionanti. Il trapianto di rene può essere effettuato anche da un donatore vivo.

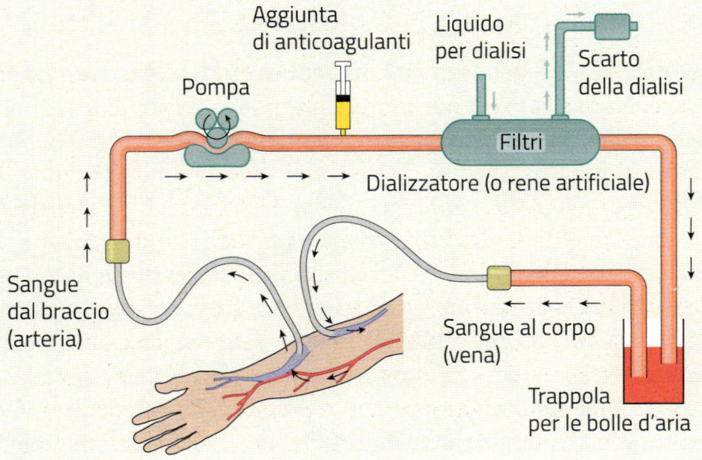

▸ **Figura A**
Il processo di dialisi extracorporea.

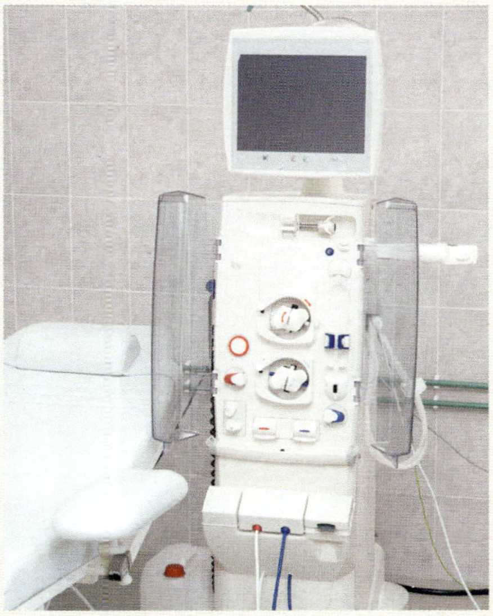

▴ **Figura B**
Un apparecchio da dialisi.

Facciamo il punto

1. Come è strutturato il nefrone?
2. Quali sono i processi fondamentali che permettono di produrre l'urina?
3. Descrivi il sistema renina-angiotensina-aldosterone.
4. Qual è la funzione dell'ormone ADH?
5. Come è regolato il pH del sangue?

3 La vescica, i condotti urinari e l'urina

Gli ureteri collegano i reni alla vescica

Gli **ureteri** sono due condotti del diametro di 6 mm e lunghi circa 25-30 cm che collegano le pelvi renali con la parte posteriore della vescica. Gli ureteri sono costituiti da tre strati distinti (**figura 9**):

1. una *tonaca mucosa* costituita da *epitelio di transizione*, un epitelio particolare con cellule tondeggianti, o a forma di ombrello, capace di subire trazioni e distendersi senza perdere continuità, che poggia su una lamina di tessuto connettivo denso;
2. una *tonaca muscolare*, ovvero uno strato di *muscolatura liscia* costituito da fibrocellule inserite in abbondante tessuto connettivo;
3. una *tonaca avventizia*, costituita da tessuto *connettivo lasso* con abbondanti fibre elastiche e dove scorrono i vasi sanguigni, i vasi linfatici e i nervi.

Questi condotti sono strutturati in modo da garantire il flusso unidirezionale dell'urina verso la vescica; infatti la contrazione della muscolatura liscia al passaggio dell'urina, la forza di gravità e lo schiacciamento dell'ultimo tratto degli ureteri da parte della vescica piena, impediscono il reflusso. Inoltre, la vescica presenta pieghe della mucosa che simulano una sorta di valvole nel punto di sbocco degli ureteri.

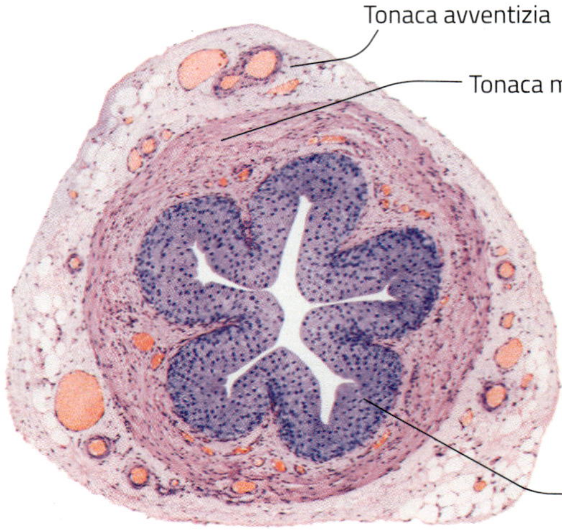

▸ **Figura 9**
Fotografia al microscopio ottico della sezione di un uretere in cui si vede lo strato di epitelio di transizione (in viola) che ricopre il canale centrale, circondato dal tessuto muscolare (in rosa).

La particolare conformazione dell'**epitelio di transizione** permette una notevole elasticità: le cellule superficiali si appiattiscono e si allungano. Ureteri, vescica e una parte dell'uretra possiedono questo tipo di epitelio per adattarsi alla distensione dovuta al passaggio o all'accumulo di urina.

La vescica raccoglie l'urina che poi esce dal corpo attraverso l'uretra

La **vescica** è un organo cavo, situato tra l'osso pubico e il retto, che ha la funzione di raccogliere l'urina proveniente dai reni. Analogamente agli ureteri, si compone di tre diversi strati di tessuto: un epitelio di transizione, uno strato intermedio di muscolatura liscia e uno strato connettivo esterno ricco di vasi e nervi.

La vescica normalmente misura dai 12 ai 15 cm e può contenere circa 400 mL di urina. Quando si raggiunge questo volume di liquido, lo stimolo della minzione induce lo svuotamento vescicale; in realtà è possibile trattenere la minzione e accumulare quantità ben maggiori di urina al suo interno. Questo organo, infatti, possiede un'enorme capacità distensiva: la sua parete muscolare e l'epitelio di transizione si distendono progressivamente all'aumentare del volume che ospitano. Quando la vescica è vuota le cellule superficiali dell'epitelio di transizione hanno forma allungata, quelle intermedie sono ovoidali e le inferiori sono rotondeggianti. Quando invece l'organo si riempie, le cellule superficiali si appiattiscono, mentre quelle intermedie si inseriscono tra le cellule inferiori, rendendo l'epitelio molto sottile: da sacco spesso e muscoloso, la vescica può diventare molto più grande, sottile e liscia.

All'interno della vescica si distinguono superiormente due *orifizi ureterici*, dove giungono gli ureteri, mentre inferiormente si trova l'apertura per l'uretra

Curiosità

Lungo il suo percorso attraverso l'apparato urinario, normalmente l'urina non incontra batteri e quindi non ha particolari odori sgradevoli. Rimanendo però all'aria aperta, entra in contatto con i batteri ambientali che degradano l'urea in ammoniaca e, in breve tempo, assume un odore sgradevole e acre. Il consumo di alcuni ortaggi (come gli asparagi) o l'insorgere di alcune malattie (come il diabete mellito) fanno assumere odori anomali all'urina.

(**figura 10**). La mucosa della vescica è sollevata in pieghe che si estendono quando l'organo è completamente pieno di urina; la mucosa della porzione vicina all'orifizio dell'uretra (detta *trigono*), invece, rimane piana. Al centro del trigono si trovano l'*orifizio* e lo *sfintere uretrale interno*, mentre più in basso ci sono l'*orifizio* e lo *sfintere uretrale esterno*. Entrambi gli sfinteri sono coinvolti nella minzione, ma si differenziano perché quello interno è formato da muscolatura liscia e involontaria, mentre l'esterno da muscolo striato e quindi volontario.

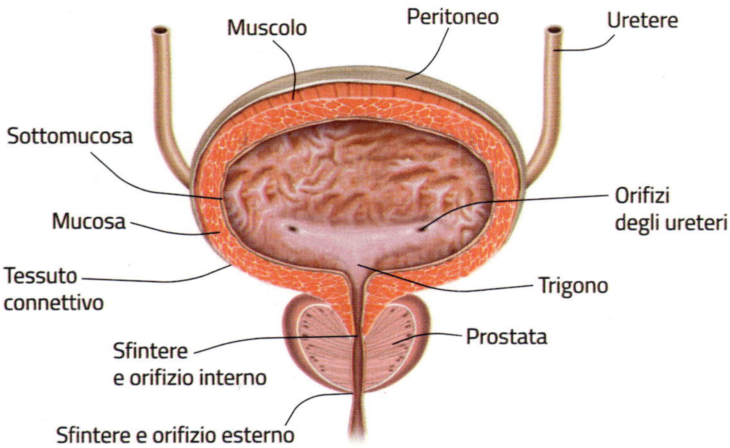

◂ **Figura 10**
Struttura della vescica di un uomo.

I reni producono urina di continuo, ma i *recettori di stiramento* presenti sulla superficie dell'organo inviano al midollo spinale un impulso quando la vescica è piena. L'impulso ritorna alla vescica inducendo il rilassamento dello sfintere uretrale interno. Per questo motivo avvertiamo quindi in maniera consapevole lo stimolo a urinare, ma la decisione dipende dalla nostra volontà. Lo sfintere uretrale esterno, infatti, è regolato in modo volontario: con il suo rilassamento si ha la minzione, se invece si rimanda, dopo circa un minuto lo stimolo a urinare cessa. Ciò può protrarsi sino all'ingresso nella vescica di un volume di 200 mL di nuova urina, situazione in cui non è più possibile trattenere oltre lo stimolo e la vescica è attivata dal midollo spinale fino alla minzione (**figura 11**). La forma della vescica varia inoltre in relazione agli organi adiacenti: in una donna incinta la vescica si schiaccia e si piega in avanti a causa della pressione esercitata dall'utero che ospita il nascituro.

Curiosità

L'**incontinenza urinaria** dipende dall'incapacità di trattenere le urine, spesso per un problema allo sfintere uretrale esterno. Se, invece, si ha difficoltà a far fuoriuscire l'urina, si parla di **ritenzione urinaria**. Se non è risolvibile con i farmaci o con la chirurgia, la ritenzione urinaria può essere ovviata con l'inserimento di un sottile tubo di silicone biocompatibile, il *catetere urinario*, che mette in comunicazione la vescica con l'esterno.

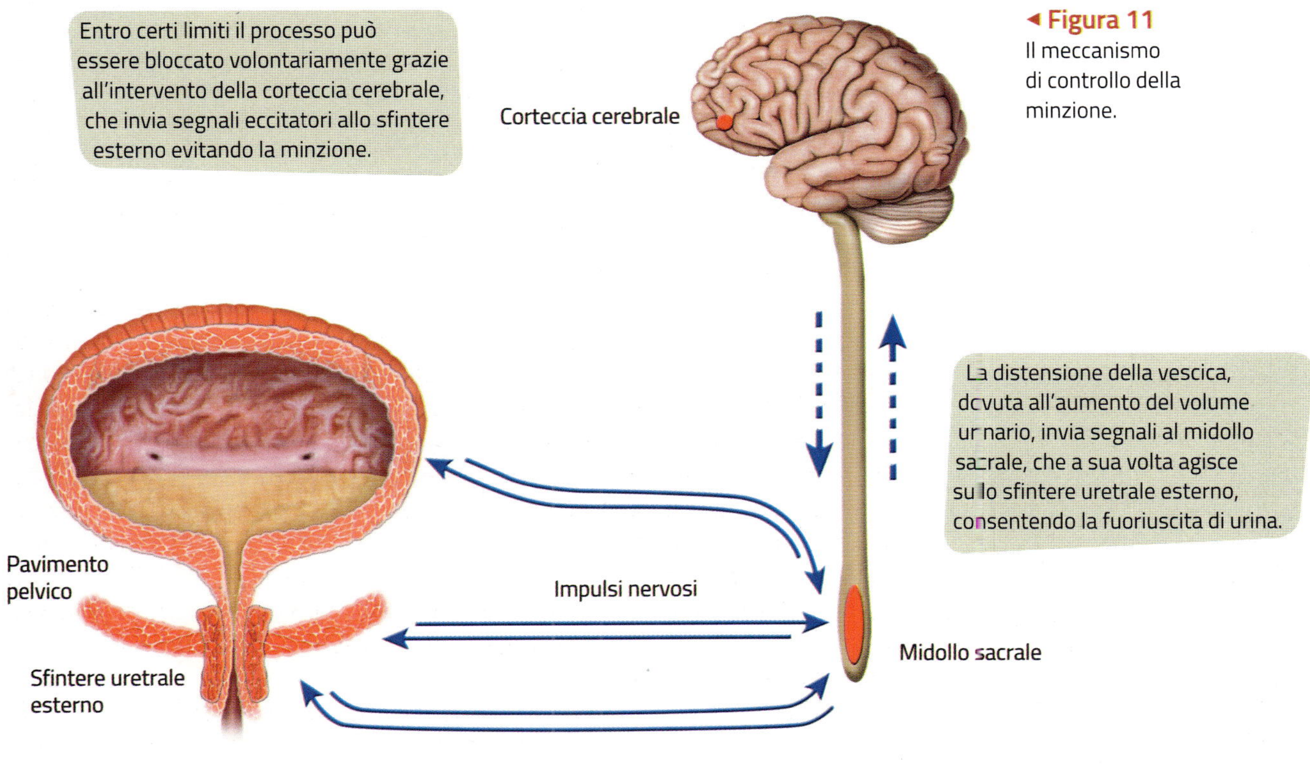

◂ **Figura 11**
Il meccanismo di controllo della minzione.

▼ **Figura 12**
Sezione laterale del bacino femminile (A) e maschile (B), nei quali è possibile osservare la diversa posizione della vescica e la lunghezza dell'uretra.

L'**uretra** è un condotto che si origina a livello della vescica e nella femmina è lunga solo 3-4 cm, mentre negli uomini è circa 20 cm. Nelle donne le vie genitali e le vie urinarie sono ben distinte, con lo sbocco uretrale posto tra il clitoride e l'apertura vaginale. Al contrario, negli uomini l'uretra trasporta sia l'urina sia lo sperma (*vedi* capitolo C7) e attraversa tutto il pene fino alla sommità (**figura 12**).

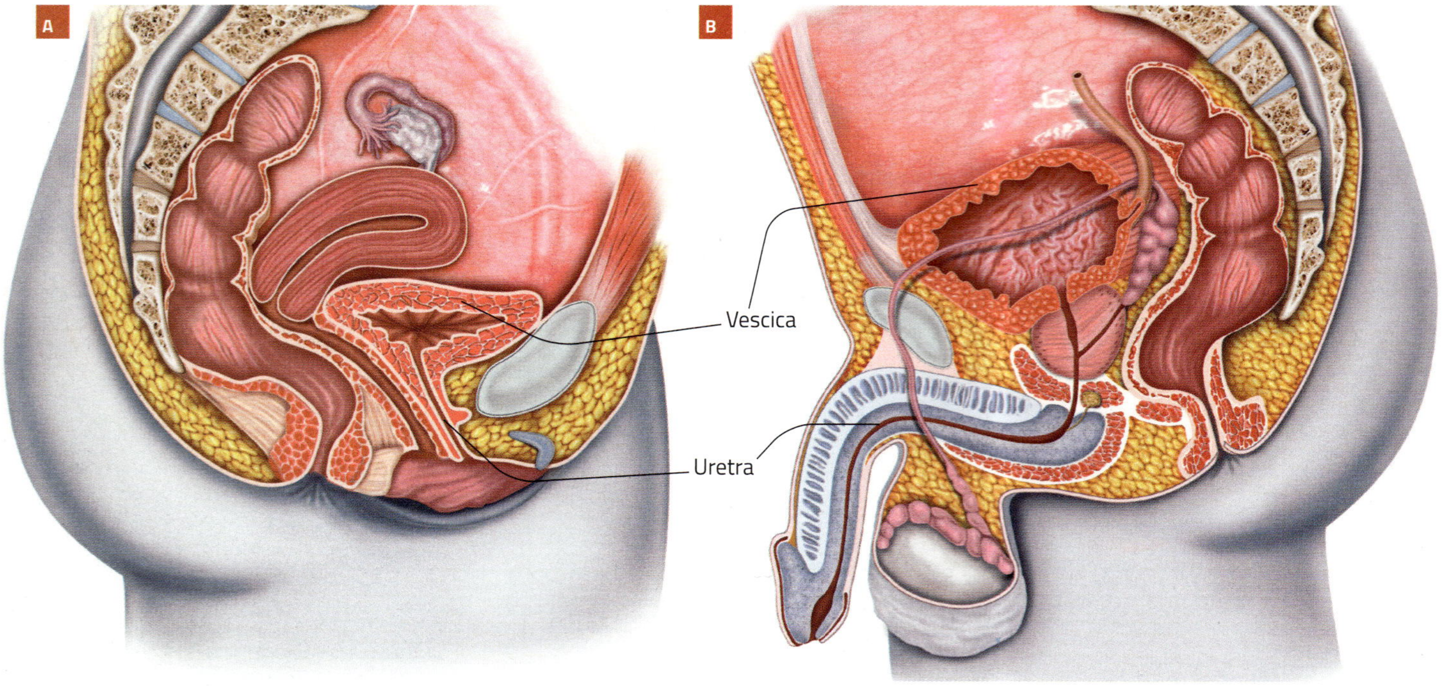

4 - La nostra salute

La cistite e i calcoli

La **cistite** è un'infezione della vescica, in genere di origine batterica, che provoca fastidiosi disturbi, come dolori pelvici, bruciori mentre si urina e frequenti stimoli a urinare. Data la lunghezza esigua dell'uretra, nella donna è più frequente la risalita dall'esterno di batteri, con conseguenti infiammazioni della vescica. Più di un terzo delle donne, infatti, ne soffre almeno una volta nella vita, mentre nel maschio questa possibilità è più remota. La cistite è diagnosticata attraverso un semplice esame (*urinocoltura*) e si risolve facilmente con una mirata terapia antibiotica; nell'80% dei casi *Escherichia coli*, un abituale ospite intestinale, è il batterio responsabile di questa condizione.

Ben altri problemi sono provocati dalla **cistite interstiziale**, nota anche come *sindrome del dolore pelvico*, una malattia rara e difficile da trattare. In questo caso tutti i sintomi della cistite sono amplificati: lo stimolo a urinare può arrivare a 50 volte in una giornata e a 30 in una sola notte, i dolori pelvici sono forti e cronici e i rapporti sessuali sono quasi impossibili. Questa malattia, inoltre, peggiora nel tempo e ha un andamento intermittente, con crisi acute che possono essere scatenate da fattori alimentari; per esempio il caffè, il tè e gli alcolici, rendono le urine particolarmente acide, irritando la mucosa che riveste la parete della vescica e scatenando la dolorosa reazione infiammatoria. La causa della cistite interstiziale, che porta a un'alterazione cellulare delle pareti della vescica, non è ancora chiara e le cure oggi conosciute alleviano i sintomi, ma non risolvono la malattia.

Quando la composizione biochimica e il pH delle urine sono alterati, si crea un ambiente svantaggioso per i reni e la vescica, infatti si possono formare dei cristalli che aumentano progressivamente di volume oppure si conglomerano formando i **calcoli** (**figura**), veri e propri sassolini a livello di vie urinarie. In base alla composizione chimica dei cristalli di partenza, si distinguono diversi tipi di calcoli (**tabella**). Quando i calcoli renali occludono gli ureteri, si attivano le vie nervose dolorifiche, provocando delle *coliche renali* molto dolorose. Per evitare la formazione di calcoli bisogna bere 1,5-2 L di acqua al giorno e adottare una dieta adeguata a bilanciare il pH urinario. Per i calcoli si può ricorrere al bombardamento con ultrasuoni, che può frammentarli in parti più piccole, poi eliminabili attraverso le urine, oppure è possibile intervenire con l'asportazione chirurgica.

▲ **Figura**
Calcoli renali di notevoli dimensioni (fino a 5 mm di diametro).

Tipo di cristallo	pH delle urine
Ossalato di calcio	Acido
Acido urico	Acido
Cistina	Acido
Fosfato di calcio	Basico
Struvite (fosfato ammonio-magnesiaco)	Basico

▲ **Tabella**
Tipi di cristalli rilevabili nelle urine.

La variazione di colore e pH dell'urina è indice di anomalie

L'**urina** è un liquido inodore di colore giallo, più o meno marcato a seconda della sua concentrazione di soluti, e normalmente ha un aspetto limpido. Il suo colore dipende sostanzialmente da un pigmento di natura proteica che deriva dalla demolizione dell'emoglobina, l'*urocromo*. Solo in alcuni casi può variare in seguito all'assunzione di alcuni cibi o farmaci, oppure per la presenza patologica di sangue (*ematouria*) o di pigmenti biliari.

Il pH dell'urina normalmente è acido (pH 6), ma può variare tra 4,5 e 8 in seguito agli alimenti consumati. Uova, formaggi e carne tendono ad acidificare le urine, mentre le verdure le rendono più basiche (**figura 13**).

La valutazione del peso dell'urina rispetto all'acqua distillata è eseguita misurando il suo peso specifico. Normalmente quello delle urine varia da 1001 a 1035 g/L in base alla diversa concentrazione. Un peso specifico minore può essere dovuto all'eccesso di liquidi nell'organismo oppure a una scarsa capacità da parte dei reni di concentrare le urine, come avviene per esempio nell'insufficienza renale cronica; al contrario una densità eccessiva può dipendere da una scarsa idratazione dell'organismo.

Le **analisi delle urine** si basano su una serie di esami che puntano a identificare aspetti diversi del campione. L'*esame fisico* indica volume, aspetto, colore e peso specifico; l'*esame biochimico* rileva il pH e la presenza o meno di determinati composti, o cellule, considerati indice di malattia, come la presenza di sangue, glucosio o pigmenti biliari (**tabella 3**). Possono inoltre essere rilevati i livelli di alcuni ormoni. Infine, attraverso l'*esame microscopico* viene fatta l'analisi del sedimento delle urine: una volta centrifugate, dalla porzione di precipitato sono estratti e osservati al microscopio cellule ed eventuali cristalli. La presenza di cristalli può fornire indicazioni di malattie in atto, oppure della predisposizione alla loro insorgenza. Infatti, i cristalli sono di composti inorganici che precipitano nelle urine quando il pH è alterato; dalla loro aggregazione si formano i *calcoli urinari*.

▲ **Figura 13**
In occasione di visite di controllo ospedaliero o visite medico-sportive viene eseguito il test del pH su un campione di urina.

Curiosità

La maggior parte dei cristalli che danno origine ai calcoli è formata da **ossalato di calcio** (CaC_2O_4), ma esistono anche cristalli di fosfato di calcico, $Ca_3(PO_4)^2$, fosfato di ammonio, $(NH_4)_3PO_4$, e acido urico, $C_5H_4N_4O_3$. L'ossalato di calcio si può trovare anche negli *otoliti*, concrezioni minerali contenute nell'orecchio interno, che permettono la percezione dell'equilibrio.

Leggi nell'ebook l'approfondimento:
La nostra salute
Il diabete insipido

Indicatore	Spiegazione
Eritrociti	La presenza (definita *ematuria*) è sintomo di diverse patologie.
Leucociti	Infezioni alle vie urinarie.
pH	Se non rientra nell'intervallo 4,5 e 8 è presente una disfunzione.
Emoglobina	Infezioni alle vie urinarie, ustioni estese, favismo, anemia o diverse altre patologie.
Mioglobina	Presente in seguito a contrazioni muscolari forti e ripetute, come dopo un'attività fisica.
Corpi chetonici	Problemi nella degradazione degli acidi grassi.
Bilirubina	Deve essere del tutto assente o presente in quantità minima (0,02 mg/100 mL); in caso contrario indica problemi epatici.
Proteine	Minime quantità di albumina o di globuline, che non sono indicatori di patologie in corso.
Pigmenti biliari	Urobilina e urobilinogeno possono essere presenti in minime quantità (0,5-2,5 mg nelle urine raccolte nell'arco delle 24 ore), ma se la loro quantità è maggiore, vi possono essere problemi al fegato.
Nitriti	Infezioni delle vie urinarie.
Glucosio	Diabete mellito e diverse altre patologie.

◄ **Tabella 3**
Dati rilevabili tramite l'esame biochimico delle urine.

Facciamo il punto

1. Come è organizzata la struttura interna dell'uretere?
2. Quali sono le differenze tra l'uretra maschile e quella femminile?
3. Come viene controllata la minzione?
4. Quali sono i parametri normali delle urine?

4 La temperatura corporea

L'organismo ha una temperatura costante per mantenere la struttura delle proteine

Il bilancio idrico e salino non è l'unico parametro che il corpo deve tenere sotto controllo. Anche la **temperatura corporea** è un fattore di regolazione dell'ambiente interno che va monitorato costantemente.

Le due principali fonti di calore corporeo sono l'energia radiante del Sole, utilizzata soprattutto dagli animali ectotermi come i rettili, e il metabolismo cellulare, che consente agli organismi endotermi come i mammiferi e gli uccelli di mantenere costante la propria temperatura (*vedi* scheda 5). Se però da un lato produciamo calore, dall'altro lo perdiamo per conduzione, convezione, evaporazione e attraverso radiazioni termiche (**figura 14**).

I processi fisiologici che avvengono nel nostro corpo dipendono sia dalla capacità delle cellule di mantenere integre le loro strutture sia da numerose reazioni biochimiche controllate da enzimi. La velocità alla quale avviene una reazione enzimatica è determinata da molti fattori, di cui uno dei più importanti è la temperatura. In genere, la velocità di una reazione raddoppia con un aumento di circa 10 °C. Tuttavia, per ogni proteina, enzimi compresi, vi è un intervallo di temperatura relativamente ristretto nel quale la molecola mantiene una conformazione tridimensionale che le consente di svolgere la sua specifica funzione; oltre il limite superiore di questo intervallo, le proteine vanno incontro alla *denaturazione*: perdono la loro conformazione e la loro funzione, che dipende strettamente dalla forma specifica della molecola.

Anche le basse temperature possono bloccare completamente i processi fisiologici, perché alterano la conformazione delle proteine; in questo caso, in genere, il processo è reversibile: innalzando nuovamente la temperatura, la conformazione proteica torna ad essere quella fisiologica.

Ti ricordi?

Durante la cottura delle uova, albume e tuorlo si addensano: questi fenomeni sono causati dalla **denaturazione** delle proteine globulari dell'albume; infatti, sopra i 60 °C, si rompono i legami che tengono unite le strutture terziarie delle proteine, che perdono la propria conformazione.

▼ **Figura 14**
Gli esseri umani mantengono una temperatura corporea costante mediante vari meccanismi di termoregolazione.

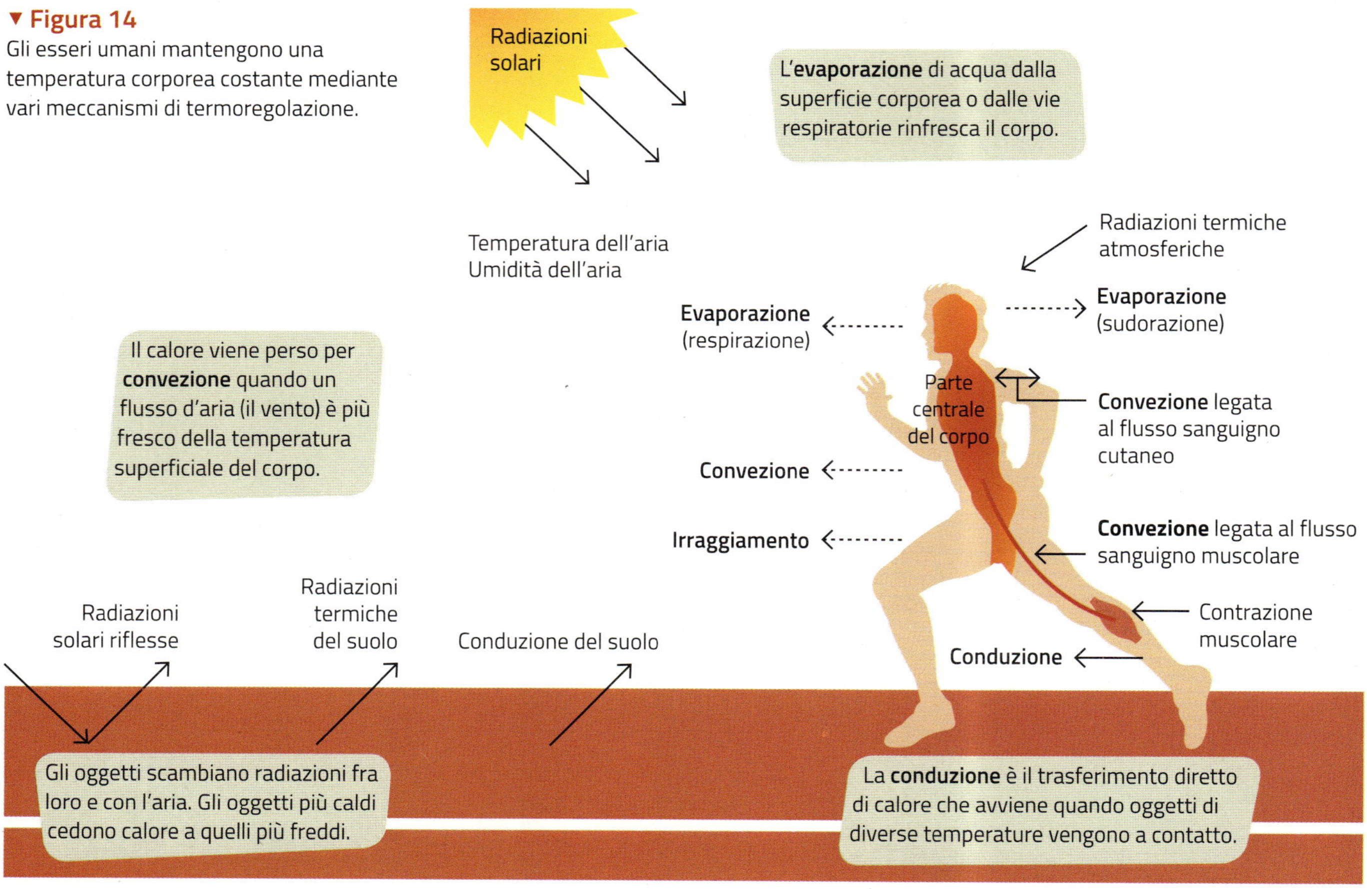

L'ipotalamo attiva risposte complesse per mantenere la temperatura a 37 °C

La temperatura corporea umana, in condizioni normali, è prossima ai 37 °C ed è mantenuta entro un ristretto intervallo grazie a un sistema posto nell'**ipotalamo**, che funziona come un termostato. Il termostato cerebrale riceve e integra le informazioni provenienti dai **termorecettori** distribuiti su tutto il corpo, quindi le confronta con la temperatura prefissata e, sulla base di questo confronto, mette in atto risposte adeguate per mantenere l'omeostasi termica.

A differenza del termostato di una caldaia, che controlla un semplice interruttore del tipo «acceso-spento», l'ipotalamo comanda numerose risposte complesse (**figura 15**). Tra queste c'è la liberazione del *fattore di rilascio TRH* (ormone di rilascio della tireotropina), un ormone che stimola la produzione dell'ormone *TSH* (tireostimolante o tireotropina) da parte dell'ipofisi; il TSH, a sua volta, induce la produzione di *tiroxina* (ormone tiroideo), che aumenta il metabolismo cellulare contribuendo a generare calore nel corpo. In caso di patologie a carico della tiroide uno dei sintomi comuni è proprio una non corretta termoregolazione. Se si soffre di *ipotiroidismo*, per esempio, si avrà un abbassamento della temperatura corporea e una certa intolleranza al freddo a causa della scarsa produzione di ormone tiroideo; al contrario, in caso di *ipertiroidismo* si ha intolleranza al caldo per l'aumento del metabolismo basale dell'organismo, dovuto all'eccesso di tiroxina nel sangue.

In condizioni normali, i termorecettori cutanei sono probabilmente le più importanti fonti di informazioni sul cambiamento di temperatura; tuttavia, lo stesso ipotalamo contiene cellule recettrici che rilevano la temperatura del sangue che le irrora.

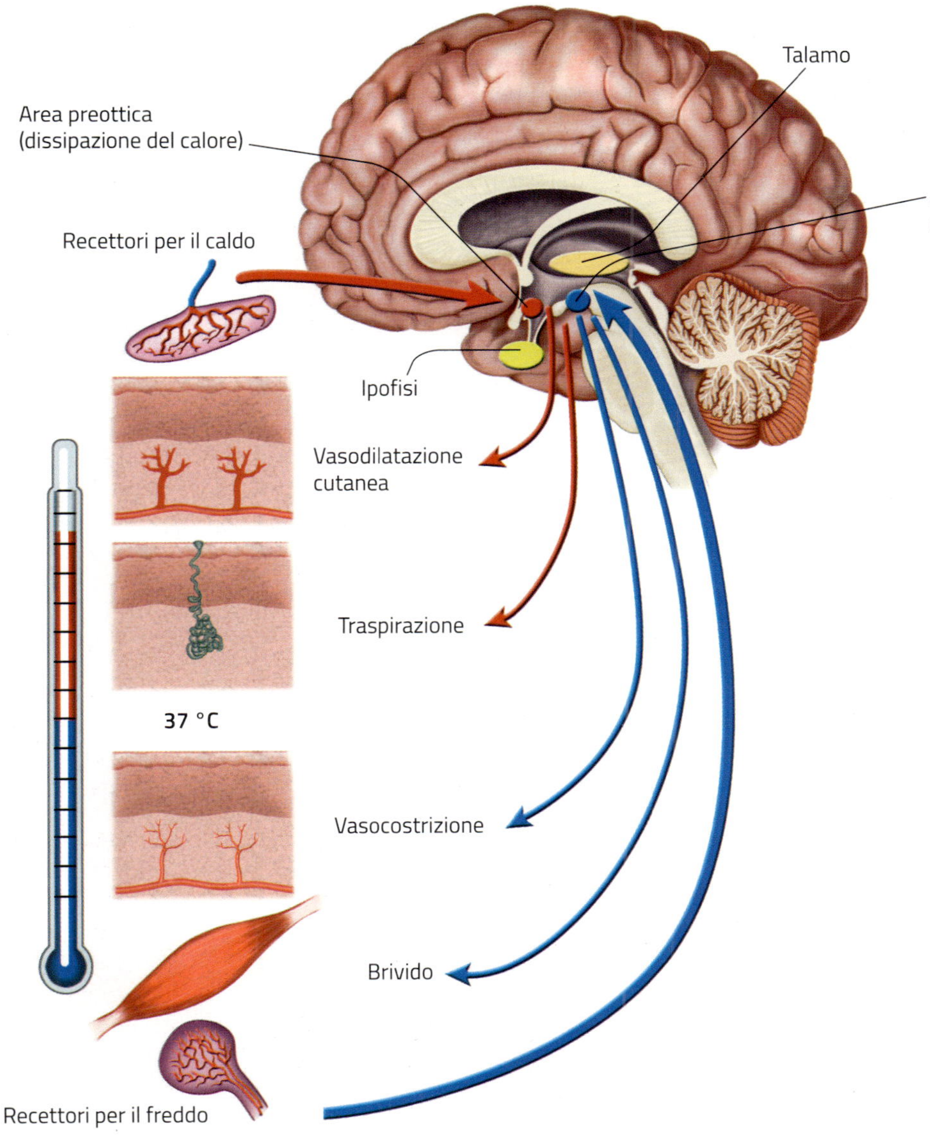

◂ Figura 15
La regolazione della temperatura corporea è coordinata dall'ipotalamo.

Ti ricordi?

L'**evaporazione** è il passaggio di stato dell'acqua da liquida a vapore e richiede la rottura dei legami a idrogeno; è proprio questo processo che richiama calore dal corpo consentendo l'abbassamento di temperatura.

Curiosità

Nei cani l'**abbassamento della temperatura corporea** avviene per evaporazione della saliva: quando hanno caldo ansimano in modo che l'aria, passando sulla loro lingua umida, faccia evaporare la saliva. Gli uomini e i cavalli, invece, sudano su tutta la superficie del corpo.

La cute può regolare la temperatura con il sudore e i brividi

Molte strutture responsabili della termoregolazione si trovano nella pelle. Quando la temperatura corporea si innalza al di sopra del valore stabilito, i vasi sanguigni superficiali si dilatano e aumenta l'afflusso di sangue alla pelle; a questo punto, se l'aria è più fredda della superficie del corpo, il calore può trasmettersi per **irraggiamento** dalla pelle direttamente all'aria.

Il calore in eccesso può venire disperso anche per mezzo dell'**evaporazione del sudore**; quando la temperatura aumenta, le ghiandole sudoripare secernono un liquido salato, la cui evaporazione raffredda la superficie della pelle dissipando calore.

Al contrario, quando la temperatura corporea inizia a scendere al di sotto del valore soglia, i vasi sanguigni periferici subiscono una costrizione, limitando in questo modo la perdita di calore attraverso la pelle. Parallelamente, aumentano i processi metabolici a causa di una maggiore attività muscolare di tipo volontario (come il passare il peso del corpo da un piede all'altro) e involontario (come i brividi e l'*orripilazione* o «pelle d'oca»); inoltre si verifica la stimolazione diretta del metabolismo da parte delle ghiandole endocrine e del sistema nervoso.

La febbre è una risposta dell'organismo innescata dai pirogeni

L'innalzamento della temperatura corporea è noto come **febbre** (**figura 16A**); di solito questa non dipende dal cattivo funzionamento dell'ipotalamo, ma è una risposta fisiologica verso determinati stati dell'organismo (**figura 16B**). All'insorgere della febbre si ha la *fase del rialzo termico* (o *prodromica*), durante la quale si percepisce una sensazione di freddo e si hanno spesso i brividi; ciò avviene perché la temperatura del corpo si sta innalzando, ma è ancora inferiore a quella definita dalla nuova regolazione del termostato interno. Segue quindi una *fase di fastigio*, in cui cessa la sensazione di freddo e la temperatura corporea è costantemente elevata, e infine subentra la *fase della defervescenza*, con sensazione di caldo e abbassamento della temperatura corporea.

Lo spostamento dei valori del termostato ipotalamico sembra essere determinato da specifiche sostanze, chiamate **pirogeni**, che si distinguono in *endogeni* ed *esogeni*: i primi sono prodotti direttamente dall'organismo, mentre i secondi sono introdotti dall'esterno, come i virus e i batteri. Per esempio, i pirogeni esogeni meglio conosciuti sono i *lipopolisaccaridi* contenuti nella parete di alcuni batteri. Tra i pirogeni endogeni si conoscono, invece, le *citochine*, molecole di natura proteica, liberate dai globuli bianchi durante la risposta immunitaria verso un'infezione di agenti patogeni. Questi polipeptidi, a loro volta, stimolano la liberazione da parte dell'ipotalamo di altre sostanze, come le *prostaglandine*, con la funzione di regolare la temperatura corporea reimpostando il termostato ipotalamico a temperature maggiori.

▾ Figura 16
La febbre può essere misurata con vari tipi di termometri, tra cui quelli digitali (A). Le diverse fasi della febbre (B).

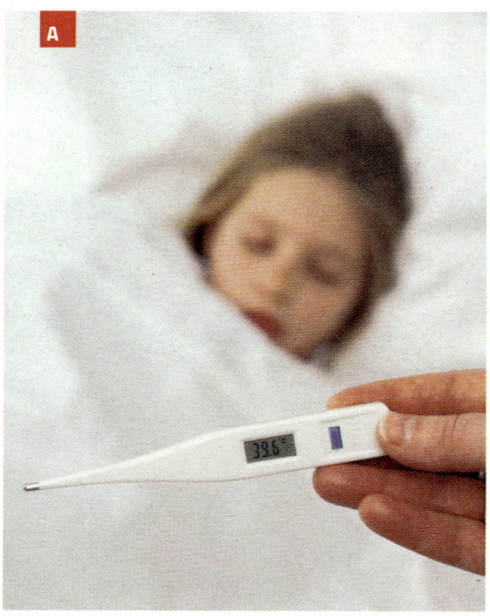

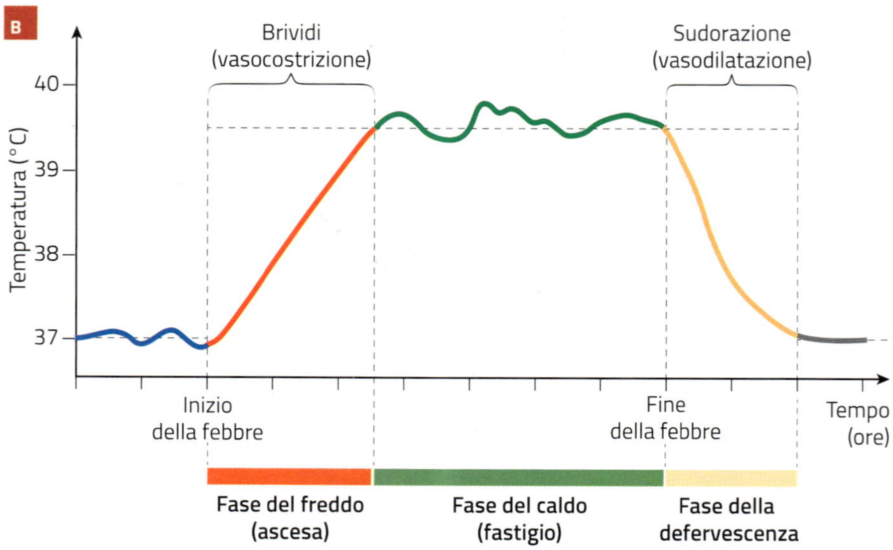

Non si conosce con certezza il significato adattativo della febbre, ma sembra che modesti innalzamenti di temperatura stimolino il sistema immunitario, aumentando la sintesi degli anticorpi e la produzione di sostanze e cellule specializzate per la difesa; l'aumento della temperatura inoltre ha effetti negativi su molti tipi di batteri patogeni. La febbre, quindi, è un fenomeno positivo, che aiuta l'organismo a sconfiggere la malattia. Questo, però, è vero entro certi limiti: una temperatura interna di 41 °C diventa rischiosa, perché le proteine vengono alterate e non funzionano più correttamente. Oltre i 39 °C si ricorre a farmaci antipiretici come il paracetamolo, che agiscono inibendo l'azione delle prostaglandine.

Leggi nell'ebook l'approfondimento:
Per saperne di più
Il problema dell'acqua nel regno animale

5 - Per saperne di più

Organismi ectotermi e organismi endotermi

Stare all'aria aperta non è come stare in acqua. A questo problema hanno dovuto far fronte gli animali che hanno conquistato le terre emerse nel corso della loro evoluzione.

La regolazione della temperatura fuori dall'acqua divenne un fattore cruciale, al quale le diverse classi di organismi dovettero adattarsi.

I primi animali che popolarono la terraferma erano **ectotermi**, cioè dipendevano da fonti esterne per la regolazione della temperatura corporea e avevano minime capacità metaboliche di generare calore. Ancora oggi gli anfibi (come le rane e le salamandre) e i rettili (serpenti e coccodrilli) sono animali ectotermi. Durante le ore in cui sono attivi, i rettili terrestri sono in grado di mantenere la temperatura corporea considerevolmente costante, variando la quantità di radiazioni solari che assorbono: possono riscaldarsi velocemente scegliendo i luoghi più adatti all'esposizione solare e orientando il corpo in modo da esporre la massima superficie alla luce solare (**figura A**).

I cosiddetti animali «a sangue caldo», ovvero mammiferi e uccelli, sono invece **endotermi** perché ricavano calore dalle reazioni che si svolgono nell'organismo. La fonte primaria di questo calore è l'ossidazione del glucosio e di altre molecole che liberano energia all'interno delle cellule. Gli endotermi hanno un tasso metabolico molto più alto degli ectotermi e una grande percentuale della loro disponibilità energetica è destinata alla produzione di calore. Gli organismi endotermi, inoltre, possiedono strati di materiale isolante e meccanismi per l'eliminazione del calore in eccesso.

ENDOTERMIA NON È SEMPRE SINONIMO DI OMEOTERMIA

Con alcune eccezioni, gli animali endotermi sono anche **omeotermi**, cioè sono animali che mantengono costante (in genere alta) la temperatura interna, mentre gli ectotermi sono di solito animali **eterotermi**, poiché modificano la temperatura interna a seconda delle condizioni ambientali.

L'omeotermia rappresenta un notevole vantaggio in termini di indipendenza rispetto all'ambiente in cui gli animali vivono, anche se ha un costo energetico decisamente elevato.

Un esempio di animale sia omeotermo sia endotermo è proprio l'uomo, che produce costantemente energia riuscendo così a mantenere costantemente la propria temperatura corporea a circa di 37 °C. Esistono però animali, come il colibrì e alcuni roditori che, pur essendo endotermi, non sono completamente omeotermi. Questi animali di notte, oppure durante a stagione invernale, possono abbassare il proprio metabolismo e quindi la temperatura corporea.

Oltre che tramite specifici adattamenti fisiologici, la regolazione della temperatura può avvenire anche grazie a risposte comportamentali. Per esempio, quando sono esposti al freddo, molti animali di piccola taglia, come i pinguini, si accalcano insieme per scaldarsi: raggruppandosi, diminuisce l'effettivo rapporto superficie/volume e, quindi, la perdita di calore (**figura B**). Inoltre, molti mammiferi hanno uno strato di grasso sottocutaneo che serve da isolante. Gli omeotermi hanno anche peli o penne che, quando la temperatura diminuisce, si drizzano per l'azione di muscoli erettori, trattenendo uno strato d'aria che isola la superficie corporea migliorando l'isolamento termico.

◄ **Figura A** La lucertola, come gli altri animali ectotermi, si espone al Sole per riscaldare il corpo.

► **Figura B** Per scaldarsi, questi pinguini si tengono vicini l'uno all'altro.

Facciamo il punto

1. Descrivi il rapporto tra temperatura corporea e attività enzimatica.
2. Come viene disperso il calore all'esterno del corpo?
3. In che modo viene regolata la temperatura corporea?
4. Cos'è e da che cosa dipende la febbre?

SINTESI DI FINE CAPITOLO

LO SAI? RIPASSA CON LO SMARTPHONE

Anatomia dell'apparato urinario

Il nostro apparato urinario è costituito da:

- due **reni**, che filtrano il sangue;
- due **ureteri**, condotti che collegano le pelvi renali alla vescica;
- la **vescica**, un organo cavo che raccoglie l'urina, situato tra l'osso pubico e il retto;
- l'**uretra**, un condotto che si origina a livello della vescica e fa uscire l'urina dal corpo.

L'**urina** è un liquido inodore di colore giallo, più o meno marcato a seconda della sua concentrazione di soluti, e normalmente ha un aspetto limpido.

Struttura e funzione del rene

Il **nefrone** è l'unità funzionale del rene ed è costituito dal **glomerulo**, un ammasso di capillari, e dal **tubulo renale**, un lungo e stretto tubo che parte da una struttura a forma di coppa, detta **capsula di Bowman**. Le cellule della capsula di Bowman si trovano direttamente a contatto con i capillari del glomerulo e sono dette **podociti**.

I reni regolano l'ambiente chimico dell'organismo e producono ormoni. Le funzioni dei remi sono:

- l'escrezione dei rifiuti metabolici che si accumulano nel sangue;
- la regolazione della concentrazione di ioni;
- il mantenimento dell'equilibrio idrico.

Al di sopra di ogni rene c'è una *ghiandola surrenale*, che fa parte del sistema endocrino.

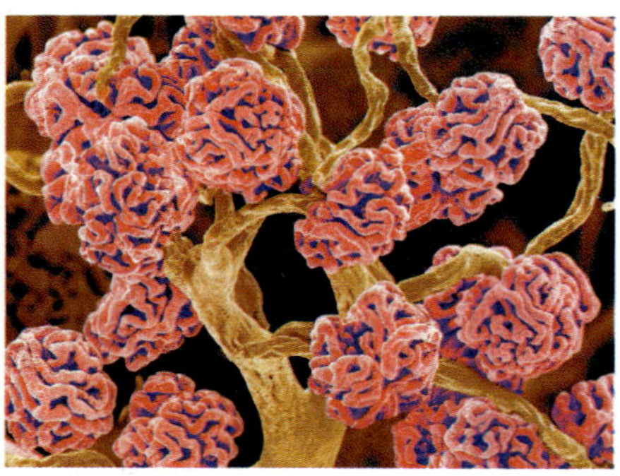

La formazione dell'urina

La formazione dell'urina avviene nel nefrone in quattro passaggi successivi.

1. **Filtrazione**: l'elevata differenza di pressione consente al plasma sanguigno di entrare nel rene ed essere spinto nel *lume del tubulo renale*.
2. **Riassorbimento**: la maggior parte dell'acqua e dei soluti, immessi nel tubulo durante la filtrazione, è riportata nei *capillari peritubulari*.
3. **Secrezione**: contemporaneamente alcune molecole, rimaste nel plasma dopo la filtrazione, sono rimosse dai capillari peritubulari per essere immesse direttamente nel *filtrato*; si forma l'*urina*.
4. **Escrezione**: l'urina lascia il nefrone e passa nella *pelvi renale*.

Gli ormoni coinvolti nell'escrezione

L'ormone **antidiuretico** (ADH), o *vasopressina*, è un ormone prodotto dall'ipotalamo e liberato dall'ipofisi, due strutture poste al centro del cranio.

L'**aldosterone** è un ormone prodotto dalla *corticale surrenale* che stimola sia la secrezione di ioni potassio (K^+) nel tubulo distale e nel dotto collettore, sia il riassorbimento di ioni sodio (Na^+).

Il rene produce **renina**, che a sua volta trasforma una proteina plasmatica (l'angiotensinogeno) in **angiotensina**.

Il *sistema renina-angiotensina-aldosterone* permette di controllare a lungo termine la pressione sanguigna, il volume del plasma e i livelli ematici di sodio e potassio.

Il rene contribuisce a *mantenere costante il pH* dell'organismo, grazie alla regolazione degli ioni H^+.

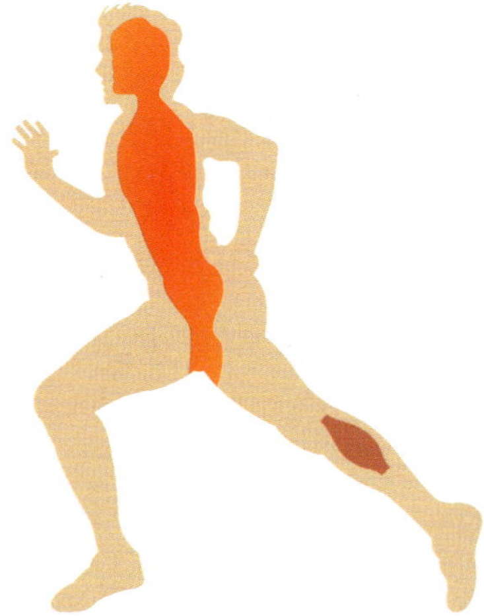

La temperatura corporea

L'organismo mantiene una *temperatura costante* (37 °C) per far funzionare le proteine grazie all'attivazione di risposte complesse da parte dell'ipotalamo.

La **cute** può regolare la temperatura con il sudore (evaporazione) e i brividi.

La **febbre** è una risposta dell'organismo innescata dai *pirogeni*; quindi, è un fenomeno positivo, che ci aiuta l'organismo a sconfiggere le malattie.

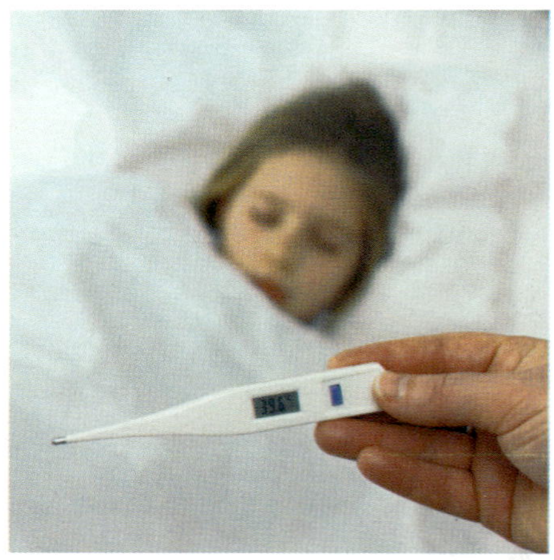

VERIFICA LE TUE CONOSCENZE

ZTE ONLINE

1. Scrivi sul quaderno la definizione dei seguenti termini.

a) Filtrazione, riassorbimento, secrezione ed escrezione
b) Nefroni, dotti collettori e pelvi renale
c) Omeostasi e sistemi tampone
d) Uretra e uretere
e) Pirogeni esogeni ed endogeni
f) Irraggiamento ed evaporazione

Barra il completamento esatto.

2. L'enzima renina attiva la proteina angiotensina che determina

A la sensazione di sete.
B la vasodilatazione nel glomerulo.
C i sistemi tampone.
D l'eliminazione del sodio.

3. Una conseguenza della diminuzione della temperatura corporea è

A vasodilatazione dei capillari superficiali.
B irraggiamento dalla pelle all'aria.
C aumento dei processi metabolici.
D riduzione del metabolismo.

Barra i due completamenti esatti.

4. Su un prelievo di urine è possibile effettuare un rilevamento

A microscopico, per evidenziare cellule o cristalli.
B biochimico, per rilevare volume e peso specifico.
C fisico, per rilevare la temperatura in fase di uscita e il pH.
D microscopico, per evidenziare aspetto e colore.
E biochimico, per rilevare il pH e componenti chimici.

5. La temperatura corporea interna deve restare entro certi valori in quanto

A i processi fisiologici avvengono solo a determinate temperature.
B la presenza di acqua nel corpo tende a raffreddare i tessuti e le cellule.
C gran parte degli enzimi non è attiva a temperature estreme.
D gli animali non sono in grado di contrastare un innalzamento di temperatura.
E un eccessivo calore può far restringere troppo i vasi sanguigni.

6. Completa il brano scegliendo tra i termini elencati in fondo.

Gli ureteri sono costituiti da un epitelio .... formato da cellule tondeggianti, da uno strato di muscolatura .... che ha la funzione di rendere elastici i condotti e da un tessuto connettivo .... che contiene i vasi sanguigni. Nella donna l'uretra è più .... rispetto a quella maschile e al suo interno scorre solo ....; nel maschio, invece, tramite l'uretra esce dal corpo anche ....

(di transizione, corta, vascolare, urina, cilindrico, liscia, lo sperma, striata, cardiaca, lasso, denso, ialino, il sangue, l'acqua, lunga, ripiegata, il filtrato)

7. Nel seguente brano, barra tra i termini in neretto quelli errati.

Ogni rene contiene un elevato numero di nefroni, ognuno dei quali è formato da un ammasso di capillari chiamato **glomerulo** / **capsula di Bowman** e da un lungo **vaso sanguigno** / **tubulo renale** che si divide in prossimale e distale, tra loro separati **dall'ansa di** Henle / **dalla pelvi renale**. L'**uretra** / **uretere** collega l'esterno del corpo con la vescica, mentre l'**uretra** / **uretere** collega la vescica col rene.

8. Completa la tabella mettendo in corrispondenza i termini (*lettere*) con le rispettive funzioni (*numeri*).

A. filtrazione
B. secrezione
C. escrezione
D. riassorbimento

1. alcune sostanze rientrano nel circolo sanguigno
2. l'acqua passa per osmosi all'esterno del tubulo
3. l'acqua e alcuni soluti entrano nel filtrato
4. l'urina lascia il nefrone e passa nella pelvi renale

A	B	C	D
2	3	4	1

9. Barra il simbolo V se ritieni l'affermazione vera, il simbolo F se la ritieni falsa.

a) I termocettori ricevono e integrano le informazioni che giungono dal termostato. V F
b) Il filtrato che esce dal glomerulo ha quasi la stessa composizione chimica del sangue. V F
c) L'alta pressione sanguigna presente nel glomerulo consente al plasma di passare nel tubulo renale. V F
d) Durante l'escrezione l'urina entra prima nell'uretere e successivamente nella vescica. V F
e) Glucosio e amminoacidi, una volta filtrati, rientrano nel sangue. V F
f) L'urina è ipotonica rispetto ai liquidi corporei. V F

10. Completa le seguenti frasi.

a) I tubuli contorti prossimale e distale sono collegati tra loro da ....
b) L'urina si forma nel .... che è l'unità funzionale del rene.
c) La capsula di Bowman contiene un ammasso di capillari detto ....
d) Il rene è suddiviso in una parte interna detta .... e in una più esterna chiamata ....

11. Spiega come avviene il processo di conservazione dell'acqua a livello dell'ansa di Henle.

....

12. Spiega che cos'è la termoregolazione, a che cosa serve e quali sono i processi che permettono il suo controllo.

....

VERIFICA LE TUE ABILITÀ

Barra il completamento esatto.

13. La pressione del sangue all'interno del glomerulo è

- A maggiore rispetto a quella presente nei capillari al fine di spingere il sangue nel tubulo renale.
- B minore rispetto a quella presente nella vena che porta via il sangue dal rene per facilitare la filtrazione.
- C minore rispetto a quella presente nei capillari, in modo da spingere il sangue nel tubulo renale.
- D uguale rispetto a quella presente nella vena che porta via il sangue dal rene per facilitare la filtrazione.

14. Una persona potrebbe produrre un'urina ipotonica rispetto al plasma nel caso in cui

- A venisse prodotto un eccesso di aldosterone dovuto a un'alimentazione troppo ricca di sali.
- B il filtro renale fosse danneggiato e lasciasse passare anche le proteine plasmatiche.
- C il clima fosse particolarmente caldo con conseguente forte eliminazione di liquidi tramite sudorazione.
- D la parete del dotto collettore restasse impermeabile all'acqua a causa della scarsa presenza di ADH.

Barra il completamento errato.

15. Il sistema escretore

- A elimina le sostanze azotate di rifiuto.
- B mantiene l'equilibrio salino.
- C elimina le sostanze nutritive non assimilate.
- D mantiene l'equilibrio idrico.

16. Di fianco a ogni affermazione scrivi la lettera A se si riferisce a quanto avviene nel tubulo prossimale, B se si riferisce all'ansa di Henle, C se si riferisce al tubulo distale, D se non si riferisce a nessuno dei tratti del tubulo o E se si riferisce a ogni tratto.

a) La sua parete è impermeabile all'acqua. (.....)

b) L'eliminazione di acqua dal filtrato avviene per intervento dell'ormone ADH. (.....)

c) La fuoriuscita di sodio e acqua rendono il filtrato isotonico al plasma sanguigno. (.....)

d) È la zona di maggior riassorbimento di acqua che passa nei capillari peritubulari. (.....)

e) Contiene proteine di membrana per il trasporto attivo di ioni sodio e cloro. (.....)

17. Completa il brano scegliendo tra i termini elencati in fondo.

L'ormone antidiuretico, che è .... nell'ipotalamo, ... la permeabilità all'acqua dei dotti collettori del nefrone, in modo da .... un maggior volume d'acqua dall'urina; in tal modo, l'urina diventa .... concentrata.

(recuperare, meno, accumulato, scarsamente, blocca, secernere, aumenta, più, demolito, diminuisce, prodotto, eliminare)

Barra i due completamenti esatti.

18. L'insufficienza renale

- A può essere causata da forte disidratazione che blocca l'attività di filtraggio del glomerulo.
- B grave consiste nell'eccessiva eliminazione di rifiuti metabolici e di acqua con conseguente impoverimento del sangue.
- C viene curata chirurgicamente con il trapianto della vescica e dell'uretra prelevati da un donatore.
- D se interessa nello stesso modo entrambi i reni comporta sintomi di lieve entità.
- E porta a un accumulo di cataboliti che intossica il sangue e molti organi vitali.

19. Perché, nelle giornate più calde, è importante che al termine del processo di secrezione l'urina abbia una concentrazione maggiore del plasma da cui essa deriva?

....

....

....

....

....

....

20. Perché l'ormone ADH, oltre che regolare la composizione dell'urina, ha un'azione importante anche sulla pressione sanguigna? Come varia la pressione sanguigna in seguito a una produzione eccessiva di questo ormone?

....

....

....

....

....

....

21. Che cosa pensi accada a una persona che si trovi in un luogo molto caldo e impossibilitata a bere per diverse ore? Descrivi i processi fisici che derivano da questa condizione ambientale.

....

....

....

....

....

....

....

....

....

UNITUTOR
VERSO L'UNIVERSITÀ

Preparati ai test di ammissione sul sito Unitutor.

22. Nel rene il riassorbimento selettivo del glucosio avviene a livello di

- A tubulo contorto prossimale
- B capsula di Bowman
- C glomerulo
- D ansa di Henle
- E dotto collettore

[dal test di ammissione a Medicina 2014-15]

HANDS-ON GLOSSARY

23. Fill in the table matching each term (*letters*) with its definition (*numbers*).

A. kidney
B. nephron
C. bladder
D. excretion

1. the basic structural and functional unit of the kidneys.
2. the process by which metabolic wastes and other non-useful materials are eliminated from our organism.
3. one of the two bean-shaped organs that serve several essential regulatory roles in vertebrates.
4. the organ, shaped like a bag, where urine is stored before it leaves the body.

A	B	C	D

VERSO L'ESAME: LE TUE COMPETENZE

SCHEMATIZZA

24. Costruisci una tabella in cui siano riportati tutti gli ormoni che influenzano l'equilibrio idrosalino del nostro organismo, con associate le relative funzioni.

DEDUCI

25. Un paziente riceve il referto del suo esame delle urine che riporta un valore di densità pari a 1085 g/L, oltre alla presenza di cristalli di ossalato di calcio.

Quali rischi pensi possa correre il soggetto? Quali consigli pensi gli darà il medico?

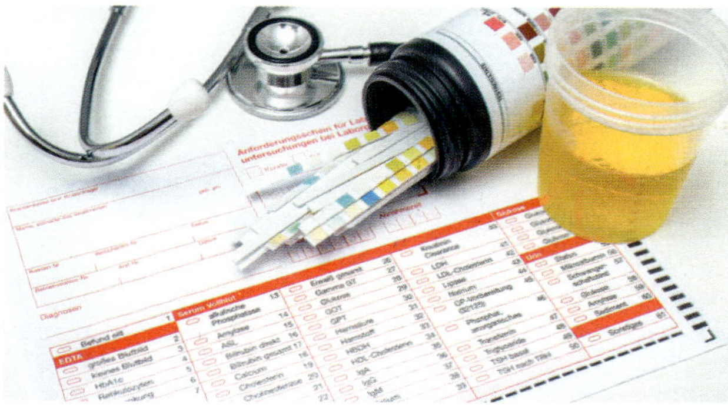

RICERCA

26. Ci sono molte evidenze che le abitudini alimentari e lo stile di vita possono mettere a dura prova i reni.

Fai una ricerca su quali sono i comportamenti da evitare e quali invece da seguire per garantire una corretta funzionalità renale. Poi scrivi un breve articolo (massimo 100 parole) che evidenzi quanto hai trovato con la tua ricerca.

IPOTIZZA

27. Il diabete insipido è una malattia caratterizzata da «poliuria», ovvero dall'emissione di elevate quantità di urina a bassa concentrazione, a questo sintomo l'organismo tende a rispondere con una costante sensazione di sete.

Da quale disfunzione ormonale pensi possa dipendere questo particolare aspetto della patologia?

COLLEGA

28. Avrai notato spesso che al termine di un'intensa attività sportiva il corpo degli atleti è molto arrossato e sudato.

Spiega da che cosa dipende tale adattamento fisiologico e descrivine la funzione.

METTI IN RELAZIONE

29. Osserva lo schema dell'ansa di Henle e indica sulla figura quali sono i passaggi di sostanze lungo il suo tratto ascendente e discendente.

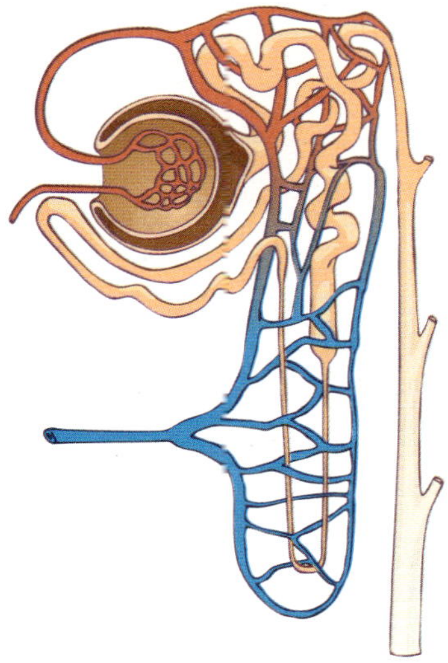

SPIEGA

30. Esiste una relazione tra i farmaci diuretici e il controllo della pressione arteriosa: precisa che tipo di relazione sia e spiega in quali casi patologici sono solitamente prescritti questi medicinali.

GIUSTIFICA

31. Nel corso dell'evoluzione, animali come gli uccelli e i mammiferi hanno sviluppato il meccanismo dell'omeotermia.

Spiega quale vantaggio evolutivo è rappresentato da questa conquista.

ELENCA

32. Fai un elenco dei tre processi fondamentali della funzione renale e descrivili sinteticamente.

SCHEMATIZZA

33. Disegna schematicamente la sezione di un rene e riporta le sue strutture anatomiche interne.

SPIEGA

34. Può capitare che forti e improvvisi spaventi provochino la minzione involontaria: spiega da che cosa dipende questo fenomeno.

SEI PRONTO PER LA VERIFICA?

Dopo aver studiato i contenuti fondamentali dei **capitoli C5 e C6**, prova a svolgere questa verifica nel **tempo massimo di 1 ora.**

Alla fine della prova **controlla le tue risposte** con le soluzioni che troverai sul sito *online.scuola.zanichelli.it/curtisnuovoinvitoblu* e **calcola il punteggio** totale che hai conseguito compilando la griglia finale.

CONOSCENZE

Barra il completamento esatto.

1. Le parti che costituiscono un nefrone sono

A dotto collettore, pelvi renale e glomerulo.
B glomerulo, tubulo renale e capsula di Bowman.
C pelvi renale, piramidi renali e dotti collettori.
D capsula di Bowman, pelvi renale e glomerulo.

(4 punti se hai risposto correttamente) ...../4

2. L'angiotensina non svolge

A il rilascio di potassio dal glomerulo.
B l'attivazione del centro cerebrale della sete.
C la vasocostrizione del glomerulo.
D il riassorbimento di sodio dal tubulo renale.

(4 punti se hai risposto correttamente) ...../4

3. Negli esseri umani i denti sono

A 8 incisivi, 4 canini, 12 premolari e 8 molari.
B 14 nell'arcata mascellare e 18 in quella mandibolare.
C 4 incisivi, 4 canini, 8 premolari e 12 molari.
D 16 nell'arcata mascellare e 16 in quella mandibolare.

(4 punti se hai risposto correttamente) ...../4

4. L'acidità gastrica non facilita

A la liberazione di colecistochinina e il senso di sazietà.
B l'uccisione dei batteri contenuti nel cibo.
C la demolizione di fibre e cellulosa presenti nel cibo.
D la sintesi dell'enzima pepsina a partire dal pepsinogeno.

(4 punti se hai risposto correttamente) ...../4

Barra i due completamenti esatti.

5. Nel sistema urinario

A i reni sono posti tra il flusso sanguigno e l'uretra.
B l'uretere collega un rene alla vescica.
C il sangue filtrato entra nell'arteria renale.
D l'uretra collega la vescica all'aorta.
E la vescica raccoglie prodotti da due ureteri.

(5 punti per due risposte corrette, 3 per una sola) ...../5

6. All'interno del colon

A avviene l'assorbimento di acqua e sali minerali.
B vengono scaricati gli enzimi prodotti dal fegato e dal pancreas.
C vivono batteri che sintetizzano vitamine utili.
D i villi vascolarizzati assorbono le molecole nutritive.
E c'è uno strato di muco che protegge l'intestino dalla forte acidità.

(5 punti per due risposte corrette, 3 per una sola) ...../5

7. Completa le seguenti frasi.

a) Il pancreas secerne l'enzima .... che prosegue la demolizione dell'amido iniziata all'interno della bocca.

b) I movimenti di stomaco e intestino sono regolati dal sistema nervoso .... che comunica col sistema nervoso centrale.

c) Il processo renale del rientro nei capillari peritubulari di acqua, glucosio, amminoacidi e vitamine è detto ....

d) I due processi mediante i quali il corpo elimina calore in accesso sono .... e ....

(2 punti per ogni frase corretta) ..../10

8. Barra il simbolo V se ritieni l'affermazione vera oppure il simbolo F se la ritieni falsa.

a) L'esame fisico delle urine serve a definirne il pH e l'eventuale presenza di sangue. V F

b) Durante l'escrezione, l'ultima fase renale, l'urina esce dal nefrone ed entra nella pelvi. V F

c) Il fegato agisce in modo da mantenere la glicemia intorno a valori costanti di 1 grammo per litro di sangue. V F

d) La cistifellea è una ghiandola sia endocrina sia esocrina posta alla base del fegato. V F

e) Le vitamine idrosolubili (A, D, E, K) sono assorbite lungo il tratto intestinale per trasporto attivo. V F

(2 punti per ogni scelta corretta) ..../10

Barra la risposta esatta.

9. Qual è l'esatta sequenza della funzione renale?

A Filtrazione, riassorbimento, secrezione ed escrezione.
B Riassorbimento, secrezione, filtrazione ed escrezione.
C Secrezione, escrezione, filtrazione e riassorbimento.
D Filtrazione, secrezione, escrezione e riassorbimento.

(4 punti se hai risposto correttamente) ...../4

10. Che cos'è la febbre? E da quali fasi è caratterizzata?

....

....

....

....

(8 punti per due risposte corrette, 4 per una sola) ...../8

ABILITÀ

Barra il completamento esatto.

11. Grazie all'attività del sistema digerente

- A vengono resi disponibili gli ormoni indispensabili al montaggio degli amminoacidi in proteine.
- B vengono elaborate le vitamine essenziali liposolubili e vengono eliminate quelle idrosolubili.
- C è resa possibile la trasformazione dei micronutrienti in macronutrienti essenziali.
- D dal cibo vengono estratte le sostanze chimiche che permettono la realizzazione dei processi metabolici.

(4 punti se hai risposto correttamente) ...../4

12. Un nuotatore si immerge più volte per osservare il fondale, nel suo sangue

- A il pH diminuisce e l'acidificazione del sangue potrebbe disattivare alcune proteine.
- B viene prodotto molto diossido di carbonio che rende basico il sangue.
- C il pH aumenta tra 7,35 e 7,45, rendendo il sangue eccessivamente basico.
- D l'acqua si lega alla CO_2 con conseguente diminuzione degli H^+ e aumento del pH.

(4 punti se hai risposto correttamente) ...../4

13. Una persona inconsapevole di essere celiaca può

- A incrementare all'interno del suo sistema digerente i batteri che producono gas e diarrea.
- B non accorgersi della sua intolleranza se assume cibi contenenti solo lattosio.
- C assumere cibi contenenti piccole quantità di glutine e non accorgersene mai.
- D attivare una reazione autoimmune e dimagrire per l'incapacità di assorbire le sostanze nutritive.

(4 punti se hai risposto correttamente) ...../4

14. Nel seguente brano, barra tra i termini in neretto quelli errati.

Il filtrato lungo il tratto discendente dell'ansa di Henle diventa via via **più/meno** concentrato perché l'acqua **non esce/esce** dal tubulo; nel ramo ascendente dell'ansa l'acqua **non esce/esce** e il filtrato diventa via via sempre **più/meno** concentrato. All'inizio del suo percorso lungo l'ansa di Henle il filtrato è **ipotonico/isotonico** rispetto al plasma sanguigno, mentre alla fine del percorso è **ipotonico/ipertonico**.

(2 punti per ogni scelta corretta) ..../12

15. Barra i due completamenti esatti.
Chi ha freddo e trema anche in condizioni climatiche normali potrebbe essere affetto da

- A una eccessiva produzione di TSH con conseguente calo nella liberazione ematica dell'ormone tiroideo.
- B ipertiroidismo, patologia che porta a un eccessivo consumo di energia e spreco di sostanze indispensabili al metabolismo.
- C un calo di TRH e, contemporaneamente, da un eccesso dell'ormone TSH che porta all'incapacità di produrre energia.
- D mancato funzionamento dell'ipotalamo con conseguente insufficiente produzione di TSH.
- E ipotiroidismo con conseguente riduzione del metabolismo e scarsa produzione di energia.

(5 punti per due risposte corrette, 3 per una sola) ...../5

16. Barra le due risposte esatte.
Per quale motivo un eccesso di aldosterone può provocare ipertensione?

- A Perché induce una riduzione del lume di arterie e vene, con conseguente aumento della pressione sanguigna.
- B Perché fa riassorbire acqua nella parte distale del nefrone e ciò fa aumentare il volume del sangue e la pressione sanguigna.
- C Perché stimola i centri della sete e l'introduzione di acqua fa aumentare la pressione sanguigna.
- D Perché riduce il pH del sangue, condizione che provoca una maggiore immissione di acqua nel sangue e aumento della pressione.
- E Perché provoca un riassorbimento di ioni sodio che, a loro volta, richiamano acqua all'interno dei vasi sanguigni.

(5 punti per due risposte corrette, 3 per una sola) ...../5

17. A una persona che decide di adottare una dieta vegana (senza carne, uova e latticini) quali componenti essenziali potrebbero venire a mancare? E quali possono essere le conseguenze di questa scelta?

....

....

....

....

(8 punti per due risposte corrette, 4 per una sola) ...../8

PUNTEGGIO TOTALE ...../100

Se hai ottenuto:

- meno di 60 punti devi riprendere lo studio dei capitoli;
- tra 60 e 70 punti hai una preparazione sufficiente;
- tra 70 e 80 punti hai una preparazione buona;
- tra 80 e 100 punti significa che hai studiato a fondo.

Capitolo

C7 La riproduzione

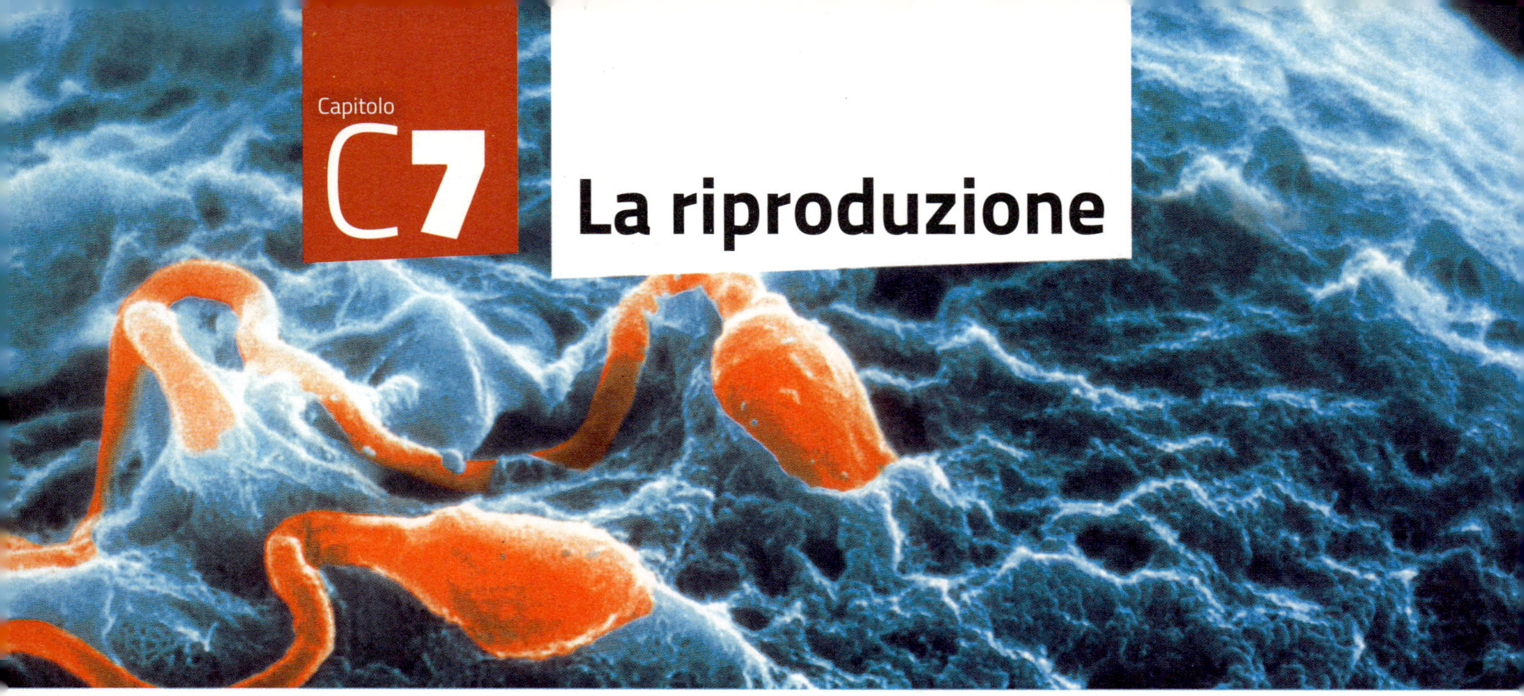

1 L'apparato riproduttore maschile

Le parole

Spermatozoo è composto dalle parole *sperma*, che in greco significa «seme», e *zoo*, «animale»: letteralmente lo spermatozoo è un «seme di animale».

Testicolo deriva dal latino *testiculum*, diminutivo di *testis*, che significa «testimone»: i testicoli sono «testimoni di virilità».

Curiosità

Il **varicocele** consiste nella dilatazione di alcune vene del testicolo (nel 95% dei casi il sinistro) che causa la stagnazione del sangue e il mancato reflusso verso il canale inguinale. Questo può comportare un innalzamento della temperatura del testicolo, con ripercussioni negative sulla maturazione degli spermatozoi.

La spermatogenesi avviene nei testicoli e prevede la successione di tre fasi

A partire dall'adolescenza, le due gonadi maschili, dette **testicoli**, producono ogni giorno circa 150 milioni di gameti vitali, chiamati *spermatozoi* (**figura 1A**). Come avviene nella maggior parte dei mammiferi, anche nell'uomo i testicoli si sviluppano nella cavità addominale dell'embrione, per migrare poi in una sacca esterna, detta **scroto**. Questo accade perché la maturazione dei gameti può avvenire solo a una temperatura leggermente inferiore a quella corporea, circa 3 °C in meno rispetto agli organi interni. I testicoli sono suddivisi in circa 250 compartimenti o *lobuli*, ognuno dei quali contiene numerosi *tubuli seminiferi* strettamente raggomitolati (**figura 1B-D**) dove sono prodotti i gameti maschili.

La **spermatogenesi**, ovvero il processo di formazione degli spermatozoi, dura circa 64 giorni e comprende tre fasi distinte: fase mitotica, fase meiotica e spermiogenesi. Durante questo processo le cellule spermatogeniche dei tubuli seminiferi passano attraverso vari stadi di differenziamento.

Il processo ha inizio con la *fase mitotica* a partire da cellule diploidi, gli **spermatogoni**, che rivestono internamente la membrana basale di ogni tubulo seminifero. Alcune cellule prodotte per mitosi sono cellule staminali che garantiscono il perdurare dell'attività spermatogenica, rimanendo quindi indifferenziate e continuando a dividersi; altre cellule derivate dagli spermatogoni si allontanano, invece, dalla membrana basale e iniziano a differenziarsi, dando origine agli **spermatociti primari**. Queste cellule sono ancora diploidi, che iniziano ora la *fase meiotica*, effettuando la prima divisione della meiosi; le cellule che ne derivano sono aploidi e prendono il nome di **spermatociti secondari**. Con la seconda divisione meiotica si originano poi quattro cellule aploidi, gli **spermatidi**.

Alla fine del processo meiotico gli spermatidi vanno incontro alla *spermiogenesi*, ovvero si differenziano in cellule altamente specializzate, che sono gli **spermatozoi** veri e propri.

Durante l'intero processo di spermatogenesi le cellule in via di maturazione ricevono il nutrimento dalle **cellule del Sertoli** contenute nei tubuli seminiferi. Nel tessuto interstiziale, tra un lobulo e l'altro, sono presenti anche le **cellule di Leydig** (o *cellule interstiziali*) che hanno funzione endocrina, poiché liberano gli ormoni maschili come il testosterone.

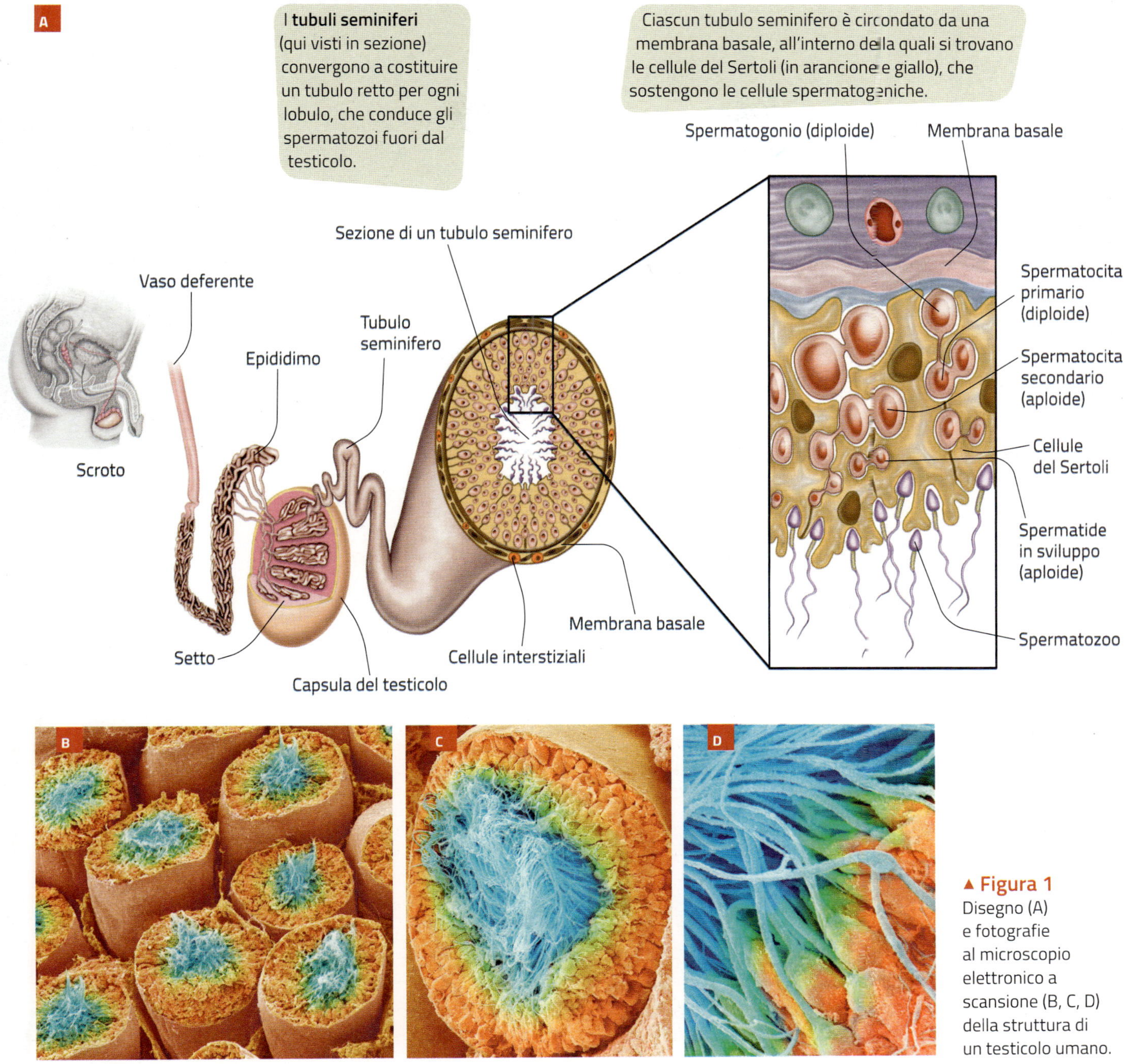

▲ **Figura 1**
Disegno (A) e fotografie al microscopio elettronico a scansione (B, C, D) della struttura di un testicolo umano.

Lo sperma è formato dagli spermatozoi e dai secreti delle ghiandole

Gli spermatozoi prodotti dalla meiosi nei tubuli seminiferi sono costituiti da tre parti (**figura 2**):

- la **testa** misura circa 5 μm, contiene il nucleo (con il suo patrimonio genetico aploide), scarsissimo citoplasma ed è sormontata dall'*acrosoma*, un lisosoma specializzato ricco di lisozimi, enzimi indispensabili per consentire l'accesso nell'oocita;
- la **regione intermedia** è lunga circa 8 μm ed è caratterizzata dalla presenza di una guaina contenente molti mitocondri, che forniscono allo spermatozoo l'energia indispensabile per muoversi; questa è anche la sede in cui si trova il corpo basale, dove si inseriscono i microtubuli del flagello;
- la **coda** è un flagello di circa 50 μm che permette i movimenti degli spermatozoi; all'interno del flagello si riconosce la classica struttura a coppie dei microtubuli proteici, organizzati con nove coppie esterne disposte in modo circolare attorno a due tubuli centrali.

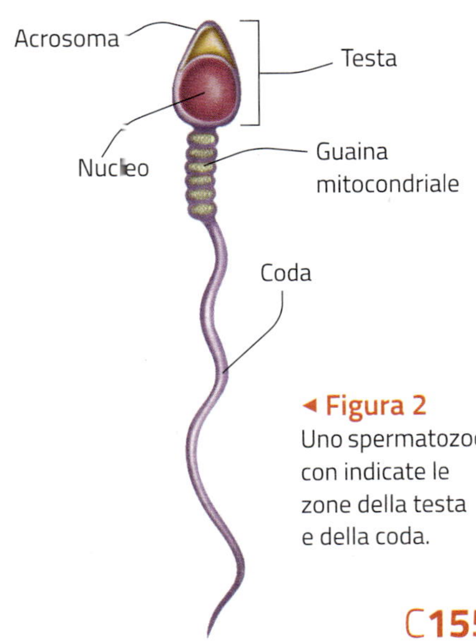

◂ **Figura 2**
Uno spermatozoo, con indicate le zone della testa e della coda.

Da ogni testicolo, dove sono prodotti, gli spermatozoi passano nell'**epididimo** (**figura 3**). Quest'ultimo è un lungo tubulo spiralizzato posto sopra il testicolo; al suo interno i gameti maschili completano il loro sviluppo. Inizialmente essi non sono mobili, ma lo diventano solamente dopo un certo periodo; a questo punto passano nel **vaso deferente**. Durante la loro permanenza nell'epididimo, che può raggiungere anche le due settimane, gli spermatozoi perdono progressivamente vitalità e quindi capacità di fecondare; se non sono utilizzati, sono demoliti per essere gradualmente riassorbiti da parte dei tessuti circostanti.

I due vasi deferenti, uno per ogni lato, sono rivestiti da tre strati di tessuto muscolare liscio, le cui contrazioni spingono in avanti gli spermatozoi. Ogni vaso collega lo scroto alla cavità pelvica, attraverso il canale inguinale. Dopo essere passati dietro alla vescica, i vasi deferenti si uniscono ai dotti provenienti dalle vescicole seminali e confluiscono nella **prostata**; quest'ultimo tratto viene definito **dotto eiaculatore**. Gli spermatozoi entrano infine nell'**uretra**, un canale in comune con l'apparato urinario che si estende per tutta la lunghezza del pene.

Curiosità

Negli uomini l'**uretra** è un condotto che serve sia per l'escrezione dell'urina sia per l'eiaculazione, ma i due processi non avvengono mai contemporaneamente. Durante la fuoriuscita degli spermatozoi, infatti, lo sfintere uretrale interno si contrae impedendo sia la presenza di urina nell'eiaculato sia la risalita di spermatozoi nella vescica.

▼ **Figura 3**
Anatomia dell'apparato riproduttore maschile.

1. Nell'**epididimo** gli spermatozoi completano il loro sviluppo in alcuni giorni.

2. I due **vasi deferenti** sono rivestiti da tessuto muscolare liscio che spinge in avanti gli spermatozoi. Ogni vaso collega lo scroto alla cavità pelvica, attraverso il canale inguinale.

3. I vasi deferenti girano intorno alla vescica e confluiscono nella prostata tramite il **dotto eiaculatore**.

4. Le **vescicole seminali** secernono un liquido ricco di fruttosio, che nutre gli spermatozoi, e prostaglandine.

5. La **prostata** produce un liquido viscoso e alcalino che facilita la sopravvivenza degli spermatozoi nella vagina.

6. Gli spermatozoi entrano poi nell'uretra, un canale che si estende per tutta la lunghezza del **pene**.

7. Le **ghiandole bulbouretrali** forniscono i secreti che facilitano la fuoriuscita degli spermatozoi e il fluido risultante è detto **sperma** o **eiaculato**.

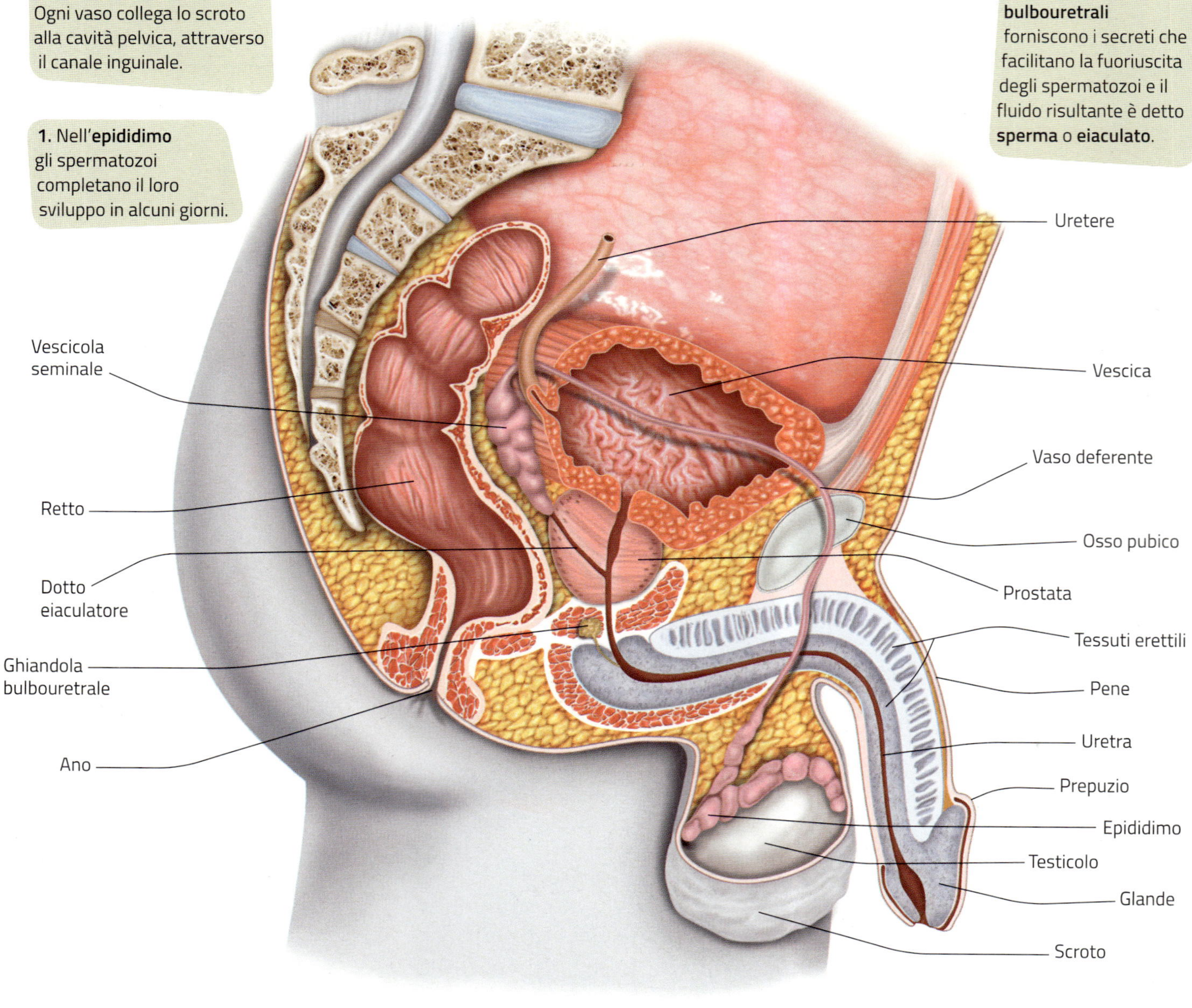

Il vaso deferente riceve i canali delle vescicole seminali, della prostata e delle ghiandole bulbouretrali. Complessivamente queste ghiandole forniscono diversi secreti che si aggiungono agli spermatozoi per facilitarne la funzione e la fuoriuscita: il fluido risultante prende il nome di **sperma**. A ogni eiaculazione sono liberati circa 3-4 mL di sperma, che contengono approssimativamente 200 milioni di spermatozoi.

Le **vescicole seminali** forniscono circa il 60% del liquido seminale; esse secernono una sostanza viscosa ricca di muco, fibrinogeno e fruttosio (che nutre gli spermatozoi), e con un'elevata concentrazione di *prostaglandine*, che stimolano le contrazioni dell'apparato riproduttore femminile; queste contrazioni facilitano, infatti, la risalita degli spermatozoi verso il gamete femminile.

La **prostata** produce un liquido viscoso, lattiginoso e alcalino che costituisce il 30% del liquido seminale; il compito di questo liquido è facilitare la sopravvivenza degli spermatozoi nella vagina, neutralizzando il suo ambiente acido.

L'erezione è preceduta dalla liberazione nell'uretra di una ridotta quantità di liquido prodotto dalle due piccole **ghiandole bulbouretrali** poste alla base del pene; questo liquido preiaculatorio, trasparente e viscoso, oltre che essere basico, serve come lubrificante per facilitare il passaggio degli spermatozoi lungo l'uretra maschile e aiutare la penetrazione del pene nell'organo riproduttore femminile.

A colpo d'occhio

- SPERMA
  - SPERMATOZOI
  - LIQUIDO SEMINALE
    - PROSTAGLANDINE
    - SOSTANZE ALCALINE

Il pene è l'organo copulatore e si attiva in seguito all'eccitazione

Il **pene** è un organo *copulatore*, ha cioè la funzione di introdurre i gameti maschili nelle vie genitali femminili. È una struttura cilindrica caratterizzata da un volume variabile; la sua parte terminale si chiama *glande* ed è ricoperta da una piega di cute detta *prepuzio* (*vedi* **figura 3**). Alla nascita i bambini presentano un leggero restringimento del prepuzio, chiamato *fimosi*, che impedisce al prepuzio stesso di scorrere sul glande; questo restringimento ha lo scopo di evitare le infezioni che potrebbero derivare dal contatto con urine e feci; entro i due o tre anni di vita la fimosi scompare.

L'erezione del pene è attivata in seguito all'eccitazione sessuale dal sistema nervoso centrale, che provoca un aumento del flusso sanguigno a livello dei tessuti erettili. Quando il sangue attraversa le arterie che scorrono al loro interno, questi tessuti tendono progressivamente a inturgidirsi, provocando il sollevamento del pene (**figura 4**). I due tessuti dorsali sono detti anche *corpi cavernosi*, mentre quello contenente l'uretra è chiamato *corpo spugnoso*. L'aumento di volume dei tessuti erettili, comprimendo le vene, impedisce il ritorno del sangue venoso e, in conseguenza dell'accumulo di sangue, permette il mantenimento dell'erezione.

▼ **Figura 4**
Una sezione longitudinale (A) e una sezione trasversale (B) del pene.

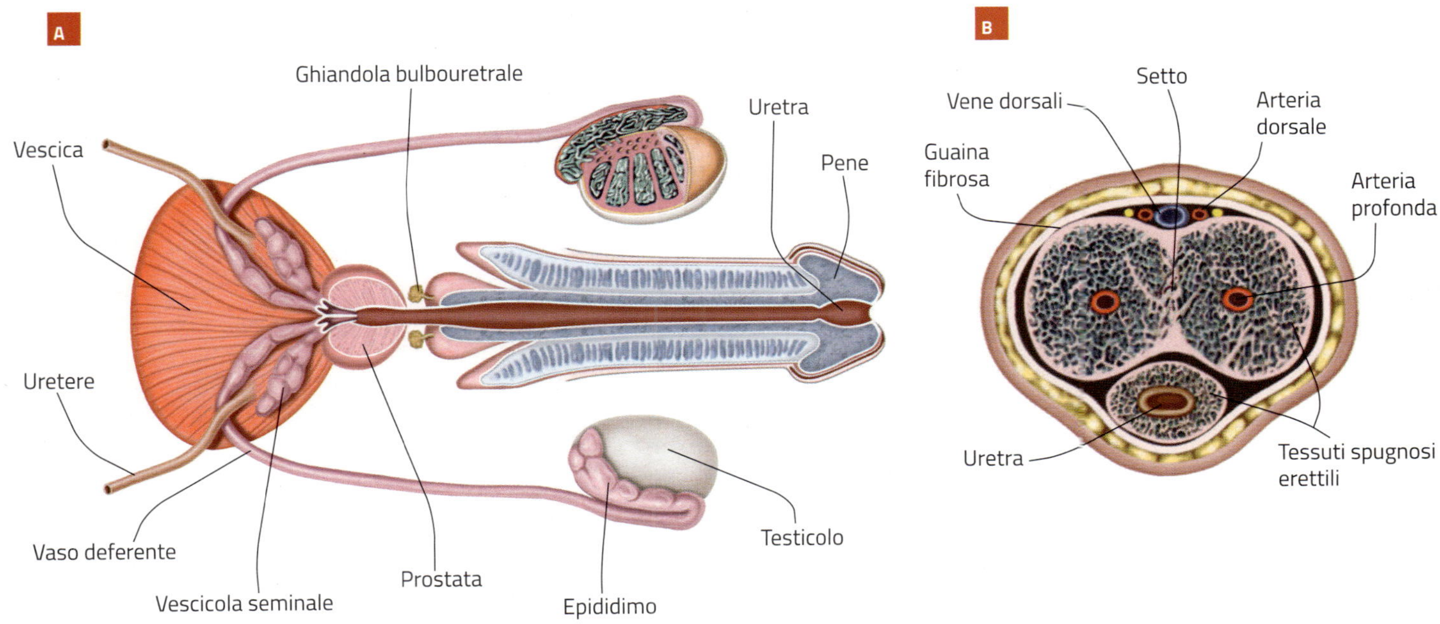

Leggi gli approfondimenti nell'ebook:
La nostra salute
L'infertilità maschile
Per saperne di più
Il dimorfismo sessuale nel regno animale

Il testosterone influenza lo sviluppo dei caratteri maschili

La regolazione degli ormoni maschili è garantita dall'interazione tra i testicoli, l'ipotalamo e la parte anteriore dell'ipofisi, chiamata *adenoipofisi*. Oltre a produrre spermatozoi, infatti, i testicoli sono anche la principale fonte di **androgeni**, ovvero gli ormoni maschili. L'androgeno più importante è il *testosterone*, prodotto essenzialmente dalle cellule interstiziali dei tubuli seminiferi dei testicoli, mentre altri androgeni sono prodotti nella corteccia surrenale.

Questi ormoni, prodotti nelle prime fasi dello sviluppo embrionale, hanno la funzione di guidare lo sviluppo del feto facendogli sviluppare le caratteristiche maschili. Dopo la nascita, la produzione di androgeni continua a un livello molto basso fino all'adolescenza, periodo in cui un forte aumento di testosterone dà luogo alla maturazione del pene e dei testicoli, alla produzione di sperma e allo sviluppo dei *caratteri sessuali secondari* (come la crescita della barba, il rafforzamento dei muscoli e l'abbassamento del timbro vocale).

La produzione di testosterone è stimolata dall'**ormone luteinizzante** (LH), che è secreto dall'ipofisi sotto l'influenza del *fattore di rilascio delle gonadotropine* (GnRH), un ormone ipotalamico. A mano a mano che nel sangue aumenta il livello di testosterone, rallenta la produzione di LH da parte dell'ipofisi e il GnRH ipotalamico, secondo un meccanismo a feedback negativo (**figura 5**).

I testicoli sono sotto l'influenza anche di un secondo ormone ipofisario, l'**ormone follicolo stimolante** (FSH), che agisce, invece, sulle cellule del Sertoli regolando la produzione di spermatozoi. Anche in questo caso esiste un meccanismo a feedback negativo: le cellule del Sertoli, infatti, producono un ormone proteico, chiamato *inibina*, che inibisce la produzione di GnRH e di FSH se il livello di spermatozoi prodotti è alto.

▸ Figura 5
Schema riassuntivo dei meccanismi a feedback negativo che regolano la produzione di ormoni nei testicoli.

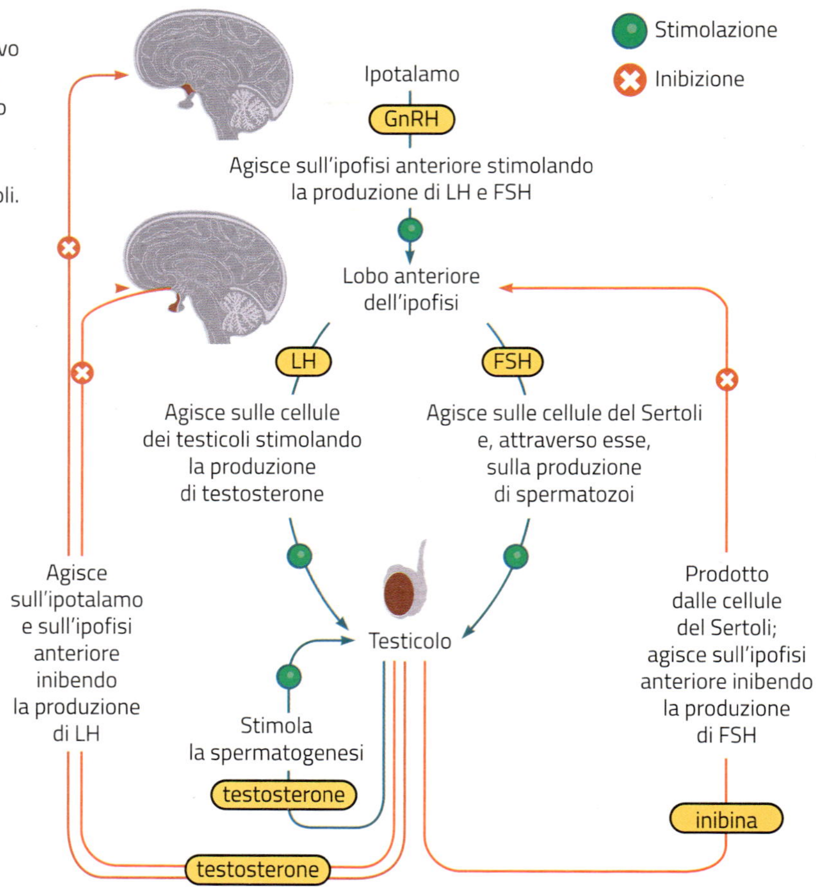

Facciamo il punto

1. In che modo e in quale sede avviene la spermatogenesi?
2. Quali sono le parti che compongono uno spermatozoo?
3. Da quali sostanze è formato lo sperma?
4. Quali sono gli ormoni maschili prodotti da ipofisi, ipotalamo e testicoli?

2 L'apparato riproduttore femminile

Le ovaie sono le gonadi femminili e l'ovidotto è la sede della fecondazione

L'apparato riproduttore della donna è costituito da un insieme di organi e ghiandole diversi da quelli dell'apparato maschile, anche se si originano dalle stesse strutture embrionali. Le strutture principali sono illustrate nella **figura 6**.

Le **ovaie** sono due organi di circa 3 cm di lunghezza, sospesi nella cavità addominale per mezzo di tessuto connettivo che svolgono la funzione di gonadi femminili. Nel loro strato esterno si trovano particolari vescicole cave, i *follicoli ovarici*, dalle quali si sviluppano gli oociti dopo un processo di maturazione che si ripete ciclicamente.

Gli **ovidotti**, chiamati anche *tube di Falloppio* o tube uterine, sono condotti che collegano le ovaie all'utero; le tube non sono direttamente a contatto con le ovaie, ma presentano delle estroflessioni, chiamate *fimbrie*, che abbracciano la porzione esterna delle ovaie. Nelle tube avviene l'incontro tra ovulo e spermatozoo e quindi la fecondazione. In seguito, attraverso l'epitelio ciliato delle tube uterine, lo zigote viene spinto fino all'utero.

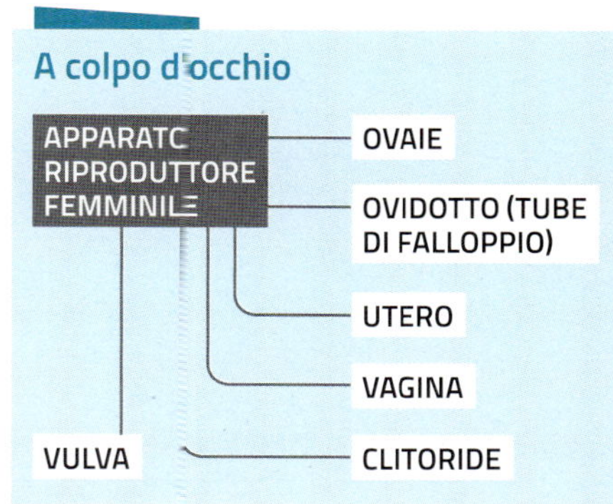

▼ **Figura 6**
Anatomia del sistema riproduttore femminile.

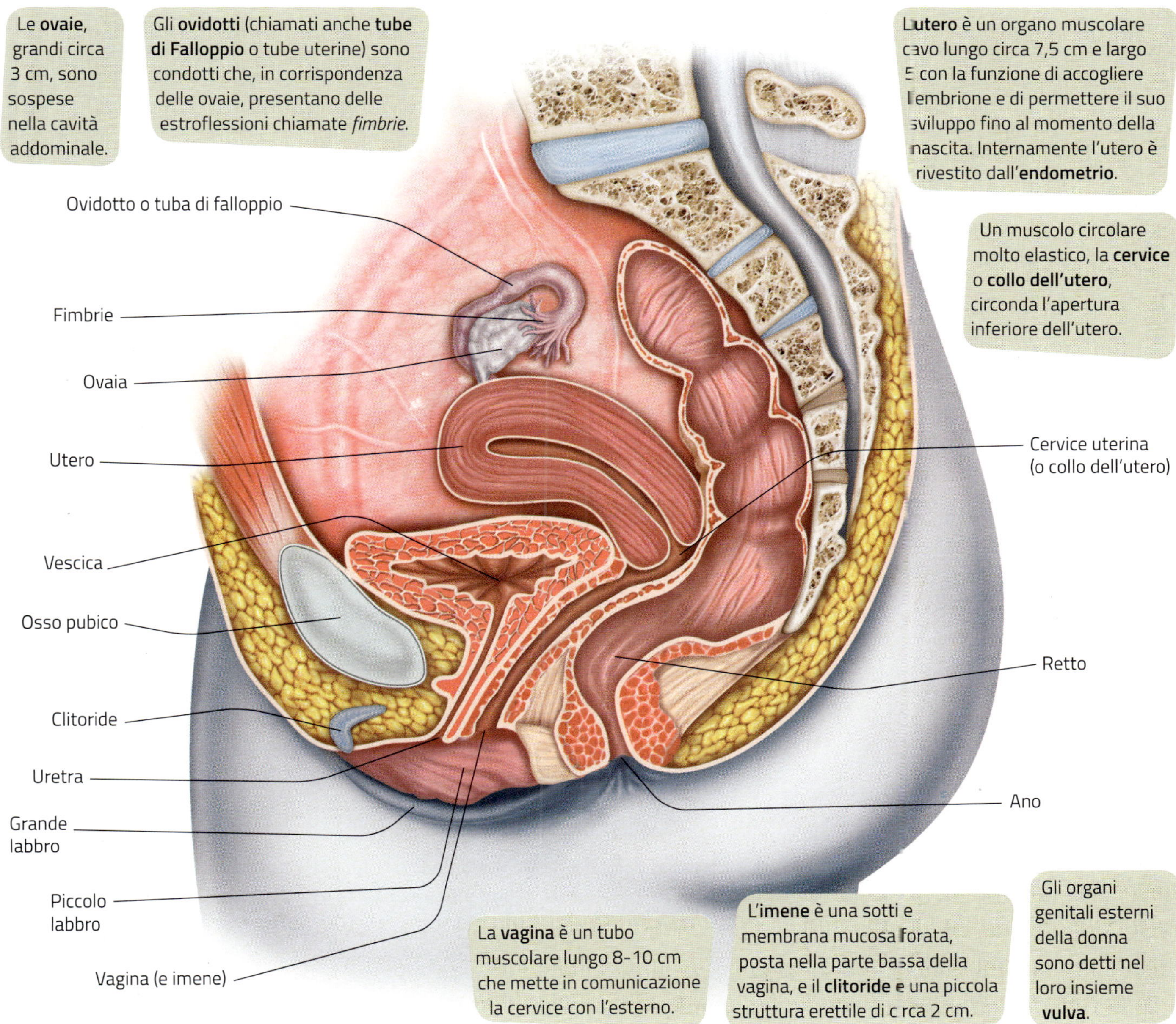

L'**utero** è un organo muscolare cavo che in una donna non gravida è lungo circa 7,5 cm e largo 5 cm e, di norma, è posto quasi orizzontalmente nella cavità addominale, al di sopra della vescica. La sua funzione è quella di accogliere l'embrione e di permettere il suo sviluppo fino al momento della nascita. L'**endometrio** è uno strato mucoso ricco di vasi sanguigni che riveste interamente l'utero; questa mucosa interna è costituita da due parti principali: una superficiale, che si sfalda durante la mestruazione, e una più profonda, che rigenera lo strato eliminato. I muscoli lisci che si trovano nella parete dell'utero costituiscono uno spesso strato contrattile detto *miometrio*; questo si contrae in onde continue che aumentano di frequenza quando l'endometrio si sfalda durante il periodo mestruale (motivo per cui le donne avvertono il caratteristico dolore addominale) e che possono raggiungere l'intensità massima in prossimità e durante il parto. Esternamente è presente un rivestimento detto *perimetrio* (**figura 7**).

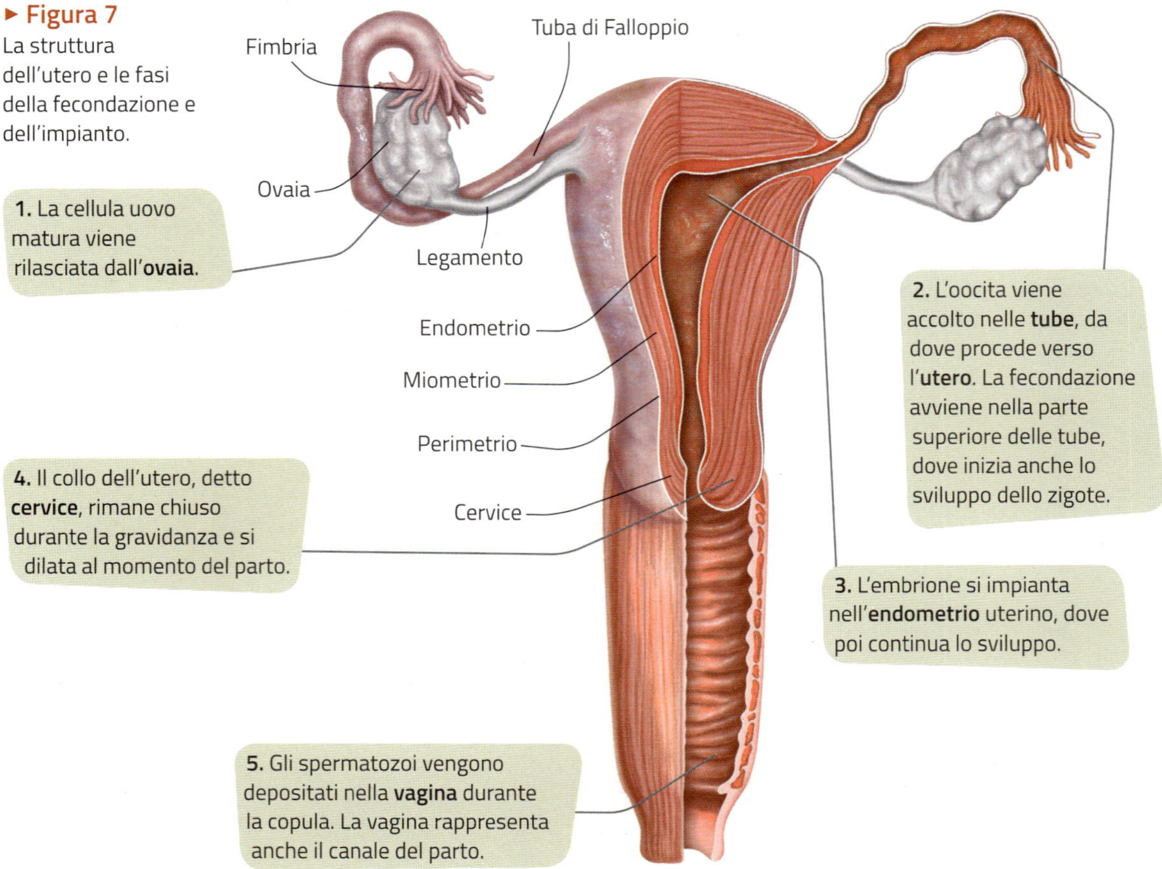

▸ **Figura 7**
La struttura dell'utero e le fasi della fecondazione e dell'impianto.

La **cervice**, o *collo dell'utero*, è un muscolo circolare molto elastico che circonda l'apertura inferiore dell'utero. Durante la gravidanza la cervice è chiusa, mentre nel momento del parto essa si dilata per permettere l'uscita del bambino. Tramite il canale cervicale passano lo sperma e le secrezioni mestruali, poiché questo mette in comunicazione l'utero con la vagina.

La **vagina** è un tubo muscolare lungo 8-10 cm che mette in comunicazione la cervice con l'esterno del corpo. Quest'organo riceve il pene durante il rapporto sessuale e costituisce anche il canale del parto. Essa si apre all'esterno tra l'uretra proveniente dalla vescica e l'ano. Una sottile membrana mucosa forata, l'*imene*, è posta nella parte bassa della vagina e solitamente rimane intatta fino al primo rapporto sessuale.

Gli organi genitali esterni della donna sono detti nel loro insieme **vulva** (*vedi* **figura 6**). È formata dalle *labbra*, pieghe della pelle che sono divise in *grandi labbra*, che sono carnose e nella donna adulta sono ricoperte dai peli pubici, e *piccole labbra*, più interne e sottili. Anteriormente alle piccole labbra si trova il *clitoride*, una piccola struttura erettile di circa 2 cm che è ricca di terminazioni nervose associate ai centri del piacere.

Curiosità

L'**imene** è una membrana abbondantemente vascolarizzata, di conseguenza quando si rompe può sanguinare. La sua consistenza varia da una donna a un'altra; per esempio in alcune può provocare difficoltà durante il primo rapporto sessuale.

L'oogenesi inizia con lo sviluppo del feto e si completa con la fecondazione

L'oogenesi è l'insieme delle tappe di formazione e sviluppo della cellula uovo che avvengono prima nelle ovaie e poi negli ovidotti. Tale processo inizia con gli **oociti primari**, che cominciano a formarsi già verso il terzo mese dello sviluppo fetale e al momento della nascita, le due ovaie ne contengono circa 2 milioni. Gli oociti primari, una volta completata la profase della prima divisione meiotica, interrompono il processo di divisione per riprenderlo solo all'inizio della pubertà, quando entrano in circolo gli ormoni femminili. Di questi 2 milioni di oociti primari, tuttavia, solo 400 proseguiranno la meiosi. Infatti, la maturazione degli oociti si ripete generalmente con un ritmo di uno alla volta, ogni 28 giorni per tutto il periodo riproduttivo. Tale finestra temporale è compresa tra la pubertà e la menopausa, che sopraggiunge in genere tra i 45 e i 55 anni. È interessante notare che possono quindi passare più di 50 anni tra l'inizio e la fine della prima divisione meiotica di un oocita.

L'oocita primario completa la prima divisione meiotica poche ore prima dell'ovulazione, quando è liberato dall'ovaia. Al termine della meiosi I si formano due cellule che non sono identiche, ma hanno dimensioni decisamente diverse a causa di una non omogenea distribuzione del citoplasma. Quella di dimensioni maggiori prende il nome **oocita secondario**, mentre l'altra cellula è detta *corpuscolo polare primario*. L'oocita secondario è aploide e possiede ancora i cromatidi fratelli di ogni cromosoma; questa cellula è liberata dall'ovaia e discende lungo la tuba, dove sopravvive per circa 2-3 giorni. La seconda divisione meiotica dell'oocita secondario inizia nei pochi istanti che separano l'entrata dello spermatozoo nella cellula uovo dalla fusione dei nuclei dei gameti e termina solo dopo la fecondazione.

Anche in questo caso si ottengono due cellule differenti: un *corpuscolo polare secondario* e una **cellula uovo matura**. Nel frattempo il corpuscolo polare primario completa la meiosi II, generando due cellule uguali a quella di partenza. Al termine della meiosi II non si ottengono, quindi, quattro gameti uguali, come avviene nella spermatogenesi, ma un solo gamete funzionale (l'ovulo) e tre corpuscoli polari che degenerano e sono eliminati (**figura 8**).

Ti ricordi?

La **profase I** è la fase meiotica che più si discosta dalla sequenza di eventi della mitosi. All'inizio di questa fase i cromosomi omologhi si compattano e si appaiano e alcune regioni dei bracci entrano in contatto. In corrispondenza di questi punti avviene il *crossing over*, cioè lo scambio di segmenti corrispondenti fra cromatidi appartenenti a cromosomi omologhi. Lo scambio di materiale genetico accresce la variabilità genetica dei gameti.

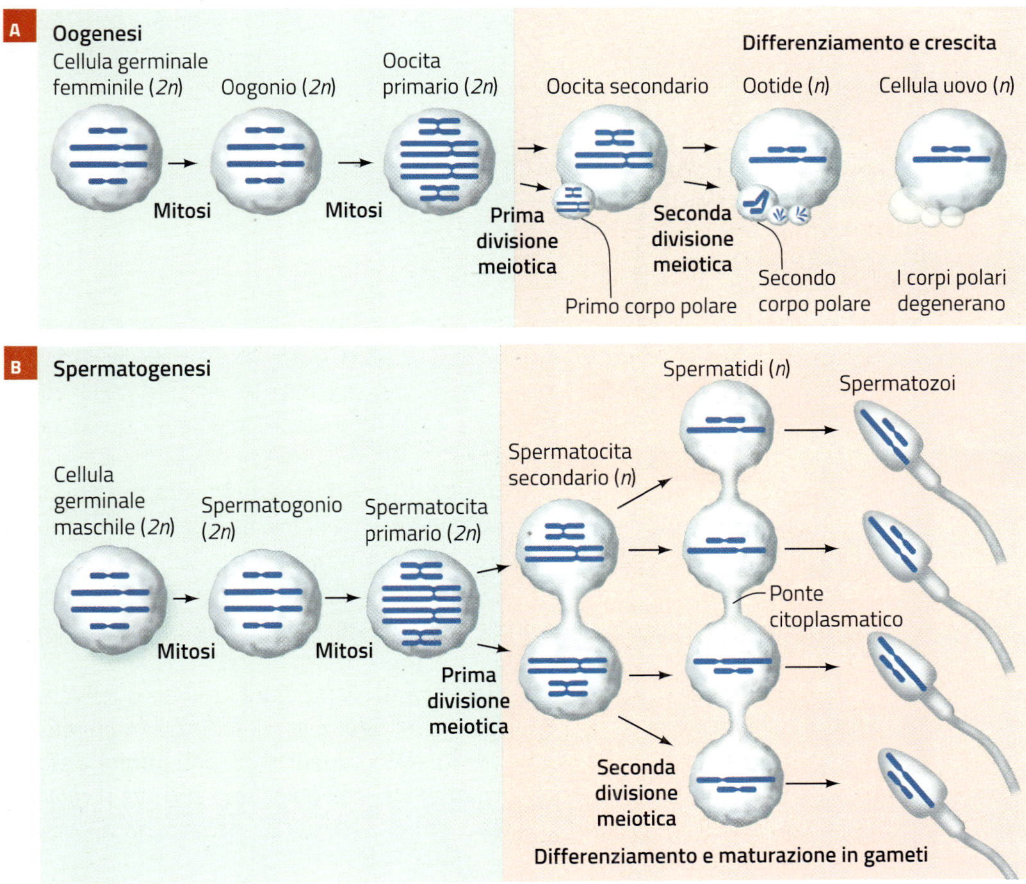

◂ Figura 8
Confronto tra l'oogenesi (A) e la spermatogenesi (B), con evidenziati in colori diversi le fasi in cui il corredo cromosomico della cellula è diploide (in verde) o aploide (in rosa).

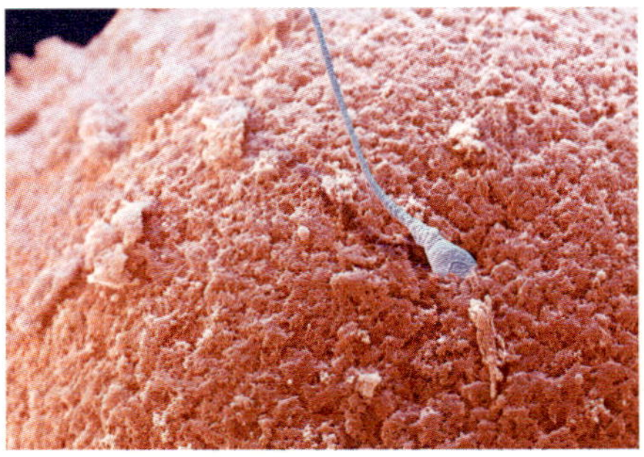

▲ **Figura 9**
Microfotografia di uno spermatozoo che si sta avvicinando alla cellula uovo per fecondarla.

Nell'oocita sono accumulate le sostanze nutritive e le molecole coinvolte nei processi metabolici, come l'RNA messaggero e gli enzimi, necessarie ai primi stadi dello sviluppo dell'embrione; pertanto, questa cellula è relativamente grande: nelle femmine della specie umana misura circa 100 μm (**figura 9**).

L'oocita primario si sviluppa vicino alla superficie dell'ovaia, all'interno del **follicolo ovarico**. Le cellule del follicolo forniscono le sostanze nutritive all'oocita in accrescimento e secernono **estrogeni**, gli ormoni che promuovono la maturazione del follicolo e la formazione dell'endometrio.

Durante gli stadi finali di maturazione, il follicolo si sposta lungo la superficie dell'ovaia e produce una piccola sporgenza che alla fine si spacca, liberando l'oocita secondario nell'ovidotto (**figura 10A**). Dopo la liberazione dell'oocita, chiamata **ovulazione**, le cellule follicolari si modificano e danno origine al **corpo luteo**, una struttura endocrina che secerne estrogeni e progesterone. Il **progesterone** è un ormone utile alla preparazione dell'utero per la gravidanza, poiché impedisce il distacco dell'endometrio.

▼ **Figura 10**
(A) Ovaia che mostra la maturazione progressiva del follicolo e dell'oocita, con formazione del corpo luteo. (B) Risalita dell'oocita nell'ovidotto, fecondazione, prime divisioni mitotiche dell'embrione e impianto nell'endometrio.

L'impianto nell'endometrio avviene quando l'ovulo è fecondato

Dopo l'ovulazione, l'oocita passa nell'adiacente ovidotto grazie al battito delle ciglia che rivestono le fimbrie (**figura 10B**). In particolare, queste ciglia creano un flusso di liquidi che aspira l'oocita nell'ovidotto. Una volta al suo interno, l'oocita è spinto in avanti sia dalla peristalsi prodotta dalla muscolatura liscia delle pareti dell'ovidotto sia dalle ciglia presenti sulla sua superficie interna.

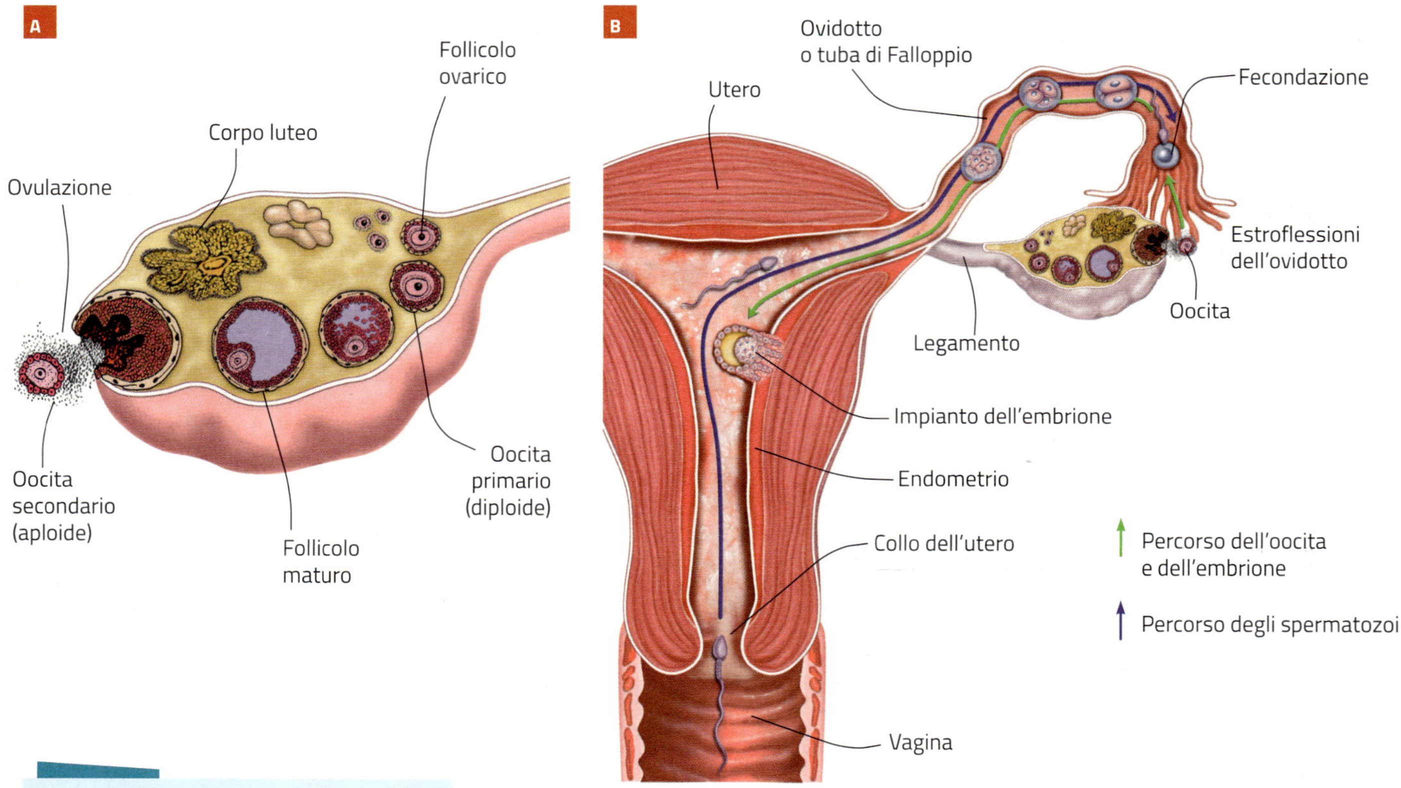

Curiosità
L'ovulo fecondato può rimanere bloccato nell'ovidotto dando luogo a una **gravidanza extrauterina**. Per i primi mesi questa condizione può essere asintomatica; se però la madre non se ne accorge, aumentando di dimensioni il feto potrebbe lacerare l'ovidotto, con conseguente emorragia interna e serio rischio per la salute della donna. Per mezzo dell'ecografia è possibile una diagnosi precoce e intervenire chirurgicamente.

Il viaggio per giungere nell'utero dura circa 3 giorni, ma l'arco di tempo in cui l'oocita può essere fecondato è più breve, al massimo di 2 giorni; perciò la fecondazione può aver luogo solo lungo l'ovidotto. Se l'ovulo viene fecondato, l'embrione si impianta nell'endometrio 3 o 4 giorni dopo aver raggiunto l'utero, cioè dopo 6 o 7 giorni dalla fecondazione.

Se invece non viene fecondato, l'oocita muore e degenera rapidamente. Dopo circa 14 giorni dall'ovulazione, l'endometrio è eliminato con la **mestruazione**, un fenomeno ciclico della durata di 3-7 giorni: lo strato mucoso dell'endometrio si stacca dalla parete uterina, spezzando i capillari sanguigni che provvedevano al suo nutrimento, mentre l'utero si riempie di sangue, che viene eliminato per via vaginale insieme alla mucosa uterina.

Il ciclo mestruale è il periodo tra due mestruazioni ed è regolato dagli ormoni

Il **ciclo mestruale** o *uterino* ha una durata di circa 28 giorni e corrisponde alla serie di eventi che ha luogo tra l'inizio di una mestruazione e quella successiva (**figura 11**). Tra gli ormoni che partecipano al sistema a feedback che regola il ciclo mestruale ci sono: estrogeni e progesterone (ormoni ovarici), gonadotropine ipofisarie FSH e LH (ormone follicolo stimolante e ormone luteinizzante) e GnRH (fattore di rilascio delle gonadotropine) prodotto dall'ipotalamo.

All'inizio della pubertà l'ipotalamo stimola il rilascio da parte dell'ipofisi di FSH e LH, con produzione da parte delle ovaie di estrogeni. Inizia a questo punto l'attività ovarica con la comparsa delle prime mestruazioni: il **menarca**. Gli estrogeni influenzano anche i *caratteri sessuali secondari* femminili: crescita del seno, ridistribuzione del grasso corporeo e comparsa dei peli pubici.

All'inizio di ogni ciclo mestruale, che corrisponde al primo giorno di mestruazione, i livelli ormonali sono bassi; dopo pochi giorni, un oocita e il suo follicolo cominciano a maturare grazie all'influenza degli ormoni FSH e LH. Ingrossandosi, il follicolo secerne quantità crescenti di estrogeni, che stimolano la ricostruzione dell'endometrio in preparazione all'impianto di un ovulo fecondato. Il rapido aumento dei livelli di estrogeni verso la metà del ciclo fa aumentare anche la produzione di LH da parte dell'ipofisi; l'ormone luteinizzante stimola il follicolo a liberare l'oocita, che inizia così il suo viaggio verso l'utero.

Sotto il continuo stimolo dell'LH, le cellule del follicolo svuotato diventano più grandi e ne riempiono la cavità, producendo il corpo luteo. A mano a mano che le cellule del corpo luteo si accrescono, cominciano a sintetizzare quantità crescenti soprattutto di progesterone, oltre che di estrogeni. Quando cresce il livello ormonale, gli estrogeni e il progesterone inibiscono la produzione di GnRH e, quindi, delle gonadotropine LH e FSH da parte dell'ipofisi. Se a questo punto avviene la fecondazione, il corpo luteo mantiene la sua funzionalità e produce progesterone, indispensabile per il mantenimento della gravidanza.

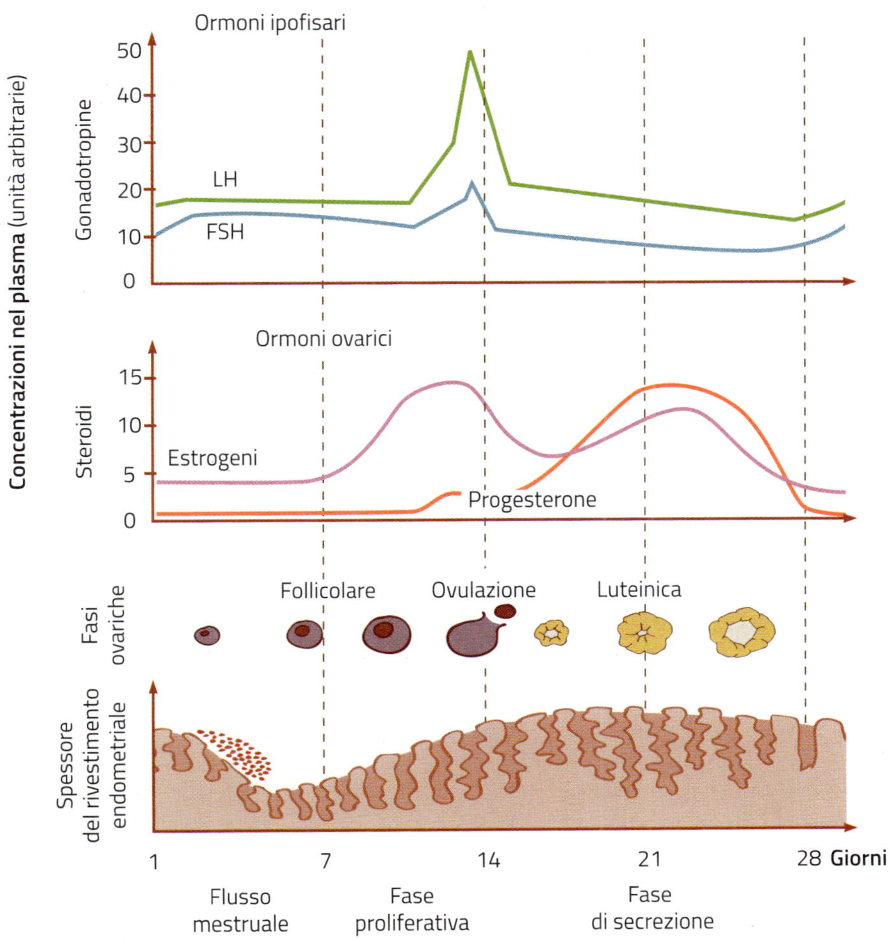

◂ **Figura 11**
Schema che illustra gli eventi che si verificano durante il ciclo mestruale: ogni grafico fa riferimento alla scala temporale posta in basso, che va dal primo giorno del ciclo al quinto del ciclo successivo.

Leggi l'approfondimento nell'ebook:
La nostra salute
Dalla mammografia al pap test

Curiosità

L'interruzione del ciclo mestruale può avvenire anche in caso di **amenorrea**. In questo caso l'interruzione avviene in età fertile e può essere dovuta a cause genetiche, fisiche (come la forte riduzione del peso corporeo associata all'anoressia), farmacologiche o psicologiche.

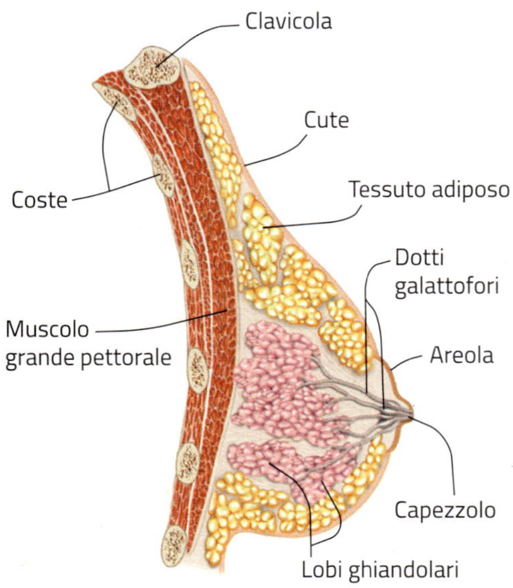

▲ **Figura 12**
Struttura di una mammella in sezione sagittale.

Se invece non c'è fecondazione, il corpo luteo è riassorbito e diminuisce la produzione degli ormoni ovarici. A seguito di questo calo ormonale, lo strato mucoso dell'endometrio si stacca e viene eliminato con la mestruazione. In risposta al basso livello di progesterone ed estrogeni, la produzione degli ormoni ipofisari ricomincia ad aumentare, evento che è seguito, all'inizio di un nuovo ciclo mestruale, dalla formazione di nuovo endometrio, dallo sviluppo di un nuovo follicolo e da un aumento della produzione di estrogeni.

La menopausa segna la fine dell'età fertile di una donna

Con l'avanzare dell'età, gli oociti diventano sempre meno vitali, mentre le gonadi perdono recettività nei confronti degli ormoni FSH e LH; inoltre cala il livello di estrogeni in circolo. Come conseguenza, tra i 45 ai 55 anni si interrompono le ovulazioni e, quindi, le mestruazioni. Questa fase è chiamata **menopausa** se si verificano almeno 12 mesi continuativi di blocco delle mestruazioni.

La menopausa coincide con la fine dell'età fertile e la diminuzione degli estrogeni causa anche altre modificazioni nell'organismo: involuzione delle ghiandole mammarie, con sostituzione degli alveoli funzionali con tessuto adiposo, aumento della sudorazione, spesso accompagnata da improvvisa vasodilatazione della parte alta del corpo, episodi di emicrania, depressione o irritabilità e osteoporosi. Il metabolismo rallenta e si accumula maggior tessuto adiposo.

Le mammelle sono ghiandole sudoripare modificate per produrre latte

Una delle caratteristiche che differenzia la classe dei mammiferi dagli altri animali è la presenza delle **mammelle** (o ghiandole mammarie). Si tratta di due ghiandole sudoripare modificate che producono un liquido ricco di sostanze nutritizie e anticorpi, il *latte*. Le mammelle sono presenti sia nelle femmine sia nei maschi, ma negli uomini non hanno alcuna funzione effettiva. Queste due ghiandole sono circondate di tessuto adiposo e si trovano sospese tramite tessuto connettivo di fronte ai muscoli pettorali (**figura 12**).

Le ghiandole mammarie iniziano il loro sviluppo durante la pubertà per effetto degli ormoni estrogeni. A livello microscopico sono formate da un numero variabile di lobi (15-20), a loro volta suddivisi in lobuli che contengono ghiandole alveolari. Il latte fuoriesce a livello del capezzolo attraverso numerosi *dotti galattofori*. Il capezzolo è circondato di una porzione cutanea più scura e rugosa per la presenza di ghiandole sebacee modificate, chiamata *areola*.

1 - La nostra salute

Alcune malattie dell'apparato riproduttore femminile

Ogni giorno in Italia si registrano circa 1000 nuovi casi di cancro, il 14% dei quali è un **tumore della mammella** (dal rapporto AIRC del 2015). Nonostante le cifre siano molto alte, la mortalità per questi casi di tumore, dopo 5 anni dai trattamenti terapeutici, è poco più del 20%. Questi incoraggianti risultati sono dovuti a un notevole miglioramento delle terapie, ma anche alla maggiore sensibilità delle donne verso la prevenzione e la diagnosi precoce.

Il **fibroma** è un tumore benigno che deriva dalla muscolatura uterina. Può essere peduncolato e sporgere verso la mucosa, rimanere all'interno del tessuto muscolare, o svilupparsi verso l'esterno dell'organo. Solo nel 10-20% dei casi i fibromi danno dei sintomi, tra i quali maggiori perdite di sangue con le mestruazioni, dolore addominale, difficoltà nella minzione e problemi di fertilità. A seconda delle dimensioni, del numero e dei sintomi, possono essere indicate terapie ormonali, con antiemorragici o l'asportazione chirurgica.

Un altro problema è invece l'**endometriosi**, cioè la proliferazione di tessuto dell'endometrio su superfici e organi diversi (ovaie, reni, vescica o intestino), dove questo non dovrebbe essere presente. L'endometriosi nel 35% delle pazienti causa problemi di infertilità. Esistono varie ipotesi sull'insorgenza dell'endometriosi, che includono le alterazioni a livello immunitario e la predisposizione genetica. La terapia oggi in uso è chirurgica e prevede l'asportazione del tessuto endometriale in eccesso.

Le **cisti ovariche** sono frequenti soprattutto nell'età fertile della donna; se l'ovaia presenta numerose cisti (ovaia policistica) aumenta di volume e non avviene correttamente l'ovulazione. Di solito queste cisti non creano problemi clinici e possono scomparire da sole; altre volte, invece, possono generare alterazioni a livello del ciclo mestruale, dolori addominali, nausea, dolore durante i rapporti sessuali. In questi casi è indicata una terapia ormonale o l'asportazione chirurgica delle cisti.

Facciamo il punto

1. Descrivi l'anatomia del sistema riproduttore femminile.
2. Come avviene l'oogenesi?
3. Quali ormoni sono coinvolti nel ciclo mestruale?
4. Che cos'è la menopausa?
5. Qual è la funzione delle mammelle?

3 Dall'accoppiamento alla fecondazione

Il rapporto sessuale comprende quattro diverse fasi

Durante le diverse fasi dell'accoppiamento avvengono modificazioni fisiologiche del corpo sia femminile sia maschile.

Nella **fase dell'eccitazione** gli stimoli tattili, visivi ed emotivi che arrivano al corpo comportano, in entrambi i sessi, un aumento della frequenza respiratoria e cardiaca; un incremento della pressione arteriosa e un richiamo di sangue a livello degli organi genitali.

Nel maschio il sistema parasimpatico viene attivato con rilascio di monossido di azoto (NO), che rilassa la muscolatura liscia dei vasi a livello del pene, con riempimento dei tessuti spugnosi che porta all'erezione. Nella femmina, sotto l'influenza di diversi stimoli, anche il clitoride e i tessuti associati si riempiono di sangue e si ingrossano leggermente, con un meccanismo analogo a quello che avviene nel pene. Il rigonfiamento dei tessuti è accompagnato dalla secrezione di un liquido che lubrifica le pareti della vagina e tende a neutralizzare l'ambiente acido; l'acidità della vagina, che è utile per ridurre la probabilità di infezioni, è infatti dannosa per gli spermatozoi.

Nella **fase stazionaria** si mantiene costante la pressione sanguigna, ma aumenta l'afflusso di sangue ai genitali e aumentano ulteriormente la frequenza cardiaca e respiratoria. Normalmente in questa fase avviene la penetrazione, ovvero l'ingresso del pene nella vagina.

Con l'attivazione dei meccanocettori a livello del pene, della vagina e del clitoride si raggiunge la **fase dell'orgasmo**. Nel maschio l'orgasmo coincide con l'eiaculazione, ovvero la fuoriuscita dello sperma. Nella donna l'orgasmo è contraddistinto da contrazioni muscolari ritmiche. Nel momento dell'orgasmo, il collo dell'utero si abbassa verso la vagina, dove tende ad accumularsi lo sperma. L'orgasmo femminile produce anche contrazioni negli ovidotti che aiutano la risalita degli spermatozoi. Con l'orgasmo vengono liberate endorfine sia nel maschio sia nella femmina, che sono la causa della sensazione di piacere.

A colpo d'occhio

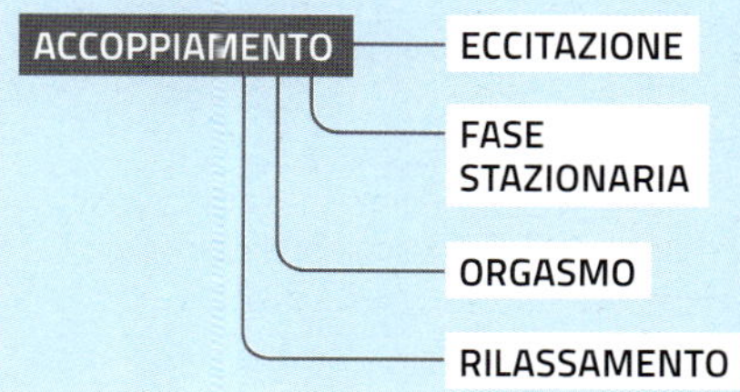

2 - Per saperne di più

Sesso biologico, identità di genere e orientamento sessuale

Per la maggior parte degli esseri umani esiste una netta divisione tra i due sessi che è di natura non solo anatomica, ma anche fisiologica. Molte persone (circa il 5-10% della popolazione) vivono, però, una realtà diversa, determinata da fattori che non sono ancora chiari dal punto di vista scientifico.

Il **sesso biologico** dipende dalla presenza nelle nostre cellule dei cromosomi XX o XY, e questo determina se una persona sviluppa caratteristiche fisiche femminili o maschili. L'**identità di genere** si riferisce, invece, alla convinzione interiore della persona di essere una donna o un uomo; questa di solito coincide con il sesso biologico, ma non è così per tutti. Per esempio, una persona *transgender* sente che il suo aspetto fisico non corrisponde alla sua identità di genere, per cui tende a vestirsi e a comportarsi come se appartenesse all'altro sesso e, a volte, può far ricorso alla chirurgia e alle terapie ormonali per modificare il proprio corpo.

L'**orientamento sessuale** si riferisce, infine, all'attrazione affettiva ed erotica: *eterosessuale* è chi è attratto da persone del sesso opposto, *omosessuale* chi è attratto da persone del proprio stesso sesso, *bisessuale* chi è attratto da persone di entrambi i sessi. Sono stati a lungo cercati fattori anatomici o neurologici che determinano l'omosessualità. Tranne nel caso di alcune rare patologie di natura cromosomica o relative all'insensibilità del corpo verso gli ormoni sessuali, nelle persone omosessuali non è presente alcun fattore congenito responsabile del loro orientamento sessuale. Sicuramente non si tratta di una scelta, come spesso erroneamente si afferma, come del resto non è una scelta neppure l'orientamento eterosessuale.

Omosessuali si nasce o si diventa? Dal punto di vista scientifico non esiste una risposta semplice e univoca a questa domanda. Sono stati condotti studi sia sul versante biologico (genetico ed endocrino) sia sul versante psicologico (nell'ambiente familiare o sociale), ma nessuna conclusione è attualmente condivisa dalla comunità scientifica. È invece ormai assodato che non si tratti in ogni caso di una patologia, così come non è una malattia essere mancini invece che destrimani, anche se qualche secolo fa i mancini correvano il rischio di essere accusati di stregoneria. Nel 1973 la *American Psychiatric Association* (APA) ha eliminato dal *Manuale diagnostico e statistico delle malattie mentali* la categoria «omosessualità» e nel 1993 l'Organizzazione Mondiale della Sanità ha recepito e condiviso tale decisione.

Guarda il video nell'ebook:
3 minuti di biologia
La contraccezione ormonale

Con la fase di **rilassamento** il sangue defluisce gradualmente dai genitali, che quindi si riducono di volume; contemporaneamente la pressione arteriosa, la frequenza respiratoria e quella cardiaca si normalizzano. L'uomo ha un *periodo refrattario*, che può durare da qualche minuto a qualche ora, nel quale non è possibile un secondo orgasmo, perché è necessario formare una nuova quantità di sperma da parte delle ghiandole e dei testicoli.

La fecondazione avviene quando uno spermatozoo supera la zona pellucida ed entra nell'ovulo

La **fecondazione** è la fusione dei nuclei di due gameti: lo spermatozoo maschile, piccolo e mobile, e l'ovulo femminile, più grande ma strutturalmente più semplice.

In seguito all'eiaculazione, lo spermatozoo esce dal pene e viene depositato nella parte profonda della vagina. Attraverso il suo flagello, si muove alla velocità di 2-3 mm al minuto e grazie a questo movimento, ma soprattutto alla contrazione della muscolatura uterina, percorre entro un'ora circa 20 cm e raggiunge le tube ovariche, dove può incontrare l'oocita secondario. Durante il tragitto lo spermatozoo va incontro al fenomeno di **capacitazione**: il gamete maschile si prepara a entrare nell'ovulo con una modificazione della propria membrana plasmatica, che viene privata di colesterolo, e con l'esposizione dei recettori per l'oocita. Il gamete femminile, infatti, è ricoperto di una **zona pellucida**, formata da cellule con recettori complementari per gli spermatozoi. Al

3 - La nostra salute

La contraccezione

Avere rapporti sessuali senza utilizzare alcun metodo contraccettivo aumenta notevolmente il rischio di una fecondazione non desiderata, oltre che di contrarre malattie a trasmissione sessuale. In media, circa l'80% delle donne in età fertile, che hanno rapporti sessuali regolari e che non adottano alcun tipo di prevenzione, hanno una gravidanza nel giro di un anno.

Le tecniche contraccettive più diffuse possono essere suddivise in diverse categorie (**tabella**):

- sterilizzazione chirurgica;
- modificazione dei livelli ormonali;
- metodi «a barriera», di tipo meccanico;
- dispositivo intrauterino;
- tecniche «naturali».

▼ Tabella
I diversi metodi contraccettivi, con la probabilità di fallimento (espressa in percentuale).

Categoria	Metodo	Effetto	Percentuale di fallimento
Sterilizzazione	Vasectomia	Vasi deferenti chiusi mediante intervento chirurgico; non c'è presenza di spermatozoi nell'eiaculato.	0 – 0,15%
	Legatura degli ovidotti	Ovidotti chiusi mediante intervento chirurgico; non c'è risalita di spermatozoi né incontro con l'ocita.	0 – 0,05%
Tecniche ormonali	Pillola anticoncezionale (estrogeni e progesterone)	Il dosaggio giornaliero di estrogeni e progesterone (simile a quello presente in gravidanza) inibisce la secrezione di FSH e LH e, di conseguenza, la maturazione del follicolo e l'ovulazione.	0 – 3%
	Minipillola (solo progesterone)	Le modificazioni indotte nell'endometrio non fanno impiantare l'embrione.	1 – 10%
	Cerotto settimanale	Rilascia ormoni attraverso la cute.	1 – 10%
	Iniezione mensile o trimestrale	Inibisce l'ovulazione; l'aumento del muco della cervice rende difficoltoso il passaggio di spermatozoi.	2%
	Anello vaginale mensile	Rilascia ormoni a basso dosaggio.	1 – 10%
	Pillola del giorno dopo	Forte dosaggio ormonale che modifica l'endometrio evitando l'impianto.	0 – 15%
Tecniche a barriera	Preservativo	Impedisce l'entrata dello sperma nella vagina; è l'unico sistema che scongiura il rischio di malattie a trasmissione sessuale.	5 – 21%
	Diaframma con crema spermicida	È un disco di gomma che si applica sulla cervice; impedisce l'entrata degli spermatozoi nell'utero.	3 – 25%
Dispositivo intrauterino	IUD o spirale	È un piccolo oggetto di forma varia inserito nell'utero; causa una modificazione chimica dell'endometrio che impedisce l'impianto.	0,5 – 6%
Metodi «naturali»	Metodo ritmico	Consiste nell'astenersi dall'avere rapporti sessuali nei giorni prossimi all'ovulazione.	15 – 35%
	Coito interrotto	L'uomo deve estrarre il pene dalla vagina prima dell'eiaculazione.	10 – 40%

di fuori di questa zona si trova un'ulteriore protezione, detta **corona radiata**, formata dalle *cellule del cumulo ooforo*. È necessario che un certo numero di spermatozoi raggiunga l'ovocita per permettere la disgregazione delle cellule del cumulo (**figura 13**).

Quando gli spermatozoi attraversano la corona radiata, il primo che raggiunge la zona pellucida può interagire con questa, grazie alla cosiddetta **reazione acrosomiale**. Infatti, dopo che le glicoproteine della zona pellucida si sono legate con le molecole di riconoscimento presenti sullo spermatozoo, l'acrosoma libera gli enzimi litici che perforano la membrana del gamete femminile, consentendo la fusione delle due membrane plasmatiche. A questo punto il nucleo dello spermatozoo entra nel citoplasma dell'oocita, dove attiva una serie di eventi biochimici e morfologici (*vedi* **figura 13**).

Leggi l'approfondimento nell'ebook:
Per saperne di più
Izumo e Juno: le proteine degli dei

1. In meno di un secondo dal contatto con lo spermatozoo avviene la *reazione zonale*: la zona pellucida si allontana dalla membrana plasmatica e perde i recettori per gli spermatozoi, diventando più resistente e non più penetrabile per evitare il possibile ingresso di altri spermatozoi.
2. L'ovulo viene attivato dal punto di vista metabolico, con forte aumento della sintesi proteica e del suo consumo di ossigeno.
3. La fusione dello spermatozoo con l'oocita provoca il rilascio di calcio nel citoplasma dell'oocita, che è così indirizzato a completare la meiosi II. Si formano quindi la cellula uovo matura e un corpuscolo polare secondario.
4. Il materiale genetico maschile aploide si fonde con il nucleo aploide della cellula uovo, dando origine al nucleo diploide dello zigote.
5. La cellula uovo comincia a dividersi per mitosi.

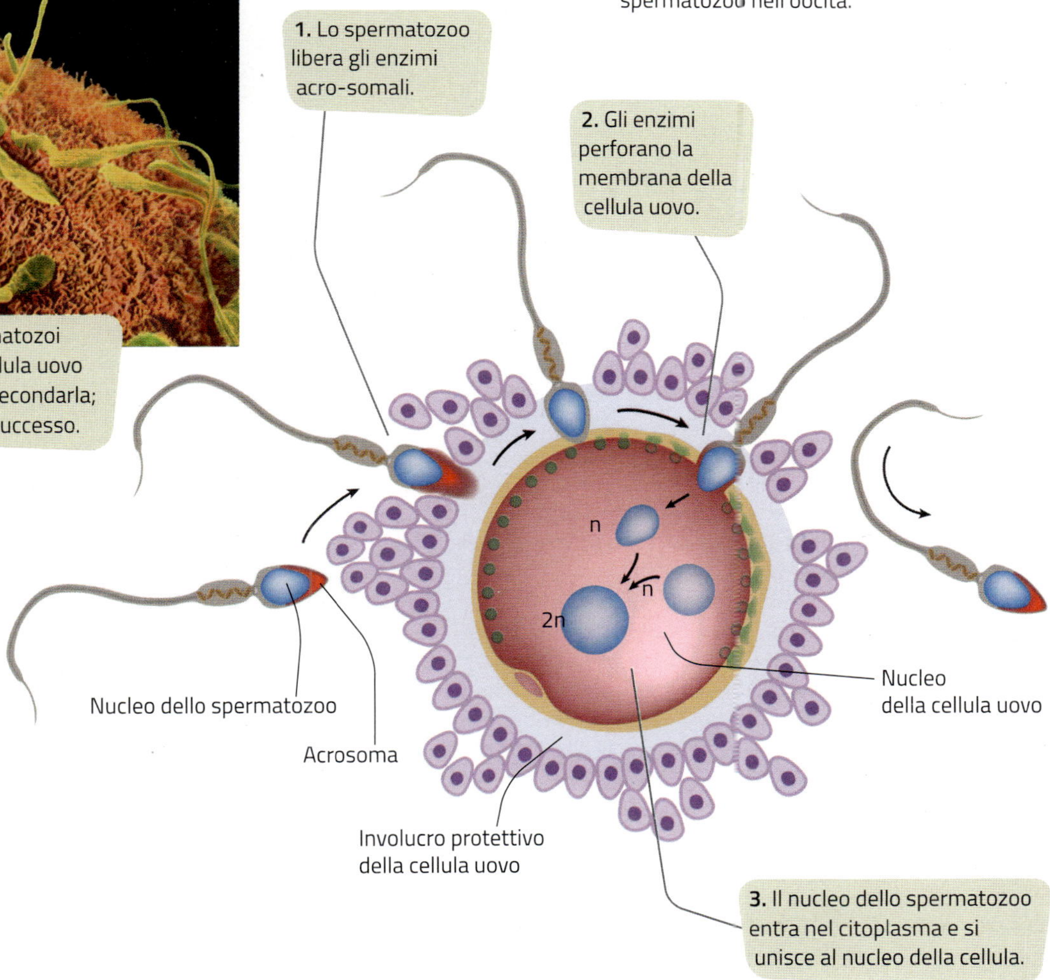

▾ Figura 13
L'oocita umano è protetto dalla corona radiata e dalla zona pellucida; attraverso la reazione acrosomiale è possibile il riconoscimento tra i gameti e l'ingresso del nucleo dello spermatozoo nell'oocita.

I test di gravidanza rilevano gli ormoni HCG nelle urine

Dopo che è avvenuta la fecondazione, lo zigote impiega circa una settimana prima di raggiungere l'utero e impiantarsi nella sua mucosa. Solo a questo punto l'embrione inizia a sviluppare gli annessi embrionali.

In questo momento l'embrione inizia anche a produrre ormoni come le **gonadotropine corioniche umane** (HCG; *vedi* capitolo C8). Tali ormoni possono essere individuati tramite specifiche analisi del sangue, oppure nelle urine attraverso **test di gravidanza** rapidi e con un'attendibilità del 99%, che utilizzano anticorpi per le gonadotropine. In caso di presenza nell'urina di questi ormoni, gli anticorpi si legano ad essi, segnalandone anche piccole quantità (**figura 14**).

Dal momento che l'embrione deve essere già impiantato nell'utero perché si formino questi ormoni, per la rilevazione di una quantità adeguata di HCG e per essere sicuri della validità del test bisogna, in genere, attendere il primo giorno di ritardo delle mestruazioni.

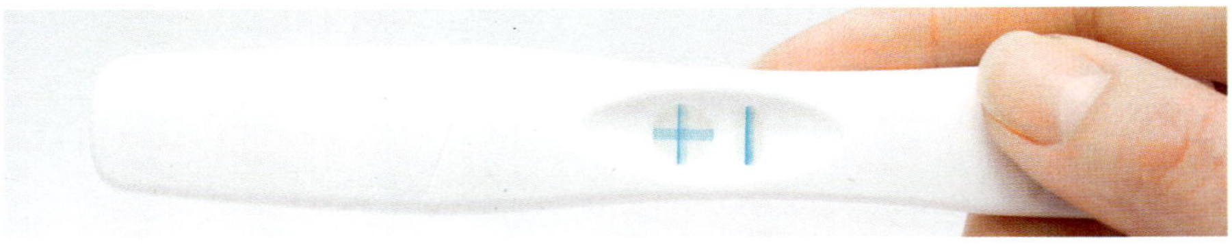

▸ **Figura 14**
Un test di gravidanza positivo: appaiono due linee sul test, una è quella di controllo, che attesta la validità del test, la seconda si colora solo in caso di gravidanza in corso.

4 - La nostra salute

Le malattie a trasmissione sessuale

La stretta comunicazione che si crea durante un rapporto sessuale tra le mucose determina una notevole facilità di trasmissione di infezioni. Tali infezioni sono dovute a microrganismi contro cui è molto difficile riuscire a fornire forme di protezione completa.

Nel 1998, l'Organizzazione Mondiale della Sanità ha cambiato la denominazione delle *malattie a trasmissione sessuale* (MTS) in *infezioni a trasmissione sessuale* (ITS) per sottolineare l'esistenza di infezioni asintomatiche. La soluzione migliore consiste nel ridurre i rischi di contagio mediante un'attività sessuale sicura, con metodi in grado di ostacolare la trasmissione degli agenti patogeni.

Quasi 90 milioni di persone nel mondo, per la maggior parte donne, sono colpite ogni anno dalla **clamidia**, un'infezione a trasmissione sessuale provocata dal batterio *Chlamydia trachomatis* e particolarmente diffusa tra le adolescenti, poiché i tessuti ancora giovani della cervice sono maggiormente sensibili. Questa infezione solitamente non manifesta sintomi evidenti; tuttavia, se non è curata, può aggredire l'utero e gli ovidotti con rischio di sterilità o gravidanze extrauterine. Questa infezione può causare infertilità anche nel maschio e può essere trasmessa dalla madre al figlio al momento della nascita. Come le altre malattie batteriche, la clamidia viene curata con antibiotici specifici.

Il batterio responsabile della **gonorrea**, *Neisseria gonorrhoeae*, produce una tossina che provoca irritazione e dolore nella zona infettata. L'infezione può causare sterilità se colpisce l'epididimo negli uomini e le ovaie nelle donne. Nella sua forma estrema, la gonorrea può portare a lesioni cardiache e nervose.

Un'altra malattia di origine batterica è la **sifilide**, che ha un'origine antica: importata in Europa dal Nuovo Mondo dai marinai di Cristoforo Colombo, giunse in Italia grazie alle truppe francesi al comando di Carlo VIII e per questo motivo, nel nostro Paese fu a lungo chiamato «mal francese». La sifilide può causare gravi lesioni neurologiche se non viene diagnosticata e curata in modo corretto. Il batterio che causa la sifilide, *Treponema pallidum*, entra nell'organismo attraverso le mucose o le lesioni della pelle e può essere trasportato in tutto l'organismo per via linfatica o sanguigna. Nel punto dell'infezione iniziale si forma una piccola ulcera indolore, il *sifiloma*, che può essere curata rapidamente, ma è molto contagiosa; in seguito, possono formarsi lesioni squamose altamente infettive. La fase latente può durare molti anni con conseguenze che possono riguardare gli organi interni, compreso il sistema nervoso. L'introduzione degli antibiotici ha limitato notevolmente la diffusione di questa malattia, che però colpisce ancora oggi 12 milioni di persone.

L'**infezione micotica genitale** più frequente è quella provocata da *Candida albicans*, che colpisce almeno una volta circa il 30% delle donne nell'arco della loro vita. La candida produce irritazione vaginale con secrezioni bianche, prurito e bruciore. È un'infezione curabile ma difficile da debellare completamente e sono frequenti le recidive.

L'**herpes** è considerato una delle infezioni virali a trasmissione sessuale in maggior aumento tra i giovani dai 15 ai 29 anni. Il virus può provocare vescicole ulcerose sulla pelle dei genitali degli uomini e delle donne e può trasmettersi dalla madre al figlio durante il parto; nei neonati può causare cecità, sordità e perfino la morte.

Infine, la *sindrome da immunodeficienza acquisita* o **AIDS** è una malattia provocata da HIV, un virus a RNA che si trasmette solo attraverso il contatto diretto di sangue infetto, quindi nel caso soprattutto di rapporti sessuali non protetti o di utilizzo di siringhe usate. HIV attacca il sistema immunitario del malato, azzerando le sue difese immunitarie ed esponendolo all'azione di molti altri patogeni che in genere non sarebbero pericolosi per la nostra salute. La storia di questo virus è molto recente (i primi casi di malattia si sono manifestati all'inizio degli anni Ottanta), ma le implicazioni scientifiche, mediatiche e sociali a esso collegate sono molto superiori a tutti gli altri patogeni citati sin qui.

Facciamo il punto

1. Quali sono le fasi dell'accoppiamento?
2. In che modo lo spermatozoo riesce a entrare nell'oocita?
3. Quali sono gli eventi successivi all'ingresso del nucleo dello spermatozoo nell'oocita secondario?
4. Come si può diagnosticare una gravidanza?

4 Lo sviluppo dell'embrione

La segmentazione è la divisione dello zigote, con formazione di una blastocisti

Dopo circa 36 ore dalla fecondazione, lo zigote si divide formando due cellule; dopo 60 ore le due cellule si dividono formandone quattro e dopo tre giorni si passa alla divisione in sedici cellule ammassate tra loro, che danno un aspetto generale simile a quello di una mora, da cui il nome **morula** (**figura 15**). Le mitosi si susseguono poi a ritmo più accelerato, ma in questa prima fase tutte le cellule sono di uguali dimensioni. Fin qui l'embrione è autonomo, segue un suo programma genetico e provvede al proprio fabbisogno metabolico; tutto ciò di cui ha bisogno è disponibile nel liquido che lo avvolge e che contiene progesterone.

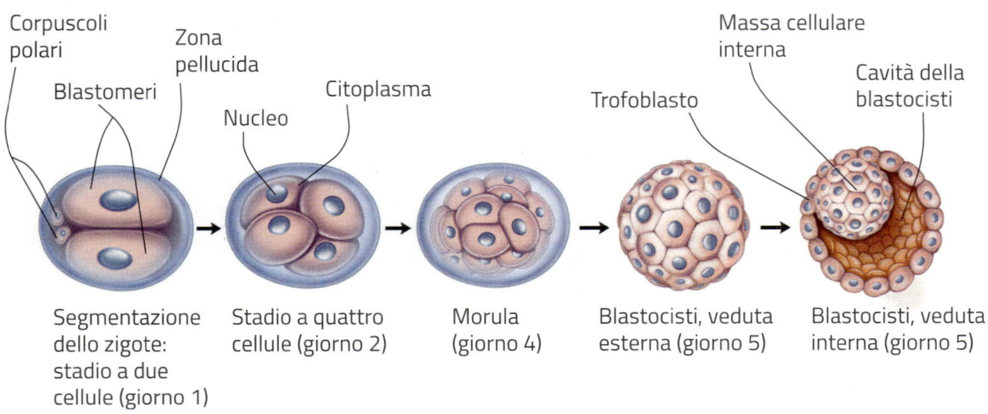

◂ **Figura 15**
La segmentazione è l'insieme delle mitosi successive alla fecondazione.

A mano a mano che le cellule continuano a dividersi, si crea al centro dell'embrione una cavità piena di liquido detta *blastocele*. Dopo circa cinque giorni dalla fecondazione, quando il blastocele è completamente formato, l'embrione prende il nome di **blastocisti**: una sfera piena di liquido costituita da un singolo strato di circa 120 cellule.

In seguito si differenzia uno strato di cellule che delimita esternamente la blastocisti, chiamato *trofoblasto*. Queste prime fasi dello sviluppo embrionale fanno parte del processo di **segmentazione**, che non cambia il volume totale dell'organismo in via di formazione, ma aumenta notevolmente il numero delle cellule, alterandone il rapporto tra superficie e volume.

Tre giorni dopo che l'embrione ha raggiunto l'utero (cioè sei o sette giorni dopo la fecondazione), il trofoblasto viene a contatto con i tessuti dell'utero e l'embrione si insedia nell'endometrio, con un processo detto **impianto** (**figura 16**). L'embrione viene quindi circondato da vasi sanguigni ricevendo sangue ricco di sostanze nutritive.

Le parole
La **blastocisti** è uno stadio della segmentazione dello zigote dei mammiferi che è equivalente, almeno per certi aspetti, a uno stadio che negli anfibi è chiamato **blastula**, che deriva del greco *blastós* e significa «crescita».

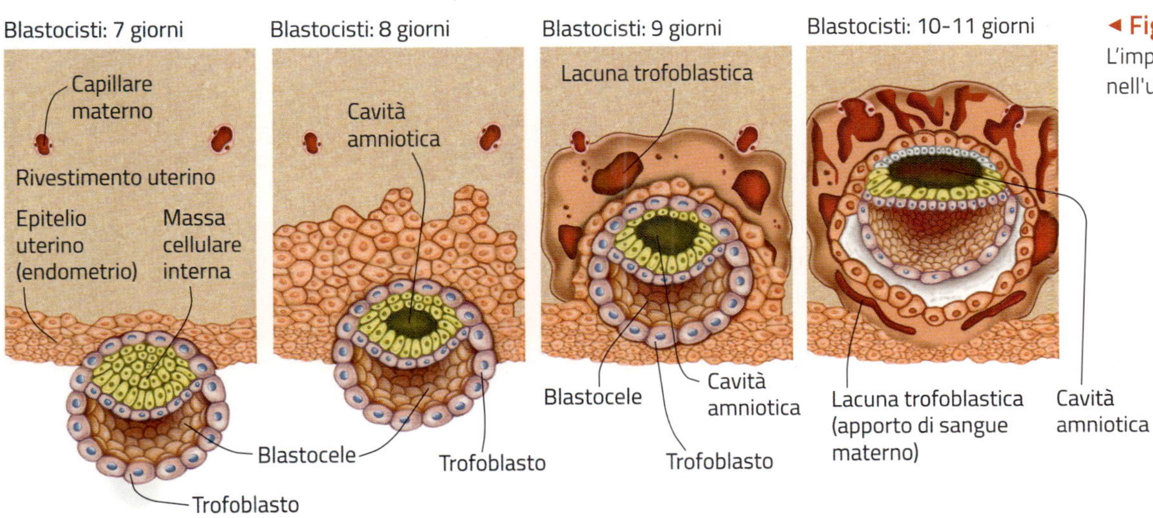

◂ **Figura 16**
L'impianto dell'embrione nell'utero.

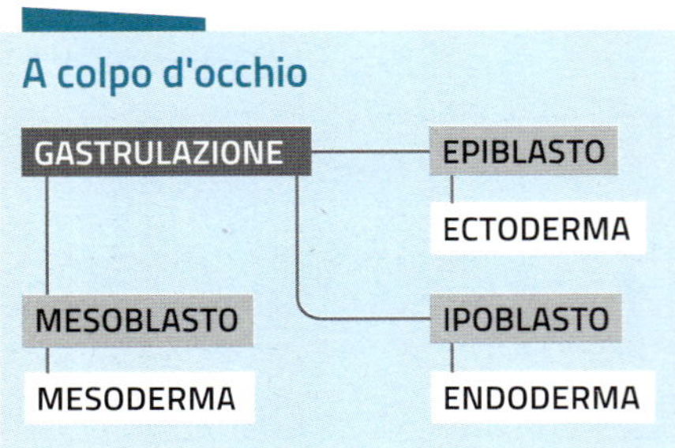

Durante la gastrulazione si differenziano i foglietti embrionali che danno inizio all'organogenesi

Nella terza settimana di sviluppo, la formazione della blastocisti è seguita dal processo di **gastrulazione** (*vedi* capitolo C1). Nella massa cellulare interna alcune cellule migrano e si forma una seconda cavità, delimitata da uno strato di cellule chiamato *amnios*. Lo strato di cellule che delimita la cavità amniotica a contatto con la massa cellulare interna prende il nome di *epiblasto*. Al di sotto si trova l'*ipoblasto*, che crea una terza cavità (detta *cavità vitellina*) che sporge verso il blastocele senza aderirvi. Tra questa sacca di liquido e il trofoblasto che riveste il blastocele si forma una rete sottilissima di cellule, che andranno a costituire il *mesoblasto*.

Questa fase dello sviluppo embrionale corrisponde all'ottavo giorno dalla fecondazione, le cellule cominciano a spostarsi insieme verso l'alto e a ripiegarsi verso l'interno. I movimenti delle cellule che avvengono durante la gastrulazione determinano la formazione dei tre strati di tessuto, o **foglietti embrionali**:

- uno esterno, l'**ectoderma**, che deriva dall'epiblasto;
- uno mediano, il **mesoderma**, che deriva dal mesoblasto;
- uno più interno, l'**endoderma**, che deriva dall'ipoblasto.

Durante la gastrulazione si differenzia per primo il canale digerente e poi la cresta neurale, da cui deriverà il sistema nervoso centrale in un processo chiamato *neurulazione* (**figura 17**). La crescita avviene in modo che la cavità vitellina si riduca progressivamente e che l'embrione sporga sempre di più nella cavità amniotica, galleggiando nel liquido che vi è contenuto.

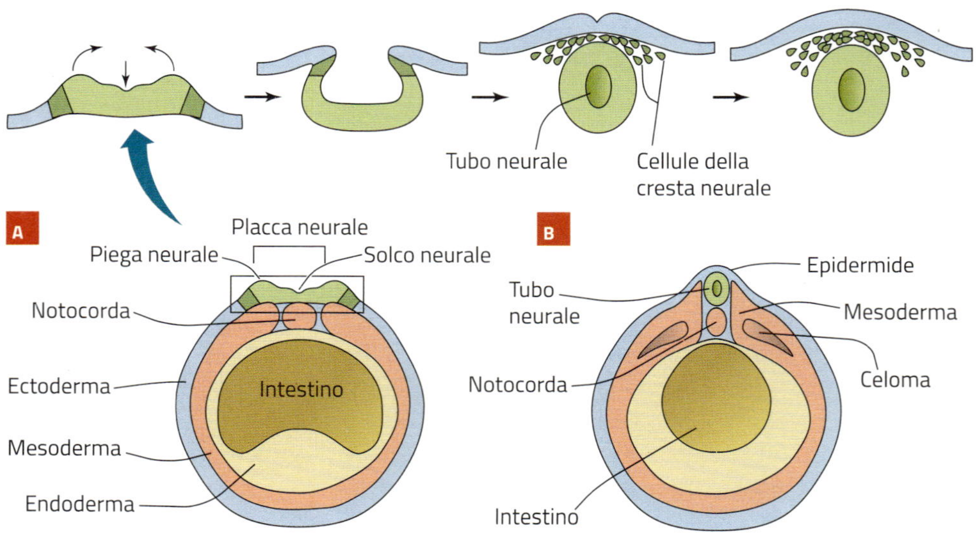

▸ **Figura 17**
(A) All'inizio della neurulazione, l'ectoderma della placca neurale (verde) è appiattito. (B) La placca neurale si invagina e si ripiega, formando un tubo.

Nella quarta settimana di sviluppo prosegue il progressivo cambiamento della struttura dell'embrione con l'**organogenesi**. In questa fase ciascuno dei tre tessuti embrionali formatisi durante la gastrulazione va incontro alla crescita, al differenziamento e alla morfogenesi. Il **differenziamento** è la formazione di tessuti, organi e sistemi specializzati dell'animale adulto, mentre la **morfogenesi** è l'acquisizione di una struttura e di una forma caratteristiche.

Gli annessi embrionali e la placenta

Durante l'impianto, il trofoblasto si ispessisce e produce delle estroflessioni digitiformi, chiamate *villi coriali*, che invadono la superficie interna dell'utero. Nell'embrione cominciano a svilupparsi le quattro membrane extraembrionali o **annessi embrionali**, cioè il sacco vitellino, l'allantoide, l'amnios e il corion.

Nei rettili e negli uccelli il **sacco vitellino** contiene le sostanze nutritive, mentre nella specie umana ha la funzione di fornire le cellule germinative primordiali che migreranno nelle gonadi del feto e di dare nutrimento e cellule sanguigne, ma solo nelle prime settimane di vita dell'embrione.

L'**allantoide** è formato da una tasca della parete del sacco vitellino e darà origine al *cordone ombelicale* e alla vescica embrionale, mentre l'**amnios** racchiude uno spazio pieno di liquido in cui è sospeso l'embrione in via di sviluppo. Il *liquido amniotico* fornisce una barriera di protezione per il nascituro; il feto lo assorbe attraverso la pelle, poi lo filtra attraverso i reni e lo elimina sotto forma di urina. Il liquido amniotico rimane sempre pulito perché viene rinnovato ogni 3 ore.

Negli esseri umani e negli altri mammiferi la membrana più esterna, il **corion**, si specializza nella produzione di parte della **placenta**, una struttura discoidale di tessuto spugnoso attraverso cui l'embrione riceve il nutrimento dal corpo materno. Essa si forma dall'interazione tra l'endometrio e il corion, e riceve un ricco rifornimento sanguigno da entrambi. Tuttavia, i sistemi circolatori embrionale e materno non sono direttamente connessi, per cui le cellule e le sostanze presenti nel sangue della madre e dell'embrione non si mescolano, ma filtrano attraverso la placenta (**figura 18**). Attraverso quest'ultima, infatti, le molecole nutritive e l'ossigeno passano dal sangue materno all'embrione, mentre il diossido di carbonio e gli altri cataboliti dell'embrione passano nella corrente sanguigna materna per essere eliminati attraverso i polmoni e i reni della madre.

Curiosità

La **placenta** impedisce il passaggio di molti batteri, ma può essere attraversata da diverse sostanze tossiche per l'embrione, come la nicotina, l'alcol, il mercurio, le droghe e i farmaci diuretici o antibiotici, e da gran parte dei virus, come quello dell'epatite o l'HIV. La rosolia, per esempio, è una malattia virale non grave nei bambini e negli adulti ma, se contratta dalla madre nel periodo tra la quarta e la dodicesima settimana di gravidanza, può avere effetti dannosi sulla formazione fetale del cuore, dell'occhio, dell'orecchio interno e del cervello.

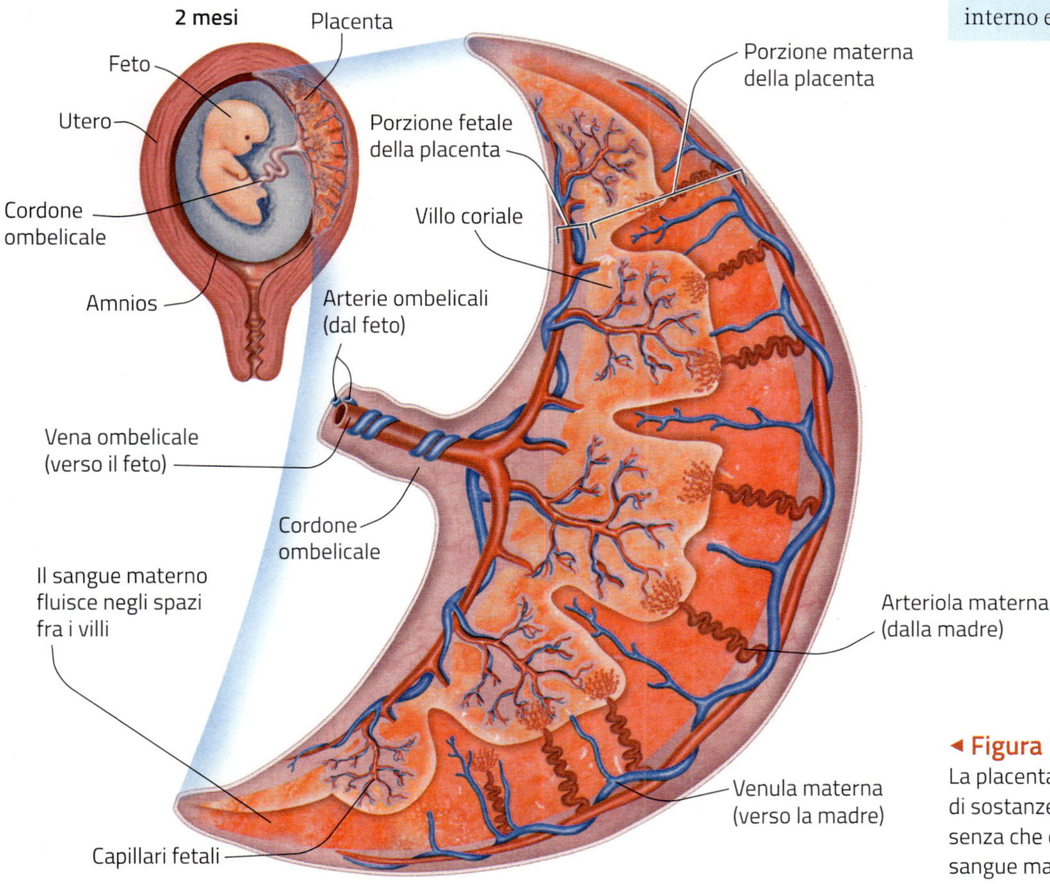

◂ Figura 18
La placenta permette gli scambi di sostanze tra madre e figlio, senza che ci sia contatto tra sangue materno e fetale.

Da questo momento dello sviluppo e fino alla nascita, l'embrione rimane saldamente attaccato alla placenta tramite il **cordone ombelicale**, che gli permette di galleggiare nel liquido amniotico. All'interno del cordone ombelicale scorrono due arterie ombelicali, che trasportano il sangue ricco di diossido di carbonio dal feto alla placenta e una vena ombelicale che trasporta ossigeno e nutrienti dalla placenta al feto.

A mano a mano che la placenta matura, comincia a produrre estrogeni e progesterone in grande quantità. Alla fine del terzo mese di gravidanza, la placenta ha completamente rimpiazzato il corpo luteo nella produzione di estrogeni e di progesterone. A questo punto la gonadotropina corionica non viene più prodotta dal corion e il corpo luteo degenera. Si ipotizza che molti aborti che hanno luogo intorno al terzo mese di gravidanza siano dovuti a una degenerazione del corpo luteo che avviene prima che la placenta sia in grado di produrre adeguate quantità di ormoni.

Leggi l'approfondimento nell'ebook:
La nostra salute
Diagnosi prenatale e consulenza genetica

Nel primo trimestre di gravidanza si formano tutti gli organi del feto

Dopo l'impianto dell'embrione nell'endometrio uterino iniziano a formarsi le membrane extraembrionali e la placenta diventa una struttura stabile. Durante la sua seconda settimana di vita, l'embrione raggiunge una lunghezza di 1,5 mm (la lunghezza dell'embrione viene calcolata dalla volta cranica alla fine della spina dorsale); durante la terza settimana è di 2,3 mm e comincia a formarsi gran parte dei suoi organi e sistemi, a partire dal sistema nervoso centrale. A 22 giorni inizia prima a vibrare e poi a pulsare il cuore, ancora molto rudimentale; da questo momento in poi, non cesserà più di battere (circa 100 000 volte al giorno) fino alla morte dell'individuo. Subito dopo cominciano a formarsi gli occhi.

Nel medesimo periodo si sono differenziate nel sacco vitellino circa 100 cellule, le cellule germinali, da cui si svilupperanno gli ooociti o gli spermatociti del futuro adulto; queste cellule cominciano a migrare con movimenti ameboidi verso il sito in cui si svilupperanno le gonadi. Alla fine del primo mese l'embrione è lungo 5 mm e ha aumentato la sua massa di circa 7000 volte (**figura 19A**).

▼ **Figura 19**
Dopo poco più che un mese, un embrione misura 5 mm (A), a due mesi è lungo 3 cm (B) e a tre mesi è 9 cm (C).

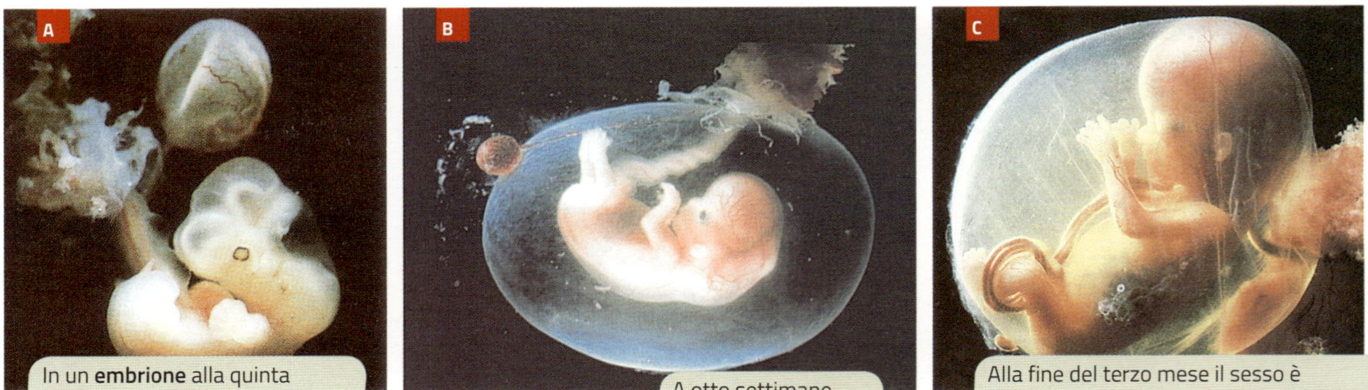

In un **embrione** alla quinta settimana di sviluppo la testa è formata da vescicole piene di liquido, ma sono già visibili gli occhi e gli abbozzi delle mani e delle gambe; la macchia rossa al centro del corpo è il cuore.

A otto settimane l'embrione viene chiamato **feto** ed è all'interno del sacco amniotico.

Alla fine del terzo mese il sesso è riconoscibile all'ecografia; è ben visibile nella fotografia il cordone ombelicale, che contiene una vena e due arterie, collegato alla circolazione materna mediante la placenta (visibile in basso a destra).

Durante il secondo mese l'embrione raggiunge il peso di circa 1 g e la lunghezza di circa 3 cm (**figura 19B**). Nonostante le sue piccole dimensioni, l'embrione ha un aspetto quasi umano e da questo momento in poi viene chiamato **feto**. La testa è ancora molto grande rispetto al resto del corpo a causa del precoce sviluppo del cervello, ma le sue dimensioni in proporzione al corpo tenderanno a ridursi per il resto della gravidanza e per tutta l'infanzia. In questo periodo si formano le braccia, le gambe, le dita delle mani e dei piedi. Come reminiscenza del nostro passato evolutivo, negli embrioni è presente una coda temporanea, che raggiunge la massima lunghezza nel secondo mese, per essere poi circondata da altri tessuti e scomparire.

Durante il terzo mese il feto comincia a muoversi e la madre riesce a percepire questi movimenti. Il viso diventa espressivo: il feto può guardare di lato, aggrottare le sopracciglia o assumere un'espressione sorpresa. I suoi organi respiratori sono ormai sviluppati ma non ancora funzionanti. Alla fine del terzo mese il feto è lungo circa 9 cm ed è completamente formato (**figura 19C**).

▼ **Figura 20**
Un feto di quattro mesi ha già formati i lineamenti del viso.

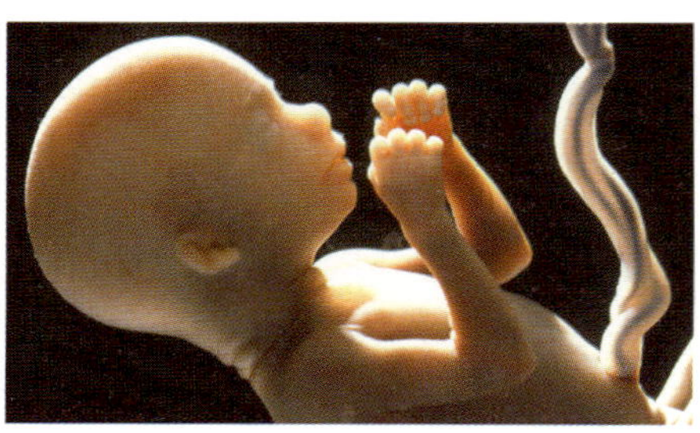

Nel secondo trimestre si forma lo scheletro osseo e il meconio

Durante il quarto mese di gravidanza (**figura 20**) i movimenti del feto diventano ben distinguibili per la madre; lo scheletro osseo è in via di formazione e può essere facilmente osservato ai raggi X. Al quinto mese il feto è lungo circa 20 cm e pesa 250 g; sul capo presenta i primi capelli e il corpo è ricoperto da una soffice e sottile peluria chiamata *lanugine*. Il cuore può essere ascoltato con uno stetoscopio e batte da 120 a 160 volte al minuto, mentre i battiti della madre variano da 60 a 80. Inoltre, il feto di cinque mesi inizia a succhiarsi il pollice e a rispondere a stimoli esterni.

Durante il sesto mese, il feto ha una lunghezza di 30-36 cm e pesa circa 680 g. La sua pelle è rossa e rugosa e la sostanza cremosa costituita da lipidi, proteine e vitamine, detta *vernice caseosa*, che ricopre il corpo proteggendolo dalle abrasioni, è ora abbondante. Sebbene alla nascita i denti siano visibili solo raramente, si sta già formando la dentina. I riflessi sono più marcati e nell'intestino si forma una massa pastosa verdastra chiamata **meconio**, formata da bile e cellule morte, che vi rimane fin dopo la nascita. A partire dalla ventitreesima/ventiquattresima settimana il feto è vitale e, in caso di parto prematuro, può sopravvivere grazie a tecniche di rianimazione in grado di indurre la respirazione. Al mondo ogni anno nascono 15 milioni di bambini prematuri e in Italia sono il 7% delle nascite totali.

Nel terzo trimestre aumentano peso e dimensioni del feto

Durante l'ultimo trimestre il feto aumenta molto in grandezza e peso: normalmente le sue dimensioni raddoppiano durante gli ultimi due mesi di gravidanza.

Nell'ultimo mese il feto acquista gli anticorpi materni che, essendo troppo grandi per diffondere attraverso la placenta, sono acquisiti mediante un meccanismo di trasporto attivo altamente selettivo.

Non avendo più molto spazio per muoversi, il feto si posiziona in modo definitivo, generalmente con la testa in basso, vicino al collo dell'utero (**figura 21**). Il peso al momento della nascita è uno dei fattori principali che influiscono sulla mortalità: i neonati che pesano meno di 2 kg sono ritenuti ad alto rischio, ma grazie alle cure dei reparti di terapia intensiva neonatale oggi hanno molte più speranze di sopravvivere.

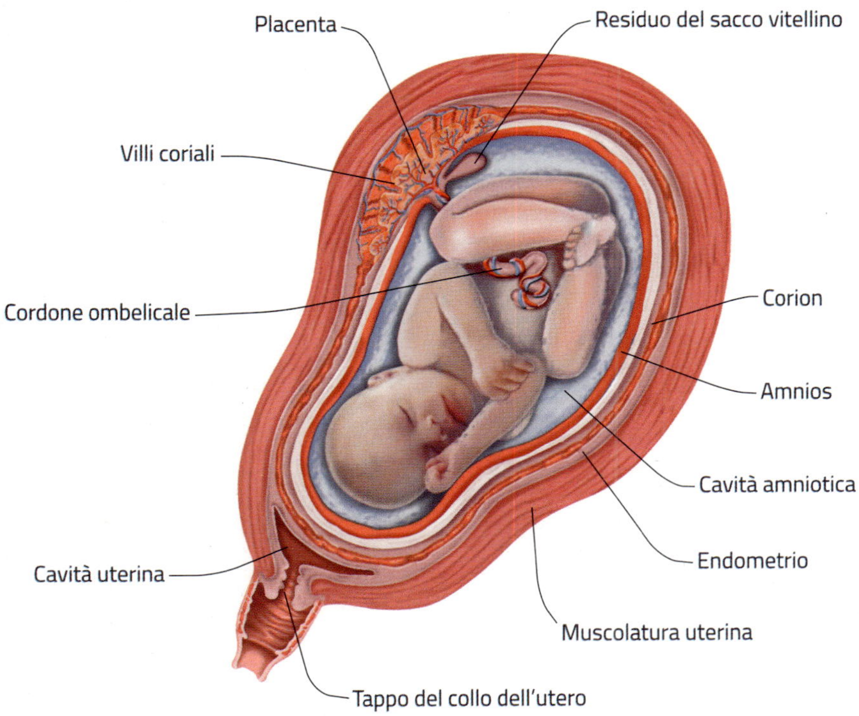

◂ Figura 21
Il posizionamento di un feto prima del parto, con la testa prossima al canale di uscita dall'utero.

Le tre fasi del parto sono dilatazione, espulsione e secondamento

La nascita avviene tra 38 e 40 settimane dopo il concepimento. Raramente i bambini nascono esattamente nel giorno previsto, ma circa nel 75% dei casi la nascita avviene entro due settimane dalla data calcolata. Nel parto si possono distinguere tre fasi: la dilatazione, la fase espulsiva e il secondamento.

La prima fase è quella della **dilatazione** o *travaglio*, che generalmente dura da 2 a 16 ore ed è più lunga con il primo figlio che con quelli successivi; questa fase inizia quando gli estrogeni subiscono un aumento in proporzione al progesterone. L'*ossitocina* viene poi prodotta dall'ipotalamo del feto e da quello materno per attivazione dei meccanocettori dell'utero, a causa dello stiramento dovuto

Curiosità

Durante la **gestazione** la donna va incontro a diversi cambiamenti fisici. L'utero aumenta di volume e si sposta verso lo sterno. Gli organi interni vengono spostati in alto, con schiacciamento dei reni, della vescica e del sistema digerente. Le nausee sono spesso causate da sbalzi ormonali. Il volume sanguigno materno aumenta del 25-40% e aumentano anche la frequenza e la gittata cardiaca.

Curiosità

L'immunità conferita dagli **anticorpi materni** è solo temporanea; durante i primi mesi dopo la nascita, sia quelli acquisiti durante la gravidanza sia quelli introdotti attraverso l'allattamento saranno gradualmente sostituiti dagli anticorpi prodotti dal sistema immunitario del neonato.

A colpo d'occhio

PARTO
- DILATAZIONE
- FASE ESPULSIVA
- SECONDAMENTO

alla crescita del feto. La produzione di questo ormone, in una fase in cui si ha una prevalenza di estrogeni rispetto al progesterone (che ha un effetto rilassante sulla mucosa uterina), provoca le prime contrazioni. Nel frattempo la placenta produce *relaxina*, un ormone di natura proteica che rende più elastico il canale del parto, e anche prostaglandine. Queste ultime rendono la cervice più morbida perché stimolano la produzione di enzimi che digeriscono le fibre collagene del collo dell'utero. Si innesca ora un feedback positivo, perché le contrazioni uterine attivano a loro volta i meccanocettori, inducendo un'ulteriore produzione di ossitocina. Nelle prime fasi della dilatazione, le contrazioni uterine si susseguono a intervalli di 15-20 minuti e sono relativamente deboli, mentre verso la fine sono più forti e frequenti (ogni 1-2 minuti). A questo punto l'apertura della cervice raggiunge circa 10 centimetri di diametro e ha luogo la rottura del sacco amniotico, con la fuoriuscita dei liquidi in esso contenuti.

La seconda fase, o **fase espulsiva**, dura circa da 2 a 60 minuti; inizia con la completa dilatazione della cervice dell'utero e la comparsa della testa del bambino. Il 95% dei bambini nasce con la testa rivolta verso il basso; in questo modo, il parto è facilitato perché la testa è la parte più larga del corpo, quindi una volta uscita la testa il corpo viene espulso facilmente. Le contrazioni in questo stadio durano 50-90 secondi con una frequenza di 1-2 minuti.

Al momento della nascita gli stimoli ambientali (come lo sbalzo termico), meccanici (dovuti al passaggio attraverso il canale del parto) e chimici (come l'accumulo di diossido di carbonio e la diminuzione di ossigeno nel sangue) inducono i primi atti respiratori, con espansione dei polmoni e aumento del flusso di sangue intorno agli alveoli.

Curiosità

Il **cordone ombelicale** è ricco di cellule staminali che possono avere una particolare utilità ai fini dei trapianti o della ricerca. Per questo motivo, in Italia, le donne che partoriscono possono scegliere di prelevare il sangue del cordone per donarlo alla collettività o per conservarlo a uso personale. In questo secondo caso, le cellule verranno riusate, per esempio, nel caso in cui il bambino soffra di leucemia o altre malattie del sangue.

Immediatamente dopo il parto il cordone ombelicale, fino a quel momento d'importanza vitale per il bambino, viene «pinzato» e reciso (**figura 22**); alla pancia del neonato rimane attaccato un corto segmento che si seccherà per cadere poi in pochi giorni, lasciando la classica cicatrice dell'ombelico. Il taglio del cordone ombelicale è un momento particolarmente delicato, perché da questo attimo in poi il bambino non può più assumere ossigeno dal sangue materno, ma deve iniziare a respirare dilatando per la sua prima volta i polmoni. In questa fase esiste un alto rischio di calo temporaneo dei livelli di ossigeno, a partire proprio dal momento in cui i vasi sanguigni del cordone ombelicale si chiudono. Perciò alla nascita nel neonato si attivano meccanismi che alterano la distribuzione del sangue, che viene inviato prevalentemente agli organi vitali, quali cervello, cuore e polmoni, per proteggerli prima che il bambino inizi a respirare in modo autonomo.

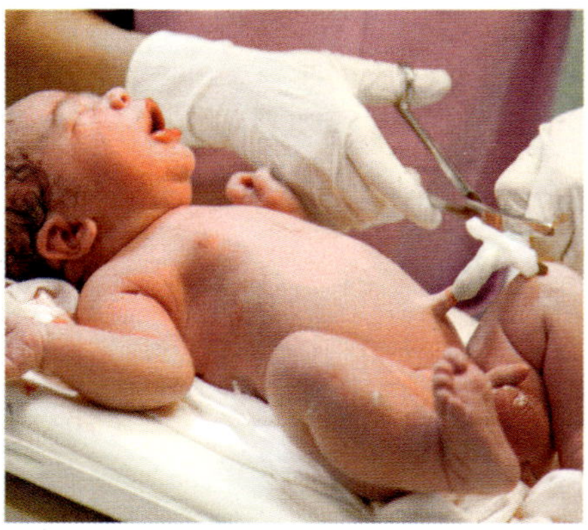

▲ **Figura 22**
Il taglio del cordone ombelicale avviene nei primi minuti di vita autonoma.

La terza fase, o **secondamento**, inizia immediatamente dopo la nascita del bambino e comporta contrazioni uterine con l'espulsione di liquidi, sangue e placenta attaccata al cordone ombelicale. Contrazioni uterine di minore entità continuano anche successivamente e aiutano ad arrestare il flusso di sangue, oltre che a far tornare l'utero alla grandezza e alle condizioni normali.

Se il parto non avviene in modo naturale nei tempi previsti, si ricorre in genere al **parto cesareo**, un intervento chirurgico che permette l'estrazione del feto attraverso l'apertura nelle pareti dell'addome e dell'utero. Spesso il taglio cesareo rappresenta un intervento d'urgenza, ma viene effettuato anche in casi specifici, che riguardano la salute della madre o del feto (tumori del collo dell'utero e della vagina, alcuni fibromi, eccessivo sviluppo del feto o distacco prematuro della placenta).

Curiosità

L'Organizzazione Mondiale della Sanità ipotizza una percentuale ideale di **tagli cesarei** compresa tra il 10 e il 15% del totale; ciononostante la frequenza di parti con taglio cesareo tende ad aumentare: in Italia dall'11% del 1980 si è passati al 36% del 2013.

La produzione di latte dipende dagli ormoni prolattina e ossitocina

A partire dalle prime ore dopo il parto, dai capezzoli della madre inizia la secrezione di un liquido giallastro, il **colostro**, che fornisce al neonato gli elementi essenziali per i primi giorni di vita: proteine, sali minerali e anticorpi. Nei giorni successivi si ha la *montata lattea*, che si verifica in genere 3-5 giorni dopo il parto, con produzione di vero latte.

Il **latte** materno, a differenza di quello artificiale, può avere una composizione chimica variabile nel corso della giornata; nonostante questo rimane sicuramente l'alimento migliore per i primi 5 o 6 mesi di vita del neonato, purché la madre ne produca a sufficienza. Il latte materno ha anche un'importante azione protettiva da infezioni virali e da malattie dovute a un'alterata risposta immunitaria, come il diabete o la colite ulcerosa.

La produzione di latte è molto variabile da una donna all'altra ed è legata a due ormoni prodotti dall'ipofisi: lo stimolo dipende dall'ormone **prolattina**, rilasciato dalla parte anteriore dell'ipofisi (adenoipofisi), mentre la fuoriuscita è influenzata dall'**ossitocina**, prodotta dalla parte posteriore dell'ipofisi (neuroipofisi).

Grazie all'allattamento al seno (**figura 23**) si realizza inoltre un rapporto madre-neonato che ha importanti risvolti psicologici. Attaccato al seno, il bambino ascolta la voce della madre, ne percepisce l'odore e il calore e di conseguenza si rilassa, regolarizzando la sua attività respiratoria. Anche per la madre vi sono molteplici vantaggi: le donne che allattano al seno infatti hanno minore probabilità di contrarre tumori al seno.

La suzione del neonato attiva un meccanismo di feedback positivo, poiché durante l'allattamento il bambino stimola il rilascio di ossitocina nella madre; questo ormone favorisce la contrazione della muscolatura liscia attorno alle ghiandole mammarie, aumentando la liberazione del latte e migliorando la suzione da parte del neonato.

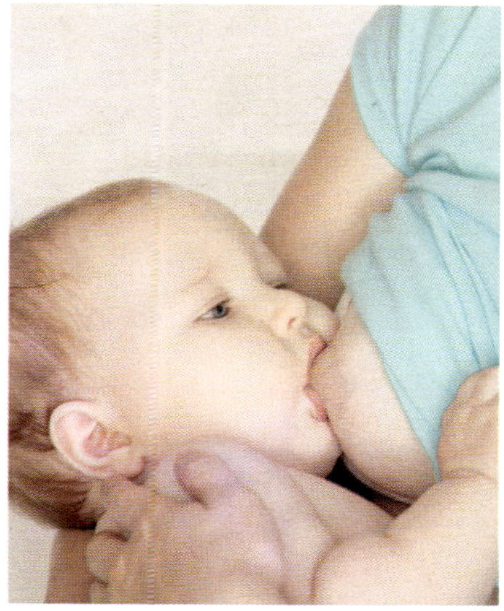

▲ **Figura 23**
L'allattamento al seno è un momento importante per il bambino, che instaura un rapporto di fiducia con la madre e acquisisce nutrimento e difese immunitarie specifiche.

5 - Per saperne di più

Gemelli monozigoti, dizigoti o siamesi

Perché i gemelli non sono sempre identici? La risposta a questa domanda è nel numero di oociti fecondati (**figura**), ma anche dal giorno in cui si separano gli embrioni.

In seguito a un eccesso di estrogeni può capitare che nelle ovaie di una donna, invece di un solo oocita, ne maturino due. Se entrambi sono fecondati, è possibile che nell'utero si impianteranno quindi due embrioni, ciascuno con la propria placenta e il proprio sacco amniotico. In questo modo si sviluppano due gemelli **dizigoti** (**figura A**): si tratta più esattamente di due fratelli che nasceranno contemporaneamente, perché sono il risultato dell'unione di due distinti oociti e di due spermatozoi. I due embrioni, infatti, possono essere di sesso diverso e assomigliarsi come normali fratelli.

Talvolta capita, invece, che uno zigote inizi a segmentarsi normalmente, ma che poi il gruppo di cellule in via di sviluppo si divida dando origine a due distinti embrioni, detti gemelli **monozigoti** (**figura B**), tra loro geneticamente identici. Se questa divisione ha luogo entro i due giorni successivi alla fecondazione, ognuno dei due feti svilupperà la propria placenta e il proprio sacco amniotico, mentre se la divisone ha luogo tra il terzo e il settimo giorno dalla fecondazione (come avviene nel 70% dei casi), i due feti avranno in comune la placenta, ma sacchi amniotici distinti. La separazione dopo l'ottavo giorno porta invece alla formazione di due feti con una sola placenta e un solo sacco amniotico.

Se la separazione del gruppo di cellule embrionali ha luogo dopo 13 giorni dalla fecondazione, la divisione non avviene in modo completo e i due gemelli resteranno uniti tramite una parte più o meno importante del corpo, in relazione al momento in cui avviene la separazione; in questo caso si parla di **gemelli siamesi**.

Nei parti gemellari naturali (che non sono causati da terapie ormonali), la probabilità che nascano due gemelli è di circa 1 su 80 e una volta su 4 si tratta di gemelli monovulari.

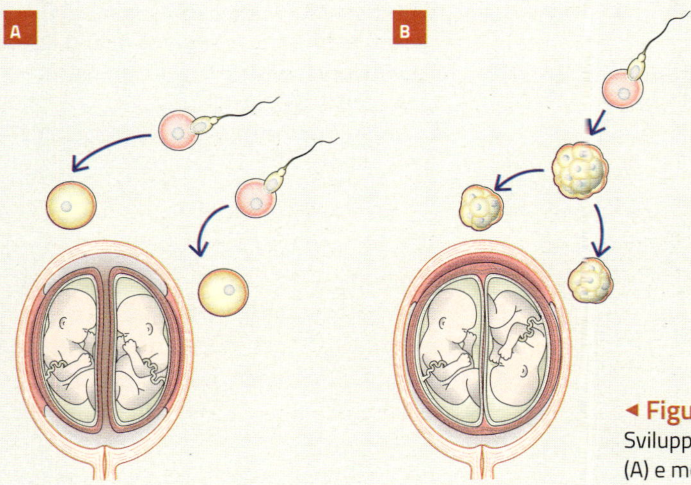

◂ **Figura**
Sviluppo di gemelli dizigoti (A) e monozigoti (B).

Facciamo il punto

1. A che cosa servono i quattro annessi embrionali?
2. Descrivi i processi che avvengono durante la segmentazione.
3. Elenca i principali eventi che caratterizzano i tre trimestri di gravidanza.
4. Descrivi le fasi del parto.

SINTESI DI FINE CAPITOLO

LO SAI? RIPASSA CON LO SMARTPHONE

L'apparato riproduttore maschile

Le due gonadi maschili, i **testicoli**, producono gli **spermatozoi** attraverso un processo detto **spermatogenesi** che comprende tre fasi distinte: fase mitotica, fase meiotica e spermiogenesi.

Gli spermatozoi prodotti dalla meiosi nei tubuli seminiferi sono costituiti da tre parti: testa, regione intermedia e coda. Lo **sperma** è composto da spermatozoi e liquido ghiandolare.

Il **pene** è un organo copulatore, ha cioè la funzione di introdurre i gameti maschili nelle vie genitali femminili.

I testicoli sono anche la principale fonte degli ormoni maschili, o *androgeni*, come il testosterone che influenza lo sviluppo dei caratteri maschili.

L'apparato riproduttore femminile

L'apparato riproduttore della donna è costituito da un insieme di organi e ghiandole:

- **ovaie**, le gonadi femminili;
- **ovidotti**, o tube di Falloppio, che collegano l'ovaio all'utero;
- **utero**, organo muscolare cavo che ha la funzione di accogliere l'embrione;
- **cervice,** un muscolo circolare che circonda il collo dell'utero;
- **vagina**, un tubo muscolare che mette in comunicazione la cervice uterina con l'esterno;
- **vulva**, gli organi genitali esterni della donna (grandi labbra, piccole labbra e clitoride).

L'oogenesi e il ciclo mestruale

L'**oogenesi** è l'insieme delle tappe di formazione e sviluppo della cellula uovo che avvengono prima nelle ovaie e poi, dopo l'*ovulazione*, negli ovidotti.

Il **ciclo mestruale** è il periodo tra due mestruazioni ed è regolato da *ormoni*, tra cui gli estrogeni e il progesterone (ormoni ovarici), le gonadotropine ipofisarie FSH e LH (ormone follicolo stimolante e ormone luteinizzante) e GnRH (fattore di rilascio delle gonadotropine) prodotto dall'ipotalamo.

Dall'accoppiamento alla fecondazione

Il rapporto sessuale comprende quattro diverse fasi: eccitazione, fase stazionaria, orgasmo e rilassamento.

La **fecondazione** è la fusione dei nuclei di due gameti, lo spermatozoo maschile e l'ovulo femminile, e avviene quando uno spermatozoo supera la zona pellucida ed entra nell'ovulo.

Dopo la fecondazione, lo *zigote* raggiunge l'utero e si impianta nella sua mucosa.

Lo sviluppo dell'embrione

Lo zigote si divide formando un ammasso di cellule che sono definite **morula**.

Al centro dell'**embrione** si forma una cavità piena di liquido, detta *blastocele* e quando è completamente formato l'embrione prende il nome di **blastocisti**. La **segmentazione** è la divisione dello zigote, con formazione di una *blastocisti*.

Nella terza settimana di sviluppo la formazione della blastocisti è seguita dal processo di **gastrulazione**, in cui si differenziano i *foglietti embrionali* (ectoderma, mesoderma endoderma), e poi inizia l'*organogenesi*.

Il **differenziamento** è la formazione di tessuti, organi e sistemi specializzati dell'adulto, mentre la **morfogenesi** è l'acquisizione di una struttura e di una forma caratteristiche.

Gli **annessi embrionali** sono il sacco vitellino, l'allantoide, l'amnios e il corion.

La gravidanza e il parto

La **placenta** è una struttura discoidale di tessuto spugnoso attraverso cui l'embrione riceve il nutrimento dal corpo materno. L'embrione rimane saldamente attaccato alla placenta tramite il **cordone ombelicale**.

Nel primo trimestre di gravidanza si formano tutti gli organi del feto. Nel secondo trimestre si forma lo scheletro osseo e il *meconio*. Nel terzo trimestre aumentano peso e dimensioni del feto.

Le tre fasi del **parto** sono: dilatazione, espulsione e secondamento.

Dopo il parto, dai capezzoli della madre inizia la secrezione di un liquido giallastro, il *colostro*, e in seguito di vero latte. La produzione di latte dipende dagli ormoni *prolattina* e *ossitocina*.

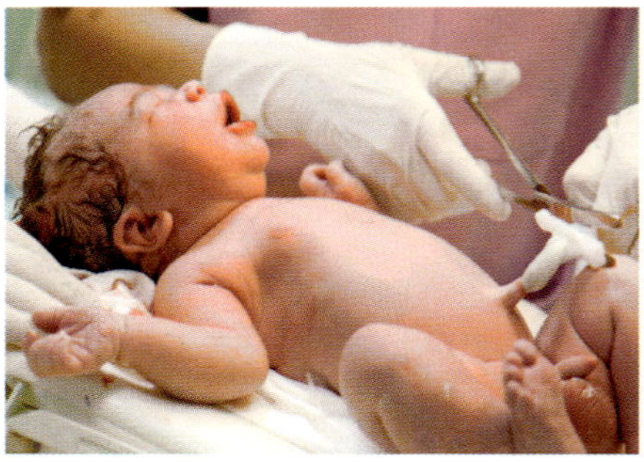

VERIFICA LE TUE CONOSCENZE

ZTE ONLINE

1. Scrivi sul quaderno la definizione dei seguenti termini.

a) Spermatogoni, spermatociti primari e secondari
b) Spermatidi e spermatozoi
c) Vescicole seminali e ghiandole bulbouretrali
d) Ovaie e ovidotti
e) Oociti primari, secondari e ovuli
f) Cervice, vagina e vulva
g) Mestruazione, menarca e menopausa
h) Capacitazione e fecondazione
i) Segmentazione e gastrulazione

Barra il completamento esatto.

2. Il corpo luteo è

A il rivestimento interno della parete uterina e delle tube.
B ciò che resta del follicolo dopo la fuoriuscita dell'oocita.
C la cellula uovo una volta giunta la maturità e fecondata.
D il condotto che collega ogni ovaia all'utero.

3. L'ormone che evita il distacco dell'endometrio è

A un estrogeno.
B il progesterone.
C l'FSH.
D il fattore di rilascio delle gonadotropine.

4. Appena prima della fecondazione molti spermatozoi raggiungono l'ovocita in quanto

A è necessario disgregare il cumulo ooforo.
B altrimenti non potrebbe avvenire la capacitazione.
C altrimenti non si formerebbe la zona pellucida.
D è importante che nell'ovocita entrino almeno due spermatozoi.

5. Partendo dai testicoli, l'esatta sequenza degli organi annessi al sistema riproduttore maschile è

A vescicole seminali, vaso deferente, ghiandole bulbouretrali, uretra, prostata.
B vaso deferente, vescicole seminali, prostata, ghiandole bulbouretrali, uretra.
C prostata, vaso deferente, ghiandole bulbouretrali, uretra, vescicole seminali.
D vaso deferente, prostata, vescicole seminali, ghiandole bulbouretrali, uretra.

Barra i due completamenti esatti.

6. La formazione di gameti maschili comporta che

A solo uno spermatozoo su 4 sia vitale in possesso delle strutture atte a fecondare.
B durante la meiosi I si formino due spermatociti secondari di uguali dimensioni.
C vengano prodotti spermatociti primari e secondari diploidi.
D da uno spermatocita secondario si formino 2 spermatozoi e 2 corpuscoli polari.
E una cellula diploide produca uno spermatocita primario diploide.

7. L'ovulazione è

A seguita da un aumento nel sangue dell'ormone FSH.
B determinata dalla degenerazione del corpo luteo.
C preceduta da un'elevata produzione di progesterone.
D indotta da un'elevata liberazione ematica di LH.
E seguita dalla formazione del corpo luteo.

8. Completa il brano scegliendo tra i termini elencati in fondo.

I testicoli, che al momento della nascita sono contenuti .... , sono suddivisi in circa 250 compartimenti, ognuno dei quali è completamente riempito da .... ; sulle pareti di queste strutture ha luogo il processo .... che porta alla formazione degli spermatozoi. Altre cellule specializzate, le cellule .... , hanno la funzione di nutrire gli spermatozoi in via di formazione, mentre le cellule interstiziali producono ....

(dell'epididimo, tubuli seminiferi, nell'addome, ghiandole seminali, sperma, mitotico, spermatozoi, nello scroto, del glande, progesterone, nello zigote, meiotico, del Sertoli, testosterone, di sintesi)

9. Nel seguente brano, barra tra i termini in neretto quelli errati.

La maturazione del follicolo ovarico ha luogo circa 14 giorni dopo **l'inizio / la fine** delle mestruazioni. Subito dopo l'esplosione del **corpo luteo / follicolo**, l'oocita **secondario / primario** entra negli ovidotti in seguito a contrazioni della muscolatura liscia e al battito coordinato delle ciglia che li ricoprono. La fecondazione ha luogo **negli ovidotti / nell'utero** e dopo circa 5 giorni l'embrione, che prende il nome di **blastomero / blastocisti**, è costituito da **16 / 120** cellule.

10. Di fianco a ogni affermazione scrivi la lettera A se l'evento citato si riferisce al primo trimestre di gravidanza interna, la lettera B se si riferisce al secondo trimestre o la lettera C se si riferisce al terzo trimestre.

a) Si formano le ossa e il meconio. (.....)
b) Il feto assorbe gli anticorpi materni. (.....)
c) Si forma la placenta e, per un breve periodo, è presente la coda. (.....)
d) Il feto è ora in grado di recepire stimoli esterni. (.....)
e) Inizia a battere il cuore. (.....)

11. Come avviene nelle donne la produzione di latte?

12. Metti in relazione i vari tratti del sistema riproduttore maschile con le fasi di formazione dello sperma.

13. Quali sono le funzioni del testosterone e come viene regolata la sua produzione?

VERIFICA LE TUE ABILITÀ

Barra il completamento esatto.

14. **I sistemi riproduttori maschile e femminile differiscono**

[A] in quanto solo nel maschio l'uretra è anche canale finalizzato alla riproduzione.

[B] perché è solo la femmina a produrre gameti aploidi all'interno di strutture specializzate.

[C] nell'utilizzo degli ormoni ipofisari, solo nella femmina l'FSH stimola la gametogenesi.

[D] dal punto di vista anatomico in quanto la donna non possiede tessuti erettili.

15. **Nell'istante in cui si verifica la fecondazione**

[A] una cellula diploide diventa aploide e, contemporaneamente, una cellula aploide degenera.

[B] la zona pellucida acquista recettori per gli spermatozoi, diventando penetrabile.

[C] la cellula uovo diventa metabolicamente molto attiva e innesca la meiosi e le sintesi proteiche.

[D] si fondono quantità di materiali genetici diverse, in quanto è inferiore il materiale genetico dello spermatozoo.

16. **Di fianco a ogni affermazione scrivi la lettera A se l'affermazione si riferisce ai primi 14 giorni del ciclo mestruale, B se si riferisce al momento dell'ovulazione, C se si riferisce al periodo che va dall'ovulazione all'inizio delle mestruazioni, o D se non si riferisce a nessuno di questi periodi.**

a) Quando l'ormone LH è ai livelli massimi, l'FSH è ai livelli minimi. (.....)

b) Calano contemporaneamente i livelli di estrogeni e di progesterone. (.....)

c) Gli estrogeni sono ai livelli massimi e il progesterone è ai livelli minimi. (.....)

d) Per più di dieci giorni il progesterone è praticamente assente. (.....)

Barra i due completamenti esatti.

17. **Se durante la gravidanza si deteriorasse la placenta, sarebbe molto probabile un parto prematuro in quanto**

[A] si avrebbe un'eccessiva eliminazione di CO_2 dal sangue del feto.

[B] il feto non riceverebbe più sangue ossigenato dalla madre.

[C] mancando estrogeni e progesterone si potrebbe indurre il distacco dell'endometrio.

[D] i due ovidotti non potrebbero far pervenire ormoni all'utero.

[E] verrebbe a mancare la funzione della placenta di riparare il feto da urti e traumi.

18. **Durante la fase pre-ovulatoria del ciclo mestruale**

[A] all'aumentare degli estrogeni aumenta la concentrazione ematica di LH e FSH.

[B] l'aumento della concentrazione ematica di progesterone induce la secrezione di LH e FSH.

[C] la concentrazione ematica di LH raggiunge il suo valore massimo in coincidenza con il massimo spessore dell'endometrio.

[D] la minima concentrazione ematica di estrogeni corrisponde al minimo spessore dell'endometrio.

[E] vi è un aumento costante e uniforme della concentrazione ematica degli ormoni ipofisari.

19. **Barra il simbolo V se ritieni l'affermazione vera, il simbolo F se la ritieni falsa.**

a) Se in un oocita, a livello degli ovidotti, entrano contemporaneamente due spermatozoi, si può avere il concepimento di due gemelli. [V] [F]

b) Nel sangue di una donna non gravida in età fertile è possibile che, per alcuni giorni del ciclo mestruale, il progesterone sia presente in quantità minime o del tutto assente. [V] [F]

c) Un uomo sano che ha subito la vasectomia produce un eiaculato contenente fruttosio e prostaglandine, ma senza spermatozoi. [V] [F]

d) Se la cellula uovo incontra gli spermatozoi all'interno dell'utero è molto probabile che non avvenga più la fecondazione. [V] [F]

20. **Perché la gastrulazione è le fase più delicata e complessa di tutto lo sviluppo embrionale?**

....

....

....

....

....

....

UNITUTOR
VERSO L'UNIVERSITÀ

Preparati ai test di ammissione sul sito Unitutor.

21. **Quale delle seguenti cellule del corpo umano contiene l'acrosoma?**

[A] Un linfocita

[B] Una cellula uovo

[C] Un fagocita

[D] Uno spermatozoo

[E] Un bastoncello

[dal test di ammissione a Medicina 2015-16]

HANDS-ON GLOSSARY

22. **Fill in the table matching each term (*letters*) with its definition (*numbers*).**

A. ovary
B. testis
C. menstruation
D. ejaculation
E. fertilization

1. a typically paired male reproductive gland that produces sperm and secretes testosterone.
2. the fusion of gametes to initiate the development of a new organism, first to create a zygote and then to develop an embryo.
3. the discharge of semen (usually containing sperm) from the male reproductory tract, usually accompanied by orgasm.
4. a typically paired female reproductive organ that produces eggs and female sex hormones.
5. the regular discharge of blood and muscosal tissue from the inner lining of the uterus (endometrium) through the vagina, it is also known as period.

A	B	C	D	E

VERSO L'ESAME: LE TUE COMPETENZE

SCHEMATIZZA

23. Costruisci una mappa concettuale delle varie fasi dello sviluppo embrionale, partendo dalla fecondazione sino al momento del parto.

RIFLETTI

24. Una donna originaria di una località in cui la talassemia è endemica sta portando avanti una gravidanza, ma vorrebbe verificare lo stato di salute del nascituro relativamente a questa malattia genetica.

Quale tipo di esame le consiglieresti?

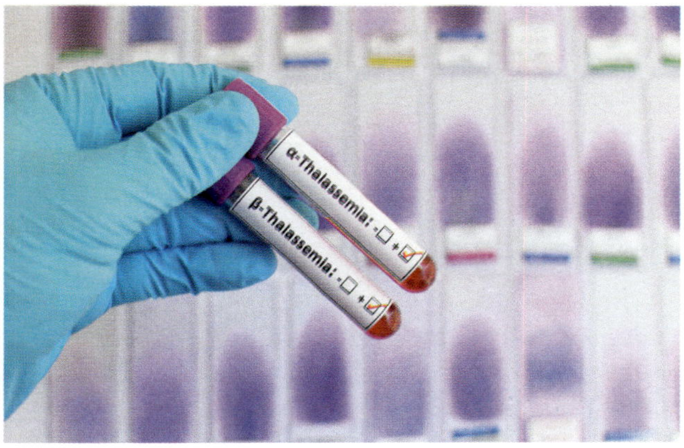

ELENCA

25. Ripercorri tutti gli organi che vengono attraversati dagli spermatozoi, elencandoli in sequenza a partire dai testicoli, sino ad arrivare all'ipotetico incontro con un oocita.

CONFRONTA

26. Costruisci una tabella che metta a confronto il processo di gametogenesi nell'uomo e nella donna.

GIUSTIFICA

27. La pillola anticoncezionale, che contiene estrogeni e progesterone, agisce bloccando l'ovulazione.

Giustifica in che modo questi farmaci svolgono l'effetto desiderato, quindi sottolinea quali pensi siano i vantaggi e gli svantaggi associati al loro impiego.

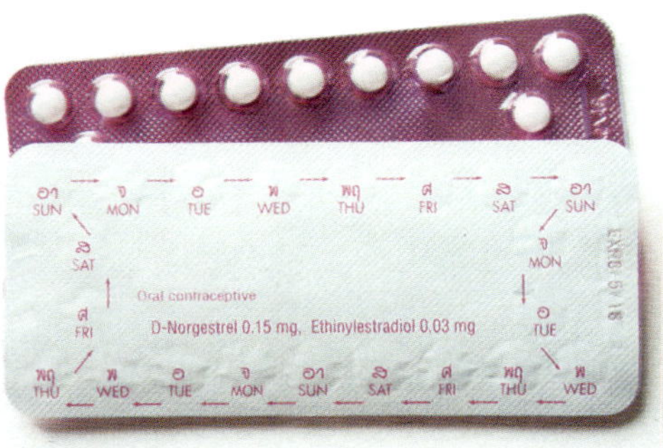

IPOTIZZA

28. Quando l'allattamento al seno non è possibile, si può ricorrere al cosiddetto latte artificiale: questo latte è presente in commercio sotto forma di polvere da reidratare ed è ricavato dal latte vaccino che viene opportunamente «umanizzato».

In che cosa potrebbe consistere questo processo? Perché pensi sia necessario?

DISEGNA

29. Illustra con un disegno il processo che permette allo spermatozoo di entrare a contatto con la membrana dell'oocita, consentendo la fecondazione.

COLLEGA

30. Collega a ogni fase del grafico le differenti fasi ovariche e uterine corrispondenti.

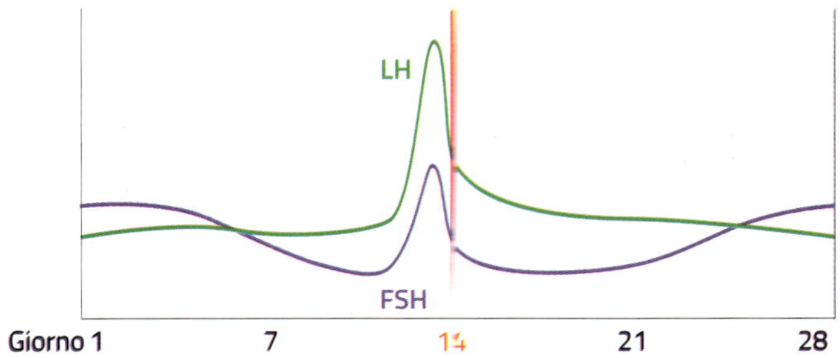

SPIEGA

31. A volte le donne in età fertile saltano la fase mestruale pur non essendo in gravidanza; quali possono essere le cause ormonali di tale situazione?

RICERCA

32. Secondo alcune recenti statistiche, l'impiego della contraccezione tra i giovani sembra essere in calo.

Fai una ricerca per trovare dati attendibili che sostengano o contraddicano questa affermazione, quindi scrivi un breve articolo di carattere divulgativo (massimo 100 parole) che argomenti la notizia.

SPIEGA

33. Durante il processo di formazione degli ormoni sessuali maschili esiste un meccanismo di regolazione detto *a retroazione negativa*.

Prova a spiegare come funziona.

Capitolo

C8 Le ghiandole e gli ormoni

1 Il sistema endocrino

Le parole

Il termine **ghiandola** deriva dal vocabolo latino *glandŭla(m)*, diminutivo di *glāns*, «ghianda».

A colpo d'occhio

GHIANDOLE
- ESOCRINE
  - ALL'ESTERNO
  - NELLE CAVITÀ CORPOREE
- ENDOCRINE
  - NEI VASI SANGUIGNI

Il sistema endocrino invia messaggi tramite il circolo sanguigno

Il **sistema endocrino** coordina numerose funzioni dell'organismo, come la gametogenesi, l'omeostasi termica, il sonno, la crescita e il metabolismo. Alla base di questa delicata azione di regolazione si trovano le *ghiandole*, strutture capaci di secernere specifiche sostanze chimiche con altrettante specifiche funzioni. In genere, le ghiandole sono ammassi di cellule epiteliali specializzate oppure di cellule neurosecretici.

In base alla loro modalità d'azione, le ghiandole sono classificate in due gruppi: esocrine ed endocrine (figura 1). Le **ghiandole esocrine** secernono i loro prodotti all'esterno del corpo (come le ghiandole sudoripare o quelle mammarie) oppure all'interno delle cavità corporee (come le ghiandole gastriche). Le **ghiandole endocrine** (come la tiroide), invece, sono prive di dotti e riversano i loro secreti direttamente nel circolo sanguigno.

Il sistema endocrino non ha la continuità anatomica che caratterizza altri sistemi o apparati, come per esempio quello digerente, ma è costituito da strutture simili distribuite in tutto l'organismo; è soltanto grazie al circolo sanguigno che il sistema endocrino riesce a fornire le direttive per il funzionamento del resto del corpo.

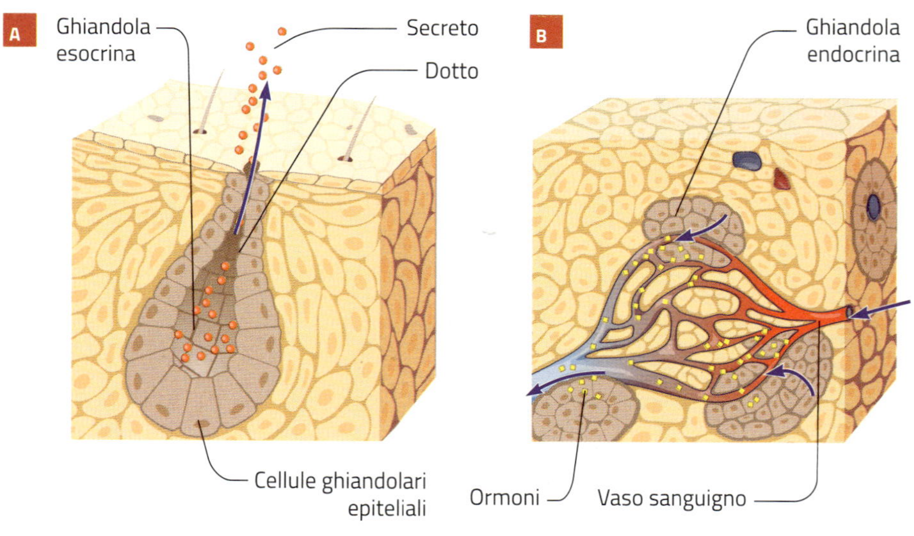

▸ **Figura 1**
(A) Una ghiandola sudoripara è esocrina, perché secerne i suoi prodotti all'esterno del corpo.
(B) Una ghiandola endocrina come il pancreas secerne ormoni nella circolazione sanguigna.

Gli ormoni regolano le attività delle cellule bersaglio

L'omeostasi di un organismo è regolata da segnali nervosi e chimici, spesso coordinati tra loro a formare un unico sistema che viene definito *neuroendocrino*. Infatti, il sistema endocrino lavora in stretta sinergia con quello nervoso: il primo stimola chimicamente il funzionamento di tessuti e organi, mentre il secondo rileva gli stimoli ambientali dai quali dipende questa regolazione.

I segnali chimici sono gli **ormoni**, sostanze prodotte da cellule che regolano le attività metaboliche di altre cellule, dette *cellule bersaglio*. Gli ormoni sono, quindi, messaggeri chimici capaci di trasmettere informazioni da una cellula ad un'altra. Solitamente sono sostanze estremamente attive anche in minime quantità: per esempio, la concentrazione di adrenalina normalmente presente nella corrente sanguigna è compresa tra 30 e 160 ng/L.

Vista la straordinaria efficacia, gli ormoni sono sottoposti a un rigoroso controllo, affinché la loro quantità sia dosata esattamente in ogni istante. Un esempio di questa fine regolazione è rappresentato dai **sistemi a feedback**. Un altro meccanismo di controllo prevede la rapida demolizione degli ormoni immediatamente dopo la loro interazione con le cellule bersaglio, al fine di evitare che continuino ad agire anche dopo l'arresto della stimolazione.

Ti ricordi?

Nel **feedback negativo**, all'aumentare della concentrazione del prodotto finale si ha l'inibizione del rilascio dell'ormone stesso. Nel **feedback positivo** avviene il processo opposto: il rilascio di un ormone provoca una risposta che stimola il rilascio dell'ormone stesso.

Gli ormoni variano per il raggio e il meccanismo d'azione

La classificazione degli ormoni può essere condotta a più livelli; in particolare queste sostanze possono essere suddivise in base alla loro natura chimica, al raggio d'azione o al modo in cui agiscono sulle cellule bersaglio.

Dal punto di vista chimico è possibile distinguere ormoni di natura **lipidica**, come gli steroidi prodotti dall'apparato riproduttore, e ormoni di natura **peptidica**, come gli ormoni ipotalamici.

Per quanto riguarda il raggio d'azione, la maggior parte degli ormoni endocrini percorre lunghi tragitti nell'organismo, ma esistono anche ormoni ad azione locale: gli **ormoni paracrini** si legano ai recettori presenti sulle cellule adiacenti alle ghiandole, mentre gli **ormoni autocrini** hanno come bersaglio le stesse cellule che li hanno secreti (**figura 2**). Sono esempi di ormoni paracrini quelli impiegati per la coagulazione del sangue, mentre tra gli autocrini ci sono quelli che agiscono sulle cellule del sistema immunitario.

A prescindere da quanto sia lontana la cellula bersaglio, l'effetto ormonale dipende dalla ricettività del tessuto bersaglio e dalle caratteristiche dell'ormone stesso. La chiave della *specificità* ormonale risiede nella struttura dei recettori, che hanno configurazioni precise e possono legarsi soltanto a un determinato ormone. Una volta che un ormone si è legato alla cellula bersaglio, può indurre risposte come modificazioni delle proteine di membrana e del metabolismo cellulare, produzione di enzimi e secreti, induzione della mitosi.

Lo studio degli ormoni e dei loro recettori ha rivelato due meccanismi di azione: in uno le molecole recettrici sono interne alla cellula, mentre nell'altro i recettori sono nella membrana cellulare. Gli ormoni lipidici utilizzano il primo meccanismo, mentre gli ormoni peptidici e i derivati degli amminoacidi sfruttano il secondo.

A colpo d'occhio

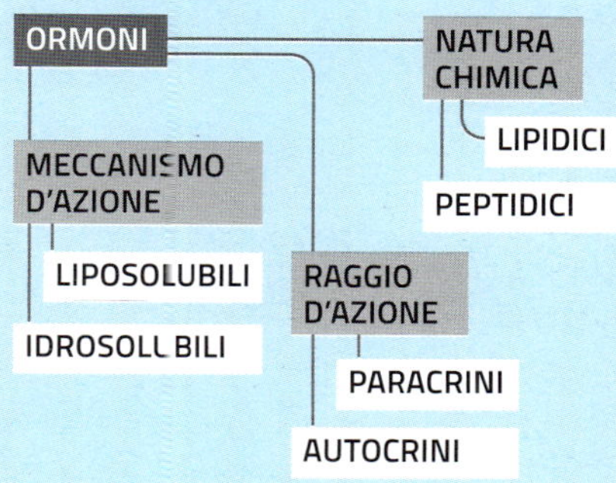

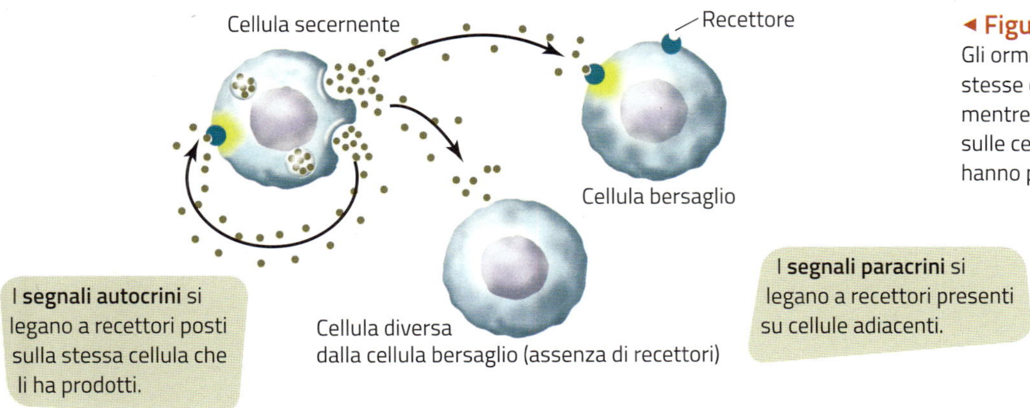

◂ **Figura 2**
Gli ormoni autocrini agiscono sulle stesse cellule che li hanno prodotti, mentre gli ormoni paracrini agiscono sulle cellule adiacenti a quelle che li hanno prodotti.

Gli ormoni lipidici come il cortisolo e gli altri steroidi sono **liposolubili** e relativamente piccoli; per questo motivo attraversano facilmente la membrana plasmatica, entrando in tutte le cellule del corpo (**figura 3**). Nel citoplasma delle cellule bersaglio, questi ormoni incontrano specifiche molecole recettrici (da 2000 a 100 000 recettori per singolo ormone) con cui si possono legare per formare il *complesso ormone-recettore*. Tale complesso entra poi nel nucleo cellulare, dove si lega a un fattore di trascrizione che avvia la trascrizione di un determinato tratto di DNA. In questo modo l'ormone influisce sull'espressione dei geni da parte della cellula bersaglio.

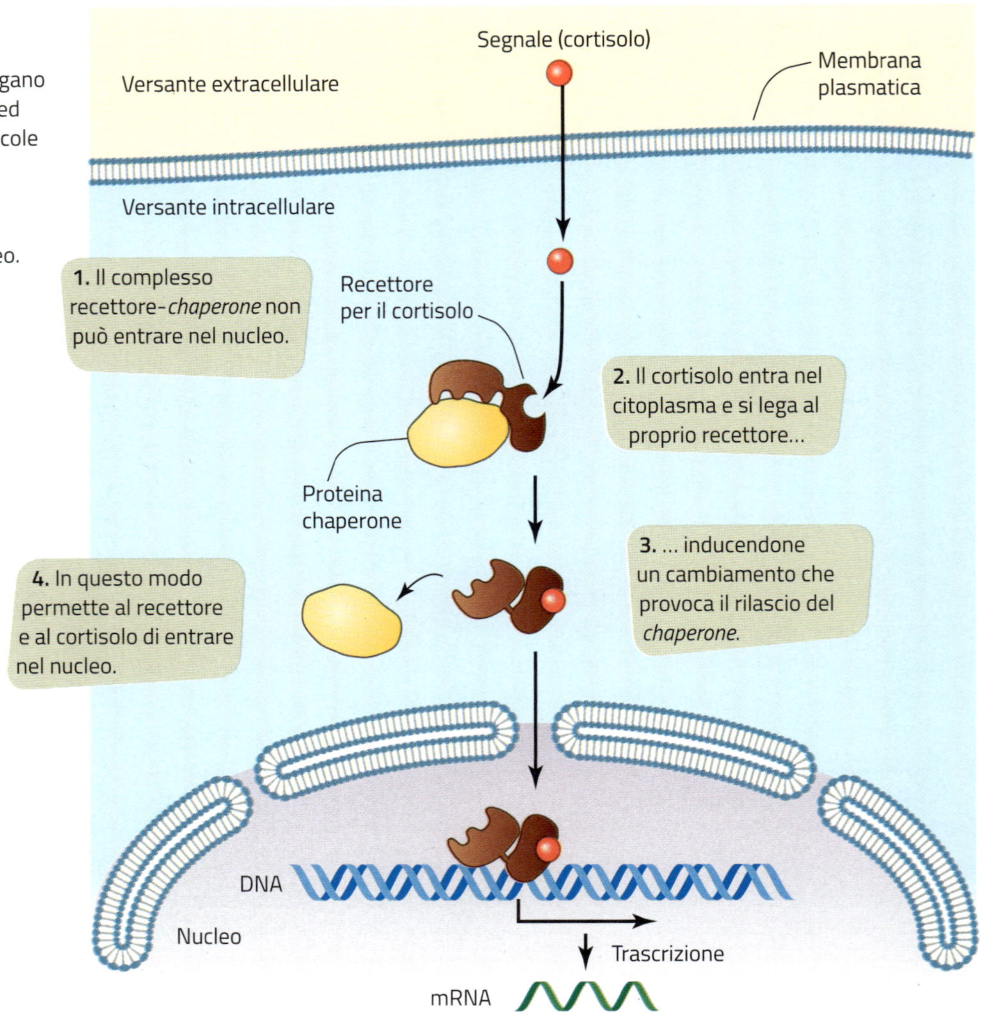

▸ **Figura 3**
Meccanismo d'azione degli ormoni liposolubili, che si legano a dei recettori intracellulari ed entrano nel nucleo. Le molecole proteiche, dette *chaperone*, hanno un ruolo attivo nel controllo dell'entrata di un ormone all'interno del nucleo.

Dopo essere stato elaborato, l'RNA messaggero può uscire dal nucleo e raggiungere i ribosomi, dove è tradotto in proteine che possono avere un ruolo strutturale, essere enzimi o altri ormoni. La risposta cellulare all'ormone, quindi, può consistere in un cambiamento funzionale della cellula, ma anche delle sostanze che rilascia o dei recettori posti sulla sua superficie.

L'ormone tiroideo (o *tiroxina*), sebbene non sia liposolubile, attraversa comunque facilmente le membrane delle cellule, probabilmente grazie a un processo di diffusione facilitata guidato da una proteina di membrana.

Gli **ormoni idrosolubili**, come quelli peptidici e i derivati amminoacidici (tra cui l'adrenalina), non attraversano la membrana cellulare, ma agiscono combinandosi con i recettori situati sulla membrana delle cellule bersaglio (**figura 4A**). Una volta attivato dall'ormone, il recettore mette in moto un secondo messaggero chimico; per molti ormoni il secondo messaggero responsabile degli eventi che si verificano all'interno della cellula è un composto noto come *cAMP* (adenosina monofosfato ciclico). Un esempio di meccanismo d'azione che usa il secondo messaggero è la demolizione del glicogeno nelle cellule muscolari, che avviene grazie all'azione iniziale dell'ormone proteico adrenalina (**figura 4B**). L'adrena-

Le parole
cAMP (o adenosina monofosfato ciclico) è un ribonucleotide che deriva dall'ATP. È formato dalla base azotata adenina, dallo zucchero ribosio e da un gruppo fosfato che lega il ribosio sul C3 e sul C5.

Curiosità
L'azione dell'**adrenalina** per liberare il glicogeno dalle cellule muscolari è analoga a quella compiuta dal **glucagone** sulle cellule epatiche.

lina si lega al recettore e induce cambiamenti nella conformazione che attivano una proteina; una subunità proteica si stacca dalle altre subunità e interagisce con l'enzima adenilato ciclasi, una proteina di membrana che sintetizza cAMP a partire dall'ATP. Il cAMP attiva la proteina chinasi A, che fosforila l'enzima fosforilasi chinasi. Quest'ultimo, a sua volta, attiva la glicogeno fosforilasi, che scinde il glicogeno prima in glucosio-1-fosfato e poi ulteriormente in glucosio, che viene liberato dalla cellula. Questa cascata di eventi non è un'inutile complicazione, perché a ogni passaggio il segnale si amplifica e risulta enormemente potenziato.

▼ Figura 4
(A) Meccanismo d'azione di un ormone idrosolubile. (B) Azione dell'adrenalina, che induce la liberazione di glucosio dalla demolizione del glicogeno muscolare.

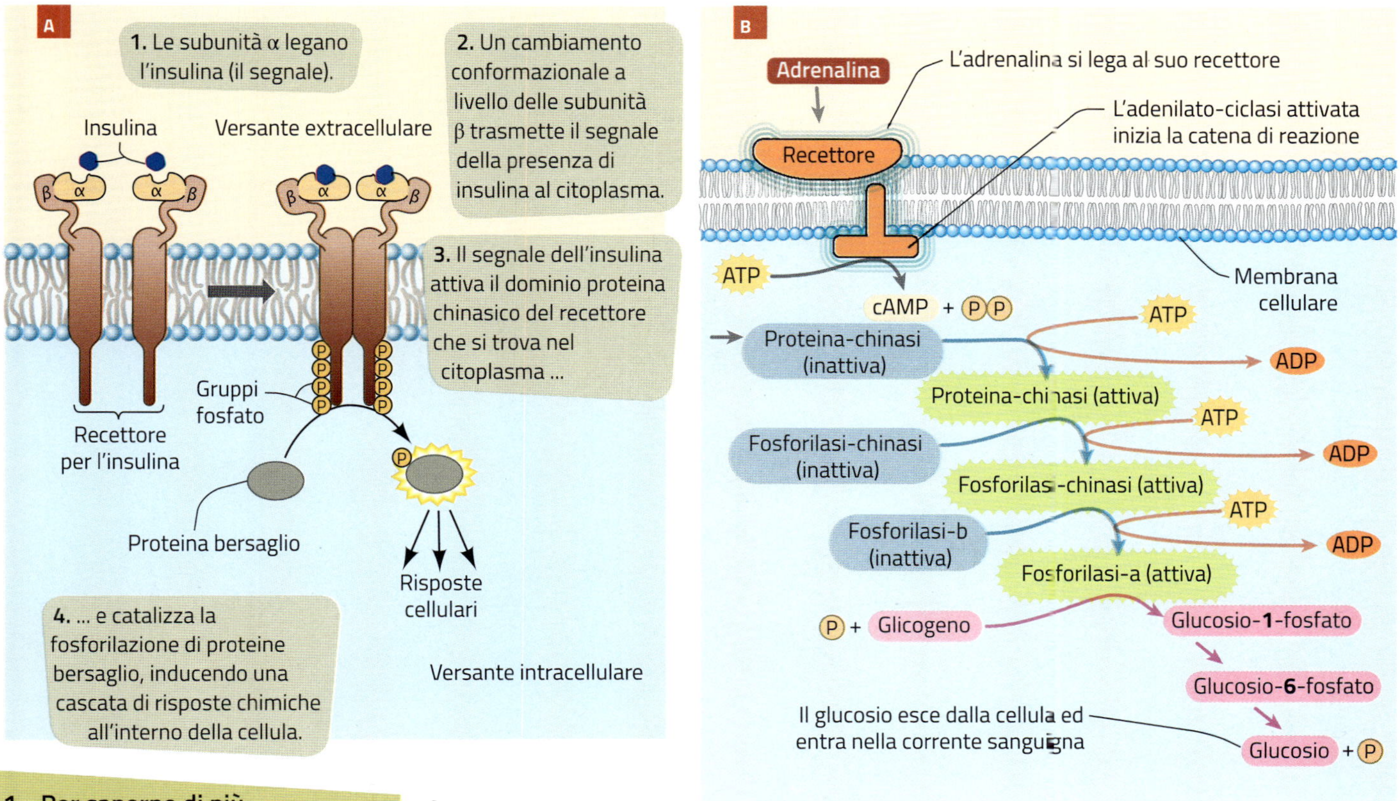

1 - Per saperne di più

Non solo ormoni: i fitormoni e i feromoni

Gli ormoni non sono una prerogativa umana. Sia gli altri animali sia le piante, infatti, sfruttano sostanze diverse per la comunicazione all'interno del corpo o con altri individui.

Nel mondo vegetale esistono i **fitormoni** (o PGRs, *plant growth regulators*) che, anche a basse concentrazioni, influenzano la crescita, il differenziamento e lo sviluppo delle piante. Un esempio di fitormone è l'*etilene*, che induce la maturazione dei frutti (**figura**).

Negli animali, invece, i **feromoni** vengono liberati all'esterno per comunicare con individui della stessa specie. Esempi di feromoni sono quelli usati nel periodo degli accoppiamenti come richiamo da parte delle femmine di diversi mammiferi: molte di esse, per esempio, segnalano ai maschi il momento di maturazione degli ovuli (*estro*) con segnali olfattivi emessi tramite secrezioni vaginali.

Altri feromoni sono utilizzati per circoscrivere un territorio. Nel periodo degli accoppiamenti, i cervi racchiudono le femmine in un recinto invisibile i cui confini sono tracciati sfregando sugli alberi una ghiandola situata vicino agli occhi, che rilascia sostanze odorose; se un maschio della stessa specie avverte questo segnale sa che varcando il confine di un territorio non suo.

I lupi utilizzano i feromoni contenuti nell'urina per delimitare il proprio territorio di caccia; in questo modo ogni branco definisce la zona di competenza esclusiva, e i lupi di altri gruppi rimangono a distanza per non essere aggrediti. I cani domestici hanno conservato questo comportamento e spesso urinano sopra l'urina di altri cani, per segnalare il proprio esclusivo territorio.

Recentemente gli scienziati hanno cercato di scoprire se anche gli esseri umani comunicano attraverso i feromoni; alcuni sostengono che nel sudore siano contenute molecole di richiamo sessuale, percepite dall'organo vomero-nasale, una struttura vestigiale collocata nella porzione inferiore della cavità nasale, che attiverebbe il sistema limbico. La sincronizzazione del ciclo mestruale che si verifica a volte nelle donne conviventi è probabile dipenda dal rilascio di feromoni nell'ambiente.

I risultati di questi studi non sono ancora confermati, ma con la tecnica della risonanza magnetica funzionale si stanno facendo notevoli progressi.

▲ Figura
La maturazione dei frutti è accelerata dalla liberazione dell'ormone etilene.

Le ghiandole producono ormoni in risposta a tre tipi di stimoli

Le principali ghiandole del sistema endocrino sono raffigurate nella **figura 5**: ipotalamo, ipofisi (divisa in adenoipofisi e neuroipofisi), epifisi, tiroide e paratiroidi, ghiandole surrenali (suddivise in corticale e midollare), pancreas, gonadi (distinte in ovaie e testicoli). Ognuna di queste ghiandole riceve stimoli che li portano a secernere ormoni, che interagiscono con le rispettive cellule bersaglio. Le cellule endocrine sono indotte a produrre ormoni da tre tipi differenti di stimoli:

- **altri ormoni in circolo**, quando le cellule endocrine sono cellule bersaglio di altri ormoni; per esempio, le gonadi che sono stimolate dall'ipofisi;
- **sostanze chimiche** come il glucosio o alcuni ioni; per esempio, la variazione della concentrazione ematica di calcio o di potassio può indurre la tiroide o le paratiroidi a produrre ormoni;
- **stimoli nervosi** provenienti dal sistema nervoso autonomo; per esempio, quando in particolari situazioni di pericolo si innescano impulsi elettrici che stimolano le ghiandole surrenali a produrre adrenalina.

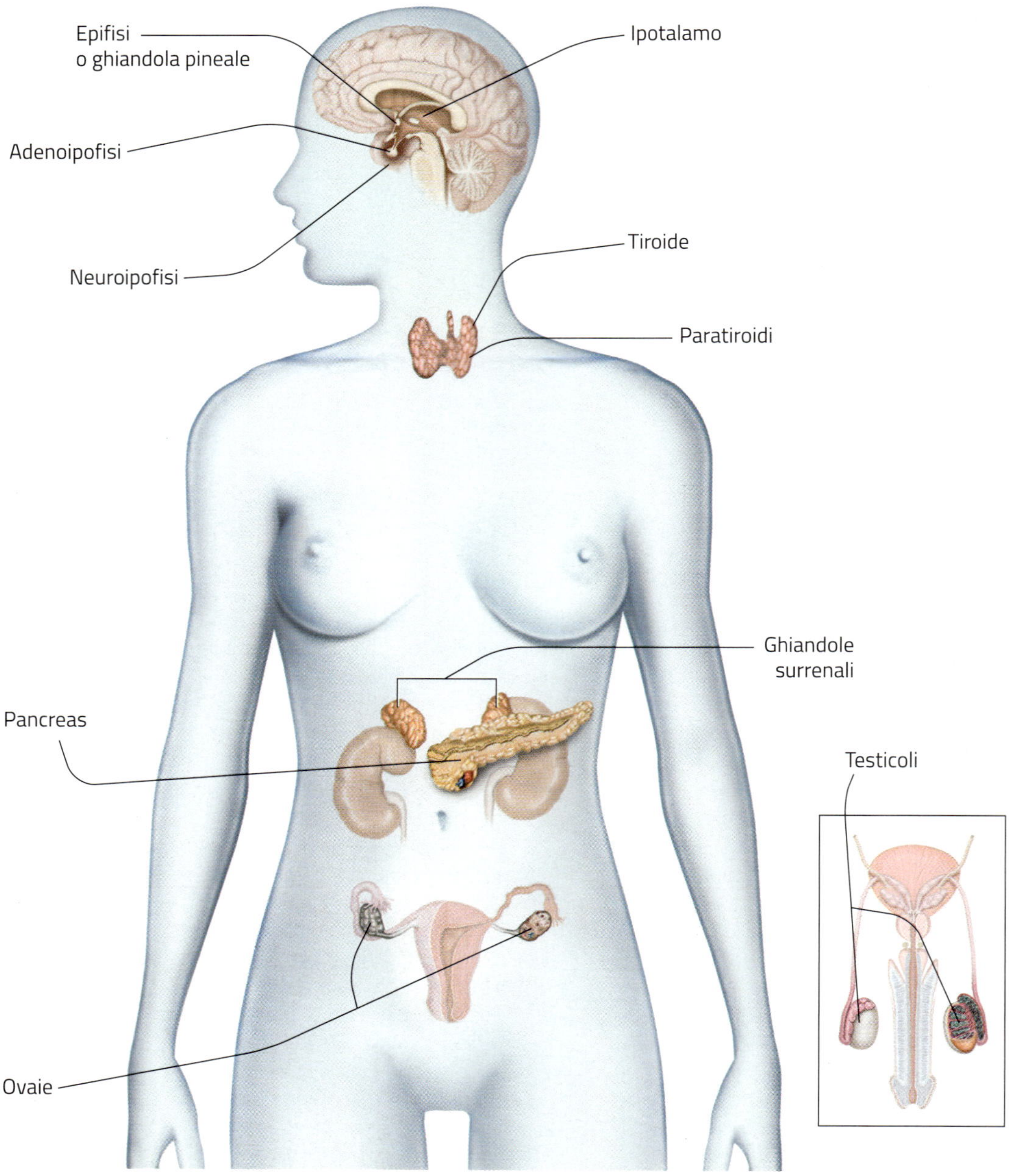

▸ **Figura 5**
Le principali ghiandole endocrine umane.

Facciamo il punto

1. Quali sono le differenze tra una ghiandola esocrina e una endocrina?
2. In quali modi possono essere classificati gli ormoni?
3. Quali sono le principali ghiandole del sistema endocrino?

2 Le ghiandole endocrine nell'encefalo

L'ipofisi stimola gli organi riproduttori, la corticale surrenale e la tiroide

L'**ipofisi**, o *ghiandola pituitaria*, è una piccola ghiandola localizzata alla base del cranio, sotto all'ipotalamo. Questa struttura nervosa controlla l'ipofisi attraverso un sottile peduncolo vascolarizzato e con numerose fibre nervose (figura 6).

L'ipofisi ha un volume di circa 1 cm^3, un peso di circa 1 g e svolge un ruolo regolatore fondamentale nei confronti di altre ghiandole endocrine; infatti, questa ghiandola è la fonte di ormoni che stimolano gli organi riproduttori, la corticale surrenale e la tiroide. L'ipofisi è costituita da due parti con funzioni completamente diverse: un lobo anteriore o **adenoipofisi** e un lobo posteriore o **neuroipofisi**.

Le parole

Ipofisi deriva dal greco *hypophýesthai*, che significa «crescere sotto», in relazione alla sua posizione nell'encefalo, sotto l'ipotalamo. È nota anche come **ghiandola pituitaria** perché inizialmente si credeva che secernesse il muco nasale, chiamato *pituita* in latino; solamente nella seconda metà dell'Ottocento si comprese il corretto funzionamento endocrino di questa ghiandola.

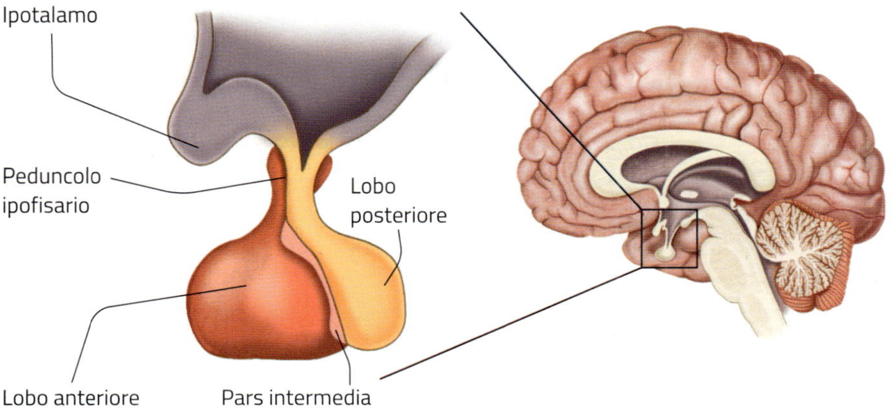

◂ **Figura 6**
Anatomia e posizione dell'ipofisi.

L'adenoipofisi produce ormone della crescita, prolattina, ormoni tropici ed endorfine

L'**adenoipofisi** produce numerosi ormoni (figura 7), molti dei quali sono già stati trattati nei capitoli precedenti. Uno di questi è l'**ormone della crescita** (GH, *growth hormone* o *somatotropina*), che promuove la crescita delle ossa e stimola la sintesi proteica, facendo aumentare la massa muscolare. Inoltre, GH influisce sul

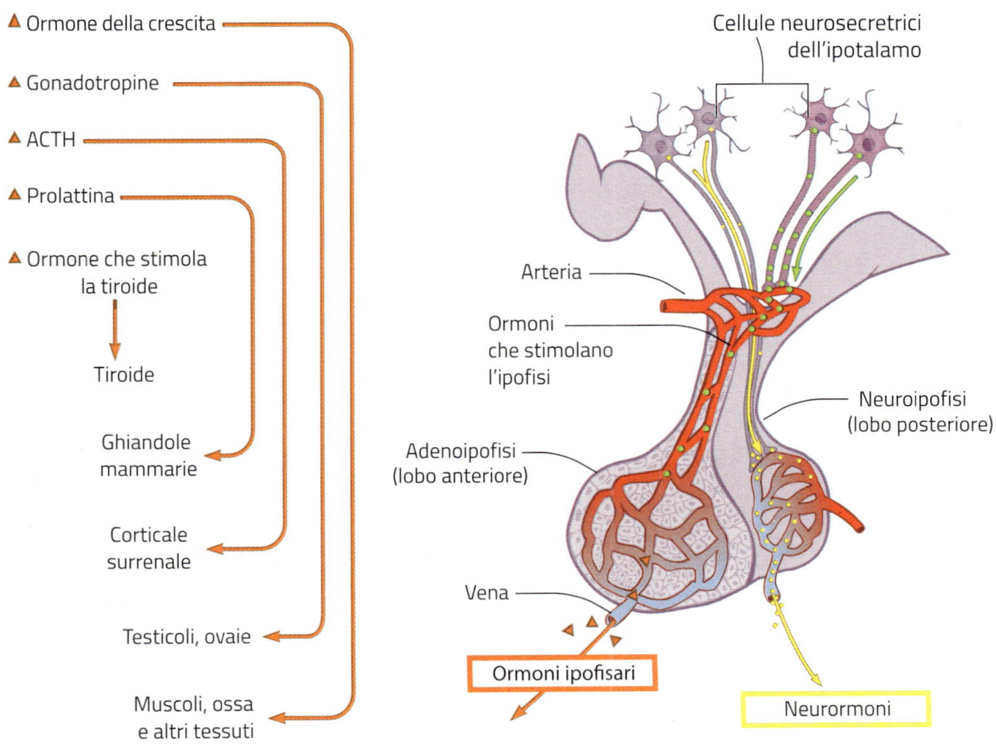

◂ **Figura 7**
L'adenoipofisi controlla il funzionamento di molte altre ghiandole.

Curiosità

L'**ormone della crescita** è impiegato in ambito sportivo per aumentare la massa muscolare, in quanto stimola la riduzione del grasso in eccesso, oltre che per attivare tendini, cartilagini e legamenti. Grazie all'azione stimolante della crescita, questo ormone è utilizzato anche come dopante in età adolescenziale negli sport in cui l'altezza è particolarmente significativa.

metabolismo del glucosio, inibendone l'assorbimento e l'ossidazione così da mantenere costante la glicemia; infine, il GH stimola la scissione degli acidi grassi e il loro utilizzo a scopo energetico, riducendo il fabbisogno di glucosio. Lo stimolo che induce la produzione di GH da parte dell'adenoipofisi è il *fattore di rilascio ipotalamico* (GHRH, *growth hormone releasing hormone*), a sua volta influenzato dalla glicemia.

La **prolattina** è un ormone che nei mammiferi stimola la produzione di latte dopo il parto. Il suo rilascio è controllato da un ormone inibitorio prodotto dall'ipotalamo. Durante il periodo di allattamento, gli impulsi nervosi prodotti dalla suzione a livello dei capezzoli sono trasmessi all'ipotalamo, che diminuisce la secrezione dell'ormone inibitorio della prolattina. L'ipofisi, quindi, libera la prolattina, che agisce sulle ghiandole mammarie per favorire la produzione di latte. Quando la suzione diminuisce, diminuiscono anche la sintesi e la liberazione di prolattina e la produzione di latte si arresta. In questo modo una donna può regolare la giusta quantità di latte che le occorre per sfamare la prole.

Esistono quattro ormoni secreti dall'adenoipofisi, detti **ormoni tropici**, che agiscono regolando la secrezione di altre ghiandole endocrine. Uno di questi è la **tireotropina** (TSH, *thyroid-stimulating hormone*), che porta le cellule della tiroide ad aumentare la produzione e la liberazione degli ormoni tiroidei: la *tiroxina* e la *triiodotironina*. In un circuito a feedback negativo, un aumento della concentrazione di tiroxina inibisce un'ulteriore secrezione di TSH da parte dell'ipofisi. L'ormone **adrenocorticotropo** (ACTH, *adrenocorticotropic hormone*) ha un modello di regolazione simile al precedente, ma relativamente alla produzione di *cortisolo*, uno degli ormoni secreti dalla corticale surrenale.

Gli altri due ormoni tropici sono le **gonadotropine** che agiscono sulle gonadi: l'**ormone follicolo stimolante** (FSH, *follicle-stimulating hormone*) e l'**ormone luteinizzante** (LH, *luteinizing hormone*).

L'adenoipofisi produce anche particolari ormoni di natura peptidica detti **endorfine**, che hanno funzione analgesica ed eccitante. Queste sostanze sono anche classificate tra i neurotrasmettitori come neuropeptidi (*vedi* capitolo C9).

La neuroipofisi accumula ossitocina e ADH

La **neuroipofisi** (**figura 8**) non è una vera ghiandola, ma svolge la funzione di deposito per due ormoni prodotti dall'ipotalamo: l'ossitocina e l'ormone antidiuretico. Infatti, nella neuroipofisi giungono i terminali assonici di alcuni neuroni ipotalamici, nei quali si accumulano vescicole contenenti ormoni.

▸ Figura 8
La neuroipofisi accumula i neurormoni prodotti dall'ipotalamo e li rilascia in circolo al momento del bisogno.

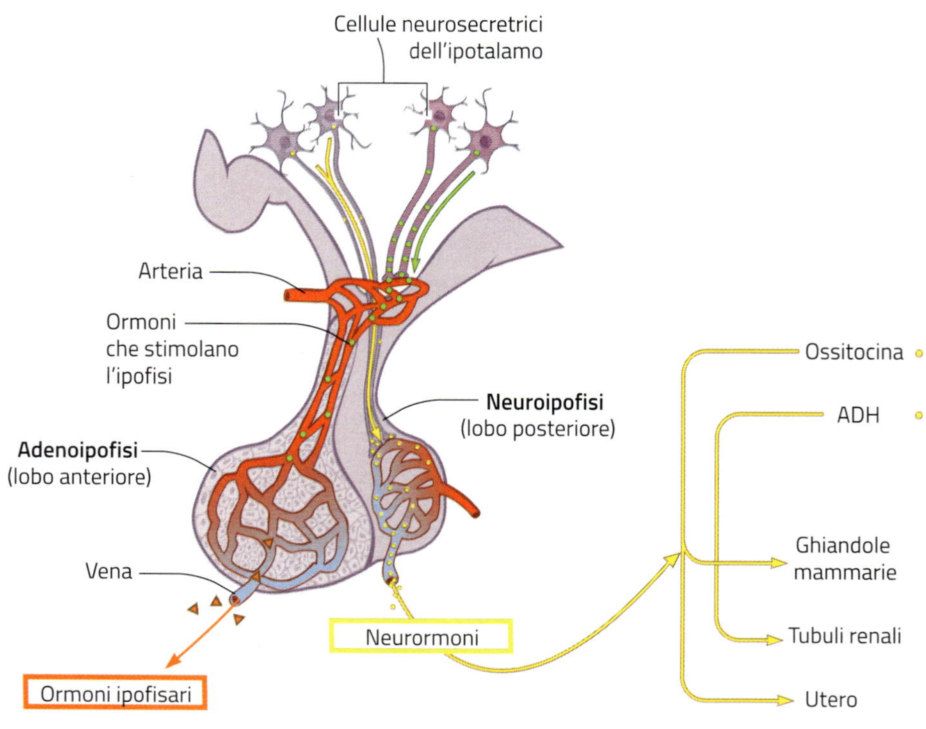

L'**ossitocina** induce le contrazioni uterine sia durante il parto, per facilitare l'espulsione del feto, sia dopo la nascita, per consentire all'utero di assumere nuovamente la forma e le dimensioni originarie. L'ossitocina è anche responsabile della fuoriuscita del latte attraverso i dotti galattofori.

L'**ormone antidiuretico** (ADH, *antidiuretic hormone* o vasopressina) fa diminuire l'escrezione di acqua da parte dei reni. ADH provoca anche un incremento della pressione sanguigna, per cui viene liberato in seguito a una grave emorragia per aumentare il volume ematico. La sintesi di ADH è inibita da particolari situazioni ambientali, come il freddo, oppure da sostanze assimilate dall'organismo, come l'alcol.

Curiosità

Dagli ultimi anni del Novecento, l'**ossitocina** è stata studiata anche per i suoi effetti sullo stabilirsi di legami tra madre e figli, tra partner sessuali e anche tra membri di uno stesso gruppo di animali. Al di là delle semplificazioni dei media (viene spesso chiamato «l'ormone dell'amore»), sembra che effettivamente l'ossitocina rivesta un ruolo significativo in questo senso.

L'ipotalamo produce i fattori di rilascio e le prostaglandine

L'**ipotalamo** è una struttura anatomica costituita da cellule neurosecretrici. Oltre all'ossitocina e all'ormone antidiuretico, l'ipotalamo sintetizza anche peptidi costituiti da almeno tre amminoacidi: sono i **fattori di rilascio** (RH, *releasing hormones*), che agiscono stimolando o inibendo la secrezione di ormoni da parte dell'adenoipofisi (**tabella 1**). Tali fattori raggiungono l'ipofisi percorrendo pochi millimetri, senza entrare nella circolazione sanguigna, ma attraverso un particolare sistema di capillari.

FATTORE DI RILASCIO	EFFETTO
GHRH	Stimola l'adenoipofisi a produrre GH
GHIH	Inibisce l'adenoipofisi a produrre GH
TRH	Stimola l'adenoipofisi a produrre TSH
CRH	Stimola l'adenoipofisi a produrre ACTH
GnRH	Stimola l'adenoipofisi a produrre gonadotropine (FSH e LH)
PRH	Stimola l'adenoipofisi a produrre prolattina
PIH	Inibisce l'adenoipofisi a produrre prolattina

◂ **Tabella 1**
I fattori di rilascio prodotti dall'ipotalamo e il loro effetto.

Il rapporto tra ipotalamo e ipofisi è riassunto dalla **figura 9**: l'ipotalamo controlla la secrezione ipofisaria di ormoni che stimolano la sintesi di ormoni da parte della tiroide, della corticale surrenale e delle gonadi. Quando nel sangue aumenta la concentrazione degli ormoni prodotti da queste ghiandole bersaglio, l'ipotalamo riduce la sua produzione dei fattori di rilascio, l'ipofisi diminuisce la produzione ormonale e, di conseguenza, rallenta la produzione di ormoni da parte delle ghiandole bersaglio.

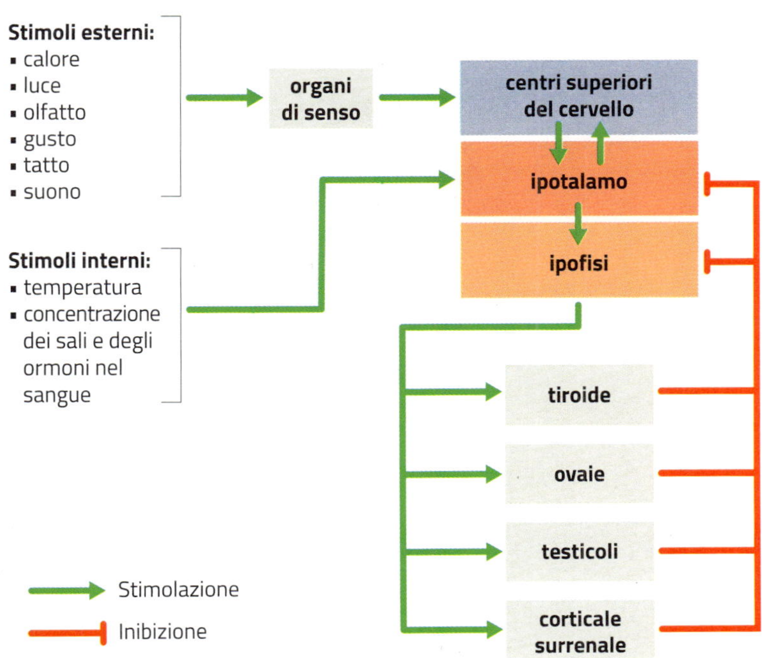

◂ **Figura 9**
Regolazione a feedback negativo che coinvolge ipofisi, ipotalamo, tiroide, corticale surrenale e gonadi.

Leggi l'approfondimento nell'ebook:
La nostra salute
Lo stress

L'ipotalamo rilascia anche **prostaglandine**, sostanze che influenzano la temperatura basale del corpo e sono responsabili della febbre. Le prostaglandine non sono veri e propri ormoni, ma molecole derivate da acidi grassi che sono attive a dosaggi ancora inferiori rispetto agli ormoni e hanno un'azione locale. Le prostaglandine, inoltre, stimolano la contrazione della muscolatura liscia, per esempio a livello uterino durante le mestruazioni o il parto; inoltre, influenzano la coagulazione del sangue e agiscono come mediatori chimici dell'infiammazione.

L'epifisi produce melatonina che regola i ritmi circadiani

L'epifisi, o **ghiandola pineale**, è una piccola struttura posta al centro del cervello (figura 10) che secerne l'ormone **melatonina**, derivato dall'amminoacido triptofano. Nei vertebrati la melatonina è coinvolta nel *fotoperiodismo*, ovvero l'insieme dei cambiamenti associati alla variazione di durata del dì e della notte nel corso dell'anno. Inoltre, nella specie umana la melatonina è interessata nella regolazione dei **ritmi circadiani**: i segnali nervosi luminosi raccolti dalla retina inducono l'epifisi a regolare i ritmi del sonno e della veglia. Infatti, nel corso del giorno la concentrazione di melatonina subisce variazioni influenzate dalla luce: la produzione aumenta durante la notte (nell'uomo è massima tra le 2 e le 4 del mattino) e diminuisce rapidamente durante il dì; un aumento della quantità di melatonina migliora la quantità del sonno, placa tensioni e stress e induce il rilassamento.

La produzione notturna di melatonina varia nell'arco della vita: è massima fra i 6 e i 12 anni, diminuisce durante la pubertà e scompare in tarda età. Negli esseri umani questo ormone sembra sfavorire la maturazione sessuale, per cui la sua produzione diminuisce in età giovanile, mentre, al contrario, i tumori alla ghiandola pineale sono stati messi in relazione con una pubertà precoce.

La melatonina è utilizzata anche come farmaco contro i disturbi del sonno e il *jet lag*: un insieme di sintomi come stanchezza diurna, scarsa concentrazione e insonnia, che insorge dopo un viaggio aereo attraverso vari fusi orari; in questi casi la ghiandola pineale entra in confusione ed è necessario un riassestamento dell'orologio biologico.

Le parole

L'**epifisi** deve il suo nome alla posizione in cui si trova rispetto all'ipotalamo: *epi* e *physis* significano «crescere sopra». Questa ghiandola è nota anche come **ghiandola pineale** per via della sua forma, che ricorda quella di una pigna.

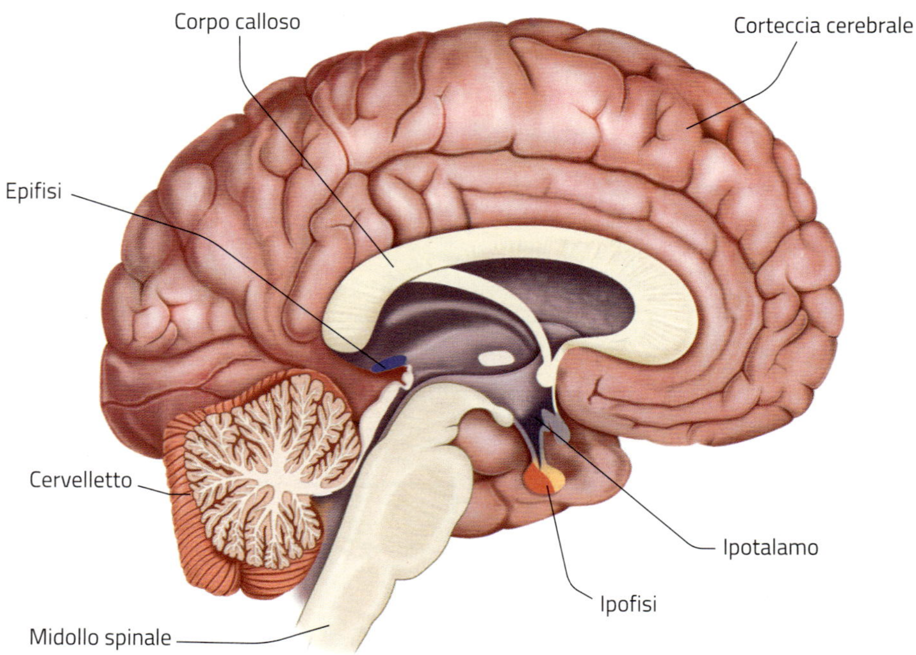

▸ **Figura 10** Posizione della ghiandola pineale nel cervello.

Facciamo il punto

1. In che modo l'ipotalamo regola le funzioni dell'ipofisi?
2. Quali sono gli ormoni prodotti dall'adenoipofisi?
3. Descrivi le funzioni della neuroipofisi.
4. Che cosa produce l'epifisi?

3 La tiroide e le paratiroidi

Gli ormoni T_3 e T_4 accelerano il metabolismo cellulare

La **tiroide** è una ghiandola endocrina, a forma di farfalla, posta alla base del collo, anteriormente alla trachea (**figura 11**); è formata da due lobi e da una porzione centrale chiamata *istmo*. La tiroide secerne tre importanti ormoni: la tiroxina, la triiodotironina e la calcitonina.

▼ **Figura 11**
La tiroide avvolge la trachea: è formata da due lobi ed è associata a quattro ghiandole paratiroidi.

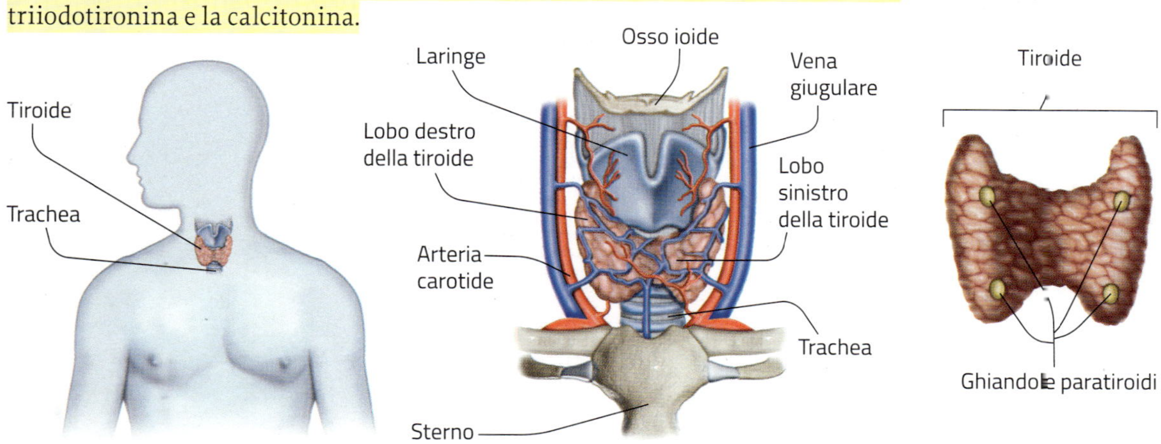

La **tiroxina** (T_4) contiene quattro atomi di iodio ed è la forma inattiva della **triiodotironina** (T_3) che ne contiene tre (**figura 12**). Questo ormone agisce sugli organi bersaglio accelerando il metabolismo cellulare, poiché stimola la produzione e il consumo di ATP da parte delle cellule, aumenta la produzione di calore e quindi la temperatura corporea, stimola la sintesi proteica e il consumo di glucosio e di acidi grassi e, infine, influenza lo sviluppo scheletrico e nervoso.

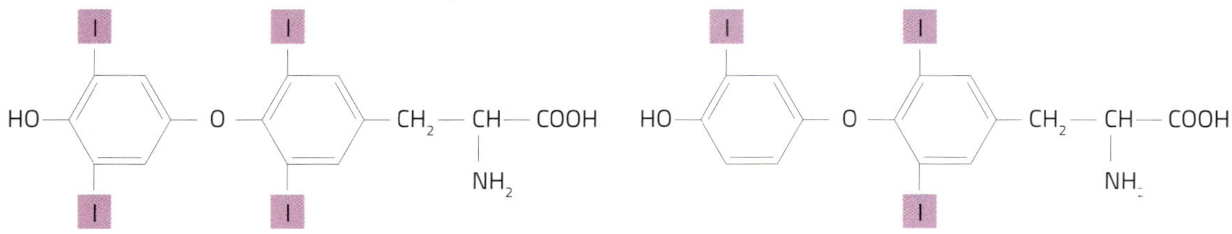

Tiroxina (T_4 o tetraiodotironina)   Triiodotironina (T_3)

◀ **Figura 12**
Struttura molecolare della tiroxina con quattro atomi di iodio, e della triiodotironina con tre atomi di iodio.

La diminuzione della glicemia e l'abbassamento della temperatura corporea inducono l'ipotalamo a secernere il fattore di rilascio TRH, che a sua volta stimola la produzione di TSH da parte dell'adenoipofisi. A questo punto la tiroide risponde allo stimolo del TSH con rilascio di T_3 e T_4. Questo meccanismo è regolato da un feedback negativo (**figura 13**).

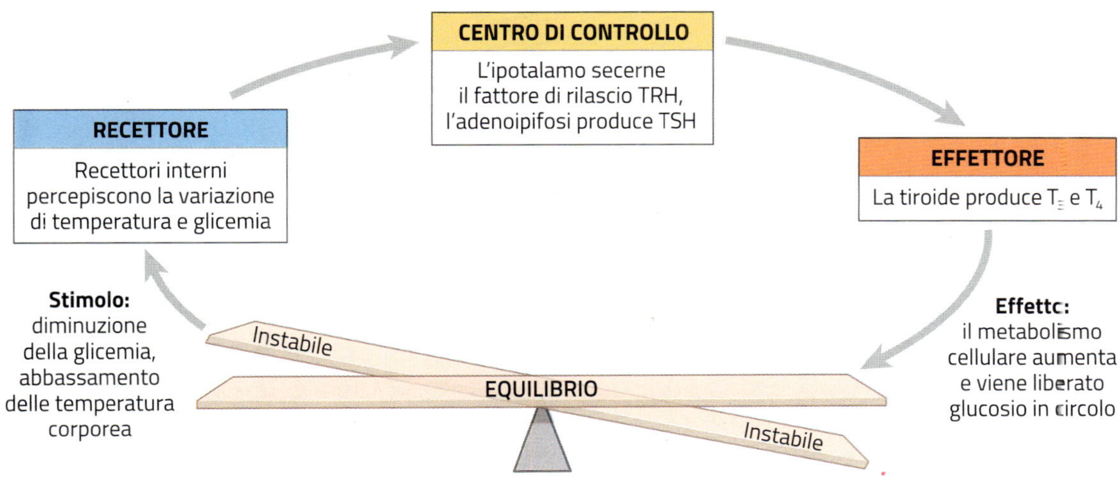

◀ **Figura 13**
Il meccanismo d'azione che porta alla liberazione degli ormoni T_3 e T_4 per compensare l'abbassamento di temperatura e di glicemia.

A livello microscopico (**figura 14**) il tessuto ghiandolare della tiroide è costituito da *cellule follicolari* che circondano i follicoli e le *cellule C* (che producono *calcitonina*). Le cellule follicolari producono continuamente la glicoproteina *tireoglobulina*, che si accumula all'interno dei follicoli. Quando la tiroide è stimolata dal TSH, le cellule follicolari riassorbono la tireoglobulina per endocitosi e la scindono in T_3 e T_4, che sono quindi riversate nel circolo sanguigno. Per la produzione di T_3 e T_4 è indispensabile la presenza di iodio; se al contrario lo iodio è assente o carente le molecole prodotte dalla frammentazione della tireoglobulina non lo contengono e non possono legarsi ai recettori delle cellule bersaglio.

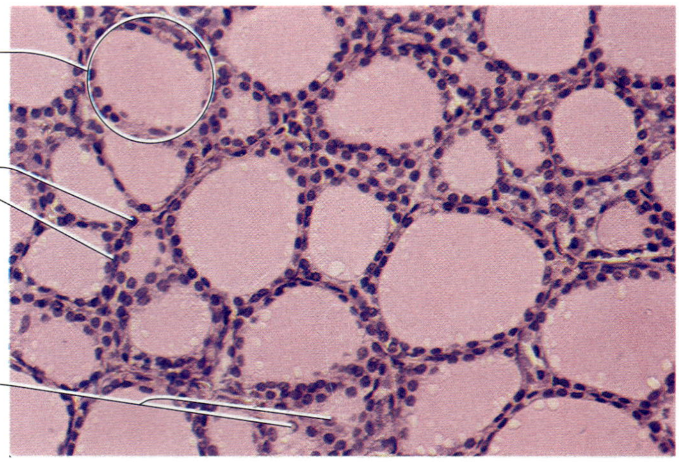

▸ **Figura 14**
Immagine al microscopio ottico di una sezione della tiroide che mostra alcuni follicoli, delimitati da cellule follicolari o tireociti; le cellule C, che secernono calcitonina, sono localizzate fra i tireociti e il connettivo di rivestimento del follicolo.

La calcemia è regolata grazie all'azione di calcitonina e paratormone

Un altro ormone tiroideo è la **calcitonina**, che regola il metabolismo del calcio. Il mantenimento dell'omeostasi del calcio nell'organismo è estremamente complesso, perché il 99% di questo elemento si trova nella matrice ossea, ma allo stesso tempo gli ioni calcio (Ca^{2+}) sono coinvolti in numerosi processi di vitale importanza, quali la coagulazione del sangue, la contrazione muscolare e la trasmissione dell'impulso nervoso. Se i chemiocettori registrano variazioni della *calcemia*, ovvero la concentrazione di ioni calcio nel sangue i cui valori standard sono 9-11 mg/dL, attivano le cellule della tiroide. L'ormone calcitonina ha il compito di far diminuire la calcemia, quindi stimola l'assorbimento del calcio da parte delle ossa, ne inibisce sia l'assimilazione a livello intestinale sia il riassorbimento renale e inibisce l'azione degli osteoclasti.

Sulla faccia anteriore della tiroide sono presenti quattro **ghiandole paratiroidi** molto piccole (pochi millimetri di diametro). Esse producono il **paratormone** (ormone paratiroideo, PTH o *parathyroid hormone*) che agisce in antagonismo all'ormone calcitonina; questo ormone, infatti, aumenta la concentrazione degli ioni calcio nel sangue, stimolando l'azione degli osteoclasti a liberare il calcio nella corrente sanguigna e favorendone l'assorbimento intestinale e renale.

Oltre all'azione di questi due ormoni, il metabolismo del calcio è strettamente legato all'azione della **vitamina D**. Questa vitamina si trova nella pelle in forma inattiva e viene attivata grazie all'azione dei raggi solari. Se l'azione del Sole non è sufficiente, il paratormone stimola i reni a trasformare la vitamina D inattiva nella sua forma attiva, il *calcitriolo*, che aumenta il riassorbimento intestinale del calcio. Il calcitriolo si comporta come un ormone lipidico: nel nucleo delle cellule epiteliali dell'intestino stimola la trascrizione delle proteine trasportatrici del calcio.

Curiosità
La carenza di vitamina D (e quindi, di calcitriolo) è strettamente correlata a patologie a carico del sistema scheletrico, come il **rachitismo**.

Facciamo il punto

1. Dove si trova la tiroide e com'è strutturata?
2. Quali ormoni produce la tiroide?
3. Quali ormoni sono coinvolti nel metabolismo del calcio e come agiscono?
4. Che cosa produce l'epifisi?

4 Le ghiandole surrenali e le gonadi

La corticale surrenale produce derivati del colesterolo, la midollare surrenale sintetizza catecolamine

Le **ghiandole surrenali** sono due strutture anatomiche di forma conica situate sopra ai reni. Entrambe le ghiandole sono formate da due porzioni che secernono ormoni differenti: la porzione esterna, chiamata **corticale surrenale**, produce numerosi ormoni steroidei, mentre la **midollare surrenale**, che costituisce la porzione centrale, è un agglomerato di cellule neurosecretrici che liberano nella corrente sanguigna una classe di composti chiamati catecolamine (**figura 15**).

Leggi l'approfondimento nell'ebook:
La nostra salute
Gli steroidi anabolizzanti

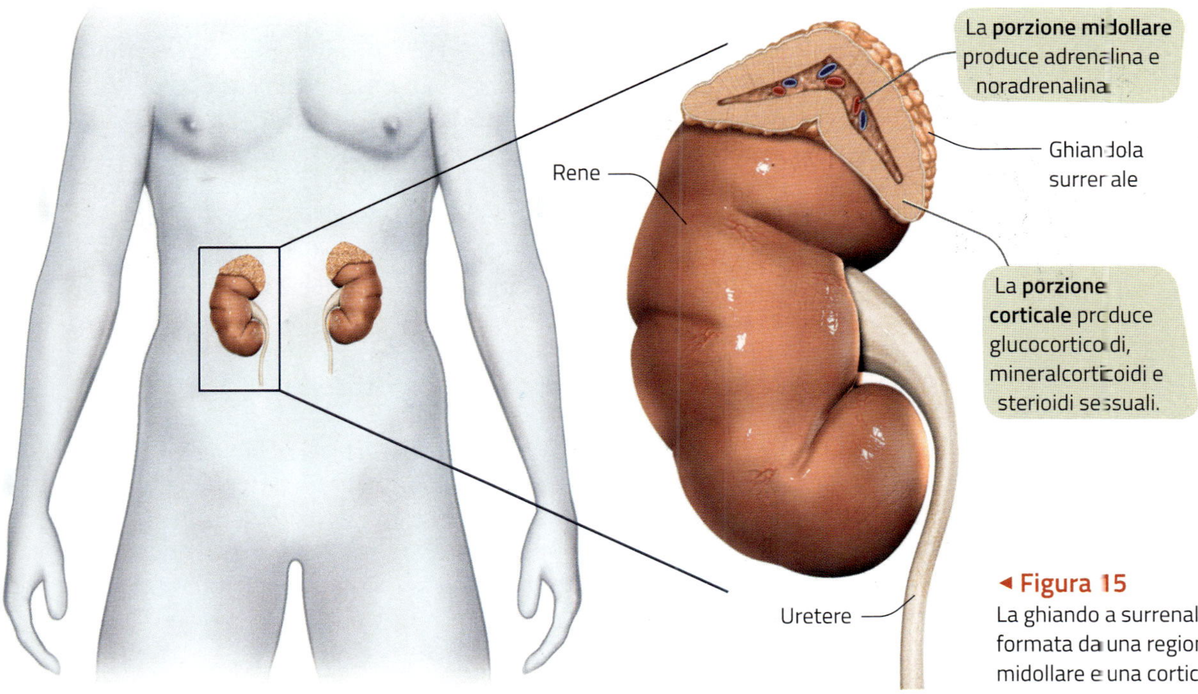

Figura 15
La ghiandola surrenale è formata da una regione midollare e una corticale.

La porzione corticale del surrene utilizza la molecola di colesterolo come precursore per produrre tre differenti categorie di ormoni. Il primo gruppo è quello dei *mineralcorticoidi* coinvolti nell'omeostasi idrico-salina; tra questi compare l'**aldosterone**, attivo nella regolazione delle concentrazioni ioniche, soprattutto degli ioni sodio e potassio. A livello renale, un aumento della secrezione di aldosterone determina, un maggior riassorbimento degli ioni sodio dal tubulo distale e dal dotto collettore del nefrone. Viceversa, una carenza di aldosterone provoca un'eccessiva eliminazione di ioni sodio dal corpo attraverso l'urina, e una conseguente perdita di acqua che induce, a sua volta, una riduzione della pressione sanguigna.

Un altro gruppo di ormoni della corticale surrenale sono i *glicocorticoidi*, tra cui c'è il **cortisolo** che promuove la formazione di glucosio a partire dalle proteine e dai grassi e ne riduce l'utilizzo da parte di molte cellule, eccetto quelle del cervello e del cuore. In caso di carenze energetiche, quindi, i glicocorticoidi favoriscono le attività di questi due organi vitali a spese di altre funzioni del corpo e mantengono alta la glicemia.

La corticale surrenale produce anche minime quantità di *steroidi sessuali*, anche se la maggior parte di questi ormoni è sintetizzata nelle gonadi. Per lo più si tratta di ormoni androgeni e in minor percentuale di estrogeni.

La midollare surrenale produce sostanzialmente **catecolamine**, tra cui la dopamina, l'adrenalina e la noradrenalina. La *dopamina* è un mediatore chimico implicato nella trasmissione dell'impulso nervoso nelle sinapsi del sistema nervoso centrale, mentre l'*adrenalina* e la *noradrenalina* agiscono sia come ormoni sia come

A colpo d'occhio

CORTICALE SURRENALE
- GLUCOCORTICOIDI
  - CORTISOLO
- MINERALCORTICOIDI
  - ALDOSTERONE
- STEROIDI SESSUALI
  - TESTOSTERONE

Curiosità

La produzione di **cortisolo** aumenta in caso di stress; per questo motivo, l'ormone ipofisario adrenocorticorpo (ACTH) che stimola la produzione di cortisolo, è usato come doping sportivo. Tuttavia, i gravi effetti collaterali, quali diabete, alterazioni cutanee, riduzione delle difese immunitarie, miopatie e ulcera gastroduodenale, rendono pericolosa, oltre che illegale, questa pratica.

neurotrasmettitori; la loro funzione è quella di accelerare e potenziare il battito cardiaco, aumentare la pressione sanguigna, stimolare la ventilazione polmonare e dilatare le vie respiratorie, come avviene, per esempio, nelle situazioni di pericolo (*vedi* capitolo C9). Le catecolamine aumentano anche la glicemia stimolando il glucagone a scindere il glicogeno liberando glucosio nel flusso ematico.

Gli ormoni determinano i caratteri sessuali primari e secondari

Oltre che essere la sede della gametogenesi, le gonadi sono anche le ghiandole in cui sono secreti gli ormoni sessuali. Le cellule interstiziali dei testicoli producono **ormoni** *androgeni*, tra cui il **testosterone**, mentre le ovaie producono gli *steroidi femminili*, ovvero il **progesterone** e gli **estrogeni**.

Questi ormoni hanno una duplice funzione: determinano il dimorfismo sessuale che caratterizza maschi e femmine della nostra specie e garantiscono la produzione dei gameti. Grazie alla differenza tra gli ormoni sessuali maschili e femminili, già durante il secondo mese di gestazione si differenziano i *caratteri sessuali primari*: sotto l'influenza degli androgeni si formano il pene e lo scroto, in loro assenza si sviluppano gli organi genitali femminili (**figura 16**).

Da questo momento in poi, il livello di produzione degli steroidi da parte delle gonadi rimane basso sino a circa 12-13 anni di età. Con la pubertà gli ormoni sessuali subiscono un notevole incremento, perché sono responsabili della definizione dei *caratteri sessuali secondari*. Sino a questo momento l'ipotalamo produce scarse quantità di fattore di rilascio delle gonadotropine (GnRH), ma al raggiungimento della pubertà il loro rilascio aumenta in modo consistente. Il risultato è un aumento delle due gonadotropine ipofisarie: l'ormone luteinizzante (LH) e l'ormone follicolo stimolante (FSH), che a loro volta stimolano la sintesi degli ormoni sessuali da parte delle gonadi.

Negli individui di sesso maschile l'aumento di LH porta all'incremento di testosterone, che a sua volta induce modificazioni fisiologiche, come il cambiamento della voce e l'aumento dei peli sul corpo. Nei soggetti di sesso femminile l'aumento di FSH e LH induce la sintesi di steroidi sessuali, che determinano l'inizio del ciclo mestruale e provocano la crescita del seno e dei peli pubici e l'allargamento del bacino.

Curiosità

Anche le donne producono testosterone, che però è convertito in estradiolo (un estrogeno) dall'enzima **aromatasi**, non presente nei maschi.

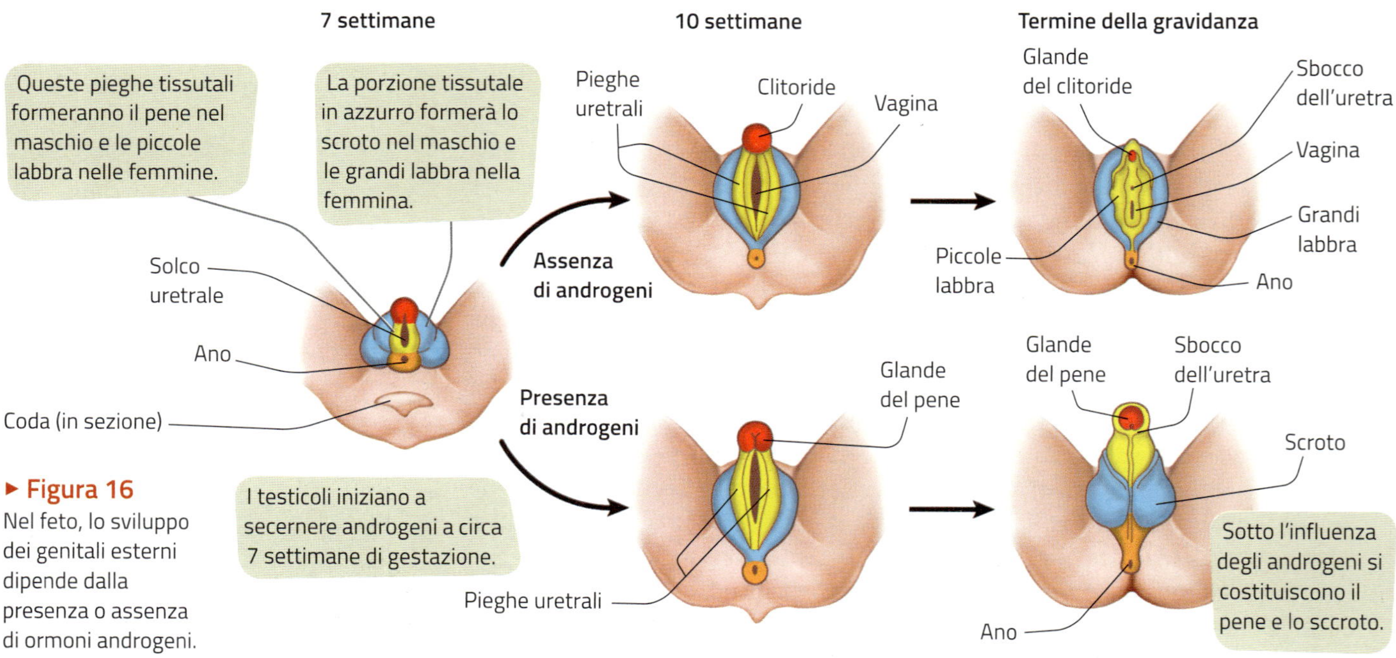

▸ **Figura 16** Nel feto, lo sviluppo dei genitali esterni dipende dalla presenza o assenza di ormoni androgeni.

Facciamo il punto

1. Quali parti compongono le ghiandole surrenali e quali funzioni svolgono?
2. Quali ormoni produce la corticale surrenale?
3. Che cosa sono le catecolamine?
4. Qual è la funzione degli androgeni nello sviluppo fetale?

5 Il pancreas e le cellule a funzione endocrina

Il pancreas endocrino è formato da tre tipi diversi di cellule

Il **pancreas** è una ghiandola particolare, poiché ha un'azione sia endocrina sia esocrina. La parte esocrina produce i succhi pancreatici che sono riversati nell'intestino insieme alla bile (*vedi* capitolo C5); la parte endocrina, invece, è costituita soprattutto da due differenti tipi di cellule, dette *cellule alfa* e *cellule beta*, riunite in agglomerati circondati dalla parte esocrina, le **isole di Langerhans**. Gli ormoni prodotti dal pancreas regolano la glicemia e il metabolismo del glucosio ematico (**figura 17**).

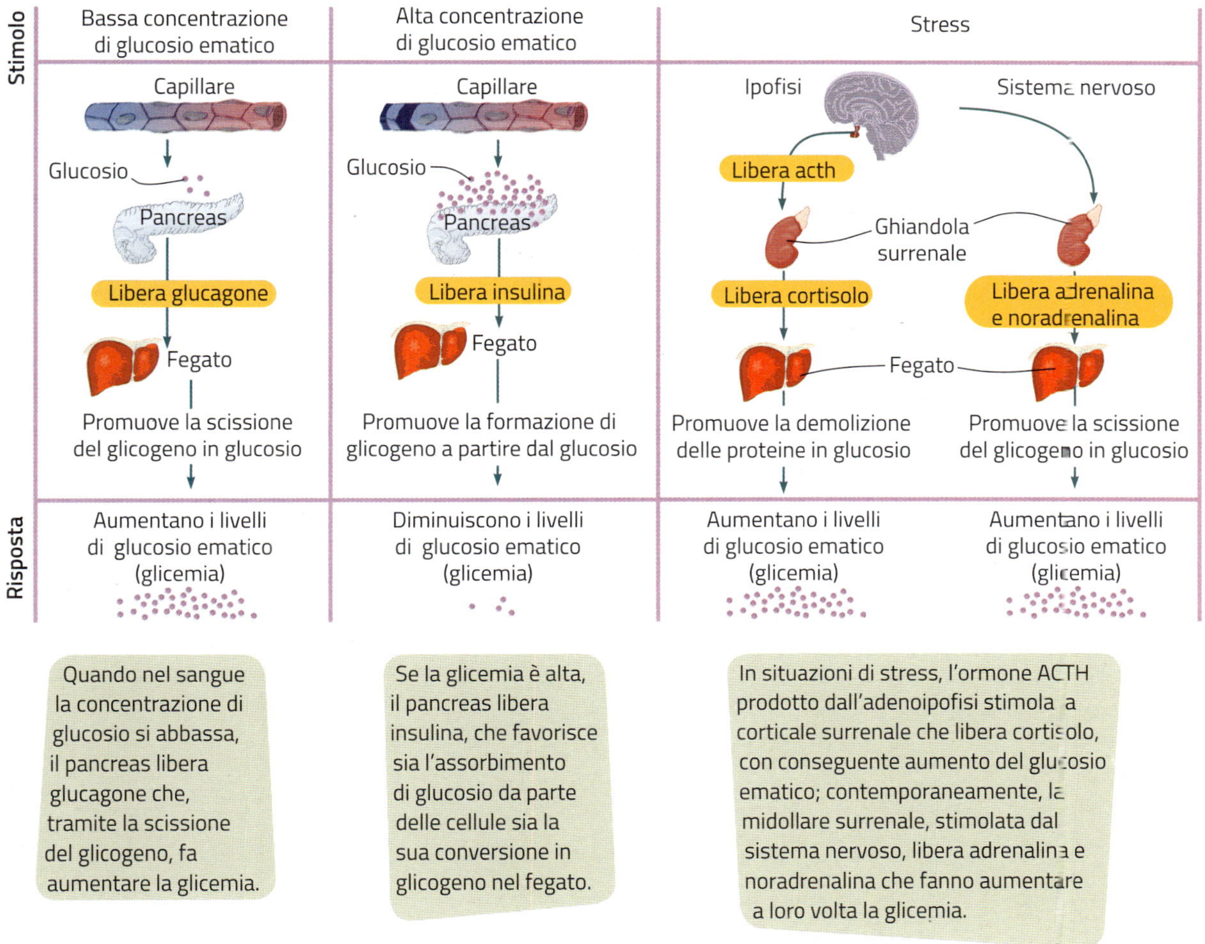

◂ **Figura 17**
La quantità di glucosio nel sangue è regolata dagli ormoni pancreatici e dall'azione di ACTH, che stimola le ghiandole surrenali.

Le cellule beta delle isole di Langerhans secernono **insulina** in risposta all'aumento della glicemia o di amminoacidi nel sangue, come avviene normalmente dopo un pasto. Questo ormone, infatti, agisce abbassando la concentrazione di zucchero ematico e favorisce l'assorbimento del glucosio da parte delle cellule, nonché la sua conversione in glicogeno negli epatociti e in grassi negli adipociti. L'insulina aumenta anche la produzione di proteine e acidi grassi all'interno delle cellule, quindi è di fondamentale importanza sia nella fase della crescita corporea sia per la riparazione dei tessuti.

Se si verifica una mancanza parziale o totale di insulina, l'organismo non riesce più ad assorbire il glucosio ematico nelle cellule. Questa condizione è chiamata *diabete*, una malattia cronica caratterizzata dall'aumento della concentrazione di glucosio nel sangue (*vedi* scheda 2).

Il **glucagone** è prodotto dalle cellule alfa delle isole di Langerhans e determina un aumento del glucosio nel sangue, stimolando a livello epatico la scissione del glicogeno in glucosio, nonché la scissione dei grassi e delle proteine.

Curiosità

Lo stimolo per la produzione di **insulina** e **glucagone** dipende dalla glicemia, ma anche dall'azione del sistema nervoso autonomo: dopo un pasto il parasimpatico favorisce la produzione e il rilascio di insulina, mentre durante l'attività fisica il simpatico stimola la produzione di glucagone.

A colpo d'occhio

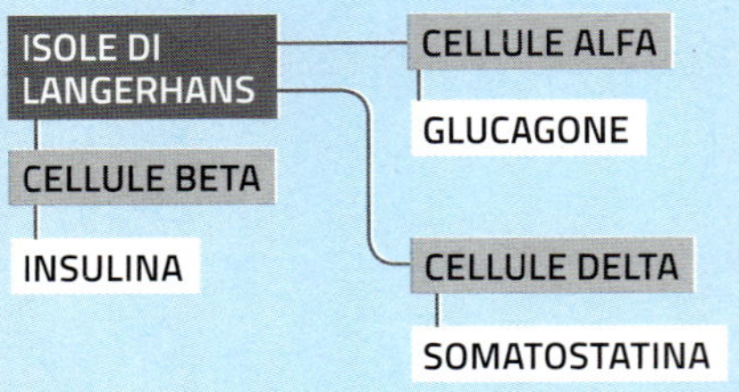

Il pancreas possiede anche altri tipi di cellule endocrine, come le *cellule delta* che producono **somatostatina**, un ormone secreto anche dall'ipotalamo e dalle cellule del sistema digerente; tra le sue numerose funzioni, la somatostatina inibisce la secrezione della somatotropina e della prolattina e di altri ormoni come il glucagone, l'insulina, la renina, gli ormoni tiroidei e il cortisolo. Solitamente la somatostatina è liberata in risposta a un aumento della concentrazione ematica di glucosio e amminoacidi, che in genere avviene dopo i pasti.

Altre cellule con funzione endocrina

Oltre alle ghiandole endocrine, esistono altri organi con parziale funzione endocrina che, oltre a realizzare i loro specifici compiti, secernono ormoni nel flusso sanguigno. In genere, in questi organi esistono speciali *agglomerati di cellule secretici*, oppure *cellule isolate*, che attivano la secrezione ormonale in risposta a stimoli specifici.

Tra gli organi che producono ormoni con specifiche funzioni vi sono il rene, il timo, il cuore, lo stomaco e il fegato (**tabella 2**). In molti casi la funzione degli agglomerati di cellule endocrine è in sintonia con quella dell'organo a cui appartengono; per esempio, quando i recettori del rene individuano un calo nella pressione arteriosa, alcune specifiche cellule renali secernono l'ormone **renina** che, insieme all'**angiotensina**, favorisce la vasocostrizione, la secrezione di aldosterone e la sensazione di sete; tutto ciò con lo scopo di compensare la diminuzione della pressione sanguigna.

▸ **Tabella 2**
Ormoni secreti da cellule endocrine situate all'interno di organi che non fanno parte del sistema endocrino.

Organo	Ormone	Funzione
Cuore	peptidi natriuretici cardiaci	regolano il volume dei vasi e l'equilibrio idosalino
Duodeno	a. secretina b. colecistochinina c. peptide inibitore della gastrina	a. stimola la secrezione della bile e di liquidi pancreatici che diminuiscono l'acidità dello stomaco b. stimola la secrezione della bile c. inibisce la secrezione di gastrina
Stomaco	gastrina	stimola le contrazione e le secrezioni dello stomaco
Fegato	somatomedina	riveste un ruolo importantissimo nei processi di crescita del bambino
Reni	a. renina-angiotensina b. eritropoietina	a. inducono vasocostrizione, secrezione di aldosterone e dell'ormone antidiuretico b. stimola la produzione di globuli rossi nel midollo osseo
Timo	timosina	favorisce l'attività del sistema immunitario
Tessuto adiposo	leptina	inibisce la fame e aumenta la fase catabolica del metabolismo
Placenta	gonadotropina corionica umana (HCG)	stimola le ovaie a produrre ormoni durante la gravidanza

Anche il cuore, grazie alla secrezione di **peptidi natriuretici**, contribuisce alla regolazione della pressione e dell'equilibrio idrosalino del sangue. Per esempio, quando il volume ematico aumenta eccessivamente, vengono secreti dai miociti del miocardio dei piccoli peptidi che diminuiscono il riassorbimento di sodio da parte dei reni così da ridurre il volume del sangue.

Il timo è un organo posto nel torace che fino alla pubertà svolge prevalentemente una funzione immunitaria, ma che nei soggetti adulti ha solamente funzione endocrina; questa ghiandola secerne la **timosina**, un ormone che stimola la risposta immunitaria, e la **timopoietina**, che è coinvolta nella definizione delle cellule self dell'organismo.

Quando nello stomaco è presente del cibo, le *cellule G* della mucosa gastrica sintetizzano la **gastrina**; si tratta di un ormone peptidico che rappresenta il principale regolatore della secrezione acida dello stomaco in quanto stimola le cellule gastriche a secernere acido cloridrico.

Nel fegato viene prodotto l'ormone **somatomedina**. Si tratta di uno dei fattori di crescita insulino-simili (o IGF, *insuline-like growth factor*) che svolgono una potente azione anabolica, favorendo l'accrescimento osseo e muscolare, specialmente in età adolescenziale.

Un altro esempio di organi con funzioni endocrine è la placenta, che produce la **gonadotropina corionica umana** (HCG, *human chorionic gonadotropin*), che agisce sulle ovaie stimolandone la secrezione ormonale durante la gravidanza.

Guarda il video nell'ebook:
3 minuti di salute
I vari tipi di diabete

2 - La nostra salute

Le malattie delle ghiandole endocrine

L'importanza del sistema endocrino è spesso sottovalutata, ma un problema anche piccolo può creare effetti gravi in tutto il corpo.

Se durante l'infanzia viene prodotta una quantità insufficiente di *ormone della crescita*, si ha una condizione definita **nanismo ipofisario**, se al contrario ne è prodotto troppo, si ha una forma di **gigantismo**.

Quando l'eccessiva produzione dell'ormone della crescita avviene in un individuo già adulto non causa il gigantismo, dal momento che la crescita delle ossa lunghe è cessata, ma provoca l'**acromegalia**. In questo caso si verifica un aumento nella grandezza delle mascelle, delle mani e dei piedi, ovvero di quelle strutture corporee i cui tessuti sono ancora sensibili agli effetti dell'ormone anche negli adulti. La somatotropina artificiale prodotta con le tecniche del DNA ricombinante è somministrata per contrastare il nanismo ipofisario, mentre la *somatostatina* è adatta a contrastare i pericolosi effetti da iperproduzione dell'ormone della crescita (acromegalia adulta e gigantismo infantile).

TROPPI ORMONI TIROIDEI O TROPPO POCHI

La condizione in cui la *tiroide* funziona in eccesso e rilascia elevate quantità di ormoni è definita **ipertiroidismo**; questa disfunzione provoca un ingrossamento della tiroide, insonnia, eccitabilità, iperattività, aumento della frequenza cardiaca e della pressione arteriosa, intolleranza al caldo, eccessiva sudorazione, aumento dell'appetito ma perdita di peso, tremori e esoftalmo (occhi sporgenti; **figura A**).

Le cause dell'ipertiroidismo possono essere varie, come la formazione di noduli, l'infiammazione della tiroide (*tiroidite*) o la secrezione da parte di cellule tumorali di sostanze simili all'ormone TSH, che stimolano eccessivamente la tiroide. L'ipertiroidismo si cura generalmente con farmaci che inibiscono l'attività della tiroide, oppure con l'asportazione chirurgica di parte della ghiandola iperattiva.

Quando la tiroide non produce quantità sufficienti di ormoni si ha l'**ipotiroidismo**. Questa patologia provoca un generale rallentamento del metabolismo, che risulta particolarmente pericoloso se insorge durante l'infanzia, perché influisce sullo sviluppo, particolarmente delle cellule cerebrali. Infatti, se non è curato in tempo, l'ipotiroidismo può portare a deficienza mentale permanente (*cretinismo*), a difetti dell'udito e della parola, a disordini della stazione eretta e dell'andatura, nonché a obesità o a nanismo. L'ipotiroidismo può sorgere in seguito a una carenza alimentare di iodio; oggi questa grave patologia si riscontra in nazioni povere come quelle dell'Africa centrale, il Nepal e la Nuova Guinea, ma può essere prevenuta grazie all'utilizzo sistematico di sale iodato.

Una forma di ipotiroidismo che colpisce gli adulti può derivare da una malattia autoimmune, la *tiroidite di Hashimoto*, che insorge quando il sistema immunitario produce anticorpi che attaccano la tiroide. In genere la cura per l'ipotiroidismo consiste nella somministrazione di farmaci contenenti un ormone sintetico (levotiroxina sodica) che solitamente viene assunto dal paziente per il resto della sua vita.

La produzione di ormoni tiroidei in quantità ridotta costringe l'ipofisi a produrre più ormone TSH, al fine di stimolare la tiroide. Tale situazione può portare all'ipertrofia della tiroide stessa, determinando un caratteristico ingrossamento della ghiandola, detto *gozzo* (**figura B**)

▲ **Figura A**
L'esoftalmo e lo strabismo dell'attore inglese Marty Feldman, celebre per l'interpretazione di Igor nel film *Frankenstein Junior* del 1974.

QUANDO IL PANCREAS FUNZIONA POCO E MALE

La variazione del livello glicemico è chiamata **diabete**, ma sotto questo nome sono raggruppate diverse malattie. Il **diabete insipido** è dovuto a un'alterazione della produzione, della secrezione o dei meccanismi di funzionamento dell'ormone antidiuretico (ADH), mentre il **diabete mellito** è caratterizzato dalla presenza di glucosio nelle urine e da una sua maggiore concentrazione in circolo. In questo secondo caso i sintomi specifici sono l'aumento della minzione (*poliuria*), la conseguente disidratazione e la sete accentuata. Inoltre il glucosio permane in circolo, ma non può essere utilizzato dalle cellule e questo scatena una notevole fame. Il diabete insipido si tratta con somministrazioni di ADH, mentre quello mellito attraverso dosi di insulina.

▲ **Figura B**
Un caso di tiroide ingrossata o gozzo.

Facciamo il punto

1. Quali tipi di cellule formano le isole di Langerhans?
2. Come avviene la regolazione della glicemia?
3. Quali cellule al di fuori del sistema endocrino producono ormoni?

SINTESI DI FINE CAPITOLO

LO SAI? RIPASSA CON LO SMARTPHONE

Il sistema endocrino
Il sistema endocrino coordina numerose funzioni dell'organismo grazie alle **ghiandole** che in base alla loro modalità d'azione sono classificate in:
- **esocrine**, se riversano i loro secreti all'esterno del corpo oppure all'interno delle cavità corporee;
- **endocrine**, se riversano i loro secreti direttamente nel circolo sanguigno.

Il sistema endocrino lavora in stretta sinergia con quello nervoso: il primo regola il metabolismo cellulare, mentre il secondo registra gli stimoli ambientali dai quali dipende questa regolazione.

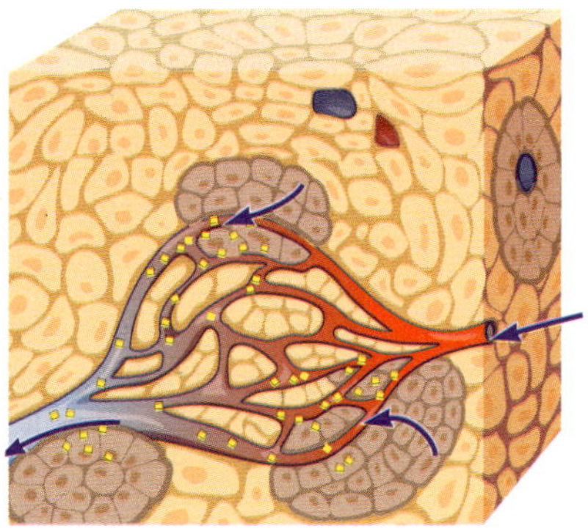

Gli ormoni
I segnali chimici sono gli **ormoni**, sostanze prodotte da cellule che regolano le attività metaboliche di altre cellule, dette **cellule bersaglio**.

Gli ormoni si possono distinguere in base:
- alla loro natura chimica, ormoni **lipidici** o **peptidici**;
- al raggio d'azione, **paracrini** se si legano ai recettori presenti sulle cellule adiacenti alle ghiandole o **autocrini** se hanno come bersaglio le stesse cellule che li hanno secreti;
- a come agiscono sulle cellule bersaglio, in base alla struttura dei recettori che hanno configurazioni precise e possono legarsi soltanto con un determinato ormone e non con altre sostanze che differiscono nella struttura.

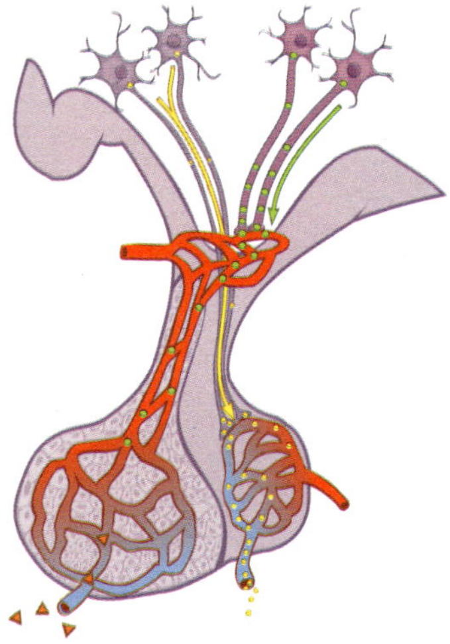

Le ghiandole endocrine nell'encefalo
L'**ipofisi** è costituita da due parti con funzioni completamente diverse:
- un **lobo anteriore** (adenoipofisi) che produce l'ormone della crescita, la prolattina, ormoni tropici ed endorfine;
- un **lobo posteriore** (neuroipofisi) che non è una vera ghiandola, ma svolge la funzione di deposito per due ormoni prodotti dall'ipotalamo (ossitocina e ormone antidiuretico).

L'**ipotalamo** è una struttura anatomica costituita da cellule neurosecretrici e sintetizza anche peptidi: ossitocina, ormone antidiuretico, fattori di rilascio e prostaglandine.

L'**epifisi**, o ghiandola pineale, è una piccola struttura posta al centro del cervello che secerne l'ormone melatonina e regola i ritmi circadiani.

La tiroide e le paratiroidi
La **tiroide** è una ghiandola endocrina, a forma di farfalla, posta alla base del collo. La tiroide secerne tre ormoni: la tiroxina e la triiodotironina che accelerano il metabolismo cellulare, e la calcitonina che regola la calcemia.

Le **paratiroidi** sono poste sulla faccia inferiore della tiroide, sono piccole ghiandole endocrine e producono paratormone (o ormone paratiroideo) che agisce in antagonismo all'ormone calcitonina nella regolazione del calcio.

Le ghiandole surrenali e le gonadi
Le ghiandole **surrenali** sono due strutture anatomiche di forma triangolare situate sopra ai reni e sono formate da due porzioni:
- la *corticale surrenale* (porzione esterna) è la fonte di numerosi ormoni steroidei;
- la *midollare surrenale* (porzione centrale) è un agglomerato di cellule neurosecretrici che liberano catecolammine.

Le **gonadi** sono le ghiandole in cui sono secreti gli ormoni sessuali. Le cellule interstiziali dei testicoli producono ormoni *androgeni* (testosterone), mentre le ovaie producono gli *steroidi femminili* (progesterone ed estrogeni).

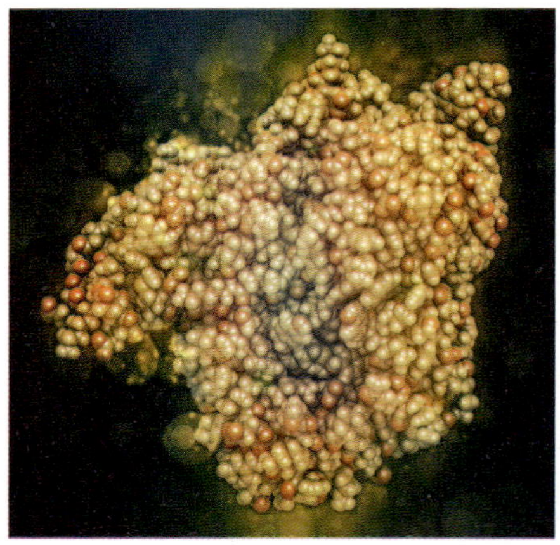

Il pancreas e le cellule a funzione endocrina
Il **pancreas** è una ghiandola particolare, poiché ha due funzioni:
- **endocrina**, poiché è costituita da due tipi di cellule (cellule alfa e cellule beta) riunite in agglomerati circondati dalla parte esocrina, *le isole di Langerhans*;
- **esocrina**, che produce i succhi pancreatici riversati nell'intestino insieme alla bile.

Gli ormoni prodotti dal pancreas regolano la glicemia e il metabolismo del glucosio ematico.

VERIFICA LE TUE CONOSCENZE

ZTE ONLINE

1. Scrivi sul quaderno la definizione dei seguenti termini.

a) Ormoni paracrini e autocrini
b) Ormoni liposolubili e idrosolubili
c) Adenoipofisi e neuroipofisi
d) Tiroide e paratiroidi
e) Caratteri sessuali primari e secondari
f) Corticale e midollare surrenale

Barra il completamento esatto.

2. Gli ormoni sono

A secreti da neuroni che li inviano ad altri neuroni adiacenti.
B sintetizzati in tutti i tessuti su cui agiscono direttamente.
C inviati nel sangue per poi raggiungere le specifiche cellule bersaglio.
D prodotti nel liquido interstiziale delle cellule bersaglio.

3. Nel sistema endocrino la ghiandola che attua un controllo ormonale sull'attività di tutte le altre ghiandole è

A la tiroide.
B l'ipofisi.
C la corticale surrenale.
D l'ipotalamo.

4. Gli ormoni liposolubili

A non entrano nel nucleo della cellula bersaglio, ma si legano a un recettore.
B producono il loro effetto mediante un secondo messaggero chimico.
C interagiscono col DNA per stimolare la sintesi di nuove proteine.
D entrano nella cellula bersaglio solo in presenza di recettori specifici.

Barra i due completamenti esatti.

5. Le due coppie di ormoni che hanno effetti antagonisti sono

A tiroxina e tireotropina.
B adrenalina e ormone della crescita.
C cortisolo e melatonina.
D ormone paratiroideo e calcitonina.
E insulina e glucagone.

6. Tra i seguenti ormoni, i due che hanno la più ampia gamma di cellule bersaglio sono

A ADH.
B ossitocina.
C tiroxina.
D adrenalina.
E TSH.

7. Completa la tabella mettendo in relazione gli ormoni (*lettere*) con la sua azione (*numeri*).

A. adrenocorticotropo (ACTH)
B. insulina
C. melatonina
D. calcitonina
E. tiroxina
F. somatostatina
G. ossitocina

1. inibisce la sintesi di glucagone
2. trattiene il calcio nelle ossa
3. stimola la produzione di cortisolo
4. regola i ritmi circadiani
5. stimola le contrazioni uterine
6. stimola il metabolismo cellulare
7. stimola il passaggio di glucosio dal sangue alle cellule

A	B	C	D	E	F	G

8. Nel seguente brano, barra tra i termini in neretto quelli errati.

La **midollare** / **corticale** surrenale produce ormoni steroidei, cioè a composizione **lipidica** / **proteica**; tra essi vi è l'aldosterone che porta a un **aumento** / **calo** della pressione sanguigna e il cortisolo che in caso di carenza di glucosio ematico ne **riduce** / **potenzia** l'utilizzo da parte di alcuni organi del corpo.

9. Completa le seguenti frasi.

a) Le cellule su cui vanno ad agire gli ormoni sono dette cellule ....
b) Le cellule .... sono cellule neuroendocrine in grado di produrre ormoni.
c) Gli ormoni steroidei sono prodotti dalla ghiandola .... oppure dalle ....
d) I regolatori locali prodotti da quasi tutte le cellule che hanno, tra le altre funzioni, quella di far contrarre la muscolatura liscia sono ....

10. Barra il simbolo V se ritieni l'affermazione vera, il simbolo F se la ritieni falsa.

Le prostaglandine

a) hanno molecole derivate dagli acidi grassi. V F
b) sono responsabili dell'insorgere della febbre. V F
c) stimolano la contrazione dei muscoli scheletrici. V F
d) sono responsabili dei dolori mestruali. V F

11. Scegli quali fra i seguenti ormoni sono coinvolti nella regolazione del livello di glucosio nel sangue.

(vasopressina, calcitonina, insulina, testosterone, glucagone, adrenalina, ossitocina, cortisolo, tiroxina, melatonina, aldosterone)

a) ....
b) ....
c) ....
d) ....
e) ....

12. Descrivi il meccanismo d'azione degli ormoni a struttura lipidica.

....
....
....
....
....
....

13. Perché le ghiandole endocrine sono esse stesse anche organi bersaglio?

....
....
....
....
....
....

14. Definisci, facendo degli esempi, i termini «ormone» e «ghiandola endocrina».

....
....
....
....
....
....

VERIFICA LE TUE ABILITÀ

15. Barra il completamento esatto.
La somministrazione di somatotropina può rallentare l'invecchiamento in quanto

A fa diminuire la produzione di tiroxina che attiva il metabolismo cellulare.
B ha un'azione di inibizione dello stress e del dolore, e ha quindi un effetto oppiaceo.
C questo ormone, incrementando la crescita, stimola la divisione cellulare.
D induce un aumento di aldosterone, ma anche una diminuzione di catecolammine.

16. Barra il simbolo V se ritieni l'affermazione vera, il simbolo F se la ritieni falsa.

a) Un operaio rimasto inavvertitamente chiuso in una cella frigorifera avrà un'immediata iperproduzione di adrenalina e noradrenalina che produrranno i sintomi della «fase di allarme». V F
b) Le prostaglandine inducono dolore e perciò sono inutili e pericolose per l'organismo. V F
c) Un bimbo che cresce poco per la sua età potrebbe avere nel sangue alti livelli di somatostatina e bassi livelli di somatotropina. V F
d) Una donna che allatta due gemelli secerne quantitativi di prolattina dimezzati rispetto a una donna che allatta un bimbo solo. V F

Barra i due completamenti esatti.
17. In un individuo sano, un'elevata somministrazione per via endovenosa di cortisolo potrebbe avere come conseguenza

A un aumento della sintesi di proteine con conseguente aumento della massa corporea.
B la dilatazione di alcuni vasi sanguigni e la costrizione di altri in apparati diversi.
C un calo della concentrazione ematica dell'ormone ACTH.
D un maggior deposito di grassi a livello sottocutaneo con aumento del peso corporeo.
E un'elevata disponibilità di glucosio per le funzioni vitali, per esempio quelle cerebrali.

18. Se nel sangue di un individuo venissero iniettati contemporaneamente uguali dosaggi di insulina e glucagone non si osserverebbe alcun cambiamento della glicemia in quanto

A sia l'insulina sia il glucagone vengono prodotti dal pancreas.
B entrambi gli ormoni producono un calo del livello di glucosio ematico.
C i due ormoni agiscono alla stessa velocità e con funzioni opposte.
D i due ormoni influenzano il passaggio del glucosio dentro e fuori le cellule.
E verrebbe prodotto un quantitativo di glucosio ematico pari a quello che viene demolito.

19. Nel seguente brano, barra tra i termini in neretto quelli errati.

Durante l'allattamento la produzione di latte è regolata dalla **domanda / offerta**. Un bimbo di 5 mesi succhia più latte rispetto ai mesi precedenti e, quindi, **diminuisce / aumenta** la stimolazione dei recettori posti nel capezzolo, i quali inviano segnali all'ipotalamo; ne consegue una **minore / maggiore** liberazione dell'ormone che inibisce la produzione di prolattina. Quando il bambino inizia a mangiare le prime pappe solide succhia **più / meno** latte, situazione che **stimola / inibisce** l'attività dell'ipotalamo con conseguente liberazione di una quantità **minore / maggiore** di ormone inibitorio.

20. Perché uno stesso ormone non steroideo può avere effetti differenti su due diverse cellule bersaglio e nessun effetto su un terzo tipo di cellula?

....
....
....
....
....
....

21. Spiega perché in una situazione di grande pericolo si ha nel sangue un netto incremento dell'ormone adrenalina.

....
....
....
....
....
....

UNITUTOR
VERSO L'UNIVERSITÀ

Preparati ai test di ammissione sul sito Unitutor.

22. Quali ormoni possono essere secreti dalla ghiandola pituitaria di una donna sana?

A Ormone adrenocorticotropo, ormone follicolo stimolante, ormone luteinizzante ed estrogeno
B Ormone adrenocorticotropo, ormone follicolo stimolante, ormone luteinizzante e vasopressina (ADH)
C Adrenalina, ormone follicolo stimolante, ossitocina e vasopressina (ADH)
D Adrenalina, estrogeno, ossitocina e vasopressina (ADH)
E Ormone luteinizzante, estrogeno, ossitocina e vasopressina (ADH)

[dal test di ammissione a Veterinaria 2015-16]

HANDS-ON GLOSSARY

23. Fill in the table matching each term (*letters*) with its definition (*numbers*).

A. adrenal gland
B. pineal gland
C. pituitary gland
D. thyroid
E. parathyroid
F. hypothalamus

1. several tiny glands, located within the thyroid, that help control the amount of calcium in the blood.
2. a small gland located near the center of the brain that produces melatonin, it is also called epiphysis.
3. a gland located in the lower part of the neck, the main hormones it produces are T_3 and T_4.
4. one of the two endocrine glands located on top of the kidneys, it is divided into an outer cortex and an inner medulla.
5. a gland that controls other glands, it is divided into adenohypophysis (anterior) and neurohypophysis (posterior).
6. a portion of the brain that links the nervous system to the endocrine system via the hypophysis.

A	B	C	D	E	F

VERSO L'ESAME: LE TUE COMPETENZE

SCHEMATIZZA

24. Costruisci una mappa concettuale che descriva tutte le funzioni ormonali svolte dall'ipotalamo.

RICERCA

25. Primo Carnera è stato un famoso pugile italiano, diventato campione dei pesi massimi nel 1933. Le sue straordinarie prestazioni fisiche erano dovute a una malattia che lo condusse alla morte.

Fai una ricerca per scoprire di che patologia endocrina si trattava e quali conseguenze questa comporta.

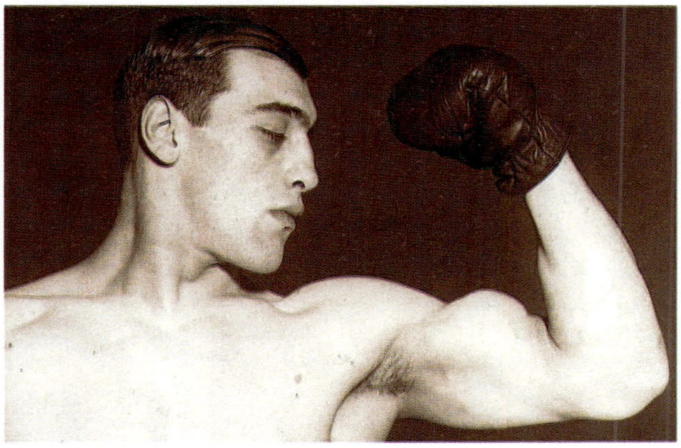

GIUSTIFICA

26. La menopausa è una condizione caratteristica delle donne oltre una certa età dovuta alla forte riduzione degli estrogeni. Questi ormoni svolgono una serie di funzioni, tra cui quella di aumentare la sintesi di calcitonina.

In base a queste informazioni, come giustifichi i problemi a carico del sistema scheletrico che in genere si riscontrano nelle donne in menopausa?

METTI IN RELAZIONE

27. Il 26 aprile 1986 presso la centrale nucleare di Chernobyl, in Ucraina, avvenne il più grave incidente nucleare della storia. Tra le varie conseguenze di quel disastro si ebbe un aumento dell'incidenza del tumore alla tiroide nei ragazzi sotto i 18 anni d'età, all'epoca residenti nelle aree di Bielorussia, Russia e Ucraina.

Da che cosa potrebbe essere dipeso questo aumento di tumori tiroidei?

SPIEGA

28. Nel corpo umano si verificano numerosi meccanismi di controllo a feedback: scegli due ormoni che intervengano rispettivamente in un processo di feedback negativo e in uno di feedback positivo e spiega la differenza nella loro regolazione.

CONFRONTA

29. Il cortisolo è un ormone liposolubile, mentre l'adrenalina è idrosolubile; dopo avere descritto la funzione di entrambi, metti a confronto il loro differente meccanismo d'azione.

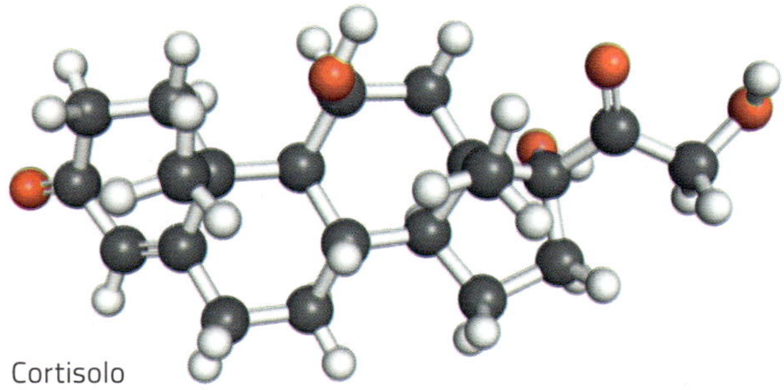

Cortisolo

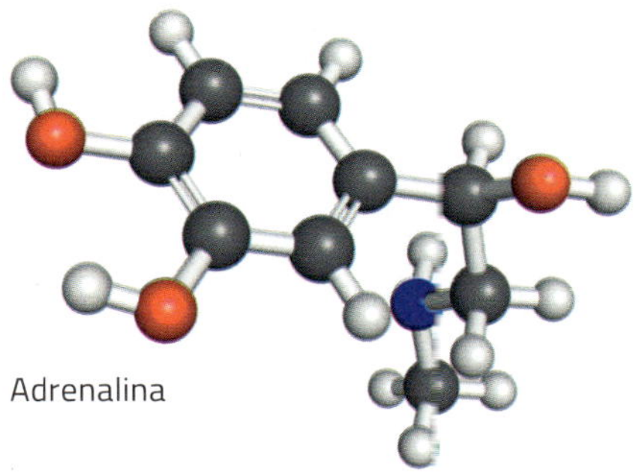

Adrenalina

ELENCA

30. Individua tutte le coppie di ormoni prodotti nel nostro corpo che agiscono in modo antagonista, quindi elencali descrivendo sinteticamente l'azione di ciascuno.

IPOTIZZA

31. Una persona ha subito una lesione alle ghiandole surrenali che hanno perso la loro funzionalità solamente della porzione esterna.

Quali sono le conseguenze di questo tipo di lesione a livello fisiologico?

PRECISA

32. La sindrome di Cushing è una malattia rara derivante da un eccesso di cortisolo nell'organismo.

Precisa quali sono le conseguenze di questa iperproduzione ormonale e descrivi i possibili sintomi associati.

SEI PRONTO PER LA VERIFICA?

IN 1 ORA

Dopo aver studiato i contenuti fondamentali dei **capitoli C7 e C8**, prova a svolgere questa verifica nel **tempo massimo di 1 ora.**

Alla fine della prova **controlla le tue risposte** con le soluzioni che troverai sul sito *online.scuola.zanichelli.it/curtisnuovoinvitoblu* e **calcola il punteggio** totale che hai conseguito compilando la griglia finale.

CONOSCENZE

Barra il completamento esatto.

1. Le ghiandole del sistema endocrino sono

A definite esocrine se inviano nel sangue i loro secreti.

B tutte raggruppate all'interno dell'addome.

C formate da cellule epiteliali oppure neurosecretrici.

D strutture non sempre collegate al sistema circolatorio.

(4 punti se hai risposto correttamente) ...../4

2. La prostata

A produce un liquido viscoso e alcalino.

B secerne ormoni che determinano i caratteri sessuali secondari.

C è presente nei maschi e nelle femmine.

D produce l'ormone luteinizzante.

(4 punti se hai risposto correttamente) ...../4

3. La prolattina

A stimola le ghiandole mammarie a secernere ossitocina.

B viene secreta a partire dal terzo mese di gravidanza.

C non è un vero ormone ma un complesso lipoproteico.

D non viene secreta in presenza di un ormone ipotalamico.

(4 punti se hai risposto correttamente) ...../4

4. L'ossitocina viene prodotta per qualche ora anche dopo il parto per

A far cessare l'effetto anestetico.

B ridurre i rischi di emorragia.

C stimolare la produzione di insulina.

D ridurre le dimensioni dell'utero.

(4 punti se hai risposto correttamente) ...../4

5. Barra la risposta esatta.

Che cosa sono i ritmi circadiani?

A L'insieme degli stimoli che regolano la produzione di ormoni sessuali.

B I reciproci controlli tra sistema nervoso e sistema endocrino.

C I meccanismi di regolazione del ritmo sonno-veglia.

D L'alternanza di azioni endocrine ed esocrine.

(4 punti se hai risposto correttamente) ...../4

Barra i due completamenti esatti.

6. La corticale surrenale produce

A cortisolo e aldosterone.

B vitamina D e calcitriolo.

C melatonina e prostaglandine.

D mineralcorticoidi e glicocorticoidi.

E adrenalina e noradrenalina.

(5 punti per due risposte corrette, 3 per una sola) ...../5

7. La liberazione di ormoni non è influenzata

A dal tipo di abbigliamento.

B dalla professione.

C da altri ormoni.

D da stimoli nervosi.

E da sostanze chimiche.

(5 punti per due risposte corrette, 3 per una sola) ...../5

8. Completa le seguenti frasi.

a) Gli ormoni secreti dall'adenoipofisi che vanno ad agire su altre ghiandole endocrine sono detti ormoni ....

b) La ghiandola che funge da deposito per due ormoni ipotalamici è la ....

c) La prima mestruazione è detta ....

d) Gli ormoni che agiscono sulle stesse cellule che li hanno secreti sono detti ....

(2 punti per ogni frase corretta) ...../8

9. Barra il simbolo V se ritieni l'affermazione vera oppure il simbolo F se la ritieni falsa.

a) La parte endocrina del pancreas produce ormoni che regolano la glicemia. V F

b) L'ormone gastrina fa ridurre l'acidità presente nello stomaco. V F

c) La liberazione di glucagone provoca un aumento di glucosio nel sangue. V F

d) I caratteri sessuali primari sono già evidenti alla nascita. V F

e) L'ipotalamo produce l'ormone TSH che stimola la tiroide a produrre tiroxina. V F

f) Insulina e glucagone sono due ormoni antagonisti. V F

(2 punti per ogni scelta corretta) ...../12

10. **Come avviene l'attivazione degli ormoni liposolubili? E di quelli idrosolubili?**

....
....
....
....

(8 punti per due risposte corrette, 4 per una sola) ...../8

ABILITÀ

11. **Nel seguente brano, barra tra i termini in neretto quelli errati.**

L'ormone della crescita **favorisce** / **inibisce** la sintesi proteica e anche **favorisce** / **inibisce** l'ossidazione del glucosio in modo da **mantenere costante** / **aumentare** la glicemia; questo ormone **stimola** / **inibisce** la demolizione di acidi grassi al fine di ridurre il consumo di glucosio da parte dell'organismo.

(2 punti per ogni scelta corretta) ...../8

Barra il completamento esatto.

12. **Le ghiandole paratiroidi**

- A controllano la concentrazione ematica di sodio e potassio.
- B sono responsabili dell'escrezione di acqua a livello renale.
- C regolano le concentrazioni ematiche di ioni calcio.
- D sono antagoniste della tiroide nel controllo del metabolismo del glucosio.

(4 punti se hai risposto correttamente) ...../4

13. **L'oogenesi differisce dalla spermatogenesi in quanto**

- A prevede una sola divisione meiotica.
- B prevede la degenerazione di due oociti primari.
- C avviene in tempi molto più brevi.
- D produce un unico gamete.

(4 punti se hai risposto correttamente) ...../4

14. **In seguito alla capacitazione lo spermatozoo**

- A secerne enzimi litici in grado di rompere la sua superficie esterna rigida, detta acrosoma.
- B modifica la propria struttura esponendo verso l'esterno dei recettori specifici per l'oocita.
- C può entrare nell'ovulo grazie al contributo di altri spermatozoi che dissolvono la corona radiata.
- D riesce a fecondare l'ovulo nella zona posta tra la cervice e la parte bassa dell'utero.

(4 punti se hai risposto correttamente) ...../4

15. **Un calo del glucosio ematico non può essere indotto da**

- A da un aumento della secrezione di insulina.
- B da un aumento della secrezione di glucagone.
- C dall'intervento del pancreas.
- D un controllo dell'adenoipofisi

(4 punti se hai risposto correttamente) ...../4

16. **Barra il simbolo V se ritieni l'affermazione vera oppure il simbolo F se la ritieni falsa.**

a) L'ormone ossitocina agisce sui muscoli uterini ma non su quelli scheletrici, in quanto questi ultimi sono privi dei recettori specifici. V F

b) Un prelievo di un campione di placenta per un esame del DNA può fornire dati relativi al feto. V F

c) Lo stato di benessere prodotto da particolari condizioni ambientali può venire interrotto se una situazione di stress improvviso fa produrre endorfine. V F

d) Una persona che ingrassa in modo evidente, pur non avendo modificato la sua alimentazione, può avere uno squilibrio nel funzionamento della tiroide. V F

e) Se un ragazzo ha un forte calo di LH, il conseguente aumento di testosterone può produrre un forte aumento dei peli corporei e della barba. V F

(2 punti per ogni scelta corretta) ...../10

17. **Perché una donna può essere fertile anche senza provare l'orgasmo? E in che modo nell'uomo l'orgasmo è collegato alla capacità riproduttiva?**

....
....
....
....

(8 punti per due risposte corrette, 4 per una sola) ...../8

PUNTEGGIO TOTALE

...../100

Se hai ottenuto:

- meno di 60 punti devi riprendere lo studio dei capitoli;
- tra 60 e 70 punti hai una preparazione sufficiente;
- tra 70 e 80 punti hai una preparazione buona;
- tra 80 e 100 punti significa che hai studiato a fondo.

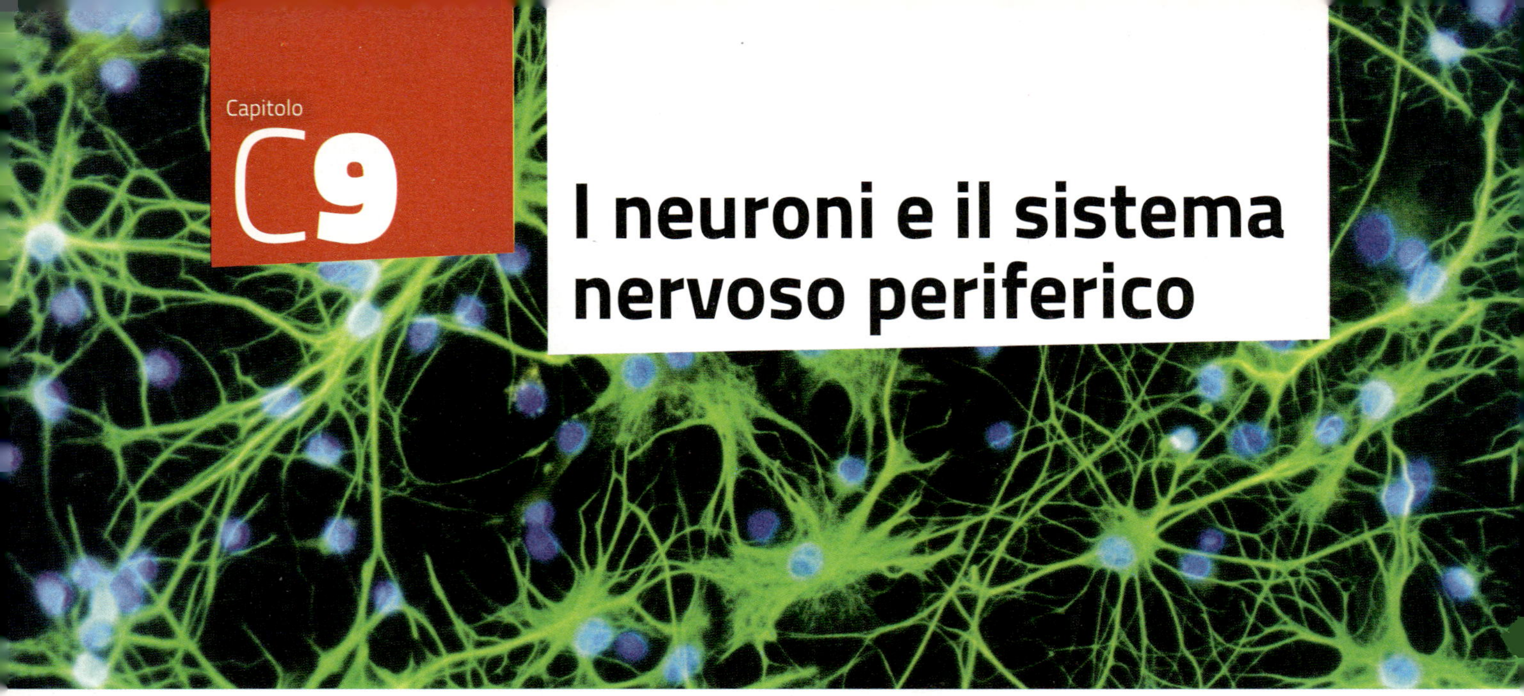

Capitolo C9

I neuroni e il sistema nervoso periferico

1 La propagazione del segnale nervoso

Il sistema nervoso è diviso in centrale e periferico

Le condizioni interne e quelle esterne al nostro corpo devono essere costantemente registrate e le informazioni che ne derivano vanno integrate, affinché l'organismo possa fornire risposte appropriate e mantenere l'omeostasi. L'integrazione di queste informazioni è effettuata mediante stimoli chimici e impulsi nervosi; i primi sono rappresentati dagli ormoni prodotti dal sistema endocrino (*vedi* capitolo C8), mentre i secondi sono trasmessi attraverso il **sistema nervoso** (**figura 1A**).

Dal punto di vista anatomico il sistema nervoso può essere diviso in **sistema nervoso centrale** (SNC), deputato a ricevere le informazioni per elaborare risposte, e **sistema nervoso periferico** (SNP), che collega il SNC agli organi di senso e a quelli effettori.

A lungo si è pensato che la regolazione delle attività fisiologiche di un animale per via endocrina e per via nervosa fossero processi differenti, a carico di due sistemi nettamente distinti. Invece, il sistema nervoso e quello endocrino collaborano e si integrano a vicenda, per produrre la risposta corporea più adatta alle modificazioni dell'ambiente esterno o interno.

A colpo d'occhio

SISTEMA NERVOSO
- CENTRALE (SNC): RICEVE INFORMAZIONI, ELABORA RISPOSTE
- PERIFERICO (SNP): COLLEGA SNC AGLI EFFETTORI

I neuroni sono formati da corpo cellulare, assone e dendriti

L'unità funzionale del tessuto nervoso è il **neurone**, un tipo di cellula in grado di trasmettere gli impulsi elettrici. I neuroni possono essere classificati in base a vari parametri, come la forma, il numero delle estroflessioni oppure la funzione. In base a questo ultimo criterio se ne individuano tre tipi principali: i *neuroni sensoriali* (o *afferenti*), che ricevono le informazioni dagli organi di senso e le trasmettono al sistema nervoso centrale, gli *interneuroni*, che trasmettono i segnali all'interno dell'encefalo e del midollo spinale, e i *neuroni motori* (o *efferenti*), che mandano gli impulsi dal sistema nervoso centrale agli organi effettori, come i muscoli o le ghiandole.

Ogni neurone (**figura 1B**) è caratterizzato da un **corpo cellulare**, che contiene il nucleo, da un **assone**, che è un lungo prolungamento che trasporta le informazioni in uscita, e da un certo numero di **dendriti**, prolungamenti più corti che ricevono le informazioni in entrata. Il **cono di emergenza** è la regione del corpo cellulare da cui parte l'assone, mentre alla fine dell'assone sono presenti delle ramificazioni che terminano con una porzione dilatata, il **bottone sinaptico** (o *terminazione assonica*), tramite la quale l'impulso nervoso passa a un organo effettore o a un altro neurone.

Le parole

I termini **neurone** e **nervo** derivano dal greco *neyron*, che significa «legamento».

A colpo d'occhio

FUNZIONE DEI NEURONI
- SENSORIALI (AFFERENTI)
- INTERNEURONI
- MOTORI (EFFERENTI)

Leggi l'approfondimento nell'ebook
Storia della scienza
La scoperta del NGF

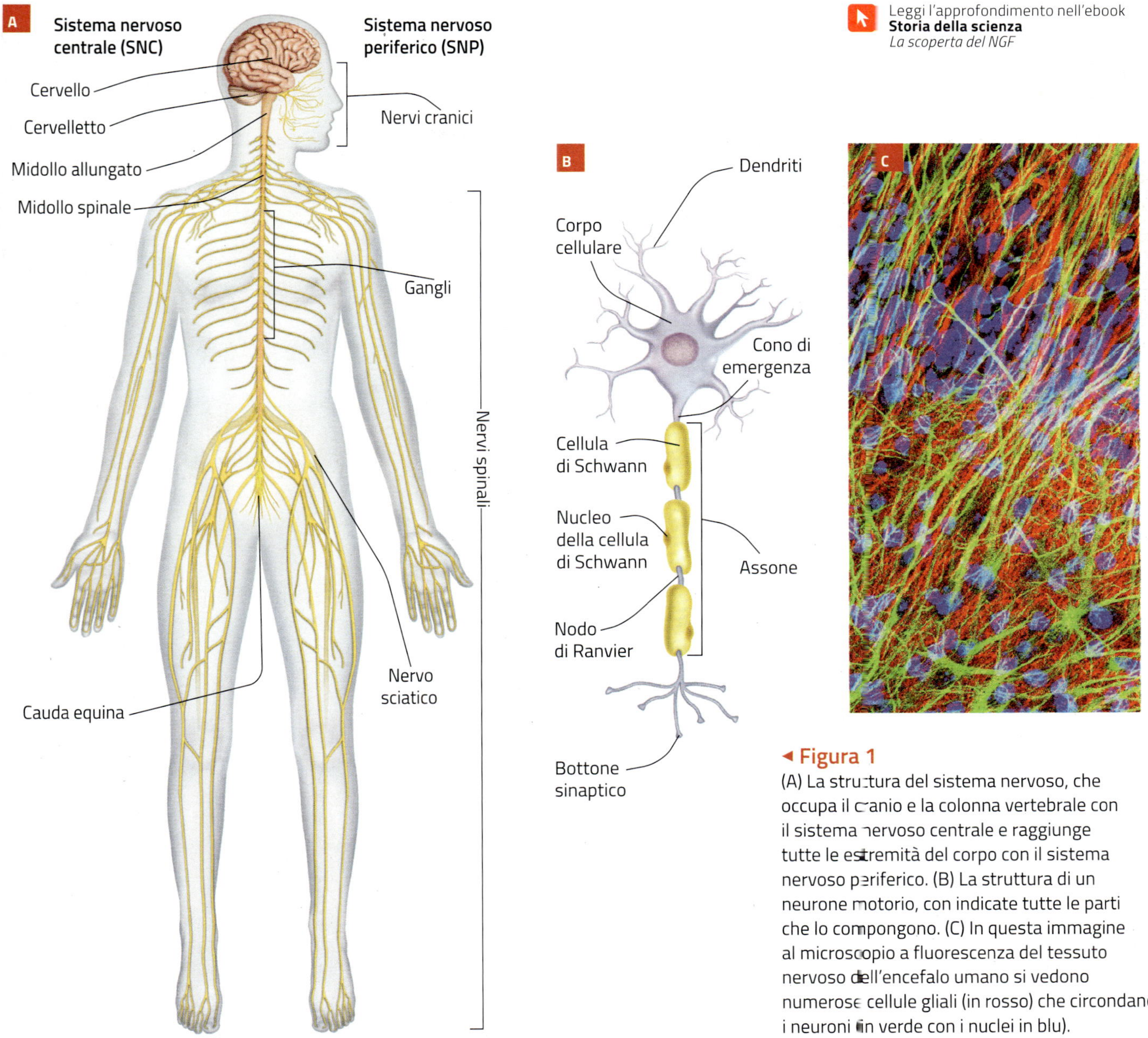

◂ **Figura 1**
(A) La struttura del sistema nervoso, che occupa il cranio e la colonna vertebrale con il sistema nervoso centrale e raggiunge tutte le estremità del corpo con il sistema nervoso periferico. (B) La struttura di un neurone motorio, con indicate tutte le parti che lo compongono. (C) In questa immagine al microscopio a fluorescenza del tessuto nervoso dell'encefalo umano si vedono numerose cellule gliali (in rosso) che circondano i neuroni (in verde con i nuclei in blu).

Le cellule gliali avvolgono gli assoni per sostenerli e isolarli dall'esterno

I neuroni sono circondati da **cellule gliali** che, in genere, non partecipano direttamente alla trasmissione dell'impulso, ma sono indispensabili per il corretto funzionamento dei neuroni stessi. Tali cellule provvedono al nutrimento dei neuroni, rimuovono i cataboliti, accelerano la conduzione dell'impulso nervoso e hanno funzione di sostegno, isolamento e protezione. Le cellule gliali rappresentano circa il 50% del tessuto nervoso e sono presenti in diverse tipologie. Una di queste è rappresentata dagli *astrociti*, che hanno forma stellata, forniscono sostegno ai neuroni e formano la **barriera emato-encefalica**, che protegge il cervello dall'ingresso di sostanze potenzialmente dannose trasportate dal sangue. La stessa funzione a livello periferico è fornita dalle *cellule satelliti*.

Gli **oligodendrociti** (a livello centrale) e le **cellule di Schwann** (a livello periferico) si avvolgono a spirale attorno agli assoni e formano una guaina ricca di **mielina**, un lipide con funzione isolante che conferisce al tessuto nervoso una caratteristica colorazione chiara. Ogni assone è avvolto da circa 100 strati mielinici; mentre gli oligodendrociti forniscono la guaina mielinica contemporaneamente a più neuroni, ogni cellula di Schwann produce una porzione di mielina per un singolo neurone. Esistono anche fibre amieliniche, ma sono più rare e meno efficienti nella trasmissione degli impulsi.

Le parole

Le **cellule gliali** devono il proprio nome al termine greco *glìa*, che significa «colla». La pronuncia del fonema «gli» in questa parola è la stessa del fiore «glicine».

► **Figura 2**
Le cellule di Schwann e gli oligodendrociti producono la guaina mielinica che avvolge i neuroni, ma lascia liberi i nodi di Ranvier.

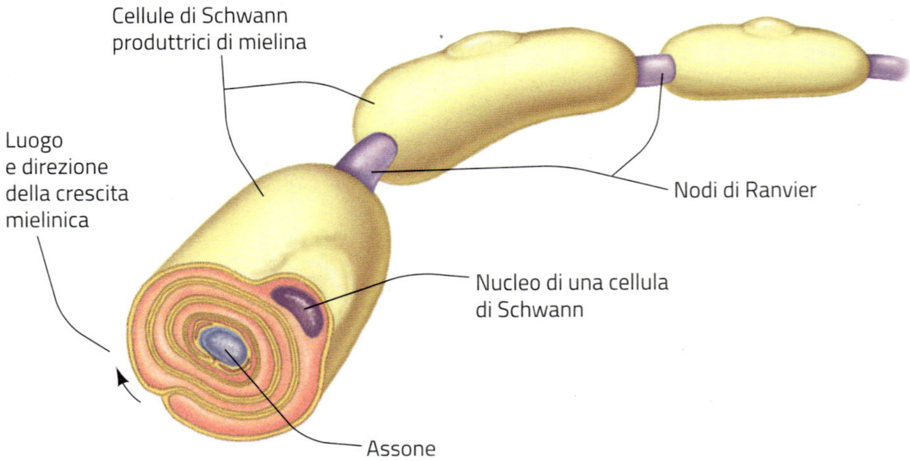

La guaina mielinica di ciascun assone non è continua, ma è formata da più cellule e presenta un certo numero di interruzioni ripetute a intervalli regolari, dette **nodi di Ranvier** (figura 2). Il cono d'emergenza e i bottoni sinaptici, che si trovano alle estremità opposte dell'assone, sono privi della guaina mielinica.

Il potenziale di riposo è dovuto alla differenza di concentrazione di Na^+ e K^+ ai due lati della membrana

I principali progressi nella comprensione della natura dell'impulso nervoso furono compiuti quando diventò possibile misurare la differenza del potenziale elettrico fra l'esterno e l'interno dei singoli neuroni. Il primo organismo sul quale furono effettuate queste misure fu il calamaro, a causa delle notevoli dimensioni degli assoni nei suoi neuroni motori (figura 3).

Se due microelettrodi sono collocati all'esterno del neurone e lontano da esso, non si registra nessuna differenza di potenziale. Se, invece, uno dei due elettrodi è posto all'interno del neurone, si registra una differenza di potenziale di circa –70 mV tra l'interno e l'esterno, con l'interno della membrana carico negativamente rispetto all'esterno: questo è il **potenziale di riposo** della membrana.

Ti ricordi?
La differenza di carica elettrica tra una zona a carica positiva e una zona a carica negativa è detta **potenziale elettrico**. Questa energia potenziale è trasformata in energia elettrica quando le particelle elettriche passano attraverso un conduttore che collega le due zone a carica differente. La differenza di energia potenziale si misura in *volt* oppure in *millivolt*.

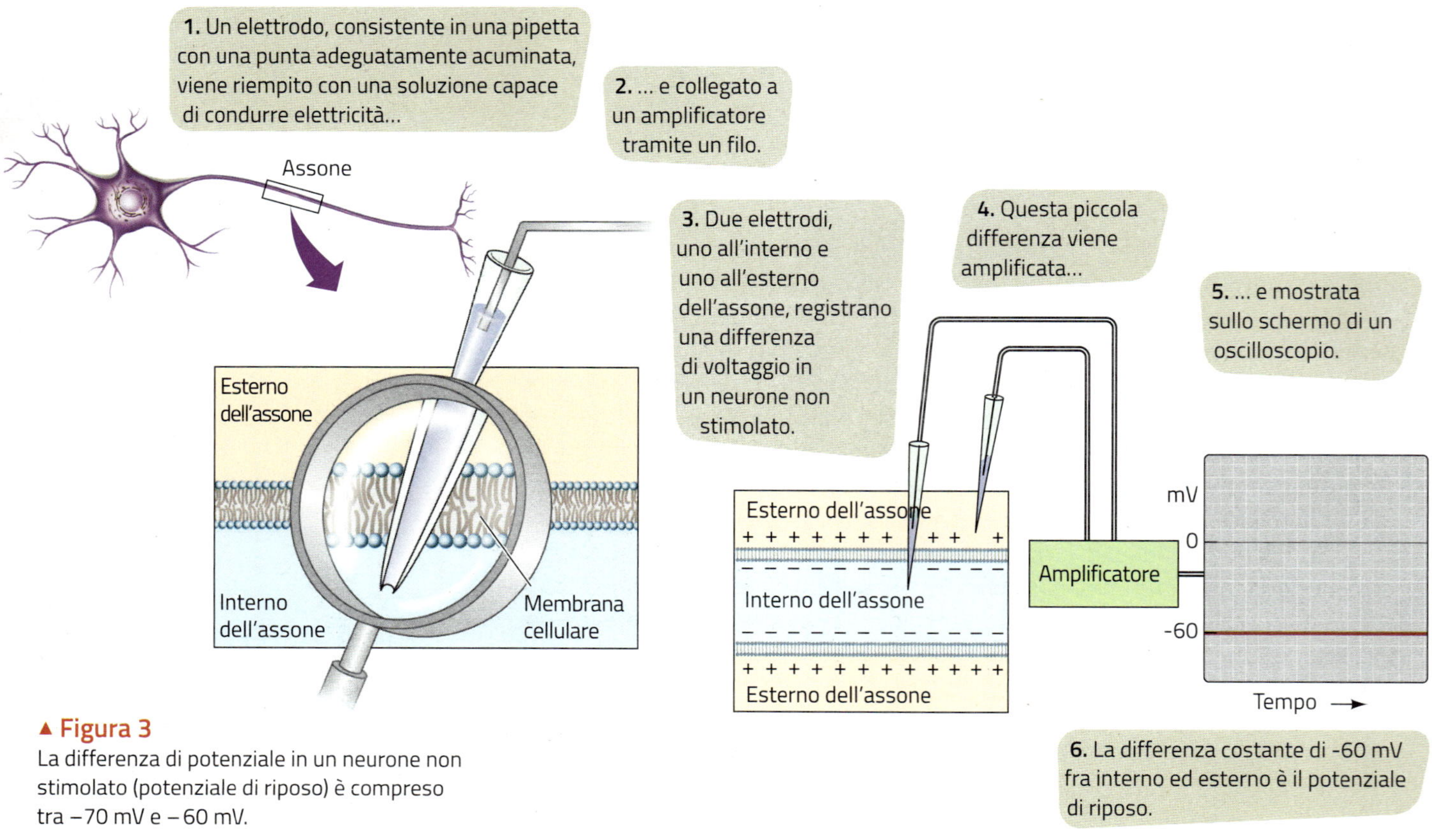

▲ **Figura 3**
La differenza di potenziale in un neurone non stimolato (potenziale di riposo) è compreso tra –70 mV e –60 mV.

Il potenziale elettrico dell'assone è determinato dalla differenza di concentrazione degli ioni presenti ai due lati della membrana, specialmente di quelli potassio (K^+) e sodio (Na^+). In condizioni di riposo la concentrazione degli ioni K^+ nel citoplasma di un assone è circa 30 volte maggiore rispetto all'esterno; viceversa, la concentrazione di ioni Na^+ è circa 10 volte maggiore nel liquido extracellulare rispetto al citosol.

La distribuzione degli ioni su entrambi i lati della membrana è regolata da tre fattori: (1) la diffusione di particelle secondo un *gradiente di concentrazione*; (2) l'*attrazione tra le particelle* di carica opposta e la repulsione tra quelle di carica uguale; (3) le *proprietà della membrana* dell'assone.

Il doppio strato fosfolipidico della membrana cellulare è impermeabile agli ioni e a gran parte delle molecole polari. Quindi, il passaggio di queste particelle dipende dalla presenza di tre tipi di proteine di membrana (**figura 4**):

- **canali di fuga**, ovvero proteine integrali di membrana attraverso cui le particelle possono passare per diffusione; la membrana dell'assone è ricca di proteine che forniscono i canali per il passaggio di ioni, in particolare Na^+ e K^+;
- **canali a controllo di potenziale**, che si aprono e si chiudono in base alle variazioni del potenziale elettrico e restano chiusi in condizioni di riposo;
- **pompa sodio-potassio** (pompa Na^+/K^+), una proteina integrale di membrana presente negli assoni con il compito di trasportare gli ioni Na^+ all'esterno e quelli K^+ all'interno. Con il consumo di una molecola di ATP, questa pompa fa uscire dall'assone 3 ioni sodio e fa entrare 2 ioni potassio; la pompa è sempre in funzione per mantenere il potenziale elettrico di riposo pari a -70 mV.

Guarda il video nell'ebook:
Il corpo umano in 3D
- *Il neurone*
- *The neuron*

▼ Figura 4
In condizione di riposo i canali del sodio e del potassio a controllo di potenziale sono in gran parte chiusi, mentre sono aperti i canali di fuga del potassio e del sodio; la pompa sodio-potassio è attiva e fa uscire dall'assone tre ioni Na^+ ogni due ioni K^+ che vengono fatti entrare.

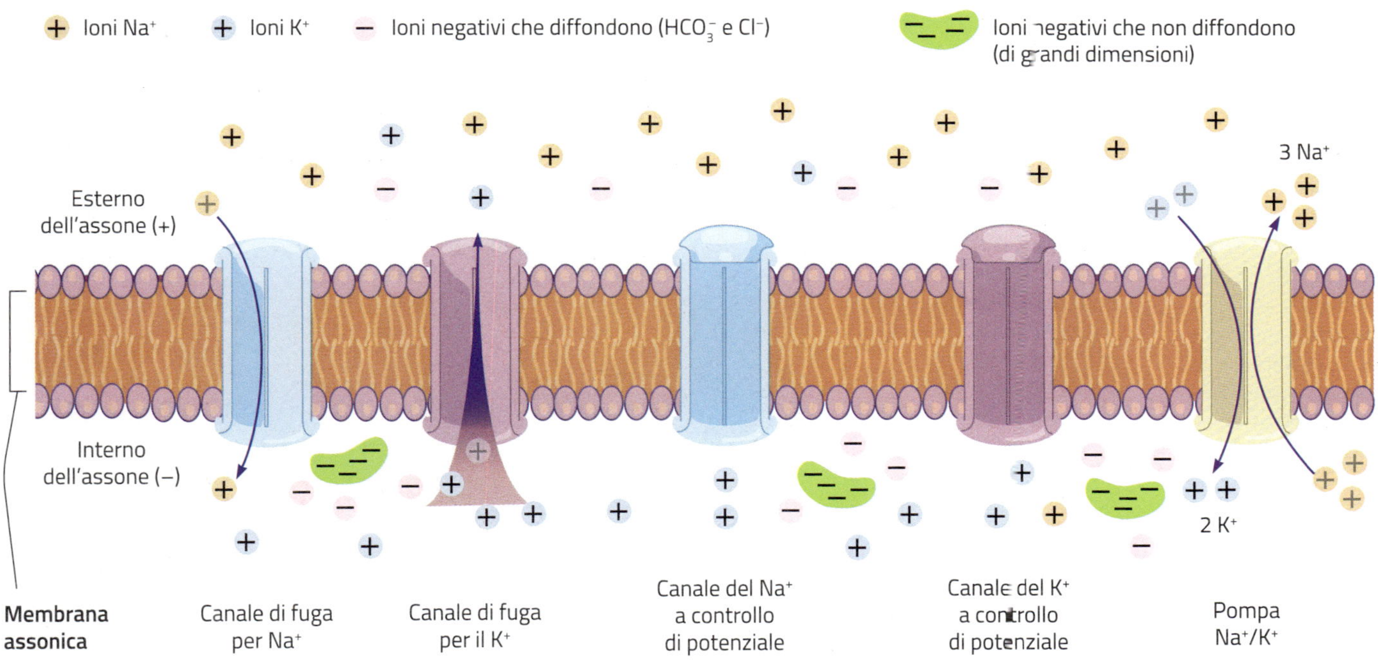

Il potenziale di riposo dipende da un delicato equilibrio tra la tendenza che avrebbero gli ioni K^+ a uscire dalla cellula attraverso i canali a flusso continuo che sono aperti e la loro tendenza a rimanere nel citosol. Se non vi fossero altre forze in gioco, gli ioni K^+ si muoverebbero secondo il gradiente di concentrazione, fino a raggiungere un'uguale distribuzione su entrambi i lati della membrana. Invece, a causa dell'impermeabilità del doppio strato fosfolipidico, le molecole cariche negativamente (acidi nucleici, proteine, amminoacidi e ATP) non possono seguire gli ioni K^+ fuori dalla cellula e questo attrae gli ioni K^+, impedendone un ulteriore movimento verso l'esterno.

Nelle condizioni di equilibrio si ha una lieve prevalenza di cariche negative all'interno della cellula e la membrana viene detta **polarizzata**. Questa condizione corrisponde al potenziale di riposo, pari a circa –70 mV, un valore che può variare in base al tipo di cellula.

Curiosità
Nel 1763, grazie a una serie di esperimenti eseguiti sulle rane, lo scienziato bolognese **Luigi Galvani** scoprì che la conduzione nervosa è associata a fenomeni elettrici.

Il potenziale d'azione è dovuto a un'inversione di polarità tra interno ed esterno della membrana

Se l'assone è percorso da uno stimolo, la carica interna diventa temporaneamente positiva rispetto all'esterno. L'inversione di polarità è il **potenziale d'azione** e il suo procedere lungo la membrana dell'assone corrisponde all'**impulso nervoso**. Questo processo può essere schematizzato in due fasi.

1. Quando la membrana dell'assone è stimolata, i canali del Na^+ a controllo di potenziale si aprono nel sito dello stimolo; gli ioni Na^+, molto più concentrati all'esterno, grazie all'azione della pompa sodio-potassio, passano rapidamente all'interno, muovendosi secondo il gradiente di concentrazione e attratti dalla carica negativa presente all'interno dell'assone. Questo ingresso di ioni positivi inverte temporaneamente la polarità della membrana, che diventa più positiva all'interno rispetto all'esterno, generando il potenziale d'azione (**figura 5A**); in questo punto della membrana, la differenza di potenziale passa da –70 mV a circa +40 mV. Tale modificazione della permeabilità al sodio dura soltanto un millisecondo, quindi i canali del sodio si chiudono e la membrana riacquista la sua precedente impermeabilità agli ioni Na^+. Questa è la **fase di depolarizzazione**.
2. Quasi immediatamente si aprono i canali del K^+ a controllo di potenziale presenti in questa stessa regione della membrana e gli ioni K^+ fuoriescono dall'assone (**figura 5B**). Il flusso verso l'esterno di ioni K^+ bilancia l'inversione di polarità dovuta al precedente flusso verso l'interno di ioni Na^+ e il potenziale elettrico si abbassa. I canali del K^+ si aprono e si chiudono lentamente. Per pochissimo tempo, quindi, escono gli ioni K^+ per gradiente di concentrazione, producendo una **fase post-iperpolarizzante** del potenziale d'azione, in cui il voltaggio diventa più negativo di quello di riposo, intorno a –80 mV. Infine, i canali del potassio si chiudono e grazie alla pompa sodio-potassio il potenziale di riposo è rapidamente ripristinato. Questa è la fase di **ripolarizzazione**.

▸ **Figura 5**
L'apertura dei canali per il sodio verso l'interno (A) e la successiva apertura di quelli per il potassio verso l'esterno (B) permettono all'impulso nervoso di procedere lungo l'assone.

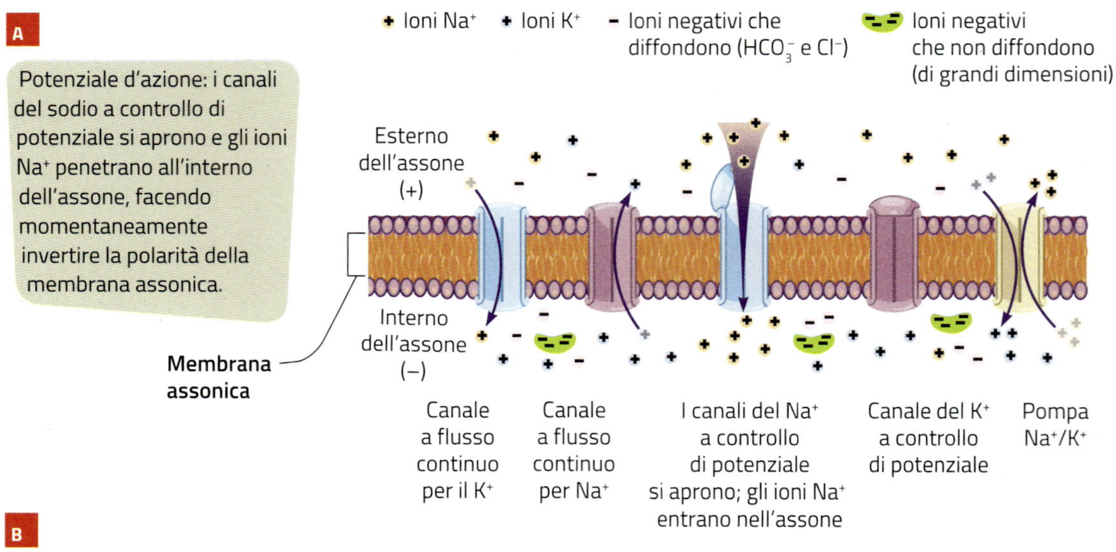

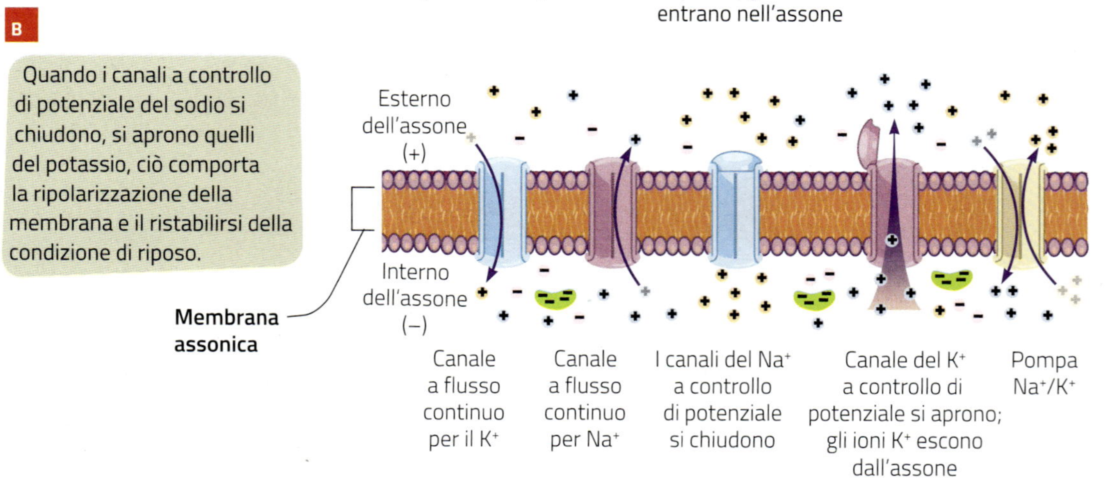

Il susseguirsi delle diverse fasi può essere riassunto con un grafico che mostra in ascissa il tempo e in ordinata il potenziale di membrana (**figura 6**).

Il numero reale di ioni interessati è relativamente piccolo, si calcola che, nel millisecondo in cui rimane aperto, ogni canale ionico consenta il passaggio di circa 7000 ioni Na^+ e un numero analogo di ioni K^+ esca dalla cellula per ripristinare il potenziale di riposo; di conseguenza, i potenziali d'azione possono muoversi con modificazioni delle concentrazioni ioniche nelle vicinanze della membrana assonica che non determinano cambiamenti sostanziali nelle concentrazioni interne degli ioni Na^+ e K^+.

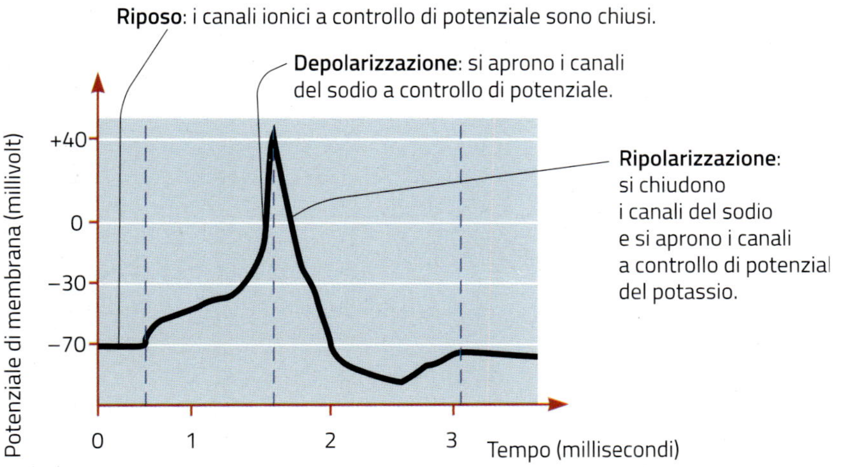

◂ **Figura 6**
Grafico di un potenziale d'azione, che mostra le varie fasi dei flussi ionici.

Il potenziale d'azione si autopropaga in una sola direzione

Una volta che si è originata, la temporanea inversione di polarità prodotta dall'impulso nervoso continua a spostarsi lungo l'assone. Il potenziale d'azione si autopropaga, perché nel momento di massima inversione di polarità (quando l'interno della membrana nella regione attiva è relativamente positivo) gli ioni positivi passano da questa regione all'area adiacente interna, che è ancora relativamente negativa. Come risultato, l'area adiacente diventa parzialmente depolarizzata, cioè meno negativa; la differenza di potenziale passa da –70 mV a –50 mV, un valore chiamato **soglia**, che permette l'apertura dei canali del sodio a controllo di potenziale.

L'aumento della concentrazione di ioni Na^+ all'interno dell'assone depolarizza l'area della membrana successiva, facendo aprire i relativi canali del sodio e permettendo al processo di ripetersi. Grazie a questo fenomeno, che si rinnova per tutta la lunghezza della membrana, l'assone è in grado di condurre un impulso nervoso per notevoli distanze senza che ne diminuisca l'intensità.

L'impulso nervoso si muove in un'unica direzione, poiché il segmento dell'assone immediatamente precedente al passaggio del potenziale d'azione ha un breve **periodo refrattario**, durante il quale la membrana risulta iperpolarizzata a causa di un eccesso di cariche positive al suo esterno (**figura 7**). Durante tale periodo i canali del sodio a controllo di potenziale non si possono aprire, quindi il potenziale d'azione può soltanto procedere in un'unica direzione.

Curiosità

Quando il corpo cellulare di un neurone è attivato, il primo punto in cui si manifesta il potenziale d'azione assonico è il **cono d'emergenza**, perché privo della guaina mielinica.

▾ **Figura 7**
La propagazione dell'impulso nervoso nelle diverse fibre segue una sola direzione: non appena il potenziale d'azione è passato, i canali del sodio si disattivano mentre sono aperti quelli del potassio, impedendo all'impulso di tornare indietro.

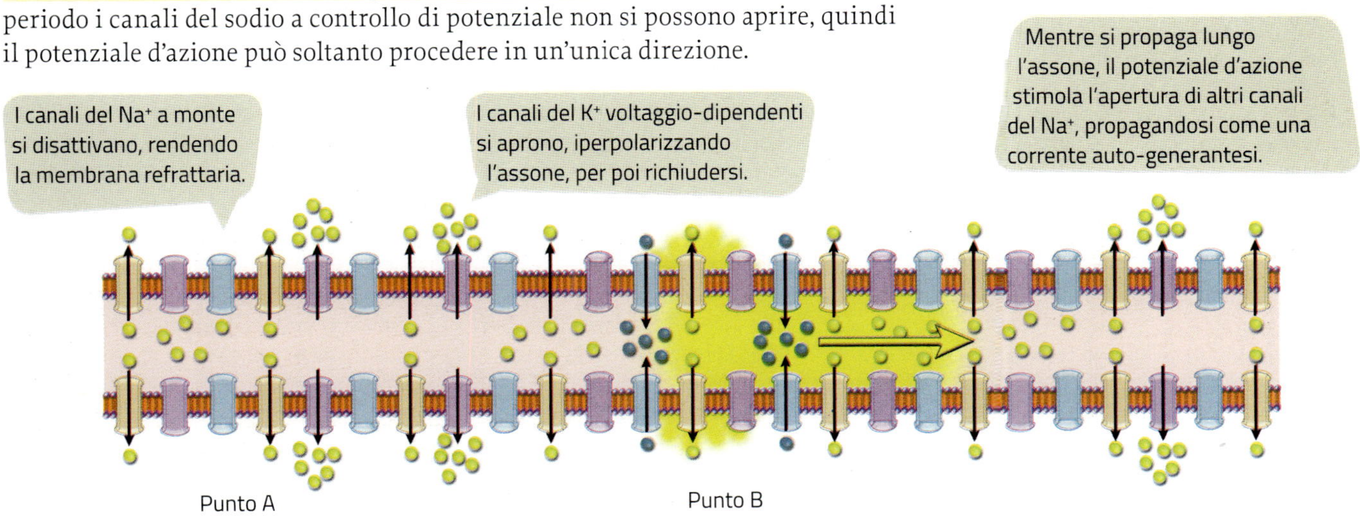

La velocità e la frequenza del potenziale d'azione

La risposta di un neurone a uno stimolo segue il *principio del «tutto o niente»* (in inglese, *all-or-none law*): se lo stimolo è abbastanza forte, si genera un potenziale d'azione, altrimenti non viene prodotto. In un dato neurone, il valore di questo potenziale rimane sempre uguale, a prescindere dall'intensità dello stimolo. Perciò, se si esercitano pressioni crescenti sull'epidermide, per esempio utilizzando un bastoncino arrotondato, non varia l'ampiezza, ma il numero dei potenziali d'azione che si producono; cioè, aumenta la frequenza con cui si generano gli impulsi nervosi in un determinato intervallo di tempo: più forte è lo stimolo, maggiore è il numero degli impulsi generati (**figura 8**).

Curiosità

Per attutire il dolore dato da un'infiammazione si applica del ghiaccio, perché il **freddo** riduce la sensibilità delle fibre dolorifiche; quando, invece, capita che un arto «si addormenti» riducendo la **pressione** che ha causato questo effetto, si avverte la riattivazione dei nervi sotto forma di formicolii.

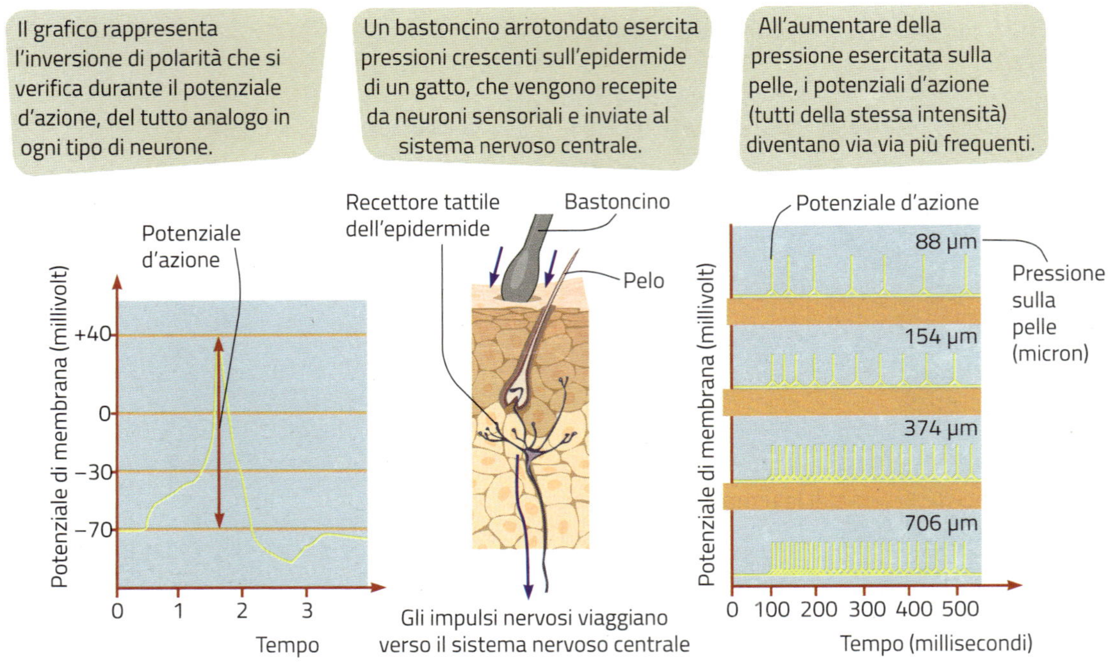

▸ **Figura 8**
Uno stimolo modifica la frequenza ma non l'intensità dell'impulso.

1 – La nostra salute

Le malattie che colpiscono i neuroni

Che cosa accomuna lo scrittore Gustave Flaubert, l'astrofisico Stephen Hawking e il tenore Marco Voleri? Tutti e tre sono stati colpiti, durante la loro vita, da una malattia che interessa i neuroni.

Il francese Flaubert, autore del romanzo *Madame Bovary*, soffriva di **epilessia** (o *sindrome epilettica*), una malattia causata da un «cortocircuito» temporaneo nelle cellule cerebrali, che si traduce in una scarica elettrica eccessiva da parte di un certo numero di neuroni. Questa alterazione funzionale genera il fenomeno clinico delle *crisi epilettiche* che si manifestano con perdita di conoscenza e contrazioni muscolari involontarie e violente. Le sindromi epilettiche sono di tipo *secondario* se derivano da un trauma cerebrale, oppure *idiopatiche* se hanno un'origine genetica.

In Italia circa 500 000 persone sono affette da epilessia, con un incremento annuale di 30 000 nuovi casi. Nei soggetti predisposti, le crisi epilettiche possono essere scatenate dalle luci intermittenti oppure dai contrasti luce-ombra. Questa forma, detta *epilessia fotosensibile*, colpisce circa 10 000 ragazzi italiani e rappresenta il 3% di tutti i nuovi casi di epilessia e il 10% di quelli tra i 7 e i 19 anni.

Stephen Hawking è invece, suo malgrado, uno dei casi più celebri di **sclerosi laterale amiotrofica** o SLA. Altre personalità che sono state colpite da questa malattia sono il direttore d'orchestra Ezio Bosso, il calciatore Stefano Borgonovo e il giocatore di baseball Lou Gehrig, al quale si deve anche un altro nome della SLA: *malattia di Gehrig*.

Questa patologia neurodegenerativa colpisce progressivamente i neuroni motori, con conseguente paralisi totale, e spesso porta alla morte dopo 3-5 anni dai primi sintomi. La SLA è una malattia rara, con un'incidenza annua di circa 2 casi ogni 100 000 individui e, in genere, si presenta più frequentemente negli uomini che nelle donne.

Gli studi per accertare le cause della SLA sono tutt'oggi in corso, secondo le ultime scoperte sembra essere implicata una mutazione per il gene che codifica l'enzima *superossido dismutasi 1* (SOD1), che ha il ruolo di proteggere il DNA dagli attacchi dei radicali liberi; la mutazione rende l'enzima inefficace e l'eccesso di radicali liberi danneggia i motoneuroni e gli assoni.

Il tenore Marco Voleri ha invece raccontato in un libro le difficoltà incontrate per conciliare il proprio lavoro con la malattia che lo ha colpito: la **sclerosi multipla** (SM). Questa patologia colpisce le guaine mieliniche, che sono progressivamente degradate e sostituite da placche, tant'è che la malattia è chiamata anche *sclerosi a placche*. Questo danneggiamento della mielina, che si presenta tra 15 e i 50 anni di età, impedisce agli impulsi nervosi di essere trasmessi correttamente e ciò porta a una progressiva paralisi. I sintomi comprendono difficoltà di deambulazione, scarso coordinamento motorio, disturbi della visione e della parola. La causa della malattia, che colpisce più di un milione di persone nel mondo, sembra un insieme di predisposizione genetica e fattori ambientali scatenanti, come alcune infezioni virali. Le cure includono l'utilizzo di antinfiammatori e medicinali immunomodulanti, ma sono in atto ricerche per trovare strade alternative.

La velocità di propagazione del potenziale d'azione, invece, varia in base a diversi parametri.

- Dimensione dell'assone: più grande è il diametro dell'assone, maggiore è la velocità di propagazione dell'impulso.
- Presenza o meno della guaina mielinica: visto che la mielina isola la membrana assonica, in sua corrispondenza non avviene lo scambio ionico, e quindi non può avere luogo il potenziale d'azione. I lunghi assoni sono generalmente avvolti da guaine mieliniche interrotte a intervalli regolari dai **nodi di Ranvier**, in corrispondenza dei quali gli ioni sodio e potassio possono entrare o uscire. In questo modo, nelle fibre mieliniche gli ioni diffondono all'interno dell'assone fino al successivo nodo di Ranvier; l'impulso, di fatto, salta da un nodo all'altro, invece che percorrere tutta la membrana (**figura 9**). Questa conduzione aumenta enormemente la velocità di propagazione: alcune grosse fibre nervose conducono gli impulsi alla velocità di 120 m/s, rispetto ai pochi millimetri al secondo delle piccole fibre amieliniche.
- Il freddo e la pressione sul nervo riducono la velocità di propagazione dell'impulso; ciò dipende dalla vasocostrizione che riduce l'afflusso di sangue e quindi la disponibilità di nutrienti e ossigeno per i neuroni.

A colpo d'occhio

VARIAZIONE DELLA VELOCITÀ DI PROPAGAZIONE
- DIMENSIONE DELL'ASSONE
- PRESENZA DELLA GUAINA MIELINICA
- VASOCOSTRIZIONE

▼ Figura 9
In una fibra mielinica i canali ionici e i trasporti mediante pompa sodio-potassio si trovano solo in corrispondenza dei nodi di Ranvier, quindi i potenziali d'azione «saltano» da un nodo al successivo.

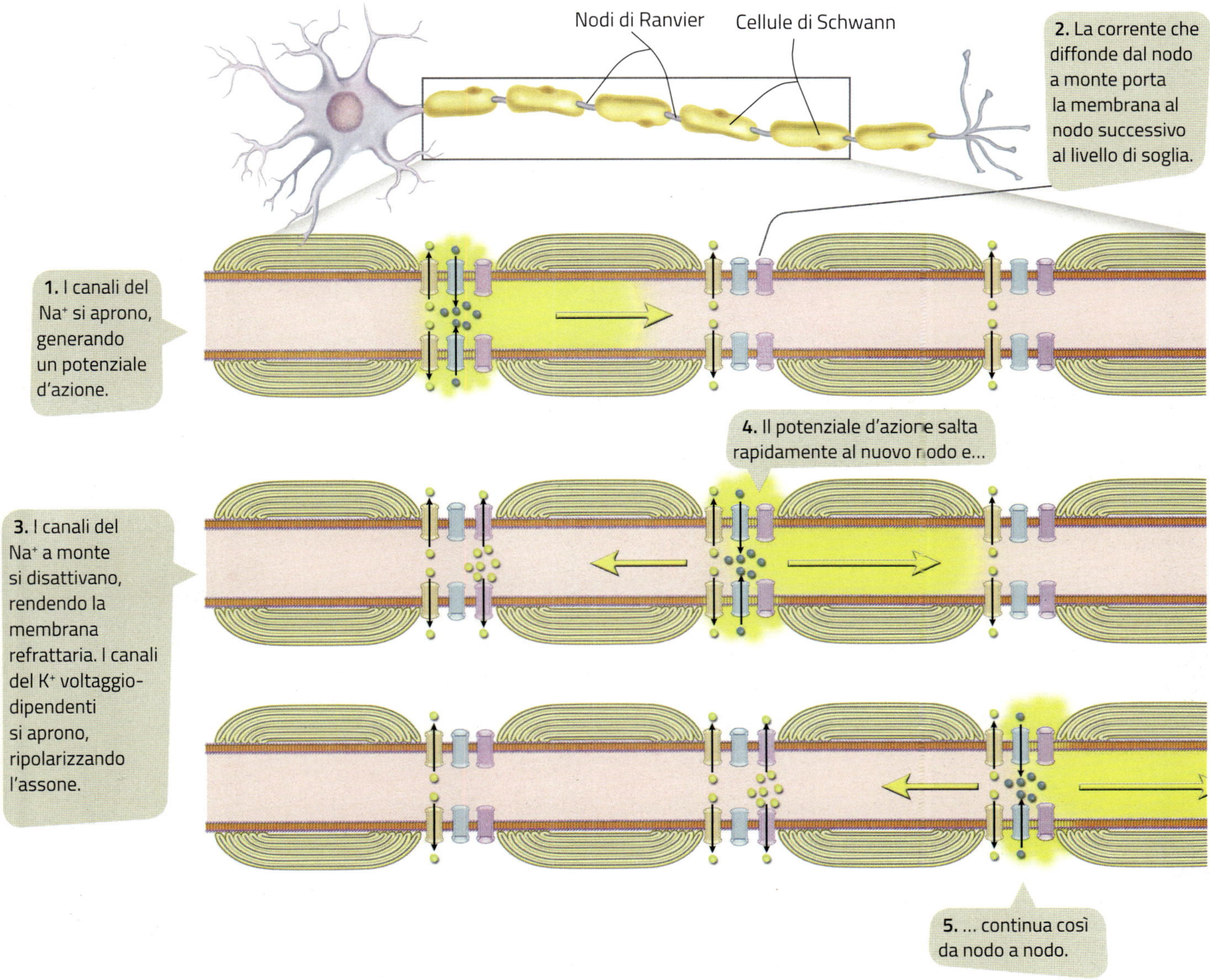

Facciamo il punto

1. Che cos'è il potenziale di riposo?
2. Che cos'è il potenziale d'azione?
3. Che cosa provoca l'inversione di polarità della membrana assonica?
4. Come si propaga l'impulso nervoso in una fibra mielinica?
5. Che cosa si intende per soglia?

2 La comunicazione tra neuroni

Ti ricordi?

Le **giunzioni comunicanti** sono un tipo di giunzione cellulare in cui i canali proteici si aprono in risposta a segnali chimici, permettendo il passaggio di ioni tra le due cellule.

A colpo d'occhio

SINAPSI — ELETTRICA
SINAPSI — CHIMICA — CELLULA PRESINAPTICA
CHIMICA — SPAZIO INTERSINAPTICO
CHIMICA — CELLULA POSTSINAPTICA

Le sinapsi possono essere elettriche oppure chimiche

I segnali sono trasmessi da un neurone all'altro attraverso giunzioni specializzate dette **sinapsi**, che possono essere di due tipi: elettriche e chimiche.

La **sinapsi elettrica** è una giunzione comunicante attraverso cui il potenziale d'azione si trasmette, senza interruzione e con la stessa frequenza, da un neurone all'altro, o da un neurone a un organo effettore (**figura 10A**). Nei mammiferi le sinapsi elettriche sono presenti solamente nel cuore e nel tubo digerente.

La **sinapsi chimica**, invece, non mette in contatto diretto i due neuroni, ma comprende uno *spazio intersinaptico* che separa la *cellula presinaptica*, che trasmette l'informazione dalla *cellula postsinaptica*, che la riceve (**figura 10B**). Il messaggio attraversa questo spazio, di circa 20-40 nm di ampiezza, grazie a molecole segnale dette **neurotrasmettitori**. I segnali trasmessi con le sinapsi chimiche hanno intensità variabile, ma in generale, più numerose sono le molecole del neurotrasmettitore che si legano ai recettori della cellula postsinaptica, più intenso è l'effetto indotto.

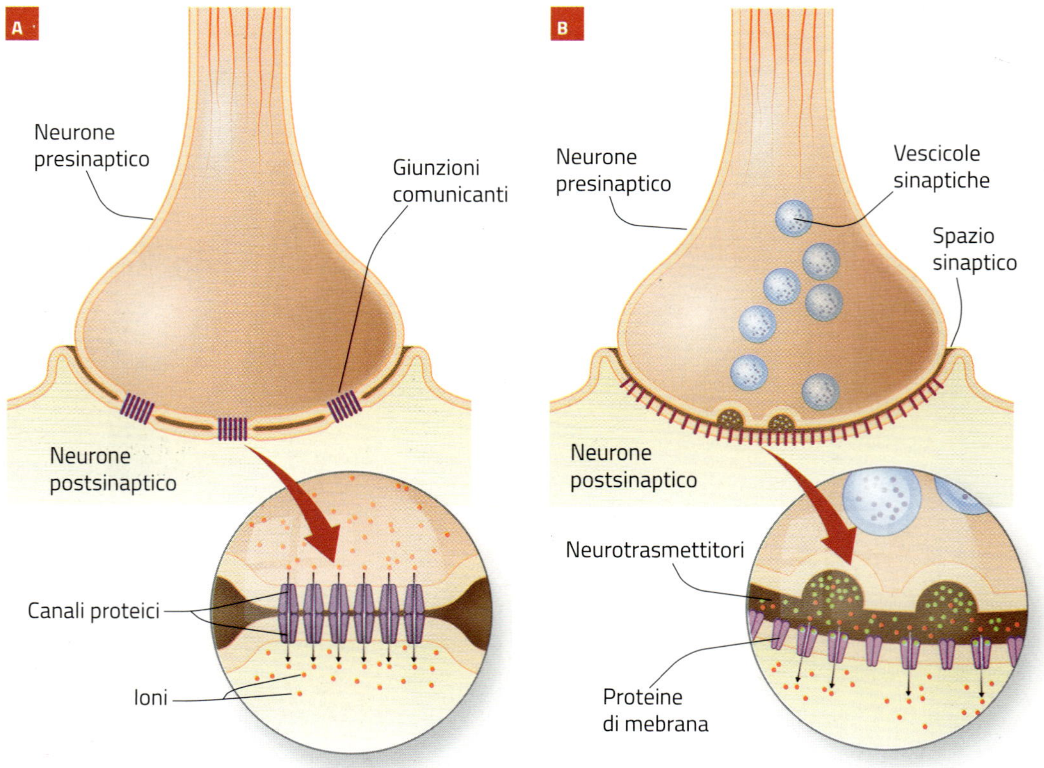

▸ Figura 10 Schema di una sinapsi elettrica (A) e di una sinapsi chimica (B).

I neurotrasmettitori inducono la depolarizzazione della membrana postsinaptica, che genera il potenziale d'azione

I neurotrasmettitori sono sintetizzati nei singoli neuroni e sono impacchettati all'interno di vescicole presenti nelle terminazioni assoniche. L'arrivo di un potenziale d'azione provoca l'apertura dei numerosi canali a controllo di potenziale del calcio (Ca^{2+}) presenti nella membrana assonica, con conseguente passaggio di ioni Ca^{2+} dal liquido extracellulare all'interno dell'assone. Questo ingresso provoca la fusione delle vescicole sinaptiche con la membrana cellulare e il conseguente rilascio dei neurotrasmettitori nello spazio intersinaptico.

Partendo dalla cellula presinaptica, i neurotrasmettitori attraversano lo spazio sinaptico e si combinano con specifici recettori posti sulla membrana della cellula postsinaptica; l'attivazione di questi recettori induce l'apertura dei canali a controllo di potenziale del sodio e la depolarizzazione della membrana postsinaptica, con la conseguente generazione di un nuovo potenziale d'azione (**figura 11**). L'apertura dei canali può avvenire direttamente oppure mediante l'intervento di un enzima che attiva un secondo messaggero, l'*AMP ciclico*.

Una volta eseguito il proprio compito, i neurotrasmettitori sono rapidamente rimossi per arrestarne gli effetti; questo aspetto è fondamentale per il controllo delle attività del sistema nervoso perché, se i neurotrasmettitori permanessero nello spazio sinaptico, provocherebbero un continuo invio di nuovi impulsi nei neuroni postsinaptici, e d'altronde una rimozione troppo rapida può causare un'attenuazione dello stimolo. A rimuovere i neurotrasmettitori intervengono enzimi specifici, oppure delle cellule gliali, che li captano o li scindono in molecole più piccole. A questo punto avviene il processo di **ricaptazione**, attraverso il quale i neurotrasmettitori, o i loro costituenti, sono riassorbiti dalla terminazione presinaptica e vengono riciclati.

Solitamente il passaggio dell'impulso a un neurone postsinaptico avviene attraverso numerose cellule presinaptiche, ciascuna con i propri neurotrasmettitori che forniscono un messaggio. Nell'assone del neurone postsinaptico s'instaura un potenziale d'azione solamente se l'effetto complessivo di tutti questi messaggi ha come esito una depolarizzazione sufficiente ad aprire i suoi canali del sodio.

A differenza di quanto avviene negli assoni, la quantità e il tipo di neurotrasmettitori che agiscono sui dendriti del neurone postsinaptico possono dare origine a stimoli con intensità diverse, a seconda del numero dei canali ionici coinvolti; questo processo dà origine al **potenziale graduato**.

▾ Figura 11
Trasmissione dell'impulso nervoso nella sinapsi chimica di una giunzione neuromuscolare.

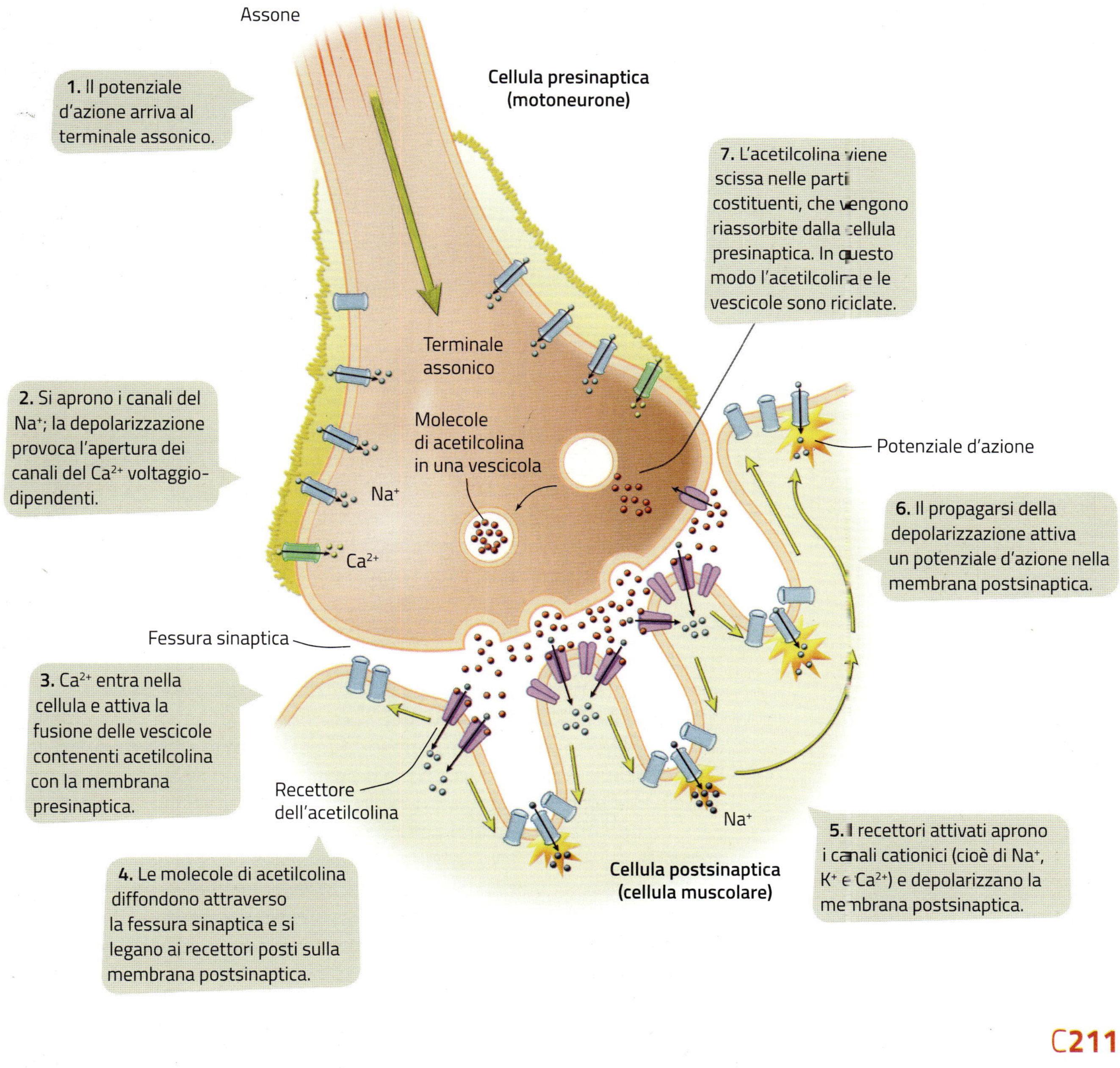

A colpo d'occhio

- SINAPSI CHIMICA
  - ECCITATORIA
    - APERTURA CANALI Na^+
  - INIBITORIA
    - APERTURA CANALI Cl^-

Non sempre l'arrivo di un impulso alla terminazione assonica genera una depolarizzazione nel neurone postsinaptico, infatti si possono avere **sinapsi inibitorie** oltre che **sinapsi eccitatorie**. Se il neurotrasmettitore liberato dalla membrana presinaptica induce l'apertura dei canali del sodio, si ha una depolarizzazione della membrana postsinaptica con effetto eccitatorio (EPSP, *excitatory postsynaptic potential*), mentre, se il neurotrasmettitore tende a impedire l'apertura dei canali del sodio, o apre altri canali ionici come quelli del cloro, l'effetto consiste in una iperpolarizzazione ed è inibitorio (IPSP, *inhibitory postsynaptic potential*). In questo caso, il passaggio nel neurone postsinaptico dell'impulso proveniente da altre sinapsi avverrà con difficoltà oppure sarà impedito del tutto.

Secondo alcuni studi, il cervello umano contiene circa 86 miliardi di cellule nervose e ognuna di esse entra mediamente in contatto con decine di migliaia di altri neuroni. Ogni singolo neurone, quindi, può ricevere contemporaneamente migliaia di impulsi, sia inibitori sia eccitatori. Tali impulsi arrivano in posizioni diverse della cellula postsinaptica e possono essere simultanei oppure arrivare in momenti differenti. Ogni impulso in entrata viene elaborato e integrato con gli altri per fornire una risposta univoca attraverso il fenomeno della **sommazione**. Il neurone si comporta quindi come un chip in un computer in grado di vagliare un'enorme quantità d'informazioni e di fornire le risposte adeguate (**figura 12**).

▸ **Figura 12**
Ciascun neurone si comporta come un chip all'interno di un supercomputer, in grado di integrare una grande quantità di informazioni e di fornire una risposta adeguata.

I neurotrasmettitori possono essere divisi in quattro tipi

In base alla loro natura chimica, i neurotrasmettitori possono essere suddivisi in quattro gruppi principali (**tabella 1**).

Il primo tipo comprende gli **amminoacidi** e ne fanno parte i neurotrasmettitori più diffusi nel cervello, come l'*acido γ-amminobutirrico* (GABA) e l'*acido glutammico*. Il GABA è un neurotrasmettitore inibitorio e il suo rilascio nello spazio sinaptico attenua la propagazione dell'impulso nervoso verso il neurone postsinaptico, mentre l'acido glutammico è un neurotrasmettitore eccitatorio che promuove la propagazione dello stimolo nervoso.

I neurotrasmettitori del secondo tipo sono le **ammine biogene**, come la *serotonina*, le *catecolamine* (dopamina, adrenalina e noradrenalina) e l'*acetilcolina*. Le ammine biogene hanno una concentrazione cerebrale piuttosto bassa rispetto ai neurotrasmettitori del primo tipo e la loro azione si esplica in maniera più lenta e meno marcata, anche se più persistente. Le catecolamine sono coinvolte nel controllo delle manifestazioni comportamentali, dei processi cognitivi e soprattutto delle emozioni. Per esempio, la *dopamina* è il principale neurotrasmettitore del cervello emozionale e ha un ruolo fondamentale nella regolazione di comportamenti, quali le reazioni nelle situazioni competitive o di pericolo; la *noradrenalina*, invece, è coinvolta nella regolazione dei comportamenti di reazione a un'emergenza e nella risposta allo stress. A livello del SNC produce attivazione cerebrale, aumentando l'attenzione vigile, mentre attraverso le fibre del SNP simpatico, accelera il battito cardiaco, aumenta la pressione arteriosa, mobilita gli zuccheri e dilata i bronchi.

A colpo d'occhio

- NEUROTRASMETTITORI
  - GAS
  - NEUROPEPTIDI
  - AMMINE BIOGENE
  - AMMINOACIDI

Le parole

Acetilcolina deriva dal prefisso *acetil* e da *colina*, parola a sua volta derivata dal termine greco *cholé*, «bile», perché inizialmente fu scoperta nel fegato.

Serotonina è composta da *serum*, «siero», e *tonina*, in relazione alla sua funzione vasocostrittrice.

L'*acetilcolina* (Ach) è il neurotrasmettitore utilizzato dai motoneuroni di tutti i vertebrati; quando la membrana postsinaptica si lega a esso il potenziale d'azione si propaga nelle cellule muscolari generandone la contrazione. Perché ciò accada ogni motoneurone deve rilasciare circa un centinaio di vescicole, ciascuna contenente 10 000 molecole di Ach. La *serotonina* è implicata nella regolazione di numerose funzioni del corpo umano a livello periferico, ma soprattutto a livello del sistema nervoso centrale. Da questo neurotrasmettitore dipendono la sensazione di ansia, i cicli sonno-veglia e il controllo della temperatura corporea.

Il terzo tipo di neurotrasmettitori è rappresentato dai **neuropeptidi**, sostanze che comprendono le *encefaline*, le *endorfine*, la *sostanza P*, la *neurotensina* e molte altre. I neuropeptidi sono molecole proteiche costituite da catene di lunghezza variabile (da 3 a 36 amminoacidi ciascuna) che possono essere rilasciati anche da speciali cellule presenti nell'intestino, nel cuore e nel pancreas. I neuropeptidi hanno un'azione piuttosto diversificata e sono coinvolti nel controllo di funzioni fisiologiche e comportamenti complessi, quali le reazioni a situazioni di piacere o di forte dolore. Le *endorfine*, in gran parte prodotte dall'ipofisi, hanno una funzione analgesica, infatti la maggior concentrazione di recettori per le endorfine è presente nella parte del midollo spinale in cui arrivano le fibre nervose sensoriali che conducono gli stimoli dolorifici.

Il quarto tipo di neurotrasmettitori è costituito dai **neurotrasmettitori gassosi.** In diverse aree del sistema nervoso è stata rilevata la presenza di enzimi che catalizzano la produzione di *ossido nitrico* (NO) e di *monossido di carbonio* (CO). A causa della loro natura gassosa, queste sostanze possono diffondere a distanza; inoltre, penetrano all'interno delle cellule per diffusione semplice, ma possono agire sia sulla membrana postsinaptica sia su quella presinaptica.

Tipo	Neurotrasmettitore	Sinapsi		Azione
		Inibitoria	Eccitatoria	
Amminoacidi	GABA	x		Agisce nel SNC
	Glicina	x		Agisce nel SNC
	Acido glutammico		x	Agisce nel SNC
	Acido aspartico		x	Agisce nel SNC
Ammine biogene	Serotonina	x	x	Agisce nel SNC e nel SNP
	Dopamina		x	Agisce nel SNC e nel SNP
	Acetilcolina		x	Nei muscoli scheletrici, partecipa anche alla regolazione del ciclo sonno-veglia e nel processo di memorizzazione, agisce nel SNC e nel SNP
	Adrenalina e noradrenalina	x	x	Agiscono nel SNC e nel SNP
Neuropeptidi	Peptidi oppioidi: encefaline ed endorfine			Partecipano al processo di analgesia (riduzione del dolore)
	Sostanza P		x	Interviene in alcune vie del dolore
	Neuropeptide Y			Regola i comportamenti alimentari
Neurotrasmettitori gassosi	Ossido nitrico			Partecipa al processo di apprendimento e di immagazzinamento della memoria
	Monossido di carbonio			Favorisce la sintesi dei secondi messaggeri

◂ **Tabella 1** I quattro tipi di neurotrasmettitori, con indicati alcuni esempi, il tipo di sinapsi su cui agiscono e il sito della loro azione principale.

Facciamo il punto

1. Che differenza esiste tra sinapsi elettrica e chimica?
2. Come si trasmette l'informazione nella sinapsi chimica?
3. Confronta la sinapsi eccitatoria e quella inibitoria.
4. Descrivi i quattro principali tipi di neurotrasmettitori.

Le malattie legate ai neurotrasmettitori

I neurotrasmettitori regolano l'attività dei neuroni, per cui una variazione della loro attività può causare gravi danni al funzionamento del sistema nervoso (e quindi dell'intero organismo). Le conseguenze di tale disfunzione possono essere diverse: da uno stato di ansia più o meno forte alla depressione, fino a malattie conclamate, come la schizofrenia o la malattia di Parkinson.

Per **ansia** s'intende lo stato di preallarme che si manifesta con una serie di sensazioni fisiche e psichiche quali nervosismo, irritabilità, mani fredde e sudate, senso di nausea e di costrizione alla gola e agitazione motoria. Normalmente l'ansia è utile perché predispone l'organismo ad affrontare una situazione difficile; diventa, invece, dannosa quando si manifesta in assenza di uno stimolo scatenante o quando la reazione determina una riduzione della capacità di utilizzare le proprie risorse per superare gli ostacoli o risolvere i problemi che hanno generato l'ansia stessa. In questi casi, l'ansia diventa patologica e può essere trattata tramite la somministrazione di farmaci ansiolitici come le *benzodiazepine*. Queste sostanze agiscono sugli stessi recettori postsinaptici a cui si lega il GABA, aumentando la loro affinità con il neurotrasmettitore; ciò determina un potenziamento dell'azione del GABA e una riduzione della eccitabilità dei neuroni coinvolti. Le benzodiazepine, pertanto, non hanno un meccanismo d'azione diretto, ma rendono più efficace la naturale azione tranquillante del GABA.

Una scarsa produzione di ammine sembra, invece, essere correlata alla **depressione**, una condizione psicologica che si manifesta con insonnia, stanchezza, disinteresse, tristezza e mancanza di appetito. Per ridurre l'effetto di questo problema, talvolta occorre ricorrere agli *psicofarmaci*, sostanze in grado di modificare lo stato d'animo e il comportamento di una persona interagendo chimicamente con alcune aree encefaliche. In questa categoria rientrano gli *antidepressivi* come, per esempio:

- i *triciclici* (TCA), che agiscono impedendo la ricaptazione di alcuni neurotrasmettitori (in particolare la noradrenalina), aumentandone il tempo di permanenza a livello sinaptico;
- gli *inibitori della ricaptazione della serotonina* (SSRI);
- gli *inibitori delle monoamminoossidasi* (IMAO), enzimi che distruggono i neurotrasmettitori, aumentandone così le quantità nello spazio sinaptico.

L'effetto di queste sostanze può essere molteplice, per cui la loro assunzione va tenuta sotto lo stretto controllo di un medico.

L'iperattività dei neuroni che utilizzano dopamina può determinare sindromi di tipo maniacale come la **schizofrenia**. Questa è una malattia psichiatrica altamente debilitante che colpisce quasi l'1% della popolazione, producendo gravi sintomi quali disturbi del comportamento e dell'umore, allucinazioni uditive e visive, e tendenza a sfuggire dalla realtà. Tra le personalità che soffrirono di questa malattia c'è il pittore olandese Vincent Van Gogh (**figura A**), divenuto famoso per la bellezza delle sue opere e per le vicende travagliate a cui andò incontro nel corso della vita.

Esiste una forma *acuta* di schizofrenia, che si manifesta con attacchi violenti e improvvisi (talvolta anche autolesionistici), e una forma *cronica*, caratterizzata da isolamento sociale, perdita di interesse per la vita, sospettosità nei confronti degli altri e appiattimento affettivo. I principali farmaci per il trattamento della schizofrenia sono i *neurolettici*, sostanze antipsicotiche utilizzate nella pratica psichiatrica da decenni; i neurolettici tendono a legarsi con i recettori postsinaptici per la dopamina, occupando i loro siti di legame e bloccando le conseguenze dovute a un eccesso di questo neurotrasmettitore.

La **malattia di Parkinson** insorge di solito dopo i 55 anni di età ed è caratterizzata da rigidità muscolare, debolezza, tremore (che si manifesta con movimenti ritmici e involontari, ma scompare durante il sonno), acinesia (difficoltà nei movimenti) e andatura strascicata. Questa malattia è causata da una insufficiente produzione di dopamina dovuta a un progressivo calo del numero dei neuroni dopaminergici in nuclei cerebrali coinvolti nella regolazione del movimento. La malattia di Parkinson colpisce i maschi con una lieve prevalenza rispetto alle femmine e si manifesta nello 0,4% della popolazione; in Italia vi sono circa 200 000 malati. Tra le personalità di spicco che soffrono (o hanno sofferto) di questa malattia ci sono il pugile Muhammad Alì (**figura B**), il papa Giovanni Paolo II e l'attore Michael J. Fox.

I sintomi di questa patologia vengono alleviati da un farmaco chiamato *levodopa* (l-Dopa), una sostanza che alcuni neuroni sono in grado di trasformare in dopamina, in modo da ottenerne le quantità necessarie all'organismo. Di recente sono stati introdotti altri farmaci che imitano la dopamina, i *dopaminoagonisti*, e un farmaco a effetto antiossidante, la *rasagilina*, che sembra dare buoni risultati nel rallentare la progressione della malattia.

▲ **Figura A**
Le opere di Vincent Van Gogh sono state studiate da molti psichiatri, che hanno cercato di ricostruire il suo stato clinico e psicologico.

▲ **Figura B**
A Muhammad Alì, oro olimpico nel 1960 per il pugilato e più volte campione mondiale di pesi massimi, fu diagnosticata la malattia di Parkinson all'età di 42 anni.

3 L'anatomia del sistema nervoso periferico

Le vie sensoriali e le vie motorie formano il SNP

Il **sistema nervoso periferico** è formato dalle *vie sensoriali*, che ricevono informazioni dagli organi e le trasmettono al sistema nervoso centrale, e dalle *vie motorie* che trasmettono le informazioni agli organi effettori (*vedi* **figura 1**).

I corpi cellulari dei neuroni sono spesso raggruppati a formare ammassi detti **gangli**, mentre gli assoni sono raggruppati in fasci che prendono il nome **nervi**. Le fibre dei neuroni motori e sensoriali sono raccolte in due diversi tipi di nervi, a seconda che siano collegati all'encefalo o al midollo spinale: i **nervi cranici** connettono direttamente i neuroni motori e sensoriali con l'encefalo, mentre i **nervi spinali** stabiliscono la connessione con il midollo spinale.

A colpo d'occhio

SISTEMA NERVOSO PERIFERICO
- VIE SENSORIALI
- VIE MOTORIE

I nervi cranici sono 12 paia, i nervi spinali sono 31 paia

I **nervi cranici** sono formati da fasci di nervi sensoriali e motori che mettono in relazione le regioni della testa e del collo con la porzione encefalica del sistema nervoso centrale. Questi nervi sono numerati in 12 paia (12 a destra e 12 a sinistra; **tabella 2**): ogni paio di nervi copre determinate regioni della testa e del collo, tranne il *nervo vago*, che si prolunga a innervare il torace e l'addome. Molti nervi cranici sono detti *misti*, perché hanno una componente sia sensoriale sia motoria; altri, invece, sono sensoriali o motori.

I **nervi spinali** sono in connessione con il midollo spinale dalla regione del collo fino a quella sacrale. A differenza dei nervi cranici, i nervi spinali prendono il nome dalla zona vertebrale corrispondente. Ognuna delle 31 coppie di nervi spinali entra ed esce dal midollo spinale grazie agli spazi intervertebrali; la fibra motoria di ogni coppia innerva i muscoli di una determinata area del corpo, mentre la fibra sensoriale riceve impulsi dai recettori della stessa area.

A colpo d'occhio

NERVI
- CRANICI
- SPINALI

Nervo I olfattivo	Le fibre sensoriali dell'olfatto partono dalla mucosa nasale, portano l'informazione degli odori ai bulbi olfattivi e da qui alla corteccia olfattiva.
Nervo II ottico	Le fibre sensoriali della vista partono dalla retina, si incrociano a livello del chiasma ottico e portano le informazioni sulla visione alla corteccia visiva.
Nervo III oculomotore	Fornisce fibre motorie che partono dal mesencefalo e vanno a innervare alcuni muscoli dell'occhio e la palpebra.
Nervo IV trocleare	Fornisce fibre motorie che partono dal mesencefalo e vanno a innervare il muscolo obliquo laterale dell'occhio.
Nervo V trigemino	Nervo molto robusto e importante, raccoglie informazioni dai recettori di viso, mucosa del naso e bocca, trasporta i nervi motori dei muscoli masticatori.
Nervo VI abducente	Formato da fibre motorie per il muscolo retto laterale dell'occhio.
Nervo VI facciale	Fornisce fibre sensoriali del gusto dalla porzione anteriore della lingua e fibre motorie per i muscoli mimici facciali, ghiandole salivari e lacrimali.
Nervo VIII vestibolo-cocleare	Ha solo fibre sensoriali che trasmettono stimoli per il senso dell'equilibrio nel ramo vestibolare, stimoli del senso dell'udito nel ramo cocleare.
Nervo IX glosso-faringeo	Trasmette stimoli gustativi della porzione posteriore della lingua, stimoli pressori dalla carotide, contiene fibre motorie per le ghiandole salivari e la faringe, coordinando la deglutizione.
Nervo X vago	Comprende fibre sensoriali e motorie per faringe, laringe, torace e addome.
Nervo XI accessorio	Soprattutto motorio per alcuni muscoli del collo (sternocleidomastoideo e trapezio).
Nervo XII ipoglosso	Fibre sensoriali e motorie da e per la lingua.

◂ **Tabella 2**
I nervi cranici e le loro caratteristiche principali.

Le fibre motorie e sensoriali dei nervi spinali si separano tra loro quando giungono al midollo spinale (**figura 13**). Le fibre sensoriali entrano nel midollo spinale dalla **radice dorsale**, dove possono formare delle sinapsi con gli interneuroni o i neuroni motori, oppure possono salire verso il cervello. I corpi cellulari dei neuroni sensoriali si trovano nei *gangli della radice dorsale*, esternamente al midollo spinale. Le fibre dei neuroni motori emergono, invece, dal midollo spinale dalla **radice ventrale**, mentre i corpi cellulari sono situati all'interno del midollo spinale, dove ricevono gli impulsi dagli interneuroni e dai neuroni sensoriali.

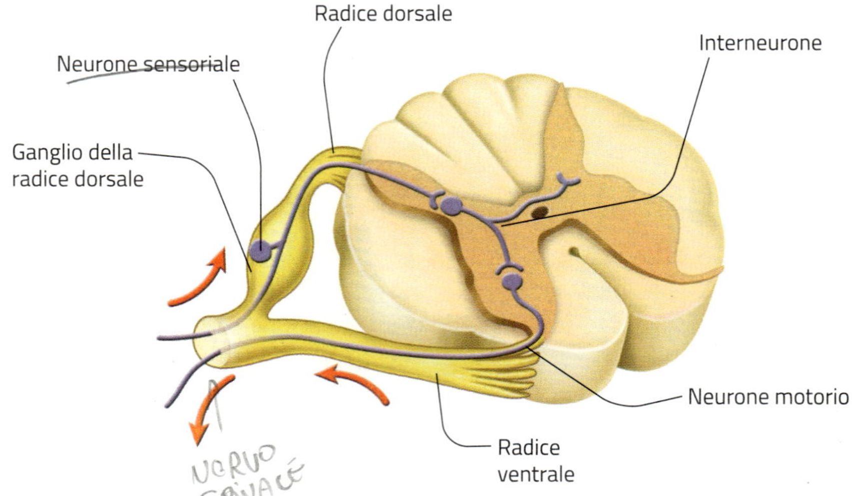

▸ **Figura 13**
Sezione trasversale del midollo spinale.

2 - Per saperne di più

Gli effetti delle sostanze psicoattive

Esistono numerose sostanze che interagiscono con l'attività dei neurotrasmettitori, potenziando o inibendo la loro azione, oppure sostituendosi a essi; in generale sono chiamate **sostanze psicoattive** o **droghe**. Alcune sono utilizzate in medicina per alleviare lo stato di sofferenza dei pazienti, mentre altre, come la caffeina presente nel caffè, nel tè e nella cioccolata, e l'alcol contenuto nel vino, nella birra e nei liquori, fanno parte delle nostre abitudini alimentari.

L'assunzione di sostanze psicoattive (**tabella**) innesca diverse risposte del sistema nervoso. Inizialmente si verifica il fenomeno della **tolleranza**, che consiste nella necessità di ingerire dosi sempre crescenti di sostanze psicoattive per ottenere gli effetti che inizialmente si ottenevano con dosi inferiori. Con la tolleranza inizia anche il processo di **assuefazione**, che consta nell'abituarsi agli effetti piacevoli che si ottengono con le prime assunzioni e nel desiderio impellente di ripetere l'esperienza. L'uso prolungato di una sostanza psicoattiva può poi generare **dipendenza**, ovvero il bisogno continuo di assumere la sostanza stessa e la progressiva difficoltà nel riuscire a smettere o a ridurne le dosi. Infatti, l'improvvisa riduzione dei livelli di queste sostanze nel sangue può essere seguita dalla brusca comparsa dei sintomi di **astinenza**, che comprendono sia fenomeni mentali (*astinenza psichica*), quali irritabilità, ansietà, aggressività, depressione, sia fisici (*astinenza fisica*), come tremori, tachicardia, ipertensione, dolori diffusi, contrazioni muscolari e disturbi gastrointestinali.
Un grave rischio che si corre facendo uso di droghe, come la *cocaina* e *l'eroina*, è l'**overdose**, che consiste in un'assunzione tale di dosi da portare l'individuo allo stato di coma, con esiti spesso fatali. I sintomi dell'overdose sono inizialmente tremori muscolari, confusione mentale, delirio, psicosi, convulsioni e, infine, collasso cardiocircolatorio.

DAL CAFFÈ AI PAPAVERI

Sui recettori per la noradrenalina agiscono la *caffeina*, la *nicotina* e le *amfetamine*, che stimolano l'attività del cervello imitando l'azione dei neurotrasmettitori eccitatori delle sinapsi. La *nicotina* favorisce anche la liberazione di dopamina a livello del sistema nervoso centrale, generando senso di benessere e alleviando la stanchezza.

Le *sostanze allucinogene*, invece, inducono il rilascio di serotonina, mentre la *ketamina* blocca i recettori per l'acido glutammico. Anche l'*hashish* e la *marijuana* inibiscono l'azione dell'acido glutammico e hanno un'azione analgesica, da cui deriva il loro utilizzo anche per scopi medici. Infine, l'alcol ha un effetto inibitorio sulle sinapsi centrali, grazie al potenziamento dell'effetto del GABA. Ne consegue rilassamento, ma anche diminuzione della coordinazione motoria.

Le droghe derivate dal papavero da oppio, come la *morfina* e l'*eroina*, grazie alla loro somiglianza molecolare con le endorfine, si combinano con i loro recettori; purtroppo questi oppiacei esterni, agendo con un meccanismo a feedback, riducono la normale produzione di endorfine endogene. Da ciò deriva la forte dipendenza che caratterizza queste droghe: il corpo si abitua a produrre meno endorfine e gli effetti della carenza diventano drammatici in assenza di assunzione delle droghe stesse. La parola «oppio» proviene dal greco *opion*, che letteralmente significa «polpa di papavero» e dall'epoca degli antichi Greci, la polpa di papavero e i suoi derivati sono le sostanze più potenti per combattere il dolore (analgesici). Infatti, la maggior concentrazione di recettori per le endorfine si riscontra nella parte del midollo spinale in cui arrivano le fibre nervose sensoriali che conducono gli stimoli dolorifici dalle varie parti del corpo. Dato che i recettori per le endorfine si trovano anche nelle zone cerebrali che presiedono all'umore e alle emozioni, le endorfine, e quindi gli oppiacei, oltre ad aumentare la tolleranza al dolore, sono responsabili del senso di benessere.

▸ **Tabella**
Le principali sostanze psicoattive.

Nel midollo spinale i neuroni sensoriali, gli interneuroni e i neuroni motori sono spesso connessi tra loro mediante **archi riflessi**, circuiti neuronali che permettono una risposta agli stimoli semplice e rapida. Per esempio, se camminando a piedi nudi si poggia un piede su un frammento di vetro e ci ferisce, i neuroni sensoriali trasmettono l'informazione agli interneuroni nel midollo spinale che, a loro volta, sollecitano i neuroni motori a ritrarre la gamba rapidamente per evitare un danno maggiore. Stesso processo si verifica quando si prova il riflesso patellare colpendo il ginocchio con un martelletto. Queste risposte avvengono prima che il cervello abbia avuto il tempo di elaborare lo stimolo del dolore.

Guarda il video nell'ebook:
3 minuti di salute
Gli effetti delle droghe e la dipendenza

Sostanze	Origine e caratteristiche	Effetti	Danni
Alcol	Derivato dalla fermentazione degli zuccheri della frutta o di cereali.	Potenzia l'effetto del GABA deprimendo l'azione dei centri cerebrali superiori che regolano i comportamenti umani; l'effetto iniziale dell'alcol è stimolante ed euforizzante: riduce le tensioni e le inibizioni, rende espansivi e loquaci. Rallenta il pensiero e diminuisce la coordinazione motoria, ma il rallentamento delle percezioni rende la persona inconsapevole.	L'assunzione eccessiva di alcol innesca una catena di eventi che vanno dalla tolleranza all'assuefazione, fino alla dipendenza. Oltre a gravissimi danni al fegato, fra le conseguenze è nota una forma di demenza permanente, la *sindrome di Korsakoff*, che consiste in una degenerazione del cervello causata dall'alcolismo cronico.
Nicotina	Deriva dalla combustione del tabacco.	Stimolante, favorisce nel giro di pochi secondi la liberazione di dopamina.	Tossica: produce caduta di capelli, invecchiamento, indebolimento del sistema immunitario con conseguente aumento delle probabilità di insorgenza del cancro; crea forte dipendenza fisica. La dipendenza psichica da nicotina è molto forte e rende estremamente difficile smettere di fumare.
Cannabinoidi	Dalla *Cannabis indica*, pianta di origine asiatica, si ricavano la marijuana e l'hashish.	La sensazione di benessere deriva dall'aumento delle percezioni gradevoli e da un'alterazione della realtà; possono avere effetto eccitante oppure sedativo il cui uso prolungato può portare a depressione.	Provocano depressione del sistema immunitario; fanno emergere psicosi o atteggiamenti maniacali e tachicardia. Dipendenze fisica e psichica sono diverse da persona a persona.
Allucinogeni	Sono sostanze presenti, per esempio, in alcuni funghi (psilocibina e psilocina) o in piante come i cactus (peyote) e la segale cornuta (l'LSD è derivato dalle sue sostanze alcaloidi).	Provocano allucinazioni di tipo visivo, uditivo e fisico che possono essere piacevoli ma anche terrorizzanti; inducono rapido benessere dovuto al rilascio di serotonina, confusione, alterazione delle percezioni, difficoltà a percepire la realtà, anche a distanza di tempo dalle assunzioni (*flash*).	Danno dipendenza fisica e psichica, bassa assuefazione, ma tolleranza altissima. Possono determinare psicosi, depressione, colpi di calore, impossibilità di compiere le normali azioni della vita quotidiana, attacchi di panico e danni cerebrali permanenti.
Cocaina	Alcaloide estratto dalle foglie della coca, si presenta come una polvere bianca che può essere inalata, iniettata o fumata.	Induce benessere, sicurezza di sé e fiducia nelle proprie possibilità, scomparsa della stanchezza sia fisica sia mentale; può produrre allucinazioni visive e tattili; favorisce la liberazione di dopamina.	Causa dipendenza psichica; il benessere è in relazione al dosaggio assunto e induce insonnia, dimagrimento, atteggiamenti violenti, psicosi e danni molto gravi alle facoltà intellettive.
Eroina	L'eroina, insieme alla morfina, è un derivato del papavero da oppio, coltivato in Asia.	Provoca benessere diffuso e un effetto analgesico, favoriti dalla liberazione di dopamina, oltre alla scomparsa di malessere fisico e psichico; prima fase di intenso piacere, detto *flash*, a cui segue un periodo di rallentamento e appagamento.	Produce assuefazione, tolleranza, dipendenza fisica e psichica, fortissime crisi di astinenza. Con l'uso prolungato scompaiono gli effetti piacevoli e si assume eroina solo per contrastare l'astinenza, che può essere molto dolorosa.
Amfetamine	Prodotti di sintesi, sono generalmente ingerite sotto forma di pastiglie; contengono molecole simili all'adrenalina.	Sono forti stimolanti: aumentano la capacità di attenzione e senso di onnipotenza; eliminano il senso di fatica fisica e mentale, la stanchezza, la fame e la sete; riducono il bisogno di dormire.	L'organismo viene sfruttato oltre le sue potenzialità e perciò vi è un grande pericolo di infarti, arresti circolatori, convulsioni e coma. La depressione psicofisica che segue l'effetto favorisce nuove assunzioni.
Ecstasy (MDMA)	Prodotto di sintesi, solitamente ingerito sotto forma di pastiglie (differisce dalle amfetamine per la presenza di un gruppo metile)	Aumentando l'effetto della serotonina causa uno stato di euforia, diminuzione della fame e della stanchezza, illusione di legami emotivi verso persone sconosciute.	Esiste elevato rischio di ipertermia, ipertensione, disidratazione; l'uso può portare a stato di confusione mentale e deficit cognitivi permanenti.

A colpo d'occhio

SISTEMA NERVOSO PERIFERICO
- SENSORIALE
- MOTORIO
  - SOMATICO
  - AUTONOMO

Il sistema nervoso somatico e quello autonomo

A seconda del tipo di controllo che esercita sulle diverse aree dell'organismo, il sistema nervoso motorio si divide in somatico e autonomo. Il **sistema nervoso somatico** svolge funzioni che implicano un controllo volontario, come l'attività dei muscoli scheletrici; il **sistema nervoso autonomo**, invece, svolge azioni legate alla vita vegetativa, controllando per esempio il muscolo cardiaco, le ghiandole e il tessuto muscolare liscio dei vasi sanguigni e dei sistemi digerente, respiratorio, escretore e riproduttore.

I segnali sensoriali che forniscono le informazioni al sistema nervoso somatico derivano generalmente da neuroni che controllano solo i cambiamenti dell'ambiente esterno, mentre il sistema nervoso autonomo riceve segnali anche da neuroni sensoriali che controllano i cambiamenti che avvengono all'interno del corpo, come le variazioni della pressione sanguigna.

I neuroni motori del sistema somatico sono distinti e separati da quelli del sistema autonomo, sebbene i loro assoni possano far parte dello stesso nervo. I corpi cellulari dei neuroni motori del sistema somatico sono localizzati all'interno del SNC e possiedono assoni, lunghi a volte anche più di un metro, che corrono senza interruzione fino ai muscoli scheletrici. Anche gli assoni dei neuroni del sistema autonomo si originano da corpi cellulari posti all'interno del SNC; tuttavia, invece di percorrere la distanza fino ai loro organi effettori, formano sinapsi fuori dal sistema nervoso centrale con altri neuroni motori che innervano gli organi bersaglio. Gli assoni dei neuroni che emergono dal SNC e terminano nei gangli sono detti *pregangliari*, mentre quelli che fuoriescono dai gangli e terminano negli effettori sono detti *postgangliari*.

A colpo d'occhio

SISTEMA NERVOSO AUTONOMO
- PARASIMPATICO
  - ACETILCOLINA
- SIMPATICO
  - NORADRENALINA, ACETILCOLINA

Il sistema nervoso autonomo è diviso in simpatico e parasimpatico

Il sistema nervoso autonomo viene suddiviso dal punto di vista anatomico e funzionale nei sistemi parasimpatico e simpatico (**figura 14**), in genere antagonisti. Gran parte degli organi interni è innervata dagli assoni di entrambi i sistemi, i quali lavorano in stretta cooperazione l'uno con l'altro e con gli ormoni secreti dalle ghiandole endocrine, per consentire una precisa regolazione dell'omeostasi.

Il **sistema parasimpatico** è coinvolto soprattutto nelle attività di recupero del corpo ed è particolarmente attivo, per esempio, dopo un pasto abbondante. La stimolazione parasimpatica rallenta il battito cardiaco, aumenta i movimenti del muscolo liscio della parete intestinale e stimola la secrezione delle ghiandole salivari e di quelle gastriche. Il sistema parasimpatico, che si trova prevalentemente a livello di cranio e osso sacro, utilizza il mediatore chimico acetilcolina e presenta gangli molto vicini oppure posti all'interno degli organi innervati.

Il **sistema simpatico** prepara il corpo all'azione; infatti, la sua stimolazione è coinvolta nelle situazioni di emergenza. Le caratteristiche tipiche della paura, tra cui l'aumento del battito cardiaco e della pressione sanguigna, l'iperventilazione, i sudori freddi, la pelle d'oca e la dilatazione delle pupille (**figura 15**), derivano proprio da un aumento dell'attività di questo sistema. Il sistema simpatico si localizza a livello toracico e lombare, e prevede come mediatore pregangliare l'acetilcolina, mentre quello postgangliare è la noradrenalina. Come il sistema parasimpatico, anche in quello simpatico un assone pregangliare può connettersi con gangli diversi.

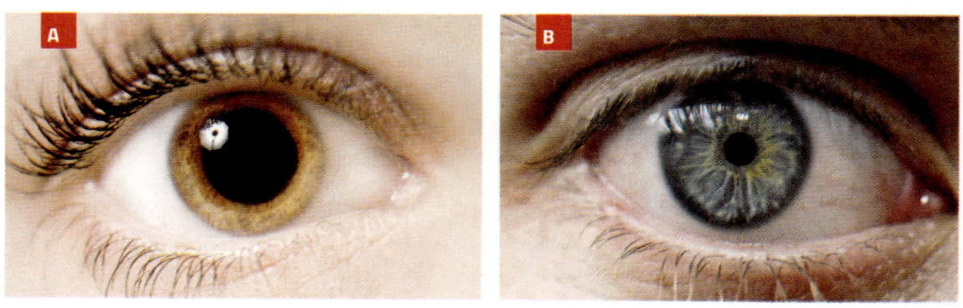

► **Figura 15**
La dilatazione (A) e la contrazione (B) delle pupille sono causate rispettivamente dal sistema simpatico e parasimpatico.

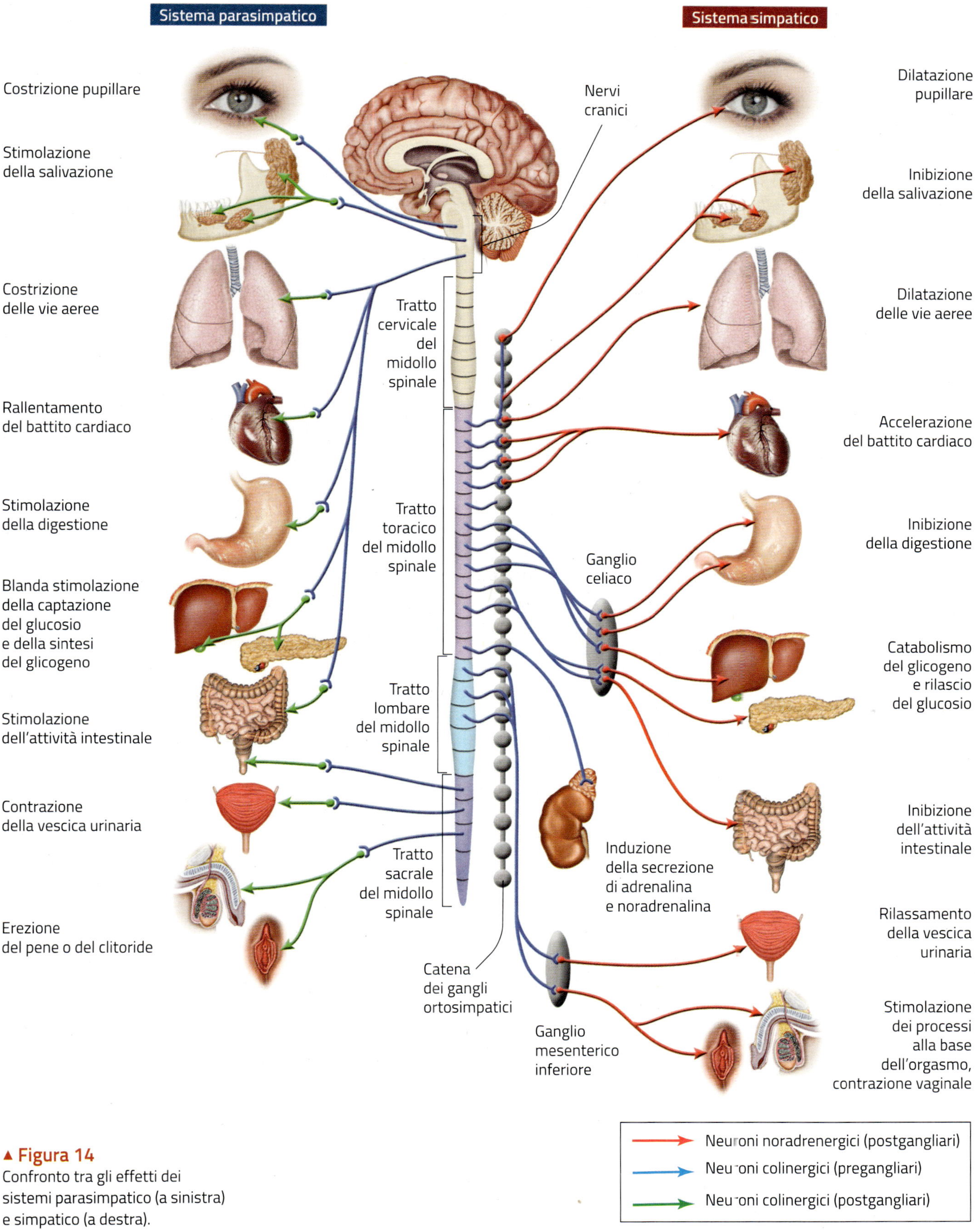

▲ **Figura 14**
Confronto tra gli effetti dei sistemi parasimpatico (a sinistra) e simpatico (a destra).

Facciamo il punto

1. Come si compone il sistema nervoso periferico?
2. Che cosa sono i gangli e i nervi?
3. Descrivi le differenze tra il sistema somatico e quello autonomo.
4. Confronta funzioni e struttura del sistema nervoso simpatico e parasimpatico.

SINTESI DI FINE CAPITOLO

LO SAI? RIPASSA CON LO SMARTPHONE

Il sistema nervoso e i neuroni

Il nostro **sistema nervoso** è diviso in:

- **centrale** (SNC) che riceve le informazioni per elaborare risposte;
- **periferico** (SNP) che collega il SNC agli organi di senso e a quelli effettori.

Il **neurone** è una cellula in grado di trasmettere gli impulsi elettrici. Ogni neurone è caratterizzato da un **corpo cellulare** che contiene il nucleo, un assone che trasporta le informazioni in uscita, e i **dendriti** che ricevono le informazioni in entrata. I neuroni sono circondati da **cellule gliali**.

Le **cellule di Schwann** si avvolgono a spirale attorno agli assoni e formano una **guaina mielinica** per un singolo neurone. La guaina mielinica di ciascun assone non è continua, ma è formata da più cellule e presenta interruzioni ripetute a intervalli regolari: i **nodi di Ranvier**.

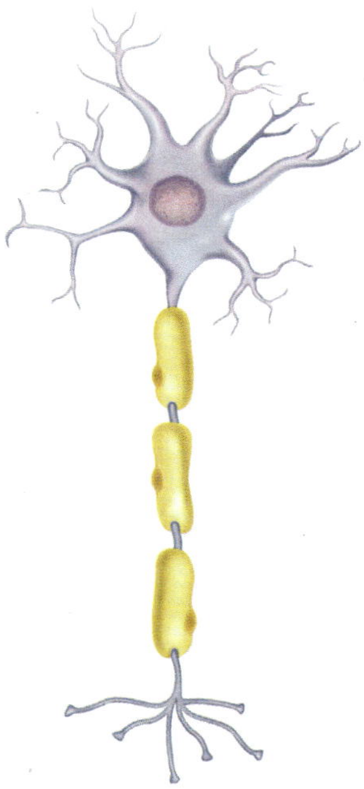

La propagazione del segnale nervoso

Il **potenziale di riposo** è dovuto alla differenza di concentrazione di ioni Na^+ e K^+ ai due lati della membrana di un assone.

Il **potenziale d'azione** è un'inversione di polarità tra interno ed esterno della membrana. Se l'assone è percorso da uno stimolo, la carica interna diventa temporaneamente positiva rispetto all'esterno. L'inversione di polarità procede lungo la membrana dell'assone e corrisponde all'impulso nervoso. L'**impulso nervoso** si muove *in un'unica direzione*. La velocità di propagazione del potenziale d'azione varia in base alla dimensione dell'assone, alla presenza della guaina mielinica, alla vasocostrizione.

La comunicazione tra neuroni

I segnali sono trasmessi da un neurone all'altro attraverso giunzioni specializzate dette **sinapsi** che possono essere:

- **elettriche**, se il potenziale d'azione si trasmette, senza interruzione e con la stessa frequenza, da un neurone all'altro, o da un neurone a un organo effettore;
- **chimiche**, se i due neuroni non sono in contatto, ma c'è uno spazio intersinaptico che *separa la cellula presinaptica* (che trasmette l'informazione), dalla *cellula postsinaptica* (che la riceve). Il messaggio attraversa questo spazio, grazie a molecole segnale dette **neurotrasmettitori**. Nel processo di ricaptazione i neurotrasmettitori, o i loro costituenti, sono riassorbiti dalla terminazione presinaptica e vengono riciclati.

I neurotrasmettitori

Ci sono quattro classi di neurotrasmettitori:

- gli **amminoacidi** sono i più diffusi nel cervello, come l'acido γ-amminobutirrico (GABA) e l'acido glutammico;
- le **ammine biogene**, come la serotonina, le catecolamine (dopamina, adrenalina e noradrenalina) e l'acetilcolina;
- i **neuropeptidi**, come le encefaline, le endorfine e la neurotensina;
- quelli **gassosi**, come l'ossido nitrico.

Il sistema nervoso periferico

Il **SNP** è formato dalle **vie sensoriali** (che ricevono informazioni dagli organi e le trasmettono al sistema nervoso centrale) e dalle **vie motorie** (che trasmettono le informazioni agli organi effettori).

I corpi cellulari dei neuroni sono raggruppati in ammassi detti **gangli**, mentre gli assoni sono raggruppati in fasci detti **nervi**.

I nervi si dividono in:

- 12 paia di **nervi cranici**, che uniscono i neuroni motori e sensoriali all'encefalo;
- 31 paia di **nervi spinali** che si connettono con il midollo spinale.

Nel midollo spinale i neuroni sensoriali, gli interneuroni e i neuroni motori sono spesso connessi tra loro mediante *archi riflessi*: circuiti neuronali che permettono una risposta agli stimoli semplice e rapida.

Il sistema nervoso somatico e autonomo

Il sistema nervoso **somatico** ha il controllo volontario, mentre il sistema nervoso **autonomo** governa la vita vegetativa ed è diviso in:

- **simpatico**, che prepara il corpo all'azione nelle situazioni di emergenza;
- **parasimpatico**, coinvolto nelle attività di recupero del corpo.

VERIFICA LE TUE CONOSCENZE

ZTE ONLINE

1. Scrivi sul quaderno la definizione dei seguenti termini.

a) Sistema nervoso centrale periferico
b) Potenziale di riposo e di azione
c) Fase di ripolarizzazione e di depolarizzazione
d) Sinapsi elettrica e chimica
e) Sinapsi inibitorie ed eccitatorie
f) Sistema nervoso somatico e autonomo
g) Sistema simpatico e parasimpatico
h) Corpo cellulare, assone e dendriti
i) Cono di emergenza e bottone sinaptico

Barra il completamento esatto.

2. Nell'arco riflesso

- [A] un neurone sensoriale si collega a un interneurone che attiva un neurone motorio.
- [B] l'impulso nervoso passa da un neurone motorio a un interneurone e torna indietro.
- [C] un interneurone si collega tramite sinapsi con due neuroni motori.
- [D] un neurone sensoriale è direttamente connesso tramite sinapsi a un neurone motorio.

3. Tra le funzioni svolte dal sistema nervoso simpatico vi è quella di

- [A] stimolare le attività connesse con i processi di digestione.
- [B] compiere attività che tendono a conservare l'energia del corpo.
- [C] accelerare il battito cardiaco in situazioni di stress fisico.
- [D] diminuire la frequenza respiratoria rilassando i canali bronchiali.

4. Lungo i neuroni mielinizzati l'impulso può viaggiare più velocemente in quanto

- [A] tali neuroni presentano molti dendriti ma un solo assone.
- [B] salta lungo l'assone da un nodo di Ranvier all'altro.
- [C] subisce un'accelerazione quando attraversa la guaina mielinica.
- [D] questi neuroni sono più sottili di quelli privi di mielina.

5. In una sinapsi elettrica

- [A] è presente uno spazio sinaptico tra i due neuroni.
- [B] l'impulso passa senza interruzione tra i due neuroni.
- [C] i neurotrasmettitori sono trasportati da vescicole.
- [D] i neurotrasmettitori si legano ai rispettivi recettori.

6. Di fianco a ogni affermazione scrivi la lettera A se essa si riferisce al sistema parasimpatico, B se si riferisce al sistema simpatico, C se si riferisce ad entrambi o la lettera D se non è valida per nessuno dei due sistemi.

a) Le sue fibre escono anche dalla regione lombare. (B)
b) Le sue fibre innervano gli organi interni. (C)
c) I suoi gangli sono vicini al sistema nervoso centrale. (A)
d) Prepara il corpo all'azione aumentando la pressione e il battito cardiaco. (B)
e) Come neurotrasmettitore utilizza l'acetilcolina. (D)

7. Completa le seguenti frasi.

a) Le cellule gliali chiamate .... di forma stellata danno sostegno ai neuroni e formano la .... che protegge il cervello dalle sostanze tossiche.

b) Gli assoni sono ricoperti da guaine mieliniche interrotte dai .... al fine di permettere il passaggio degli ....

8. Completa la tabella mettendo in corrispondenza le suddivisioni del sistema nervoso (*lettere*) con le rispettive caratteristiche (*numeri*).

A. parasimpatico
B. somatico
C. autonomo
D. simpatico
E. centrale
F. periferico

1. controlla i muscoli scheletrici
2. è costituito dall'encefalo e dal midollo spinale
3. è formato da neuroni motori e sensoriali
4. i suoi gangli sono posti presso o all'interno degli organi bersaglio
5. i suoi assoni si originano a livello toracico e lombare
6. innerva i muscoli lisci e quello cardiaco

A	B	C	D	E	F
4	1	6	5	2	3

9. Barra il simbolo V se ritieni l'affermazione vera, il simbolo F se la ritieni falsa.

a) I neuropeptidi sono neurotrasmettitori liberati anche da organi diversi dal cervello. V F
b) I nervi cranici sono direttamente collegati ai nervi spinali. V F
c) Un arco riflesso è un circuito nervoso che coinvolge il midollo spinale. V F
d) I sistemi simpatico e parasimpatico fanno parte del sistema autonomo. V F
e) La sommazione è l'insieme degli impulsi che arrivano a uno stesso neurone. V F
f) Le ammine biogene sono i neurotrasmettitori più abbondanti nel cervello. V F

10. In che modo le fibre motorie e sensoriali entrano ed escono dal midollo spinale?

....

11. Descrivi la struttura generale e le suddivisioni del sistema nervoso periferico.

....

12. Quali sono e che funzione hanno i principali neurotrasmettitori del sistema nervoso?

....

VERIFICA LE TUE ABILITÀ

Barra il completamento esatto.

13. La liberazione di neurotrasmettitori eccitatori nello spazio intersinaptico

A comporta l'apertura dei canali a controllo di potenziale del sodio e la depolarizzazione della membrana postsinaptica.

B è dovuta all'entrata di ioni Na^+ nella terminazione presinaptica con conseguente attivazione del secondo messaggero.

C è seguita dalla fusione tra le vescicole sinaptiche e la membrana della terminazione assonica.

D è preceduta da un cambiamento di polarità della membrana postsinaptica che induce la sua depolarizzazione.

14. In assenza della depolarizzazione della membrana

A gli ioni Na^+ tendono a entrare all'interno del citoplasma del neurone.

B le molecole dette pompe sodio-potassio non svolgono alcuna funzione.

C tutti i canali ionici presenti nella membrana assonica sono chiusi.

D gli ioni K^+ sono più concentrati all'interno della cellula che all'esterno.

Barra i due completamenti esatti.

15. Un anestetico che blocca temporaneamente la trasmissione degli impulsi nervosi deve

A impedire l'apertura dei canali del sodio presenti nelle membrane assoniche coinvolte.

B inibire gli enzimi che hanno il compito di demolire i neurotrasmettitori sinaptici.

C bloccare i recettori proteici dei neurotrasmettitori nei neuroni postsinaptici.

D azionare le pompe del sodio-potassio quando le membrane assoniche sono a riposo.

E intervenire sulla velocità dell'impulso nervoso rallentandolo prima che arrivi ai bottoni sinaptici.

16. In ogni arco riflesso costituito da tre neuroni, un neurone

A sensoriale è direttamente collegato a un neurone motorio per velocizzare la risposta.

B sensoriale è collegato a un interneurone presente nella sostanza grigia del midollo.

C motorio è collegato tramite sinapsi a un interneurone da cui riceve lo stimolo.

D motorio non fa sinapsi col midollo spinale, ma con i neuroni motori dei muscoli.

E sensoriale può fare sinapsi con l'interneurone riportando lo stimolo all'organo effettore.

17. Completa il brano scegliendo tra i termini elencati in fondo.

Durante il potenziale d'azione, l'esterno della membrana assonica diventa .... positivo rispetto all'interno in quanto vengono .... i canali .... per gli ioni sodio; contemporaneamente, sono aperti i canali di fuga per il .... e la pompa del sodio/potassio risulta ....

(a controllo di potenziale, ugualmente, invertita, sodio, più, potassio, chiusi, di fuga, ridotti, attiva, aperti, disattivata, meno, della pompa del Na^+/K^+, calcio)

18. Perché la propagazione dell'impulso nervoso è considerato un cambiamento del potenziale elettrico di membrana?

....

....

....

....

....

....

19. Che cosa si intende con l'espressione «tutto o niente» riferita al tipo di riposta che può fornire un neurone?

....

....

....

....

....

....

....

UNITUTOR VERSO L'UNIVERSITÀ

Preparati ai test di ammissione sul sito Unitutor.

20. Si consideri un neurone sensoriale umano coinvolto nel riflesso patellare. Che cosa dovrà attraversare, per primo, la membrana postsinaptica di questo neurone affinché si generi un potenziale d'azione?

A Neurotrasmettitore

B Ca^{2+}

C Na^+

D K^+

E ATP

[dal test di ammissione a Medicina 2015-16]

HANDS-ON GLOSSARY

21. Fill in the table matching each term (*letters*) with its definition (*numbers*).

A. action potential
B. myelin sheath
C. electrical synapse
D. neurotransmitters
E. axon terminal

1. a link between two apposed neurons in which nerve impulse transmission is rapid and occurs by the passage of ions from one verve cell to another via the gap junction.
2. the enlarged endings by which axons make synaptic contacts with other nerve cells or with effector cells.
3. a momentary reversal in electrical potential across a plasma membrane (as of a neuron or muscle fiber) that occurs when a cell has been activated by a stimulus.
4. the discontinuous insulating covering that surrounds an axon with multiple spiral layers, that increases the speed of the nerve impulse along an axon.
5. a substance that transmits nerve impulses across a synapse (such as norepinephrine or acetylcholine).

A	B	C	D	E

VERSO L'ESAME: LE TUE COMPETENZE

SCHEMATIZZA

22. Costruisci una mappa concettuale che descriva l'organizzazione del sistema nervoso.

GIUSTIFICA

23. Il cosidetto «sballo del corridore» (dall'inglese *runner's high*) è un particolare senso di euforia che si prova nel correre grandi distanze; questa sensazione è simile a quella prodotta con l'assunzione di oppioidi, seppure con le debite differenze.

Come giustifichi questa analogia?

CONFRONTA

24. Metti a confronto il meccanismo di funzionamento di una sinapsi chimica e di una sinapsi elettrica, specificando dove si possono trovare questi due differenti tipi di comunicazione neuronale.

COLLEGA

25. Associa alle varie parti del grafico le diverse fasi del movimento di ioni attraverso la membrana assonica, fornendo una breve descrizione.

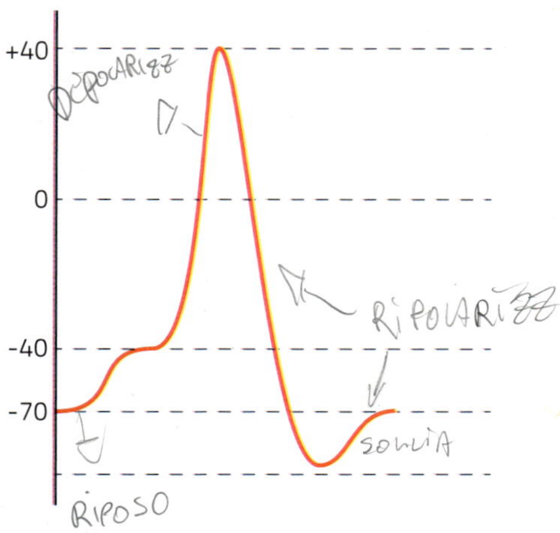

ANALIZZA

26. Esistono vari farmaci antidepressivi, come gli inibitori selettivi della ricaptazione della serotonina o SSRI (dall'inglese *selective serotonin reuptake inhibitors*) e gli inibitori delle monoammino ossidasi o IMAO, il loro effetto è simile pur agendo con processi differenti.

Scrivi un breve articolo di carattere divulgativo (massimo 1000 battute spazi inclusi) che illustri il meccanismo con cui agiscono i due tipi di farmaci, quali sono benefici e quali potrebbero essere gli effetti collaterali.

RIFLETTI

27. Uno dei farmaci che può essere somministrato ai pazienti affetti dalla malattia di Parkinson è la *levodopa* o L-dopa, un amminoacido intermedio nella via della biosintesi della dopamina.

Perché pensi che questa sostanza abbia un effetto positivo nel trattamento della malattia?

L-dopa

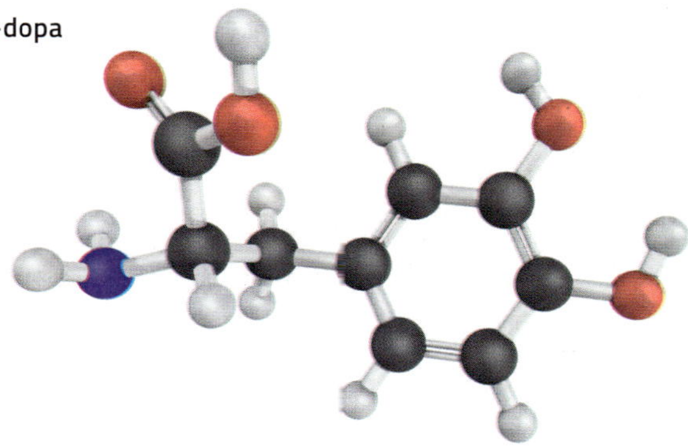

IPOTIZZA

28. Dopo l'assunzione di MDMA (o *ecstasy*) lo stato iniziale di euforia è seguito da una condizione di depressione; sapendo che questa droga agisce inibendo la ricaptazione della serotonina, come interpreteresti queste sue diverse azioni sul corpo umano?

RICERCA

29. La sclerosi multipla è una malattia demielinizzante che colpisce più aree del sistema nervoso centrale.

Fai una ricerca su come si sviluppa, quali sono le conseguenze e quali le possibili cure, poi prepara una breve presentazione in PowerPoint (massimo 10 slide) per esporre al resto della classe i risultati delle tue ricerche.

SPIEGA E IPOTIZZA

30. Dopo aver spiegato cosa si intende per «periodo refrattario», ipotizza che cosa potrebbe verificarsi nel caso questo non esistesse o se smettesse di funzionare.

Capitolo C10

Il sistema nervoso centrale e i sensi

1 L'anatomia del sistema nervoso centrale

Le meningi e la barriera emato-encefalica proteggono il SNC

Le informazioni provenienti dal mondo esterno e dall'ambiente interno raggiungono sotto forma di impulsi il **sistema nervoso centrale**, che le elabora e trasmette le risposte agli organi di senso e agli organi effettori tramite il sistema nervoso periferico. Il tessuto e gli organi del SNC si trovano in due diversi punti del corpo (**figura 1A**): una parte è protetta dalle ossa del cranio e costituisce l'**encefalo**, mentre la parte restante si trova all'interno della colonna vertebrale e forma il **midollo spinale**.

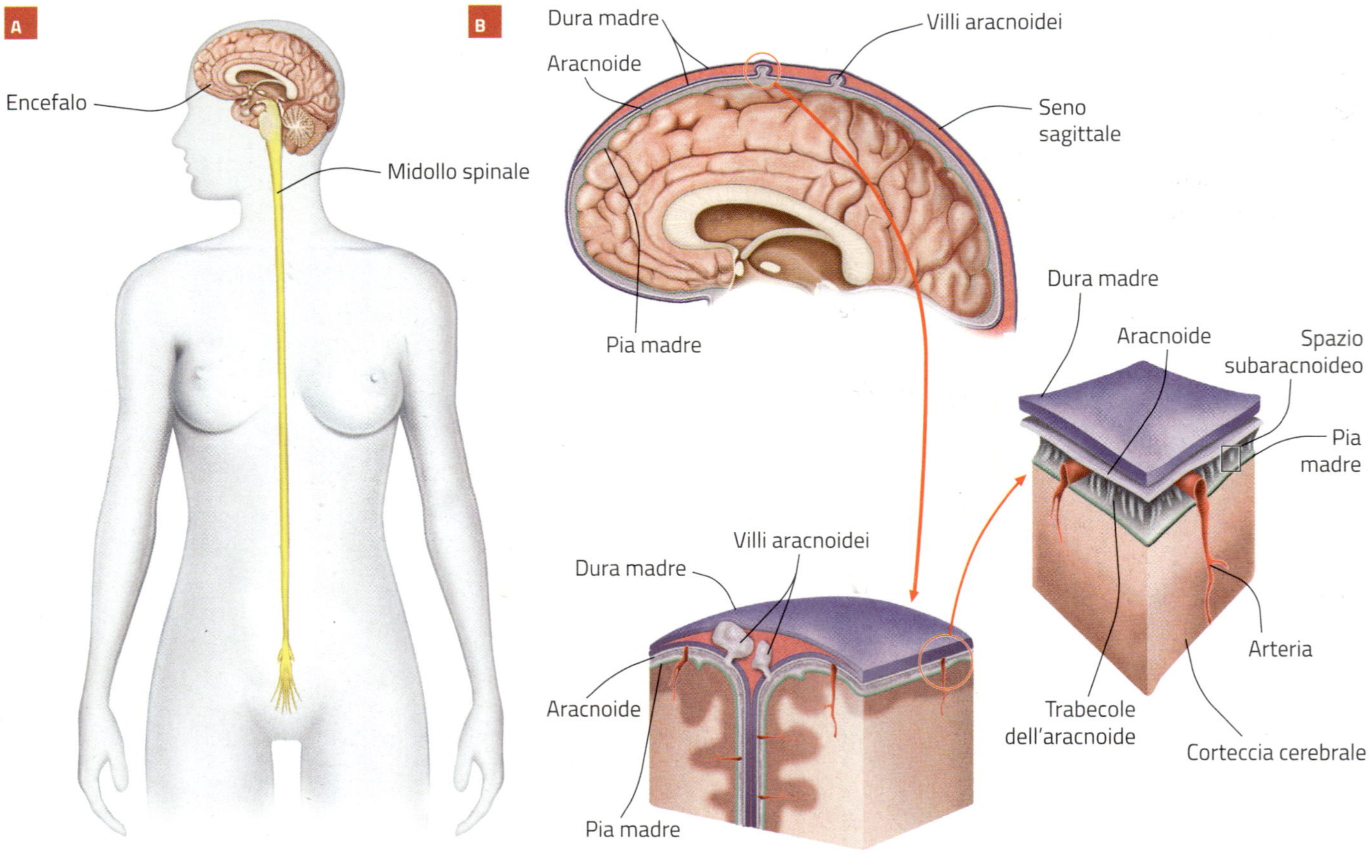

▾ **Figura 1**
(A) Le parti che formano il sistema nervoso centrale sono midollo spinale ed encefalo.
(B) Le tre meningi che avvolgono l'encefalo.

Sia l'encefalo sia il midollo spinale sono avvolti e protetti da tre membrane chiamate **meningi** (**figura 1B**). La più esterna e resistente è la **dura madre**, chiamata così per la consistenza dura dovuta alla sua stretta relazione con le ossa del cranio e della colonna vertebrale; al di sotto si trova l'**aracnoide**, percorsa da filamenti che si agganciano allo strato più interno delle meningi. Infine, a diretto contatto con la massa nervosa, si trova la **pia madre**, molto sottile e ricca di capillari. Nello *spazio subaracnoideo*, tra aracnoide e pia madre, scorre il **liquido cefalorachidiano**, detto anche *liquor*.

Le ossa craniche e le vertebre, le meningi e il liquor sono i tre sistemi di difesa che il nostro corpo adotta per proteggere il sistema nervoso centrale da traumi e sbalzi di temperatura. Il liquor, che occupa lo spazio subaracnoideo sia a livello del midollo spinale sia a livello encefalico, è un liquido limpido e incolore che serve ad attutire gli urti, nutrire i neuroni grazie al trasporto di glucosio e ossigeno, e ad eliminare i loro cataboliti. Prodotto nei ventricoli cerebrali, il liquor scorre lungo lo spazio subaracnoideo, che a sua volta comunica con il canale centrale del midollo spinale, e viene poi filtrato. Questo flusso continuo permette il mantenimento costante della quantità di fluido che avvolge il SNC e della pressione a cui è sottoposto.

Il SNC non può entrare in contatto con ioni che attiverebbero in maniera anomala gli impulsi nervosi, inoltre non è in grado di gestire sbalzi di temperatura o eccessi di sostanze di rifiuto. Per questi motivi i capillari che irrorano l'encefalo sono impermeabili alla maggior parte delle sostanze, infatti attraverso il loro endotelio passano esclusivamente acqua, glucosio e amminoacidi essenziali.

I capillari encefalici formano la **barriera emato-encefalica**, una protezione indispensabile per il corretto funzionamento dei neuroni cerebrali.

Midollo spinale ed encefalo sono formati da sostanza grigia e sostanza bianca

Il midollo spinale rappresenta il collegamento tra l'encefalo e il resto del corpo. Una sezione trasversale del midollo spinale umano rivela che questa struttura cilindrica è suddivisa in sostanza grigia e sostanza bianca (**figura 2A**).

La **sostanza grigia** è formata in gran parte da interneuroni (*vedi* capitolo C9), dai corpi cellulari dei neuroni motori, dalle cellule gliali e dalle fibre nervose amieliniche; la **sostanza bianca**, invece, è costituita dagli assoni dei neuroni sensoriali e motori. Nel midollo spinale la sostanza grigia è più interna e vista in sezione trasversale appare a forma di lettera H o di farfalla, mentre la sostanza bianca si trova nella zona periferica a rivestire quella grigia (**figura 2B**).

Come il midollo spinale, anche l'encefalo è costituito da sostanza bianca e da sostanza grigia ma, la sostanza bianca si trova all'interno.

Le parole

L'**aracnoide** deve il proprio nome alla forma delle sue fibre, che ricordano la tela di un ragno (in greco *arakne*). **Pia madre** e **dura madre** devono il nome al vocabolo arabo *al umm*, che significa «madre», inteso come protezione; gli aggettivi «dura» e «pia» servono per distinguere le due meningi: una più rigida e una più delicata.

Curiosità

La **meningite** è un'infiammazione delle meningi causata da virus o batteri (il più pericoloso è il meningococco), che può comportare danni cerebrali permanenti o addirittura la morte del paziente; per alcuni tipi di meningite esistono dei vaccini molto efficaci.

Leggi l'approfondimento nell'ebook:
Per saperne di più
Come aggirare la barriera emato-encefalica

A

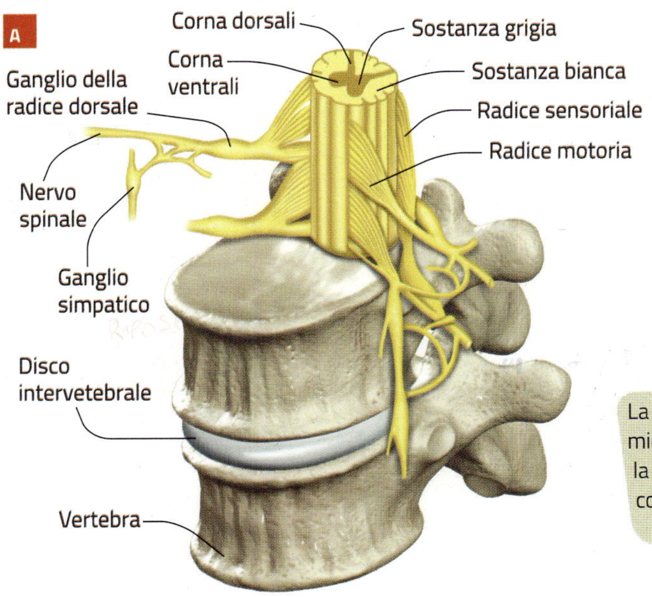

B

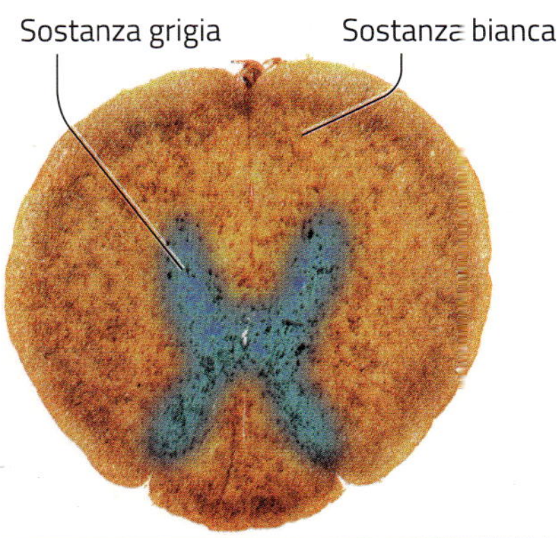

La **sostanza bianca** deve il suo nome alle guaine mieliniche, ricche di lipidi, che rivestono gli assoni; la **sostanza grigia**, invece, non ha nessuna reale corrispondenza cromatica, per cui la definizione serve a distinguerla dalla sostanza bianca.

◂ **Figura 2**
(A) Una porzione di colonna vertebrale e midollo spinale con le radici dei nervi sensoriali e motori.
(B) Fotografia al microscopio ottico di una sezione di midollo spinale.

Il midollo spinale occupa la colonna vertebrale

Il midollo spinale ha un spessore di circa un centimetro e misura circa 40 cm di lunghezza, estendendosi dalla nuca fino alla seconda vertebra lombare. Oltre questo punto i nervi devono uscire dalla colonna vertebrale per arrivare alle estremità inferiori del corpo e mostrano un aspetto sfrangiato, formando la *cauda equina*, che ricorda appunto la coda di un cavallo (*vedi* **figura 1A**).

All'interno della sostanza grigia del midollo spinale i neuroni sono raggruppati in un *corno* per lato: un corno *dorsale*, o posteriore, e un corno *ventrale*, o anteriore (*vedi* **figura 2**). Mentre i corni dorsali contengono gli interneuroni, quelli ventrali racchiudono i motoneuroni. Al centro della sostanza grigia si trova il **canale centrale del midollo**, attraversato dal liquor, mentre attorno a essa si trova la sostanza bianca, suddivisa in un *cordone dorsale*, uno *laterale* e uno *ventrale*. I cordoni dorsali della sostanza bianca contengono i fasci nervosi ascendenti verso l'encefalo, che trasportano informazioni sensoriali; i cordoni laterali e ventrali, invece, contengono sia fasci ascendenti sensoriali sia fasci discendenti motori.

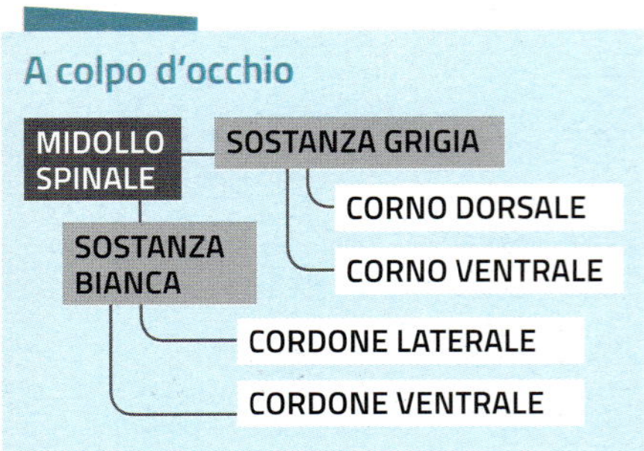

L'encefalo è diviso in prosencefalo, mesencefalo e romboencefalo

Con il progressivo aumentare di complessità delle funzioni di integrazione e controllo, nel regno animale si è affermata la centralizzazione dell'elaborazione delle informazioni in un'unica struttura: l'encefalo. Questa struttura, particolarmente sviluppata nei vertebrati, è uno dei primi organi che comincia a formarsi durante lo sviluppo embrionale; a partire da una struttura cava, il **tubo neurale**, già nelle prime settimane di vita compaiono tre vescicole (**figura 3**) che generano le principali regioni encefaliche: il *prosencefalo*, il *mesencefalo* e il *romboencefalo*. A loro volta, ciascuna di queste regioni è suddivisa in zone.

Il **prosencefalo** comprende il telencefalo e il diencefalo. Il **telencefalo** è formato dal **cervello**, suddiviso in due *emisferi cerebrali* (**figura 4**) collegati tra loro dal *corpo calloso*, una massa molto compatta di fibre nervose. Nella nostra specie, il cervello è tanto sviluppato che questo termine si usa come sinonimo di encefalo nel linguaggio comune. Il **diencefalo**, invece, è la regione in cui transita la maggior parte degli impulsi diretti al cervello o che provengono dagli emisferi e sono e diretti agli altri distretti del corpo.

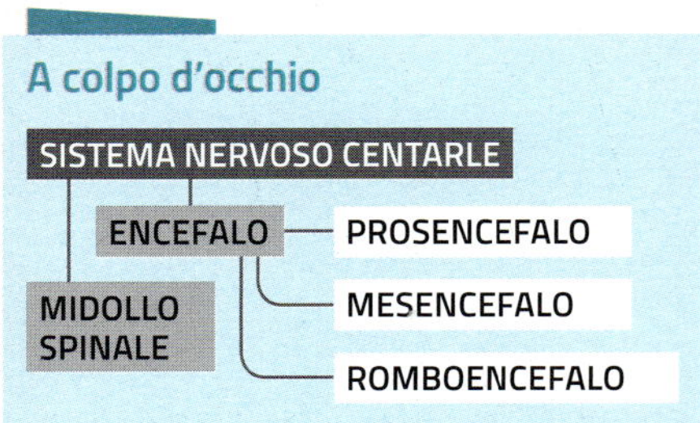

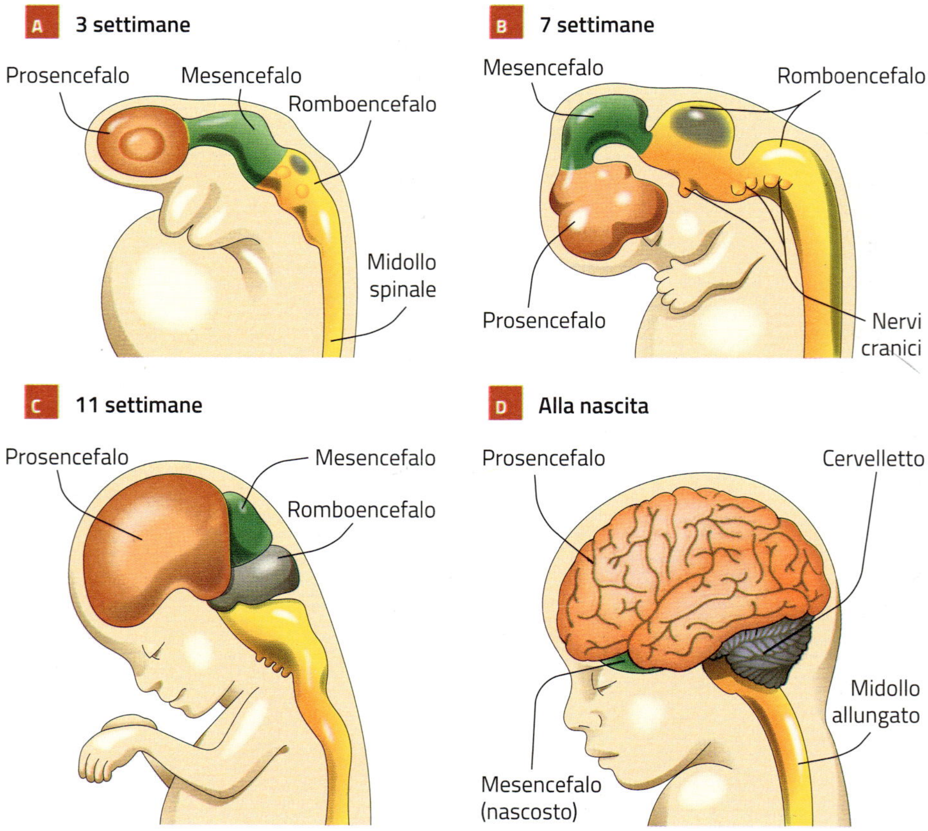

▸ **Figura 3**
Fasi di sviluppo dell'encefalo umano: fin dalla terza settimana il tubo neurale si differenzia in tre parti che daranno poi origine a tutto l'encefalo.

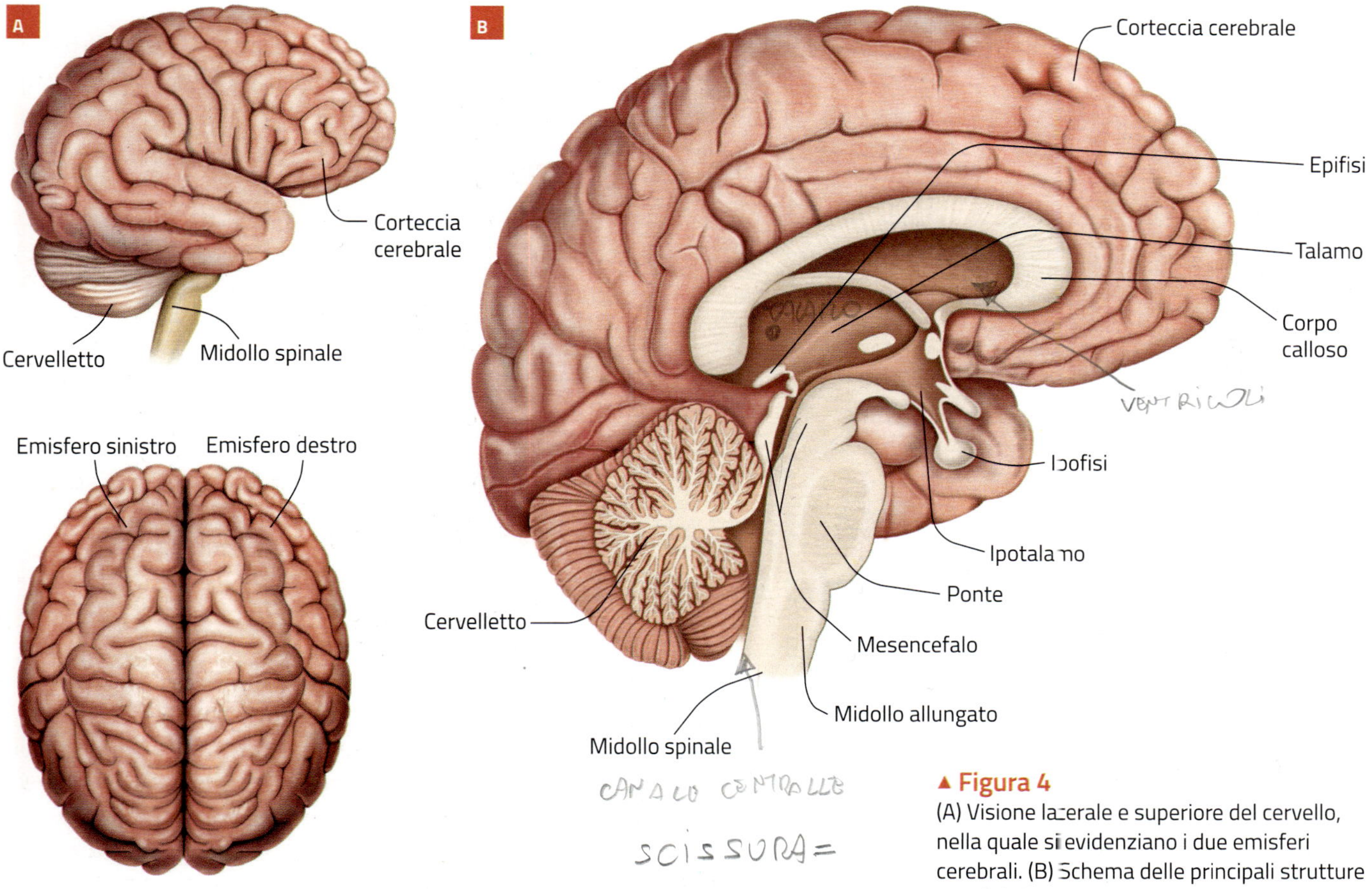

▲ **Figura 4**
(A) Visione laterale e superiore del cervello, nella quale si evidenziano i due emisferi cerebrali. (B) Schema delle principali strutture encefaliche in sezione.

Il diencefalo è costituito da:

- **talamo**, formato da due masse ovoidali di materia grigia; i suoi neuroni selezionano le informazioni sensoriali (tranne le olfattive) e le inviano alle porzioni superiori del cervello, affinché siano elaborate. Di fatto, il talamo è un'importantissima stazione di smistamento delle grandi vie neuronali ascendenti e per questo forma numerose sinapsi.
- **ipotalamo**, posto sotto al talamo, e contiene i gruppi di neuroni che coordinano le attività associate al sesso, alla fame, alla sete, al piacere, al dolore e alla rabbia; inoltre, funge da termostato del corpo e agisce in stretta sinergia con l'ipofisi (*vedi* capitolo C8).
- **epifisi**, come l'ipotalamo, fa parte sia del sistema nervoso sia di quello endocrino; questa ghiandola posta al centro del cervello produce la *melatonina*, che regola i ritmi di sonno-veglia e influenza la maturazione sessuale.

Il **mesencefalo** si trova nella parte inferiore dell'encefalo e mette in comunicazione il prosencefalo con il romboencefalo; è costituito da fasci di nervi che inviano verso il cervello i segnali provenienti dalla periferia del corpo. Il mesencefalo ha anche un ruolo importante nelle funzioni della vista e dell'udito in quanto coordina, per esempio, il movimento degli occhi o la localizzazione dei suoni.

Il **romboencefalo**, infine, rappresenta la struttura cerebrale più antica e appare molto simile nelle varie classi di vertebrati. Esso presiede alle funzioni fisiologiche essenziali e comprende:

- il **cervelletto**, che regola l'equilibrio e coordina i movimenti muscolari di precisione, come quelli delle dita della mano. Il cervelletto non serve esclusivamente alla coordinazione motoria fine, ma anche alle capacità di comunicazione e socializzazione;
- il **midollo allungato**, sede del controllo del ritmo respiratorio e cardiaco, del riflesso della deglutizione e del vomito;
- il **ponte**, attraverso cui passano numerose vie sensoriali.

A colpo d'occhio

- PROSENCEFALO
  - TELENCEFALO
    - CERVELLO
  - DIENCEFALO
    - TALAMO
    - IPOTALAMO
    - EPIFISI

Ti ricordi?

La **melatonina** è un ormone secreto prevalentemente dall'epifisi la cui produzione è regolata dalla luce: lo stimolo luminoso che raggiunge la retina ne inibisce le sintesi, mentre il buio ne stimola il rilascio.

L'insieme del mesencefalo, del midollo allungato e del ponte formano una struttura detta **tronco encefalico** o *tronco cerebrale* che contiene sia i fasci di nervi ascendenti e discendenti che collegano il cervello con il midollo spinale, sia i neuroni che innervano i muscoli e le ghiandole della testa. Nel tronco cerebrale sono presenti anche i centri di controllo per la regolazione di alcune importanti funzioni involontarie, come la respirazione e il battito cardiaco.

Facciamo il punto

1. Che cosa sono e quali funzioni svolgono le meningi?
2. Descrivi le caratteristiche del liquor.
3. Quale funzione svolge la barriera emato-encefalica?
4. Confronta la sostanza bianca e quella grigia.
5. Com'è composto l'encefalo?
6. Cos'è e quali strutture comprende il prosencefalo?
7. Cos'è e quali funzioni svolge il romboencefalo?

2 Il telencefalo e la corteccia cerebrale

I solchi dividono i due emisferi cerebrali in quattro lobi

Il cervello umano pesa circa 1400 grammi e ha una consistenza molle. Le sue funzioni sono essenziali per integrare e controllare le attività fisiologiche di tutto il corpo, ma anche per i processi che identifichiamo con la «mente»; con questo termine si indicano l'attività cosciente, la percezione e la comprensione delle informazioni provenienti dall'esterno, il pensiero, la memoria e la varietà delle emozioni che caratterizzano l'essere umano.

La parte più esterna dei due emisferi è costituita dalla **corteccia cerebrale**, essenziale per elaborare e coordinare le informazioni; la corteccia è un sottile strato di sostanza grigia (spesso 1,5-4 mm) formato da quasi 10 miliardi di cellule.

Ognuno dei due emisferi cerebrali è diviso in quattro **lobi**: *frontale*, *parietale*, *temporale* e *occipitale*; la divisione è determinata soprattutto dalla presenza di due profondi **solchi** (o *scissure*): il **solco centrale** (o *scissura di Rolando*), che scende lungo i lati di ciascun emisfero, e il **solco laterale** (o *scissura di Silvio*), diretto orizzontalmente (figura 5).

Poiché nella maggior parte delle persone (circa il 90% dei destrimani e il 65% dei mancini) l'emisfero sinistro controlla sia il linguaggio sia la mano più utilizzata, è considerato come l'emisfero dominante; in realtà entrambi gli emisferi svolgono funzioni fondamentali.

Curiosità

Un danno all'**emisfero destro** può portare a gravi disturbi nella percezione dello spazio e delle fisionomie; il soggetto potrebbe avere difficoltà a orientarsi e a riconoscere visi o voci familiari.

▸ **Figura 5** La corteccia cerebrale umana, con evidenziati i lobi e i solchi.

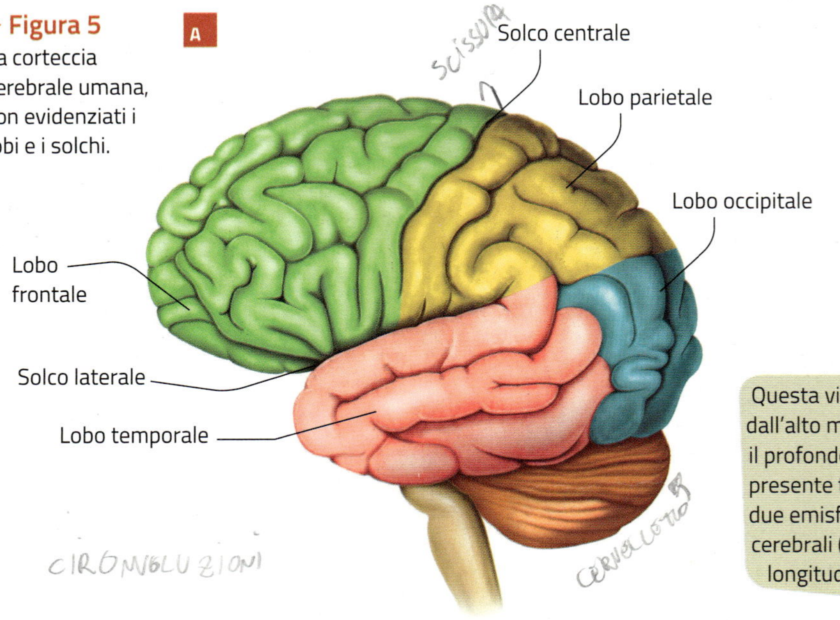

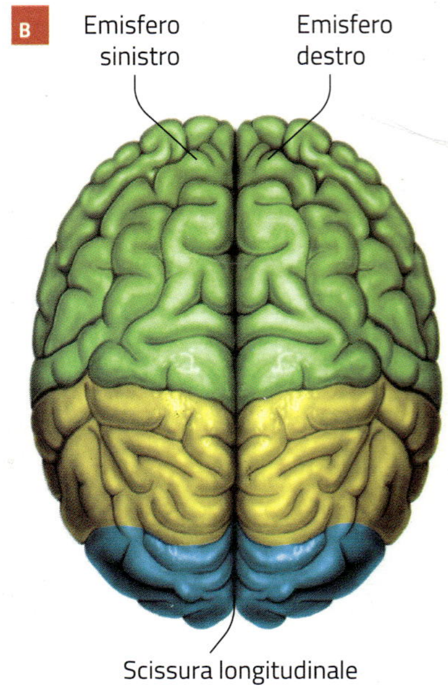

Le diverse aree della corteccia svolgono funzioni motorie, sensoriali, uditive, visive e del linguaggio

Guarda il video nell'ebook
Il corpo umano in 3D
Il cervello

Alcune aree della corteccia cerebrale sono state mappate in relazione alle funzioni che svolgono (**figura 6A**). Per esempio, la fascia del lobo frontale situata immediatamente davanti al solco centrale, è la **corteccia motoria**; da qui partono gli stimoli destinati ai tessuti muscolari volontari e involontari. La fascia del lobo parietale, situata immediatamente dietro al solco centrale, è invece la **corteccia sensoriale**, deputata a ricevere le informazioni sensoriali dalla periferia del corpo oppure dal suo interno.

Regioni specifiche della corteccia motoria e della corteccia sensoriale corrispondono a distinte parti del corpo (**figura 6B**); infatti, stimolando differenti aree della corteccia motoria si innescano contrazioni muscolari in diverse parti dell'organismo. Viceversa, la stimolazione di varie zone del corpo produce attività elettrica nella corteccia sensoriale.

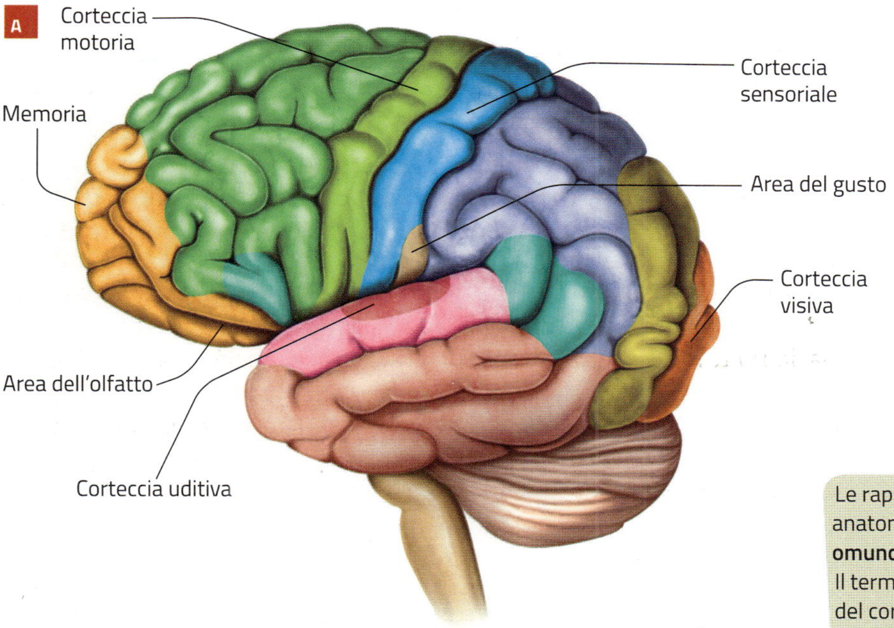

◂ Figura 6
(A) Le diverse regioni della corteccia cerebrale (B) La corteccia motoria e quella sensoriale sono poste in ognuno dei due emisferi ai due lati del solco centrale.

Le rappresentazioni costruite in base alla porzione anatomica della corteccia attivata sono chiamate **omuncolo motorio** e **omuncolo sensoriale**.
Il termine «omuncolo» dipende dalla rappresentazione del corpo che presenta un volume maggiore o minore di corteccia deputata a un determinato distretto corporeo; ne deriva un corpo deformato, con mani e labbra enormi e tronco e arti ridotti.

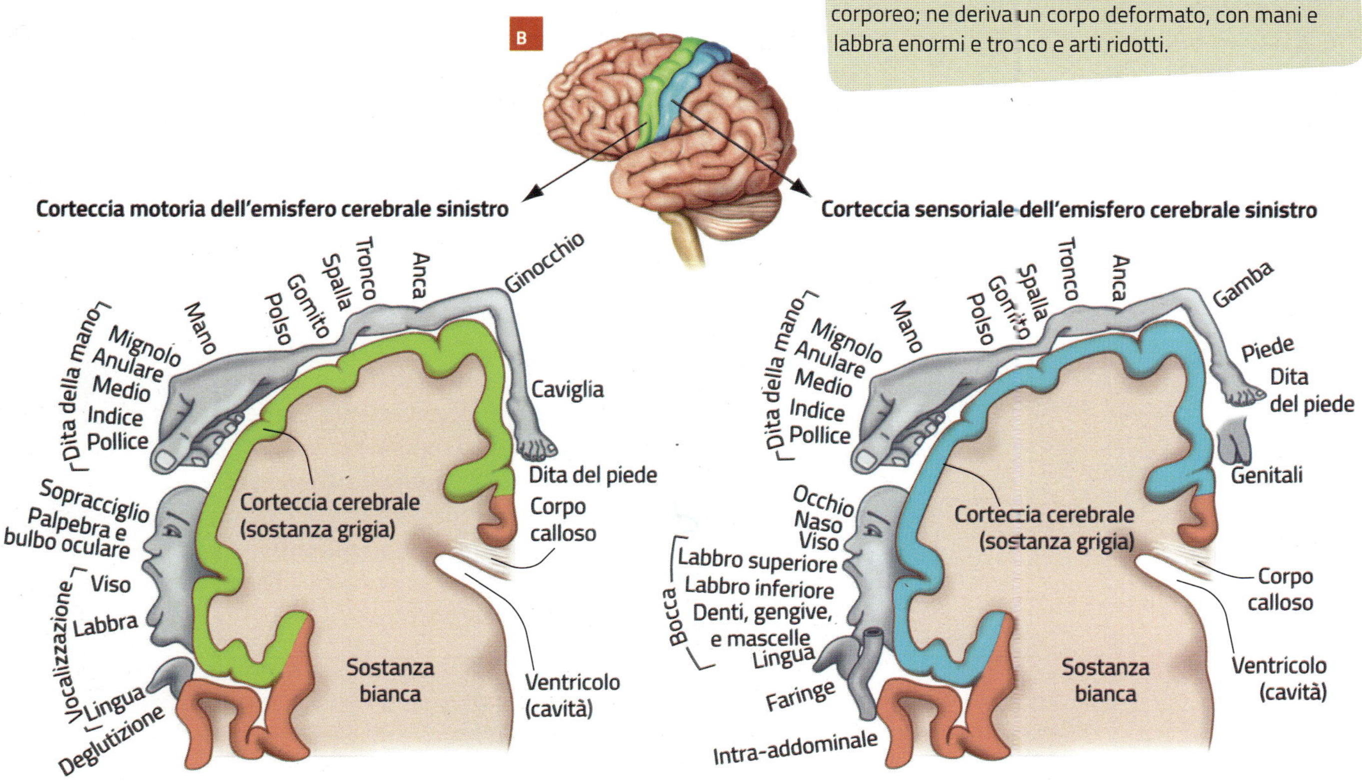

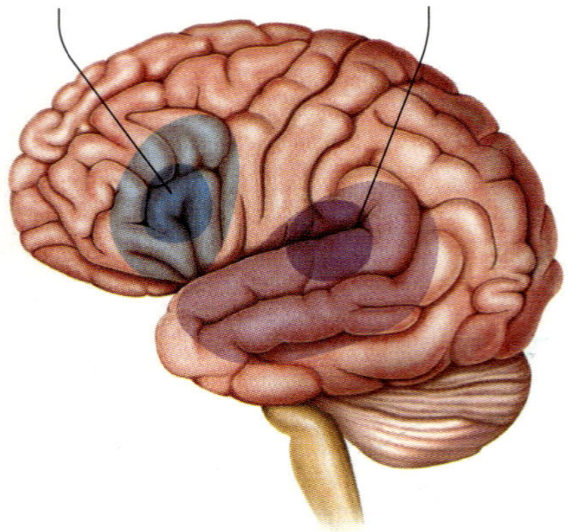

▲ **Figura 7**
La corteccia cerebrale umana in cui sono evidenziate le due aree associate al linguaggio.

Nel lobo temporale, parzialmente coperta dal solco laterale, si trova la **corteccia uditiva**, che rappresenta il centro di elaborazione dei segnali trasmessi dai neuroni sensoriali dell'orecchio. La **corteccia visiva**, invece, occupa il lobo occipitale e riceve informazioni dai nervi ottici.

Sull'emisfero cerebrale sinistro sono state mappate due aree del linguaggio (figura 7): l'**area di Broca**, posta davanti alla regione della corteccia motoria, controlla i movimenti dei muscoli delle labbra, della lingua, delle mandibole e delle corde vocali, mentre l'**area di Wernicke**, adiacente alla corteccia uditiva, è responsabile della parte cosciente del linguaggio.

Un danno cerebrale all'area di Broca causa un linguaggio lento e faticoso, oppure l'impossibilità di parlare, ma non influisce sulla capacità di comprensione; al contrario, un danno all'area di Wernicke consente un linguaggio fluente ma spesso privo di senso, e comporta una riduzione della comprensione scritta e orale.

I due emisferi cerebrali elaborano le stesse informazioni in modo diverso

Capire le funzioni e le differenze tra i dei due emisferi cerebrali è un'impresa che affascina gli scienziati da molto tempo. La sintesi estrema di un gran numero di ricerche è stata la netta distinzione tra l'emisfero sinistro «razionale» e quello destro «creativo». In realtà nel campo della percezione i due emisferi non hanno nette differenze funzionali, ma presentano modi diversi di elaborare le stesse informazioni; il maggior contributo di un emisfero o dell'altro sembra influenzare lo stile di apprendimento.

Nell'**emisfero sinistro** l'informazione (per esempio, una frase) è scomposta nei suoi elementi costitutivi per analizzare successivamente le relazioni esistenti tra questi elementi. Una strategia di apprendimento prevalentemente «sinistra» consente di decodificare gli elementi della frase che si susseguono e di analizzarne i rapporti per ricavarne il senso; questa strategia determina una spiccata capacità di analisi e di sintesi, ma potrebbe non essere del tutto efficiente in una situazione nuova, creativa o d'emergenza.

L'**emisfero destro**, invece, tende a elaborare le informazioni nella loro globalità; ciò consente un'interpretazione non letterale della frase, ma di valutarne gli eventuali doppi sensi e ambiguità. La predominanza dell'emisfero destro favorisce anche la fantasia, l'apprendimento per immagini e predispone verso situazioni nuove.

In generale, è chiaro che gli emisferi cerebrali sono in grado di svolgere un lavoro armonico. Questa ipotesi è sostenuta dal fatto che, se un individuo subisce un danno all'emisfero sinistro, spesso quello destro svolge anche le funzioni delle aree danneggiate.

Gli emisferi cerebrali sono formati, sotto la corteccia, da sostanza bianca; queste fibre mettono in comunicazione parti diverse dello stesso emisfero, *tratti di associazione*, oppure arrivano o sono dirette verso il midollo spinale, *tratti di proiezione*. Inoltre esiste il **corpo calloso**, una porzione di sostanza bianca centrale, posta sopra al tronco encefalico e formata da fibre di connessione, che mette in comunicazione l'emisfero destro con quello sinistro. Il corpo calloso è una spessa lamina di fasci mielinici che collega aree corrispondenti nei due emisferi cerebrali, è presente solo nei mammiferi placentati ed è particolarmente sviluppato nei primati; nell'uomo il corpo calloso contiene circa 200 milioni di fibre di piccolo diametro (circa 2 μm) che unite raggiungono dimensioni superiori agli altri tratti fibrosi cerebrali.

Infine, immersi nella sostanza bianca, sono collocati i *nuclei della base*, nuclei di neuroni implicati nel regolare le vie che partono dalla corteccia motoria per determinare l'inizio e la fine di un movimento.

Facciamo il punto

1. Come viene suddivisa la corteccia cerebrale?
2. Che cos'è il corpo calloso?
3. Quali funzioni hanno l'area di Broca e l'area di Wernicke?
4. Quali implicazioni hanno i due emisferi nell'apprendimento?

3 L'elaborazione delle informazioni

Le aree di elaborazione intrinseca partecipano all'elaborazione delle informazioni

Nell'encefalo esiste una suddivisione del lavoro, per cui ogni regione svolge funzioni specifiche. Tuttavia, l'integrazione e il controllo di numerosi processi del corpo dipendono dalla coordinazione delle attività delle differenti parti encefaliche. Lo scambio d'informazioni tra le diverse regioni del cervello avviene grazie ai numerosi assoni riuniti in fasci, detti **tratti di associazione**. Perciò, l'attività della rete neuronale di una certa regione cerebrale e quella delle reti di altre aree possono influenzarsi a vicenda.

Anche se è stata tracciata una mappa delle regioni che ricevono i vari segnali sensoriali, oppure che inviano gli impulsi motori agli organi effettori, la maggior parte delle informazioni è così complessa da non poter essere associata a una specifica regione corticale; alla gestione e all'interpretazione degli stimoli partecipano molte aree, che spesso hanno funzioni differenti.

Le diverse regioni che partecipano all'elaborazione delle informazioni sono denominate *aree della corteccia associativa* o **aree di elaborazione intrinseca**. In particolare, queste aree permettono l'integrazione dell'informazione sensoriale con le emozioni, l'organizzazione delle idee e la capacità di progettazione a lungo termine.

La regione della corteccia cerebrale coinvolta nell'elaborazione intrinseca è molto più sviluppata nei primati che negli altri mammiferi ed è estesa soprattutto negli esseri umani. Questo suggerisce che tali aree siano legate alle caratteristiche peculiari della mente umana. Inoltre, circa metà di quest'area si trova nei lobi frontali, la parte dell'encefalo che si è più sviluppata nel corso dell'evoluzione della nostra specie.

Ti ricordi?
Nel sistema nervoso periferico i fasci che riuniscono diversi assoni prendono il nome **nervi**, mentre nel sistema nervoso centrale sono chiamati **tratti di associazione**.

1 - Per saperne di più

Più neuroni per meno ricordi?

Nessuno si ricorda gli eventi che sono avvenuti durante il parto che lo ha portato alla luce. Ricordare eventi di quando eravamo neonati è, infatti, impossibile. Questa sorta di amnesia infantile sembra dipendere dall'intenso processo di neurogenesi che avviene durante i primi istanti di vita: con la formazione di nuove cellule nervose i circuiti neuronali della memoria sono modificati e i ricordi si cancellano.

La **neurogenesi** è il processo che parte dalle cellule staminali neuronali e genera nuovi neuroni (**figura**). Fino a pochi anni fa si riteneva che la nascita segnasse l'arresto della neurogenesi e l'inizio di un'irreversibile perdita di cellule nervose. Oggi si sa che esiste un'eccezione; nel *giro dentato* dell'ippocampo, una particolare regione del cervello, la neurogenesi prosegue per tutta la vita e produce centinaia di nuovi neuroni ogni giorno. Questa regione cerebrale è coinvolta nell'apprendimento, nella memoria spaziale e nella formazione dei ricordi. Da un lato, la generazione di nuovi neuroni sembra fondamentale per la formazione di nuovi ricordi, ma dall'altro potrebbe alterare l'integrità dei circuiti neuronali preesistenti, rischiando di cancellare i ricordi più vecchi.

Per cercare di fare chiarezza, ricercatori canadesi hanno confrontato due gruppi di cavie di topo: uno di 17 settimane e l'altro di adulti. Entrambi i gruppi sono stati posizionati sopra a una rete metallica attraverso la quale era trasmesso un lieve impulso elettrico. A distanza di tempo, i topi sono stati riportati più volte sul pavimento metallico, senza però che venisse innescata alcuna scossa. Pur non subendo stimolazione elettrica, i topi più vecchi tendevano a irrigidirsi, manifestando il ricordo dell'esperienza passata, mentre già dopo un giorno, i topi più giovani sembravano essersene dimenticati. A causare una simile differenza è forse la neurogenesi attiva nei topi più giovani. Per dimostrare l'ipotesi i ricercatori hanno indotto la neurogenesi nei topi più vecchi: opportunamente stimolati anche questi hanno dimenticato lo stress provocato dall'impulso. Al contrario, i topi con alterazioni genetiche che rallentano la neurogenesi presentano tempi più lunghi per rimuovere la paura del pavimento metallico.

Gli studi per ora sono limitati al topo, ma aprono la prospettiva verso nuovi farmaci anti-depressivi che potrebbero promuovere la neurogenesi e aiutare i pazienti a cancellare i circuiti neuronali in cui risiedono ricordi traumatici.

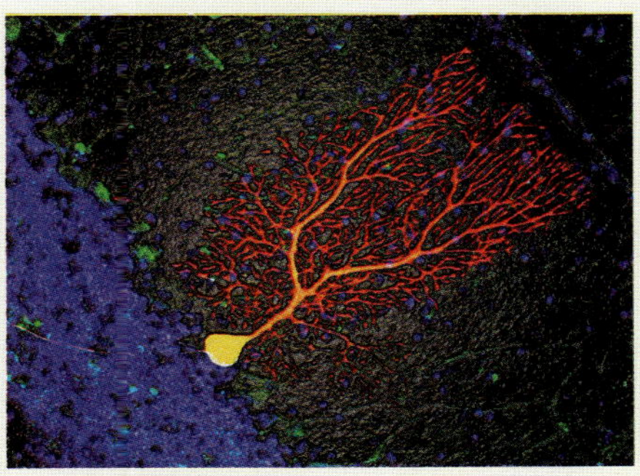

▲ **Figura**
Un neurone visto al microscopio.

La formazione reticolare è una rete di interneuroni che attraversa il cervello

Nel cervello esiste anche una diffusa rete di interneuroni chiamata **formazione reticolare** (**figura 8**) che parte da romboencefalo e mesencefalo, si connette al talamo e raggiunge numerose zone della corteccia cerebrale. Tutti i sistemi sensoriali inviano fibre a questa struttura, che discrimina i dati importanti da quelli che non lo sono.

L'esistenza di un sistema di selezione è facilmente verificata con l'esperienza quotidiana: una persona può dormire nel frastuono di un treno, ma svegliarsi immediatamente al pianto di un bambino o al rumore appena percettibile di una porta che si apre. Allo stesso modo, se ci troviamo in una stanza affollata, di solito non prestiamo attenzione alle conversazioni che avvengono intorno, fino a quando non sentiamo, per esempio, citare il nostro nome.

▸ **Figura 8**
La formazione reticolare è una rete diffusa di neuroni che si estende dal tronco cerebrale alla corteccia.

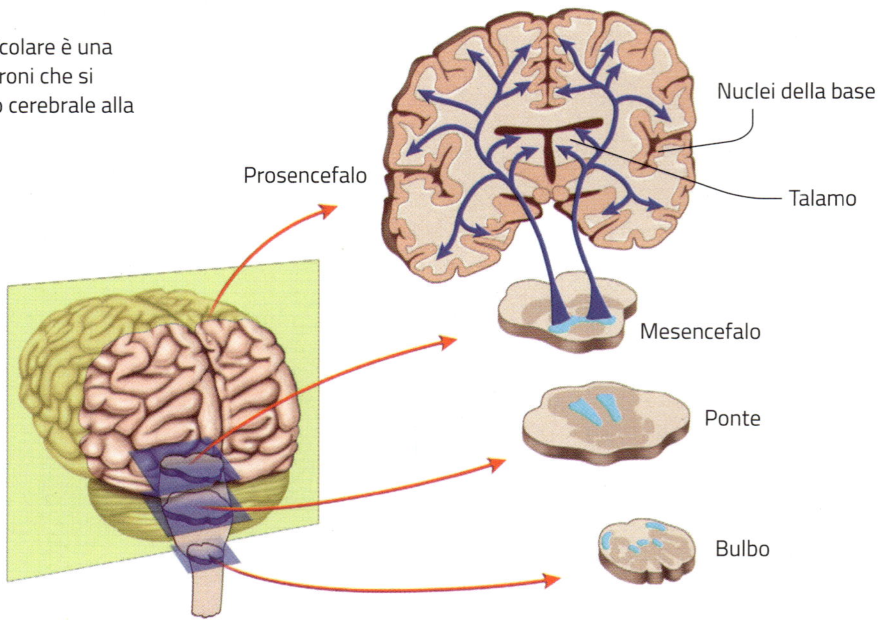

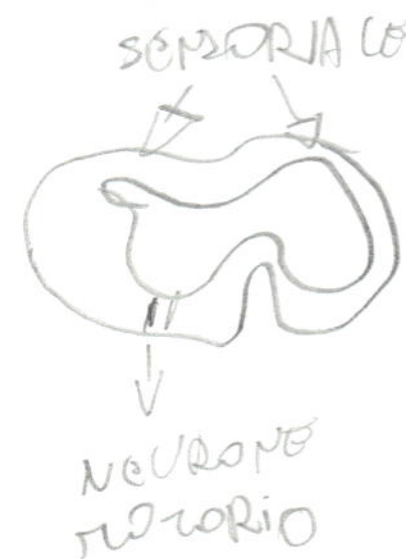

Il sistema limbico converte gli impulsi e le emozioni in azioni e regola il sonno

Il **sistema limbico** è una rete di neuroni, in gran parte subcorticali, che comprende aree del telencefalo e del diencefalo. Questo sistema mette in connessione l'ipotalamo con la corteccia cerebrale, l'ipofisi e diverse altre strutture; si pensa che esso sia il circuito mediante cui impulsi ed emozioni, come la fame, la sete e il desiderio sessuale, siano tradotti in azioni complesse, come cercare il cibo, bere o corteggiare un'altra persona.

Il sistema limbico è anche coinvolto nella regolazione del sonno e del processo di consolidamento della memoria. Durante il sonno il cervello è comunque attivo: quando sogniamo l'attività elettrica cerebrale è paragonabile a quella registrata durante la veglia. Sognare rappresenta, infatti, la terza attività della mente, diversa dal ragionare coscientemente (*veglia*) o dal dormire un sonno profondo.

Esistono cinque stadi differenti durante il sonno: il primo è quello del *sonno leggero*, poi vi sono due stadi intermedi (chiamati *sonno delta*) e un quarto stadio di *sonno profondo*. Il quinto stadio è caratterizzato da rapidissimi movimenti oculari ed è detto sonno REM (*Rapid Eye Movements*). Queste cinque fasi si ripetono (**figura 9**) e le onde elettriche che le caratterizzano possono essere registrate in un elettroencefalogramma (EEG).

A lungo si è creduto che si sognasse solo durante lo stadio REM, ma in realtà spesso si sogna anche nel tempo tra una fase REM e l'altra. Durante il periodo REM, tuttavia, si sogna più intensamente. Un **sogno** si forma quando numerosi impulsi partono da zone profonde dell'encefalo, come il tronco cerebrale, e raggiungono la corteccia e alcune zone limbiche; quindi, la corteccia si trova a dover

Curiosità
Un essere umano ha mediamente **cicli di sonno** di 8 ore, il cavallo di 3 ore, il pipistrello di 20 e la volpe di 10, mentre lo squalo di soli 3-5 minuti.

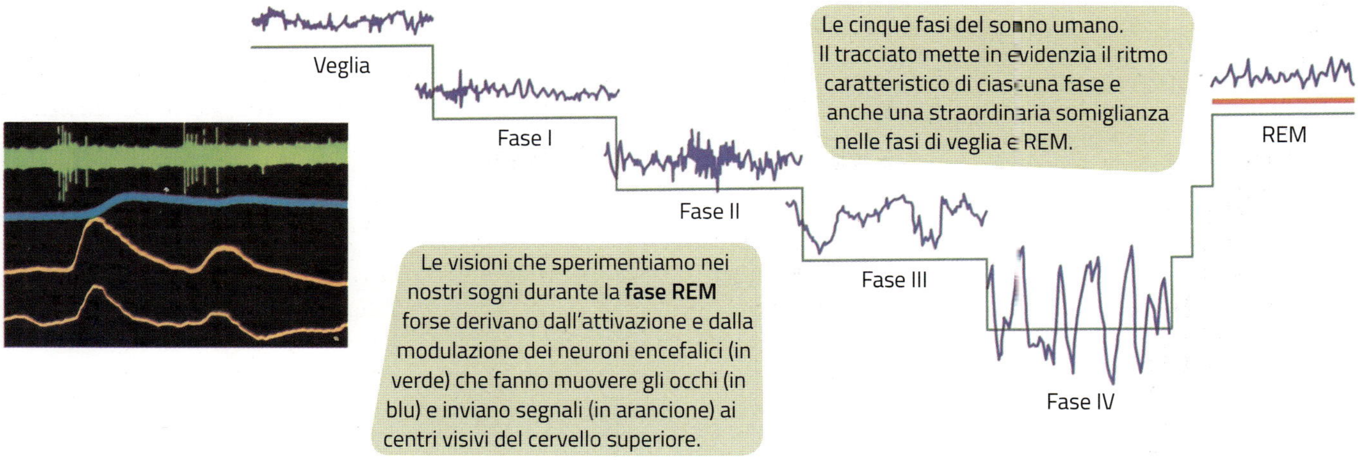

▲ **Figura 9**
Registrazione elettroencefalografica delle diverse fasi del sonno, con indicata la variazione di attività elettrica in ciascuno stadio.

interpretare una specie di tempesta elettrica e assemblare, nel modo più coerente possibile, frammenti di immagini e di sensazioni prelevate dalla vita reale e già presenti nella memoria. Durante il sogno la corteccia ripete alcuni percorsi nervosi attivati durante le fasi di veglia precedenti. In questa maniera i percorsi neurali importanti sono rinforzati e garantiscono un consolidamento della memoria degli avvenimenti salienti o delle nozioni apprese durante la veglia.

La memoria può essere a breve o a lungo termine

Tra tutte le funzioni dell'encefalo, una di quelle che desta maggiore interesse è la capacità di *apprendere*, ossia di modificare il comportamento e le conoscenze in base all'esperienza, e l'altra è quella di fissare informazioni nella **memoria**. Esistono due diversi tipi di memoria: quella a breve termine e quella a lungo termine.

Un esempio di **memoria a breve termine** si verifica quando trascriviamo un numero telefonico; di solito, lo ricordiamo solo per il breve tempo sufficiente a comporlo senza fissarlo nella mente. Se, invece, ripetiamo il numero diverse volte, questo è trasferito nella **memoria a lungo termine**. L'instaurarsi della memoria da breve a lungo termine è simile al modo in cui è tracciato un sentiero: più volte si passa lungo il percorso, più diventa netta e permanente la traccia.

I casi in cui una malattia, una lesione o un'operazione neurochirurgica abbiano causato una perdita di memoria hanno dimostrato l'esistenza di diverse regioni encefaliche implicate nella fissazione e nel mantenimento della memoria: l'*ippocampo e l'amigdala*, due parti del sistema limbico sulla superficie interna del lobo temporale; il *talamo*; il *prosencefalo basale*, che fa parte del sistema limbico e si trova lateralmente all'ipotalamo; la *corteccia prefrontale*, che fa parte del lobo frontale.

I neuroni specchio sembrano essere legati all'empatia

Secondo alcune ricerche, la nostra capacità di capire gli altri o di creare con loro un rapporto emotivo dipende da specifici neuroni, chiamati **neuroni specchio**. È a causa di questi neuroni se ci facciamo coinvolgere da situazioni emotive e se soffriamo nel vedere o leggere di eventi tragici. In questo caso, infatti, i neuroni specchio si attivano, creano sinapsi e liberano neurotrasmettitori, come se fossimo noi stessi i protagonisti di quegli eventi.

Sembra che l'errato funzionamento dei neuroni a specchio sia una delle cause dei disturbi dello spettro autistico, un vasto numero di disturbi che sono (spesso impropriamente) riassunti con il termine autismo. L'*autismo*, che colpisce circa 2 bambini su 1000 e si manifesta entro i 4 anni, è caratterizzato da comportamenti ripetitivi e incapacità di comunicare, con gravi difficoltà di relazione sociale.

A lungo si è ritenuto che la malattia fosse di origine psicologica, ma oggi si sa che negli individui autistici esistono anomalie a carico dei neuroni specchio del tronco encefalico, del cervelletto e dei lobi temporali. Sono anche stati rilevati difetti nella maturazione dei neuroni del sistema limbico e del cervelletto. A livello biochimico è stato poi riscontrato un alto tasso di serotonina e bassi livelli di ossitocina, che agisce da neurotrasmettitore.

Ti ricordi?
L'**ossitocina** è un ormone che determina le contrazioni uterine durante il parto, ma influisce anche sui legami sociali e sui comportamenti che li determinano.

Le malattie neurologiche

In Italia sono 600 000 i malati di Alzheimer, pari a una persona su 100 (dati Censis 2016) e nel mondo il numero di persone affette da questa malattia è aumentato di 9,9 milioni di casi nel solo 2015 (dati *Alzheimer's Disease International*).

La **malattia di Alzheimer** deve il suo nome al neurologo tedesco Alois Alzheimer, che la descrisse per la prima volta nel 1907. Si tratta di una malattia *neurodegenerativa*, perché è caratterizzata da un processo cronico e selettivo di morte cellulare a carico dei neuroni. La patologia si manifesta con una progressiva perdita di memoria: inizialmente è danneggiata la memoria a breve termine, ma in seguito il malato può essere incapace di ricordare anche i nomi e i visi dei parenti. Negli stadi terminali si ha una grave forma di demenza che comprende l'incapacità di pensare, di parlare e perfino di svolgere la maggior parte delle normali mansioni quotidiane.

I cambiamenti biologici caratteristici dell'Alzheimer sono visibili nella biopsia di tessuti cerebrali (**figure A-B**) delle strutture associate alla fissazione della memoria: l'ippocampo e l'amigdala. Le alterazioni sono:

- accumulo nei corpi cellulari dei neuroni di filamenti proteici intrecciati;
- presenza di *placche neuritiche*, ammassi di terminazioni assoniche degenerate associati a un frammento proteico detto beta-amiloide;
- accumulo di beta-amiloide vicino e dentro le pareti dei vasi sanguigni;
- carenza in alcune zone cerebrali del neurotrasmettitore acetilcolina.

Il frammento di beta-amiloide si forma quando l'amiloide, una proteina molto comune, è tagliata in frammenti più piccoli grazie a due proteasi. Anche se non se ne conosce la ragione, si sa che la beta-amiloide si forma in ogni persona sana, ma solitamente è eliminata con la stessa velocità con cui è prodotta; se questo non accade, inizia la formazione delle placche tipiche della malattia di Alzheimer. L'eccessiva quantità del frammento proteico beta-amiloide sembra dipendere dal mal funzionamento di un gene presente sul cromosoma 21.

Diverse industrie farmaceutiche stanno lavorando alla messa a punto di inibitori delle proteasi, nella speranza che la riduzione della formazione di beta-amiloide possa prevenire l'Alzheimer. Si sta anche tentando di sintetizzare un vaccino che stimoli il sistema immunitario a eliminare questo frammento proteico.

Un quadro clinico simile alla malattia di Alzheimer è tipico anche della *demenza vascolare*, causata da disturbi circolatori nel cervello.

NON SOLO ALZHEIMER: LE ENCEFALOPATIE SPONGIFORMI

Le **encefalopatie spongiformi** sono un gruppo di malattie degenerative che colpiscono il sistema nervoso centrale. Sono provocate dai *prioni* (**figura C**), glicoproteine normalmente presenti sulle membrane cellulari, che però si diffondono in una forma anomala con conseguenze disastrose e irreversibili. Le encefalopatie spongiformi, che hanno un periodo di incubazione anche di diversi anni, si manifestano con iniziali disturbi visivi, difficoltà di movimento e di deambulazione e terminano con la totale incapacità di provvedere a se stessi. Una caratteristica peculiare è la comparsa di placche, che riducono progressivamente l'attività del cervello, innescano la morte dei neuroni e formano cavità all'interno della corteccia cerebrale (lacune corticali), che assume un aspetto spugnoso, da cui l'aggettivo «spongiforme».

Negli esseri umani esiste una forma di encefalopatia spongiforme chiamata **malattia di Creutzfeldt-Jakob** (dal nome dei due neurologi che la descrissero), causata dall'alimentazione con carni bovine contenenti tessuto nervoso con il prione. Questa patologia non colpisce solo gli esseri umani: sono più di 15 le differenti specie di mammiferi nelle quali è stata riconosciuta una forma di encefalopatia spongiforme; tra le più note ricordiamo la *scrapie*, che colpisce gli ovini, e la *BSE*, l'encefalopatia spongiforme bovina, più conosciuta come «malattia della mucca pazza». In Gran Bretagna, nel 1986, scoppiò un'epidemia di BSE che nel 1992 culminò con oltre 3000 nuovi casi ogni mese. Il fatto che tale malattia si trasmettesse tramite carni bovine infette ha provocato allarme in tutto il mondo: è stato imposto il blocco delle importazioni e le strutture sanitarie hanno aumentato i controlli, grazie a test per la ricerca di proteine prioniche anomale su animali destinati al consumo. Oggi questa malattia è considerata eradicata, ma l'OMS continua a sorvegliare la situazione.

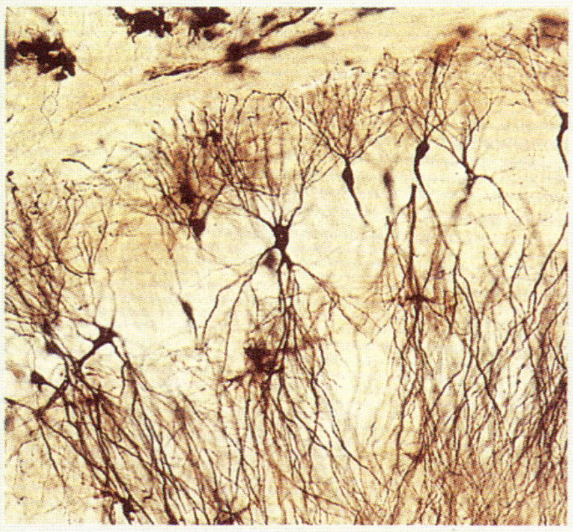

▲ **Figura A**
Tessuto sano dell'ippocampo.

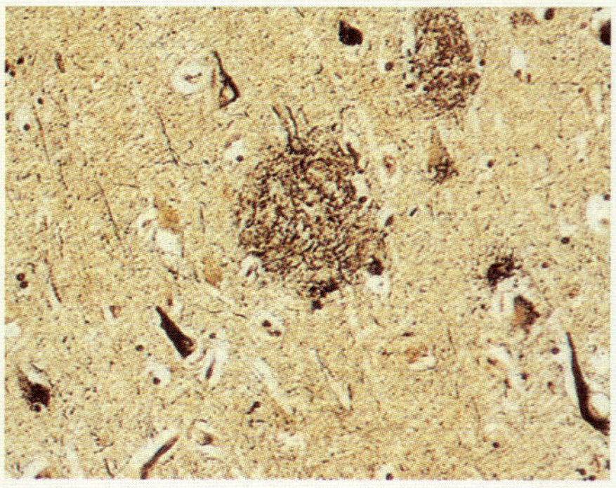

▲ **Figura B**
Sezione di un frammento dell'ippocampo di un malato di Alzheimer: le due strutture scure sono placche neuritiche.

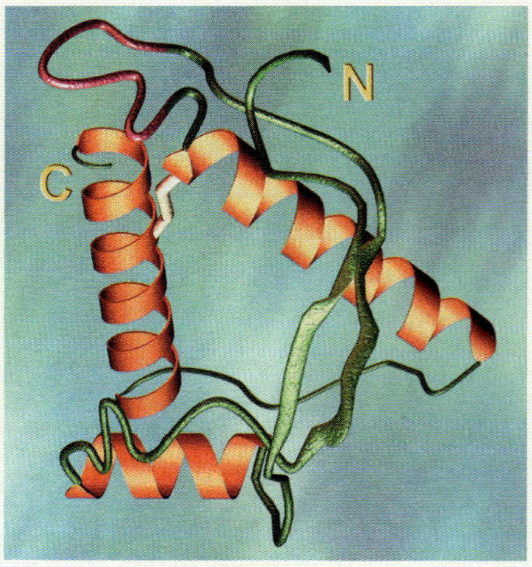

▲ **Figura C**
Struttura molecolare di un prione.

Facciamo il punto

1. Qual è il compito delle regioni di elaborazione intrinseca della corteccia?
2. Che funzioni ha la formazione reticolare?
3. In quali processi è implicato il sistema limbico?
4. Confronta la memoria a breve termine con quella a lungo termine?
5. Qual è la funzione dei neuroni specchio?

4 La percezione sensoriale

I recettori sensoriali sono divisi in base allo stimolo e alla struttura

Le strutture che ricevono stimoli di natura chimica o fisica, come pressione, suoni, temperatura, vibrazioni, luce e sostanze chimiche, sono i **recettori sensoriali**. Gli stimoli sensoriali sono recepiti e interpretati in base all'area cerebrale in cui giungono: per esempio, le sensazioni che si provano toccando un pezzo di ghiaccio o ascoltando un brano musicale sono diverse perché attivano zone cerebrali differenti. Ciò nonostante, la percezione cosciente e l'eventuale reazione allo stimolo sono il frutto dell'integrazione di distretti diversi del cervello e dell'intero organismo.

I recettori sensoriali sono numerosi e si distinguono in:

- *meccanocettori*, che percepiscono le modificazioni meccaniche;
- *chemiocettori*, attivati dagli stimoli chimici;
- *fotocettori*, sensibili agli stimoli luminosi;
- *termocettori*, che si attivano in occasione di variazioni di temperatura;
- *nocicettori*, legati alla sensazione di dolore;
- *osmocettori*, che percepiscono la pressione osmotica dei liquidi corporei;
- *barocettori*, sensibili alle variazioni di pressione.

Tutti questi recettori sono suddivisi anche in base alla struttura anatomica. Alcuni recettori sensoriali sono piccoli e relativamente semplici, come quelli che captano il dolore, il calore e altre sensazioni sulla pelle; nel loro insieme questi recettori sono detti **terminazioni nervose libere**. Un altro tipo di recettori sono le **terminazioni nervose incapsulate**, come alcuni meccanocettori, formate da una combinazione di terminazioni nervose libere con strati esterni di tessuto connettivo; ne sono un esempio i *corpuscoli di Pacini*, che rispondono alle sensazioni tattili fini. Un terzo tipo di recettori è costituito da cellule specializzate, che prendono contatto con singoli neuroni; queste **cellule separate** sono, per esempio, quelle dell'*organo del Corti* nell'orecchio interno.

Quando uno stimolo attiva un recettore sensoriale, la sua intensità si traduce in una frequenza maggiore o minore di potenziali d'azione; inoltre, lo stimolo può essere di breve durata, oppure continuo. Un nocicettore, per esempio, continuerà a inviare informazioni al sistema nervoso centrale per tutto il tempo di permanenza dello stimolo dolorifico, perciò è un recettore a lento adattamento.

Ti ricordi?

L'eccitabilità dei neuroni è del tipo **«tutto o nulla»**; ciò significa che l'ampiezza del potenziale d'azione non cresce aumentando l'intensità dello stimolo oltre il livello di soglia. Se lo stimolo è inferiore a tale soglia la risposta è nulla; quando, invece, lo stimolo è oltre la soglia l'ampiezza della risposta è massima. A determinare la differente intensità è la frequenza dei potenziali d'azione: più intenso è lo stimolo, maggiore è la loro frequenza.

A colpo d'occhio

- RECETTORI (STRUTTURA)
  - TERMINAZIONI NERVOSE LIBERE
    - NOCICETTORI DELLA PELLE
  - TERMINAZIONI NERVOSE INCAPSULATE
    - CORPUSCOLO DI PACINI
  - CELLULE SEPARATE
    - ORGANO DEL CORTI

3 - Per saperne di più

Non si vive senza dolore

Percepire il dolore è la prima difesa per l'uomo; esiste però una rara malattia congenita caratterizzata dall'impossibilità di avvertire il dolore, il calore e il freddo. Questa patologia è detta **CIPA**, dall'inglese *Congenital Insensitivity to Pain with Anhidrosis*, ovvero insensibilità congenita al dolore con anidrosi. La CIPA comporta difficoltà a regolare i comportamenti e il soggetto può andare incontro a traumi o malattie senza accorgersene.

La malattia è causata da una mutazione genetica che impedisce la formazione delle cellule nervose responsabili della trasmissione degli stimoli dolorifici. Questa mutazione avviene a carico del gene NTRK1, che codifica il recettore *tirosin chinasico neurotrofico*, specifico per il fattore di crescita nervosa (NGF). In genere questa proteina induce la formazione di assoni e dendriti e promuove la sopravvivenza dei neuroni embrionali sensoriali e simpatici. La mutazione, però, non consente di legare correttamente NGF e può causare difetti nello sviluppo nervoso.

La CIPA è una patologia rara, ma la maggior parte dei bambini che la presenta non vive oltre i 3 anni; in genere è l'incapacità di sudare che porta al decesso per ipertermia.

I recettori del tatto si trovano nell'epidermide e nel derma

La pelle umana possiede numerosi recettori di diverso tipo, sia nel derma superficiale sia in quello più profondo. In superficie sono presenti terminazioni nervose libere che veicolano stimoli di caldo e freddo, prurito e dolore. In particolare, esistono due tipi di terminazioni nervose speciali (**figura 10**):

- i **dischi di Merkel** sono formati da terminazioni nervose libere, hanno la forma di una ramificazione e trasportano sensazioni tattili a lento adattamento;
- i **corpuscoli di Meissner** sono terminazioni nervose incapsulate, formate da dendriti ricoperti da una capsula di connettivo; questi recettori sono attivati da stimoli tattili lievi, hanno rapido adattamento e sono concentrati soprattutto a livello delle mani, delle labbra, della punta della lingua e a livello genitale.

Nel derma profondo, invece, sono collocate le terminazioni nervose libere, avvolte ai bulbi piliferi, che vengono stimolate quando il pelo si muove. Infine, sono presenti due terminazioni nervose incapsulate sensibili a stiramenti e vibrazioni: i **corpuscoli di Ruffini** e i **corpuscoli di Pacini** o lamellari.

Sono presenti recettori anche a livello di muscoli e tendini. Nei muscoli esistono particolari meccanocettori chiamati **fusi neuromuscolari**, sensibili allo stiramento delle fibre muscolari. Questi recettori portano l'informazione verso il SNC con una risposta di adattamento data dalla contrazione di un numero più o meno elevato di fibre muscolari; in questo modo il corpo risponde in maniera progressiva alla fatica necessaria per sollevare masse differenti. I fusi neuromuscolari informano il SNC anche della posizione del muscolo nello spazio e contribuiscono così al mantenimento dell'equilibrio; per questo motivo sono definiti **propriocettori**. I propriocettori sono presenti non soltanto a livello di muscoli, tendini e articolazioni, ma anche nell'orecchio interno.

La regolazione della contrazione muscolare avviene anche grazie ai meccanocettori di tendini e legamenti, chiamati **organi di Golgi**, che sono stimolati da una contrazione eccessiva del muscolo e portano un impulso verso il SNC che si traduce in una inibizione della contrazione stessa. In questo modo impediscono un ulteriore lavoro dei motoneuroni per evitare strappi muscolari.

Le parole

I **corpuscoli di Ruffini** devono il nome al medico marchigiano Angelo Ruffini. Si tratta di lamelle di collagene che avvolgono un dendrite e fungono da recettori sensoriali ad adattamento lento, localizzati negli strati più profondi del tessuto sottocutaneo.

I **corpuscoli di Pacini** devono il nome all'anatomista toscano Filippo Pacini, sono di dimensioni maggiori degli altri recettori e possiedono una maggiore sensibilità.

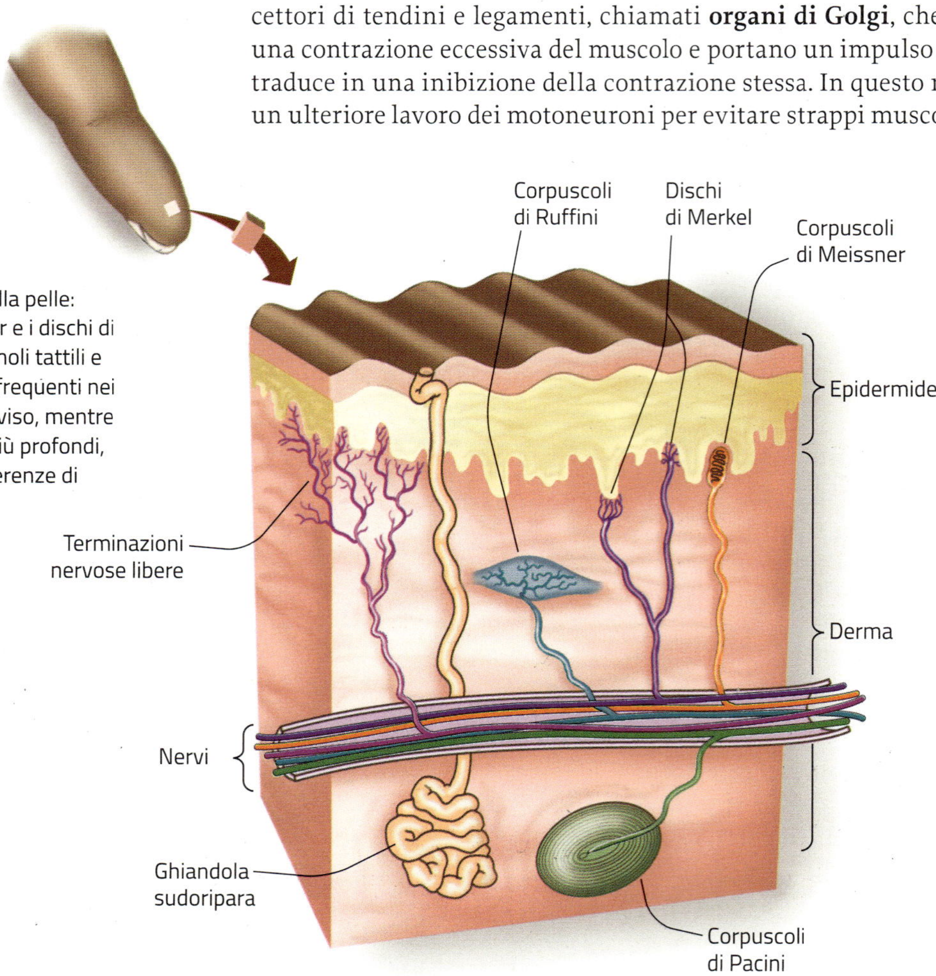

▸ Figura 10
Recettori sensoriali della pelle: i corpuscoli di Meissner e i dischi di Merkel raccolgono stimoli tattili e sono particolarmente frequenti nei palmi delle mani o sul viso, mentre i corpuscoli di Pacini, più profondi, raccolgono invece differenze di pressione e vibrazioni.

I recettori del dolore sono distribuiti in tutto il corpo

I **nocicettori** sono terminazioni nervose libere che si attivano in conseguenza a stimoli eccessivi (quindi dolorosi) di temperatura, pressione o stiramento, per la presenza di sostanze chimiche tipiche dell'infiammazione, come l'istamina.

Sulla superficie del corpo il tipo di dolore che si avverte è acuto, rapido o pungente; esso insorge nel giro di un decimo di secondo dallo stimolo ed è sempre possibile percepire il punto di origine, come quando si è punti da un ago. A livello di organi interni, questa percezione è sostituita da un tipo di dolore cronico, persistente o pulsante. Oltre a non permettere di identificarne l'origine, questo dolore comporta un'attivazione più lenta delle fibre sensoriali (da uno a più secondi dallo stimolo).

In alcuni casi, le fibre dolorifiche di diversi distretti corporei creano una specie di corto circuito; un dolore a una di queste sedi attiva in maniera anomala anche le fibre dolorifiche che arrivano alla stessa porzione del midollo, in questo caso si parla di **dolore riferito**. Il caso più eclatante di dolore riferito riguarda l'infarto del miocardio: il forte dolore al cuore e al petto attiva anche le fibre dolorifiche che arrivano allo stesso tratto di midollo, quelle del braccio sinistro.

I fotocettori dell'occhio sono coni e bastoncelli

Nell'**occhio** è concentrato il 70% di tutti i recettori sensoriali del corpo umano; in ogni occhio i fotocettori che trasmettono l'impulso al SNC sono circa 125 milioni e vengono suddivisi in **coni** e **bastoncelli**.

L'occhio umano è un organo molto complesso, costituito da diverse strutture (**figura 11A**); il *bulbo oculare* è una sfera cava di circa 2,5 cm di diametro, in cui si distinguono tre strati, o *tonache*.

La *tonaca fibrosa* esterna è formata nella porzione posteriore dalla **sclera**, la parte bianca che protegge il bulbo e ne determina la forma. Nella parte anteriore, la sclera lascia spazio alla **cornea**, una struttura trasparente attraverso cui entrano i raggi luminosi; la cornea è riccamente innervata, soprattutto di fibre dolorifiche, ma è priva di vasi sanguigni.

La *tonaca vascolare* intermedia è formata nella porzione posteriore dalla **coroide**, ricca di vasi e pigmenti che assorbono la luce per impedirne la riflessione all'interno dell'occhio. Nella parte anteriore, la coroide si modifica formando l'**iride**, un muscolo circolare pigmentato, al centro del quale si trova un foro detto **pupilla**. L'iride può dilatarsi o contrarsi in relazione all'intensità luminosa, regolando così la quantità di luce che penetra nell'occhio. Dietro all'iride si trova il **cristallino**, una lente che, grazie alla contrazione dei muscoli ciliari, può variare la propria curvatura, permettendo così la messa a fuoco delle immagini.

A colpo d'occhio

- BULBO OCULARE
  - TONACA FIBROSA
    - SCLERA
    - CORNEA
  - TONACA VASCOLARE
    - COROIDE
    - IRIDE
    - CRISTALLINO
  - TONACA SENSORIALE
    - RETINA

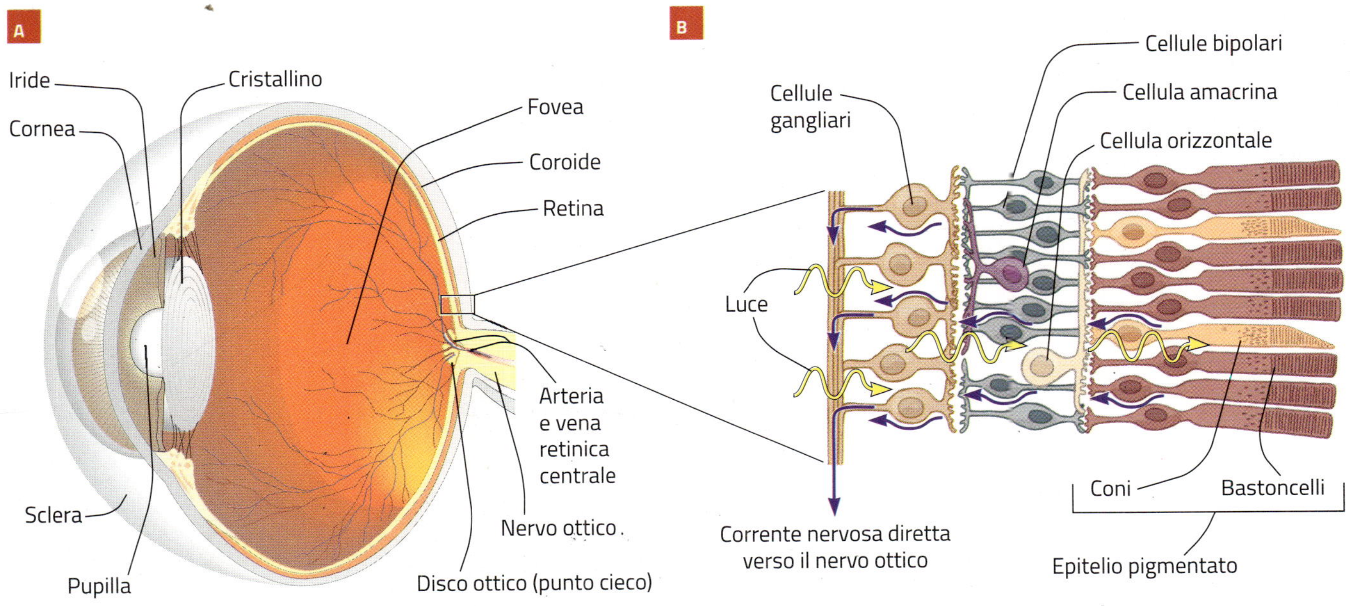

▼ **Figura 11**
Struttura dell'occhio umano (A) e delle tre file di cellule che costituiscono la tonaca sensoriale (B).

Leggi gli approfondimenti nell'ebook:
Per saperne di più
- *L'evoluzione dell'occhio*
- *La chimica della vista*
- *Un'epidemia di miopia*

Ti ricordi?

Il **lisozima** è un enzima con attività battericida la cui funzione è lisare la parete dei batteri Gram+. Per questo motivo è diffuso in numerose secrezioni animali come le lacrime e la saliva.

Curiosità

Se il bulbo oculare è troppo lungo, oppure il cristallino si incurva eccessivamente, la messa a fuoco degli oggetti lontani cade in un punto anteriore alla retina e la visione è sfocata. In questo caso si parla di **miopia**, che si corregge con lenti concave. Al contrario, se il bulbo oculare è troppo corto, o il cristallino si incurva poco, la messa a fuoco da lontano è buona, ma quella da vicino cade oltre la retina; in questo si ha **ipermetropia**, che si corregge con lenti convesse.

La *tonaca sensoriale* interna è formata dalla **retina**, a sua volta costituita da due strati: lo *strato pigmentato esterno*, composto da cellule ricche di *melanina* che assorbono la luce, e lo *strato nervoso*, composto da tre file di cellule (**figura 11B**):

- nella prima ci sono i *coni*, responsabili della visione a colori, e i *bastoncelli*, responsabili della visione notturna;
- nella seconda si trovano le *cellule bipolari di associazione*, che si connettono da una parte ai fotocettori e dall'altra alla terza fila di cellule;
- nella terza ci sono le *cellule gangliari*, che costituiscono la terza fila più interna; gli assoni di queste cellule si riuniscono poi in un fascio, il **nervo ottico**, che esce dal globo oculare.

Attorno all'occhio ci sono le **palpebre**, superiore e inferiore, che lo proteggono anche attraverso le ciglia, disposte sul bordo (o *rima*) palpebrale. Sono poi presenti ghiandole sudoripare e sebacee; queste ultime producono un secreto ricco di grassi per lubrificare l'occhio. A protezione dell'occhio agiscono anche le **lacrime**, che contengono anticorpi e lisozima.

L'occhio è suddiviso dal cristallino in due *camere*. La **camera anteriore** è occupata da un liquido simile a quello cefalorachidiano, chiamato **umor acqueo**, prodotto a livello dei corpi ciliari e portato nella porzione di unione tra cornea e sclera; normalmente esso subisce un ricambio completo in 90 minuti. L'umor acqueo fornisce le sostanze di nutrimento alla cornea e al cristallino, privi di vasi, e aiuta a mantenere costante la pressione interna. Anche l'**umor vitreo**, una sostanza gelatinosa presente nella camera posteriore, aiuta a mantenere una giusta pressione endoculare; al contrario dell'umor acqueo, l'umor vitreo si forma in età embrionale e non viene più ricambiato.

Per attivare i fotocettori, la luce deve colpire la retina attraversando la cornea, la camera anteriore e quella posteriore. Per evitare che i raggi luminosi siano dispersi e non si verifichi una corretta stimolazione retinica, l'occhio ha tre metodi di adattamento: la variazione del foro pupillare, l'aggiustamento della curvatura del cristallino e la convergenza degli occhi.

La *dilatazione* della pupilla fa entrare più luce nel caso questa sia scarsa, mentre il *restringimento* delle pupille evita che alcuni raggi solari si riflettano a livello periferico del cristallino, con una resa di immagine sfuocata. Quando un oggetto dista qualche metro, i raggi luminosi raggiungono il cristallino quasi in modo parallelo. A mano a mano che l'oggetto si avvicina, i raggi di luce arrivano al cristallino divergendo, quindi aumenta il suo lavoro per farli convergere al centro dell'occhio e della retina; questo fenomeno di variazione della curvatura del cristallino a carico dei muscoli ciliari è definito **accomodazione** (**figura 12**).

Infine, i due occhi devono mettere a fuoco distintamente le immagini sulle due retine, al fine di crearne una unica a livello cerebrale. Quando un oggetto si avvicina, si tende a dirigere lo sguardo verso il naso, ovvero a fare una **convergenza** al centro. I movimenti degli occhi sono molto importanti per seguire gli oggetti in movimento; pertanto sono molto precisi e vengono regolati da muscoli distinti, innervati da diversi nervi cranici (*vedi* Capitolo C9).

▾ Figura 12
L'accomodazione è necessaria per mettere a fuoco oggetti a diversa distanza.

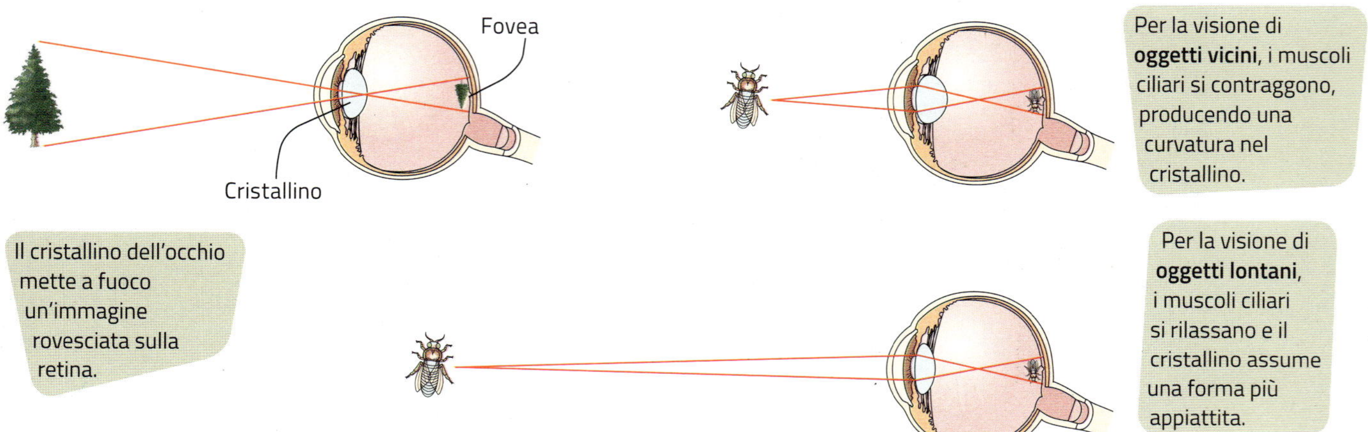

Sulla retina gli stimoli visivi si ricompongono in immagini

La radiazione luminosa raggiunge la retina fino a stimolare i coni e i bastoncelli. I bastoncelli sono utili per la visione dei grigi, sono più sensibili alle basse luminosità e si trovano sui bordi della retina, mentre i coni sono più numerosi nella sua porzione centrale. L'area della retina in cui si forma l'immagine più nitida è nota come **fovea**; nella fovea i fotocettori sono costituiti interamente da coni strettamente ammassati. Questi coni formano connessioni, uno a uno, con le cellule bipolari e le cellule gangliari.

La luce induce alcune proteine contenute nei recettori, chiamate **fotopigmenti**, a trasformarsi nella loro forma attiva: si avvia così una serie di reazioni che fa cambiare la polarità di membrana. I pigmenti fotosensibili dell'occhio sono le **opsine**, proteine presenti in tre differenti forme nei coni e in una nei bastoncelli. La prerogativa di queste molecole è quella di potere assorbire la radiazione luminosa e modificare la propria conformazione.

In base alla lunghezza d'onda del raggio in grado di attivare il fotopigmento, i coni sono distinti in «coni per il blu», «coni per il rosso» e «coni per il verde». I colori che percepiamo dipendono dalla sommatoria delle stimolazioni dei diversi tipi di coni. A questo punto, sulla retina si forma un'immagine sottosopra e con destra e sinistra invertite: è a livello cerebrale che assume la corretta connotazione spaziale (*vedi* figura 12).

Il percorso verso il SNC inizia con il potenziale d'azione, che prosegue lungo il nervo ottico. A questo punto il nervo si incrocia parzialmente a livello del **chiasma ottico** e in entrambi gli emisferi sono stimolati i nuclei del talamo e la corteccia occipitale. Il chiasma ottico è una struttura che rappresenta il punto di unione tra il nervo dell'occhio destro e il nervo dell'occhio sinistro. Non è solo una giunzione tra i due nervi ottici, ma è anche il punto in cui le fibre ottiche si intrecciano: circa la metà delle fibre neurali passa dal nervo ottico sinistro a quello destro. In ogni emisfero si hanno informazioni provenienti dalla porzione laterale dell'occhio relative allo stesso lato e da quella mediale dell'altro occhio.

Le parole

Il termine **chiasma** deriva dal greco *chiasmós*, che a sua volta è associato alla lettera greca *chi* (χ), dalla caratteristica forma incrociata, quindi significa «incrocio».

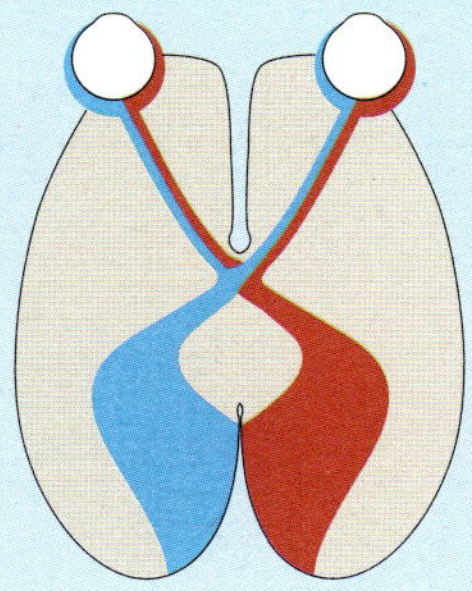

L'orecchio è l'organo dell'udito e dell'equilibrio

Grazie all'**orecchio** è possibile percepire i suoni e mantenere l'equilibrio. Le porzioni più esterne servono soprattutto per raccogliere e trasmettere le onde acustiche, ma i meccanocettori per l'udito e l'equilibrio si trovano più internamente. L'orecchio umano è costituito da tre strutture: l'orecchio esterno, l'orecchio medio e l'orecchio interno (figura 13).

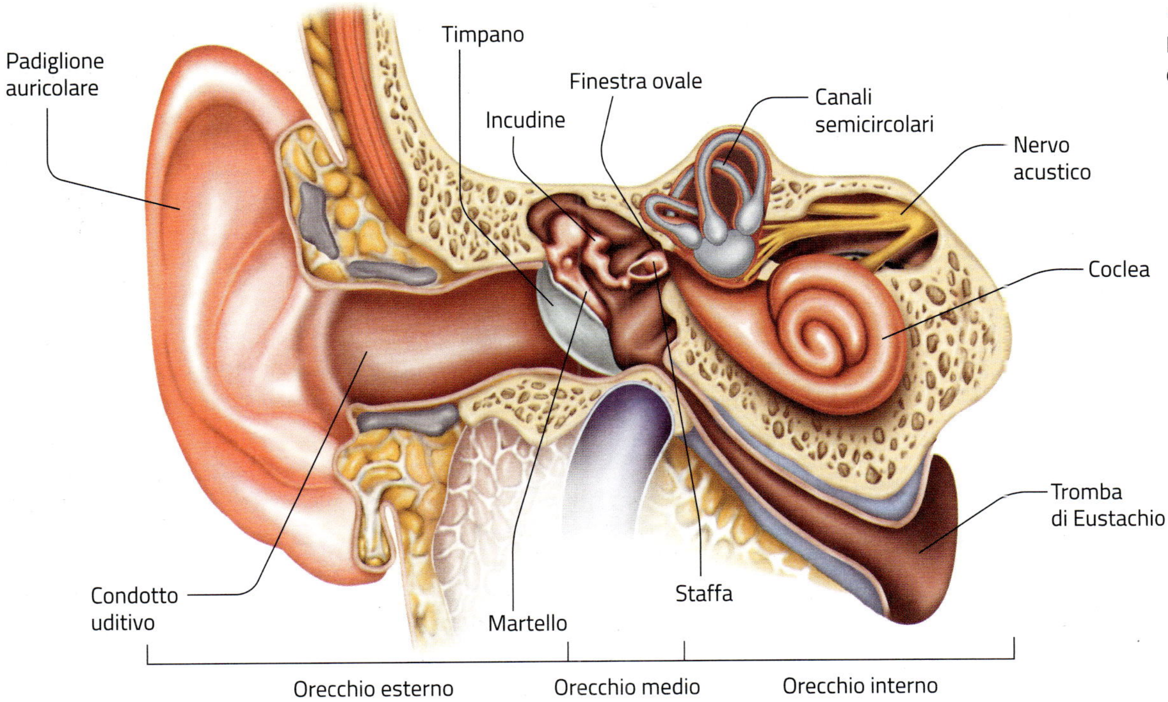

◂ **Figura 13** La struttura dell'orecchio umano.

Leggi l'approfondimento nell'ebook:
La nostra salute
Le malattie degli organi di senso

L'**orecchio esterno** è formato dal *padiglione auricolare* e dal *condotto uditivo*, lungo circa 3 cm, al termine del quale si trova la *membrana timpanica* (o timpano); l'epitelio del condotto è ricco di *ghiandole ceruminose* che producono il cerume, utile per fermare corpi estranei e mantenere elastico il timpano (*vedi* **figura 13**).

L'**orecchio medio** contiene tre piccole ossa, chiamate *incudine, martello* e *staffa*; queste ossa si articolano tra loro e congiungono il timpano alla *finestra ovale*, una membrana che separa l'orecchio medio da quello interno. In questa porzione è presente la *tuba uditiva* (o tromba di Eustachio), che connette l'orecchio alla faringe. Normalmente la tuba uditiva è chiusa, ma quando deglutiamo o sbadigliamo si apre e permette l'entrata di aria nell'orecchio medio; in questo modo è regolata la pressione atmosferica sulla membrana timpanica.

L'**orecchio interno**, infine, è costituito da tre parti: i *canali semicircolari* e il *vestibolo*, che formano l'organo dell'equilibrio (o apparato vestibolare), e la *coclea* (o chiocciola), che rappresenta l'organo dell'udito vero e proprio. Mentre l'orecchio esterno e quello medio sono circondati dall'aria, l'orecchio interno è completamente avvolto da liquido: tra l'osso temporale e le strutture membranose è presente la *perilinfa*, mentre all'interno di coclea, vestibolo e canali semicircolari è presente l'*endolinfa*.

Curiosità

La **membrana basilare** è più stretta e meno elastica a una delle due estremità, per cui non vibra in modo uniforme per tutta la sua lunghezza. Quindi, il suono, in base alla frequenza, esercita i suoi effetti su una regione specifica della membrana: cellule ciliate diverse sono stimolate da frequenze differenti.

Le onde sonore che giungono all'orecchio esterno sono incanalate verso la membrana timpanica e la fanno vibrare. Queste vibrazioni sono trasmesse attraverso le tre ossa dell'orecchio medio alla membrana della finestra ovale, che inizia a sua volta a vibrare; le vibrazioni generano onde di pressione nel fluido che riempie la coclea. Guardando la coclea in sezione trasversale, si nota che il suo interno è suddiviso in tre cavità: nel canale centrale si trova l'*organo del Corti*, che poggia sulla *membrana basilare*, sovrastata dalla *membrana tettoria*.

Viaggiando lungo i canali cocleari, le onde di pressione dell'endolinfa fanno vibrare la membrana basilare e, di conseguenza, le cellule ciliate dell'organo del Corti sono spinte contro la membrana tettoria. Questa stimolazione favorisce, da parte delle cellule ciliate, la liberazione di neurotrasmettitori che innescano i potenziali d'azione nei neuroni sensoriali con cui formano delle sinapsi. Gli assoni di questi neuroni formano il **nervo acustico**, che porta l'informazione al cervello. Questo nervo cocleare arriva al midollo allungato, al talamo e infine alla corteccia uditiva del lobo temporale. Molte fibre assoniche uditive si incrociano, quindi, a livello di entrambi gli emisferi, dove arrivano informazioni da entrambe le orecchie.

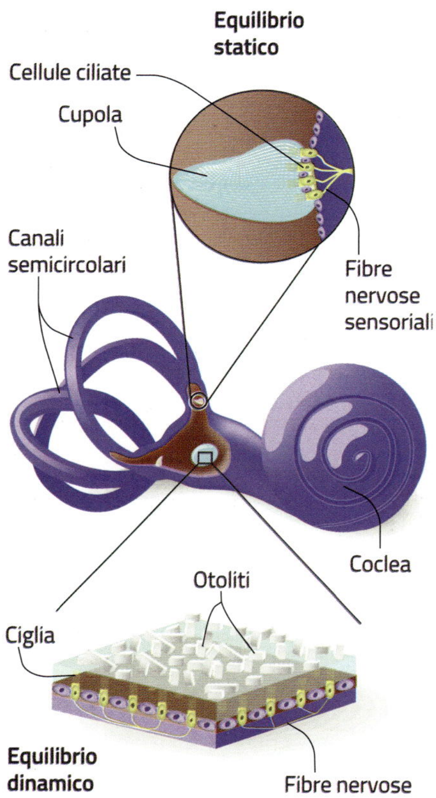

▲ **Figura 14**
Il sistema vestibolare, all'interno dell'orecchio, è il responsabile del nostro equilibrio.

L'equilibrio può essere statico o dinamico

Il vestibolo è costituito di due porzioni membranose dilatate poste tra la coclea e i canali semicircolari, chiamate *sacculo* e *utricolo* (**figura 14**). Al loro interno si trovano i recettori per l'**equilibrio statico**, quello che permette di mantenere la postura e una corretta posizione del corpo in conseguenza alla forza di gravità. I meccanocettori del vestibolo sono formati da cellule ciliate, all'interno di porzioni dette *macule*. Nelle macule, le cellule recettrici hanno le ciglia immerse in una sostanza gelatinosa piena di cristalli di carbonato di calcio, gli *otoliti*. Quando muoviamo la testa, l'endolinfa si sposta e per inerzia anche la gelatina contenente gli otoliti; questo spostamento induce la flessione delle ciglia e la trasmissione dello stimolo attraverso il nervo vestibolare.

L'**equilibrio dinamico**, caratterizzato dal mantenimento della posizione corporea corretta mentre ci muoviamo, è costituito essenzialmente dai tre canali semicircolari, ognuno dei quali è disposto su un piano perpendicolare agli altri due. Al loro interno, nella porzione più larga detta *ampolla*, sono presenti strutture vestibolari specializzate, le *creste ampollari*, formate da gruppi di cellule ciliate sovrastate da una cupola gelatinosa. Anche in questo caso, il movimento del corpo, o della testa, stimola lo spostamento del liquido e di conseguenza della cupola. Le ciglia dei recettori subiscono uno spostamento stimola i dendriti sensoriali.

Il nervo vestibolare arriva al midollo allungato, ma le informazioni sono portate anche a livello del cervelletto. Qui sono integrate con quelle che arrivano dagli altri propriocettori muscolari e tendinei e, tramite il rapporto con la corteccia motoria, si giunge al complesso risultato di postura e movimento.

Il naso e la lingua sono gli organi responsabili del gusto

Sia il naso sia la lingua contengono chemiocettori che reagiscono a particolari sostanze chimiche grazie a delle proteine di membrana. Questi due organi interagiscono per la definizione di un gusto, ma è il naso ad avere il compito maggiore.

Le **cellule olfattive** sono veri e propri neuroni modificati in grado di percepire fino a 10 000 odori diversi. Le **cellule gustative**, invece, sono in grado di distinguere il *dolce* (dovuto soprattutto alle proprietà chimiche del saccarosio o del glucosio), il *salato* (per la presenza in genere di NaCl), ma anche l'*aspro* e l'*amaro*; i diversi sapori sono una combinazione di queste quattro categorie principali.

L'epitelio olfattivo si trova in posizione superiore e posteriore all'interno della cavità nasale (**figura 15**). I chemiocettori possiedono ciglia che sporgono nella cavità, ricoperte da muco protettivo. Ogni cellula olfattiva possiede solo un tipo dei circa 300 differenti recettori; il numero di cellule olfattive varia da 10 a 100 milioni, determinando un olfatto più o meno fine. In base alla combinazione dei recettori stimolati si avvertono diversi odori, mentre in base alla quantità di molecole attivanti, l'odore è percepito più o meno intensamente.

Curiosità

Oltre ai quattro **sapori** classici, spesso ne è citato un quinto che percepiamo tramite un apposito recettore; si tratta dell'*umami*, che corrisponde al sapore del glutammato, una sostanza presente soprattutto nel brodo, nella carne, nel formaggio e in altri cibi proteici.

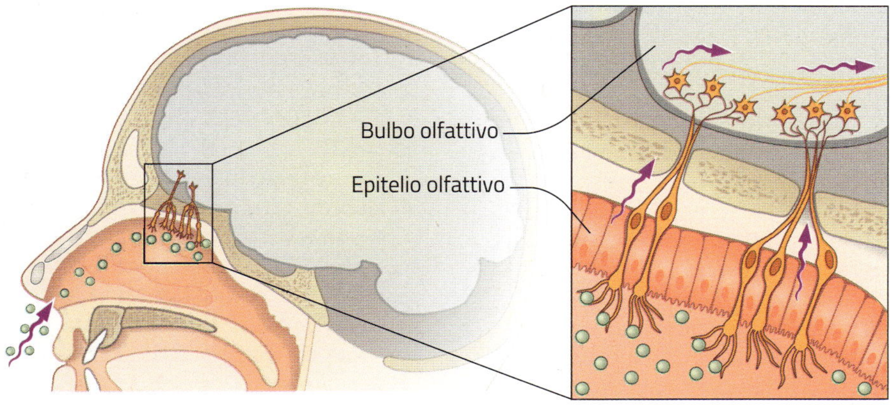

◂ **Figura 15**
I recettori olfattivi si trovano nel tessuto epiteliale delle cavità nasali, mentre i loro assoni si estendono verso i bulbi olfattivi del cervello.

Gli assoni amielinici delle cellule olfattive attraversano l'osso etmoide e costituiscono il **nervo olfattivo** (primo nervo cranico). A livello dei bulbi olfattivi, gli assoni si collegano con gli interneuroni, che da qui seguono la via verso la corteccia e quella del sistema limbico: ecco perché gli odori scatenano emozioni personali e immediate.

Le cellule gustative sono contenute nei *calici* (o *bottoni gustativi*) che tappezzano le porzioni laterali delle papille gustative poste sulla lingua, visibili anche a occhio nudo come piccole sporgenze (**figura 16**). I calici gustativi sono in numero maggiore sulla lingua, ma si trovano anche sul palato molle, sulla faringe, nell'epiglottide e all'interno delle guance. La sostanza chimica attivante si lega alle ciglia a livello del poro gustativo e il segnale si trasforma in impulso nervoso per le fibre sensoriali a contatto con le cellule gustative.

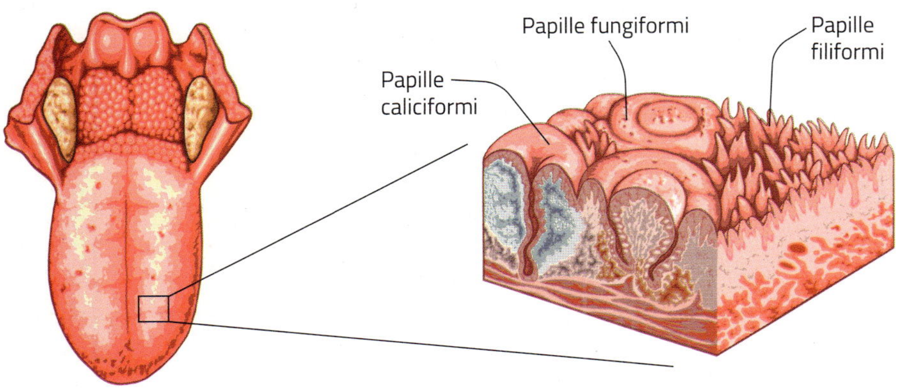

◂ **Figura 16**
Sulla lingua si trovano numerose papille che contengono i recettori del gusto.

Facciamo il punto

1. Come funziona la retina?
2. Quali funzioni sensoriali si trovano integrate nell'orecchio?
3. Cosa sono i calici gustativi?
4. Cosa differenzia i recettori olfattiv dagli altri?

SINTESI DI FINE CAPITOLO

Anatomia del sistema nervoso centrale

Le informazioni provenienti dal mondo esterno e dall'ambiente interno, raggiungono il **sistema nervoso centrale** (SNC), che le elabora e trasmette le risposte agli organi di senso e agli organi effettori tramite il sistema nervoso periferico.

Il SNC è protetto da tre **meningi** e dalla **barriera emato-encefalica**; inoltre è diviso in **encefalo** e **midollo spinale**. Quest'ultimo rappresenta il collegamento tra l'encefalo e il resto del corpo ed è composto da:

- *sostanza grigia*, formata in gran parte da interneuroni dai corpi cellulari dei neuroni motori, dalle cellule gliali e dalle fibre nervose amieliniche;
- *sostanza bianca*, costituita dagli assoni dei neuroni sensoriali e motori.

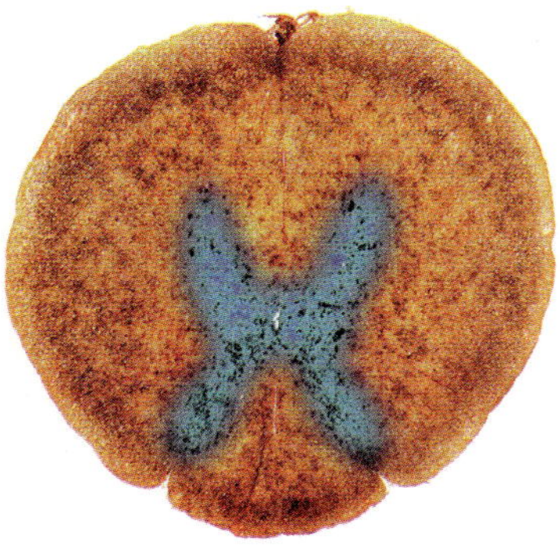

L'encefalo

L'encefalo è protetto dalla scatola cranica e si divide in:

- **prosencefalo**, che comprende **telencefalo** (o *cervello*) e **diencefalo**, ovvero la regione in cui transita la maggior parte degli impulsi diretti al cervello o agli altri distretti del corpo (è costituito da *talamo*, *ipotalamo* ed *epifisi*);
- **mesencefalo**, che è costituito da fasci di nervi;
- **romboencefalo**, che presiede alle funzioni fisiologiche essenziali e comprende *cervelletto*, *midollo allungato* e *ponte*.

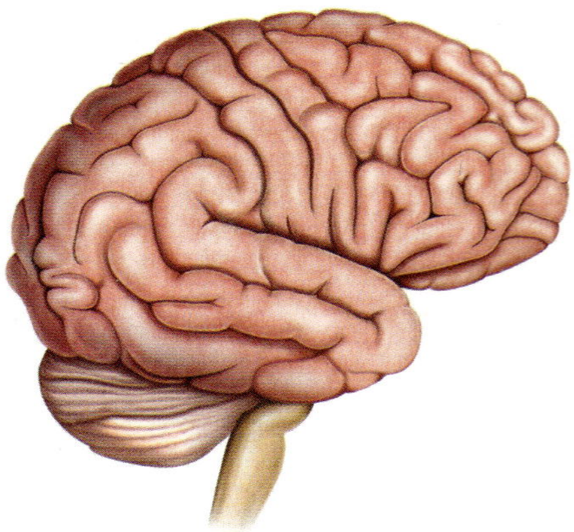

Il telencefalo e la corteccia cerebrale

Il cervello è formato da due **emisferi cerebrali** divisi in quattro **lobi**: *frontale*, *parietale*, *temporale* e *occipitale*. La parte più esterna dei due emisferi è costituita dalla **corteccia cerebrale**.

Diverse aree della corteccia svolgono funzioni motorie, sensoriali, uditive (*area di Wernicke*), visive e del linguaggio (*area di Broca*). I due emisferi cerebrali (destro e sinistro) elaborano le stesse informazioni in modo diverso.

L'elaborazione delle informazioni

Le *aree di elaborazione intrinseca* sono le regioni che partecipano all'elaborazione delle informazioni.

La rete di interneuroni che parte da romboencefalo e mesencefalo, si connette al talamo e raggiunge molte zone della corteccia cerebrale è chiamata **formazione reticolare**. Tutti i sistemi sensoriali inviano fibre a questa formazione, che discrimina i dati importanti da quelli che non lo sono.

Il **sistema limbico** è una rete di neuroni che converte gli impulsi e le emozioni in azioni e regola il sonno.

La memoria e l'empatia

Tra le funzioni dell'encefalo c'è la capacità di *apprendere*, ossia di modificare il comportamento e le conoscenze in base all'esperienza, e quella di fissare la memoria. Esistono due diversi tipi di **memoria**: la memoria **a breve termine** e quella **a lungo termine**.

La nostra capacità di capire gli altri o di creare con loro un rapporto emotivo dipende da specifici neuroni, chiamati **neuroni specchio**.

I recettori sensoriali

Le strutture che ricevono stimoli di natura chimica o fisica sono i **recettori sensoriali**. In base alla struttura anatomica i recettori sensoriali si dividono in: **terminazioni nervose libere**, **incapsulate** (*corpuscoli di Pacini*) e **cellule separate specializzate** (*organo del Corti*).

I recettori del **tatto** si trovano nell'epidermide e sono i *dischi di Merkel* e i *corpuscoli di Meissner*; nel derma ci sono i *corpuscoli di Ruffini* e i *corpuscoli di Pacini*. I recettori del **dolore** (*nocicettori*) sono distribuiti in tutto il corpo. L'occhio è l'organo della **vista** e i suoi *fotocettori* sono *coni* e *bastoncelli*. L'orecchio è l'organo dell'**udito** e dell'**equilibrio**. Il naso e la lingua sono gli organi responsabili del **gusto**: le *cellule olfattive* sono neuroni modificati in grado di percepire odori diversi; le *cellule gustative* distinguono dolce, salato, aspro e amaro; i diversi sapori sono una combinazione di questi quattro.

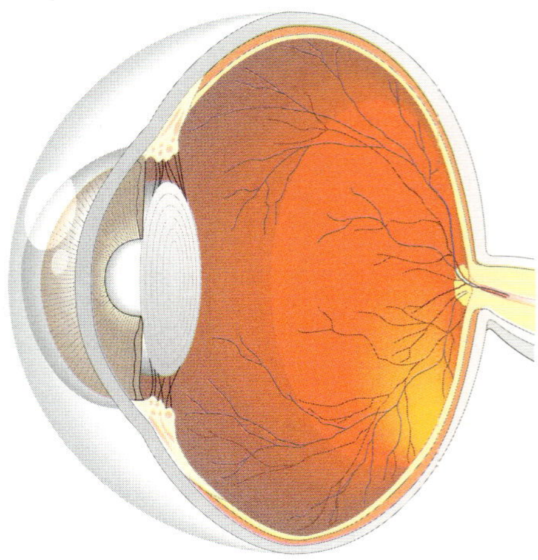

VERIFICA LE TUE CONOSCENZE

ZTE ONLINE

1. Scrivi sul quaderno la definizione dei seguenti termini.

a) Dura madre, aracnoide e pia madre
b) Sostanza grigia e sostanza bianca
c) Prosencefalo, telencefalo, diencefalo, mesencefalo e romboencefalo
d) Corteccia motoria e corteccia sensoriale
e) Memoria a breve termine e a lungo termine
f) Cornea, coroide e iride
g) Umor acqueo e umor vitreo
h) Equilibrio statico e dinamico

Barra il completamento esatto.

2. La corteccia motoria è posta tra

A la corteccia sensoriale e il lobo parietale.
B il solco laterale e il lobo temporale.
C la corteccia sensoriale e il solco centrale.
D il solco centrale e il lobo frontale.

3. Il cervelletto

A controlla la frequenza respiratoria e il battito cardiaco.
B coordina i movimenti muscolari di precisione.
C è coinvolto nella regolazione del sonno e della veglia.
D collega il sistema nervoso a quello endocrino.

4. La percezione del gusto dipende

A solo dalle cellule gustative che elaborano quattro sapori.
B solo dalle cellule olfattive che trasportano le informazioni ai bottoni gustativi.
C dall'interazione delle informazioni tra le cellule olfattive e le cellule gustative.
D prevalentemente dalle cellule gustative e parzialmente da quelle olfattive.

5. I corpuscoli di Meissner

A sono terminazioni nervose poste nella pelle.
B fanno parte dei fotocettori della cornea.
C permettono la dilatazione e la contrazione della pupilla.
D sono agglomerati di assoni dei nervi acustici.

6. Nel seguente brano, barra tra i termini in neretto quelli errati.

Il midollo spinale termina nella zona lombare con nervi che formano **la cauda equina / il cordone dorsale**; esso contiene interneuroni presenti nelle corna **dorsali / ventrali**, mentre nel canale centrale, contenente **liquor / monosaccaridi**, è circondato da sostanza bianca suddivisa in **nuclei / cordoni** laterali, dorsali e ventrali. Il midollo spinale, insieme all'encefalo forma il sistema nervoso **periferico / centrale**.

7. Completa le seguenti frasi.

a) Tra le meningi la più esterna e più resistente è la ....
b) Il .... , la struttura più antica dell'encefalo, presiede alle funzioni fisiologiche essenziali.
c) Il .... è sede del controllo del ritmo respiratorio e cardiaco, del riflesso della deglutizione e anche del vomito.
d) I due emisferi cerebrali sono separati da un profondo solco detto ....

8. Barra il simbolo V se ritieni l'affermazione vera, il simbolo F se la ritieni falsa.

a) Il mesencefalo invia al cervello i segnali provenienti dalla periferia del corpo. V F
b) L'ipotalamo coordina le attività associate al sesso, alla fame e alla sete. V F
c) L'epifisi è parte sia del sistema nervoso sia del sistema endocrino. V F
d) Il prosencefalo è formato dal mesencefalo e dal romboencefalo. V F
e) Il romboencefalo attiva le funzioni fondamentali e vitali del corpo. V F
f) Le meningi sono le membrane che ricoprono gli assoni dei nervi. V F

9. Completa la tabella mettendo in relazione i termini (*lettere*) con le definizioni proposte (*numeri*).

A. talamo
B. cervelletto
C. ipotalamo
D. corpo calloso
E. tronco cerebrale
F. epifisi

1. contiene i fasci che collegano il cervello al midollo
2. regola equilibrio e movimenti di precisione
3. contiene le fibre che collegano i due emisferi cerebrali
4. seleziona le informazioni sensoriali
5. coordina le attività associate a fame, sete, sesso e dolore
6. produce melatonina e controlla la maturazione sessuale

A	B	C	D	E	F

10. Barra i due completamenti esatti.
Durante il sonno

A si ripetono 5 fasi che possono essere evidenziate con un elettroencefalogramma.
B nella fase REM la corteccia riceve impulsi che traduce in sogni.
C il cervello è disattivato fatta eccezione per la parte centrale nella notte in cui si elaborano i sogni.
D la prima fase, quella del sonno profondo, è caratterizzata da una respirazione più profonda.
E la formazione reticolare controlla le diverse fasi e rende persistente la memoria.

11. Descrivi le due aree corticali coinvolte nel linguaggio. Perché sono presenti solo nell'emisfero sinistro?

....
....
....
....
....
....
....

12. Descrivi le tre strutture che compongono l'orecchio.

....
....
....
....
....
....

VERIFICA LE TUE ABILITÀ

Barra il completamento esatto.

13. Il sistema limbico

A mette in comunicazione il telencefalo con il diencefalo permettendo di regolare lo stato di consapevolezza.

B controlla, tramite il cervelletto, i muscoli delle labbra e della gola nella produzione del linguaggio.

C mette in contatto le regioni del tronco cerebrale con quelle della corteccia occipitale, interessata alla visione.

D converte la memoria a breve in quella a lungo termine e regola le fasi del sonno.

14. La corteccia cerebrale

A coordina riflessi basilari, come quelli per la respirazione e la circolazione.

B controlla istinti, emozioni e memoria.

C coordina l'equilibrio e i movimenti sincroni.

D riceve le informazioni sensoriali e coordina adeguate risposte motorie.

15. La memoria e l'apprendimento dipendono anche

A dall'intensità della trasmissione sinaptica che coinvolge l'ippocampo e l'amigdala.

B dalla ripetitività con cui un messaggio viene inviato lungo il tronco cerebrale.

C dalla capacità del cervelletto di comunicare, attraverso il corpo calloso, col cervello.

D dalle comunicazioni della corteccia motoria con quella sensoriale.

16. Completa il brano scegliendo fra i termini elencati in fondo.

Le aree di .... intrinseca fanno parte della .... cerebrale e si tratta di zone presenti prevalentemente nell'encefalo dei .... Il fatto che più della metà della superficie interessata a queste aree si trovi nei lobi .... suggerisce che la loro funzione sia da mettere in relazione all'aumento della capacità di .... tipica della .... umana.

(sostanza bianca, vertebrati, elaborazione, crescita, combattere, corporatura, parietali, corteccia, progettare, riproduzione, mente, occipitali, guaina mielinica, primati, frontali, muoversi, mammiferi, socialità)

17. Barra il simbolo V se ritieni l'affermazione vera, il simbolo F se la ritieni falsa.

a) In caso di infarto la percezione del dolore al braccio sinistro è causata dall'occlusione dell'arteria cardiaca che nutre anche il braccio. V F

b) Si può stare a braccia aperte, piegati in avanti e su una gamba sola senza cadere per opera dei propriocettori, posti nei muscoli. V F

c) Due persone possono vedere uno stesso colore in modo diverso se le loro proteine dei fotopigmenti hanno una composizione chimica anche leggermente differente. V F

d) Alcune persone perdono l'equilibrio a causa dell'infiammazione del vestibolo, malattia che rende poco mobili le ciglia contenute nelle macule. V F

18. Nel seguente brano compaiono 3 termini errati; dopo averli individuati scrivili nella tabella con accanto il termine corretto.

(ATT.: i termini sottolineati sono esatti, pertanto non vanno corretti)

Se una persona dovesse avere una lesione alla zona della corteccia relativa all'area di Broca e a quella di Wernicke, potrebbe avere seri problemi nella produzione del movimento; infatti, sarebbero certamente compromesse sia la capacità, connessa con l'area motoria, di comprendere parole in forma corretta sia quella, connessa con l'area sensoriale, di formulare pensieri di senso compiuto.

Termini Errati	Termini Corretti

19. Un impulso sonoro è diverso da altri impulsi come, per esempio, un impulso dolorifico? Perché siamo in grado di percepire messaggi sensoriali così diversi?

....
....
....
....
....

20. Per quale motivo il sistema reticolare viene definito come «un cervello superiore in grado di controllare il cervello consapevole»? Fai un esempio legato alla sua attività.

....
....
....
....
....

UNITUTOR
VERSO L'UNIVERSITÀ

Preparati ai test di ammissione sul sito Unitutor.

21. Nell'uomo che cosa accelera la trasmissione di un segnale in un neurone sensoriale?

1. L'aumento dell'intensità dello stimolo
2. La riduzione del diametro dell'assone
3. La mielinizzazione dell'assone

A Solo 1
B Solo 1 e 3
C Solo 2
D Solo 3
E Solo 2 e 3

[dal test di ammissione a Veterinaria 2014-15]

HANDS-ON GLOSSARY

22. Fill in the table matching each term (*letters*) with its definition (*numbers*).

A. cerebellum
B. spinal cord
C. cerebral cortex
D. photoreceptor
E. ossicles

1. a specialized type of neuron found in the retina that convert light into signals that trigger a change in the cell's membrane potential.
2. the brain's (or cerebrum) outer layer of neural tissue, it is divided into two halves by a fissure that separates the brain into left and right hemispheres.
3. three small bones in either middle ear, they serve to transumi sounds from the air to the fluid-filled labyrinth (or cochlea).
4. the lower part of the brain that plays an important role in motor control.
5. a long, thin, tubular bundle of nervous tissue that extends from the brainstem to the lumbar region of the spine.

A	B	C	D	E

VERSO L'ESAME: LE TUE COMPETENZE

SCHEMATIZZA

23. Costruisci una mappa concettuale che riporti il meccanismo di funzionamento dei vari organi di senso, indicando per ognuno le strutture anatomiche principali.

ASSOCIA

24. Scrivi accanto a ogni parte anatomica del cervello il suo nome e la sua funzione principale.

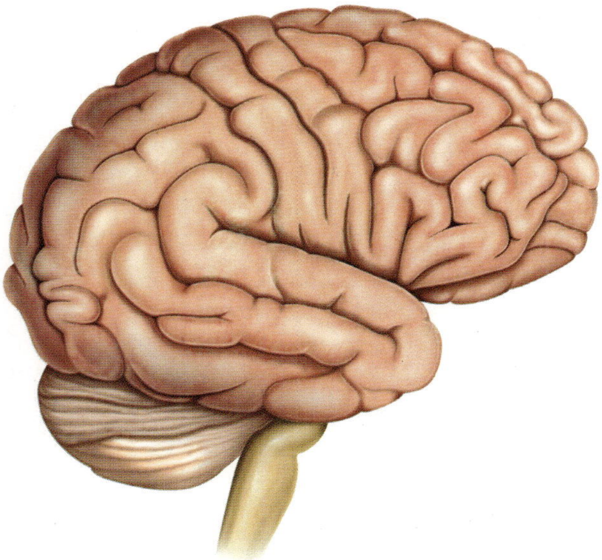

ELENCA

25. Fai un elenco di tutti i recettori sensoriali che si trovano nel nostro corpo e associa a ciascuno di essi la sua funzione e dove si trova.

SPIEGA E IPOTIZZA

26. Alcune droghe hanno effetto anche sulla dilatazione delle pupille; per esempio l'eroina ne riduce notevolmente le dimensioni, mentre altre sostanze come la cocaina le dilatano.

Spiega quali conseguenza hanno queste sostanze sulla funzionalità visiva e quale relazione potrebbe esistere tra la risposta a livello oculare e la sostanza assunta.

Papaver somniferum

Erythroxylum coca

IPOTIZZA

27. Numerosi studi sconsigliano l'utilizzo prolungato del computer (o di altri strumenti elettronici) prima di andare a dormire.

a) Perché pensi che questo possa avere un effetto negativo sul sonno?

b) Come potresti procedere per verificare empiricamente la veridicità o meno di una tale affermazione?

DEDUCI

28. Quali conseguenze pensi possa avere una persona che, inseguito a un incidente, abbia subito lesioni al cervelletto?

COLLEGA

29. Quando siamo raffreddati abbiamo una percezione degli odori e dei sapori molto limitata; quale relazione esiste tra queste due condizioni?

GIUSTIFICA

30. Per quale motivo sembra esistere una relazione tra le sindromi autistiche e il funzionamento dei neuroni a specchio?

RICERCA

31. Si può morire a causa di un dolore molto intenso?

Fai una ricerca per trovare informazioni attendibili che ti aiutino a rispondere a questa domanda, quindi scrivi un breve articolo divulgativo (massimo 100 parole) che esponga la tua tesi.

SPIEGA

32. Confrontando la struttura encefalica di differenti ominidi si nota, con il progredire dell'evoluzione, un aumento delle circonvoluzioni craniche.

Come spieghi questo dato?

SPIEGA

33. La meningite è un'infiammazione delle meningi: dopo aver spiegato cosa sono e quali funzioni svolgono le meningi, spiega perché questa patologia può essere molto grave, portando anche alla morte.

SEI PRONTO PER LA VERIFICA?

IN 1 ORA

Dopo aver studiato i contenuti fondamentali dei **capitoli C9 e C10**, prova a svolgere questa verifica nel **tempo massimo di 1 ora.**

Alla fine della prova **controlla le tue risposte** con le soluzioni che troverai sul sito *online.scuola.zanichelli.it/curtisnuovoinvitoblu* e **calcola il punteggio** totale che hai conseguito compilando la griglia finale.

CONOSCENZE

Barra il completamento esatto.

1. Le cellule nervose che mandano gli impulsi dal SNC ai muscoli o alle ghiandole sono

- [A] gli interneuroni.
- [B] i neuroni efferenti.
- [C] gli assoni.
- [D] le cellule gliali.

(4 punti se hai risposto correttamente) ...../4

2. La temperatura corporea è regolata

- [A] dal talamo.
- [B] dall'ipotalamo.
- [C] dall'epifisi.
- [D] dall'ipofisi.

(4 punti se hai risposto correttamente) ...../4

3. Le fibre sensoriali

- [A] escono dal midollo spinale dalla radice dorsale.
- [B] escono dal midollo spinale dalla radice ventrale.
- [C] entrano nel midollo spinale dalla radice dorsale.
- [D] entrano nel midollo spinale dalla radice ventrale.

(4 punti se hai risposto correttamente) ...../4

4. La sostanza bianca del midollo spinale è formata

- [A] dagli interneuroni.
- [B] dai corpi cellulari dei neuroni motori.
- [C] dalle cellule gliali.
- [D] dagli assoni dei neuroni motori e sensoriali.

(4 punti se hai risposto correttamente) ...../4

5. La barriera emato-encefalica, che protegge il cervello dalle sostanze dannose presenti nel sangue, è formata

- [A] dalle cellule di Schwann.
- [B] dagli oligodendrociti.
- [C] dai nodi di Ranvier.
- [D] dagli astrociti.

(4 punti se hai risposto correttamente) ...../4

Barra la risposta esatta.

6. Qual è un neurotrasmettitore gassoso?

- [A] La serotonina.
- [B] Il GABA.
- [C] L'acetilcolina.
- [D] L'ossido nitrico.

(4 punti se hai risposto correttamente) ...../4

7. Quali proteine di membrana utilizzano ATP?

- [A] Le pompe sodio–potassio.
- [B] I canali a controllo di potenziale.
- [C] I canali di fuga.
- [D] Le acquaporine.

(4 punti se hai risposto correttamente) ...../4

8. Dove si trova l'area di Broca?

- [A] Nell'emisfero destro.
- [B] Nell'emisfero sinistro.
- [C] Nel corpo calloso.
- [D] Nel midollo allungato.

(4 punti se hai risposto correttamente) ...../4

Barra i due completamenti esatti.

9. Le cellule di Schwann

- [A] non trasmettono gli stimoli elettrici.
- [B] provvedono al nutrimento dei neuroni del cervello.
- [C] formano la guaina mielinica intorno all'assone dei neuroni.
- [D] sono presenti solo nel sistema nervoso centrale.
- [E] possiedono molti assoni.

(5 punti per due risposte corrette, 3 per una sola) ...../5

10. Il cervelletto

- [A] coordina le attività associate alla fame e alla sete.
- [B] regola i ritmi veglia-sonno.
- [C] regola l'equilibrio nella postura dell'individuo.
- [D] controlla il ritmo respiratorio e cardiaco.
- [E] coordina i movimenti di precisione.

(5 punti per due risposte corrette, 3 per una sola) ...../5

11. Per ciascuna affermazione barra il simbolo V se la ritieni vera oppure il simbolo F se la ritieni falsa.

a) In condizioni di riposo, l'interno della membrana di un assone è carico positivamente rispetto all'esterno. [V] [F]

b) In condizioni di riposo, la concentrazione degli ioni K^+ nel citoplasma di un assone è minore rispetto all'esterno di circa 30 volte. [V] [F]

c) L'inversione della polarità della membrana è il potenziale d'azione. [V] [F]

d) Il potenziale d'azione si muove lungo l'assone in una sola direzione. [V] [F]

(2 punti per ogni scelta corretta) ...../8

12. Descrivi la struttura e la funzione del sistema nervoso centrale.

....

....

....

....

(8 punti se hai risposto correttamente, 4 punti se la risposta è incompleta) ...../8

ABILITÀ

Barra il completamento esatto.

13. Alla fine della fase di depolarizzazione, il potenziale di membrana è variato di circa

- A 30 mV.
- B 40 mV.
- C 70 mV.
- D 110 mV.

(4 punti se hai risposto correttamente) ...../4

14. Un problema all'orecchio esterno può essere determinato da un danno

- A alla tromba di Eustachio.
- B alla coclea.
- C alla finestra ovale.
- D al timpano.

(4 punti se hai risposto correttamente) ...../4

15. In un arco riflesso, l'impulso nervoso non passa attraverso

- A il midollo spinale.
- B il cervello.
- C i neuroni sensoriali.
- D i neuroni motori.

(4 punti se hai risposto correttamente) ...../4

Barra la risposta esatta.

16. Cosa hanno in comune gli otoliti e i canali semicircolari?

- A Sono strutture legate allo stato d'equilibrio dell'individuo
- B Entrambi, sono posti nell'orecchio medio.
- C Si trovano nel vestibolo.
- D Sono gli ossicini che trasmettono le onde dal timpano alla finestra ovale.

(4 punti se hai risposto correttamente) ...../4

17. In quali condizioni, l'impulso nervoso si propaga più lentamente in un assone?

- A Quando sono presenti i nodi di Ranvier.
- B Quando l'assone è demielinizzato.
- C Se l'assone ha un diametro maggiore.
- D Se i vasi sanguigni vicini al neurone subiscono una vasodilatazione.

(4 punti se hai risposto correttamente) ...../4

18. Nel seguente brano, barra tra i termini in neretto quelli errati.

La retina è formata da due strati di cellule: lo strato pigmentato **interno** / **esterno** ricco di melanina e lo strato nervoso, in cui sono presenti i **fotorecettori** / **pigmenti**. I coni sono responsabili della visione **tridimensionale** / **a colori** e i bastoncelli della visione **notturna** / **diurna**.

(2 punti per ogni scelta corretta) ...../8

19. Barra il completamento errato.

Quando il potenziale d'azione giunge al terminale assonico,

- A aumenta la concentrazione degli ioni Ca^{2+} nel citoplasma.
- B le vescicole contenenti gli ioni Na^{+} si fondono con la membrana cellulare.
- C il potenziale di membrana diventa positivo.
- D si aprono i canali ionici voltaggio-dipendenti.

(4 punti se hai risposto correttamente) ...../4

20. Completa le seguenti frasi con i termini proposti in fondo (alcuni vanno utilizzati più di una volta).

a) Il sistema nervoso .... svolge azioni legate alla vita vegetativa; il sistema nervoso .... è deputato alla vita di relazione e implica un controllo volontario.

b) Il sistema nervoso .... si divide nei sistemi parasimpatico e simpatico.

c) Il sistema .... coinvolge il corpo nelle attività di recupero, mentre quello .... prepara il corpo all'azione.

d) Il sistema .... utilizza come mediatore chimico l'acetilcolina, mentre quello .... utilizza l'acetilcolina come mediatore pregangliare e la noradrenalina come mediatore postgangliare.

e) Il sistema .... si trova nelle regioni toracica e lombare.

(simpatico, parasimpatico, autonomo, somatico)

(2 punti per ogni frase corretta) ...../10

PUNTEGGIO TOTALE ...../100

Se hai ottenuto:

- meno di 60 punti devi riprendere lo studio dei capitoli;
- tra 60 e 70 punti hai una preparazione sufficiente;
- tra 70 e 80 punti hai una preparazione buona;
- tra 80 e 100 punti significa che hai studiato a fondo.

Capitolo

C11 Le difese dell'organismo

1 Il sistema linfatico

Le parole

Linfa deriva dal latino *lўmpha*, che significa «acqua limpida»; questo termine è usato anche in botanica per indicare i liquidi che scorrono all'interno delle piante (linfa grezza e linfa elaborata).

Il sistema linfatico drena i liquidi corporei e collabora con il sistema immunitario

I liquidi corporei non sono tutti confinati nei vasi sanguigni: grazie alla pressione idrostatica, una parte di liquido contenuto nei capillari diffonde dal sangue al tessuto extracellulare e da qui raggiunge le cellule. Una porzione di questo liquido entra nuovamente in circolo, mentre l'altra è catturata dai vasi linfatici e prende il nome di *linfa* (**figura 1**).

La **linfa**, che ha un aspetto lattiginoso per la presenza di lipidi (che diffondono uniformemente la luce), contiene cellule e proteine in percentuale inferiore rispetto al plasma. Il **sistema linfatico** è un sistema di vasi, separato da quello sanguigno, la cui funzione principale è di mantenere costante la presenza di liquidi e soluti nel sangue, garantendo l'omeostasi idrodinamica dell'organismo. La linfa, infatti, permette il recupero di liquido a livello interstiziale, con un effetto drenante che impedisce il ristagno; i vasi linfatici rimettono poi in circolo questo liquido a livello venoso, con un ritmo di circa 1,5 L al giorno.

Una seconda importante funzione del sistema linfatico è il trasporto di alcune sostanze, come le proteine che derivano dai capillari o i lipidi e le vitamine liposolubili assorbite dall'intestino. Attraverso la linfa sono, però, trasportate anche cellule, batteri e virus; il sistema linfatico quindi deve poter eliminare dall'organismo le sostanze di rifiuto e distruggere gli agenti patogeni che penetrano. Per svolgere questa funzione di protezione, il sistema linfatico si integra con il sistema immunitario.

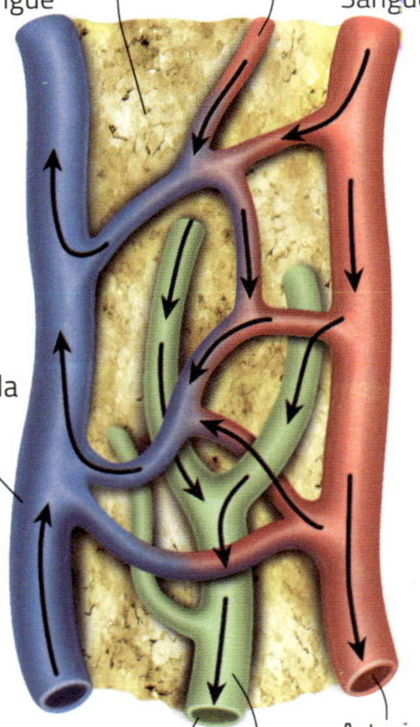

▲ **Figura 1**
I vasi linfatici affiancano i capillari, ai quali restituiscono i liquidi corporei che fuiriescono dalle varie cellule.

I vasi linfatici trasportano la linfa ai linfonodi, che agiscono da filtri

Il sistema linfatico è costituito da una rete di vasi interconnessi che aumentano progressivamente di diametro (**figura 2A**). Il liquido interstiziale presente tra le cellule si diffonde, infatti, nei capillari linfatici che iniziano a fondo cieco negli stessi spazi intercellulari, per passare poi in dotti più grandi, scorrendo sempre in una sola direzione. Tra questi dotti maggiori si distinguono:

- il **dotto linfatico destro**, che raccoglie la linfa del braccio destro, del torace e del cranio di destra;
- il **dotto toracico**, che raccoglie la linfa dal resto del corpo, rappresentando il condotto linfatico più grande e importante;

- la **cisterna del chilo**, una struttura vascolare allargata che raccoglie la linfa dal tratto digestivo e dagli arti inferiori.

Entrambi i dotti linfatici si riversano prima nelle vene succlavie (il dotto linfatico destro nella succlavia destra e il dotto toracico in quella di sinistra), quindi confluiscono nella vena cava superiore. Il motore che consente il movimento della linfa all'interno dei dotti è la contrazione dei muscoli scheletrici, assieme ai movimenti associati alla respirazione; inoltre, i vasi linfatici sono caratterizzati da valvole, simili a quelle presenti nelle vene, che evitano il reflusso della linfa e la convogliano verso il dotto toracico.

All'interno di questo sistema di vasi si collocano i **linfonodi** (**figura 2B**), distretti anatomici formati da tessuto spugnoso, particolarmente ricchi di linfociti e macrofagi. La linfa che entra nei linfonodi trasporta batteri, virus e altri agenti patogeni con lo scopo di esporli al contatto diretto con i linfociti, concentrati nelle aree corticali dei linfonodi stessi. Questi ultimi, quindi, funzionano come una sorta di filtro capace di rimuovere dalla corrente circolatoria microbi, particelle estranee, detriti tissutali e cellule morte o danneggiate, tra le quali molte delle cellule tumorali. Inoltre, all'intero dei linfonodi si concentrano e divengono attivi i linfociti B prodotti dal midollo osseo rosso.

I linfonodi sono distribuiti in tutto il corpo, ma si concentrano soprattutto nel collo, nel cavo ascellare e nell'inguine.

Le parole

I **linfonodi** sono spesso chiamati «ghiandole» nel linguaggio comune, ma la loro struttura e le loro funzioni sono molto diverse da quelle delle ghiandole vere e proprie (come la tiroide).

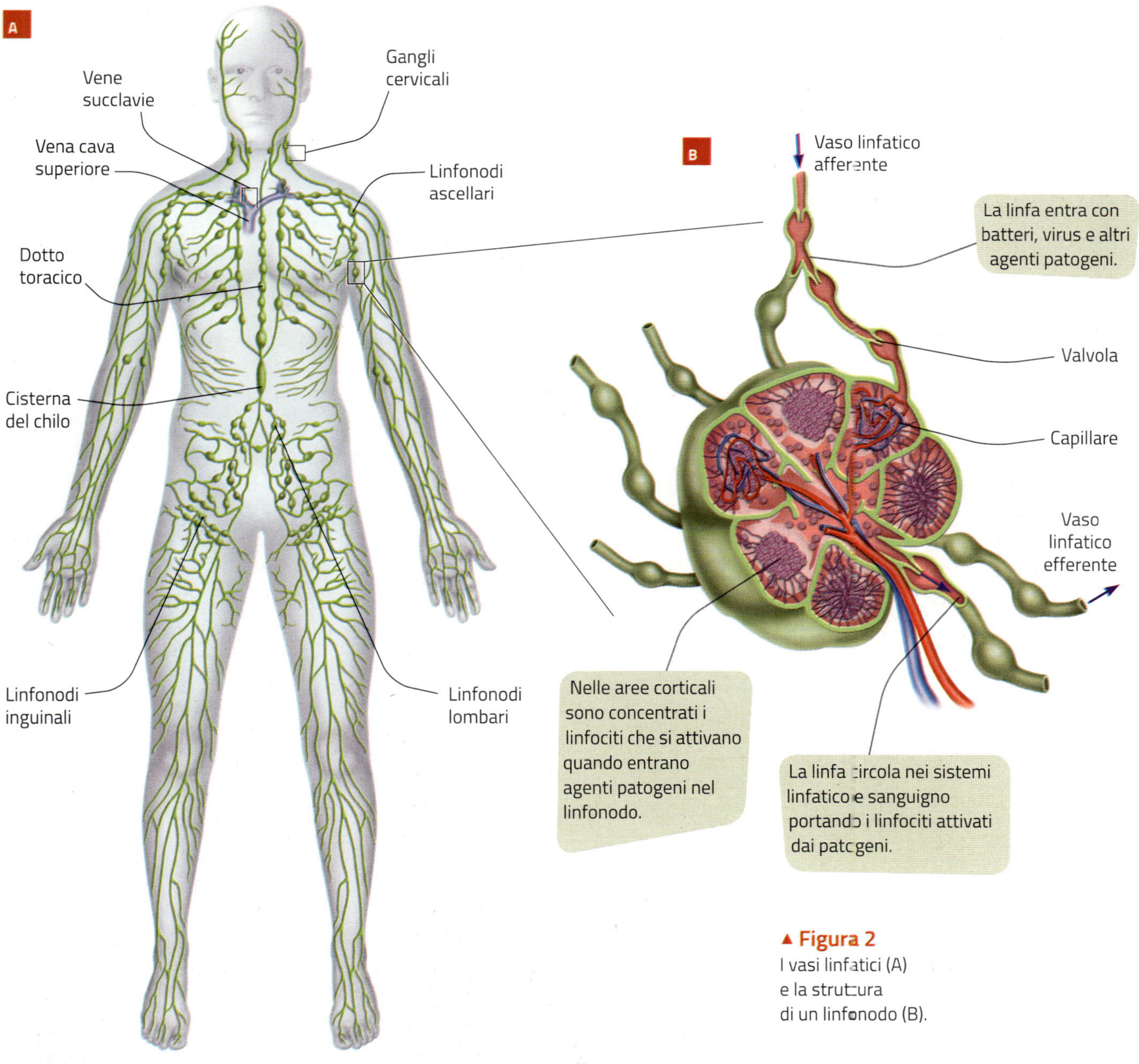

▲ **Figura 2**
I vasi linfatici (A) e la struttura di un linfonodo (B).

A colpo d'occhio

ORGANI LINFOIDI
- PRIMARI
  - TIMO
- SECONDARI
  - MILZA
  - NODULI LINFATICI

Ti ricordi?

La **milza** è un deposito di eritrociti che, in caso di sforzo, si può contrarre per aumentare la quantità di globuli rossi in circolo, provocando la caratteristica sensazione di dolore al fianco sinistro. La presenza di seni venosi riccamente irrorati rende però la consistenza del tessuto della milza piuttosto friabile e fragile.

Gli organi linfoidi sono timo, milza, tonsille e placche di Peyer

I tessuti e gli organi linfoidi possono essere suddivisi in primari e secondari (**figura 3A**). Gli **organi linfoidi primari** sono deputati alla maturazione delle cellule linfoidi e comprendono il timo e il midollo osseo rosso, responsabile dell'emopoiesi (*vedi* capitolo C3). Il **timo** è un organo, situato posteriormente allo sterno e sopra al cuore, attivo soprattutto in età adolescenziale; è in questo organo che avviene la maturazione dei linfociti T prodotti dal midollo osseo.

Gli **organi linfoidi secondari** ospitano, invece, i linfociti maturi; oltre ai linfonodi, rientrano in questo gruppo anche la milza e i noduli linfatici. La **milza** è un organo che si trova tra il diaframma e lo stomaco, al quale si appoggia a livello del fianco sinistro, estremamente importante sia per gli eritrociti sia per i leucotiti. Infatti, la porzione di milza detta *polpa rossa* ha la funzione di filtrare il sangue, eliminare i globuli rossi senescenti, essere una riserva di eritrociti e piastrine, oltre che svolgere funzioni emopoietiche nel feto. Invece, la *polpa bianca* intercetta gli agenti patogeni e attiva i linfociti e i macrofagi presenti in questa porzione.

I **noduli linfatici**, infine, si distinguono dai linfonodi perchè non possiedono una capsula, ma sono immersi nei tessuti circostanti. Fanno parte dei noduli linfatici le *tonsille*, ammassi linfoidi concentrati a livello di gola e naso, che hanno lo scopo di contrastare i microrganismi che entrano nelle vie respiratorie. Sono noduli linfatici anche le *placche di Peyer*, che si trovano nella parete dell'intestino tenue e hanno la funzione di bloccare i batteri che introduciamo involontariamente nel sistema digerente (**figura 3B**). Altri noduli linfatici si trovano anche a livello dei sistemi urinario, genitale e respiratorio.

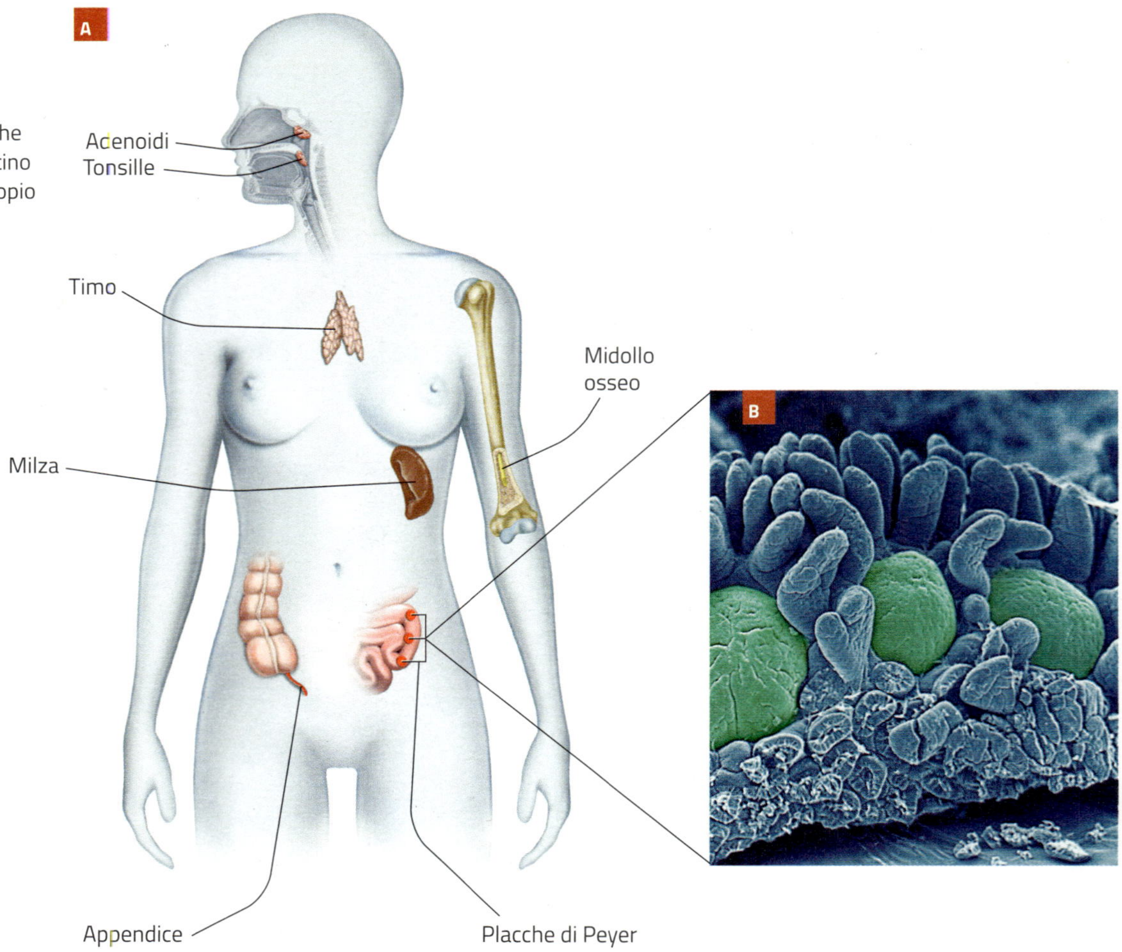

▸ Figura 3
(A) I principali organi linfoidi primari e secondari. (B) Placche di Peyer all'interno dell'intestino tenue fotografate al microscopio elettronico a scansione.

Facciamo il punto

1. Quali sono le funzioni del sistema linfatico?
2. Descrivi l'anatomia del sistema linfatico.
3. Quali sono gli organi e i tessuti linfoidi primari e secondari?

2 L'immunità innata

L'immunità innata e quella acquisita sono le due forme di difesa del corpo

Per conservare l'omeostasi dell'organismo è essenziale la difesa contro i numerosi microrganismi che popolano l'ambiente esterno. La minaccia maggiore proviene dagli *agenti patogeni*, ossia da quei fattori fisici, chimici o biologici in grado di causare una malattia; i principali tipi di organismi patogeni sono virus, batteri e parassiti animali e fungini.

Nel corso della loro evoluzione, gli organismi hanno sviluppato un certo numero di difese per impedire l'ingresso di sostanze e microrganismi potenzialmente nocivi, così come per neutralizzarli una volta che questi si sono introdotti nell'ospite.

Nell'uomo la prima linea di difesa è costituita da un'elaborata rete di meccanismi che interagiscono tra loro e che comprendono sia barriere anatomiche (come la pelle) sia risposte non specifiche che distruggono in maniera indiscriminata il materiale estraneo con cui vengono a contatto; l'insieme di queste difese prende il nome di **immunità innata**, o *aspecifica*.

Esiste anche un'**immunità acquisita**, o *specifica*, grazie alla quale il sistema immunitario fornisce una risposta mirata contro le particolari caratteristiche di un determinato agente patogeno. Sia la risposta innata sia quella acquisita dipendono dall'interazione di numerose cellule, tra cui diversi tipi di leucociti che hanno una vita limitata e devono essere continuamente sostituite (**tabella 1**).

L'immunità innata è caratterizzata dai macrofagi, derivati a loro volta dai monociti, dalle cellule dendritiche e dai granulociti (neutrofili, eosinofili e basofili); i grandi protagonisti dell'immunità acquisita sono, invece, i linfociti B (e le plasmacellule che ne derivano) e i linfociti T.

A colpo d'occhio

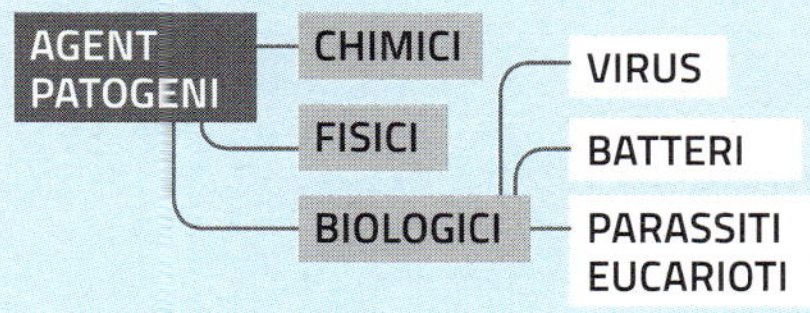

Ti ricordi?

Tutti i differenti tipi di **leucociti** derivano dalla divisione e dal differenziamento delle cellule staminali multipotenti localizzate nel midollo osseo.

Immunità innata		Immunità acquisita	
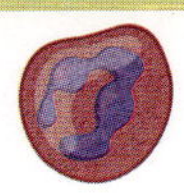	**neutrofili**: inglobano e uccidono i batteri, intervengono nei processi infiammatori	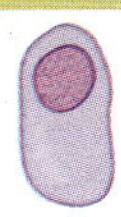	linfociti B
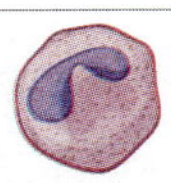	**eosinofili**: uccidono i parassiti; partecipano alla reazione allergica		
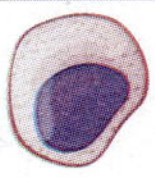	**monociti**: si trasformano in macrofagi		plasmacellule
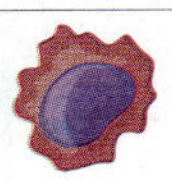	**macrofagi**: fagocitano i microbi, intervengono nei processi infiammatori, presentano gli antigeni ai linfociti T		
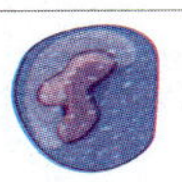	**basofili**: entrano nei tessuti danneggiati e secernono un fattore anticoagulante, l'eparina		linfociti T helper
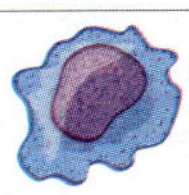	**cellule natural killer**: svolgono funzioni simili a quelle dei linfociti T citotossici, ma prendono parte anche alla difesa non specifica		
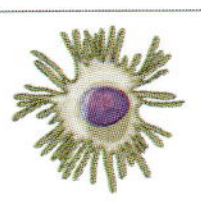	**cellule dendritiche**: fagocitano i microbi, intervengono nei processi infiammatori, presentano gli antigeni ai linfociti T	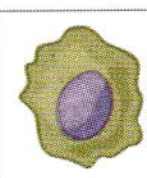	linfociti T citotossici
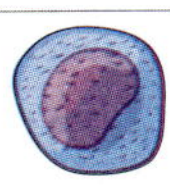	**mastociti**: rilasciano istamina alla risposta infiammatoria		

◂ **Tabella 1**
I principali tipi di globuli bianchi presenti nel corpo.

La prima linea di difesa del corpo: pelle, mucose, cellule dendritiche, macrofagi e cellule NT

La prima barriera contro gli agenti patogeni è formata esternamente dalla pelle e internamente dalle mucose e dai succhi gastrici. Quando la pelle è integra non lascia passare batteri e virus e costituisce un'ottima protezione. Anche le mucose ostacolano fortemente l'ingresso di microrganismi; per esempio, quelle delle vie respiratorie secernono muco intrappolando gli agenti patogeni, che sono poi veicolati dalle ciglia verso la faringe, al fine di essere inghiottiti. Una volta entrati nello stomaco, questi microrganismi sono aggrediti e demoliti assieme al cibo grazie all'azione dei succhi gastrici. Inoltre, lacrime e saliva contengono il *lisozima*, un enzima capace di aggredire la parete cellulare di molti batteri.

Altri due meccanismi aspecifici di difesa sono la defecazione e il vomito, che permettono al corpo di espellere gli agenti patogeni e le sostanze tossiche evitandone la permanenza a contatto con le mucose e con la flora batterica non dannosa che popola la pelle e le mucose.

Quando un microrganismo riesce a oltrepassare questa prima linea di difesa, incontra un secondo fronte difensivo costituito dalle **cellule dendritiche** e dai **macrofagi**. Tali cellule sono localizzate nelle zone dell'organismo dove è più facile incontrare agenti invasori: gli epiteli a contatto con l'ambiente esterno, gli organi riccamente vascolarizzati (quali milza, fegato e polmoni), i tessuti connettivi e i linfonodi. Le cellule dendritiche e i macrofagi svolgono principalmente due funzioni:

1. demoliscono le particelle estranee dopo averle fagocitate (**figura 4A**);
2. espongono sulla superficie cellulare frammenti di proteine e di altre sostanze derivate dalla digestione dell'agente invasore (**figura 4B**), perciò queste cellule immunitarie sono dette anche APC (*Antigen Presenting Cells*).

Un altro gruppo di cellule con funzioni di difesa non specifica è costituito dalle **cellule *natural killer*** (o *cellule NT*); questi leucociti possono distruggere le cellule cancerose o infettate da un virus oppure quelle che presentano delle anomalie sulla loro superficie.

A colpo d'occhio

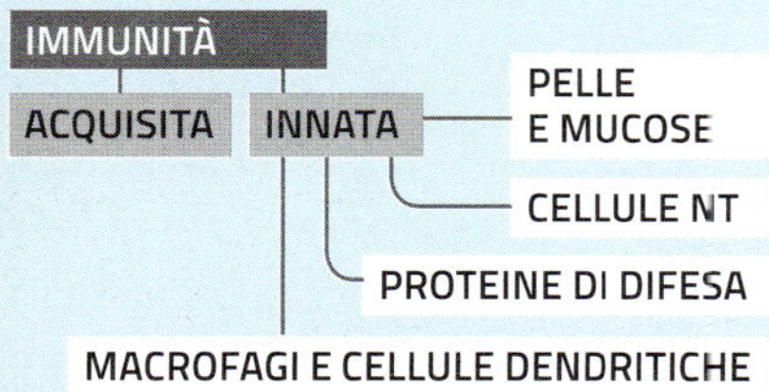

Ti ricordi?

La **fagocitosi** è un tipo di endocitosi mediante cui le particelle estranee sono riconosciute, inglobate e distrutte grazie all'azione di enzimi, come le proteasi o di sostanze ossidanti, come il perossido d'idrogeno (H_2O_2).

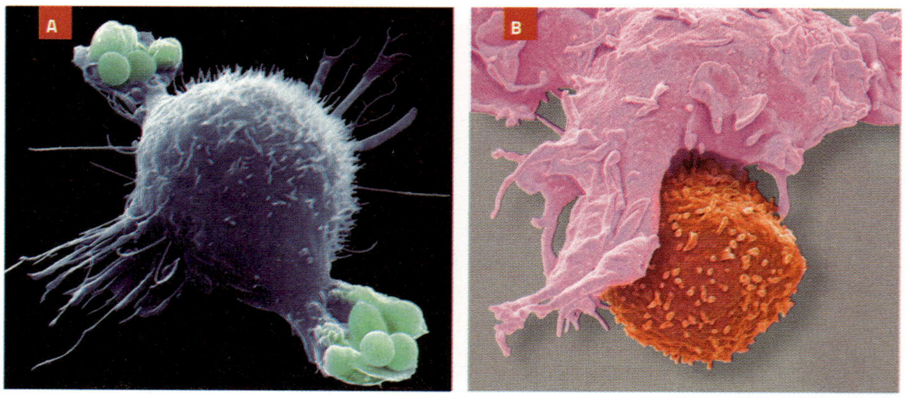

► Figura 4
(A) Fotografia al microscopio elettronico a scansione di un macrofago (in blu) che estroflette gli pseudopodi a forma di sottili filamenti per fagocitare dei batteri (in verde). (B) Un macrofago (in rosa) presenta gli antigeni a un linfocita T (in rosso).

L'infiammazione comprende una serie di eventi che blocca la moltiplicazione dei batteri e limita la perdita di sangue

Quando si apre una ferita nella pelle, può avvenire un'infezione da parte dei microrganismi, alla quale il corpo reagisce scatenando una *risposta infiammatoria* (**figura 5**). L'**infiammazione** della zona interessata si manifesta con quattro caratteristici sintomi: arrossamento della pelle e conseguente gonfiore, dolore e aumento di temperatura. Questi effetti osservabili dipendono, a loro volta, da una catena di eventi.

I *mastociti*, cellule presenti nel vicino tessuto connettivo, liberano una sostanza chiamata *istamina* che fa aumentare sia il flusso sanguigno nella zona lesionata sia la permeabilità dei capillari, con la conseguente fuoriuscita di liquido. Tutto ciò provoca l'arrossamento della zona interessata a causa della maggiore vascolarizzazione e il rigonfiamento per l'aumento della permeabilità.

Ti ricordi?

Oltre agli effetti locali, l'infiammazione può produrre effetti sistemici come la **febbre**, causata dalla produzione, da parte di alcuni globuli bianchi, di fattori proteici che agiscono sul centro responsabile della regolazione della temperatura corporea, che si trova nell'ipotalamo.

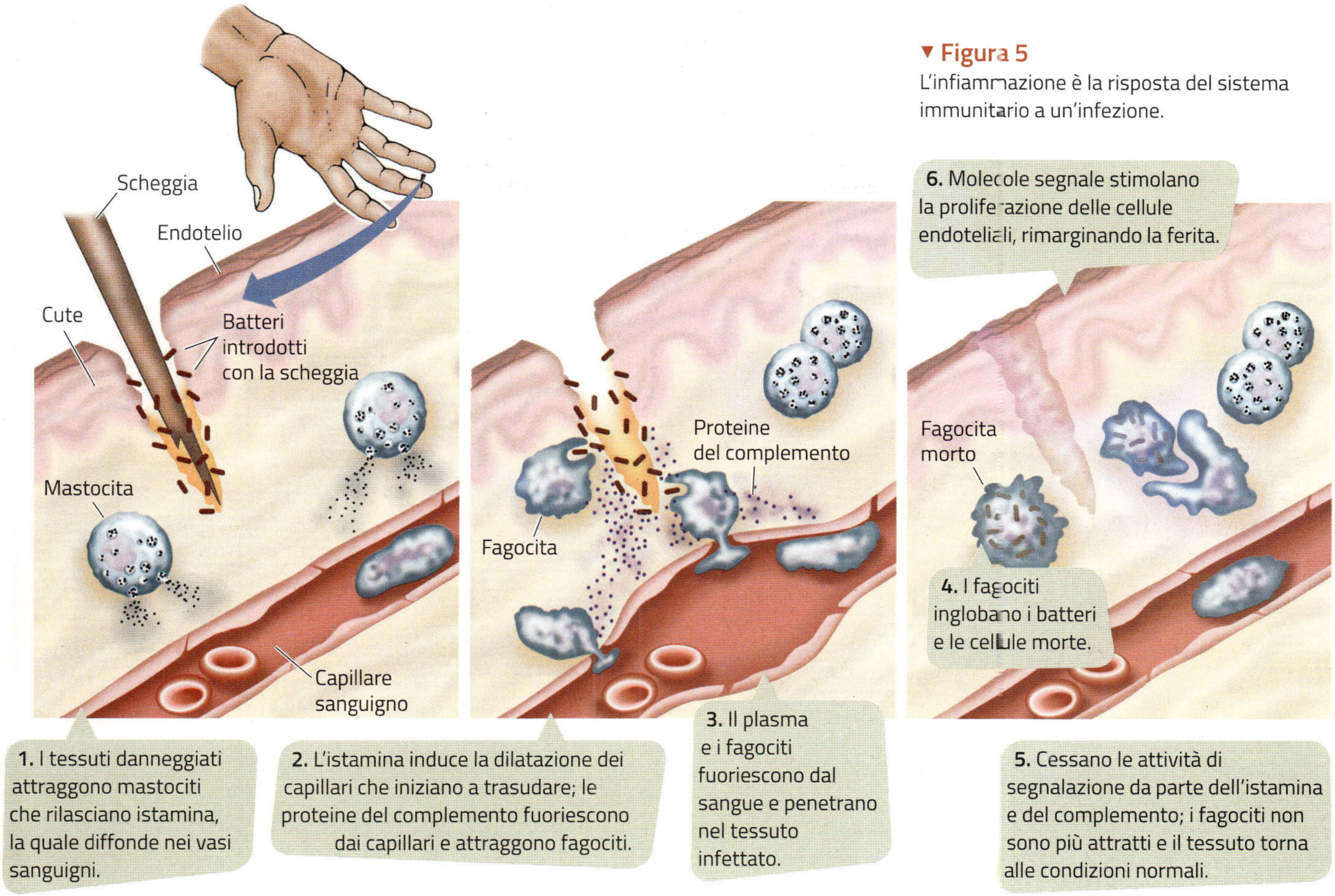

▼ **Figura 5**
L'infiammazione è la risposta del sistema immunitario a un'infezione.

Dai vasi escono anche cellule che in genere rimangono a livello capillare, come i granulociti basofili (che secernono altra istamina), gli anticorpi, le proteine del complemento e le proteine della coagulazione. Diversi globuli bianchi, attratti da tali sostanze, attraversano quindi le pareti dei capillari e si concentrano nella zona intorno alla ferita per inglobare i materiali estranei, spesso demolendoli completamente.

Contemporaneamente, la temperatura locale si alza per rendere l'ambiente sfavorevole alla moltiplicazione dei microrganismi e accelerare il movimento dei globuli bianchi. Il fibrinogeno poi è attivato a fibrina, che crea un coagulo in grado di limitare le perdite ematiche e la diffusione dell'agente patogeno.

Infine muoiono anche i granulociti e i macrofagi; dai loro resti e dai detriti cellulari dei patogeni morti si genera il *pus*, che si accumula e può uscire tramite un canale chiamato *fistola*. Se l'accumulo di pus si trova in profondità può essere riassorbito a livello del liquido extracellulare, anche grazie all'azone della linfa.

Curiosità

Se l'infezione non rimane localizzata, ma si diffonde attraverso il sistema circolatorio in tutto l'organismo, si parla di **sepsi** (dal greco *sepsis*, che significa «putrefazione») o **setticemia**, con conseguenze anche mortali.

Le proteine di difesa attivano il sistema immunitario in caso di infezione

Nel plasma sanguigno sono presenti diverse proteine con funzione di difesa. Il **sistema del complemento** è costituito da una ventina di proteine che, per esempio, attirano i fagociti verso il sito dell'infezione o ricoprono le cellule estranee perché siano facilmente riconosciute dai fagociti stessi. Nel meccanismo d'azione tipico del sistema del complemento, le proteine che lo compongono si attaccano alla membrana di cellule estranee o infette e vi praticano un'apertura che permette al liquido extracellulare di entrare, provocando la lisi osmotica della cellula patogena.

Un altro grande insieme di proteine coinvolte nella risposta innata è costituito dalle **citochine**, messaggeri chimici prodotti dai globuli bianchi, ma anche dai fibroblasti del tessuto connettivo, dalle cellule endoteliali e del sistema nervoso centrale. Spesso queste molecole sono fattori di crescita e di differenziamento che, inviando segnali a numerosi altri tipi di cellule, ne regolano l'at-

Le parole

Il termine **interferone** deriva dall'inglese *to interfere*, ovvero «interferire», in relazione alla funzione di queste proteine.

Interleuchina deriva invece dall'unione delle parole inglesi *leuk(ocyte)*, «globulo bianco», e dal prefisso *inter*, «tra», in relazione alla funzione di comunicazione tra le cellule.

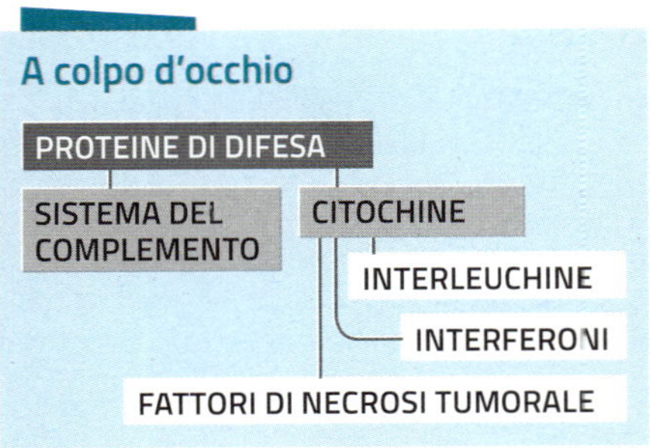

tività; il loro compito complessivo è sincronizzare le comunicazioni tra le varie componenti della risposta immunitaria. Tra le citochine che prendono parte all'immunità innata ci sono alcune interleuchine, i fattori di necrosi tumorale e gli interferoni.

Le **interleuchine** fungono da messaggeri chimici soprattutto tra cellule adiacenti, ma possono condurre messaggi anche a cellule lontane. I **fattori di necrosi tumorale** (TNF dall'ingelse *Tumor Necrosis Factors*), invece, sono secreti dai macrofagi e dai linfociti T in risposta all'azione di alcune interleuchine. Il rilascio di questi fattori ha numerose conseguenze, tra cui una maggiore produzione di proteine del complemento, l'innalzamento della temperatura corporea, una maggiore vasodilatazione e un aumento del tasso catabolico.

Gli **interferoni**, infine, sono piccole glicoproteine che differiscono dagli altri meccanismi di difesa perché stimolano le cellule del corpo a resistere contro i virus sui quali non agiscono direttamente. Quando una cellula è attaccata da un virus libera interferoni che cominciano a interagire con i recettori di membrana delle cellule sane circostanti (**figura 6**). Queste cellule, così stimolate, producono enzimi che arrestano la traduzione dell'RNA messaggero virale in proteine.

1 - Storia della scienza

Dal «miracolo» degli antibiotici al loro abuso

Nel 1928 lo scienziato britannico Alexander Fleming si assentò dal suo laboratorio per una breve vacanza, dimenticando alcune colture batteriche di *Staphilococcus aureus*. Al suo ritorno osservò che in una piastra Petri contenente queste colture si era formato un alone chiaro, in corrispindenza del quale le colonie di *S. aureus* non erano cresciute. Nell'area vicino si erano, però, sviluppate colonie fungine contaminanti, forse provenienti da un frutto andato a male, oppure da un'altra area dell'istituto dove si studiavano le muffe

Fleming collegò questo evento fortuito a ciò che era gli accaduto sei anni prima, quando aveva notato che la caduta accidentale di una lacrima su una piastra di coltura contenente batteri aveva bloccato la loro crescita grazie all'azione di un'enzima che egli battezzò *lisozima*. Associando i due fenomeni, Fleming capì che nei punti in cui si era sviluppata la muffa, i batteri non crescevano: ciò significava che la muffa stessa produceva qualche sostanza simile al lisozima in grado di distruggerli. La sostanza fu chiamata **penicillina**, perchè la muffa apparteneva al genere *Penicillum*.

La scoperta aprì la strada allo studio degli **antibiotici** e valse a Fleming, e ai suoi collaboratori Florey e Chain, il premio Nobel per la medicina nel 1945. Questi strumenti sembravano la soluzione a tutte le malattie infettive, che per secoli sono state la principale causa di morte della popolazione.

IL PASSAGGIO DELLA RESISTENZA TRA I BATTERI

Gli antibiotici arrestano la moltiplicazione dei batteri, consentendo al sistema immunitario di debellare più rapidamente l'infezione. In commercio esistono vari tipi di antibiotici (come cefalosporine, penicilline o sulfamidici) che sono somministrati a seconda del tipo di batterio da distruggere. Questi sono farmaci fondamentali che, dalla loro scoperta in poi, hanno permesso di sconfiggere numerose malattie che aggrediscono l'uomo.

L'abuso e l'utilizzo inadeguato degli antibiotici hanno, però, contribuito alla comparsa di forme di **farmaco-resistenza** da parte dei batteri. I batteri attuano la resistaza in modi differenti, per esempio producendo enzimi capaci di inattivare l'antibiotico oppure riducendo la propria permeabilità verso il farmaco.

Le farmaco-resistenze possono essere distinte in *cromosomiche*, dovute a mutazioni spontanee, o *extracromosomiche*, che sono invece legate all'azione dei plasmidi. Nello specifico i **plasmidi R** sono tratti di DNA extracromosomico che contengono geni che codificano specifiche proteine capaci di degradare gli antibiotici. Ogni plasmide R possiede geni che conferiscono la resistenza verso uno o più antibiotici e altri geni che consentono la coniugazione, ovvero il passaggio di informazioni tra batteri (**figura**). Di per sé l'antibiotico non crea la resistenza, ma la seleziona. Pare, infatti, che i plasmidi R esistessero prima della scoperta e dell'utilizzo degli antibiotici stessi, ma sono nel tempo diventati più frequenti proprio a causa della selezione che l'utilizzo di antibiotici ha fatto nei confronti dei batteri dotati di questi fattori.

Per limitare il più possibile il fenomeno della resistenza agli antibiotici è fondamentale che il paziente segua la terapia farmacologica sino a quando ha stabilito il medico, senza interromperla prematuramente.

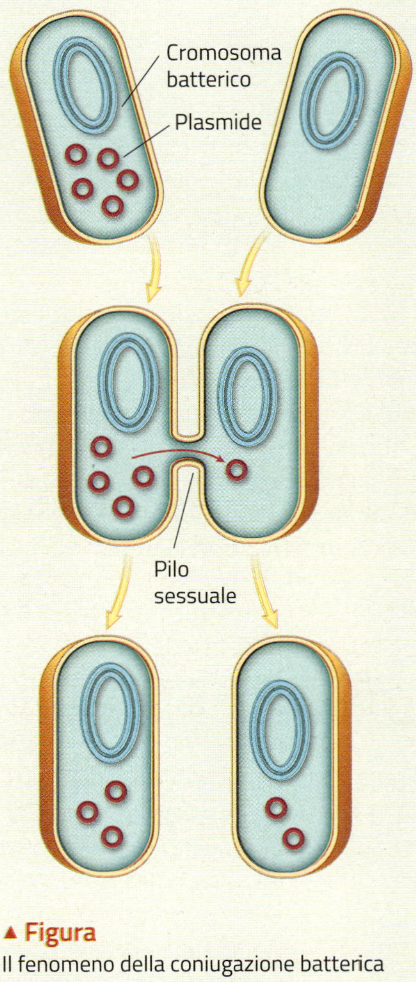

▲ **Figura**
Il fenomeno della coniugazione batterica consente ai procarioti di scambiarsi i plasmidi portatori di un'antibioticoresistenza attraverso la formazione di un pilo sessuale.

Sono sufficienti poche molecole di interferone per proteggere le cellule circostanti dall'infezione. Gli interferoni agiscono anche sui recettori di membrana di vari tipi di globuli bianchi, stimolando contemporaneamente sia la risposta infiammatoria sia quella immunitaria.

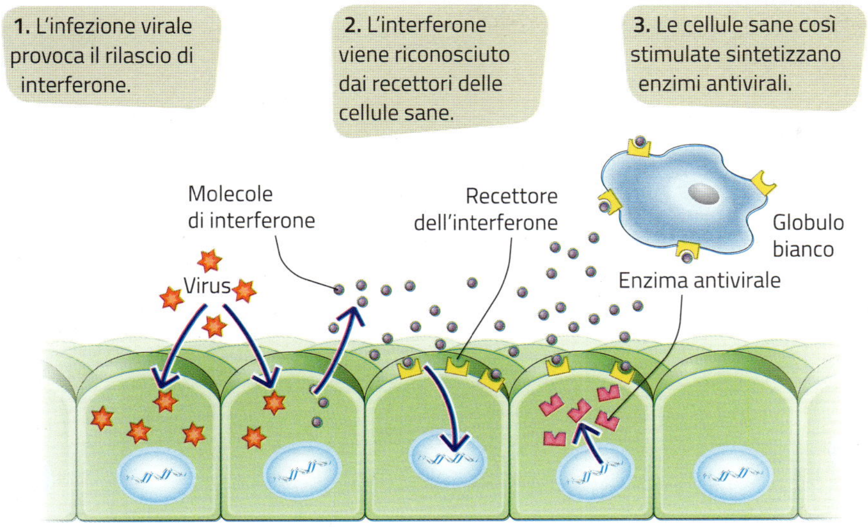

◂ **Figura 6**
Meccanismo di azione dell'interferone.

Facciamo il punto

1. Che cosa differenzia l'immunità acquisita da quella innata?
2. Come si suddividono i leucociti?
3. Dove e come sono prodotti i globuli bianchi?
4. Descrivi l'immunità innata.
5. Quali cellule sono coinvolte nella risposta non specifica?
6. Come avviene la risposta infiammatoria?
7. Quali proteine intervengono nella difesa verso agenti patogeni?

3 L'immunità acquisita

I linfociti riconoscono un antigene e si moltiplicano per selezione clonale

Perché si inneschi una risposta immunitaria occorre che un **antigene**, ossia una molecola o una struttura cellulare che l'organismo non riconosce come propria (*non self*), incontri un linfocita e che questo si attivi. In genere con il termine antigene si intende l'agente invasore nel suo complesso; ogni antigene può possedere varie strutture molecolari, che sono più specificamente denominate **epìtopi** o *determinanti antigenici* (**figura 7**). Praticamente tutte le proteine estranee e molti polisaccaridi possono agire da epitopi.

Durante il proprio sviluppo, ogni linfocita sintetizza un tipo di recettore di membrana, detto **recettore antigenico**, che può legarsi solo a una determinata tipologia di antigeni; la capacità di un linfocita di «riconoscere» un certo antigene dipende proprio dalla struttura tridimensionale dei suoi recettori di membrana e dai geni dell'organismo che li produce: ogni recettore è specifico per *un solo* determinante antigenico. Inoltre, il recettore si crea prima del contatto con l'antigene, quindi ogni linfocita è specifico per un solo tipo di antigene.

Ognuno di questi globuli bianchi, possiede, infatti, sulla propria superficie fino a 100 000 recettori antigenici che sono identici tra loro, ma differenti da quelli presenti su un altro linfocita dello stesso organsimo. Si stima che l'uomo sia capace di rispondere a circa 10 milioni di differenti epitopi; ciò significa che nel nostro corpo si trovano milioni di linfociti diversi tra loro e quindi capaci di riconoscere altrettanti epitopi.

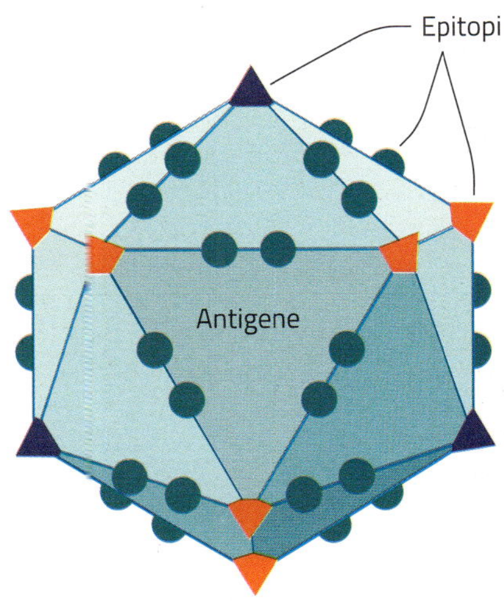

▴ **Figura 7**
Ciascun antigene presenta uno o più epitopi sulla propria superficie.

Curiosità

La **selezione clonale** prende il nome dalla selezione naturale proposta da Charles Darwin, perché l'antigene «seleziona» le cellule che si moltiplicheranno a partire da un vasto numero di cellule con recettori antigenici differenti.

Il legame tra l'antigene e il recettore dà luogo all'attivazione del linfocita, che comincia a dividersi ripetutamente. Il risultato è la formazione di molti linfociti con recettori identici a quello che per primo ha riconosciuto l'antigene. Tali linfociti sono detti *cloni* e il processo con il quale si formano è chiamato **selezione clonale**. Una volta che un dato linfocita si è legato al patogeno, ed è stato cioè selezionato, si riproduce rapidamente, garantendo una risposta specifica verso l'antigene (**figura 8**).

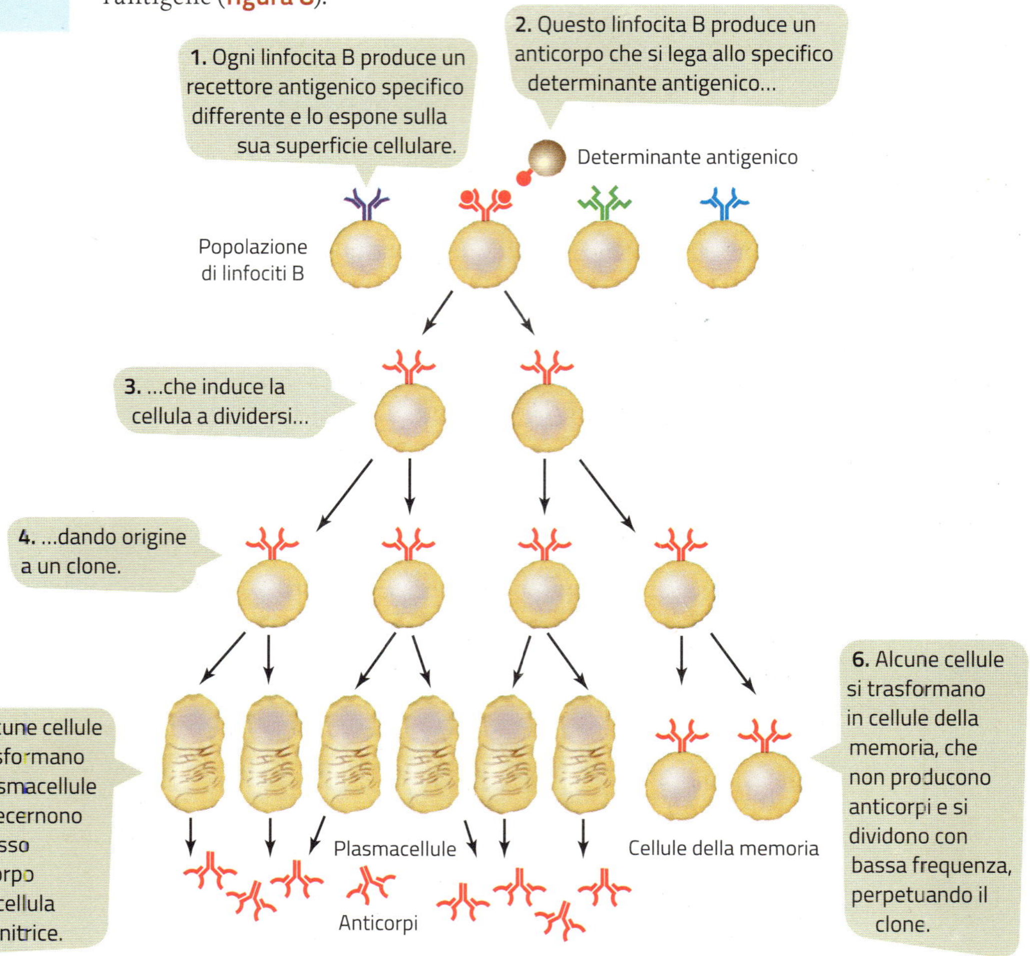

▸ Figura 8
Il processo di selezione clonale si verifica sia per i linfociti B sia per i linfociti T; in questo schema è riportato l'esempio della selezione di un linfocita B.

La risposta immunitaria produce plasmacellule e cellule della memoria

La risposta acquisita contro gli antigeni differisce dalle altre difese immunitarie per la sua alta specificità, infatti è in grado di riconoscere un particolare invasore e predisporre un attacco mirato solo nei suoi confronti.

La risposta immunitaria prevede due fasi: la **risposta primaria**, a breve termine, contro l'attacco iniziale di un invasore; la **risposta secondaria**, a lungo termine, che fornisce una rapida difesa dagli attacchi successivi dello stesso agente.

Dopo la loro attivazione, i linfociti danno sempre origine a due tipi di cellule: alcuni linfociti clonati diventano **plasmacellule** o *cellule effettrici*, che partecipano attivamente alla risposta immunitaria e sono responsabili della risposta immunitaria primaria. Altri linfociti, invece, si trasformano in **cellule della memoria**, con il compito di riconoscere rapidamente l'antigene nel caso si ripresenti e sono responsabili della risposta immunitaria secondaria. Una volta sconfitto l'agente patogeno, tutte le cellule effettrici scompaiono allo scopo di evitare che la risposta immunitaria diventi eccessiva e possa recare danni ai tessuti del corpo, mentre rimangono in circolazione le cellule della memoria (*vedi* **figura 8**).

Facciamo il punto

1. Quali sono le differenze tra antigene ed epitopo?
2. Confronta risposta immunitaria primaria e secondaria.
3. In che cosa consiste la selezione clonale?

4 L'immunità mediata da anticorpi

I linfociti B producono gli anticorpi come risposta umorale dell'organismo

I **linfociti B** sono i principali protagonisti di un tipo di difesa immunitaria, detta *risposta umorale*, caratterizzata dalla formazione di **anticorpi**, ovvero di proteine globulari complesse che fanno parte di una famiglia di molecole note come **immunoglobuline**.

Si conoscono diverse classi di immunoglobuline, distinte in base alle specifiche caratteristiche della loro struttura, localizzazione e funzione. Le cinque classi presenti in tutti i mammiferi sono indicate con le seguenti sigle: IgA, IgM, IgE, IgD e IgG (**tabella 2**); le gammaglobuline (IgG) sono quelle più numerose, costituendo quasi l'80% degli anticorpi presenti nel sangue.

Nel nostro corpo sono sempre in stato di allerta circa 2000 miliardi di linfociti B. Molti di essi circolano nel sangue, si insinuano tra le cellule dell'endotelio che formano le pareti dei capillari e migrano attraverso il sistema linfatico; altri, invece, sono ammassati nei linfonodi, nella milza o in altri tessuti linfatici.

Classe	Localizzazione	Funzione
IgG	Libera nel plasma; costituisce circa l'80% degli anticorpi in circolo.	Costituisce la classe di anticorpi più abbondante nelle risposte immunitarie primaria e secondaria; attraversa la placenta e fornisce immunità passiva al feto.
IgM	Sulla superficie dei linfociti B; libera nel plasma.	Recettore per l'antigene sulla membrana plasmatica dei linfociti B; costituisce la prima classe di anticorpi rilasciata dai linfociti B durante la risposta primaria.
IgD	Sulla superficie dei linfociti B.	Recettore di superficie sui linfociti B maturi; svolge un ruolo importante nell'attivazione dei linfociti B.
IgA	Nella saliva, nelle lacrime, nel latte e in altri secreti corporei.	Protegge le superfici mucose; impedisce l'adesione di patogeni alle cellule epiteliali.
IgE	Secreta dalle plasmacellule della cute e dei tessuti che rivestono il tratto gastrointestinale e quello respiratorio.	Quando è legata ad antigeni, partecipa alla liberazione di istamina, che contribuisce alla risposta infiammatoria e ad alcune risposte allergiche.

◂ **Tabella 2**
Le cinque classi di immunoglobuline suddivise in base alla funzione.

I linfociti B sono cellule piccole e tondeggianti, non si dividono e sono metabolicamente inattive. Dalla superficie della loro membrana sporgono particolari immunoglobuline che funzionano da recettori e sono inseriti nella membrana tramite una regione chiamata *dominio transmembrana* (**figura 9**). Quando un linfocita B incontra un antigene complementare al suo recettore, aumenta di volume e al suo interno si osserva una maggiore produzione di proteine.

L'attivazione e la proliferazione dei linfociti B dipende anche dalle interazioni con un gruppo di linfociti T detti *helper*. Una volta attivati, i linfociti B danno origine ad anticorpi analoghi a quelli presenti in partenza sulla loro membrana cellulare.

Le cellule figlie prodotte dall'attivazione dei linfociti B sono le plasmacellule e le cellule della memoria (*vedi* **figura 8**). Le plasmacellule agiscono da «fabbriche» di anticorpi specializzati, ma con una peculiarità: gli anticorpi prodotti da una plasmacellula sono tutti uguali, ma differiscono da quelli prodotti da un altro clone in quanto hanno la stessa struttura molecolare del recettore presente sulla membrana della cellula progenitrice.

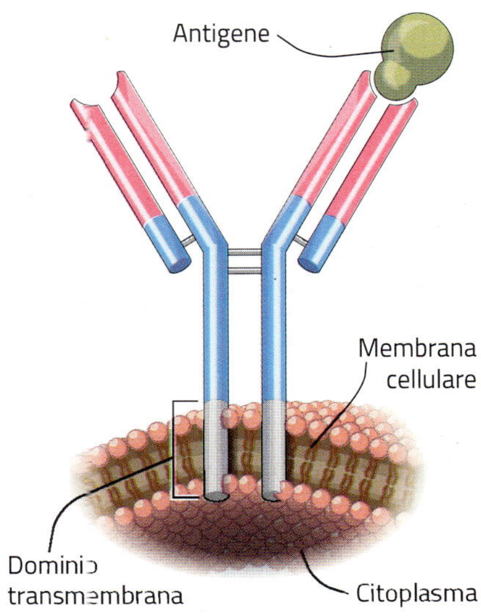

▴ **Figura 9**
Immunoglobulina con funzione di recettore sulla membrana di un linfocita B.

Via via che maturano, le plasmacellule si ingrandiscono, il nucleo in proporzione diventa più piccolo e si ha un notevole aumento del reticolo endoplasmatico e dei ribosomi. Una plasmacellula matura può produrre da 3000 a 30 000 molecole di anticorpi al secondo; questi anticorpi sono liberati nel sangue e circolano in tutto il corpo. Tuttavia, occorrono circa cinque giorni per ottenere plasmacellule mature e funzionanti a pieno regime; perciò, se contemporaneamente anche il microrganismo è in fase di moltiplicazione, è necessario un certo tempo prima che il sistema immunitario possa cominciare a contrastarlo efficacemente.

Il secondo tipo di cellule prodotte dai linfociti B stimolati dagli antigeni è costituito dalle cellule della memoria. Anche queste cellule producono anticorpi, ma sono più longeve delle plasmacellule e in alcuni casi possono rimanere in circolo per tutta la vita dell'organismo. In questo modo, se un agente patogeno dovesse penetrare nel corpo una seconda volta, avrebbe immediatamente inizio una produzione su larga scala di anticorpi contro l'invasore e verrebbe evitata una significativa moltiplicazione del microrganismo.

La rapida risposta da parte delle cellule della memoria avviene grazie all'immediato rilascio di anticorpi, senza che avvenga la fase di selezione clonale intermedia, e ciò consente di contrastare la successiva infezione senza che l'individuo si accorga di essere stato nuovamente infettato.

A colpo d'occhio

AZIONE DEGLI ANTICORPI
- AGGLUTINAZIONE
- NEUTRALIZZAZIONE
- LISI

La varietà degli anticorpi permette di riconoscere miliardi di antigeni diversi

In genere, gli anticorpi agiscono contro gli agenti esogeni in tre modi differenti: possono ricoprire gli agenti infettanti e provocarne l'agglutinazione (**figura 10**), in modo che i macrofagi li possano inglobare, possono combinarsi con tali agenti e interferire con alcune delle loro attività vitali (*neutralizzazione*) oppure, in combinazione con le proteine del complemento o le cellule natural killer, possono provocare la lisi delle cellule estranee.

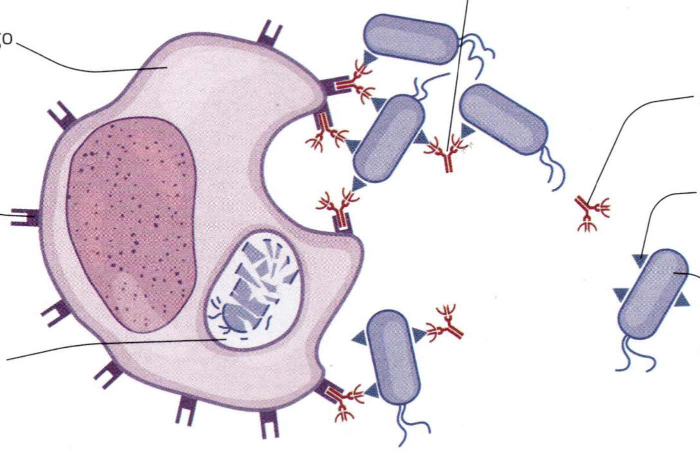

▸ Figura 10
Mediante i due siti di legame, gli anticorpi IgG possono legarsi a due batteri favorendone l'agglutinazione. In seguito, alcuni fagociti riconoscono tramite speciali recettori questi anticorpi e li inglobano, demolendo così anche gli antigeni a essi legati.

La struttura di un anticorpo presenta due subunità identiche, ciascuna formata da una catena polipeptidica pesante (più lunga) e da una catena leggera (più corta). Sia le catene pesanti sia quelle leggere hanno *regioni costanti* e *regioni variabili* (**figura 11**). Le regioni costanti sono caratteristiche di ogni specie vivente e determinano ciascuna delle cinque classi di immunoglobuline; le regioni variabili sono, invece, differenti tra loro e presentano i siti di legame per quegli antigeni che hanno una struttura tridimensionale complementare.

Uno degli aspetti più interessanti della risposta immunitaria è la grande varietà di antigeni contro i quali un singolo individuo può produrre anticorpi. Inoltre, gli anticorpi possono essere formati non solo contro i comuni invasori che si prevede di dover combattere nel corso della vita, ma anche contro antigeni sintetici che sono chimicamente differenti da qualsiasi sostanza presente in natura.

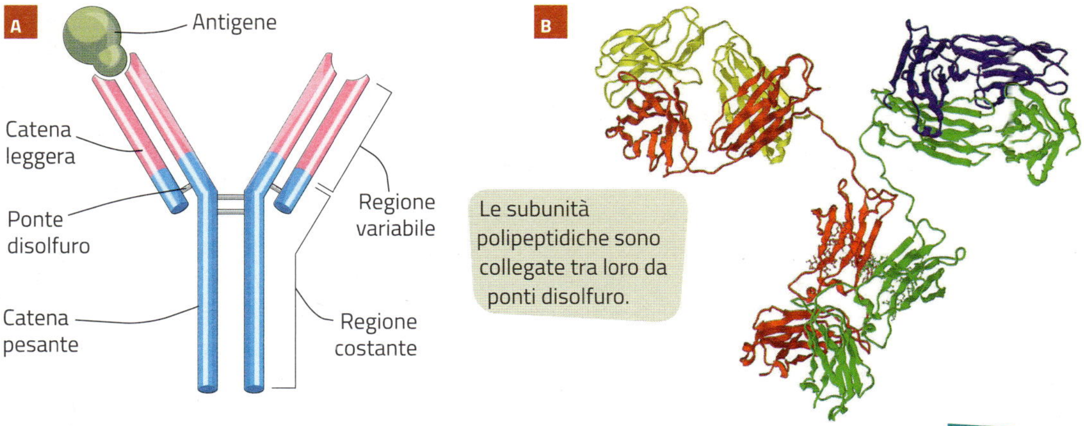

◂ **Figura 11**
La forma di Y dell'anticorpo (A) è una semplificazione grafica; la forma tridimensionale è in realtà molto più complessa (B).

Secondo la selezione clonale i recettori non sono prodotti su misura dell'antigene, ma sono esposti dai linfociti B come modelli preconfezionati, a partire da una varietà di campioni disponibili (**figura 12**): quando un antigene trova il proprio recettore, il linfocita B innesca la produzione di grandi quantità di quello specifico recettore. Ogni persona è in grado di produrre decine di milioni di recettori diversi per riconoscere altrettanti antigeni; eppure, nel genoma di una cellula umana i *geni anticorpali* sono soltanto 200. Questa contraddizione è spiegata dal fatto che, nelle cellule della linea germinale presenti nel midollo osseo, i geni che codificano le immunoglobuline sono formati da *segmenti*, che nel corso del differenziamento dei linfociti si combinano in modo casuale. Tale ricombinazione differenzia il genoma di ogni linfocita perché ciascuna cellula presenta soltanto alcuni segmenti, disposti in un ordine diverso da tutte le altre. Una volta trascritto il DNA, inoltre, il pre-mRNA va incontro a splicing alternativo, che permette di aumentare ulteriormente la varietà di recettori prodotti dai linfociti.

Il numero di combinazioni possibili tra le sequenze di DNA che codificano gli anticorpi è di circa un milione di miliardi, sufficienti a soddisfare l'enorme diversità delle molecole di antigeni. Questa stima andrebbe però ancora alzata, perchè ulteriori combinazioni sono generate dalle mutazioni che si verificano a carico dei geni anticorpali o dagli errori che si verificano in fase di trascrizione.

Ti ricordi?
Completata la trascrizione, prima di passare nel citoplasma, il pre-mRNA va ancora incontro allo **splicing**, un meccanismo che taglia gli introni e salda gli esoni. Lo **splicing alternativo** prevede la saldatura di un numero limitato di esoni, per cui permette di aumentare la varietà di proteine codificate da un numero ridotto di geni.

◂ **Figura 12**
La produzione massiva di linfociti con un certo antigene può essere paragonata alla scelta della stoffa per un capo d'abbigliamento da parte di un produttore: una volta scelto il colore giusto all'interno di una vasta collezione, questo è prodotto in serie e immesso sul mercato.

L'immunità passiva è prodotta dall'assunzione di anticorpi di altri individui

Si ha un'immunità attiva quando il sistema immunitario agisce in risposta a un antigene provieniente accidentalmente dall'esterno; è però possibile assumere anche anticorpi precostituiti, tramite quella che viene definita **immunità passiva**. Un esempio di *immunità passiva naturale* è rappresentato dagli anticorpi che il feto riceve attraverso gli scambi transplacentari e da quelli che il neonato assorbe durante il periodo di allattamento al seno.

L'immunità passiva artificiale, invece, è quella che si attiva nel caso di iniezioni di siero ricco di anticorpi (**sieroterapia**), eseguite, per esempio, contro la tossina tetanica o contro il virus della rabbia. In questi casi, gli anticorpi provenienti dall'esterno funzioneranno per la durata della loro vita in circolo, ma il sistema immunitario dell'ospite, non avendoli prodotti in modo autonomo, non potrà mantenerne una memoria efficace per il futuro, come accade invece con le vaccinazioni.

Ti ricordi?
Il **siero** è un liquido che si ottiene eliminando il fibrinogeno dal plasma; è ricco di globuline, che prendono parte alla difesa del corpo contro agenti esogeni estranei, e di albumina, la cui funzione principale è il trasporto di ormoni e acidi grassi.

Leggi l'approfondimento nell'ebook:
Storia della scienza
Anche i virus possono morire: il caso del vaiolo

I vaccini garantiscono una memoria immunologica all'individuo senza farlo ammalare

I **vaccini** sono strumenti che rendono il sistema immunitario di un individuo in grado di rispondere a un'infezione prima che l'individuo si ammali. In particolare, le vaccinazioni si basano sul fatto che la seconda esposizione al medesimo antigene provoca una risposta immunitaria secondaria decisamente più intensa rispetto alla primaria. Questa differenza è osservabile confrontando l'andamento del *titolo anticorporale* dopo l'esposizione all'antigene (**figura 13**): la prima esposizione porta a un modesto aumento inizialmente di IgM e poi di IgG, che comunque diminuiscono rapidamente, mentre una seconda esposizione provoca il rapido aumento di IgG, che permangono ad alte concentrazioni e possono mettere fine all'infezione.

Un vaccino deve rispondere ad una serie di requisiti per potere essere efficace; in primo luogo è necessario che non comporti un rischio per i soggetti vaccinati,

2 - La nostra salute

Vaccinarsi conviene sempre

Oggi in Italia i bambini sono **obbligati** a vaccinarsi contro la poliomielite, la difterite, il tetano e l'epatite B. Ma esistono anche vaccinazioni che sono solo **raccomandate**: meningite, pertosse, morbillo, rosolia e parotite. Dal 2008, inoltre, sono consigliate le vaccinazioni antivaricella e antipneumococco, nonché la vaccinazione contro il papillomavirus per le ragazze dodicenni, al fine di combattere l'eventuale insorgenza di tumori al collo dell'utero. A parte quest'ultima, le vaccinazioni vengono praticate entro il quindicesimo mese di vita, poi si eseguono i richiami intorno ai 5-6 anni.

Le vaccinazioni di massa sono essenziali sia chi le effettua, sia per la comunità in cui vive, perché conferiscono una difesa estesa anche per quegli individui che, per varie ragioni, non possono vaccinarsi. Secondo l'Organizzazione Mondiale della Sanità, per garantire un livello di protezione adeguato per tutta la popolazione, il livello di vaccinati deve essere superiore al 95%.

Negli ultimi anni, però, il dibattito sugli effetti collaterali dei vaccini è stato rianimato da una serie di notizie false o di dubbia provenienza e il numero di persone che non ha sottoposto alle vaccinazioni obbligatorie i propri figli è aumentato. La tesi ricorrente è che i vaccini inducano l'autismo nei bambini, ma questa affermazione non ha alcun fondamento scientifico; anzi, la comunità scientifica internazionale ha ribadito a più riprese che il rischio derivato dal contrarre le malattie contro le quali ci si vaccina è di gran lunga superiore a quello di subire le ripercussioni dovute alla somministrazione di un vaccino.

Nonostante le smentite, però, le tesi anti-vaccino hanno avuto effetto: per esempio, in Emilia-Romagna la copertura era del 94,5% nel 2014 ed è scesa al 93,5% nel 2015 (**figura**). Per questo motivo, l'amministrazione regionale ha dovuto imporre per legge la vaccinazione obbligatoria a tutti i bambini che vogliono frequentare gli asili nido della regione.

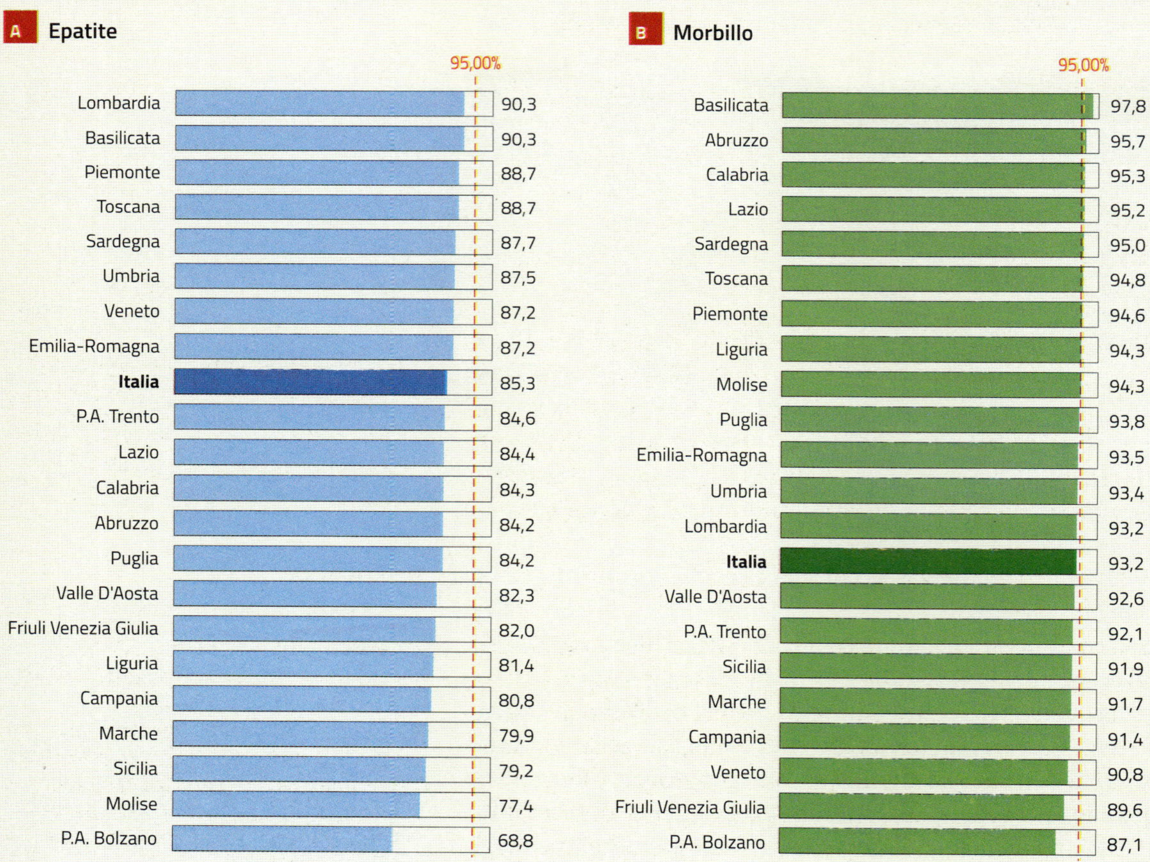

◄ **Figura** Ogni anno l'Istituto Superiore di Sanità diffonde i dati circa la copertura vaccinale nelle varie regioni italiane e in tutto il Paese; questi dati sono riferiti al 2015.

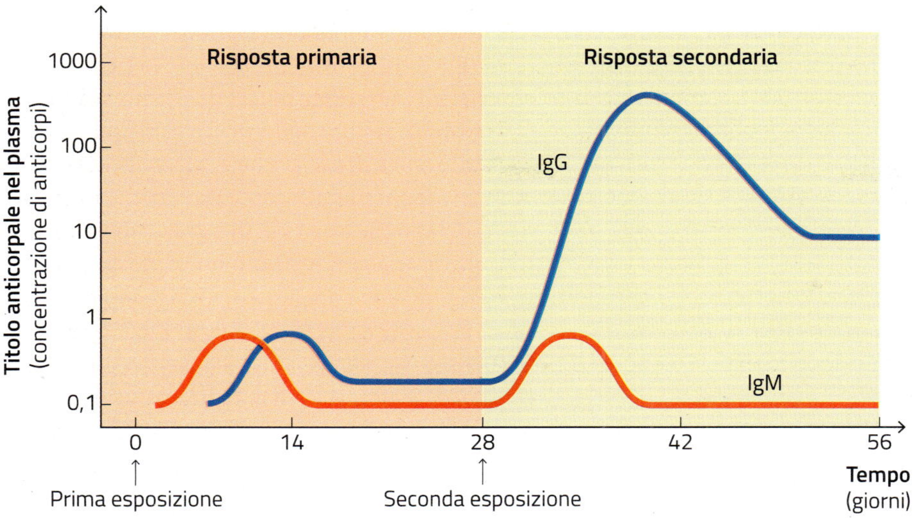

Guarda il video nell'ebook:
3 minuti di salute
L'importanza dei vaccini

◂ **Figura 13**
La risposta immunitaria primaria a un antigene è più debole di quella secondaria, ma se l'agente infettante è stato indebolito per agire come vaccino, non causerà problemi all'organismo e permetterà di creare una importante memoria immunologica.

quindi deve garantire una risposta immunitaria di lunga durata e che sia più efficace di quella che già si possiede. Inoltre, non sono da trascurare gli aspetti pratici associati alla produzione del farmaco, che deve essere economicamente sostenibile, e alla stabilità dello stesso durante il trasporto e lo stoccaggio prima della somministrazione. Al fine di migliorarne l'azione, i farmaci che contengono i vaccini sono addizionati con specifiche sostanze dette **adiuvanti**.

Per indirizzare il sistema immunitario a produrre anticorpi contro un determinato antigene, si può indurre la sua stimolazione in modo preventivo; a questo scopo è possibile procedere in modo differente e produrre vaccini di tipo diverso:

- **vaccini attenuati**, ovvero agenti patogeni molto simili a quelli naturali, ma meno virulenti in quanto trattati con il calore o con i raggi ultravioletti (per esempio, si usano vaccini con virus attenuati per malattie come il morbillo e la rosolia);
- **vaccini uccisi**, agenti patogeni uccisi con mezzi chimici o fisici; in genere tali vaccinazioni (come quella contro la poliomielite) assicurano una maggiore sicurezza, perché non inducono neppure una forma lieve della malattia;
- **vaccini con frazioni di microrganismi**, composti da parti dei patogeni che danno origine a una risposta immunitaria, ma senza il pericolo che l'agente virale si possa riprodurre (questo è il caso dei vaccini contro l'epatite B e l'influenza);
- **vaccini a base di tossine** estratte dai patogeni, ma preventivamente inattivate, dette *anatossine* (per esempio, i vaccini contro tetano, difterite, pertosse o pneumococco).

Oggi per la preparazione dei vaccini si ricorre sempre più spesso alle tecniche del DNA ricombinante, che consentono di produrre **vaccini ricombinanti**, sintetizzando le proteine antigeniche purificate, che sono esattamente identiche a quelle presenti sulla superficie degli agenti patogeni, ma senza il patogeno stesso. L'uso della tecnica del DNA ricombinante nella preparazione dei vaccini elimina ogni possibile infezione o contaminazione che potrebbe produrre effetti collaterali negativi.

Ti ricordi?
Il **DNA ricombinante** è una sequenza di DNA ricavata artificialmente dalla combinazione di materiale genetico di origini differenti; le tecniche per ottenerlo sono quelle dell'ingegneria genetica.

Le allergie sono reazioni immunitarie ad antigeni poco o per nulla pericolosi

Le **reazioni allergiche** sono condizioni di ipersensibilità del sistema immunitario verso alcuni antigeni che di per sé non sarebbero dannosi per l'organismo. Le allergie sono, infatti, il risultato di risposte immunitarie nei confronti di sostanze, come il polline, le feci degli acari della polvere e certi cibi, che si comportano da antigeni deboli, a cui la maggior parte delle persone non reagisce. Le persone allergiche, invece, quando sono esposte a particolari antigeni, manifestano un'anomala produzione sia di immunoglobuline IgE da parte di plasmacellule specifiche sia di cellule della memoria.

Le parole
Il termine **allergia** deriva dal greco *allo*, «estraneo», e *ergon*, «azione»; letteralmente le allergie sono «reazione contro sostanze estranee». L'origine evolutiva di questa risposta immunitaria, che è decisamente più nociva dell'antigene stesso che l'ha provocata e quindi non è adattativa, è tutt'ora un mistero.

Guarda il video nell'ebook:
3 minuti di salute
Le allergie

Curiosità

Alcune forme allergiche, come quelle causate dai **pollini** o dagli **acari**, possono migliorare grazie ai *vaccini iposensibilizzanti*. Questi vaccini, creati a partire da porzioni di allergeni e somministrati sottocute, per via inalatoria o per bocca, inducono il sistema immunitario a sviluppare IgG, e non IgE. In questo modo, quando l'organismo viene a contatto con l'allergene, le IgG eliminano l'allergene stesso dalla circolazione sanguigna prima che questo scateni i mastociti tramite il legame con le IgE.

Le allergie più note sono quelle che colpiscono l'apparato respiratorio, ma un numero crescente di persone soffre di allergie di tipo alimentare. Questo tipo di reazioni allergiche è dovuto, il più delle volte, all'ingestione di cibi di origine vegetale, forse a causa della presenza di additivi chimici, oppure dello stoccaggio prolungato che questi subiscono prima della vendita. Sono diffuse anche le allergie ad alcuni farmaci, come le penicilline, al lattice e ad alcuni metalli come il nichel.

La prima esposizione all'allergene corrisponde alla **fase di sensibilizzazione**, in cui si ha un'attivazione di plasmacellule che sintetizzano IgE. Queste immunoglobuline si legano poi ai recettori di membrana dei mastociti, presenti a livello dei tessuti, e dei granulociti basofili, presenti nel circolo sanguigno.

La **fase di esposizione** è la conseguenza di un successivo contatto con l'allergene: il legame tra l'antigene e gli anticorpi attaccati ai mastociti e ai granulociti stimola la liberazione di istamina, che induce una risposta infiammatoria. Questa reazione avviene in genere sulla superficie di una cellula epiteliale, producendo una maggiore secrezione di muco, come per il raffreddore da fieno, oppure dando origine a spasmi e diarrea, come nelle allergie alimentari. La vasodilatazione data dall'istamina promuove il travaso di liquido con edema localizzato (*orticaria*).

Quando i mastociti liberano istamina e altre sostanze chimiche nella circolazione sanguigna, si possono verificare reazioni sistemiche che provocano una drastica dilatazione dei vasi sanguigni; ciò può portare a una pericolosa sindrome conosciuta come **shock anafilattico**, che comporta caduta della pressione arteriosa, costrizione dei bronchioli e rapido gonfiore della trachea. Per esempio, le persone particolarmente sensibili al veleno presente nel pungiglione delle vespe devono portare sempre con sé un farmaco contenente *adrenalina*, che induce nell'organismo broncodilatazione e aumento della pressione sanguigna, contrastando gli effetti di uno shock anafilattico. Anche una sola puntura, infatti, è potenzialmente letale perché lo shock anafilattico insorge in tempi brevissimi e può portare alla morte per soffocamento.

Gli *antistaminici* sono farmaci che contrastano l'effetto dell'istamina, riducendo alcuni sintomi associati alla reazione allergica, senza però risolverne le cause. In molti casi sono utilizzati contestualmente anche ormoni steroidei simili al cortisone; questi farmaci agiscono rapidamente sopprimendo la produzione di globuli bianchi e, quindi, le risposte infiammatorie e immunitarie in genere.

Facciamo il punto

1. In che cosa consiste la risposta immunitaria umorale?
2. Confronta le plasmacellule e le cellule della memoria?
3. Come agiscono gli anticorpi?
4. Che cosa sono i vaccini?
5. Che cosa si intende per allergia e come si può curare?

5 L'immunità mediata da cellule

I linfociti T sono divisi in helper e citotossici

Oltre alla risposta immunitaria basata sull'azione degli anticorpi, esiste un altro meccanismo immunitario altamente specifico, innescato dai **linfociti T**. Mentre gli anticorpi circolanti prodotti dai linfociti B sono attivi principalmente nei confronti dei microrganismi e delle loro tossine, i linfociti T interagiscono con le cellule del nostro corpo che risultano infettate o comunque alterate.

A seconda della loro funzione sono note due principali classi di linfociti T: i **linfociti T helper** (o T_H), che svolgono un'azione di coordinamento della risposta immunitaria controllando le altre cellule coinvolte (compresi i linfociti B), e i **linfociti T citotossici** (o T_C), che demoliscono direttamente le cellule estranee, come i protisti e i funghi parassiti, ma attaccano anche le cellule del nostro corpo con aspetto anomalo, come quelle cancerose e quelle infettate dai microrganismi.

A colpo d'occhio

LINFOCITI T
- HELPER (T_H) → COORDINAMENTO DELLA RISPOSTA IMMUNITARIA
- CITOTOSSICI (T_C) → DEMOLIZIONE DI CELLULE ANOMALE

I linfociti T, come gli eritrociti e gli altri leucociti, derivano dalle cellule staminali del midollo osseo (*vedi* capitolo C3). Nella specie umana, all'inizio dell'ottava settimana di gestazione i precursori dei linfociti T si muovono lentamente verso il timo del feto, all'interno del quale subiscono un complesso processo di differenziamento, selezione e maturazione.

Il differenziamento coinvolge la sintesi di molti tipi diversi di glicoproteine di membrana, che sono esibite sulla superficie del linfocita T maturo e determinano sia la sua funzione sia la sua specificità antigenica. Le principali glicoproteine di membrana, chiamate CD4 e CD8, si distinguono per forma e localizzazione: la molecola CD4 caratterizza i linfociti T helper, mentre la molecola CD8 è presente sulla membrana dei linfociti T citotossici. Queste glicoproteine sono i recettori che permettono ai linfociti T di riconoscere sia le cellule del proprio corpo sia gli antigeni estranei esposti su queste cellule. Analogamente ai linfociti B, anche i linfociti T possiedono recettori specifici di superficie, formati da due catene polipeptidiche codificate da geni diversi e nei quali si distinguono una regione costante e una variabile (**figura 14**). A differenza degli anticorpi, i recettori dei linfociti T non si legano all'antigene nel suo complesso, ma soltanto a una sua porzione esposta su di una cellula che lo presenta in superficie.

Le parole

I **linfociti B** e **T** devono il loro nome al sito in cui maturano, che corrisponde al timo, *thymus* in inglese, per i linfociti T e al midollo osseo, *bone marrow*, per i linfociti B.

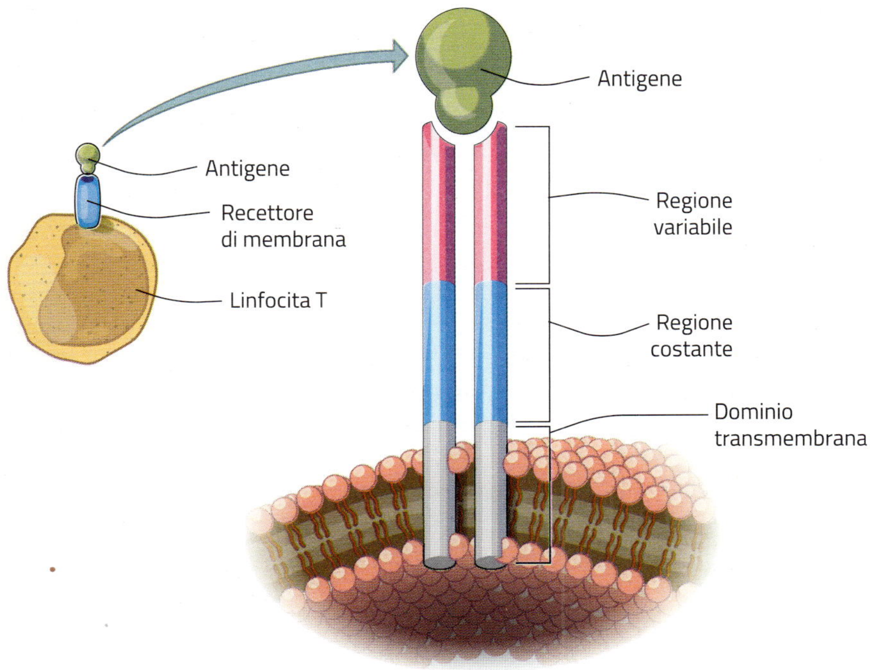

◂ Figura 14
I recettori dei linfociti T sono formati da due diverse catene polipeptidiche costituite da regioni variabili, che riconoscono l'antigene, e da regioni costanti.

Il complesso maggiore di istocompatibilità è unico per ciascun individuo

Il compito dei linfociti T è analogo a quello dei linfociti B e consiste nell'identificare e legare gli antigeni che hanno una configurazione tridimensionale complementare a quella dei recettori esposti sulla propria superficie. Anche il meccanismo di risposta è simile e prevede la produzione di cloni di cellule attivate e di cellule della memoria. Le funzioni dei linfociti T attivati, tuttavia, sono diverse da quelle delle plasmacellule derivate dai linfociti B.

Il riconoscimento delle cellule nucleate del nostro corpo dipende dalla presenza sulla loro superficie di specifiche glicoproteine. Le componenti proteiche di queste molecole sono codificate da un gruppo di geni che, nei mammiferi, è denominato **complesso maggiore di istocompatibilità**, o MHC; la sigla MHC viene utilizzata per designare sia i geni sia le glicoproteine che essi codificano.

La presenza sulla membrana delle proteine codificate dai geni MHC ha la funzione di caratterizzare tutte le cellule di un individuo (*self*) e distinguerle da quelle estranee (*non self*), che possiedono molecole MHC diverse e quindi devono essere eliminate.

Ti ricordi?

Il termine **allele** indica ciascuna delle forme alternative di un gene che occupano la stessa posizione sui cromosomi omologhi (il locus); ogni allele determina delle variazioni dello stesso carattere e ciascun individuo può essere omozigote, se gli alleli di un gene sono identici, oppure eterozigote, se gli alleli sono diversi.

Leggi l'approfondimento nell'ebook:
La nostra salute
Trapianti e terapie con cellule staminali

Nella popolazione umana la sequenza di DNA che corrisponde al complesso maggiore di istocompatibilità è costituita da una trentina di geni, ciascuno dei quali presenta numerose forme alleliche; pertanto, il numero totale di diverse combinazioni è elevatissimo e per questo non si possono mai trovare due persone (se non due gemelli monozigoti) con lo stesso complesso MHC. Le molecole MHC di ogni persona sono uniche, come un'impronta digitale, per questo motivo assicurano un riconoscimento estremamente preciso delle cellule *self*.

I recettori dei linfociti T non possono legarsi agli antigeni, a meno che questi non compaiano insieme alle molecole proteiche MHC *self* che sono presenti sulle membrane cellulari. I recettori dei linfociti T riconoscono solo questo specifico complesso antigene-proteine MHC.

A seconda della struttura e della funzione, si possono distinguere due classi principali di MHC, note come classe I e classe II (**tabella 3**):

- le **MHC di classe I** si trovano su tutte le cellule del corpo e fanno in modo che queste siano riconosciute dai recettori CD8 dei linfociti T citotossici;
- le **MHC di classe II** sono presenti solo sulle cellule del sistema immunitario e vengono riconosciute dai recettori CD4 dei linfociti T helper.

▸ **Tabella 3**
Confronto tra le cellule che presentano le classi MHC I e II.

MHC	Tipo di cellula presentante	Antigene presentato	Tipo di linfocita T	Proteine di superficie del linfocita T
Classe I	Qualsiasi cellula	Frammento proteico intracellulare	Linfocita T citotossico (T_C)	CD8
Classe II	Macrofagi e linfociti B	Frammento proteico extracellulare	Linfocita T helper (T_H)	CD4

Le strutture tridimensionali delle molecole sia di classe I sia di classe II sono note nel dettaglio (**figura 15**) e differiscono per la presenza di un solco sulla superficie esterna della molecola: il solco delle molecole di classe I è chiuso a entrambe le estremità ed è proprio della misura esatta per contenere un peptide composto di 12-20 amminoacidi, mentre il solco delle molecole di classe II, è aperto a entrambe le estremità e può contenere un peptide più lungo.

I linfociti T citotossici riconoscono MCH I e richiamano i macrofagi

Dal punto di vista funzionale, i linfociti T più semplici sono quelli citotossici, essi agiscono su tutte le cellule nucleate del corpo e riconoscono sulla loro superficie le molecole MHC di classe I. I linfociti T citotossici hanno il compito di demolire le cellule che sono diventate cancerose o sono state infettate da un microrganismo. Queste cellule sono riconoscibili da quelle sane perché presentano sulla superficie molecole considerate *non self*.

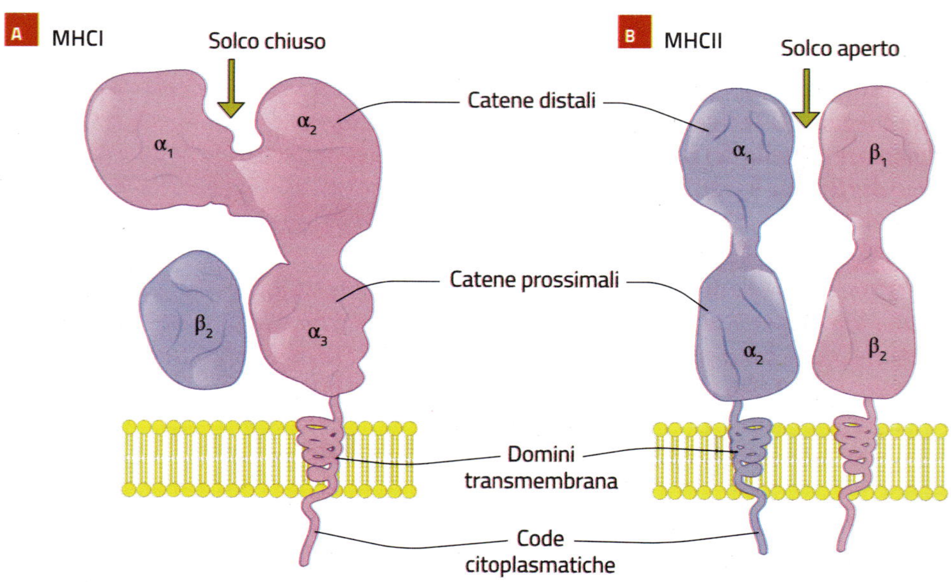

▸ **Figura 15**
Confronto tra il complesso maggiore di istocompatibilità di classe I (A) e di classe II (B).

Gli antigeni esposti insieme alle molecole MHC sulla superficie cellulare si formano all'interno delle cellule stesse e, pertanto, sono detti *endogeni*. Nelle cellule infettate da un virus, le molecole estranee sono le proteine virali sintetizzate dalle cellule ospiti su istruzione del parassita stesso (**figura 16A**), mentre nelle cellule cancerose gli antigeni sono i prodotti codificati da alcuni geni mutati, che forniscono istruzioni errate per la sintesi proteica.

Quando un linfocita T citotossico riconosce il complesso formato dalla molecola MHC di classe I e dall'antigene estraneo, si lega a esso mediante il suo recettore CD8 e prolifera, dando origine a un clone di linfociti attivati e a cellule della memoria: i linfociti attaccano e lisano le cellule infette, mentre le cellule della memoria sono inattive durante la fase iniziale dell'infezione, ma vengono rapidamente attivate da qualsiasi successiva esposizione allo stesso antigene (**figura 16B**).

I linfociti T citotossici attivati rilasciano anche potenti sostanze chimiche, le **linfochine**, che attirano i macrofagi e stimolano la fagocitosi (**figura 16C**). Inoltre, alcuni linfociti T citotossici, detti *killer*, secernono tossine che distruggono direttamente le cellule bersaglio, mentre altri secernono interferone. Grazie all'attivazione di questo tipo di linfociti T, si mobilita un'intera batteria di difese.

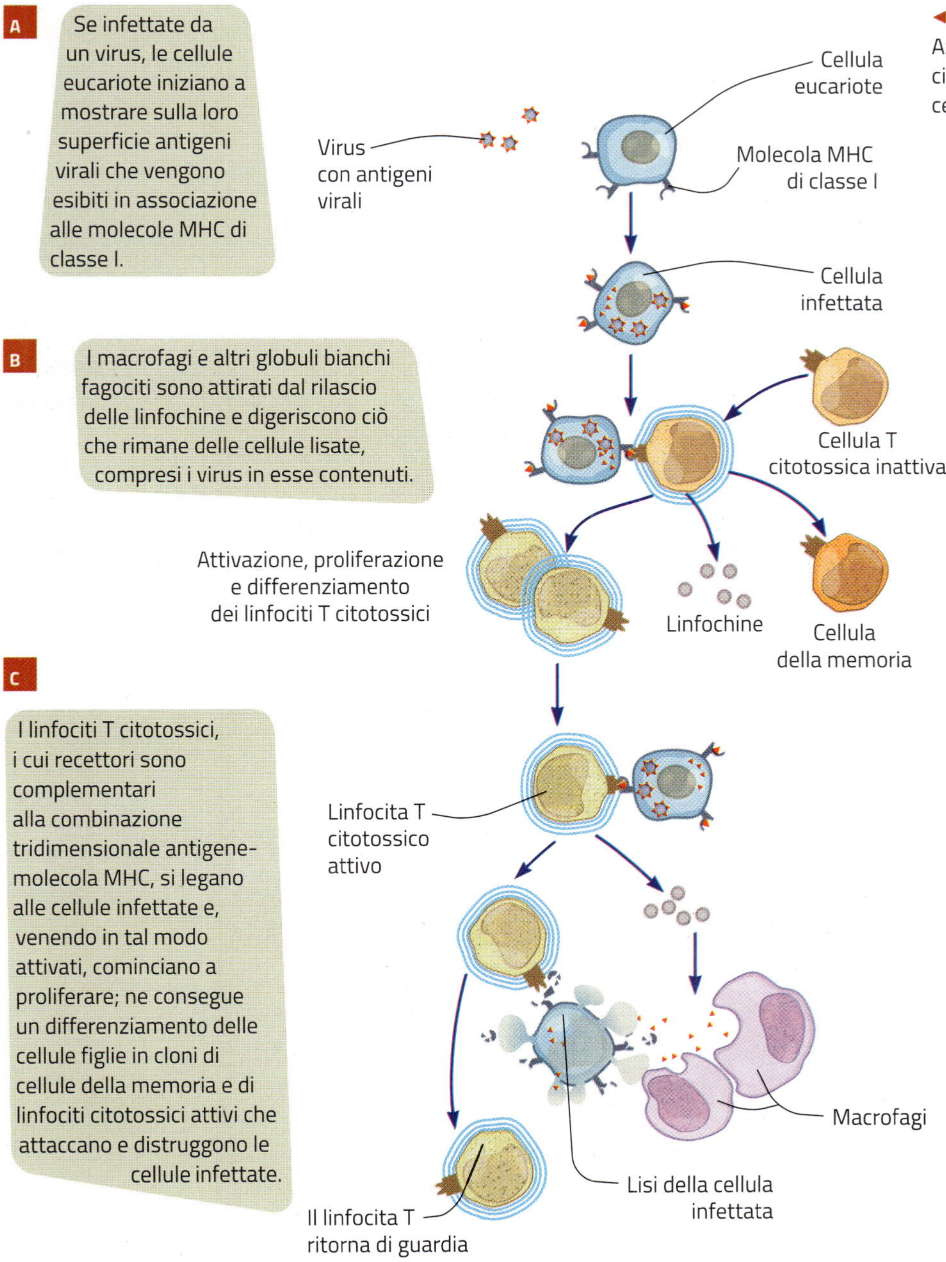

◂ **Figura 16**
Azione dei linfociti T citotossici nei confronti delle cellule infettate dai virus.

I linfociti T helper riconoscono MCH II e stimolano il differenziamento dei linfociti B

Le attività dei linfociti T citotossici, così come quelle dei linfociti B, sono regolate dai linfociti T helper. Questi linfociti sono caratterizzati dai recettori CD4, che riconoscono e legano gli antigeni estranei esibiti in associazione alle molecole MHC di classe II dell'individuo; tali combinazioni si trovano solo sulla superficie dei linfociti B attivati oppure delle cellule APC (macrofagi e cellule dendritiche).

Quando un linfocita T helper incontra un macrofago che presenta sulla sua superficie una combinazione antigenica alla quale si possa legare, si attiva e comincia a produrre cloni di cellule della memoria, cloni di altri linfociti T_H attivi e grandi quantità di citochine (**figura 17A**). Queste proteine sono importanti perché agiscono come ormoni stimolando il differenziamento e la proliferazione dei linfociti B e T citotossici attivati.

Anche il legame diretto dei linfociti T helper ai linfociti B che espongono l'antigene è una tappa fondamentale nel processo di difesa (**figura 17B**) perché la completa attivazione dei linfociti B dipende proprio dalla loro interazione coi linfociti T helper.

Quando un'infezione è stata sconfitta, l'attività dei linfociti B e T è bloccata grazie all'azione di particolari linfociti T detti *soppressori* o *regolatori*. Alcuni di questi bloccano in maniera aspecifica le risposte immunitarie nei confronti di tutti gli antigeni, mentre altri bloccano selettivamente le risposte immunitarie dedicate a uno specifico antigene, ma non è ancora del tutto chiaro il meccanismo d'azione di questi linfociti.

▾ **Figura 17**
(A) Attivazione dei linfociti T helper che entrano in contatto con macrofagi infettati da antigeni virali. Dopo essersi staccati dai linfociti T helper, i macrofagi continuano a circolare, inglobando altre particelle estranee e presentando gli antigeni sia ai linfociti T helper sia ai linfociti B inattivi. (B) Il legame tra linfociti T helper, che sono stati precedentemente attivati dall'esposizione allo stesso antigene, e i linfociti B è importante per il differenziamento e la proliferazione delle cellule della memoria e delle plasmacellule, e per la successiva produzione di anticorpi circolanti.

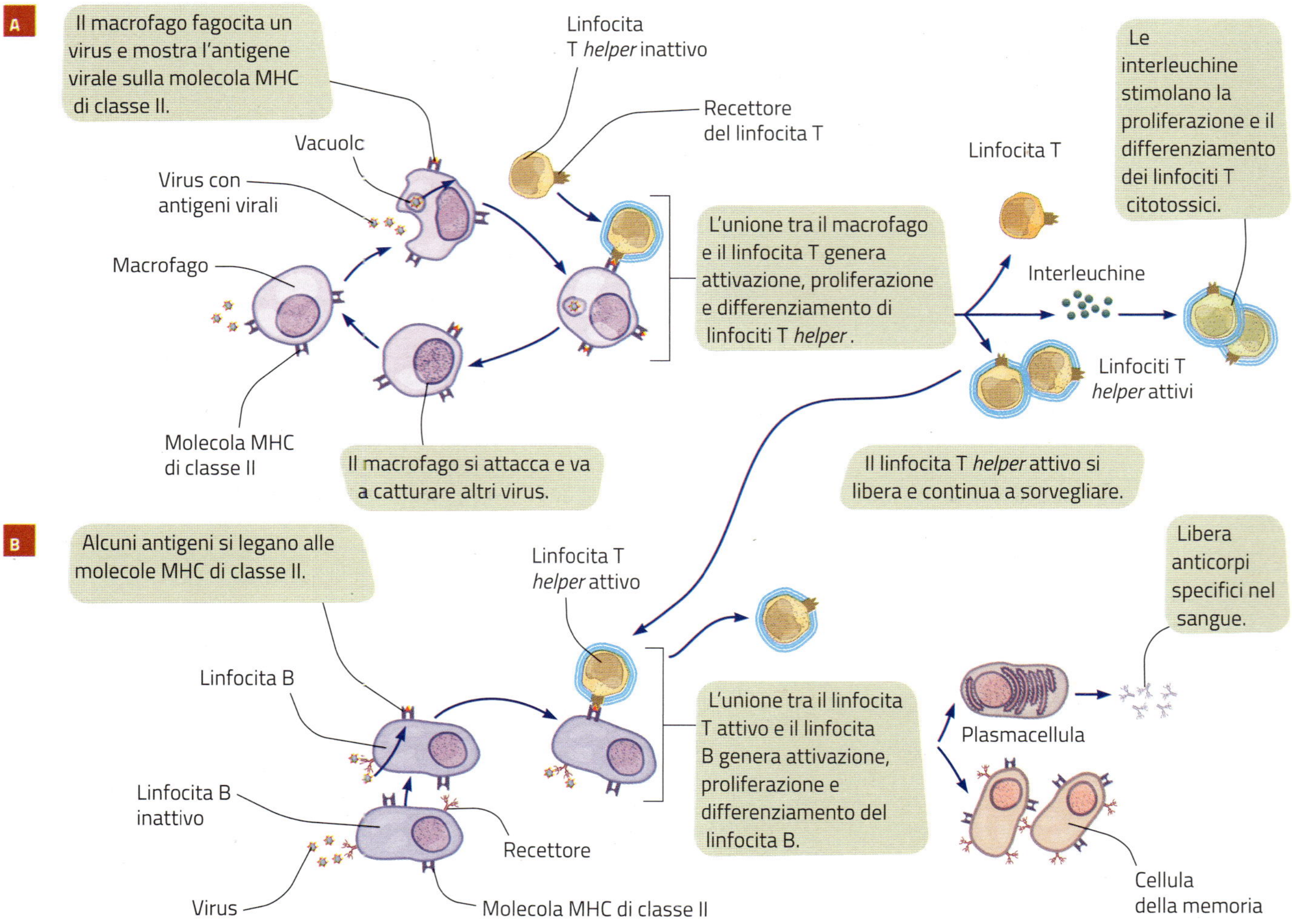

Facciamo il punto

1. Che cos'è il complesso MHC?
2. Confronta i linfociti T_H e T_C.
3. Cosa sono e quali funzioni svolgono le linfochine?
4. Quale relazione esiste tra i linfociti T helper e i linfociti B?

6 Le malattie da immunodeficienza

Le malattie da immunodeficienza dipendono dalla carenza di immunoglobuline o da anomalie ai recettori

Nonostante la straordinaria efficienza del nostro sistema immunitario, esistono malattie che colpiscono il sistema immunitario stesso. Tali patologie possono essere di origine genetica (*immunodeficienze primitive* o IDP), oppure di origine infettiva (*immunodeficienze secondarie*).

A prescindere dalla loro origine, tutte le malattie da immunodeficienza sono causate da alterazioni più o meno gravi del sistema immunitario, che provocano una minore resistenza verso le infezioni e una maggiore incidenza di patologie, come per esempio i tumori. Queste alterazioni immunitarie sono molteplici; tra i casi più comuni esistono una carente produzione di immunoglobuline, una grave anomalia in alcuni tipi di recettori di membrana, oppure una ridotta produzione di linfociti B e T.

3 - La nostra salute

Potrebbe essere lupus!

Gregory House, geniale medico della serie Tv statunitense *Dr House – Medical division*, durante la diagnosi delle possibili malattie dei suoi pazienti, tirava spesso in ballo il «lupus», per poi escluderlo praticamente sempre perché i sintomi non combaciavano. Il **Lupus Eritematoso Sistemico** (LES) è una malattia autoimmune che colpisce soprattutto la cute, le articolazioni, i reni e il sangue. Il fattore scatenante è la produzione di anticorpi, spesso di diversi tipi, che provoca infiammazione a livello degli organi. Per la varietà di sintomi, il lupus è chiamato anche «malattia imitatrice», poiché imita letteralmente i sintomi di altre malattie, rendendone difficile la diagnosi. La malattia, che colpisce prevalentemente donne in giovane età, è cronica e viene tenuta sotto controllo con farmaci antinfiammatori. Anche se la genetica può influenzare l'insorgere del lupus, non si tratta di una patologia ereditaria.

Le **malattie autoimmuni** si innescano quando l'organismo non riconosce più le strutture molecolari che fanno parte dei propri tessuti e dunque non riesce a distinguere con precisione le cellule *self* e quelle *non self*. Per questo motivo, il sistema immunitario attacca l'organismo di cui fa parte, distruggendo via via gli organi vitali.

LE ALTRE MALATTIE AUTOIMMUNI

Il **diabete mellito insulino-dipendente** è una patologia nella quale gli anticorpi danneggiano le cellule beta delle isole di Langerhans del pancreas, responsabili della sintesi dell'insulina; la conseguenza è la dipendenza a vita del soggetto malato da insulina di origine esogena, cioè assunta come farmaco.

Nella malattia nota come **tiroidite di Hashimoto**, invece, le cellule immunitarie aggrediscono la tiroide, con conseguente aumento di peso, depressione e affaticamento del soggetto.

Alcune malattie autoimmuni, come l'artrite reumatoide e la sclerosi multipla, possono compromettere in modo significativo la deambulazione. Nell'**artrite reumatoide**, gli anticorpi attaccano le articolazioni, che si infiammano; per questo motivo la malattia è trattata con antinfiammatori e anticorpi monoclonali, un tipo di anticorpi in grado di riconoscere soltanto uno specifico antigene.

Invece, la **sclerosi multipla** è un'alterazione genetica che indirizza il sistema immunitario a riconoscere come *non self* alcune componenti del sistema nervoso. Il bersaglio principale è la *mielina* che riveste i nervi, le fibre nervose restano quindi scoperte e si deteriorano, non potendo più trasmettere il segnale nervoso (**figura**). A seconda dell'area colpita sono compromesse le funzioni sensoriali, il movimento, l'equilibrio e, in genere, la coordinazione. Se si riesce a intervenire precocemente con terapie specifiche, come l'interferone, la malattia può essere rallentata o addirittura bloccata.
Oggi l'attenzione è principalmente rivolta sia alla terapia genica, per far produrre nelle zone interessate sostanze che riducano l'infiammazione e favoriscano la guarigione, sia al trapianto di staminali, che possano riparare le zone danneggiate dalla malattia.

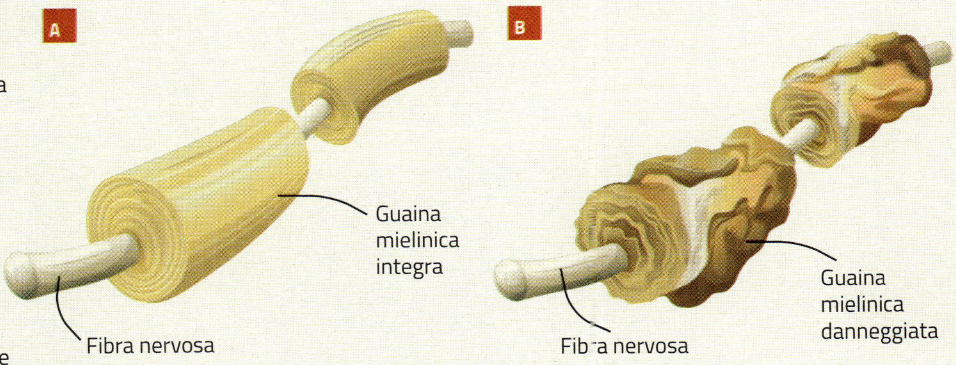

▸ **Figura**
Processo di demielinizzazione dovuto alla sclerosi multipla.

La SCID è dovuta a una scarsa funzionalità dei recettori presenti sui linfociti

Tra le forme più gravi di immunodeficienza primitiva vi sono le **SCID** (dall'inglese *Severe Combined Immune Deficiencies*), un gruppo di malattie derivanti da un'anomalia genica che compromette la funzionalità dei linfociti B e T; la conseguenza è una serie di infezioni che si sviluppano già nei primi mesi di vita e generano gravi patologie come la polmonite e la meningite. Le SCID sono malattie dovute alla carenza totale o parziale di una molecola che interviene nella traduzione del segnale innescato dai recettori di membrana.

La SCID può essere così grave da costringere i bambini che ne sono affetti a vivere in una tenda di plastica che li isola dall'ambiente e nella quale possono avere accesso solo sostanze e oggetti sterilizzati; per questo motivo, viene chiamata anche sindrome del «bambino nella bolla».

Forme così gravi di immunodeficienza richiedono terapie radicali, quali il trapianto di midollo osseo o di cellule staminali linfocitarie sane provenienti dal cordone ombelicale di un donatore compatibile. Le SCID sono tra le poche malattie in cui è stato sperimentato con successo, anche in Italia, il trapianto genico. In laboratorio si infettano le cellule staminali provenienti dal malato con un virus che trasporta il gene codificante l'enzima deficitario. Il virus, nel giro di qualche giorno, infetta le cellule e integra il gene desiderato nelle cellule staminali, che verranno poi reintrodotte nell'ospite di partenza (**figura 18**).

Tali terapie possono essere applicate anche prima della nascita, dato che questo tipo di patologie, trasmesse tramite meccanismi ereditari, può essere rilevato con la diagnosi prenatale. Nei casi meno gravi di immunodeficienze può essere sufficiente iniettare periodicamente nel paziente le immunoglobuline o gli enzimi di cui è carente.

▾ Figura 18
Lo schema riassume il processo di inserimento di un gene attraverso l'uso di un virus, al fine di curare un tipo di SCID.

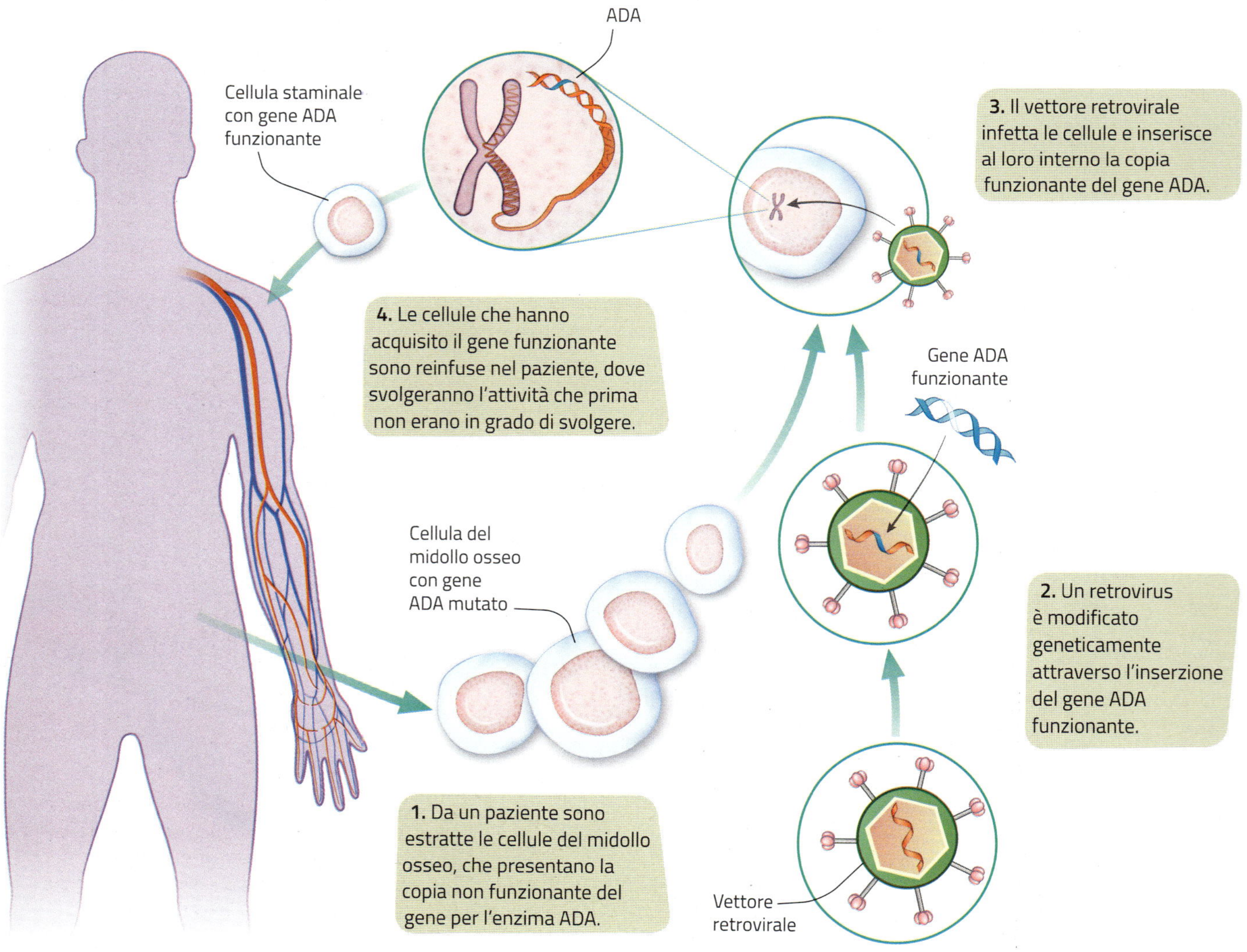

L'AIDS è causata da un retrovirus e prevede tre fasi

L'**AIDS** (*Acquired Immune Deficiency Syndrome*, in italiano «sindrome da immunodeficienza acquisita») è una forma di immunodeficienza secondaria diagnosticata per la prima volta nel 1982. In quegli anni i medici cominciarono a osservare un aumento di incidenza giovanile di una rara forma di tumore maligno cutaneo, nota come *sarcoma di Kaposi*, oltre che di polmoniti mortali e di infezioni del tratto intestinale, che risultavano mortali nonostante fossero causate da protisti solitamente innocui. In passato questo tipo di infezioni era stato osservato soltanto in soggetti malati di cancro e in persone che avevano subito trapianti di organi con soppressione del sistema immunitario nel corso del trattamento terapeutico.

Si pensò, pertanto, che la causa principale dell'insorgenza di queste patologie potesse essere una massiccia diminuzione delle difese immunitarie provocata forse da un microrganismo estraneo. Dato che la maggior parte delle prime vittime era costituita da soggetti tossicodipendenti, omosessuali, trasfusi o emofiliaci che avevano ricevuto da donatori i fattori della coagulazione, apparve chiaro che l'agente responsabile dei decessi si trasmettesse attraverso i rapporti sessuali oppure gli scambi di sangue. Gli scienziati Luc Montaigner in Francia e Robert Gallo negli Stati Uniti riuscirono a isolare il virus responsabile dell'AIDS, al quale venne dato il nome di **HIV** (*Human Immunodeficiency Virus*), ossia virus dell'immunodeficienza umana.

L'HIV è un retrovirus complesso (**figura 19**); la parte centrale è costituita da due molecole di RNA e da alcuni enzimi tra cui la *trascrittasi inversa*, l'*integrasi* e la *proteasi*. Rivestimenti formati da due distinte proteine circondano la parte interna e sono a loro volta circondati da un doppio strato lipidico costellato di glicoproteine. La caratteristica di queste glicoproteine esterne (come la gp120) è una struttura tridimensionale che si adatta perfettamente alle molecole CD4 presenti su diverse cellule del sistema immunitario, tra cui i linfociti T helper.

Quando, infatti, l'HIV incontra un linfocita T helper, la molecola CD4 funziona come un suo recettore, consentendo al virus di entrare nella cellula per endocitosi mediata da recettori. Una volta all'interno dei linfociti, l'RNA virale viene liberato e l'enzima trascrittasi inversa catalizza la sintesi del DNA complementare; questo viene incorporato, grazie all'enzima integrasi, in un cromosoma della cellula ospite, dove può rimanere latente anche per lungo tempo.

Durante la fase iniziale dell'infezione, definita **infezione acuta**, la popolazione dei linfociti T helper non risulta ancora gravemente decimata, mentre i linfociti B rispondono agli antigeni del virus producendo anticorpi circolanti e milioni di linfociti T natural killer uccidono le cellule infette. In genere, durante questa fase la persona infettata presenta per qualche giorno sintomi similinfluenzali e ingrossamento dei linfonodi. Sebbene gli anticorpi prodotti inizialmente siano insufficienti nel controllo dell'infezione, essi restano in circolo e la loro individuazione è alla base dei test per la diagnosi del virus. Questa fase è definita **sieropositività**, ovvero lo stadio della malattia che può essere riconosciuto dalla presenza di anticorpi contro HIV.

A questa fase segue la **latenza clinica**, nella quale il virus continua a moltiplicarsi, soprattutto a livello dei linfonodi, ma la persona sieropositiva non presenta sintomi particolari. Il tempo che passa dall'ingresso del virus nell'organismo all'apparire dei primi sintomi della malattia può superare i 15 anni; la durata di questo periodo può dipendere sia dall'eventuale insorgenza di malattie, che scatenano una risposta immunitaria attivando i virus latenti dell'AIDS, sia dall'efficienza di base del sistema immunitario.

Con il passare del tempo al malato rimangono sempre meno linfociti T helper funzionanti, e quindi viene meno l'attivazione e la proliferazione sia dei linfociti B sia dei linfociti T citotossici. Il corpo non riesce più a mettere in atto un'adeguata risposta immunitaria né contro le cellule che ospitano il virus dell'AIDS, né contro il virus stesso, ma nemmeno contro altri microrganismi invasori e nei confronti di eventuali cellule cancerose. Questa fase è detta **AIDS conclamato**.

A colpo d'occhio

AIDS
- INFEZIONE ACUTA
- LATENZA CLINICA
- AIDS CONCLAMATO

Ti ricordi?

L'endocitosi mediata da recettori è un tipo particolare di endocitosi che preleva in modo selettivo le sostanze presenti nell'ambiente extracellulare grazie all'intervento dei recettori di membrana.

Ti ricordi?

I **retrovirus** sono l'eccezione al dogma centrale della biologia molecolare. Solitamente la trascrizione è un processo svolto dall'enzima RNA polimerasi, che consiste nella sintesi di una molecola di RNA partendo dallo stampo di DNA; invece, l'enzima **trascrittasi inversa** presente nel virus dell'HIV è una DNA polimerasi RNA-dipendente, capace di operare in modo opposto, riuscendo quindi a sintetizzare una molecola di DNA a partire da RNA, prima di inserirsi nel nucleo della cellula infettata.

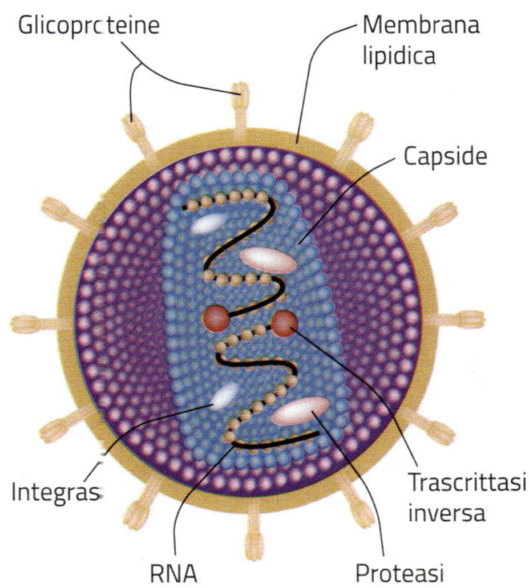

▲ Figura 19
Struttura del virus dell'immunodeficienza umana: sulla membrana esterna sono presenti glicoproteine che sporgono dalla superficie e che sono complementari ai recettori CD4 dei linfociti T helper.

Guarda il video nell'ebook:
3 minuti di salute
L'infezione da HIV e l'AIDS

Il tempo che trascorre tra la diagnosi di AIDS conclamato e la morte del malato varia da alcuni mesi a diversi anni.

A mano a mano che il sistema immunitario si indebolisce, il malato diventa progressivamente più vulnerabile ad altre malattie, come la polmonite causata da *Pneumocystis carinii*, le infezioni gastrointestinali da parassiti accompagnate da gravi diarree, il sarcoma di Kaposi e altri tumori. Spesso la morte avviene per una di queste malattie, che vengono chiamate *malattie opportunistiche* (**figura 20**).

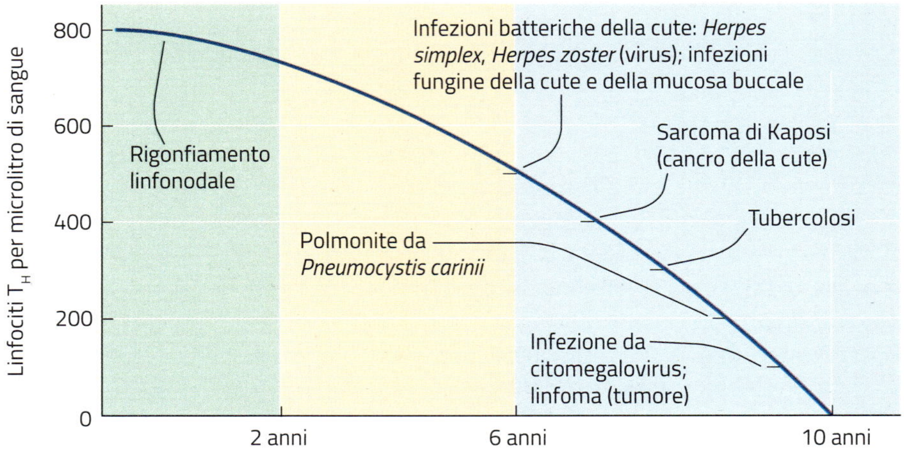

▸ **Figura 20**
Il grafico illustra la progressiva perdita di linfociti T_H in una persona sieropositiva e il conseguente aumento delle malattie opportunistiche.

La trasmissione dell'HIV avviene per via orizzontale o verticale

Il virus dell'HIV può essere trasmesso in vari modi:

- tramite rapporti sessuali non protetti;
- per contatto tra fluidi biologici infetti e le mucose, anche se intatte;
- con scambi di sangue che comprendono l'uso di aghi infetti, il contatto tra pelle dove siano presenti ferite e sangue infetto oppure trasfusioni di sangue da persone sieropositive.

Gli attuali test per gli anticorpi contro l'AIDS permettono di identificare il sangue infetto proveniente da donazioni e garantiscono un alto livello di sicurezza nelle trasfusioni. L'HIV si trasmette anche *per via verticale*: durante la gravidanza attraverso la placenta, durante il parto, oppure con l'allattamento. Il rischio che una donna sieropositiva trasmetta il virus al feto è del 20%, ma la madre trasmetterà comunque gli anticorpi al bambino, che quindi risulterà sempre sieropositivo. Dopo i due anni di età gli anticorpi trasmessi per via materna scompaiono, quindi se nel bambino permane una sieropositività residua, questa è indice della malattia.

Sebbene l'HIV sia molto virulento, il contagio tra due persone non avviene facilmente: se non si trova nel sangue, nello sperma o dentro a cellule ospiti, il virus muore rapidamente. Non c'è nessuna prova, infatti, che l'HIV possa essere trasmesso tramite contatti casuali, abbracci, baci, colpi di tosse e starnuti, e nemmeno attraverso piatti, posate o sanitari usati da individui infetti. Finora nessun familiare che ha accudito un malato di AIDS è stato infettato, mentre il personale medico contagiato dal virus lo è sempre stato in seguito alla puntura con aghi infetti o per non avere utilizzato i guanti.

Secondo l'Organizzazione Mondiale della Sanità, nel mondo sono presenti più di 36 milioni le persone sieropositive, metà delle quali sono sottoposte ai farmaci antiretrovirali. In Italia dal 1982, anno della prima diagnosi di AIDS nel nostro Paese, al 31 dicembre 2015 sono stati notificati 68 116 casi di malattia; il picco di nuovi casi è stato registrato nel 1995, ma da allora i casi totali sono diminuiti, anche se tutt'altro che scomparsi. Questi casi sono costituiti per l'84% da contagi attribuibili a rapporti sessuali, più della metà dei quali eterosessuali. Diversi sono i valori di altre aree geografiche mondiali, dove il virus è decisamente più diffuso; per esempio, nell'Africa sub-sahariana l'HIV ha contagiato il 60% della popolazione (**figura 21**).

Curiosità

Il **test** comunemente utilizzato per appurare il contagio da parte di HIV ricerca la presenza nel sangue di anticorpi anti-HIV, prodotti dall'organismo dopo il contatto con il virus stesso. L'esame ha un costo contenuto, inoltre molte strutture pubbliche lo eseguono in forma anonima e gratuita. Il test, però, non può essere eseguito immediatamente dopo il possibile contagio, perché gli anticorpi anti-HIV non si sviluppano subito; esiste, infatti, un *periodo finestra*, durante il quale si è stati contagiati ma non si è ancora diventati sieropositivi, pur essendo già infettivi. Questo intervallo di tempo dura mediamente 4-6 settimane, ma l'impiego di nuove tecniche lo ha ridotto fino a 2 settimane.

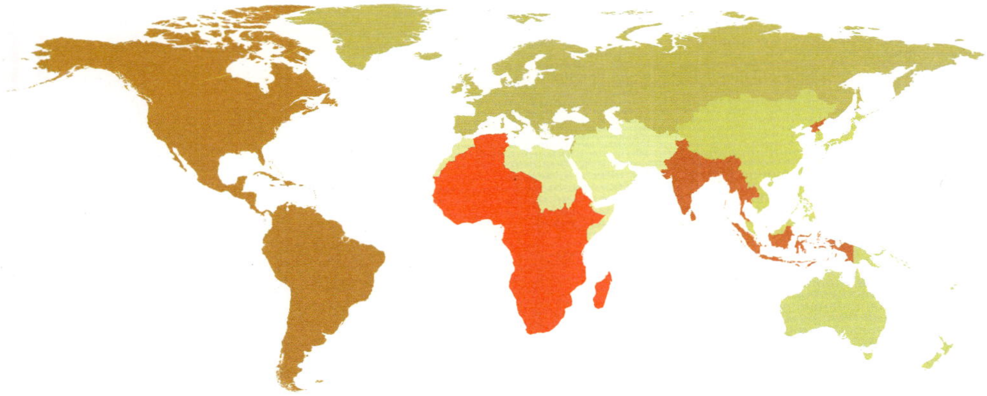

▲ **Figura 21**
Diffusione globale dei soggetti infettati da HIV.

L'arma principale contro AIDS è la prevenzione, perché le terapie di guarigione sono ancora sperimentali

L'arma più efficace per combattere l'HIV è la prevenzione, che consiste in maggior parte nell'usare il preservativo durante i rapporti sessuali e nell'utilizzare siringhe e aghi sterili monouso. In caso di contagio, tuttavia, i malati di AIDS oggi possono contare su farmaci specifici che possono ritardare notevolmente il progredire della malattia, garantendo ai sieropositivi una maggiore aspettativa di vita.

I farmaci anti-AIDS si basano sugli stessi principi validi per gli altri farmaci antivirali, in particolar modo per quelli contro i retrovirus; il loro compito è interrompere il ciclo di riproduzione virale all'interno delle cellule infettate. Le due categorie principali di questi farmaci sono: gli inibitori della sintesi e della duplicazione del DNA virale inserito nel genoma dell'ospite e gli inibitori della sintesi delle proteine virali.

L'**AZT** è il primo farmaco utilizzato per il trattamento dell'HIV e interferisce con l'azione della trascrittasi inversa (**figura 22**). Oggi questa terapia è stata superata e sono stati messi in commercio in Italia almeno una decina di farmaci che svolgono una funzione analoga; un'altra decina, invece, inibiscono l'azione della proteasi, un enzima che idrolizza i legami peptidici delle molecole proteiche rendendo le proteine virali della lunghezza adeguata allo svolgimento della propria funzione.

L'HIV ha la capacità di sviluppare mutazioni che a volte permettono di resistere alle terapie antivirali. Per evitare la farmacoresistenza e per adeguare la terapie a queste diversità strutturali del virus, oggi sono ben 150 le possibili combinazioni di antivirali: tutte comprendono insiemi di farmaci che agiscono sui diversi livelli di moltiplicazione del virus. Oggi si dispone di *Highly Active Anti-Retroviral Therapy* (HAART), una terapia antiretrovirale altamente attiva, che consiste nella somministrazione contemporanea di tre o più farmaci antiretrovirali, con l'obiettivo di abbattere la carica virale e aumentare il numero dei linfociti CD4.

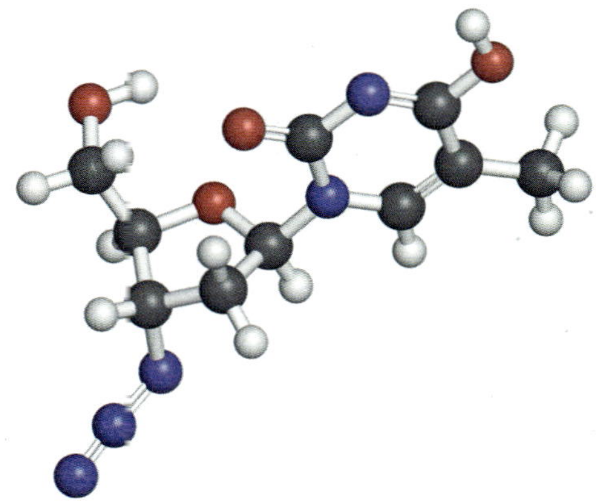

▲ **Figura 22**
La molecola del farmaco azidotimidina (o AZT).

Nel 2016 ha però fatto scalpore la notizia di una guarigione dall'AIDS. Una ricerca inglese ha infatti sottoposto un gruppo di pazienti infetti a un mix di farmaci e dopo alcune settimane uno dei soggetti malati non mostrava più la presenza del virus nel proprio corpo. Questo risultato, che dovrà essere riconfermato nei prossimi anni, è stato raggiunto grazie a un vaccino che suscita una reazione immunitaria contro le cellule che sono infette, ma latenti. Infatti, il problema principale di questa malattia è che il virus può nascondersi nelle cellule per anni e poi tornare attivo quando le condizioni tornano per lui favorevoli.

Grazie al vaccino, le cellule infette possono essere individuate dai farmaci antiretrovirali, che eliminano tutti i patogeni attivi. Questa strategia, detta *kick and kill* (ovvero «provoca e uccidi») è stata pensata per portare allo scoperto i depositi nascosti di virus nel corpo, così da non lasciare più alcuna traccia di HIV nel corpo.

Facciamo il punto

1. Confronta l'immunodeficienza primitiva e secondaria.
2. Cosa si indica con la sigla SCID? Come possono essere curate queste malattie?
3. Spiega il contagio e gli stadi dell'infezione da HIV.

SINTESI DI FINE CAPITOLO

LO SAI?
RIPASSA CON LO SMARTPHONE

Il sistema linfatico

La **linfa** contiene lipidi, cellule e proteine. Il **sistema linfatico** è un sistema di vasi con la funzione principale di mantenere costante la presenza di liquidi e soluti nel sangue, garantendo l'omeostasi idrodinamica dell'organismo, e di trasportare le sostanze. All'interno di questo sistema di vasi si collocano i *linfonodi*.

I tessuti e gli organi linfoidi

Gli **organi linfoidi primari** sono deputati alla maturazione delle cellule linfoidi e sono il **timo** e il **midollo osseo rosso**, responsabile dell'emopoiesi.

Gli **organi linfoidi secondari** ospitano i linfociti maturi e sono:

- i **linfonodi**, formati da tessuto spugnoso, particolarmente ricchi di linfociti e macrofagi;
- la **milza** che filtra il sangue, elimina i globuli rossi, è una riserva di eritrociti e piastrine, e intercetta i patogeni attivando linfociti e macrofagi;
- i **noduli linfatici**, come le *tonsille* (ammassi linfoidi che contrastano i microrganismi entrati nelle vie respiratorie) e le *placche di Peyer* (che bloccano i batteri introdotti involontariamente nel tratto digerente).

L'immunità innata

Le barriere anatomiche (come la pelle) e le risposte non specifiche, che distruggono in maniera indiscriminata il materiale estraneo con cui vengono a contatto, sono difese che prendono il nome di **immunità innata**, o aspecifica.

L'**immunità acquisita**, o specifica, fornisce invece al sistema immunitario una risposta mirata contro le particolari caratteristiche di un determinato agente patogeno.

La prima difesa dell'organismo

Le prime difese del corpo sono la **pelle** e le **mucose**, se un microrganismo riesce a oltrepassarle, incontra una seconda linea difensiva costituita dalle **cellule dendritiche** e dai **macrofagi**. Le *cellule natural killer* sono leucociti che possono distruggere cellule cancerose o infettate da virus.

L'**infiammazione** comprende una serie di eventi che blocca la moltiplicazione dei batteri e limita la perdita di sangue.

In caso di infezione, le proteine di difesa (**proteine del complemento** e **citochine**) attivano il sistema immunitario. Le citochine sono messaggeri chimici: interleuchine, interferoni e fattori di necrosi tumorale.

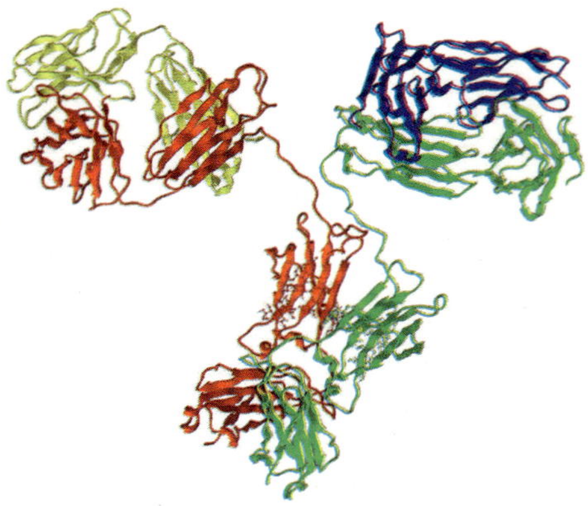

L'immunità acquisita

Un **antigene** è una molecola o una struttura cellulare che l'organismo non riconosce come propria. Se l'antigene incontra un linfocita, questo si attiva e si innesca una risposta immunitaria; ogni linfocita è specifico per un solo tipo di antigene.

La **risposta immunitaria** prevede:

- la *risposta primaria*, a breve termine, contro l'attacco iniziale di un patogeno;
- la *risposta secondaria*, a lungo termine, che fornisce una rapida difesa dagli attacchi successivi dello stesso agente.

Dopo l'attivazione, i linfociti originano due tipi di cellule: le **plasmacellule** o cellule effettrici, che partecipano attivamente alla risposta immunitaria e sono responsabili della risposta immunitaria primaria e le **cellule della memoria**.

L'immunità mediata da anticorpi

I **linfociti B** sono i principali protagonisti di un tipo di difesa immunitaria, detta **risposta umorale**, caratterizzata dalla formazione di **anticorpi**: proteine globulari complesse che fanno parte di una famiglia di molecole note come **immunoglobuline**. La varietà degli anticorpi permette di riconoscere miliardi di antigeni diversi. L'immunità passiva si ottiene assumendo gli anticorpi di altri individui. I **vaccini** garantiscono una memoria immunologica all'individuo.

Le **reazioni allergiche** sono condizioni di ipersensibilità del sistema immunitario verso alcuni antigeni che di per sé non sarebbero dannosi per l'organismo.

L'immunità mediata da cellule

I **linfociti T** sono divisi in:

- **helper** se hanno un'azione di coordinamento della risposta immunitaria, controllando le altre cellule coinvolte;
- **citotossici** se svolgono un'azione di coordinamento della risposta immunitaria, controllando le altre cellule coinvolte.

Il **complesso maggiore di istocompatibilità** (MHC) è unico per ciascun individuo. I linfociti T citotossici riconoscono MCH-I e richiamano i macrofagi mentre i linfociti T helper riconoscono MCH-II e stimolano il differenziamento dei linfociti B.

Le malattie da immunodeficienza

Le malattie da immunodeficienza dipendono dalla carenza di immunoglobuline o da anomalie ai recettori.

La **SCID** comprende un gruppo di malattie derivanti un'anomalia genica ed è dovuta a una scarsa funzionalità dei recettori presenti sui linfociti.

L'**AIDS** è causata da un retrovirus (HIV) e prevede tre fasi (*infezione acuta, latenza, AIDS conclamato*). La trasmissione dell'HIV avviene per via orizzontale o verticale. L'arma principale contro AIDS è la prevenzione, perché le terapie sono ancora sperimentali.

VERIFICA LE TUE CONOSCENZE

ZTE ONLINE

1. Scrivi sul quaderno la definizione dei seguenti termini.

a) Linfa e linfonodi
b) Immunità innata e acquisita
c) Interleuchine e interferoni
d) Antigene e anticorpo
e) Plasmacellule e cellule della memoria
f) Linfociti T helper e citotossici

Barra il completamento esatto.

2. L'istamina

A viene liberata dai mastociti e partecipa alla risposta infiammatoria.
B induce una maggiore produzione di linfociti da parte dei linfonodi.
C viene somministrata come farmaco ai pazienti che soffrono di allergie.
D è secreta dalle cellule APC allo scopo di attivare i linfociti T *helper*.

3. Le immunoglobuline sono

A proteine globulari prodotte in gran numero dalle plasmacellule.
B presenti sulla superficie dei linfociti T *helper* e servono a riconoscere l'antigene.
C costituite da quattro catene che sono identiche in tutte le immunoglobuline.
D un gruppo di proteine in cui ciascuna ha un solo sito di legame per l'antigene.

4. Affinché un individuo acquisisca un'immunità passiva occorre

A provocare artificialmente un aumento consistente di linfociti *natural killer*.
B somministrare proteine simili agli antigeni che caratterizzano quel dato agente patogeno.
C utilizzare un vaccino prodotto con sostanze che abbiano proprietà antibiotiche.
D iniettare nel sangue una serie di anticorpi specifici per quella particolare malattia.

5. Gli anticorpi monoclonali sono

A sintetizzati da chi è affetto da una qualsiasi forma di tumore.
B presenti nel sangue degli individui guariti dalla leucemia.
C prodotti dal paziente stesso se possiede i corrispondenti geni MHC.
D sintetizzati da batteri in cui siano stati introdotti i geni corrispondenti.

6. Completa la tabella mettendo in corrispondenza i vari tipi di globuli bianchi (*lettere*) con le rispettive funzioni (*numeri*).

A. linfociti B
B. cellule natural killer
C. interleuchine
D. mastociti
E. cellule staminali
F. linfociti T citotossici

1. sono coinvolti nella liberazione di istamina
2. sono messaggeri chimici tra cellule adiacenti
3. danno origine a tutti i tipi di globuli bianchi
4. sono tra le prime cellule ad aggredire gli antigenia
5. attaccano microorganismi e anche cellule tumorali
6. sono piccole cellule metabolicamente inattive

A	B	C	D	E	F

7. Nel seguente brano, barra tra i termini in neretto quelli errati.

Una delle funzioni del sistema linfatico è quella di **assorbire** / **espellere** parte del liquido che non rientra nel letto capillare dopo essere passato attraverso **il cuore** / **i tessuti**. Grazie a un sistema di vasi e di valvole, il liquido proveniente dalla parte superiore del corpo viene spinto lungo **il dotto toracico** / **la vena succlavia** e il dotto linfatico destro, per confluire poi nelle **vene** / **arterie** all'altezza **delle clavicole** / **dei reni**.

8. Barra i due completamenti esatti.

Le cellule della memoria

A appartengono a un meccanismo di difesa non specifico tipico dell'immunità umorale.
B entrano in azione solo durante la risposta immunitaria secondaria.
C sono prodotte dai linfociti, rispetto ai quali hanno una vita molto lunga.
D sono in grado di produrre anticorpi, ma non altre cellule della memoria.
E si attivano lentamente determinando un ritardo della risposta immunitaria.

9. Di fianco a ogni affermazione scrivi la lettera A se la funzione descritta si riferisce ai linfociti B, la lettera B se si riferisce alle plasmacellule, la lettera C se si riferisce ai linfociti T, o la lettera D se non si riferisce a nessuno dei tre tipi di cellule.

a) Favoriscono la liberazione di citochine dopo essersi legate a un macrofago. (.....)
b) Non presentano recettori sulla superficie della loro membrana cellulare. (.....)
c) Liberano molecole di interferone se vengono infettate dai virus. (.....)
d) Non sono circolanti ma localizzate nel tessuto connettivo. (.....)
e) Possono rimanere in circolo a lungo e fornire una rapida difesa. (.....)

10. Completa le seguenti frasi.

a) La risposta allergica violenta che può portare alla morte per soffocamento è detta ....
b) Le masse di tessuto spugnoso divise in compartì e particolarmente ricche di linfociti e di macrofagi sono i ....
c) I fattori secreti dai macrofagi e dai linfociti T in risposta all'azione di certe interleuchine sono detti ....
d) Le sostanze in grado di scatenare le reazioni allergiche vengono comunemente chiamate ....
e) Le principali glicoproteine presenti sulla membrana dei linfociti T maturi si presentano sotto due forme distinte chiamate .... e ....

11. Descrivi la struttura di un anticorpo spiegando per quale motivo esiste una grande varietà di queste molecole polipeptidiche.

....
....
....
....
....
....
....

VERIFICA LE TUE ABILITÀ

Barra il completamento esatto.

12. A differenza di quelle non specifiche, le difese specifiche

[A] utilizzano diverse sostanze chimiche che potenziano la risposta infiammatoria.

[B] sono in grado di rispondere ad agenti patogeni anche di natura virale.

[C] individuano e memorizzano la struttura molecole dell'agente invasore.

[D] dipendono da globuli bianchi che si originano per differenziamento celle cellule.

13. In assenza di cellule APC

[A] i recettori dei linfociti T *helper* non sarebbero in grado di individuare la presenza di una cellula infettata.

[B] il sistema immunitario non sarebbe in grado di combattere gli antigeni circolanti nel sangue.

[C] gli anticorpi presenti sulla superficie dei linfociti B non riconoscerebbero le proteine *self* e aggredirebbero le cellule del proprio corpo.

[D] i linfociti T *helper* si legherebbero solo alle proteine *non self* presenti sui virus attivando una risposta non specifica.

14. Completa il brano scegliendo tra i termini elencati in fondo.

Secondo la teoria della selezione clonale, gli anticorpi non sono .... in risposta alla .... di un determinato antigene, ma vengono assemblati in maniera .... a partire da una serie di geni presenti nel DNA. L'assemblaggio è complesso e consente di ottenere una varietà .... di anticorpi, ma sul relativo .... ne comparirà, comunque, un tipo solo.

(enorme, assenza, linfocita B, genetica, specifica, liberati, prestabilita, linfocita T, demoliti, limitata, carenza, sintetizzati, casuale, macrofago, presenza)

15. Nel seguente brano, barra tra i termini in neretto quelli errati.

I linfociti **B / T** si attivano quando i loro recettori antigenici (anticorpi) riconoscono certe regioni **delle plasmacellule / dell'antigene** chiamate determinanti antigenici. Il ceppo così selezionato si **riduce / moltiplica** e si differenzia in cellule **fagocitarie / effettrici**. Per combattere i vari tipi di virus vi è una gamma **ristretta / enorme** di recettori differenti.

16. Barra i due completamenti esatti.

A differenza dei linfociti B, i linfociti T *helper*

[A] sono in grado di produrre direttamente cloni di cellule della memoria.

[B] possono produrre speciali proteine in grado di attivare i linfociti T citotossici.

[C] possiedono specifici recettori che servono per riconoscere gli antigeni estranei.

[D] sono in grado di legarsi e attivare solo le cellule del sistema immunitario.

[E] possono produrre tossine in grado di uccidere direttamente le cellule infettate.

17. Perché la vaccinazione diminuisce notevolmente il rischio di contrarre una determinata malattia?

....
....
....
....
....
....
....

18. In che modo i linfociti T *helper* contribuiscono alla produzione degli anticorpi da parte delle plasmacellule?

....
....
....
....
....
....
....

UNITUTOR
VERSO L'UNIVERSITÀ

Preparati ai test di ammissione sul sito Unitutor.

19. Quale/i delle seguenti affermazioni è/sono vera/e per la risposta immunitaria primaria e secondaria?

1. Può essere attivata dall'esposizione a un antigene
2. Produce anticorpi specifici contro un antigene.
3. I linfociti attuano la fagocitosi.

[A] Solo 1
[B] Solo 2
[C] Solo 3
[D] Solo 1 e 2
[E] Solo 1 e 3

[dal test di ammissione a Veterinaria 2014-15]

HANDS-ON GLOSSARY

20. Fill in the table matching each term (*letters*) with its definition (*numbers*).

A. lymphatic vessel
B. antibody
C. plasma cell
D. lymph node
E. inflammation

1. any thin-walled, valved tubular structure that carry lymph; they form a net that is complementary to the cardiovascular system.
2. a white blood cell that secretes large volumes of antibodies, it is transported by the blood plasma and the lymph, and it originates in the bone marrow.
3. part of the protective response of body tissues to harmful stimuli (such as pathogens), it involves immune cells, blood vessels, and molecular mediators.
4. an ovoid or kidney-shaped organ of the lymphatic system, that is widely present throughout the body.
5. a large, Y-shaped protein (also called immunoglobulin) produced mainly by plasma cells that neutralizes pathogens (such as bacteria and viruses).

A	B	C	D	E

VERSO L'ESAME: LE TUE COMPETENZE

SCHEMATIZZA

21. Costruisci una mappa concettuale che illustri i vari tipi di difese del nostro corpo, facendo un esempio per ognuno.

COLLEGA

22. Descrivi che cosa illustra la figura, spiegando a che cosa corrispondono le varie parti colorate in modo diverso.

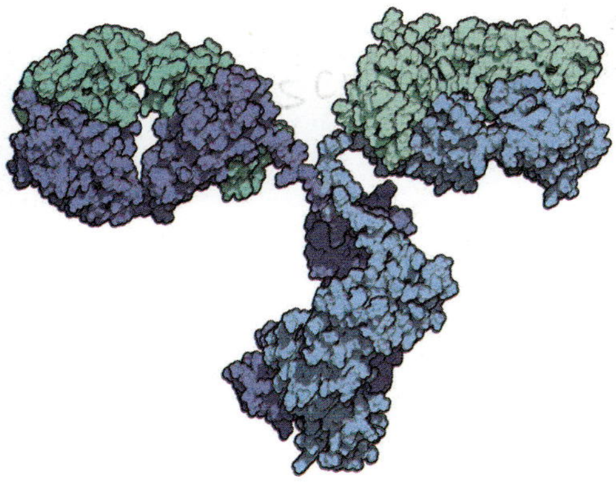

CONFRONTA

23. Metti a confronto l'immunità specifica con quella aspecifica, sottolineando aspetti in comune e divergenze.

ELENCA

24. Costruisci una tabella in cui siano elencati tutti i diversi tipi di cellule coinvolte nella risposta immunitaria, affiancando ciascuno di essi con una breve descrizione della specifica funzione.

RIFLETTI

25. Gli antidoti contro i veleni di serpente sono chiamati *sieri antiofidici*, e possono essere ottenuti con l'introduzione del veleno stesso in mammiferi, per esempio cavalli gradualmente immunizzati con piccole dosi di veleno, oppure in animali a cui è stata somministrata una sostanza detta «anaveleno», cioè priva di potere tossico ma che conserva le proprietà immunizzanti.

Come pensi agisca l'antidoto contro il morso di una vipera quando è somministrato al paziente che l'ha subito?

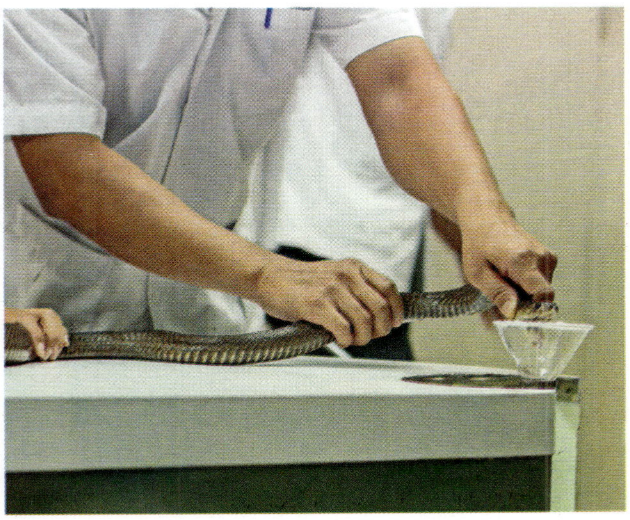

RICERCA

26. Fai una ricerca per trovare informazioni, tratte da fonti scientificamente attendibili, sulla storia delle vaccinazioni e su come è cambiata l'incidenza di almeno tre malattie prima e dopo la scoperta del vaccino correlato; poi illustra al resto delle classe i dati che hai trovato attraverso una presentazione in PowerPoint (massimo 10 slide).

IPOTIZZA

27. I linfonodi ingrossati sono spesso associati a un'infezione batterica o virale; a volte, però, possono essere anche sintomi di una malattia autoimmune o di un tumore.

Per quale motivo, in corrispondenza di queste patologie, si registra un ingrossamento dei linfonodi?

SPIEGA E IPOTIZZA

28. Dai una definizione di selezione clonale e spiega quale importanza ha questa funzione nella risposta immunitaria, ipotizzando poi che cosa accadrebbe se questo processo non si verificasse.

DEDUCI

29. Gli anticorpi monoclonali possono essere prodotti in laboratorio per varirie scopi, come la preparazione dei test di gravidanza. Questi test, infatti, sono costruiti introducendo in un piccolo tampone degli specifici anticorpi, che hanno la proprietà di cambiare il colore se l'urina con la quale entrano in contatto appartiene a una donna incinta.

Prova a spiegare il meccanismo di funzionamento di questi test di gravidanza.

GIUSTIFICA

30. I figli di donne sieropositive nascono spesso già infettati da HIV, ma non sempre presentano la malattia, perché? Come suggeriresti di procedere per verificare se il neonato è realmente malato?

OSSERVA E DEDUCI

31. Osserva il grafico e rispondi alle domande.

a) A che cosa corrispondono le frecce sull'asse X?

b) Perché si osserva un andamento differente tra le due curve? Ipotizzando si tratti di una profilassi di vaccinazione, come interpreteresti il grafico?

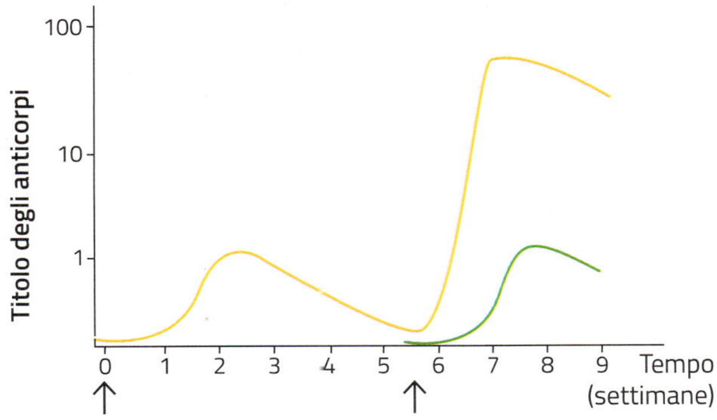

Capitolo

C12 La biologia del cancro

1 Che cos'è il cancro

Una parola per cento malattie

Il **cancro** è una delle malattie più difficili con cui si misuri la medicina. La sua origine risale alla comparsa dei primi organismi pluricellulari, quindi è una patologia da sempre presente nella storia della nostra specie. Tuttavia, solo nel Novecento, gli scienziati hanno cominciato a comprenderne la natura e le cause. L'aumento dell'aspettativa di vita in Europa e negli Stati Uniti e la contemporanea riduzione delle malattie infettive hanno fatto emergere un numero crescente di casi di malattie tumorali.

Il cancro è una malattia diversa da quelle infettive per due ragioni: con la parola «cancro» sono indicate centinaia di malattie che possono presentarsi in modo diverso in ciascun paziente e che possono variare in modo repentino durante il loro decorso; inoltre, le cellule che formano i tumori sono molto simili a quelle sane, per cui non è semplice identificarle e curarle.

Nella maggioranza dei casi, un cancro deriva da una cellula normale che si è trasformata in una cellula tumorale, perdendo alcune delle proprie caratteristiche morfologiche e funzionali, e diventando capace di crescere più in fretta delle altre cellule dell'organismo (**figura 1**). La maggioranza dei tumori sembra svilupparsi in seguito a una o più lesioni nei geni di una singola cellula. Tra i fattori che provocano tali lesioni troviamo agenti chimici e fisici, alcune infezioni virali e anche errori casuali nella duplicazione del DNA.

In teoria, ogni tipo di cellula può dare origine a un tumore: i tumori più frequenti sono i *carcinomi* che derivano dai tessuti epiteliali, come quello della mammella o del colon. Un po' meno comuni sono i *tumori ematopoietici* che derivano

Curiosità

Il passaggio dall'alta incidenza di malattie infettive verso un'alta incidenza dei tumori è detto *transizione epidemiologica*, questa riguarda le popolazioni nelle quali il progresso medico e scientifico ha permesso un aumento dell'aspettativa di vita.

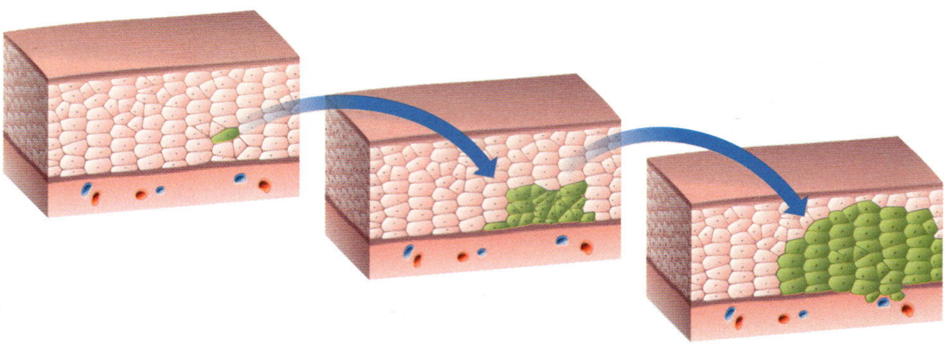

▸ **Figura 1**
Le varie fasi di crescita di un tumore.

dalle cellule del sangue, come le leucemie; vengono poi i *sarcomi*, che si originano dai tessuti muscolari e dai tessuti connettivi come il tessuto adiposo, osseo e cartilagineo; infine troviamo i tumori che si sviluppano nel sistema nervoso, per esempio i *gliomi*.

In genere i tumori sono divisi in **benigni**, se restano localizzati nel punto in cui si sono sviluppati, e **maligni**, se sono in grado di dare luogo alle **metastasi**, colonie del tumore che si sviluppano in altre parti del corpo anche molto distanti dalla sede del tumore primario. I tumori maligni sono differenti da quelli benigni anche perché hanno una struttura molto più disordinata, con vasi sanguigni irregolari e cellule dall'aspetto eterogeneo, generalmente con un nucleo più grande.

In questo capitolo useremo le parole *cancro* (**figura 2**) e *tumore* come sinonimi, anche se non sono parole equivalenti. Entrambe indicano una proliferazione cellulare anomala, ma il tumore (che deriva dal latino e significa «rigonfiamento») può essere limitato a una sede circoscritta (è benigno) o dare origine a metastasi, mentre il cancro può soltanto produrre metastasi (è maligno). A questi termini si aggiunge anche *neoplasia* (che significa «nuova formazione»), che viene in genere usato nella pratica medica.

Guarda il video nell'ebook:
La nostra salute
Le dieci caratteristiche delle cellule tumorali

A colpo d'occhio

TUMORI — BENIGNI
TUMORI — MALIGNI — METASTASI

▲ Figura 2
Il termine «cancro» è stato coniato da Ippocrate a partire dal termine che significa «granchio»: infatti, come un crostaceo sottomette una preda con le sue chele, così le cellule tumorali crescono sopra le cellule sane adiacenti e le distruggono.

Le dieci caratteristiche comuni a tutti i tumori

Perché tipi diversi di tumore sono indicati con un'unica parola? Una ragione risiede nelle dieci caratteristiche biologiche condivise da tutte le cellule tumorali e assenti in quelle sane (**figura 3**). Douglas Hanahan e Robert Weinberg, due esperti di biologia del cancro, in un articolo del 2000 scrivono che le cellule tumorali:

1. **sono insensibili ai segnali di crescita**, a differenza delle cellule normali che non si dividono in assenza di tali stimoli;
2. **sono insensibili ai segnali che bloccano la crescita**, per esempio gli inibitori emessi dalle cellule circostanti, dalla matrice extracellulare e dall'ambiente;
3. **non attivano la morte cellulare programmata (apoptosi)** che elimina le cellule quando sono danneggiate;
4. **hanno un potenziale riproduttivo illimitato** e non muoiono dopo un determinato numero di divisioni cellulari;
5. **inducono l'angiogenesi**, cioè il processo con cui si formano i nuovi vasi sanguigni necessari al tumore per ricevere ossigeno e nutrienti;
6. **invadono gli altri tessuti e producono metastasi**, colonie di cellule tumorali diffuse in distretti distanti dal sito del tumore primario;
7. **hanno un metabolismo alterato** e usano vie metaboliche anomale per generare energia;
8. **sfuggono al controllo del sistema immunitario**, che normalmente interviene per eliminare le cellule estranee o dannose per l'organismo;
9. **hanno un DNA instabile** e presentano anomalie cromosomiche che in genere peggiorano via via che la malattia progredisce;
10. **sono stimolate dall'infiammazione** presente nell'ambiente circostante.

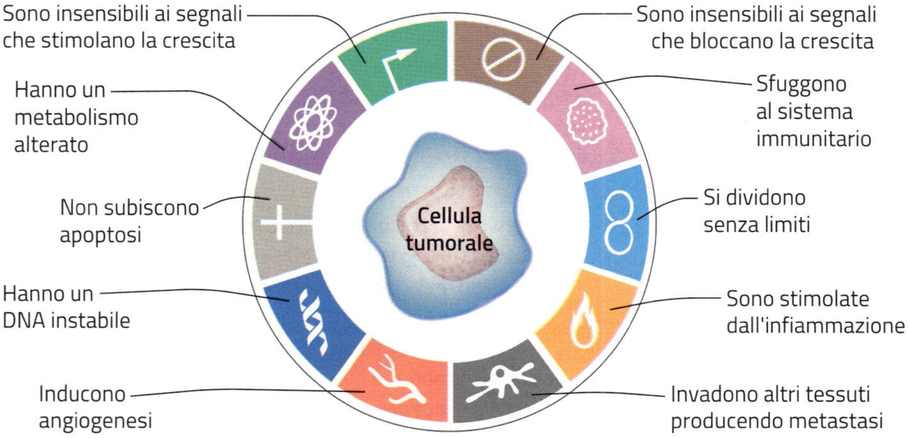

◄ Figura 3
Tutte le cellule tumorali hanno in comune dieci caratteristiche elencate sulla rivista *Cell* del 13 febbraio 2011.

I cancerogeni

La IARC, l'Agenzia Internazionale per la Ricerca sul Cancro dell'Organizzazione Mondiale della Sanità, classifica le sostanze che si sospettano essere cancerogene per gli esseri umani in cinque gruppi (o classi):

- **gruppo 1**, sostanze cancerogene;
- **gruppo 2A**, sostanze probabilmente cancerogene;
- **gruppo 2B**, sostanze possibilmente cancerogene;
- **gruppo 3**, sostanze non classificabili;
- **gruppo 4**, sostanze probabilmente non cancerogene.

Vediamo ora alcuni esempi di prodotti o agenti fisici presenti nei gruppi 1 e 2 (**tabella**).

LA RADIAZIONE SOLARE

I raggi UV provenienti dal Sole sono classificati come cancerogeni (gruppo 1) per la loro capacità di danneggiare il DNA delle cellule epiteliali e dei melanociti e favorirne la trasformazione in cellule tumorali. L'esposizione incontrollata alle radiazioni solari è stata associata con l'insorgenza di carcinomi della pelle, che rappresentano i tumori più frequenti negli uomini, mentre nelle donne sono secondi solo ai tumori al seno. I melanomi (che derivano dalla trasformazione di melanociti) sono meno frequenti, ma la loro incidenza è raddoppiata negli ultimi 10 anni ed è in continua crescita.

La misura preventiva più efficace per evitare questi tumori consiste nell'evitare i raggi solari durante le ore più calde e utilizzare, quando ci si espone, una protezione solare adeguata. Le persone con la pelle più chiara sono più a rischio, ma anche chi ha la pelle scura non è esente dai danni delle radiazioni solari e può sviluppare tumori della pelle.

IL FUMO

Il fumo di sigaretta è uno dei cancerogeni più pericolosi. Contiene diverse migliaia di sostanze delle quali circa 60 sono cancerogene e responsabili dell'insorgenza di tumori non solo al polmone e al cavo orale, ma anche al seno, alla prostata e all'intestino. Tra le sostanze presenti nel fumo di sigaretta una delle più importanti è il benzene, la cui esposizione cronica è stata associata all'insorgenza di leucemie. Gli effetti dannosi del fumo sono così potenti da manifestarsi anche in chi è esposto al fumo passivo.

LA CARNE PROCESSATA E LA CARNE ROSSA

Nell'ottobre del 2015 la carne processata è stata classificata come cancerogena (gruppo 1) e la carne rossa come probabile cancerogena (gruppo 2A). Tra le carni lavorate si annoverano salumi, würstel, salsicce e in generale tutte le carni che hanno subito un qualsiasi trattamento; le carni rosse sono invece quelle provenienti da mammiferi, come maiale, manzo, agnello, cavallo e così via.

Il dati epidemiologi indicano che il consumo di 50 g al giorno di carne processata fa aumentare del 18% circa il rischio di tumore al colon-retto. Per quanto riguarda la carne rossa, le prove non sono così forti da poterla definire «cancerogena» ma solo «probabilmente cancerogena». Un consumo al di sotto della soglia indicata e associato a una dieta equilibrata non dovrebbe esporre a rischi.

L'effetto cancerogeno potrebbe essere dovuto al ferro contenuto nel gruppo eme dell'emoglobina e della mioglobina. Con il suo alto potere ossidante, il ferro può danneggiare il DNA cellulare soprattutto quando rimane a contatto a lungo con la mucosa dell'intestino. In aggiunta, dalla digestione della carne si potrebbero formare alcuni composti che alterano il microbioma dell'intestino. Inoltre negli insaccati e nelle carni lavorate si trovano composti azotati (nitriti e nitrati) e idrocarburi policiclici aromatici che agiscono direttamente sul DNA. La cottura alla griglia o in padella, infine, porta alla formazione di ammine eterocicliche, ritenute potenzialmente cancerogene.

CANCEROGENO SICURO O PROBABILE: L'IMPORTANZA DELLE CLASSIFICAZIONI

La classificazione IARC, molto utile agli epidemiologi, può causare qualche fraintendimento: è improprio e privo di senso affermare che mangiare una fetta di salame sia come fumare una sigaretta. Questo è dovuto al fatto che non si tratta di una classificazione della pericolosità intrinseca di ciascuna sostanza, ma di una misura del relativo grado di certezza con cui gli scienziati possono esprimersi, in base alle prove raccolte, sulla cancerogenicità di una sostanza.

In altre parole, una sostanza è in classe 1 se gli scienziati hanno raggiunto prove sufficiente che è cancerogena negli esseri umani a determinate dosi ed esposizioni. Una sostanza classificata in classe 2 o 3 potrebbe essere altrettanto cancerogena, ma è possibile che si tratti di un effetto piccolo o raro.

Va anche notato che «cancerogeno» non significa che l'esposizione a quell'agente causerà di certo il cancro. Una sostanza è cancerogena se è certo che agisca in modo da aumentare significativamente la probabilità di insorgenza di uno o più tipi di cancro.

Per lo stesso motivo per il quale non si può stilare una classifica di pericolosità tra sostanze appartenenti a gruppi diversi, non è possibile nemmeno fare facilmente paragoni tra agenti cancerogeni dello stesso gruppo. Infatti la classificazione IARC non si occupa dei meccanismi con cui una sostanza può causare tumori: il suo ruolo è di «fotografare» nel tempo quanti decessi da tumore nella popolazione si possano associare all'esposizione a una determinata sostanza. Così, secondo le stime più recenti, il consumo di carne processata è associato a 34 000 decessi per cancro all'anno in tutto il mondo, mentre l'inquinamento atmosferico ne causa 200 000 all'anno, l'alcol 600 000 e il fumo 1 milione.

▸ **Tabella**
Cancerogeni certi, probabili e possibili. Per ciascun caso va tenuta in considerazione la dose di sostanze assunte e il rischio relativo, ovvero la probabilità di ammalarsi di tumore per coloro che sono esposti a un certo fattore rispetto a coloro che non lo sono.

Gruppo	Caratteristica	Numero di sostanze	Esempi
1	Cancerogeni per l'uomo	118	Asbesto, benzene, Papilloma virus, radiazioni ionizzanti, fumo di sigaretta, aflatossine, bevande alcoliche, carne processata, nichel
2A	Probabilmente cancerogeni	75	Steroidi anabolizzanti, dibenzoapirene (dalla combustione di carbone e legname), carni rosse
2B	Possibilmente cancerogene	288	DDT, sostanze bituminose, cloroformio, cobalto, piombo

3 Dalla diagnosi alla cura

Quanto ci si ammala e quanto si sopravvive?

Per l'anno 2015 gli epidemiologi dell'Associazione italiana registri tumori hanno stimato 363 300 nuove diagnosi di cancro: sono più di 1000 casi al giorno, soltanto in Italia (**tabella 2**).

I tumori negli uomini sono in lieve riduzione: le stime parlano di 194 000 nuove diagnosi per il 2015, contro le 196 100 del 2014. Lo stesso non si può dire per le donne, dove si confermano soprattutto gli effetti del persistere del fumo: se negli uomini le diagnosi di tumore del polmone sono diminuite del 20%, fra le donne, si registra un aumento del 36% (**figura 10**).

La buona notizia è che la sopravvivenza media a tutti i tipi di cancro è ben oltre il 50% ed è in crescita: un risultato dovuto soprattutto alla ricerca, che per questo va economicamente sostenuta. Un altro dato positivo è che l'Italia ha il più alto tasso di sopravvivenza al cancro tra i Paesi europei: nel 2015, infatti, gli italiani che convivono con una diagnosi di tumore sono circa 3 milioni, con un aumento del 17% rispetto al 2010.

L'invecchiamento è un fattore di rischio determinante per il cancro; in Italia si vive sempre più a lungo, soprattutto da quando igiene, vaccini e antibiotici hanno fatto scomparire tante malattie infettive che un tempo abbassavano l'aspettativa di vita. Oggi le persone in una fascia d'età in cui è più probabile ammalarsi di tumore sono particolarmente numerose a causa del cosiddetto *baby boom* degli anni Cinquanta e Sessanta, un aumento delle nascite del tutto eccezionale che si è verificato tra il 1959 e il 1964.

Tumori più frequenti	Numero di diagnosi all'anno
tumore del colon-retto	52 000
tumore della mammella	48 000
tumore del polmone	41 000
tumore della prostata	35 000
tumore della vescica	26 000

▲ **Tabella 2**
I cinque tumori più frequenti e i dati relativi ai nuovi casi nel 2015.

▼ **Figura 10**
Ogni anno l'Associazione italiana Registri Tumori stila un rapporto, riferito all'anno precedente, con i numeri di casi per tipologia di tumore, per età e per regione.

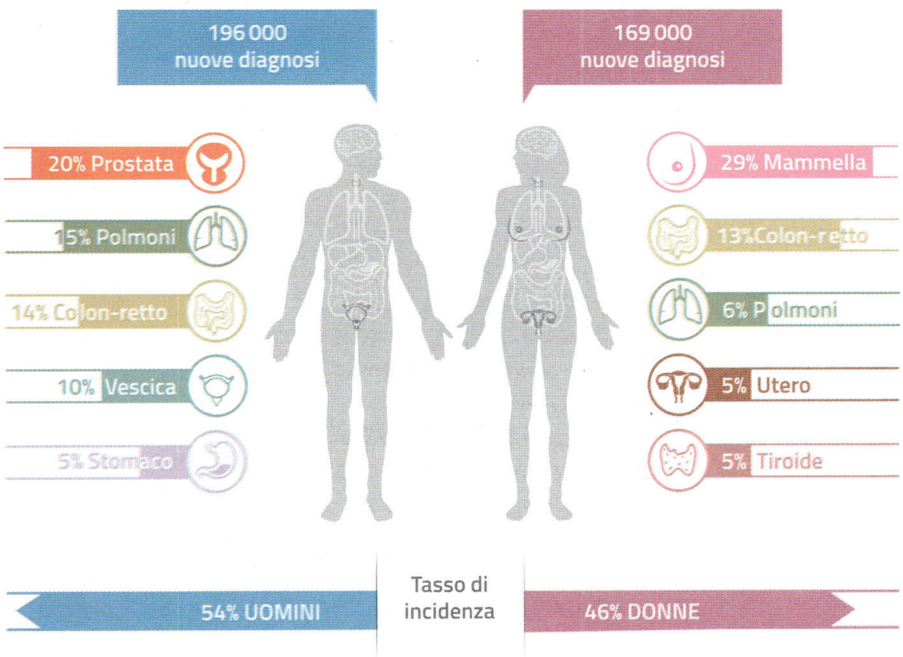

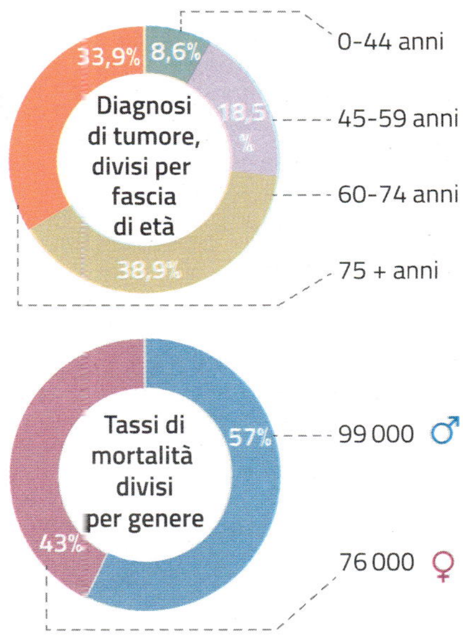

Tasso di incidenza per 100 000 abitanti:			
	Nord	Centro	Sud
Uomin	521,1	422,6	413,6
Donne	374,4	322,4	300,4

I numeri del cancro variano molto e riflettono le differenze nelle predisposizioni ereditarie, nell'alimentazione, nello stile di vita e nello stato di salute generale della popolazione. Per esempio, il rischio di ammalarsi di un tumore associato a obesità negli Stati Uniti è pari a circa il 20%, contro il 5% nel Regno Unito.

La diagnosi permette una terapia adeguata

Per stabilire se una persona ha un tumore, il medico pone in genere alcune domande sulla storia medica, personale e familiare, quindi richiede alcuni esami. I più comuni sono gli esami del sangue, l'ecografia, la tomografia computerizzata (TC), la risonanza magnetica e la tomografia a emissione di positroni (PET).

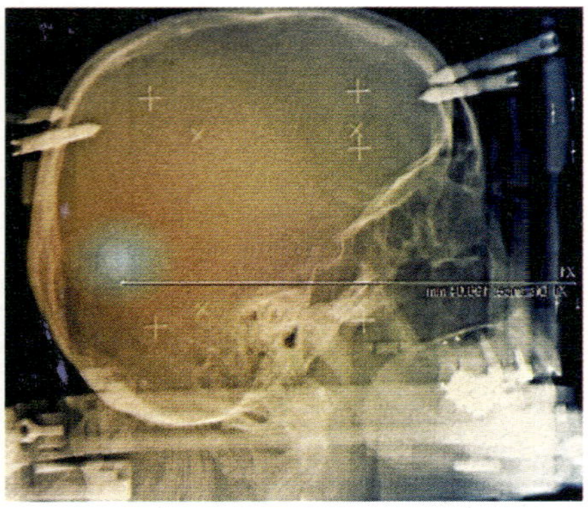

▲ **Figura 11**
La chirurgia «stereotassica» è una tecnica mininvasiva che sfrutta la tomografia e un sistema di coordinate tridimensionali per localizzare e raggiungere piccoli bersagli all'interno del corpo, qui un tumore cerebrale su cui fare una biopsia.

Nella maggior parte dei casi è necessario fare anche una **biopsia**, una procedura chirurgica che prevede la rimozione di un campione di tessuto e l'esame al microscopio da parte di un patologo per vedere se sono presenti delle cellule tumorali (**figura 11**). La **diagnosi** di un tumore di solito contiene informazioni sul **tipo** di tumore e sul **grado** della malattia, ossia su quanto le cellule appaiono anomale al microscopio rispetto a quelle del tessuto normale da cui esse originano. Inoltre è particolarmente importante stabilire quale sia lo **stadio** clinico della malattia, cioè se il tumore è localizzato in un organo o se è diffuso agli organi adiacenti o ancora se ci sono metastasi in altri organi.

La diagnosi serve al medico a stabilire quale sia la cura più adatta. Se il tumore è nelle prime fasi di crescita, confinato a un organo operabile, può essere rimosso da un intervento chirurgico. Per molti tumori maligni, però, la diagnosi avviene quando la malattia è già estesa ad altri organi, per cui si ricorre a una combinazione di trattamenti, per esempio un'operazione chirurgica seguita da una radioterapia e da una terapia farmacologica (per esempio la chemioterapia).

Mentre le terapie chirurgiche e radianti hanno effetto locale, le terapie farmacologiche permettono di colpire le cellule tumorali che hanno metastatizzato in diversi organi anche molto distanti dall'organo che ha dato origine al tumore.

La chirurgia permette di rimuovere le masse solide

La **chirurgia** è usata da molti anni per curare i tumori solidi ed è particolarmente efficace per eliminare masse tumorali circoscritte e piccole metastasi.

La rimozione chirurgica del tumore è molto importante anche per consentire una diagnosi più precisa. Infatti, solo dopo la rimozione di un tumore operabile il patologo può effettuare un **esame istologico** e dare informazioni conclusive sulle caratteristiche del tessuto di origine, sulla sua dimensione effettiva e sull'aspetto dei margini del tessuto rimosso (questo ultimo aspetto è fondamentale per confermare che la chirurgia abbia eliminato del tutto il tumore).

Mentre in passato era molto invasiva, la chirurgia oncologica ha via via sviluppato tecniche che permettono di rimuovere i tumori risparmiando il più possibile i tessuti sani. Un esempio è ben visibile nel caso del tumore al seno. I primi interventi chirurgici prevedevano l'asportazione completa del seno (un intervento chiamato *mastectomia totale*).

Oggi sappiamo che la mastectomia totale è, nella maggior parte dei casi, eccessiva e comunque non evita la ricomparsa della malattia. A questo approccio drastico si preferisce dunque quello della **chirurgia conservativa**, soprattutto per tumori di piccole dimensioni e ben localizzati che, grazie ai controlli di screening sempre più diffusi, rappresentano la gran parte dei tumori diagnosticati.

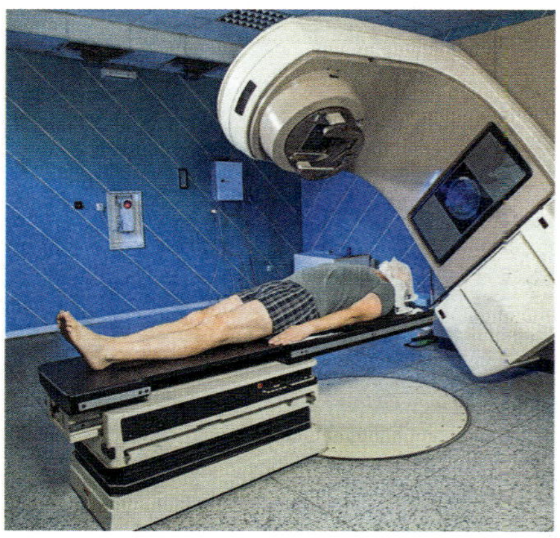

▲ **Figura 12**
Se non è necessario un intervento operatorio, viene pianificato un numero variabile di sedute di radioterapia a seconda della condizione del paziente e dell'entità del tumore da curare.

La radioterapia danneggia il DNA delle cellule tumorali

La **radioterapia** si esegue utilizzando sostanze radioattive come il cobalto o lo iodio (**figura 12**): le radiazioni ionizzanti emesse vanno a danneggiare il DNA delle cellule tumorali, impedendone la proliferazione. Sebbene anche le cellule normali possano essere danneggiate dalle radiazioni, la loro capacità di riparazione è maggiore di quella delle cellule tumorali. Questa differenza tra cellule tumorali e sane fa sì che gli effetti collaterali della radioterapia siano in genere più contenuti di quelli della chemioterapia, che è basata sull'uso di farmaci.

Circa il 40% dei pazienti riceve la radioterapia come parte del trattamento, da sola o in combinazione con terapie farmacologiche. Questa terapia può essere usata per trattare tumori inoperabili, per ridurre la dimensione di un tumore prima dell'operazione, oppure dopo la chirurgia per distruggere le cellule tumorali rimaste. La sensibilità alla radioterapia varia da un tipo di tumore a un altro.

Sebbene la maggior parte dei pazienti venga trattato con radioterapia *esterna* (i raggi X sono cioè emessi da un apparecchio esterno), in casi particolari si può ricorrere alla radioterapia *interna*, mediante sostanze radioattive introdotte nell'organismo e che rilasciano le radiazioni ionizzanti direttamente nel tumore.

Le terapie a base di farmaci o di cellule

Il prontuario di terapie contro il cancro è ampio e variegato quasi quanto la diversità delle malattie da trattare. Fra i primi farmaci sviluppati contro il cancro ci sono i **chemioterapici**, che colpiscono selettivamente le cellule che si riproducono di più. Efficaci contro molti tipi di tumori, i chemioterapici causano però effetti collaterali importanti perché colpiscono anche le cellule sane che, fisiologicamente, si riproducono in modo rapido, come quelle del sangue, della pelle e dell'intestino. Nonostante la tossicità, le chemioterapie sono efficaci contro molti tipi di tumore per i quali non esistono ancora alternative.

Accanto ai chemioterapici, si possono usare specifiche **terapie ormonali**, specie per i *tumori sensibili agli ormoni*. In questi tumori, come quello al seno, alle ovaie e alla prostata, le cellule possiedono i recettori per specifici ormoni, i quali agiscono stimolando la crescita del tumore; la terapia ormonale permette di interferire con questo meccanismo. Per esempio, il farmaco *tamoxifene* è spesso impiegato per la terapia del tumore al seno per la sua capacità di mandare in cortocircuito lo stimolo degli estrogeni. Il farmaco si lega al recettore per gli estrogeni, ne blocca il funzionamento e impedisce che l'ormone naturale si possa legare a sua volta.

Recentemente la ricerca ha sviluppato terapie per colpire in modo mirato le molecole difettose presenti in alcuni tipi di tumore. Il primo di questi **farmaci a bersaglio molecolare** è stato l'*imatinib*, usato con successo contro un particolare tipo di leucemia, le cui cellule tumorali presentano un'alterazione cromosomica (detta *cromosoma Philadelphia*) da cui deriva una proteina anomala, responsabile della malattia; l'imatinib agisce in modo mirato su questa proteina, risparmiando le cellule sane.

Diversamente dai chemioterapici convenzionali, che vanno assunti solo per il tempo necessario a uccidere le cellule tumorali, i farmaci a bersaglio molecolare devono essere assunti in modo continuativo per moltissimo tempo; a volte, come nel caso dell'imatinib, in pazienti con leucemia mieloide cronica, per tutta la vita.

Uno sviluppo recente delle terapie contro il cancro è l'**immunoterapia**, una strategia che sfrutta le armi del sistema immunitario per attaccare le cellule tumorali, terapia che sembra particolarmente efficace per alcune forme di melanoma. Infine, i **trapianti di cellule staminali** si usano per sostituire le cellule malate di alcuni tumori del sangue, come leucemie e mielomi.

A colpo d'occhio

TERAPIA
- CHIRURGIA
- RADIOTERAPIA
- CHEMIOTERAPIA
- FARMACI A BERSAGLIO MOLECOLARE
- IMMUNOTERAPIA
- TRAPIANTO STAMINALI

Come valutare l'efficacia delle terapie

Ogni terapia contro il cancro che è usata di routine in un ospedale è passata attraverso una sperimentazione che prevede diversi passaggi: in laboratorio, in cellule isolate e organismi animali, e quindi in clinica, negli esseri umani.

Per stabilire se una nuova molecola può diventare un farmaco efficace, i primi test vengono eseguiti in cellule coltivate in laboratorio (***in vitro***). Le cellule utilizzate dovranno essere scelte con cura: per esempio, un farmaco può essere efficace sulle cellule di tumore del colon, ma non aver alcun effetto su quelle del seno. Questi test *in vitro* possono durare anni e solo dopo una lunga selezione un farmaco viene «promosso» alla fase successiva, quella dei test negli animali (***in vivo***).

Un nuovo farmaco può sembrare molto promettente in laboratorio, ma non possiamo prevedere se sarà davvero efficace o avrà gravi effetti collaterali fino a quando non sarà testato in un organismo intero. Nonostante gli esseri umani siano molto diversi da animali come i topi, gran parte dei processi biologici sono condivise: molte molecole hanno le stesse funzioni, molti segnali molecolari seguono gli stessi circuiti e i farmaci possono funzionare in modo analogo in organismi diversi. Anche gli effetti tossici, per esempio al cuore o ai reni, si possono riscontrare in diverse specie oltre a quella umana, solo però se il farmaco è studiato in un organismo completo.

Solo i farmaci che hanno superato tutte le fasi di **sperimentazione preclinica** sono ammessi all'utilizzo nell'uomo: anche in questo caso, prima che il farmaco sia distribuito a tutti, dovrà essere testato in gruppi ristretti di pazienti. Lo scopo di questi test di **sperimentazione clinica** è stabilire a quali dosi la cura è tollerabile ed efficace contro un determinato tipo di tumore (**tabella 3**).

Fase	Obiettivo	Numero di soggetti
1	Valutare la sicurezza del farmaco a diversi dosaggi.	Pazienti con tumore per cui non c'è terapia efficace.
2	Determinare se il farmaco è attivo e tollerabile in un piccolo gruppo di pazienti.	100-300 pazienti volontari
3	Verificare se il farmaco è più efficace della terapia standard in più pazienti e in più ospedali.	1000-10 000 pazienti volontari

L'*European Medicines Agency* (EMA) valuta i risultati dello studio clinico e approva o rifiuta la commercializzazione del farmaco. Dopo l'approvazione, l'*Agenzia italiana del farmaco* (AIFA) stabilisce se il nuovo farmaco può essere rimborsato dal Sistema sanitario nazionale.

▲ **Tabella 3**
Le fasi della sperimentazione: per poter mettere in commercio un farmaco sono necessari in media dieci anni di sperimentazioni.

Soltanto le terapie che superano una sperimentazione clinica controllata e rigorosa possono essere approvate dalle autorità regolatorie: per l'Italia, l'*Agenzia europea per i medicinali* (EMA) e l'*Agenzia italiana del farmaco* (AIFA).

Ai pazienti possono anche essere offerte terapie ancora in corso di sperimentazione: in questo caso essi sono arruolati in uno studio clinico che ha lo scopo di valutare se nuovi farmaci sono più efficaci e meno tossici di quelli già disponibili per un dato problema.

Facciamo il punto

1. Quali vantaggi offre la chirurgia?
2. Che differenza c'è tra radioterapia e chemioterapia?
3. Come avviene il processo di immissione di un farmaco antitumorale sul mercato?

4 Quando il tumore ritorna

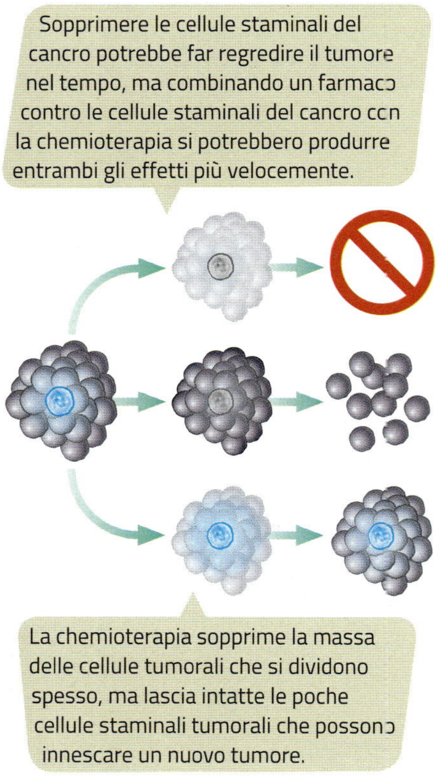

▲ **Figura 13**
Immagine tratta dalla rivista *Science* del 16 gennaio 2015 che illustra i diversi approcci possibili per sconfiggere il cancro.

Anche il cancro possiede cellule staminali

Negli ultimi anni del secolo scorso i ricercatori hanno scoperto che nei tumori sono presenti alcune cellule, chiamate **staminali del cancro**, che si dividono più raramente delle altre. Quando lo fanno, dalla loro divisione asimmetrica ha origine una cellula tumorale e una staminale tumorale. Per tale caratteristica, e per il fatto che resistono alle terapie, queste cellule sarebbero la «riserva» del tumore: a distanza di mesi o perfino anni dai trattamenti, potrebbero essere loro a dare nuovamente origine a un cancro che sembrava scomparso.

La maggioranza dei farmaci antitumorali colpisce cellule che si dividono rapidamente, mentre le staminali del cancro crescono con lentezza e quindi sfuggono alla cura (**figura 13**). Per essere risolutiva, una terapia antitumorale dovrebbe eliminare quella piccola frazione di cellule staminali tumorali che sostiene la malattia nel tempo. Solo così è possibile eradicare completamente il tumore.

Non tutti gli scienziati sono convinti che le staminali tumorali siano una categoria separata e identificabile di cellule. Per definire l'identità di una cellula, i biologi ricorrono spesso allo studio di particolari molecole della membrana, che identificano le cellule come un'etichetta fa con un vestito. I biologi chiamano queste etichette «marcatori», ma a volte essi si trovano su più cellule. Ecco perché non è facile stabilire con certezza se una cellula è anche staminale oltre che tumorale. Con questa premessa si può dire, con cautela, che le staminali del cancro sono circa l'1-3% della massa di cellule di cui è formato un tumore solido. La sfida del futuro sarà isolare queste cellule dalla massa tumorale per capire che cosa rende una cellula tumorale anche staminale: quindi sarà forse possibile individuare i punti deboli di queste cellule e sviluppare terapie ancora più mirate.

La resistenza alle cure e le metastasi

Il tumore è una massa di cellule non omogenee che cambiano nel tempo. Fra queste cellule ve ne sono alcune sensibili da subito alle terapie; mentre altre sono insensibili alle cure fin dall'inizio, o accumulano mutazioni che le rendono resistenti dopo che la terapia è cominciata. Spesso è da queste cellule particolarmente resistenti che hanno origine le **metastasi,** le colonie secondarie del tumore che si formano in altre parti dell'organismo (**figura 14**). Esse derivano in genere da cellule in cui si sono accumulate molte mutazioni che le hanno rese capaci di migrare e sopravvivere in tessuti diversi.

La formazione di metastasi è in genere indice di uno stadio più avanzato della malattia. È bene ricordare che non tutte le cellule tumorali possono disseminarsi: la capacità metastatica dipende da molte variabili, come il tessuto d'origine, i difetti genetici accumulati, la possibilità di entrare nel circolo linfatico

Le parole

La parola **metastasi** deriva dal greco *metástasis*, che significa «spostamento», e indica le cellule maligne che si staccano dal tumore originario e si diffondono in altri organi, dove possono generare altri tumori.

o sanguigno. L'intero processo di formazione di una metastasi può essere suddiviso in fasi: dall'espansione delle cellule del tumore primario alla formazione di nuovi vasi sanguigni (angiogenesi), dal distacco dal sito d'origine al viaggio nel circolo sanguigno, fino all'approdo a un nuovo tessuto. Solo pochissime cellule tumorali (quelle che hanno accumulato mutazioni e sono più «aggressive») riescono a stabilire una colonia in un punto distante dell'organismo.

Anche una volta raggiunto il nuovo tessuto, non è comunque detto che la cellula formi una metastasi: perché ciò avvenga, il nuovo microambiente deve essere adatto alla crescita del tumore. Questo riconoscimento reciproco è definito teoria del *seed and soil* (cioè «seme e terreno»). I fattori genetici che stabiliscono che cosa faccia di un tessuto un terreno fertile per l'attecchimento del seme (la cellula metastatica) sono ancora in gran parte sconosciuti; scoprirli potrebbe permettere in futuro di capire perché alcuni tumori formano metastasi solo in certi tessuti e non altri.

Verso un'oncologia più precisa

Fino ad oggi la diagnosi di un tumore era affidata soprattutto al patologo che, analizzando un campione di tessuto prelevato dal paziente o uno striscio di sangue, stabiliva la presenza o meno di un tumore in base all'aspetto delle cellule.

Oggi il patologo potrebbe avere nuovi strumenti per effettuare una diagnosi più precisa. Fin dalla loro origine, infatti, le cellule tumorali rilasciano nel sangue sequenze di DNA o di RNA che i ricercatori sanno rilevare e interpretare. Una volta individuati il gene o i geni mutati rilasciati dal tumore nel sangue, i ricercatori possono cercare informazioni su quel gene nell'atlante genomico del cancro e negli archivi di informazioni sulla genetica dei tumori che si stanno via via completando. Inoltre possono trovare dati su altri pazienti che presentavano la stessa mutazione e sulle terapie che si sono dimostrate più efficaci.

Una diagnosi più accurata, basata non solo sull'aspetto del tessuto ma anche sulle sue caratteristiche molecolari, è uno strumento potente che permette ai medici di scegliere la terapia più adatta o addirittura di sviluppare nuovi farmaci più specifici, come nel caso dell'imatinib.

Anche nel campo della prognosi le varianti genetiche possono dare una mano, perché già oggi sappiamo che ci sono mutazioni associate a malattie più aggressive, cui devono essere riservati trattamenti più intensi e duraturi, e mutazioni che invece accompagnano malattie meno aggressive, che richiedono cure di mantenimento meno pesanti.

Conoscere bene i geni che possono dare origine al cancro è un ottimo punto di partenza per affinare le cure di cui hanno bisogno ciascun paziente e ciascuna malattia. In altre parole stiamo facendo i primi passi nella **medicina di precisione** (detta anche *medicina personalizzata*): una rivoluzione rispetto a poche decine di anni fa, quando si ignoravano le caratteristiche molecolari che distinguono un tumore da un altro e un paziente da un altro, e si tentava di curare tutti allo stesso modo.

▼ **Figura 14**
Alcune cellule tumorali possono staccarsi dal tumore primario e raggiungere, attraverso i vasi sanguigni o linfatici, altri distretti corporei, dove danno origine a metastasi.

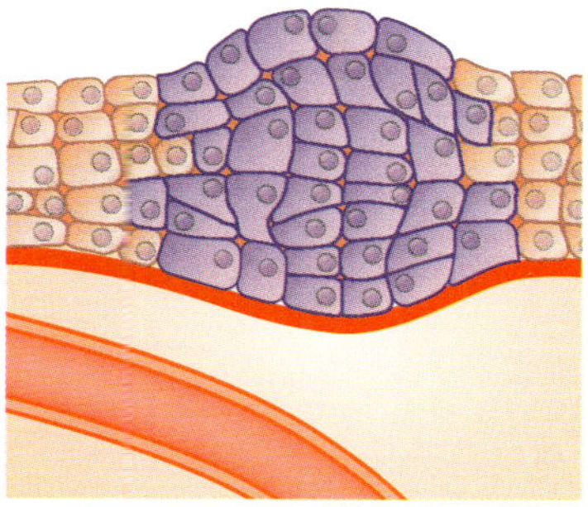
Tumore primitivo

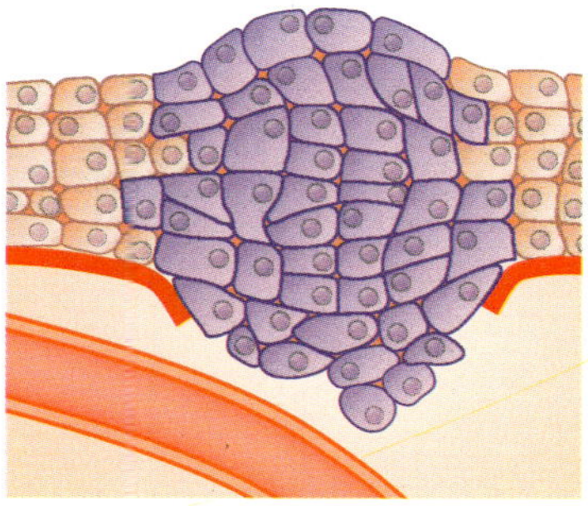
Rottura della membrana basale

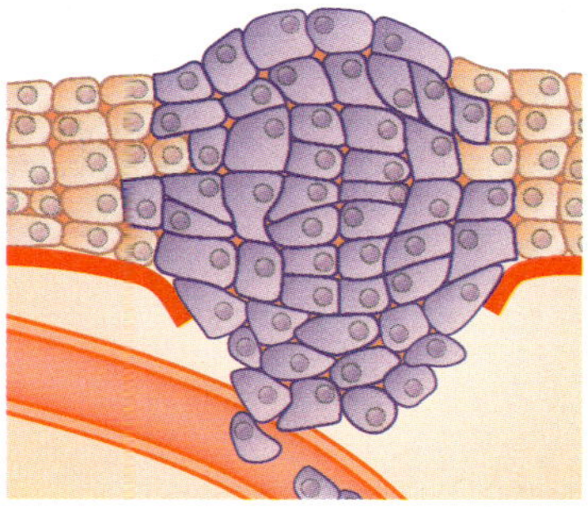
Il tumore invade i capillari sanguigni

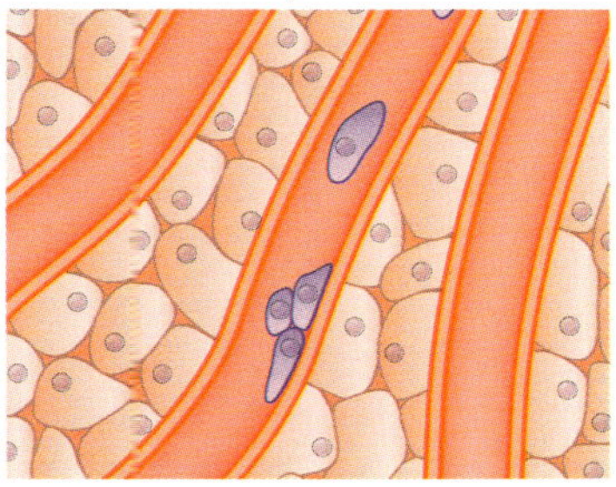
Le cellule tumorali aderiscono alla superficie dei capillari

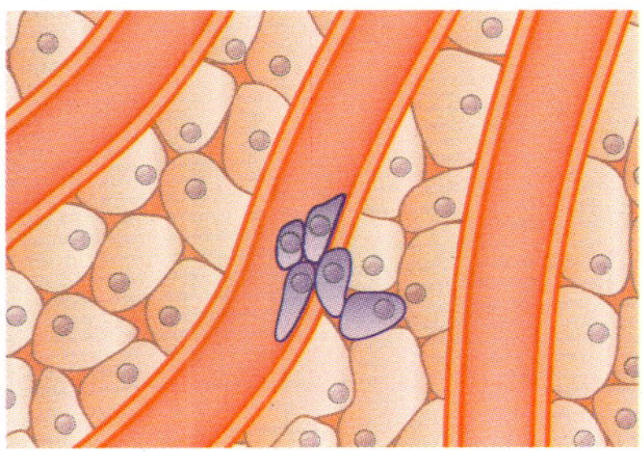
Le cellule tumorali invadono il nuovo tessuto

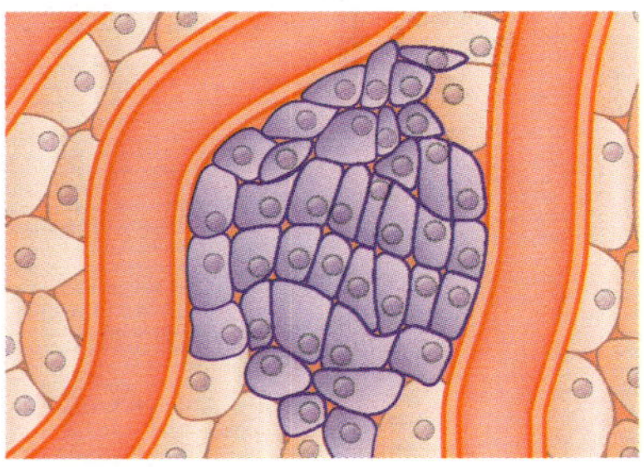
Metastasi

Facciamo il punto

1. Che cosa sono le cellule staminali del cancro?
2. Come si formano e che effetto hanno le metastasi?
3. Cosa si intende per medicina di precisione?

SINTESI DI FINE CAPITOLO

LO SAI? RIPASSA CON LO SMARTPHONE

Che cos'è il cancro

Con la parola «cancro» sono indicate centinaia di malattie diverse con alcune caratteristiche in comune. I tumori più frequenti sono:

- i **carcinomi** che derivano dai tessuti epiteliali;
- i tumori **ematopoietici** derivano dalle cellule del sangue;
- i **sarcomi** si originano dai tessuti muscolari e dai tessuti connettivi (come il tessuto adiposo, osseo e cartilagineo);
- i **gliomi** che si sviluppano nel sistema nervoso.

Il paesaggio genomico del cancro

Le alterazioni genetiche che possono portare a un tumore possono essere di natura molto diversa.

Nell'intero corredo dei geni di centinaia di tumori diversi sono state trovate circa 300 000 **mutazioni**. Le mutazioni possono avvenire nelle cellule somatiche (*tumori sporadici*), oppure nelle cellule della linea germinale (*tumori ereditari*).

Gli **oncogéni** sono i geni che «premono l'acceleratore» per stimolare la divisione cellulare o che ostacolano il processo di apoptosi; i geni **oncosoppressori**, al contrario, «tirano il freno» per inibirla alterando il ciclo cellulare.

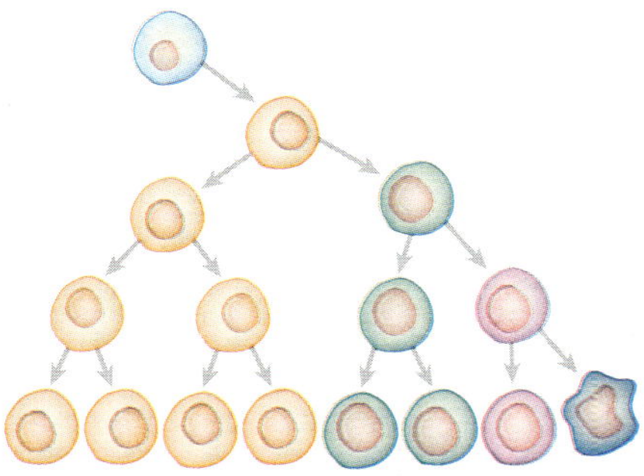

Le cause del cancro

I fattori che causano tumori sono:

- **esterni** (o ambientali) che possono indurre mutazioni nel DNA e sono detti *mutageni*, se esistono elementi sufficienti per ritenere che un mutageno provochi il cancro, tale sostanza viene definita *cancerogeno*;
- **ereditari** che comprendono mutazioni di uno o più geni trasmesse dai genitori ai figli;
- **casuali** come gli errori nella duplicazione del DNA che si verificano durante la divisione cellulare.

Le condizioni che favoriscono lo sviluppo del cancro

I primi indizi del fatto che l'**infiammazione** sia un fenomeno associato al cancro sono venuti da studi che hanno mostrato l'abbondante presenza di globuli bianchi nei tumori.

I **fattori** che inducono uno stato d'infiammazione possono essere **intrinseci** (l'attivazione degli oncogeni) o **estrinseci** (l'infezione di un agente esterno), ma se il sistema immunitario non riesce a eliminare il problema si instaura un meccanismo di infiammazione cronica.

A volte ci può essere **predisposizione genetica** nello sviluppare la malattia; ci sono test genetici per diagnosticare alcune delle mutazioni più conosciute.

Un gran numero di **virus** sono capaci di causare il cancro.

Dalla diagnosi alla cura

La **diagnosi** riporta informazioni sul tipo di tumore e sul grado della malattia. Stabilire lo **stadio clinico** della malattia significa sapere se il tumore è localizzato in un organo o se è diffuso o se ci altre metastasi.

La **chirurgia** permette di rimuovere le masse solide circoscritte e di piccole dimensioni. La **radioterapia** danneggia il DNA delle cellule tumorali con sostanze radioattive. I **chemioterapici** colpiscono selettivamente le cellule che si riproducono di più. I **farmaci a bersaglio molecolare** colpiscono in modo mirato le molecole difettose presenti in alcuni tipi di tumore. L'**immunoterapia** sfrutta le armi del sistema immunitario per attaccare le cellule tumorali. I trapianti di **cellule staminali** si usano per sostituire le cellule malate di alcuni tumori del sangue.

Quando il tumore ritorna

Nei tumori sono presenti le cellule **staminali del cancro**, che si dividono più raramente delle altre. Il tumore è una massa di cellule non omogenee che cambiano nel tempo. Da cellule molto resistenti hanno origine le **metastasi**: colonie del tumore che si formano in parti distanti. La formazione di metastasi è indice di uno stadio più avanzato.

Conoscere bene i geni che possono dare origine al cancro (*medicina di precisione*) è un punto di partenza per affinare le cure di cui hanno bisogno ciascun paziente e ciascuna malattia.

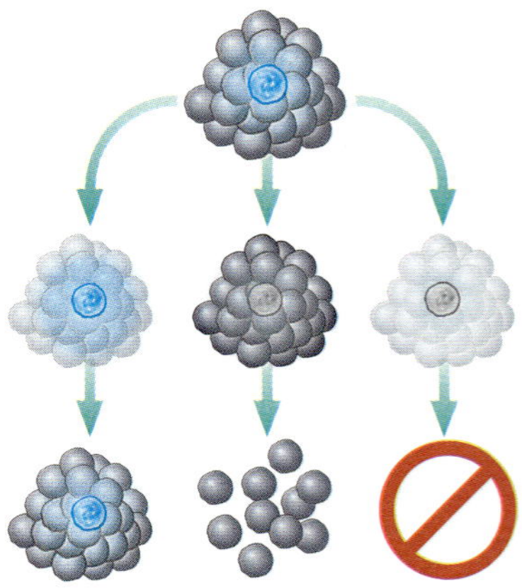

VERIFICA LE TUE CONOSCENZE

ZTE ONLINE

1. Scrivi sul quaderno la definizione dei seguenti termini.

a) Carcinomi, sarcomi e gliomi
b) Tumori benigni, tumori maligni e metastasi
c) Tumori sporadici e tumori ereditari
d) Oncogéni e geni oncosoppressori
e) Test in vitro e test in vivo
f) Sperimentazione clinica e preclinica

Barra il completamento esatto.

2. La diagnosi di un tumore fornisce dati

A sui casi relativi alla situazione famigliare del paziente.
B sul tipo di tumore e sul suo grado di proliferazione.
C su come evitare che il tumore possa espandersi.
D sul grado di proliferazione ma non sulla sua tipologia.

3. Una metastasi è

A il tumore principale da cui posso avere origine tumori secondari.
B un tumore secondario che si origina distante da quello primario.
C una mutazione che ha origine su un gene già mutato.
D l'insieme delle cellule del cancro a divisione rapida.

4. I tumori maligni

A possono generare metastasi.
B portano sempre alla morte.
C restano sempre localizzati.
D si originano nel sistema nervoso.

5. Le mutazioni che causano i tumori sporadici

A sono estremamente rare all'interno di una popolazione.
B avvengono contemporaneamente in tessuti diversi.
C li rendono incurabili.
D avvengono nelle cellule somatiche.

6. L'infiammazione prodotta dal tumore a un certo tessuto o organo è

A l'insieme dei danni provocati a tutto il sistema immunitario della persona colpita.
B la risposta immunitaria del corpo al fine di attaccare l'invasione delle cellule tumorali.
C il sistema di attacco che produce agenti infiammatori per lesionare i tessuti colpiti.
D il primo danno inferto alle cellule colpite, cui segue l'incapacità di riprodursi e la morte.

7. Nel seguente brano, barra tra i termini in neretto quelli errati.

Nei tumori si **formano / distruggono** i vasi sanguigni, le cellule sono **sensibili / insensibili** ai segnali che controllano la mitosi e **invadono / fuoriescono da** tessuti di altri organi; a differenza di altre cellule, quelle del cancro tendono a **morire / sopravvivere** dopo un certo numero di divisioni e questo è dovuto al fatto che esse hanno un potenziale riproduttivo **illimitato / limitato**.

8. Barra il simbolo V se ritieni l'affermazione vera o il simbolo F se la ritieni falsa.

a) Persone infettate da particolari virus possono sviluppare un tumore nel caso in cui il loro sistema immunitario sia poco efficiente. V F
b) Il rischio di ammalarsi di cancro può essere aumentato da un'alimentazione sbagliata, ma non da obesità o sottopeso. V F
c) Le cellule sane danneggiate dalla radioterapia vengono riparate più facilmente rispetto alle cellule tumorali. V F
d) Tra i chemioterapici c'è il tamoxifene, un prodotto che disattiva gli estrogeni che, a loro volta, stimolano la crescita del tumore al seno. V F
e) Gli oncosoppressori agiscono inibendo l'azione degli oncogeni. V F

9. Completa le seguenti frasi.

a) Per diagnosticare un tumore su persone che hanno predisposizione ereditaria si effettuano ....
b) I tumori secondari prodotti da cellule che hanno invaso tessuti anche lontani da quelli d'origine sono detti ....
c) La morte cellulare programmata che è ostacolata dalle cellule tumorali è detta ....
d) La chirurgia che asporta il tumore mantenendo però i tessuti circostanti è detta ....

Barra i due completamenti esatti.

10. Tra le cure per il cancro c'è la terapia chirurgica che

A elimina il tumore e tutte le metastasi presenti in altri organi.
B fornisce il materiale per effettuare l'esame istologico.
C permette di eliminare tumori ben circoscritti.
D inietta dei farmaci all'interno dei tessuti colpiti per distruggere i capillari.
E permette un'indagine di tipo chimico all'interno della massa tumorale.

11. La possibilità di sviluppare un tumore può dipendere da più fattori, quali

A errori nella sintesi di lisosomi da parte di alcune cellule.
B malformazione del reticolo endoplasmatico che sorregge i ribosomi.
C errori ereditari nella duplicazione delle cellule.
D mutazioni indotte da fattori ambientali o alimentari.
E errori casuali nella duplicazione delle cellule.

12. Che cos'è l'angiogenesi? E in che modo è legata allo sviluppo di un tumore?

....
....
....
....
....
....
....

VERIFICA LE TUE ABILITÀ

Barra il completamento esatto.

13. Se una persona sa di essere portatrice del gene RET per il tumore alla tiroide

A è di certo portatrice anche di mutazioni per tumori ad altri organi.

B deve assumere ormoni tiroidei mediante farmaci per tutta la vita.

C non potrà avere un tumore alla tiroide in forma sporadica.

D ha alta probabilità, ma non la certezza, di contrarre in cancro alla tiroide.

14. Nella zona del tumore c'è un'infiammazione

A cronica, perché il sistema immunitario continua nella sua lotta al tumore.

B saltuaria perché il tumore non ha sempre la stessa forza d'attacco.

C temporanea, perché poi viene compromessa anche l'azione immunitaria.

D persistente, perché è il tumore stesso a produrre globuli bianche i anticorpi.

15. Una mutazione al DNA che determina il cancro è molto grave se avviene nelle cellule staminali in quanto

A la sua origine è certamente ereditaria, e quindi molto aggressiva.

B queste cellule, vivendo più a lungo delle altre, possono conservare la mutazione per molto tempo.

C queste cellule non vengono mai riconosciute dal sistema immunitario, perciò non vengono aggredite.

D le cellule staminali sono molto piccole, pertanto non riescono a difendersi e muoiono in tempi brevi.

16. Barra la risposta esatta.
Quale tra queste sequenze di intervento non è corretta?

A Tomografia computerizzata, intervento chirurgico, chemioterapia.

B Ecografia, biopsia, radioterapia.

C Radioterapia, risonanza magnetica, chemioterapia.

D Intervento chirurgico, radioterapia, chemioterapia.

17. Barra il simbolo V se ritieni l'affermazione vera o il simbolo F se la ritieni falsa.

a) La sperimentazione preclinica permette di verificare su un paziente la tollerabilità di una chemioterapia prima di iniziare il ciclo di cure. V F

b) Un tumore può trovarsi in uno stato molto avanzato anche senza aver prodotto metastasi in altre parti del corpo. V F

c) La scoperta delle cause del *seed and soil* potrebbe aiutare a combattere in modo mirato la formazione di metastasi. V F

d) Una mutazione può indurre il cancro se è in grado di impedire l'apoptosi delle cellule in cui si manifesta. V F

18. Barra le due risposte esatte.
Perché negli anziani i tumori sono più frequenti che nei giovani?

A Perché nel tempo si accumulano gli effetti dannosi di tipo ambientale o relativi agli stili di vita, come fumo o alcol.

B Perché diminuiscono le cellule staminali in grado di andare a sostituire gli organi danneggiati dal cancro.

C Perché la predisposizione genetica data da mutazioni ereditarie tende a manifestarsi prevalentemente negli anziani.

D Perché oltre i 50 anni non è più possibile praticare terapie aggressive, come quelle chimiche, ormonali o radiologiche.

E Perché il sistema immunitario può essere indebolito e meno attivo nella sua aggressione al cancro.

19. Nel seguente brano, barra tra i termini in neretto quelli errati.

Perché possa avvenire **la disattivazione / l'attivazione** di un gene oncosoppressore, e quindi che la mutazione **disattivi / attivi** il cancro, è necessario che vengano disattivati entrambi **i cromosomi / gli alleli**, mentre per **la disattivazione / l'attivazione** di un oncogene è sufficiente una mutazione a carico di un unico allele.

20. Descrivi i passaggi fondamentali nell'individuazione e sperimentazione di nuovi farmaci: dalla sperimentazione in vitro, alla sperimentazione in vivo, fino alla sperimentazione clinica.

....

....

....

....

....

UNITUTOR
VERSO L'UNIVERSITÀ

Preparati ai test di ammissione sul sito Unitutor.

21. Alcune sostanze utilizzate nella cura per il cancro non permettono il disassemblamento del fuso mitotico. In quale delle seguenti fasi si arresta la mitosi a seguito del trattamento con tali sostanze?

A Metafase
B Interfase
C Profase
D Anafase
E Telofase

[dal test di ammissione a Medicina 2014-15]

HANDS-ON GLOSSARY

22. Fill in the table matching each term (*letters*) with its definition (*numbers*).

A. cancer
B. oncogene
C. tumor suppressor gene
D. chemotherapy
E. metastasis

1. a gene that protects a cell from one step on the path to cancer (it is also called antioncogene).
2. the spread of a cancer from one organ or part of the body to another without being directly connected with it.
3. a group of diseases involving abnormal cell growth with the potential to invade or spread to other parts of the body.
4. a gene that has the potential to cause cancer; in tumor cells, these genes are often mutated or expressed at high levels.
5. a category of cancer treatment that uses one or more anti-cancer drugs (it is often abbreviated to chemo).

A	B	C	D	E

VERSO L'ESAME: LE TUE COMPETENZE

SCHEMATIZZA

23. Crea una mappa concettuale che sintetizzi le varie forme di tumore, indicando similitudini e differenze, test diagnostici e possibili cure.

CONFRONTA

24. Metti a confronto l'azione svolta dagli oncogéni e dagli oncosoppressori, quindi spiega come questi geni siano coinvolti nell'insorgenza del cancro.

SPIEGA

25. Le cause che possono portare allo sviluppo di un tumore sono molteplici: prepara una presentazione in PowerPoint che in 10 slide metta in luce tutti i possibili fattori correlati con l'insorgenza di questa patologia.

RICERCA

26. Uno dei modi per arrestare lo sviluppo tumorale è quello di agire sull'angiogenesi del tumore stesso.
Fai una ricerca per capire a che punto si trova la biomedicina in quest'ambito e produci un breve articolo di carattere divulgativo (massimo 100 parole) che spieghi che cos'è l'angiogenesi tumorale e quali sono le prospettive terapeutiche a essa associate.

SPIEGA E IPOTIZZA

27. In alcuni casi, il trattamento terapeutico dei tumori può usare la radioterapia interna: prova a spiegare di cosa si tratta, su quale principio si basa e quali devono essere i rigorosi accorgimenti da prendere in caso di un simile trattamento. Come le altre terapie, anche questa presenta effetti collaterali, quali potrebbero essere?

ELENCA

28. Le forme di tumore sono molto diversificate, ma sono tutte accomunate da una serie di caratteristiche: fai un elenco in cui descrivi sinteticamente ognuna delle proprietà associabili a un tumore.

METTI IN RELAZIONE

29. Osserva le figure riportate di seguito e spiega quale processo complessivo rappresentano, quindi ordina le immagini nella sequenza cronologica corretta e associa a ciascuna una breve descrizione del fenomeno che schematizza.

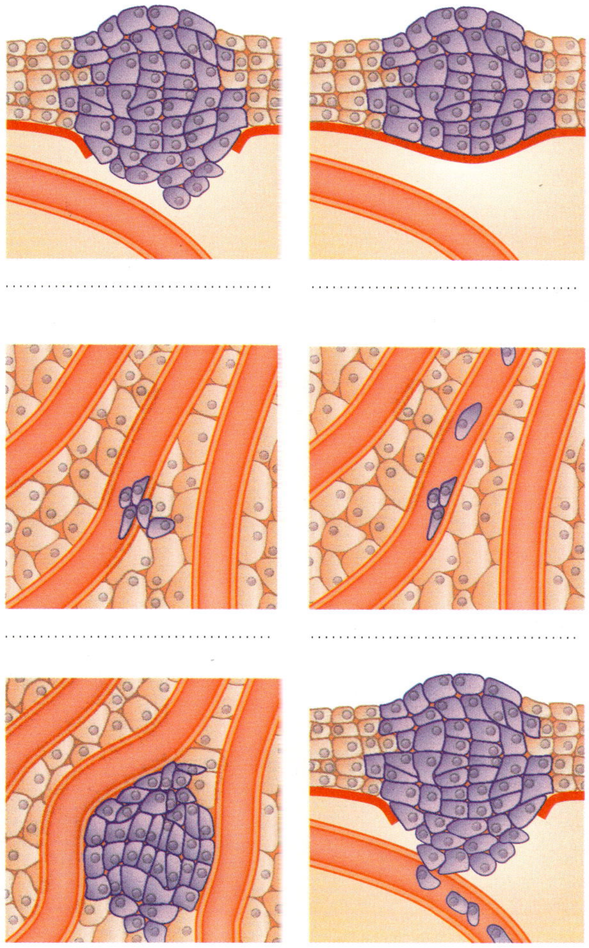

SEI PRONTO PER LA VERIFICA?

IN 1 ORA

Dopo aver studiato i contenuti fondamentali dei **capitoli C11 e C12**, prova a svolgere questa verifica nel **tempo massimo di 1 ora.**

Alla fine della prova **controlla le tue risposte** con le soluzioni che troverai sul sito *online.scuola.zanichelli.it/curtisnuovoinvitoblu* e **calcola il punteggio** totale che hai conseguito compilando la griglia finale.

CONOSCENZE

Barra il completamento esatto.

1. I protisti e i funghi vengono demoliti dai

A linfociti T helper.
B linfociti B.
C linfociti natural killer.
D linfociti T citotossici.

(4 punti se hai risposto correttamente) ...../4

2. Il complesso MHC è

A l'insieme degli anticorpi prodotti da un individuo.
B un gruppo di proteine rilasciate durante un'infiammazione.
C dei geni che codificano per proteine tipiche delle cellule nucleate di un individuo.
D il gruppo di geni che codifica per i recettori degli linfociti T.

(4 punti se hai risposto correttamente) ...../4

3. Durante le reazioni allergiche si ha un'anomala produzione di

A IgE.
B IgM.
C IgG.
D IgA.

(4 punti se hai risposto correttamente) ...../4

4. Con l'immunità innata, i monociti si trasformano in

A mastociti.
B cellule natural killer.
C macrofagi.
D cellule dendritiche.

(4 punti se hai risposto correttamente) ...../4

5. Le cellule tumorali

A sono insensibili ai segnali che bloccano la crescita.
B attivano l'apoptosi nel caso in cui la cellula sia danneggiata.
C inibiscono la formazione di nuovi vasi sanguigni.
D svolgono le stesse vie metaboliche delle cellule sane per ricavare energia.

(4 punti se hai risposto correttamente) ...../4

Barra la risposta esatta.

6. Quale fattore ambientale non è considerato un mutageno?

A I raggi UV
B Le radiazioni ionizzanti
C Le basse temperature
D Le sostanze presenti nel fumo delle sigarette

(4 punti se hai risposto correttamente) ...../4

7. Quali molecole non fanno parte delle citochine?

A Interleuchine
B Sistema del complemento
C Interferoni
D Fattori di necrosi tumorale

(4 punti se hai risposto correttamente) ...../4

Barra i due completamenti esatti.

8. Fanno parte dei noduli linfatici

A le placche di Peyer.
B la milza.
C il timo.
D il midollo osseo rosso.
E le tonsille.

(5 punti per due risposte corrette, 3 per una sola) ...../5

9. Le cellule che si originano per selezione clonale sono

A i monociti.
B le cellule natural killer.
C i mastociti.
D le plasmacellule.
E le cellule della memoria.

(5 punti per due risposte corrette, 3 per una sola) ...../5

10. Per ciascuna affermazione barra il simbolo V se la ritieni vera oppure il simbolo F se la ritieni falsa.

a) I vaccini ricombinanti sono preparati con la tecnica delle proteine ricombinanti. V F
b) Il vaccino dell'influenza è prodotto con una parte del virus. V F
c) I raggi X vengono utilizzati per produrre vaccini attenuati. V F
d) Il vaccino del tetano è prodotto con la tossina inattivata. V F

(2 punti per ogni scelta corretta) ...../8

11. Descrivi la struttura e la funzione del sistema linfatico.

....
....
....
....

(8 punti se hai risposto correttamente, 4 punti se la risposta è incompleta) ...../8

ABILITÀ

Barra il completamento esatto.

12. Un individuo vaccinato per il morbillo che viene a contatto con il virus per la prima volta, produrrà

A IgA.
B IgD.
C IgM.
D IgG.

(4 punti se hai risposto correttamente) ...../4

13. La capacità di un virus di provocare un tumore è determinata dalla presenza di

A una trascrittasi inversa.
B un genoma virale a DNA.
C oncogéni nel genoma virale.
D proteine virali che frammentano il genoma dell'ospite.

(4 punti se hai risposto correttamente) ...../4

14. La polpa bianca della milza

A filtra il sangue.
B è una riserva di piastrine.
C intercetta i patogeni e attiva i linfociti presenti.
D elimina i globuli rossi senescenti.

(4 punti se hai risposto correttamente) ...../4

Barra la risposta esatta.

15. Da cosa è formata la regione dell'anticorpo che si lega l'antigene?

A dalle regioni costanti delle catene pesanti.
B dalle regioni variabili delle catene pesanti.
C dalle regioni variabili delle catene leggera e pesante.
D dalle regioni costanti delle catene leggera e pesante.

(4 punti se hai risposto correttamente) ...../4

16. Come si chiamano le cellule che espongono gli antigeni ai linfociti T?

A Cellule dendritiche
B Mastociti
C Monociti
D Macrofagi

(4 punti se hai risposto correttamente) ...../4

17. Nel seguente brano, barra tra i termini in neretto quelli errati.

Il sistema di immunità **acquisita** / **innata** è costituito da una serie di risposte non specifiche all'attacco di agenti patogeni: i **neutrofili** / **linfociti B** intervengono nei processi infiammatori, i **monociti** / **basofili** liberano un agente anticoagulante nei tessuti danneggiati e i **mastociti** / **monociti** rilasciano istamina nei processi infiammatori.

(2 punti per ogni scelta corretta) ...../8

Barra il completamento errato.

18. Il sistema del complemento

A è costituito da proteine.
B determina la lisi osmotica dell'agente infettivo.
C attira i fagociti nel sito dell'infezione.
D è prodotto dai linfociti B.

(4 punti se hai risposto correttamente) ...../4

19. Durante l'infiammazione nella zona interessata, si verifica un

A aumento della temperatura.
B arrossamento della pelle.
C aumento di gonfiore.
D aumento dei linfociti B.

(4 punti se hai risposto correttamente) ...../4

20. Completa le seguenti frasi con i termini proposti in fondo (alcuni vanno utilizzati più di una volta).

a) Il cancro deriva da una cellula .... che si trasforma in una cellula .... perdendo la sua struttura e funzione.

b) La cellula .... si trasforma dopo aver accumulato una serie di mutazioni nel DNA.

c) La divisione incontrollata di una cellula .... dà origine ad un tumore benigno se la massa rimane localizzata in un punto; se invece le cellule possono invadere altri tessuti , il tumore viene detto ....

d) Il tumore .... è in grado di dare origine a .... in posti distanti dal tumore primario.

e) Nella diagnosi viene definito sempre il tipo di tumore, il grado e lo .... del tumore.

(stadio, tumorale, maligno, normale, metastasi)

(2 punti per ogni frase corretta) ...../10

PUNTEGGIO TOTALE

...../100

Se hai ottenuto:

- meno di 60 punti devi riprendere lo studio dei capitoli;
- tra 60 e 70 punti hai una preparazione sufficiente;
- tra 70 e 80 punti hai una preparazione buona;
- tra 80 e 100 punti significa che hai studiato a fondo.

THE HUMAN NERVOUS SYSTEM

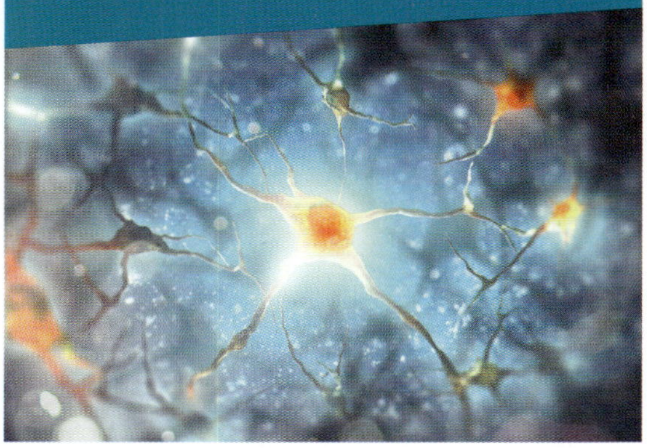

In this module you will:

- **learn about** the structure of the nervous system under the headings «central nervous system» and «peripheral nervous system»;
- **discuss the relation** between sensory neurons, interneurons and motor neurons;
- **find out some interesting facts** about electrochemical signals;
- **discover terms, verbs and expressions** related to the anatomy and physiology of the nervous system.

1. INTRODUCTION

Communication between cells depends upon **chemical stimuli**. Specific molecules are released from **secretory cells** and transported to other cells, where they interact with **protein receptors** and trigger a response.
The presence in prokaryotes, protists and fungi of **signalling molecules** identical to those of vertebrates, and the dual function of some vertebrate molecules as both hormones and neurotransmitters, provide strong evidence that the **endocrine** and **nervous systems** had a common evolutionary origin in primitive cell-cell communication systems.
The **neuron** distinguishes the nervous system from other communication systems. It is a cell that converts stimuli into **electrochemical signals,** which are rapidly conducted through the neuron itself.

▸ **Figure 1**
A summary of the subdivision of the nervous system.

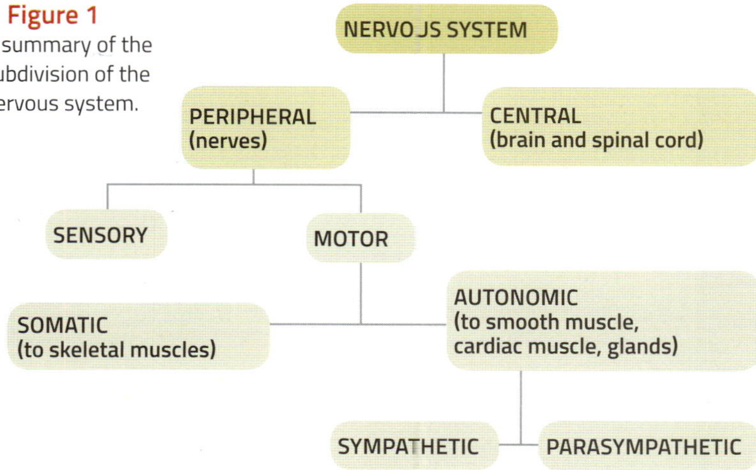

2. WARM UP

Look at the Thesaurus and Figure 1 for useful terms. Then answer the questions below, and discuss your answers with your partner.

THESAURUS
brain, central nervous system, electrochemical, neuron, impulses, peripheral nervous system, spinal cord

a) Which structures is our nervous system made up of?

b) What couldn't we do without the nervous system?

c) Which part of the body is the control centre for the nervous system?

d) What kind of signal does the body use to tell our muscles to contract?

3. VISUAL LEARNING

Read the text below, and then complete Figure 2 with the following words:
dendrites - cell body - node of Ranvier - axon - nucleus- Schwann cell

The **nervous system** integrates and controls the numerous functions that enable us to regulate our internal environment and to react to or deal with the external environment. The functional unit of the nervous system is the **neuron**, or nerve cell.

A neuron consists of *dendrites*, which receive stimuli; a *cell body*, which contains the nucleus and metabolic machinery, and also receives stimuli; and an *axon*, or nerve fibre, which relays stimuli to other cells. Neurons are surrounded and insulated by **glial cells**, or *neuroglia*, in the central nervous system and by *Schwann cells* in the peripheral nervous system.

Neurons receive signals from and send signals to other neurons across junctions known as **synapses.** They usually release specific neurotransmitter molecules, or they can transmit signals to *effector cells* such as those of muscles and glands.

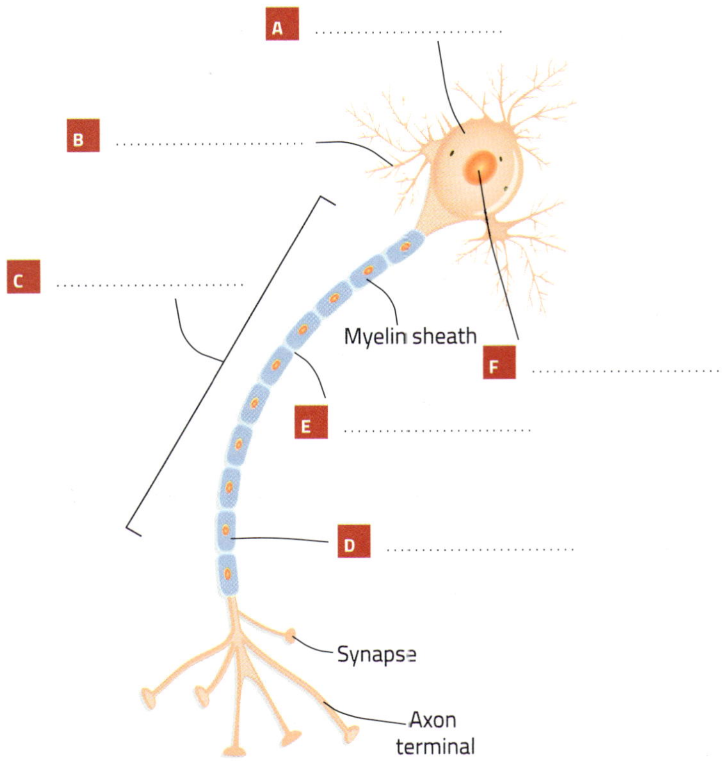

▲ Figure 2
Basic neuron structure.

4. VOCABULARY

Complete the sentences with the following words: *spinal cord - voluntary - effector cells - signals - events - stimuli - synapses - central*

a) The .... nervous system consists of the brain and the ....

b) Nerves conduct electrochemical ....

c) The central nervous system is responsible for .... movements and the senses.

d) Conditions or .... that cause the body to react are called ....

e) Neurons transmit signals to .... or to other neurons across junctions known as ....

5. READING

Track C1 (available on online.scuola.zanichelli.it/curtisnuovoinvitoblu)

a) **Read the text, and then listen to check the pronunciation of difficult words.**

The **human nervous system** has a number of subdivisions that can be distinguished by anatomy, physiology and function. Primarily it can be subdivided into the **central nervous system** or CNS (brain and spinal cord) and the **peripheral nervous system** or PNS (sensory and motor nerves) that carry information to and from the central nervous system. The motor nerves are further divided into the **somatic system**, which stimulates skeletal muscle, and the **autonomic system**, which relays signals to smooth muscle, cardiac muscle, and glands. The autonomic system is in turn subdivided into the **sympathetic** and **parasympathetic** divisions.

Any neuron found entirely within the central nervous system is an **interneuron**, and acts as a link between the CNS and sensory or motor neurons. The central nervous system is made up of the **brain** and the **spinal cord,** which connects the brain to the rest of the body. Your spinal cord can be seen in cross-section to be divided into a central area of *grey matter* and an outer area of *white matter* (Figure 3). The grey matter is mostly made up of interneurons; the white matter consists of fibre tracts running longitudinally through the spinal cord.

The peripheral nervous system is made up of neurons whose axons extend out of the central nervous system into the tissue and organs of the body, these long fibres are called **nerves**. They include both *motor (efferent) neurons*, which carry signals out, and *sensory (afferent) neurons*, which carry signals in.

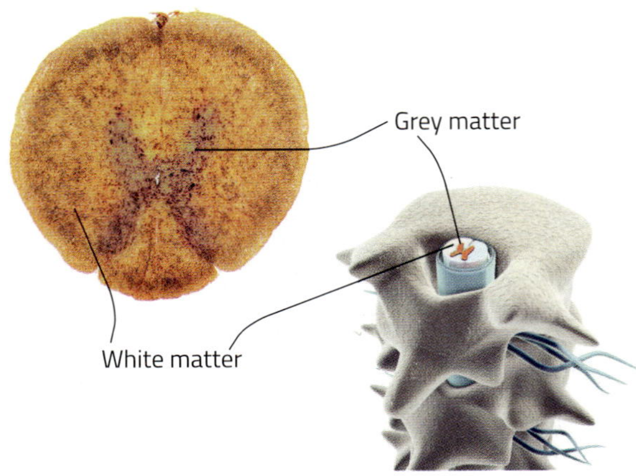

▲ Figure 3
Cross-section of the spinal cord, running inside the vertebrae: light micrograph and 3D illustration which shows the white and the grey matter.

b) Now complete the map of the human nervous system.

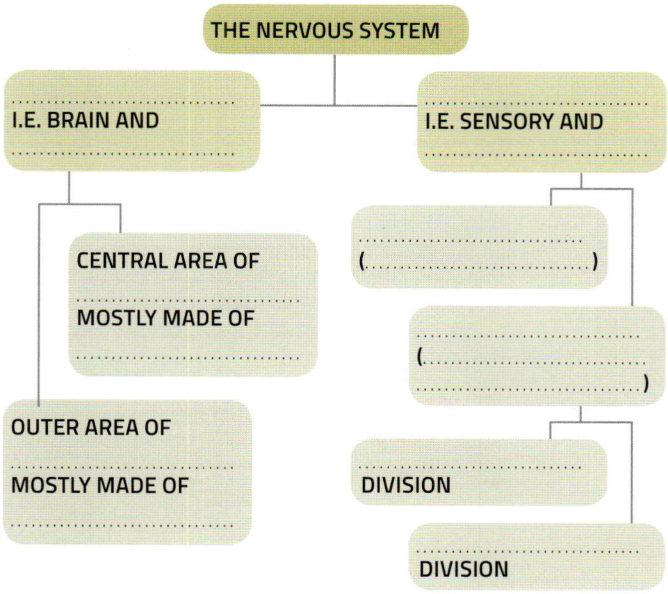

6. VIDEO

Video C1 (available on online.scuola.zanichelli.it/curtisnuovoinvitoblu)

Watch the video about the neuron and the transmission of nerve impulses, and say if the statements below are True or False.

a) The basic functional unit of the nervous system is the nerve. T F

b) Dendrites are projections coming out of the neuron's nucleus. T F

c) Axons are shorter than dendrites, and transmit information to other cells. T F

d) The excitability of neurons is key to the transmission of electrical signals. T F

e) A neuron's impulse is a temporary reversal of electrical potential. T F

f) The positive interior of the membrane becomes negative. T F

g) Sodium and potassium channels allow ions to pass to an area of lower concentration. T F

h) The sodium-potassium pump maintains the concentration gradient of the two ions. T F

i) The pump works due to the energy of ATP molecules. T F

j) Action potential is the name given to the force generated by ions located in dendrites. T F

k) The refractory period follows the action potential. T F

l) The entire sequence of events lasts a few seconds. T F

m) In the graph mV stands for millivolts. T F

n) In the graph the action potential takes place below the threshold value. T F

o) After the refractory potential, the action potential is restored. T F

p) During the refractory period, the membrane still responds to stimuli. T F

7. PAIR WORK

Look carefully at Figure 4 and discuss the questions below with your partner to find the correct answers.

A

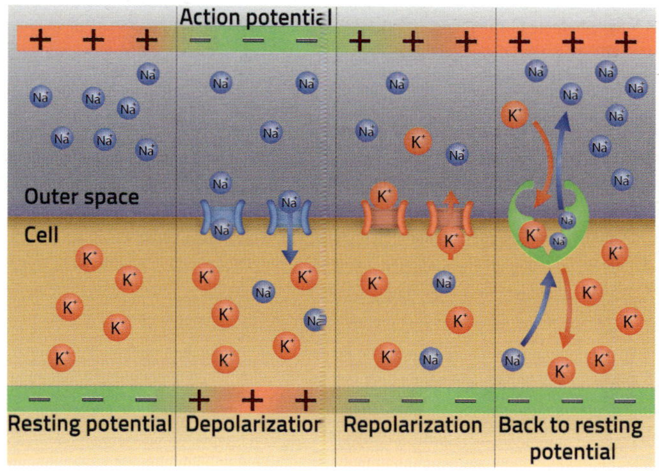

B

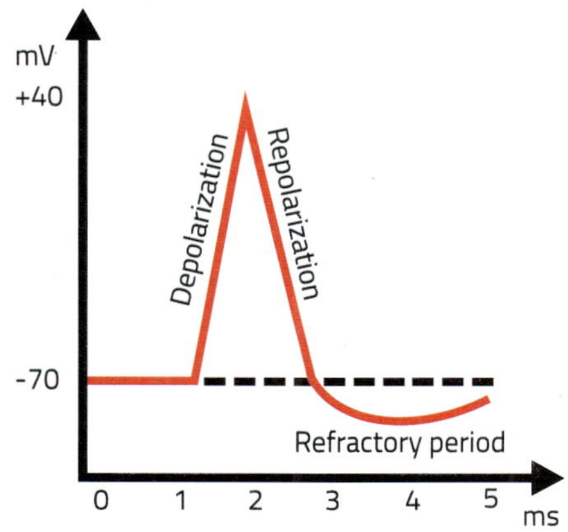

▲ **Figure 4**
(A) Nerve impulse action potential in a neuron. (B) Nerve impulse action potential graph.

a) What is a nerve impulse?

....
....
....
....

b) What is the sodium-potassium pump?

....
....
....
....

c) How are nerve impulses carried along an axon?

....
....
....
....

d) What is the refractory period?

....
....
....
....

8. APPLY YOUR NEW KNOWLEDGE

Track C2 (available on online.scuola.zanichelli.it/curtisnuovoinvitoblu)

Read the text and complete Figure 5 with the following words:
synaptic cleft - synaptic vesicles - nerve impulse (x2) - postsynaptic cell (x2) - presynaptic cell (x2) - connexons - gap junctions

In **chemical synapses**: the arrival of an action potential at the axon terminal triggers the fusion of synaptic vesicles with the axon membrane, releasing neurotransmitter molecules into the synaptic cleft. These molecules diffuse to the postsynaptic cell, where they combine with specific receptors in the cell membrane. A network of protein fibres in the synaptic cleft anchors the presynaptic and postsynaptic membranes and, in some synapses, contains enzymes that rapidly degrade neurotransmitter molecules. Because of their shape, axon terminals are known as synaptic knobs or «boutons» (French for *buttons*).
In **electrical synapses**: the arrival of an action potential at the axon terminal of the presynaptic cell is accompanied by changes in ion concentration. These changes are transmitted through gap junctions to the postsynaptic cell, where they depolarize the cell membrane and initiate a new action potential.

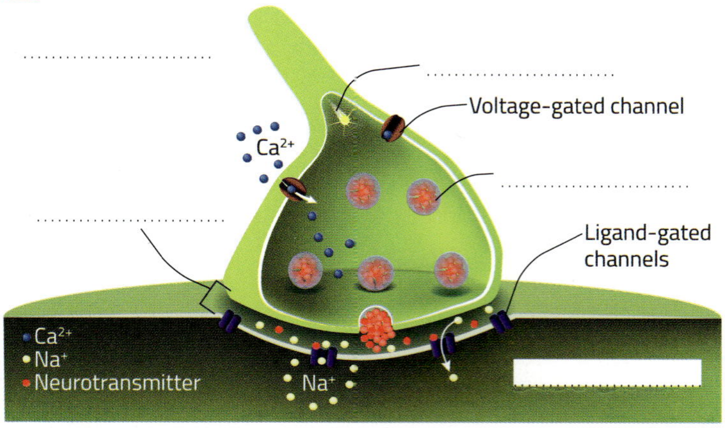

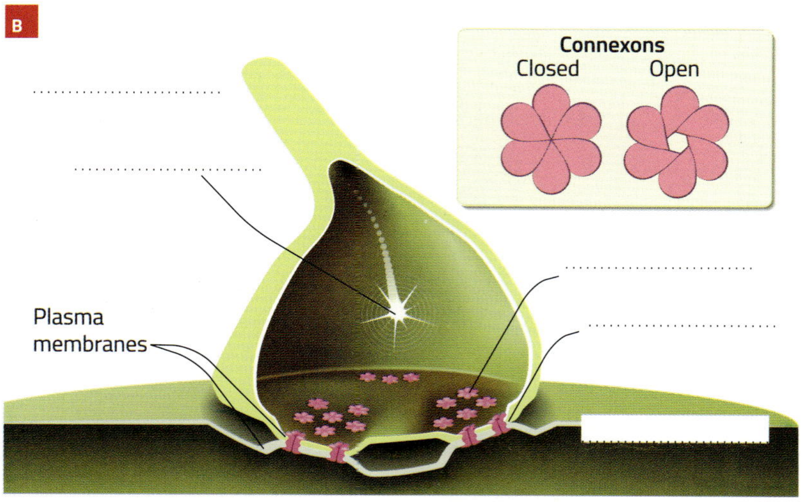

▲ **Figure 5**
A chemical (A) and an electrical (B) synapse.

9. VOCABULARY

Match the terms (*letters*) with their corresponding definition (*numbers*).

A. Neuron
B. Dendrite
C. Synapse
D. Interneurons
E. Spinal cord

1. A specialized impulse-conducting cell.
2. Carry impulses from one neuron to another within the central nervous system.
3. A nerve going from the brain down inside the spinal column.
4. A structure where two neurons come into close contact.
5. A short branched process of a nerve cell.

A	B	C	D	E

10. DISCUSSION

Work in groups. Discuss the roles and locations of the three types of neurons.

....
....
....
....
....
....

11. REVISION

Follow the instructions below and prepare a short presentation (oral or written) about «the transmission of nerve impulses».
The aim of your presentation is to give essential information about the transmission of nerve impulses.

- Start with a brief overview of the structure of the central nervous system.
- Secondly, talk or write about the neuron and the transmission of nerve impulses.
- Finally, explain the importance of studying this subject to improve our understanding of certain types of neural diseases.

12. EXPLORE FURTHER

Read the following table listing the names of the different parts of the human nervous system. Then complete Figure 6 using the words given below.

Central Nervous System (CNS)
The *brain* is an organ that serves as the centre of our nervous system; it is located in the head, close to sensory organs such as eyes, ears, nose and mouth. The *cerebellum* is a region of our brain that has the appearance of a separate structure attached to the bottom of the brain.
The *spinal cord* is a long, thin, tubular bundle of nerve fibres that extends from the base of our brain down inside the spine, until it reaches the space between the first and second lumbar vertebrae (it does not extend the entire length of the vertebral column).
Peripheral Nervous System (PNS)
Cranial nerves are the nerve fibres that emerge directly from the brain. The 12 pairs of cranial nerves (they occur on both the right and left sides of the body) relay information to and from regions of our head and neck.
Spinal nerves emerge from segments of the spinal cord. In our body there are 31 pairs of spinal nerves, one on each side of the spine. The *sciatic nerve* is the longest and widest single nerve, going from the top of the leg to the foot.

cerebellum - spinal cord - spinal nerves - cranial nerves - sciatic nerve - brain

▼ **Figure 6**
The human nervous system.

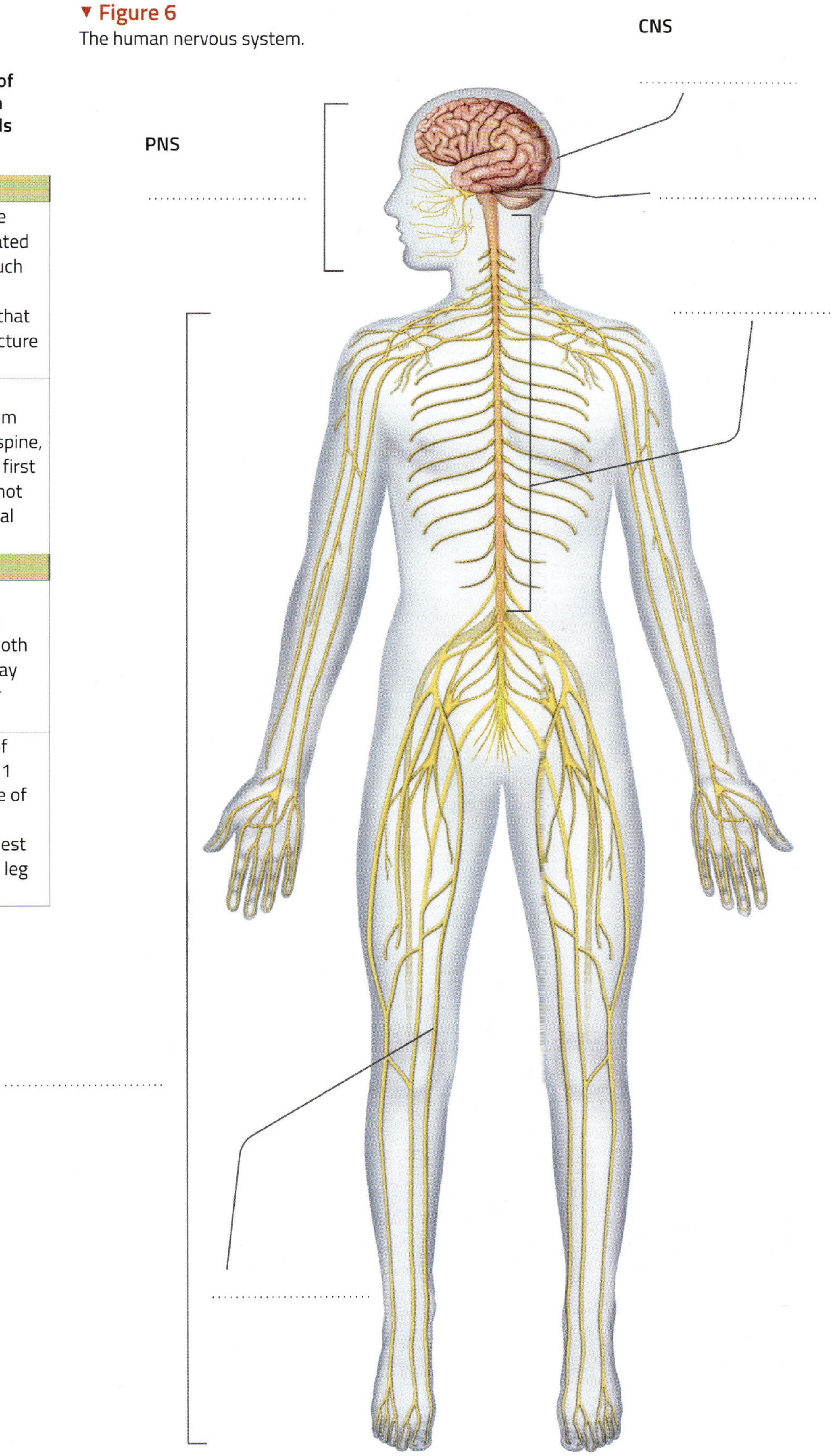

FINAL TEST
The human nervous system

Choose the correct answer in these multiple-choice questions.

1. What is the basic unit of the nervous system?

- A The brain
- B The glial cell
- C The neuron
- D The dendrite.

2. How do neurons communicate with one another?

- A Electrically.
- B Chemically.
- C None of the above.
- D Both electrically and chemically.

3. Which of the following is part of the peripheral nervous system?

- A Sympathetic.
- B Autonomic.
- C Somatic.
- D All of the above.

4. The peripheral nervous system is made up of:

- A the brain and the spinal cord.
- B the spinal cord and the spinal nerves.
- C motor neurons and sensory neurons.
- D all of the above.

5. The space between neurons is called:

- A axon.
- B synapse.
- C dendrite.
- D nerve.

6. During the resting potential, which of the following is present in large quantities inside the neuron?

- A K^+
- B Na^+
- C Negatively charged anions.
- D None of the above.

7. During depolarization:

- A Na^+ moves out of the neuron.
- B K^+ moves into the neuron.
- C All of the above.
- D None of the above.

8. The central nervous system consists of:

- A the combination of the sympathetic and parasympathetic nervous systems.
- B the cranial and spinal nerves.
- C the brain and the spinal cord.
- D the dendritic and the axonal system.

Answer the revision questions below by filling in the gaps.

9. What is a nerve impulse?

A nerve impulse is an .... current that travels along .... or .... due to ions moving through voltage-gated channels.

10. What is the sodium-potassium pump?

It is a gated channel, i.e. a pump that sends .... ions out of and brings .... ions into the cell.

11. What is the resting membrane potential?

The resting membrane potential is the difference in charge between the .... and the .... of the nerve cell.

12. How are nerve impulses carried along an axon?

Nerve impulses are transmitted by the movement of two ....: sodium (Na^+) and potassium (K^+). .... rushes into a neuron as a nerve impulse travels, and is actively pumped out again in preparation for conducting another nerve impulse. .... ions then return the electrochemical gradient to the resting state.

13. What are nerves?

Nerves are the cordlike bundles of .... that conduct nerve ....

What are the meninges?

Meninges (singular, meninx) are the three .... that envelop and protect the brain and spinal cord.

14. What is the myelin sheath?

Myelin is a fatty white substance that surrounds the .... of some neurons, forming an electrically insulating layer.

Indice analitico

A

B

C

D

E

F

G

H

I

J

K

L

M

N

O

P

Q

R

S

T

U

V

W

Z